장태식	라이징수학학원
장혜림	와풀수학
전우진	인사이트 수학학원
정대웅	와이드수학
정진영	정선생 수학연구소
조미숙	수학의 신 학원
조민관	이앤에스 수학학원
조현숙	boo1class
차승민	황제수학학원
채선영	전문과외
최덕호	엠스퀘어수학교습소
최문경	(주)영웅아카데미
최웅철	큰샘수학학원
최은진	동춘수학
최진	절대학원
한성윤	전문과외
한희영	더센플러스학원
허진선	수학나무
현미선	써니수학
현진명	에임학원
홍미영	연세영어수학과외
황규철	혜윰수학전문학원

◇ 전남 ◇

강선희	태강수학영어학원
김경민	한샘수학
김광현	한수위수학학원
김도형	하이수학교실
김도희	가람수학개인과외
김성문	창평고등학교
김윤선	전문과외
김은경	목포덕인고등학교
김은지	나주혁신위즈수학영어학원
김정은	바른사고력수학
박미옥	목포 폴리아학원
박우정	요리수연산&해봄학원
박진성	해남 한가람학원
배미경	창의논리upup
백지하	엠앤엠
서창현	전문과외
성준우	광양제철고등학교
유혜정	전문과외
이강화	강승학원
이미아	한다수학
임정원	순천매산고등학교
임진아	브레인 수학
전윤정	라온수학학원
정은경	목포베스트수학
정정화	올라스터디
정현옥	JK영수전문
조두희	무안 남악초등학교
조예은	스페셜 매쓰
조정인	나주엠베스트학원
주희정	주쌤의과수원
진양수	목포덕인고등학교
한용호	한샘수학
한지선	전문과외
황남일	SM 수학학원

◇ 전북 ◇

강원택	탑시드 수학전문학원
고혜련	성영재수학학원
권정욱	권정욱 수학
김상호	휴민고등수학전문학원
김선호	혜명학원
김성혁	S수학전문학원
김수연	전선생수학학원
김윤빈	쿼크수학영어전문학원
김재순	김재순수학학원
김준형	성영재 수학학원
나승현	나승현전유나 수학전문학원
노기한	포스 수학과학학원
박광수	박선생수학학원
박미숙	전문과외
박미화	엄쌤수학전문학원
박선미	박선생수학학원
박세희	멘토이젠수학
박소영	황규종수학전문학원
박은미	박은미수학교습소
박재성	올림수학학원
박재홍	예섬학원
박지유	박지유수학전문학원
박철우	익산 청운학원
배태익	스키마아카데미 수학교실
서영우	서영우수학교실
성영재	성영재수학전문학원
송지연	아이비리그데칼트학원
신영진	유나이츠학원
심우성	오늘은수학학원
양은지	군산중앙고등학교
양재호	양재호카이스트학원
양형준	대들보 수학
오혜진	YMS부송
유현수	수학당
윤병오	이투스247익산
이가영	마루수학국어학원
이보근	미라클입시학원
이송심	와이엠에스입시전문학원
이인성	우림중학교
이지원	긱매쓰
이한나	전문과외
이혜상	S수학전문학원
임승진	이터널수학영어학원
장재은	YMS입시학원
정두리	전문과외
정용재	성영재수학전문학원
정혜승	샤인학원
정환희	릿지수학학원
조세진	수학의길
조영신	성영재 수학전문학원
채승희	채승희수학전문학원
최성훈	최성훈수학학원
최영준	최영준수학학원
최윤	엠투엠수학학원
최형진	수학본부
황규종	황규종수학전문학원

◇ 제주 ◇

강경혜	강경혜수학
강나래	전문과외
김기한	원탑학원
김대환	The원 수학
김보라	라딕스수학
김연희	whyplus 수학교습소
김장훈	프로젝트M수학학원
류혜선	진정성영어수학노형학원
박찬	찬수학학원
박대희	실전수학
박승우	남녕고등학교
박재현	위더스입시학원
박진석	진리수
백민지	가우스수학학원
양은석	신성여자중학교
여원구	피드백수학전문학원
오재일	터닝포인트영어수학학원
이민경	공부의마침표
이상민	서이현아카데미학원
이선혜	STEADY MATH
이영주	전문과외
이현우	전문과외
장영환	제로링수학교실
편미경	편쌤수학
하혜림	제일아카데미
허은지	Hmath학원
현수진	학고제입시학원

◇ 충남 ◇

최소영	빛나는수학
강민주	수학하다 수학교습소
강범수	전문과외
강석	에이커리어
고영지	전문과외
권순필	권쌤수학
권오운	광풍중학교
김경원	한일학원
김명은	더하다 수학학원
김미견	시티자이수학
김태화	김태화수학학원
김한빛	한빛수학학원
김현영	마루공부방
남기용	전문과외
박유진	제이홈스쿨
박재혁	명성수학학원
박지화	MATH1022
박혜정	전문과외
서봉원	서산SM수학교습소
서승우	담다수학
서유리	더배움영수학원
서정기	시너지S클래스 불당
송은선	전문과외
신경미	Honeytip
신유미	무한수학학원
유정수	천안고등학교
유창훈	시그마학원

◇ 충북 ◇

고정균	엠스터디수학학원
구강서	상류수학 전문학원
김가흔	루트 수학학원
김경희	점프업수학학원
김대호	온수학전문학원
김미화	참수학공간학원
김병용	동남수학하는사람들학원
김영은	연세고려E&M
김재광	노블가온수학학원
김정호	생생수학
김주희	매쓰프라임수학학원
김하나	하나수학
김현주	루트수학학원
문지혁	수학의 문 학원
박연경	전문과외
안진아	전문과외
윤성길	엑스클래스 수학학원
유성희	유성수학
윤정화	페르마수학교습소
이경미	행복한수학공부방
이연수	오창로뎀학원
이예나	수학여우정철어학원주니어 옥산 캠퍼스
이예찬	입실론수학학원
이윤성	블랙수학 교습소
이지수	일신여자고등학교
전병호	이루다 수학 학원
정수연	모두의수학
조병교	에르매쓰수학학원
조원미	원쌤수학과학교실
조형우	와이파이수학학원
최윤아	피티엠수학학원

윤보희 외 (우측 상단)

윤보희	충남삼성고등학교
윤재웅	베테랑수학전문학원
이봉이	더수학교습소
이아람	퍼펙트브레인학원
이연지	하크니스 수학학원
이예진	명성학원
이은아	한다수학학원
이재장	깊은수학학원
이하나	에메트수학
이현주	수학다방
장다희	개인과외교습소
전혜영	타임수학학원
정광수	혜윰국영수단과학원
최원석	명사특강학원
최지원	청수303수학
추교현	더웨이학원
한호선	두드림영어수학학원
허유미	전문과외

김창재	중계세일학원
김창주	고등부관 스카이학원
김태현	SMC 세곡관
김태훈	성북 페르마
김하늘	역경패도 수학전문
김하민	서강학원
김하연	전문과외
김항기	동대문중학교
김현미	김현미수학학원
김현욱	리마인드수학
김현유	혜성여자고등학교.
김현정	미래탐구 중계
김현주	숙명여자고등학교
김현지	전문과외
김형진	소자수학학원
김혜연	수학작가
김호영	장학학원
김홍수	김홍학원
김효선	토이300컴퓨터교습소
김효정	블루스카이학원 반포점
김후광	압구정파인만
김희연	이룸공부방
김희원	대일외국어고등학교
김희진	엑시엄 수학학원
나은영	메가스터리 러셀중계
나태산	중계 학림학원
남식훈	수학만
남호성	퍼씰수학전문학원
노동일	형설학원
류도현	서초구 방배동
류정민	사사모플러스수학학원
목영훈	목동 일타수학학원
목지아	수리티수학학원
문근실	시리우스수학
문성호	차원이다른수학학원
문소정	대치명인학원
문용근	올림 고등수학
문지훈	문지훈수학
박경보	최고수챌린지에듀학원
박경원	대치메이드 반포관
박꽝님	올마이티캠퍼스
박교국	백인대장
박근백	대치멘토스학원
박동진	더힐링수학 교습소
박리안	CMS서초고등부
박명훈	김샘학원 성북캠퍼스
박미라	매쓰몽
박민정	목동 깡수학과학학원
박상길	대길수학
박상후	강북 메가스터디학원
박설아	수학을삼키다학원 흑석2관
박성재	매쓰플러스수학학원
박소영	창동수학
박소윤	제이커브학원
박수견	비채수학원
박연주	물댄동산
박연희	박연희깨침수학교습소
박연희	열방수학
박영규	하이스트핏 수학 교습소
박영욱	태산학원
박용진	푸름을말하다학원
박정아	한신수학과외방
박정훈	전문과외
박종선	스터디153학원
박종원	상아탑학원 / 대치오르비
박종태	일타수학학원
박주현	장훈고등학교
박준하	전문과외
박진희	박선생수학전문학원
박현	상일여자고등학교
박현주	나는별학원
박혜진	강북수재학원
박혜진	진매쓰
박흥식	송파연세수보습학원
방정은	백인대장 훈련소
방효건	서준학원 지혜관
배재형	배재형수학
백아름	아름쌤수학공부방
서근환	대진고등학교
서다인	수학의봄학원
서민국	시대인재
서민재	서준학원
서수연	수학전문 순수
서승희	딥브레인수학
서용준	와이제이학원
서원준	잠실 시그마 수학학원
서은애	하이탑수학학원
서중은	블루플렉스학원
서한나	라엘수학학원
석혜욱	잇올스파르타
선철	일신학원
설세령	뉴파인 용산중고등관
손권민경	원인학원
손민정	두드림에듀
손전국	다원교육
손정화	4퍼센트수학학원
손충모	공감수학
송경호	스마드스터디 힉원
송동인	송동인수학명가
송재혁	엑시엄수학전문학원
송준민	송수학
송진우	도진우 수학 연구소
송해선	불곰에듀
신연우	개념폴리아 삼성청담관
신은숙	마곡펜타곤학원
신은진	상위권수학학원
신정훈	STEP EDU
신지영	아하 김일래 수학 전문학원
신지현	대치미래탐구
신채민	오스카 학원
신현수	현수쌤의 수학해설
심창섭	피앤에스수학학원
심혜진	반포파인만학원
안나연	전문과외
안도연	목동정도수학
안주은	채움수학
양원규	일신학원
양지애	전문과외
양창진	수학의 숲 수림학원
양해영	청출어람학원
엄시온	올마이티캠퍼스
엄유빈	유빈쌤 수학
엄지희	티포인트에듀학원
엄태웅	엄선생수학
여혜연	성북미래탐구
염승훈	이가 수학학원
오명석	대치 미래탐구 영재 경시 특목센터
오재경	성북 학림학원
오재현	강동파인만 고덕 고등관
오종택	에이원수학학원
오한별	광문고등학교
우동조	헤파학원
위명훈	대치명인학원(마포)
위성웅	시대인재수학스쿨
위형채	에이치앤제이형설학원
유가영	탑솔루션 수학 교습소
유시준	목동깡수학과학학원
유정연	장훈고등학교
유환승	강북청솔학원
윤상문	청어람수학원
윤석원	공감수학
윤여균	전문과외
윤영숙	윤영숙수학학원
윤인영	전문과외
윤형중	씨알학당
은현	목동 cms 입시센터 과고대비반
이경복	매스타트 수학학원
이경용	열공학원
이경주	생각하는 황소수학 서초학원
이경환	전문과외
이광락	펜타곤학원
이규만	수퍼매쓰학원
이동규	형설학원
이동훈	PGA
이루마	김샘학원
이민호	강안교육
이상영	대치명인학원 은평캠퍼스
이상훈	골든벨수학학원
이서경	엘리트탑학원
이성용	수학의원리학원
이성재	지앤정 학원
이소윤	목동선수학
이수지	전문과외
이수호	준토에듀수학학원
이슬기	예친에듀
이시현	SKY미래연수학학원
이어진	신목중학교
이영하	키움수학
이용우	올림피아드 학원
이원용	필과수 학원
이원희	수학공작소
이유예	스카이플러스학원
이윤주	와이제이수학교습소
이은경	신길수학
이은숙	포르테수학 교습소
이은영	은수학교습소
이재봉	형설에듀이스트
이재용	이재용the쉬운수학학원
이정석	CMS서초영재관
이정섭	은지호 영감수학
이정호	정샘수학교습소
이제현	막강수학
이종혁	유인어스 학원
이종호	MathOne수학
이종환	카이수학전문학원
이주연	목동 하이씨앤씨
이준석	이가수학학원
이지연	단디수학학원
이지우	제이 앤 수 학원
이지혜	세레나영수수학학원
이지혜	대치파인만
이지훈	백향목에듀수학학원
이진	수박에듀학원
이진덕	카이스트수학학원
이진희	서준학원
이창석	핵수학 수학전문학원
이채윤	전문과외
이충모	QANDA
이학송	뷰티풀마인드 수학학원
이혁	강동메르센수학학원
이현주	그레잇에듀
이형수	피앤아이수학영어학원
이혜림	다오른수학학원
이혜림	대동세무고등학교
이혜수	대치수학원
이호준	형설학원
이효준	다원교육
이효진	올토 수학학원
이희선	브리스톨
임규철	원수학 대치
임기호	대치 원수학
임디혜	시대인재 수학스쿨
임민정	전문과외
임상혁	임상혁수학학원
임소영	123수학
임영주	송파 세빛학원
임정빈	임정빈수학
임지혜	위드수학교습소
임현우	선덕고등학교
장석진	이덕재수학이미선국어학원
장성훈	미독수학
장세영	스펀지 영어수학 학원
장승희	명품이앤엠학원
장영신	송례중학교
장은영	목동깡수학과학학원
장지식	피큐브아카데미
장희준	대치 미래탐구
전기열	유니크학원

이규영 쉐마수학학원
이민호 매쓰플랜수학학원 반석지점
이성재 알파수학학원
이소현 바칼로레아영수학원
이수진 대전관저중학교
이용희 수림학원
이일녕 양영학원
이재욱 청명대입학원
이준희 전문과외
이희도 전문과외
인승열 신성 수학나무 공부방
임병수 모티브
임현호 전문과외
장용훈 프라임수학
전병전 더브레인코어 학원
전하윤 전문과외
정순영 공부방, 여기
정지윤 더브레인코어 학원
조용호 오르고 수학학원
조창희 시그마수학교습소
조충현 로하스학원
차영진 연세언더우드수학
차지훈 모티브에듀학원
홍진국 저스트학원
황은실 나린학원

◇ 부산 ◇

고경희 대연고등학교
권병국 케이스학원
권순석 남천다수인
권영린 과사람학원
김건우 4퍼센트의 논리 수학
김경희 해운대영수전문y-study
김대현 해운대중학교
김도현 해신수학학원
김도형 명작수학
김민규 다비드수학학원
김민영 정모클입시학원
김성민 직관수학학원
김승호 과사람학원
김애랑 채움수학교습소
김원진 수성초등학교
김지연 김지연수학교습소
김초록 수날다수학교습소
김태영 뉴스터디학원
김태진 한빛단과학원
김효상 코스터디학원
나기열 프로매스수학교습소
노지연 수학공간학원
노향희 노쌤수학학원
류형수 연산 한샘학원
박대성 키움수학교습소
박성찬 프라임학원
박연주 매쓰메이트수학학원
박재용 해운대영수전문y-study

박주형 삼성에듀학원
배철우 명지 명성학원
백융일 과사람학원
부종민 부종민수학
서유진 다올수학
서은지 ESM영수전문학원
서자현 과사람학원
서평승 신의학원
손희옥 매쓰폴수학학원
송다슬 전문과외
심현섭 과사람학원
심혜정 명품수학
안남희 명지 실력을키움수학
안애경 오메가 수학 학원
안찬종 전문과외
양인희 에센셜수학교습소
오인혜 하단초등학교
오희영
옥승길 옥승길수학학원
이가연 엠오엠수학학원
이경덕 수학으로 물들어 가다
이경수 경수학
이명희 조이수학학원
이아름누리 청어람학원
이정화 수학의 힘 가야캠퍼스
이지영 오늘도,영어그리고수학
이지은 한수연하이매쓰
이철 과사람학원
이효정 해 수학
장지원 해신수학학원
장진권 오메가수학
전경훈 대치명인학원
전완재 강앤전 수학학원
전우빈 과사람학원
전찬용 다이나믹학원
정운용 정쌤수학교습소
정의진 남천다수인
정휘수 제이매쓰수학방
정희정 정쌤수학
조아영 플레이팩토 오션시티교육원
조우영 위드유수학학원
조은영 MIT수학교습소
조훈 캔필학원
주유미 엠투수학공부방
채송화 채송화수학
천현민 키움스터디
최광은 럭스 (Lux) 수학학원
최수정 이루다수학
최은교 삼성영어수학전문학원
최준승 주감학원
하현 하현수학교습소
한주환 으뜸나무수학학원
한혜경 한수학 교습소
허영재 자하연 학원
허윤정 올림수학전문학원
허정은 전문과외
황영찬 수피움 수학

황진영 진심수학
황하남 과학수학의봄날학원

◇ 서울 ◇

강동은 반포 세정학원
강성철 목동 일타수학학원
강수진 블루플랜
강영미 슬로비매쓰수학학원
강은녕 탑수학학원
강종철 쿠메수학교습소
강주석 염광고등학교
강태윤 미래탐구 대치 중등센터
강현숙 유니크학원
계훈범 MathK 공부방
고수환 상승곡선학원
고재일 대치 토브(TOV)수학
고지영 황금열쇠학원
고현 네오 수학학원
공정현 대공수학학원
곽슬기 목동매쓰원수학학원
구난영 셀프스터디수학학원
구순모 세진학원
권가영 커스텀(CUSTOM)수학
권경아 청담해법수학학원
권민경 전문과외
권상호 수학은권상호 수학학원
권용만 은광여자고등학교
권은진 참수학뿌리국어학원
김가회 에이원수학학원
김강현 구주이배수학학원 송파점
김경진 덕성여자중학교
김경희 전문과외
김규보 메리트수학학원
김규연 수력발전소학원
김금화 그루터기 수학학원
김기덕 메가 매쓰 수학학원
김나래 전문과외
김나영 대치 새움학원
김도규 김도규수학학원
김동균 더채움 수학학원
김명후 김명후 수학학원
김미란 퍼펙트수학
김미아 일등수학교습소
김미애 스카이맥에듀
김미영 명수학교습소
김미영 정일품 수학학원
김미진 채움수학
김미희 행복한수학쌤
김민수 대치 원수학
김민정 전문과외
김민지 강북 메가스터디학원
김민창 김민창 수학
김병수 중계 학림학원
김병호 국선수학학원
김보민 이투스수학학원 상도점

김부환 압구정정보강북수학학원
김상철 미래탐구마포
김상호 압구정 파인만 이촌특별관
김선정 이룸학원
김성숙 써큘러스리더 러닝센터
김성현 하이탑수학학원
김성호 개념상상(서초관)
김수민 통수학학원
김수정 유니크 수학
김수진 싸인매쓰수학학원
김수진 깊은수학학원
김승원 솔(sol)수학학원
김승훈 하이스트 염창관
김양식 송파영재센터GTG
김여옥 매쓰홀릭학원
김연정 전문과외
김연주 목동쌤올림수학
김영란 일심수학학원
김영미 제로미수학교습소
김영숙 수 플러스학원
김영재 한그루수학
김영준 강남매쓰탑학원
김영진 세움수학학원
김유 전문과외
김유진 전문과외
김윤태 두각학원, 김종철 국어수학 전문
학원
김윤희 유니수학교습소
김은숙 전문과외
김은영 선우수학
김은영 와이즈만은평
김은영 휘경여자고등학교
김은찬 엑시엄수학학원
김은현 김쌤깨알수학
김의진 서울 성북구 채움수학
김이슬 전문과외
김이현 에듀플렉스 고덕지점
김인기 중계 학림학원
김재산 목동 일타수학학원
김재성 티포인트에듀학원
김재연 규연 수학 학원
김재현 Creverse 고등관
김정민 청어람 수학원
김정민
김정아 지올수학
김지선 수학전문 순수
김지숙 김쌤수학의숲
김지영 구주이배수학학원
김지은 티포인트 에듀
김지은 수학대장
김지은 분석수학 선두학원
김지훈 드림에듀학원
김지훈 형설학원
김지훈 마타수학
김진규 서울바움수학(역삼럭키)
김진영 이대부속고등학교
김찬열 라엘수학

최소영	키움수학
최수지	싹수학학원
최수진	재밌는수학
최승권	스터디올킬학원
최영성	에이블수학영어학원
최영식	수학의신학원
최영철	고밀도학원
최용희	대치명인학원
최웅용	유타스 수학학원
최유미	분당파인만교육
최윤형	청운수학전문학원
최은혜	전문과외
최재원	하이탑에듀 고등대입전문관
최재원	이지수학
최정아	딱풀리는수학 다산하늘초점
최종찬	초당필탑학원
최주영	옥쌤 영어수학 독서논술 전문학원
최지윤	와이즈만 분당영재입시센터
최한나	수학의아침
최호순	관찰과추론
표광수	풀무질 수학전문학원
하정훈	하쌤학원
하창형	오늘부터수학학원
한경태	한경태수학전문학원
한규욱	대치메이드학원
한기언	한스수학학원
한동훈	고밀도학원
한문수	성빈학원
한미정	한쌤수학
한상훈	동탄수학과학학원
한성필	더프라임학원
한세은	이지수학
한수민	SM수학학원
한유호	에듀셀파 독학 기숙학원
한은기	참선생 수학 동탄호수
한지희	이음수학학원
한혜숙	창의수학 플레이팩토
함민호	에듀매쓰수학학원
함영호	함영호고등전문수학클럽
허지현	최상위권수학학원
흥성미	부천옥길흥수학
홍성민	해법영어 셀파우등생 일월 메디학원
홍세정	인투엠수학과학학원
홍유진	평촌 지수학원
홍의찬	원수학
홍재욱	켈리윙즈학원
홍재화	아론에듀학원
홍정욱	광교 김샘수학 3.14고등수학
홍지윤	HONGSSAM창의수학
홍훈희	MAX 수학학원
황두연	전문과외
황민지	수학하는날 입시학원
황선아	서나수학
황애리	애리수학학원
황영미	오산일신학원
황은지	멘토수학과학학원
황인영	더올림수학학원
황지훈	명문JS입시학원

◇— 경남 —◇

강경희	TOP Edu
강도윤	강도윤수학컨설팅학원
강지혜	강선생수학학원
고병옥	옥쌤수학과학학원
고성대	math911
고은정	수학은고쌤학원
권영애	권쌤수학
김가령	킴스아카데미
김경문	참진학원
김미양	오렌지클래스학원
김민석	한수위 수학학원
김민정	창원스키마수학
김선희	책벌레국영수학원
김송은	은쌤 수학
김수진	수학의봄수학교습소
김양준	이룸학원
김연지	하이퍼영수학원
김옥경	다온수학전문학원
김재현	타임영수학원
김정두	해성고등학교
김진형	수풀림 수학학원
김치남	수나무학원
김해성	AHHA수학(아하수학)
김형균	칠원채움수학
김형신	대치스터디 수학학원
김혜영	프라임수학
김혜인	조이매쓰
김혜정	올림수학 교습소
노현석	비코즈수학전문학원
문소영	문소영수학관리학원
문주란	장유 올바른수학
민동록	민쌤수학
박규태	에듀탑영수학원
박소현	오름수학전문학원
박영진	대치스터디수학학원
박우열	앤즈스터디메이트 학원
박임수	고탑(GO TOP)수학학원
박정길	아쿰수학학원
박주연	마산무학여자고등학교
박진현	박쌤과외
박혜인	참좋은학원
배미나	경남진주시
배종우	매쓰팩토리 수학학원
백은애	매쓰플랜수학학원
성민지	베스트수학교습소
송상윤	비상한수학학원
신동훈	수과람학원
신욱희	창익학원
안성휘	매쓰팩토리 수학학원
안지영	모두의수학학원
어다혜	전문과외

유인영	마산중앙고등학교
유준성	시퀀스영수학원
윤영진	유클리드수학과학학원
이근영	매스마스터수학전문학원
이나영	TOP Edu
이선미	삼성영수학원
이아름	애시앙 수학맛집
이유진	멘토수학교습소
이진우	전문과외
이현주	즐거운 수학 교습소
장초향	이룸플러스수학학원
전창근	수과원학원
정승엽	해냄학원
정주영	다시봄이룸수학학원
조소현	in수학전문학원
조윤호	조윤호수학학원
주기호	비상한수학국어학원
차민성	율하차쌤수학
최소현	펠릭스 수학학원
하윤석	거제 정금학원
황진호	타임수학학원
황혜숙	합포고등학교

◇— 경북 —◇

강경훈	예천여자고등학교
강혜연	BK 영수전문학원
권오준	필수영어학원
권호준	위너스터디학원
김대훈	이상렬입시단과학원
김동수	문화고등학교
김동욱	구미정보고등학교
김명훈	김민재수학
김보아	매쓰킹공부방
김수현	꿈꾸는 I
김윤정	더채움영수학원
김은미	매쓰그로우 수학학원
김재경	필즈수학영어학원
김태웅	에듀플렉스
김형지	닥터박수학전무학원
남영준	아르베수학전문학원
문소연	조쌤보습학원
박다현	최상위해법수학학원
박명훈	수학행수학학원
박우혁	예천연세학원
박유건	닥터박 수학학원
박은영	esh수학의달인
박진성	포항제철중학교
방성훈	매쓰그로우 수학학원
배재현	수학만영어도학원
백기남	수학만영어도학원
성세현	이투스수학두호장량학원
손나래	이든샘영수학원
손주희	이루다수학과학
송미경	이로지오 학원
송종진	김천고등학교

신광섭	광 수학학원
신승규	영남삼육고등학교
신승용	유신수학전문학원
신지현	문영수 학원
신채윤	포항제철고등학교
안지훈	강한수학
염성군	근화여자고등학교
예보경	피타고라스학원
오선민	수학만영어도학원
윤장영	윤쌤아카데미
이경하	안동 풍산고등학교
이다례	문매쓰달쌤수학
이상원	전문가집단 영수학원
이상현	인투학원
이성국	포스카이학원
이송제	다올입시학원
이영성	영주여자고등학교
이재광	생존학원
이준호	이준호수학교습소
이혜민	영남삼육중학교
이혜은	김천고등학교
장아름	아름수학학원
정은미	수학의봄학원
정재훈	현일고등학교
조진우	늘품수학학원
조현정	올댓수학
진성은	전문과외
천경훈	천강수학전문학원
최수영	수학만영어도학원
최진영	구미시 금오고등학교
추민지	닥터박수학학원
추호성	필즈수학영어학원
표현석	안동 풍산고등학교
하흥민	홍수학
홍영준	하이맵수학학원

◇— 광주 —◇

강민결	광주수피아여자중학교
강승완	블루마인드아카데미
곽웅수	카르페영수학원
권용식	와이엠 수학전문학원
김국진	김국진짜학원
김국철	풍암필즈수학학원
김대균	김대균수학학원
김동희	김동희수학학원
김미경	임팩트학원
김성기	원픽 영수학원
김안나	풍암필즈수학학원
김원진	메이블수학전문학원
김은석	만문제수학전문학원
김재광	디투엠 영수학원
김종민	퍼스트수학학원
김태성	일곡지구 김태성 수학
김현진	에이블수학학원
나혜경	고수학학원

마채연	마채연 수학 전문학원	
박서정	더강한수학전문학원	
박용우	광주 더샘수학학원	
박주홍	KS수학	
박충현	본수과학전문학원	
박현영	KS수학	
변석주	153유클리드수학학원	
빈선욱	빈선욱수학전문학원	
선승연	MATHTOOL수학교습소	
소병효	새움수학전문학원	
손광일	송원고등학교	
손동규	툴즈수학교습소	
송승용	송승용수학학원	
신성호	신성호수학공화국	
신예준	JS영재학원	
신현석	프라임 아카데미	
심여주	웅진 공부방	
양동식	A+수리수학원	
어흥범	매쓰피아	
위광복	우산해라클래스학원	
이만재	매쓰로드수학	
이상혁	감성수학	
이승현	본(本)영수학원	
이창현	알파수학학원	
이채연	알파수학학원	
이충현	전문과외	
이헌기	보문고등학교	
임태관	매쓰멘토수학전문학원	
장광현	장쌤수학	
장민경	일대일코칭수학학원	
장영진	새움수학전문학원	
전주원	전문과외	
정다원	광주인성고등학교	
정다희	다희쌤수학	
정수인	더최선학원	
정원섭	수리수학원	
정인용	일품수학학원	
정종규	에스원수학학원	
정태규	가우스수학전문학원	
정형진	BMA롱맨영수학원	
조일양	서안수학	
조현진	조현진수학학원	
조형서	조형서 수학교습소	
채소연	마하나임 영수학원	
천지선	고수학학원	
최지웅	미라클학원	
최혜정	이루다전문학원	

◆— 대구 —◆

강민영	매씨지수학학원	
고민정	전문과외	
곽미선	좀다른수학	
구정모	제니스클래스	
구현태	대치깊은생각수학학원 시지본원	
권기현	이렇게좋은수학교습소	
권보경	학문당입시학원	
권혜진	폴리아수학2호관학원	
김기연	스텝업수학	
김대운	그릿수학831	
김도영	땡큐수학학원	
김동영	통쾌한 수학	
김득현	차수학 교습소 사월 보성점	
김명서	샘수학	
김미경	풀린다수학교습소	
김미랑	랑수수해	
김미소	전문과외	
김미정	일등수학학원	
김상우	에이치투수학교습소	
김선영	수학학원 바른	
김성무	김성무수학 수학교습소	
김수영	봉덕김쌤수학학원	
김수진	지니수학	
김연정	유니티영어	
김유진	S.M과외교습소	
김재홍	경북여자상업고등학교	
김정우	이룸수학학원	
김종희	학문당 입시학원	
김지연	찐수학	
김지영	김지영수학교습소	
김지은	정화여자고등학교	
김채영	전문과외	
김태진	스카이루트 수학과학학원	
김태환	로고스수학학원(성당원)	
김해은	한상철수학과학학원 상인원	
김현숙	메타매쓰	
남인제	미쓰매쓰수학학원	
노현진	트루매쓰 수학학원	
민병문	선택과 집중	
박경득	파란수학	
박도희	전문과외	
박민석	아크로수학학원	
박민정	빡쎈수학교습소	
박산성	Venn수학	
박수연	쌤통수학학원	
박순찬	찬스수학	
박옥기	매쓰플랜수학학원	
박장호	대구혜화여자고등학교	
박정욱	연세스카이수학학원	
박지훈	더엠수학학원	
박태호	프라임수학교습소	
박현주	매쓰플래너	
방소연	대치깊은생각수학학원 시지본원	
백승대	백박사학원	
백승환	수학의봄 수학교습소	
백재규	필즈수학공부방	
백태민	학문당입시학원	
백현식	바른입시학원	
변용기	라온수학학원	
서경도	서경도수학교습소	
서재은	절대등급수학	
성웅경	더빡쎈수학학원	
소현주	정S과학수학학원	
손승연	스카이수학	
손태수	트루매쓰 학원	
송영배	수학의정원	
신묘숙	매쓰매티카 수학교습소	
신수진	폴리아수학학원	
신은경	황금라온수학	
신은주	하이매쓰학원	
양강일	양쌤수학과학학원	
양은실	제니스 클래스	
오세욱	IP수학과학학원	
윤기호	샤인수학학원	
이규철	좋은수학	
이남희	이남희수학	
이만희	오르라수학전문학원	
이명희	잇츠생각수학 학원	
이상훈	명석수학학원	
이수현	하이매쓰 수학교습소	
이원경	엠제이통수학영어학원	
이인호	본투비수학교습소	
이일균	수학의달인 수학교습소	
이종환	이꼼수학	
이준우	깊을준수학	
이지민	아이플러스 수학	
이진영	소나무학원	
이진욱	시지이룸수학학원	
이창우	강철FM수학학원	
이태형	가토수학과학학원	
이한조	닥터엠에스	
이효진	진선생수학학원	
임신옥	KS수학학원	
임유진	박진수학	
장두영	바움수학학원	
장세완	장선생수학학원	
장시현	전문과외	
전동형	땡큐수학학원	
전수민	전문과외	
전준현	매쓰플랜수학학원	
전지영	전지영수학	
정민호	스테듀입시학원	
정재현	율사학원	
조미란	엠투엠수학 학원	
조성애	조성애세움학원	
조연호	Cho is Math	
조유정	다원MDS	
조인혁	루트원수학과학 학원	
조지연	연쌤영수학원	
주기헌	송현여자고등학교	
진수정	마틸다수학	
최대진	엠프로수학학원	
최은미	수학다움 학원	
최정이	탑수학교습소(국우동)	
최현정	MQ멘토수학	
최현희	다온수학학원	
하태호	팀하이퍼 수학학원	
한원기	한쌤수학	
홍은아	탄탄수학교실	
황가영	루나수학	
황지현	위드제스트수학학원	

◆— 대전 —◆

강유식	연세제일학원	
강홍규	최강학원	
고지훈	고지훈수학 지적공감입시학원	
김일	더브레인코어 학원	
김근아	닥터매쓰205	
김근하	엠씨스터디수학학원	
김남홍	대전종로학원	
김덕한	더칸수학학원	
김동근	엠투오영재학원	
김민지	(주)청명에페보스학원	
김복응	더브레인코어 학원	
김상현	세종입시학원	
김수빈	제타수학전문학원	
김승환	청운학원	
김윤혜	슬기로운수학교습소	
김주성	양영학원	
김지현	파스칼 대덕학원	
김진	발상의전환 수학전문학원	
김진수	김진수학	
김태형	청명대입학원	
김하은	전문과외	
김한솔	시대인재 대전	
김해찬	전문과외	
김휘식	양영학원 고등관	
나효명	열린아카데미	
류재원	양영학원	
박가와	마스터플랜 수학전문학원	
박솔비	매쓰톡수학 교습소	
박주희	빠쌤의 빡센수학	
박지성	엠아이큐수학학원	
배용제	굿티쳐강남학원	
백승정	오르고 수학학원	
서동원	수학의 중심 학원	
서영준	힐탑학원	
선진규	로하스학원	
송규성	하이클래스학원	
송다인	더브라이트학원	
송인석	송인석수학학원	
송정은	바른수학전문교실	
신성철	도안베스트학원	
신성호	수학과학하다	
신원진	공감수학학원	
신익주	신 수학 교습소	
심훈흠	일인주의학원	
양지연	자람수학	
오우진	양영학원	
우현석	EBS 수학우수학원	
유수림	수림수학학원	
유준호	더브레인코어 학원	
윤석주	윤석주수학전문학원	
윤찬근	오르고 수학학원	
이국빈	케이플러스수학	

수학의 바이블

개념 ON

대수

수학의 바이블

1 자세한 개념 학습

2022개정 교육과정을 완벽하게 분석하여
모든 개념을 정확하게 학습할 수 있고,
상세한 개념 설명으로 교과서보다 쉽고 자세하게 이해할 수 있습니다.

2 단계별 유형 공부

학습한 개념을 단계별, 유형별로 문제 풀이에 적용할 수 있도록
대표 예제 → 한 번 더하기 → 표현 더하기 → 실력 더하기 로 구성하여
문제 적응력을 높일 수 있습니다.

3 수준별 문제 풀이

중단원 연습문제를 STEP1 기본 다지기 → STEP2 실력 다지기로 구성하여
기본에서 심화까지 문제 해결력을 기를 수 있습니다.

더 완벽하고 친절해진 설명!
수학의 바이블만의 섬세한 개념 구성

◇ 바이블만의 체계적이고 자세한 설명 방식으로
새로운 개념에 대한 공식 및 원리의 완벽한 이해를 도와줍니다.

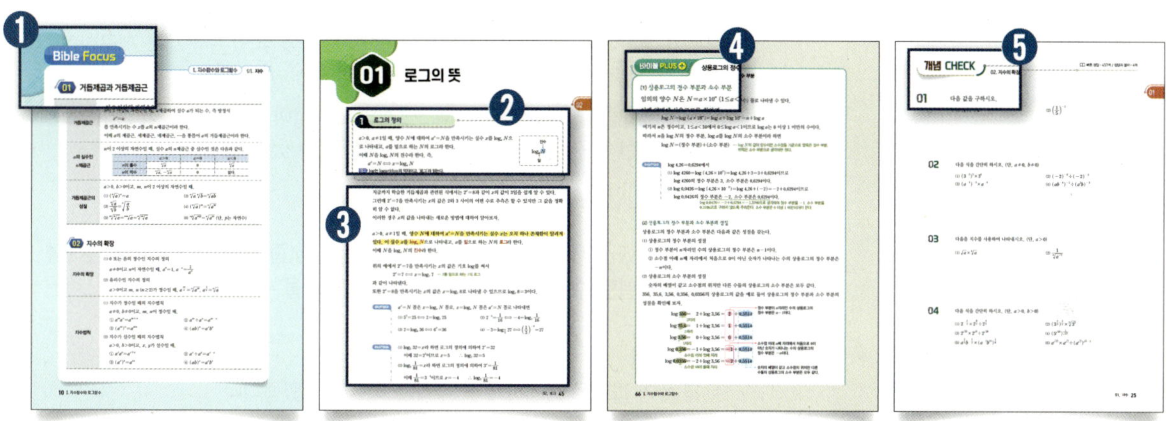

❶ Bible Focus

각 단원의 주요 내용과 공식을 한눈에 확인할 수 있게 정리함으로써
앞으로의 학습 방향을 명확하게 인지할 수 있도록 구성하였습니다.

❷ 두괄식 정리

새로운 개념에 대한 명확한 용어 정의와, 개념의 중요 핵심 사항을 도식화하여 제시하였고
각 단원에서 학습하는 내용에 대해 참고 주의 Tip 을 추가하여 개념을 더 확실하게 이해할 수 있도록 구성하였습니다.

❸ 섬세한 개념 설명

교과서보다 자세한 설명으로 개념을 깊이 있고 완벽하게 이해할 수 있습니다.
줄글로 풀어나가는 자세한 설명 사이사이에 다양한 example 을 제공함으로써
간결한 호흡으로 개념과 원리를 쉽게 이해할 수 있도록 하였습니다.

❹ 바이블 PLUS

교육과정에서 다루진 않지만 개념 이해를 도와줄 수 있고 문제 해결에 유용한 내용을 제시하여
수학적 원리의 이해도를 높일 수 있도록 하였습니다.

❺ 개념 CHECK

개념 설명 이후 배운 내용을 바로 확인할 수 있도록 개념이 직접적으로 적용된 문제를 제공하여
학습한 내용을 정확하게 이해하였는지 체크할 수 있습니다.

단계별로 충분한 유형 학습!
꼭 알아야 할 필수 문제로 구성

◇ 개념의 핵심을 가장 잘 보여줄 수 있는 문제로 엄선하여
3단계의 자세한 풀이로 문제 해결 과정을 완벽하게 이해할 수 있도록 구성하였습니다.

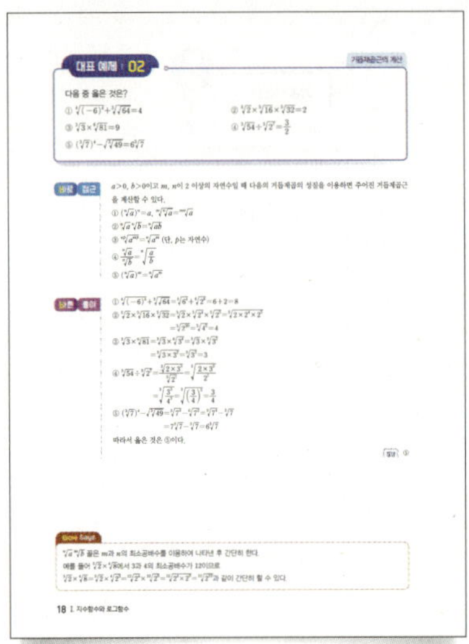

❶ 대표 예제

본문을 통하여 배운 개념의 핵심을 가장 잘 보여줄 수 있는 문제를 제공하여
개념을 정확히 이해하였는지 확인할 수 있도록 하였습니다.

[바로 접근] [바른 풀이] [Bible Says] 3단계의 체계적이고 자세한 풀이 방식으로
문제에 대한 접근 및 해결 방법을 쉽게 이해할 수 있습니다.

❷ 바로 접근

문제를 접했을 때 어떻게 접근해야 하는지를 알려줍니다. 바로 접근을 통하여
문제를 해결할 수 있는 포인트를 잡는 방법을 배울 수 있습니다.

❸ 바른 풀이

문제 풀이 과정을 상세하게 볼 수 있도록 구성하였습니다.
풀이를 따라가면서 세부적인 해결 과정을 자세하게 이해할 수 있습니다.

❹ Bible Says

문제 풀이에 도움이 되는 추가 설명과 내용 정리를 제공하여 수학적 사고를
넓힐 수 있도록 하였습니다.

◇ 충분한 연습을 위해 하나의 예제를 [한 번 더하기] → [표현 더하기] → [실력 더하기] 와 같이
단계별로 학습하여 유형에 대한 적응력을 높일 수 있습니다!

❺ 한 번 더하기

예제에서 숫자가 바뀐 문제로 예제를 통하여 익힌 풀이 과정을 반복 연습하면서
스스로 문제를 풀 수 있는 힘을 키울 수 있습니다.

❻ 표현 더하기

예제에서 문제를 제시하는 표현만 변형된 문제로, 동일한 해결 과정에 대한
다양한 수학적 표현과 문제 제시 방법을 익혀 낯선 문제에 대한 적응력을
기를 수 있습니다.

❼ 실력 더하기

예제에 적용된 개념을 응용한 문제를 풀면서 문제 유형을 완벽하게 이해하고,
풀이 과정을 응용할 수 있는 능력을 기를 수 있습니다.

배운 내용을 중단원별로 마무리
2022개정 교육과정을 완벽하게 분석하여
내신, 모의고사, 수능 대비에 적합한 문제로 구성

STEP1 기본 다지기 → **S·T·E·P2** 실력 다지기의 두 단계로 구성하여
기본에서 심화까지 단계적으로 문제 해결력을 기를 수 있습니다.

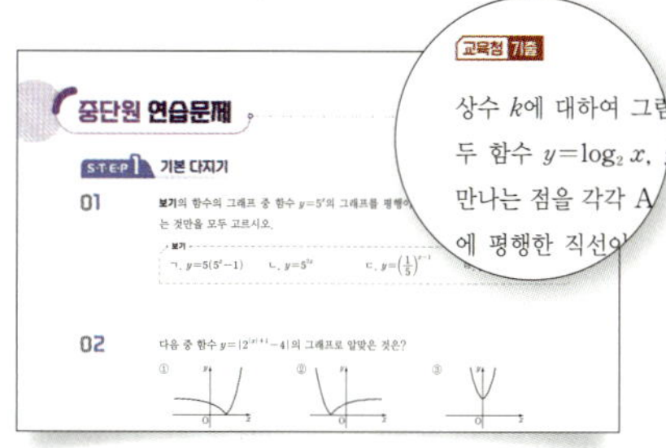

❶ **STEP1 기본 다지기**

각 단원의 필수 유형 문제를 풀면서 앞서 공부한 내용을 다질 수 있습니다.
기본 다지기 문제를 해결하는 과정에서 그 단원의 개념을 완벽하게 이해할 수 있습니다.

❷ **STEP 2 실력 다지기**

개념 이해를 토대로 실력을 다질 수 있도록 한 비교적 어려운 문제부터
종합적 사고력이 요구되는 challenge 문제까지 단계적으로
문제를 해결해 봄으로써 문제 해결 능력을 향상시킬 수 있습니다.

❸ **다양한 기출문제**

수능 기출, 평가원 기출, 교육청 기출 문제를 제공하여
내신뿐만 아니라 모의고사, 수능에 대비할 수 있습니다.

체계적이고 자세한 고퀄리티 풀이집

자세한 풀이 방식으로 문제에 대한 접근 및 해결방법을 쉽게 이해할 수 있습니다.

❶ **상세한 문제 풀이**

문제 풀이 과정을 상세하게 볼 수 있도록
구성하였습니다. 풀이를 따라가면 세부적인
해결 과정을 자세하게 이해할 수 있습니다.

❷ **다른 풀이**

본풀이와 함께 다양한 아이디어 학습을 위한
다른 풀이를 수록하였습니다.

❸ **참고**

문제 풀이에 도움이 되거나, 부가적으로
심층적인 설명이 필요한 경우 참고를 제공하여,
추가 설명과 내용 정리를 통해 수학적 사고를
넓힐 수 있도록 하였습니다.

Contents

Ⅲ. 수열

2022개정 교육과정 역시
수학의 바이블

수학을 공부하는 학생들에게 필수적인 개념서인 수학의 바이블은
2003년 출간되어 현재까지 총 20여 차례 이상 개정되며
스테디셀러로 자리매김하여 수학을 준비하는 학생들에게 큰 인기를 얻고 있습니다.
그 이유는 무엇일까요?

먼저, 수학의 바이블은 친절합니다.
수학의 바이블은 개념을 이해하기 쉽게 설명하고 다양한 문제 풀이 방법을 제시하여
수학을 어려워하는 학생들도 쉽게 이해할 수 있도록 도와줍니다.

또한 체계적이고 자세한 설명으로
새로운 개념에 대한 공식 및 원리를 완벽하게 이해할 수 있어
수학을 보다 깊이 있게 학습할 수 있도록 도와줍니다.

수학의 개념과 원리를 이해하는 것은 수학을 잘하기 위한 첫 걸음입니다.

많은 학생들이 수학의 바이블을 통해 수학에 대한 자신감을 키우고
수학을 통해 세상을 이해하는데 도움이 되기를,
앞으로 있을 여정에 수학의 바이블이 든든한 나침반이 될 수 있기를
마음 깊이 바랍니다.

01 지수

01 거듭제곱과 거듭제곱근

거듭제곱근	n이 2 이상의 자연수일 때, n제곱하여 실수 a가 되는 수, 즉 방정식 $x^n = a$ 를 만족시키는 수 x를 a의 n제곱근이라 한다. 이때 a의 제곱근, 세제곱근, 네제곱근, …을 통틀어 a의 거듭제곱근이라 한다.

a의 실수인 n제곱근

n이 2 이상의 자연수일 때, 실수 a의 n제곱근 중 실수인 것은 다음과 같다.

	$a>0$	$a=0$	$a<0$
n이 홀수	$\sqrt[n]{a}$	0	$\sqrt[n]{a}$
n이 짝수	$\sqrt[n]{a},\ -\sqrt[n]{a}$	0	없다.

거듭제곱근의 성질

$a>0$, $b>0$이고, m, n이 2 이상의 자연수일 때,

(1) $\left(\sqrt[n]{a}\right)^n = a$

(2) $\sqrt[n]{a}\,\sqrt[n]{b} = \sqrt[n]{ab}$

(3) $\dfrac{\sqrt[n]{a}}{\sqrt[n]{b}} = \sqrt[n]{\dfrac{a}{b}}$

(4) $\left(\sqrt[n]{a}\right)^m = \sqrt[n]{a^m}$

(5) $\sqrt[m]{\sqrt[n]{a}} = \sqrt[mn]{a} = \sqrt[n]{\sqrt[m]{a}}$

(6) $\sqrt[np]{a^{mp}} = \sqrt[n]{a^m}$ (단, p는 자연수)

02 지수의 확장

지수의 확장

(1) 0 또는 음의 정수인 지수의 정의

$a \neq 0$이고 n이 자연수일 때, $a^0 = 1$, $a^{-n} = \dfrac{1}{a^n}$

(2) 유리수인 지수의 정의

$a>0$이고 m, $n\ (n \geq 2)$가 정수일 때, $a^{\frac{m}{n}} = \sqrt[n]{a^m}$, $a^{\frac{1}{n}} = \sqrt[n]{a}$

지수법칙

(1) 지수가 정수일 때의 지수법칙

$a \neq 0$, $b \neq 0$이고, m, n이 정수일 때,

① $a^m a^n = a^{m+n}$

② $a^m \div a^n = a^{m-n}$

③ $(a^m)^n = a^{mn}$

④ $(ab)^n = a^n b^n$

(2) 지수가 실수일 때의 지수법칙

$a>0$, $b>0$이고, x, y가 실수일 때,

① $a^x a^y = a^{x+y}$

② $a^x \div a^y = a^{x-y}$

③ $(a^x)^y = a^{xy}$

④ $(ab)^x = a^x b^x$

01 거듭제곱과 거듭제곱근

1 거듭제곱근

n이 2 이상의 자연수일 때, n제곱하여 실수 a가 되는 수, 즉 방정식

$$x^n = a$$

를 만족시키는 수 x를 a의 n제곱근이라 한다.

이때 a의 제곱근, 세제곱근, 네제곱근, …을 통틀어 a의 거듭제곱근이라 한다.

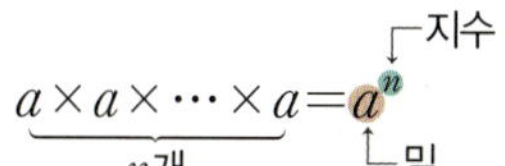

중학교 과정에서 학습한 거듭제곱과 지수법칙에 대해 복습해 보자.

실수 a와 자연수 n에 대하여 a를 n번 곱한 것을 a의 n제곱이라 하고, a^n으로 나타낸다.

이때 a, a^2, a^3, …, a^n, …을 통틀어 a의 **거듭제곱**이라 하고, a^n에서 a를 거듭제곱의 **밑**, n을 거듭제곱의 **지수**라 한다.

$$\underbrace{a \times a \times \cdots \times a}_{n개} = a^n \begin{matrix} \text{지수} \\ \text{밑} \end{matrix}$$

┌ 밑이 유리수 뿐만 아니라 무리수인 경우도 지수법칙이 성립한다.

또한 a, b가 실수이고 m, n이 자연수일 때, 다음과 같은 지수법칙이 성립함을 학습하였다.

① $a^m a^n = a^{m+n}$

② $(a^m)^n = a^{mn}$

③ $(ab)^n = a^n b^n$

④ $\left(\dfrac{a}{b}\right)^n = \dfrac{a^n}{b^n}$ (단, $b \neq 0$)

⑤ $a^m \div a^n = \begin{cases} a^{m-n} & (m > n) \\ 1 & (m = n) \\ \dfrac{1}{a^{n-m}} & (m < n) \end{cases}$ (단, $a \neq 0$)

example 두 실수 a, b $(b \neq 0)$에 대하여 다음 식을 간단히 하면

(1) $ab^2 \times a^3 b^5 = a^{1+3} \times b^{2+5} = a^4 b^7$

(2) $(a^3 b^2)^3 \div (a^2 b)^2 = a^9 b^6 \div a^4 b^2$

$\qquad\qquad\qquad\quad = a^{9-4} b^{6-2} = a^5 b^4$

(3) $\left(\dfrac{a^2}{b^4}\right)^3 \div \left(\dfrac{a}{b^2}\right)^4 = \dfrac{a^6}{b^{12}} \div \dfrac{a^4}{b^8} = \dfrac{a^6}{b^{12}} \times \dfrac{b^8}{a^4}$

$\qquad\qquad\qquad\qquad\qquad = a^{6-4} \times \dfrac{1}{b^{12-8}} = \dfrac{a^2}{b^4}$

주의 지수법칙을 이용할 때, 다음에 주의한다.

$a^m + a^n \neq a^{m+n},\ a^m \times a^n \neq a^{mn},\ (a^m)^n \neq a^{m^n},\ a^m \div a^m \neq 0$ (단, $a \neq 0$)

제곱하여 실수 a가 되는 수, 즉 $x^2=a$를 만족시키는 수 x를 a의 제곱근이라 하는 것과 마찬가지로 실수 a와 2 이상인 자연수 n에 대하여 n제곱하여 실수 a가 되는 수, 즉 방정식 $x^n=a$를 만족시키는 수 x를 a의 n제곱근이라 한다.

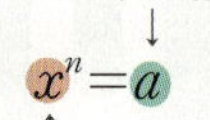

실수 a의 n제곱근은 복소수의 범위에서 n개가 있음이 알려져 있다.

이때 a의 제곱근, 세제곱근, 네제곱근, …을 통틀어 a의 **거듭제곱근**이라 한다.

예를 들어 세제곱하여 a가 되는 수, 즉 $x^3=a$를 만족시키는 수 x를 a의 세제곱근이라 한다.

example

(1) -27의 세제곱근을 x라 하면 $x^3=-27$이므로

$$x^3+27=0, \ (x+3)(x^2-3x+9)=0 \qquad \therefore x=-3 \ \text{또는} \ x=\frac{3\pm3\sqrt{3}i}{2}$$

따라서 -27의 세제곱근은 -3, $\dfrac{3-3\sqrt{3}i}{2}$, $\dfrac{3+3\sqrt{3}i}{2}$이다.

(2) 16의 네제곱근을 x라 하면 $x^4=16$이므로

$$x^4-16=0, \ (x+2)(x-2)(x^2+4)=0 \qquad \therefore x=\pm2 \ \text{또는} \ x=\pm2i$$

따라서 16의 네제곱근은 -2, 2, $-2i$, $2i$이다.

참고 0의 n제곱근은 방정식 $x^n=0$을 만족시키는 x의 값이므로 0뿐이고, 이때 0은 n중근으로 본다.

2 a의 실수인 n제곱근

n이 2 이상의 자연수일 때, 실수 a의 n제곱근 중 실수인 것은 다음과 같다.

	$a>0$	$a=0$	$a<0$
n이 홀수	$\sqrt[n]{a}$	0	$\sqrt[n]{a}$
n이 짝수	$\sqrt[n]{a}, \ -\sqrt[n]{a}$	0	없다.

참고 $\sqrt[n]{a}$는 'n제곱근 a'로 읽는다.

실수 a의 n제곱근 중 실수인 것은 방정식 $x^n=a$의 실근이므로 함수 $y=x^n$의 그래프와 직선 $y=a$의 교점의 x좌표와 같다.

고등학교 과정에서는 거듭제곱근 중에서 실수인 것만 다루기로 한다.

따라서 n이 홀수일 때와 짝수일 때로 나누어 함수 $y=x^n$의 그래프와 직선 $y=a$의 교점을 이용하여 a의 n제곱근 중 실수인 것과 그 개수를 구해 보자.

(1) $x^n=a$에서 n이 홀수일 때

n이 홀수일 때 함수 $y=x^n$의 그래프는 그림과 같이 원점에 대하여 대칭이다. 이때 이 그래프와 직선 $y=a$의 교점은 실수 a의 값에 관계없이 오직 한 개 존재한다.

따라서 a의 n제곱근 중 실수인 것은 오직 하나뿐이고, 이것을 기호로 $\sqrt[n]{a}$와 같이 나타낸다. ← n이 홀수일 때 $\sqrt[n]{a}$의 부호와 a의 부호는 일치한다. (단, $a\neq0$)

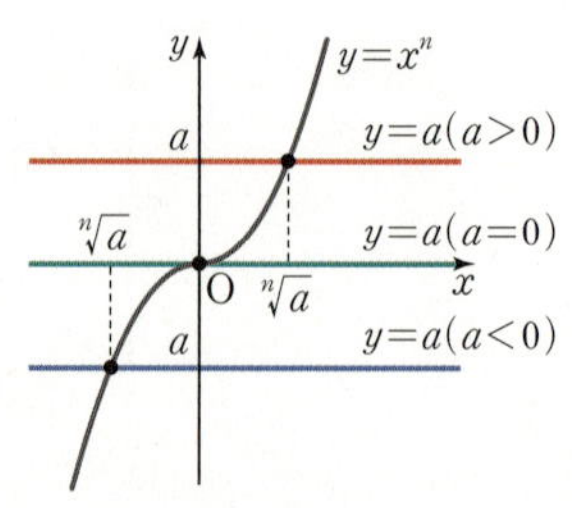

(2) $x^n = a$에서 n이 짝수일 때

n이 짝수일 때 함수 $y=x^n$의 그래프는 그림과 같이 y축에 대하여
대칭이다. 이때 이 그래프와 직선 $y=a$의 교점은 실수 a의 값에
따라 다음과 같다.

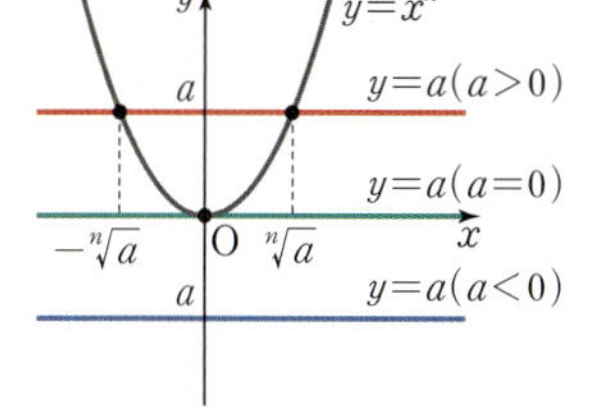

(ⅰ) $a>0$이면 교점은 2개이고, 그 두 교점의 x좌표는 각각 양수와
   음수이다.

   따라서 a의 n제곱근 중 실수인 것은 양수와 음수 각각 하나씩 있다.

   이때 양수인 것은 기호로 $\sqrt[n]{a}$, 음수인 것은 기호로 $-\sqrt[n]{a}$와 같이 나타낸다.

(ⅱ) $a=0$이면 교점은 1개이고, 그 교점의 x좌표는 0이다.

   따라서 a의 n제곱근 중 실수인 것은 0 하나뿐이다. 즉, $\sqrt[n]{0}=0$이다.

(ⅲ) $a<0$이면 교점이 없으므로 a의 n제곱근 중 실수인 것은 없다.

위의 내용을 정리하여 실수 a의 n제곱근 중 실수인 것을 표로 나타내면 다음과 같다.

	$a>0$	$a=0$	$a<0$
n이 홀수	$\sqrt[n]{a}$	0	$\sqrt[n]{a}$
n이 짝수	$\sqrt[n]{a},\ -\sqrt[n]{a}$	0	없다.

한편, 'a의 n제곱근'과 'n제곱근 a'의 의미를 혼동하지 않도록 주의하자.

'a의 n제곱근'은 n제곱하여 a가 되는 수, 즉 방정식 $x^n=a$를 만족시키는 모든 x의 값을 뜻하고,

'n제곱근 a'는 a의 n제곱근 중 하나인 $\sqrt[n]{a}$를 뜻한다.

example

(1) 8의 세제곱근 중 실수인 것은 2이므로 $\sqrt[3]{8}=2$

(2) -27의 세제곱근 중 실수인 것은 -3이므로 $\sqrt[3]{-27}=-3$

(3) 81의 네제곱근 중 실수인 것은 3, -3이므로

   $\sqrt[4]{81}=3,\ -\sqrt[4]{81}=-3$

(4) -16의 네제곱근 중 실수인 것은 없다.

example

(1) $\sqrt[3]{\dfrac{27}{125}}$ 을 근호를 사용하지 않고 나타내면

   $\dfrac{27}{125}$의 세제곱근 중 실수인 것은 $\dfrac{3}{5}$이므로

   $\sqrt[3]{\dfrac{27}{125}}=\dfrac{3}{5}$

(2) $\sqrt[4]{81}$을 근호를 사용하지 않고 나타내면

   81의 네제곱근 중 실수인 것은 -3, 3이고 $\sqrt[4]{81}$은 양수이므로

   $\sqrt[4]{81}=3$

(3) $\sqrt[5]{-32}$를 근호를 사용하지 않고 나타내면

   -32의 다섯제곱근 중 실수인 것은 -2이므로

   $\sqrt[5]{-32}=-2$

$a>0$, $b>0$이고, m, n이 2 이상의 자연수일 때,

(1) $(\sqrt[n]{a})^n=a$

(2) $\sqrt[n]{a}\,\sqrt[n]{b}=\sqrt[n]{ab}$

(3) $\dfrac{\sqrt[n]{a}}{\sqrt[n]{b}}=\sqrt[n]{\dfrac{a}{b}}$

(4) $(\sqrt[n]{a})^m=\sqrt[n]{a^m}$

(5) $\sqrt[m]{\sqrt[n]{a}}=\sqrt[mn]{a}=\sqrt[n]{\sqrt[m]{a}}$

(6) $\sqrt[np]{a^{mp}}=\sqrt[n]{a^m}$ (단, p는 자연수)

지수법칙을 이용하여 거듭제곱근의 성질을 확인해 보자.
<u>11쪽 참고</u>

$a>0$, $b>0$이고 m, n이 2 이상의 자연수일 때,

(1) $(\sqrt[n]{a})^n=a$

$\sqrt[n]{a}$는 n제곱하면 a가 되는 양수이므로 $(\sqrt[n]{a})^n=a$

(2) $\sqrt[n]{a}\,\sqrt[n]{b}=\sqrt[n]{ab}$

좌변을 n제곱하면 $(\sqrt[n]{a}\,\sqrt[n]{b})^n=(\sqrt[n]{a})^n(\sqrt[n]{b})^n=ab$ ← 지수법칙 $(xy)^n=x^ny^n$, 거듭제곱근의 성질 (1)

이때 $\sqrt[n]{a}>0$, $\sqrt[n]{b}>0$이므로 $\sqrt[n]{a}\,\sqrt[n]{b}>0$

따라서 $\sqrt[n]{a}\,\sqrt[n]{b}$는 ab의 양의 n제곱근이므로 $\sqrt[n]{a}\,\sqrt[n]{b}=\sqrt[n]{ab}$

(3) $\dfrac{\sqrt[n]{a}}{\sqrt[n]{b}}=\sqrt[n]{\dfrac{a}{b}}$

좌변을 n제곱하면 $\left(\dfrac{\sqrt[n]{a}}{\sqrt[n]{b}}\right)^n=\dfrac{(\sqrt[n]{a})^n}{(\sqrt[n]{b})^n}=\dfrac{a}{b}$ ← 지수법칙 $\left(\dfrac{x}{y}\right)^n=\dfrac{x^n}{y^n}$, 거듭제곱근의 성질 (1)

이때 $\sqrt[n]{a}>0$, $\sqrt[n]{b}>0$이므로 $\dfrac{\sqrt[n]{a}}{\sqrt[n]{b}}>0$

따라서 $\dfrac{\sqrt[n]{a}}{\sqrt[n]{b}}$ 는 $\dfrac{a}{b}$의 양의 n제곱근이므로 $\dfrac{\sqrt[n]{a}}{\sqrt[n]{b}}=\sqrt[n]{\dfrac{a}{b}}$

(4) $(\sqrt[n]{a})^m=\sqrt[n]{a^m}$

좌변을 n제곱하면 $\{(\sqrt[n]{a})^m\}^n=(\sqrt[n]{a})^{mn}=\{(\sqrt[n]{a})^n\}^m=a^m$ ← 지수법칙 $(x^m)^n=x^{mn}$, 거듭제곱근의 성질 (1)

이때 $\sqrt[n]{a}>0$이므로 $(\sqrt[n]{a})^m>0$

따라서 $(\sqrt[n]{a})^m$은 a^m의 양의 n제곱근이므로 $(\sqrt[n]{a})^m=\sqrt[n]{a^m}$

(5) $\sqrt[m]{\sqrt[n]{a}}=\sqrt[mn]{a}=\sqrt[n]{\sqrt[m]{a}}$

$\sqrt[m]{\sqrt[n]{a}}=\sqrt[mn]{a}$의 좌변을 mn제곱하면

$(\sqrt[m]{\sqrt[n]{a}})^{mn}=\{(\sqrt[m]{\sqrt[n]{a}})^m\}^n=(\sqrt[n]{a})^n=a$ ← 지수법칙 $x^{mn}=(x^m)^n$, 거듭제곱근의 성질 (1)

이때 $\sqrt[m]{\sqrt[n]{a}}>0$에서 $\sqrt[m]{\sqrt[n]{a}}$는 a의 양의 mn제곱근이므로 $\sqrt[m]{\sqrt[n]{a}}=\sqrt[mn]{a}$

같은 방법으로 $\sqrt[mn]{a}=\sqrt[n]{\sqrt[m]{a}}$도 성립한다.

(6) $\sqrt[np]{a^{mp}}=\sqrt[n]{a^m}$ (단, p는 자연수)

좌변을 n제곱하면

$(\sqrt[np]{a^{mp}})^n=(\sqrt[n]{\sqrt[p]{a^{mp}}})^n=\sqrt[p]{a^{mp}}=\sqrt[p]{(a^m)^p}=(\sqrt[p]{a^m})^p=a^m$ ← 지수법칙 $x^{mn}=(x^m)^n$, 거듭제곱근의 성질 (1), (4), (5)

이때 $\sqrt[np]{a^{mp}}>0$에서 $\sqrt[np]{a^{mp}}$은 a^m의 양의 n제곱근이므로 $\sqrt[np]{a^{mp}}=\sqrt[n]{a^m}$

example

(1) $\left(\sqrt[4]{7}\right)^4 = 7$

(2) $\sqrt[5]{2}\sqrt[5]{16} = \sqrt[5]{2 \times 16} = \sqrt[5]{32} = \sqrt[5]{2^5} = 2$

(3) $\dfrac{\sqrt[3]{10000}}{\sqrt[3]{10}} = \sqrt[3]{\dfrac{10000}{10}} = \sqrt[3]{1000} = \sqrt[3]{10^3} = 10$

(4) $\left(\sqrt[3]{5}\right)^6 = \sqrt[3]{5^6} = \sqrt[3]{25^3} = 25$

(5) $\sqrt{\sqrt[3]{729}} = \sqrt[6]{729} = \sqrt[6]{3^6} = 3$

(6) $\sqrt[8]{16} = \sqrt[8]{2^4} = \sqrt{2}$

주의 거듭제곱근의 성질은 근호 안의 수가 양수일 때만 성립함에 주의하자.

한편, n이 4 이상의 짝수일 때 근호 $\sqrt[n]{}$ 안이 음수인 경우는 정의하지 않으므로 거듭제곱근의 성
$n=2$일 때는 $\sqrt{-1}=i$로 정의한다.
질을 사용할 때는 근호 안의 수가 양수인 조건이 필요한 것에 주의하도록 하자.

개념 CHECK

📖 빠른 정답 · 457쪽 / 정답과 풀이 · 2쪽

01. 거듭제곱과 거듭제곱근

01 다음 거듭제곱근 중 실수인 것을 구하시오.

(1) -125의 세제곱근

(2) 256의 네제곱근

02 다음 값을 구하시오.

(1) $\sqrt[3]{0.008}$

(2) $\sqrt[4]{625}$

(3) $\sqrt[3]{-1000}$

03 다음 식을 간단히 하시오.

(1) $\sqrt[4]{4} \times \sqrt[4]{32} \div \sqrt[4]{8}$

(2) $\left(\sqrt[4]{7}\right)^8$

(3) $\sqrt[3]{27} \times \sqrt{\sqrt{16}}$

(4) $\sqrt[9]{5^6} \times \sqrt[6]{5^2}$

대표 예제 01

보기에서 옳은 것만을 있는 대로 고르시오.

보기
ㄱ. 27의 세제곱근은 3뿐이다.
ㄴ. -16의 네제곱근 중 실수인 것은 없다.
ㄷ. $-\sqrt{2}i$는 4의 네제곱근 중 하나이다.
ㄹ. -6의 세제곱근 중 실수인 것은 1개이다.
ㅁ. 네제곱근 81은 3이다.

Ba로 접근

실수 a와 자연수 n $(n\geq2)$에 대하여

① a의 n제곱근 $\Longleftrightarrow$ n제곱하여 a가 되는 수 $\Longleftrightarrow$ 방정식 $x^n=a$의 근 x

② n제곱근 $a \Longleftrightarrow \sqrt[n]{a}$

③ a의 n제곱근 중 실수인 것은 다음과 같다.

	$a>0$	$a=0$	$a<0$
n이 홀수	$\sqrt[n]{a}$	0	$\sqrt[n]{a}$
n이 짝수	$\sqrt[n]{a},\ -\sqrt[n]{a}$	0	없다.

Ba른 풀이

ㄱ. 27의 세제곱근을 x라 하면 $x^3=27$이므로

$x^3-27=0,\ (x-3)(x^2+3x+9)=0$

$\therefore x=3$ 또는 $x=\dfrac{-3\pm3\sqrt{3}i}{2}$

따라서 27의 세제곱근은 3, $\dfrac{-3-3\sqrt{3}i}{2}$, $\dfrac{-3+3\sqrt{3}i}{2}$ 이다. (거짓)

ㄴ. -16의 네제곱근을 x라 하면 $x^4=-16$

이를 만족시키는 실수 x의 값은 존재하지 않으므로 -16의 네제곱근 중 실수인 것은 없다. (참)

ㄷ. 4의 네제곱근을 x라 하면 $x^4=4$이므로

$x^4-4=0,\ (x^2+2)(x^2-2)=0$

$\therefore x=\pm\sqrt{2}i$ 또는 $x=\pm\sqrt{2}$

따라서 $-\sqrt{2}i$는 4의 네제곱근 중 하나이다. (참)

ㄹ. -6의 세제곱근 중 실수인 것은 $\sqrt[3]{-6}$의 1개이다. (참)

ㅁ. 네제곱근 81은 $\sqrt[4]{81}=3$이다. (참)

따라서 옳은 것은 ㄴ, ㄷ, ㄹ, ㅁ이다.

정답 ㄴ, ㄷ, ㄹ, ㅁ

Bible Says

실수 a $(a\neq0)$와 자연수 n $(n\geq2)$에 대하여

a의 n제곱근 $\Longleftrightarrow$ n제곱하여 a가 되는 수

➡ 실수 a의 n제곱근은 복소수의 범위에서 n개가 있음이 알려져 있다.

한 번 더하기

01-1

다음 중 옳은 것은?

① -4의 제곱근은 없다.

② -1의 세제곱근은 -1뿐이다.

③ 36의 네제곱근 중 실수인 것은 $\sqrt{6}$뿐이다.

④ n이 짝수일 때, -10의 n제곱근 중 실수인 것은 없다.

⑤ n이 홀수일 때, 8의 n제곱근 중 실수인 것은 2개이다.

표현 더하기

01-2

-216의 세제곱근 중 실수인 것을 a, $\sqrt{625}$의 네제곱근 중 음수인 것을 b라 할 때, ab의 값을 구하시오.

표현 더하기

01-3

2 이상의 자연수 n에 대하여 n^2-3n-4의 n제곱근 중 실수의 개수가 2가 되도록 하는 자연수 n의 최솟값을 구하시오.

실력 더하기 교육청 기출

01-4

자연수 n $(n \geq 2)$에 대하여 $m-2n$의 n제곱근 중에서 실수인 것의 개수를 $f(n)$이라 할 때, $f(2)+f(3)+f(4)=3$을 만족시키는 모든 자연수 m의 값의 합은?

① 18　　　　② 23　　　　③ 28　　　　④ 33　　　　⑤ 38

대표 예제 | 02

다음 중 옳은 것은?

① $\sqrt[4]{(-6)^4}+\sqrt[3]{\sqrt{64}}=4$

② $\sqrt[5]{2}\times\sqrt[5]{16}\times\sqrt[5]{32}=2$

③ $\sqrt[3]{3}\times\sqrt[6]{81}=9$

④ $\sqrt[3]{54}\div\sqrt[3]{2^7}=\dfrac{3}{2}$

⑤ $(\sqrt[3]{7})^4-\sqrt{\sqrt[3]{49}}=6\sqrt[3]{7}$

바로 접근

$a>0$, $b>0$이고 m, n이 2 이상의 자연수일 때 다음의 거듭제곱의 성질을 이용하면 주어진 거듭제곱근을 계산할 수 있다.

① $(\sqrt[n]{a})^n=a$, $\sqrt[m]{\sqrt[n]{a}}=\sqrt[mn]{a}$

② $\sqrt[n]{a}\,\sqrt[n]{b}=\sqrt[n]{ab}$

③ $\sqrt[np]{a^{mp}}=\sqrt[n]{a^m}$ (단, p는 자연수)

④ $\dfrac{\sqrt[n]{a}}{\sqrt[n]{b}}=\sqrt[n]{\dfrac{a}{b}}$

⑤ $(\sqrt[n]{a})^m=\sqrt[n]{a^m}$

바른 풀이

① $\sqrt[4]{(-6)^4}+\sqrt[3]{\sqrt{64}}=\sqrt[4]{6^4}+\sqrt[6]{2^6}=6+2=8$

② $\sqrt[5]{2}\times\sqrt[5]{16}\times\sqrt[5]{32}=\sqrt[5]{2}\times\sqrt[5]{2^4}\times\sqrt[5]{2^5}=\sqrt[5]{2\times2^4\times2^5}$
$\qquad\qquad\qquad\qquad\quad=\sqrt[5]{2^{10}}=\sqrt[5]{(2^2)^5}=4$

③ $\sqrt[3]{3}\times\sqrt[6]{81}=\sqrt[3]{3}\times\sqrt[6]{3^4}=\sqrt[3]{3}\times\sqrt[3]{3^2}$
$\qquad\qquad\quad=\sqrt[3]{3\times3^2}=\sqrt[3]{3^3}=3$

④ $\sqrt[3]{54}\div\sqrt[3]{2^7}=\dfrac{\sqrt[3]{2\times3^3}}{\sqrt[3]{2^7}}=\sqrt[3]{\dfrac{2\times3^3}{2^7}}$
$\qquad\qquad\quad=\sqrt[3]{\dfrac{3^3}{4^3}}=\sqrt[3]{\left(\dfrac{3}{4}\right)^3}=\dfrac{3}{4}$

⑤ $(\sqrt[3]{7})^4-\sqrt{\sqrt[3]{49}}=\sqrt[3]{7^4}-\sqrt[6]{7^2}=\sqrt[3]{7^4}-\sqrt[3]{7}$
$\qquad\qquad\qquad\quad=7\sqrt[3]{7}-\sqrt[3]{7}=6\sqrt[3]{7}$

따라서 옳은 것은 ⑤이다.

정답 ⑤

Bible Says

$\sqrt[n]{a}\,\sqrt[m]{b}$ 꼴은 m과 n의 최소공배수를 이용하여 나타낸 후 간단히 한다.

예를 들어 $\sqrt[3]{2}\times\sqrt[4]{8}$에서 3과 4의 최소공배수가 12이므로

$\sqrt[3]{2}\times\sqrt[4]{8}=\sqrt[3]{2}\times\sqrt[4]{2^3}=\sqrt[12]{2^4}\times\sqrt[12]{2^9}=\sqrt[12]{2^4\times2^9}=\sqrt[12]{2^{13}}$과 같이 간단히 할 수 있다.

01

한 번 더하기

02-1

다음 식을 간단히 하시오.

(1) $\sqrt[3]{\sqrt{3^{12}}} \div \sqrt[5]{-243}$

(2) $\sqrt[4]{5} \times \sqrt[4]{625} \times \sqrt[4]{125}$

(3) $(\sqrt[3]{2})^6 \div \sqrt[5]{32^2} + \sqrt{\sqrt[3]{729}}$

(4) $\sqrt[3]{36} \times \sqrt[3]{18} \div \sqrt[3]{3^7}$

표현 더하기

02-2

$\sqrt{\dfrac{\sqrt[3]{25}}{\sqrt{25}}} \div \sqrt[3]{\dfrac{\sqrt[4]{25}}{25}} = \sqrt[k]{5}$를 만족시키는 자연수 k의 값을 구하시오.

표현 더하기

02-3

다음 식을 간단히 하시오. (단, $a>0$, $b>0$)

(1) $\sqrt{ab^3} \times \sqrt[3]{a^2b} \div \sqrt[6]{ab^5}$

(2) $\sqrt[4]{\dfrac{\sqrt{a}}{\sqrt[3]{a}}} \times \sqrt{\dfrac{\sqrt[3]{a}}{\sqrt[4]{a}}} \times \sqrt[3]{\dfrac{\sqrt[4]{a}}{\sqrt{a}}}$

(3) $\sqrt{a \times \sqrt[3]{a \times \sqrt[4]{a^3}}}$

실력 더하기

02-4

밑면의 가로와 세로의 길이가 각각 $\sqrt{8}$, $\sqrt{32}$이고 높이가 $\sqrt[4]{\sqrt{128}}$인 직육면체와 부피가 같은 정육면체의 한 모서리의 길이가 $\sqrt[m]{2^n}$일 때, 서로소인 두 자연수 m, n에 대하여 $m+n$의 값을 구하시오.

02 지수의 확장

1 지수법칙 (1) — 지수가 정수인 경우

(1) 0 또는 음의 정수인 지수의 정의

$a\neq0$이고 n이 자연수일 때, $a^0=1,\ a^{-n}=\dfrac{1}{a^n}$

(2) 지수가 정수일 때의 지수법칙

$a\neq0$, $b\neq0$이고, m, n이 정수일 때,

① $a^m a^n=a^{m+n}$ ② $a^m\div a^n=a^{m-n}$

③ $(a^m)^n=a^{mn}$ ④ $(ab)^n=a^n b^n$

지금까지는 지수가 자연수인 경우만 다루었다. 이제 지수의 범위를 정수로 확장해 보자.

⑴ 0 또는 음의 정수인 지수의 정의

$a\neq0$이고 m, n이 자연수일 때, 지수법칙

$$a^m a^n=a^{m+n} \qquad \cdots\cdots\ \text{㉠}$$

이 성립한다.

그런데 $m=0$일 때도 ㉠이 성립한다고 하면

$$a^0 a^n=a^{0+n}=a^n=1\times a^n$$

이므로 $a^0=1$이어야 한다.

또한 $m=-n$일 때도 ㉠이 성립한다고 하면

$$a^{-n}a^n=a^{-n+n}=a^0=1=\frac{1}{a^n}\times a^n$$

이므로 $a^{-n}=\dfrac{1}{a^n}$이어야 한다.

따라서 지수가 0 또는 음의 정수일 때는 다음과 같이 정의한다.

$$a^0=1,\ a^{-n}=\frac{1}{a^n} \quad (\text{단, } a\neq0\text{이고 } n\text{은 자연수})$$

example

(1) $4^0=1$

(2) $(-3)^0=1$

(3) $(-5)^{-2}=\dfrac{1}{(-5)^2}=\dfrac{1}{25}$

(4) $\left(\dfrac{1}{2}\right)^{-1}=\dfrac{1}{\frac{1}{2}}=2$

한편, 지수의 밑 a에 대하여 $a \neq 0$인 것에 주의하여야 한다. 자연수 n에 대하여 $0^n=0$이지만 0^0, 0^{-n}은 정의하지 않으며 의미 없는 수로 생각한다.

(2) 지수가 정수일 때의 지수법칙

모든 정수 n에 대하여 a^n $(a \neq 0)$을 정의하였으므로 지수가 정수일 때도 지수법칙이 성립함을 다음과 같이 확인할 수 있다.

$a \neq 0$, $b \neq 0$이고, m, n이 음의 정수일 때, $m=-p$, $n=-q$ $(p, q$는 자연수)로 놓으면

지수의 범위를 정수까지 확장할 때는 지수법칙에 '(밑)$\neq 0$'인 조건이 필요하다.

① $a^m a^n = a^{-p} a^{-q} = \dfrac{1}{a^p} \times \dfrac{1}{a^q} = \dfrac{1}{a^{p+q}}$

$\quad = a^{-(p+q)} = a^{(-p)+(-q)}$

$\quad = a^{m+n}$

② $a^m \div a^n = a^{-p} \div a^{-q} = a^{-p} \div \dfrac{1}{a^q} = a^{-p} \times a^q$

$\quad = a^{-p+q} = a^{-p-(-q)}$

$\quad = a^{m-n}$ $\ \leftarrow m, n$의 대소에 관계없이 항상 성립한다.

③ $(a^m)^n = (a^{-p})^{-q} = \left(\dfrac{1}{a^p}\right)^{-q} = \dfrac{1}{\left(\dfrac{1}{a^p}\right)^q} = \dfrac{1}{\dfrac{1}{a^{pq}}}$

$\quad = a^{pq} = a^{(-p) \times (-q)}$

$\quad = a^{mn}$

④ $(ab)^n = (ab)^{-q} = \dfrac{1}{(ab)^q} = \dfrac{1}{a^q b^q}$

$\quad = \dfrac{1}{a^q} \times \dfrac{1}{b^q} = a^{-q} b^{-q}$

$\quad = a^n b^n$

m, n 중 하나만 음의 정수인 경우도 위와 같은 방법으로 지수법칙이 성립함을 확인할 수 있다.

example

(1) $5^{-5} \div 5^{-3} = 5^{-5-(-3)} = 5^{-2}$

$\qquad = \dfrac{1}{5^2} = \dfrac{1}{25}$

(2) $(-2)^{-3} \times (-2)^{-1} = (-2)^{-3+(-1)} = (-2)^{-4}$

$\qquad = \dfrac{1}{(-2)^4} = \dfrac{1}{16}$

(3) $3^2 \times 3^{-4} = 3^{2+(-4)} = 3^{-2} = \dfrac{1}{3^2} = \dfrac{1}{9}$

(4) $(3^{-2})^{-1} = 3^{-2 \times (-1)} = 3^2 = 9$

(5) $(2^{-3})^2 = 2^{-6} = \dfrac{1}{2^6} = \dfrac{1}{64}$

(6) $(2^2 \times 5)^{-2} = (2^2)^{-2} \times 5^{-2} = 2^{-4} \times 5^{-2}$

$\qquad = \dfrac{1}{2^4} \times \dfrac{1}{5^2} = \dfrac{1}{400}$

(1) 유리수인 지수의 정의

$a>0$이고 m, n $(n\geq2)$가 정수일 때, $a^{\frac{m}{n}}=\sqrt[n]{a^m}$, $a^{\frac{1}{n}}=\sqrt[n]{a}$

(2) 지수가 유리수일 때의 지수법칙

$a>0$, $b>0$이고, r, s가 유리수일 때,

① $a^r a^s=a^{r+s}$

② $a^r\div a^s=a^{r-s}$

③ $(a^r)^s=a^{rs}$

④ $(ab)^r=a^r b^r$

지수의 범위를 유리수까지 확장해 보자.

(1) 유리수인 지수의 정의

$a>0$이고 p, q가 정수일 때, 지수법칙

$$(a^p)^q=a^{pq} \qquad \cdots\cdots \ \text{㉠}$$

이 성립한다.

그런데 p, q가 유리수일 때도 ㉠이 성립한다고 하면 두 정수 m, n $(n\geq2)$에 대하여

$$(a^{\frac{m}{n}})^n=a^{\frac{m}{n}\times n}=a^m$$

이고 $a^{\frac{m}{n}}>0$이므로 $a^{\frac{m}{n}}$은 a^m의 양의 n제곱근이다. 즉,

$$a^{\frac{m}{n}}=\sqrt[n]{a^m}$$

이다.

따라서 지수가 유리수일 때는 다음과 같이 정의한다.

$$a^{\frac{m}{n}}=\sqrt[n]{a^m},\ a^{\frac{1}{n}}=\sqrt[n]{a} \ (\text{단}, \ a>0\text{이고 } m, \ n\text{은 정수}, \ n\geq2)$$

> **example**
>
> (1) $25^{\frac{1}{2}}=\sqrt{25}=5$
>
> (2) $27^{\frac{2}{3}}=\sqrt[3]{27^2}=\sqrt[3]{(3^3)^2}=\sqrt[3]{(3^2)^3}=\sqrt[3]{9^3}=9$
>
> (3) $16^{-\frac{3}{4}}=\sqrt[4]{16^{-3}}=\sqrt[4]{\left(\dfrac{1}{16}\right)^3}=\sqrt[4]{\left\{\left(\dfrac{1}{2}\right)^4\right\}^3}=\sqrt[4]{\left\{\left(\dfrac{1}{2}\right)^3\right\}^4}=\left(\dfrac{1}{2}\right)^3=\dfrac{1}{8}$

한편, 유리수인 지수는 밑이 양수일 때만 정의되는 것에 주의하자.

n이 홀수, 짝수에 상관없이 거듭제곱근이 항상 존재하기 위해서는 a는 양수이어야 한다. 예를 들어 $\sqrt{-3}$은 실수가 아니고 $\sqrt[4]{-2}$는 정의하지 않으므로 $(-3)^{\frac{1}{2}}$, $(-2)^{\frac{1}{4}}$과 같이 쓰는 것은 의미 없다.

또한 $a^{\frac{m}{n}}=\sqrt[n]{a^m}$에서 n은 2 이상의 자연수인 것도 주의하자.

예를 들어 $5^{-\frac{2}{3}}=\sqrt[-3]{5^2}$은 잘못된 표현이고, $5^{-\frac{2}{3}}=\sqrt[3]{5^{-2}}$으로 표현하여야 한다.

(2) 지수가 유리수일 때의 지수법칙

두 정수 m, $n\,(n\geq2)$에 대하여 $\underline{a^{\frac{m}{n}}}\,(a>0)$을 정의하였으므로 지수가 유리수일 때도 지수법칙
지수가 유리수 꼴이다.
이 성립함을 다음과 같이 확인할 수 있다.

$a>0$, $b>0$이고, r, s가 유리수일 때, $r=\dfrac{m}{n}$, $s=\dfrac{p}{q}$ (m, n, p, q는 정수, $n\geq2$, $q\geq2$)로 놓
지수의 범위를 유리수까지 확장할 때는
으면 지수법칙에 '(밑)>0'인 조건이 필요하다.

① $a^r a^s = a^{\frac{m}{n}} a^{\frac{p}{q}} = a^{\frac{mq}{nq}} a^{\frac{np}{nq}}$

$\quad = \sqrt[nq]{a^{mq}}\,\sqrt[nq]{a^{np}} = \sqrt[nq]{a^{mq}a^{np}} = \sqrt[nq]{a^{mq+np}}$

$\quad = a^{\frac{mq+np}{nq}} = a^{\frac{m}{n}+\frac{p}{q}}$

$\quad = a^{r+s}$

② $a^r \div a^s = a^{\frac{m}{n}} \div a^{\frac{p}{q}} = a^{\frac{mq}{nq}} \div a^{\frac{np}{nq}}$

$\quad = \sqrt[nq]{a^{mq}} \div \sqrt[nq]{a^{np}} = \sqrt[nq]{a^{mq} \div a^{np}} = \sqrt[nq]{a^{mq-np}}$

$\quad = a^{\frac{mq-np}{nq}} = a^{\frac{m}{n}-\frac{p}{q}}$

$\quad = a^{r-s}$

③ $(a^r)^s = \left(a^{\frac{m}{n}}\right)^{\frac{p}{q}} = \sqrt[q]{\left(a^{\frac{m}{n}}\right)^p} = \sqrt[q]{\left(\sqrt[n]{a^m}\right)^p}$

$\quad = \sqrt[q]{\sqrt[n]{a^{mp}}} = \sqrt[nq]{a^{mp}}$

$\quad = a^{\frac{mp}{nq}} = a^{\frac{m}{n}\times\frac{p}{q}}$

$\quad = a^{rs}$

④ $(ab)^r = (ab)^{\frac{m}{n}} = \sqrt[n]{(ab)^m} = \sqrt[n]{a^m b^m}$

$\quad = \sqrt[n]{a^m} \times \sqrt[n]{b^m} = a^{\frac{m}{n}} b^{\frac{m}{n}}$

$\quad = a^r b^r$

한편, 지수가 정수가 아닌 유리수일 때 밑이 음수인 경우는 지수법칙을 적용할 수 없다는 것에 주의하자.

$$\{(-2)^6\}^{\frac{1}{2}} = (-2)^{6\times\frac{1}{2}} = (-2)^3 = -8\ (\times) \qquad \cdots\cdots\ \textcircled{\small ㄱ}$$

$$\{(-2)^6\}^{\frac{1}{2}} = 64^{\frac{1}{2}} = 8\ (\bigcirc) \qquad \cdots\cdots\ \textcircled{\small ㄴ}$$

$\{(-2)^6\}^{\frac{1}{2}}$은 지수가 정수가 아닌 유리수이고 밑이 음수이므로 지수법칙을 적용하면 안 된다.
즉, ㄱ과 같이 지수법칙을 적용하면 틀린 답을 얻게 되므로 반드시 ㄴ과 같이 괄호에 따른 기본적인 계산 순서대로 밑을 양수로 만든 후, 지수법칙을 적용하여야 한다.

example

(1) $5^{-\frac{4}{3}} \times 5^{\frac{1}{3}} = 5^{-\frac{4}{3}+\frac{1}{3}} = 5^{-1} = \dfrac{1}{5}$

(2) $2^{\frac{9}{2}} \div 2^{\frac{1}{2}} = 2^{\frac{9}{2}-\frac{1}{2}} = 2^4 = 16$

(3) $64^{0.5} = (2^6)^{\frac{1}{2}} = 2^{6\times\frac{1}{2}} = 2^3 = 8$

(4) $(2^6 \times 3^3)^{\frac{2}{3}} = (2^6)^{\frac{2}{3}} \times (3^3)^{\frac{2}{3}} = 2^4 \times 3^2 = 144$

$a>0$, $b>0$이고, x, y가 실수일 때,

(1) $a^x a^y = a^{x+y}$ (2) $a^x \div a^y = a^{x-y}$

(3) $(a^x)^y = a^{xy}$ (4) $(ab)^x = a^x b^x$

지수가 무리수인 경우를 알아보고, 지수의 범위를 실수까지 확장해 보자.

$\sqrt{2} = 1.414213\cdots$이므로 무리수 $\sqrt{2}$에 한없이 가까워지는 유리수

$$1,\ 1.4,\ 1.41,\ 1.414,\ 1.4142,\ \cdots$$

를 생각할 수 있다. 이 유리수를 지수로 갖는 수

$$2^1,\ 2^{1.4},\ 2^{1.41},\ 2^{1.414},\ 2^{1.4142},\ \cdots$$

은 표와 같이 어떤 일정한 수에 한없이 가까워진다는 사실이 알려져 있다. 이때 이 일정한 수를 $2^{\sqrt{2}}$으로 정의한다.

x	2^x
1	2
1.4	$2.639015\cdots$
1.41	$2.657371\cdots$
1.414	$2.664749\cdots$
$\vdots$	$\vdots$
$\sqrt{2}$	$2^{\sqrt{2}}$

이와 같은 방법으로 임의의 무리수 x에 대하여 2^x을 정의할 수 있다.

따라서 $a>0$일 때, 임의의 실수 x에 대하여 a^x을 정의하면 지수가 실수일 때도 지수법칙이 성립한다.

즉, $a>0$, $b>0$이고, x, y가 실수일 때,

$$a^x a^y = a^{x+y},\ a^x \div a^y = a^{x-y},\ (a^x)^y = a^{xy},\ (ab)^x = a^x b^x$$

이 성립한다.

한편, 지수의 범위가 실수일 때도 유리수일 때와 마찬가지로 밑이 양수인 조건이 필요하다. 예를 들어 $(-2)^{\sqrt{3}}$은 정의하지 않으며 의미 없는 수로 생각한다.

example

(1) $3^{\sqrt{5}} \times 3^{2\sqrt{5}} = 3^{\sqrt{5}+2\sqrt{5}} = 3^{3\sqrt{5}}$

(2) $5^{\sqrt{2}+1} \div 5^{\sqrt{2}-1} = 5^{\sqrt{2}+1-(\sqrt{2}-1)} = 5^2 = 25$

(3) $\left(2^{2\sqrt{2}}\right)^{\sqrt{2}} = 2^{2\sqrt{2}\times\sqrt{2}} = 2^4 = 16$

(4) $\left(7^{2\sqrt{3}} \times 2^{\sqrt{3}}\right)^{\frac{1}{\sqrt{3}}} = \left(7^{2\sqrt{3}}\right)^{\frac{1}{\sqrt{3}}} \times \left(2^{\sqrt{3}}\right)^{\frac{1}{\sqrt{3}}} = 7^2 \times 2 = 98$

지수가 자연수, 정수, 유리수, 실수일 때의 지수법칙은 구조적으로는 동일하지만 밑의 조건이 다르다. a^x에서 지수법칙이 성립하기 위한 밑 a의 조건을 지수 x의 범위에 따라 정리하면 다음과 같다.

지수 x	자연수	정수	유리수	실수
밑 a	모든 실수	$a \neq 0$	$a>0$	$a>0$

01 다음 값을 구하시오.

(1) $(\sqrt{7})^0 + 2^{-3}$

(2) $\left(\dfrac{1}{5}\right)^{-2}$

02 다음 식을 간단히 하시오. (단, $a \neq 0$, $b \neq 0$)

(1) $(3^{-5})^2 \times 3^6$

(2) $(-2)^{-6} \div (-2)^{-3}$

(3) $(a^{-1})^{-3} \times a^{-4}$

(4) $(ab^{-4})^{-2} \div (a^3 b)^{-3}$

03 다음을 지수를 사용하여 나타내시오. (단, $a > 0$)

(1) $\sqrt{a} \times \sqrt[4]{a}$

(2) $\dfrac{1}{\sqrt[6]{a^{-2}}}$

04 다음 식을 간단히 하시오. (단, $a > 0$, $b > 0$)

(1) $2^{-\frac{1}{3}} \times 2^{\frac{8}{3}} \div 2^{\frac{4}{3}}$

(2) $\left(3^{\frac{2}{3}}\right)^{\frac{1}{2}} \times \sqrt[3]{3^5}$

(3) $2^{\sqrt{32}} \times 2^{\sqrt{8}} \div 2^{\sqrt{50}}$

(4) $\left(5^{\sqrt{48}}\right)^{\frac{1}{\sqrt{12}}}$

(5) $a^{\frac{2}{3}} b^{-\frac{1}{2}} \times \left(a^{-2} b^{15}\right)^{\frac{1}{6}}$

(6) $a^{\sqrt{12}} \times a^{\sqrt{2}} \div \left(a^{\sqrt{2}}\right)^{\sqrt{6}-1}$

대표 예제 | 03

다음 식을 간단히 하시오.

(1) $12^{\frac{2}{3}} \div 2^{\frac{1}{2}} \times 18^{\frac{1}{6}}$

(2) $\left\{ \left(\dfrac{8}{125} \right)^{-\frac{1}{9}} \right\}^{6} \times \left\{ \left(\dfrac{4}{5} \right)^{\sqrt{2}-1} \right\}^{\sqrt{2}+1}$

(3) $\{(-6)^{6}\}^{\frac{1}{2}} \times (2^{\sqrt{3}} \div 3^{\sqrt{12}})^{\sqrt{3}}$

바로 접근

밑을 소인수분해하여 거듭제곱 꼴로 나타낸 후 다음의 지수법칙을 적용하여 계산한다.

$a > 0$, $b > 0$이고 m, n이 실수일 때

① $a^{m} \times a^{n} = a^{m+n}$ 　② $a^{m} \div a^{n} = a^{m-n}$ 　③ $(a^{m})^{n} = a^{mn}$ 　④ $(ab)^{m} = a^{m}b^{m}$

바른 풀이

(1) $12^{\frac{2}{3}} \div 2^{\frac{1}{2}} \times 18^{\frac{1}{6}} = (2^{2} \times 3)^{\frac{2}{3}} \div 2^{\frac{1}{2}} \times (2 \times 3^{2})^{\frac{1}{6}}$

$\qquad = 2^{\frac{4}{3}} \times 3^{\frac{2}{3}} \div 2^{\frac{1}{2}} \times 2^{\frac{1}{6}} \times 3^{\frac{1}{3}}$

$\qquad = 2^{\frac{4}{3}-\frac{1}{2}+\frac{1}{6}} \times 3^{\frac{2}{3}+\frac{1}{3}} = 2 \times 3 = 6$

(2) $\left\{ \left(\dfrac{8}{125} \right)^{-\frac{1}{9}} \right\}^{6} \times \left\{ \left(\dfrac{4}{5} \right)^{\sqrt{2}-1} \right\}^{\sqrt{2}+1} = \left\{ \left(\dfrac{2}{5} \right)^{3} \right\}^{-\frac{1}{9} \times 6} \times \left(\dfrac{4}{5} \right)^{(\sqrt{2}-1)(\sqrt{2}+1)}$

$\qquad = \left(\dfrac{2}{5} \right)^{3 \times \left(-\frac{2}{3} \right)} \times \dfrac{4}{5} = \left(\dfrac{2}{5} \right)^{-2} \times \dfrac{4}{5}$

$\qquad = \dfrac{25}{4} \times \dfrac{4}{5} = 5$

(3) $\{(-6)^{6}\}^{\frac{1}{2}} \times (2^{\sqrt{3}} \div 3^{\sqrt{12}})^{\sqrt{3}} = 6^{6 \times \frac{1}{2}} \times \left(\dfrac{2^{\sqrt{3}}}{3^{\sqrt{12}}} \right)^{\sqrt{3}}$

$\qquad = 6^{3} \times \dfrac{2^{3}}{3^{6}} = (2 \times 3)^{3} \times \dfrac{2^{3}}{3^{6}}$

$\qquad = \dfrac{2^{3+3}}{3^{6-3}} = \dfrac{2^{6}}{3^{3}} = \dfrac{64}{27}$

주의 (3)에서 지수가 유리수일 때의 지수법칙은 밑이 양수일 때만 성립하므로

$\qquad \{(-6)^{6}\}^{\frac{1}{2}} = (-6)^{6 \times \frac{1}{2}} = (-6)^{3} = -216$으로 계산하지 않도록 주의하자.

정답 (1) 6　(2) 5　(3) $\dfrac{64}{27}$

Bible Says

거듭제곱근을 포함한 식은 거듭제곱근의 성질을 이용하여 간단히 나타낼 수 있지만 복잡한 거듭제곱근의 계산은

$\qquad \sqrt[n]{a} = a^{\frac{1}{n}}, \ \sqrt[n]{a^{m}} = a^{\frac{m}{n}}, \ \sqrt[m]{\sqrt[n]{a}} = \sqrt[mn]{a} = a^{\frac{1}{mn}}$ (단, $a > 0$, m, n은 2 이상의 자연수)

과 같이 지수가 유리수인 꼴로 바꾼 후 지수법칙을 이용하여 계산한다.

한 번 더하기

03-1

다음 식을 간단히 하시오.

(1) $50^{\frac{2}{3}} \times 16^{\frac{1}{3}} \div 40^{\frac{1}{3}}$

(2) $\left\{\left(\dfrac{9}{4}\right)^{-\frac{4}{3}}\right\}^{\frac{9}{8}} \times \left(\dfrac{3^{\sqrt{7}}}{9}\right)^{\sqrt{7}+2}$

(3) $\left(3^{\sqrt{8}} \times 5^{\sqrt{2}}\right)^{\sqrt{2}} \div \left\{(-15)^4\right\}^{\frac{1}{2}}$

표현 더하기

03-2

다음 물음에 답하시오. (단, $a>0$, $b>0$, $a \neq 1$, $b \neq 1$)

(1) 등식 $\dfrac{\sqrt[3]{a^4} \times \sqrt[8]{a}}{\sqrt[6]{a^5}} = a^p$을 만족시키는 유리수 p의 값을 구하시오.

(2) 등식 $\sqrt[3]{\sqrt{ab^2} \div \sqrt[4]{a^6 b}} = a^m b^n$을 만족시키는 유리수 m, n의 값을 각각 구하시오.

표현 더하기

03-3

다음 등식을 만족시키는 유리수 p의 값을 구하시오.

(1) $\sqrt{2\sqrt[3]{4\sqrt[4]{64}}} = 2^p$

(2) $\sqrt{\sqrt{\sqrt{\sqrt{5}}}} \times \sqrt[4]{\sqrt[4]{\sqrt[4]{5}}} = 5^p$

표현 더하기

03-4

$a = \sqrt[3]{4}$, $b = \sqrt[4]{3}$이라 할 때, $\sqrt[12]{6}$을 a, b를 이용하여 나타내시오.

대표 예제 | 04

다음 물음에 답하시오.

(1) $\left(\dfrac{1}{64}\right)^{\frac{1}{n}}$ 이 자연수가 되도록 하는 정수 n의 값을 모두 구하시오.

(2) 세 수 $\sqrt[6]{11}$, $\sqrt[4]{5}$, $\sqrt[3]{3}$의 대소를 비교하시오.

바로 접근

(1) 자연수 a가 소수일 때 $a^{\frac{q}{p}}$ (p, q는 정수, $q\neq0$)이 자연수가 되려면 $\dfrac{q}{p}$가 자연수이어야 한다.

즉, $pq>0$이고 p는 q의 약수이어야 한다.

(2) 거듭제곱근 꼴로 주어진 수들의 대소 비교는

❶ 지수를 유리수로 나타낸다.

❷ 지수를 같게 한 후 밑의 대소를 비교한다.

바른 풀이

(1) $\left(\dfrac{1}{64}\right)^{\frac{1}{n}}=(2^{-6})^{\frac{1}{n}}=2^{-\frac{6}{n}}$ 이므로

$-\dfrac{6}{n}$ 이 자연수일 때 $\left(\dfrac{1}{64}\right)^{\frac{1}{n}}$ 이 자연수가 된다.

따라서 구하는 정수 n의 값은 -6, -3, -2, -1이다.

(2) 세 수 $\sqrt[6]{11}$, $\sqrt[4]{5}$, $\sqrt[3]{3}$을 유리수 지수로 나타내면

$$\sqrt[6]{11}=11^{\frac{1}{6}},\ \sqrt[4]{5}=5^{\frac{1}{4}},\ \sqrt[3]{3}=3^{\frac{1}{3}}$$

6, 4, 3의 최소공배수가 12이므로 세 수의 지수를 같게 하면

$$\sqrt[6]{11}=11^{\frac{1}{6}}=(11^2)^{\frac{1}{12}}=121^{\frac{1}{12}}$$

$$\sqrt[4]{5}=5^{\frac{1}{4}}=(5^3)^{\frac{1}{12}}=125^{\frac{1}{12}}$$

$$\sqrt[3]{3}=3^{\frac{1}{3}}=(3^4)^{\frac{1}{12}}=81^{\frac{1}{12}}$$

이때 $81<121<125$이므로 $81^{\frac{1}{12}}<121^{\frac{1}{12}}<125^{\frac{1}{12}}$

$$\therefore\ \sqrt[3]{3}<\sqrt[6]{11}<\sqrt[4]{5}$$

정답 (1) -6, -3, -2, -1　(2) $\sqrt[3]{3}<\sqrt[6]{11}<\sqrt[4]{5}$

Bible Says

(2)에서 주어진 수를 지수가 유리수인 형태로 변형하지 않아도 주어진 수들의 대소를 비교할 수 있다.

즉, $\sqrt[6]{11}$, $\sqrt[4]{5}$, $\sqrt[3]{3}$에서 6, 4, 3의 최소공배수가 12이므로 세 수를 $\sqrt[12]{\bullet}$ 꼴로 변형하면

$$\sqrt[6]{11}=\sqrt[12]{11^2}=\sqrt[12]{121},\ \sqrt[4]{5}=\sqrt[12]{5^3}=\sqrt[12]{125},\ \sqrt[3]{3}=\sqrt[12]{3^4}=\sqrt[12]{81}$$

이때 근호 안의 수끼리 대소를 비교하면 $81<121<125$이므로 $\sqrt[12]{81}<\sqrt[12]{121}<\sqrt[12]{125}$

$$\therefore\ \sqrt[3]{3}<\sqrt[6]{11}<\sqrt[4]{5}$$

한 번 더하기

04-1 다음 물음에 답하시오.

(1) $\left(\dfrac{1}{256}\right)^{-\frac{1}{n}}$ 이 자연수가 되도록 하는 정수 n의 값을 모두 구하시오.

(2) 세 수 $\sqrt[9]{14}$, $\sqrt[3]{3}$, $\sqrt{2}$의 대소를 비교하시오.

한 번 더하기

04-2 세 수 $A=\sqrt{\sqrt[3]{4}}$, $B=\sqrt[4]{\sqrt{6}}$, $C=\sqrt[3]{\sqrt[4]{15}}$의 대소 관계로 옳은 것은?

① $A<B<C$ ② $A<C<B$ ③ $B<A<C$

④ $B<C<A$ ⑤ $C<B<A$

표현 더하기

04-3 2 이상의 자연수 n에 대하여 $\left(\sqrt{7^n}\right)^{\frac{1}{5}}$과 $\sqrt[n]{7^{50}}$이 모두 자연수가 되도록 하는 모든 n의 값의 합을 구하시오.

실력 더하기

04-4 $1\le a\le 10$, $1\le b\le 6$인 두 자연수 a, b에 대하여 $\sqrt[3]{a^b}$이 자연수가 되도록 하는 순서쌍 $(a,\ b)$의 개수를 구하시오.

대표 예제 | 05

양수 a, b에 대하여 다음 식을 간단히 하시오.

(1) $\left(a^{\frac{1}{2}}+1\right)\left(a^{\frac{1}{2}}-1\right)$

(2) $(a-b)\div\left(a^{\frac{1}{3}}-b^{\frac{1}{3}}\right)$

바로 접근

곱셈 공식과 지수법칙을 이용하여 식을 간단히 한다.

$a>0$, $b>0$이고 p, q가 실수일 때

① $(a^p+b^q)^2=a^{2p}+2a^pb^q+b^{2q}$, $(a^p-b^q)^2=a^{2p}-2a^pb^q+b^{2q}$

② $(a^p+b^q)(a^p-b^q)=a^{2p}-b^{2q}$

③ $(a^p+b^q)^3=a^{3p}+3a^{2p}b^q+3a^pb^{2q}+b^{3q}$, $(a^p-b^q)^3=a^{3p}-3a^{2p}b^q+3a^pb^{2q}-b^{3q}$

④ $(a^p+b^q)(a^{2p}-a^pb^q+b^{2q})=a^{3p}+b^{3q}$, $(a^p-b^q)(a^{2p}+a^pb^q+b^{2q})=a^{3p}-b^{3q}$

바른 풀이

(1) $\left(a^{\frac{1}{2}}+1\right)\left(a^{\frac{1}{2}}-1\right)=\left(a^{\frac{1}{2}}\right)^2-1^2=a-1$

$\quad\quad\quad\quad\quad\quad\ulcorner x^3-y^3=(x-y)(x^2+xy+y^2)$

(2) $a-b=\left(a^{\frac{1}{3}}-b^{\frac{1}{3}}\right)\left(a^{\frac{2}{3}}+a^{\frac{1}{3}}b^{\frac{1}{3}}+b^{\frac{2}{3}}\right)$이므로

$$(a-b)\div\left(a^{\frac{1}{3}}-b^{\frac{1}{3}}\right)=\frac{\left(a^{\frac{1}{3}}-b^{\frac{1}{3}}\right)\left(a^{\frac{2}{3}}+a^{\frac{1}{3}}b^{\frac{1}{3}}+b^{\frac{2}{3}}\right)}{a^{\frac{1}{3}}-b^{\frac{1}{3}}}$$

$$=a^{\frac{2}{3}}+a^{\frac{1}{3}}b^{\frac{1}{3}}+b^{\frac{2}{3}}$$

다른 풀이

(2) 지수가 유리수라 복잡해서 어떤 공식을 사용해야 하는지 잘 보이지 않는다면 치환해 보자.

$a^{\frac{1}{3}}=X$, $b^{\frac{1}{3}}=Y$로 놓으면 $a=X^3$, $b=Y^3$이므로

$$(a-b)\div\left(a^{\frac{1}{3}}-b^{\frac{1}{3}}\right)=(X^3-Y^3)\div(X-Y)$$

$$=\frac{(X-Y)(X^2+XY+Y^2)}{X-Y}$$

$$=X^2+XY+Y^2$$

$$=a^{\frac{2}{3}}+a^{\frac{1}{3}}b^{\frac{1}{3}}+b^{\frac{2}{3}}$$

정답 (1) $a-1$ (2) $a^{\frac{2}{3}}+a^{\frac{1}{3}}b^{\frac{1}{3}}+b^{\frac{2}{3}}$

Bible Says

자주 이용되는 다항식의 곱셈 공식

① $(x+y)^2=x^2+2xy+y^2$, $(x-y)^2=x^2-2xy+y^2$

② $(x+y)(x-y)=x^2-y^2$

③ $(x+y)^3=x^3+3x^2y+3xy^2+y^3$, $(x-y)^3=x^3-3x^2y+3xy^2-y^3$

④ $(x+y)(x^2-xy+y^2)=x^3+y^3$, $(x-y)(x^2+xy+y^2)=x^3-y^3$

01

05-1

양수 x, y에 대하여 다음 식을 간단히 하시오.

(1) $(x^{\frac{1}{4}}-y^{\frac{1}{4}})(x^{\frac{1}{4}}+y^{\frac{1}{4}})(x^{\frac{1}{2}}+y^{\frac{1}{2}})$

(2) $(x^{\frac{1}{3}}+y^{-\frac{1}{3}})(x^{\frac{2}{3}}-x^{\frac{1}{3}}y^{-\frac{1}{3}}+y^{-\frac{2}{3}})$

05-2

$a>0$, $b>0$일 때, $(a^{\frac{1}{6}}-b^{-\frac{1}{2}})(a^{\frac{1}{3}}+a^{\frac{1}{6}}b^{-\frac{1}{2}}+b^{-1})(a^{\frac{1}{2}}+b^{-\frac{3}{2}})$을 간단히 하면 a^p-b^q이다. 이때 유리수 p, q에 대하여 $p+q$의 값을 구하시오.

05-3

$a=3^{\frac{1}{3}}+3^{-\frac{1}{3}}$일 때, $3a^3-9a-5$의 값을 구하시오.

05-4

$a=\sqrt{5}$일 때, $\dfrac{1}{1-a^{\frac{1}{8}}}+\dfrac{1}{1+a^{\frac{1}{8}}}+\dfrac{2}{1+a^{\frac{1}{4}}}+\dfrac{4}{1+a^{\frac{1}{2}}}+\dfrac{8}{1+a}$의 값을 구하시오.

대표 예제 | 06

$a^{\frac{1}{2}}+a^{-\frac{1}{2}}=5$일 때, 다음 식의 값을 구하시오. (단, $a>0$)

(1) $a+a^{-1}$

(2) $a^{\frac{3}{2}}+a^{-\frac{3}{2}}$

바로 접근

$a^p+a^{-p}=k$ $(k≥2)$ 꼴이 주어진 경우 양변을 제곱하거나 세제곱하여 식의 값을 구하거나 다음과 같이 곱셈 공식의 변형을 이용한다. (단, $a>0$이고 p는 실수)

① $a^{2p}+a^{-2p}=(a^p+a^{-p})^2-2a^pa^{-p}=k^2-2$

② $a^{3p}+a^{-3p}=(a^p+a^{-p})^3-3a^pa^{-p}(a^p+a^{-p})=k^3-3k$

바른 풀이

(1) $a^{\frac{1}{2}}+a^{-\frac{1}{2}}=5$의 양변을 제곱하면 $(a^{\frac{1}{2}}+a^{-\frac{1}{2}})^2=5^2$

$a+2+a^{-1}=25$　　∴ $a+a^{-1}=23$

(2) $a^{\frac{1}{2}}+a^{-\frac{1}{2}}=5$의 양변을 세제곱하면 $(a^{\frac{1}{2}}+a^{-\frac{1}{2}})^3=5^3$

$a^{\frac{3}{2}}+3a\times a^{-\frac{1}{2}}+3a^{\frac{1}{2}}\times a^{-1}+a^{-\frac{3}{2}}=125$

$a^{\frac{3}{2}}+3a^{\frac{1}{2}}+3a^{-\frac{1}{2}}+a^{-\frac{3}{2}}=125,\ a^{\frac{3}{2}}+a^{-\frac{3}{2}}+3(a^{\frac{1}{2}}+a^{-\frac{1}{2}})=125$

$a^{\frac{3}{2}}+a^{-\frac{3}{2}}+3\times5=125$　　∴ $a^{\frac{3}{2}}+a^{-\frac{3}{2}}=110$

다른 풀이

지수가 유리수라 복잡해서 어떤 공식을 사용해야 하는지 잘 보이지 않는다면 치환해 보자.

$a^{\frac{1}{2}}=X$로 놓으면 $a^{-\frac{1}{2}}=\dfrac{1}{X}$이므로 $X+\dfrac{1}{X}=5$

(1) $a+a^{-1}=X^2+\dfrac{1}{X^2}=\left(X+\dfrac{1}{X}\right)^2-2=5^2-2=25-2=23$

(2) $a^{\frac{3}{2}}+a^{-\frac{3}{2}}=X^3+\dfrac{1}{X^3}=\left(X+\dfrac{1}{X}\right)^3-3\left(X+\dfrac{1}{X}\right)=5^3-3\times5=125-15=110$

정답 (1) 23 (2) 110

Bible Says

$a^p-a^{-p}=k$ (k는 실수) 꼴이 주어진 경우도 마찬가지로 양변을 제곱하거나 세제곱하여 식의 값을 구하거나 곱셈 공식의 변형을 이용한다. (단, $a>0$이고 p는 실수)

③ $a^{2p}+a^{-2p}=(a^p-a^{-p})^2+2a^pa^{-p}=k^2+2$

④ $a^{3p}-a^{-3p}=(a^p-a^{-p})^3+3a^pa^{-p}(a^p-a^{-p})=k^3+3k$

한번 더하기

06-1 $x^{\frac{1}{2}}-x^{-\frac{1}{2}}=4$일 때, 다음 식의 값을 구하시오. (단, $x>0$)

(1) $x+x^{-1}$ (2) $x^{\frac{3}{2}}-x^{-\frac{3}{2}}$

표현 더하기

06-2 $x>0$이고 $x^2+x^{-2}=7$일 때, $x+x^{-1}$의 값을 구하시오.

표현 더하기

06-3 $a^{\frac{1}{2}}-a^{-\frac{1}{2}}=\sqrt{3}$을 만족시키는 양수 a에 대하여 $\dfrac{a^3+a^{-3}+2}{a+a^{-1}+3}$의 값을 구하시오.

실력 더하기

06-4 $a>1$, $x>0$이고 $a^{2x}+a^{-2x}=6$일 때, $a^{3x}-a^{-3x}$의 값을 구하시오.

대표 예제 | 07

$a^{2x}=3$일 때, 다음 식의 값을 구하시오. (단, $a>0$)

(1) $\dfrac{a^x-a^{-x}}{a^x+a^{-x}}$

(2) $\dfrac{a^{3x}-a^{-3x}}{2a^x+5a^{-x}}$

바로 접근

구하는 식의 분모와 분자에 각각 a^x을 곱하여 a^{2x}과 상수로만 이루어진 식으로 변형한다.

이때 a^{4x}, a^{-2x}은 $a^{4x}=(a^{2x})^2$, $a^{-2x}=(a^{2x})^{-1}$과 같이 a^{2x}을 이용하여 나타낼 수 있다.

바른 풀이

(1) $\dfrac{a^x-a^{-x}}{a^x+a^{-x}}$의 분모, 분자에 각각 a^x을 곱하면

$$\frac{a^x-a^{-x}}{a^x+a^{-x}}=\frac{a^x(a^x-a^{-x})}{a^x(a^x+a^{-x})}$$

$$=\frac{a^{2x}-1}{a^{2x}+1}=\frac{3-1}{3+1}=\frac{1}{2}$$

(2) $\dfrac{a^{3x}-a^{-3x}}{2a^x+5a^{-x}}$의 분모, 분자에 각각 a^x을 곱하면

$$\frac{a^{3x}-a^{-3x}}{2a^x+5a^{-x}}=\frac{a^x(a^{3x}-a^{-3x})}{a^x(2a^x+5a^{-x})}$$

$$=\frac{a^{4x}-a^{-2x}}{2a^{2x}+5}$$

$$=\frac{(a^{2x})^2-(a^{2x})^{-1}}{2a^{2x}+5}$$

$$=\frac{3^2-\dfrac{1}{3}}{2\times3+5}=\frac{\dfrac{26}{3}}{11}=\frac{26}{33}$$

정답 (1) $\dfrac{1}{2}$ (2) $\dfrac{26}{33}$

Bible Says

a^{kx}의 값이 주어지고 $\dfrac{a^{qx}-a^{-qx}}{a^{px}+a^{-px}}$ 꼴의 식의 값을 구할 때는 주어진 식을 a^{kx}을 포함한 식으로 변형하여 구한다.

(단, $a>0$이고 k, p, q는 실수)

01

한번 더하기

07-1 $a^{2x}=2$일 때, 다음 식의 값을 구하시오. (단, $a>0$)

(1) $\dfrac{a^x+a^{-x}}{a^x-a^{-x}}$

(2) $\dfrac{a^{3x}+3a^{-x}}{a^x+4a^{-3x}}$

한번 더하기

07-2 $a^{2x}=5$일 때, $\dfrac{a^{3x}-a^{-3x}}{a^x-a^{-x}}$의 값을 구하시오.

표현 더하기

07-3 $9^{2x}=\sqrt{2}-1$일 때, $\dfrac{3^{6x}+3^{-6x}}{3^{2x}+3^{-2x}}$의 값을 구하시오.

표현 더하기

07-4 $\dfrac{5^x-5^{-x}}{5^x+5^{-x}}=\dfrac{1}{5}$일 때, 25^x-25^{-x}의 값을 구하시오.

대표 예제 08

다음 물음에 답하시오.

(1) $3^x=16$, $24^y=128$일 때, $\dfrac{4}{x}-\dfrac{7}{y}$의 값을 구하시오.

(2) $2^x=5^y=10^z$일 때, $\dfrac{1}{x}+\dfrac{1}{y}-\dfrac{1}{z}$의 값을 구하시오. (단, $xyz\neq0$)

바로 접근

(1) 주어진 두 식의 우변이 2의 거듭제곱이므로

$$a>0,\ b>0,\ x\neq0일\ 때\ a^x=b \Longleftrightarrow (a^x)^{\frac{1}{x}}=b^{\frac{1}{x}} \Longleftrightarrow a=b^{\frac{1}{x}}$$

임을 이용하여 밑이 2인 식으로 변형한다.

(2) $2^x=5^y=10^z=k$로 놓고 (1)과 같은 방법으로 밑이 k인 식으로 변형한다.

바른 풀이

(1) $3^x=16$에서 $(3^x)^{\frac{1}{x}}=(2^4)^{\frac{1}{x}}$　　$\therefore 3=2^{\frac{4}{x}}$　　　$\cdots\cdots$ ㉠

$24^y=128$에서 $(24^y)^{\frac{1}{y}}=(2^7)^{\frac{1}{y}}$　　$\therefore 24=2^{\frac{7}{y}}$　　　$\cdots\cdots$ ㉡

㉠$\div$㉡을 하면

$$\frac{3}{24}=2^{\frac{4}{x}-\frac{7}{y}},\ 2^{-3}=2^{\frac{4}{x}-\frac{7}{y}}\qquad \therefore \frac{4}{x}-\frac{7}{y}=-3$$

(2) $2^x=5^y=10^z=k$로 놓으면 $k>0$이고, $xyz\neq0$에서 $k\neq1$이다.

$2^x=k$에서 $2=k^{\frac{1}{x}}$　　　　　　　　　$\cdots\cdots$ ㉠

$5^y=k$에서 $5=k^{\frac{1}{y}}$　　　　　　　　　$\cdots\cdots$ ㉡

$10^z=k$에서 $10=k^{\frac{1}{z}}$　　　　　　　　$\cdots\cdots$ ㉢

㉠$\times$㉡$\div$㉢을 하면

$$2\times5\div10=k^{\frac{1}{x}+\frac{1}{y}-\frac{1}{z}},\ 1=k^{\frac{1}{x}+\frac{1}{y}-\frac{1}{z}}$$

$$\therefore \frac{1}{x}+\frac{1}{y}-\frac{1}{z}=0$$

정답 (1) -3 (2) 0

Bible Says

주어진 조건식의 밑이 서로 다를 때는 조건식을 변형하여 밑을 통일하는 것이 핵심이다.

(1)에서는 주어진 두 조건식의 우변이 모두 2의 거듭제곱 꼴이므로 밑이 2인 식으로 변형하였고, (2)에서는 주어진 조건식의 밑이 서로 다르므로 밑이 k인 식으로 변형하였다.

한번 더하기

08-1

다음 물음에 답하시오.

(1) $275^x=125$, $11^y=25$일 때, $\dfrac{3}{x}-\dfrac{2}{y}$의 값을 구하시오.

(2) $2^x=3^y=\left(\dfrac{1}{6}\right)^z$일 때, $\dfrac{1}{x}+\dfrac{1}{y}+\dfrac{1}{z}$의 값을 구하시오. (단, $xyz\neq0$)

표현 더하기

08-2

다음 물음에 답하시오.

(1) 세 양수 a, b, c가 $abc=9$, $a^x=b^y=c^z=81$을 만족시킬 때, $\dfrac{1}{x}+\dfrac{1}{y}+\dfrac{1}{z}$의 값을 구하시오.

(2) $\dfrac{1}{x}+\dfrac{1}{y}+\dfrac{1}{z}=2$를 만족시키는 세 실수 x, y, z에 대하여 $2^x=6^y=27^z=k$가 성립할 때, 상수 k의 값을 구하시오.

표현 더하기

08-3

다음 물음에 답하시오.

(1) 두 양수 a, b가 $a^x=b^y=2^z$을 만족시키고, $\dfrac{1}{y}-\dfrac{1}{x}=\dfrac{3}{z}$일 때, $\dfrac{b}{a}$의 값을 구하시오.

(단, $xyz\neq0$)

(2) $\dfrac{2}{a}+\dfrac{5}{b}=\dfrac{5}{c}$이고 $32^a=49^b=x^c$일 때, x의 값을 구하시오. (단, $x>0$)

실력 더하기

08-4

$80^a=4$, $80^b=5$일 때, $16^{\frac{a+2b}{1-b}}$의 값을 구하시오.

01 다음 중 옳은 것은?

① -9의 제곱근은 ±3이다.

② -64의 세제곱근 중 실수인 것은 없다.

③ $\sqrt{256}$의 네제곱근은 ±2이다.

④ 0의 세제곱근은 없다.

⑤ 세제곱근 -12는 $\sqrt[3]{-12}$이다.

02 $\dfrac{4^7-32^2}{4^{10}-16^4}$의 세제곱근 중 실수인 것을 구하시오.

03 다음 중 옳은 것은?

① $\sqrt[3]{9}\times\sqrt[3]{24}=3$

② $\sqrt[3]{-2^6}+\sqrt[4]{(-5)^4}=-9$

③ $\sqrt[4]{\sqrt{3^{16}}}=27$

④ $\sqrt{\dfrac{\sqrt{8}}{2}}\div\sqrt{\sqrt{2}}=1$

⑤ $(\sqrt[3]{3}+\sqrt[3]{5})(\sqrt[3]{9}-\sqrt[3]{15}+\sqrt[3]{25})=-2$

04 $a>0$, $b>0$일 때, $\sqrt[8]{a^6b}\times\sqrt{3a^5b^3}\div\sqrt[4]{9a^2b^2}=\sqrt[8]{a^mb^n}$을 만족시키는 자연수 m, n에 대하여 $m-n$의 값을 구하시오.

05 $a>0$이고 $\sqrt[3]{\dfrac{a^2}{\sqrt[3]{a^2}}}\times\sqrt{a}\div\dfrac{\sqrt[3]{\sqrt[3]{a}\sqrt{a}}}{\sqrt[4]{\sqrt[3]{a^2}}}=a^k$일 때, 유리수 k의 값을 구하시오.

06 $k>0$이고 다항식 $f(x)=3x^3+12$가 $x+\sqrt{k}$로 나누어떨어질 때, $f(x)$를 $x+\sqrt[4]{k^3}$으로 나누었을 때의 나머지를 구하시오.

07 세 수 $A=\sqrt[3]{2\sqrt{3}}$, $B=\sqrt{2\sqrt[3]{2}}$, $C=\sqrt[3]{3\sqrt{2}}$의 대소 관계로 옳은 것은?

① $A<B<C$ ② $A<C<B$ ③ $B<A<C$

④ $B<C<A$ ⑤ $C<B<A$

08 집합 $A=\left\{x\,\middle|\,x=\left(\dfrac{1}{243}\right)^{\frac{8}{n}},\ n\text{은 정수이고 } x\text{는 자연수}\right\}$에 대하여 $n(A)$를 구하시오.

09 $(1+2^2)(1+2)(1+\sqrt{2})(1+\sqrt{\sqrt{2}})(1+\sqrt[4]{\sqrt{2}})(1-\sqrt[4]{\sqrt{2}})$ 를 간단히 하시오.

10 $x=\sqrt[3]{4}-\dfrac{1}{\sqrt[3]{4}}$ 일 때, $4x^3+12x+5$의 값을 구하시오.

11 $a^{\frac{1}{2}}+a^{-\frac{1}{2}}=2\sqrt{3}$ 일 때, $\dfrac{a-a^{-1}}{a+a^{-1}}$의 값을 구하시오. (단, $0<a<1$)

12 $5^x=40^y=a^z=10$이고 $\dfrac{1}{x}+\dfrac{1}{y}-\dfrac{1}{z}=2$일 때, 양수 a의 값을 구하시오.

S·T·E·P 2 실력 다지기

13 [교육청 기출]

등식 $\left(\dfrac{\sqrt[6]{5}}{\sqrt[4]{2}}\right)^{m}\times n=100$을 만족시키는 두 자연수 m, n에 대하여 $m+n$의 값은?

① 40 ② 42 ③ 44 ④ 46 ⑤ 48

14 함수 $f(x)=3\sqrt{x}\ (x>0)$에 대하여 $\dfrac{f(\sqrt[4]{5})\times(f\circ f\circ f)(45)}{(f\circ f)(75)}=3^{a}\times5^{b}$일 때, 유리수 a, b에 대하여 $a+b$의 값을 구하시오.

15 $a+b\neq0$인 두 실수 a, b에 대하여 함수 f가 $f(x)=(a+b)x+5a+3b$이다. 함수 f의 역함수를 g라 할 때, $5^{-g(2a)}\times\left(\dfrac{1}{\sqrt[5]{125}}\right)^{g(-2b)}\div\left(\sqrt[3]{5^{g(-2b)}}\right)^{g(2a)}$의 값을 구하시오.

16 $\dfrac{a^{x}-a^{-x}}{a^{x}+a^{-x}}=\dfrac{1}{3}$일 때, $\dfrac{a^{\frac{x}{2}}-a^{-\frac{3}{2}x}}{a^{\frac{3}{2}x}+a^{-\frac{x}{2}}}$의 값을 구하시오. (단, $a>0$)

17 $5^{a-b}=9$, $5^{4a+b}=27$일 때, $3^{\frac{a+b}{ab}}$의 값을 구하시오.

중단원 연습문제

교육청 기출

18 반지름의 길이가 r인 원형 도선에 세기가 I인 전류가 흐를 때, 원형 도선의 중심에서 수직 거리 x만큼 떨어진 지점에서의 자기장의 세기를 B라 하면 다음과 같은 관계식이 성립한다고 한다.

$$B = \frac{kIr^2}{2(x^2+r^2)^{\frac{3}{2}}} \text{ (단, } k\text{는 상수이다.)}$$

전류의 세기가 I_0 ($I_0 > 0$)으로 일정할 때, 반지름의 길이가 r_1인 원형 도선의 중심에서 수직 거리 x_1만큼 떨어진 지점에서의 자기장의 세기를 B_1, 반지름의 길이가 $3r_1$인 원형 도선의 중심에서 수직 거리 $3x_1$만큼 떨어진 지점에서의 자기장의 세기를 B_2라 하자. $\dfrac{B_2}{B_1}$의 값은?

(단, 전류의 세기의 단위는 A, 자기장의 세기의 단위는 T, 길이와 거리의 단위는 m이다.)

① $\dfrac{1}{6}$　　② $\dfrac{1}{4}$　　③ $\dfrac{1}{3}$　　④ $\dfrac{5}{12}$　　⑤ $\dfrac{1}{2}$

challenge **교육청 기출**

19 $4 \le n \le 12$인 자연수 n에 대하여 $n^2 - 15n + 50$의 n제곱근 중 실수인 것의 개수를 $f(n)$이라 하자. $f(n) = f(n+1)$을 만족시키는 모든 n의 값의 합은?

① 15　　② 17　　③ 19　　④ 21　　⑤ 23

challenge

20 $abc = 9$인 세 실수 a, b, c에 대하여 $3^a = \sqrt[3]{7}$, $49^b = 125$일 때, $\sqrt[3]{5^c}$의 값을 구하시오.

02 로그

01 로그의 뜻

로그의 정의	$a>0$, $a\neq1$일 때, 양수 N에 대하여 $a^x=N$을 만족시키는 실수 x를 $\log_a N$으로 나타내고, a를 밑으로 하는 N의 로그라 한다. 이때 N을 $\log_a N$의 진수라 한다. 즉, $$a^x=N \iff x=\log_a N$$
로그의 밑과 진수의 조건	$\log_a N$이 정의되려면 밑 a와 진수 N은 다음 조건을 만족시켜야 한다. (1) 밑의 조건: $a>0$, $a\neq1$　　　(2) 진수의 조건: $N>0$

02 로그의 성질

로그의 성질	$a>0$, $a\neq1$, $M>0$, $N>0$일 때, (1) $\log_a 1=0$, $\log_a a=1$　　(2) $\log_a MN=\log_a M+\log_a N$ (3) $\log_a \dfrac{M}{N}=\log_a M-\log_a N$　　(4) $\log_a M^k=k\log_a M$ (단, k는 실수)
로그의 밑의 변환	$a>0$, $a\neq1$, $b>0$일 때, (1) $\log_a b=\dfrac{\log_c b}{\log_c a}$ (단, $c>0$, $c\neq1$)　　(2) $\log_a b=\dfrac{1}{\log_b a}$ (단, $b\neq1$)
로그의 여러 가지 성질	$a>0$, $a\neq1$, $b>0$일 때, (1) $\log_a b\times\log_b a=1$ (단, $b\neq1$)　　(2) $\log_{a^m} b^n=\dfrac{n}{m}\log_a b$ (단, $m\neq0$) (3) $a^{\log_a b}=b$　　(4) $a^{\log_c b}=b^{\log_c a}$ (단, $c>0$, $c\neq1$)

03 상용로그

상용로그	양수 N에 대하여 $\log_{10} N$과 같이 10을 밑으로 하는 로그를 상용로그라 하고, 보통 밑 10을 생략하여 $\log N$과 같이 나타낸다.
상용로그표	0.01의 간격으로 1.00부터 9.99까지의 수에 대한 상용로그의 값을 반올림하여 소수점 아래 넷째 자리까지 나타낸 표

로그의 뜻

1 로그의 정의

$a>0$, $a\neq1$일 때, 양수 N에 대하여 $a^x=N$을 만족시키는 실수 x를 $\log_a N$으로 나타내고, a를 밑으로 하는 N의 로그라 한다.

이때 N을 $\log_a N$의 진수라 한다. 즉,

$$a^x=N \iff x=\log_a N$$

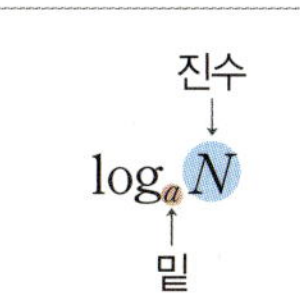

참고 log는 logarithm의 약자이고, '로그'라 읽는다.

지금까지 학습한 거듭제곱과 관련된 식에서는 $2^x=8$과 같이 x의 값이 3임을 쉽게 알 수 있다.

그런데 $2^x=7$을 만족시키는 x의 값은 2와 3 사이의 어떤 수로 추측은 할 수 있지만 그 값을 정확히 알 수 없다.

이러한 경우 x의 값을 나타내는 새로운 방법에 대하여 알아보자.

$a>0$, $a\neq1$일 때, 양수 N에 대하여 $a^x=N$을 만족시키는 실수 x는 오직 하나 존재함이 알려져 있다. 이 실수 x를 $\log_a N$으로 나타내고, a를 밑으로 하는 N의 로그라 한다.

이때 N을 $\log_a N$의 진수라 한다.

위의 예에서 $2^x=7$을 만족시키는 x의 값은 기호 log를 써서

$$2^x=7 \iff x=\log_2 7 \quad \text{← 2를 밑으로 하는 7의 로그}$$

과 같이 나타낸다.

또한 $2^x=8$을 만족시키는 x의 값은 $x=\log_2 8$로 나타낼 수 있으므로 $\log_2 8=3$이다.

example $a^x=N$ 꼴은 $x=\log_a N$ 꼴로, $x=\log_a N$ 꼴은 $a^x=N$ 꼴로 나타내면

(1) $5^2=25 \iff 2=\log_5 25$

(2) $2^{-4}=\dfrac{1}{16} \iff -4=\log_2 \dfrac{1}{16}$

(3) $2=\log_6 36 \iff 6^2=36$

(4) $-3=\log_{\frac{1}{3}} 27 \iff \left(\dfrac{1}{3}\right)^{-3}=27$

example (1) $\log_2 32=x$라 하면 로그의 정의에 의하여 $2^x=32$

이때 $32=2^5$이므로 $x=5$ $\quad \therefore \log_2 32=5$

(2) $\log_3 \dfrac{1}{81}=x$라 하면 로그의 정의에 의하여 $3^x=\dfrac{1}{81}$

이때 $\dfrac{1}{81}=3^{-4}$이므로 $x=-4$ $\quad \therefore \log_3 \dfrac{1}{81}=-4$

$\log_a N$이 정의되려면 밑 a와 진수 N은 다음 조건을 만족시켜야 한다.
(1) 밑의 조건: $a>0$, $a\neq1$
(2) 진수의 조건: $N>0$

앞에서 학습한 로그의 정의에서 $\log_a N$이 정의되기 위해서는 밑 a와 진수 N이 다음 조건을 만족시켜야 했다.

⑴ 밑은 1이 아닌 양수, 즉 $a>0$, $a\neq1$

⑵ 진수는 양수, 즉 $N>0$

이러한 조건이 필요한 이유에 대하여 알아보자.

⑴ 밑의 조건: $a>0$, $a\neq1$

(ⅰ) $a<0$인 경우 $\log_{-2}8=x$라 하면 $(-2)^x=8$ ← x가 실수일 때 a^x (a는 음수)는 정의하지 않는다.

(ⅱ) $a=0$인 경우 $\log_0 8=x$라 하면 $0^x=8$ ← x가 양수일 때 $0^x=0$, 양수가 아닐 때 0^x은 정의하지 않는다.

(ⅲ) $a=1$인 경우 $\log_1 8=x$라 하면 $1^x=8$ ← x가 실수일 때 $1^x=1$이다.

(ⅰ), (ⅱ), (ⅲ)에서 등식을 만족시키는 x의 값이 존재하지 않으므로 $a>0$, $a\neq1$이어야 한다.

⑵ 진수의 조건: $N>0$

(ⅰ) $N<0$인 경우 $\log_2(-5)=x$라 하면 $2^x=-5$ ← x가 실수일 때 a^x은 항상 양수이다. (단, $a>0$)

(ⅱ) $N=0$인 경우 $\log_2 0=x$라 하면 $2^x=0$ ← x가 실수일 때 a^x은 항상 양수이다. (단, $a>0$)

(ⅰ), (ⅱ)에서 등식을 만족시키는 x의 값이 존재하지 않으므로 $N>0$이어야 한다.

앞으로 특별한 언급이 없더라도 $\log_a N$이 주어지면 밑의 조건 $a>0$, $a\neq1$과 진수의 조건 $N>0$을 모두 만족시키는 것으로 본다.

example

⑴ $\log_{x-2}3$이 정의되기 위한 x의 값의 범위는

     $x-2>0$, $x-2\neq1$이므로 $x>2$, $x\neq3$

     $\therefore 2<x<3$ 또는 $x>3$

⑵ $\log_5(x+7)$이 정의되기 위한 x의 값의 범위는

     $x+7>0$ $\therefore x>-7$

⑶ $\log_{x+2}(4-x)$가 정의되기 위한 x의 값의 범위는

     밑의 조건에서 $x+2>0$, $x+2\neq1$이므로 $x>-2$, $x\neq-1$

     $\therefore -2<x<-1$ 또는 $x>-1$ …… ㉠

     진수의 조건에서 $4-x>0$이므로 $x<4$ …… ㉡

     ㉠, ㉡의 공통 범위를 구하면 $-2<x<-1$ 또는 $-1<x<4$

$\log_2 3$이 유리수가 아님을 귀류법을 이용하여 증명해 보자.

$\log_2 3 = x$라 하면 로그의 정의에 의하여 $2^x = 3$이고, $x > 0$이다.   ← $2^1 = 2$, $2^2 = 4$이므로 x는 1과 2 사이의 수이다.

이때 $\log_2 3$을 유리수라 가정하면

$\log_2 3 = \dfrac{n}{m}$ (m, n은 서로소인 자연수), 즉 $2^{\frac{n}{m}} = 3$으로 나타낼 수 있다.

$$\therefore \ 2^n = 3^m$$

그런데 2^n은 2의 배수이지만 3^m은 2의 배수가 아니므로 $\log_2 3$이 유리수라는 가정에 모순이다.

따라서 $\log_2 3$은 유리수가 아니다. 즉, 무리수이다.

개념 CHECK

01. 로그의 뜻

📖 빠른 정답 · 457쪽 / 정답과 풀이 · 14쪽

01 다음 값을 구하시오.

(1) $\log_3 243$
(2) $\log_{\frac{1}{2}} 8$
(3) $\log_{\sqrt{5}} 25$

02 다음 등식을 만족시키는 x의 값을 구하시오.

(1) $\log_3 x = -4$
(2) $\log_{\sqrt{2}} x = 3$
(3) $\log_x 16 = 3$
(4) $\log_x 7 = \dfrac{1}{2}$

03 다음이 정의되도록 하는 실수 x의 값의 범위를 구하시오.

(1) $\log_3 (x - 10)$
(2) $\log_5 (-x^2 + 3x)$
(3) $\log_{x+7} 2$
(4) $\log_{x+4} (x - 2)^2$

대표 예제 · 01

다음 물음에 답하시오.

(1) 등식 $\log_3 (\log_{64} x) = -1$을 만족시키는 x의 값을 구하시오.

(2) $\log_a \sqrt{8} = -3$, $\log_{\frac{1}{16}} b = \dfrac{3}{8}$일 때, ab의 값을 구하시오.

(3) $\log_a (-2a+10)$이 정의되도록 하는 모든 정수 a의 값의 합을 구하시오.

바로 접근

(1), (2) 로그의 정의 $\log_a N = k \iff a^k = N$을 이용한다.

(3) $\log_a N$이 정의되기 위해서는 아래의 두 조건을 모두 만족시켜야 한다.

① 밑의 조건: $a > 0$, $a \neq 1$

② 진수의 조건: $N > 0$

바른 풀이

(1) $\log_3 (\log_{64} x) = -1$에서 $\log_{64} x = 3^{-1}$, $\log_{64} x = \dfrac{1}{3}$

$\therefore x = 64^{\frac{1}{3}} = (4^3)^{\frac{1}{3}} = 4$

(2) $\log_a \sqrt{8} = -3$에서 $a^{-3} = \sqrt{8}$ $\therefore a = (\sqrt{8})^{-\frac{1}{3}} = (2^{\frac{3}{2}})^{-\frac{1}{3}} = 2^{-\frac{1}{2}}$

$\log_{\frac{1}{16}} b = \dfrac{3}{8}$에서 $b = \left(\dfrac{1}{16}\right)^{\frac{3}{8}} = (2^{-4})^{\frac{3}{8}} = 2^{-\frac{3}{2}}$

$\therefore ab = 2^{-\frac{1}{2}} \times 2^{-\frac{3}{2}} = 2^{-\frac{1}{2} + \left(-\frac{3}{2}\right)} = 2^{-2} = \dfrac{1}{4}$

(3) 밑의 조건에서 $a > 0$, $a \neq 1$이므로 $0 < a < 1$ 또는 $a > 1$ …… ㉠

진수의 조건에서 $-2a+10 > 0$이므로 $a < 5$ …… ㉡

㉠, ㉡의 공통 범위를 구하면 $0 < a < 1$ 또는 $1 < a < 5$

따라서 $\log_a (-2a+10)$이 정의되도록 하는 모든 정수 a의 값은 2, 3, 4이므로 구하는 합은

$2+3+4 = 9$

정답   (1) 4   (2) $\dfrac{1}{4}$ (3) 9

Bible Says

로그의 정의를 이용하여 미지수를 구할 때 지수의 성질과 지수법칙이 사용된다.

(1) 0 또는 음의 정수인 지수

$a \neq 0$이고 n이 자연수일 때, $a^0 = 1$, $a^{-n} = \dfrac{1}{a^n}$

(2) 유리수인 지수

$a > 0$이고 m, n $(n \geq 2)$가 정수일 때, $a^{\frac{m}{n}} = \sqrt[n]{a^m}$

(3) 지수가 실수일 때의 지수법칙

$a > 0$, $b > 0$이고 x, y가 실수일 때,

① $a^x a^y = a^{x+y}$ ② $a^x \div a^y = a^{x-y}$

③ $(a^x)^y = a^{xy}$ ④ $(ab)^x = a^x b^x$

02

한 번 더하기

01-1

다음 물음에 답하시오.

(1) 등식 $\log_7\{\log_2(\log_5 x)\}=0$을 만족시키는 x의 값을 구하시오.

(2) $\log_{\frac{1}{\sqrt{3}}} a=5$, $\log_b \dfrac{1}{27}=-2$일 때, $\dfrac{b}{a}$의 값을 구하시오.

(3) $\log_{x-2}(-x^2+4x-3)$이 정의되도록 하는 실수 x의 값의 범위를 구하시오.

표현 더하기

01-2

다음 물음에 답하시오.

(1) $\log_a 7=2$, $\log_b 9=k$에 대하여 $ab=\sqrt{21}$일 때, 상수 k의 값을 구하시오.

(2) $x=\log_2(1+\sqrt{2})$일 때, 4^x+4^{-x}의 값을 구하시오.

표현 더하기

01-3

모든 실수 x에 대하여 $\log_{a-1}(x^2+2ax+7a)$가 정의되기 위한 모든 정수 a의 값의 합을 구하시오.

표현 더하기

01-4

$x=\log_4(2-\sqrt{3})$일 때, $\dfrac{8^x-8^{-x}}{2^x-2^{-x}}$의 값을 구하시오.

02 로그의 성질

1 로그의 성질

$a>0$, $a\neq1$, $M>0$, $N>0$일 때,

(1) $\log_a 1=0$, $\log_a a=1$

(2) $\log_a MN=\log_a M+\log_a N$

(3) $\log_a \dfrac{M}{N}=\log_a M-\log_a N$

(4) $\log_a M^k=k\log_a M$ (단, k는 실수)

로그의 정의, 지수의 성질, 지수법칙을 이용하여 로그의 성질을 알아보자.

$a>0$, $a\neq1$, $M>0$, $N>0$일 때,

(1) $a^0=1$, $a^1=a$이므로 로그의 정의에 의하여
$$\log_a 1=0, \ \log_a a=1$$

(2), (3) $\log_a M=m$, $\log_a N=n$이라 하면 로그의 정의에 의하여 $a^m=M$, $a^n=N$이므로

지수법칙에 의하여 $MN=a^m a^n=a^{m+n}$, $\dfrac{M}{N}=\dfrac{a^m}{a^n}=a^{m-n}$

따라서 로그의 정의에 의하여
$$\log_a MN=m+n=\log_a M+\log_a N, \ \log_a \frac{M}{N}=m-n=\log_a M-\log_a N$$

(4) $\log_a M=m$이라 하면 로그의 정의에 의하여 $a^m=M$이므로

지수법칙에 의하여 $M^k=(a^m)^k=a^{km}$

따라서 로그의 정의에 의하여 $\log_a M^k=km=k\log_a M$ (단, k는 실수)

example

(1) $\log_3 3+\log_7 1=1+0=1$

(2) $\log_2 6+\log_2 \dfrac{1}{24}=\log_2\left(6\times\dfrac{1}{24}\right)=\log_2\dfrac{1}{4}=\log_2 2^{-2}=-2\log_2 2=-2$

(3) $\log_5 75-\log_5 3=\log_5\dfrac{75}{3}=\log_5 25=\log_5 5^2=2\log_5 5=2$

주의 실수하기 쉬운 로그의 계산

① $\log_a 1\neq1$ $\leftarrow \log_a 1=0$

② $\log_a(M+N)\neq\log_a M+\log_a N$ $\leftarrow \log_a MN=\log_a M+\log_a N$

    $\log_a M\times\log_a N\neq\log_a(M+N)$

③ $\log_a(M-N)\neq\log_a M-\log_a N$ $\leftarrow \log_a\dfrac{M}{N}=\log_a M-\log_a N$

    $\dfrac{\log_a M}{\log_a N}\neq\log_a(M-N)$

④ $(\log_a M)^k\neq k\log_a M$ $\leftarrow \log_a M^k=k\log_a M$

2 로그의 밑의 변환

$a>0$, $a\neq1$, $b>0$일 때,

(1) $\log_a b=\dfrac{\log_c b}{\log_c a}$ (단, $c>0$, $c\neq1$)　　　　　**(2)** $\log_a b=\dfrac{1}{\log_b a}$ (단, $b\neq1$)

$\log_a b$에서 a를 1이 아닌 다른 양수로 바꿀 때 로그의 밑의 변환을 이용한다.
로그의 밑의 변환에 대하여 알아보자.

$a>0$, $a\neq1$, $b>0$일 때,

(1) $\log_a b=m$, $\log_c a=n$이라 하면 로그의 정의에 의하여 $b=a^m$, $a=c^n$이므로
　　지수법칙에 의하여

$$b=a^m=(c^n)^m=c^{mn}$$

　　이때 로그의 정의에 의하여 $mn=\log_c b$이므로

$$\log_a b \times \log_c a=\log_c b$$

　　$a\neq1$에서 $\log_c a\neq0$이므로 양변을 $\log_c a$로 나누면

$$\log_a b=\frac{\log_c b}{\log_c a} \text{ (단, } c>0,\ c\neq1) \quad \cdots\cdots \text{㉠}$$

(2) $\log_a b=\dfrac{\log_c b}{\log_c a}$에서 $c=b$이면

$$\log_a b=\frac{\log_b b}{\log_b a}=\frac{1}{\log_b a} \text{ (단, } b\neq1)$$

한편, ㉠은 로그의 정의를 이용하여 확인할 수도 있다.
$\log_a b=x$라 하면 로그의 정의에 의하여 $a^x=b$이므로 양변에 c를 밑으로 하는 로그를 취하면

$$\log_c a^x=\log_c b, \quad x\log_c a=\log_c b$$

$a\neq1$에서 $\log_c a\neq0$이므로 양변을 $\log_c a$로 나누면

$$x=\frac{\log_c b}{\log_c a}$$

즉, $\log_a b=\dfrac{\log_c b}{\log_c a}$이다.

> $A=B$ 꼴을 $\log_a A=\log_a B$ 꼴로 변형하는 것을 '양변에 a를 밑으로 하는 로그를 취한다.'고 한다. (단, $a>0$, $a\neq1$)

example

(1) $\dfrac{\log_2 49}{\log_2 7}=\log_7 49=\log_7 7^2$
$\qquad\qquad =2\log_7 7=2$

(2) $\log_3 6-\dfrac{1}{\log_2 3}=\log_3 6-\log_3 2=\log_3 \dfrac{6}{2}$
$\qquad\qquad\qquad =\log_3 3=1$

(3) $\log_3 4\times\log_4 5\times\log_5 3=\dfrac{\log_{10} 4}{\log_{10} 3}\times\dfrac{\log_{10} 5}{\log_{10} 4}\times\dfrac{\log_{10} 3}{\log_{10} 5}$　← 밑을 10이 아닌 다른 수로 정해도 결과는 같다.
$\qquad\qquad\qquad\qquad =1$

3 로그의 여러 가지 성질

$a>0$, $a\neq1$, $b>0$일 때,

(1) $\log_a b \times \log_b a = 1$ (단, $b\neq1$)

(2) $\log_{a^m} b^n = \dfrac{n}{m}\log_a b$ (단, $m\neq0$)

(3) $a^{\log_a b} = b$

(4) $a^{\log_c b} = b^{\log_c a}$ (단, $c>0$, $c\neq1$)

로그의 밑의 변환을 이용하여 로그의 여러 가지 성질을 확인해 보자.

$a>0$, $a\neq1$, $b>0$일 때,

(1) 로그의 밑의 변환에 의하여
$$\log_a b \times \log_b a = \log_a b \times \frac{1}{\log_a b} = 1 \ (\text{단, } b\neq1)$$

(2) 로그의 밑의 변환에 의하여
$$\log_{a^m} b^n = \frac{\log_a b^n}{\log_a a^m} = \frac{n\log_a b}{m\log_a a} = \frac{n}{m}\log_a b \ (\text{단, } m\neq0)$$

(3) $x = a^{\log_a b}$이라 하고 양변에 a를 밑으로 하는 로그를 취하면
$$\log_a x = \log_a a^{\log_a b} = \log_a b \times \log_a a = \log_a b$$
즉, $\log_a x = \log_a b$에서 $x=b$이므로
$$a^{\log_a b} = b \qquad\qquad \cdots\cdots \ \text{㉠}$$

(4) $x = a^{\log_c b}$이라 하고 양변에 c를 밑으로 하는 로그를 취하면
$$\log_c x = \log_c a^{\log_c b} = \log_c b \times \log_c a = \log_c a \times \log_c b = \log_c b^{\log_c a}$$
즉, $\log_c x = \log_c b^{\log_c a}$에서 $x = b^{\log_c a}$이므로
$$a^{\log_c b} = b^{\log_c a} \ (\text{단, } c>0,\ c\neq1) \qquad \cdots\cdots \ \text{㉡}$$

한편, ㉠은 로그의 정의를 이용하여 확인할 수도 있다.
$\log_a b = x$라 하면 로그의 정의에 의하여 $a^x = b$이므로
$$a^{\log_a b} = b$$

또한 ㉡은 ㉠을 이용하여 확인할 수도 있다.
$a = c^{\log_c a}$, $b = c^{\log_c b}$이므로
$$a^{\log_c b} = (c^{\log_c a})^{\log_c b} = c^{\log_c a \times \log_c b}$$
$$= c^{\log_c b \times \log_c a} = (c^{\log_c b})^{\log_c a}$$
$$= b^{\log_c a}$$

example

(1) $\log_2 9 \times \log_3 2 = \log_2 3^2 \times \log_3 2 = 2\log_2 3 \times \log_3 2 = 2$

(2) $\log_4 9 = \log_{2^2} 3^2 = \log_2 3$

(3) $2^{\log_2 \sqrt5} = \sqrt5$

(4) $8^{\log_4 5} = 5^{\log_4 8} = 5^{\frac{3}{2}\log_2 2} = 5^{\frac{3}{2}} = 5\sqrt5$

01 다음 값을 구하시오.

(1) $\log_4 1 + \log_3 3 - \log_2 \dfrac{1}{4}$

(2) $\log_3 27 + \log_7 49 - \log_2 2\sqrt{2}$

(3) $\log_3 48 + 4\log_3 \dfrac{3}{2}$

(4) $\log_6 2\sqrt{3} - \dfrac{1}{2}\log_6 2$

02 $\log_5 2 = a$, $\log_5 3 = b$일 때, 다음을 a, b에 대한 식으로 나타내시오.

(1) $\log_5 6$

(2) $\log_5 24$

(3) $\log_5 \dfrac{16}{9}$

03 다음 값을 구하시오.

(1) $\dfrac{\log_5 8}{\log_5 2}$

(2) $\log_6 24 - \dfrac{1}{\log_4 6}$

04 다음 값을 구하시오.

(1) $\log_5 16 \times \log_2 5$

(2) $\log_{32} 16 + \log_{\frac{1}{5}} \sqrt{5}$

(3) $4^{\log_2 3} \times 6^{\log_{36} 3}$

(4) $5^{\log_{25} 9 - \log_{\frac{1}{5}} 7}$

대표 예제 | 02

다음 값을 구하시오.

(1) $\log_4 \sqrt{6} + \dfrac{1}{2}\log_4 \dfrac{8}{3}$

(2) $\log_3 7\sqrt{3} - \log_3 \dfrac{7}{27} + \log_3 \dfrac{\sqrt{3}}{3}$

Ba로 접근

밑이 서로 같은 로그의 덧셈, 뺄셈은 로그의 성질을 이용한다.

$a>0$, $a\neq1$, $M>0$, $N>0$일 때,

① $\log_a 1 = 0$, $\log_a a = 1$

② $\log_a MN = \log_a M + \log_a N$

③ $\log_a \dfrac{M}{N} = \log_a M - \log_a N$

④ $\log_a M^k = k\log_a M$ (단, k는 실수)

Ba른 풀이

(1) $\log_4 \sqrt{6} + \dfrac{1}{2}\log_4 \dfrac{8}{3} = \dfrac{1}{2}\log_4 6 + \dfrac{1}{2}\log_4 \dfrac{8}{3}$

$\qquad = \dfrac{1}{2}\left(\log_4 6 + \log_4 \dfrac{8}{3}\right)$

$\qquad = \dfrac{1}{2}\log_4 \left(6 \times \dfrac{8}{3}\right)$

$\qquad = \dfrac{1}{2}\log_4 16$

$\qquad = \dfrac{1}{2}\log_4 4^2$

$\qquad = \dfrac{1}{2}\times 2 = 1$

(2) $\log_3 7\sqrt{3} - \log_3 \dfrac{7}{27} + \log_3 \dfrac{\sqrt{3}}{3} = \log_3 \left(7\sqrt{3}\times\dfrac{27}{7}\times\dfrac{\sqrt{3}}{3}\right)$

$\qquad = \log_3 27$

$\qquad = \log_3 3^3 = 3$

정답 (1) 1 (2) 3

Bible Says

로그의 진수는 항상 양수이므로 $\log_3 (-5)^2 = 2\log_3 (-5)$로 계산하지 않도록 주의하자.

$\log_3 (-5)^2 = \log_3 5^2 = 2\log_3 5$로 계산해야 한다.

한번 더하기

02-1

다음 값을 구하시오.

(1) $\log_6 \sqrt{8} + \dfrac{1}{2} \log_6 \dfrac{5}{4} - \log_6 \sqrt{10}$

(2) $\dfrac{1}{2} \log_2 24 - 3 \log_2 \sqrt{6} + \log_2 12$

(3) $\log_{10} \dfrac{1}{9} - \log_{10} (-2)^2 - 2\log_{10} \dfrac{5}{3}$

표현 더하기

02-2

다음 값을 구하시오.

(1) $\log_2 3 + \log_2 \left(1 + \dfrac{1}{3}\right) + \log_2 \left(1 + \dfrac{1}{4}\right) + \cdots + \log_2 \left(1 + \dfrac{1}{63}\right)$

(2) $\log_{10} \left(1 - \dfrac{1}{2}\right) + \log_{10} \left(1 - \dfrac{1}{3}\right) + \log_{10} \left(1 - \dfrac{1}{4}\right) + \cdots + \log_{10} \left(1 - \dfrac{1}{100}\right)$

표현 더하기

02-3

$\log_7 2 = a$, $\log_7 3 = b$일 때, $\log_7 \dfrac{\sqrt{42}}{18}$ 를 a, b에 대한 식으로 나타내시오.

표현 더하기

02-4

두 양수 x, y가 $\log_3 (2x + 3y) = 2$, $\log_3 x + \log_3 y = 1$을 만족시킬 때, $4x^2 + 9y^2$의 값을 구하시오.

대표 예제 | 03

다음 값을 구하시오.

(1) $\log_3 8 \times \log_2 25 \times \log_5 81$

(2) $\dfrac{1}{\log_4 3} + \dfrac{1}{\log_6 3} - \dfrac{1}{\log_8 3}$

(3) $\log_2 \dfrac{1}{3} \times \log_3 \dfrac{1}{4} \times \log_4 \dfrac{1}{5} + \log_2 \sqrt[3]{10}$

B}로 접근

밑이 서로 다르게 주어진 로그의 계산에서는 로그의 밑의 변환을 이용한다.

$a > 0$, $a \neq 1$, $b > 0$일 때,

① $\log_a b = \dfrac{\log_c b}{\log_c a}$ (단, $c > 0$, $c \neq 1$)

② $\log_a b = \dfrac{1}{\log_b a}$ (단, $b \neq 1$)

B}른 풀이

(1) $\log_3 8 \times \log_2 25 \times \log_5 81 = \log_3 2^3 \times \log_2 5^2 \times \log_5 3^4$

$\qquad = 3\log_3 2 \times 2\log_2 5 \times 4\log_5 3$

$\qquad = 3 \times 2 \times 4 \times \dfrac{\log_{10} 2}{\log_{10} 3} \times \dfrac{\log_{10} 5}{\log_{10} 2} \times \dfrac{\log_{10} 3}{\log_{10} 5}$ $\leftarrow$ 밑을 10이 아닌 다른 수로 정해도 결과는 같다.

$\qquad = 24$

(2) $\dfrac{1}{\log_4 3} + \dfrac{1}{\log_6 3} - \dfrac{1}{\log_8 3} = \log_3 4 + \log_3 6 - \log_3 8$

$\qquad = \log_3 \left(4 \times 6 \times \dfrac{1}{8} \right)$

$\qquad = \log_3 3 = 1$

(3) $\log_2 \dfrac{1}{3} \times \log_3 \dfrac{1}{4} \times \log_4 \dfrac{1}{5} + \log_2 \sqrt[3]{10}$

$\qquad = \dfrac{\log_{10} 3^{-1}}{\log_{10} 2} \times \dfrac{\log_{10} 4^{-1}}{\log_{10} 3} \times \dfrac{\log_{10} 5^{-1}}{\log_{10} 4} + \log_2 10^{\frac{1}{3}}$ $\leftarrow$ 밑을 10이 아닌 다른 수로 정해도 결과는 같다.

$\qquad = \dfrac{-\log_{10} 3}{\log_{10} 2} \times \dfrac{-\log_{10} 4}{\log_{10} 3} \times \dfrac{-\log_{10} 5}{\log_{10} 4} + \dfrac{1}{3}\log_2 10$

$\qquad = -\dfrac{\log_{10} 5}{\log_{10} 2} + \dfrac{1}{3}\log_2 (2 \times 5)$

$\qquad = -\log_2 5 + \dfrac{1}{3}(\log_2 2 + \log_2 5) = \dfrac{1}{3} - \dfrac{2}{3}\log_2 5$

정답 (1) 24 (2) 1 (3) $\dfrac{1}{3} - \dfrac{2}{3}\log_2 5$

Bible Says

① 로그의 밑이 같으면 로그의 성질을 이용하여 진수를 간단히 한다. (대표 예제 | 02)

② 로그의 밑이 다르면 로그의 밑의 변환을 이용하여 밑을 통일한다. (대표 예제 | 03)

한번 더하기

03-1

다음 값을 구하시오.

(1) $\log_2 125 \times \log_7 \sqrt{32} \times \log_5 49$

(2) $\dfrac{1}{\log_{10} 5} + \dfrac{1}{\log_{15} 5} - \dfrac{1}{\log_6 5}$

(3) $\log_3 \sqrt{15} - \log_6 \dfrac{1}{5} \times \log_3 \dfrac{1}{\sqrt{2}} \times \log_2 \dfrac{1}{6}$

표현 더하기

03-2

다음 물음에 답하시오.

(1) 1이 아닌 세 양수 a, b, c에 대하여 $\log_a x = 8$, $\log_b x = 3$, $\log_c x = 6$일 때, $\log_{abc} x$의 값을 구하시오.

(2) $\dfrac{1}{\log_2 x} + \dfrac{1}{\log_7 x} + \dfrac{1}{\log_{14} x} = 2$일 때, 양수 x의 값을 구하시오.

표현 더하기

03-3

$\log_2 5 = a$, $\log_3 2 = b$일 때, 다음을 a, b에 대한 식으로 나타내시오.

(1) $\log_2 45$ (2) $\log_6 15$ (3) $\log_{\frac{1}{10}} \dfrac{12}{5}$

표현 더하기

03-4

다음 식의 값을 구하시오.

$$\log_{\sqrt{6}}(\log_2 3) + \log_{\sqrt{6}}(\log_3 4) + \log_{\sqrt{6}}(\log_4 5) + \cdots + \log_{\sqrt{6}}(\log_{63} 64)$$

대표 예제 | 04

다음 값을 구하시오.

(1) $\left(\log_4 3 + \log_{\frac{1}{2}} 9\right)\left(\log_{\sqrt{3}} 8 + \log_{27} 2\right)$

(2) $16^{\log_2 3} \times 25^{\log_5 \frac{1}{9}}$

(3) $2^{2\log_2 \sqrt{7} - \log_2 14 + \log_2 6}$

바로 접근

로그의 밑의 변환을 활용한 다음 성질을 이용하여 식을 간단히 한다.

$a>0$, $a \neq 1$, $b>0$일 때,

① $\log_a b \times \log_b a = 1$ (단, $b \neq 1$)

② $\log_{a^m} b^n = \dfrac{n}{m} \log_a b$ (단, $m \neq 0$)

③ $a^{\log_a b} = b$

④ $a^{\log_c b} = b^{\log_c a}$ (단, $c>0$, $c \neq 1$)

바른 풀이

(1) $\left(\log_4 3 + \log_{\frac{1}{2}} 9\right)\left(\log_{\sqrt{3}} 8 + \log_{27} 2\right) = \left(\log_{2^2} 3 + \log_{2^{-1}} 3^2\right)\left(\log_{3^{\frac{1}{2}}} 2^3 + \log_{3^3} 2\right)$

$$= \left(\frac{1}{2}\log_2 3 - 2\log_2 3\right)\left(6\log_3 2 + \frac{1}{3}\log_3 2\right)$$

$$= \left(-\frac{3}{2}\log_2 3\right) \times \frac{19}{3}\log_3 2 = \left(-\frac{3}{2}\right) \times \frac{19}{3} = -\frac{19}{2}$$

(2) $16^{\log_2 3} \times 25^{\log_5 \frac{1}{9}} = 3^{\log_2 16} \times \left(\frac{1}{9}\right)^{\log_5 25}$

$$= 3^{\log_2 2^4} \times \left(\frac{1}{9}\right)^{\log_5 5^2}$$

$$= 3^4 \times \left(\frac{1}{9}\right)^2 = 1$$

(3) $2^{2\log_2 \sqrt{7} - \log_2 14 + \log_2 6} = 2^{\log_2 7 - \log_2 14 + \log_2 6}$

$$= 2^{\log_2 \left(7 \times \frac{1}{14} \times 6\right)}$$

$$= 2^{\log_2 3} = 3$$

정답 (1) $-\dfrac{19}{2}$ (2) 1 (3) 3

Bible Says

① $\log_{a^m} b^n \Longleftrightarrow \dfrac{n}{m} \log_a b$ 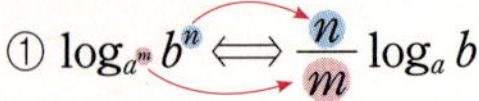

② $a^{\log_c b} \Longleftrightarrow b^{\log_c a}$

한 번 더하기

04-1

다음 값을 구하시오.

(1) $\left(\log_{\frac{1}{8}} 49 - \log_{\sqrt{2}} \sqrt[3]{7}\right)\left(\log_{49} \frac{1}{16} + \log_{\frac{1}{7}} 4\right)$

(2) $(\sqrt{6})^{\log_6 25} \times \log_{\sqrt{2}} 9^{\log_3 32}$

(3) $3^{4\log_3 \sqrt{5} + \log_3 4 - \log_3 20}$

표현 더하기

04-2

양수 a, b, c에 대하여 $\log_2 a + 2\log_4 b + 3\log_8 c = 1$일 때, $\{(6^a)^b\}^c$의 값을 구하시오.

표현 더하기

04-3

다음 물음에 답하시오.

(1) $\log_2 3 \times \log_4 x = \log_8 9$일 때, 양수 x에 대하여 x^3의 값을 구하시오.

(2) $(\log_4 9 + 2\log_2 \sqrt{5})\log_{\sqrt{15}} a = 8$일 때, a의 값을 구하시오. (단, $a > 0$)

표현 더하기

04-4

세 수 $A = \log_8 4 - \log_{2\sqrt{2}} 32$, $B = 7^{\log_7 9 - \log_7 36}$, $C = \log_2 \{\log_{81}(\log_5 125)\}$의 대소 관계를 구하시오.

대표 예제 | 05

다음 물음에 답하시오.

(1) 1이 아닌 두 양수 a, b에 대하여 $a^3 b^2 = 1$일 때, $\log_a ab + \log_b a^9 b^4$의 값을 구하시오.

(2) $35^x = 8$, $5^y = 32$일 때, $\dfrac{3}{x} - \dfrac{5}{y}$의 값을 구하시오.

(3) $2^x = 3^y = 12$일 때, $\dfrac{1}{x} + \dfrac{1}{y}$의 값을 구하시오.

B로 접근

주어진 등식의 양변에 로그를 취한 후 로그의 성질, 로그의 밑의 변환을 이용하여 식의 값을 구한다.

(1) 좌변이 a, b의 곱으로 이루어져 있으므로 양변에 밑이 a 또는 b인 로그를 취한다.

(2) 두 등식의 우변이 모두 소인수로 2를 가지므로 양변에 밑이 2인 로그를 취한다.

(3) $2^x = 12$의 양변에 밑이 2인 로그를 취하고, $3^y = 12$의 양변에 밑이 3인 로그를 취한다.

B른 풀이

(1) $a^3 b^2 = 1$의 양변에 밑이 a인 로그를 취하면 $\log_a a^3 b^2 = \log_a 1$

$\log_a a^3 + \log_a b^2 = 0$, $3 + 2\log_a b = 0$ $\quad \therefore \log_a b = -\dfrac{3}{2}$ $\quad \leftarrow \log_b a = \dfrac{1}{\log_a b} = -\dfrac{2}{3}$

$\therefore \log_a ab + \log_b a^9 b^4 = (\log_a a + \log_a b) + (\log_b a^9 + \log_b b^4)$

$$= \left\{ 1 + \left(-\dfrac{3}{2} \right) \right\} + \left\{ 9 \times \left(-\dfrac{2}{3} \right) + 4 \right\} = -\dfrac{1}{2} - 2 = -\dfrac{5}{2}$$

(2) $35^x = 8$의 양변에 밑이 2인 로그를 취하면

$\log_2 35^x = \log_2 2^3$, $x\log_2 35 = 3$ $\quad \therefore \dfrac{3}{x} = \log_2 35$

$5^y = 32$의 양변에 밑이 2인 로그를 취하면

$\log_2 5^y = \log_2 2^5$, $y\log_2 5 = 5$ $\quad \therefore \dfrac{5}{y} = \log_2 5$

$\therefore \dfrac{3}{x} - \dfrac{5}{y} = \log_2 35 - \log_2 5 = \log_2 \dfrac{35}{5} = \log_2 7$

(3) $2^x = 12$에서 $x = \log_2 12$이므로 $\dfrac{1}{x} = \log_{12} 2$

$3^y = 12$에서 $y = \log_3 12$이므로 $\dfrac{1}{y} = \log_{12} 3$

$\therefore \dfrac{1}{x} + \dfrac{1}{y} = \log_{12} 2 + \log_{12} 3 = \log_{12} 6$

정답 (1) $-\dfrac{5}{2}$ (2) $\log_2 7$ (3) $\log_{12} 6$

Bible Says

주어진 등식 $X = Y$를 등식 $\log_a X = \log_a Y$로 변형하는 것을 '양변에 밑이 a인 로그를 취한다.'고 한다. (단, $a > 0$, $a \neq 1$)

한번 더하기

05-1 다음 물음에 답하시오.

(1) 1이 아닌 두 양수 a, b에 대하여 $\dfrac{b^5}{a^3}=1$일 때, $\log_b a^3 b^{\frac{1}{2}} - \log_a \dfrac{b^2}{a}$의 값을 구하시오.

(2) $63^x=9$, $7^y=81$일 때, $\dfrac{2}{x}-\dfrac{4}{y}$의 값을 구하시오.

(3) $12^x=18^y=6$일 때, $\dfrac{x+y}{xy}$의 값을 구하시오.

표현 더하기

05-2 $2^a=3$, $2^b=5$일 때, $\log_2 90$을 a, b에 대한 식으로 나타내시오.

표현 더하기

05-3 다음 물음에 답하시오.

(1) $4^x=7$, $7^y=8$일 때, xy의 값을 구하시오.

(2) $3^x=5^y=15^z$일 때, $\dfrac{1}{x}+\dfrac{1}{y}-\dfrac{1}{z}$의 값을 구하시오. (단, $xyz\neq 0$)

표현 더하기

05-4 세 양수 a, b, c에 대하여 다음 물음에 답하시오.

(1) $a^x=b^y=c^z=216$, $abc=6$일 때, $\dfrac{1}{x}+\dfrac{1}{y}+\dfrac{1}{z}$의 값을 구하시오.

(2) $a^x=b^{2y}=c^{5z}=9$, $abc=81$일 때, $\dfrac{10}{x}+\dfrac{5}{y}+\dfrac{2}{z}$의 값을 구하시오.

대표 예제 | 06

이차방정식 $x^2+5x-10=0$의 두 근이 $\log_2 a$, $\log_2 b$일 때, $\log_a b+\log_b a$의 값을 구하시오.

바로 접근

❶ 이차방정식의 근과 계수의 관계를 이용하여 $\log_2 a+\log_2 b$, $\log_2 a\times\log_2 b$의 값을 구한다.

❷ ❶의 값을 이용할 수 있도록 로그의 밑의 변환, 곱셈 공식의 변형을 이용하여 $\log_a b+\log_b a$를 정리한다.

바른 풀이

이차방정식 $x^2+5x-10=0$의 두 근이 $\log_2 a$, $\log_2 b$이므로

이차방정식의 근과 계수의 관계에 의하여

$$\log_2 a+\log_2 b=-5, \ \log_2 a\times\log_2 b=-10$$

$$\therefore \log_a b+\log_b a=\frac{\log_2 b}{\log_2 a}+\frac{\log_2 a}{\log_2 b}$$

$$=\frac{(\log_2 b)^2+(\log_2 a)^2}{\log_2 a\times\log_2 b}$$

$$=\frac{(\log_2 a+\log_2 b)^2-2\times\log_2 a\times\log_2 b}{\log_2 a\times\log_2 b}$$

$$=\frac{(-5)^2-2\times(-10)}{-10}=-\frac{9}{2}$$

$$\boxed{\text{정답}} \ -\frac{9}{2}$$

Bible Says

주어진 이차방정식의 두 근을 각각 $\log_2 a=\dfrac{-5+\sqrt{65}}{2}$, $\log_2 b=\dfrac{-5-\sqrt{65}}{2}$라 하고 다음과 같이 식의 값을 구해도 되지만, 계산 과정이 복잡한 편이므로 위의 풀이와 같이 이차방정식의 근과 계수의 관계를 이용하여 접근하도록 하자.

$$\log_a b+\log_b a=\frac{\log_2 b}{\log_2 a}+\frac{\log_2 a}{\log_2 b}=\frac{-5-\sqrt{65}}{-5+\sqrt{65}}+\frac{-5+\sqrt{65}}{-5-\sqrt{65}}$$

$$=\frac{(-5-\sqrt{65})^2}{(-5+\sqrt{65})(-5-\sqrt{65})}+\frac{(-5+\sqrt{65})^2}{(-5-\sqrt{65})(-5+\sqrt{65})}$$

$$=\frac{90+10\sqrt{65}}{-40}+\frac{90-10\sqrt{65}}{-40}=-\frac{9}{2}$$

한번 더하기

06-1

이차방정식 $x^2-6x+2=0$의 두 근이 $\log_5 a$, $\log_5 b$일 때, $\log_a ab^2+\log_b a^2b$의 값을 구하시오.

표현 더하기

06-2

이차방정식 $x^2-3x+k=0$의 두 근이 $\log_3 a$, $\log_3 b$이다. $a+b=12$일 때, 상수 k의 값을 구하시오.

표현 더하기

06-3

이차방정식 $x^2-5x+5=0$의 두 근을 α, β $(\alpha>\beta)$라 할 때, 다음 식의 값을 구하시오.

(1) $\log_{\alpha-\beta}\alpha^3+\log_{\alpha-\beta}\beta^3$

(2) $\log_{\alpha+\beta}\left(\alpha-\dfrac{\alpha}{\beta}\right)+\log_{\alpha+\beta}\left(\beta-\dfrac{\beta}{\alpha}\right)$

표현 더하기

06-4

이차방정식 $x^2-6x+4=0$의 두 근 α, β $(\alpha<\beta)$에 대하여 $m=\dfrac{\beta-\alpha}{2}$라 할 때, $\log_m(\alpha+4\beta)+\log_m(4\alpha+\beta)-\log_m 36$의 값을 구하시오.

03 상용로그

1 상용로그

양수 N에 대하여 $\log_{10} N$과 같이 10을 밑으로 하는 로그를 상용로그라 하고, 보통 밑 10을 생략하여 $\log N$과 같이 나타낸다.

우리는 일상생활에서 수를 일의 자리, 십의 자리, 백의 자리, …와 같이 10의 거듭제곱을 자릿수로 사용하여 나타낸다. 따라서 로그의 계산에서도 10을 밑으로 하는 로그를 사용하는 것이 편리하다.

이때 10을 밑으로 하는 로그를 상용로그라 하고, 상용로그 $\log_{10} N$(N은 양수)는 보통 밑 10을 생략하여

$$\log N$$

과 같이 나타낸다. 예를 들어 $\log_{10} 2$를 간단히 $\log 2$로 나타낸다.

n이 실수일 때, $\log 10^n = \log_{10} 10^n = n$이므로 10^n의 꼴의 수에 대한 상용로그의 값은 로그의 성질을 이용하여 쉽게 구할 수 있다. ← 진수 N이 10배, 100배, 1000배, …씩 커질 때, 상용로그 $\log N$의 값은 1, 2, 3, …씩 커진다.

example
(1) $\log 10 = \log_{10} 10 = 1$
(2) $\log 1000 = \log_{10} 10^3 = 3$
(3) $\log 0.1 = \log_{10} 10^{-1} = -1$
(4) $\log \sqrt{10} = \log_{10} 10^{\frac{1}{2}} = \dfrac{1}{2}$

2 상용로그표

(1) 상용로그표는 0.01의 간격으로 1.00부터 9.99까지의 수에 대한 상용로그의 값을 반올림하여 소수점 아래 넷째 자리까지 나타낸 것이다.
(2) 상용로그표를 이용하면 정수 부분이 한 자리인 양수의 상용로그의 값을 구할 수 있다.
(3) 상용로그표와 로그의 성질을 이용하면 상용로그표에 없는 양수의 상용로그의 값을 구할 수 있다.

일반적으로 양수 N에 대하여 $\log N$의 값은 쉽게 구할 수 없다. 따라서 이 값은 이 책의 468쪽에 있는 상용로그표를 이용하여 구한다.

다음 표는 상용로그표의 일부분이다. 상용로그표는 0.01의 간격으로 1.00에서 9.99까지의 수에 대한 상용로그의 값을 반올림하여 소수점 아래 넷째 자리까지 나타낸 것이다.

수	0	1	2	3	4	5	6	7	8	9
1.0	.0000	.0043	.0086	.0128	.0170	.0212	.0253	.0294	.0334	.0374
⋮	⋮	⋮	⋮	⋮	⋮	⋮	⋮	⋮	⋮	⋮
2.6	.4150	.4166	.4183	.4200	.4216	.4232	.4249	.4265	.4281	.4298
2.7	.4314	.4330	.4346	.4362	.4378	.4393	.4409	.4425	.4440	.4456
2.8	.4472	.4487	.4502	.4518	.4533	.4548	.4564	.4579	.4594	.4609
2.9	.4624	.4639	.4654	.4669	.4683	.4698	.4713	.4728	.4742	.4757

예를 들어 $\log 2.75$의 값을 구하려면 상용로그표에서 2.7의 가로줄과 5의 세로줄이 만나는 곳의 수 0.4393을 찾으면 된다. 즉, $\log 2.75 = 0.4393$이다. ← 상용로그표에서 .4393은 0.4393을 의미한다.

example 이 책의 468쪽에 있는 상용로그표를 이용하여 다음 상용로그의 값을 구하면

(1) $\log 3.8$의 값은 상용로그표에서 3.8의 가로줄과 0의 세로줄이 만나는 곳의 수이므로

$$\log 3.8 = 0.5798$$

(2) $\log 5.29$의 값은 상용로그표에서 5.2의 가로줄과 9의 세로줄이 만나는 곳의 수이므로

$$\log 5.29 = 0.7235$$

참고 상용로그표에 있는 상용로그의 값은 어림한 값이지만 편의상 등호를 사용하여 나타낸다.

한편, 상용로그표와 로그의 성질을 이용하면 상용로그표에 없는 양수, 즉 $0 < N < 1$ 또는 $N \geq 10$ 인 수 N에 대한 $\log N$의 값을 구할 수 있다.

예를 들어 $\log 2.75 = 0.4393$이므로

$$\log 275 = \log (2.75 \times 10^2) = \log 2.75 + \log 10^2$$
$$= 0.4393 + 2 = 2.4393$$
$$\log 0.275 = \log (2.75 \times 10^{-1}) = \log 2.75 + \log 10^{-1}$$
$$= 0.4393 + (-1) = -0.5607$$

example $\log 8.46 = 0.9274$이므로

(1) $\log 84.6 = \log (8.46 \times 10) = \log 8.46 + \log 10$
$$= 0.9274 + 1 = 1.9274$$

(2) $\log 84600 = \log (8.46 \times 10^4) = \log 8.46 + \log 10^4$
$$= 0.9274 + 4 = 4.9274$$

(3) $\log 0.0846 = \log (8.46 \times 10^{-2}) = \log 8.46 + \log 10^{-2}$
$$= 0.9274 + (-2) = -1.0726$$

(4) $\log \sqrt{8.46} = \log (8.46)^{\frac{1}{2}} = \frac{1}{2} \log 8.46$
$$= \frac{1}{2} \times 0.9274 = 0.4637$$

(1) 상용로그의 정수 부분과 소수 부분

임의의 양수 N은 $N=a\times10^n$ ($1\le a<10$, n은 정수) 꼴로 나타낼 수 있다.

이때 양변에 상용로그를 취하면

$$\log N=\log(a\times10^n)=\log a+\log 10^n=n+\log a$$

여기서 n은 정수이고, $1\le a<10$에서 $0\le \log a<1$이므로 $\log a$는 0 이상 1 미만의 수이다.

따라서 n을 $\log N$의 정수 부분, $\log a$를 $\log N$의 소수 부분이라 하면

$$\log N=(\text{정수 부분})+(\text{소수 부분})$$ ← $\log N$의 값이 양수이면 소수점을 기준으로 앞쪽은 정수 부분, 뒤쪽은 소수 부분으로 생각하면 된다.

example

$\log 4.26=0.6294$에서

(1) $\log 4260=\log(4.26\times10^3)=\log 4.26+3=3+0.6294$이므로

　　$\log 4260$의 정수 부분은 3, 소수 부분은 0.6294이다.

(2) $\log 0.0426=\log(4.26\times10^{-2})=\log 4.26+(-2)=-2+0.6294$이므로

　　$\log 0.0426$의 정수 부분은 -2, 소수 부분은 0.6294이다.

　　$\log 0.0426=-2+0.6294=-1.3706$으로 생각하여 정수 부분을 -1, 소수 부분을 0.3706으로 구하지 않도록 주의한다. 소수 부분은 0 이상 1 미만이어야 한다.

(2) 상용로그의 정수 부분과 소수 부분의 성질

상용로그의 정수 부분과 소수 부분은 다음과 같은 성질을 갖는다.

(1) 상용로그의 정수 부분의 성질

　① 정수 부분이 n자리인 수의 상용로그의 정수 부분은 $n-1$이다.

　② 소수점 아래 n째 자리에서 처음으로 0이 아닌 숫자가 나타나는 수의 상용로그의 정수 부분은 $-n$이다.

(2) 상용로그의 소수 부분의 성질

　숫자의 배열이 같고 소수점의 위치만 다른 수들의 상용로그의 소수 부분은 모두 같다.

356, 35.6, 3.56, 0.356, 0.0356의 상용로그의 값을 예로 들어 상용로그의 정수 부분과 소수 부분의 성질을 확인해 보자.

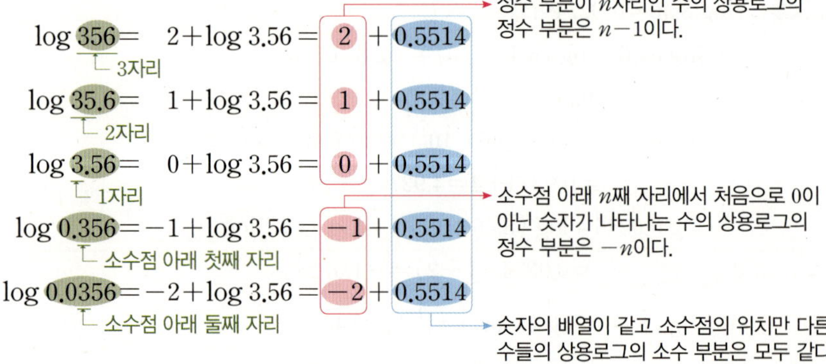

(3) 최고 자리의 숫자 구하기

상용로그의 소수 부분의 성질을 이용하여 양수 a^n의 최고 자리의 숫자를 다음과 같은 순서로 구할 수 있다.

❶ $\log a^n$의 소수 부분 α를 찾는다.

❷ $\log N \leq \alpha < \log (N+1)$을 만족시키는 한 자리의 자연수 N을 찾는다.

❸ a^n의 최고 자리의 숫자는 N이다.

example

$\log 2 = 0.3010$, $\log 3 = 0.4771$일 때, 2^{25}의 최고 자리의 숫자를 구하면

❶ $\log 2^{25} = 25 \log 2 = 25 \times 0.3010 = 7.525$이므로
$\log 2^{25}$의 소수 부분은 0.525이다.

❷ 이때 $\log 3 = 0.4771$, $\log 4 = 2 \log 2 = 2 \times 0.3010 = 0.602$이므로
$\log 3 < 0.525 < \log 4$

❸ 각 변에 7을 더하면 $7 + \log 3 < 7.525 < 7 + \log 4$
$\log (3 \times 10^7) < \log 2^{25} < \log (4 \times 10^7)$
$\therefore 3 \times 10^7 < 2^{25} < 4 \times 10^7$
따라서 2^{25}의 최고 자리의 숫자는 3이다.

개념 CHECK

빠른 정답 • 458쪽 / 정답과 풀이 • 21쪽

03. 상용로그

01 다음 값을 구하시오.

(1) $\log 10000$ (2) $\log \sqrt[3]{100}$ (3) $\log 20 + \log 50$

02 $\log 3.71 = 0.5694$일 때, 다음 값을 구하시오.

(1) $\log 371$ (2) $\log 0.00371$ (3) $\log \sqrt[3]{3.71}$

03 $\log 6.23 = 0.7945$일 때, 다음 등식을 만족시키는 양수 N의 값을 구하시오.

(1) $\log N = 3.7945$ (2) $\log N = -1.2055$

대표 예제 **07**

$\log 2 = 0.3010$, $\log 3 = 0.4771$임을 이용하여 다음 값을 구하시오.

(1) $\log 48$

(2) $\log 15$

바로 접근

$\log a$ $(1 \leq a < 10)$의 값이 A로 주어진 경우 $\log N$의 값은 다음과 같이 구한다.

이때 A는 0 이상 1 미만인 수이다.

① $N = a \times 10^n$ (n은 정수)일 때,

$\log N = \log(a \times 10^n) = \log 10^n + \log a = n + A$

② $N = \dfrac{10}{a}$일 때,

$\log N = \log \dfrac{10}{a} = \log 10 - \log a = 1 - A$

바른 풀이

(1) $\log 48 = \log(2^4 \times 3)$

$\qquad\quad = \log 2^4 + \log 3$

$\qquad\quad = 4 \log 2 + \log 3$

$\qquad\quad = 4 \times 0.3010 + 0.4771$

$\qquad\quad = 1.2040 + 0.4771 = 1.6811$

(2) $\log 15 = \log(3 \times 5)$

$\qquad\quad = \log 3 + \log 5$

$\qquad\quad = \log 3 + \log \dfrac{10}{2}$

$\qquad\quad = \log 3 + (\log 10 - \log 2)$

$\qquad\quad = 0.4771 + (1 - 0.3010)$

$\qquad\quad = 0.4771 + 0.6990 = 1.1761$

정답 (1) 1.6811 (2) 1.1761

Bible Says

양수 A에 대하여 $\log A$의 값이 정수일 때, A의 값의 범위가 주어지면

$\log A$의 값의 범위를 구한 후, 이 범위에 속하는 정수를 모두 구한다.

예 $10 \leq A \leq 10^3$일 때, $\log A$의 값이 정수가 되도록 하는 A의 값을 모두 구하면

➡ $10 \leq A \leq 10^3$에서 $\log 10 \leq \log A \leq 3 \log 10$이므로

$1 \leq \log A \leq 3$

따라서 $\log A$의 값이 될 수 있는 정수는 1, 2, 3이므로 A의 값은 10, 10^2, 10^3이다.

한 번 더하기

07-1 $\log 2=0.3010$, $\log 7=0.8451$임을 이용하여 다음 값을 구하시오.

(1) $\log 56$　　　　　　　　　　　(2) $\log 175$

표현 더하기

07-2 $\log 4.85=0.6857$임을 이용하여 다음 등식을 만족시키는 x의 값을 구하시오.

(1) $x=\log 485$　　　　　　　　　　(2) $\log x=-1.3143$

표현 더하기

07-3 다음 상용로그표를 이용하여 $\log 105^3-\log \sqrt{132}$의 값을 구하시오.

수	0	1	2	3	4	5
1.0	.0000	.0043	.0086	.0128	.0170	.0212
1.1	.0414	.0453	.0492	.0531	.0569	.0607
1.2	.0792	.0828	.0864	.0899	.0934	.0969
1.3	.1139	.1173	.1206	.1239	.1271	.1303

실력 더하기

07-4 다음 물음에 답하시오.

(1) $10\le x<100$일 때, $\log x$와 $\log \dfrac{1}{x}$의 차가 정수가 되도록 하는 x의 값을 모두 구하시오.

(2) $100<x<1000$일 때, $\log x$와 $\log x^3$의 합이 정수가 되도록 하는 x의 값을 모두 구하시오.

대표 예제 | 08

별의 밝기를 나타내는 방법으로 절대 등급과 광도가 있다. 임의의 두 별 A, B에 대하여 별 A의 절대 등급과 광도를 각각 M_A, L_A라 하고, 별 B의 절대 등급과 광도를 각각 M_B, L_B라 하면 다음과 같은 관계식이 성립한다고 한다.

$$M_A - M_B = -2.5 \log\left(\frac{L_A}{L_B}\right) \ (\text{단, 광도의 단위는 } W \text{이다.})$$

절대 등급이 4.8인 별의 광도가 L일 때, 절대 등급이 1.3인 별의 광도는 kL이다. 상수 k의 값을 구하시오.

바로 접근

상용로그를 활용한 실생활 문제는 복잡해 보이지만 주어진 조건을 올바른 위치에 대입하면 어렵지 않게 답을 구할 수 있다.

바른 풀이

절대 등급이 4.8인 별을 A라 하면 별 A의 광도가 L이므로

$M_A = 4.8$, $L_A = L$

절대 등급이 1.3인 별을 B라 하면 별 B의 광도가 kL이므로

$M_B = 1.3$, $L_B = kL$

이를 주어진 관계식에 대입하면

$$4.8 - 1.3 = -2.5 \log\left(\frac{L}{kL}\right)$$

$$3.5 = -2.5 \log \frac{1}{k}$$

$$3.5 = 2.5 \log k$$

$$\log k = \frac{7}{5}$$

$$\therefore k = 10^{\frac{7}{5}}$$

정답 $10^{\frac{7}{5}}$

Bible Says

천문학, 항해술 등의 여러 분야가 발전하면서 0에 가까운 아주 작은 수나 큰 수를 계산하는 일이 많아졌다. 이럴 때 로그를 사용하면 보다 수월하게 계산할 수 있다. 로그는 0에 가까운 아주 작은 수나 큰 수의 곱셈 문제를 간단한 덧셈 문제로 바꾸는 도구이다.

지진의 규모(리히터), 용액의 산성도(pH), 소리의 크기(dB) 등이 로그를 사용하여 간단히 수치화한 예이다.

한 번 더하기 · 교육청 기출

08-1

광원으로부터 d(m) 떨어진 지점에서 사람이 느끼는 감각강도를 P라 하면 등식

$$P = k \log \frac{h}{d^2} \ (k와 \ h는 \ 상수)$$

가 성립한다고 한다. 광원으로부터 6(m) 떨어진 지점에서 느끼는 감각강도를 P_6, 9(m) 떨어진 지점에서 느끼는 감각강도를 P_9라 할 때, $P_6 - P_9$를 나타내는 것은?

(단, $\log 2 = 0.30$, $\log 3 = 0.48$로 계산한다.)

① $0.18k$ ② $0.27k$ ③ $0.36k$ ④ $0.45k$ ⑤ $0.54k$

표현 더하기

08-2

지진 발생 시 에너지의 세기를 나타내는 척도인 리히터 규모 M과 그 에너지 E 사이에는

$$\log E = 11.8 + 1.5M$$

인 관계가 성립한다고 한다. 어느 해안에서 처음 발생한 리히터 규모 5인 지진의 에너지를 E_A, 며칠이 지난 후 발생한 리히터 규모 9인 지진의 에너지를 E_B라 할 때, $\dfrac{E_B}{E_A}$의 값을 구하시오.

실력 더하기

08-3

어느 작업장에서는 배출되는 쓰레기양을 매년 일정한 비율로 감소시켜 10년 전에 연간 1000 t이었던 쓰레기양이 현재는 연간 250 t이 되었다고 한다. 매년 몇 %씩 감소시켰는지 구하시오. (단, $\log 2 = 0.3$, $\log 8.71 = 0.94$로 계산한다.)

S·T·E·P 1 기본 다지기

01 $\log_a \sqrt{2}=\dfrac{1}{4}$, $\log_3\{\log_8(\log_9 b)\}=-1$을 만족시키는 실수 a, b에 대하여 $\sqrt[a]{b}$의 값을 구하시오.

02 이차정사각행렬 A의 $(i,\ j)$ 성분 a_{ij}가

$$\log_2 a_{ij}=\frac{i-j+2}{3}$$

를 만족시킬 때, 행렬 A^2의 $(1,\ 1)$ 성분과 $(2,\ 1)$ 성분의 곱을 구하시오.

03 모든 실수 x에 대하여 $\log_{(k-2)^2}(x^2+2kx+8k)$의 값이 정의되기 위한 정수 k의 최댓값과 최솟값의 합을 구하시오.

04 1이 아닌 양수 a, b에 대하여 $\log_a b+\log_b a=\dfrac{5}{2}$이고 $\log_a b>1$일 때, $\dfrac{a^6+\sqrt{b}}{a+b^3}$의 값을 구하시오.

05 1보다 큰 세 실수 a, b, c에 대하여 $\log_a c : \log_b c = 2 : 3$일 때, $\log_a b + \log_b a$의 값을 구하시오.

06 $\log_2 3 = a$, $\log_3 5 = b$, $\log_5 7 = c$일 때, $\log_{42} \sqrt{60}$을 a, b, c에 대한 식으로 나타낸 것은?

① $\dfrac{1+a+ab}{2+a+bc}$ ② $\dfrac{1+a+ab}{2+2a+2bc}$ ③ $\dfrac{2+abc}{2+2a+ab}$

④ $\dfrac{2+a+ab}{2+2a+2abc}$ ⑤ $\dfrac{2+a+bc}{2+2a+2abc}$

07 두 실수 a, b가 $2^{a+b}=9$, $3^{a-b}=5$를 만족시킬 때, $4^{a^2-b^2}$의 값을 구하시오.

08 2 이상의 모든 자연수 n에 대하여 $f(n)=\log_a (\log_{n+1} n)$일 때,

$$f(2) + f(3) + f(4) + \cdots + f(255) = -3$$

을 만족시키는 실수 a의 값을 구하시오. (단, $a>0$, $a\neq1$)

09 다음 값을 구하시오.

(1) $\left(\log_6 \dfrac{2}{3}\right)^2 + (\log_6 54)^2 + \log_6 \dfrac{4}{9} \times \log_6 54$

(2) $(\log 2)^3 + (\log 5)^3 + \log 5 \times \log 8$

10 $6.28^x = 1000$, $0.0628^y = 1000$이라 할 때, $\dfrac{1}{x} - \dfrac{1}{y}$의 값을 구하시오.

11 좌표평면에서 함수 $y = \dfrac{a}{x}$의 그래프가 점 $(\sqrt[3]{a},\ \sqrt{b})$를 지날 때, 점 $(\log_a b,\ \log_b a)$와 원점을 지나는 직선의 기울기를 구하시오. (단, a, b는 1이 아닌 양수이다.)

12 $\log 1.34 = 0.1271$, $\log 2.01 = 0.3032$일 때, $\log x^3 = 3.9096$을 만족시키는 x에 대하여 $\log \dfrac{2}{3} x$의 값을 구하시오.

S·T·E·P 2 실력 다지기

13 세 자연수 a, b, c가 $a \log_{500} 2 + b \log_{500} 5 = c$를 만족시킬 때, a, b, c의 대소 관계를 바르게 나타낸 것은?

① $a < b < c$ ② $a < c < b$ ③ $b < a < c$

④ $c < a < b$ ⑤ $c < b < a$

14 세 양수 a, b, c가
$$3^a = 5^b = c, \ a^2 + b^2 = 2ab(a+b-1)$$
을 만족시킬 때, $\log_{15} c$의 값을 구하시오.

15 $\log_2 A$의 정수 부분과 소수 부분이 이차방정식 $3x^2 + x + k = 0$의 두 근일 때, $A^3 + k^2$의 값을 구하시오.

16 삼각형의 세 변의 길이 a, b, c에 대하여
$$\log_{b+a} \sqrt{c} + \log_{b-a} \sqrt{c} = \log_{b+a} c \times \log_{b-a} c$$
가 성립할 때, 이 삼각형은 어떤 삼각형인가? (단, $c \neq 1$)

① 빗변의 길이가 a인 직각삼각형   ② 빗변의 길이가 b인 직각삼각형

③ 빗변의 길이가 c인 직각삼각형   ④ $a = c$인 이등변삼각형

⑤ $b = c$인 이등변삼각형

중단원 연습문제

17 서로 다른 두 양수 a, b에 대하여 $\log_a b - \log_b a = 0$일 때, $(2a+3)(6b+1)$의 최솟값을 구하시오. (단, $a \neq 1$, $b \neq 1$)

교육청 기출

18 약물을 투여한 후 약물의 흡수율을 K, 배설률을 E, 약물의 혈중농도가 최고치에 도달하는 시간을 T(시간)라 할 때, 다음과 같은 관계식이 성립한다고 한다.

$$T = c \times \frac{\log K - \log E}{K - E} \quad \text{(단, } c\text{는 양의 상수이다.)}$$

흡수율이 같은 두 약물 A, B의 배설률은 각각 흡수율의 $\frac{1}{2}$배, $\frac{1}{4}$배이다. 약물 A를 투여한 후 약물 A의 혈중농도가 최고치에 도달하는 시간이 3시간일 때, 약물 B를 투여한 후 약물 B의 혈중농도가 최고치에 도달하는 시간은 a(시간)이다. a의 값은?

① 3　　　② 4　　　③ 5　　　④ 6　　　⑤ 7

challenge **교육청 기출**

19 1이 아닌 세 양수 a, b, c가

$$-4\log_a b = 54\log_b c = \log_c a$$

를 만족시킨다. $b \times c$의 값이 300 이하의 자연수가 되도록 하는 모든 자연수 a의 값의 합은?

① 91　　　② 93　　　③ 95　　　④ 97　　　⑤ 99

challenge **교육청 기출**

20 자연수 n에 대하여 $2^{\frac{1}{n}} = a$, $2^{\frac{1}{n+1}} = b$라 하자.

$$\left\{ \frac{3^{\log_2 ab}}{3^{(\log_2 a)(\log_2 b)}} \right\}^5$$이 자연수가 되도록 하는 모든 n의 값의 합은?

① 14　　　② 15　　　③ 16　　　④ 17　　　⑤ 18

03

지수함수와 로그함수

01 지수함수의 뜻과 그래프

지수함수의 뜻	a가 1이 아닌 양수일 때, 실수 x에 대하여 $y=a^x$ $(a>0,\ a\neq1)$을 a를 밑으로 하는 지수함수라 한다.
지수함수 $y=a^x$ $(a>0,\ a\neq1)$의 **그래프와 성질**	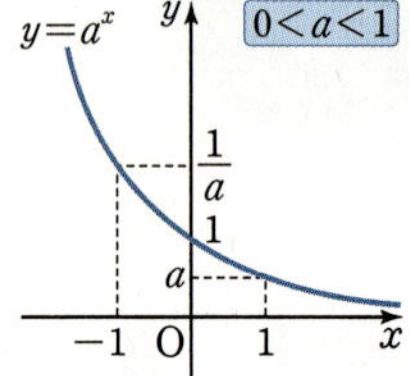 (1) 정의역은 실수 전체의 집합이고, 치역은 양의 실수 전체의 집합이다. (2) 일대일함수이다. (3) $a>1$일 때, x의 값이 증가하면 y의 값도 증가한다. 　　$0<a<1$일 때, x의 값이 증가하면 y의 값은 감소한다. (4) 그래프는 점 $(0,\ 1)$, $(1,\ a)$를 지난다. (5) x축을 점근선으로 갖는다.

02 로그함수의 뜻과 그래프

로그함수의 뜻	지수함수 $y=a^x$ $(a>0,\ a\neq1)$의 역함수 $y=\log_a x$ $(a>0,\ a\neq1)$을 a를 밑으로 하는 로그함수라 한다.
로그함수 $y=\log_a x$ $(a>0,\ a\neq1)$의 **그래프와 성질**	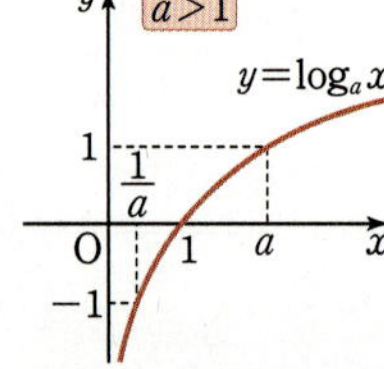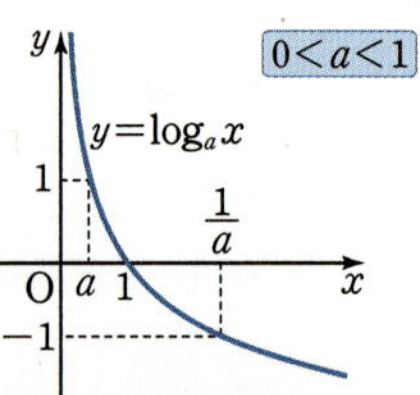 (1) 정의역은 양의 실수 전체의 집합이고, 치역은 실수 전체의 집합이다. (2) 일대일함수이다. (3) $a>1$일 때, x의 값이 증가하면 y의 값도 증가한다. 　　$0<a<1$일 때, x의 값이 증가하면 y의 값은 감소한다. (4) 그래프는 점 $(1,\ 0)$, $(a,\ 1)$을 지난다. (5) y축을 점근선으로 갖는다.

01 지수함수의 뜻과 그래프

1 지수함수의 뜻

a가 1이 아닌 양수일 때, 실수 x에 대하여
$$y=a^x \ (a>0, \ a\neq1)$$
을 a를 밑으로 하는 지수함수라 한다.

01. 지수 단원에서 우리는 지수의 범위를 실수까지 확장하였고, 실수 x에 대하여 $a^x \ (a>0)$의 값은 오직 하나로 정해짐을 학습하였다.

예를 들어 실수 x에 대하여 2^x의 값을 구해 보면 다음과 같다.

x	$\cdots$	-3	-2	-1	0	1	2	3	$\cdots$
2^x	$\cdots$	$\dfrac{1}{8}$	$\dfrac{1}{4}$	$\dfrac{1}{2}$	1	2	4	8	$\cdots$

위의 예는 x가 정수인 경우이지만 x가 실수인 경우에도 2^x의 값은 하나로 정해진다.

위의 표에서 모든 실수 x에 대하여 2^x을 대응시키면 x의 값에 따라 2^x의 값은 하나로 정해지므로 이 대응은 함수이고, $y=2^x$으로 나타낸다. 이때 이 함수의 정의역은 실수 전체의 집합이다.

일반적으로 a가 1이 아닌 양수일 때, 실수 x에 대하여 a^x의 값은 하나로 정해진다. 따라서 x에 a^x을 대응시키면
$$y=a^x \ (a>0, \ a\neq1)$$
은 x에 대한 함수이다. 이 함수를 a를 밑으로 하는 **지수함수**라 한다.

┌ 지수 단원에서 x가 실수이고 $a<0$일 때, a^x은 정의하지 않았다.

지수함수 $y=a^x$에서 지수가 실수일 때의 밑의 조건에 따라 $a>0$인 경우만 생각한다.

이때 $a=1$이면 함수 $y=a^x$은 상수함수 $y=1$이 되므로 $a=1$인 경우도 제외한다.

따라서 지수함수에서는 밑이 1이 아닌 양수인 경우만 생각한다.

example 함수 $y=3^x$, $y=(\sqrt{5})^x$, $y=\left(\dfrac{1}{2}\right)^x$은 각각 3, $\sqrt{5}$, $\dfrac{1}{2}$을 밑으로 하는 지수함수이다.

example 지수함수 $f(x)=5^x$에 대하여

(1) $f(2)=5^2=25$ (2) $f(-3)=5^{-3}=\dfrac{1}{125}$

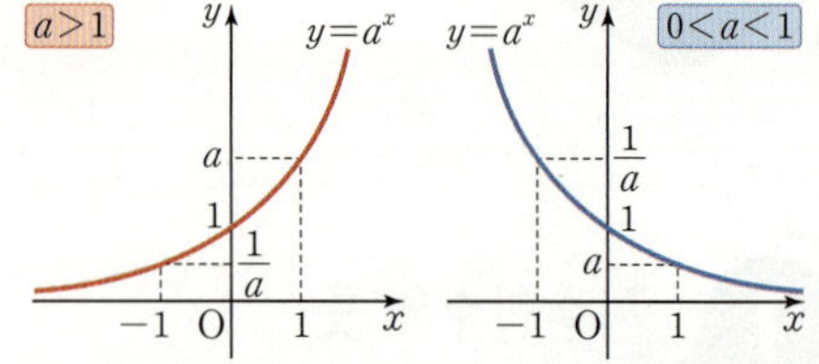

지수함수 $y=a^x$ $(a>0,\ a\neq 1)$의 그래프는 밑 a의 값에 따라 오른쪽 그림과 같고 그 성질은 다음과 같다.

(1) 정의역은 실수 전체의 집합이고, 치역은 양의 실수 전체의 집합이다.

(2) 일대일함수이다.

(3) $a>1$일 때, x의 값이 증가하면 y의 값도 증가한다.

  $0<a<1$일 때, x의 값이 증가하면 y의 값은 감소한다.

(4) 그래프는 점 $(0,\ 1)$, $(1,\ a)$를 지난다.

(5) x축을 점근선으로 갖는다.

지수함수 $y=a^x$ $(a>0,\ a\neq 1)$의 그래프에 대하여 알아보자.

지수함수 $y=2^x$에서 실수 x의 값에 대응하는 y의 값을 구하여 표로 나타내면 다음과 같다.

x	$\cdots$	-3	-2	-1	0	1	2	3	$\cdots$
y	$\cdots$	$\dfrac{1}{8}$	$\dfrac{1}{4}$	$\dfrac{1}{2}$	1	2	4	8	$\cdots$

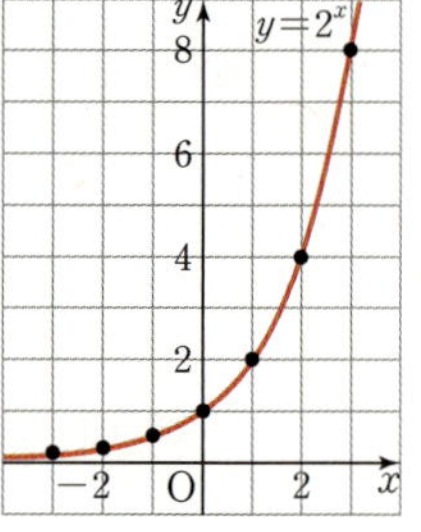

위의 표로부터 얻은 x, y의 값의 순서쌍 $(x,\ y)$를 좌표로 하는 점을 좌표평면 위에 나타내고, 이를 매끄러운 곡선으로 연결하면 그림과 같이 지수함수 $y=2^x$의 그래프를 얻는다.

지수함수 $y=2^x$의 그래프를 이용하여 지수함수 $y=\left(\dfrac{1}{2}\right)^x$의 그래프도 그릴 수 있다.

$y=\left(\dfrac{1}{2}\right)^x=(2^{-1})^x=2^{-x}$이므로 지수함수 $y=\left(\dfrac{1}{2}\right)^x$의 그래프는 지수함수 $y=2^x$의 그래프를 y축에 대하여 대칭이동한 것과 같다.

따라서 지수함수 $y=\left(\dfrac{1}{2}\right)^x$의 그래프는 그림과 같다.

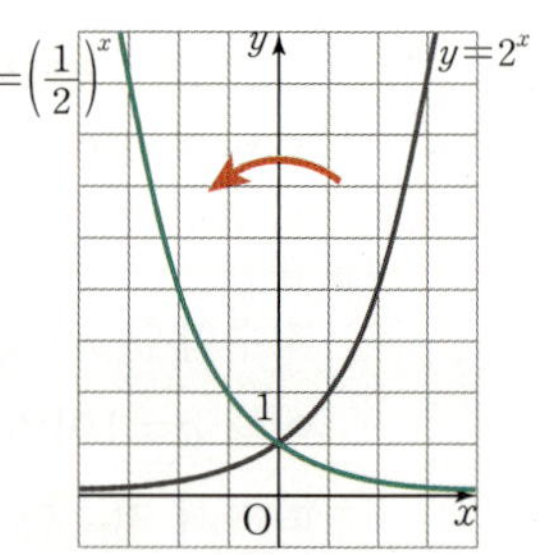

일반적으로 지수함수 $y=a^x$ $(a>0,\ a\neq 1)$의 그래프는 밑 a의 값의 범위에 따라 다음과 같다.

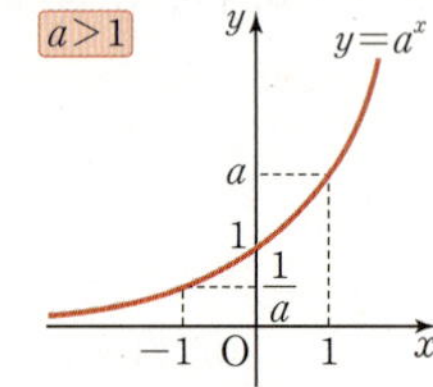

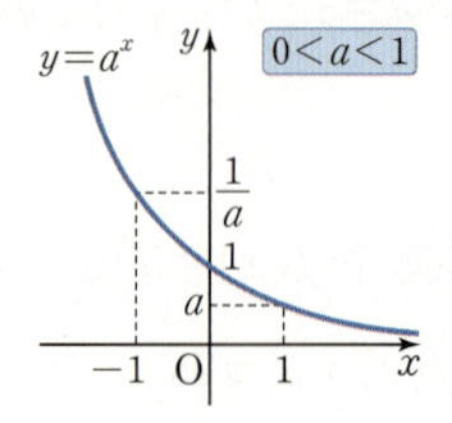

지수함수 $y=a^x$과 $y=\left(\dfrac{1}{a}\right)^x$의 그래프는 y축에 대하여 대칭이다.

앞의 지수함수의 그래프로부터 다음과 같은 지수함수 $y=a^x$ $(a>0,\ a\neq1)$의 성질을 알 수 있다.

(1) 정의역은 실수 전체의 집합이고, 치역은 양의 실수 전체의 집합이다.

(2) 일대일함수이다.　← 실수 전체의 집합에서 양의 실수 전체의 집합으로의 일대일대응이다.

(3) $a>1$일 때, x의 값이 증가하면 y의 값도 증가한다.　← 그래프는 오른쪽 위로 올라가는 곡선이다.

　　$0<a<1$일 때, x의 값이 증가하면 y의 값은 감소한다.　← 그래프는 오른쪽 아래로 내려가는 곡선이다.

(4) $y=a^x$에서 $x=0$일 때 $y=a^0=1$이고, $x=1$일 때 $y=a$이므로 지수함수 $y=a^x$의 그래프는 점 $(0,\ 1)$, $(1,\ a)$를 지난다.

(5) $a>1$일 때, x의 값이 음수이면서 그 절댓값이 한없이 커지면 y의 값은 0에 한없이 가까워진다.

　　또한 $0<a<1$일 때, x의 값이 한없이 커지면 y의 값은 0에 한없이 가까워진다.

　　즉, 지수함수 $y=a^x$의 그래프의 점근선은 x축이다.
　　　　　　　　　　그래프가 어떤 직선에 한없이 가까워질 때, 이 직선을 그 그래프의 점근선이라 한다.

이제 밑의 크기에 따라 지수함수의 그래프를 비교해 보자.

지수함수 $y=2^x$, $y=3^x$, $y=4^x$, $y=\left(\dfrac{1}{2}\right)^x$, $y=\left(\dfrac{1}{3}\right)^x$, $y=\left(\dfrac{1}{4}\right)^x$의 그래프는 다음 그림과 같다.

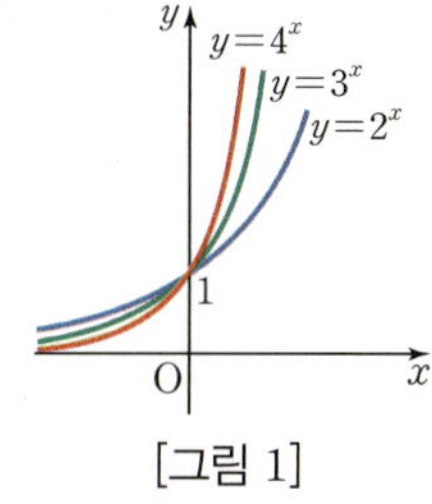

[그림 1]

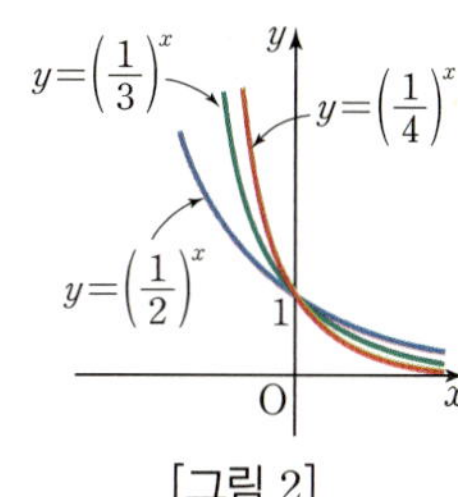

[그림 2]

지수함수 $y=2^x$과 $y=\left(\dfrac{1}{2}\right)^x$의 그래프와 같은 방법으로 지수함수 $y=3^x$, $y=4^x$, $y=\left(\dfrac{1}{3}\right)^x$, $y=\left(\dfrac{1}{4}\right)^x$의 그래프를 그릴 수 있다.

$a>1$일 때 [그림 1]에서 함수 $y=2^x$, $y=3^x$, $y=4^x$의 그래프를 비교해 보면 지수함수 $y=a^x$ $(a>1)$의 그래프는 a의 값이 클수록 $x>0$에서 y축에 가깝고, $x<0$에서 x축에 가깝다.

또한 $0<a<1$일 때, [그림 2]에서 함수 $y=\left(\dfrac{1}{2}\right)^x$, $y=\left(\dfrac{1}{3}\right)^x$, $y=\left(\dfrac{1}{4}\right)^x$의 그래프를 비교해 보면 지수함수 $y=a^x$ $(0<a<1)$의 그래프는 a의 값이 작을수록 $x>0$에서 x축에 가깝고, $x<0$에서 y축에 가깝다.

example

네 지수함수 $y=a^x$, $y=b^x$, $y=c^x$, $y=d^x$의 그래프가 그림과 같을 때, 네 양수 a, b, c, d의 대소를 비교해 보면

두 함수 $y=a^x$, $y=b^x$의 그래프는 오른쪽 위로 올라가는 모양이므로 $a>1$, $b>1$이고,

$y=a^x$의 그래프가 $y=b^x$의 그래프보다 $x>0$일 때 y축에 더 가깝고, $x<0$일 때 x축에 더 가까우므로 $1<b<a$　……　㉠

두 함수 $y=c^x$, $y=d^x$의 그래프는 오른쪽 아래로 내려가는 모양이므로 $0<c<1$, $0<d<1$이고, $y=c^x$의 그래프가 $y=d^x$의 그래프보다 $x>0$일 때 x축에 더 가깝고, $x<0$일 때 y축에 더 가까우므로 $0<c<d<1$　……　㉡

㉠, ㉡에서 $c<d<b<a$

지수함수 $y=a^x$ $(a>0,\ a\neq1)$의 그래프를

(1) x축의 방향으로 m만큼, y축의 방향으로 n만큼 평행이동한 그래프의 식 ➡ $y=a^{x-m}+n$

(2) x축에 대하여 대칭이동한 그래프의 식 ➡ $y=-a^x$

(3) y축에 대하여 대칭이동한 그래프의 식 ➡ $y=\left(\dfrac{1}{a}\right)^x$

(4) 원점에 대하여 대칭이동한 그래프의 식 ➡ $y=-\left(\dfrac{1}{a}\right)^x$

(1) 평행이동

지수함수 $y=a^x$ $(a>0,\ a\neq1)$의 그래프를 x축의 방향으로 m만큼, y축의 방향으로 n만큼 평행이동한 그래프의 식은 다음과 같다.

$$y=a^x \xrightarrow[\,y\ \text{대신}\ y-n\ \text{대입}\,]{\,x\ \text{대신}\ x-m,\,} y-n=a^{x-m} \Longleftrightarrow y=a^{x-m}+n$$

이때 함수 $y=a^{x-m}+n$의 그래프는 항상 점 $(m,\ 1+n)$을 지난다.

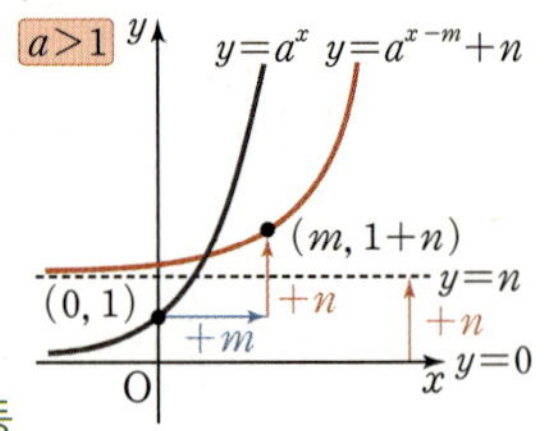

또한 평행이동에 의하여 정의역은 그대로 실수 전체의 집합이지만 치역과 점근선의 방정식은 각각 다음과 같이 바뀐다.

치역: $\{y\,|\,y>0\}$ ➡ $\{y\,|\,y>n\}$

점근선의 방정식: $y=0$ ➡ $y=n$

example 함수 $y=2^{x-1}-1$의 그래프는 함수 $y=2^x$의 그래프를 x축의 방향으로 1만큼, y축의 방향으로 -1만큼 평행이동한 것이므로 그림과 같다.

이때 치역은 $\{y\,|\,y>-1\}$,

점근선의 방정식은 $y=-1$이다.

(2) 대칭이동

지수함수 $y=a^x$ $(a>0,\ a\neq1)$의 그래프를 대칭이동한 그래프의 식은 다음과 같다.

① 지수함수 $y=a^x$의 그래프를 x축에 대하여 대칭이동한 그래프의 식은

$$y=a^x \xrightarrow{\,y\ \text{대신}\ -y\ \text{대입}\,} -y=a^x \Longleftrightarrow y=-a^x$$

② 지수함수 $y=a^x$의 그래프를 y축에 대하여 대칭이동한 그래프의 식은

$$y=a^x \xrightarrow{\,x\ \text{대신}\ -x\ \text{대입}\,} y=a^{-x} \Longleftrightarrow y=\left(\dfrac{1}{a}\right)^x$$

③ 지수함수 $y=a^x$의 그래프를 원점에 대하여 대칭이동한 그래프의 식은

$$y=a^x \xrightarrow[\,y\ \text{대신}\ -y\ \text{대입}\,]{\,x\ \text{대신}\ -x,\,} -y=a^{-x} \Longleftrightarrow y=-\left(\dfrac{1}{a}\right)^x$$

x축에 대하여 대칭이동	y축에 대하여 대칭이동	원점에 대하여 대칭이동

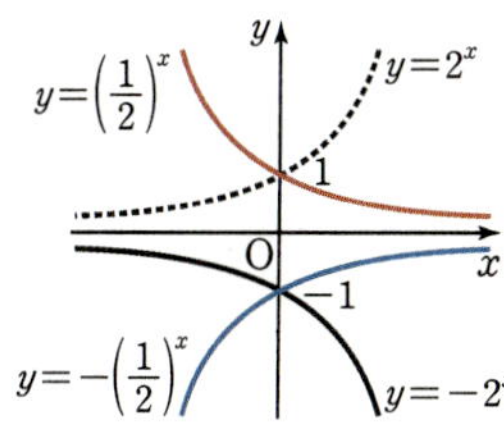

example

(1) 함수 $y=-2^x$의 그래프는 함수 $y=2^x$의 그래프를 x축에 대하여 대칭이동한 것이다.

(2) 함수 $y=\left(\dfrac{1}{2}\right)^x$의 그래프는 함수 $y=2^x$의 그래프를 y축에 대하여 대칭이동한 것이다.

(3) 함수 $y=-\left(\dfrac{1}{2}\right)^x$의 그래프는 함수 $y=2^x$의 그래프를 원점에 대하여 대칭이동한 것이다.

한편, 지수함수 $y=a^x$ $(a>1,\ a\neq1)$에 대하여 실수 k $(k\neq0)$을 곱한 함수 $y=ka^x$의 그래프는 원래의 함수의 그래프와 평행이동이나 대칭이동에 의하여 겹쳐질 수 있다.

← 이차함수 $y=x^2$, $y=kx^2$의 그래프, 유리함수 $y=\dfrac{1}{x}$, $y=\dfrac{k}{x}$의 그래프, 무리함수 $y=\sqrt{x}$, $y=k\sqrt{x}$의 그래프는 평행이동이나 대칭이동에 의하여 겹쳐질 수 없다.

즉, 양수 k에 대하여

$$ka^x=a^{\log_a k}a^x=a^{x+\log_a k}$$

이므로 함수 $y=ka^x$의 그래프는 함수 $y=a^x$의 그래프를 x축의 방향으로 $-\log_a k$만큼 평행이동한 것이다.

또한 음수 k에 대하여

$$ka^x=-|k|a^x=-a^{\log_a|k|}a^x=-a^{x+\log_a|k|}$$

이므로 함수 $y=ka^x$의 그래프는 함수 $y=a^x$의 그래프를 x축의 방향으로 $-\log_a|k|$만큼 평행이동한 후, x축에 대하여 대칭이동한 것이다. ・ 대칭이동한 후 평행이동해도 그 결과는 같다.

example

(1) 함수 $y=4\times2^x$에서 $4\times2^x=2^{x+2}$이므로
함수 $y=4\times2^x$의 그래프는 함수 $y=2^x$의 그래프를 x축의 방향으로 -2만큼 평행이동한 것이다.

(2) 함수 $y=5\times2^x$에서 $5\times2^x=2^{\log_2 5}\times2^x=2^{x+\log_2 5}$이므로
함수 $y=5\times2^x$의 그래프는 함수 $y=2^x$의 그래프를 x축의 방향으로 $-\log_2 5$만큼 평행이동한 것이다.

(3) 함수 $y=-5\times2^x$에서 $-5\times2^x=-2^{\log_2 5}\times2^x=-2^{x+\log_2 5}$이므로
함수 $y=-5\times2^x$의 그래프는 함수 $y=2^x$의 그래프를 x축의 방향으로 $-\log_2 5$만큼 평행이동한 후, x축에 대하여 대칭이동한 것이다.

4 지수함수를 이용한 수의 대소 관계

지수함수 $y=a^x \ (a>0,\ a\neq1)$에서

(1) $a>1$이면 $x_1<x_2 \iff a^{x_1}<a^{x_2}$

(2) $0<a<1$이면 $x_1<x_2 \iff a^{x_1}>a^{x_2}$

지수함수 $y=a^x \ (a>0,\ a\neq1)$의 그래프는

$a>1$일 때, x의 값이 증가하면 y의 값도 증가하고,

$0<a<1$일 때, x의 값이 증가하면 y의 값은 감소한다. 즉,

$$a>1$이면 $x_1<x_2 \iff a^{x_1}<a^{x_2}$$
$$0<a<1$이면 $x_1<x_2 \iff a^{x_1}>a^{x_2}$$

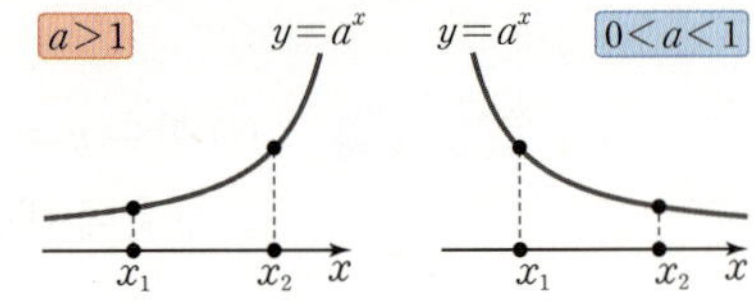

따라서 두 수 이상의 수가 주어질 때, 밑을 같게 하여 지수의 대소를 먼저 비교한 후, 밑의 범위에 따른 지수함수의 증가와 감소를 이용하여 수의 대소 관계를 비교할 수 있다.

example

(1) 두 수 $\sqrt{2}$, $\sqrt[3]{4}$의 대소를 비교하면

$\sqrt{2}=2^{\frac{1}{2}}$, $\sqrt[3]{4}=2^{\frac{2}{3}}$에서 $\dfrac{1}{2}<\dfrac{2}{3}$이고, 지수함수 $y=2^x$은 x의 값이 증가하면

y의 값도 증가하는 함수이므로 $\sqrt{2}<\sqrt[3]{4}$

(2) 두 수 $\dfrac{1}{3}$, $(\sqrt[4]{3})^{-3}$의 대소를 비교하면

$\dfrac{1}{3}=\left(\dfrac{1}{3}\right)^1$, $(\sqrt[4]{3})^{-3}=\left(\dfrac{1}{3}\right)^{\frac{3}{4}}$에서 $1>\dfrac{3}{4}$이고, 지수함수 $y=\left(\dfrac{1}{3}\right)^x$은 x의 값이

증가하면 y의 값은 감소하는 함수이므로 $\dfrac{1}{3}<(\sqrt[4]{3})^{-3}$

5 지수함수의 최대·최소

정의역이 $\{x\,|\,m\leq x\leq n\}$일 때, 지수함수 $f(x)=a^x \ (a>0,\ a\neq1)$에서

(1) $a>1$이면 $x=m$에서 최솟값 $f(m)$, $x=n$에서 최댓값 $f(n)$을 갖는다.

(2) $0<a<1$이면 $x=m$에서 최댓값 $f(m)$, $x=n$에서 최솟값 $f(n)$을 갖는다.

지수함수 $y=a^x \ (a>0,\ a\neq1)$의 그래프는 항상 증가하거나 항상 감소하고, 치역이 $\{y\,|\,y>0\}$이므로 최댓값, 최솟값은 존재하지 않는다.

하지만 제한된 정의역에서는 최댓값, 최솟값이 존재한다.

정의역이 $\{x\,|\,m\leq x\leq n\}$일 때, 지수함수 $f(x)=a^x\ (a>0,\ a\neq1)$의 그래프는 밑 a의 값의 범위에 따라 다음과 같다.

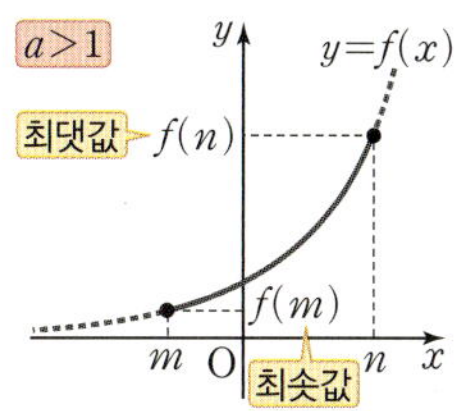

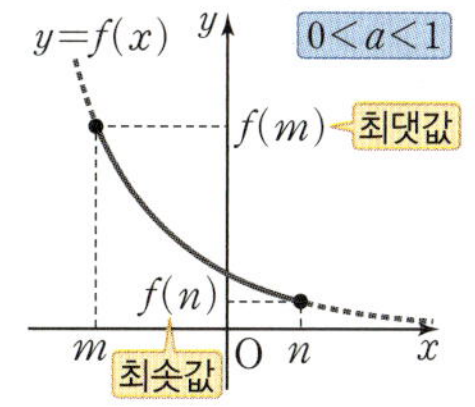

따라서 지수함수 $f(x)$의 최댓값과 최솟값은 다음과 같다.

(1) $a>1$이면 x의 값이 증가할 때 y의 값도 증가하므로

　$x=m$에서 최솟값 $f(m)$, $x=n$에서 최댓값 $f(n)$을 갖는다.　← 치역: $\{y\,|\,f(m)\leq y\leq f(n)\}$

(2) $0<a<1$이면 x의 값이 증가할 때 y의 값은 감소하므로

　$x=m$에서 최댓값 $f(m)$, $x=n$에서 최솟값 $f(n)$을 갖는다.　← 치역: $\{y\,|\,f(n)\leq y\leq f(m)\}$

example

(1) $-1\leq x\leq2$일 때, 함수 $y=4^x$의 최댓값과 최솟값을 구하면

밑이 4이고 $4>1$이므로

주어진 함수는 x의 값이 증가할 때 y의 값도 증가한다.

따라서 $-1\leq x\leq2$에서 함수 $y=4^x$은

$x=2$에서 최댓값 $4^2=16$,

$x=-1$에서 최솟값 $4^{-1}=\dfrac{1}{4}$을 갖는다.

(2) $-3\leq x\leq1$일 때, 함수 $y=\left(\dfrac{1}{3}\right)^x$의 최댓값과 최솟값을 구하면

밑이 $\dfrac{1}{3}$이고 $0<\dfrac{1}{3}<1$이므로

주어진 함수는 x의 값이 증가할 때 y의 값은 감소한다.

따라서 $-3\leq x\leq1$에서 함수 $y=\left(\dfrac{1}{3}\right)^x$은

$x=-3$에서 최댓값 $\left(\dfrac{1}{3}\right)^{-3}=27$,

$x=1$에서 최솟값 $\left(\dfrac{1}{3}\right)^{1}=\dfrac{1}{3}$을 갖는다.

한편, 지수에 x가 아닌 다항식 $f(x)$로 주어지는 경우도 밑 a의 값의 범위에 따라 $f(x)$의 값이 증가할 때 y의 값이 증가하는지 또는 감소하는지 확인한 후, x의 값의 범위에 따라 $f(x)$의 값의 범위를 정하여 최댓값과 최솟값을 구한다.　⌐ $y=a^{f(x)}$ 꼴

즉, 함수 $y=a^{f(x)}$에서

(1) $a>1$이면 지수 $f(x)$가 최대일 때 $a^{f(x)}$도 최대이고, 지수 $f(x)$가 최소일 때 $a^{f(x)}$도 최소이다.

(2) $0<a<1$이면 지수 $f(x)$가 최대일 때 $a^{f(x)}$은 최소이고, 지수 $f(x)$가 최소일 때 $a^{f(x)}$는 최대이다.

(1) $0 \leq x \leq 4$일 때, 함수 $y=3^{-x+1}$의 최댓값과 최솟값을 구하면

밑이 3이고 $3>1$이므로

$-x+1$이 최대일 때 y도 최대이고, $-x+1$이 최소일 때 y도 최소이다.

따라서 $0 \leq x \leq 4$에서 함수 $y=3^{-x+1}$은 $\leftarrow 0 \leq x \leq 4$일 때 $-3 \leq -x+1 \leq 1$

$x=0$에서 최댓값 $3^1=3$,

$x=4$에서 최솟값 $3^{-3}=\dfrac{1}{27}$ 을 갖는다.

참고 $y=3^{-x+1}=3 \times \left(\dfrac{1}{3}\right)^x$이므로 밑이 $\dfrac{1}{3}$인 지수함수로 생각하여 최댓값과 최솟값을 구할 수도 있다.

(2) $-3 \leq x \leq 2$일 때, 함수 $y=\left(\dfrac{1}{2}\right)^{-x+2}$의 최댓값과 최솟값을 구하면

밑이 $\dfrac{1}{2}$이고 $0<\dfrac{1}{2}<1$이므로

$-x+2$가 최대일 때 y는 최소이고, $-x+2$가 최소일 때 y는 최대이다.

따라서 $-3 \leq x \leq 2$에서 함수 $y=\left(\dfrac{1}{2}\right)^{-x+2}$은 $\leftarrow -3 \leq x \leq 2$일 때 $0 \leq -x+2 \leq 5$

$x=2$에서 최댓값 $\left(\dfrac{1}{2}\right)^0=1$,

$x=-3$에서 최솟값 $\left(\dfrac{1}{2}\right)^5=\dfrac{1}{32}$ 을 갖는다.

참고 $y=\left(\dfrac{1}{2}\right)^{-x+2}=\dfrac{1}{4} \times 2^x$이므로 밑이 2인 지수함수로 생각하여 최댓값과 최솟값을 구할 수도 있다.

01 다음 **보기**에서 지수함수인 것만을 있는 대로 고르시오.

> ─ 보기 ─
>
> ㄱ. $y=3^x$ ㄴ. $y=(\sqrt{5})^x$ ㄷ. $y=x^3$
>
> ㄹ. $y=2^{-2x}$ ㅁ. $y=2^8$ ㅂ. $y=\dfrac{1}{2^x}$

02 지수함수 $y=5^x$에 대한 설명으로 **보기**에서 옳은 것만을 있는 대로 고르시오.

> ─ 보기 ─
>
> ㄱ. 정의역은 실수 전체의 집합이다.
>
> ㄴ. 치역은 실수 전체의 집합이다.
>
> ㄷ. 그래프의 점근선의 방정식은 $y=0$이다.
>
> ㄹ. 그래프는 점 $(1, 5)$를 지난다.
>
> ㅁ. x의 값이 증가하면 y의 값은 감소한다.

03 지수함수 $y=3^x$의 그래프가 그림과 같을 때, 다음 함수의 그래프를 그리고, 정의역, 치역, 점근선의 방정식을 구하시오.

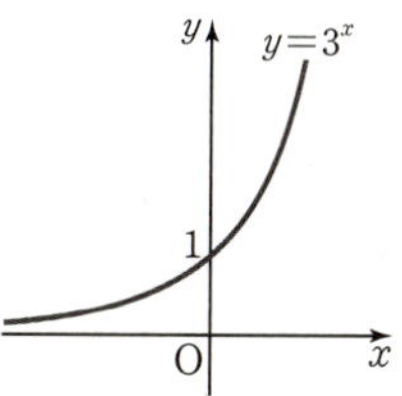

(1) $y=3^{x-1}$ (2) $y=3^x-2$

(3) $y=-3^x$ (4) $y=-\left(\dfrac{1}{3}\right)^x$

04 다음 함수의 최댓값과 최솟값을 구하시오.

(1) $y=5^x\ (-2 \leq x \leq 1)$ (2) $y=4^{-x}\ (0 \leq x \leq 3)$

(3) $y=2^{x+3}\ (-4 \leq x \leq 2)$ (4) $y=\left(\dfrac{1}{3}\right)^{4-x}\ (-1 \leq x \leq 2)$

대표 예제 | 01

함수 $f(x)=a^{-x}$ $(0<a<1)$에 대한 설명으로 **보기**에서 옳은 것만을 있는 대로 고르시오.

보기

ㄱ. 치역은 $\{y|y>0\}$이다.

ㄴ. $x>0$이면 a의 값이 클수록 함수의 그래프는 y축에 가까워진다.

ㄷ. $x_1<x_2$일 때, $f(x_1)<f(x_2)$이다.

바로 접근

지수함수 $y=a^x$ $(a>1)$에 대하여

① 정의역은 실수 전체의 집합이고, 치역은 양의 실수 전체의 집합이다.

② $x_1<x_2$이면 $f(x_1)<f(x_2)$이다.

③ 점근선은 x축이다.

④ 그래프는 함수 $y=\left(\dfrac{1}{a}\right)^x$의 그래프와 y축에 대하여 대칭이다.

바른 풀이

함수 $f(x)=a^{-x}=\left(\dfrac{1}{a}\right)^x$이고 $0<a<1$이므로 주어진 함수의 밑 $\dfrac{1}{a}$은 1보다 크다.

ㄱ. 치역은 $\{y|y>0\}$이다. (참)

ㄴ. $x>0$이면 a의 값이 클수록, 즉 $\dfrac{1}{a}$의 값이 작을수록 함수의 그래프는 y축에서 멀어진다. (거짓)

ㄷ. $x_1<x_2$일 때, $f(x_1)<f(x_2)$이다. (참)

정답 ㄱ, ㄷ

Bible Says

지수함수 $f(x)=a^x$ $(a>0,\ a\neq1)$에 대하여 다음이 성립한다. (단, $p,\ q,\ n$은 실수)

① $f(0)=1,\ f(1)=a$

② $f(p+q)=f(p)f(q),\ f(p-q)=\dfrac{f(p)}{f(q)}$

③ $f(np)=\{f(p)\}^n$

④ $f\left(\dfrac{p+q}{2}\right)\leq\dfrac{f(p)+f(q)}{2}$ (단, 등호는 $p=q$일 때 성립)

    $y=f(x)$의 그래프가 아래로 볼록

④는 다음 그림으로 성립함을 확인할 수 있다.

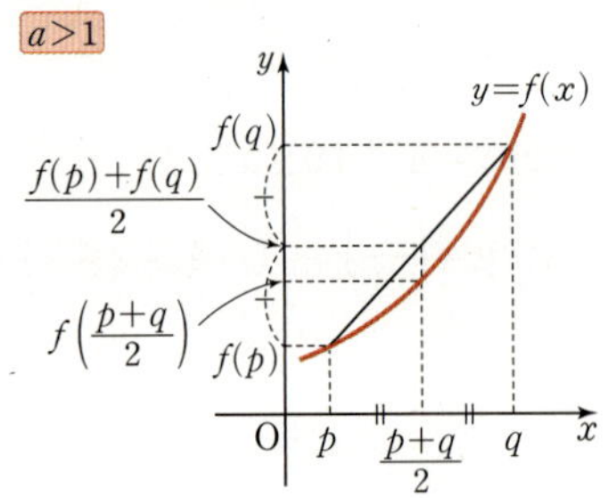

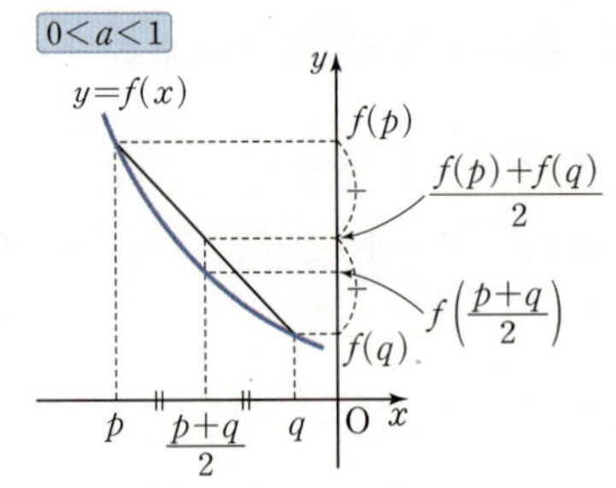

한 번 더하기

01-1

다음 중 함수 $f(x)=\left(\dfrac{1}{a}\right)^{x}\ (a>1)$에 대한 설명으로 옳지 <u>않은</u> 것은?

① 일대일함수이다.

② 그래프는 점 $(0,\ 1)$을 지난다.

③ 정의역과 치역은 실수 전체의 집합이다.

④ 그래프의 점근선은 직선 $y=0$이다.

⑤ $x_1<x_2$일 때, $f(x_1)>f(x_2)$이다.

표현 더하기

01-2

다음 중 임의의 실수 a, b에 대하여 $a<b$일 때, $f(a)<f(b)$를 만족시키는 함수를 모두 고르면? (정답 2개)

① $y=7^{-x}$ ② $f(x)=0.3^{x}$ ③ $f(x)=\left(\dfrac{5}{6}\right)^{-x}$

④ $y=\left(\dfrac{\sqrt{5}}{3}\right)^{x}$ ⑤ $y=(\sqrt{6})^{x}$

표현 더하기

01-3

$a<b$이고 1이 아닌 두 양수 a, b에 대하여 두 함수 $f(x)=a^{x}$, $g(x)=b^{x}$이라 하자. 양수 k에 대하여 **보기**에서 옳은 것만을 있는 대로 고르시오.

> **보기**
>
> ㄱ. $f(k)<g(k)$이다.
> ㄴ. $0<a<b<1$이면 $f(-k)>g(-k)$이다.
> ㄷ. $f(k)=g(-k)$이면 $f\left(\dfrac{1}{k}\right)=g\left(-\dfrac{1}{k}\right)$이다.

실력 더하기

01-4

함수 $f(x)=a^{x}\ (a>0,\ a\neq 1)$에 대하여 **보기**에서 옳은 것만을 있는 대로 고르시오.

(단, m, n은 서로 다른 실수이다.)

> **보기**
>
> ㄱ. $f(-x)=\dfrac{1}{f(x)}$ ㄴ. $f(m+2n)=f(2mn)$
> ㄷ. $f(3m)=\{f(m)\}^{3}$ ㄹ. $f\left(\dfrac{m+n}{2}\right)<\dfrac{f(m)+f(n)}{2}$

대표 예제 02

다음 물음에 답하시오.

(1) 함수 $y=\left(\dfrac{1}{3}\right)^{x-a}+b$의 그래프가 그림과 같고 직선 $y=-2$가 이 그래프의 점근선일 때, 상수 a, b에 대하여 3^a+b의 값을 구하시오.

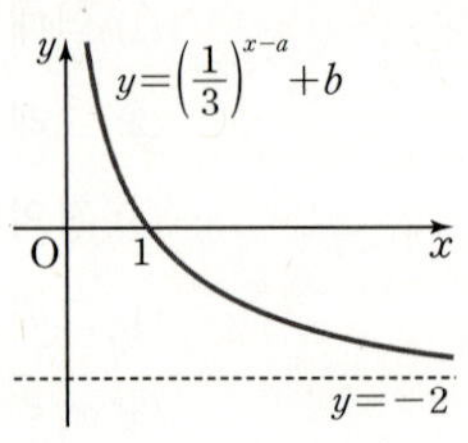

(2) 함수 $y=\left(\dfrac{1}{2}\right)^{x}$의 그래프를 x축의 방향으로 1만큼, y축의 방향으로 -3만큼 평행이동한 후 x축에 대하여 대칭이동한 그래프의 식이 $y=a\times\left(\dfrac{1}{2}\right)^{x}+b$일 때, 상수 a, b에 대하여 ab의 값을 구하시오.

바로 접근

지수함수 $y=a^x$의 그래프를

① x축의 방향으로 m만큼, y축의 방향으로 n만큼 평행이동한 그래프의 식: $y=a^{x-m}+n$

② x축에 대하여 대칭이동한 그래프의 식: $y=-a^x$

③ y축에 대하여 대칭이동한 그래프의 식: $y=a^{-x}=\left(\dfrac{1}{a}\right)^{x}$

④ 원점에 대하여 대칭이동한 그래프의 식: $y=-a^{-x}=-\left(\dfrac{1}{a}\right)^{x}$

바른 풀이

(1) 함수 $y=\left(\dfrac{1}{3}\right)^{x-a}+b$의 그래프의 점근선의 방정식이 $y=-2$이므로 $b=-2$

함수 $y=\left(\dfrac{1}{3}\right)^{x-a}-2$의 그래프가 점 $(1,\ 0)$을 지나므로

$0=\left(\dfrac{1}{3}\right)^{1-a}-2$, $\left(\dfrac{1}{3}\right)^{1-a}=2$, $3^{a-1}=2$ $\quad\therefore 3^a=2\times3=6$

$\therefore 3^a+b=6+(-2)=4$

(2) 함수 $y=\left(\dfrac{1}{2}\right)^{x}$의 그래프를 x축의 방향으로 1만큼, y축의 방향으로 -3만큼 평행이동한 그래프의 식은

$y=\left(\dfrac{1}{2}\right)^{x-1}-3$

이 함수의 그래프를 x축에 대하여 대칭이동한 그래프의 식은

$-y=\left(\dfrac{1}{2}\right)^{x-1}-3$ $\quad\therefore y=-2\times\left(\dfrac{1}{2}\right)^{x}+3$

이 식이 $y=a\times\left(\dfrac{1}{2}\right)^{x}+b$와 일치하므로 $a=-2$, $b=3$ $\quad\therefore ab=(-2)\times3=-6$

정답 (1) 4 (2) -6

Bible Says

함수 $y=f(x)$의 그래프를 대칭이동한 그래프의 식은 다음과 같다.

① x축에 대하여 대칭이동: y 대신 $-y$를 대입 ② y축에 대하여 대칭이동: x 대신 $-x$를 대입

③ 원점에 대하여 대칭이동: x 대신 $-x$를 대입, y 대신 $-y$를 대입

④ 직선 $x=a$에 대하여 대칭이동: x 대신 $2a-x$를 대입 ⑤ 직선 $y=b$에 대하여 대칭이동: y 대신 $2b-y$를 대입

02-1

함수 $y=2^{x+a}+b$의 그래프가 그림과 같고 직선 $y=1$이 이 그래프의
점근선일 때, 상수 a, b에 대하여 $2^{-a}-b$의 값을 구하시오.

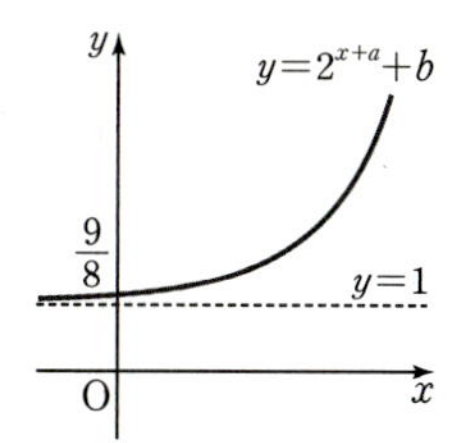

02-2

다음 물음에 답하시오.

⑴ 함수 $y=3^{2x}$의 그래프를 x축의 방향으로 m만큼, y축의 방향으로 n만큼 평행이동하였더
니 함수 $y=\dfrac{1}{27}\times 3^{2x}-8$의 그래프와 일치하였다. mn의 값을 구하시오.

⑵ 함수 $y=\left(\dfrac{1}{2}\right)^{x}$의 그래프를 원점에 대하여 대칭이동한 후 x축의 방향으로 m만큼, y축의
방향으로 -3만큼 평행이동한 그래프가 점 $(0,\ -5)$를 지날 때, m의 값을 구하시오.

02-3

그림은 함수 $y=3^{x}$의 그래프를 y축에 대하여 대칭이동한 후 x축의
방향으로 m만큼, y축의 방향으로 n만큼 평행이동한 그래프와 그 점
근선을 나타낸 것이다. $m-n$의 값을 구하시오.

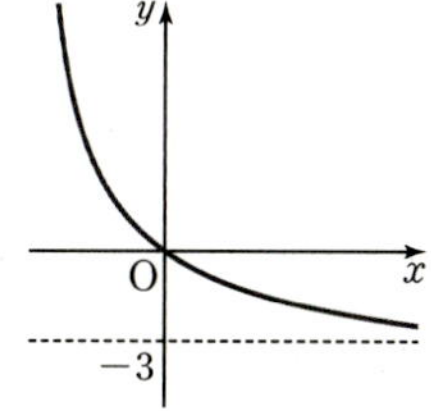

02-4

함수 $f(x)=-2^{3-2x}+k$의 그래프가 제2사분면을 지나지 않도록 하는 자연수 k의 최댓값을
구하시오.

대표 예제 | 03

함수 $f(x)=2^x$에 대하여 다음 함수의 그래프를 그리시오.

(1) $y=|f(x)-2|$ (2) $y=f(|x|)$

바로 접근

(1) ❶ 함수 $y=f(x)-2$의 그래프, 즉 함수 $y=f(x)$의 그래프를 y축의 방향으로 -2만큼 평행이동한 그래프를 그린다.

  ❷ $y<0$인 부분을 x축에 대하여 대칭이동한 부분과 $y\geq0$인 부분을 함께 나타낸다.

(2) ❶ 함수 $y=f(x)$의 그래프를 그린다.

  ❷ $x<0$인 부분을 없앤다.

  ❸ $x\geq0$인 부분을 y축에 대하여 대칭이동한 부분과 $x\geq0$인 부분을 함께 나타낸다.

바른 풀이

(1) 함수 $y=|f(x)-2|$의 그래프는 다음과 같다.

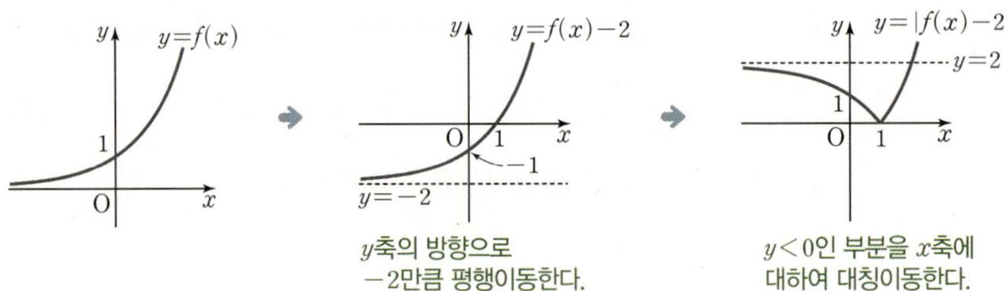

(2) 함수 $y=f(|x|)$의 그래프는 다음과 같다.

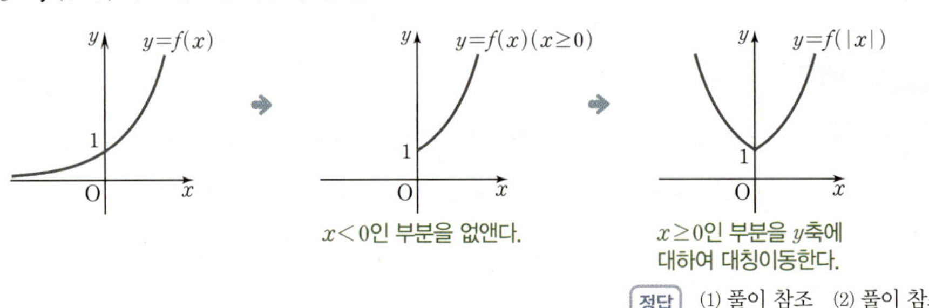

$\boxed{정답}$ (1) 풀이 참조 (2) 풀이 참조

Bible Says

절댓값 기호를 포함한 식의 그래프

① $y=|f(x)|$의 그래프는 $y=f(x)$의 그래프에서 $f(x)<0$인 부분을 x축에 대하여 대칭이동한 부분과 $f(x)\geq0$인 부분을 함께 나타낸다.

② $y=f(|x|)$의 그래프는 $y=f(x)$의 그래프에서 $x\geq0$인 부분만을 그린 후 y축에 대하여 대칭이동한 부분과 $x\geq0$인 부분을 함께 나타낸다.

③ $|y|=f(x)$의 그래프는 $f(x)\geq0$인 부분만을 그린 후 x축에 대하여 대칭이동한 부분과 $f(x)\geq0$인 부분을 함께 나타낸다.

④ $|y|=f(|x|)$의 그래프는 $x\geq0$, $f(x)\geq0$인 부분만을 그린 후 x축, y축, 원점에 대하여 대칭이동한 부분과 함께 나타낸다.

한 번 더하기

03-1

함수 $f(x)=\left(\dfrac{1}{3}\right)^x$에 대하여 다음 함수의 그래프를 그리시오.

(1) $y=|f(x)-3|$ (2) $y=f(|x|)$

표현 더하기

03-2

함수 $y=|5^{x-2}-5|$의 그래프를 그리시오.

표현 더하기

03-3

그림과 같이 함수 $y=\left|\left(\dfrac{1}{2}\right)^{x-a}+b\right|$의 그래프가 직선 $y=4$를 점근선으로 하고 점 $(3,\,2)$를 지난다. 상수 a, b에 대하여 $a-b$의 값을 구하시오.

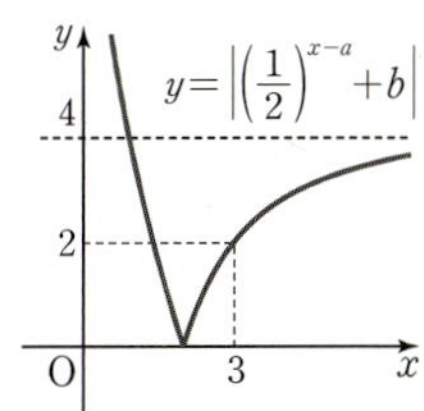

실력 더하기

03-4

좌표평면 위의 두 곡선 $y=|10^x-5|$와 $y=2^{x+k}$이 만나는 서로 다른 두 점의 x좌표를 각각 x_1, x_2 $(x_1<x_2)$라 할 때, $x_1\leq 0$, $0<x_2<2$를 만족시키는 모든 자연수 k의 값의 합을 구하시오.

대표 예제 | 04

그림과 같이 두 곡선 $y=\left(\dfrac{3}{2}\right)^x$, $y=\left(\dfrac{3}{2}\right)^{x+2}$ 과 두 직선 $y=1$, $y=\dfrac{9}{4}$ 로 둘러싸인 부분의 넓이를 구하시오.

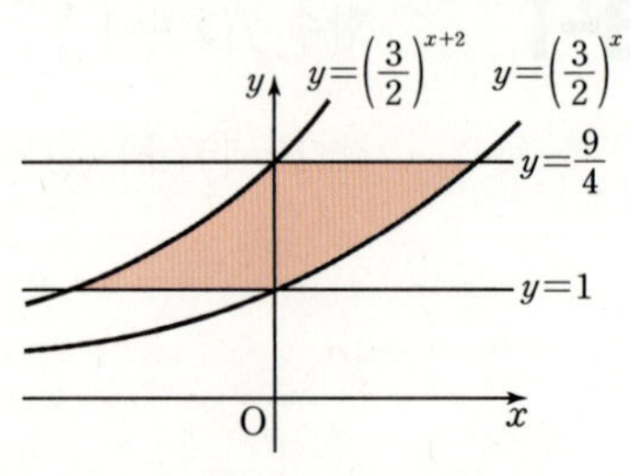

바로 접근

❶ 두 함수의 식이 주어졌을 때, 두 함수의 그래프를 평행이동하면 서로 일치함을 파악한다.

❷ 곡선과 직선으로 둘러싸인 부분과 넓이가 같은 직사각형이나 평행사변형을 찾는다.

❸ ❷에서 찾은 도형의 넓이를 구한다.

바른 풀이

함수 $y=\left(\dfrac{3}{2}\right)^{x+2}$ 의 그래프는 함수 $y=\left(\dfrac{3}{2}\right)^x$ 의 그래프를 x축의 방향으로 -2만큼 평행이동한 것이다.

또한 오른쪽 그림에서 빗금 친 두 부분의 넓이가 같으므로

구하는 넓이는 가로의 길이가 2, 세로의 길이가 $\dfrac{9}{4}-1=\dfrac{5}{4}$ 인

직사각형의 넓이와 같다.

따라서 구하는 넓이는

$$2 \times \dfrac{5}{4} = \dfrac{5}{2}$$

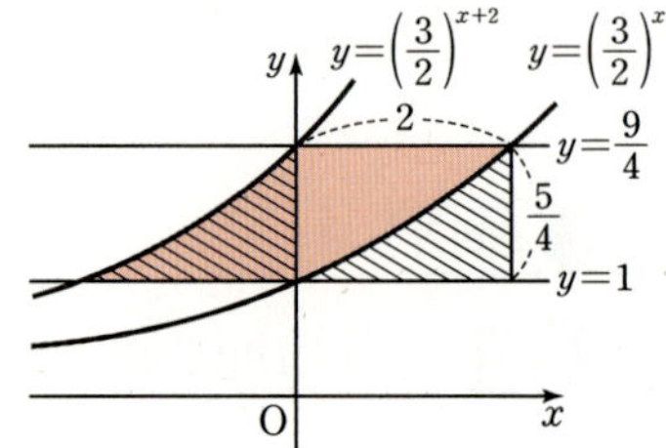

정답 $\dfrac{5}{2}$

Bible Says

함수식이 $y=a \times b^x$ 꼴로 주어진 경우 $(a>0,\ b>0,\ b\neq1)$

$a=a^{\log_b b}=b^{\log_b a}$ 을 이용하면 $y=b^{\log_b a} \times b^x=b^{x+\log_b a}$ 로 나타낼 수 있다.

즉, 함수 $y=a \times b^x$ 의 그래프를 x축의 방향으로 $\log_b a$ 만큼 평행이동하면 함수 $y=b^x$ 의 그래프와 일치함을 알 수 있다.

한 번 더하기

04-1

그림과 같이 두 곡선 $y=\left(\dfrac{3}{5}\right)^{x-4}$, $y=\left(\dfrac{3}{5}\right)^{x+2}$ 과 두 직선 $y=\dfrac{3}{2}$, $y=6$으로 둘러싸인 부분의 넓이를 구하시오.

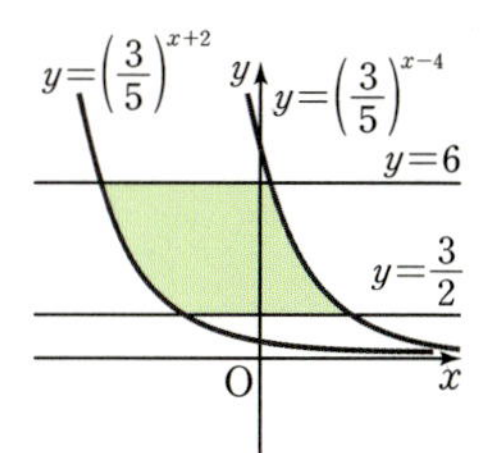

표현 더하기

04-2

그림과 같이 두 함수 $y=5\times2^x$, $y=20\times2^x$의 그래프와 두 직선 $y=2$, $y=8$로 둘러싸인 부분의 넓이를 구하시오.

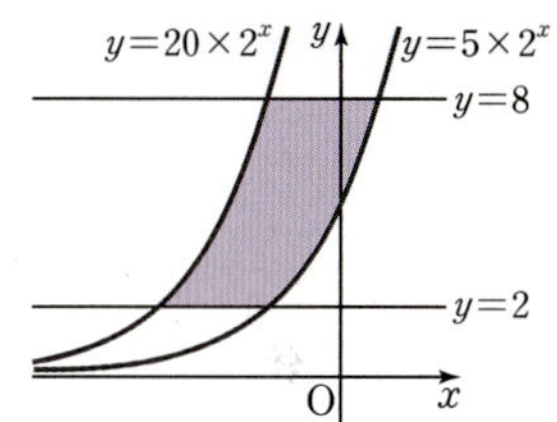

표현 더하기

04-3

그림과 같이 두 함수 $y=5^x$, $y=a^x$ $(0<a<1)$의 그래프가 y축 위의 점 A에서 만나고, 직선 $y=5$가 두 함수 $y=5^x$, $y=a^x$의 그래프와 점 B, C에서 각각 만난다. 삼각형 ABC의 넓이가 $\dfrac{5}{2}$일 때, a의 값을 구하시오.

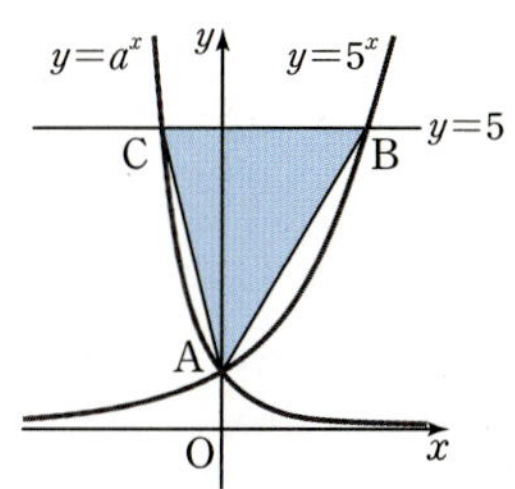

표현 더하기

04-4

그림과 같이 두 함수 $y=\left(\dfrac{1}{2}\right)^{x-1}$, $y=\left(\dfrac{1}{2}\right)^{x+3}$의 그래프 위의 두 점 A, B와 x축 위의 두 점 C, D를 이어 만든 사각형 ABCD가 정사각형일 때, 점 C의 x좌표를 구하시오.

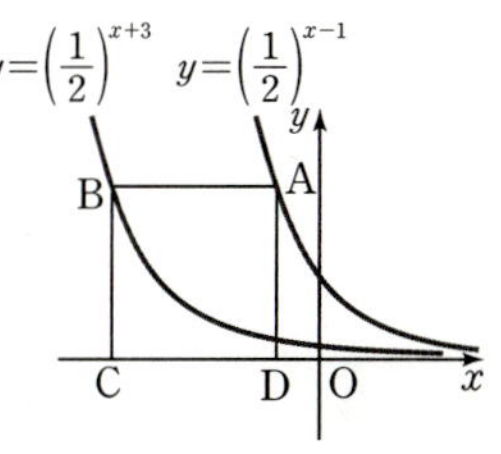

대표 예제 | 05

다음 물음에 답하시오.

(1) 세 수 $2^{\frac{3}{2}}$, $\left(\dfrac{1}{2}\right)^{-2}$, $\sqrt[3]{16}$의 대소를 비교하시오.

(2) 그림과 같은 세 지수함수 $y=a^x$, $y=b^x$, $y=c^x$의 그래프에 대하여 a, b, c, 1의 대소를 비교하시오.

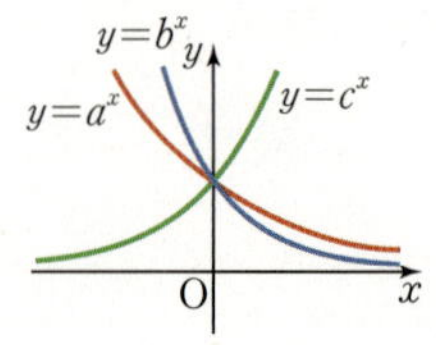

바로 접근

세 수가 주어졌을 때 밑이 같은 거듭제곱 꼴로 나타내거나 지수를 통일하면 다음의 지수함수의 성질로 대소 관계를 비교할 수 있다.

지수함수 $y=a^x$ $(a>0,\ a\neq1)$에 대하여

(1) $a>1$이면 $x_1<x_2 \Longleftrightarrow a^{x_1}<a^{x_2}$

  $0<a<1$이면 $x_1<x_2 \Longleftrightarrow a^{x_1}>a^{x_2}$

(2) $a>1$일 때,

  $x>0$에서 a의 값이 클수록 y축에 가까워진다.

  $x<0$에서 a의 값이 클수록 x축에 가까워진다.

  $0<a<1$일 때,

  $x>0$에서 a의 값이 작을수록 x축에 가까워진다.

  $x<0$에서 a의 값이 작을수록 y축에 가까워진다.

  또한 오른쪽 그림에서 네 함수의 그래프와 직선 $x=1$의 교점의 y좌표를 통해 $a_1<a_2<1<a_3<a_4$임을 알 수 있다.

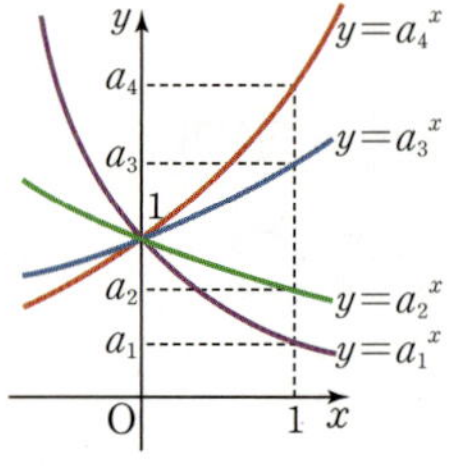

바른 풀이

(1) $\left(\dfrac{1}{2}\right)^{-2}=(2^{-1})^{-2}=2^2$, $\sqrt[3]{16}=\sqrt[3]{2^4}=2^{\frac{4}{3}}$

  지수함수 $y=2^x$은 x의 값이 증가하면 y의 값도 증가하므로

  $\dfrac{4}{3}<\dfrac{3}{2}<2$에서 $2^{\frac{4}{3}}<2^{\frac{3}{2}}<2^2$ $\therefore \sqrt[3]{16}<2^{\frac{3}{2}}<\left(\dfrac{1}{2}\right)^{-2}$

(2) 두 함수 $y=a^x$, $y=b^x$은 모두 x의 값이 증가하면 y의 값이 감소하므로 $a<1$, $b<1$

  또한 $x<0$에서 곡선 $y=b^x$이 곡선 $y=a^x$보다 y축에 가까우므로 $b<a<1$이다.

  함수 $y=c^x$은 x의 값이 증가하면 y의 값도 증가하므로 $c>1$이다.

  따라서 $b<a<1<c$이다.

정답 (1) $\sqrt[3]{16}<2^{\frac{3}{2}}<\left(\dfrac{1}{2}\right)^{-2}$ (2) $b<a<1<c$

Bible Says

반대의 경우도 성립한다. 즉, 지수함수 $y=a^x$ $(a>0,\ a\neq1)$에 대하여

$x_1<x_2 \Longleftrightarrow a^{x_1}<a^{x_2}$이면 $a>1$이고,

$x_1<x_2 \Longleftrightarrow a^{x_1}>a^{x_2}$이면 $0<a<1$이다.

한 번 더하기

05-1 다음 물음에 답하시오.

(1) 세 수 $A=\sqrt[3]{\dfrac{1}{9}\sqrt{\dfrac{1}{3}}}$, $B=\left(\dfrac{1}{3}\right)^{1.8}$, $C=\sqrt{\dfrac{1}{27}\sqrt[3]{\dfrac{1}{3}}}$ 의 대소를 비교하시오.

(2) 그림과 같은 네 지수함수 $y=a^x$, $y=b^x$, $y=c^x$, $y=d^x$의 그 래프에 대하여 a, b, c, d의 대소를 비교하시오.

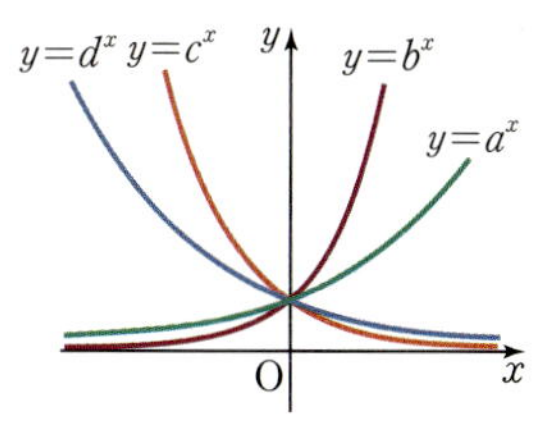

표현 더하기

05-2 다음 중 가장 큰 수와 가장 작은 수의 곱을 구하시오.

$$\left(\dfrac{1}{625}\right)^{-\frac{1}{5}},\ \sqrt{\sqrt{125}},\ 5^{\frac{4}{3}},\ 0.04^{-\frac{3}{4}}$$

표현 더하기

05-3 $0<a<1<b$일 때, 함수 $f(x)=b^x$에 대하여 세 수의 대소를 비교하시오.

$$f(a),\ f\left(\dfrac{1}{a}\right),\ f\left(\dfrac{b}{a}\right)$$

실력 더하기

05-4 $0<a<1$일 때, 다음 세 수의 대소를 비교하시오.

$$a,\ a^a,\ a^{a^a}$$

대표 예제 06

다음 함수의 최댓값과 최솟값을 각각 구하시오.

(1) $y=3^{\frac{1}{2}x-\frac{1}{2}}+4$ $(-1\leq x\leq 3)$

(2) $y=2^{x+1}\times 3^{1-x}$ $(2\leq x\leq 4)$

바로 접근

함수 $y=a^{px+q}$ $(a>0,\ a\neq 1,\ p>0)$의 최대 · 최소

➡ 밑의 범위에 따라 다음과 같다.

(i) $a>1$이면 x가 최대일 때 y도 최대이고, x가 최소일 때 y도 최소이다.

(ii) $0<a<1$이면 x가 최대일 때 y는 최소이고, x가 최소일 때 y는 최대이다.

바른 풀이

(1) $y=3^{\frac{1}{2}x-\frac{1}{2}}+4=3^{\frac{1}{2}(x-1)}+4=(\sqrt{3})^{x-1}+4$

주어진 함수는 밑이 $\sqrt{3}$이고 $\sqrt{3}>1$이므로 x의 값이 증가하면 y의 값도 증가한다.

따라서 $-1\leq x\leq 3$일 때, 함수 $y=(\sqrt{3})^{x-1}+4$는

$x=3$에서 최댓값 $(\sqrt{3})^{3-1}+4=3+4=7$,

$x=-1$에서 최솟값 $(\sqrt{3})^{-1-1}+4=\dfrac{1}{3}+4=\dfrac{13}{3}$을 갖는다.

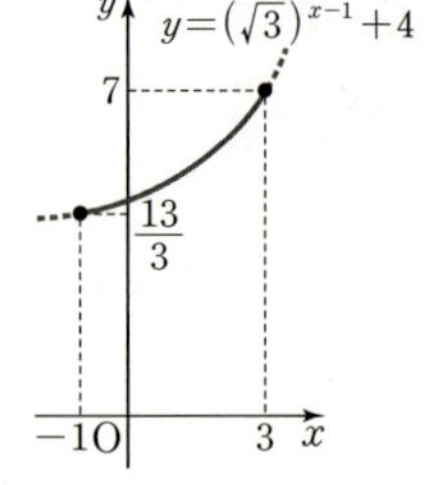

(2) $y=2^{x+1}\times 3^{1-x}=2\times 2^{x}\times 3\times\left(\dfrac{1}{3}\right)^{x}=6\times\left(\dfrac{2}{3}\right)^{x}$

주어진 함수는 밑이 $\dfrac{2}{3}$이고 $0<\dfrac{2}{3}<1$이므로 x의 값이 증가하면 y의 값은 감소한다.

따라서 $2\leq x\leq 4$일 때, 함수 $y=6\times\left(\dfrac{2}{3}\right)^{x}$은

$x=2$에서 최댓값 $6\times\left(\dfrac{2}{3}\right)^{2}=6\times\dfrac{4}{9}=\dfrac{8}{3}$,

$x=4$에서 최솟값 $6\times\left(\dfrac{2}{3}\right)^{4}=6\times\dfrac{16}{81}=\dfrac{32}{27}$를 갖는다.

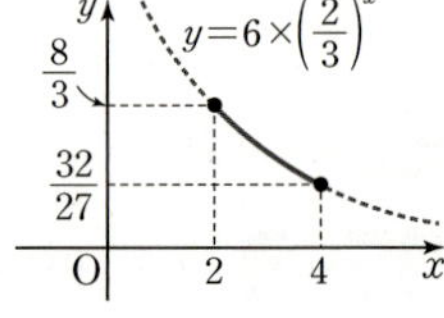

정답 (1) 최댓값: 7, 최솟값: $\dfrac{13}{3}$ (2) 최댓값: $\dfrac{8}{3}$, 최솟값: $\dfrac{32}{27}$

Bible Says

지수함수는 항상 증가하거나 항상 감소하는 함수이고, 일대일함수이므로 지수가 일차식인 경우는 주어진 범위의 양 끝값에서 최댓값을 갖거나 최솟값을 갖는다.

한 번 더하기

06-1

다음 함수의 최댓값과 최솟값을 각각 구하시오.

(1) $y=5^{\frac{1}{2}x+1}-7$ $(0\leq x\leq 2)$

(2) $y=2^{\frac{1}{2}x-3}\times 4^{2-x}$ $(-2\leq x\leq 3)$

한 번 더하기

06-2

정의역이 $\{x\,|\,-1\leq x\leq 2\}$인 함수 $f(x)=\left(\dfrac{1}{5}\right)^{x-1}+k$의 최댓값이 30일 때, $f(0)$의 값을 구하시오. (단, k는 상수이다.)

표현 더하기

06-3

$0<a<1$인 실수 a에 대하여 함수 $f(x)=a^{3x-4}$은 $1\leq x\leq 2$에서 최솟값 $\dfrac{9}{16}$, 최댓값 M을 갖는다. aM의 값을 구하시오.

표현 더하기

06-4

정의역이 $\{x\,|\,-1\leq x\leq 4\}$인 함수 $f(x)=\left(\dfrac{3}{a}\right)^{x-1}$의 최댓값이 8이 되도록 하는 모든 양수 a의 값의 곱을 구하시오.

대표 예제 07

다음 물음에 답하시오.

(1) 함수 $y=2^{x^2-4x+2}$이 $x=a$에서 최솟값 b를 가질 때, $a+b$의 값을 구하시오.

(2) 정의역이 $\{x\,|\,2\leq x\leq 5\}$인 함수 $y=3^{x^2-6x+7}$의 최댓값과 최솟값의 합을 구하시오.

접근

지수가 이차식인 함수 $y=a^{f(x)}$ $(a>0,\ a\neq1)$의 최대 · 최소

❶ 함수 $f(x)$의 최댓값과 최솟값을 구한다.

❷ (i) $a>1$이면 $f(x)$가 최대일 때 $a^{f(x)}$도 최대이고, $f(x)$가 최소일 때 $a^{f(x)}$도 최소이다.

  (ii) $0<a<1$이면 $f(x)$가 최대일 때 $a^{f(x)}$은 최소이고, $f(x)$가 최소일 때 $a^{f(x)}$은 최대이다.

풀이

(1) $y=2^{x^2-4x+2}$에서 $f(x)=x^2-4x+2$라 하면 $f(x)=(x-2)^2-2$

따라서 함수 $f(x)$는 $x=2$에서 최솟값 -2를 갖는다.

이때 $y=2^{f(x)}$은 밑이 2이고 $2>1$이므로 $x=2$에서 최솟값 $2^{-2}=\dfrac{1}{4}$을 갖는다.

따라서 $a=2$, $b=\dfrac{1}{4}$이므로

$$a+b=2+\dfrac{1}{4}=\dfrac{9}{4}$$

(2) $y=3^{x^2-6x+7}$에서 $f(x)=x^2-6x+7$이라 하면 $f(x)=(x-3)^2-2$

$2\leq x\leq 5$에서 $f(2)=-1$, $f(3)=-2$, $f(5)=2$이므로 $-2\leq f(x)\leq 2$

이때 $y=3^{f(x)}$은 밑이 3이고 $3>1$이므로

$f(x)=2$에서 최댓값 $y=3^2=9$, $f(x)=-2$에서 최솟값 $y=3^{-2}=\dfrac{1}{9}$을 갖는다.

따라서 최댓값과 최솟값의 합은

$$9+\dfrac{1}{9}=\dfrac{82}{9}$$

정답 (1) $\dfrac{9}{4}$ (2) $\dfrac{82}{9}$

Bible Says

두 함수 $y=x^2-4x+2$와 $y=2^{x^2-4x+2}$의 그래프는 오른쪽 그림과 같다.

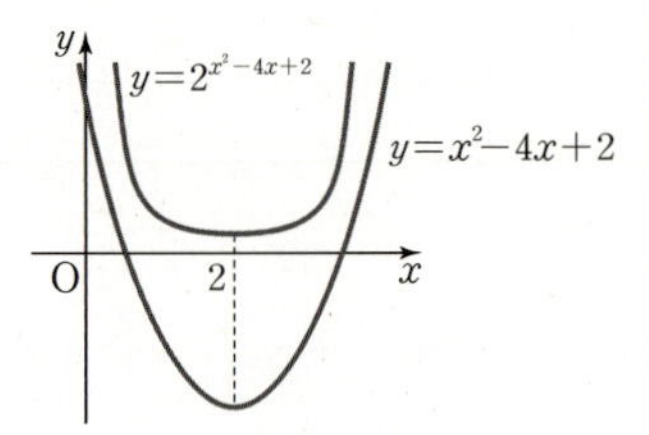

한번 더하기

07-1

다음 물음에 답하시오.

⑴ 함수 $y=\left(\dfrac{1}{3}\right)^{-x^2+6x-12}$ 이 $x=a$에서 최솟값 b를 가질 때, $a+b$의 값을 구하시오.

⑵ 정의역이 $\{x\,|\,1\leq x\leq 4\}$인 함수 $y=\left(\dfrac{1}{2}\right)^{-x^2+4x-5}$의 최댓값과 최솟값의 합을 구하시오.

표현 더하기

07-2

정의역이 $\{x\,|\,0\leq x\leq 3\}$인 함수 $f(x)=\left(\dfrac{1}{4}\right)^{-x^2}\times 2^{3-4x}$의 최댓값과 최솟값의 합을 구하시오.

표현 더하기

07-3

$0<a<1$인 실수 a에 대하여 함수 $y=a^{x^2+8x+20}$의 최댓값이 $\dfrac{1}{9}$일 때, a의 값을 구하시오.

실력 더하기 **교육청 기출**

07-4

두 함수

$$f(x)=\left(\dfrac{1}{2}\right)^{x-a},\ g(x)=(x-1)(x-3)$$

에 대하여 합성함수 $h(x)=(f\circ g)(x)$라 하자. 함수 $h(x)$가 $0\leq x\leq 5$에서 최솟값 $\dfrac{1}{4}$, 최댓값 M을 갖는다. M의 값을 구하시오. (단, a는 상수이다.)

대표 예제 | 08

$0 \le x \le \dfrac{3}{2}$일 때, 함수 $y=16^x-4^{x+1}+5$는 $x=\alpha$에서 최댓값 β를 갖는다. $\alpha+\beta$의 값을 구하시오.

Ba로 접근

a^x $(a>0,\ a\ne1)$ 꼴이 반복되는 경우 주어진 함수의 최대 · 최소는 다음과 같은 순서로 구한다.

❶ $a^x=t$ $(t>0)$으로 치환하여 주어진 함수를 t에 대한 이차함수로 표현한다.

  이때 $t>0$임에 유의한다.

❷ 정의역이 $\{x \mid m \le x \le n\}$인 경우 t에 대한 이차함수의 정의역을 다음과 같이 바꾼다.

  (ⅰ) $a>1$이면 정의역은 $\{t \mid a^m \le t \le a^n\}$

  (ⅱ) $0<a<1$이면 정의역은 $\{t \mid a^n \le t \le a^m\}$

❸ ❷에서 구한 정의역에서 t에 대한 이차함수의 최대 · 최소를 구한다.

Ba른 풀이

$y=16^x-4^{x+1}+5=(4^x)^2-4\times4^x+5$에서 $4^x=t$ $(t>0)$으로 놓으면

$y=t^2-4t+5=(t-2)^2+1$

이때 $0 \le x \le \dfrac{3}{2}$에서 $4^0 \le t \le 4^{\frac{3}{2}}$ $\therefore 1 \le t \le 8$

$1 \le t \le 8$에서 함수 $y=(t-2)^2+1$은

$t=8$에서 최댓값 $(8-2)^2+1=37$을 갖는다.

따라서 $0 \le x \le \dfrac{3}{2}$에서 함수 $y=16^x-4^{x+1}+5$는

$x=\dfrac{3}{2}$에서 최댓값 37을 갖는다.

$\therefore \alpha+\beta=\dfrac{3}{2}+37=\dfrac{77}{2}$

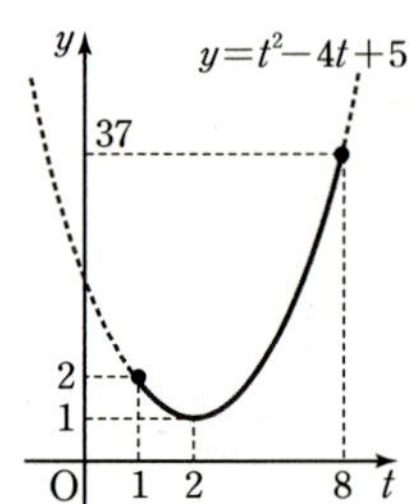

[정답] $\dfrac{77}{2}$

Bible Says

$1 \le t \le 8$에서 함수 $y=(t-2)^2+1$이 $t=8$일 때 최댓값을 갖는다고 $\alpha=8$로 구하지 않도록 주의하자.

함수 $y=16^x-4^{x+1}+5$에서 $4^x=t$로 놓았으므로 $t=8$을 $4^x=t$에 대입하면

$4^x=8$, $x=\dfrac{3}{2}$ $\therefore \alpha=\dfrac{3}{2}$

한 번 더하기

08-1

주어진 범위에서 다음 함수의 최댓값과 최솟값을 구하시오.

(1) $y=25^x-5^x+2 \ (0\leq x\leq 1)$

(2) $y=\left(\dfrac{1}{9}\right)^x-\left(\dfrac{1}{3}\right)^{x-1}+1 \ (-1\leq x\leq 2)$

표현 더하기

08-2

함수 $y=\left(\dfrac{1}{2^x}\right)^2-\left(\dfrac{1}{2}\right)^{x-3}+15$는 $x=\alpha$에서 최솟값 β를 갖는다. $\alpha\beta$의 값을 구하시오.

표현 더하기

08-3

함수 $y=36^x+k\times 6^{x+1}+11$이 최솟값 -25를 가질 때, 음수 k의 값을 구하시오.

표현 더하기

08-4

정의역이 $\{x \,|\, -1\leq x\leq 1\}$인 함수 $y=3\times 9^x-6\times 3^{x+1}+k$의 최솟값이 -20이다. 이 함수가 $x=a$에서 최댓값 M을 가질 때, $a+M$의 값을 구하시오. (단, k는 상수이다.)

대표 예제 | 09

다음 함수의 최솟값을 구하시오.

(1) $y=5^x+5^{2-x}$

(2) $y=4^x+4^{-x}-10(2^x+2^{-x})$

바로 접근

$a>0$, $a\neq1$일 때 a^x, a^{-x} 꼴이 포함된 함수의 최솟값은 다음과 같이 구한다. (단, k는 상수)

(1) $y=a^x+a^{k-x}$ 꼴

모든 실수 x에 대하여 $a^x>0$, $a^{k-x}>0$이므로 산술평균과 기하평균의 관계에 의하여

$$a^x+a^{k-x}\geq2\sqrt{a^x\times a^{k-x}}=2\sqrt{a^k}\left(\text{단, 등호는 } a^x=a^{k-x}, \text{ 즉 } x=\frac{k}{2}\text{일 때 성립}\right)$$

(2) $y=a^{2x}+a^{-2x}+k(a^x+a^{-x})$ 꼴

❶ $a^x+a^{-x}=t$로 놓고 산술평균과 기하평균의 관계를 이용하여 t의 값의 범위를 구한다.

❷ 주어진 함수를 t에 대한 이차함수의 완전제곱식으로 나타낸 후 ❶에서 구한 범위에서 최솟값을 구한다.

바른 풀이

(1) $5^x>0$, $5^{2-x}>0$이므로 산술평균과 기하평균의 관계에 의하여

$$y=5^x+5^{2-x}\geq2\sqrt{5^x\times5^{2-x}}=2\sqrt{5^2}=10 \text{ (단, 등호는 } 5^x=5^{2-x}, \text{ 즉 } x=1\text{일 때 성립)}$$

따라서 구하는 최솟값은 10이다.

(2) $2^x+2^{-x}=t$로 놓으면

$2^x>0$, $2^{-x}>0$이므로 산술평균과 기하평균의 관계에 의하여

$$t=2^x+2^{-x}\geq2\sqrt{2^x\times2^{-x}}=2 \text{ (단, 등호는 } 2^x=2^{-x}, \text{ 즉 } x=0\text{일 때 성립)}$$

$$\therefore t\geq2 \quad\quad \cdots\cdots \text{㉠}$$

4^x+4^{-x}을 t에 대한 식으로 나타내면

$$4^x+4^{-x}=(2^x)^2+(2^{-x})^2=(2^x+2^{-x})^2-2=t^2-2$$

따라서 주어진 함수를 t에 대한 함수로 나타내면

$$y=4^x+4^{-x}-10(2^x+2^{-x})$$
$$=(t^2-2)-10t=t^2-10t-2=(t-5)^2-27 \quad\quad \cdots\cdots \text{㉡}$$

㉠, ㉡에 의하여 구하는 최솟값은 $t\geq2$에서 함수 $y=(t-5)^2-27$의 최솟값과 같다.

따라서 $t=5$에서 최솟값 -27을 갖는다.

정답 (1) 10 (2) -27

Bible Says

(1)에서 5^x과 5^{2-x}, (2)에서 2^x과 2^{-x}은 모두 양수이고 각각의 두 수의 곱이 일정한 상수이므로 산술평균과 기하평균의 관계를 이용한 것이다.

또한 산술평균과 기하평균의 관계를 이용할 때 등호가 성립하는 조건을 찾아 서술해야 한다.

한 번 더하기

09-1 다음 함수의 최솟값을 구하시오.

(1) $y=(\sqrt{7})^{x+1}+(\sqrt{7})^{3-x}$

(2) $y=9^x+9^{-x}-6(3^x+3^{-x})$

표현 더하기

09-2 함수 $y=2^{k+x}+2^{k-x}$의 최솟값이 64일 때, 상수 k의 값을 구하시오.

표현 더하기

09-3 실수 x, y가 $x+y-3=0$을 만족시킬 때, 10^x+10^y의 최솟값을 구하시오.

표현 더하기

09-4 함수 $y=4\{(\sqrt{2})^x+(\sqrt{2})^{-x}\}-(2^x+2^{-x})+k$의 최댓값이 15일 때, 상수 k의 값을 구하시오.

02 로그함수의 뜻과 그래프

1 로그함수의 뜻

지수함수 $y=a^x$ $(a>0,\ a\neq1)$의 역함수

$$y=\log_a x\ (a>0,\ a\neq1)$$

을 a를 밑으로 하는 로그함수라 한다.

지수함수 $y=a^x$ $(a>0,\ a\neq1)$은 실수 전체의 집합에서 양의 실수 전체의 집합으로의 일대일대응이므로 역함수를 갖는다.

이때 로그의 정의에 의하여

$$y=a^x \iff x=\log_a y$$

이므로 $x=\log_a y$에서 x와 y를 서로 바꾸면 지수함수 $y=a^x$의 역함수

$$y=\log_a x\ (a>0,\ a\neq1)$$

을 얻을 수 있다. 이 함수를 a를 밑으로 하는 **로그함수**라 한다.

로그함수 $y=\log_a x$는 지수함수 $y=a^x$의 역함수이므로
로그함수의 밑의 조건은 지수함수의 밑의 조건과 같은 $a>0,\ a\neq1$이다.
또한 로그함수의 정의역은 지수함수의 치역과 같은 양의 실수 전체의 집합이고, 로그함수의 치역은 지수함수의 정의역과 같은 실수 전체의 집합이다.

example

(1) 지수함수 $y=2^x$의 역함수는 $x=\log_2 y$에서 x와 y를 서로 바꾸면
$$y=\log_2 x$$

(2) 지수함수 $y=\left(\dfrac{1}{2}\right)^x$의 역함수는 $x=\log_{\frac{1}{2}} y$에서 x와 y를 서로 바꾸면
$$y=\log_{\frac{1}{2}} x$$

(3) 함수 $y=\log_3 x,\ y=\log_{\frac{1}{5}} x$는 각각 $3,\ \dfrac{1}{5}$을 밑으로 하는 로그함수이다.

example

로그함수 $f(x)=\log_3 x$에 대하여

(1) $f(1)=\log_3 1=0$

(2) $f(3)=\log_3 3=1$

(3) $f\left(\dfrac{1}{3}\right)=\log_3 \dfrac{1}{3}=-1$

로그함수 $y=\log_a x\,(a>0,\,a\neq1)$의 그래프는 밑 a의 값에 따라 오른쪽 그림과 같고 그 성질은 다음과 같다.

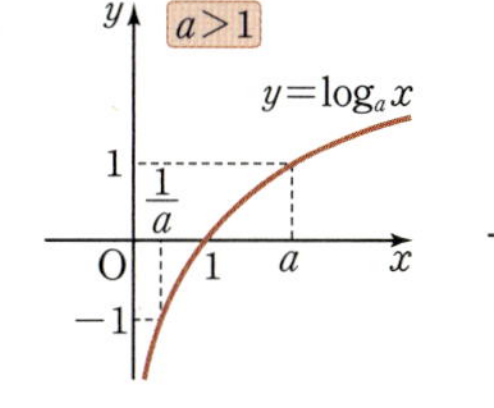
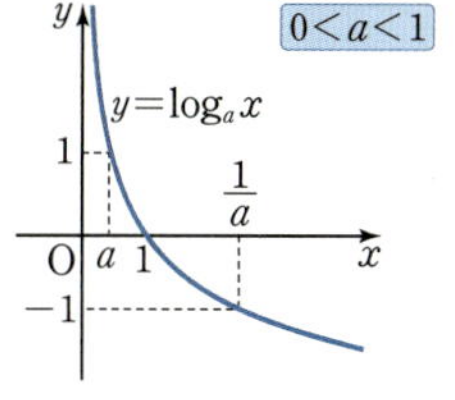

(1) 정의역은 양의 실수 전체의 집합이고, 치역은 실수 전체의 집합이다.

(2) 일대일함수이다.

(3) $a>1$일 때, x의 값이 증가하면 y의 값도 증가한다.

　　$0<a<1$일 때, x의 값이 증가하면 y의 값은 감소한다.

(4) 그래프는 점 $(1,\,0)$, $(a,\,1)$을 지난다.

(5) y축을 점근선으로 갖는다.

로그함수와 지수함수의 관계를 이용하여 로그함수의 그래프 $y=\log_a x\,(a>0,\,a\neq1)$의 그래프에 대하여 알아보자.

로그함수 $y=\log_a x\,(a>0,\,a\neq1)$은 지수함수 $y=a^x$의 역함수이므로 함수 $y=\log_a x$의 그래프는 그림과 같이 함수 $y=a^x$의 그래프를 직선 $y=x$에 대하여 대칭이동한 것과 같다.

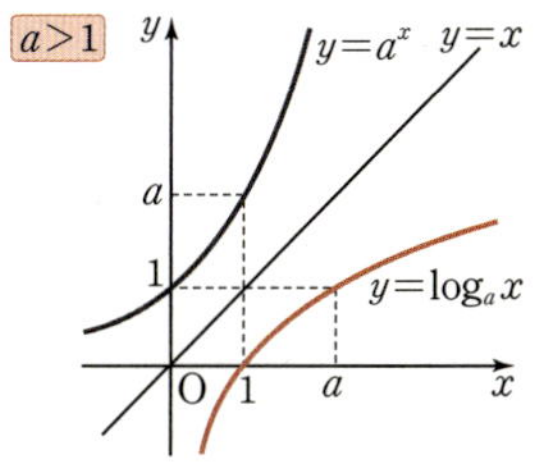
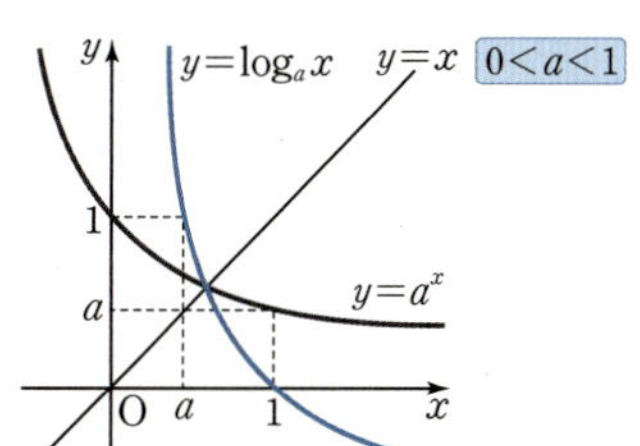

로그함수 $y=\log_a x$와 $y=\log_{\frac{1}{a}} x$의 그래프는 x축에 대하여 대칭이다.

위의 로그함수의 그래프로부터 다음과 같은 로그함수 $y=\log_a x\,(a>0,\,a\neq1)$의 성질을 알 수 있다.

(1) 정의역은 양의 실수 전체의 집합이고, 치역은 실수 전체의 집합이다.

(2) 일대일함수이다. ← 양의 실수 전체의 집합에서 실수 전체의 집합으로의 일대일대응이다.

(3) $a>1$일 때, x의 값이 증가하면 y의 값도 증가한다. ← 그래프는 오른쪽 위로 올라가는 곡선이다.

　　$0<a<1$일 때, x의 값이 증가하면 y의 값은 감소한다. ← 그래프는 오른쪽 아래로 내려가는 곡선이다.

(4) $y=\log_a x$에서 $x=1$일 때 $y=\log_a 1=0$이고, $x=a$일 때 $y=\log_a a=1$이므로

　　로그함수 $y=\log_a x$의 그래프는 점 $(1,\,0)$, $(a,\,1)$을 지난다.

(5) $a>1$일 때, x의 값이 0에 한없이 가까워지면 y의 값은 음수이면서 그 절댓값이 한없이 커진다.

　　또한 $0<a<1$일 때, x의 값이 0에 한없이 가까워지면 y의 값은 한없이 커진다.

　　이때 로그함수 $y=\log_a x$의 그래프의 점근선은 y축이다.

이제 밑의 크기에 따라 로그함수의 그래프를 비교해 보자.

로그함수 $y=\log_2 x$, $y=\log_3 x$, $y=\log_4 x$, $y=\log_{\frac{1}{2}} x$, $y=\log_{\frac{1}{3}} x$, $y=\log_{\frac{1}{4}} x$의 그래프는 다음 그림과 같다.

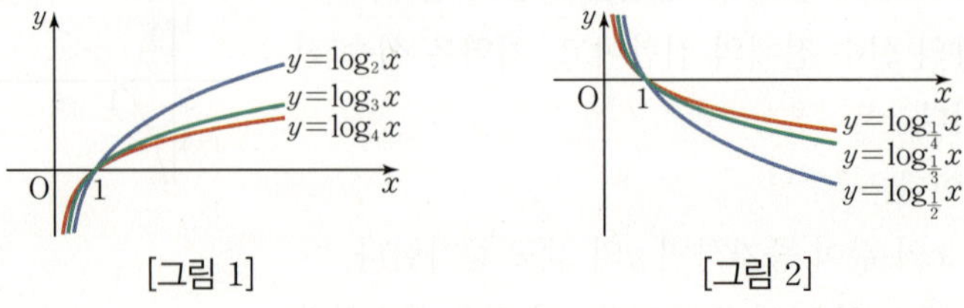

[그림 1] [그림 2]

$a>1$일 때, [그림 1]에서 함수 $y=\log_2 x$, $y=\log_3 x$, $y=\log_4 x$의 그래프를 비교해 보면 로그함수 $y=\log_a x$ $(a>0,\ a\neq1)$의 그래프는 a의 값이 클수록 $x>1$에서 x축에 가깝고, $0<x<1$에서 y축에 가깝다.

또한 $0<a<1$일 때, [그림 2]에서 함수 $y=\log_{\frac{1}{2}} x$, $y=\log_{\frac{1}{3}} x$, $y=\log_{\frac{1}{4}} x$의 그래프를 비교해 보면 로그함수 $y=\log_a x$ $(a>0,\ a\neq1)$의 그래프는 a의 값이 작을수록 $x>1$에서 x축에 가깝고, $0<x<1$에서 y축에 가깝다.

example
두 함수 $y=\log_a x$, $y=\log_b x$의 그래프가 그림과 같을 때, 두 상수 a, b의 대소를 비교해 보면
두 함수 $y=\log_a x$, $y=\log_b x$의 그래프는 오른쪽 아래로 내려가는 모양이므로 $0<a<1$, $0<b<1$이고,
$y=\log_a x$의 그래프가 $y=\log_b x$의 그래프보다 $x>1$일 때 x축에 더 가깝고, $0<x<1$일 때 y축에 더 가까우므로 $a<b$이다.

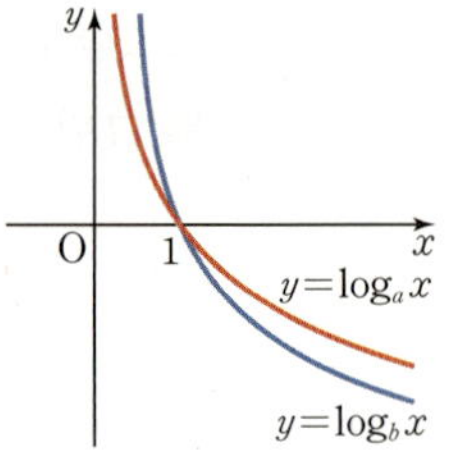

지금부터 두 함수 $y=\log_a x^2$, $y=2\log_a x$ $(a>0,\ a\neq1)$을 비교해 보자.

로그의 성질에 의하여 $x>0$일 때 $y=\log_a x^2=2\log_a x$이다. 하지만 $x\neq0$일 때 두 함수는 진수의 조건에 의하여 정의역이 다르므로 서로 같은 함수가 아니다.

밑이 2인 경우를 예를 들면 함수 $y=\log_2 x^2$의 정의역은 $\{x\,|\,x\neq0$인 실수$\}$이므로

$$y=\log_2 x^2=2\log_2 |x|=\begin{cases} 2\log_2 x & (x>0) \\ 2\log_2 (-x) & (x<0) \end{cases}$$

이고, 함수 $y=2\log_2 x$의 정의역은 $\{x\,|\,x>0\}$이므로 두 그래프는 각각 다음 그림과 같다.

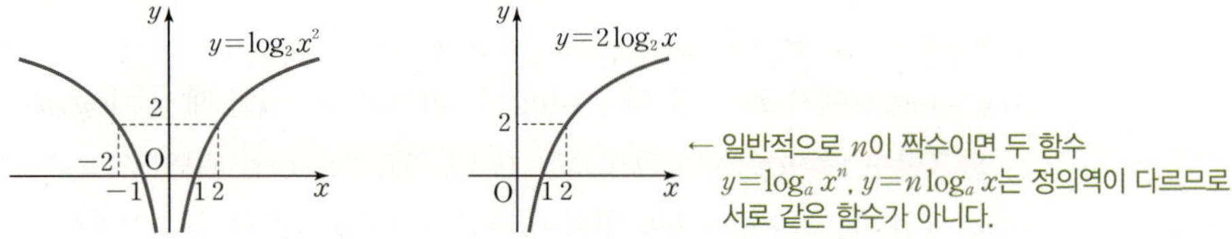

한편, 두 함수 $y=\log_a x^3$, $y=3\log_a x$ $(a>0,\ a\neq1)$의 정의역은 $\{x\,|\,x>0\}$으로 같으므로 두 함수는 서로 같은 함수이고, 그 그래프도 서로 같다. ← 일반적으로 n이 홀수이면 두 함수 $y=\log_a x^n$, $y=n\log_a x$는 정의역이 같으므로 서로 같은 함수이다.

로그함수 $y=\log_a x\ (a>0,\ a\neq1)$의 그래프를

(1) x축의 방향으로 m만큼, y축의 방향으로 n만큼 평행이동한 그래프의 식 ➡ $y=\log_a (x-m)+n$

(2) x축에 대하여 대칭이동한 그래프의 식 ➡ $y=-\log_a x$

(3) y축에 대하여 대칭이동한 그래프의 식 ➡ $y=\log_a (-x)$

(4) 원점에 대하여 대칭이동한 그래프의 식 ➡ $y=-\log_a (-x)$

(1) 평행이동

로그함수 $y=\log_a x\ (a>0,\ a\neq1)$의 그래프를 x축의 방향으로 m만큼, y축의 방향으로 n만큼 평행이동한 그래프의 식은 다음과 같다.

$$y=\log_a x \xrightarrow[\;y\ \text{대신}\ y-n\ \text{대입}\;]{\;x\ \text{대신}\ x-m,\;} y-n=\log_a (x-m)$$

$$\iff y=\log_a (x-m)+n$$

이때 함수 $y=\log_a (x-m)+n$은 항상 점 $(1+m,\ n)$을 지난다.
점 $(1,0)$에서 점 $(1+m,\ n)$으로 평행이동

또한 평행이동에 의하여 치역은 그대로 실수 전체의 집합이지만 정의역과 점근선의 방정식은 각각 다음과 같이 바뀐다.

$$\text{정의역: } \{x\,|\,x>0\} \;\Rightarrow\; \{x\,|\,x>m\}$$
$$\text{점근선의 방정식: } x=0 \;\Rightarrow\; x=m$$

example 함수 $y=\log_2 (x-2)+3$의 그래프는 함수 $y=\log_2 x$의 그래프를 x축의 방향으로 2만큼, y축의 방향으로 3만큼 평행이동한 것이므로 그림과 같다.
이때 정의역은 $\{x\,|\,x>2\}$,
점근선의 방정식은 $x=2$이다.

한편, 로그함수 $y=\log_a (x-m)+n\ (a>0,\ a\neq1)$은 일대일대응이므로 역함수가 항상 존재한다.
로그함수 $y=\log_a (x-m)+n$의 역함수를 구하면

$$y-n=\log_a (x-m),\ x-m=a^{y-n}$$
$$x=a^{y-n}+m$$
$$\therefore y=a^{x-n}+m$$

x와 y를 서로 바꾼다.

즉, 로그함수 $y=\log_a (x-m)+n\ (a>0,\ a\neq1)$의 역함수는 지수함수 $y=a^{x-n}+m$이다.
이때 정의역, 치역, 점근선의 방정식은 다음과 같이 바뀐다.

$$\text{정의역: } \{x\,|\,x>m\text{인 실수}\} \;\Rightarrow\; \{x\,|\,x\text{는 모든 실수}\}$$
$$\text{치역: } \{y\,|\,y\text{는 모두 실수}\} \;\Rightarrow\; \{y\,|\,y>m\text{인 실수}\}$$
$$\text{점근선의 방정식: } x=m \;\Rightarrow\; y=m$$

(2) 대칭이동

로그함수 $y=\log_a x\ (a>0,\ a\neq 1)$의 그래프를 대칭이동한 그래프의 식은 다음과 같다.

① 로그함수 $y=\log_a x$의 그래프를 x축에 대하여 대칭이동한 그래프의 식은

$$y=\log_a x \xrightarrow{\ y\ \text{대신}\ -y\ \text{대입}\ } -y=\log_a x \iff y=-\log_a x \iff y=\log_a \frac{1}{x}$$

② 로그함수 $y=\log_a x$의 그래프를 y축에 대하여 대칭이동한 그래프의 식은

$$y=\log_a x \xrightarrow{\ x\ \text{대신}\ -x\ \text{대입}\ } y=\log_a (-x)$$

③ 로그함수 $y=\log_a x$의 그래프를 원점에 대하여 대칭이동한 그래프의 식은

$$y=\log_a x \xrightarrow[\ y\ \text{대신}\ -y\ \text{대입}\ ]{\ x\ \text{대신}\ -x\ } -y=\log_a (-x) \iff y=-\log_a (-x) \iff y=\log_a \left(-\frac{1}{x}\right)$$

x축에 대하여 대칭이동	y축에 대하여 대칭이동	원점에 대하여 대칭이동
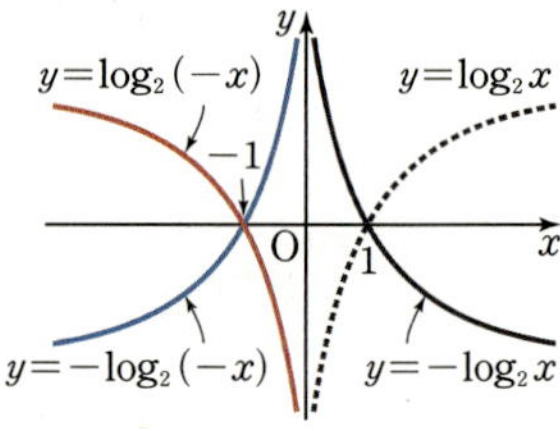		

(1) 함수 $y=-\log_2 x$의 그래프는 함수 $y=\log_2 x$의 그래프를 x축에 대하여 대칭이동한 것이다.

(2) 함수 $y=\log_2 (-x)$의 그래프는 함수 $y=\log_2 x$의 그래프를 y축에 대하여 대칭이동한 것이다.

(3) 함수 $y=-\log_2 (-x)$의 그래프는 함수 $y=\log_2 x$의 그래프를 원점에 대하여 대칭이동한 것이다.

4 로그함수를 이용한 수의 대소 관계

로그함수 $y=\log_a x\ (a>0,\ a\neq 1)$에서

(1) $a>1$이면 $0<x_1<x_2 \iff \log_a x_1<\log_a x_2$

(2) $0<a<1$이면 $0<x_1<x_2 \iff \log_a x_1>\log_a x_2$

로그함수 $y=\log_a x\ (a>0,\ a\neq 1)$의 그래프는
$a>1$일 때, x의 값이 증가하면 y의 값도 증가하고,
$0<a<1$일 때, x의 값이 증가하면 y은 감소한다. 즉,

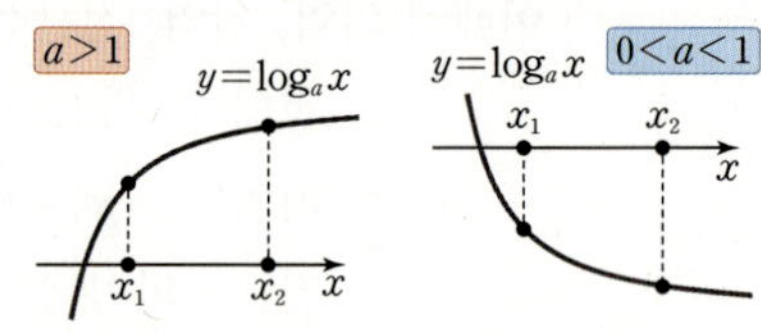

$$a>1$$이면 $$0<x_1<x_2 \Longleftrightarrow \log_a x_1 < \log_a x_2$$
$$0<a<1$$이면 $$0<x_1<x_2 \Longleftrightarrow \log_a x_1 > \log_a x_2$$

따라서 두 수 이상의 수가 주어질 때, 밑을 같게 하여 진수의 대소를 먼저 비교한 후, 밑의 범위에 따른 로그함수의 증가와 감소를 이용하여 수의 대소 관계를 비교할 수 있다.

example

(1) 두 수 $2\log_5 3$, $3\log_5 2$의 대소를 비교하면

$$2\log_5 3 = \log_5 3^2 = \log_5 9,$$
$$3\log_5 2 = \log_5 2^3 = \log_5 8$$

에서 $9>8$이고, 로그함수 $y=\log_5 x$는 x의 값이 증가하면 y의 값도 증가하는 함수이므로 $2\log_5 3 > 3\log_5 2$

(2) 두 수 $\dfrac{1}{2}\log_{\frac{1}{3}} 16$, $2\log_{\frac{1}{3}} \sqrt{10}$의 대소를 비교하면

$$\frac{1}{2}\log_{\frac{1}{3}} 16 = \log_{\frac{1}{3}} (4^2)^{\frac{1}{2}} = \log_{\frac{1}{3}} 4,$$
$$2\log_{\frac{1}{3}} \sqrt{10} = \log_{\frac{1}{3}} (10^{\frac{1}{2}})^2 = \log_{\frac{1}{3}} 10$$

에서 $4<10$이고, 로그함수 $y=\log_{\frac{1}{3}} x$는 x의 값이 증가하면 y의 값은 감소하는 함수이므로 $\dfrac{1}{2}\log_{\frac{1}{3}} 16 > 2\log_{\frac{1}{3}} \sqrt{10}$

5 로그함수의 최대·최소

정의역이 $\{x \mid m \leq x \leq n\}$일 때, 로그함수 $f(x)=\log_a x \ (a>0, \ a \neq 1)$에서 (단, $m>0$, $n>0$)
(1) $a>1$이면 $x=m$에서 최솟값 $f(m)$, $x=n$에서 최댓값 $f(n)$을 갖는다.
(2) $0<a<1$이면 $x=m$에서 최댓값 $f(m)$, $x=n$에서 최솟값 $f(n)$을 갖는다.

로그함수 $y=\log_a x \ (a>0, \ a \neq 1)$의 그래프는 항상 증가하거나 항상 감소하고, 치역이 실수 전체의 집합이므로 최댓값, 최솟값은 존재하지 않는다.
하지만 제한된 정의역에서는 최댓값, 최솟값이 존재한다.

정의역이 $\{x \mid m \leq x \leq n\}$일 때, 로그함수 $f(x)=\log_a x \ (a>0, \ a \neq 1)$의 그래프는 밑 a의 값의 범위에 따라 다음과 같다. (단, $m>0$, $n>0$)

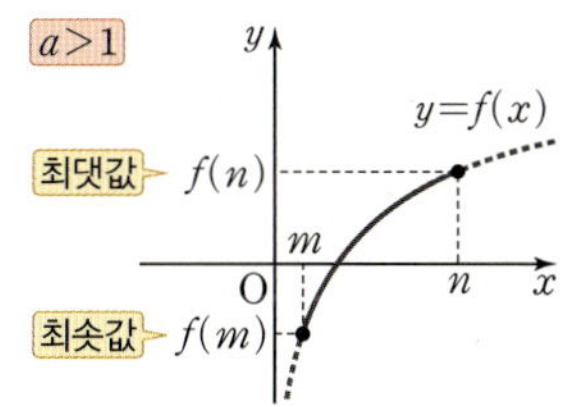

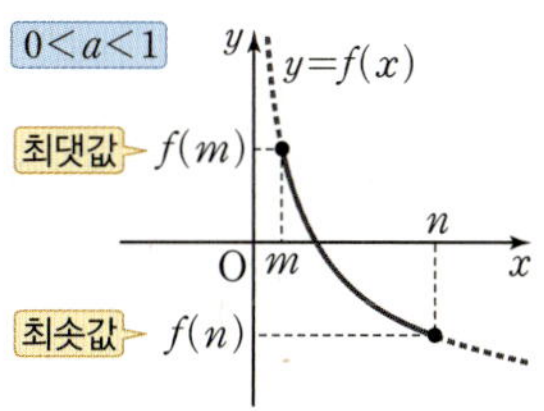

따라서 로그함수 $f(x)$의 최댓값과 최솟값은 다음과 같다.

(1) $a>1$이면 x의 값이 증가할 때 y의 값도 증가하므로

   $x=m$에서 최솟값 $f(m)$, $x=n$에서 최댓값 $f(n)$을 갖는다. ← 치역: $\{y \mid f(m) \leq y \leq f(n)\}$

(2) $0<a<1$이면 x의 값이 증가할 때 y의 값은 감소하므로

   $x=m$에서 최댓값 $f(m)$, $x=n$에서 최솟값 $f(n)$을 갖는다. ← 치역: $\{y \mid f(n) \leq y \leq f(m)\}$

example

(1) $4 \leq x \leq 16$일 때, 함수 $y=\log_4 x$의 최댓값과 최솟값을 구하면

   밑이 4이고 $4>1$이므로 주어진 함수는 x의 값이 증가할 때 y의 값도 증가한다.

   따라서 $4 \leq x \leq 16$에서 함수 $y=\log_4 x$는

   $x=16$에서 최댓값 $\log_4 16=2$, $x=4$에서 최솟값 $\log_4 4=1$을 갖는다.

(2) $\dfrac{1}{5} \leq x \leq 125$일 때, 함수 $y=\log_{\frac{1}{5}} x$의 최댓값과 최솟값을 구하면

   밑이 $\dfrac{1}{5}$이고 $0<\dfrac{1}{5}<1$이므로 주어진 함수는 x의 값이 증가할 때 y의 값은 감소한다.

   따라서 $\dfrac{1}{5} \leq x \leq 125$에서 함수 $y=\log_{\frac{1}{5}} x$는

   $x=\dfrac{1}{5}$에서 최댓값 $\log_{\frac{1}{5}} \dfrac{1}{5}=1$, $x=125$에서 최솟값 $\log_{\frac{1}{5}} 125=-3$을 갖는다.

한편, 진수에 x가 아닌 다항식 $f(x)$로 주어지는 경우도 밑 a의 값의 범위에 따라 $f(x)$의 값이 $\ulcorner y=\log_a f(x)$ 꼴 증가할 때 y의 값이 증가하는지 또는 감소하는지 확인한 후, x의 값의 범위에 따라 $f(x)$의 값의 범위를 정하여 최댓값과 최솟값을 구한다.

즉, 함수 $y=\log_a f(x)$에서

(1) $a>1$이면 진수 $f(x)$가 최대일 때 $\log_a f(x)$도 최대이고, 진수 $f(x)$가 최소일 때 $\log_a f(x)$도 최소이다.

(2) $0<a<1$이면 진수 $f(x)$가 최대일 때 $\log_a f(x)$는 최소이고, 진수 $f(x)$가 최소일 때 $\log_a f(x)$는 최대이다.

example

(1) $3 \leq x \leq 5$일 때, 함수 $y=\log_2(-x+7)$의 최댓값과 최솟값을 구하면

   밑이 2이고 $2>1$이므로

   $-x+7$이 최대일 때 y도 최대이고, $-x+7$이 최소일 때 y도 최소이다.

   따라서 $3 \leq x \leq 5$에서 함수 $y=\log_2(-x+7)$은 ← $3 \leq x \leq 5$일 때 $2 \leq -x+7 \leq 4$

   $x=3$에서 최댓값 $\log_2 4=2$, $x=5$에서 최솟값 $\log_2 2=1$을 갖는다.

(2) $5 \leq x \leq 8$일 때, 함수 $y=\log_{\frac{1}{2}}(x-4)$의 최댓값과 최솟값을 구하면

   밑이 $\dfrac{1}{2}$이고 $0<\dfrac{1}{2}<1$이므로

   $x-4$가 최대일 때 y는 최소이고, $x-4$가 최소일 때 y는 최대이다.

   따라서 $5 \leq x \leq 8$에서 함수 $y=\log_{\frac{1}{2}}(x-4)$는 ← $5 \leq x \leq 8$일 때 $1 \leq x-4 \leq 4$

   $x=5$에서 최댓값 $\log_{\frac{1}{2}} 1=0$, $x=8$에서 최솟값 $\log_{\frac{1}{2}} 4=-2$를 갖는다.

01 다음 함수의 역함수를 구하시오.

(1) $y=\left(\dfrac{1}{10}\right)^x$

(2) $y=\log_5 x$

02 로그함수 $f(x)=\log_{\frac{1}{2}} x$에 대하여 다음을 구하시오.

(1) $f(1)$

(2) $f\left(\dfrac{1}{16}\right)$

(3) $f(4)$

(4) $f(\sqrt{2})$

03 로그함수 $y=\log_3 x$의 그래프가 그림과 같을 때, 다음 함수의 그래프를 그리고, 정의역, 치역, 점근선의 방정식을 구하시오.

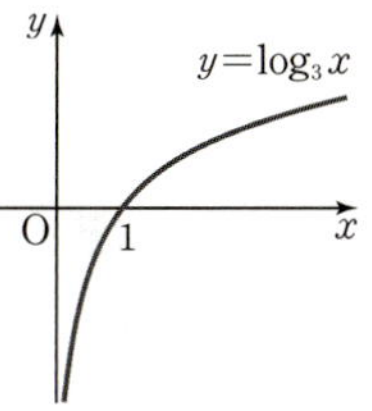

(1) $y=\log_3 (x-1)$

(2) $y=\log_3 x+2$

(3) $y=\log_3 (-x)$

(4) $y=\log_3 \left(-\dfrac{1}{x}\right)$

04 다음 함수의 최댓값과 최솟값을 구하시오.

(1) $y=\log x \left(\dfrac{1}{10}\le x\le 100\right)$

(2) $y=\log_{\frac{1}{4}} x \ (1\le x\le 16)$

(3) $y=\log_2 (-x+3) \ (-5\le x\le 2)$

(4) $y=\log_{\frac{1}{3}} (x-4) \ (5\le x\le 13)$

대표 예제 | 10

함수 $f(x)=-\log_4 x$에 대한 설명으로 **보기**에서 옳은 것만을 있는 대로 고르시오.

> **보기**
>
> ㄱ. $x_1<x_2$이면 $f(x_1)>f(x_2)$이다.
> ㄴ. $f(1)+f(3)<2f(2)$
> ㄷ. 그래프는 함수 $y=\dfrac{1}{4}\log_2 x^2$의 그래프와 x축에 대하여 대칭이다.

바로 접근

로그함수 $y=\log_a x\ (0<a<1)$에 대하여

① 정의역은 양의 실수 전체의 집합이고, 치역은 실수 전체의 집합이다.

② $x_1<x_2$이면 $f(x_1)>f(x_2)$이다.

③ 점근선은 y축이다.

④ 그래프는 함수 $y=\log_{\frac{1}{a}} x$의 그래프와 x축에 대하여 대칭이다.

바른 풀이

함수 $f(x)=-\log_4 x=\log_{\frac{1}{4}} x$에서 밑은 $\dfrac{1}{4}$이고 $0<\dfrac{1}{4}<1$이다.

ㄱ. $x_1<x_2$이면 $f(x_1)>f(x_2)$이다. (참)

ㄴ. 오른쪽 그림에서 $\dfrac{f(1)+f(3)}{2}>f\left(\dfrac{1+3}{2}\right)$이므로

$f(1)+f(3)>2f(2)$ (거짓)

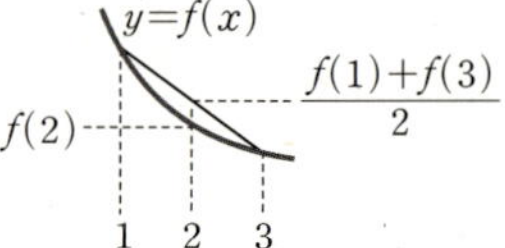

ㄷ. $y=\dfrac{1}{4}\log_2 x^2=\begin{cases}\dfrac{1}{2}\log_2(-x) & (x<0) \\ \dfrac{1}{2}\log_2 x & (x>0)\end{cases}=\begin{cases}\log_4(-x) & (x<0) \\ \log_4 x & (x>0)\end{cases}$

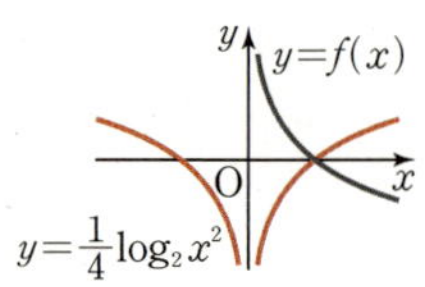

따라서 두 함수 $y=\dfrac{1}{4}\log_2 x^2$, $y=-\log_4 x$의 그래프는 x축에 대하여 대칭이 아니다. (거짓)

ㄷ에서 정의역을 $\{x|x>0\}$이라 하면 두 함수의 그래프는 x축에 대하여 대칭이다.

정답 ㄱ

Bible Says

로그함수 $f(x)=\log_a x\ (a>0,\ a\neq 1)$에 대하여 다음 성질이 성립한다. (단, $p>0,\ q>0,\ n$은 실수)

① $f(1)=0,\ f(a)=1$ 　② $f(pq)=f(p)+f(q),\ f\left(\dfrac{p}{q}\right)=f(p)-f(q)$ 　③ $f(p^n)=nf(p)$

④ $a>1$일 때, $\underbrace{f\left(\dfrac{p+q}{2}\right)\geq\dfrac{f(p)+f(q)}{2}}_{y=f(x)\text{의 그래프가 위로 볼록}}$이고 $0<a<1$일 때, $\underbrace{f\left(\dfrac{p+q}{2}\right)\leq\dfrac{f(p)+f(q)}{2}}_{y=f(x)\text{의 그래프가 아래로 볼록}}$ (단, 등호는 $p=q$일 때 성립)

④는 다음 그림으로 성립함을 확인할 수 있다.

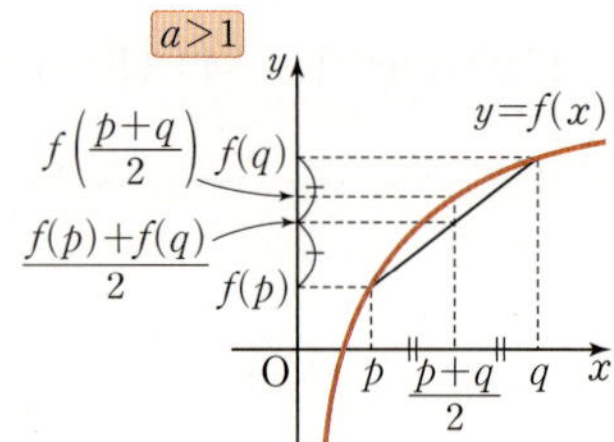

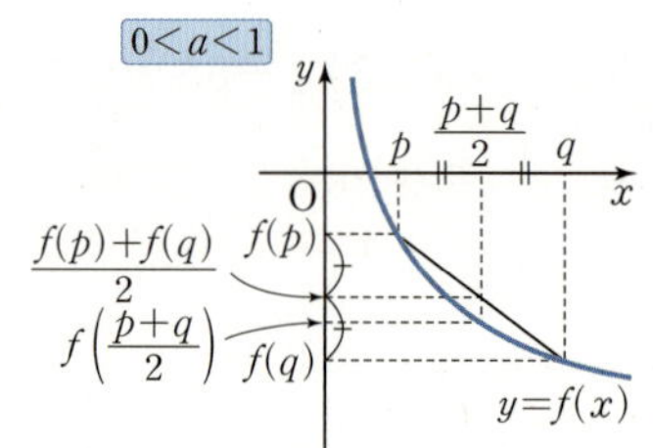

한 번 더하기

10-1 함수 $f(x)=\log_{\frac{1}{3}} x^{-1}$에 대한 설명으로 옳지 <u>않은</u> 것은?

① 그래프는 직선 $x=0$을 점근선으로 하는 곡선이다.

② 정의역은 $\{x \mid x>0\}$이고, 치역은 실수 전체의 집합이다.

③ $x_1<x_2$이면 $f(x_1)<f(x_2)$이다.

④ $f(3)+f(5)>2f(4)$

⑤ 그래프가 함수 $y=\log_{\frac{1}{3}} x$의 그래프와 x축에 대하여 대칭이다.

표현 더하기

10-2 함수 $f(x)=\log_{10-3a} x$가 x의 값이 증가할 때 y의 값도 증가하도록 하는 실수 a의 값의 범위를 구하시오.

표현 더하기

10-3 그림은 함수 $y=\log_2 x$의 그래프와 직선 $y=x$를 나타낸 것이다. 이때 $\log_2 \dfrac{bc}{d^2}$의 값을 구하시오.

(단, 점선은 x축 또는 y축에 평행하다.)

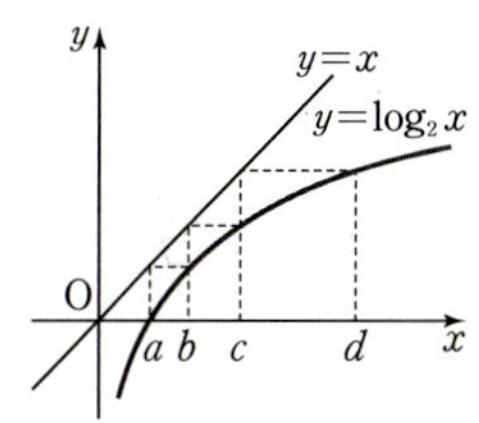

표현 더하기

10-4 **보기**에서 서로 같은 함수끼리 짝 지어진 것만을 있는 대로 고르시오.

> **보기**
>
> ㄱ. $y=\log_3 x^2$, $y=2\log_3 x$
>
> ㄴ. $y=\log_6 x$, $y=\dfrac{1}{3}\log_6 x^3$
>
> ㄷ. $y=\log_5 (x^2-5x+6)$, $y=\log_5 (x-2)+\log_5 (x-3)$

대표 예제 | 11

다음 물음에 답하시오.

(1) 함수 $f(x)=\log_3 (x+a)+b$의 그래프의 점근선이 직선 $x=4$이고 $f(7)=8$이다. 상수 a, b에 대하여 $a+b$의 값을 구하시오.

(2) 함수 $y=\log_2 (8x-24)+3$의 그래프는 함수 $y=\log_2 x$의 그래프를 x축의 방향으로 a만큼, y축의 방향으로 b만큼 평행이동한 것이다. a, b의 값을 각각 구하시오.

바로 접근

로그함수 $y=\log_a x$의 그래프를

① x축의 방향으로 m만큼, y축의 방향으로 n만큼 평행이동한 그래프의 식: $y=\log_a (x-m)+n$

② x축에 대하여 대칭이동한 그래프의 식: $y=-\log_a x$

③ y축에 대하여 대칭이동한 그래프의 식: $y=\log_a (-x)$

④ 원점에 대하여 대칭이동한 그래프의 식: $y=-\log_a (-x)$

바른 풀이

(1) 함수 $y=\log_3 (x+a)+b$의 그래프의 점근선이 직선 $x=4$이므로

$$a=-4$$

$f(x)=\log_3 (x-4)+b$이므로 $f(7)=8$에서

$$\log_3 3+b=8,\ 1+b=8 \qquad \therefore b=7$$

$$\therefore a+b=(-4)+7=3$$

(2) $y=\log_2 (8x-24)+3=\log_2 8(x-3)+3$

$\qquad =\log_2 8+\log_2(x-3)+3=\log_2 (x-3)+6$

따라서 함수 $y=\log_2 (x-3)+6$의 그래프는 함수 $y=\log_2 x$의 그래프를 x축의 방향으로 3만큼, y축의 방향으로 6만큼 평행이동한 것이다.

$$\therefore a=3,\ b=6$$

정답 (1) 3 (2) $a=3$, $b=6$

Bible Says

대칭이동, 평행이동을 모두 하는 경우 이동 순서에 따라 결과가 달라지므로 문제에서 제시한 순서대로 이동해야 한다.

예를 들어 함수 $y=\log_2 x$의 그래프를

① x축에 대하여 대칭이동한 후 y축의 방향으로 3만큼 평행이동한 함수의 그래프의 식

$$y=\log_2 x \longrightarrow y=-\log_2 x \longrightarrow y=-\log_2 x+3$$

② y축의 방향으로 3만큼 평행이동한 후 x축에 대하여 대칭이동한 함수의 그래프의 식 } 다르다.

$$y=\log_2 x \longrightarrow y=\log_2 x+3 \longrightarrow y=-\log_2 x-3$$

한편, 대칭이동만 하는 경우 또는 평행이동만 하는 경우는 순서 상관없이 이동시켜도 된다.

한번 더하기

11-1

다음 물음에 답하시오.

(1) 그림과 같이 함수 $y=\log_{\frac{1}{5}}(x+a)+b$의 그래프가 점 $(0, 2)$를 지나고, 점근선이 직선 $x=-5$일 때, 상수 a, b에 대하여 $a+b$의 값을 구하시오.

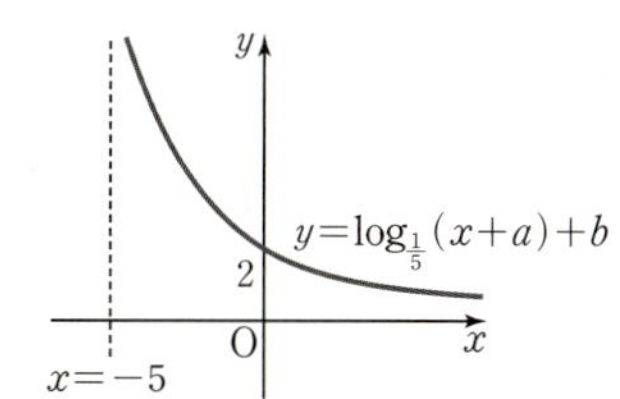

(2) 함수 $y=\log_4 x$의 그래프를 x축의 방향으로 -3만큼, y축의 방향으로 5만큼 평행이동한 그래프가 점 $(5, a)$를 지날 때, 상수 a의 값을 구하시오.

표현 더하기

11-2

함수 $y=\log_3 x$의 그래프를 y축에 대하여 대칭이동한 후 x축의 방향으로 m만큼, y축의 방향으로 n만큼 평행이동한 그래프의 식은 $y=\log_3(-x+5)+4$이다. mn의 값을 구하시오.

표현 더하기

11-3

다음 함수의 그래프 중 함수 $y=\log_3 x$의 그래프를 평행이동 또는 대칭이동하여 일치시킬 수 <u>없는</u> 것은?

① $y=\log_{\frac{1}{3}} x$ ② $y=\log_3 \dfrac{3}{x}$ ③ $y=\log_3 x^3$

④ $y=\log_3 2x$ ⑤ $y=2\log_9(x-3)$

표현 더하기

11-4

함수 $f(x)=\log_{0.5}(kx+4k)$의 그래프가 제1사분면을 지나지 않을 때, 양수 k의 최솟값을 구하시오.

대표 예제 | 12

함수 $f(x)=\log_3 x$의 그래프를 이용하여 다음 함수의 그래프를 그리시오.

(1) $y=|f(x-2)+1|$

(2) $y=f(|x+1|)$

B라로 접근

(1) ❶ 함수 $y=f(x-2)+1$의 그래프, 즉 함수 $y=f(x)$의 그래프를 x축의 방향으로 2만큼, y축의 방향으로 1만큼 평행이동한 그래프를 그린다.

❷ $y<0$인 부분을 x축에 대하여 대칭이동한 부분과 $y\geq0$인 부분을 함께 나타낸다.

(2) ❶ 함수 $y=f(x+1)$의 그래프, 즉 함수 $y=f(x)$의 그래프를 x축의 방향으로 -1만큼 평행이동한 함수의 그래프를 그린다.

❷ $x\geq-1$인 부분을 직선 $x=-1$에 대하여 대칭이동한 부분과 $x\geq-1$인 부분을 함께 나타낸다.

B바른 풀이

(1) 함수 $y=|f(x-2)+1|$의 그래프는 다음과 같다.

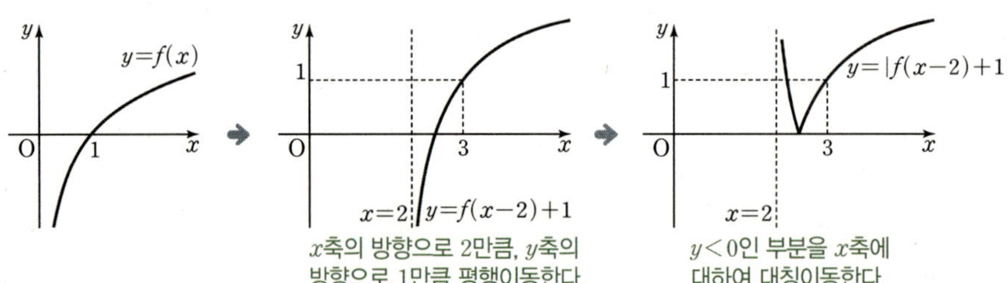

(2) 함수 $y=f(|x+1|)$의 그래프는 다음과 같다.

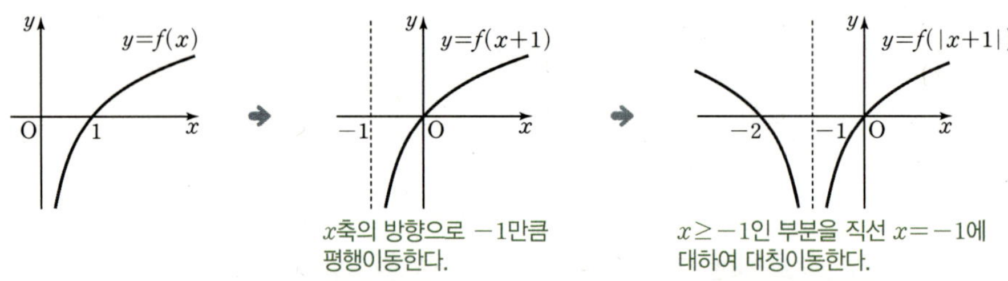

참고 (2)에서 함수 $y=f(|x|)$의 그래프를 그린 후 x축의 방향으로 -1만큼 평행이동해도 결과는 같다.

정답 (1) 풀이 참조 (2) 풀이 참조

Bible Says

절댓값 기호를 포함한 식의 그래프

① $y=|f(x)|$의 그래프는 $y=f(x)$의 그래프에서 $f(x)<0$인 부분을 x축에 대하여 대칭이동한 부분과 $f(x)\geq0$인 부분을 함께 나타낸다.

② $y=f(|x|)$의 그래프는 $y=f(x)$의 그래프에서 $x\geq0$인 부분만을 그린 후 y축에 대하여 대칭이동한 부분과 $x\geq0$인 부분을 함께 나타낸다.

③ $|y|=f(x)$의 그래프는 $f(x)\geq0$인 부분만을 그린 후 x축에 대하여 대칭이동한 부분과 $f(x)\geq0$인 부분을 함께 나타낸다.

④ $|y|=f(|x|)$의 그래프는 $x\geq0$, $f(x)\geq0$인 부분만을 그린 후 x축, y축, 원점에 대하여 대칭이동한 부분과 함께 나타낸다.

03

한 번 더하기

12-1 함수 $f(x)=\log_{\frac{1}{2}} x$의 그래프를 이용하여 다음 함수의 그래프를 그리시오.

(1) $y=|f(x+1)-2|$ (2) $y=f(|x-3|)$

표현 더하기

12-2 함수 $y=\log|x+2|+1$의 그래프를 그리시오.

표현 더하기

12-3 그림과 같이 함수 $y=|a-\log_2(x+b)|$의 그래프가 직선 $x=-5$를 점근선으로 하고 점 $(3,\ 1)$을 지난다. 상수 a, b에 대하여 ab의 값을 구하시오.

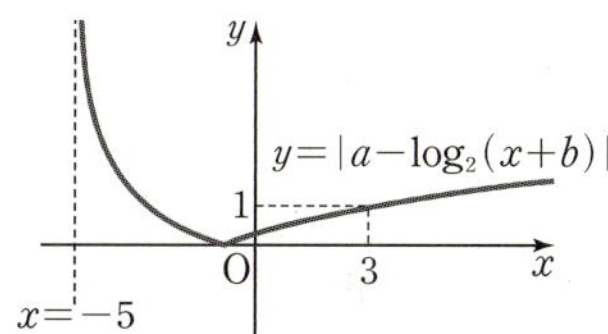

실력 더하기

12-4 좌표평면 위의 두 곡선 $y=|\log_{\sqrt{3}}(x+1)|$과 $y=\log_4(x+k)$가 만나는 서로 다른 두 점의 x좌표를 각각 x_1, x_2 $(x_1<x_2)$라 할 때, $x_1<0$, $0<x_2<2$를 만족시키는 모든 자연수 k의 값 중 가장 큰 수와 가장 작은 수의 합을 구하시오.

대표 예제 13

그림과 같이 두 곡선 $y=\log_2 x$, $y=2\log_4 x-3$과 두 직선 $x=4$, $x=10$으로 둘러싸인 부분의 넓이를 구하시오.

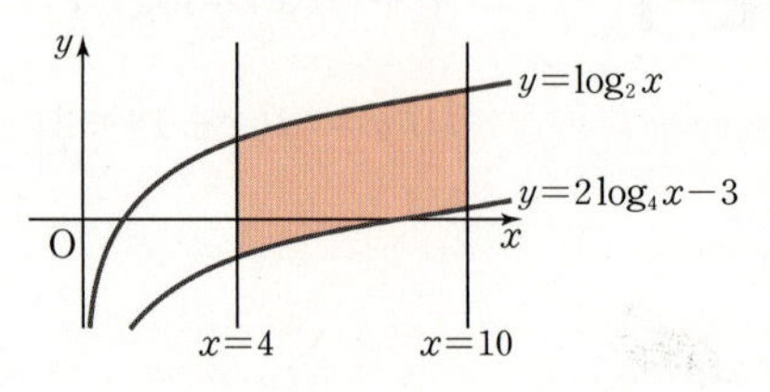

바로 접근

❶ 두 함수의 식이 주어졌을 때, 두 함수의 그래프를 평행이동하면 서로 일치함을 파악한다.

❷ 곡선과 직선으로 둘러싸인 부분과 넓이가 같은 직사각형이나 평행사변형을 찾는다.

❸ ❷에서 찾은 도형의 넓이를 구한다.

바른 풀이

$y=2\log_4 x-3$에서 $y=\log_2 x-3$이므로 함수 $y=\log_2 x-3$의 그래프는 함수 $y=\log_2 x$의 그래프를 y축의 방향으로 -3만큼 평행이동한 것이다.

또한 오른쪽 그림에서 빗금 친 두 부분의 넓이가 같으므로 구하는 넓이는 가로의 길이가 $10-4=6$, 세로의 길이가 3인 직사각형의 넓이와 같다.

따라서 구하는 넓이는

$6\times 3=18$

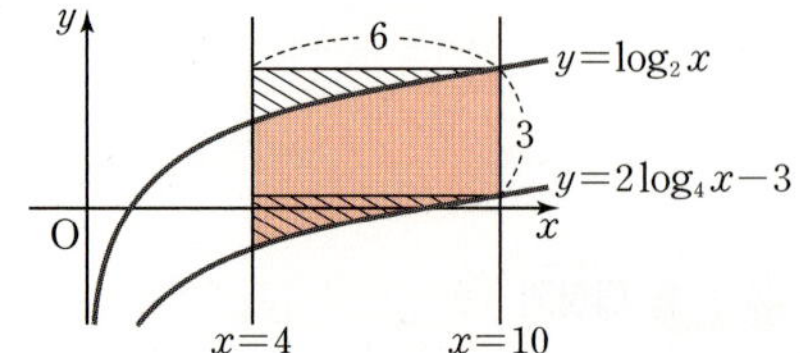

정답 | 18

Bible Says

함수식이 $y=\log_a bx$ 꼴로 주어진 경우 $(a>0,\ a\neq 1,\ b>0)$

로그의 성질에 의하여 $y=\log_a bx=\log_a x+\log_a b$로 나타낼 수 있으므로

함수 $y=\log_a x$의 그래프를 y축의 방향으로 $\log_a b$만큼 평행이동하면 함수 $y=\log_a bx$의 그래프와 일치함을 알 수 있다.

13-1

그림과 같이 두 곡선 $y=-\log_3 x$, $y=7-\log_3 27x$와 두 직선 $x=2$, $x=7$로 둘러싸인 부분의 넓이를 구하시오.

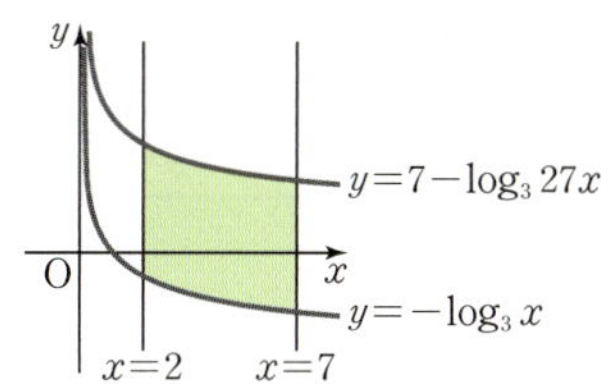

13-2

그림과 같이 두 함수 $y=\log_{\frac{1}{25}} x$, $y=\log_{\sqrt{5}} x$의 그래프가 직선 $x=\dfrac{1}{5}$과 만나는 점을 각각 A, B라 하고, 직선 $x=5$와 만나는 점을 각각 C, D라 할 때, 사각형 ABCD의 넓이를 구하시오.

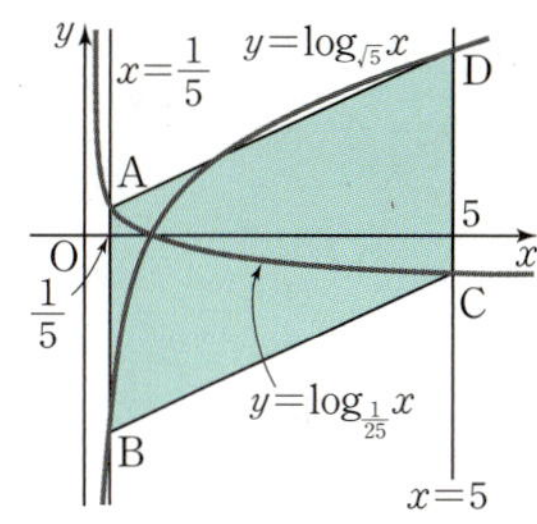

13-3

그림과 같이 두 곡선 $y=\log_4 x$, $y=\log_a x$ $(0<a<1)$이 x축 위의 점 A에서 만나고, 직선 $x=8$이 두 곡선 $y=\log_4 x$, $y=\log_a x$와 점 B, C에서 각각 만난다. 삼각형 ABC의 넓이가 $\dfrac{63}{4}$일 때, 상수 a의 값을 구하시오.

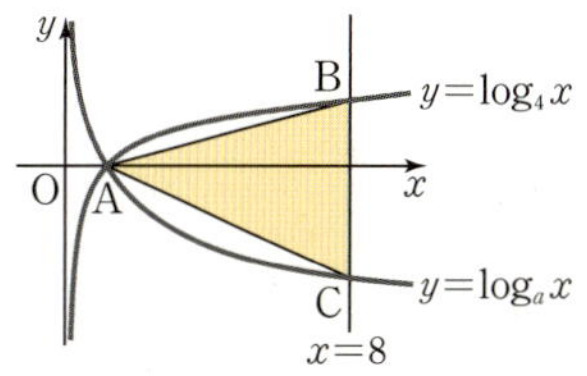

13-4

그림과 같이 함수 $y=\log_3 x$의 그래프 위의 점 A에 대하여 사각형 ABCD는 한 변의 길이가 2인 정사각형이고, 변 BC와 함수 $y=\log_3 x$의 그래프가 만나는 점 E에 대하여 사각형 EFGC도 정사각형일 때, 선분 GC의 길이를 구하시오. (단, 제1사분면 위에서 점 B는 점 A의 왼쪽에, 점 F는 점 E의 왼쪽에 있고, 세 점 C, D, G는 x축 위의 점이다.)

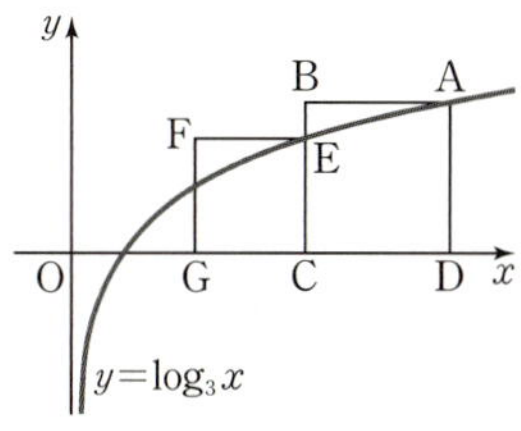

대표 예제 | 14

함수 $y=\log_5(x+a)-2$의 역함수가 $y=5^{x+b}-7$일 때, 상수 a, b의 값을 각각 구하시오.

B로 접근

함수 $f(x)=\log_a(x-p)+q$ $(a>0,\ a\neq1)$의 역함수 구하기

❶ $y=f(x)$를 x에 대하여 풀어 $x=f^{-1}(y)$ 꼴로 고친다.

$y=\log_a(x-p)+q$에서 $\log_a(x-p)=y-q$

$x-p=a^{y-q}$　　∴ $x=a^{y-q}+p$

❷ $x=f^{-1}(y)$에서 x와 y를 서로 바꾸어 $y=f^{-1}(x)$ 꼴로 고친다.

$x=a^{y-q}+p$에서 $y=a^{x-q}+p$

❸ f의 정의역과 치역을 각각 f^{-1}의 치역과 정의역으로 바꾼다.

함수 $f(x)$의 정의역은 $\{x|x>p$인 모든 실수$\}$, 치역은 실수 전체의 집합이므로

함수 $f^{-1}(x)$의 정의역은 실수 전체의 집합, 치역은 $\{y|y>p$인 모든 실수$\}$이다.

B른 풀이

$y=\log_5(x+a)-2$를 x에 대하여 풀면

$\log_5(x+a)=y+2$

$x+a=5^{y+2}$

$x=5^{y+2}-a$

x와 y를 서로 바꾸어 나타내면

$y=5^{x+2}-a$

∴ $a=7,\ b=2$

정답　$a=7,\ b=2$

Bible Says

함수 $f(x)=\log_a(x-p)+q$에 대하여 두 곡선 $y=f(x)$, $y=f^{-1}(x)$는

① $a>1$이면

➡ a의 값에 따라 직선 $y=x$ 위에 교점을 갖지 않을 수도 있다.

　예를 들면 두 함수 $y=16^x$, $y=\log_{16}x$의 그래프의 교점은 직선 $y=x$ 위에 존재하지 않는다.

➡ 직선 $y=x$ 위가 아닌 점에서는 교점을 갖지 않는다.

② $0<a<1$이면

➡ 직선 $y=x$ 위에서 1개의 교점을 갖는다.

➡ a의 값에 따라 직선 $y=x$ 위가 아닌 점에서 교점을 가질 수도 있다.

　예를 들면 두 함수 $y=\left(\dfrac{1}{16}\right)^x$, $y=\log_{\frac{1}{16}}x$의 그래프의 교점은 직선 $y=x$ 위에 1개, 직선 $y=x$ 위가 아닌 점에

　2개로 총 3개이다.

[한 번] 더하기

14-1 함수 $y=\log_2(8x-8a)$의 역함수가 $y=2^{x-b}+5$일 때, 상수 a, b에 대하여 $a+b$의 값을 구하시오.

[표현] 더하기

14-2 다음 물음에 답하시오.

(1) 함수 $f(x)=9+2\log_3 x$에 대하여 함수 $g(x)$가 모든 양수 x에 대하여 $(g\circ f)(x)=x$를 만족시킬 때, $g(15)$의 값을 구하시오.

(2) 함수 $y=\log_a(x-b)+2\ (a>1)$의 그래프와 그 역함수의 그래프가 두 점에서 만나고, 이 두 점의 x좌표가 2, 3일 때, $a+b$의 값을 구하시오. (단, a, b는 상수이다.)

[표현] 더하기　[교육청 기출]

14-3 함수 $y=2^x$의 그래프를 x축의 방향으로 a만큼, y축의 방향으로 3만큼 평행이동한 그래프가 함수 $y=\log_2(4x-b)$의 그래프와 직선 $y=x$에 대하여 대칭일 때, $a+b$의 값을 구하시오.

(단, a와 b는 상수이다.)

[표현] 더하기

14-4 그림과 같이 직선 $y=-x+7$이 두 함수 $y=a^x$, $y=\log_a x\ (a>1)$의 그래프와 만나는 점을 각각 A, B라 하자. $\overline{AB}=3\sqrt{2}$일 때, 상수 a의 값을 구하시오. (단, 점 A의 x좌표는 점 B의 x좌표보다 작다.)

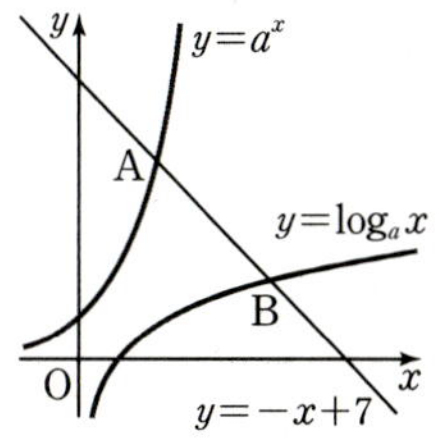

대표 예제 | 15

다음 세 수의 대소를 비교하시오.

(1) $\log_{\frac{1}{3}} \frac{2}{5}$, $\log_{\sqrt{3}} \sqrt{5}$, $\log_3 2$

(2) $\log_{\frac{1}{5}} \sqrt{11}$, $\log_{\frac{1}{25}} 15$, $\log_{\frac{1}{5}} \frac{1}{3}$

바로 접근

세 수가 주어졌을 때 밑을 통일한 후 다음의 로그함수의 성질로 대소 관계를 비교한다.

로그함수 $y = \log_a x$ $(a > 0,\ a \neq 1)$에 대하여

(i) $a > 1$이면 $x_1 < x_2 \iff \log_a x_1 < \log_a x_2$

(ii) $0 < a < 1$이면 $x_1 < x_2 \iff \log_a x_1 > \log_a x_2$

바른 풀이

(1) $\log_{\frac{1}{3}} \frac{2}{5} = \log_3 \frac{5}{2}$, $\log_{\sqrt{3}} \sqrt{5} = \log_3 5$

로그함수 $y = \log_3 x$는 x의 값이 증가하면 y의 값도 증가하므로

$2 < \dfrac{5}{2} < 5$에서

$\log_3 2 < \log_3 \dfrac{5}{2} < \log_3 5$

$\therefore \log_3 2 < \log_{\frac{1}{3}} \dfrac{2}{5} < \log_{\sqrt{3}} \sqrt{5}$

(2) $\log_{\frac{1}{25}} 15 = \dfrac{1}{2} \log_{\frac{1}{5}} 15 = \log_{\frac{1}{5}} \sqrt{15}$

로그함수 $y = \log_{\frac{1}{5}} x$는 x의 값이 증가하면 y의 값이 감소하므로

$\dfrac{1}{3} < \sqrt{11} < \sqrt{15}$에서

$\log_{\frac{1}{5}} \sqrt{15} < \log_{\frac{1}{5}} \sqrt{11} < \log_{\frac{1}{5}} \dfrac{1}{3}$

$\therefore \log_{\frac{1}{25}} 15 < \log_{\frac{1}{5}} \sqrt{11} < \log_{\frac{1}{5}} \dfrac{1}{3}$

정답 (1) $\log_3 2 < \log_{\frac{1}{3}} \dfrac{2}{5} < \log_{\sqrt{3}} \sqrt{5}$ (2) $\log_{\frac{1}{25}} 15 < \log_{\frac{1}{5}} \sqrt{11} < \log_{\frac{1}{5}} \dfrac{1}{3}$

Bible Says

반대의 경우도 성립한다. 즉, 로그함수 $y = \log_a x$ $(a > 0,\ a \neq 1)$에 대하여

$x_1 < x_2 \iff \log_a x_1 < \log_a x_2$이면 $a > 1$이고,

$x_1 < x_2 \iff \log_a x_1 > \log_a x_2$이면 $0 < a < 1$이다.

한 번 더하기

15-1

다음 세 수의 대소를 비교하시오.

(1) $\log_{\frac{1}{2}} \dfrac{2}{5}$, $\dfrac{1}{2} \log_{\sqrt{6}} 6$, $\log_{\frac{1}{4}} \dfrac{3}{16}$

(2) $\log_9 2$, $\log_{27} \sqrt{7}$, $\log_{81} 5$

표현 더하기

15-2

$1 < a < b$일 때, 함수 $f(x) = \log_{a+b} x$에 대하여 세 수 $f(a)$, $f(b)$, $f\left(\dfrac{a}{b}\right)$의 대소를 비교하시오.

표현 더하기

15-3

$0 < a < b < 1$일 때, 세 수 $\log_a b$, $\log_b a$, $\log_b \dfrac{b}{a}$의 대소를 비교하시오.

실력 더하기

15-4

n이 자연수일 때, **보기**의 부등식 중 항상 성립하는 것만을 있는 대로 고르시오.

> **보기**
>
> ㄱ. $\log_3 (n+2) < \log_3 (n+3)$ ㄴ. $\log_{\frac{1}{3}} (n+2) > \log_{\frac{1}{2}} (n+2)$
>
> ㄷ. $\log_2 (n+3) < \log_3 (n+3)$ ㄹ. $\log_2 (n+2) > \log_3 (n+3)$

대표 예제 | 16

다음 함수의 최댓값과 최솟값을 각각 구하시오.

(1) $y=\log_2 (x+4)-3 \ (-2\leq x\leq 4)$

(2) $y=\log_{\frac{1}{3}} (6x-15) \ (4\leq x\leq 7)$

B라로 접근

함수 $y=\log_a (px+q) \ (a>0, \ a\neq 1, \ p>0)$의 최대 · 최소

➡ 밑의 범위에 따라 다음과 같다.

(ⅰ) $a>1$이면 x가 최대일 때 y도 최대이고, x가 최소일 때 y도 최소이다.

(ⅱ) $0<a<1$이면 x가 최대일 때 y는 최소이고, x가 최소일 때 y는 최대이다.

B른 풀이

(1) 주어진 함수는 밑이 2이고 $2>1$이므로 x의 값이 증가하면 y의 값도 증가한다.

따라서 $-2\leq x\leq 4$일 때, 함수 $y=\log_2 (x+4)-3$은

$x=4$에서 최댓값 $\log_2 8-3=3-3=0$,

$x=-2$에서 최솟값 $\log_2 2-3=1-3=-2$를 갖는다.

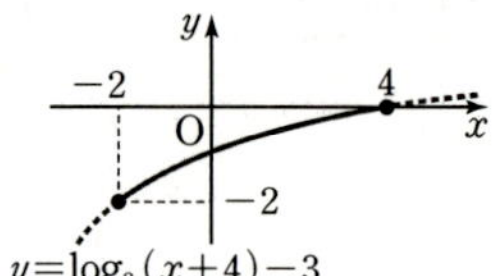

(2) 주어진 함수는 밑이 $\frac{1}{3}$이고 $0<\frac{1}{3}<1$이므로 x의 값이 증가하면 y의 값은 감소한다.

따라서 $4\leq x\leq 7$일 때, 함수 $y=\log_{\frac{1}{3}} (6x-15)$는

$x=4$에서 최댓값 $\log_{\frac{1}{3}} 9=-2$,

$x=7$에서 최솟값 $\log_{\frac{1}{3}} 27=-3$을 갖는다.

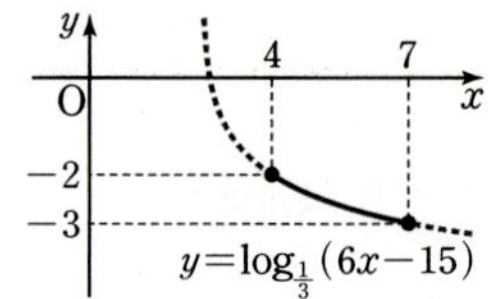

> **정답** (1) 최댓값: 0, 최솟값: -2 (2) 최댓값: -2, 최솟값: -3

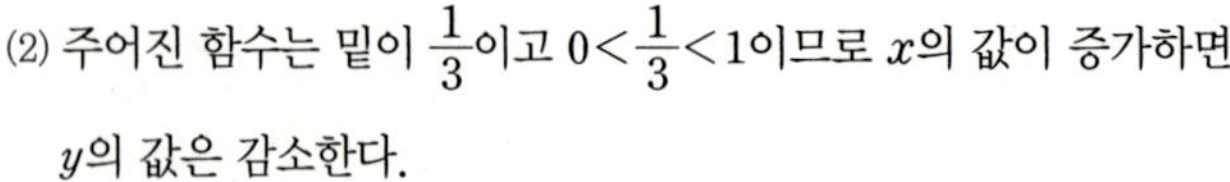

Bible Says

로그함수는 항상 증가하거나 항상 감소하는 함수이고, 일대일함수이므로 진수가 일차식인 경우는 주어진 정의역의 양 끝 값에서 최댓값을 갖거나 최솟값을 갖는다.

한번 더하기

16-1 주어진 범위에서 다음 함수의 최댓값과 최솟값을 각각 구하시오.

(1) $y=\log_3(4x-1)+1$ $\left(1\leq x\leq\dfrac{5}{2}\right)$

(2) $y=\log_{\frac{1}{5}}(5x+10)-2$ $(-1\leq x\leq 3)$

표현 더하기

16-2 주어진 범위에서 다음 함수의 최댓값과 최솟값을 각각 구하시오.

(1) $y=\log_{\frac{1}{2}}(|x-1|+2)$ $(0\leq x\leq 7)$

(2) $y=\log_4(|2x+1|+1)$ $(-4\leq x\leq 2)$

표현 더하기

16-3 정의역이 $\left\{x\,\middle|\,-\dfrac{7}{2}\leq x\leq 7\right\}$인 함수 $y=\log_7(4x+k)-6$의 최솟값이 -5일 때, 상수 k의 값을 구하시오.

표현 더하기

16-4 $0<a<1$인 실수 a에 대하여 정의역이 $\{x\,|\,2\leq x\leq 5\}$인 함수 $y=\log_a(2x-1)+b$의 최댓값이 2, 최솟값이 1일 때, ab의 값을 구하시오. (단, b는 상수이다.)

대표 예제 | 17

다음 물음에 답하시오.

(1) 함수 $y=\log_2(-x^2+6x-8)$의 최댓값을 구하시오.

(2) 정의역이 $\{x\,|\,1\le x\le 6\}$인 함수 $y=\log_3(-x^2+6x+3)$의 최댓값과 최솟값의 차를 k라 할 때, 3^k의 값을 구하시오.

바로 접근

진수가 이차식인 함수 $y=\log_a f(x)$ $(a>0,\ a\ne 1)$의 최대·최소

❶ 함수 $f(x)$의 최댓값과 최솟값을 구한다.

❷ (i) $a>1$이면

    $f(x)$가 최대일 때 $\log_a f(x)$도 최대이고, $f(x)$가 최소일 때 $\log_a f(x)$도 최소이다.

  (ii) $0<a<1$이면

    $f(x)$가 최대일 때 $\log_a f(x)$는 최소이고, $f(x)$가 최소일 때 $\log_a f(x)$는 최대이다.

바른 풀이

(1) 진수의 조건에 의하여 $-x^2+6x-8>0$, $x^2-6x+8<0$, $(x-2)(x-4)<0$

   $\therefore 2<x<4$

   $y=\log_2(-x^2+6x-8)$에서 $f(x)=-x^2+6x-8$이라 하면 $f(x)=-(x-3)^2+1$

   따라서 $2<x<4$에서 함수 $f(x)$는 $x=3$에서 최댓값 1을 갖는다.

   이때 $y=\log_2 f(x)$는 밑이 2이고 $2>1$이므로

   $x=3$에서 최댓값 $\log_2 1=0$을 갖는다.

(2) $y=\log_3(-x^2+6x+3)$에서 $f(x)=-x^2+6x+3$이라 하면

   $f(x)=-(x-3)^2+12$

   $1\le x\le 6$에서 $f(1)=8,\ f(3)=12,\ f(6)=3$이므로

   $3\le f(x)\le 12$

   이때 $y=\log_3 f(x)$는 밑이 3이고 $3>1$이므로

   $x=3$에서 최댓값 $\log_3 12=\log_3(4\times 3)=\log_3 4+1$,

   $x=6$에서 최솟값 $\log_3 3=1$을 갖는다.

   따라서 구하는 최댓값과 최솟값의 차는

   $k=(\log_3 4+1)-1=\log_3 4$ $\therefore 3^k=3^{\log_3 4}=4$

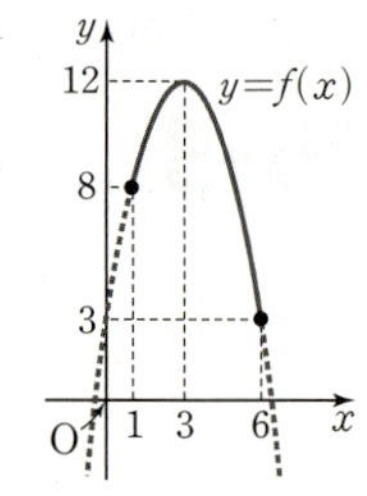

정답   (1) 0   (2) 4

Bible Says

로그함수에서는 정의역이 직접적으로 제시되지 않더라도 진수의 조건에 의하여 정의역이 결정됨에 주의하자.

한 번 더하기

17-1

다음 물음에 답하시오.

(1) 함수 $y=\log_{\frac{1}{5}}(x^2-4x+9)$의 최댓값을 구하시오.

(2) 정의역이 $\{x\,|-3\le x\le 0\}$인 함수 $y=\log_{\frac{1}{2}}(-x^2-2x+7)$의 최댓값과 최솟값의 곱을 구하시오.

표현 더하기

17-2

다음 물음에 답하시오.

(1) 함수 $y=\log_2(-x+6)+\log_2(x-2)$의 최댓값을 구하시오.

(2) 두 함수 $f(x)=\log_3\dfrac{9}{x}$, $g(x)=x^2-2x+4$에 대하여 $(f\circ g)(x)$의 최댓값을 구하시오.

표현 더하기

17-3

정의역이 $\{x\,|\,3\le x\le 6\}$인 함수 $y=\log_{\frac{1}{3}}|x^2-10x+16|$의 최솟값을 구하시오.

표현 더하기

17-4

정의역이 $\{x\,|\,4\le x\le 7\}$인 함수 $y=\log_a(x^2-10x+30)$의 최솟값이 -2일 때, 상수 a의 값을 구하시오. (단, $0<a<1$)

대표 예제 18

주어진 범위에서 다음 함수의 최댓값과 최솟값을 각각 구하시오.

(1) $y=(\log_2 x)^2+\log_2 x^4-3 \left(\dfrac{1}{8}\leq x\leq 8\right)$

(2) $y=\log_{\frac{1}{2}} 4x \times \log_{\frac{1}{2}} \dfrac{x}{16} \left(\dfrac{1}{2}\leq x\leq 16\right)$

바로 접근

$\log_a x \,(a>0,\ a\neq 1)$ 꼴이 반복되는 경우 주어진 함수의 최대·최소는 다음과 같은 순서로 구한다.

❶ $\log_a x=t$로 치환하여 주어진 함수를 t에 대한 이차함수로 표현한다.

❷ 정의역이 $\{x\,|\,m\leq x\leq n\}$인 경우 t에 대한 이차함수의 정의역을 다음과 같이 바꾼다.

　(i) $a>1$이면 정의역은 $\{t\,|\,\log_a m\leq t\leq \log_a n\}$

　(ii) $0<a<1$이면 정의역은 $\{t\,|\,\log_a n\leq t\leq \log_a m\}$

❸ ❷에서 구한 정의역에서 t에 대한 이차함수의 최대·최소를 구한다.

바른 풀이

(1) $y=(\log_2 x)^2+\log_2 x^4-3=(\log_2 x)^2+4\log_2 x-3$에서 $\log_2 x=t$로 놓으면

$y=t^2+4t-3=(t+2)^2-7$

이때 $\dfrac{1}{8}\leq x\leq 8$에서 $\log_2 \dfrac{1}{8}\leq t\leq \log_2 8$　$\therefore\ -3\leq t\leq 3$

따라서 $-3\leq t\leq 3$에서 함수 $y=(t+2)^2-7$은

$t=3$에서 최댓값 $(3+2)^2-7=18$,

$t=-2$에서 최솟값 $(-2+2)^2-7=-7$을 갖는다.

(2) $y=\log_{\frac{1}{2}} 4x \times \log_{\frac{1}{2}} \dfrac{x}{16}=(\log_{\frac{1}{2}} x-2)(\log_{\frac{1}{2}} x+4)$에서 $\log_{\frac{1}{2}} x=t$로 놓으면

$y=(t-2)(t+4)=t^2+2t-8=(t+1)^2-9$

이때 $\dfrac{1}{2}\leq x\leq 16$에서 $\log_{\frac{1}{2}} 16\leq t\leq \log_{\frac{1}{2}} \dfrac{1}{2}$　$\therefore\ -4\leq t\leq 1$

따라서 $-4\leq t\leq 1$에서 함수 $y=(t+1)^2-9$는

$t=-4$에서 최댓값 $(-4+1)^2-9=0$,

$t=-1$에서 최솟값 $(-1+1)^2-9=-9$를 갖는다.

정답 (1) 최댓값: 18, 최솟값: -7　(2) 최댓값: 0, 최솟값: -9

Bible Says

$y=x^{\log_a x}$과 같이 지수에 로그가 있는 함수의 최대·최소

➡ 양변에 밑이 a인 로그를 취하여 최대·최소를 구한다.

한번 **더하기**

18-1 주어진 범위에서 다음 함수의 최댓값과 최솟값을 각각 구하시오.

(1) $y=\left(\log_{\frac{1}{3}} x\right)^2-\log_{\frac{1}{3}} x^6+7 \ \left(\dfrac{1}{81}\leq x\leq 9\right)$

(2) $y=\log_5 x^{\log_5 x}-2\log_5 \dfrac{x}{25} \ (1\leq x\leq 125)$

표현 **더하기**

18-2 정의역이 $\{x\,|\,1\leq x\leq 81\}$인 함수 $y=(\log_3 x)^2-\log_3 9x^2+k$의 최솟값이 10일 때, 최댓값을 구하시오. (단, k는 상수이다.)

표현 **더하기**

18-3 함수 $y=(\log x)^2+a\log_{\sqrt{10}} x+b$는 $x=\dfrac{1}{10}$일 때, 최솟값 3을 갖는다. 상수 a, b에 대하여 $a+b$의 값을 구하시오.

실력 **더하기**

18-4 정의역이 $\left\{x\,\middle|\,\dfrac{1}{2}\leq x\leq 16\right\}$인 함수 $y=x^{-4+\log_2 x}$의 최댓값과 최솟값을 각각 구하시오.

대표 예제 | 19

다음 물음에 답하시오.

(1) $x>0$일 때, 함수 $y=\log_2(x+3)+\log_2\left(\dfrac{1}{x}+3\right)$의 최솟값을 구하시오.

(2) $x>1$일 때, $y=\log_5 25x+\log_x 625$의 최솟값을 구하시오.

Ba로 접근

(1) 로그의 진수에 양수인 미지수 x와 그 역수 $\dfrac{1}{x}$ 꼴이 포함되어 있으면

로그의 성질 $\log_a M+\log_a N=\log_a MN$을 이용하여 식을 변형한 후 산술평균과 기하평균의 관계를 이용한다.

(2) $y=\log_a x+k\log_x a$ $(\log_a x>0,\ \log_x a>0,\ k>0)$ 꼴로 주어지면

➡ 산술평균과 기하평균의 관계에 의하여

$$\log_a x+k\log_x a\geq 2\sqrt{\log_a x\times k\log_x a}$$
$$=2\sqrt{k}\ (\text{단, 등호는 }\log_a x=k\log_x a\text{일 때 성립})$$

Ba른 풀이

(1) $y=\log_2(x+3)+\log_2\left(\dfrac{1}{x}+3\right)=\log_2\left(3x+\dfrac{3}{x}+10\right)$ ······ ㉠

$x>0$이므로 산술평균과 기하평균의 관계에 의하여

$3x+\dfrac{3}{x}+10\geq 2\sqrt{3x\times\dfrac{3}{x}}+10=2\times 3+10=16$ $\left(\text{단, 등호는 }3x=\dfrac{3}{x}\text{일 때 성립}\right)$

이때 밑이 2이고 $2>1$이므로 ㉠은 $3x+\dfrac{3}{x}+10$이 최소일 때 최소가 된다.

㉠에서 $y=\log_2\left(3x+\dfrac{3}{x}+10\right)\geq\log_2 16=4$

따라서 구하는 최솟값은 4이다.

(2) $y=\log_5 25x+\log_x 625=(\log_5 5^2+\log_5 x)+\log_x 5^4$

$\qquad=\log_5 x+4\log_x 5+2=\log_5 x+\dfrac{4}{\log_5 x}+2$

이때 $x>1$에서 $\log_5 x>0$이므로 산술평균과 기하평균의 관계에 의하여

$y=\log_5 x+\dfrac{4}{\log_5 x}+2\geq 2\sqrt{\log_5 x\times\dfrac{4}{\log_5 x}}+2$

$\qquad\qquad=2\times 2+2=6\ (\text{단, 등호는 }\log_5 x=4\log_x 5\text{일 때 성립})$

따라서 구하는 최솟값은 6이다.

> 정답 (1) 4 (2) 6

Bible Says

산술평균과 기하평균의 관계를 이용할 때 등호가 성립하는 조건을 찾아 서술해야 한다.

한 번 더하기

19-1

다음 물음에 답하시오.

(1) $x>0$일 때, 함수 $y=\log_{0.2}(x+1)+\log_{0.2}\left(\dfrac{9}{x}+4\right)$의 최댓값을 구하시오.

(2) $x>1$일 때, $y=\log_3 243x+3\log_x 27$의 최솟값을 구하시오.

표현 더하기

19-2

$x>0$, $y>0$일 때, $\log_{\sqrt{6}}\left(x+\dfrac{25}{y}\right)+\log_{\sqrt{6}}\left(y+\dfrac{1}{x}\right)$의 최솟값을 구하시오.

표현 더하기

19-3

$\log x+\log y=5$일 때, $2x+5y$의 최솟값을 구하시오.

표현 더하기

19-4

두 양수 x, y에 대하여 $x+9y=48$이 성립할 때, $\log_2 x+\log_2 y$의 최댓값을 구하시오.

S·T·E·P **1** 기본 다지기

01 **보기**의 함수의 그래프 중 함수 $y=5^x$의 그래프를 평행이동 또는 대칭이동하였을 때 일치하는 것만을 모두 고르시오.

> **보기**
>
> ㄱ. $y=5(5^x-1)$ ㄴ. $y=5^{2x}$ ㄷ. $y=\left(\dfrac{1}{5}\right)^{x-1}$ ㄹ. $y=-\dfrac{5^x}{25}$

02 다음 중 함수 $y=|2^{|x|+1}-4|$의 그래프로 알맞은 것은?

① 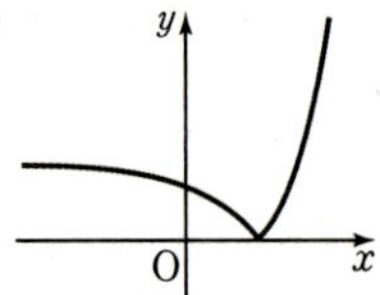 ② 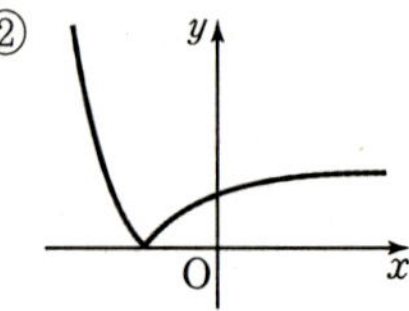 ③ 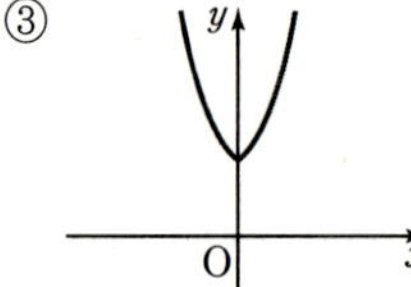

④ 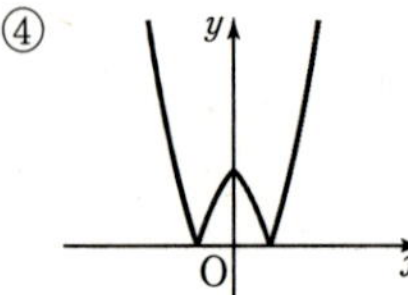 ⑤ 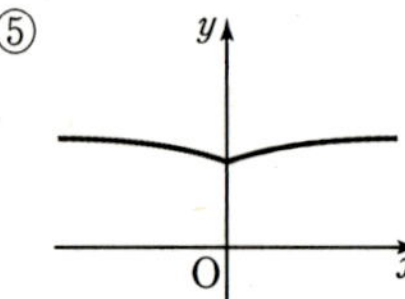

03 그림과 같이 직선 $y=-x+2$가 두 함수 $y=3^x+1$, $y=3^{x-2}-1$의 그래프와 만나는 점을 각각 A, B라 하고, 직선 $y=-x+a$가 두 함수 $y=3^x+1$, $y=3^{x-2}-1$의 그래프와 만나는 점을 각각 C, D라 하자. 두 함수 $y=3^x+1$, $y=3^{x-2}-1$의 그래프와 두 선분 AB, CD로 둘러싸인 부분의 넓이가 30일 때, 상수 a의 값을 구하시오. (단, $a>2$이고 두 점 A, B는 각각 y축, x축 위에 있다.)

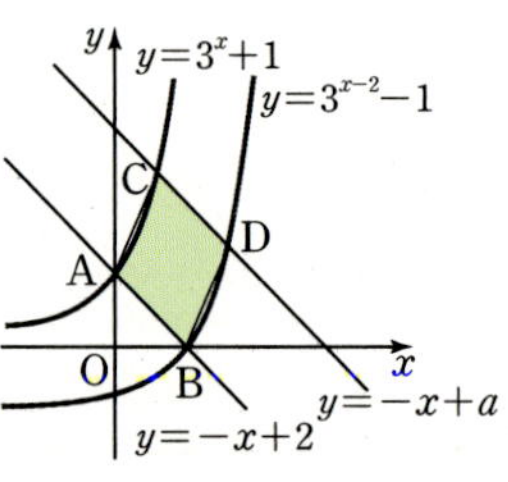

04 1이 아닌 두 양수 a, b에 대하여 $\dfrac{\sqrt{1-a}}{\sqrt{1-b}}=-\sqrt{\dfrac{1-a}{1-b}}$가 성립할 때, 2 이상의 자연수 k에 대하여 세 수 a^k, a^{k^2}, b^k의 대소 관계를 바르게 나타낸 것은?

① $a^k<b^k<a^{k^2}$ ② $a^{k^2}<a^k<b^k$ ③ $a^{k^2}<b^k<a^k$

④ $b^k<a^k<a^{k^2}$ ⑤ $b^k<a^{k^2}<a^k$

05 $-1 \leq x \leq 2$에서 함수 $f(x) = \left(\dfrac{3}{a}\right)^x$의 최댓값이 4가 되도록 하는 모든 양수 a의 값의 곱을 구하시오.

06 세 행렬 $A = (-1 \quad 2^x)$, $B = \begin{pmatrix} 1 & 0 \\ 4 & 2 \end{pmatrix}$, $C = \begin{pmatrix} -2 & 1 \\ 2^x & 3 \end{pmatrix}$의 곱 ABC의 $(1, 1)$ 성분은 $x = a$일 때, 최솟값 b를 갖는다. $a - b$의 값을 구하시오.

07 세 함수 $f(x) = 2\log_2(x-5)$, $g(x) = 2\log_2|x-5|$, $h(x) = \log_2(x-5)^2$의 정의역을 각각 A, B, C라 할 때, 세 집합 A, B, C 사이의 관계를 바르게 나타낸 것은?

① $A = B = C$ ② $A = B \subset C$ ③ $A \subset B = C$

④ $B \subset A = C$ ⑤ $C \subset B \subset A$

08 다음 중 함수 $y = \log_3(6x + 24)$에 대한 설명으로 옳지 <u>않은</u> 것은?

① x의 값이 증가하면 y의 값도 증가한다.

② 그래프의 점근선은 직선 $x = -4$이다.

③ 그래프는 함수 $y = \log_3 2x$의 그래프를 x축의 방향으로 -4만큼, y축의 방향으로 1만큼 평행이동한 것이다.

④ 그래프가 함수 $y = \dfrac{1}{2} \times 3^{x+1} - 4$의 그래프와 직선 $y = x$에 대하여 대칭이다.

⑤ 그래프가 $y = \log_{\frac{1}{3}}(6x + 24)$의 그래프와 x축에 대하여 대칭이다.

09 함수 $y=\log_a x+k\ (a>1)$의 그래프와 그 역함수의 그래프가 두 점 A, B에서 만난다. 두 점 A, B의 x좌표가 각각 1, 2라 할 때, 상수 a, k에 대하여 $a+k$의 값을 구하시오.

10 $1<a<b$인 두 실수 a, b에 대하여 **보기**에서 옳은 것만을 있는 대로 고르시오.

> **보기**
> ㄱ. $\log_b a<\log_a b$
> ㄴ. $\dfrac{1}{a}\log a<\dfrac{1}{b}\log b$
> ㄷ. $2\log (a+b)<\log (2a^2+2b^2)$

11 정의역이 $\left\{x\,\middle|\,\dfrac{1}{10}\le x\le 10\sqrt{10}\right\}$인 함수 $y=(\log x)(\log_{\frac{1}{10}} x)+2\log x+3$의 최댓값과 최솟값의 합을 구하시오.

12 두 함수 $y=\log_5 (x-1)$, $y=\log_5 \dfrac{1}{-(x+1)}$의 그래프와 직선 $y=k$의 교점을 각각 P, Q라 할때, 선분 PQ의 길이의 최솟값을 구하시오.

S·T·E·P 2 실력 다지기

13 점 (x, y)가 직선 $x+y=2$ 위의 점일 때, $-3^{2x}-3^{2y}+3^{x+1}+3^{y+1}+2$의 최댓값을 구하시오.

14 두 함수 $f(x)=2\log_5 x-1$, $g(x)=x^2-4x+a+2$에 대하여 $1\leq x\leq 25$에서 합성함수 $(g\circ f)(x)$의 최댓값이 6이다. 이때 실수 a의 값을 구하시오.

15 직선 $y=k$가 두 곡선 $y=\log_4 (x+2)$, $y=\log_2 (x+8)-2$와 만나는 점을 각각 A_k, B_k라 하자. 선분 A_kB_k의 길이가 $k=a$에서 최솟값 b를 가질 때, $a+b$의 값을 구하시오.

(단, k는 실수이다.)

교육청 기출

16 상수 k에 대하여 그림과 같이 직선 $x=k\,(k>1)$이 두 함수 $y=\log_2 x$, $y=\log_a x\,(a>2)$의 그래프와 만나는 점을 각각 A, B라 하고, 점 B를 지나고 x축에 평행한 직선이 함수 $y=\log_2 x$의 그래프와 만나는 점을 C라 하자. 함수 $y=\log_2 x$의 그래프가 x축과 만나는 점을 D라 할 때, 삼각형 ACB와 삼각형 BCD의 넓이의 비는 $3:2$이다. 상수 a의 값은?

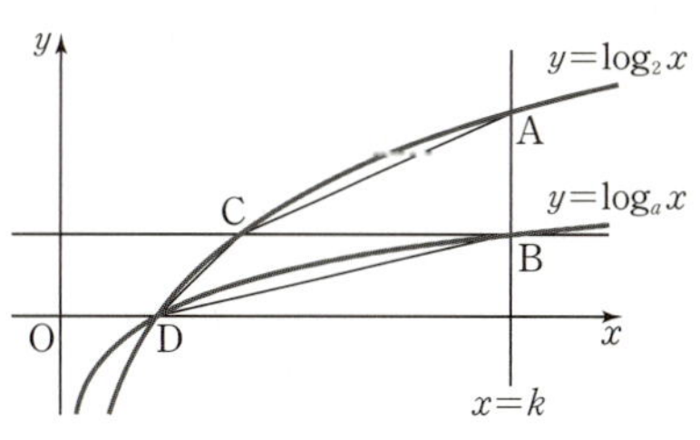

① $2\sqrt{2}$ ② 4   ③ $4\sqrt{2}$ ④ 8   ⑤ $8\sqrt{2}$

중단원 연습문제

17 함수 $y=|\log x|$의 그래프와 직선 l이 제1사분면의 세 점에서 만난다. 세 교점의 x좌표가 각각 α, β, γ이고 $\alpha:\beta:\gamma=1:3:5$일 때, $\alpha+\beta+\gamma$의 값을 구하시오.

18 그림과 같이 1보다 큰 상수 a에 대하여 직선 $y=-x+10$이 두 곡선 $y=a^x$, $y=\log_a x$와 만나는 점을 각각 A, B라 하자. 삼각형 AOB의 넓이가 25일 때, a^5의 값을 구하시오.
(단, O는 원점이고, 점 A의 x좌표는 점 B의 x좌표보다 작다.)

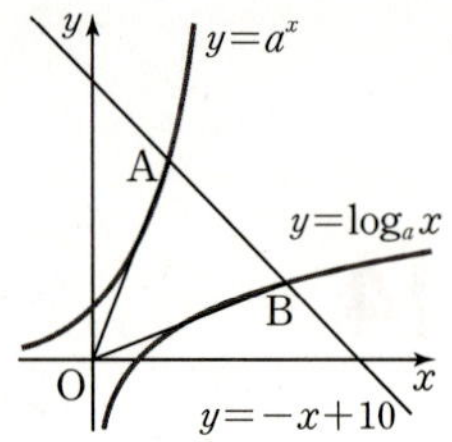

🧪 challenge

19 함수 $y=\log_3\left(x-\dfrac{a}{2}\right)$의 그래프와 직선 $x=5$가 한 점에서 만나고, 함수 $y=\left|\left(\dfrac{1}{5}\right)^x-a\right|$의 그래프와 직선 $y=5$가 서로 다른 두 점에서 만나도록 하는 a의 값 중 가장 큰 정수와 가장 작은 정수의 합을 구하시오.

🧪 challenge 교육청 기출

20 그림과 같이 기울기가 $\dfrac{1}{3}$인 직선 l이 곡선 $y=\log_4 ax$와 서로 다른 두 점 $A(x_1,\ y_1)$, $B(x_2,\ y_2)$에서 만나고, 곡선 $y=b\times\left(\dfrac{1}{3}\right)^x$이 점 A를 지난다. 점 B를 지나고 직선 l에 수직인 직선이 곡선 $y=b\times\left(\dfrac{1}{3}\right)^x$과 만나는 점을 $C(x_3,\ y_3)$이라 하자. $\overline{AB}=\overline{BC}=\sqrt{10}$일 때, **보기**에서 옳은 것만을 있는 대로 고른 것은?

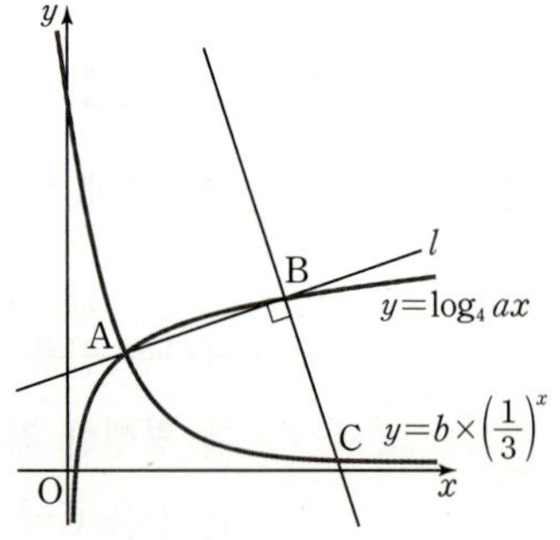

(단, a, b는 양수이고, $x_1<x_2<x_3$이다.)

> **보기**
>
> ㄱ. $x_2-x_1=3$ ㄴ. $x_3-x_1=2(y_1-y_3)$ ㄷ. $a^2=4^b$

① ㄱ ② ㄱ, ㄴ ③ ㄱ, ㄷ ④ ㄴ, ㄷ ⑤ ㄱ, ㄴ, ㄷ

04

지수함수와
로그함수의 활용

01 지수방정식과 지수부등식

02 로그방정식과 로그부등식

01 지수방정식과 지수부등식

지수방정식의 풀이	(1) 밑을 같게 할 수 있는 경우: 주어진 방정식을 $a^{f(x)}=a^{g(x)}$ $(a>0,\ a\neq 1)$ 꼴로 변형한 후 다음을 이용한다. $$a^{f(x)}=a^{g(x)} \Longleftrightarrow f(x)=g(x)$$ (2) a^x 꼴이 반복되는 경우: $a^x=t$로 치환한 후 t에 대한 방정식을 푼다. 이때 $a^x>0$이므로 $t>0$임에 주의한다. (3) 지수가 같은 경우: 밑이 같거나 지수가 0임을 이용하여 푼다. $$a^{f(x)}=b^{f(x)} \Longleftrightarrow a=b \text{ 또는 } f(x)=0 \ (\text{단, } a>0,\ b>0)$$
지수부등식의 풀이	(1) 밑을 같게 할 수 있는 경우: 주어진 부등식을 $a^{f(x)}<a^{g(x)}$ $(a>0,\ a\neq 1)$ 꼴로 변형한 후 다음을 이용한다. (ⅰ) $a>1$일 때, $a^{f(x)}<a^{g(x)} \Longleftrightarrow f(x)<g(x)$ (ⅱ) $0<a<1$일 때, $a^{f(x)}<a^{g(x)} \Longleftrightarrow f(x)>g(x)$ (2) a^x 꼴이 반복되는 경우: $a^x=t$로 치환한 후 t에 대한 부등식을 푼다. 이때 $a^x>0$이므로 $t>0$임에 주의한다.

02 로그방정식과 로그부등식

로그방정식의 풀이	(1) 밑을 같게 할 수 있는 경우: 주어진 방정식을 $\log_a f(x)=\log_a g(x)$ $(a>0,\ a\neq 1,\ f(x)>0,\ g(x)>0)$ 꼴로 변형한 후 다음을 이용한다. $$\log_a f(x)=\log_a g(x) \Longleftrightarrow f(x)=g(x)$$ (2) $\log_a x$ 꼴이 반복되는 경우: $\log_a x=t$로 치환한 후 t에 대한 방정식을 푼다. (3) 진수가 같은 경우: 밑이 같거나 진수가 1임을 이용하여 푼다. $$\log_a f(x)=\log_b f(x) \Longleftrightarrow a=b \text{ 또는 } f(x)=1$$ $$(\text{단, } a>0,\ a\neq 1,\ b>0,\ b\neq 1,\ f(x)>0)$$ (4) 지수에 로그가 있는 경우: 양변에 로그를 취하여 푼다.
로그부등식의 풀이	(1) 밑을 같게 할 수 있는 경우: 주어진 부등식을 $\log_a f(x)<\log_a g(x)$ $(a>0,\ a\neq 1,\ f(x)>0,\ g(x)>0)$ 꼴로 변형한 후 다음을 이용한다. (ⅰ) $a>1$일 때, $\log_a f(x)<\log_a g(x) \Longleftrightarrow f(x)<g(x)$ (ⅱ) $0<a<1$일 때, $\log_a f(x)<\log_a g(x) \Longleftrightarrow f(x)>g(x)$ (2) $\log_a x$ 꼴이 반복되는 경우: $\log_a x=t$로 치환한 후 t에 대한 부등식을 푼다. (3) 지수에 로그가 있는 경우: 양변에 로그를 취하여 푼다.

01 지수방정식과 지수부등식

1 지수방정식의 풀이

(1) 지수방정식: 지수에 미지수가 있는 방정식

(2) 지수방정식의 풀이

① 밑을 같게 할 수 있는 경우

➡ 주어진 방정식을 $a^{f(x)}=a^{g(x)}$ $(a>0,\ a\neq1)$ 꼴로 변형한 후 다음을 이용한다.
$$a^{f(x)}=a^{g(x)} \Longleftrightarrow f(x)=g(x)$$

② a^x 꼴이 반복되는 경우

➡ $a^x=t$로 치환한 후 t에 대한 방정식을 푼다. 이때 $a^x>0$이므로 $t>0$임에 주의한다.

③ 지수가 같은 경우

➡ 밑이 같거나 지수가 0임을 이용하여 푼다.
$$a^{f(x)}=b^{f(x)} \Longleftrightarrow a=b \text{ 또는 } f(x)=0 \ (\text{단},\ a>0,\ b>0)$$

$2^{x-1}=4$, $3^{x+2}=9^{2x}$과 같이 지수에 미지수가 있는 방정식을 **지수방정식**이라 한다.

지수방정식은 다음과 같은 지수함수의 성질을 이용하여 풀 수 있다.

이차방정식, 삼차방정식 등은 함수의 성질을 몰라도 인수분해, 근의 공식 등을 이용하여 풀 수 있었다. 하지만 지수방정식, 로그방정식 등은 풀이 도구가 없으므로 두 함수의 그래프의 교점, 함수의 그래프와 직선의 교점 등을 이용하여 해를 구해야 한다. 따라서 함수를 먼저 학습한 후 방정식을 학습한다. 지수부등식, 로그부등식, 06. 삼각함수의 그래프 단원에서 학습할 삼각방정식, 삼각부등식도 마찬가지이다.

지수함수 $y=a^x$ $(a>0, a\neq1)$은 실수 전체의 집합에서 양의 실수 전체의 집합으로의 일대일대응이므로 임의의 양수 k에 대하여 지수방정식 $a^x=k$는 단 한 개의 해를 갖는다.

이때 이 방정식의 해는 지수함수 $y=a^x$의 그래프와 직선 $y=k$의 교점의 x좌표와 같다.

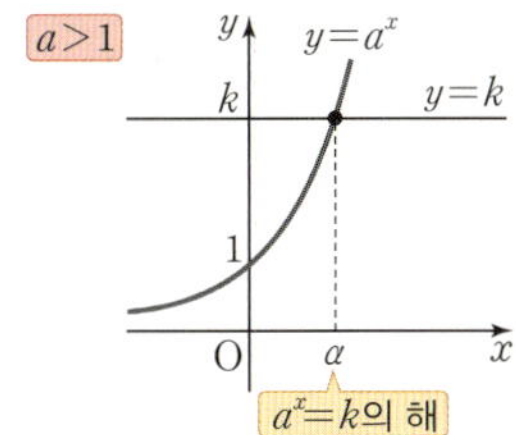

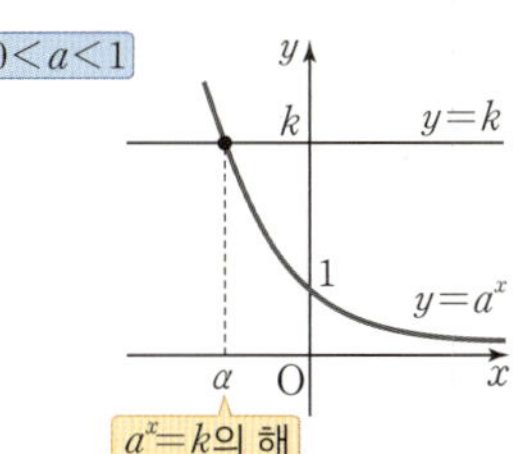

따라서 지수방정식은 다음 성질을 이용하여 풀 수 있다.

$a>0$, $a\neq1$일 때, $a^{x_1}=a^{x_2} \Longleftrightarrow x_1=x_2$

example
(1) 방정식 $2^x=2^5$은 지수방정식이고 해는 $x=5$이다.
(2) 방정식 $\left(\dfrac{1}{3}\right)^x=\left(\dfrac{1}{3}\right)^2$은 지수방정식이고 해는 $x=2$이다.

지수방정식은 밑이나 지수를 같게 하거나 치환을 하는 경우로 나누어 풀 수 있다.

(1) 밑을 같게 할 수 있는 경우

밑을 같게 할 수 있는 지수방정식은 밑을 같게 한 다음 지수를 비교한다.

즉, 주어진 방정식을 $a^{f(x)}=a^{g(x)}$ $(a>0,\ a\neq1)$ 꼴로 변형한 후

$$a^{f(x)}=a^{g(x)} \iff f(x)=g(x)$$

임을 이용한다.

> **example**
>
> (1) 방정식 $3^{x+1}=81$에서
>
> $3^{x+1}=3^4,\ x+1=4$ $\therefore x=3$
>
> (2) 방정식 $5^x=\dfrac{1}{25}$에서
>
> $5^x=5^{-2}$ $\therefore x=-2$
>
> (3) 방정식 $2^{3-x}=4^x$에서
>
> $2^{3-x}=2^{2x},\ 3-x=2x$ $\therefore x=1$

(2) a^x 꼴이 반복되는 경우

a^x 꼴이 반복되는 지수방정식은 a^x을 t로 치환하여 t에 대한 방정식을 푼 다음 x의 값을 구한다. 이때 $a^x>0$이므로 $t>0$임에 주의한다.

> **example**
>
> 방정식 $2^{2x}-3\times2^x-4=0$에서
>
> $(2^x)^2-3\times2^x-4=0$
>
> $2^x=t\ (t>0)$으로 놓으면 $t^2-3t-4=0,\ (t+1)(t-4)=0$
>
> $\therefore t=4\ (\because t>0)$ ← 답이 아닌 것에 주의하자. 처음 변수 x로 바꾸어 해를 구해야 한다.
>
> 따라서 $2^x=4$이므로 $2^x=2^2$ $\therefore x=2$

(3) 지수가 같은 경우

지수가 같은 지수방정식은 밑을 비교한다. 이때 주의할 점은 $2^0=3^0=1$과 같이 밑이 달라도 지수가 0이면 등식이 성립하므로 지수가 0인 경우도 고려해야 한다.

즉, 방정식이 $a^{f(x)}=b^{f(x)}$ $(a>0,\ b>0)$ 꼴로 주어지면

$$a^{f(x)}=b^{f(x)} \iff a=b \text{ 또는 } f(x)=0$$

임을 이용한다.

> **example**
>
> (1) 방정식 $(x+4)^{x-1}=2^{x-1}$ (단, $x>-4$)에서
>
> $\underset{\text{밑을 비교}}{x+4=2}$ 또는 $\underset{\text{지수가 0}}{x-1=0}$ $\therefore x=-2$ 또는 $x=1$
>
> (2) 방정식 $2^{3x+2}=5^{3x+2}$에서
>
> $\underset{\text{지수가 0}}{3x+2=0}$ $\therefore x=-\dfrac{2}{3}$

(1) 지수부등식: 지수에 미지수가 있는 부등식

(2) 지수부등식의 풀이

① 밑을 같게 할 수 있는 경우

→ 주어진 부등식을 $a^{f(x)} < a^{g(x)}$ $(a>0,\ a\neq1)$ 꼴로 변형한 후 다음을 이용한다.

  (i) $a>1$일 때, $a^{f(x)} < a^{g(x)} \Longleftrightarrow f(x) < g(x)$

  (ii) $0<a<1$일 때, $a^{f(x)} < a^{g(x)} \Longleftrightarrow f(x) > g(x)$

② a^x 꼴이 반복되는 경우

→ $a^x = t$로 치환한 후 t에 대한 부등식을 푼다.

  이때 $a^x > 0$이므로 $t > 0$임에 주의한다.

$2^{x+1} \leq 8$, $5^{x-3} > 25^x$과 같이 지수에 미지수가 있는 부등식을 **지수부등식**이라 한다.
지수부등식은 밑의 범위에 따른 지수함수의 성질을 이용하여 풀 수 있다.

지수함수 $y=a^x$ $(a>0,\ a\neq1)$에서 $a>1$이면 x의 값이 증가할 때 y의 값도 증가하고, $0<a<1$
이면 x의 값이 증가할 때 y의 값은 감소한다.

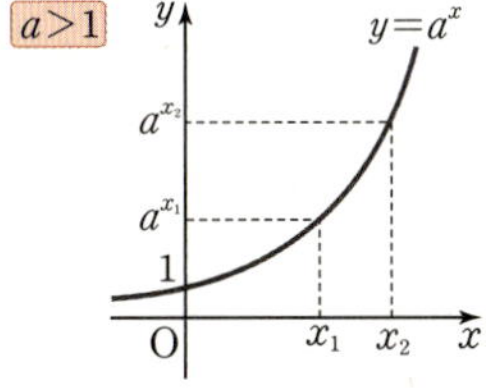

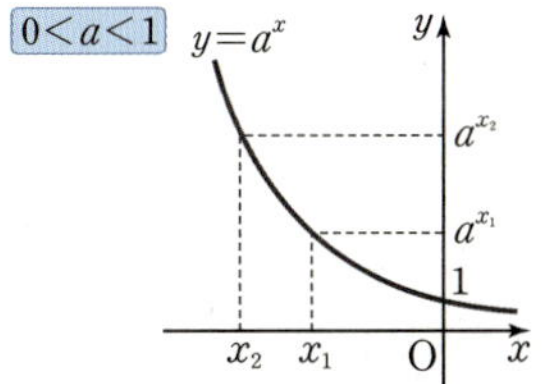

따라서 지수부등식은 다음과 같이 밑이 1보다 큰지 작은지에 따라 부등호의 방향이 달라지는 것
에 주의하면서 풀어야 한다.

$$a>1\text{일 때, } a^{x_1} < a^{x_2} \Longleftrightarrow x_1 < x_2$$
$$0<a<1\text{일 때, } a^{x_1} < a^{x_2} \Longleftrightarrow x_1 > x_2$$

즉, (밑)>1이면 지수의 부등호의 방향은 그대로이고, 0<(밑)<1이면 지수의 부등호의 방향은
반대로 바뀐다.

example

(1) 부등식 $3^x \geq 3^2$은 지수부등식이고

  밑 3이 $3>1$이므로

  해는 $x \geq 2$이다.　← 부등호의 방향이 그대로이다.

(2) 부등식 $\left(\dfrac{1}{2}\right)^x < \left(\dfrac{1}{2}\right)^{-5}$은 지수부등식이고

  밑 $\dfrac{1}{2}$이 $0<\dfrac{1}{2}<1$이므로

  해는 $x > -5$이다.　← 부등호의 방향이 반대로 바뀐다.

지수부등식은 밑을 같게 하거나 치환을 하는 경우로 나누어 풀 수 있다.

(1) 밑을 같게 할 수 있는 경우

밑을 같게 할 수 있는 지수부등식은 지수방정식과 마찬가지로 밑을 같게 한 다음 지수를 비교한다.
즉, 주어진 부등식을 $a^{f(x)} < a^{g(x)}$ $(a>0,\ a \neq 1)$ 꼴로 변형한 후

    (i) $a>1$일 때, $a^{f(x)} < a^{g(x)} \Longleftrightarrow f(x) < g(x)$　← 부등호의 방향이 그대로이다.

    (ii) $0<a<1$일 때, $a^{f(x)} < a^{g(x)} \Longleftrightarrow f(x) > g(x)$　← 부등호의 방향이 반대로 바뀐다.

임을 이용한다.

example

(1) 부등식 $2^{x+1} > \dfrac{1}{8}$에서 $2^{x+1} > 2^{-3}$

    밑 2가 $2>1$이므로 $x+1 > -3$　∴ $x > -4$

(2) 부등식 $\left(\dfrac{1}{3}\right)^x \leq 81$에서 $\left(\dfrac{1}{3}\right)^x \leq \left(\dfrac{1}{3}\right)^{-4}$

    밑 $\dfrac{1}{3}$이 $0 < \dfrac{1}{3} < 1$이므로 $x \geq -4$

(3) 부등식 $\left(\dfrac{1}{5}\right)^{3x-1} < \left(\dfrac{1}{25}\right)^x$에서 $\left(\dfrac{1}{5}\right)^{3x-1} < \left(\dfrac{1}{5}\right)^{2x}$

    밑 $\dfrac{1}{5}$이 $0 < \dfrac{1}{5} < 1$이므로 $3x-1 > 2x$　∴ $x > 1$

(2) a^x 꼴이 반복되는 경우

a^x 꼴이 반복되는 지수부등식은 지수방정식과 마찬가지로 a^x을 t로 치환하여 t에 대한 부등식을 푼 다음 x의 값을 구한다. 이때 $a^x > 0$이므로 $t > 0$임에 주의한다.

example

(1) 부등식 $3^{2x} - 8 \times 3^x - 9 < 0$에서

    $(3^x)^2 - 8 \times 3^x - 9 < 0$

    $3^x = t\ (t>0)$으로 놓으면 $t^2 - 8t - 9 < 0$

    $(t+1)(t-9) < 0$　∴ $0 < t < 9\ (\because t>0)$

    따라서 $0 < 3^x < 3^2$이고 밑 3이 $3>1$이므로

    $x < 2$

(2) 부등식 $\left(\dfrac{1}{5}\right)^{2x} - 2 \times \left(\dfrac{1}{5}\right)^x - 15 \geq 0$에서

    $\left\{\left(\dfrac{1}{5}\right)^x\right\}^2 - 2 \times \left(\dfrac{1}{5}\right)^x - 15 \geq 0$

    $\left(\dfrac{1}{5}\right)^x = t\ (t>0)$으로 놓으면 $t^2 - 2t - 15 \geq 0$

    $(t+3)(t-5) \geq 0$　∴ $t \geq 5\ (\because t>0)$

    따라서 $\left(\dfrac{1}{5}\right)^x \geq \left(\dfrac{1}{5}\right)^{-1}$이고 밑 $\dfrac{1}{5}$이 $0 < \dfrac{1}{5} < 1$이므로

    $x \leq -1$

빠른 정답 · 460쪽 / 정답과 풀이 · 53쪽

01. 지수방정식과 지수부등식

01 다음 방정식을 푸시오.

(1) $3^{6-x}=9^x$

(2) $\left(\dfrac{1}{5}\right)^{x^2-3}=\left(\dfrac{1}{25}\right)^x$

02 다음 방정식을 푸시오.

(1) $25^x-3\times5^x-10=0$

(2) $4\times\left(\dfrac{1}{2}\right)^{2x}-5\times\left(\dfrac{1}{2}\right)^{x-2}+16=0$

03 다음 방정식을 푸시오.

(1) $(x+2)^x=5^x$ (단, $x>-2$)

(2) $(x+1)^{x-3}=(2x)^{x-3}$ (단, $x>0$)

04 다음 부등식을 푸시오.

(1) $\left(\dfrac{1}{6}\right)^{x+1}\geq36$

(2) $2^{-2x+11}<\left(\dfrac{1}{8}\right)^{3x-6}$

05 다음 부등식을 푸시오.

(1) $25^x-4\times5^x-5>0$

(2) $3\times\left(\dfrac{1}{2}\right)^{2x}-11\times\left(\dfrac{1}{2}\right)^x-4\leq0$

대표 예제 | 01

다음 방정식을 푸시오.

(1) $\left(\dfrac{2}{5}\right)^{2x}=\left(\dfrac{5}{2}\right)^{7x+3}$

(2) $3^{x^2+2x}=9^{\frac{5}{2}x+2}$

바로 접근

밑을 같게 할 수 있는 지수방정식은 다음과 같은 순서로 푼다.

❶ 지수법칙을 이용하여 주어진 방정식의 밑을 같게 한다.

$a^{f(x)}=a^{g(x)}\ (a>0,\ a\neq1)$

❷ 지수함수의 성질을 이용한다.

$a^{f(x)}=a^{g(x)}\Longleftrightarrow f(x)=g(x)$

바른 풀이

(1) $\left(\dfrac{2}{5}\right)^{2x}=\left(\dfrac{5}{2}\right)^{7x+3}$ 에서 밑을 $\dfrac{5}{2}$ 로 같게 변형하면

$\left(\dfrac{5}{2}\right)^{-2x}=\left(\dfrac{5}{2}\right)^{7x+3}$

이므로 $-2x=7x+3$

$9x=-3 \qquad \therefore x=-\dfrac{1}{3}$

(2) $3^{x^2+2x}=9^{\frac{5}{2}x+2}$ 에서 밑을 3으로 같게 변형하면

$3^{x^2+2x}=3^{2\left(\frac{5}{2}x+2\right)}$, $3^{x^2+2x}=3^{5x+4}$

이므로 $x^2+2x=5x+4$, $x^2-3x-4=0$

$(x+1)(x-4)=0 \qquad \therefore x=-1$ 또는 $x=4$

참고 (1)에서 밑을 $\dfrac{2}{5}$ 로 같게 해도 결과는 같고, (2)에서 밑을 9로 해도 결과는 같다.
주어진 방정식에서 계산이 가장 간단한 밑을 적당히 잡으면 된다.

> **정답** (1) $x=-\dfrac{1}{3}$ (2) $x=-1$ 또는 $x=4$

Bible Says

지수방정식을 풀 때는 지수법칙을 이용하여 푼다.

$a>0,\ b>0$ 이고 $x,\ y$ 가 실수일 때,

① $a^xa^y=a^{x+y}$ ② $a^x\div a^y=a^{x-y}$ ③ $(a^x)^y=a^{xy}$ ④ $(ab)^x=a^xb^x$

한 번 **더하기**

01-1 다음 방정식을 푸시오.

(1) $2^{3x^2+12}=8^{5x-2}$

(2) $\left(\dfrac{3}{4}\right)^{2x^3-3x}=\left(\dfrac{4}{3}\right)^{3x^2+x}$

표현 **더하기**

01-2 방정식 $(3^{2x}-81)\left(5^x-\dfrac{1}{125}\right)=0$의 두 실근을 α, β라 할 때, $\alpha^2+\beta^2$의 값을 구하시오.

표현 **더하기**

01-3 x에 대한 방정식 $(\sqrt{2})^{x^2+k}-(2\sqrt{2})^{3x}=0$의 한 근이 -1일 때, 상수 k의 값을 구하시오.

실력 **더하기**

01-4 방정식 $100^{|x|}=\left(\dfrac{1}{10}\right)^{x^2-24}$의 모든 실근의 곱을 구하시오.

대표 예제 | 02

다음 방정식을 푸시오.

(1) $4^x - 2^{x+2} - 60 = 0$

(2) $2^{x+1} = 2^{2-x} - 7$

바로 접근

$p \times a^{2x} + q \times a^x + r = 0$ (p, q, r은 상수, $p \neq 0$) 꼴의 방정식은 다음과 같은 순서로 푼다.

❶ 주어진 방정식을 $a^x = t$로 치환하여 $pt^2 + qt + r = 0$으로 나타낸다.

이때 $a^x > 0$이므로 $t > 0$임에 주의한다.

❷ ❶에서 구한 t에 대한 이차방정식의 양수인 해를 t_1, t_2 ($t_1 \leq t_2$)라 할 때

방정식 $a^x = t_1$ 또는 방정식 $a^x = t_2$의 해를 구한다.

(2) 방정식의 양변에 2^x을 곱한 후 $2^x = t$로 치환한다.

바른 풀이

(1) $4^x - 2^{x+2} - 60 = 0$을 변형하면 $(2^x)^2 - 4 \times 2^x - 60 = 0$

이때 $2^x = t$ $(t > 0)$으로 놓으면

$t^2 - 4t - 60 = 0$, $(t+6)(t-10) = 0$ $\therefore t = 10$ $(\because t > 0)$

따라서 $2^x = 10$에서 $x = \log_2 10$

(2) $2^{x+1} = 2^{2-x} - 7$의 양변에 2^x을 곱하면

$2 \times (2^x)^2 = 4 - 7 \times 2^x$, $2 \times (2^x)^2 + 7 \times 2^x - 4 = 0$

이때 $2^x = t$ $(t > 0)$으로 놓으면

$2t^2 + 7t - 4 = 0$, $(t+4)(2t-1) = 0$ $\therefore t = \dfrac{1}{2}$ $(\because t > 0)$

따라서 $2^x = \dfrac{1}{2}$에서 $x = -1$

정답 (1) $x = \log_2 10$ (2) $x = -1$

Bible Says

방정식 $p \times (a^x)^2 + q \times a^x + r = 0$의 두 실근을 α, β라 하면

$a^x = t$ $(t > 0)$으로 치환한 이차방정식 $pt^2 + qt + r = 0$의 두 실근은 a^α, a^β이다.

이때 이차방정식의 근과 계수의 관계에 의하여 다음과 같이 α, β의 값을 각각 구하지 않아도 $\alpha + \beta$의 값을 알 수 있다.

➡ $a^\alpha \times a^\beta = a^{\alpha+\beta} = \dfrac{r}{p}$, 즉 $\alpha + \beta = \log_a \dfrac{r}{p}$

02-1

다음 방정식을 푸시오.

(1) $\left(\dfrac{1}{9}\right)^x + \left(\dfrac{1}{3}\right)^{x-1} - 18 = 0$

(2) $24 + 5^{1-x} = 5^{x+1}$

02-2

다음 물음에 답하시오.

(1) 방정식 $4^x + 4^{-x} + 2(2^x + 2^{-x}) - 6 = 0$을 푸시오.

(2) 방정식 $a^{2x} - 4 \times a^x + 3 = 0$의 한 근이 $\dfrac{1}{2}$일 때, 상수 a의 값을 구하시오. (단, $a > 1$)

02-3

방정식 $9^x - 3^{x+2} + 3 = 0$의 두 근을 α, β라 할 때, $\alpha + \beta$의 값을 구하시오.

02-4

다음 물음에 답하시오.

(1) x에 대한 방정식 $4^x - 2^{x+3} + a = 0$이 서로 다른 두 실근을 가질 때, 실수 a의 값의 범위를 구하시오.

(2) x에 대한 방정식 $\left(\dfrac{1}{25}\right)^x - a \times \left(\dfrac{1}{5}\right)^x - 3a + 16 = 0$이 서로 다른 두 실근을 가질 때, 실수 a의 값의 범위를 구하시오.

대표 예제 | 03

다음 부등식을 푸시오.

(1) $(1.5)^{x^2-3x} < (2.25)^{2x-3}$

(2) $\left(\dfrac{1}{25}\right)^{x^2-2x} \le \left(\dfrac{1}{125}\right)^x$

바로 접근

밑을 같게 할 수 있는 지수부등식은 다음과 같은 순서로 푼다.

❶ 지수법칙을 이용하여 주어진 부등식의 밑을 같게 한다.

$a^{f(x)} < a^{g(x)}$ $(a>0,\ a\neq1)$

❷ 지수함수의 성질을 이용한다.

(i) $a>1$일 때, $a^{f(x)} < a^{g(x)} \iff f(x) < g(x)$

(ii) $0<a<1$일 때, $a^{f(x)} < a^{g(x)} \iff f(x) > g(x)$

바른 풀이

(1) $(1.5)^{x^2-3x} < (2.25)^{2x-3}$에서 밑을 1.5로 같게 변형하면

$(1.5)^{x^2-3x} < (1.5)^{4x-6}$

밑 1.5가 $1.5>1$이므로 $x^2-3x < 4x-6$

$x^2-7x+6<0,\ (x-1)(x-6)<0$

$\therefore\ 1<x<6$

(2) $\left(\dfrac{1}{25}\right)^{x^2-2x} \le \left(\dfrac{1}{125}\right)^x$에서 밑을 $\dfrac{1}{5}$로 같게 변형하면

$\left(\dfrac{1}{5}\right)^{2x^2-4x} \le \left(\dfrac{1}{5}\right)^{3x}$

밑 $\dfrac{1}{5}$이 $0<\dfrac{1}{5}<1$이므로 $2x^2-4x \ge 3x$

$2x^2-7x \ge 0,\ 2x\left(x-\dfrac{7}{2}\right) \ge 0$

$\therefore\ x\le0$ 또는 $x\ge\dfrac{7}{2}$

정답 (1) $1<x<6$　(2) $x\le0$ 또는 $x\ge\dfrac{7}{2}$

Bible Says

지수부등식의 해를 구할 때 밑의 범위에 따라 부등호의 방향에 주의하고 등호 포함 여부도 놓치지 않도록 하자.

또한 (2)에서 지수법칙을 이용하여 밑을 1보다 큰 수로 만든 후 풀면 부등호의 방향이 바뀌지 않으므로 실수를 줄이는 방법이 될 수 있다.

$\left(\dfrac{1}{25}\right)^{x^2-2x} \le \left(\dfrac{1}{125}\right)^x$에서 $25^{-x^2+2x} \le 125^{-x},\ 5^{-2x^2+4x} \le 5^{-3x}$

$-2x^2+4x \le -3x,\ 2x^2-7x \ge 0,\ 2x\left(x-\dfrac{7}{2}\right) \ge 0$　　$\therefore\ x\le0$ 또는 $x\ge\dfrac{7}{2}$

한 번 더하기

03-1

다음 부등식을 푸시오.

(1) $\left(\dfrac{7}{3}\right)^{x+3} < \left(\dfrac{3}{7}\right)^{x^2-5}$

(2) $\left(\dfrac{1}{6}\right)^{12-x} \geq \left(\dfrac{1}{36}\right)^{x^2-3x}$

표현 더하기

03-2

부등식 $\left(\dfrac{1}{2}\right)^{5x+a} < \sqrt{8^{2x}}$의 해가 $x > -5$일 때, 상수 a의 값을 구하시오.

표현 더하기

03-3

직선 $y = f(x)$와 곡선 $y = g(x)$가 그림과 같을 때,

부등식 $\left(\dfrac{1}{3}\right)^{f(x)} < \left(\dfrac{1}{3}\right)^{g(x)}$의 해를 구하시오.

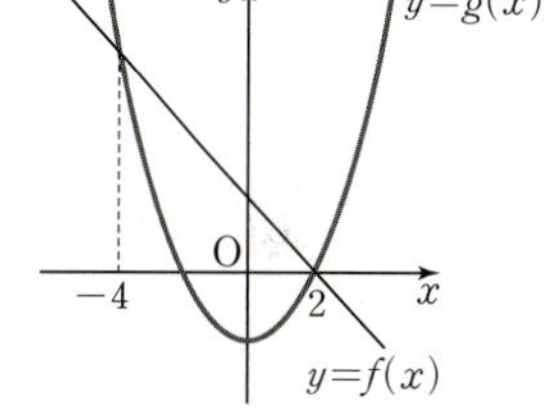

표현 더하기

03-4

부등식 $7^{kx} < \left(\dfrac{1}{49}\right)^{x^2}$을 만족시키는 정수 x의 개수가 2일 때, 모든 자연수 k의 값의 곱을 구하시오.

대표 예제 | 04

다음 부등식을 푸시오.

(1) $\dfrac{2}{4^x}-\dfrac{5}{2^x}-3>0$

(2) $6\times3^x-15\leq3^{2-x}$

바로 접근

$p\times a^{2x}+q\times a^x+r<0$ ($p,\ q,\ r$은 상수, $p\neq0$) 꼴의 부등식은 다음과 같은 순서로 푼다.

❶ 주어진 부등식을 $a^x=t$로 치환하여 $pt^2+qt+r<0$으로 나타낸다.

이때 $a^x>0$이므로 $t>0$임에 주의한다.

❷ ❶에서 구한 t에 대한 이차부등식과 $t>0$을 모두 만족시키는 t의 값의 범위를

$t_1<t<t_2$라 할 때, 부등식 $t_1<a^x<t_2$의 해를 구한다.

(2) 부등식의 양변에 3^x을 곱한 후 $3^x=t$로 치환한다.

바른 풀이

(1) $\dfrac{2}{4^x}-\dfrac{5}{2^x}-3>0$을 변형하면

$$2\times\left(\dfrac{1}{2^x}\right)^2-5\times\dfrac{1}{2^x}-3>0,\ 2\times\left\{\left(\dfrac{1}{2}\right)^x\right\}^2-5\times\left(\dfrac{1}{2}\right)^x-3>0$$

이때 $\left(\dfrac{1}{2}\right)^x=t\ (t>0)$으로 놓으면

$$2t^2-5t-3>0,\ (2t+1)(t-3)>0 \qquad \therefore t>3\ (\because t>0)$$

따라서 $\left(\dfrac{1}{2}\right)^x>3$, 즉 $\left(\dfrac{1}{2}\right)^x>\left(\dfrac{1}{2}\right)^{\log_{\frac{1}{2}}3}$이고 밑 $\dfrac{1}{2}$이 $0<\dfrac{1}{2}<1$이므로

$$x<\log_{\frac{1}{2}}3 \qquad \therefore x<-\log_2 3$$

(2) $6\times3^x-15\leq3^{2-x}$의 양변에 3^x을 곱하면

$$6\times(3^x)^2-15\times3^x\leq9,\ 6\times(3^x)^2-15\times3^x-9\leq0$$

이때 $3^x=t\ (t>0)$으로 놓으면

$$6t^2-15t-9\leq0,\ 3(2t+1)(t-3)\leq0 \qquad \therefore 0<t\leq3\ (\because t>0)$$

따라서 $0<3^x\leq3$이고 밑 3이 $3>1$이므로 $x\leq1$

정답 (1) $x<-\log_2 3$ (2) $x\leq1$

Bible Says

부등식 $p\times(a^x)^2+q\times a^x+r<0$의 해가 $\alpha<x<\beta$이면

$a^x=t\ (t>0)$으로 치환한 이차부등식 $pt^2+qt+r<0$의 해는

$a>1$일 때 $a^\alpha<t<a^\beta$이고 $0<a<1$일 때 $a^\beta<t<a^\alpha$이다.

한 번 더하기

04-1

다음 부등식을 푸시오.

(1) $6^x - (\sqrt{6})^x \leq (\sqrt{6})^{x+2} - 6$

(2) $5^{1-x} + 9 < 2 \times 5^x$

표현 더하기

04-2

부등식 $4^{|x|} - 2^{|x|+4} + 15 \leq 0$을 만족시키는 정수 x의 개수를 구하시오.

표현 더하기

04-3

부등식 $9^x + a \times 3^x + b > 0$의 해가 $x < -1$ 또는 $x > 2$일 때, 상수 a, b에 대하여 ab의 값을 구하시오.

실력 더하기 **교육청 기출**

04-4

x에 대한 부등식

$$\left(\frac{1}{4}\right)^x - (3n+16) \times \left(\frac{1}{2}\right)^x + 48n \leq 0$$

을 만족시키는 정수 x의 개수가 2가 되도록 하는 모든 자연수 n의 개수를 구하시오.

대표 예제 | 05

다음 물음에 답하시오.

(1) 연립방정식 $\begin{cases} 2^x+3^{y-1}=11 \\ 2^{x+1}-3^y=7 \end{cases}$ 의 해를 $x=\alpha$, $y=\beta$라 할 때, $\alpha^2-\beta^2$의 값을 구하시오.

(2) 부등식 $5^{-x}<25\sqrt{5}<\left(\dfrac{1}{5}\right)^{2x-1}$ 의 해가 $\alpha<x<\beta$일 때, $\beta-\alpha$의 값을 구하시오.

바로 접근

(1) 주어진 연립방정식을 $2^x=X$, $3^y=Y$ ($X>0$, $Y>0$)으로 치환하여

$\begin{cases} aX+bY=c \\ a'X+b'Y=c' \end{cases}$ 과 같이 미지수가 2개인 연립일차방정식으로 만든 후 푼다.

(2) 부등식 $A<B<C$는 두 부등식 $A<B$, $B<C$를 하나로 나타낸 것이므로 두 부등식의 공통인 해를 찾는다.

바른 풀이

(1) $\begin{cases} 2^x+3^{y-1}=11 \\ 2^{x+1}-3^y=7 \end{cases}$ 에서 $\begin{cases} 2^x+\dfrac{1}{3}\times 3^y=11 \\ 2\times 2^x-3^y=7 \end{cases}$

$2^x=X$, $3^y=Y$ ($X>0$, $Y>0$)으로 놓으면

$\begin{cases} X+\dfrac{1}{3}Y=11 \\ 2X-Y=7 \end{cases}$

위의 연립방정식을 풀면 $X=8$, $Y=9$

$2^x=8$, $3^y=9$ $\therefore x=3$, $y=2$

따라서 $\alpha=3$, $\beta=2$이므로

$\alpha^2-\beta^2=3^2-2^2=5$

(2) $5^{-x}<25\sqrt{5}<\left(\dfrac{1}{5}\right)^{2x-1}$ 에서

$5^{-x}<5^{\frac{5}{2}}<5^{1-2x}$

밑 5가 $5>1$이므로

(i) $-x<\dfrac{5}{2}$ $\therefore x>-\dfrac{5}{2}$

(ii) $\dfrac{5}{2}<1-2x$ $\therefore x<-\dfrac{3}{4}$

(i), (ii)에서 $-\dfrac{5}{2}<x<-\dfrac{3}{4}$

따라서 $\alpha=-\dfrac{5}{2}$, $\beta=-\dfrac{3}{4}$이므로

$\beta-\alpha=\left(-\dfrac{3}{4}\right)-\left(-\dfrac{5}{2}\right)=\dfrac{7}{4}$

정답 (1) 5 (2) $\dfrac{7}{4}$

Bible Says

연립일차방정식을 풀 때 주어진 두 식에 따라 아래의 두 방법 중 계산이 편리한 방법으로 풀면 된다.

$\begin{cases} X+\dfrac{1}{3}Y=11 & \cdots\cdots ㉠ \\ 2X-Y=7 & \cdots\cdots ㉡ \end{cases}$ 에서

① 두 방정식의 양변에 적당한 수를 곱한 후 변끼리 더하거나 빼서 연립방정식 풀기 (가감법)

㉠×3+㉡을 계산하여 X의 값을 구한 후, 구한 X의 값을 ㉡에 대입하여 Y의 값을 구한다.

② 대입을 이용하여 연립방정식 풀기 (대입법)

㉡에서 $Y=2X-7$이므로 이를 ㉠에 대입하여 X의 값을 구한 후, 구한 X의 값을 $Y=2X-7$에 대입하여 Y의 값을 구한다.

한번 더하기

05-1 다음 물음에 답하시오.

(1) 연립방정식 $\begin{cases} 3^x + (\sqrt{5})^{2y+2} = 8 \\ -3^{x-1} + 2 \times 5^y = 1 \end{cases}$ 의 해를 $x=\alpha$, $y=\beta$라 할 때, $\alpha+\beta$의 값을 구하시오.

(2) 부등식 $\left(\dfrac{1}{9\sqrt{3}}\right)^x < 243 < 27^{3-2x}$의 해가 $\alpha < x < \beta$일 때, $\beta-\alpha$의 값을 구하시오.

표현 더하기

05-2 연립방정식 $\begin{cases} \left(\dfrac{1}{3}\right)^x + \left(\dfrac{1}{3}\right)^y = \dfrac{28}{3} \\ \left(\dfrac{1}{3}\right)^x \times \left(\dfrac{1}{3}\right)^y = 3 \end{cases}$ 의 해를 $x=\alpha$, $y=\beta$라 할 때, $|\alpha-\beta|$의 값을 구하시오.

표현 더하기

05-3 연립부등식 $\begin{cases} \dfrac{1}{64} \leq \left(\dfrac{1}{8}\right)^{x-3} \\ \left(\dfrac{1}{7}\right)^x < \sqrt[3]{7^5} \times 7^x \end{cases}$ 을 만족시키는 정수 x의 개수를 구하시오.

표현 더하기

05-4 연립부등식 $\begin{cases} 4^{x^2-\frac{1}{2}} > (\sqrt{128})^x \\ \left(\dfrac{1}{36}\right)^x - \left(\dfrac{1}{6}\right)^x < \left(\dfrac{1}{6}\right)^{x-2} - 36 \end{cases}$ 의 해가 $\alpha < x < \beta$일 때, $\alpha\beta$의 값을 구하시오.

대표 예제 | 06

다음 방정식 또는 부등식의 해를 구하시오. (단, $x>0$)

(1) $x^{x+3}=x^{-x+7}$

(2) $(x+8)^{x-2}=(3x)^{x-2}$

(3) $x^{x^2-16}>x^{6x}$

바로 접근

(1) 밑과 지수에 모두 미지수가 있는 지수방정식 $f(x)^{g(x)}=f(x)^{h(x)}$의 해 (단, $f(x)>0$)
밑이 같으므로 밑이 1이거나 지수가 같아야 한다.

  (ⅰ) 방정식 $f(x)=1$의 해

  (ⅱ) 방정식 $g(x)=h(x)$의 해 ⎤ (ⅰ), (ⅱ)에서 구한 해의 합집합

(2) 밑과 지수에 모두 미지수가 있는 지수방정식 $f(x)^{h(x)}=g(x)^{h(x)}$의 해 (단, $f(x)>0,\ g(x)>0$)
지수가 같으므로 밑이 같거나 지수가 0이어야 한다.

  (ⅰ) 방정식 $f(x)=g(x)$의 해

  (ⅱ) 방정식 $h(x)=0$의 해 ⎤ (ⅰ), (ⅱ)에서 구한 해의 합집합

(3) 밑과 지수에 모두 미지수가 있는 지수부등식 $f(x)^{g(x)}>f(x)^{h(x)}$의 해 (단, $f(x)>0$)

밑의 범위에 따라 부등식의 방향이 바뀌므로 밑의 범위를 나누어 부등식을 푼다.

  (ⅰ) $f(x)>1$일 때 부등식 $g(x)>h(x)$의 해

  (ⅱ) $f(x)=1$일 때 주어진 부등식은 성립하지 않는다. ⎤ (ⅰ), (ⅱ), (ⅲ)에서 구한 해의 합집합

  (ⅲ) $0<f(x)<1$일 때 부등식 $g(x)<h(x)$의 해

바른 풀이

(1)(ⅰ) 밑이 1일 때, $x=1$이면 주어진 방정식은 $1^4=1^6$이므로 등식이 성립한다.

  (ⅱ) 지수가 같을 때, $x+3=-x+7,\ 2x=4$ $\therefore x=2$

  (ⅰ), (ⅱ)에서 구하는 방정식의 해는 $x=1$ 또는 $x=2$

(2)(ⅰ) 밑이 같을 때, $x+8=3x$ $\therefore x=4$

  (ⅱ) 지수가 0일 때, $x-2=0$ $\therefore x=2$

    즉, 주어진 방정식은 $10^0=6^0$이므로 등식이 성립한다.

  (ⅰ), (ⅱ)에서 구하는 방정식의 해는 $x=2$ 또는 $x=4$

(3)(ⅰ) $x>1$일 때, $x^2-16>6x,\ x^2-6x-16>0$

    $(x+2)(x-8)>0$ $\therefore x<-2$ 또는 $x>8$

    그런데 $x>1$이므로 $x>8$

  (ⅱ) $x=1$일 때, (좌변)$=1$, (우변)$=1$이므로 주어진 부등식은 성립하지 않는다.

  (ⅲ) $0<x<1$일 때, $x^2-16<6x,\ x^2-6x-16<0$

    $(x+2)(x-8)<0$ $\therefore -2<x<8$

    그런데 $0<x<1$이므로 $0<x<1$

  (ⅰ), (ⅱ), (ⅲ)에서 구하는 부등식의 해는 $0<x<1$ 또는 $x>8$

정답 (1) $x=1$ 또는 $x=2$ (2) $x=2$ 또는 $x=4$ (3) $0<x<1$ 또는 $x>8$

Bible Says

① 밑과 지수에 모두 미지수가 있는 지수방정식 ➡ 밑과 지수를 각각 비교한다.

② 밑과 지수에 모두 미지수가 있는 지수부등식 ➡ 밑의 범위를 나누어 푼다.

한 번 더하기

06-1 다음 방정식 또는 부등식의 해를 구하시오. (단, $x>0$)

(1) $x^{-2x+5}=x^{x-10}$

(2) $(2x+6)^{1-2x}=(5x)^{1-2x}$

(3) $x^{4x-7}>x^{x^2-3x+5}$

표현 더하기

06-2 다음 물음에 답하시오.

(1) 방정식 $(x+7)^{x^2}=(x+7)^{x+20}$의 해를 구하시오. (단, $x>-7$)

(2) 방정식 $(x^2-5x+7)^{2x-5}=1$의 모든 근의 곱을 구하시오.

표현 더하기

06-3 부등식 $(x+2)^{x^2+5}\geq(x+2)^{-4x+1}$의 해를 구하시오. (단, $x>-2$)

실력 더하기

06-4 부등식 $(x^2-10x+25)^{x-5}<1$의 해의 집합을 S라 할 때, 다음 중 집합 S의 원소가 <u>아닌</u> 것은? (단, $x\neq5$)

① $\dfrac{1}{2}$　　② $\dfrac{10}{3}$　　③ $\dfrac{9}{2}$　　④ $\dfrac{16}{3}$　　⑤ $\dfrac{23}{4}$

대표 예제 07

모든 실수 x에 대하여 다음 부등식이 성립하도록 하는 실수 k의 값의 범위를 구하시오.

(1) $2^{2x-1}-3\times 2^x+k\geq 0$

(2) $\left(\dfrac{1}{2}\right)^{2x}+\left(\dfrac{1}{2}\right)^{x-2}+k+3\geq 0$

바로 접근

모든 실수 x에 대하여 부등식 $p\times a^{2x}+q\times a^x+r\geq 0$이 성립할 조건은 다음과 같은 순서로 푼다.

(단, p, q, r은 상수이고, $p>0$)

❶ 주어진 부등식을 $a^x=t$로 치환하여 $pt^2+qt+r\geq 0$으로 나타낸다.

이때 $a^x>0$이므로 $t>0$임에 주의한다.

❷ $f(t)=pt^2+qt+r$이라 할 때 $t>0$인 모든 실수 t에 대하여 부등식 $f(t)\geq 0$이 성립한다.

$\iff t>0$에서 함수 $y=f(t)$의 그래프가 t축에 있거나 t축보다 위쪽에 있다.

$\iff$ 함수 $y=f(t)$의 그래프의 대칭축을 직선 $t=\alpha$라 할 때,

$\alpha<0$이면 $f(0)\geq 0$이고, $\alpha>0$이면 $f(\alpha)\geq 0$이다.

바른 풀이

(1) $2^{2x-1}-3\times 2^x+k\geq 0$을 변형하면 $\dfrac{1}{2}\times(2^x)^2-3\times 2^x+k\geq 0$

이때 $2^x=t\ (t>0)$으로 놓으면 $\dfrac{1}{2}t^2-3t+k\geq 0$

$f(t)=\dfrac{1}{2}t^2-3t+k$라 하면 $f(t)=\dfrac{1}{2}(t-3)^2+k-\dfrac{9}{2}$

따라서 부등식 $f(t)\geq 0$이 $t>0$인 모든 실수 t에 대하여

성립하려면 $f(3)\geq 0$이어야 하므로 $k-\dfrac{9}{2}\geq 0$ $\quad\therefore k\geq\dfrac{9}{2}$

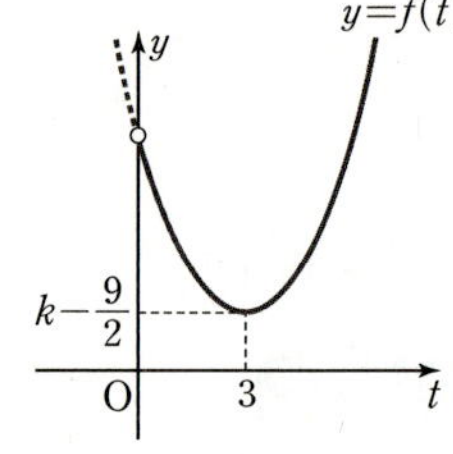

(2) $\left(\dfrac{1}{2}\right)^{2x}+\left(\dfrac{1}{2}\right)^{x-2}+k+3\geq 0$을 변형하면

$\left\{\left(\dfrac{1}{2}\right)^x\right\}^2+4\times\left(\dfrac{1}{2}\right)^x+k+3\geq 0$

이때 $\left(\dfrac{1}{2}\right)^x=t\ (t>0)$으로 놓으면 $t^2+4t+k+3\geq 0$

$f(t)=t^2+4t+k+3$이라 하면 $f(t)=(t+2)^2+k-1$

따라서 부등식 $f(t)\geq 0$이 $t>0$인 모든 실수 t에 대하여

성립하려면 $f(0)\geq 0$이어야 하므로 $k+3\geq 0$ $\quad\therefore k\geq -3$

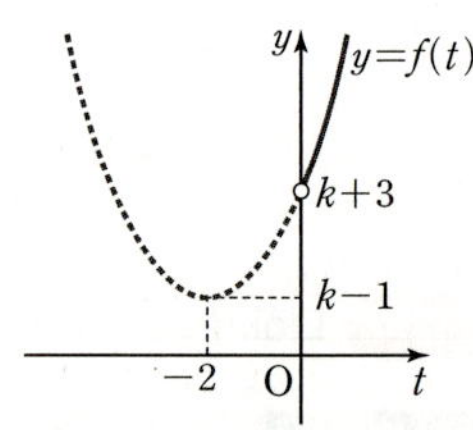

정답 (1) $k\geq\dfrac{9}{2}$ (2) $k\geq -3$

Bible Says

모든 실수 x에 대하여 $ax^2+bx+c>0$이 항상 성립한다.

$\iff$ 함수 $y=ax^2+bx+c$의 그래프가 x축보다 위쪽에 있다.

$\iff a>0$, $b^2-4ac<0$

$\iff (ax^2+bx+c$의 최솟값$)>0$

한 번 더하기

07-1 모든 실수 x에 대하여 다음 부등식이 성립하도록 하는 실수 k의 값의 범위를 구하시오.

(1) $\left(\dfrac{1}{9}\right)^{x} - \left(\dfrac{1}{3}\right)^{x-2} + k + 1 > 0$

(2) $\left(\dfrac{1}{4}\right)^{x-1} + \left(\dfrac{1}{2}\right)^{x-3} \geq k - 5$

표현 더하기

07-2 $x \leq 0$인 모든 실수 x에 대하여 부등식 $\left(\dfrac{1}{16}\right)^{x} - \left(\dfrac{1}{4}\right)^{x+1} \geq k$가 성립하도록 하는 실수 k의 최 댓값을 구하시오.

표현 더하기

07-3 모든 실수 x에 대하여 부등식 $9^{x} + 9^{-x} \geq k - 2(3^{x} + 3^{-x})$이 성립하도록 하는 실수 k의 최댓 값을 구하시오.

실력 더하기

07-4 모든 실수 x에 대하여 부등식 $2^{2x} - a \times 2^{x+1} + 6 - a > 0$이 성립할 때, 실수 a의 값의 범위를 구하시오.

대표 예제 | 08

어느 호수의 수면에서 빛의 세기를 I_0 W/m² $(I_0 > 0)$, 수심이 x m인 곳에서 빛의 세기를 I W/m²라 하면

$$I = I_0 \left(\frac{1}{2}\right)^{\frac{x}{4}}$$

이라고 한다. 빛의 세기가 수면에서의 빛의 세기의 $\frac{1}{32}$이 되는 곳의 수심은 k m이다. 상수 k의 값을 구하시오.

바로 접근 실생활에서 일정한 비율로 증가하거나 감소하는 관계를 나타내는 지수함수가 주어졌을 때, 주어진 조건을 올바른 위치에 대입하여 문제를 해결한다.

바른 풀이 빛의 세기가 수면에서의 빛의 세기 I_0의 $\frac{1}{32}$이 되는 곳의 수심이 k m이므로

$\dfrac{1}{32} I_0 = I_0 \left(\dfrac{1}{2}\right)^{\frac{k}{4}}$에서

$\dfrac{1}{32} = \left(\dfrac{1}{2}\right)^{\frac{k}{4}}$ $(\because I_0 > 0)$

$\left(\dfrac{1}{2}\right)^5 = \left(\dfrac{1}{2}\right)^{\frac{k}{4}}$

$5 = \dfrac{k}{4}$

$\therefore k = 20$

정답 20

Bible Says

위의 문제와 같이 식이 주어진 경우도 있지만 문제를 읽고 직접 식을 세워야 하는 경우도 있다.

예를 들어 위의 문제가 아래와 같이 제시될 수도 있다.

어느 호수에서 빛의 세기가 수심 4 m마다 그 양이 반으로 줄어든다고 한다. 이 호수의 수면에서의 빛의 세기의 $\frac{1}{32}$이 되는 곳의 수심을 k m라 할 때, 상수 k의 값을 구하시오.

$$I = I_0 \left(\frac{1}{2}\right)^{\frac{x}{4}}$$

한번 더하기

08-1

어느 지역에서 해발 h m인 곳의 기압 P hPa은

$$P=1000\times 2^{-\frac{h}{a}} \ (a는 \ 상수)$$

로 나타내어진다고 한다. 이 지역에서 해발 2500 m인 곳의 기압이 $500\sqrt{2}$ hPa일 때, 해발 10000 m인 곳의 기압은 몇 hPa인지 구하시오.

(단, hPa은 기압을 나타내는 단위로 '헥토파스칼'이라 읽는다.)

표현 더하기 · 교육청 기출

08-2

최대 충전 용량이 Q_0 $(Q_0>0)$인 어떤 배터리를 완전히 방전시킨 후 t시간 동안 충전한 배터리의 충전 용량을 $Q(t)$라 할 때, 다음 식이 성립한다고 한다.

$$Q(t)=Q_0(1-2^{-\frac{t}{a}}) \ (단, \ a는 \ 양의 \ 상수이다.)$$

$\dfrac{Q(4)}{Q(2)}=\dfrac{3}{2}$일 때, a의 값은? (단, 배터리의 충전 용량의 단위는 mAh이다.)

① $\dfrac{3}{2}$　　② 2　　③ $\dfrac{5}{2}$　　④ 3　　⑤ $\dfrac{7}{2}$

표현 더하기

08-3

어느 배양기에 들어 있는 유산균 한 마리는 x시간 후 a^x마리로 증식된다고 한다. 처음 25마리였던 유산균이 3시간 후 50마리가 된다고 할 때, 이 배양기에서 50마리의 유산균이 3200마리가 되는 데 걸리는 시간을 구하시오.

표현 더하기

08-4

어느 의류 할인 매장에서는 이월 상품의 거래 가격을 정할 때, 이 매장에서 이월 상품을 최초 구매한 시점에서 1년이 지날 때마다 20 %씩 낮추어 정한다고 한다. 최초 구매 가격이 250만 원인 어떤 옷의 가격을 102만 4천 원 이하로 정했을 때, 이 매장에서 이 옷을 구매한 지 최소 몇 년이 되었는지 구하시오.

로그방정식과 로그부등식

(1) 로그방정식: 로그의 진수 또는 밑에 미지수가 있는 방정식

(2) 로그방정식의 풀이

① 밑을 같게 할 수 있는 경우

→ 주어진 방정식을 $\log_a f(x) = \log_a g(x)$ $(a>0,\ a\neq1,\ f(x)>0,\ g(x)>0)$ 꼴로 변형한 후 다음을 이용한다.

$$\log_a f(x) = \log_a g(x) \iff f(x) = g(x)$$

② $\log_a x$ 꼴이 반복되는 경우

→ $\log_a x = t$로 치환한 후 t에 대한 방정식을 푼다.

③ 진수가 같은 경우

→ 밑이 같거나 진수가 1임을 이용하여 푼다.

$$\log_a f(x) = \log_b f(x) \iff a=b \text{ 또는 } f(x)=1$$

$$(\text{단, } a>0,\ a\neq1,\ b>0,\ b\neq1,\ f(x)>0)$$

④ 지수에 로그가 있는 경우

→ 양변에 로그를 취하여 푼다.

$\log_2(x-3)=16$, $\log_3 x + \log_x 3 = 2$와 같이 로그의 진수 또는 밑에 미지수가 있는 방정식을 **로그방정식**이라 한다.

로그방정식은 다음과 같은 로그함수의 성질을 이용하여 풀 수 있다.

로그함수 $y=\log_a x$ $(a>0,\ a\neq1)$은 양의 실수 전체의 집합에서 실수 전체의 집합으로의 일대일 대응이므로 임의의 실수 k에 대하여 로그방정식 $\log_a x = k$는 단 한 개의 해를 갖는다.

이때 이 방정식의 해는 로그함수 $y=\log_a x$의 그래프와 직선 $y=k$의 교점의 x좌표와 같다.

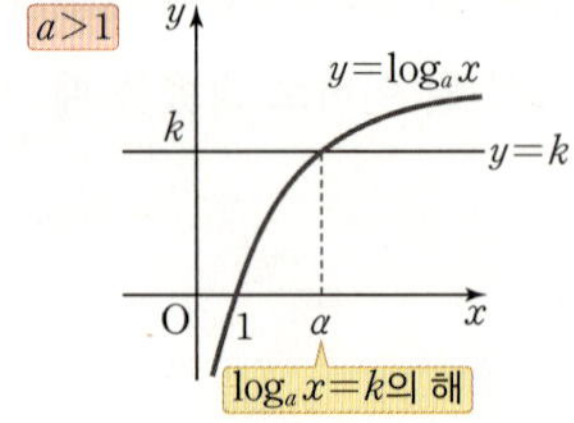

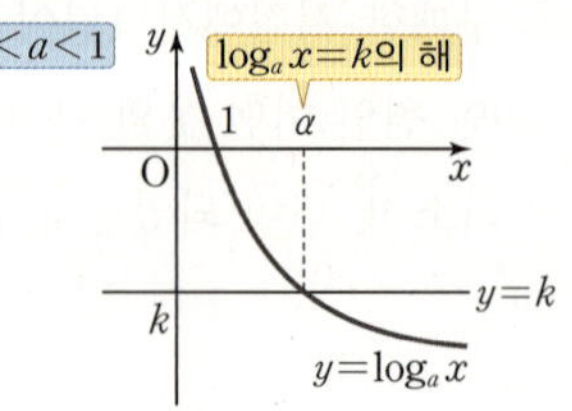

따라서 로그방정식은 다음 성질을 이용하여 풀 수 있다.

$a>0$, $a\neq 1$일 때

① $\log_a x=p \Longleftrightarrow x=a^p$ (단, $x>0$)　← 로그의 정의

② $\log_a x_1=\log_a x_2 \Longleftrightarrow x_1=x_2$ (단, $x_1>0$, $x_2>0$)

한편, 로그방정식을 풀 때는 구한 해가 <u>밑의 조건과 진수의 조건</u>을 만족시키는지 반드시 확인해
야 한다.
(밑)>0, (밑)$\neq 1$, (진수)>0

example

(1) 방정식 $\log_2 x=4$는 로그방정식이고 해는 $x=16$이다.
　　　로그의 정의를 이용하는 경우는 진수의 조건을 항상 만족시키므로
　　　구한 해가 진수의 조건을 만족시키는지 확인하지 않아도 된다.

(2) 방정식 $\log_{\frac{1}{5}} x=\log_{\frac{1}{5}} 25$는 로그방정식이고 해는 $x=25$이다.　← (진수)>0 만족

로그방정식은 다음과 같은 경우로 나누어 풀 수 있다.

(1) 밑을 같게 할 수 있는 경우

밑을 같게 할 수 있는 로그방정식은 밑을 같게 한 다음 진수를 비교한다.

즉, 주어진 방정식을 $\log_a f(x)=\log_a g(x)$ $(a>0,\ a\neq 1,\ f(x)>0,\ g(x)>0)$ 꼴로 변형한 후

$$\log_a f(x)=\log_a g(x) \Longleftrightarrow f(x)=g(x)$$

임을 이용한다.

example

(1) 방정식 $\log_3 x=\log_3 (2x-5)$를 풀면

진수의 조건에서 $x>0$, $2x-5>0$

$\therefore x>\dfrac{5}{2}$　　　　　……㉠

주어진 방정식에서

$x=2x-5$　　$\therefore x=5$　　……㉡

㉠, ㉡에 의하여 구하는 해는 $x=5$

(2) 방정식 $\log_{\frac{1}{2}} (4-x)=2\log_{\frac{1}{4}} x$를 풀면

진수의 조건에서 $4-x>0$, $x>0$

$\therefore 0<x<4$　　　　……㉠

주어진 방정식에서 $\log_{\frac{1}{2}} (4-x)=\log_{\frac{1}{2}} x$

$4-x=x$　　$\therefore x=2$　　……㉡

㉠, ㉡에 의하여 구하는 해는 $x=2$

(3) 방정식 $\log_2 (x-3)=\log_4 (x-1)$을 풀면

진수의 조건에서 $x-3>0$, $x-1>0$

$\therefore x>3$　　　　　　……㉠

주어진 방정식에서 $\log_4 (x-3)^2=\log_4 (x-1)$

$(x-3)^2=x-1$, $x^2-7x+10=0$

$(x-2)(x-5)=0$　　$\therefore x=2$ 또는 $x=5$　　……㉡

㉠, ㉡에 의하여 구하는 해는 $x=5$

(2) $\log_a x$꼴이 반복되는 경우

$\log_a x$ 꼴이 반복되는 로그방정식은 $\log_a x$를 t로 치환하여 t에 대한 방정식을 푼 다음 x의 값을 구한다. ← $\log_a f(x)=t \iff f(x)=a^t$에서 $a^t>0$이므로 $f(x)>0$이다.
즉, 진수의 조건을 항상 만족시키므로 이 경우는 구한 해가 진수의 조건을 만족시키는지 확인하지 않아도 된다.

> **example** 방정식 $(\log_2 x)^2 - 2\log_2 x - 3 = 0$에서
>
> $\log_2 x = t$로 놓으면 $t^2 - 2t - 3 = 0$, $(t+1)(t-3) = 0$
>
> $\therefore t = -1$ 또는 $t = 3$ ← 답이 아닌 것에 주의하자. 처음 변수 x로 바꾸어 해를 구해야 한다.
>
> 따라서 $\log_2 x = -1$ 또는 $\log_2 x = 3$이므로
>
> $x = \dfrac{1}{2}$ 또는 $x = 8$

(3) 진수가 같은 경우

진수가 같은 로그방정식은 밑을 비교한다. 이때 주의할 점은 $\log_2 1 = \log_3 1 = 0$과 같이 밑이 달라도 진수가 1이면 등식이 성립하므로 진수가 1인 경우도 고려해야 한다.

즉, 방정식이 $\log_a f(x) = \log_b f(x)$ $(a>0,\ a\neq 1,\ b>0,\ b\neq 1,\ f(x)>0)$ 꼴로 주어지면

$$\log_a f(x) = \log_b f(x) \iff a=b \text{ 또는 } f(x)=1$$

임을 이용한다.

> **example** 방정식 $\log_x (x-3) = \log_{(2x-5)} (x-3)$을 풀면
>
> 진수의 조건에서 $x-3>0$
>
> 밑의 조건에서 $x>0$, $x\neq 1$, $2x-5>0$, $2x-5\neq 1$
>
> $\therefore x>3$ $\qquad$ …… ㉠
>
> 주어진 방정식에서 $\underset{\text{밑을 비교}}{x=2x-5}$ 또는 $\underset{\text{진수가 1}}{x-3=1}$
>
> $\therefore x=4$ 또는 $x=5$ …… ㉡
>
> ㉠, ㉡에 의하여 구하는 해는
>
> $x=4$ 또는 $x=5$

(4) 지수에 로그가 있는 경우

지수에 $\log_a x$를 포함한 방정식은 양변에 밑이 a인 로그를 취하여 푼다.

> **example** 방정식 $x^{\log_2 x} = 16x^3$에서
>
> 양변에 밑이 2인 로그를 취하면
>
> $\log_2 x^{\log_2 x} = \log_2 16x^3$, $\log_2 x \times \log_2 x = \log_2 16 + \log_2 x^3$
>
> $(\log_2 x)^2 = 4 + 3\log_2 x$ $\quad \therefore (\log_2 x)^2 - 3\log_2 x - 4 = 0$
>
> $\log_2 x = t$로 놓으면 $t^2 - 3t - 4 = 0$, $(t+1)(t-4) = 0$
> (2) $\log_a x$ 꼴이 반복되는 경우와 마찬가지로 진수의 조건을 항상 만족시키므로
> 구한 해가 진수의 조건을 만족시키는지 확인하지 않아도 된다.
>
> $\therefore t = -1$ 또는 $t = 4$
>
> 따라서 $\log_2 x = -1$ 또는 $\log_2 x = 4$이므로
>
> $x = \dfrac{1}{2}$ 또는 $x = 16$

(1) 로그부등식: 로그의 진수 또는 밑에 미지수가 있는 부등식

(2) 로그부등식의 풀이

① 밑을 같게 할 수 있는 경우

➡ 주어진 부등식을 $\log_a f(x) < \log_a g(x)$ $(a>0,\ a\neq 1,\ f(x)>0,\ g(x)>0)$ 꼴로 변형한 후 다음을 이용한다.

(i) $a>1$일 때, $\log_a f(x) < \log_a g(x) \iff f(x) < g(x)$

(ii) $0<a<1$일 때, $\log_a f(x) < \log_a g(x) \iff f(x) > g(x)$

② $\log_a x$ 꼴이 반복되는 경우 ➡ $\log_a x = t$로 치환한 후 t에 대한 부등식을 푼다.

③ 지수에 로그가 있는 경우 ➡ 양변에 로그를 취하여 푼다.

$\log_3 (x+5)<3$, $\log_x 4\geq 2$와 같이 로그의 진수 또는 밑에 미지수가 있는 부등식을 **로그부등식**이라 한다. 로그부등식은 밑의 범위에 따른 로그함수의 성질을 이용하여 풀 수 있다.

로그함수 $y=\log_a x$ $(a>0,\ a\neq 1)$에서 $a>1$이면 x의 값이 증가할 때 y의 값도 증가하고, $0<a<1$이면 x의 값이 증가할 때 y의 값은 감소한다.

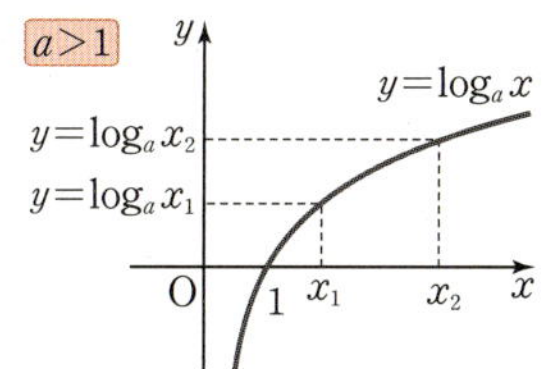

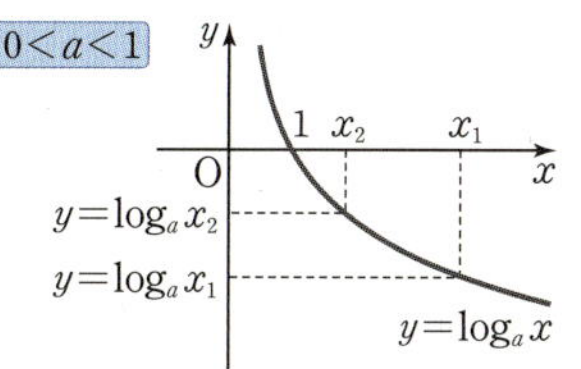

따라서 로그부등식은 다음과 같이 밑이 1보다 큰지 작은지에 따라 부등호의 방향이 달라지는 것에 주의하면서 풀어야 한다.

$$a>1 \text{일 때, } \log_a x_1 < \log_a x_2 \iff x_1 < x_2 \ (\text{단, } x_1>0,\ x_2>0)$$

$$0<a<1 \text{일 때, } \log_a x_1 < \log_a x_2 \iff x_1 > x_2 \ (\text{단, } x_1>0,\ x_2>0)$$

즉, (밑)>1이면 진수의 부등호의 방향은 그대로이고, $0<$(밑)<1이면 진수의 부등호의 방향은 반대로 바뀐다.

또한 로그부등식도 로그방정식과 마찬가지로 구한 해가 밑의 조건과 진수의 조건을 만족시키는지 반드시 확인해야 한다.

example 부등식 $\log_{\frac{1}{3}} x > \log_{\frac{1}{3}} 5$는 로그부등식이고 진수의 조건에서 $x>0$ ······ ㉠

밑 $\frac{1}{3}$이 $0<\frac{1}{3}<1$이므로 $x<5$ ← 부등호의 방향이 반대로 바뀐다. ······ ㉡

㉠, ㉡에 의하여 구하는 해는 $0<x<5$

로그부등식은 다음과 같은 경우로 나누어 풀 수 있다.

(1) 밑을 같게 할 수 있는 경우

밑을 같게 할 수 있는 로그부등식은 로그방정식과 마찬가지로 밑을 같게 한 다음 진수를 비교한다.
즉, 주어진 부등식을 $\log_a f(x) < \log_a g(x)$ $(a>0,\ a\neq1,\ f(x)>0,\ g(x)>0)$ 꼴로 변형한 후

    (i) $a>1$일 때, $\log_a f(x) < \log_a g(x) \iff f(x) < g(x)$

    (ii) $0<a<1$일 때, $\log_a f(x) < \log_a g(x) \iff f(x) > g(x)$

임을 이용한다.

> **example**
>
> 부등식 $\log_5 x > 2\log_5 (x-2)$를 풀면
> 진수의 조건에서 $x>0,\ x-2>0$ $\therefore\ x>2$ ······ ㉠
> 주어진 부등식에서 $\log_5 x > \log_5 (x-2)^2$이고
> 밑 5가 $5>1$이므로 $x>(x-2)^2,\ x>x^2-4x+4$
> $x^2-5x+4<0,\ (x-1)(x-4)<0$ $\therefore\ 1<x<4$ ······ ㉡
> ㉠, ㉡에 의하여 구하는 해는 $2<x<4$

(2) $\log_a x$ 꼴이 반복되는 경우

$\log_a x$ 꼴이 반복되는 로그부등식은 로그방정식과 마찬가지로 $\log_a x$를 t로 치환하여 t에 대한 부등식을 푼 다음 x의 값을 구한다.

> **example**
>
> 부등식 $(\log_3 x)^2 - 5\log_3 x + 6 < 0$을 풀면
> 진수의 조건에서 $x>0$ ······ ㉠
> 주어진 부등식에서 $\log_3 x = t$로 놓으면
> $t^2-5t+6<0,\ (t-2)(t-3)<0$ $\therefore\ 2<t<3$
> 따라서 $2<\log_3 x<3$이고 밑 3이 $3>1$이므로 $9<x<27$ ······ ㉡
> ㉠, ㉡에 의하여 구하는 해는 $9<x<27$

(3) 지수에 로그가 있는 경우

지수에 $\log_a x$를 포함한 부등식은 양변에 밑이 a인 로그를 취하여 푼다. 이때 $a>1$이면 부등호의
방향은 그대로이고 $0<a<1$이면 부등호의 방향은 반대로 바뀐다.

> **example**
>
> 부등식 $x^{\log x} < 100x$를 풀면
> 진수의 조건에서 $x>0$ ······ ㉠
> 주어진 부등식의 양변에 밑이 10인 로그를 취하면   ← 밑 100이 $10>1$이므로 부등호의 방향은 그대로이다.
> $\log x^{\log x} < \log 100x,\ \log x \times \log x < 2+\log x$ $\therefore\ (\log x)^2 - \log x - 2 < 0$
> $\log x = t$로 놓으면 $t^2-t-2<0,\ (t+1)(t-2)<0$ $\therefore\ -1<t<2$
> 따라서 $-1<\log x<2$이고 밑 10이 $10>1$이므로 $\dfrac{1}{10}<x<100$ ······ ㉡
> ㉠, ㉡에 의하여 구하는 해는 $\dfrac{1}{10}<x<100$

01 다음 방정식을 푸시오.

(1) $\log_3 x = 2\log_9 (3x-2)$

(2) $\log_2 (5-x) + \log_2 (1+x) = 3$

02 다음 방정식을 푸시오.

(1) $(\log_3 x)^2 + \log_3 x^3 + 2 = 0$

(2) $(\log_2 x)^2 + 5\log_{\frac{1}{2}} x = -4$

03 다음 방정식을 푸시오.

(1) $\log_{x-1} (4-x) = \log_{2x+3} (4-x)$

(2) $x^{\log_3 x} = \dfrac{1}{9} x^3$

04 다음 부등식을 푸시오.

(1) $\log_6 (x-2) + \log_6 x \leq \log_6 8$

(2) $\log_{\frac{1}{2}} (x+5) > 4\log_{\frac{1}{4}} (x+3)$

05 다음 부등식을 푸시오.

(1) $(\log_2 x)^2 - \log_2 x^6 + 8 \geq 0$

(2) $x^{\log_3 x} < 27x^2$

대표 예제 09

다음 방정식을 푸시오.

(1) $\log_3 (2x+1)=\log_9 (x^2+5)$

(2) $\log_{x+2} \sqrt{x+1}=\log_{x+8} (x+1)$

바로 접근

(1) 밑을 같게 할 수 있는 경우

로그의 성질과 로그의 밑의 변환을 이용하여 주어진 방정식의 밑을 같게 한 후 로그함수의 성질을 이용하여 푼다.

$$\log_a f(x)=\log_a g(x)\ (a>0,\ a\neq1) \iff f(x)=g(x),\ f(x)>0,\ g(x)>0$$

(2) 밑과 진수에 모두 미지수가 있는 경우

$\log_{a(x)} f(x)=\log_{b(x)} f(x)\ (a(x)>0,\ a(x)\neq1,\ b(x)>0,\ b(x)\neq1,\ f(x)>0)$ 꼴의 방정식은 밑이 같거나 진수가 1임을 이용하여 푼다.

$$\log_{a(x)} f(x)=\log_{b(x)} f(x) \iff a(x)=b(x)\ \text{또는}\ f(x)=1$$

바른 풀이

(1) 진수의 조건에서 $2x+1>0,\ x^2+5>0$ $\therefore x>-\dfrac{1}{2}$ $\cdots\cdots$ ㉠

$\log_3 (2x+1)=\log_9 (x^2+5)$에서 $\log_9 (2x+1)^2=\log_9 (x^2+5)$이므로

$(2x+1)^2=x^2+5,\ 4x^2+4x+1=x^2+5$

$3x^2+4x-4=0,\ (x+2)(3x-2)=0$ $\therefore x=-2\ \text{또는}\ x=\dfrac{2}{3}$ $\cdots\cdots$ ㉡

㉠, ㉡에 의하여 구하는 해는 $x=\dfrac{2}{3}$

(2) 밑과 진수의 조건에서 $x+2>0,\ x+2\neq1,\ x+8>0,\ x+8\neq1,\ x+1>0$

$\therefore x>-1$ $\cdots\cdots$ ㉠

$\log_{x+2} \sqrt{x+1}=\log_{x+8} (x+1)$에서 $\log_{(x+2)^2} (x+1)=\log_{x+8} (x+1)$

(i) $(x+2)^2=x+8$일 때, $x^2+4x+4=x+8,\ x^2+3x-4=0$

$(x+4)(x-1)=0$ $\therefore x=-4\ \text{또는}\ x=1$ $\cdots\cdots$ ㉡

㉠, ㉡에 의하여 $x=1$

(ii) $x+1=1$일 때, $x=0$

이때 $x=0$은 ㉠을 만족시킨다.

(i), (ii)에서 구하는 해는 $x=0\ \text{또는}\ x=1$

정답 (1) $x=\dfrac{2}{3}$ (2) $x=0$ 또는 $x=1$

Bible Says

(1)에서 계산이 가장 간단한 밑을 적당히 잡으면 된다.

밑을 3으로 같게 하면

$\log_3 (2x+1)=\log_{3^2} (x^2+5),\ \log_3 (2x+1)=\dfrac{1}{2}\log_3 (x^2+5)$

$2\log_3 (2x+1)=\log_3 (x^2+5),\ \log_3 (2x+1)^2=\log_3 (x^2+5)$

$\therefore (2x+1)^2=x^2+5$

한번 더하기

09-1 다음 방정식을 푸시오.

(1) $\log_{0.04}(x-1)=\log_{\frac{1}{5}}(x-3)$

(2) $\log_2\sqrt{2x+2}=1-\dfrac{1}{2}\log_2(3x-2)$

(3) $\log_{x^2+3}(3x-1)=\log_{x+9}(3x-1)$

표현 더하기

09-2 방정식 $\log_{\sqrt{3}}x-\log_3(2x+3)=\log_3(x-2)$를 푸시오.

표현 더하기

09-3 방정식 $\log_2(x+a)+\log_2(3-x)=5$의 서로 다른 두 실근이 b, -5일 때, $a-b$의 값을 구하시오. (단, a는 상수이다.)

표현 더하기

09-4 방정식 $\log_{x^2-10x+25}(5-x)=\log_9(5-x)$의 해를 $x=\alpha$라 할 때, 5^{α}의 값을 구하시오.

대표 예제 | 10

다음 방정식을 푸시오.

(1) $(\log_4 x)^2 - 2\log_4 x = \log_2 \dfrac{\sqrt{x}}{4}$

(2) $2\log_2 x = \log_x 2x$

바로 접근

$p \times (\log_a x)^2 + q \times \log_a x + r = 0$ (p, q, r은 상수, $p \neq 0$) 꼴의 방정식은 다음과 같은 순서로 푼다.

❶ 주어진 방정식을 $\log_a x = t$로 치환하여 $pt^2 + qt + r = 0$으로 나타낸다.

❷ ❶에서 구한 t에 대한 이차방정식의 해를 t_1, t_2 ($t_1 \leq t_2$)라 할 때
방정식 $\log_a x = t_1$ 또는 방정식 $\log_a x = t_2$의 해를 구한다.

(2) 로그의 밑의 변환 공식을 이용하여 밑을 2로 같게 한 후 $\log_2 x = t$로 치환한다.

바른 풀이

(1) $(\log_4 x)^2 - 2\log_4 x = \log_2 \dfrac{\sqrt{x}}{4}$를 변형하면

$(\log_4 x)^2 - 2\log_4 x = \log_4 x - 2 \qquad \therefore (\log_4 x)^2 - 3\log_4 x + 2 = 0$

이때 $\log_4 x = t$로 놓으면

$t^2 - 3t + 2 = 0$, $(t-1)(t-2) = 0 \qquad \therefore t = 1$ 또는 $t = 2$

따라서 $\log_4 x = 1$ 또는 $\log_4 x = 2$이므로

$x = 4$ 또는 $x = 16$

(2) $2\log_2 x = \log_x 2x$에서 $2\log_2 x = \log_x 2 + 1$이므로 양변에 $\log_2 x$를 곱하면

$2(\log_2 x)^2 = 1 + \log_2 x \qquad \therefore 2(\log_2 x)^2 - \log_2 x - 1 = 0$

이때 $\log_2 x = t$로 놓으면

$2t^2 - t - 1 = 0$, $(2t+1)(t-1) = 0 \qquad \therefore t = -\dfrac{1}{2}$ 또는 $t = 1$

따라서 $\log_2 x = -\dfrac{1}{2}$ 또는 $\log_2 x = 1$이므로

$x = \dfrac{\sqrt{2}}{2}$ 또는 $x = 2$

정답 (1) $x = 4$ 또는 $x = 16$ (2) $x = \dfrac{\sqrt{2}}{2}$ 또는 $x = 2$

Bible Says

① $\log_a f(x) = t \iff f(x) = a^t$에서 $a^t > 0$이므로 $f(x) > 0$이다. 즉, 진수의 조건을 항상 만족시키므로 위의 대표예제에서 구한 해가 진수의 조건을 만족시키는지 확인하지 않아도 된다.

② 방정식 $p \times (\log_a x)^2 + q \times \log_a x + r = 0$의 두 실근을 α, β라 하면
$\log_a x = t$로 치환한 이차방정식 $pt^2 + qt + r = 0$의 두 실근은 $\log_a \alpha$, $\log_a \beta$이다.
이때 이차방정식의 근과 계수의 관계에 의하여 다음과 같이 α, β의 값을 각각 구하지 않아도 $\alpha\beta$의 값을 알 수 있다.

➡ $\log_a \alpha + \log_a \beta = \log_a \alpha\beta = -\dfrac{q}{p}$, 즉 $\alpha\beta = a^{-\frac{q}{p}}$

10-1

다음 방정식을 푸시오.

(1) $\left(\log_{\frac{1}{3}} x + 2\right)\log_3 x = -8$

(2) $\log_x 25x^3 = \log_{\sqrt{5}} x$

10-2

방정식 $2(\log_3 x)^2 - \log_{\frac{1}{3}} x - 6 = 0$의 두 실근을 α, β라 할 때, 다음 식의 값을 구하시오.

(1) $\alpha\beta$

(2) $\log_\alpha \beta + \log_\beta \alpha$

10-3

방정식 $\log_6 x + \dfrac{a}{\log_6 x} - 1 = 0$의 서로 다른 두 실근이 $\dfrac{1}{6}$과 b일 때, $a+b$의 값을 구하시오.

(단, a는 상수이다.)

10-4

다음 물음에 답하시오.

(1) 방정식 $(\log_3 x + 2)^2 - k\log_3 x^2 + 21 = 0$이 서로 다른 두 실근을 갖도록 하는 실수 k의 값의 범위를 구하시오.

(2) 방정식 $(\log_2 x - a)^2 + \log_2 16x^3 - 1 = 0$이 중근을 갖도록 하는 실수 a의 값을 구하시오.

대표 예제 | 11

다음 방정식을 푸시오.

(1) $x^{\log_3 x}=27x^2$

(2) $2^{\log_5 x}\times x^{\log_5 2}-6\times 2^{\log_5 x}+8=0$

바로 접근

$a>0$, $a\neq 1$, $b>0$, $b\neq 1$인 서로 다른 두 상수 a, b에 대하여

(1) $x^{\log_a x}=f(x)$ 꼴의 방정식

양변에 밑이 a인 로그를 취한 후 **대표 예제 | 10** 과 같은 방법으로 푼다.

(2) $a^{\log_b x}$과 $x^{\log_b a}$ 꼴을 포함한 방정식

$a^{\log_b x}=x^{\log_b a}$임을 이용하여 주어진 방정식을 변형한 후 $a^{\log_b x}=t\ (t>0)$으로 치환한다.

바른 풀이

(1) $x^{\log_3 x}=27x^2$의 양변에 밑이 3인 로그를 취하면

$\log_3 x^{\log_3 x}=\log_3 27x^2$, $(\log_3 x)^2=3+2\log_3 x$, $(\log_3 x)^2-2\log_3 x-3=0$

이때 $\log_3 x=t$로 놓으면

$t^2-2t-3=0$, $(t+1)(t-3)=0$ $\therefore t=-1$ 또는 $t=3$

따라서 $\log_3 x=-1$ 또는 $\log_3 x=3$에서

$x=\dfrac{1}{3}$ 또는 $x=27$

(2) $2^{\log_5 x}\times x^{\log_5 2}-6\times 2^{\log_5 x}+8=0$에서 $x^{\log_5 2}=2^{\log_5 x}$이므로

$(2^{\log_5 x})^2-6\times 2^{\log_5 x}+8=0$

이때 $2^{\log_5 x}=t\ (t>0)$으로 놓으면 $t^2-6t+8=0$

$(t-2)(t-4)=0$ $\therefore t=2$ 또는 $t=4$

따라서 $2^{\log_5 x}=2$ 또는 $2^{\log_5 x}=4$에서 $\log_5 x=1$ 또는 $\log_5 x=2$

$\therefore x=5$ 또는 $x=25$

정답 (1) $x=\dfrac{1}{3}$ 또는 $x=27$ (2) $x=5$ 또는 $x=25$

Bible Says

(1) 지수에 밑이 3인 로그가 있으므로 양변에 밑이 3인 로그를 취하는 것이 계산하기 편리하다.

(2) 다음과 같은 로그의 성질이 사용되었다.

a, b, c가 양수이고 $c\neq 1$일 때

$a^{\log_c b}=b^{\log_c a}$

04

한 번 더하기

11-1 다음 방정식을 푸시오.

(1) $10x^{\log x}=\dfrac{1}{1000}x^4$

(2) $8\times7^{\log_6 x}-7=7^{\log_6 x}\times x^{\log_6 7}$

표현 더하기

11-2 방정식 $2^{\log 4x}=3^{\log 9x}$을 푸시오.

표현 더하기

11-3 방정식 $x^{\log_3 x}=81x^2$의 두 실근을 α, β라 할 때, $\alpha\beta$의 값을 구하시오.

표현 더하기

11-4 방정식 $x^{\log_4 x}=\dfrac{x^a}{64}$의 한 근이 64일 때, 다른 실근을 구하시오. (단, a는 상수이다.)

대표 예제 12

다음 부등식을 푸시오.

(1) $\log_3 (x-2)+2\log_9 x \le 3\log_3 2$

(2) $\log_{\frac{1}{4}} (x-2)+\log_{\frac{1}{4}} (x-3) > -\dfrac{1}{2}$

바로 접근

밑을 같게 할 수 있는 로그부등식은 다음과 같은 순서로 푼다.

❶ 로그의 성질을 이용하여 주어진 부등식의 밑을 같게 한다.

$\log_a f(x) < \log_a g(x)\ (a>0,\ a\ne 1)$

❷ 로그함수의 성질을 이용한다.

(i) $a>1$일 때, $\log_a f(x) < \log_a g(x) \Longleftrightarrow f(x) < g(x)$

(ii) $0<a<1$일 때, $\log_a f(x) < \log_a g(x) \Longleftrightarrow f(x) > g(x)$

바른 풀이

(1) 진수의 조건에서 $x-2>0,\ x>0$ $\quad\therefore x>2$ $\qquad$ ······ ㉠

$\log_3 (x-2)+2\log_9 x \le 3\log_3 2$에서

$\log_3 (x-2)+\log_3 x \le \log_3 8,\ \log_3 x(x-2) \le \log_3 8$

밑 3이 $3>1$이므로 $x(x-2) \le 8$

$x^2-2x-8 \le 0,\ (x+2)(x-4) \le 0$ $\quad\therefore -2 \le x \le 4$ $\qquad$ ······ ㉡

㉠, ㉡에 의하여 구하는 해는 $2<x\le 4$

(2) 진수의 조건에서 $x-2>0,\ x-3>0$ $\quad\therefore x>3$ $\qquad$ ······ ㉠

$\log_{\frac{1}{4}} (x-2)+\log_{\frac{1}{4}} (x-3) > -\dfrac{1}{2}$에서 $\log_{\frac{1}{4}} (x-2)(x-3) > \log_{\frac{1}{4}} 2$

밑 $\dfrac{1}{4}$이 $0<\dfrac{1}{4}<1$이므로 $(x-2)(x-3)<2$

$x^2-5x+4<0,\ (x-1)(x-4)<0$ $\quad\therefore 1<x<4$ $\qquad$ ······ ㉡

㉠, ㉡에 의하여 구하는 해는 $3<x<4$

정답 (1) $2<x\le 4$ (2) $3<x<4$

Bible Says

로그부등식의 해를 구할 때 밑의 범위에 따라 부등호의 방향에 주의하고 진수 조건, 등호 포함 여부도 놓치지 않도록 하자.
또한 (2)에서 로그의 성질을 이용하여 밑을 1보다 큰 수로 만든 후 풀면 부등호의 방향이 바뀌지 않으므로 실수를 줄이는
방법이 될 수 있다.

$\log_{\frac{1}{4}} (x-2)+\log_{\frac{1}{4}} (x-3) > -\dfrac{1}{2}$에서 $-\log_4 (x-2)+\{-\log_4 (x-3)\} > -\log_4 2$

$\log_4 (x-2)(x-3) < \log_4 2,\ (x-2)(x-3)<2,\ x^2-5x+4<0$

$(x-1)(x-4)<0$ $\quad\therefore 1<x<4$

한 번 더하기

12-1

다음 부등식을 푸시오.

(1) $\log_2 (x-3) + \log_2 (x+1) < 2 + \log_2 3$

(2) $2\log_{\frac{1}{3}} (x-4) \geq \log_{\frac{1}{3}} (x-2)$

표현 더하기

12-2

다음 물음에 답하시오.

(1) 부등식 $3\log_3 |x-1| \leq 2 - \log_3 \frac{1}{3}$ 을 만족시키는 모든 정수 x의 개수를 구하시오.

(2) 부등식 $\log_{\frac{1}{2}} (\log_{25} x) > 1$을 만족시키는 정수 x의 최댓값을 구하시오.

표현 더하기

12-3

부등식 $\log_{\frac{1}{6}} (x-2) \geq \log_{\frac{1}{6}} \left(\frac{1}{2}x + k \right)$ 를 만족시키는 모든 정수 x의 개수가 8일 때, 자연수 k의 값을 구하시오.

실력 더하기

12-4

부등식 $\log_a (x+2) > \log_a (3-x) + 1$의 해가 $1 < x < 3$일 때, a의 값을 구하시오.

(단, $a > 0$, $a \neq 1$)

대표 예제 13

다음 부등식을 푸시오.

(1) $(\log x)^2 - \log x^2 - 3 \leq 0$

(2) $(\log_2 8x)(\log_{\sqrt{2}} x) > 8$

바로 접근

$p \times (\log_a x)^2 + q \times \log_a x + r < 0$ (p, q, r은 상수, $p \neq 0$) 꼴의 부등식은 다음과 같은 순서로 푼다.

❶ 진수의 조건을 구한다.　←$x > 0$

❷ 주어진 부등식을 $\log_a x = t$로 치환하여 $pt^2 + qt + r < 0$으로 나타낸다.

❸ ❷에서 구한 t에 대한 이차부등식의 해를 $t_1 < t < t_2$라 할 때

부등식 $t_1 < \log_a x < t_2$와 ❶을 모두 만족시키는 해를 구한다.

바른 풀이

(1) 진수의 조건에서 $x > 0$　　　　……㉠

$(\log x)^2 - \log x^2 - 3 \leq 0$에서 $(\log x)^2 - 2\log x - 3 \leq 0$

이때 $\log x = t$로 놓으면 $t^2 - 2t - 3 \leq 0$

$(t+1)(t-3) \leq 0$　　$\therefore -1 \leq t \leq 3$

$-1 \leq \log x \leq 3$에서 $\log \dfrac{1}{10} \leq \log x \leq \log 1000$이고

밑 10이 $10 > 1$이므로 $\dfrac{1}{10} \leq x \leq 1000$　　……㉡

㉠, ㉡에 의하여 구하는 해는 $\dfrac{1}{10} \leq x \leq 1000$

(2) 진수의 조건에서 $x > 0$　　……㉠

$(\log_2 8x)(\log_{\sqrt{2}} x) > 8$에서 $(3 + \log_2 x)(2\log_2 x) > 8$

$(\log_2 x)^2 + 3\log_2 x - 4 > 0$

이때 $\log_2 x = t$로 놓으면 $t^2 + 3t - 4 > 0$

$(t+4)(t-1) > 0$　　$\therefore t < -4$ 또는 $t > 1$

$\log_2 x < -4$ 또는 $\log_2 x > 1$에서 $\log_2 x < \log_2 \dfrac{1}{16}$ 또는 $\log_2 x > \log_2 2$이고

밑 2가 $2 > 1$이므로

$x < \dfrac{1}{16}$ 또는 $x > 2$　　……㉡

㉠, ㉡에 의하여 구하는 해는 $0 < x < \dfrac{1}{16}$ 또는 $x > 2$

정답　(1) $\dfrac{1}{10} \leq x \leq 1000$　(2) $0 < x < \dfrac{1}{16}$ 또는 $x > 2$

Bible Says

부등식 $p \times (\log_a x)^2 + q \times \log_a x + r < 0$의 해가 $\alpha < x < \beta$이면

$\log_a x = t$로 치환한 이차부등식 $pt^2 + qt + r < 0$의 해는

$a > 1$일 때 $\log_a \alpha < t < \log_a \beta$이고, $0 < a < 1$일 때 $\log_a \beta < t < \log_a \alpha$이다.

13-1 다음 부등식을 푸시오.

(1) $(\log_5 5x)^2 - \log_5 x^5 + 1 < 0$

(2) $\log_{\frac{1}{3}} 9x \times \log_{\frac{1}{3}} 27x \geq 2$

13-2 부등식 $(\log_{\frac{1}{2}} x)^2 + a\log_2 x + b < 0$의 해가 $\frac{1}{4} < x < 64$일 때, 상수 a, b에 대하여 $a+b$의 값을 구하시오.

13-3 부등식 $1 + \log_{\frac{1}{4}} x < \log_x \frac{1}{16}$의 해를 구하시오.

13-4 부등식 $\log_2 |x| \times \log_4 4x^2 \leq 30$을 만족시키는 정수 x의 개수를 구하시오.

대표 예제 14

다음 부등식을 푸시오.

(1) $x^{\log_2 x} < 16x^3$

(2) $3^{\log x} \times x^{\log 3} - 4 \times 3^{\log x} + 3 < 0$

바로 접근

$a>0$, $a \neq 1$, $b>0$, $b \neq 1$인 서로 다른 두 상수 a, b에 대하여

(1) $x^{\log_a x} < f(x)$ 꼴의 부등식

양변에 밑이 a인 로그를 취한 후 **대표 예제 13**과 같은 방법으로 푼다.

이때 $a>1$이면 부등호의 방향은 그대로이고, $0<a<1$이면 부등호의 방향이 바뀐다.

(2) $a^{\log_b x}$과 $x^{\log_b a}$ 꼴을 포함한 부등식

$a^{\log_b x} = x^{\log_b a}$임을 이용하여 주어진 부등식을 변형한 후 $a^{\log_b x} = t$ $(t>0)$으로 치환한다.

바른 풀이

(1) 진수의 조건에서 $x>0$ ······ ㉠

$x^{\log_2 x} < 16x^3$의 양변에 밑이 2인 로그를 취하면 ← 밑 2가 $2>1$이므로 부등호의 방향은 그대로이다.

$\log_2 x^{\log_2 x} < \log_2 16x^3$, $(\log_2 x)^2 < 4 + 3\log_2 x$

$(\log_2 x)^2 - 3\log_2 x - 4 < 0$

이때 $\log_2 x = t$로 놓으면 $t^2 - 3t - 4 < 0$

$(t+1)(t-4) < 0$ ∴ $-1 < t < 4$

따라서 $-1 < \log_2 x < 4$에서 $\log_2 \dfrac{1}{2} < \log_2 x < \log_2 16$이고

밑 2가 $2>1$이므로 $\dfrac{1}{2} < x < 16$ ······ ㉡

㉠, ㉡에 의하여 구하는 해는 $\dfrac{1}{2} < x < 16$

(2) 진수의 조건에서 $x>0$ ······ ㉠

$3^{\log x} \times x^{\log 3} - 4 \times 3^{\log x} + 3 < 0$에서 $x^{\log 3} = 3^{\log x}$이므로 $(3^{\log x})^2 - 4 \times 3^{\log x} + 3 < 0$

이때 $3^{\log x} = t$ $(t>0)$으로 놓으면 $t^2 - 4t + 3 < 0$

$(t-1)(t-3) < 0$ ∴ $1 < t < 3$

$t = 3^{\log x}$이므로 $1 < 3^{\log x} < 3$

지수의 밑 3이 $3>1$이므로 $0 < \log x < 1$, $\log 1 < \log x < \log 10$

밑 10이 $10>1$이므로 $1 < x < 10$ ······ ㉡

㉠, ㉡에 의하여 구하는 해는 $1 < x < 10$

정답 (1) $\dfrac{1}{2} < x < 16$ (2) $1 < x < 10$

Bible Says

(1) 지수에 밑이 2인 로그가 있으므로 양변에 밑이 2인 로그를 취하는 것이 계산하기 편리하다.

(2) 다음과 같은 로그의 성질이 사용되었다.

a, b, c가 양수이고 $c \neq 1$일 때

$a^{\log_c b} = b^{\log_c a}$

한 번 더하기

14-1 다음 부등식을 푸시오.

(1) $x^{\log_{\frac{1}{3}} x} > 9x^3$

(2) $\dfrac{5}{2} \times 2^{\log_5 x} - 1 > 2^{\log_5 x} \times x^{\log_5 2}$

표현 더하기

14-2 부등식 $x^{\log_{0.1} x} < \sqrt{\dfrac{x}{1000}}$ 를 푸시오.

표현 더하기

14-3 부등식 $(x-2)^{\log_6 (x-2)} + 2 < x$ 를 만족시키는 x의 값의 범위를 구하시오.

표현 더하기

14-4 부등식 $x^{\log_4 x} < ax^2$의 해가 $\dfrac{1}{4} < x < 64$일 때, a의 값을 구하시오. (단, a는 상수이다.)

대표 예제 | **15**

다음 물음에 답하시오.

(1) 연립방정식 $\begin{cases} \log_2 2x + \log_3 y^3 = 4 \\ \log_{\frac{1}{2}} x - \log_{\sqrt{3}} y = -4 \end{cases}$ 의 해를 $x=\alpha$, $y=\beta$라 할 때, $\alpha - \dfrac{1}{\beta}$ 의 값을 구하시오.

(2) 부등식 $\log_{\frac{1}{3}} x < 2 < \log_2 \dfrac{4\sqrt{2}}{x}$ 의 해를 구하시오.

바로 접근

(1) 주어진 연립방정식을 $\log_2 x = X$, $\log_3 y = Y$로 치환하여

$$\begin{cases} aX + bY = c \\ a'X + b'Y = c' \end{cases}$$ 과 같이 미지수가 2개인 연립일차방정식으로 만든 후 푼다.

(2) 부등식 $A < B < C$는 두 부등식 $A < B$, $B < C$를 하나로 나타낸 것이므로 두 부등식의 공통인 해를 찾는다.

바른 풀이

(1) $\begin{cases} \log_2 2x + \log_3 y^3 = 4 \\ \log_{\frac{1}{2}} x - \log_{\sqrt{3}} y = -4 \end{cases}$ 에서

$\begin{cases} \log_2 x + 3\log_3 y = 4 - 1 \\ -\log_2 x - 2\log_3 y = -4 \end{cases}$

$\log_2 x = X$, $\log_3 y = Y$로 놓으면

$\begin{cases} X + 3Y = 3 \\ -X - 2Y = -4 \end{cases}$

위의 연립방정식을 풀면 $X = 6$, $Y = -1$

즉, $\log_2 x = 6$에서 $x = 64$

$\log_3 y = -1$에서 $y = \dfrac{1}{3}$

따라서 $\alpha = 64$, $\beta = \dfrac{1}{3}$이므로

$\alpha - \dfrac{1}{\beta} = 64 - \dfrac{1}{\frac{1}{3}} = 61$

(2) 진수의 조건에 의하여 $x > 0$

(i) $\log_{\frac{1}{3}} x < 2$에서 $\log_{\frac{1}{3}} x < \log_{\frac{1}{3}} \dfrac{1}{9}$

밑 $\dfrac{1}{3}$이 $0 < \dfrac{1}{3} < 1$이므로

$x > \dfrac{1}{9}$

(ii) $2 < \log_2 \dfrac{4\sqrt{2}}{x}$에서

$\log_2 4 < \log_2 \dfrac{4\sqrt{2}}{x}$

밑 2가 $2 > 1$이므로

$4 < \dfrac{4\sqrt{2}}{x}$

$4x < 4\sqrt{2} \ (\because x > 0)$

$\therefore x < \sqrt{2}$

(i), (ii)에 의하여 $\dfrac{1}{9} < x < \sqrt{2}$

정답 (1) 61 (2) $\dfrac{1}{9} < x < \sqrt{2}$

Bible Says

(1)과 같이 주어진 꼴에서는 연립방정식의 해가 진수 조건을 만족시키기 때문에 진수 조건을 굳이 따져주지 않아도 된다.
하지만 로그방정식에 대한 모든 문제에 대하여 진수 조건을 따져주면 실수를 줄일 수 있다.

한 번 더하기

15-1 다음 물음에 답하시오.

(1) 연립방정식 $\begin{cases} \log_{\sqrt{2}} x + \log_5 \dfrac{y^3}{5} = 3 \\ \log_{0.5} \dfrac{x}{4} + \log_{\sqrt{5}} y = -7 \end{cases}$ 의 해를 $x=\alpha$, $y=\beta$라 할 때, $\alpha - \dfrac{1}{\beta}$ 의 값을 구하시오.

(2) 부등식 $\log_{0.1} x < -1 < \log_7 \dfrac{5}{x}$ 의 해를 구하시오.

표현 더하기

15-2 다음 연립부등식을 푸시오.

(1) $\begin{cases} 2\log_{\frac{1}{5}} (x-2) \geq \log_{\frac{1}{5}} (2x-1) \\ \log_3 (\log_4 x) \leq 0 \end{cases}$

(2) $\begin{cases} \left(\dfrac{1}{9}\right)^{x-3} > \dfrac{1}{243} \\ \log_{\sqrt{10}} (x-3) < \log (3x+1) \end{cases}$

표현 더하기

15-3 연립방정식 $\begin{cases} \log_3 x^2 + \log_4 y^2 = 10 \\ \log_3 \sqrt{x} \times \log_4 y = 3 \end{cases}$ 의 해를 $x=\alpha$, $y=\beta$라 할 때, $\beta - \alpha$의 최솟값을 구하시오.

표현 더하기

15-4 x에 대한 연립부등식 $\begin{cases} \log_2 x + \log_2 (6-x) \leq 3 \\ x^2 - kx < 0 \end{cases}$ 을 만족시키는 x의 값 중 정수가 2개가 되도록 하는 모든 자연수 k의 값의 합을 구하시오.

대표 예제 | 16

모든 양수 x에 대하여 부등식 $(\log_3 x)^2+\log_9 x+a\geq 0$이 성립하도록 하는 실수 a의 최솟값을 구하시오.

바로 접근

모든 양의 실수 x에 대하여 부등식 $p\times(\log_a x)^2+q\times\log_a x+r\geq 0$이 성립할 조건은 다음과 같은 순서로 푼다. (단, p, q, r은 상수이고, $p>0$)

❶ 주어진 부등식을 $\log_a x=t$로 치환하여 $pt^2+qt+r\geq 0$으로 나타낸다.

❷ $f(t)=pt^2+qt+r$이라 할 때 모든 실수 t에 대하여 부등식 $f(t)\geq 0$이 성립한다.

$\iff$ 함수 $y=f(t)$의 그래프가 t축에 있거나 t축보다 위쪽에 있다.

$\iff$ 함수 $y=f(t)$의 그래프의 대칭축을 직선 $t=\alpha$라 할 때 $f(\alpha)\geq 0$이다.

$\iff$ 이차방정식 $f(t)=0$의 판별식을 D라 할 때 $D\leq 0$이다.

바른 풀이

$(\log_3 x)^2+\log_9 x+a\geq 0$에서 $(\log_3 x)^2+\dfrac{1}{2}\log_3 x+a\geq 0$

이때 $\log_3 x=t$로 놓으면 x는 모든 양수이므로 t는 모든 실수이고,

$$t^2+\frac{1}{2}t+a\geq 0$$

따라서 이차방정식 $t^2+\dfrac{1}{2}t+a=0$의 판별식을 D라 할 때

$$D=\left(\frac{1}{2}\right)^2-4a\leq 0,\ 4a\geq\frac{1}{4}\qquad\therefore a\geq\frac{1}{16}$$

따라서 구하는 실수 a의 최솟값은 $\dfrac{1}{16}$이다.

$\boxed{\text{정답}}\ \dfrac{1}{16}$

Bible Says

`대표 예제 : 07` 지수부등식이 항상 성립할 조건에서는

'모든 실수 x'에 대한 부등식을 '모든 양의 실수 t'에 대한 부등식으로 치환하여 푼다.

반면 위와 같이 로그부등식이 항상 성립할 조건에서는 '모든 양의 실수 x'에 대한 부등식을 '모든 실수 t'에 대한 부등식으로 치환하여 푼다.

두 대표 예제를 비교하여 학습해 보도록 하자.

빠른 정답 • 461쪽 / 정답과 풀이 • 70쪽

한 번 더하기

16-1

모든 양수 x에 대하여 부등식 $\left(\log_{\frac{1}{5}} x\right)^2 + 2\log_5 x + 2a - 3 \geq 0$이 성립하도록 하는 실수 a의 최솟값을 구하시오.

표현 더하기

16-2

모든 양수 x에 대하여 부등식 $\left(\log_{\sqrt{2}} x\right)^2 + \log_{0.5} x^a + 3 \geq 0$이 성립하도록 하는 모든 정수 a의 개수를 구하시오.

표현 더하기

16-3

모든 양수 x에 대하여 부등식 $x^{\log_9 x} > (81x)^k$이 성립하도록 하는 정수 k의 최댓값과 최솟값의 합을 구하시오.

표현 더하기

16-4

$x > 0$에서 부등식 $x^{-\log_6 x} \leq kx^2$이 항상 성립하도록 하는 양수 k의 값의 범위를 구하시오.

대표 예제 17

다음 물음에 답하시오.

(1) x에 대한 이차방정식 $x^2+2(1-\log a)x-\log a+3=0$이 중근을 갖도록 하는 양수 a의 값을 모두 구하시오.

(2) x에 대한 이차방정식 $x^2+2(2-\log_2 a)x-\log_2 a+2=0$이 서로 다른 두 실근을 갖도록 하는 자연수 a의 최솟값을 구하시오.

바로 접근

로그를 포함한 이차방정식에서 근에 대한 조건이 주어지면 이차방정식의 판별식을 이용하여 로그방정식 또는 로그부등식을 세운 후 **대표 예제 10**, **대표 예제 13**과 같은 방법으로 푼다.

바른 풀이

(1) 이차방정식 $x^2+2(1-\log a)x-\log a+3=0$의 판별식을 D라 하면

$$\frac{D}{4}=(1-\log a)^2-(-\log a+3)=0, \; (\log a)^2-\log a-2=0$$

$\log a=t$로 놓으면 $t^2-t-2=0$

$(t+1)(t-2)=0$ $\quad\therefore t=-1$ 또는 $t=2$

즉, $\log a=-1$ 또는 $\log a=2$이므로 $a=\dfrac{1}{10}$ 또는 $a=100$

(2) 진수의 조건에서 $a>0$ $\qquad\qquad\cdots\cdots$ ㉠

이차방정식 $x^2+2(2-\log_2 a)x-\log_2 a+2=0$의 판별식을 D라 하면

$$\frac{D}{4}=(2-\log_2 a)^2-(-\log a+2)>0, \; (\log_2 a)^2-3\log_2 a+2>0$$

$\log_2 a=t$로 놓으면 $t^2-3t+2>0$

$(t-1)(t-2)>0$ $\quad\therefore t<1$ 또는 $t>2$

즉, $\log_2 a<1$ 또는 $\log_2 a>2$이므로 $a<2$ 또는 $a>4$ $\qquad\cdots\cdots$ ㉡

㉠, ㉡에 의하여 구하는 해는 $0<a<2$ 또는 $a>4$

따라서 자연수 a의 최솟값은 1이다.

[정답] (1) $a=\dfrac{1}{10}$ 또는 $a=100$ (2) 1

Bible Says

계수가 실수인 이차방정식 $ax^2+bx+c=0$의 판별식을 $D=b^2-4ac$라 하면

① $D>0 \Longleftrightarrow$ 서로 다른 두 실근을 갖는다.

② $D=0 \Longleftrightarrow$ 중근을 갖는다.

③ $D<0 \Longleftrightarrow$ 실근을 갖지 않는다. (서로 다른 두 허근을 갖는다.)

한번 더하기

17-1 다음 물음에 답하시오.

(1) x에 대한 이차방정식 $2x^2-\left(\log_{\frac{1}{2}} a^2\right)x+3\log_{\frac{1}{4}} a+5=0$이 중근을 갖도록 하는 자연수 a의 값을 구하시오.

(2) x에 대한 이차방정식 $x^2+(3-\log_3 a)x+\log_3 \dfrac{27}{a}=0$이 서로 다른 두 실근을 갖도록 하는 자연수 a의 최솟값을 구하시오.

표현 더하기

17-2 x에 대한 이차방정식 $x^2+(2+\log_2 a)x+\log_2 a^2+4=0$이 실근을 갖지 않도록 하는 a의 값의 범위를 구하시오.

표현 더하기

17-3 모든 실수 x에 대하여 이차부등식 $8x^2+4(\log_3 n)x+\log_3 n>0$이 성립하도록 하는 자연수 n의 개수를 구하시오.

실력 더하기

17-4 이차방정식 $x^2-2x\log_2 a+3-2\log_2 a=0$의 두 근이 모두 양수가 되도록 하는 실수 a의 값의 범위를 구하시오.

대표 예제 | 18

빛이 한 번 통과하면 자외선이 $\dfrac{1}{8}$만큼 차단되는 유리가 있다. 자외선의 양이 처음 자외선의 양의 5 % 이하가 되려면 유리를 최소 n번 통과해야 한다. 자연수 n의 값을 구하시오.

(단, $\log 2 = 0.3010$, $\log 7 = 0.8451$로 계산한다.)

바로 접근

처음 자외선의 양을 a라 하면

유리를 1번 통과한 후 남은 자외선의 양은 $a\left(1-\dfrac{1}{8}\right)$

유리를 2번 통과한 후 남은 자외선의 양은 $a\left(1-\dfrac{1}{8}\right)^2$

$\vdots$

유리를 n번 통과한 후 남은 자외선의 양은 $a\left(1-\dfrac{1}{8}\right)^n$

바른 풀이

처음 자외선의 양을 a라 하면 유리를 n번 통과한 후 남은 자외선의 양은

$$a\left(1-\dfrac{1}{8}\right)^n = \left(\dfrac{7}{8}\right)^n a$$

유리를 n번 통과한 후 자외선의 양이 처음 자외선의 양의 5 % 이하가 되려면

$$\left(\dfrac{7}{8}\right)^n a \leq \dfrac{5}{100} a \qquad \therefore \left(\dfrac{7}{8}\right)^n \leq \dfrac{5}{100} \; (\because a > 0)$$

위의 부등식의 양변에 상용로그를 취하면

$$\log\left(\dfrac{7}{8}\right)^n \leq \log \dfrac{5}{100}, \; n(\log 7 - \log 8) \leq \log 5 - 2$$

$$n(\log 7 - 3\log 2) \leq (1 - \log 2) - 2$$

$$n(0.8451 - 3 \times 0.3010) \leq (1 - 0.3010) - 2$$

$$-0.0579n \leq -1.3010 \qquad \therefore n \geq 22.4 \times \times \times$$

따라서 자외선의 양이 처음 자외선의 양의 5 % 이하가 되려면 유리를 최소한 23번 통과해야 하므로 $n = 23$

정답 23

Bible Says

일정한 비율로 증가 또는 감소하는 경우

① a가 일정한 비율로 r % 만큼씩 n번 증가 후의 값은 ➡ $a\left(1+\dfrac{r}{100}\right)^n$

② a가 일정한 비율로 r % 만큼씩 n번 감소 후의 값은 ➡ $a\left(1-\dfrac{r}{100}\right)^n$

한 번 더하기

18-1 물에 섞여 있는 중금속은 여과기를 한 번 통과할 때마다 28 %씩 감소한다고 한다. 중금속
의 양을 처음 양의 2 % 이하로 줄이려면 여과기를 최소한 n번 통과시켜야 한다. 자연수 n
의 값을 구하시오. (단, $\log 2 = 0.3010$, $\log 3 = 0.4771$로 계산한다.)

표현 더하기

18-2 어느 도시의 미세 먼지 농도가 해마다 4 %씩 증가한다고 할 때, 미세 먼지 농도가 현재의 2
배 이상이 되는 것은 최소 n년 후이다. 자연수 n의 값을 구하시오.

(단, $\log 1.04 = 0.017$, $\log 2 = 0.3$으로 계산한다.)

표현 더하기

18-3 화재가 발생한 건물의 온도는 시간에 따라 변한다. 어느 건물의 초기 온도를 T_0 ℃, 화재가
발생한 지 t분 후의 온도를 $f(t)$ ℃라 하면

$$f(t) = T_0 + k \log (8t+1) \ (k\text{는 상수})$$

가 성립한다고 한다. 초기 온도가 15 ℃인 건물에서 화재가 발생한 지 $\dfrac{9}{8}$분 만에 온도가

245 ℃까지 올라갔다고 할 때, 이 건물에 화재가 발생한 후 온도가 475 ℃가 되는 데 걸리는
시간은 몇 분인지 구하시오.

실력 더하기

18-4 휴대폰을 구입하기 위하여 A, B 두 제품의 가격에 대한 정보를 알아보았더니, 현재 제품
A의 가격은 60만 원, 제품 B의 가격은 40만 원이다. 3개월마다 제품 A는 10 %씩, 제품 B
는 5 %씩 가격이 하락된다고 할 때, 두 제품의 가격 차이가 구입하는 시점의 제품 B 가격의
20 % 이하가 되면 제품 A를 구입하기로 하였다. 제품 A를 구입할 수 있는 최초의 시기가
t개월 후일 때, 자연수 t의 값을 구하시오.

(단, $\log 2 = 0.30$, $\log 3 = 0.48$, $\log 0.95 = -0.02$로 계산한다.)

S·T·E·P 1 기본 다지기

01 방정식 $\dfrac{25^{x^2-8}}{5^{x-4}}=125$를 만족시키는 모든 실근의 합을 구하시오.

02 방정식 $x^{(x+3)^2}=x^{8(x+3)}$의 모든 근의 합을 a, 방정식 $\left(x-\dfrac{1}{3}\right)^{5-3x}=5^{5-3x}$의 모든 근의 합을 b라 할 때, $a+b$의 값을 구하시오. $\left(\text{단, } x>\dfrac{1}{3}\right)$

03 함수 $f(x)=x^2-x-10$에 대하여 부등식 $4^{f(x)}+2^{2+f(x)}<2^5$을 만족시키는 모든 정수 x의 값의 합을 구하시오.

04 일차항의 계수가 양수인 일차함수 $f(x)$에 대하여 $f(4)=0$이다. 부등식 $\left(\dfrac{1}{\sqrt{5}}\right)^{f(x)}\le 125$의 해가 $x\ge 3$일 때, $f(10)$의 값을 구하시오.

05 연립부등식 $\begin{cases} 4^x - 3 \times 2^{x+2} + 32 \leq 0 \\ \left(\dfrac{1}{5}\right)^{2x-3} < \left(\dfrac{1}{125}\right)^{5-2x} \end{cases}$ 을 만족시키는 정수 x를 구하시오.

06 함수 $f(x) = \left(\dfrac{1}{2}\right)^x$에 대하여 함수 $g(x)$가 $(f \circ g)(x) = x$를 만족시킬 때, 방정식 $g\left(x^{-\log_2 x}\right) + 2g(4x) - 4 = 0$의 모든 해의 곱을 구하시오.

07 부등식 $\log |x-2| + \log (x+1) \leq 1$을 만족시키는 모든 정수 x의 값의 합을 구하시오.

08 방정식 $4^x - 5 \times 2^{x+2} + 64 = 0$의 두 근이 α, β이고, 부등식 $(\log_2 x)^2 + \log_2 x^a + b \leq 0$의 해가 $\alpha \leq x \leq \beta$일 때, 상수 a, b에 대하여 $a+b$의 값을 구하시오. (단, $\alpha < \beta$)

09 부등식 $\left(\dfrac{1}{3}x\right)^{\log_{\frac{1}{3}}x-2} \geq \dfrac{1}{81}$ 을 만족시키는 정수 x의 개수를 구하시오.

10 부등식 $2^{3x+1}>5^{6-x}$의 해의 집합을 S라 할 때, 다음 중 옳은 것은?

(단, $\log 2=0.3$으로 계산한다.)

① $S\subset\{x\,|\,0<x<3\}$ ② $S\subset\{x\,|\,x<4\}$ ③ $S\subset\{x\,|\,x>3\}$

④ $\{x\,|\,x>2\}\subset S$ ⑤ $\{x\,|\,x>3\}\subset S$

11 이차방정식 $5x^2-2(2+\log_2 a)x+(4+\log_2 a^2)=0$이 실근을 갖지 않도록 하는 자연수 a의 최댓값과 최솟값의 합을 구하시오.

12 어느 화장품 회사에서는 매년 그 전 해의 로션 1병에 들어가는 실제 로션의 용량을 10 %씩 줄이고, 로션 한 병 가격은 그대로 유지한다. 이 화장품 회사에서 로션을 판매한 이후로 로션 1병에 들어가는 실제 로션의 단위 용량당 가격이 처음의 1.8배 이상이 되는 해는 최소 몇 년 후인지 구하시오. (단, $\log 2=0.3010$, $\log 3=0.4771$로 계산한다.)

S·T·E·P 2 실력 다지기

13 x에 대한 방정식 $9^x+9^{-x}-k(3^x+3^{-x})+5=0$이 적어도 하나의 실근을 갖도록 하는 정수 k의 최솟값을 구하시오.

14 부등식 $9^x+(a-9)\times3^x-9a\leq0$을 만족시키는 정수 x가 3개가 되도록 하는 정수 a의 개수를 구하시오.

15 어떤 채소를 세척 용액에 담가 두면 채소의 표면에 묻은 잔류 농약이 일정한 비율로 줄어들어 2분이 지나면 $a\,\%$만 남게 된다고 한다. 처음 잔류 농약이 0.1 mg인 채소를 물에 담가 두고, 6분이 지난 후 측정했더니 0.01 mg이었다. 이 채소를 안전하게 섭취하기 위해 최소 t분 동안 물에 담가 두어 잔류 농약이 0.001 mg 이하가 되게 하려고 한다. 자연수 t의 값을 구하시오.

16 연립부등식 $\begin{cases} \log_4|x-6|<2 \\ \log_{\frac{1}{3}}\{\log_3(\log_4 x)\}\geq0 \end{cases}$ 을 만족시키는 정수 x의 개수를 구하시오.

17 방정식 $\left(\log_{\frac{1}{3}} x\right)^2 + 6\log_{\frac{1}{3}} x - 5 = 0$의 두 근을 α, β라 하면 방정식 $\left(\log_3 x\right)^2 + a\log_3 x + b = 0$의 두 근은 $\dfrac{3}{\alpha}$, $\dfrac{3}{\beta}$이다. 상수 a, b에 대하여 $a-b$의 값을 구하시오.

18 모든 실수 x에 대하여 부등식 $2(1-\log k)x^2 + 4(1-\log k)x + 1 \geq 0$이 성립하도록 하는 정수 k의 최댓값을 M, 최솟값을 m이라 할 때, $M+m$의 값을 구하시오.

challenge 〔교육청 기출〕

19 두 집합 $A = \{x \mid 2^{x(x-3a)} < 2^{a(x-3a)}\}$, $B = \{x \mid \log_3(x^2-2x+6) < 2\}$에 대하여 $A \cap B = A$가 성립하도록 하는 실수 a의 값의 범위는?

① $-1 \leq a \leq 0$ ② $-1 \leq a \leq \dfrac{1}{3}$ ③ $-\dfrac{1}{3} \leq a \leq 1$

④ $\dfrac{1}{3} \leq a \leq 3$ ⑤ $1 \leq a \leq 3$

challenge 〔평가원 기출〕

20 다음 조건을 만족시키는 모든 자연수 k의 값의 합은?

> $\log_2 \sqrt{-n^2+10n+75} - \log_4 (75-kn)$의 값이 양수가 되도록 하는 자연수 n의 개수가 12이다.

① 6   ② 7   ③ 8   ④ 9   ⑤ 10

05

삼각함수

01 일반각과 호도법

일반각	시초선 OX와 동경 OP가 나타내는 한 각의 크기를 $a°$라 하면 $\angle XOP$의 크기는 $$360° \times n + a° \ (n\text{은 정수})$$
호도법	(1) 라디안: 호의 길이와 반지름의 길이가 같은 부채꼴의 중심각의 크기는 항상 $\dfrac{180°}{\pi}$로 일정하다. 이 일정한 각의 크기 $\dfrac{180°}{\pi}$를 1라디안이라 한다. (2) 호도법: 라디안을 단위로 각의 크기를 나타내는 방법 (3) 1라디안$=\dfrac{180°}{\pi}$, $1°=\dfrac{\pi}{180}$라디안
부채꼴의 호의 길이와 넓이	반지름의 길이가 r, 중심각의 크기가 θ(라디안)인 부채꼴의 호의 길이를 l, 넓이를 S라 하면 (1) $l = r\theta$ $\qquad$ (2) $S = \dfrac{1}{2}r^2\theta = \dfrac{1}{2}rl$

02 삼각함수

삼각함수의 뜻	원점 O을 중심으로 하고 반지름의 길이가 r인 원 위의 점 $P(x, y)$에 대하여 동경 OP가 나타내는 일반각을 θ라 하면 $$\sin\theta = \dfrac{y}{r}, \ \cos\theta = \dfrac{x}{r}, \ \tan\theta = \dfrac{y}{x} \ (x \neq 0)$$ 이 함수를 차례대로 θ의 사인함수, 코사인함수, 탄젠트함수라 하고, 이와 같은 함수들을 θ에 대한 삼각함수라 한다.
삼각함수의 값의 부호	각 θ가 (i) 제1사분면의 각이면 $\sin\theta > 0$, $\cos\theta > 0$, $\tan\theta > 0$ (ii) 제2사분면의 각이면 $\sin\theta > 0$, $\cos\theta < 0$, $\tan\theta < 0$ (iii) 제3사분면의 각이면 $\sin\theta < 0$, $\cos\theta < 0$, $\tan\theta > 0$ (iv) 제4사분면의 각이면 $\sin\theta < 0$, $\cos\theta > 0$, $\tan\theta < 0$
삼각함수 사이의 관계	(1) $\tan\theta = \dfrac{\sin\theta}{\cos\theta}$ $\qquad$ (2) $\sin^2\theta + \cos^2\theta = 1$

01 일반각과 호도법

1 시초선과 동경

(1) 시초선과 동경

∠XOP의 크기는 반직선 OP가 고정된 반직선 OX의 위치에서 시작하여
점 O를 중심으로 회전한 양으로 정하고, 반직선 OX를 시초선, 반직선
OP를 동경이라 한다.

(2) 각의 방향

동경 OP가 점 O를 중심으로 회전할 때,
① 양의 방향: 시곗바늘이 도는 방향과 반대인 방향, 각의 크기를 나타낼 때 양의 부호 +를 붙인다.
② 음의 방향: 시곗바늘이 도는 방향, 각의 크기를 나타낼 때 음의 부호 −를 붙인다.

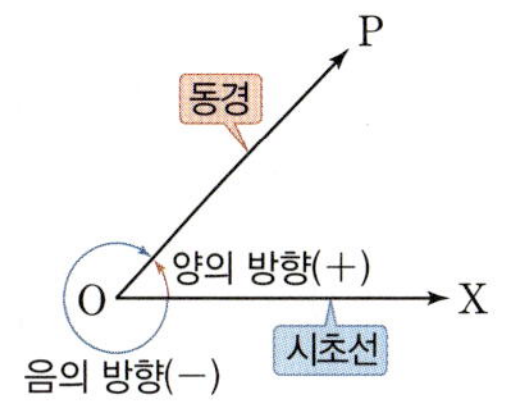

지금까지 학습한 각은 두 반직선으로 이루어진 도형의 벌어진 정도를 나타내는 것으로 각의 크기를 0°에서 360°까지의 범위에서만 나타내었다. 이제 각의 크기의 범위를 확장해 보자.

오른쪽 그림과 같이 평면 위의 두 반직선 OX, OP에 의하여 ∠XOP가 정해질 때, ∠XOP의 크기는 반직선 OP가 고정된 반직선 OX의 위치에서 시작하여 점 O를 중심으로 회전한 양으로 정한다.

이때 반직선 OX를 **시초선**, 반직선 OP를 **동경**이라 한다.
시초선은 처음 시작하는 선이라는 뜻이고, 동경은 움직이는 선이라는 뜻이다.

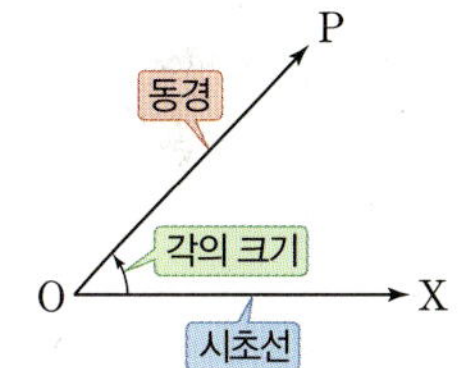

동경 OP가 점 O를 중심으로 회전할 때,
　　　시곗바늘이 도는 방향과 반대인 방향을 **양의 방향**,
　　　시곗바늘이 도는 방향을 **음의 방향**
이라 한다. 각의 크기는 회전 방향이 양의 방향이면 양의 부호 +를, 음의 방향이면 음의 부호 −를 붙여서 나타낸다. 일반적으로 양의 부호 +는 생략한다.

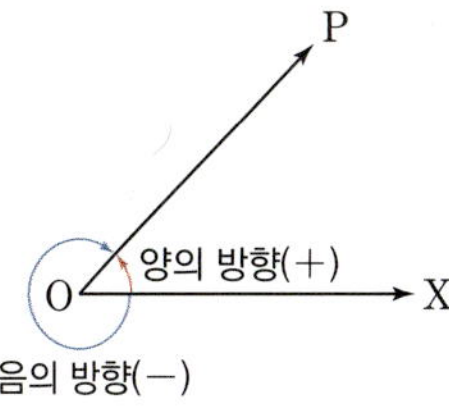

example 　시초선이 반직선 OX일 때, 150°, 390°, −40°를 나타내는 동경 OP를 그리면

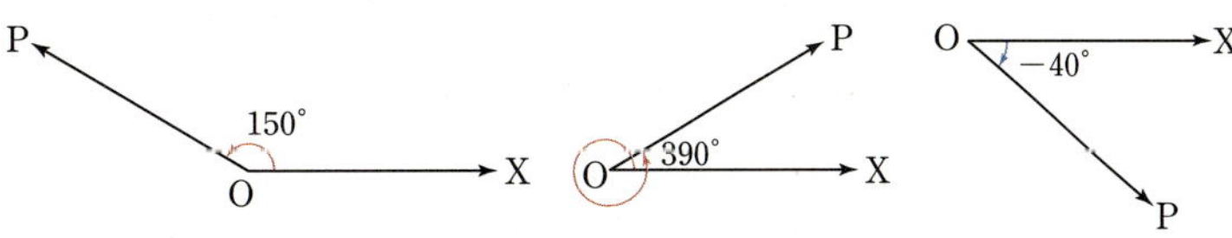

시초선 OX와 동경 OP가 나타내는 한 각의 크기를 $a°$라 하면 $\angle$XOP의 크기는

$$360°\times n+a° \ (n\text{은 정수})$$

와 같이 나타낼 수 있다. 이것을 동경 OP가 나타내는 일반각이라 한다.

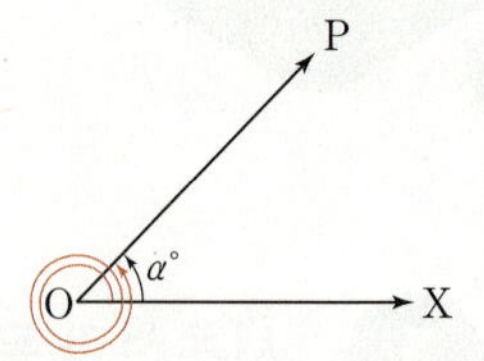

시초선 OX는 고정되어 있으므로 $\angle$XOP의 크기가 정해지면 동경 OP의 위치는 하나로 정해진다. 그러나 동경 OP의 위치가 정해져도 동경 OP는 양의 방향 또는 음의 방향으로 한 바퀴 이상 회전할 수 있으므로 $\angle$XOP의 크기는 하나로 정해지지 않는다.

즉, 동경의 위치가 똑같더라도 동경이 나타내는 각의 크기는 회전한 방향과 회전한 횟수에 따라 여러 가지로 나타낼 수 있다.

예를 들어 시초선 OX와 45°의 위치에 있는 동경 OP가 나타내는 각의 크기는 다음 그림과 같이 여러 가지이다.

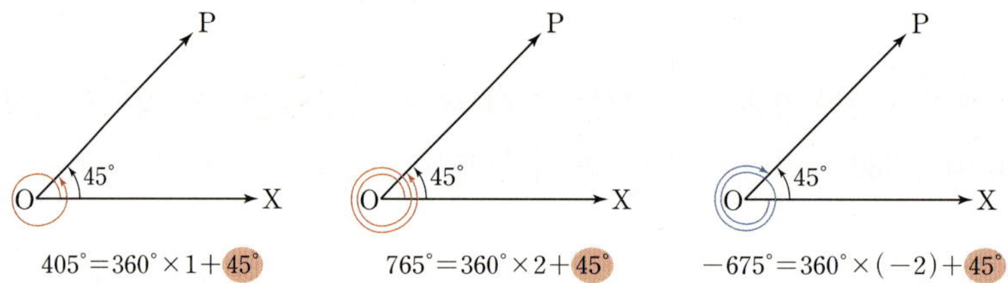

이때 405°, 765°, −675°는 모두 $360°\times n+45°$ (n은 정수) 꼴로 나타낼 수 있다.

이와 같이 일반적으로 시초선 OX와 동경 OP가 나타내는 한 각의 크기를 $a°$라 하면 $\angle$XOP의 크기는

$$360°\times n+a° \ (n\text{은 정수})$$

← 보통 $a°$는 $0°\leq a°<360°$인 것을 택한다.

의 꼴로 나타낼 수 있다.

이것을 동경 OP가 나타내는 **일반각**이라 한다.

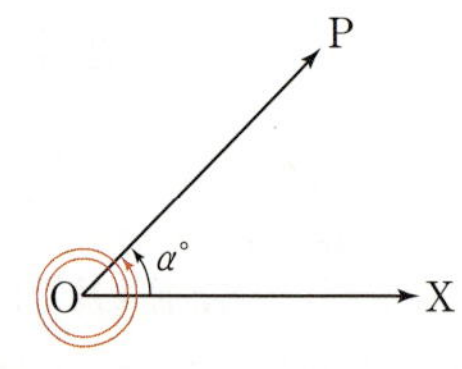

example

(1) 시초선 OX와 동경 OP가 나타내는 한 각의 크기가 480°일 때, $480°=360°\times 1+120°$이므로 동경 OP가 나타내는 일반각은

$$360°\times n+120° \ (n\text{은 정수})$$

(2) 시초선 OX와 동경 OP가 나타내는 한 각의 크기가 −650°일 때, $-650°=360°\times(-2)+70°$이므로 동경 OP가 나타내는 일반각은

$$360°\times n+70° \ (n\text{은 정수})$$

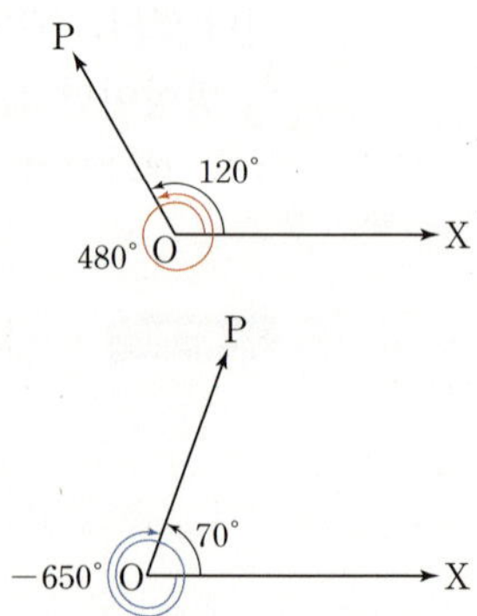

좌표평면의 원점 O에서 x축의 양의 방향으로 시초선을 잡을 때, 제1사분면, 제2사분면, 제3사분면, 제4사분면에 있는 동경 OP가 나타내는 각을 각각

제1사분면의 각, 제2사분면의 각, 제3사분면의 각, 제4사분면의 각

이라 한다.

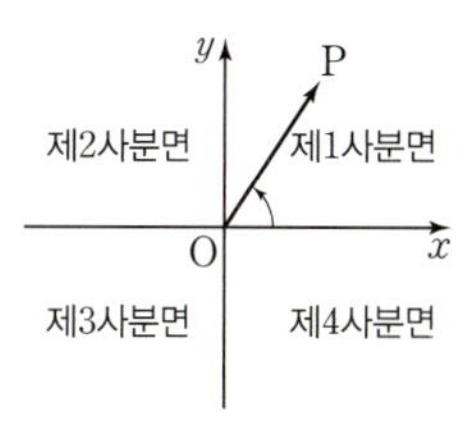

일반각의 꼭짓점을 좌표평면의 원점 O에 놓고 시초선을 x축의 양의 방향으로 정할 때, 동경 OP가 제1사분면, 제2사분면, 제3사분면, 제4사분면에 있으면 동경 OP가 나타내는 각을 각각

제1사분면의 각, 제2사분면의 각, 제3사분면의 각, 제4사분면의 각

이라 한다.

이때 동경 OP가 좌표축 위에 있으면 그 각은 어느 사분면에도 속하지 않는다.
$0°, 90°, 180°, 270°, 360°, \cdots$

오른쪽 그림과 같이 동경 OP가 나타내는 각 θ가 제1사분면의 각이면 θ를 $\theta = 360° \times n + \alpha°$ (n은 정수)로 나타낼 때, $0° < \alpha° < 90°$이므로

$$360° \times n + 0° < \theta < 360° \times n + 90°$$

임을 알 수 있다.

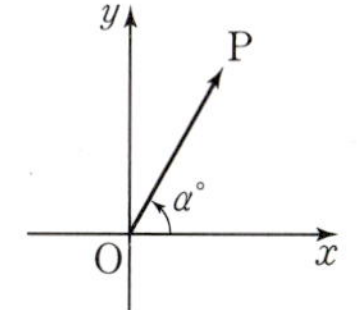

같은 방법으로 각 θ를 나타내는 동경 OP가 속하는 사분면에 따라 θ의 범위를 일반각으로 표현하면 다음과 같다. (단, n은 정수)

θ	일반각
제1사분면의 각	$360° \times n + 0° < \theta < 360° \times n + 90°$
제2사분면의 각	$360° \times n + 90° < \theta < 360° \times n + 180°$
제3사분면의 각	$360° \times n + 180° < \theta < 360° \times n + 270°$
제4사분면의 각	$360° \times n + 270° < \theta < 360° \times n + 360°$

example

(1) $580° = 360° \times 1 + 220°$이므로 $580°$는 제3사분면의 각이다.

(2) $875° = 360° \times 2 + 155°$이므로 $875°$는 제2사분면의 각이다.

(3) $-390° = 360° \times (-2) + 330°$이므로 $-390°$는 제4사분면의 각이다.

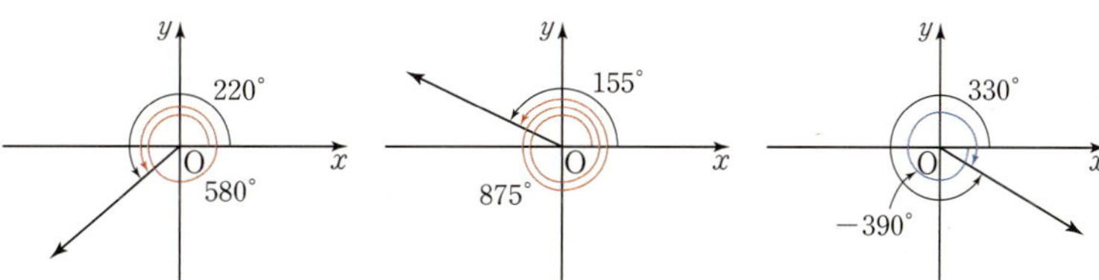

두 동경이 나타내는 한 각의 크기를 각각 α, β라 할 때, 두 동경의 위치 관계에 대하여 다음이 성립한다. (단, n은 정수)

① 두 동경이 일치한다. $\iff \alpha-\beta=360°\times n$

② 두 동경이 일직선 위에 있고 방향이 반대이다. $\iff \alpha-\beta=360°\times n+180°$

③ 두 동경이 x축에 대하여 대칭이다. $\iff \alpha+\beta=360°\times n$

④ 두 동경이 y축에 대하여 대칭이다. $\iff \alpha+\beta=360°\times n+180°$

⑤ 두 동경이 직선 $y=x$에 대하여 대칭이다. $\iff \alpha+\beta=360°\times n+90°$

두 동경 OP, OQ가 나타내는 각을 각각

$$\alpha=360°\times n_1+\alpha_1, \quad \beta=360°\times n_2+\beta_1 \ (n_1, \ n_2\text{는 정수}, \ 0°\leq\alpha_1<360°, \ 0°\leq\beta_1<360°)$$

로 놓고 두 동경의 위치 관계에 따른 두 동경이 나타내는 각 사이의 관계를 확인해 보자.

두 동경의 위치 관계를 그림으로 나타내면 두 동경이 나타내는 각 사이의 관계를 쉽게 알 수 있다.

① 두 동경이 일치한다.

$\alpha_1=\beta_1$이므로
$$\alpha-\beta=360°\times(n_1-n_2)$$
$$=360°\times n \ (n\text{은 정수})$$

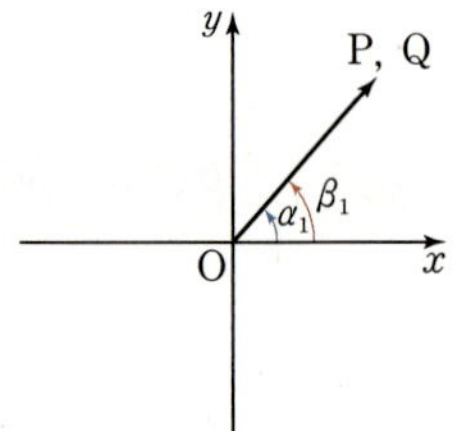

② 두 동경이 일직선 위에 있고 방향이 반대이다. ← 원점에 대하여 대칭

$\alpha_1=\beta_1+180°$이므로
$$\alpha-\beta=360°\times(n_1-n_2)+180°$$
$$=360°\times n+180° \ (n\text{은 정수})$$

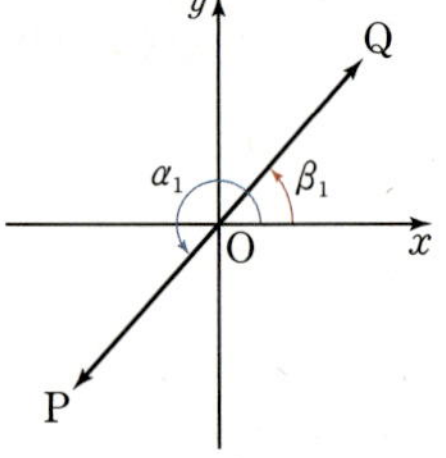

③ 두 동경이 x축에 대하여 대칭이다.

$\alpha_1+\beta_1=360°$이므로
$$\alpha+\beta=360°\times(n_1+n_2)+360°$$
$$=360°\times(n_1+n_2+1)$$
$$=360°\times n \ (n\text{은 정수})$$

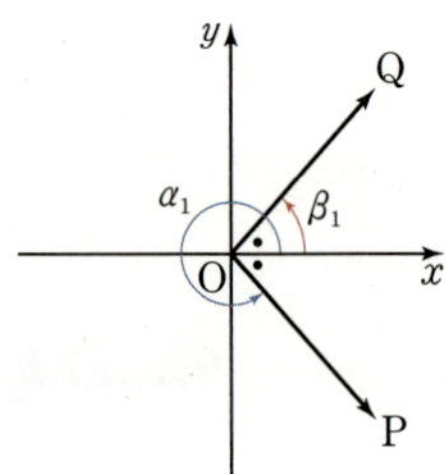

④ 두 동경이 y축에 대하여 대칭이다.

　(i) 두 동경 중 하나는 제1사분면에 있고 다른 하나는 제2사분면에 있으면
$$\alpha_1+\beta_1=180°$$

　(ii) 두 동경 중 하나는 제3사분면에 있고 다른 하나는 제4사분면에 있으면
$$\alpha_1+\beta_1=360°+180°$$

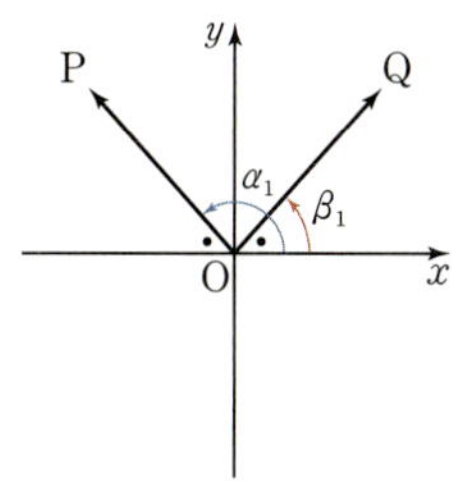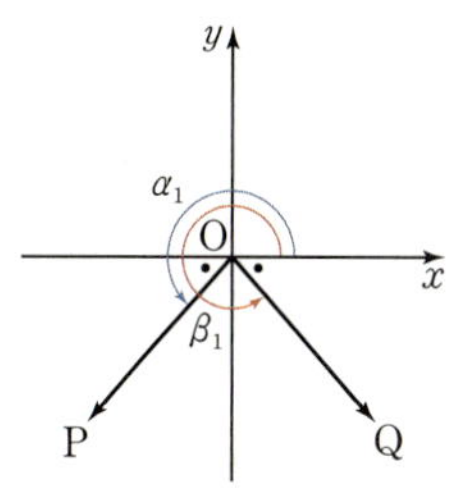

(ⅰ), (ⅱ)에서

$$\alpha+\beta=360^\circ\times(n_1+n_2)+180^\circ \ \text{또는} \ \alpha+\beta=360^\circ\times(n_1+n_2+1)+180^\circ$$

이므로

$$\alpha+\beta=360^\circ\times n+180^\circ \ (n\text{은 정수})$$

⑤ 두 동경이 직선 $y=x$에 대하여 대칭이다.

(ⅰ) 두 동경이 모두 제1사분면에 있으면

$$\alpha_1+\beta_1=90^\circ$$

(ⅱ) 두 동경 중 하나는 제2사분면에 있고 다른 하나는 제4사분면에 있으면

$$\alpha_1+\beta_1=360^\circ+90^\circ$$

(ⅲ) 두 동경이 모두 제3사분면에 있으면

$$\alpha_1+\beta_1=360^\circ+90^\circ$$

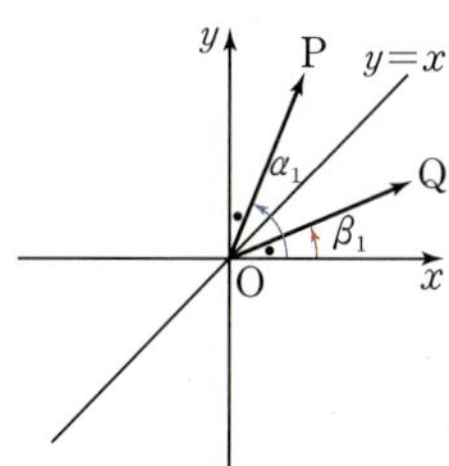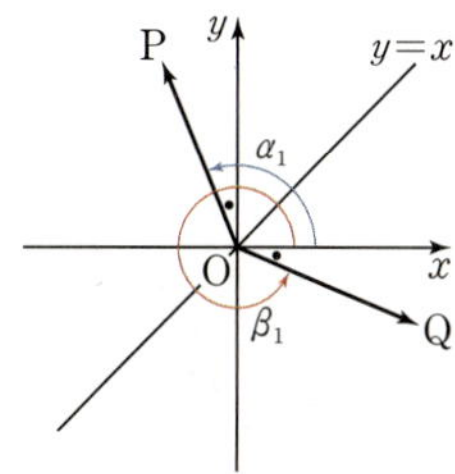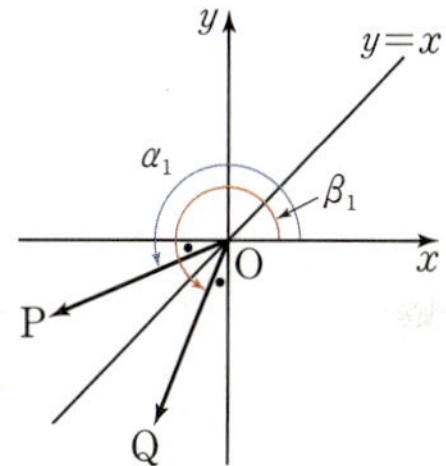

(ⅰ), (ⅱ), (ⅲ)에서

$$\alpha+\beta=360^\circ\times(n_1+n_2)+90^\circ \ \text{또는} \ \alpha+\beta=360^\circ\times(n_1+n_2+1)+90^\circ$$

이므로

$$\alpha+\beta=360^\circ\times n+90^\circ \ (n\text{은 정수})$$

각 θ를 나타내는 동경과 각 7θ를 나타내는 동경이 일치할 때 각 θ의 크기를 구하면

(단, $0^\circ<\theta<90^\circ$)

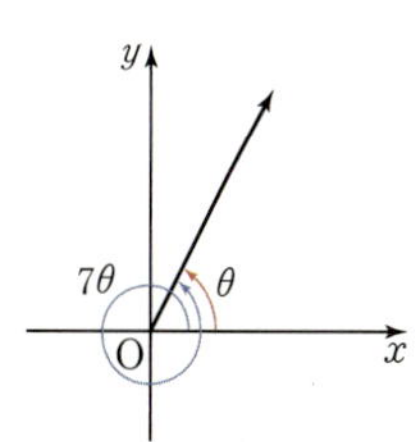

$7\theta-\theta=360^\circ\times n \ (n\text{은 정수})$

$6\theta=360^\circ\times n \qquad \therefore \theta=60^\circ\times n \qquad \cdots\cdots \ \text{㉠}$

$0^\circ<\theta<90^\circ$에서 $0^\circ<60^\circ\times n<90^\circ$

$\therefore 0<n<\dfrac{3}{2}$

이때 n은 정수이므로 $n=1$

이것을 ㉠에 대입하면

$\theta=60^\circ$

(1) **라디안**: 호의 길이와 반지름의 길이가 r로 같은 부채꼴의 중심각의 크기는 반지름의 길이 r에 관계없이 항상 $\dfrac{180^\circ}{\pi}$로 일정하다.

이 일정한 각의 크기 $\dfrac{180^\circ}{\pi}$를 1라디안(radian)이라 한다.

(2) **호도법**: 라디안을 단위로 각의 크기를 나타내는 방법

(3) **호도법과 육십분법의 관계**

$$1\text{라디안}=\dfrac{180^\circ}{\pi}, \ 1^\circ=\dfrac{\pi}{180}\text{라디안}$$

참고 라디안(radian)은 반지름을 뜻하는 radius와 각을 뜻하는 angle의 합성어이고, 호도법의 호도는 호의 중심각의 크기라는 뜻이다.

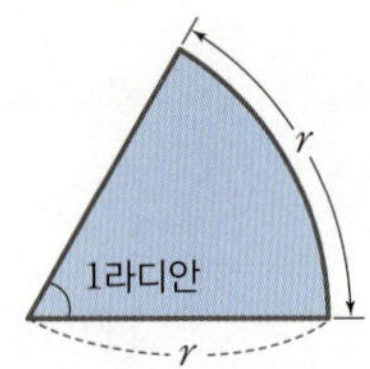

지금까지는 각의 크기를 나타낼 때 60°, 150°, -240°와 같이 도($^\circ$)를 단위로 사용하였다.

이와 같이 원의 둘레를 360등분하여 각 호에 대한 중심각의 크기를 1도($^\circ$), 1도의 $\dfrac{1}{60}$을 1분($'$), 1분의 육십분의 일을 1초($''$)로 정의하여 각의 크기를 나타내는 방법을 **육십분법**이라 한다.

이제 각의 크기를 나타내는 새로운 방법을 알아보자.

오른쪽 그림과 같이 반지름의 길이가 r인 원에서 길이가 r인 호 AB의 중심각의 크기를 α°라 하면, 호의 길이는 중심각의 크기에 정비례하므로

$$\underset{\text{호의 길이}}{r} : \underset{\text{원의 둘레의 길이}}{2\pi r}=\alpha^\circ : 360^\circ, \ \text{즉} \ \alpha^\circ=\dfrac{180^\circ}{\pi}$$

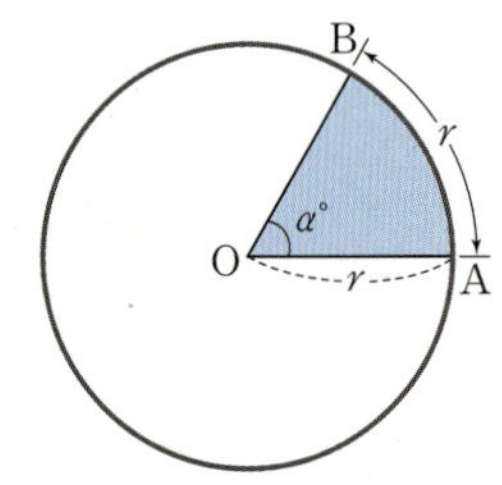

이다. 여기서 $\dfrac{180^\circ}{\pi}$는 반지름의 길이 r에 관계없이 항상 일정하다.

이 일정한 각의 크기 $\dfrac{180^\circ}{\pi}$를 <u>1라디안</u>(radian)이라 하며, 이것을 단위로 각의 크기를 나타내는 방법을 **호도법**이라 한다.
약 $57^\circ 17' 45''$이다.

example 그림과 같은 반원에서 $\overset{\frown}{\text{BP}}=2\,\overline{\text{OB}}$가 성립하도록 호 AB 위에 점 P를 잡아 부채꼴 OBP를 만들면 부채꼴 OBP의 호의 길이는 반지름의 길이의 2배이므로
$$\angle \text{BOP}=2\text{라디안}$$

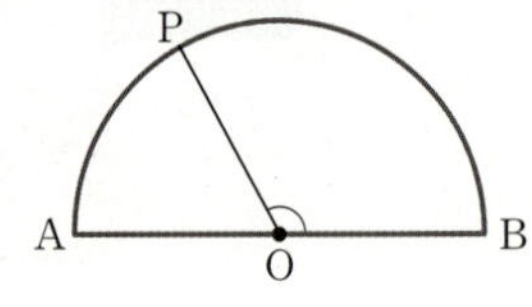

호도법은 부채꼴의 중심각의 크기(θ)를 반지름의 길이(r)과 호의 길이(l)의 비 $\left(\theta=\dfrac{l}{r}\right)$로 나타냄으로써 각을 실수로 나타낼 수 있게 하였다. 즉, 호도법에 의하여 θ는 실수가 되어 **02. 삼각함수** 단원에서 $\sin\theta$, $\cos\theta$, $\tan\theta$와 같은 삼각함수를 다룰 수 있는 것이다.

다시 말하면 삼각함수를 학습하기 위해 호도법을 학습하는 것이다.

일반적으로 호도법과 육십분법 사이에는 다음과 같은 관계가 성립한다.

$$1\text{라디안}=\frac{180°}{\pi}, \quad 1°=\frac{\pi}{180}\text{라디안}$$

이 관계를 이용하면 호도법의 각은 육십분법의 각으로, 육십분법의 각은 호도법의 각으로 나타낼 수 있다.

$1\text{라디안}=\dfrac{180°}{\pi}$이므로 이를 이용하여 호도법의 각을 육십분법의 각으로 나타내면

$$(\text{호도법의 각}) \times \frac{180°}{\pi} = (\text{육십분법의 각})$$

$1°=\dfrac{\pi}{180}$라디안이므로 이를 이용하여 육십분법의 각을 호도법의 각으로 나타내면

$$(\text{육십분법의 각}) \times \frac{\pi}{180} = (\text{호도법의 각})$$

자주 사용되는 육십분법의 각에 대한 호도법의 각은 다음 표와 같다.

육십분법의 각	0°	30°	45°	60°	90°	180°	270°	360°
호도법의 각	0	$\dfrac{\pi}{6}$	$\dfrac{\pi}{4}$	$\dfrac{\pi}{3}$	$\dfrac{\pi}{2}$	π	$\dfrac{3}{2}\pi$	2π

example

(1) $120° = 120 \times 1° = 120 \times \dfrac{\pi}{180}\,(\text{라디안})$

$\qquad\qquad = \dfrac{2}{3}\pi$

(2) $-\dfrac{11}{6}\pi = -\dfrac{11}{6}\pi \times 1\,(\text{라디안}) = -\dfrac{11}{6}\pi \times \dfrac{180°}{\pi}$

$\qquad\qquad\quad = -330°$

참고 각의 크기를 호도법으로 나타낼 때는 단위인 '라디안'은 생략하고, $1, \dfrac{\pi}{4}, 2\pi$와 같이 실수로 나타낸다.

196쪽에서 시초선 OX에 대하여 동경 OP가 나타내는 한 각의 크기를 $\alpha°$라 할 때, 동경 OP가 나타내는 일반각은 $360° \times n + \alpha°$ (n은 정수) 꼴로 나타내었다.

같은 방법으로 각의 크기를 호도법으로 나타낼 때, 시초선 OX에 대하여 동경 OP가 나타내는 한 각의 크기를 θ(라디안)이라 하면 $360° = 2\pi$이므로 동경 OP가 나타내는 일반각은

$$2n\pi + \theta \ (n\text{은 정수})$$

이다. 이때 θ는 보통 $0 \le \theta < 2\pi$인 것을 택한다.

example

(1) $300° = 300 \times \dfrac{\pi}{180} = \dfrac{5}{3}\pi$이므로 $300°$의 동경이 나타내는 일반각을 호도법으로 나타

내면 $2n\pi + \dfrac{5}{3}\pi$ (n은 정수)

(2) $\dfrac{11}{2}\pi = 2\pi \times 2 + \dfrac{3}{2}\pi$이므로 $\dfrac{11}{2}\pi$의 동경이 나타내는 일반각은

$2n\pi + \dfrac{3}{2}\pi$ (n은 정수)

반지름의 길이가 r, 중심각의 크기가 θ(라디안)인 부채꼴의 호의 길이를 l,
넓이를 S라 하면

(1) $l=r\theta$ 　　　　　　　　(2) $S=\dfrac{1}{2}r^2\theta=\dfrac{1}{2}rl$

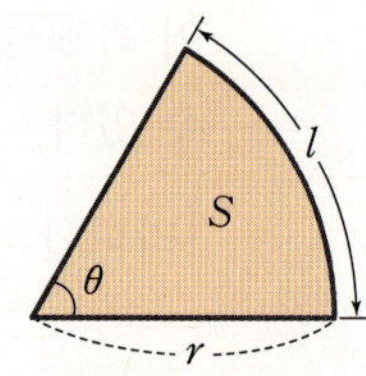

호도법을 이용하여 부채꼴의 호의 길이와 넓이를 구해 보자.

오른쪽 그림과 같이 반지름의 길이가 r, 중심각의 크기가 θ(라디안)인
부채꼴 OAB에서 호 AB의 길이를 l이라 하고, 부채꼴 OAB의 넓이를
S라 하면
부채꼴의 호의 길이는 중심각의 크기에 정비례하므로

$$l : 2\pi r = \theta : 2\pi,\ \ \text{즉}\ \ l=r\theta$$

이다.

$\leftarrow$ 호도법으로 나타낸 각임에 유의하자.

$\leftarrow$ 중학교 과정에서 학습한 공식 $l=2\pi r\times\dfrac{\alpha}{360}$
에서 α 대신 θ, 360 대신 2π를 대입하면
$l=2\pi r\times\dfrac{\theta}{2\pi}=r\theta$

또한 부채꼴의 넓이도 중심각의 크기에 정비례하므로

$$S : \pi r^2 = \theta : 2\pi,\ \ \text{즉}\ \ S=\dfrac{1}{2}r^2\theta$$

이다. 이때 $l=r\theta$이므로

$$S=\dfrac{1}{2}r^2\theta=\dfrac{1}{2}r\times r\theta=\dfrac{1}{2}rl$$

로 나타낼 수 있다.

$\leftarrow$ 중학교 과정에서 학습한 공식 $S=\pi r^2\times\dfrac{\alpha}{360}$에서
α 대신 θ, 360 대신 2π를 대입하면
$S=\pi r^2\times\dfrac{\theta}{2\pi}=\dfrac{1}{2}r^2\theta$

example　반지름의 길이가 2이고, 중심각의 크기가 $\dfrac{\pi}{3}$인 부채꼴의 호의 길이를 l, 넓이를 S라 하면

$$l=2\times\dfrac{\pi}{3}=\dfrac{2}{3}\pi$$

$$S=\dfrac{1}{2}\times 2^2\times\dfrac{\pi}{3}=\dfrac{2}{3}\pi$$

01 다음 각은 제몇 사분면의 각인지 말하시오.

(1) $650°$ (2) $870°$ (3) $-700°$

02 각 θ를 나타내는 동경과 각 4θ를 나타내는 동경이 y축에 대하여 대칭일 때, 각 θ의 크기를 구하시오. (단, $90°<\theta<180°$)

03 다음 중 육십분법으로 표현된 각은 호도법으로, 호도법으로 표현된 각은 육십분법으로 나타내시오.

(1) $240°$ (2) $-150°$ (3) $\dfrac{7}{6}\pi$ (4) $-\dfrac{3}{4}\pi$

04 다음 각의 동경이 나타내는 일반각을 $2n\pi+\theta$ 꼴로 나타내시오. (단, n은 정수, $0\leq\theta<2\pi$)

(1) $\dfrac{14}{3}\pi$ (2) $-\dfrac{11}{4}\pi$

05 반지름의 길이 r과 중심각의 크기 θ가 다음과 같은 부채꼴에 대하여 호의 길이 l과 넓이 S를 구하시오.

(1) $r=9$, $\theta=\dfrac{2}{3}\pi$ (2) $r=4$, $\theta=45°$

대표 예제 | 01

다음 물음에 답하시오.

(1) **보기**의 각을 나타내는 동경 중 120°를 나타내는 동경과 일치하는 것만을 있는 대로 고르시오.

> **보기**
>
> ㄱ. $-610°$　　　　ㄴ. $1200°$　　　　ㄷ. $\dfrac{13}{6}\pi$　　　　ㄹ. $-\dfrac{4}{3}\pi$

(2) θ가 제3사분면의 각일 때, 각 $\dfrac{\theta}{2}$를 나타내는 동경이 존재하는 사분면을 모두 구하시오.

바로 접근

(1) $\theta=360°\times n+\alpha$ (n은 정수, $0°\leq\alpha<360°$)이면 각 α를 나타내는 동경과 각 θ를 나타내는 동경은 일치한다.

(2) θ가 제3사분면의 각이라 해서 $180°<\theta<270°$로 놓아서는 안 된다.

　θ를 일반각의 범위로 나타낸 후 $\dfrac{\theta}{2}$를 나타내는 각의 범위를 생각한다.

바른 풀이

(1) ㄱ. $-610°=360°\times(-2)+110°$　　　　ㄴ. $1200°=360°\times 3+120°$

　ㄷ. $\dfrac{13}{6}\pi=390°=360°\times 1+30°$　　　　ㄹ. $-\dfrac{4}{3}\pi=-240°=360°\times(-1)+120°$

따라서 120°를 나타내는 동경과 일치하는 각은 ㄴ, ㄹ이다.

(2) θ가 제3사분면의 각이므로 정수 n에 대하여

$$360°\times n+180°<\theta<360°\times n+270° \qquad \therefore\ 180°\times n+90°<\dfrac{\theta}{2}<180°\times n+135°$$

(i) $n=2k$ (k는 정수)일 때

$$180°\times 2k+90°<\dfrac{\theta}{2}<180°\times 2k+135°,\ 360°\times k+90°<\dfrac{\theta}{2}<360°\times k+135°$$

즉, $\dfrac{\theta}{2}$는 제2사분면의 각이다.

(ii) $n=2k+1$ (k는 정수)일 때

$$180°\times(2k+1)+90°<\dfrac{\theta}{2}<180°\times(2k+1)+135°,\ 360°\times k+270°<\dfrac{\theta}{2}<360°\times k+315°$$

즉, $\dfrac{\theta}{2}$는 제4사분면의 각이다.

(i), (ii)에서 각 $\dfrac{\theta}{2}$를 나타내는 동경이 존재하는 사분면은 제2사분면, 제4사분면이다.

정답 (1) ㄴ, ㄹ　(2) 제2사분면, 제4사분면

Bible Says

각 θ를 나타내는 동경이 존재하는 사분면에 따라 θ의 범위를 일반각으로 표현하면 다음과 같다. (단, n은 정수)

① θ가 제1사분면의 각 ➡ $360°\times n<\theta<360°\times n+90°$

② θ가 제2사분면의 각 ➡ $360°\times n+90°<\theta<360°\times n+180°$

③ θ가 제3사분면의 각 ➡ $360°\times n+180°<\theta<360°\times n+270°$

④ θ가 제4사분면의 각 ➡ $360°\times n+270°<\theta<360°\times n+360°$

한편, 동경이 좌표축 위에 있을 때는 어느 사분면의 각도 아니다.

한 번 더하기

01-1

다음 물음에 답하시오.

(1) **보기**의 각을 나타내는 동경 중 $75°$를 나타내는 동경과 일치하는 것만을 있는 대로 고르시오.

> **보기**
>
> ㄱ. $-1105°$　　　ㄴ. $645°$　　　ㄷ. $\dfrac{29}{12}\pi$　　　ㄹ. $\dfrac{25}{4}\pi$

(2) θ가 제2사분면의 각일 때, 각 $\dfrac{\theta}{2}$를 나타내는 동경이 존재하는 사분면을 모두 구하시오.

05

표현 더하기

01-2

다음 각의 크기를 $360°\times n+\alpha°$ (n은 정수, $0°<\alpha°<360°$)와 같이 나타낼 때, α의 값이 가장 작은 것은?

① $-510°$　　　② $-290°$　　　③ $450°$　　　④ $630°$　　　⑤ $800°$

표현 더하기

01-3

3θ가 제1사분면의 각일 때, 각 θ를 나타내는 동경이 존재하는 사분면을 모두 구하시오.

표현 더하기

01-4

각 θ를 나타내는 동경이 속하는 영역을 좌표평면 위에 나타내면 그림의 색칠한 부분과 같을 때, 각 $\dfrac{\theta}{2}$를 나타내는 동경이 존재하는 사분면을 모두 구하시오. (단, 경계선은 제외한다.)

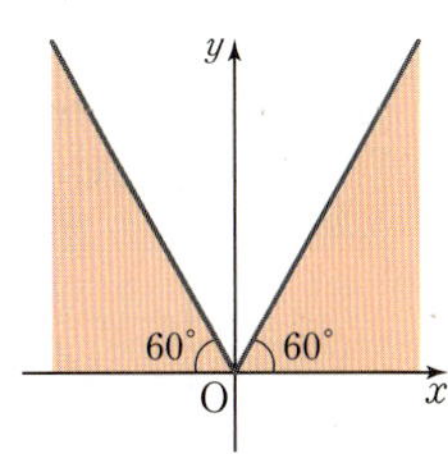

대표 예제 | 02

다음을 모두 구하시오. (단, $0<\theta<\pi$)

(1) 각 θ를 나타내는 동경과 각 6θ를 나타내는 동경이 일치할 때, 각 θ의 크기

(2) 각 θ를 나타내는 동경과 각 5θ를 나타내는 동경이 y축에 대하여 대칭일 때, 각 θ의 크기

바로 접근

두 동경의 위치 관계를 그림으로 나타내 보면 두 각의 합이나 차의 관계를 알 수 있다.

(1) 두 동경이 일치하므로 두 각의 크기의 차는 $2n\pi$ (n은 정수)이다.

(2) 두 동경이 y축에 대하여 대칭이므로 두 각의 크기의 합은 $2n\pi+\pi$ (n은 정수)이다.

바른 풀이

(1) 각 θ를 나타내는 동경과 각 6θ를 나타내는 동경이 일치하므로

$$6\theta-\theta=2n\pi \text{ (n은 정수)}$$

$$5\theta=2n\pi \qquad \therefore \theta=\frac{2}{5}n\pi \qquad \cdots\cdots \ \text{㉠}$$

$$0<\theta<\pi \text{에서 } 0<\frac{2}{5}n\pi<\pi \qquad \therefore 0<n<\frac{5}{2}$$

n은 정수이므로 $n=1$ 또는 $n=2$

이것을 ㉠에 대입하면 $\theta=\dfrac{2}{5}\pi$ 또는 $\theta=\dfrac{4}{5}\pi$

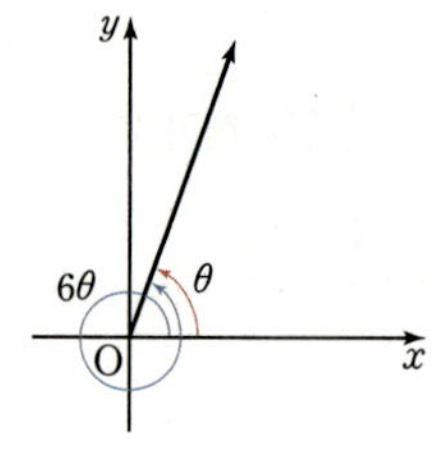

(2) 각 θ를 나타내는 동경과 각 5θ를 나타내는 동경이 y축에 대하여

대칭이므로 $\theta+5\theta=2n\pi+\pi$ (n은 정수)

$$6\theta=(2n+1)\pi \qquad \therefore \theta=\frac{2n+1}{6}\pi \qquad \cdots\cdots \ \text{㉠}$$

$$0<\theta<\pi \text{에서 } 0<\frac{2n+1}{6}\pi<\pi \qquad \therefore -\frac{1}{2}<n<\frac{5}{2}$$

n은 정수이므로 $n=0$ 또는 $n=1$ 또는 $n=2$

이것을 ㉠에 대입하면 $\theta=\dfrac{\pi}{6}$ 또는 $\theta=\dfrac{\pi}{2}$ 또는 $\theta=\dfrac{5}{6}\pi$

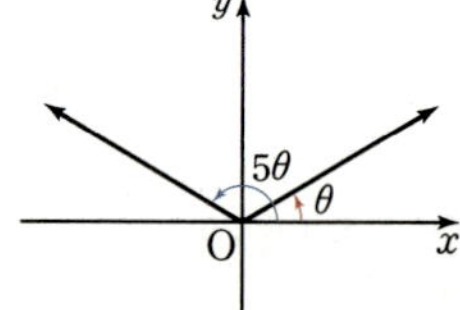

정답 (1) $\dfrac{2}{5}\pi$, $\dfrac{4}{5}\pi$ (2) $\dfrac{\pi}{6}$, $\dfrac{\pi}{2}$, $\dfrac{5}{6}\pi$

Bible Says

두 각 α, β를 나타내는 동경의 위치 관계에 대하여 다음이 성립한다. (단, n은 정수)

① 서로 일치	② 일직선 위에 있고 방향이 반대(원점 대칭)	③ x축에 대하여 대칭	④ y축에 대하여 대칭	⑤ 직선 $y=x$에 대하여 대칭
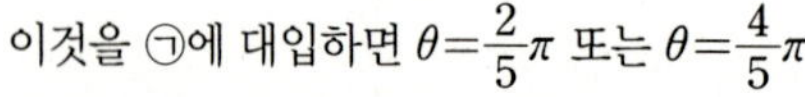				
$\alpha-\beta=2n\pi$	$\alpha-\beta=2n\pi+\pi$	$\alpha+\beta=2n\pi$	$\alpha+\beta=2n\pi+\pi$	$\alpha+\beta=2n\pi+\dfrac{\pi}{2}$

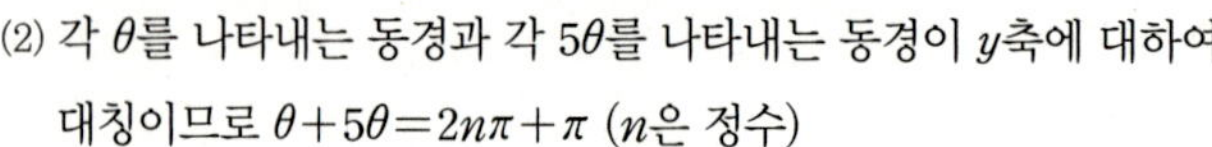

한 번 더하기

02-1

다음 물음에 답하시오. (단, $\pi<\theta<2\pi$)

(1) 각 θ를 나타내는 동경과 각 7θ를 나타내는 동경이 일직선 위에 있고 방향이 반대일 때, 모든 각 θ의 크기의 합을 구하시오.

(2) 각 θ를 나타내는 동경과 각 4θ를 나타내는 동경이 x축에 대하여 대칭일 때, 각 θ의 크기를 모두 구하시오.

표현 더하기

02-2

두 각 α, β에 대하여 **보기**에서 옳은 것만을 있는 대로 고르시오. (단, n은 정수이다.)

> **보기**
>
> ㄱ. 두 각 α, β를 나타내는 동경이 일치하면 $\alpha-\beta=n\pi$이다.
> ㄴ. 두 각 α, β를 나타내는 동경이 일직선 위에 있고 방향이 반대이면 $\alpha-\beta=2n\pi+\pi$이다.
> ㄷ. 두 각 α, β를 나타내는 동경이 x축에 대하여 대칭이면 $\alpha+\beta=2n\pi$이다.
> ㄹ. 두 각 α, β를 나타내는 동경이 직선 $y=x$에 대하여 대칭이면 $\alpha-\beta=2n\pi+\dfrac{\pi}{2}$이다.

표현 더하기

02-3

각 2θ를 나타내는 동경과 각 6θ를 나타내는 동경이 y축에 대하여 대칭일 때, 모든 각 θ의 크기의 합을 구하시오. $\left(\text{단, } \pi<\theta<\dfrac{3}{2}\pi\right)$

표현 더하기

02-4

각 θ를 나타내는 동경과 각 3θ를 나타내는 동경이 직선 $y=x$에 대하여 대칭일 때, 각 θ의 크기를 구하시오. $\left(\text{단, } \dfrac{\pi}{2}<\theta<\pi\right)$

대표 예제 | 03

다음 물음에 답하시오.

(1) 반지름의 길이가 6이고 호의 길이가 2π인 부채꼴의 중심각의 크기와 넓이를 각각 구하시오.

(2) 중심각의 크기가 $\dfrac{2}{3}\pi$이고 넓이가 12π인 부채꼴의 둘레의 길이를 구하시오.

바로 접근

반지름의 길이가 r, 중심각의 크기가 θ(라디안)인 부채꼴의 호의 길이를 l, 넓이를 S라 하면

① $l=r\theta$

② $S=\dfrac{1}{2}r^2\theta=\dfrac{1}{2}rl$

③ (부채꼴의 둘레의 길이)$=2r+r\theta$

바른 풀이

부채꼴의 반지름의 길이를 r, 중심각의 크기를 θ, 호의 길이를 l, 넓이를 S라 하자.

(1) $r=6$, $l=2\pi$이므로

$$l=r\theta \text{에서 } 2\pi=6\theta \qquad \therefore \theta=\dfrac{\pi}{3}$$

$$S=\dfrac{1}{2}rl \text{에서 } S=\dfrac{1}{2}\times 6 \times 2\pi=6\pi$$

(2) $\theta=\dfrac{2}{3}\pi$, $S=12\pi$이므로

$$S=\dfrac{1}{2}r^2\theta \text{에서 } 12\pi=\dfrac{1}{2}\times r^2 \times \dfrac{2}{3}\pi$$

$$r^2=36 \qquad \therefore r=6 \ (\because r>0)$$

$$l=r\theta \text{에서 } l=6\times \dfrac{2}{3}\pi=4\pi$$

따라서 부채꼴의 둘레의 길이는

$$2\times 6+4\pi=12+4\pi$$

정답 (1) 중심각의 크기: $\dfrac{\pi}{3}$, 넓이: 6π (2) $12+4\pi$

Bible Says

부채꼴의 둘레의 길이와 넓이의 최대·최소

부채꼴의 반지름의 길이를 r, 중심각의 크기를 θ, 호의 길이를 l, 둘레의 길이를 a, 넓이를 S라 하면

① $l=a-2r$이므로 넓이 S는 $S=\dfrac{1}{2}r(a-2r)$

➡ 부채꼴의 둘레의 길이가 주어졌을 때, 이차함수의 최대·최소를 이용하여 부채꼴의 넓이의 최댓값을 구한다.

② $S=\dfrac{1}{2}rl$에서 $l=\dfrac{2S}{r}$이므로 부채꼴의 둘레의 길이 a는 $a=2r+\dfrac{2S}{r}$

➡ 부채꼴의 넓이가 주어졌을 때, 산술평균과 기하평균의 관계를 이용하여 부채꼴의 둘레의 길이의 최솟값을 구한다.

03-1 다음 물음에 답하시오.

(1) 호의 길이가 3π이고 넓이가 9π인 부채꼴의 중심각의 크기를 구하시오.

(2) 중심각의 크기가 $\dfrac{\pi}{4}$이고 호의 길이가 2π인 부채꼴의 넓이를 구하시오.

03-2 그림과 같이 부채꼴 모양의 종이로 고깔모자를 만들었더니 밑면의 반지름의 길이가 2이고 모선의 길이가 7인 원뿔 모양이 되었다. 이 부채꼴의 중심각의 크기를 구하시오.

(단, 종이는 겹치지 않도록 한다.)

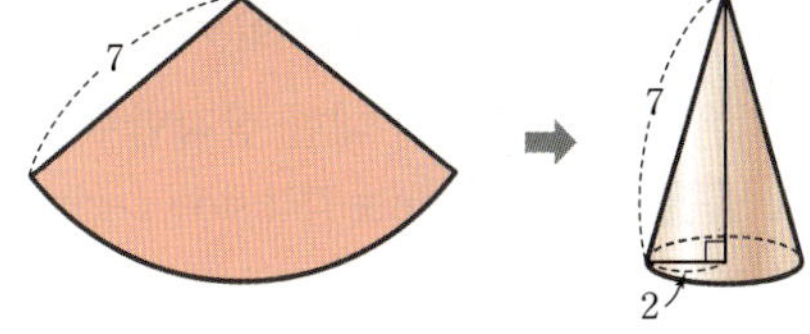

03-3 둘레의 길이가 20인 부채꼴 중에서 그 넓이가 최대인 것의 반지름의 길이와 중심각의 크기를 각각 구하시오.

03-4 넓이가 4인 부채꼴의 둘레의 길이의 최솟값을 구하시오.

02 삼각함수

삼각함수의 뜻

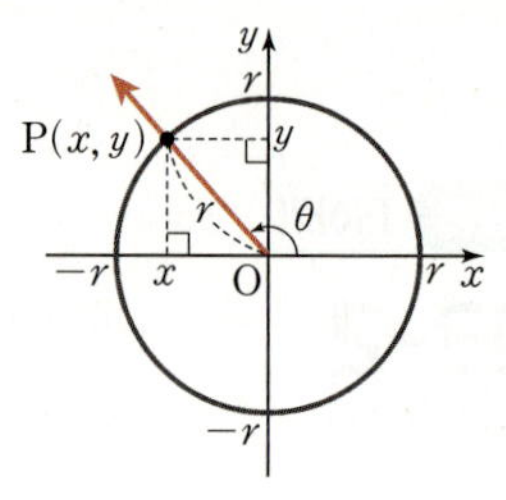

원점 O를 중심으로 하고 반지름의 길이가 r인 원 위의 점 $P(x, y)$에 대하여
동경 OP가 나타내는 일반각을 θ라 하면

$$\sin \theta = \frac{y}{r}, \ \cos \theta = \frac{x}{r}, \ \tan \theta = \frac{y}{x} \ (x \neq 0)$$

이 함수를 차례대로 θ의 사인함수, 코사인함수, 탄젠트함수라 하고, 이와 같
은 함수들을 θ에 대한 삼각함수라 한다.

참고 sin, cos, tan는 각각 sine, cosine, tangent의 약자이다.

중학교 과정에서 학습한 삼각비에 대하여 정리해 보자.

직각삼각형에서 직각이 아닌 한 각의 크기에 따라 정해지는 두 변의 길이의 비의 값을 삼각비라
한다.

오른쪽 그림과 같이 $\angle B = 90°$인 직각삼각형 ABC에서 $\angle A$의 삼각비는

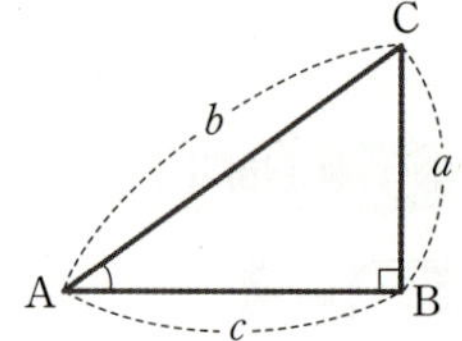

$$\sin A = \frac{a}{b}, \ \cos A = \frac{c}{b}, \ \tan A = \frac{a}{c}$$

이다.

또한 오른쪽 그림과 같이 직각삼각형에서 θ의 크기가 일정하면 직각삼각
형의 크기에 관계없이 삼각비의 값, 즉 $\sin \theta$, $\cos \theta$, $\tan \theta$의 값은 항상
일정함을 알 수 있다. ← $\triangle ABC \infty \triangle AB'C'$이므로

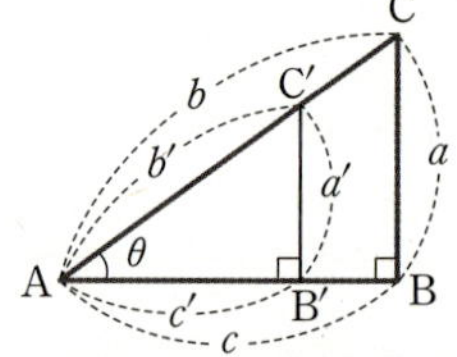

$$\sin \theta = \frac{a}{b} = \frac{a'}{b'}, \ \cos \theta = \frac{c}{b} = \frac{c'}{b'}, \ \tan \theta = \frac{a}{c} = \frac{a'}{c'}$$

한편, 특수한 각에 대한 삼각비의 값은 다음과 같다.

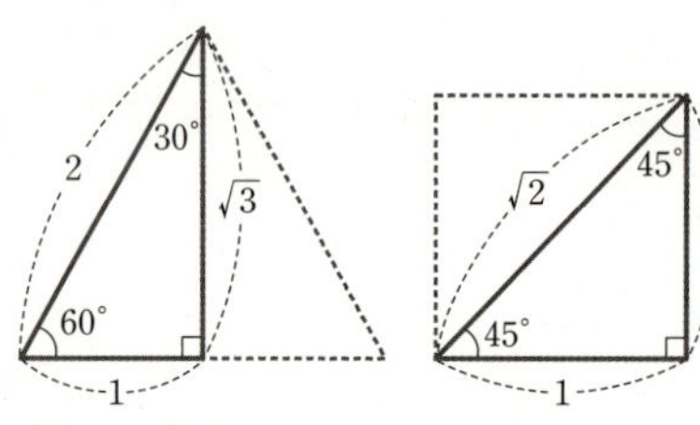

삼각비 \ θ	$30° \left(= \dfrac{\pi}{6} \right)$	$45° \left(= \dfrac{\pi}{4} \right)$	$60° \left(= \dfrac{\pi}{3} \right)$
$\sin \theta$	$\dfrac{1}{2}$	$\dfrac{\sqrt{2}}{2}$	$\dfrac{\sqrt{3}}{2}$
$\cos \theta$	$\dfrac{\sqrt{3}}{2}$	$\dfrac{\sqrt{2}}{2}$	$\dfrac{1}{2}$
$\tan \theta$	$\dfrac{\sqrt{3}}{3}$	1	$\sqrt{3}$

중학교 과정에서는 sin, cos, tan를 0°부터 90°까지의 범위에서 다루었지만, 이제부터는 각을 일반각으로 확장해 보자.

오른쪽 그림과 같이 좌표평면의 원점 O에서 x축의 양의 방향으로 시초선을 잡을 때, 일반각 θ를 나타내는 동경과 원점 O를 중심으로 하고 반지름의 길이가 r인 원의 교점을 P(x, y)라 하면

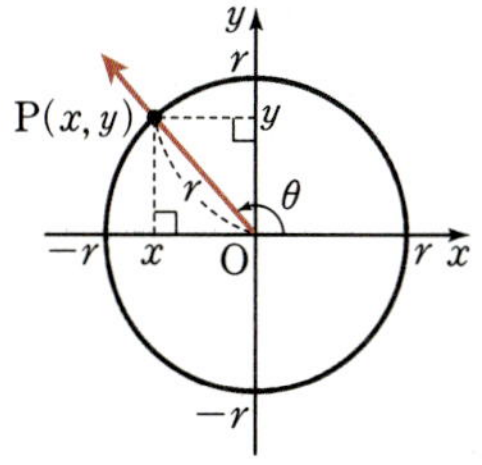

$$\frac{y}{r}, \frac{x}{r}, \frac{y}{x} \ (x \neq 0) \quad \leftarrow r = \sqrt{x^2 + y^2}$$

의 값은 r의 값에 관계없이 θ의 값에 따라 각각 하나씩 정해진다.

따라서

$$\theta \to \frac{y}{r}, \ \theta \to \frac{x}{r}, \ \theta \to \frac{y}{x} \ (x \neq 0)$$

과 같은 대응은 θ에 대한 함수이다.　← 호도법에 의하여 θ는 실수이므로 명백히 정의역과 공역이 실수 집합인 함수이다.

이 함수를 각각 **사인함수**, **코사인함수**, **탄젠트함수**라 하고, 기호로 각각

$$\sin\theta = \frac{y}{r}, \ \cos\theta = \frac{x}{r}, \ \tan\theta = \frac{y}{x} \ (x \neq 0)$$

　← $\sin\theta,\ \cos\theta$는 모든 실수 θ에 대해서 정의되지만 $\tan\theta$는 $x=0$인 경우, 즉 $\theta = n\pi + \frac{\pi}{2}$ (n은 정수)에서는 정의되지 않는다.

과 같이 나타낸다.

이와 같이 정의한 함수를 통틀어 θ에 대한 **삼각함수**라 한다.

삼각함수를 정의할 때, 직각삼각형의 변의 길이로 정의되는 삼각비와 달리 좌표평면에서의 점의 좌표를 이용하여 함수를 정의하였으므로 θ가 예각이 아닌 경우에도 함숫값을 구할 수 있고, 삼각함수의 값이 음수가 될 수도 있다.

example 원점 O와 점 P$(-4, -3)$을 지나는 동경 OP가 나타내는 각의 크기를 θ라 할 때, $\overline{\text{OP}} = \sqrt{(-4)^2 + (-3)^2} = 5$이므로
$$\sin\theta = -\frac{3}{5}, \ \cos\theta = -\frac{4}{5}, \ \tan\theta = \frac{3}{4}$$

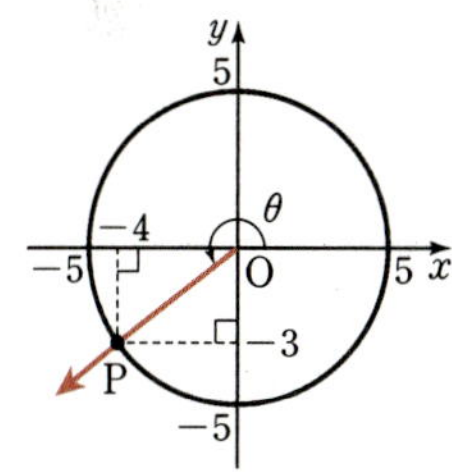

example $\theta = -\frac{\pi}{3}$일 때 $\sin\theta,\ \cos\theta,\ \tan\theta$의 값을 구하면

그림과 같이 각 $-\frac{\pi}{3}$를 나타내는 동경과 단위원의 교점을　원점을 중심으로 하고 반지름의 길이가 1인 원
P라 하고, 점 P에서 x축에 내린 수선의 발을 H라 할 때,

$\overline{\text{OP}} = 1$이고 $\angle\text{POH} = \frac{\pi}{3}$이므로 점 P의 좌표는

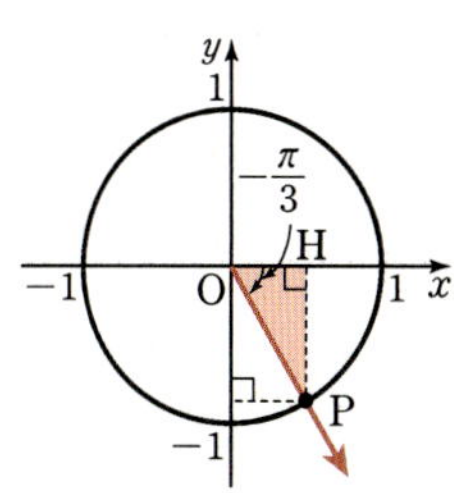

$$\left(\frac{1}{2}, -\frac{\sqrt{3}}{2}\right) \quad \leftarrow \overline{\text{OH}} = \overline{\text{OP}}\cos\frac{\pi}{3} = \frac{1}{2}, \ \overline{\text{PH}} = \overline{\text{OP}}\sin\frac{\pi}{3} = \frac{\sqrt{3}}{2}$$

$$\therefore \sin\theta = -\frac{\sqrt{3}}{2}, \ \cos\theta = \frac{1}{2}, \ \tan\theta = \frac{-\frac{\sqrt{3}}{2}}{\frac{1}{2}} = -\sqrt{3}$$

삼각함수의 값의 부호는 각 θ를 나타내는 동경이 위치한 사분면에 따라 다음과 같이 정해진다.

(1) $\sin\theta$의 값의 부호　　　　**(2)** $\cos\theta$의 값의 부호　　　　**(3)** $\tan\theta$의 값의 부호

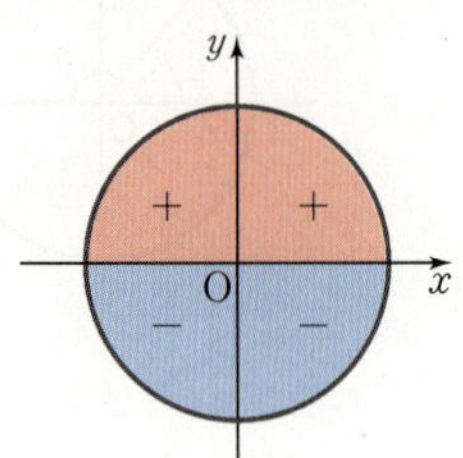　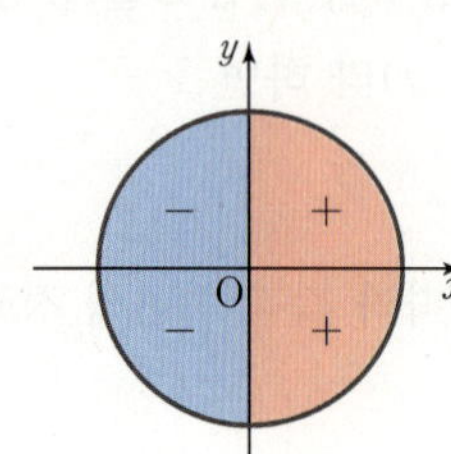　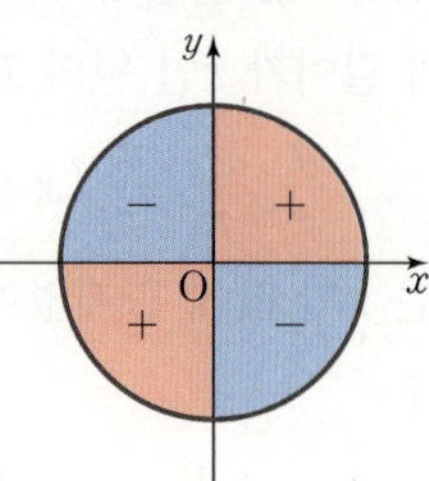

삼각함수의 값은 각 θ를 나타내는 동경 OP에 대하여 선분 OP의 길이 r과 점 $\mathrm{P}(x,\,y)$의 x좌표, y좌표에 의하여 정해진다.

이때 선분 OP의 길이 r은 항상 양수이므로 삼각함수의 값의 부호는 x좌표, y좌표의 부호에 따라 정해진다.

동경 OP가 나타내는 일반각을 θ라 하면 점 $\mathrm{P}(x,\,y)$와 $\overline{\mathrm{OP}}=r\,(r>0)$에 대하여 동경 OP의 위치에 따른 삼각함수의 값의 부호는 다음과 같다.

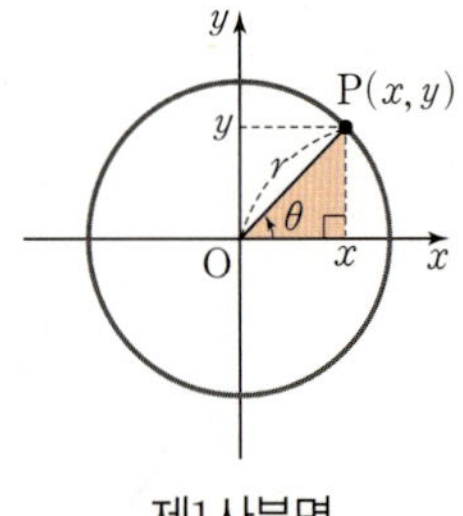　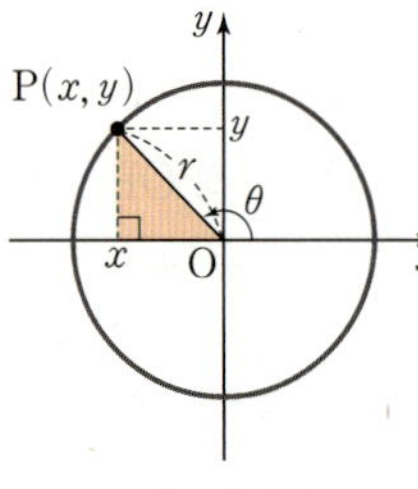　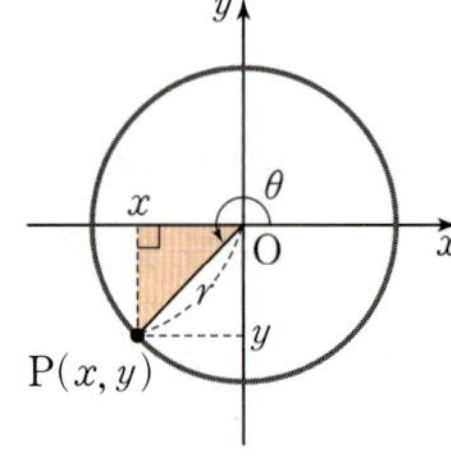　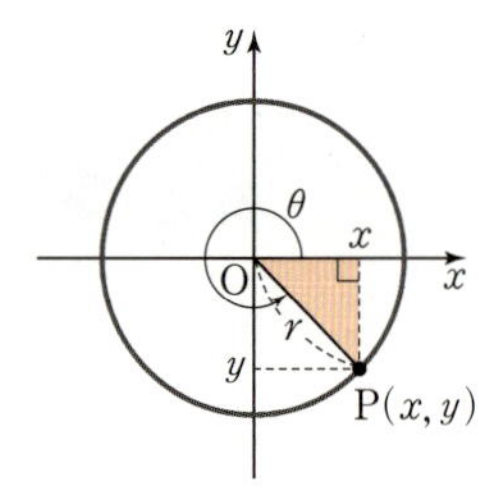

제1사분면　　　　　제2사분면　　　　　제3사분면　　　　　제4사분면

(i) 동경 OP가 제1사분면에 위치하는 경우는 $x>0,\ y>0$이므로

$$\sin\theta=\frac{y}{r}>0,\ \cos\theta=\frac{x}{r}>0,\ \tan\theta=\frac{y}{x}>0$$

(ii) 동경 OP가 제2사분면에 위치하는 경우는 $x<0,\ y>0$이므로

$$\sin\theta=\frac{y}{r}>0,\ \cos\theta=\frac{x}{r}<0,\ \tan\theta=\frac{y}{x}<0$$

(iii) 동경 OP가 제3사분면에 위치하는 경우는 $x<0,\ y<0$이므로

$$\sin\theta=\frac{y}{r}<0,\ \cos\theta=\frac{x}{r}<0,\ \tan\theta=\frac{y}{x}>0$$

(iv) 동경 OP가 제4사분면에 위치하는 경우는 $x>0,\ y<0$이므로

$$\sin\theta=\frac{y}{r}<0,\ \cos\theta=\frac{x}{r}>0,\ \tan\theta=\frac{y}{x}<0$$

$\sin\theta$는 점 P의 y좌표, $\cos\theta$는 점 P의 x좌표, $\tan\theta$는 동경의 기울기를 이용하여 삼각함수의 부호를 생각할 수도 있다.

(i)~(iv)에서 각 θ에 대한 삼각함수의 값의 부호를 사분면에 따라 정리하면 다음과 같다.

삼각함수 \ 사분면	제1사분면 $(x>0,\ y>0)$	제2사분면 $(x<0,\ y>0)$	제3사분면 $(x<0,\ y<0)$	제4사분면 $(x>0,\ y<0)$
$\sin\theta$	$+$	$+$	$-$	$-$
$\cos\theta$	$+$	$-$	$-$	$+$
$\tan\theta$	$+$	$-$	$+$	$-$

삼각함수의 값의 부호가 $+$인 것만을 나타낸 것이다.

즉, 제1사분면의 각에 대한 삼각함수의 값은 모두 양수이고,

제2사분면의 각에 대한 삼각함수의 값은 사인함수($\sin$)의 값만 양수이고,

제3사분면의 각에 대한 삼각함수의 값은 탄젠트함수($\tan$)의 값만 양수이고,

제4사분면의 각에 대한 삼각함수의 값은 코사인함수($\cos$)의 값만 양수이다.

example

(1) $165°$는 제2사분면의 각이므로

$$\sin 165°>0,\ \cos 165°<0,\ \tan 165°<0$$

(2) $\dfrac{7}{5}\pi$는 제3사분면의 각이므로

$$\sin\frac{7}{5}\pi<0,\ \cos\frac{7}{5}\pi<0,\ \tan\frac{7}{5}\pi>0$$

(3) $-\dfrac{\pi}{6}$는 제4사분면의 각이므로

$$\sin\left(-\frac{\pi}{6}\right)<0,\ \cos\left(-\frac{\pi}{6}\right)>0,\ \tan\left(-\frac{\pi}{6}\right)<0$$

3 삼각함수 사이의 관계

삼각함수 사이에는 다음과 같은 관계가 성립한다.

(1) $\tan\theta=\dfrac{\sin\theta}{\cos\theta}$　　　　　　　　**(2)** $\sin^2\theta+\cos^2\theta=1$

오른쪽 그림과 같이 각 θ를 나타내는 동경과 단위원의 교점을 $\mathrm{P}(x,\ y)$라 하면

$$\sin\theta=\frac{y}{1}=y,\ \cos\theta=\frac{x}{1}=x$$

이고, $\tan\theta=\dfrac{y}{x}\ (x\neq0)$이므로

$$\tan\theta=\frac{\sin\theta}{\cos\theta}$$

한편, $\mathrm{P}(x,\ y)$는 단위원 위의 점이므로 $x^2+y^2=1$이다.

그런데 $x=\cos\theta,\ y=\sin\theta$이므로

$$\sin^2\theta+\cos^2\theta=1 \qquad \leftarrow (\sin\theta)^2,\ (\cos\theta)^2,\ (\tan\theta)^2\text{을 각각 } \sin^2\theta,\ \cos^2\theta,\ \tan^2\theta\text{로 간단히 나타낼 수 있다.}$$

따라서 하나의 삼각함수의 값을 알면 삼각함수 사이의 관계를 이용하여 다른 삼각함수의 값을 구할 수 있다.

θ가 제4사분면의 각이고 $\sin\theta=-\dfrac{2}{3}$일 때, $\cos\theta$, $\tan\theta$의 값을 각각 구하면

$\sin^2\theta+\cos^2\theta=1$에서

$\cos^2\theta=1-\sin^2\theta=1-\left(-\dfrac{2}{3}\right)^2=\dfrac{5}{9}$

그런데 θ가 제4사분면의 각이면 $\cos\theta>0$이므로

$\cos\theta=\dfrac{\sqrt{5}}{3}$

또한 $\tan\theta=\dfrac{\sin\theta}{\cos\theta}$에서

$\tan\theta=\dfrac{-\dfrac{2}{3}}{\dfrac{\sqrt{5}}{3}}=-\dfrac{2\sqrt{5}}{5}$

[다른 풀이]

삼각함수의 정의를 이용하면

θ가 제4사분면의 각이고 $\sin\theta=-\dfrac{2}{3}$이므로 각 θ를 나타내는

동경이 반지름의 길이가 3인 원과 만나는 점 P의 좌표는 그림과 같이 $(\sqrt{5},\ -2)$이다.

$\therefore \cos\theta=\dfrac{\sqrt{5}}{3}$, $\tan\theta=-\dfrac{2\sqrt{5}}{5}$

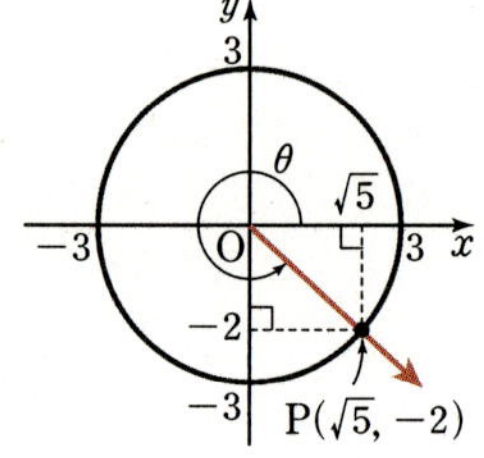

개념 CHECK

02. 삼각함수

01 원점 O와 다음 점 P에 대하여 동경 OP가 나타내는 각의 크기를 θ라 할 때, $\sin\theta$, $\cos\theta$, $\tan\theta$ 의 값을 각각 구하시오.

(1) $P(-3, 4)$　　　　　　　　　　　　(2) $P(12, -5)$

02 각 θ가 다음과 같을 때, $\sin\theta$, $\cos\theta$, $\tan\theta$의 값의 부호를 각각 말하시오.

(1) $600°$　　　　　　(2) $\dfrac{11}{3}\pi$　　　　　　(3) $-\dfrac{13}{4}\pi$

03 다음 조건을 만족시키는 각 θ는 제몇 사분면의 각인지 말하시오.

(1) $\sin\theta > 0$, $\tan\theta < 0$　　　　　　(2) $\sin\theta\cos\theta < 0$

04 $\pi < \theta < \dfrac{3}{2}\pi$이고 $\cos\theta = -\dfrac{4}{5}$일 때, $\sin\theta$, $\tan\theta$의 값을 각각 구하시오.

05 $\sin\theta + \cos\theta = \dfrac{1}{2}$일 때, $\sin\theta\cos\theta$의 값을 구하시오.

대표 예제 | 04

좌표평면에서 원점 O와 점 $P(3, -4)$를 지나는 동경 OP가 나타내는 각의 크기를 θ라 할 때, 다음 식의 값을 구하시오.

(1) $\sin\theta - \cos\theta$　　　　(2) $5\cos\theta + 3\tan\theta$　　　　(3) $\dfrac{8}{5\sin\theta\tan\theta}$

Ba로 접근　삼각함수의 정의를 이용하여 $\sin\theta$, $\cos\theta$, $\tan\theta$를 각각 구한 후 주어진 식을 계산한다.

Ba른 풀이

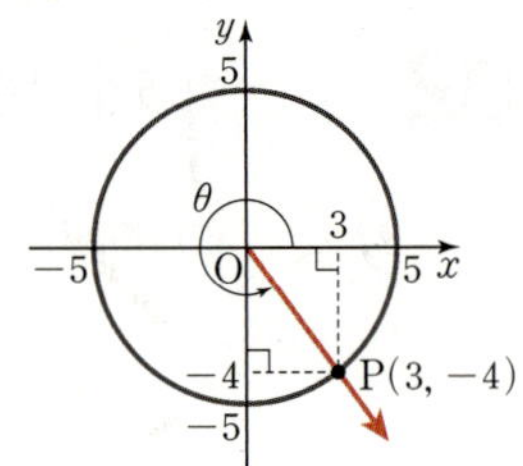

오른쪽 그림에서 $\overline{OP} = \sqrt{3^2 + (-4)^2} = 5$이므로

$$\sin\theta = -\frac{4}{5}, \ \cos\theta = \frac{3}{5}, \ \tan\theta = -\frac{4}{3}$$

(1) $\sin\theta - \cos\theta = -\dfrac{4}{5} - \dfrac{3}{5}$

$$= -\frac{7}{5}$$

(2) $5\cos\theta + 3\tan\theta = 5 \times \dfrac{3}{5} + 3 \times \left(-\dfrac{4}{3}\right)$

$$= 3 + (-4)$$

$$= -1$$

(3) $\dfrac{8}{5\sin\theta\tan\theta} = \dfrac{8}{5 \times \left(-\dfrac{4}{5}\right) \times \left(-\dfrac{4}{3}\right)}$

$$= \frac{8}{\dfrac{16}{3}} = \frac{3}{2}$$

정답　(1) $-\dfrac{7}{5}$　(2) -1　(3) $\dfrac{3}{2}$

Bible Says

삼각함수의 정의

원점 O를 중심으로 하고 반지름의 길이가 r인 원 위의 점 $P(x, y)$에 대하여 동경 OP가 나타내는 각의 크기를 θ라 하면

$$\sin\theta = \frac{y}{r}, \ \cos\theta = \frac{x}{r}, \ \tan\theta = \frac{y}{x} \ (x \neq 0)$$

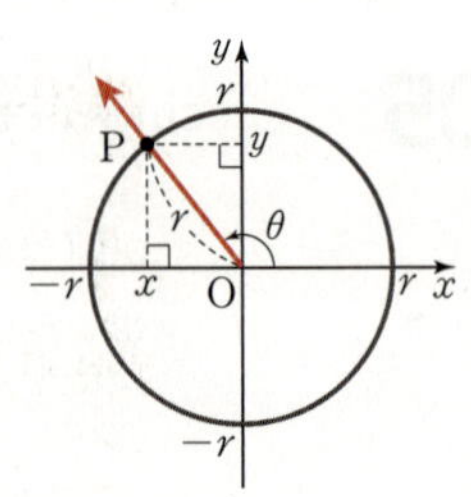

한 번 더하기

04-1

좌표평면에서 원점 O와 점 $P(-8, 6)$을 지나는 동경 OP가 나타내는 각의 크기를 θ라 할 때, 다음 식의 값을 구하시오.

(1) $\sin\theta + \cos\theta$

(2) $\dfrac{4\tan\theta}{\cos\theta - \sin\theta}$

표현 더하기

04-2

$\theta = \dfrac{4}{3}\pi$일 때, $\sin\theta$, $\cos\theta$, $\tan\theta$의 값을 각각 구하시오.

표현 더하기

04-3

θ가 제2사분면의 각이고 $\tan\theta = -\dfrac{1}{2}$일 때, $\sin\theta\cos\theta$의 값을 구하시오.

표현 더하기

04-4

직선 $5x - 12y = 0$이 x축의 양의 부분과 이루는 각의 크기를 θ라 할 때, $\dfrac{13\sin\theta + 12\tan\theta}{13\cos\theta - 2}$의 값을 구하시오. $\left(\text{단, } 0 < \theta < \dfrac{\pi}{2}\right)$

대표 예제 | 05

다음 물음에 답하시오.

(1) $\sin\theta\cos\theta>0$, $\cos\theta\tan\theta<0$을 동시에 만족시키는 각 θ는 제몇 사분면의 각인지 구하시오.

(2) θ가 제2사분면의 각일 때, $|\cos\theta-\sin\theta|-\sqrt{\cos^2\theta}-\sqrt{(\sin\theta-\tan\theta)^2}$을 간단히 하시오.

바로 접근

(1) 두 부등식을 각각 만족시키는 θ가 제몇 사분면의 각인지 알아본 후 두 부등식을 동시에 만족시키는 사분면을 찾는다.

(2) 주어진 사분면에서 $\sin\theta$, $\cos\theta$, $\tan\theta$의 부호를 각각 알아본 후 이를 이용하여 절댓값 기호와 근호를 없앤다.

바른 풀이

(1) (i) $\sin\theta\cos\theta>0$에서 $\sin\theta>0$, $\cos\theta>0$ 또는 $\sin\theta<0$, $\cos\theta<0$이므로

θ는 제1사분면 또는 제3사분면의 각이다.

(ii) $\cos\theta\tan\theta<0$에서 $\cos\theta>0$, $\tan\theta<0$ 또는 $\cos\theta<0$, $\tan\theta>0$이므로

θ는 제3사분면 또는 제4사분면의 각이다.

(i), (ii)에서 θ는 제3사분면의 각이다.

(2) θ가 제2사분면의 각이므로 $\sin\theta>0$, $\cos\theta<0$, $\tan\theta<0$에서

$\cos\theta-\sin\theta<0$, $\sin\theta-\tan\theta>0$

$\therefore |\cos\theta-\sin\theta|-\sqrt{\cos^2\theta}-\sqrt{(\sin\theta-\tan\theta)^2}$

$=-(\cos\theta-\sin\theta)-(-\cos\theta)-(\sin\theta-\tan\theta)$

$=\tan\theta$

다른 풀이

(1) $\sin\theta\cos\theta>0$이므로 $\tan\theta=\dfrac{\sin\theta}{\cos\theta}>0$

$\cos\theta\tan\theta<0$이고 $\tan\theta>0$이므로 $\cos\theta<0$

$\sin\theta\cos\theta>0$이고 $\cos\theta<0$이므로 $\sin\theta<0$

따라서 θ는 제3사분면의 각이다.

정답 (1) 제3사분면 (2) $\tan\theta$

Bible Says

각 사분면에서의 삼각함수의 값의 부호는 다음 표와 같고, 부호가 $+$인 것을 사분면에 나타내면 오른쪽 그림과 같다.

사분면 삼각함수	제1사분면	제2사분면	제3사분면	제4사분면
$\sin\theta$	$+$	$+$	$-$	$-$
$\cos\theta$	$+$	$-$	$-$	$+$
$\tan\theta$	$+$	$-$	$+$	$-$

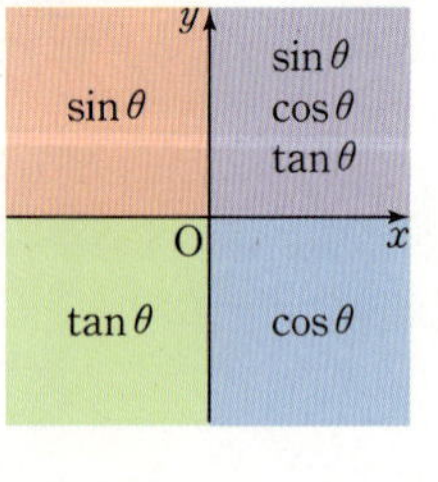

한 변 더하기

05-1

다음 물음에 답하시오.

(1) $\sin\theta\tan\theta<0$, $\cos\theta\tan\theta>0$을 동시에 만족시키는 각 θ는 제몇 사분면의 각인지 구하시오.

(2) θ가 제4사분면의 각일 때, $\sqrt{(\sin\theta+\tan\theta)^2}-\sqrt{\tan^2\theta}-|\sin\theta-\cos\theta|$를 간단히 하시오.

표현 더하기

05-2

$\pi<\theta<\dfrac{3}{2}\pi$일 때, $|\sin\theta|+\sqrt{\cos^2\theta}+\sqrt{\tan^2\theta}+\sin\theta$를 간단히 하시오.

표현 더하기

05-3

$\sin\theta\cos\theta<0$, $\cos\theta\tan\theta<0$일 때, $\sqrt{(\tan\theta-\cos\theta)^2}-|\tan\theta|+\sqrt[3]{\sin^3\theta}$을 간단히 하시오.

실력 더하기

05-4

$\sin\theta\cos\theta\neq0$이고 $\dfrac{\sqrt{\sin\theta}}{\sqrt{\cos\theta}}=-\sqrt{\dfrac{\sin\theta}{\cos\theta}}$를 만족시키는 θ에 대하여

$|\sin\theta-\tan\theta|+\sqrt{\cos^2\theta}-\sqrt{(\tan\theta+\cos\theta)^2}$을 간단히 하시오.

대표 예제 | 06

다음 식을 간단히 하시오.

(1) $(1-\sin^2\theta)(1+\tan^2\theta)$

(2) $\dfrac{1+\cos\theta}{\sin\theta}+\dfrac{\sin\theta}{1+\cos\theta}$

바로 접근

삼각함수 사이의 관계를 이용하여 식을 간단히 한다.

① $\tan\theta=\dfrac{\sin\theta}{\cos\theta}$

② $\sin^2\theta+\cos^2\theta=1$

바른 풀이

(1) $\sin^2\theta+\cos^2\theta=1$에서 $1-\sin^2\theta=\cos^2\theta$이고, $\tan\theta=\dfrac{\sin\theta}{\cos\theta}$이므로

$$(1-\sin^2\theta)(1+\tan^2\theta)=\cos^2\theta\times\left(1+\dfrac{\sin^2\theta}{\cos^2\theta}\right)$$

$$=\cos^2\theta+\sin^2\theta=1$$

(2) $\dfrac{1+\cos\theta}{\sin\theta}+\dfrac{\sin\theta}{1+\cos\theta}=\dfrac{(1+\cos\theta)^2+\sin^2\theta}{\sin\theta(1+\cos\theta)}$

$$=\dfrac{1+2\cos\theta+\cos^2\theta+\sin^2\theta}{\sin\theta(1+\cos\theta)}$$

$$=\dfrac{2+2\cos\theta}{\sin\theta(1+\cos\theta)}$$

$$=\dfrac{2(1+\cos\theta)}{\sin\theta(1+\cos\theta)}$$

$$=\dfrac{2}{\sin\theta}$$

정답 (1) 1 (2) $\dfrac{2}{\sin\theta}$

Bible Says

삼각함수를 포함한 식을 간단히 할 때는 $\tan\theta=\dfrac{\sin\theta}{\cos\theta}$ 또는 $\sin^2\theta+\cos^2\theta=1$임을 이용하여 주어진 식을 간단히 한다.

이때 $\sin\theta$, $\cos\theta$, $\tan\theta$를 문자로 생각하여 인수분해, 곱셈 공식, 유리식의 약분과 통분 등을 할 수 있다.

한 번 더하기

06-1

다음 식을 간단히 하시오.

(1) $(\sin\theta+\cos\theta)^2+(\sin\theta-\cos\theta)^2$　　　　(2) $\tan\theta+\dfrac{\cos\theta}{1+\sin\theta}$

한 번 더하기

06-2

$\left(1-\dfrac{1}{\sin\theta}\right)\left(1-\dfrac{1}{\cos\theta}\right)\left(1+\dfrac{1}{\sin\theta}\right)\left(1+\dfrac{1}{\cos\theta}\right)$ 을 간단히 하시오.

표현 더하기

06-3

다음 **보기**에서 옳은 것만을 있는 대로 고르시오.

> **보기**
>
> ㄱ. $\dfrac{\sin\theta\cos\theta}{1+\cos\theta}+\dfrac{\sin\theta\cos\theta}{1-\cos\theta}=\dfrac{2}{\tan\theta}$
>
> ㄴ. $\sin^4\theta-\cos^4\theta=1-2\sin^2\theta$
>
> ㄷ. $\left(\dfrac{1}{\cos\theta}+\tan\theta\right)^2=\dfrac{1+\sin\theta}{1-\sin\theta}$

실력 더하기

06-4

다음 식을 간단히 하시오.

$$\left(\sin\theta-\dfrac{1}{\sin\theta}\right)^2+\left(\cos\theta-\dfrac{1}{\cos\theta}\right)^2-\left(\tan\theta-\dfrac{1}{\tan\theta}\right)^2$$

대표 예제 | 07

다음 물음에 답하시오.

(1) $\sin\theta=\dfrac{3}{5}$일 때, $\dfrac{1}{\cos\theta}+\tan\theta$의 값을 구하시오. $\left(\text{단, } \dfrac{\pi}{2}<\theta<\pi\right)$

(2) θ가 제3사분면의 각이고 $\sin\theta-\cos\theta=\dfrac{1}{3}$일 때, $\sin^2\theta-\cos^2\theta$의 값을 구하시오.

B로 접근

(1) 주어진 삼각함수의 값과 $\tan\theta=\dfrac{\sin\theta}{\cos\theta}$, $\sin^2\theta+\cos^2\theta=1$임을 이용하여 식의 값을 구한다.

(2) $\sin\theta\pm\cos\theta=k$ (k는 상수)의 양변을 제곱하여 정리하면

$(\sin\theta\pm\cos\theta)^2=1\pm2\sin\theta\cos\theta=k^2$ (복부호동순)이므로 $\sin\theta\cos\theta$의 값을 구할 수 있다.

B른 풀이

(1) $\sin\theta=\dfrac{3}{5}$이므로 $\sin^2\theta+\cos^2\theta=1$에서

$$\cos^2\theta=1-\sin^2\theta=1-\left(\dfrac{3}{5}\right)^2=\dfrac{16}{25}$$

$\dfrac{\pi}{2}<\theta<\pi$이므로 $\cos\theta<0$ $\quad\therefore\cos\theta=-\dfrac{4}{5}$

따라서 $\dfrac{1}{\cos\theta}=-\dfrac{5}{4}$, $\tan\theta=\dfrac{\sin\theta}{\cos\theta}=-\dfrac{3}{4}$이므로

$$\dfrac{1}{\cos\theta}+\tan\theta=\left(-\dfrac{5}{4}\right)+\left(-\dfrac{3}{4}\right)=-2$$

(2) $\sin\theta-\cos\theta=\dfrac{1}{3}$의 양변을 제곱하면 $\sin^2\theta-2\sin\theta\cos\theta+\cos^2\theta=\dfrac{1}{9}$

$1-2\sin\theta\cos\theta=\dfrac{1}{9}$ $\quad\therefore\sin\theta\cos\theta=\dfrac{4}{9}$

이때

$$(\sin\theta+\cos\theta)^2=\sin^2\theta+2\sin\theta\cos\theta+\cos^2\theta=1+2\times\dfrac{4}{9}=\dfrac{17}{9}$$

이므로 $\sin\theta+\cos\theta=-\dfrac{\sqrt{17}}{3}$ ($\because\theta$가 제3사분면의 각이므로 $\sin\theta<0$, $\cos\theta<0$)

$$\therefore \sin^2\theta-\cos^2\theta=(\sin\theta+\cos\theta)(\sin\theta-\cos\theta)=\left(-\dfrac{\sqrt{17}}{3}\right)\times\dfrac{1}{3}=-\dfrac{\sqrt{17}}{9}$$

$\boxed{\text{정답}}$ (1) -2 (2) $-\dfrac{\sqrt{17}}{9}$

Bible Says

$\sin\theta\pm\cos\theta=k$ (k는 상수)의 양변을 제곱하면 $\sin\theta\cos\theta$의 값을 구할 수 있다.

이때 $\sin\theta$, $\cos\theta$를 α, β로 생각하면 $\alpha+\beta$ (또는 $\alpha-\beta$), $\alpha\beta$가 주어진 것이므로 $\alpha^2-\beta^2$, $\alpha^3+\beta^3$, $\alpha^3-\beta^3$과 같은 식의 값을 구할 수 있다.

한번 더하기

07-1

다음 물음에 답하시오.

(1) $\cos\theta=-\dfrac{5}{13}$일 때, $\dfrac{1}{\sin\theta}+\dfrac{1}{\tan\theta}$의 값을 구하시오. $\left(단,\ \pi<\theta<\dfrac{3}{2}\pi\right)$

(2) θ가 제4사분면의 각이고 $\dfrac{1+\sin\theta}{1-\sin\theta}=\dfrac{1}{9}$일 때, $5\sin\theta-12\tan\theta$의 값을 구하시오.

한번 더하기

07-2

$\sin\theta+\cos\theta=\dfrac{1}{4}$일 때, 다음 식의 값을 구하시오. $(단,\ \sin\theta>\cos\theta)$

(1) $\sin\theta\cos\theta$ (2) $\sin\theta-\cos\theta$ (3) $\sin^3\theta+\cos^3\theta$

표현 더하기

07-3

$\sin\theta-\cos\theta=\dfrac{1}{3}$일 때, $\sin^4\theta+\cos^4\theta$의 값을 구하시오.

표현 더하기

07-4

$\pi<\theta<\dfrac{3}{2}\pi$이고 $\tan\theta+\dfrac{1}{\tan\theta}=3$일 때, $\sin\theta+\cos\theta$의 값을 구하시오.

대표 예제 | 08

이차방정식 $3x^2-x+k=0$의 두 근이 $\sin\theta$, $\cos\theta$일 때, 다음 물음에 답하시오.

(1) 상수 k의 값을 구하시오.

(2) $\sin^4\theta+\cos^4\theta$의 값을 구하시오.

B바로 접근

이차방정식의 두 근이 삼각함수로 주어진 경우 이차방정식의 근과 계수의 관계를 이용한다.

특히 (1)에서 이차방정식의 두 근이 $\sin\theta$, $\cos\theta$이므로 근과 계수의 관계를 이용하여 $\sin\theta+\cos\theta$, $\sin\theta\cos\theta$의 값을 구한 후 곱셈 공식과 $\sin^2\theta+\cos^2\theta=1$임을 이용한다.

B바른 풀이

(1) 이차방정식 $3x^2-x+k=0$의 두 근이 $\sin\theta$, $\cos\theta$이므로

근과 계수의 관계에 의하여 $\sin\theta+\cos\theta=\dfrac{1}{3}$, $\sin\theta\cos\theta=\dfrac{k}{3}$

이때 $(\sin\theta+\cos\theta)^2=1+2\sin\theta\cos\theta$이므로

$$\left(\frac{1}{3}\right)^2=1+2\times\frac{k}{3},\ \frac{1}{9}=1+\frac{2}{3}k$$

$$\therefore k=-\frac{4}{3}$$

(2) $\sin\theta\cos\theta=\dfrac{k}{3}=-\dfrac{4}{9}$이므로

$$\sin^4\theta+\cos^4\theta=(\sin^2\theta+\cos^2\theta)^2-2\sin^2\theta\cos^2\theta$$

$$=1-2\times\left(-\frac{4}{9}\right)^2$$

$$=\frac{49}{81}$$

정답 (1) $-\dfrac{4}{3}$ (2) $\dfrac{49}{81}$

Bible Says

이차방정식의 근과 계수의 관계

이차방정식 $ax^2+bx+c=0$의 두 근을 α, β라 하면

① $\alpha+\beta=-\dfrac{b}{a}$

② $\alpha\beta=\dfrac{c}{a}$

한 번 더하기

08-1 이차방정식 $2x^2-\sqrt{2}x+k=0$의 두 근이 $\sin\theta$, $\cos\theta$일 때, 다음 물음에 답하시오.

$$(\text{단},\ \sin\theta>\cos\theta)$$

⑴ 상수 k의 값을 구하시오.

⑵ $\sin\theta-\cos\theta$의 값을 구하시오.

표현 더하기

08-2 이차방정식 $x^2+x+k=0$의 두 근이 $\cos\theta+\sin\theta$, $\cos\theta-\sin\theta$일 때, 상수 k의 값을 구하시오.

표현 더하기

08-3 계수가 유리수인 이차방정식 $x^2-\left(\tan\theta+\dfrac{1}{\tan\theta}\right)x+1=0$의 한 근이 $3-2\sqrt{2}$일 때, $\sin\theta\cos\theta$의 값을 구하시오.

표현 더하기

08-4 이차방정식 $8x^2+4x+k=0$의 두 근이 $\sin\theta$, $\cos\theta$일 때, $\dfrac{1}{\sin\theta}$, $\dfrac{1}{\cos\theta}$을 두 근으로 하는 이차방정식이 $3x^2+ax+b=0$이다. $a^2+b^2+k^2$의 값을 구하시오.

$$(\text{단},\ a,\ b,\ k\text{는 상수이다.})$$

S·T·E·P **1** 기본 다지기

01 다음 각을 나타내는 동경이 존재하는 사분면이 나머지 넷과 다른 하나는?

① $-2040°$ ② $3370°$ ③ $-\dfrac{17}{5}\pi$ ④ $\dfrac{20}{3}\pi$ ⑤ $\dfrac{21}{4}\pi$

02 θ가 제3사분면의 각일 때, 각 $\dfrac{\theta}{3}$를 나타내는 동경이 존재할 수 없는 사분면을 말하시오.

03 각 θ를 나타내는 동경과 각 5θ를 나타내는 동경이 일직선 위에 있고 방향이 반대일 때, 각 θ의 크기를 구하시오. $\left(\text{단, } 0<\theta<\dfrac{\pi}{2}\right)$

04 그림과 같이 반지름의 길이가 6이고 중심각의 크기가 $\dfrac{\pi}{3}$인 부채꼴 OAB의 두 선분 OA, OB와 호 AB에 접하는 원이 있다. 색칠한 부분의 넓이를 구하시오.

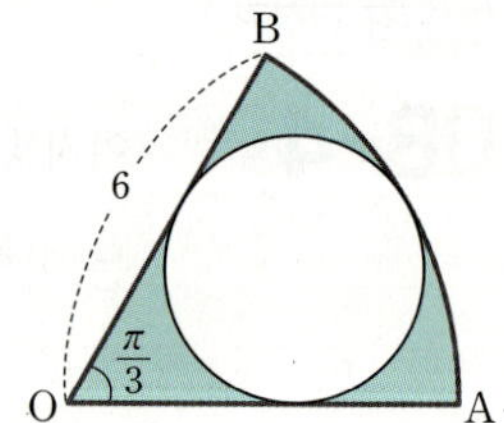

05 그림과 같이 직선 $y=-3x$가 x축의 양의 방향과 이루는 각의 크기를 θ라 할 때, $\dfrac{1}{\sin\theta\cos\theta}-\tan\theta$의 값을 구하시오.

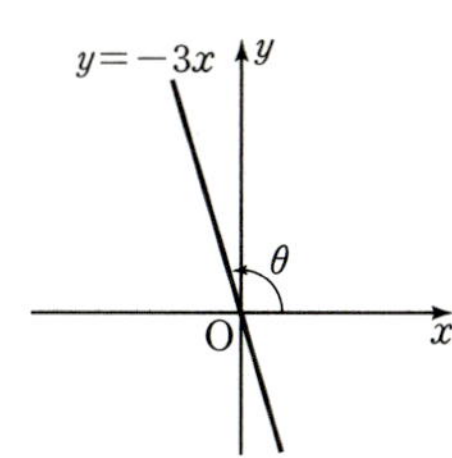

06 함수 $f(x)=\begin{cases} -1 & (x<0) \\ 1 & (x>0) \end{cases}$ 에 대하여 다음 식을 만족시키는 각 θ는 제몇 사분면의 각인지 구하시오.

$$f(\sin\theta)+2f(\cos\theta)+f(\tan\theta)=0$$

07 $\dfrac{\pi}{2}<\theta<\pi$일 때, $|1+\sin\theta|+\sqrt{\cos^2\theta}-\sqrt{(\cos\theta-\sin\theta)^2}$을 간단히 하시오.

08 $0<\sin\theta<\cos\theta$일 때, $\sqrt{1-2\sin\theta\cos\theta}+\sqrt{1+2\sin\theta\cos\theta}$를 간단히 하시오.

09 $\dfrac{\tan\theta}{\sin^2\theta+\cos^2\theta+\tan^2\theta}$ 를 간단히 하시오.

10 $\dfrac{1-\tan\theta}{1+\tan\theta}=2+\sqrt{3}$ 일 때, $\cos\theta$ 의 값을 구하시오. $\left(\text{단, } \dfrac{3}{2}\pi<\theta<2\pi\right)$

11 $\log_2\sin\theta+\log_2\cos\theta=-4$ 일 때, $\log_2(\sin\theta+\cos\theta)=\dfrac{1}{2}(\log_2 x-4)$ 를 만족시키는 x 의 값을 구하시오.

12 이차방정식 $5x^2+ax-11=0$ 의 두 근이 $\dfrac{1}{\sin\theta}$, $\dfrac{1}{\cos\theta}$ 일 때, a^2 의 값을 구하시오.

(단, a 는 상수이다.)

S·T·E·P 2 실력 다지기

13 각 3θ를 나타내는 동경과 각 5θ를 나타내는 동경이 직선 $y=x$에 대하여 대칭일 때, 각 θ 중에서 크기가 가장 큰 것을 α, 크기가 가장 작은 것을 β라 하자. 이때 $\alpha-\beta$의 값을 구하시오. (단, $0<\theta<\pi$)

교육청 기출

14 반지름의 길이가 2이고 중심각의 크기가 θ인 부채꼴이 있다. θ가 다음 조건을 만족시킬 때, 이 부채꼴의 넓이는?

> (개) $0<\theta<\dfrac{\pi}{2}$
> (내) 각의 크기 θ를 나타내는 동경과 각의 크기 8θ를 나타내는 동경이 일치한다.

① $\dfrac{3}{7}\pi$　　② $\dfrac{\pi}{2}$　　③ $\dfrac{4}{7}\pi$　　④ $\dfrac{9}{14}\pi$　　⑤ $\dfrac{5}{7}\pi$

교육청 기출

15 좌표평면에서 곡선 $y=\sqrt{x}\ (x>0)$ 위의 점 P에 대하여 동경 OP가 나타내는 각의 크기를 θ라 하자. $\cos^2\theta-2\sin^2\theta=-1$일 때, 선분 OP의 길이는?

(단, O는 원점이고, x축의 양의 방향을 시초선으로 한다.)

① $\dfrac{1}{2}$　　② $\dfrac{\sqrt{2}}{2}$　　③ $\dfrac{\sqrt{3}}{2}$　　④ 1　　⑤ $\dfrac{\sqrt{5}}{2}$

16 그림과 같이 중심이 원점이고 반지름의 길이가 1인 원의 둘레를 10등분하여 각 점을 차례대로 A_1, A_2, $\cdots$, A_{10}이라 하자. $A_1(1,\ 0)$, $\angle A_1OA_2=\theta$일 때, $\cos\theta+\cos2\theta+\cos3\theta+\cdots+\cos10\theta$의 값을 구하시오.

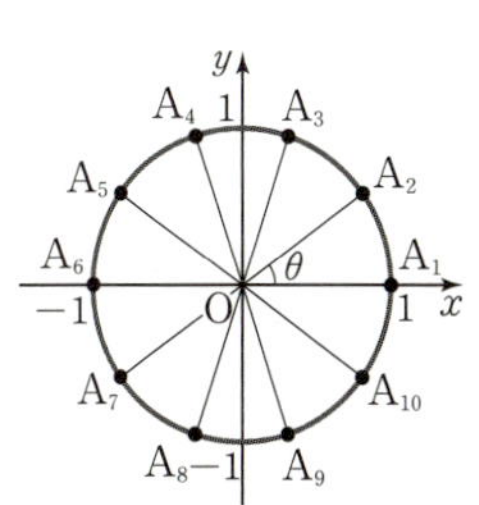

중단원 **연습문제**

17 θ가 실수일 때, $x=1+2\cos\theta$, $y=5-2\sin\theta$를 만족시키는 점 (x, y)가 그리는 도형의 길이를 구하시오.

18   이차방정식 $3x^2+x+k=0$의 두 근이 $\sin\theta$, $\cos\theta$일 때, x^2의 계수가 4이고 $\tan\theta$와 $\dfrac{1}{\tan\theta}$을 두 근으로 하는 이차방정식을 구하시오. (단, k는 상수이다.)

 challenge

19   제3사분면의 각 θ에 대하여 $\sin\theta\cos\theta=\dfrac{1}{3}$일 때, $\tan^2\theta-\dfrac{1}{\tan^2\theta}$의 값을 구하시오.

$$\text{(단, } \sin\theta>\cos\theta)$$

challenge

20 $\dfrac{\pi}{2}<\theta<\dfrac{3}{2}\pi$에서 $\dfrac{-\sin^2\theta-\cos\theta+3}{1-\cos\theta}$은 $\cos\theta=a$일 때 최솟값 b를 갖는다. $a+b$의 값을 구하시오.

06 삼각함수의 그래프

01 삼각함수의 그래프

함수 $y=\sin x$의 그래프와 성질	(1) 정의역: 실수 전체의 집합 (2) 치역: $\{y\mid -1\leq y\leq 1\}$ (3) 그래프는 원점에 대하여 대칭이다. (4) 주기가 2π인 주기함수이다.	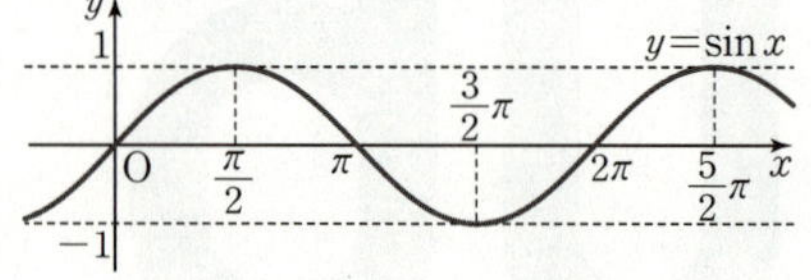
함수 $y=\cos x$의 그래프와 성질	(1) 정의역: 실수 전체의 집합 (2) 치역: $\{y\mid -1\leq y\leq 1\}$ (3) 그래프는 y축에 대하여 대칭이다. (4) 주기가 2π인 주기함수이다.	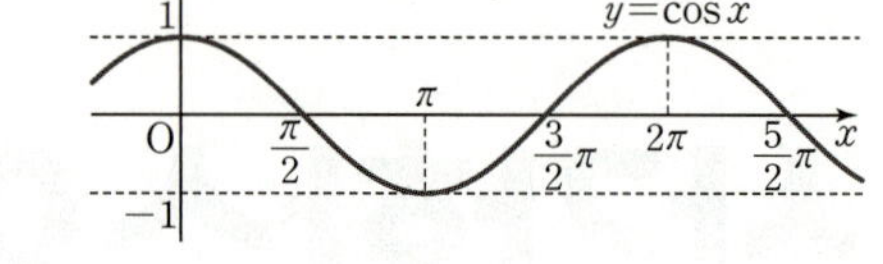
함수 $y=\tan x$의 그래프와 성질	(1) 정의역: $n\pi+\dfrac{\pi}{2}$ (n은 정수)를 제외한 실수 전체의 집합 (2) 치역: 실수 전체의 집합 (3) 그래프는 원점에 대하여 대칭이다. (4) 주기가 π인 주기함수이다. (5) 그래프의 점근선: 직선 $x=n\pi+\dfrac{\pi}{2}$ (n은 정수)	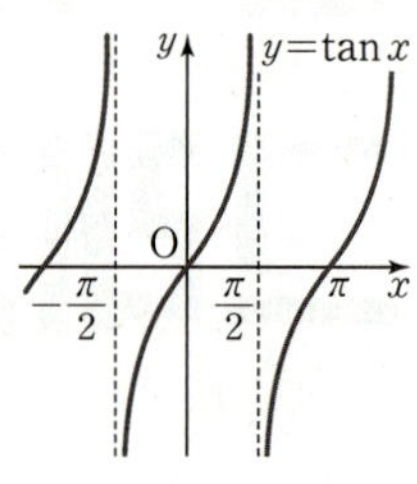

02 여러 가지 각의 삼각함수

$2n\pi+x,\ -x$의 삼각함수	$\sin(2n\pi+x)=\sin x,\ \cos(2n\pi+x)=\cos x,\ \tan(2n\pi+x)=\tan x$ (n은 정수) $\sin(-x)=-\sin x,\ \cos(-x)=\cos x,\ \tan(-x)=-\tan x$
$\pi\pm x$의 삼각함수	$\sin(\pi+x)=-\sin x,\ \cos(\pi+x)=-\cos x,\ \tan(\pi+x)=\tan x$ $\sin(\pi-x)=\sin x,\ \cos(\pi-x)=-\cos x,\ \tan(\pi-x)=-\tan x$
$\dfrac{\pi}{2}\pm x$의 삼각함수	$\sin\left(\dfrac{\pi}{2}+x\right)=\cos x,\ \cos\left(\dfrac{\pi}{2}+x\right)=-\sin x,\ \tan\left(\dfrac{\pi}{2}+x\right)=-\dfrac{1}{\tan x}$ $\sin\left(\dfrac{\pi}{2}-x\right)=\cos x,\ \cos\left(\dfrac{\pi}{2}-x\right)=\sin x,\ \tan\left(\dfrac{\pi}{2}-x\right)=\dfrac{1}{\tan x}$

03 삼각방정식과 삼각부등식

삼각방정식	삼각함수의 그래프와 직선의 교점을 이용하여 구한다.
삼각부등식	부등호를 등호로 바꾸어 삼각방정식을 푼 후 주어진 부등식을 만족시키는 미지수의 값의 범위를 삼각함수의 그래프를 이용하여 구한다.

01 삼각함수의 그래프

1 주기함수

상수함수가 아닌 함수 $f(x)$의 정의역에 속하는 모든 x에 대하여
$$f(x+p)=f(x)$$
를 만족시키는 0이 아닌 상수 p가 존재할 때, 함수 $f(x)$를 주기함수라 하고 상수 p 중 최소인 양수를 그 함수의 주기라 한다.

다음과 같은 함수 $y=f(x)$의 그래프는 일정한 간격을 기준으로 함숫값이 반복됨을 알 수 있다.

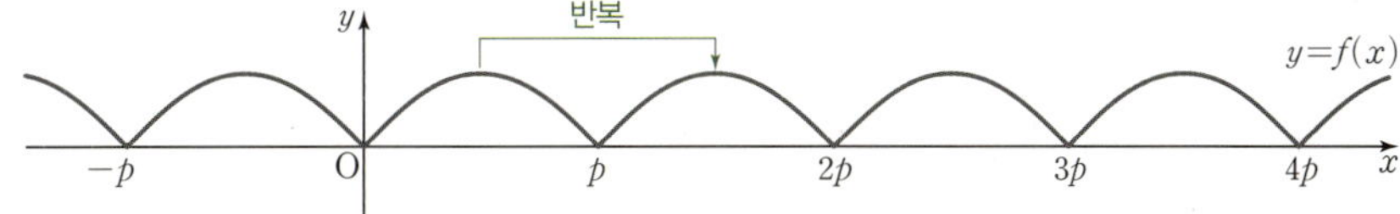

일반적으로 상수함수가 아닌 함수 $f(x)$의 정의역에 속하는 모든 x에 대하여
$$f(x+p)=f(x)$$
를 만족시키는 0이 아닌 상수 p가 존재할 때, 함수 $f(x)$를 주기함수라 하고 상수 p 중 최소인 양수를 그 함수의 주기라 한다.

예를 들어 함수 $y=f(x)$의 그래프가 그림과 같을 때, 함수 $f(x)$는 모든 실수 x에 대하여 $f(x+2)=f(x)$를 만족시키므로 주기가 2인 주기함수이다.

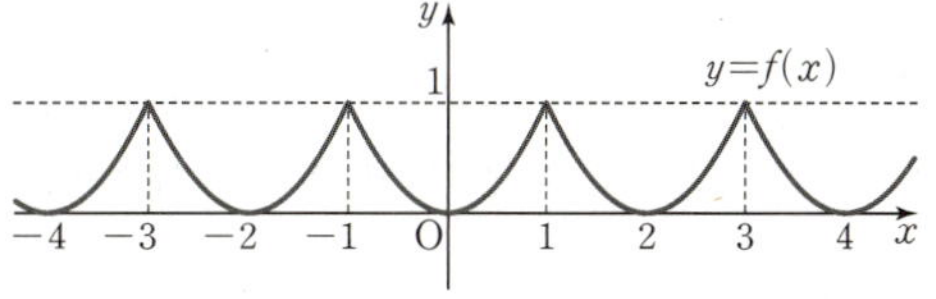

이때 주기가 2인 주기함수 $f(x)$는 모든 실수 x에 대하여
$$f(x+2)=f(x),\ f(x+4)=f(x),\ f(x+6)=f(x),\ \cdots,\ f(x+2n)=f(x)$$
와 같이 나타낼 수 있다. (단, n은 자연수)

이를 일반화하여 함수 $f(x)$가 주기가 p인 주기함수이면 다음과 같이 나타낼 수 있다.

(단, n은 자연수)

$$f(x)=f(x+p)=f(x+2p)=\cdots=f(x+np)$$

← 거꾸로 양수 a에 대하여 $f(x+a)=f(x)$가 성립하면 이 함수의 주기는 $a, \dfrac{a}{2}, \dfrac{a}{3}, \cdots, \dfrac{a}{n}$ 중 하나이다.

또한 주기가 2인 함수 $f(x)$는 다음과 같이 표현할 수도 있다.

$$f(x-1)=f(x+1)$$

← $x-1=t$로 치환하면 $x=t+1$이므로 $f(t)=f(t+2)$가 된다.

(1) 함수 $f(x)$의 주기가 3이고 $f(1)=-1$이면

$$f(10)=f(7)=f(4)=f(1)=-1$$

(2) 모든 실수 x에 대하여 $f(x-2)=f(x+2)$를 만족시키고, $f(0)=5$일 때

$x-2=t$로 놓으면 $x=t+2$이므로

$$f(t)=f(t+4)$$

따라서 함수 $f(x)$의 주기가 4이므로

$$f(100)=f(96)=f(92)=\cdots=f(0)=5$$

2 함수 $y=\sin x$의 그래프와 성질

(1) 정의역: 실수 전체의 집합

(2) 치역: $\{y\,|-1\leq y\leq 1\}$

(3) 그래프는 원점에 대하여 대칭이다.

　즉, $\sin(-x)=-\sin x$

(4) 주기가 2π인 주기함수이다.

　즉, $\sin(x+2n\pi)=\sin x$ (n은 정수)

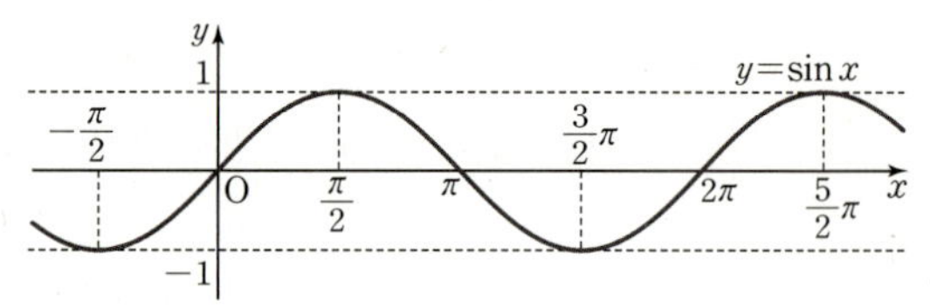

오른쪽 그림과 같이 각 θ를 나타내는 동경과 단위원의 교점을 $P(a,\ b)$라 하면

$$\sin\theta=b$$

이므로 $\sin\theta$의 값은 점 P의 y좌표로 정해진다.

따라서 점 P가 단위원 위를 움직일 때, θ의 값에 따른 $\sin\theta$의 값의 변화는 점 P의 y좌표의 변화와 같다.

이를 이용하면 사인함수 $y=\sin\theta$의 그래프를 그릴 수 있다.

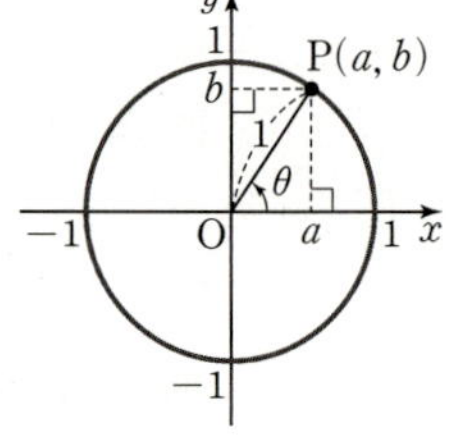

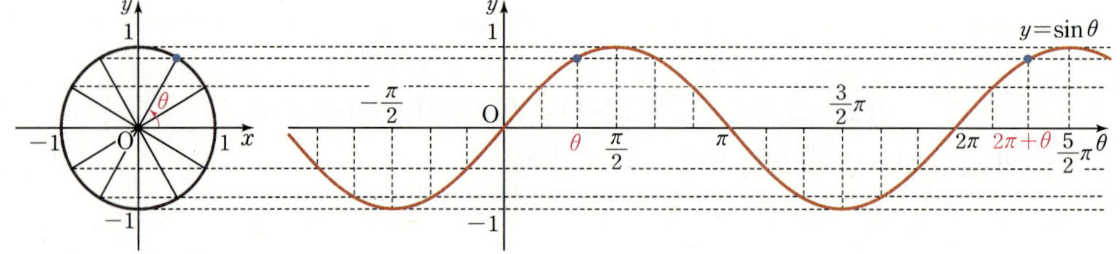

위의 그래프에서 알 수 있듯이 함수 $y=\sin\theta$의 정의역은 실수 전체의 집합이고, 치역은 $\{y\,|-1\leq y\leq 1\}$이다.

또한 함수 $y=\sin\theta$의 그래프는 원점에 대하여 대칭이므로 $\sin(-\theta)=-\sin\theta$이고, 주기가 2π이므로 $\sin(\theta+2n\pi)=\sin\theta$ (n은 정수)가 성립한다.

한편, 함수의 정의역의 원소는 보통 x로 나타내므로 이제부터는 $y=\sin\theta$에서 θ를 x로 바꾸어 $y=\sin x$로 쓰기로 한다.

(1) $\sin\left(-\dfrac{\pi}{6}\right)=-\sin\dfrac{\pi}{6}=-\dfrac{1}{2}$

(2) $\sin\dfrac{13}{6}\pi=\sin\left(2\pi+\dfrac{\pi}{6}\right)=\sin\dfrac{\pi}{6}=\dfrac{1}{2}$

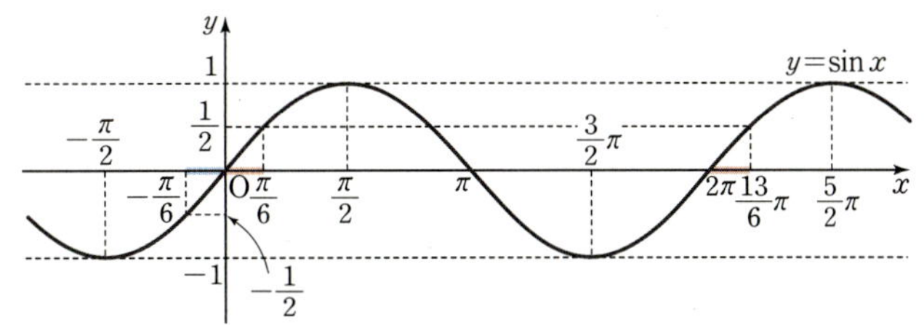

3 함수 $y=\cos x$의 그래프와 성질

(1) **정의역:** 실수 전체의 집합

(2) **치역:** $\{y\,|\,-1\le y\le 1\}$

(3) 그래프는 y축에 대하여 대칭이다.

즉, $\cos(-x)=\cos x$

(4) 주기가 2π인 주기함수이다.

즉, $\cos(x+2n\pi)=\cos x$ (n은 정수)

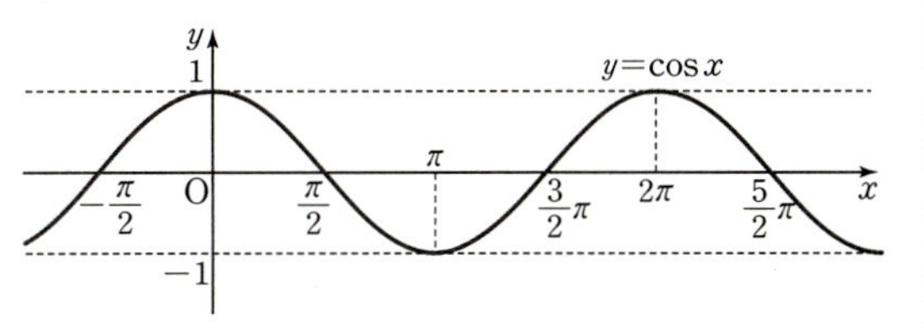

오른쪽 그림과 같이 각 θ를 나타내는 동경과 단위원의 교점을 $\mathrm{P}(a,\,b)$라 하면

$$\cos\theta=a$$

이므로 $\cos\theta$의 값은 점 P의 x좌표로 정해진다.

따라서 점 P가 단위원 위를 움직일 때, θ의 값에 따른 $\cos\theta$의 값의 변화는 점 P의 x좌표의 변화와 같다.

이때 점 P의 x좌표를 살펴보아야 하므로 단위원이 그려진 좌표평면을 양의 방향으로 $90°$만큼 회전시키면 코사인함수 $y=\cos\theta$의 그래프를 그릴 수 있다.

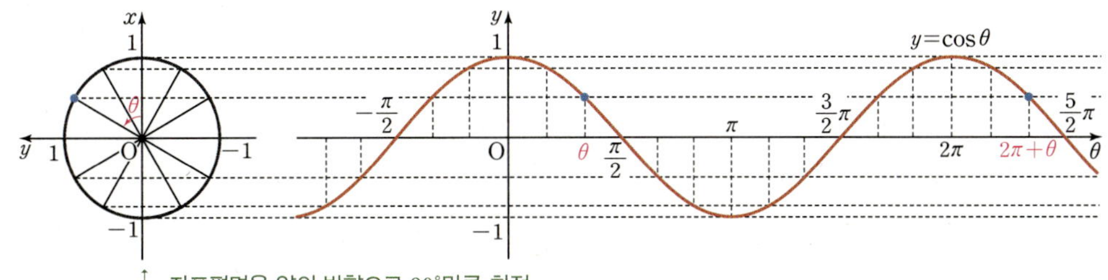

앞의 그래프에서 알 수 있듯이 함수 $y=\cos\theta$의 정의역은 실수 전체의 집합이고, 치역은 $\{y\,|\,-1\leq y\leq 1\}$이다.

또한 함수 $y=\cos\theta$의 그래프는 y축에 대하여 대칭이므로 $\cos(-\theta)=\cos\theta$이고, 주기가 2π이므로 $\cos(\theta+2n\pi)=\cos\theta$ (n은 정수)가 성립한다.

사인함수와 마찬가지로 이제부터는 $y=\cos\theta$에서 θ를 x로 바꾸어 $y=\cos x$로 쓰기로 한다.

example   (1) $\cos\left(-\dfrac{\pi}{4}\right)=\cos\dfrac{\pi}{4}=\dfrac{\sqrt{2}}{2}$

(2) $\cos\dfrac{9}{4}\pi=\cos\left(2\pi+\dfrac{\pi}{4}\right)=\cos\dfrac{\pi}{4}=\dfrac{\sqrt{2}}{2}$

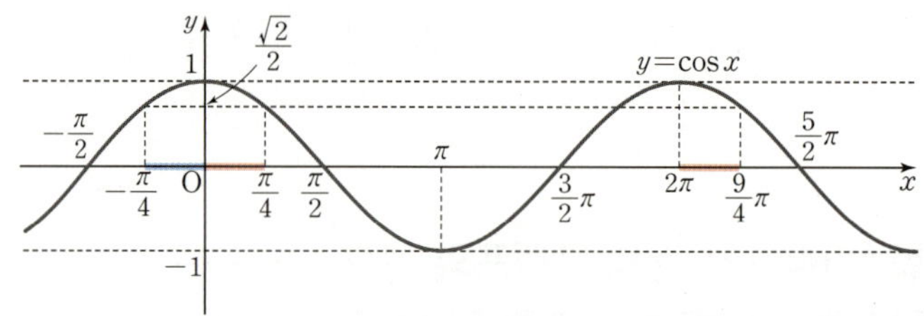

한편, 사인함수 $y=\sin x$의 그래프를 x축의 방향으로 $-\dfrac{\pi}{2}$만큼 평행이동하면 코사인함수 $y=\cos x$의 그래프와 일치한다.

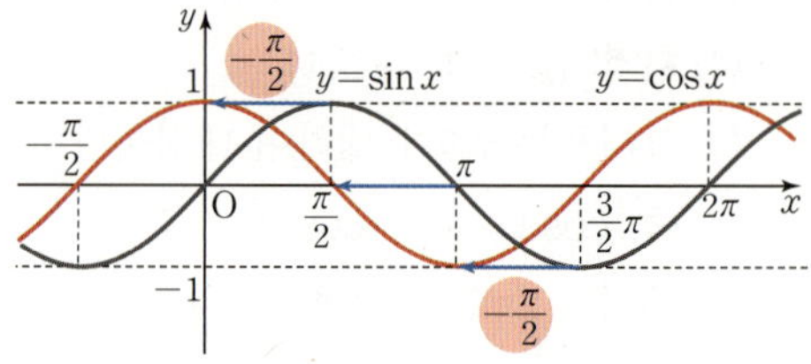

즉, 코사인함수 $y=\cos x$의 그래프는 사인함수 $y=\sin x$의 그래프를 x축의 방향으로 $-\dfrac{\pi}{2}$만큼 평행이동한 것과 같음을 알 수 있다.   ← 254쪽에서 다시 한번 살펴보자.

4 함수 $y=\tan x$의 그래프와 성질

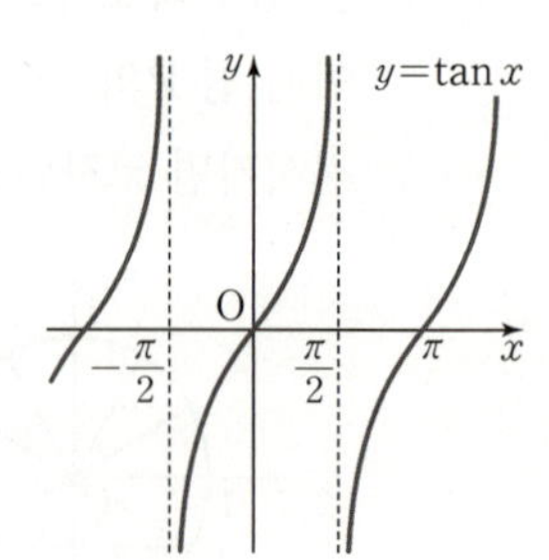

(1) 정의역: $n\pi+\dfrac{\pi}{2}$ (n은 정수)를 제외한 실수 전체의 집합

(2) 치역: 실수 전체의 집합

(3) 그래프는 원점에 대하여 대칭이다.

   즉, $\tan(-x)=-\tan x$

(4) 주기가 π인 주기함수이다.

   즉, $\tan(x+n\pi)=\tan x$ (n은 정수)

(5) 그래프의 점근선: 직선 $x=n\pi+\dfrac{\pi}{2}$ (n은 정수)

오른쪽 그림과 같이 각 θ를 나타내는 동경과 단위원의 교점을 P$(a,\,b)$라 하자. 각 θ가 $\theta \neq n\pi + \dfrac{\pi}{2}$ (n은 정수)일 때 직선 $x=1$과 동경 OP의 연장선의 교점을 T$(1,\,t)$라 하면

$$\tan \theta = \frac{b}{a} = \frac{t}{1} = t$$

이므로 $\tan \theta$의 값은 점 T의 y좌표로 정해진다.

따라서 점 P가 단위원 위를 움직일 때, θ의 값에 따른 $\tan \theta$의 값의 변화는 각각 점 T의 y좌표의 변화와 같다.

이를 이용하면 탄젠트함수 $y = \tan \theta$의 그래프를 그릴 수 있다.

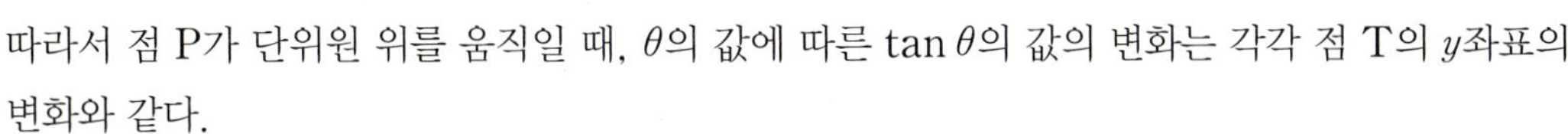

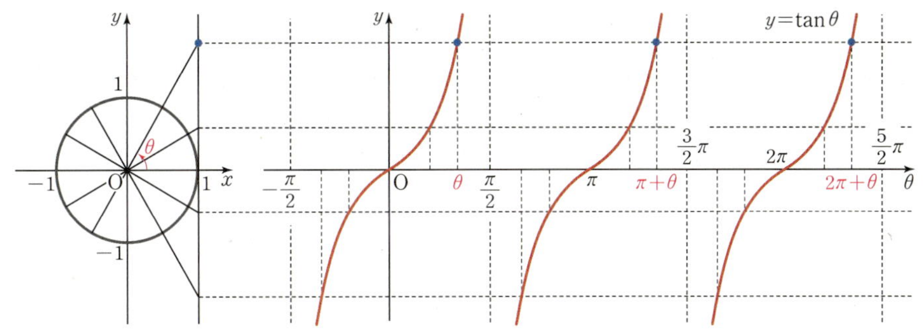

위의 그래프에서 알 수 있듯이 함수 $y = \tan \theta$의 정의역은 $\theta = n\pi + \dfrac{\pi}{2}$ (n은 정수)를 제외한 실수 전체의 집합이고, 치역은 실수 전체의 집합이다. 이때 직선 $\theta = n\pi + \dfrac{\pi}{2}$ (n은 정수)는 $y = \tan \theta$ 의 그래프의 점근선이다.

또한 함수 $y = \tan \theta$의 그래프는 원점에 대하여 대칭이므로 $\tan(-\theta) = -\tan \theta$이고, 주기가 π 이므로 $\tan(\theta + n\pi) = \tan \theta$ (n은 정수)가 성립한다.

사인함수, 코사인함수와 마찬가지로 이제부터는 $y = \tan \theta$에서 θ를 x로 바꾸어 $y = \tan x$로 쓰기로 한다.

(1) $\tan\left(-\dfrac{\pi}{3}\right) = -\tan \dfrac{\pi}{3} = -\sqrt{3}$

(2) $\tan \dfrac{4}{3}\pi = \tan\left(\pi + \dfrac{\pi}{3}\right) = \tan \dfrac{\pi}{3} = \sqrt{3}$

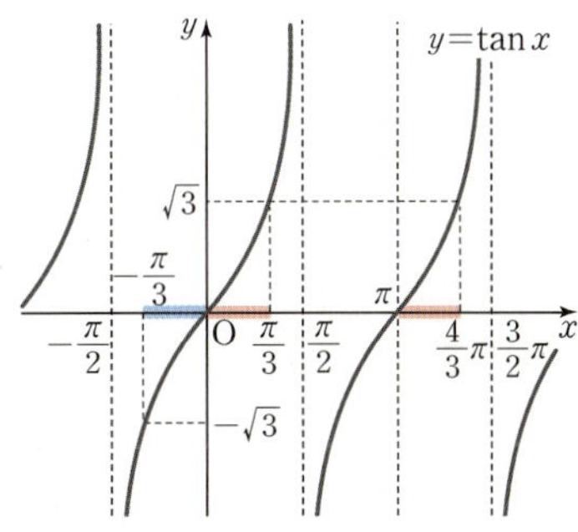

사인함수, 코사인함수, 탄젠트함수의 치역, 최댓값, 최솟값, 주기는 다음과 같다.

삼각함수	치역	최댓값	최솟값	주기
$y=a\sin(bx+c)+d$	$\{y\mid -\lvert a\rvert+d\leq y\leq \lvert a\rvert+d\}$	$\lvert a\rvert+d$	$-\lvert a\rvert+d$	$\dfrac{2\pi}{\lvert b\rvert}$
$y=a\cos(bx+c)+d$	$\{y\mid -\lvert a\rvert+d\leq y\leq \lvert a\rvert+d\}$	$\lvert a\rvert+d$	$-\lvert a\rvert+d$	$\dfrac{2\pi}{\lvert b\rvert}$
$y=a\tan(bx+c)+d$	실수 전체의 집합	없다.	없다.	$\dfrac{\pi}{\lvert b\rvert}$

세 삼각함수 $y=\sin x$, $y=\cos x$, $y=\tan x$의 그래프를 변형하거나 평행이동한 그래프에 대하여 확인해 보고, 치역, 최댓값, 최솟값, 주기에 대하여 알아보자.

(1) **함수 $y=a\sin bx$, 함수 $y=a\cos bx$의 그래프**

세 함수 $y=\sin x$, $y=2\sin x$, $y=\dfrac{1}{2}\sin x$의 그래프를
좌표평면에 그리면 그림과 같이 주기는 모두 2π로 같지
만, 위아래의 폭이 각각 다르다.

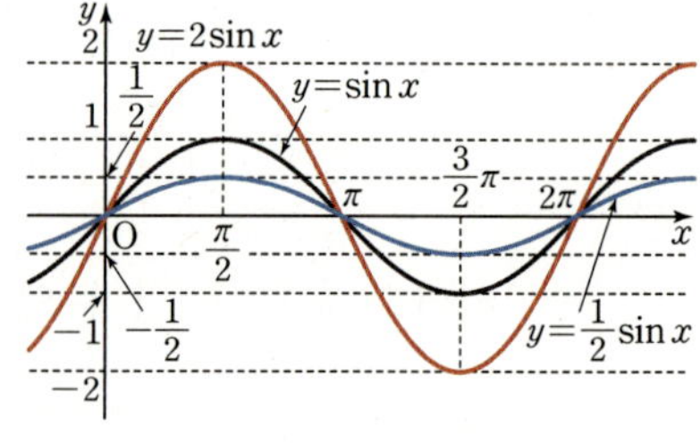

즉, 함수 $y=a\sin x\,(a>0)$의 그래프는 함수 $y=\sin x$의
그래프를 y축의 방향으로 a배한 것이다.

$a<0$이면 함수 $y=a\sin x$의 그래프는 함수 $y=\sin x$의 그래프를
x축에 대하여 대칭이동한 후 y축의 방향으로 $\lvert a\rvert$배한 것이다.

또한 세 함수 $y=\sin x$, $y=\sin 2x$, $y=\sin\dfrac{x}{2}$의
그래프를 좌표평면에 그리면 그림과 같이 위아
래의 폭은 같지만, 주기는 각각 2π, π, 4π로 다
르다.

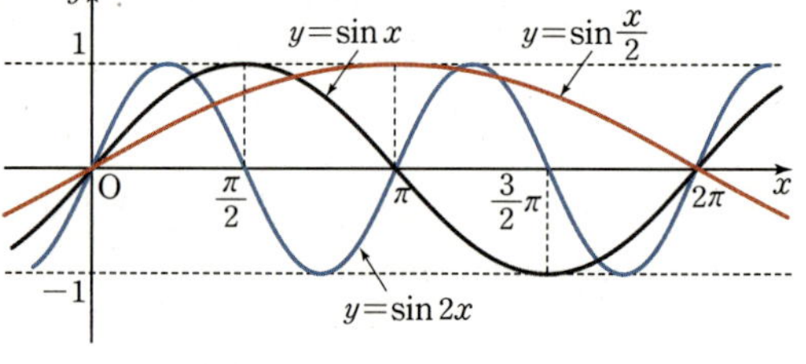

즉, 함수 $y=\sin bx\,(b>0)$의 그래프는 함수

$y=\sin x$의 그래프를 x축의 방향으로 $\dfrac{1}{b}$배한 것이다.

$b<0$이면 함수 $y=\sin bx$의 그래프는 함수 $y=\sin x$의 그래프를
y축에 대하여 대칭이동한 후 x축의 방향으로 $\dfrac{1}{\lvert b\rvert}$배한 것이다.

함수 $y=\cos x$를 변형한 그래프도 같은 방법으로 그릴 수 있다.

따라서 두 함수 $y=a\sin bx$, $y=a\cos bx$는
← $a>0$, $b>0$이면 두 함수 $y=a\sin bx$, $y=a\cos bx$의 그래프는
두 함수 $y=\sin x$, $y=\cos x$의 그래프를 각각 y축의 방향으로
a배, x축의 방향으로 $\dfrac{1}{b}$배한 것이다.

① 치역이 $\{y\mid -\lvert a\rvert\leq y\leq \lvert a\rvert\}$,

② 최댓값은 $\lvert a\rvert$, 최솟값은 $-\lvert a\rvert$,

③ 주기는 $\dfrac{2\pi}{\lvert b\rvert}$이다.

함수 $y=3\sin 2x$의 그래프는 함수 $y=\sin x$의 그래프를 y축의 방향으로 3배, x축의 방향으로 $\dfrac{1}{2}$배한 것이므로 그 그래프는 그림과 같다.

따라서 치역은 $\{y\,|\,-3\le y\le 3\}$, 최댓값은 3, 최솟값은 -3, 주기는 $\dfrac{2\pi}{|2|}=\pi$이다.

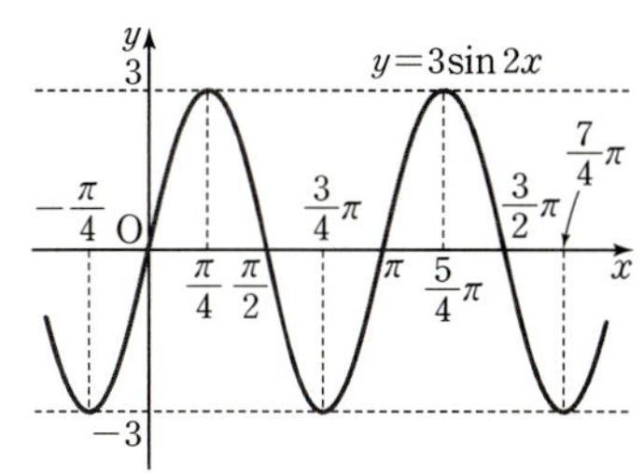

(2) 함수 $y=a\tan bx$의 그래프

세 함수 $y=\tan x$, $y=2\tan x$, $y=\dfrac{1}{2}\tan x$의 그래프를 좌표평면에 그리면 그림과 같이 주기는 모두 π로 같지만, 그래프와 x축 사이의 거리가 각각 다르다.

즉, 함수 $y=a\tan x\ (a>0)$의 그래프는 함수 $y=\tan x$의 그래프를 y축의 방향으로 a배한 것이다.

$a<0$이면 함수 $y=a\tan x$의 그래프는 함수 $y=\tan x$의 그래프를 x축에 대하여 대칭이동한 후 y축의 방향으로 $|a|$배한 것이다.

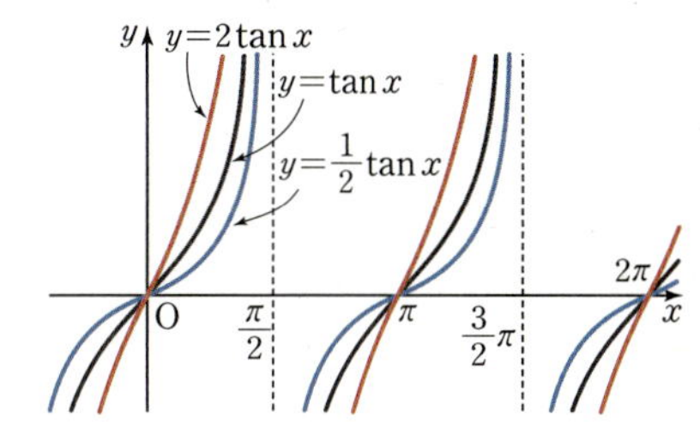

또한 세 함수 $y=\tan x$, $y=\tan 2x$, $y=\tan\dfrac{x}{2}$의 그래프를 좌표평면에 그리면 그림과 같이 주기는 각각 π, $\dfrac{\pi}{2}$, 2π로 다르다.

즉, 함수 $y=\tan bx\ (b>0)$의 그래프는 함수 $y=\tan x$의 그래프를 x축의 방향으로 $\dfrac{1}{b}$배한 것이다.

$b<0$이면 함수 $y=\tan bx$의 그래프는 함수 $y=\tan x$의 그래프를 y축에 대하여 대칭이동한 후 x축의 방향으로 $\dfrac{1}{|b|}$배한 것이다.

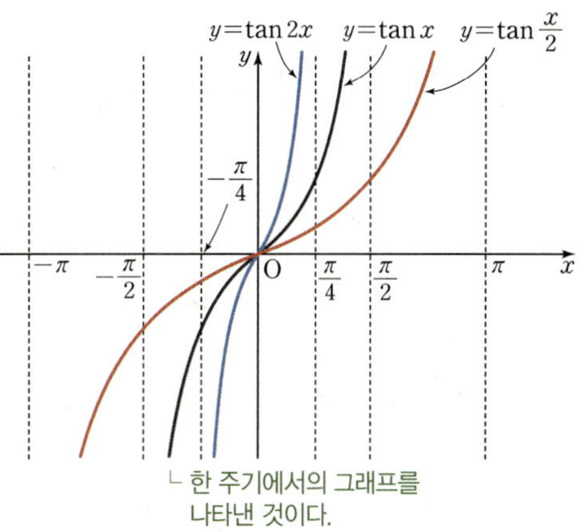

└ 한 주기에서의 그래프를 나타낸 것이다.

따라서 함수 $y=a\tan bx$는

$\leftarrow$ $a>0$, $b>0$이면 함수 $y=a\tan bx$의 그래프는 함수 $y=\tan x$의 그래프를 y축의 방향으로 a배, x축의 방향으로 $\dfrac{1}{b}$배한 것이다.

① 치역이 실수 전체의 집합,

② 최댓값과 최솟값은 모두 없으며,

③ 주기는 $\dfrac{\pi}{|b|}$이다. $\leftarrow$ 점근선의 방정식은 $x=\dfrac{1}{b}\left(n\pi+\dfrac{\pi}{2}\right)$ (n은 정수)

함수 $y=2\tan 3x$의 그래프는 함수 $y=\tan x$의 그래프를 y축의 방향으로 2배, x축의 방향으로 $\dfrac{1}{3}$배한 것이므로 그 그래프는 그림과 같다.

따라서 치역은 모든 실수, 최댓값과 최솟값은 모두 없고, 주기는 $\dfrac{\pi}{|3|}=\dfrac{\pi}{3}$이다. $\leftarrow$ 점근선의 방정식은 $x=\dfrac{n}{3}\pi+\dfrac{\pi}{6}$ (n은 정수)

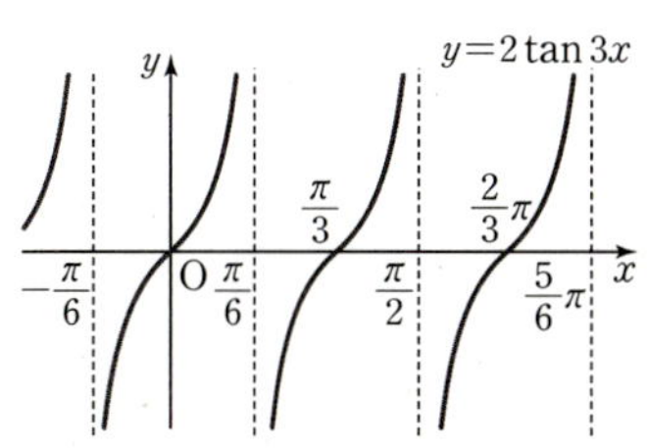

(3) 함수 $y=a\sin(bx+c)+d$, 함수 $y=a\cos(bx+c)+d$의 그래프

두 함수 $y=a\sin(bx+c)+d$, $y=a\cos(bx+c)+d$의 그래프는 함수 $y=a\sin bx$,
$y=a\cos bx$의 그래프를 각각 $y-d=a\sin\left\{b\left(x+\dfrac{c}{b}\right)\right\}$, $y-d=a\cos\left\{b\left(x+\dfrac{c}{b}\right)\right\}$

$$x\text{축의 방향으로 } -\dfrac{c}{b}\text{만큼, } y\text{축의 방향으로 } d\text{만큼 평행이동}$$

한 것이다. 따라서

① 치역은 $\{y\,|-|a|+d\leq y\leq|a|+d\}$,

② 최댓값은 $|a|+d$, 최솟값은 $-|a|+d$,

③ 주기는 $\dfrac{2\pi}{|b|}$이다.

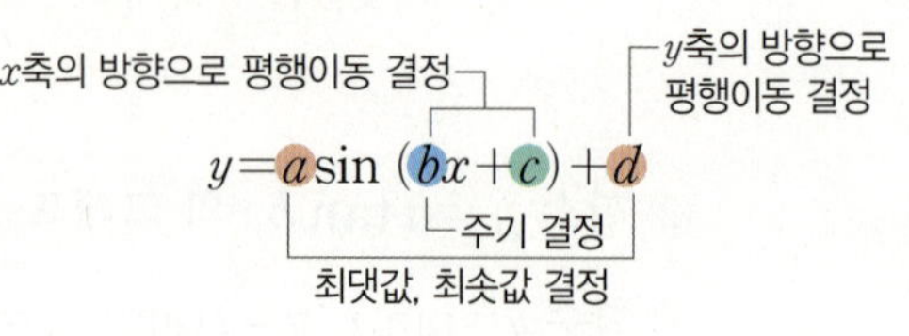

example

(1) 함수 $y=3\sin\left(2x+\dfrac{\pi}{6}\right)-1$, 즉 $y=3\sin\left\{2\left(x+\dfrac{\pi}{12}\right)\right\}-1$의 그래프는 함수

$y=3\sin 2x$의 그래프를 x축의 방향으로 $-\dfrac{\pi}{12}$만큼, y축의 방향으로 -1만큼 평행
이동한 것이다.

따라서 최댓값은 $|3|+(-1)=2$, 최솟값은 $-|3|+(-1)=-4$,

치역은 $\{y\,|-4\leq y\leq 2\}$, 주기는 $\dfrac{2\pi}{|2|}=\pi$이다.

(2) 함수 $y=\dfrac{1}{2}\cos(4x-\pi)+3$, 즉 $y=\dfrac{1}{2}\cos\left\{4\left(x-\dfrac{\pi}{4}\right)\right\}+3$의 그래프는 함수

$y=\dfrac{1}{2}\cos 4x$의 그래프를 x축의 방향으로 $\dfrac{\pi}{4}$만큼, y축의 방향으로 3만큼 평행이동
한 것이다.

따라서 최댓값은 $\left|\dfrac{1}{2}\right|+3=\dfrac{7}{2}$, 최솟값은 $-\left|\dfrac{1}{2}\right|+3=\dfrac{5}{2}$, 치역은 $\left\{y\,\Big|\dfrac{5}{2}\leq y\leq\dfrac{7}{2}\right\}$,

주기는 $\dfrac{2\pi}{|4|}=\dfrac{\pi}{2}$이다.

(4) 함수 $y=a\tan(bx+c)+d$의 그래프

함수 $y=a\tan(bx+c)+d$의 그래프는 함수 $y=a\tan bx$의 그래프를

$$x\text{축의 방향으로 } -\dfrac{c}{b}\text{만큼, } y\text{축의 방향으로 } d\text{만큼 평행이동}$$

한 것이다. 따라서

① 치역은 실수 전체의 집합,

② 최댓값과 최솟값은 모두 없으며,

③ 주기는 $\dfrac{\pi}{|b|}$이다.

example

함수 $y=2\tan\left(3x-\dfrac{\pi}{2}\right)+1$, 즉 $y=2\tan\left\{3\left(x-\dfrac{\pi}{6}\right)\right\}+1$의 그래프는 함수

$y=2\tan 3x$의 그래프를 x축의 방향으로 $\dfrac{\pi}{6}$만큼, y축의 방향으로 1만큼 평행이동한 것이다.

따라서 최댓값과 최솟값은 모두 없고, 치역은 실수 전체의 집합, 주기는 $\dfrac{\pi}{|3|}=\dfrac{\pi}{3}$이다.

(1) 함수 $y=\sin|x|$, $y=\cos|x|$, $y=\tan|x|$의 그래프

함수 $y=\sin x$, $y=\cos x$, $y=\tan x$의 그래프의 $x<0$인 부분을 없애고, $x\geq0$인 부분을 y축에 대하여 대칭이동한 부분과 $x\geq0$인 부분을 함께 나타낸다.

(2) 함수 $y=|\sin x|$, $y=|\cos x|$, $y=|\tan x|$의 그래프

함수 $y=\sin x$, $y=\cos x$, $y=\tan x$의 그래프의 $y<0$인 부분을 x축에 대하여 대칭이동한 부분과 $y\geq0$인 부분을 함께 나타낸다.

절댓값 기호를 포함한 삼각함수의 그래프는 다음과 같은 방법으로 그린다.

⑴ 함수 $y=\sin|x|$, $y=\cos|x|$, $y=\tan|x|$의 그래프

함수 $y=\sin x$, $y=\cos x$, $y=\tan x$의 그래프의 $x<0$인 부분을 없애고, $x\geq0$인 부분을 y축에 대하여 대칭이동한 부분과 $x\geq0$인 부분을 함께 나타낸다.

	$y=\sin|x|$	$y=\cos|x|$	$y=\tan|x|$
그래프			
치역	$\{y\,|\,-1\leq y\leq1\}$	$\{y\,|\,-1\leq y\leq1\}$	실수 전체의 집합
최대·최소	최댓값: 1, 최솟값: -1	최댓값: 1, 최솟값: -1	최댓값: 없다., 최솟값: 없다.
주기	없다.	2π	없다.
대칭성	y축에 대하여 대칭	y축에 대하여 대칭	y축에 대하여 대칭

⑵ 함수 $y=|\sin x|$, $y=|\cos x|$, $y=|\tan x|$의 그래프

함수 $y=\sin x$, $y=\cos x$, $y=\tan x$의 그래프의 $y<0$인 부분을 x축에 대하여 대칭이동한 부분과 $y\geq0$인 부분을 함께 나타낸다.

	$y=|\sin x|$	$y=|\cos x|$	$y=|\tan x|$
그래프			
치역	$\{y\,|\,0\leq y\leq1\}$	$\{y\,|\,0\leq y\leq1\}$	$\{y\,|\,y\geq0\}$
최대·최소	최댓값: 1, 최솟값: 0	최댓값: 1, 최솟값: 0	최댓값: 없다., 최솟값: 0
주기	π	π	π
대칭성	y축에 대하여 대칭	y축에 대하여 대칭	y축에 대하여 대칭

(1) 함수 $y=\sin|2x|$의 그래프를 그리면

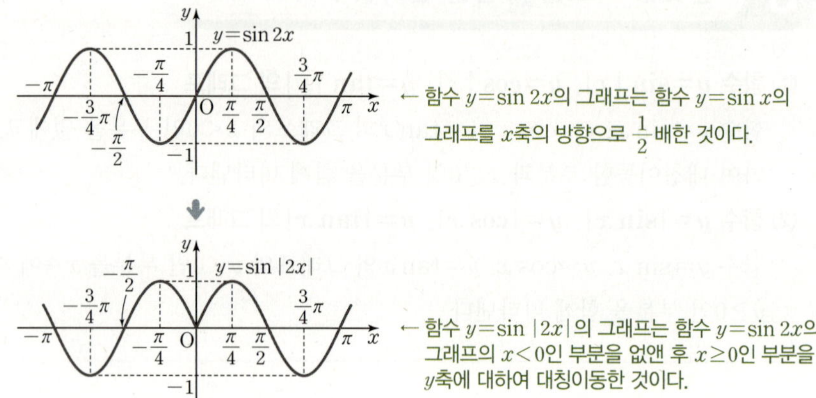

← 함수 $y=\sin 2x$의 그래프는 함수 $y=\sin x$의
그래프를 x축의 방향으로 $\dfrac{1}{2}$배한 것이다.

← 함수 $y=\sin|2x|$의 그래프는 함수 $y=\sin 2x$의
그래프의 $x<0$인 부분을 없앤 후 $x\ge0$인 부분을
y축에 대하여 대칭이동한 것이다.

따라서 최댓값은 1이고, 최솟값은 -1이다.

(2) 함수 $y=2|\sin x|$의 그래프를 그리면

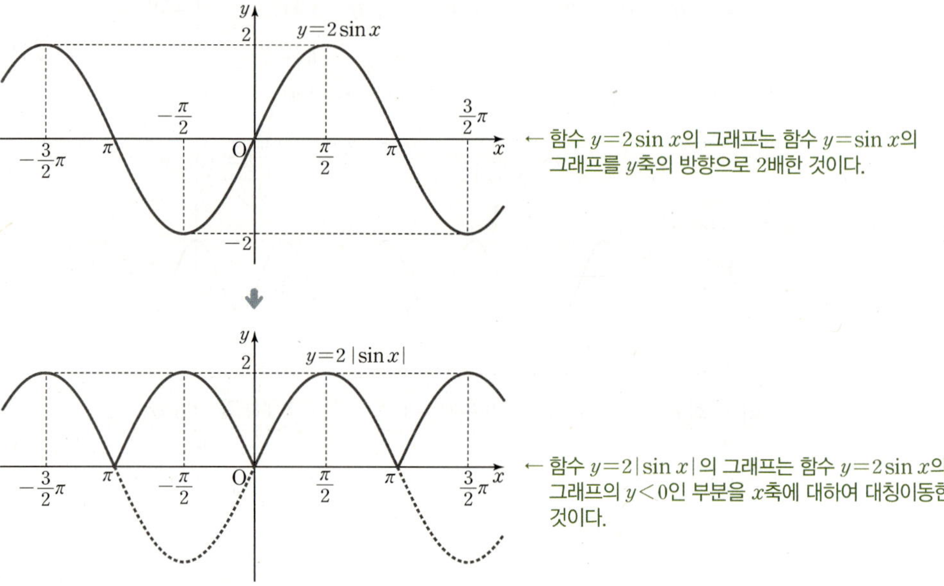

← 함수 $y=2\sin x$의 그래프는 함수 $y=\sin x$의
그래프를 y축의 방향으로 2배한 것이다.

← 함수 $y=2|\sin x|$의 그래프는 함수 $y=2\sin x$의
그래프의 $y<0$인 부분을 x축에 대하여 대칭이동한
것이다.

따라서 최댓값은 2이고, 최솟값은 0이다.

01 다음 함수의 그래프를 그리고, 주기를 구하시오.

(1) $y = 2\sin x$　　　　(2) $y = \cos 3x$　　　　(3) $y = \tan \dfrac{x}{2}$

02 다음 함수의 최댓값, 최솟값, 주기를 각각 구하시오.

(1) $y = 2\sin\left(x - \dfrac{\pi}{3}\right) + 1$　　　　(2) $y = 3\cos\left(2x - \dfrac{\pi}{4}\right) - 1$

03 다음 함수의 최댓값, 최솟값, 주기를 각각 구하시오.

(1) $y = 2\tan\left(3x - \dfrac{\pi}{4}\right)$　　　　(2) $y = \tan\left(\dfrac{1}{2}x - \dfrac{\pi}{6}\right) + 3$

04 다음 함수의 그래프를 그리시오.

(1) $y = 2\sin|x|$　　　　(2) $y = |\cos 2x|$

대표 예제 01

다음 함수의 그래프를 그리고, 최댓값, 최솟값, 주기를 각각 구하시오.

(1) $y=2\sin\left(x-\dfrac{\pi}{2}\right)$

(2) $y=\cos\left(2x-\dfrac{\pi}{3}\right)-1$

Bi로 접근

함수 $y=a\sin(bx+c)+d\ (a>0,\ b>0)$의 그래프는 함수 $y=\sin x$의 그래프를

❶ y축의 방향으로 a배, x축의 방향으로 $\dfrac{1}{b}$배한 후

❷ x축의 방향으로 $-\dfrac{c}{b}$만큼, y축의 방향으로 d만큼 평행이동하여 그린다.

함수 $y=a\cos(bx+c)+d$의 그래프도 같은 방법으로 그린다.

Bi른 풀이

(1) 함수 $y=2\sin\left(x-\dfrac{\pi}{2}\right)$의 그래프는 함수 $y=\sin x$의 그래프를

y축의 방향으로 2배한 후 x축의 방향으로 $\dfrac{\pi}{2}$만큼 평행이동한

것이다.

따라서 그래프는 오른쪽 그림과 같고, 최댓값은 2, 최솟값은

-2, 주기는 2π이다.

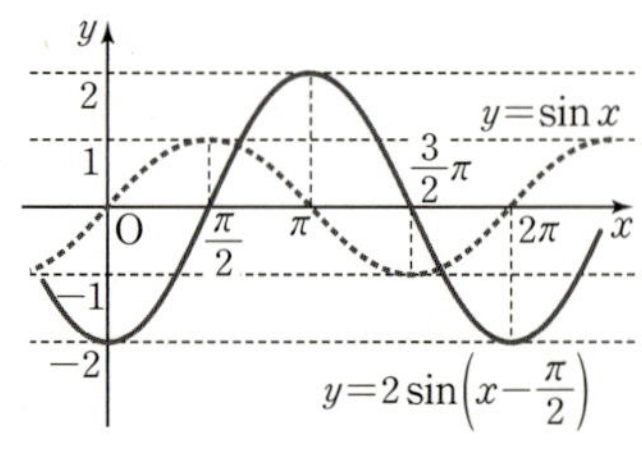

(2) $y=\cos\left(2x-\dfrac{\pi}{3}\right)-1=\cos\left\{2\left(x-\dfrac{\pi}{6}\right)\right\}-1$이므로 함수 $y=\cos\left(2x-\dfrac{\pi}{3}\right)-1$의 그래프는

함수 $y=\cos x$의 그래프를 x축의 방향으로 $\dfrac{1}{2}$배한 후,

x축의 방향으로 $\dfrac{\pi}{6}$만큼, y축의 방향으로 -1만큼

평행이동한 것이다.

따라서 그래프는 오른쪽 그림과 같고, 최댓값은 0,

최솟값은 -2, 주기는 π이다.

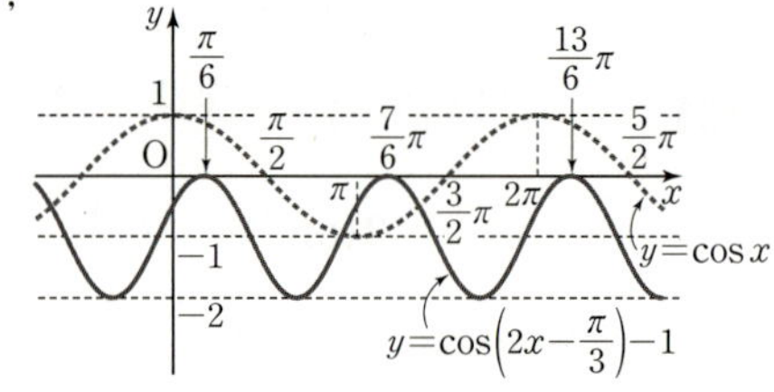

> **정답** (1) 그래프: 풀이 참조, 최댓값: 2, 최솟값: -2, 주기: 2π
> (2) 그래프: 풀이 참조, 최댓값: 0, 최솟값: -2, 주기: π

Bible Says

함수 $y=a\sin(bx+c)+d$ (또는 $y=a\cos(bx+c)+d$)의 그래프

① 함수 $y=a\sin bx$ (또는 $y=a\cos bx$)의 그래프를 x축의 방향으로 $-\dfrac{c}{b}$만큼, y축의 방향으로 d만큼 평행이동한 것이다.

② 최댓값: $|a|+d$, 최솟값: $-|a|+d$, 주기: $\dfrac{2\pi}{|b|}$

위의 **대표 예제 01** 에서

(1) $a=2$, $b=1$, $d=0$이므로 최댓값은 $|2|+0=2$, 최솟값은 $-|2|+0=-2$, 주기는 $\dfrac{2\pi}{|1|}=2\pi$이다.

(2) $a=1$, $b=2$, $d=-1$이므로 최댓값은 $|1|-1=0$, 최솟값은 $-|1|-1=-2$, 주기는 $\dfrac{2\pi}{|2|}=\pi$이다.

📖 빠른 정답 • 462쪽 / 정답과 풀이 • 92쪽

한 번 더하기

01-1

다음 함수의 그래프를 그리고, 최댓값, 최솟값, 주기를 각각 구하시오.

(1) $y=\dfrac{1}{2}\sin(x-\pi)-1$　　　　　　　(2) $y=3\cos 2x+1$

표현 더하기

01-2

함수 $y=2\sin\left(\dfrac{\pi}{3}x-\pi\right)+1$의 최댓값을 a, 최솟값을 b, 주기를 c라 할 때, $a+b+c$의 값을 구하시오.

표현 더하기

01-3

다음 물음에 답하시오.

(1) 함수 $y=\dfrac{1}{3}\sin(2x+1)+2$의 그래프를 x축의 방향으로 2만큼, y축의 방향으로 1만큼 평행이동하면 함수 $y=\dfrac{1}{3}\sin(ax+b)+c$의 그래프와 겹쳐진다. 이때 상수 a, b, c에 대하여 $a+b+c$의 값을 구하시오. (단, $-\pi<b<0$)

(2) 함수 $y=\cos 3x+1$의 그래프를 x축에 대하여 대칭이동한 그래프의 식이 $y=a\cos 3x+b$일 때, 상수 a, b에 대하여 ab의 값을 구하시오.

표현 더하기

01-4

함수 $f(x)=4\cos\left(\dfrac{1}{2}x-\dfrac{\pi}{3}\right)-1$에 대하여 **보기**에서 옳은 것만을 있는 대로 고르시오.

> **보기**
>
> ㄱ. 함수 $y=f(x)$의 그래프는 함수 $y=4\cos\dfrac{1}{2}x$의 그래프를 x축의 방향으로 $\dfrac{\pi}{3}$만큼, y축의 방향으로 -1만큼 평행이동한 것이다.
> ㄴ. 함수 $f(x)$의 최댓값은 3, 최솟값은 -5이다.
> ㄷ. 주기는 4π이다.

대표 예제 | 02

다음 함수의 그래프를 그리고, 주기를 구하시오.

(1) $y=\tan\left(x-\dfrac{\pi}{4}\right)$

(2) $y=\dfrac{1}{2}\tan\left(3x-\dfrac{\pi}{2}\right)$

바로 접근

함수 $y=a\tan(bx+c)+d$ $(a>0,\ b>0)$의 그래프는 함수 $y=\tan x$의 그래프를

❶ y축의 방향으로 a배, x축의 방향으로 $\dfrac{1}{b}$배한 후

❷ x축의 방향으로 $-\dfrac{c}{b}$만큼, y축의 방향으로 d만큼 평행이동하여 그린다.

바른 풀이

(1) 함수 $y=\tan\left(x-\dfrac{\pi}{4}\right)$의 그래프는 함수 $y=\tan x$의 그래프를

x축의 방향으로 $\dfrac{\pi}{4}$만큼 평행이동한 것이다.

따라서 그래프는 오른쪽 그림과 같고, 주기는 π이다.

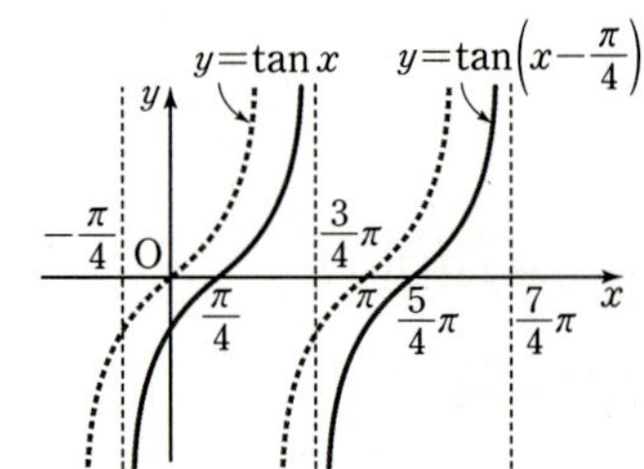

(2) $y=\dfrac{1}{2}\tan\left(3x-\dfrac{\pi}{2}\right)=\dfrac{1}{2}\tan\left\{3\left(x-\dfrac{\pi}{6}\right)\right\}$이므로

함수 $y=\dfrac{1}{2}\tan\left(3x-\dfrac{\pi}{2}\right)$의 그래프는 함수 $y=\tan x$의

그래프를 y축의 방향으로 $\dfrac{1}{2}$배, x축의 방향으로 $\dfrac{1}{3}$배한 후

x축의 방향으로 $\dfrac{\pi}{6}$만큼 평행이동한 것이다.

따라서 그래프는 오른쪽 그림과 같고 주기는 $\dfrac{\pi}{3}$이다.

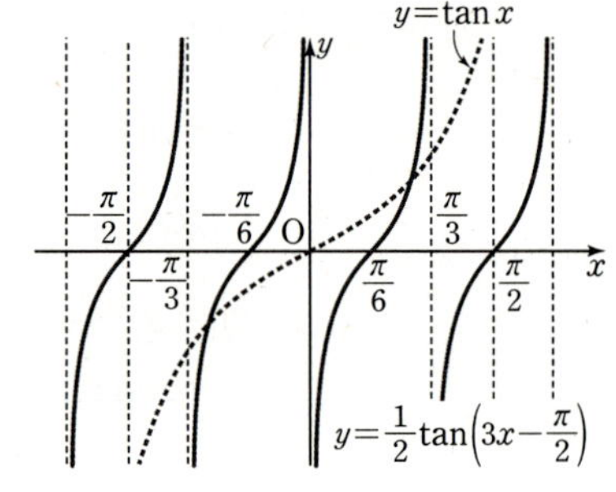

> **정답** (1) 그래프: 풀이 참조, 주기: π (2) 그래프: 풀이 참조, 주기: $\dfrac{\pi}{3}$

Bible Says

함수 $y=a\tan(bx+c)+d$의 그래프

① 함수 $y=a\tan bx$의 그래프를 x축의 방향으로 $-\dfrac{c}{b}$만큼, y축의 방향으로 d만큼 평행이동한 것이다.

② 최댓값, 최솟값은 없고, 주기는 $\dfrac{\pi}{|b|}$이다.

위의 **대표 예제 | 02** 에서

(1) $b=1$이므로 주기는 $\dfrac{\pi}{|1|}=\pi$이다.

(2) $b=3$이므로 주기는 $\dfrac{\pi}{|3|}=\dfrac{\pi}{3}$이다.

한 번 더하기

02-1 다음 함수의 그래프를 그리고, 주기를 구하시오.

(1) $y = \tan\left(2x - \dfrac{\pi}{2}\right)$ 　　　　　　　　(2) $y = 3\tan\left(x - \dfrac{\pi}{6}\right)$

표현 더하기

02-2 다음 중 함수 $y = 2\tan\left(\dfrac{1}{3}x - \dfrac{\pi}{2}\right)$와 주기가 같은 것은?

① $y = 2\sin\dfrac{1}{3}x$ 　　　　② $y = \cos\dfrac{1}{6}x - 1$ 　　　　③ $y = \cos\left(\dfrac{2}{3}x - \dfrac{\pi}{6}\right)$

④ $y = 2\tan\left(x - \dfrac{\pi}{4}\right)$ 　　　　⑤ $y = \tan\left(3x - \dfrac{\pi}{6}\right)$

표현 더하기

02-3 함수 $y = \tan 2x + 5$의 그래프를 x축의 방향으로 $-\dfrac{\pi}{4}$만큼 평행이동한 후 y축에 대하여 대칭이동한 그래프의 식은 $y = \tan\left(ax + \dfrac{\pi}{2}\right) + b$이다. 상수 a, b에 대하여 $a + b$의 값을 구하시오.

표현 더하기

02-4 함수 $f(x) = \tan\left(\dfrac{\pi}{2}x + \pi\right) + 1$에 대하여 **보기**에서 옳은 것만을 있는 대로 고르시오.

> ┌ **보기** ┄
> ㄱ. 주기가 2인 주기함수이다.
> ㄴ. 함수 $f(x)$의 최댓값은 2, 최솟값은 0이다.
> ㄷ. 그래프는 점 $(2, 1)$을 지난다.

대표 예제 | 03

다음 물음에 답하시오.

(1) 함수 $f(x) = a\cos\left(bx - \dfrac{\pi}{3}\right) + c$의 최댓값이 4, 주기가 π이고, $f\left(\dfrac{\pi}{3}\right) = \dfrac{5}{2}$일 때, 상수 a, b, c에 대하여 abc의 값을 구하시오. (단, $a > 0$, $b > 0$)

(2) 함수 $y = a\sin bx + c$의 그래프가 그림과 같을 때, 상수 a, b, c에 대하여 $a + 2b + 3c$의 값을 구하시오. (단, $a > 0$, $b > 0$)

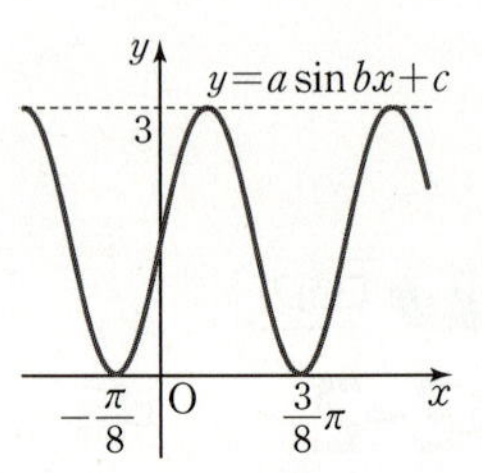

바로 접근

(1) 식이 주어진 경우 미정계수 구하기

$y = a\sin(bx + c) + d$, $y = a\cos(bx + c) + d$에서

① a, d의 값: 함수의 최댓값, 최솟값 또는 함숫값을 이용하여 구한다.

② b의 값: 함수의 주기를 이용하여 구한다.

③ c의 값: x축의 방향으로의 평행이동을 이용하여 구한다.

(2) 그래프가 주어진 경우 미정계수 구하기

주어진 그래프에서 최댓값, 최솟값, 주기, 평행이동 등의 조건을 찾아 미정계수를 구한다.

바른 풀이

(1) 주어진 함수의 최댓값이 4이고 $a > 0$이므로 $a + c = 4$ ······ ㉠

주기가 π이고 $b > 0$이므로 $\dfrac{2\pi}{b} = \pi$에서 $b = 2$

$f(x) = a\cos\left(2x - \dfrac{\pi}{3}\right) + c$에서 $f\left(\dfrac{\pi}{3}\right) = a\cos\dfrac{\pi}{3} + c = \dfrac{5}{2}$이므로 $\dfrac{a}{2} + c = \dfrac{5}{2}$ ······ ㉡

㉠, ㉡을 연립하여 풀면 $a = 3$, $c = 1$ ∴ $abc = 3 \times 2 \times 1 = 6$

(2) 주어진 함수의 그래프에서 함수의 최댓값이 3, 최솟값이 0이고 $a > 0$이므로

$a + c = 3$, $-a + c = 0$

위의 두 식을 연립하여 풀면 $a = \dfrac{3}{2}$, $c = \dfrac{3}{2}$

또한 주기가 $\dfrac{\pi}{2}$이고 $b > 0$이므로 $\dfrac{2\pi}{b} = \dfrac{\pi}{2}$에서 $b = 4$

∴ $a + 2b + 3c = \dfrac{3}{2} + 2 \times 4 + 3 \times \dfrac{3}{2} = 14$

정답 (1) 6   (2) 14

Bible Says

$y = a\tan(bx + c) + d$에서

① a, d의 값: 함숫값을 이용하여 구한다.

② b의 값: 함수의 주기를 이용하여 구한다.

③ c, d의 값: 평행이동을 이용하여 구한다.

한번 더하기

03-1 함수 $f(x)=a\sin\left(bx-\dfrac{\pi}{4}\right)+c$의 최솟값이 -1, 주기가 4π이고 $f\left(\dfrac{3}{2}\pi\right)=5$일 때, 상수 a, b, c에 대하여 $a+b+2c$의 값을 구하시오. (단, $a>0$, $b>0$)

한번 더하기

03-2 함수 $y=\tan(ax-b)$의 그래프가 그림과 같을 때, 상수 a, b에 대하여 ab의 값을 구하시오. (단, $a>0$, $0<b<\pi$)

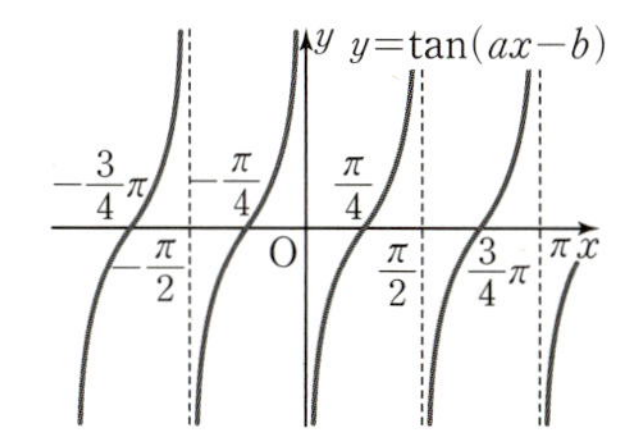

표현 더하기

03-3 함수 $y=a\cos\left\{\dfrac{\pi}{2}(x-1)\right\}+b$의 그래프가 그림과 같을 때, 상수 a, b, c에 대하여 $a+b+c$의 값을 구하시오. (단, $a>0$)

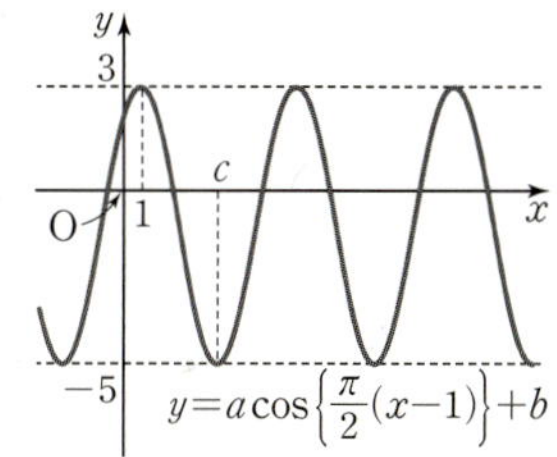

실력 더하기

03-4 함수 $y=a\tan(bx+c)+d$가 다음 조건을 만족시킬 때, 상수 a, b, c, d에 대하여 $abcd$의 값을 구하시오. $\left(\text{단, }b>0,\ -\dfrac{\pi}{3}<c<0\right)$

> (개) 주기가 $\dfrac{\pi}{3}$인 주기함수이다.
>
> (내) $f\left(\dfrac{\pi}{6}\right)=3$
>
> (대) 함수 $y=a\tan bx$의 그래프를 x축의 방향으로 $\dfrac{\pi}{12}$만큼, y축의 방향으로 1만큼 평행이동한 것이다.

대표 예제 | 04

다음 함수의 그래프를 그리고, 최댓값과 최솟값을 각각 구하시오.

(1) $y = \sin|x| + 1$　　　　　　　　　　　　　(2) $y = |\tan 2x|$

바로 접근

(1) 함수 $y = f(|x|)$의 그래프 ➡ 함수 $y = f(x)$의 그래프의 $x < 0$인 부분을 없앤 후 $x \geq 0$인 부분을 y축에 대하여 대칭이동한 부분과 $x \geq 0$인 부분을 함께 나타낸다.

(2) 함수 $y = |f(x)|$의 그래프 ➡ 함수 $y = f(x)$의 그래프의 $y < 0$인 부분을 x축에 대하여 대칭이동한 부분과 $y \geq 0$인 부분을 함께 나타낸다.

바른 풀이

(1) 함수 $y = \sin|x| + 1$의 그래프는 다음과 같다.

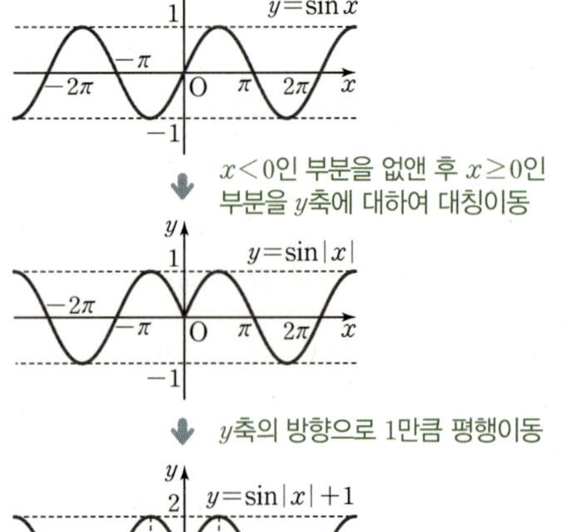

$x < 0$인 부분을 없앤 후 $x \geq 0$인 부분을 y축에 대하여 대칭이동

y축의 방향으로 1만큼 평행이동

따라서 최댓값은 2, 최솟값은 0이다.

(2) 함수 $y = |\tan 2x|$의 그래프는 다음과 같다.

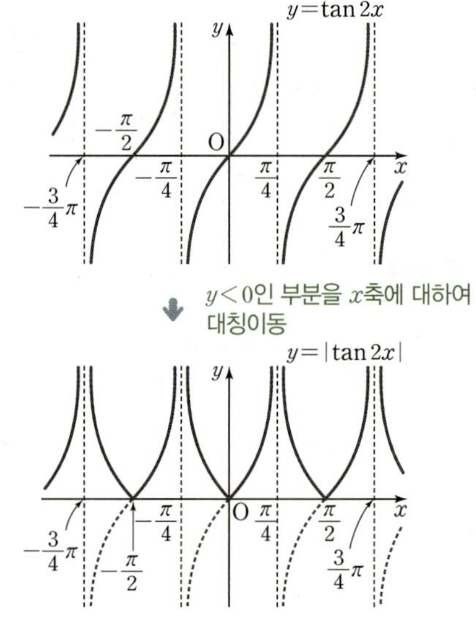

$y < 0$인 부분을 x축에 대하여 대칭이동

따라서 최댓값은 없고, 최솟값은 0이다.

정답 (1) 그래프: 풀이 참조, 최댓값: 2, 최솟값: 0　(2) 그래프: 풀이 참조, 최댓값: 없다., 최솟값: 0

Bible Says

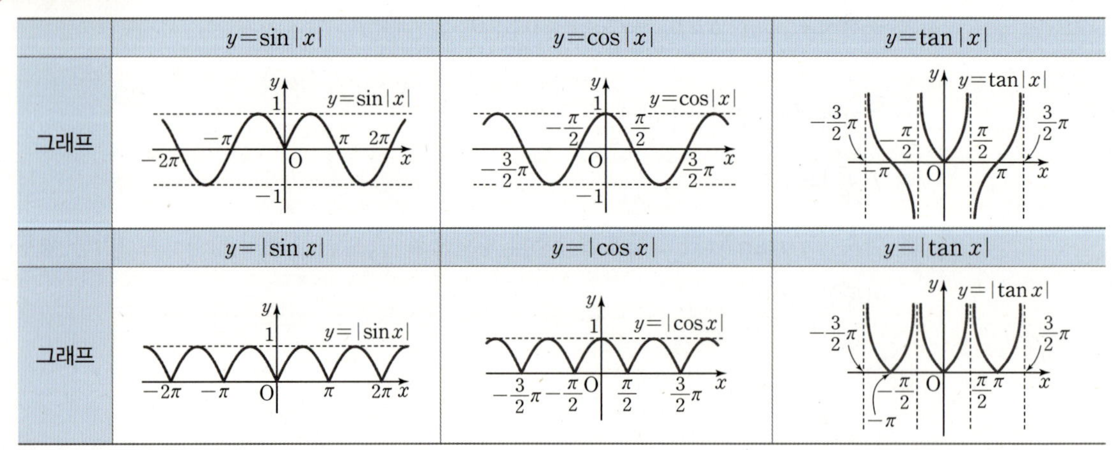

	$y = \sin|x|$	$y = \cos|x|$	$y = \tan|x|$
그래프			
	$y = |\sin x|$	$y = |\cos x|$	$y = |\tan x|$
그래프			

한번 더하기

04-1

다음 함수의 그래프를 그리고, 최댓값, 최솟값을 각각 구하시오.

(1) $y=|\cos 2x|-1$　　　　　　　　(2) $y=\tan|\pi x|$

표현 더하기

04-2

함수 $y=2|\sin 3x|+2$의 주기를 a, 최댓값을 b, 최솟값을 c라 할 때, abc의 값을 구하시오.

06

표현 더하기

04-3

함수 $f(x)=2\tan|x|$에 대하여 **보기**에서 옳은 것만을 있는 대로 고르시오.

> **보기**
> ㄱ. 주기가 2π인 주기함수이다.
> ㄴ. 치역은 실수 전체의 집합이다.
> ㄷ. 함수 $y=f(x)$의 그래프의 점근선은 직선 $x=n\pi+\dfrac{\pi}{2}$ (n은 정수)이다.

실력 더하기

04-4

함수 $f(x)=a|\cos bx|+c$의 주기가 $\dfrac{\pi}{2}$, 최댓값이 5, $f\left(\dfrac{\pi}{6}\right)=3$일 때, 상수 a, b, c에 대하여 $a+b-c$의 값을 구하시오. (단, $a>0$, $b>0$)

02 여러 가지 각의 삼각함수

1 여러 가지 각의 삼각함수

(1) $2n\pi+x$ (n은 정수)의 삼각함수

$\sin(2n\pi+x)=\sin x$, $\cos(2n\pi+x)=\cos x$, $\tan(2n\pi+x)=\tan x$

(2) $-x$의 삼각함수

$\sin(-x)=-\sin x$, $\cos(-x)=\cos x$, $\tan(-x)=-\tan x$

(3) $\pi\pm x$의 삼각함수

$\sin(\pi+x)=-\sin x$, $\cos(\pi+x)=-\cos x$, $\tan(\pi+x)=\tan x$

$\sin(\pi-x)=\sin x$, $\cos(\pi-x)=-\cos x$, $\tan(\pi-x)=-\tan x$

(4) $\dfrac{\pi}{2}\pm x$의 삼각함수

$\sin\left(\dfrac{\pi}{2}+x\right)=\cos x$, $\cos\left(\dfrac{\pi}{2}+x\right)=-\sin x$, $\tan\left(\dfrac{\pi}{2}+x\right)=-\dfrac{1}{\tan x}$

$\sin\left(\dfrac{\pi}{2}-x\right)=\cos x$, $\cos\left(\dfrac{\pi}{2}-x\right)=\sin x$, $\tan\left(\dfrac{\pi}{2}-x\right)=\dfrac{1}{\tan x}$

각 x에 대하여 각 $2n\pi+x$ (n은 정수), $-x$, $\pi\pm x$, $\dfrac{\pi}{2}\pm x$의 삼각함수는 다음과 같은 성질을 갖는다.

(1) $2n\pi+x$ (n은 정수)의 삼각함수

함수 $y=\sin x$, $y=\cos x$의 주기는 각각 2π이므로

$$\sin x=\sin(x+2\pi)=\sin(x+4\pi)=\cdots,$$
$$\cos x=\cos(x+2\pi)=\cos(x+4\pi)=\cdots$$

또한 함수 $y=\tan x$의 주기는 π이므로

$$\tan x=\tan(x+\pi)=\tan(x+2\pi)=\cdots$$
$$\therefore\ \sin(2n\pi+x)=\sin x,\ \cos(2n\pi+x)=\cos x,\ \tan(2n\pi+x)=\tan x$$

위 성질은 삼각함수의 정의를 이용하여 확인할 수도 있다.

각 θ를 나타내는 동경과 각 $2n\pi+\theta$를 나타내는 동경이 일치하므로 각 θ와 각 $2n\pi+\theta$의 삼각함수의 값은 같다. 즉,

$$\sin(2n\pi+\theta)=\sin\theta,\ \cos(2n\pi+\theta)=\cos\theta,$$
$$\tan(2n\pi+\theta)=\tan\theta$$

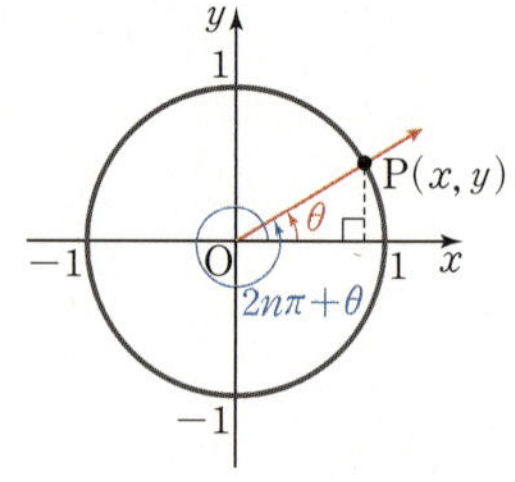

$$(1)\ \sin\frac{9}{4}\pi=\sin\left(2\pi+\frac{\pi}{4}\right)=\sin\frac{\pi}{4}=\frac{\sqrt{2}}{2}$$

$$(2)\ \cos\left(-\frac{11}{6}\pi\right)=\cos\left\{2\pi\times(-1)+\frac{\pi}{6}\right\}=\cos\frac{\pi}{6}=\frac{\sqrt{3}}{2}$$

$$(3)\ \tan\frac{13}{3}\pi=\tan\left(2\pi\times2+\frac{\pi}{3}\right)=\tan\frac{\pi}{3}=\sqrt{3}$$

(2) $-x$의 삼각함수

함수 $y=\sin x$, $y=\tan x$의 그래프는 각각 원점에 대하여 대칭이므로
$$\sin(-x)=-\sin x,\ \tan(-x)=-\tan x$$
함수 $y=\cos x$의 그래프는 y축에 대하여 대칭이므로
$$\cos(-x)=\cos x$$

위 성질은 삼각함수의 정의를 이용하여 확인할 수도 있다.

두 각 θ, $-\theta$를 나타내는 동경과 단위원의 교점을 각각 $\mathrm{P}(x,\,y)$, $\mathrm{P}'(x',\,y')$이라 하면 두 점 P, P'은 x축에 대하여 대칭이므로 $x'=x$, $y'=-y$이다.

이때 $x=\cos\theta$, $y=\sin\theta$이므로
$$\sin(-\theta)=y'=-y=-\sin\theta,\ \cos(-\theta)=x'=x=\cos\theta,$$
$$\tan(-\theta)=\frac{y'}{x'}=\frac{-y}{x}=-\tan\theta$$

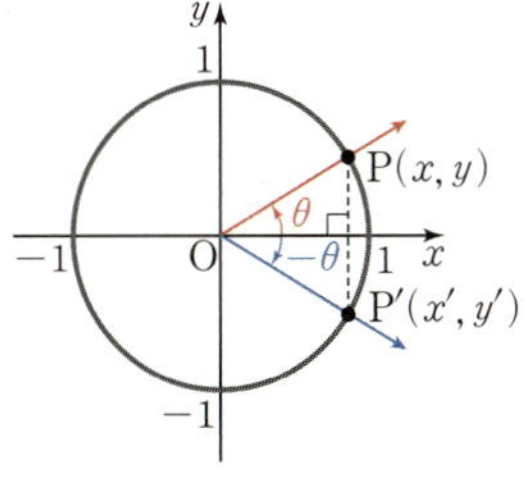

$$(1)\ \sin\left(-\frac{\pi}{2}\right)=-\sin\frac{\pi}{2}=-1 \qquad (2)\ \cos\left(-\frac{\pi}{4}\right)=\cos\frac{\pi}{4}=\frac{\sqrt{2}}{2}$$

$$(3)\ \tan\left(-\frac{\pi}{6}\right)=-\tan\frac{\pi}{6}=-\frac{\sqrt{3}}{3}$$

(3) $\pi\pm x$의 삼각함수

함수 $y=\sin x$의 그래프를 x축의 방향으로 $-\pi$만큼 평행이동하면 함수 $y=-\sin x$의 그래프와 일치하므로
$$\sin(\pi+x)=-\sin x \qquad \cdots\cdots\ \text{㉠}$$
함수 $y=\cos x$의 그래프를 x축의 방향으로 $-\pi$만큼 평행이동하면 함수 $y=-\cos x$의 그래프와 일치하므로
$$\cos(\pi+x)=-\cos x \qquad \cdots\cdots\ \text{㉡}$$

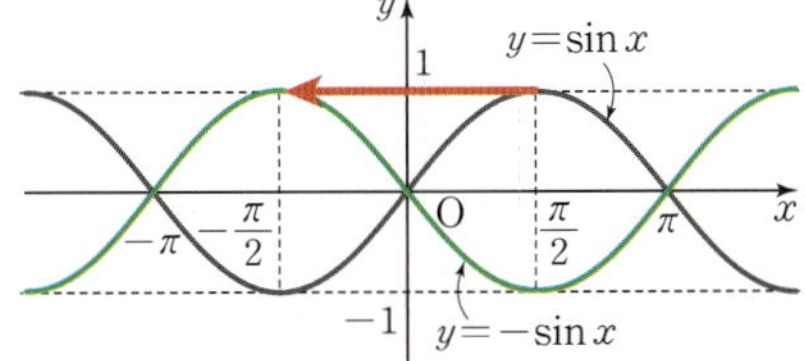
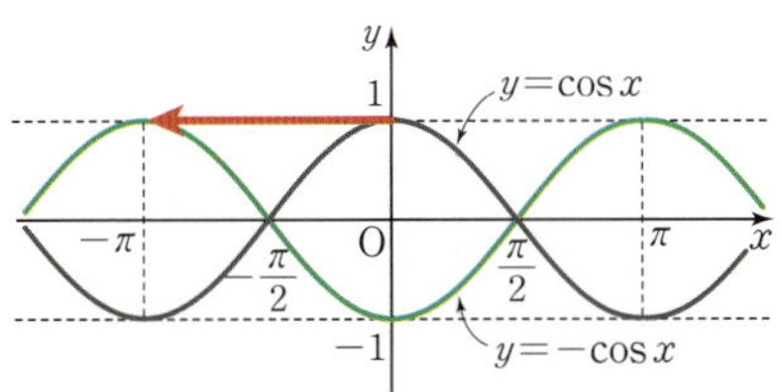

또한 함수 $y=\tan x$의 주기는 π이므로
$$\tan(\pi+x)=\tan x \qquad \cdots\cdots\ \text{㉢}$$

한편, ㉠, ㉡, ㉢의 양변에 x 대신 $-x$를 대입하면

$$\sin(\pi-x)=-\sin(-x)=\sin x,$$
$$\cos(\pi-x)=-\cos(-x)=-\cos x,$$
$$\tan(\pi-x)=\tan(-x)=-\tan x$$

위 성질은 삼각함수의 정의를 이용하여 확인할 수도 있다.

두 각 θ, $\pi+\theta$를 나타내는 동경과 단위원의 교점을 각각 $P(x,\ y)$, $P'(x',\ y')$이라 하면 두 점 P, P'은 원점에 대하여 대칭이므로 $x'=-x,\ y'=-y$이다.

이때 $x=\cos\theta,\ y=\sin\theta$이므로

$$\sin(\pi+\theta)=y'=-y=-\sin\theta,$$
$$\cos(\pi+\theta)=x'=-x=-\cos\theta,$$
$$\tan(\pi+\theta)=\frac{y'}{x'}=\frac{-y}{-x}=\tan\theta$$

또한 두 각 θ, $\pi-\theta$를 나타내는 동경과 단위원의 교점을 각각 $P(x,\ y)$, $P'(x',\ y')$이라 하면 두 점 P, P'은 y축에 대하여 대칭이므로 $x'=-x,\ y'=y$이다.

이때 $x=\cos\theta,\ y=\sin\theta$이므로

$$\sin(\pi-\theta)=y'=y=\sin\theta,$$
$$\cos(\pi-\theta)=x'=-x=-\cos\theta,$$
$$\tan(\pi-\theta)=\frac{y'}{x'}=\frac{y}{-x}=-\tan\theta$$

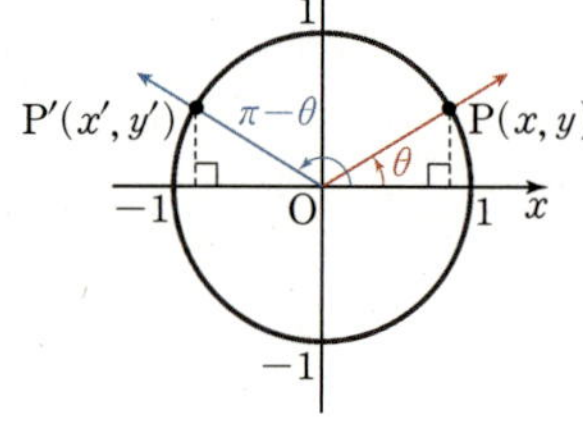

example

(1) $\sin\dfrac{7}{6}\pi=\sin\left(\pi+\dfrac{\pi}{6}\right)=-\sin\dfrac{\pi}{6}=-\dfrac{1}{2}$

(2) $\cos\dfrac{4}{3}\pi=\cos\left(\pi+\dfrac{\pi}{3}\right)=-\cos\dfrac{\pi}{3}=-\dfrac{1}{2}$

(3) $\sin\dfrac{3}{4}\pi=\sin\left(\pi-\dfrac{\pi}{4}\right)=\sin\dfrac{\pi}{4}=\dfrac{\sqrt{2}}{2}$

(4) $\tan\dfrac{5}{6}\pi=\tan\left(\pi-\dfrac{\pi}{6}\right)=-\tan\dfrac{\pi}{6}=-\dfrac{\sqrt{3}}{3}$

(4) $\dfrac{\pi}{2}\pm x$의 삼각함수

함수 $y=\sin x$의 그래프를 x축의 방향으로 $-\dfrac{\pi}{2}$만큼 평행이동하면 함수 $y=\cos x$의 그래프와 일치하므로

$$\sin\left(\frac{\pi}{2}+x\right)=\cos x \qquad\qquad \cdots\cdots ㉠$$

함수 $y=\cos x$의 그래프를 x축의 방향으로 $-\dfrac{\pi}{2}$만큼 평행이동하면 함수 $y=-\sin x$의 그래프와 일치하므로

$$\cos\left(\frac{\pi}{2}+x\right)=-\sin x \qquad\qquad \cdots\cdots ㉡$$

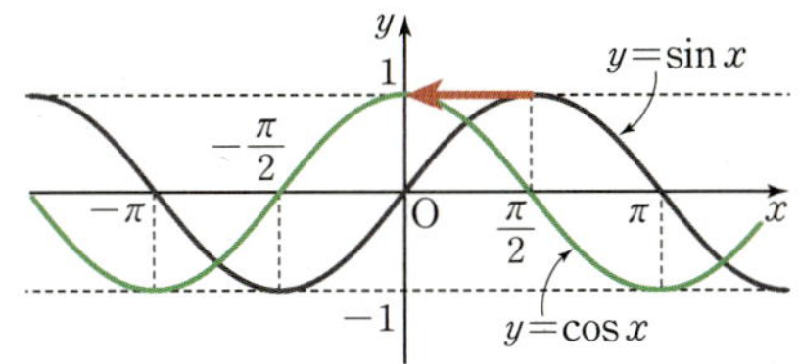 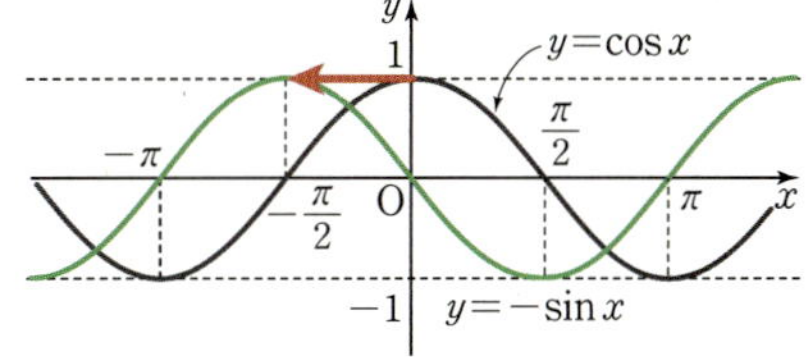

또한 ㉠, ㉡에서

$$\tan\left(\frac{\pi}{2}+x\right)=\frac{\sin\left(\frac{\pi}{2}+x\right)}{\cos\left(\frac{\pi}{2}+x\right)}=\frac{\cos x}{-\sin x}=-\frac{1}{\tan x}\qquad\cdots\cdots㉢$$

한편, ㉠, ㉡, ㉢의 양변에 x 대신 $-x$를 대입하면

$$\sin\left(\frac{\pi}{2}-x\right)=\cos(-x)=\cos x,\ \cos\left(\frac{\pi}{2}-x\right)=-\sin(-x)=\sin x,$$

$$\tan\left(\frac{\pi}{2}-x\right)=-\frac{1}{\tan(-x)}=\frac{1}{\tan x}$$

위 성질은 삼각함수의 정의를 이용하여 확인할 수도 있다.

두 각 θ, $\frac{\pi}{2}+\theta$를 나타내는 동경과 단위원의 교점을 각각 $\mathrm{P}(x,\ y)$, $\mathrm{P}'(x',\ y')$이라 하자.

점 P에서 x축에 내린 수선의 발을 H, 점 P'에서 y축에 내린 수선의 발을 H'이라 하면 $\triangle\mathrm{POH}\equiv\triangle\mathrm{P}'\mathrm{OH}'$이므로 $x'=-y$, $y'=x$이다.

이때 $x=\cos\theta$, $y=\sin\theta$이므로

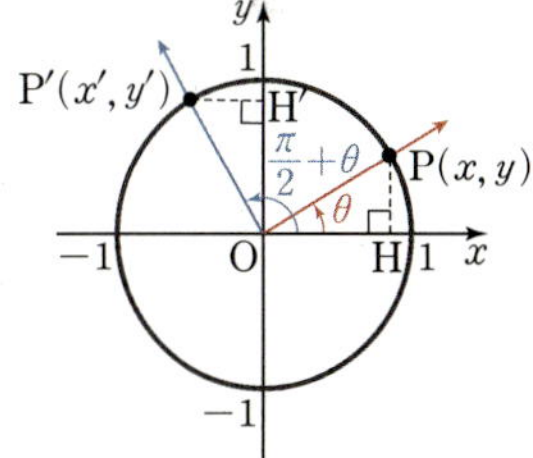

$$\sin\left(\frac{\pi}{2}+\theta\right)=y'=x=\cos\theta,\ \cos\left(\frac{\pi}{2}+\theta\right)=x'=-y=-\sin\theta,$$

$$\tan\left(\frac{\pi}{2}+\theta\right)=\frac{y'}{x'}=\frac{x}{-y}=-\frac{1}{\tan\theta}$$

또한 두 각 θ, $\frac{\pi}{2}-\theta$를 나타내는 동경과 단위원의 교점을 각각 $\mathrm{P}(x,\ y)$, $\mathrm{P}'(x',\ y')$이라 하자.

점 P에서 x축에 내린 수선의 발을 H, 점 P'에서 y축에 내린 수선의 발을 H'이라 하면 $\triangle\mathrm{POH}\equiv\triangle\mathrm{P}'\mathrm{OH}'$이므로 $x'=y$, $y'=x$이다.

이때 $x=\cos\theta$, $y=\sin\theta$이므로

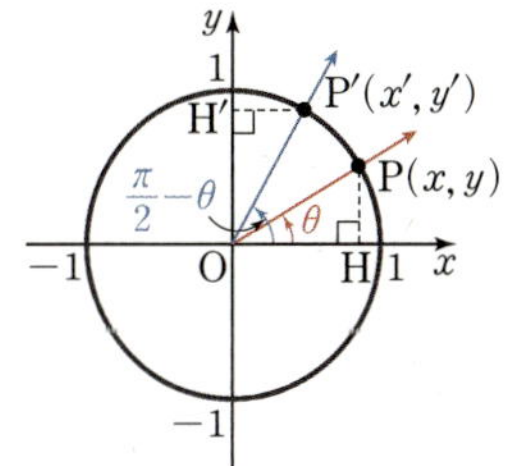

$$\sin\left(\frac{\pi}{2}-\theta\right)=y'=x=\cos\theta,\ \cos\left(\frac{\pi}{2}-\theta\right)=x'=y=\sin\theta,$$

$$\tan\left(\frac{\pi}{2}-\theta\right)=\frac{y'}{x'}=\frac{x}{y}=\frac{1}{\tan\theta}$$

(1) $\sin\left(\dfrac{\pi}{2}+\dfrac{\pi}{3}\right)=\cos\dfrac{\pi}{3}=\dfrac{1}{2}$

(2) $\cos\left(\dfrac{\pi}{2}+\dfrac{\pi}{4}\right)=-\sin\dfrac{\pi}{4}=-\dfrac{\sqrt{2}}{2}$

(3) $\sin\left(\dfrac{\pi}{2}-\dfrac{\pi}{6}\right)=\cos\dfrac{\pi}{6}=\dfrac{\sqrt{3}}{2}$

(4) $\cos\left(\dfrac{\pi}{2}-\dfrac{\pi}{3}\right)=\sin\dfrac{\pi}{3}=\dfrac{\sqrt{3}}{2}$

(5) $\tan\left(\dfrac{\pi}{2}+\dfrac{\pi}{6}\right)=-\dfrac{1}{\tan\dfrac{\pi}{6}}=-\sqrt{3}$

(6) $\tan\left(\dfrac{\pi}{2}-\dfrac{\pi}{3}\right)=\dfrac{1}{\tan\dfrac{\pi}{3}}=\dfrac{\sqrt{3}}{3}$

지금까지 학습한 삼각함수의 성질을 이용하면 일반각에 대한 삼각함수를 0°부터 90°까지 각에 대한 삼각함수로 나타낼 수 있다. 따라서 이 책의 470쪽에 있는 삼각함수표를 이용하면 일반각에 대한 삼각함수의 값을 구할 수 있다.

example

(1) $\sin 387° = \sin(360° + 27°)$
$\qquad\quad = \sin 27° = 0.4540$

(2) $\cos 151° = \cos(180° - 29°)$
$\qquad\quad = -\cos 29° = -0.8746$

각(θ)	$\sin\theta$	$\cos\theta$	$\tan\theta$
27°	0.4540	0.8910	0.5095
28°	0.4695	0.8829	0.5317
29°	0.4848	0.8746	0.5543

2 삼각함수를 포함한 식의 최대·최소

❶ 한 종류의 삼각함수로 통일한다.

❷ 삼각함수를 t로 놓는다.

❸ t에 대한 함수의 그래프를 그려서 최댓값과 최솟값을 구한다.

삼각함수를 포함한 식의 최대·최소는 다음과 같은 순서로 구한다.

❶ 삼각함수의 각이 $\dfrac{n}{2}\pi \pm x$ (n은 정수) 꼴로 표현되어 있으면 각을 x로 통일한 후 $\sin x$, $\cos x$, $\tan x$가 섞여 있으면 삼각함수 사이의 관계를 이용하여 한 종류의 삼각함수로 통일한다.

❷ ❶에서 정리된 삼각함수를 t로 치환하여 주어진 식을 t에 대한 식으로 변형한다.
이때 t의 값의 범위에 주의한다. x의 값의 범위에 대한 언급이 없으면 $\sin x = t$ 또는 $\cos x = t$로 치환한 경우 t의 값의 범위는 $-1 \le t \le 1$이고, $\tan x = t$로 치환한 경우 t의 값의 범위는 실수 전체이다.

❸ ❷로부터 얻은 t에 대한 함수의 그래프를 그린 후, t의 값의 범위를 고려하여 최댓값과 최솟값을 구한다.

example

함수 $y = \sin^2 x - 2\cos(\pi - x)$의 최댓값과 최솟값을 구하면

❶ $\cos(\pi - x) = -\cos x$이므로 주어진 함수는 $y = \sin^2 x + 2\cos x$
또한 $\sin^2 x + \cos^2 x = 1$에서 $\sin^2 x = 1 - \cos^2 x$이므로 주어진 함수는
$y = (1 - \cos^2 x) + 2\cos x \qquad \therefore y = -\cos^2 x + 2\cos x + 1$

❷ $\cos x = t$로 놓으면 t의 값의 범위는 $-1 \le t \le 1$이고
$y = -t^2 + 2t + 1 = -(t-1)^2 + 2$

❸ 함수 $y = -(t-1)^2 + 2 \ (-1 \le t \le 1)$의 그래프는 그림과 같으므로
$t = 1$일 때 최댓값 2, $t = -1$일 때 최솟값 -2를 갖는다.

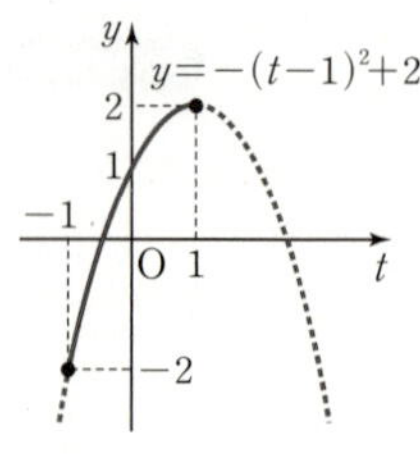

개념 CHECK

02. 여러 가지 각의 삼각함수

01 다음 삼각함수의 값을 구하시오.

(1) $\sin 780°$ (2) $\cos 225°$ (3) $\tan 300°$

(4) $\sin \dfrac{5}{6}\pi$ (5) $\cos\left(-\dfrac{5}{3}\pi\right)$ (6) $\tan\left(-\dfrac{11}{6}\pi\right)$

02 오른쪽 삼각함수표를 이용하여 다음 값을 구하시오.

(1) $\sin 193°$

(2) $\cos 346°$

(3) $\tan 168°$

각(θ)	$\sin \theta$	$\cos \theta$	$\tan \theta$
12°	0.2079	0.9781	0.2126
13°	0.2250	0.9744	0.2309
14°	0.2419	0.9703	0.2493

03 다음은 함수 $y=\left|\cos x-\dfrac{1}{2}\right|+2$의 최댓값과 최솟값을 구하는 과정이다. $\square$ 안에 알맞은 것을 써넣으시오.

> $y=\left|\cos x-\dfrac{1}{2}\right|+2$에서 $\cos x=t$로 놓으면 $-1\le t\le\ \square$ 이고
>
> 주어진 함수는 $y=\boxed{}$ …… ㉠
>
> (i) $-1\le t<\dfrac{1}{2}$일 때, $y=\boxed{}$
>
> (ii) $\dfrac{1}{2}\le t\le 1$일 때, $y=\boxed{}$
>
> 따라서 함수 ㉠의 그래프는 오른쪽 그림과 같으므로
>
> $t=\boxed{}$ 일 때 최댓값은 $\boxed{}$ 이고,
>
> $t=\boxed{}$ 일 때 최솟값은 $\boxed{}$ 이다.

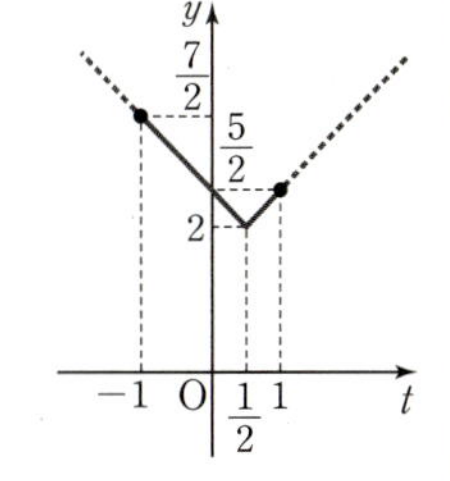

대표 예제 | 05

다음 식의 값을 구하시오.

(1) $\sin \dfrac{4}{3}\pi \tan \dfrac{5}{6}\pi + \cos\left(-\dfrac{7}{3}\pi\right)$

(2) $\sin\left(\dfrac{\pi}{2}+\theta\right) + \sin(\pi+\theta) + \sin\left(\dfrac{3}{2}\pi+\theta\right) + \sin(2\pi+\theta)$

바로 접근   주어진 삼각함수의 각을 $2n\pi+$(예각), $\pi\pm$(예각), $\dfrac{\pi}{2}\pm$(예각) 꼴로 고친 후 삼각함수의 성질을 이용하여 예각에 대한 삼각함수로 나타낸다.

바른 풀이

(1) $\sin \dfrac{4}{3}\pi = \sin\left(\pi+\dfrac{\pi}{3}\right) = -\sin\dfrac{\pi}{3} = -\dfrac{\sqrt{3}}{2}$

$\tan \dfrac{5}{6}\pi = \tan\left(\pi-\dfrac{\pi}{6}\right) = -\tan\dfrac{\pi}{6} = -\dfrac{\sqrt{3}}{3}$

$\cos\left(-\dfrac{7}{3}\pi\right) = \cos\dfrac{7}{3}\pi = \cos\left(2\pi+\dfrac{\pi}{3}\right)$

$\qquad\qquad = \cos\dfrac{\pi}{3} = \dfrac{1}{2}$

$\therefore \sin\dfrac{4}{3}\pi \tan\dfrac{5}{6}\pi + \cos\left(-\dfrac{7}{3}\pi\right) = \left(-\dfrac{\sqrt{3}}{2}\right)\times\left(-\dfrac{\sqrt{3}}{3}\right) + \dfrac{1}{2} = \dfrac{1}{2}+\dfrac{1}{2} = 1$

(2) $\sin\left(\dfrac{\pi}{2}+\theta\right)=\cos\theta$, $\sin(\pi+\theta)=-\sin\theta$, $\sin\left(\dfrac{3}{2}\pi+\theta\right)=-\cos\theta$, $\sin(2\pi+\theta)=\sin\theta$

$\therefore \sin\left(\dfrac{\pi}{2}+\theta\right) + \sin(\pi+\theta) + \sin\left(\dfrac{3}{2}\pi+\theta\right) + \sin(2\pi+\theta)$

$\quad = \cos\theta + (-\sin\theta) + (-\cos\theta) + \sin\theta = 0$

> **정답**   (1) 1   (2) 0

Bible Says

삼각함수의 각의 변환 방법

삼각함수의 일반각이 주어지면 다음과 같은 순서로 삼각함수를 변환하여 그 값을 구한다.

❶ 각을 변형한다. ➡ 주어진 각을 $\dfrac{\pi}{2}\times n+\theta$ (n은 정수) 꼴로 고친다.

❷ 삼각함수를 정한다. ➡ (i) n이 홀수이면 $\sin \rightarrow \cos$, $\cos \rightarrow \sin$, $\tan \rightarrow \dfrac{1}{\tan}$ ← 홀수일 때는 바꾼다.

         (ii) n이 짝수이면 $\sin \rightarrow \sin$, $\cos \rightarrow \cos$, $\tan \rightarrow \tan$ ← 짝수일 때는 바꾸지 않는다.

❸ 부호를 정한다. ➡ θ를 예각으로 생각하여 $\dfrac{\pi}{2}\times n+\theta$가 나타내는 동경이 있는 사분면에서 처음 주어진 삼각함수의 부호가 양이면 $+$, 음이면 $-$를 붙인다.

   ⑩ $\sin\dfrac{7}{6}\pi = \sin\left(\dfrac{\pi}{2}\times2+\dfrac{\pi}{6}\right) = -\sin\dfrac{\pi}{6} = -\dfrac{1}{2}$ ← $\dfrac{7}{6}\pi$가 제3사분면의 각이고 처음 주어진 삼각함수가 $\sin$이므로 부호는 $-$

     $\cos\dfrac{7}{4}\pi = \cos\left(\dfrac{\pi}{2}\times3+\dfrac{\pi}{4}\right) = \sin\dfrac{\pi}{4} = \dfrac{\sqrt{2}}{2}$ ← $\dfrac{7}{4}\pi$가 제4사분면의 각이고 처음 주어진 삼각함수가 $\cos$이므로 부호는 $+$

한번 더하기

05-1

다음 식의 값을 구하시오.

(1) $\cos \dfrac{13}{6}\pi \tan\left(-\dfrac{5}{6}\pi\right) - \sin\dfrac{9}{2}\pi$

(2) $\sin \dfrac{2}{3}\pi \tan \dfrac{4}{3}\pi + \cos \dfrac{13}{3}\pi \tan\left(-\dfrac{5}{4}\pi\right)$

한번 더하기

05-2

다음 식의 값을 구하시오.

(1) $\cos^2\left(\dfrac{\pi}{2}-\theta\right) + \cos^2(\pi-\theta) + \cos^2\left(\dfrac{3}{2}\pi-\theta\right) + \cos^2(2\pi-\theta)$

(2) $\tan\left(\dfrac{\pi}{2}-\theta\right)\tan\left(\dfrac{\pi}{2}+\theta\right)\tan(\pi-\theta)\tan(\pi+\theta)$

표현 더하기

05-3

$\sin^2\left(\dfrac{\pi}{4}+\theta\right) + \sin^2\left(\dfrac{\pi}{4}-\theta\right)$의 값을 구하시오.

실력 더하기

05-4

직선 $y=ax+5$가 x축의 양의 방향과 이루는 각의 크기를 θ라 할 때,

$$\frac{1+\sin\left(\dfrac{3}{2}\pi-\theta\right)}{\sin(\pi-\theta)} + \frac{1+\cos\theta}{\cos\left(\dfrac{\pi}{2}+\theta\right)} = 4$$

가 성립한다. 상수 a의 값을 구하시오. (단, $a\neq 0$)

대표 예제 | 06

다음 식의 값을 구하시오.

(1) $\sin^2 10° + \sin^2 20° + \sin^2 30° + \cdots + \sin^2 90°$

(2) $\tan 1° \times \tan 2° \times \tan 3° \times \cdots \times \tan 89°$

바로 접근

$\sin(90°-\theta)=\cos\theta$, $\tan(90°-\theta)=\dfrac{1}{\tan\theta}$ 을 이용하여 식을 변형한다.

바른 풀이

(1) $\sin(90°-\theta)=\cos\theta$이므로

$\sin 80° = \sin(90°-10°) = \cos 10°$, $\sin 70° = \sin(90°-20°) = \cos 20°$

$\sin 60° = \sin(90°-30°) = \cos 30°$, $\sin 50° = \sin(90°-40°) = \cos 40°$

$\therefore \sin^2 10° + \sin^2 20° + \sin^2 30° + \cdots + \sin^2 90°$

$= (\sin^2 10° + \sin^2 80°) + (\sin^2 20° + \sin^2 70°) + (\sin^2 30° + \sin^2 60°)$
$\qquad\qquad\qquad\qquad\qquad\qquad + (\sin^2 40° + \sin^2 50°) + \sin^2 90°$

$= (\sin^2 10° + \cos^2 10°) + (\sin^2 20° + \cos^2 20°) + (\sin^2 30° + \cos^2 30°)$
$\qquad\qquad\qquad\qquad\qquad\qquad + (\sin^2 40° + \cos^2 40°) + 1$

$= 1+1+1+1+1 = 5$

(2) $\tan(90°-\theta)=\dfrac{1}{\tan\theta}$ 이므로

$\tan 89° = \tan(90°-1°) = \dfrac{1}{\tan 1°}$, $\tan 88° = \tan(90°-2°) = \dfrac{1}{\tan 2°}$, $\cdots$,

$\tan 46° = \tan(90°-44°) = \dfrac{1}{\tan 44°}$

$\therefore \tan 1° \times \tan 2° \times \tan 3° \times \cdots \times \tan 88° \times \tan 89°$

$= \tan 1° \times \tan 2° \times \cdots \times \tan 44° \times \tan 45° \times \dfrac{1}{\tan 44°} \times \cdots \times \dfrac{1}{\tan 2°} \times \dfrac{1}{\tan 1°}$

$= \tan 45° = 1$

정답 (1) 5 (2) 1

Bible Says

$\alpha + \beta = \dfrac{\pi}{2}$ 이면 다음이 성립한다.

① $\sin^2\alpha + \sin^2\beta = \sin^2\alpha + \sin^2\left(\dfrac{\pi}{2}-\alpha\right) = \sin^2\alpha + \cos^2\alpha = 1$

② $\cos^2\alpha + \cos^2\beta = \cos^2\alpha + \cos^2\left(\dfrac{\pi}{2}-\alpha\right) = \cos^2\alpha + \sin^2\alpha = 1$

③ $\tan\alpha \times \tan\beta = \tan\alpha \times \tan\left(\dfrac{\pi}{2}-\alpha\right) = \tan\alpha \times \dfrac{1}{\tan\alpha} = 1$

06-1

다음 식의 값을 구하시오.

(1) $\cos^2 0° + \cos^2 1° + \cos^2 2° + \cdots + \cos^2 89° + \cos^2 90°$

(2) $\tan 10° \times \tan 20° \times \tan 30° \times \cdots \times \tan 80°$

06-2

$\cos \dfrac{\pi}{10} + \cos \dfrac{2}{10}\pi + \cos \dfrac{3}{10}\pi + \cdots + \cos \dfrac{10}{10}\pi$의 값을 구하시오.

06-3

그림과 같이 단위원의 둘레를 20등분한 점을 차례대로
A_1, A_2, A_3, $\cdots$, A_{20}이라 하자. $A_1(1, 0)$, $\angle A_1OA_2 = \theta$일 때,
$\sin\theta + \sin 2\theta + \sin 3\theta + \cdots + \sin 20\theta$의 값을 구하시오.

(단, O는 원점이다.)

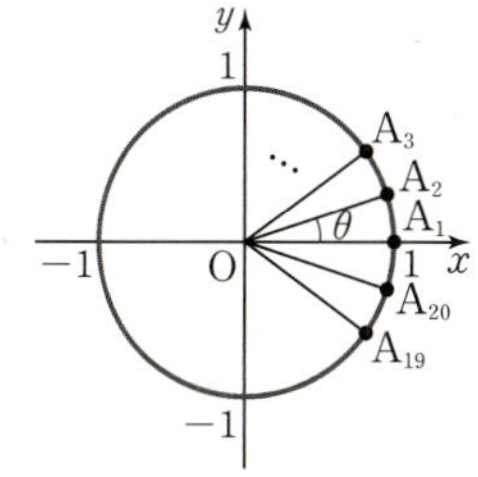

06-4

그림과 같이 선분 AB를 지름으로 하는 원 위의 한 점 C에 대하여
$\overline{AC} = 5$, $\overline{BC} = \sqrt{11}$이다. $\angle CAB = \alpha$, $\angle CBA = \beta$라 할 때,
$\sin(2\alpha + \beta) - \cos(\alpha + 2\beta)$의 값을 구하시오.

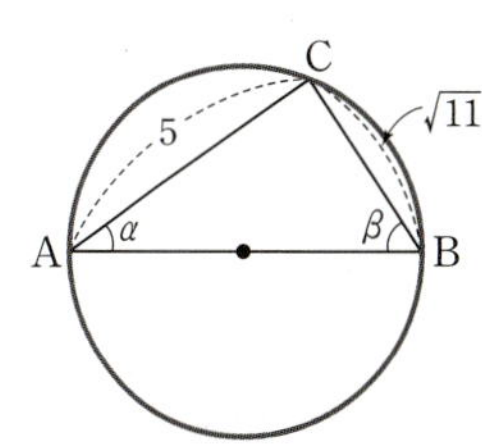

대표 예제 07

다음 함수의 최댓값과 최솟값을 각각 구하시오.

(1) $y = 3\sin x + \cos\left(x - \dfrac{\pi}{2}\right) - 1$
(2) $y = |2\sin x + 1| - 4$

바로 접근

(1) 삼각함수의 성질을 이용하여 하나의 삼각함수에 대한 식으로 변형한 후 $-1 \le \sin x \le 1$임을 이용하여 최댓값, 최솟값을 구한다.

(2) $\sin x$를 t로 치환하면 절댓값 기호를 포함한 t에 대한 함수가 된다. 이때 $-1 \le t \le 1$이므로 그래프를 그려서 최댓값, 최솟값을 구한다.

바른 풀이

(1) $\cos\left(x - \dfrac{\pi}{2}\right) = \cos\left\{-\left(\dfrac{\pi}{2} - x\right)\right\} = \cos\left(\dfrac{\pi}{2} - x\right) = \sin x$이므로

$$y = 3\sin x + \cos\left(x - \dfrac{\pi}{2}\right) - 1$$
$$= 3\sin x + \sin x - 1$$
$$= 4\sin x - 1$$

이때 $-1 \le \sin x \le 1$이므로 $-4 \le 4\sin x \le 4$

$\therefore -5 \le 4\sin x - 1 \le 3$

따라서 주어진 함수의 최댓값은 3, 최솟값은 -5이다.

(2) $y = |2\sin x + 1| - 4$에서 $\sin x = t$로 놓으면 $-1 \le t \le 1$이고

주어진 함수는 $y = |2t + 1| - 4$ …… ㉠

(i) $-1 \le t < -\dfrac{1}{2}$일 때, $y = -(2t + 1) - 4 = -2t - 5$

(ii) $-\dfrac{1}{2} \le t \le 1$일 때, $y = (2t + 1) - 4 = 2t - 3$

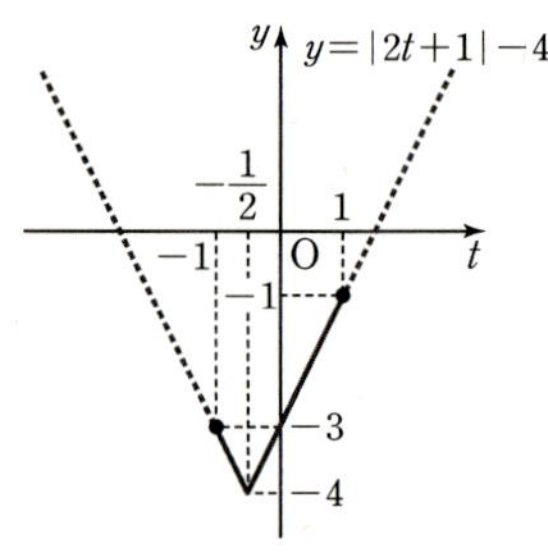

따라서 함수 ㉠의 그래프는 오른쪽 그림과 같으므로

$t = 1$일 때 최댓값은 -1이고, $t = -\dfrac{1}{2}$일 때 최솟값은 -4이다.

다른 풀이

(2) $-1 \le \sin x \le 1$이므로 $-1 \le 2\sin x + 1 \le 3$

$0 \le |2\sin x + 1| \le 3$, $-4 \le |2\sin x + 1| - 4 \le -1$

따라서 주어진 함수의 최댓값은 -1, 최솟값은 -4이다.

정답 (1) 최댓값: 3, 최솟값: -5 (2) 최댓값: -1, 최솟값: -4

Bible Says

(1) 두 종류의 삼각함수를 포함한 식

➡ 삼각함수의 성질을 이용하여 하나의 삼각함수에 대한 식으로 변형한 후 최댓값과 최솟값을 구한다.

(2) 절댓값 기호가 있는 일차식 꼴의 삼각함수를 포함한 식

➡ 삼각함수를 t로 치환한 후 t에 대한 함수의 최댓값과 최솟값을 구한다. 이때 범위에 주의한다.

07-1 다음 함수의 최댓값과 최솟값을 각각 구하시오.

(1) $y=\sin\left(x+\dfrac{\pi}{2}\right)+3\cos x+2$

(2) $y=|3\cos x-1|-2$

07-2 함수 $y=\cos\left(x-\dfrac{\pi}{2}\right)+4\sin x+k$의 최솟값이 -4일 때, 최댓값을 구하시오.

(단, k는 상수이다.)

07-3 함수 $y=\tan(\pi-x)+4$의 최댓값과 최솟값의 곱을 구하시오. $\left($단, $-\dfrac{\pi}{4}\leq x\leq\dfrac{\pi}{4}\right)$

07-4 함수 $y=-|\sin x-2|+a$의 최댓값과 최솟값의 합이 -1일 때, 상수 a의 값을 구하시오.

대표 예제 | 08

다음 함수의 최댓값과 최솟값을 각각 구하시오.

(1) $y=\sin^2 x+\cos x+1$

(2) $y=\dfrac{\sin x}{-\sin x+2}$

Bavo 접근

(1) $\sin^2 x+\cos^2 x=1$을 이용하여 한 종류의 삼각함수로 변형한 후 t로 치환하여 이차함수로 나타낸다.

(2) $\sin x$를 t로 치환하여 t에 대한 유리함수로 나타낸다.

Bavo 풀이

(1) $\sin^2 x=1-\cos^2 x$이므로

$$y=\sin^2 x+\cos x+1=(1-\cos^2 x)+\cos x+1$$
$$=-\cos^2 x+\cos x+2$$

$\cos x=t$로 놓으면 $-1\le t\le 1$이고, 주어진 함수는

$$y=-t^2+t+2=-\left(t-\frac{1}{2}\right)^2+\frac{9}{4}\quad\cdots\cdots\ \text{㉠}$$

따라서 함수 ㉠의 그래프는 오른쪽 그림과 같으므로

$t=\dfrac{1}{2}$일 때 최댓값은 $\dfrac{9}{4}$이고, $t=-1$일 때 최솟값은 0이다.

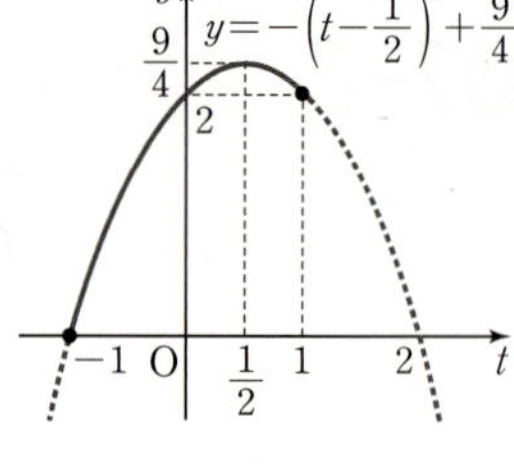

(2) $\sin x=t$로 놓으면 $-1\le t\le 1$이고, 주어진 함수는

$$y=\frac{t}{-t+2}=-\frac{(t-2)+2}{t-2}=-\frac{2}{t-2}-1\quad\cdots\cdots\ \text{㉠}$$

따라서 함수 ㉠의 그래프는 오른쪽과 그림과 같으므로

$t=1$일 때 최댓값은 1이고, $t=-1$일 때 최솟값은 $-\dfrac{1}{3}$이다.

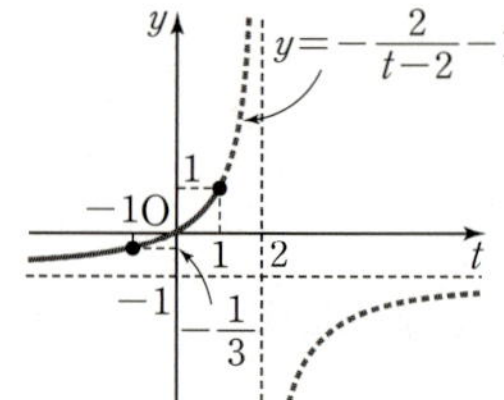

다른 풀이

(2) $y=\dfrac{\sin x}{-\sin x+2}=\dfrac{-(-\sin x+2)+2}{-\sin x+2}=\dfrac{2}{-\sin x+2}-1$

$-1\le\sin x\le 1$이므로 $1\le -\sin x+2\le 3$, $\dfrac{1}{3}\le\dfrac{1}{-\sin x+2}\le 1$

$\dfrac{2}{3}\le\dfrac{2}{-\sin x+2}\le 2\qquad\therefore -\dfrac{1}{3}\le\dfrac{2}{-\sin x+2}-1\le 1$

따라서 주어진 함수의 최댓값은 1이고, 최솟값은 $-\dfrac{1}{3}$이다.

정답 (1) 최댓값: $\dfrac{9}{4}$, 최솟값: 0 (2) 최댓값: 1, 최솟값: $-\dfrac{1}{3}$

Bible Says

삼각함수의 최댓값, 최솟값을 구할 때, 정의역이 제한되어 있지 않으면

① $\sin x=t$ (또는 $\cos x=t$)로 치환하면 t의 값의 범위는 $-1\le t\le 1$이다.

② $\tan x=t$로 치환하면 t의 값의 범위는 실수 전체이다.

한 번 더하기

08-1

다음 함수의 최댓값과 최솟값을 각각 구하시오.

(1) $y=-3\cos^2 x-2\sin x+5$

(2) $y=\dfrac{\cos x+1}{\cos x-3}$

표현 더하기

08-2

다음 물음에 답하시오.

(1) 함수 $y=2\cos^2 x+2\sin(x+\pi)+a$의 최솟값이 -3일 때, 상수 a의 값을 구하시오.

(2) 함수 $y=\dfrac{-2\sin x+a}{\sin x+2}$의 최댓값이 7일 때, 상수 a의 값을 구하시오.

표현 더하기

08-3

함수 $y=\dfrac{2\tan x+1}{\tan x+1}$의 최댓값을 M, 최솟값을 m이라 할 때, $M+m$의 값을 구하시오.

$$\left(\text{단, } 0\le x\le\frac{\pi}{4}\right)$$

실력 더하기

08-4

함수 $y=\sin^2 x+2a\cos x-1$의 최댓값이 7일 때, 양수 a의 값을 구하시오.

$$(\text{단, } 0\le x<2\pi)$$

03

삼각방정식과 삼각부등식

1 삼각방정식의 풀이

$\sin x=k$ (또는 $\cos x=k$ 또는 $\tan x=k$) 꼴의 삼각방정식

➡ 함수 $y=\sin x$ (또는 $y=\cos x$ 또는 $y=\tan x$)의 그래프와 직선 $y=k$의 교점의 x좌표를 구한다.

$\sin x=1$, $2\cos x-1=0$과 같이 각의 크기가 미지수인 삼각함수를 포함하는 방정식을 **삼각방정식** 이라 한다.

일반적으로 방정식 $f(x)=k$의 실근은 함수 $y=f(x)$의 그래프와 직선 $y=k$의 교점의 x좌표 이므로 삼각방정식도 삼각함수의 그래프와 직선의 교점을 이용하여 다음과 같은 순서로 풀 수 있다.

❶ 주어진 방정식을 $\sin x=k$ (또는 $\cos x=k$ 또는 $\tan x=k$) 꼴로 나타낸다.

❷ 좌표평면 위에 함수 $y=\sin x$ (또는 $y=\cos x$ 또는 $y=\tan x$)의 그래프와 직선 $y=k$를 그 린다.

❸ 주어진 범위에서 함수의 그래프와 직선의 교점의 x좌표를 찾아 방정식의 해를 구한다.

example

(1) $0\leq x<2\pi$일 때, 방정식 $\cos x+\dfrac{\sqrt{2}}{2}=0$을 풀면

❶ $\cos x+\dfrac{\sqrt{2}}{2}=0$에서 $\cos x=-\dfrac{\sqrt{2}}{2}$

❷ 함수 $y=\cos x$ $(0\leq x<2\pi)$의 그래프와 직선 $y=-\dfrac{\sqrt{2}}{2}$를 그리면 그림과 같다.

❸ 그림에서 교점의 x좌표는 $\dfrac{3}{4}\pi$, $\dfrac{5}{4}\pi$이므로 구하는 해는 $x=\dfrac{3}{4}\pi$ 또는 $x=\dfrac{5}{4}\pi$이다.

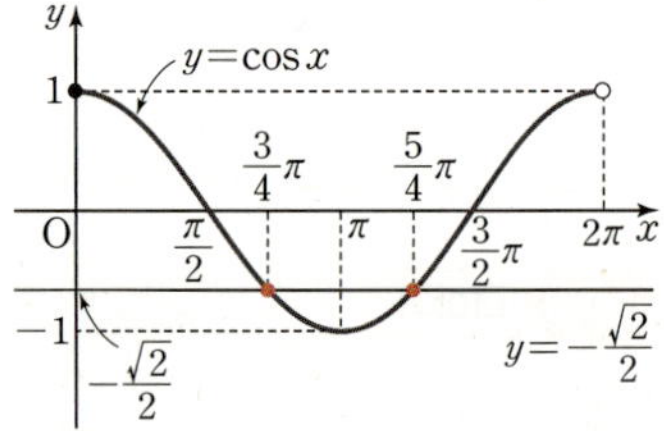

(2) $0\leq x<2\pi$일 때, 방정식 $\sqrt{3}\tan x=3$을 풀면

❶ $\sqrt{3}\tan x=3$에서 $\tan x=\sqrt{3}$

❷ 함수 $y=\tan x$ $(0\leq x<2\pi)$의 그래프와 직선 $y=\sqrt{3}$을 그리면 그림과 같다.

❸ 그림에서 교점의 x좌표는 $\dfrac{\pi}{3}$, $\dfrac{4}{3}\pi$이므로 구하는 해는 $x=\dfrac{\pi}{3}$ 또는 $x=\dfrac{4}{3}\pi$이다.

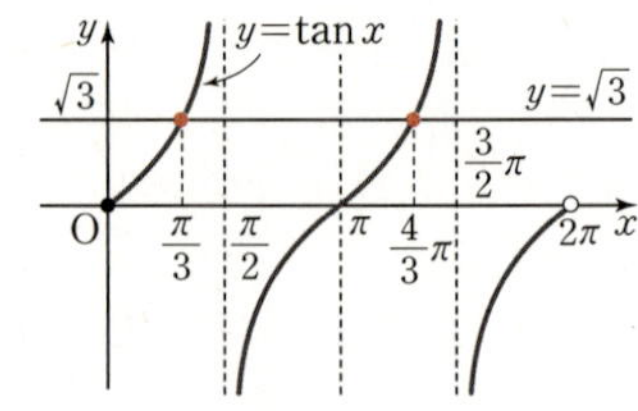

(1) $\sin x > k$ (또는 $\cos x > k$ 또는 $\tan x > k$) 꼴의 삼각부등식

➡ 함수 $y = \sin x$ (또는 $y = \cos x$ 또는 $y = \tan x$)의 그래프에서 직선 $y = k$보다 위쪽에 있는 부분의 x좌표의 범위를 구한다.

(2) $\sin x < k$ (또는 $\cos x < k$ 또는 $\tan x < k$) 꼴의 삼각부등식

➡ 함수 $y = \sin x$ (또는 $y = \cos x$ 또는 $y = \tan x$)의 그래프에서 직선 $y = k$보다 아래쪽에 있는 부분의 x좌표의 범위를 구한다.

$\sin x > \dfrac{1}{2}$, $\tan x \leq \sqrt{3}$과 같이 각의 크기가 미지수인 삼각함수를 포함하는 부등식을 **삼각부등식**이라 한다.

일반적으로 부등식 $f(x) > k$의 해는 함수 $y = f(x)$의 그래프가 직선 $y = k$보다 위쪽에 있는 x의 값의 범위이고, 부등식 $f(x) < k$의 해는 함수 $y = f(x)$의 그래프가 직선 $y = k$보다 아래쪽에 있는 x의 값의 범위이다. 삼각부등식도 위의 사실을 이용하여 부등식을 만족시키는 x의 값의 범위를 다음과 같은 순서로 구할 수 있다.

❶ 부등호를 등호로 바꾸어 삼각방정식을 푼다.

❷ 삼각함수의 그래프를 이용하여 부등식을 만족시키는 미지수의 값의 범위를 구한다.

example

(1) $0 \leq x < 2\pi$일 때, 부등식 $\sin x > \dfrac{\sqrt{2}}{2}$를 풀면

❶ 방정식 $\sin x = \dfrac{\sqrt{2}}{2}$의 해는 $x = \dfrac{\pi}{4}$ 또는 $x = \dfrac{3}{4}\pi$

❷ 이때 부등식 $\sin x > \dfrac{\sqrt{2}}{2}$의 해는 그림과 같이 함수 $y = \sin x$의 그래프가 직선 $y = \dfrac{\sqrt{2}}{2}$보다 위쪽에 있는 부분의 x의 값의 범위와 같으므로 구하는 해는 $\dfrac{\pi}{4} < x < \dfrac{3}{4}\pi$이다.

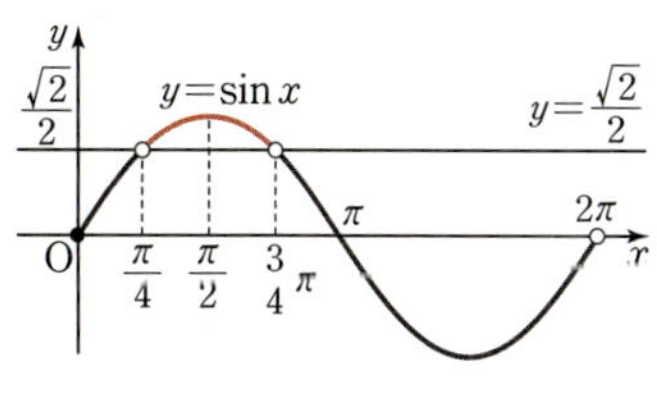

(2) $0 \leq x < 2\pi$일 때, 부등식 $\tan x \leq -\dfrac{\sqrt{3}}{3}$을 풀면

❶ 방정식 $\tan x = -\dfrac{\sqrt{3}}{3}$의 해는 $x = \dfrac{5}{6}\pi$ 또는 $x = \dfrac{11}{6}\pi$

❷ 이때 부등식 $\tan x \leq -\dfrac{\sqrt{3}}{3}$의 해는 그림과 같이 함수 $y = \tan x$의 그래프가 직선 $y = -\dfrac{\sqrt{3}}{3}$보다 아래쪽에 있거나 만나는 부분의 x의 값의 범위와 같으므로 구하는 해는 $\dfrac{\pi}{2} < x \leq \dfrac{5}{6}\pi$ 또는 $\dfrac{3}{2}\pi < x \leq \dfrac{11}{6}\pi$이다.

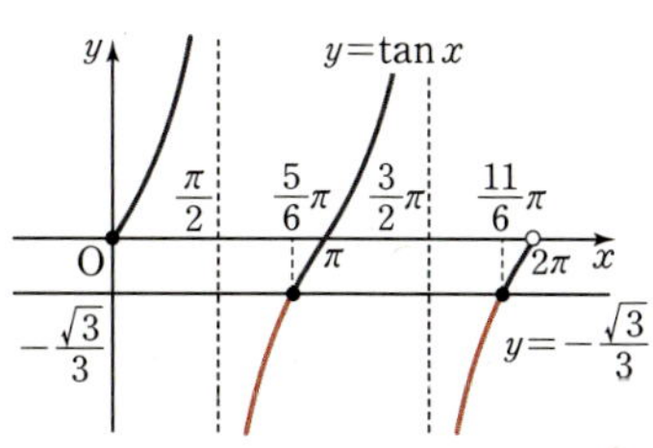

단위원을 이용하여 삼각방정식과 삼각부등식의 해를 구해 보자.

(1) 삼각방정식

단위원 위의 점 $P(x, y)$에 대하여 동경 OP가 나타내는 각을 θ라 하면 삼각함수의 정의에 의하여

$$\sin \theta = y, \ \cos \theta = x, \ \tan \theta = \frac{y}{x} \ (x \neq 0)$$

이므로 단위원을 이용하여 삼각방정식의 해를 구할 수 있다.

① $\sin \theta = k$ 꼴의 삼각방정식	② $\cos \theta = k$ 꼴의 삼각방정식	③ $\tan \theta = k$ 꼴의 삼각방정식
직선 $y=k$와 단위원의 교점 P, Q에 대하여 두 동경 OP, OQ가 각각 나타내는 두 각 α, β가 방정식의 해이다.	직선 $x=k$와 단위원의 교점 P, Q에 대하여 두 동경 OP, OQ가 각각 나타내는 두 각 α, β가 방정식의 해이다.	원점과 점 $(1, k)$를 지나는 직선과 단위원의 교점 P, Q에 대하여 두 동경 OP, OQ가 각각 나타내는 두 각 α, β가 방정식의 해이다.

example

(1) $0 \leq \theta < 2\pi$일 때, 방정식 $\sin \theta = \dfrac{\sqrt{3}}{2}$을 풀면

직선 $y = \dfrac{\sqrt{3}}{2}$과 단위원의 교점 P, Q에 대하여 두 동경 OP, OQ가 각각 나타내는 두 각은 $\dfrac{\pi}{3}$, $\dfrac{2}{3}\pi$이므로

구하는 해는 $\theta = \dfrac{\pi}{3}$ 또는 $\theta = \dfrac{2}{3}\pi$이다.

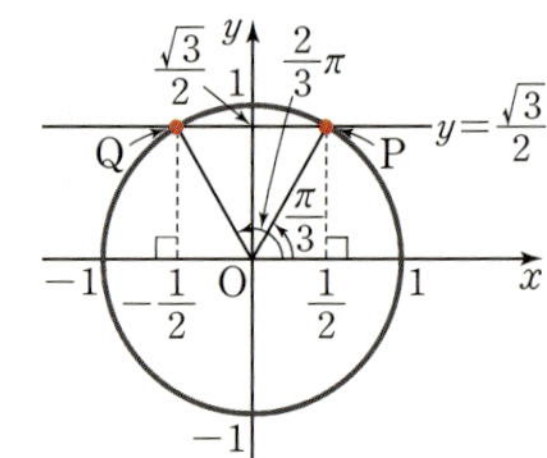

(2) $0 \leq \theta < 2\pi$일 때, 방정식 $\tan \theta = \dfrac{\sqrt{3}}{3}$을 풀면

원점과 점 $\left(1, \dfrac{\sqrt{3}}{3}\right)$을 지나는 직선과 단위원의 교점 P, Q에 대하여 두 동경 OP, OQ가 각각 나타내는 두 각은 $\dfrac{\pi}{6}$, $\dfrac{7}{6}\pi$이므로 구하는 해는 $\theta = \dfrac{\pi}{6}$ 또는 $\theta = \dfrac{7}{6}\pi$이다.

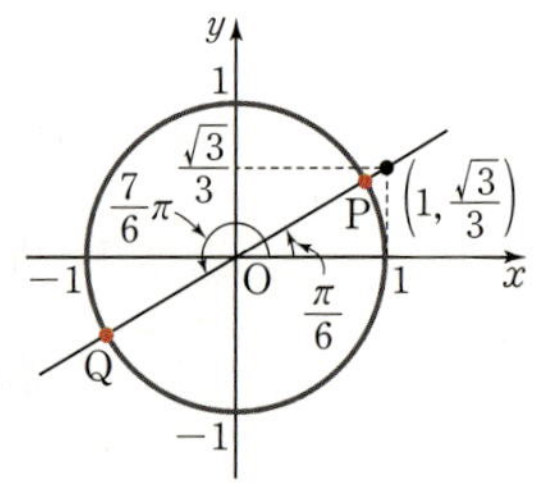

(2) 삼각부등식

단위원을 이용하여 삼각부등식의 해를 구할 수도 있다.

예를 들어 부등식 $\sin \theta > k$ $(0 < k < 1, \ 0 \leq \theta < 2\pi)$의 해는 위 표의 ①의 그림에서 점 P의 y좌표가

k보다 클 때의 동경 OP와 OQ가 나타내는 각의 범위가 되므로 $\alpha<\theta<\beta$가 된다.

마찬가지로 부등식 $\cos\theta>k\,(0\leq\theta<2\pi)$의 해는 앞 표의 ②의 그림에서 $0\leq\theta<\alpha$ 또는 $\beta<\theta<2\pi$

이고, 부등식 $\tan\theta>k\left(-\dfrac{\pi}{2}\leq\theta<\dfrac{\pi}{2}\right)$의 해는 앞 표의 ③의 그림에서 $\alpha<\theta<\dfrac{\pi}{2}$이다.

example $0\leq\theta<2\pi$일 때, 부등식 $\cos\theta\leq\dfrac{\sqrt{2}}{2}$를 풀면

직선 $x=\dfrac{\sqrt{2}}{2}$와 단위원의 교점 P, Q에 대하여 두 동경 OP, OQ가

각각 나타내는 두 각은 $\dfrac{\pi}{4}$, $\dfrac{7}{4}\pi$이다.

따라서 구하는 해는 $\dfrac{\pi}{4}\leq\theta\leq\dfrac{7}{4}\pi$이다. $\leftarrow x=\dfrac{\sqrt{2}}{2}$보다 작거나 같을 때의 θ의 값의 범위이다.

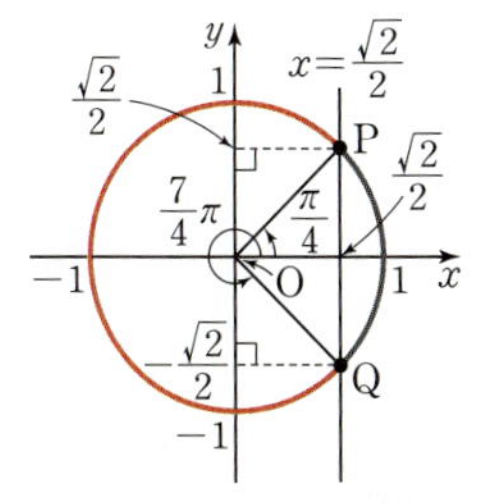

개념 CHECK

03. 삼각방정식과 삼각부등식

빠른 정답 • 463쪽 / 정답과 풀이 • 100쪽

01 다음 방정식을 푸시오.

(1) $2\cos x=-1\;(0\leq x<\pi)$

(2) $2\sin x-\sqrt{3}=0\;(0\leq x<2\pi)$

(3) $\tan x+\sqrt{3}=0\;(0\leq x<2\pi)$

02 다음 부등식을 푸시오.

(1) $\sin x-\dfrac{1}{2}\geq0\;(0\leq x<\pi)$

(2) $2\cos x\leq-\sqrt{3}\;(0\leq x<3\pi)$

(3) $\tan x-1<0\;(0\leq x<2\pi)$

대표 예제 | 09

다음 방정식을 푸시오.

(1) $\sin\left(x-\dfrac{\pi}{4}\right)=\dfrac{1}{2}$ $\left(\text{단, } 0\le x<\dfrac{\pi}{2}\right)$

(2) $\tan\left(x+\dfrac{\pi}{4}\right)=\sqrt{3}$ $(\text{단, } -\pi\le x<\pi)$

바로 접근

$\sin(ax+b)=k$ 꼴의 삼각방정식은

❶ $ax+b=t$로 치환하여 $\sin t=k$로 변형한다. 이때 t의 값의 범위에 주의한다.

❷ 함수 $y=\sin t$의 그래프와 직선 $y=k$를 이용하여 t의 값을 구한 후 x의 값을 구한다.

바른 풀이

(1) $x-\dfrac{\pi}{4}=t$로 놓으면 $0\le x<\dfrac{\pi}{2}$에서 $-\dfrac{\pi}{4}\le t<\dfrac{\pi}{4}$이고, 주어진 방정식은 $\sin t=\dfrac{1}{2}$

오른쪽 그림에서 함수 $y=\sin t\left(-\dfrac{\pi}{4}\le t<\dfrac{\pi}{4}\right)$의 그래프와

직선 $y=\dfrac{1}{2}$의 교점의 t좌표는 $\dfrac{\pi}{6}$이므로 $t=\dfrac{\pi}{6}$

따라서 $x-\dfrac{\pi}{4}=\dfrac{\pi}{6}$이므로 $x=\dfrac{5}{12}\pi$

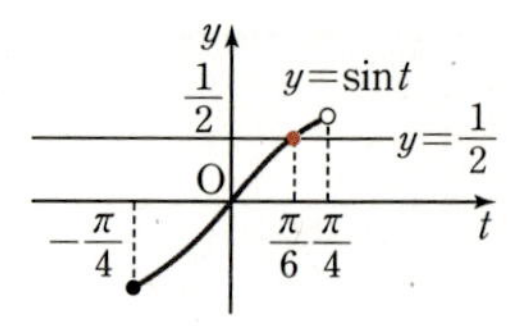

(2) $x+\dfrac{\pi}{4}=t$로 놓으면 $-\pi\le x<\pi$에서 $-\dfrac{3}{4}\pi\le t<\dfrac{5}{4}\pi$이고, 주어진 방정식은 $\tan t=\sqrt{3}$

오른쪽 그림에서 함수 $y=\tan t\left(-\dfrac{3}{4}\pi\le t<\dfrac{5}{4}\pi\right)$의 그래프와

직선 $y=\sqrt{3}$의 교점의 t좌표는 $-\dfrac{2}{3}\pi$, $\dfrac{\pi}{3}$이므로

$t=-\dfrac{2}{3}\pi$ 또는 $t=\dfrac{\pi}{3}$

따라서 $x+\dfrac{\pi}{4}=-\dfrac{2}{3}\pi$ 또는 $x+\dfrac{\pi}{4}=\dfrac{\pi}{3}$이므로 $x=-\dfrac{11}{12}\pi$ 또는 $x=\dfrac{\pi}{12}$

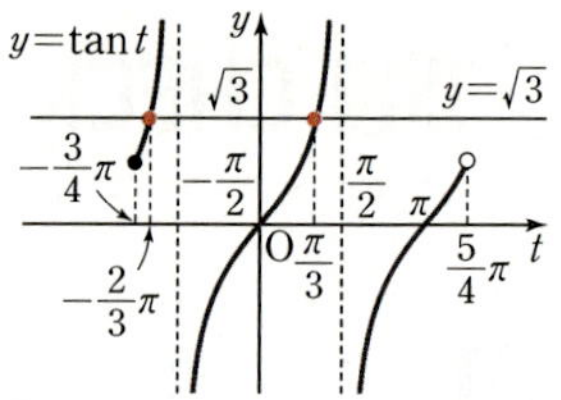

정답 (1) $x=\dfrac{5}{12}\pi$ (2) $x=-\dfrac{11}{12}\pi$ 또는 $x=\dfrac{\pi}{12}$

Bible Says

삼각함수의 그래프의 대칭성

정의역이 $\{x\,|\,0\le x\le 2\pi\}$인 함수 $y=\sin x$와 $0<k<1$인 실수 k에 대하여

오른쪽 그림과 같이 함수 $y=\sin x$의 그래프와 직선 $y=k$가 만나는 점의 x좌표를 a, b라

하면 $0\le x\le\pi$에서 함수 $y=\sin x$의 그래프가 직선 $x=\dfrac{\pi}{2}$에 대하여 대칭이므로

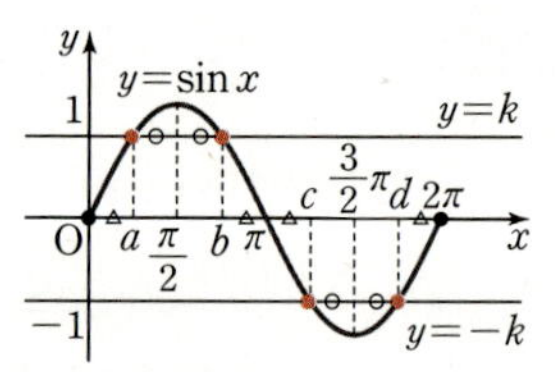

$\dfrac{a+b}{2}=\dfrac{\pi}{2}$ $\quad\therefore a+b=\pi$

마찬가지로 함수 $y=\sin x$의 그래프와 직선 $y=-k$가 만나는 점의 x좌표를 c, d라 하면

$\pi\le x\le 2\pi$에서 함수 $y=\sin x$의 그래프가 직선 $x=\dfrac{3}{2}\pi$에 대하여 대칭이므로

$\dfrac{c+d}{2}=\dfrac{3}{2}\pi$ $\quad\therefore c+d=3\pi$

한 번 더하기

09-1

다음 방정식을 푸시오.

(1) $2\cos\left(x+\dfrac{\pi}{3}\right)=\sqrt{3}$ (단, $0\leq x<2\pi$)

(2) $\tan\left(x-\dfrac{\pi}{6}\right)=1$ (단, $0\leq x<2\pi$)

표현 더하기

09-2

$0\leq x<2\pi$일 때, 방정식 $\left|\sin 2x\right|=\dfrac{\sqrt{3}}{2}$의 해의 최댓값과 최솟값의 차를 구하시오.

표현 더하기

09-3

$-\pi<x<\pi$일 때, 방정식 $\sin\dfrac{x}{2}=-\sqrt{3}\cos\dfrac{x}{2}$를 푸시오.

실력 더하기

09-4

$0\leq x\leq 2\pi$일 때, 방정식 $\cos 2x=\dfrac{2}{3}$의 모든 실근의 합을 구하시오.

대표 예제 | 10

다음 방정식을 푸시오.

(1) $6\cos^2 x+\sin x-1=0$ (단, $0\le x<\pi$)

(2) $\sin^2(\pi-x)+\cos x=\cos^2 x$ (단, $0\le x<2\pi$)

바로 접근

삼각방정식이 이차식 꼴일 때, 두 종류 이상의 삼각함수가 포함된 경우에는 $\sin^2 x+\cos^2 x=1$임을 이용하여 한 종류의 삼각함수로 나타낸 후 방정식을 푼다.

바른 풀이

(1) $6\cos^2 x+\sin x-1=0$에서 $6(1-\sin^2 x)+\sin x-1=0$, $6\sin^2 x-\sin x-5=0$

$(6\sin x+5)(\sin x-1)=0$ ∴ $\sin x=-\dfrac{5}{6}$ 또는 $\sin x=1$

그런데 $0\le x<\pi$에서 $0\le\sin x\le 1$이므로 $\sin x=1$

$0\le x<\pi$이므로 $x=\dfrac{\pi}{2}$

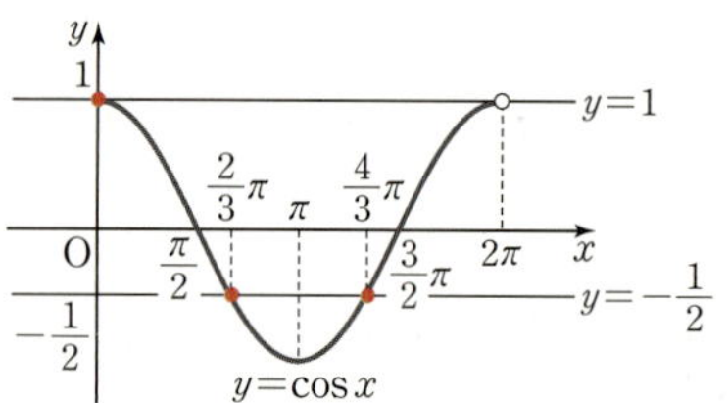

(2) $\sin^2(\pi-x)+\cos x=\cos^2 x$에서 $\sin^2 x+\cos x=\cos^2 x$

$(1-\cos^2 x)+\cos x=\cos^2 x$, $2\cos^2 x-\cos x-1=0$

$(2\cos x+1)(\cos x-1)=0$

∴ $\cos x=-\dfrac{1}{2}$ 또는 $\cos x=1$

$0\le x<2\pi$이므로

방정식 $\cos x=-\dfrac{1}{2}$의 해는 $x=\dfrac{2}{3}\pi$ 또는 $x=\dfrac{4}{3}\pi$

방정식 $\cos x=1$의 해는 $x=0$

따라서 주어진 방정식의 해는 $x=0$ 또는 $x=\dfrac{2}{3}\pi$ 또는 $x=\dfrac{4}{3}\pi$

정답 (1) $x=\dfrac{\pi}{2}$ (2) $x=0$ 또는 $x=\dfrac{2}{3}\pi$ 또는 $x=\dfrac{4}{3}\pi$

Bible Says

단위원을 이용하여 해를 구해 보면

(1) 직선 $y=1$과 단위원의 교점 P에 대하여 동경 OP가 나타내는 각을 구한다.

(2) 직선 $x=1$, $x=-\dfrac{1}{2}$과 단위원의 교점 P, Q, R에 대하여 동경 OP, OQ, OR이 나타내는 각을 각각 구한다.

(1)

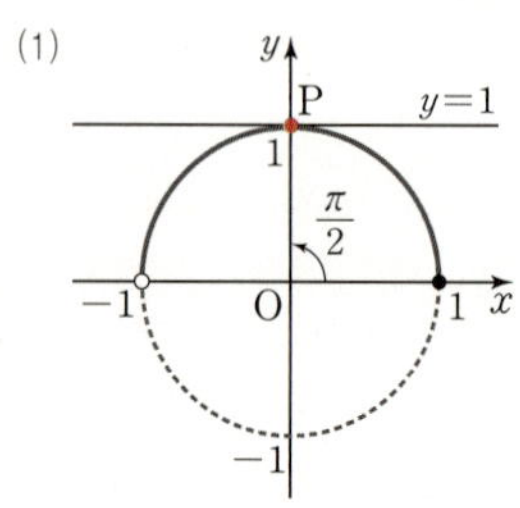

➡ 해: $x=\dfrac{\pi}{2}$

(2)

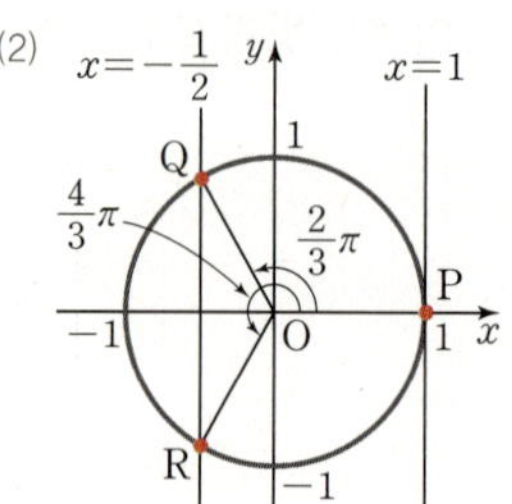

➡ 해: $x=0$ 또는 $x=\dfrac{2}{3}\pi$ 또는 $x=\dfrac{4}{3}\pi$

한 번 더하기

10-1 다음 방정식을 푸시오.

(1) $2\cos^2 x + \sin x - 2 = 0$ (단, $0 \le x < \pi$)

(2) $\sin^2 \left(\dfrac{\pi}{2} + x \right) = 2\cos^2 x - 5\cos(\pi + x) + 4$ (단, $0 \le x < 2\pi$)

표현 더하기

10-2 $0 < x < \pi$일 때, 방정식 $\tan^2(\pi + x) - 2\sqrt{3}\tan x + 3 = 0$을 푸시오.

표현 더하기

10-3 방정식 $\sqrt{\cos x + 1} = \sqrt{2}\sin x$를 푸시오. (단, $0 < x < \pi$)

실력 더하기

10-4 삼각형 ABC에서 $\angle$A, $\angle$B, $\angle$C의 크기를 각각 A, B, C라 할 때, $2\cos^2 \dfrac{A+B}{2} + \sin \dfrac{C}{2} - 1 = 0$이 성립한다. $\cos C$의 값을 구하시오.

대표 예제 11

다음 물음에 답하시오.

(1) 방정식 $\cos^2 x + 2\sin x - k = 0$이 실근을 가질 때, 실수 k의 값의 범위를 구하시오.

(2) 방정식 $\sin 2x = \dfrac{1}{\pi} x$의 실근의 개수를 구하시오.

바로 접근

(1) 주어진 방정식을 $f(x) = k$ 꼴로 나타낸 후 함수 $y = f(x)$의 그래프와 직선 $y = k$가 만나도록 하는 k의 값의 범위를 구한다.

(2) 방정식 $f(x) = g(x)$의 서로 다른 실근의 개수는 두 함수 $y = f(x)$, $y = g(x)$의 그래프의 교점의 개수와 같다.

바른 풀이

(1) 방정식 $\cos^2 x + 2\sin x - k = 0$, 즉 $\cos^2 x + 2\sin x = k$가 실근을 가지려면 함수 $y = \cos^2 x + 2\sin x$의 그래프와 직선 $y = k$가 교점을 가져야 한다.

$y = \cos^2 x + 2\sin x$에서 $y = (1 - \sin^2 x) + 2\sin x = -\sin^2 x + 2\sin x + 1$

$\sin x = t$로 놓으면 $-1 \leq t \leq 1$이고

$y = -t^2 + 2t + 1 = -(t-1)^2 + 2$

따라서 함수 $y = -t^2 + 2t + 1 \ (-1 \leq t \leq 1)$의 그래프는 오른쪽 그림과 같으므로 주어진 방정식이 실근을 갖도록 하는 실수 k의 값의 범위는

$-2 \leq k \leq 2$

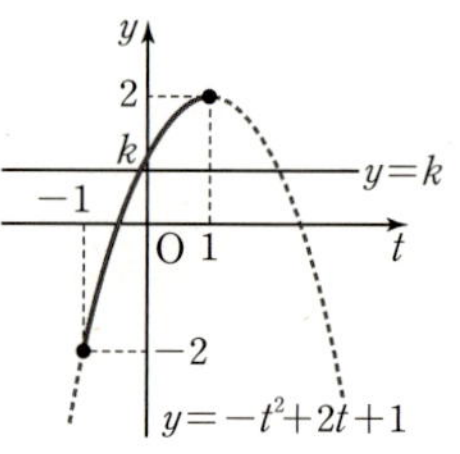

(2) 방정식 $\sin 2x = \dfrac{1}{\pi} x$의 실근은 함수 $y = \sin 2x$의 그래프와

직선 $y = \dfrac{1}{\pi} x$의 교점의 x좌표와 같다.

오른쪽 그림과 같이 함수 $y = \sin 2x$의 그래프와 직선 $y = \dfrac{1}{\pi} x$

의 교점의 개수는 3이므로 주어진 방정식의 실근의 개수는

3이다.

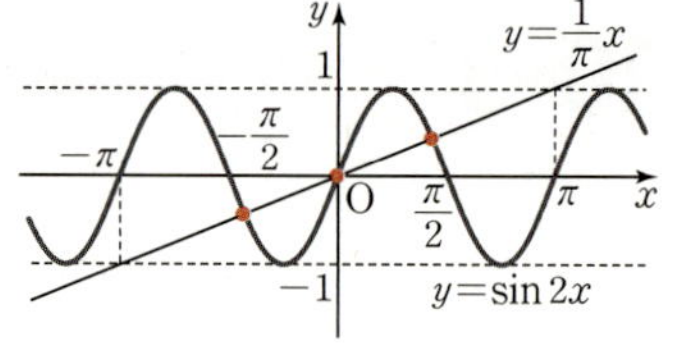

정답 (1) $-2 \leq k \leq 2$ (2) 3

Bible Says

방정식 $f(x) = g(x)$의 실근은 두 함수 $y = f(x)$, $y = g(x)$의 그래프의 교점의 x좌표와 같다.

따라서 방정식 $f(x) = g(x)$의 서로 다른 실근의 개수는 두 함수 $y = f(x)$, $y = g(x)$의 그래프의 교점의 개수와 같다.

한 번 더하기

11-1

다음 물음에 답하시오.

(1) 방정식 $2\sin^2 x + 8\cos x - k = 0$이 실근을 가질 때, 실수 k의 값의 범위를 구하시오.

(2) 방정식 $\cos \pi x = \dfrac{2}{3}x$의 실근의 개수를 구하시오.

표현 더하기

11-2

방정식 $4\sin^2(\pi - x) + 4\cos\left(\dfrac{3}{2}\pi + x\right) = k$가 실근을 갖도록 하는 실수 k의 값의 범위를 구하시오.

표현 더하기

11-3

$0 \le x < 2\pi$일 때, 방정식 $|\cos 3x| = \dfrac{4}{5}$의 서로 다른 실근의 개수를 구하시오.

실력 더하기

11-4

x에 대한 방정식 $\left|\sin x + \dfrac{2}{5}\right| = k$가 서로 다른 3개의 실근을 갖도록 하는 실수 k의 값을 구하시오. (단, $0 \le x \le 2\pi$)

대표 예제 12

$0 \leq x \leq 2\pi$일 때, 다음 부등식을 푸시오.

(1) $\sin\left(x - \dfrac{\pi}{3}\right) > \dfrac{\sqrt{3}}{2}$

(2) $2\cos^2 x - \sin x \leq 1$

바로 접근

(1) $\sin(ax+b) > k$ 꼴의 삼각부등식은

❶ $ax+b = t$로 치환하여 $\sin t > k$로 변형한다. 이때 t의 값의 범위에 주의한다.

❷ 함수 $y = \sin t$의 그래프가 직선 $y = k$보다 위쪽에 있는 t의 값의 범위를 구한 후 x의 값의 범위를 구한다.

(2) 이차식 꼴의 삼각부등식은

❶ $\sin^2 x + \cos^2 x = 1$임을 이용하여 한 종류의 삼각함수로 나타낸다.

❷ 그래프를 이용하여 x의 값의 범위를 구한다.

바른 풀이

(1) $x - \dfrac{\pi}{3} = t$로 놓으면 $0 \leq x \leq 2\pi$에서 $-\dfrac{\pi}{3} \leq t \leq \dfrac{5}{3}\pi$이고 주어진 부등식은

$$\sin t > \dfrac{\sqrt{3}}{2}$$

오른쪽 그림에서 부등식 $\sin t > \dfrac{\sqrt{3}}{2}\left(-\dfrac{\pi}{3} \leq t \leq \dfrac{5}{3}\pi\right)$의 해는

$$\dfrac{\pi}{3} < t < \dfrac{2}{3}\pi$$

따라서 $\dfrac{\pi}{3} < x - \dfrac{\pi}{3} < \dfrac{2}{3}\pi$이므로 $\dfrac{2}{3}\pi < x < \pi$

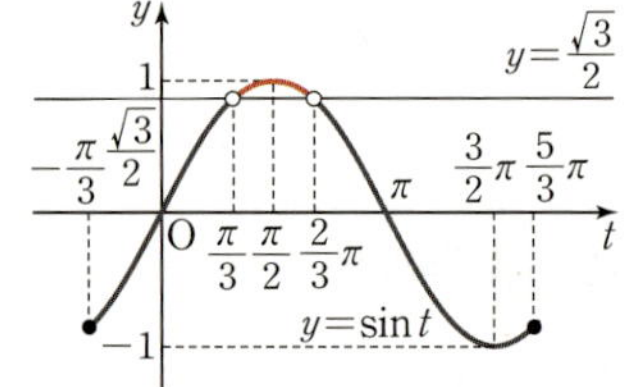

(2) $2\cos^2 x - \sin x \leq 1$에서 $2(1 - \sin^2 x) - \sin x - 1 \leq 0$이므로

$2\sin^2 x + \sin x - 1 \geq 0$, $(\sin x + 1)(2\sin x - 1) \geq 0$

$\therefore \sin x \leq -1$ 또는 $\sin x \geq \dfrac{1}{2}$

$0 \leq x \leq 2\pi$이므로 오른쪽 그림에서

부등식 $\sin x \leq -1$의 해는 $x = \dfrac{3}{2}\pi$,

부등식 $\sin x \geq \dfrac{1}{2}$의 해는 $\dfrac{\pi}{6} \leq x \leq \dfrac{5}{6}\pi$

따라서 주어진 부등식의 해는

$$\dfrac{\pi}{6} \leq x \leq \dfrac{5}{6}\pi \text{ 또는 } x = \dfrac{3}{2}\pi$$

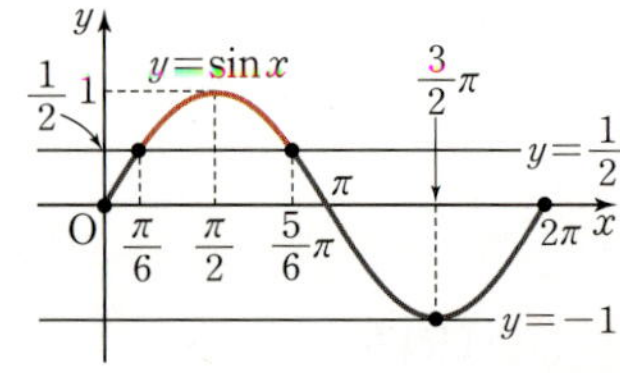

정답 (1) $\dfrac{2}{3}\pi < x < \pi$　(2) $\dfrac{\pi}{6} \leq x \leq \dfrac{5}{6}\pi$ 또는 $x = \dfrac{3}{2}\pi$

Bible Says

① 부등식 $f(x) > g(x)$의 해 ➡ $y = f(x)$의 그래프가 $y = g(x)$의 그래프보다 위쪽에 있는 x의 값의 범위

② 부등식 $f(x) < g(x)$의 해 ➡ $y = f(x)$의 그래프가 $y = g(x)$의 그래프보다 아래쪽에 있는 x의 값의 범위

한 번 더하기

12-1 $0 \leq x < 2\pi$일 때, 다음 부등식을 푸시오.

(1) $\cos\left(x - \dfrac{\pi}{6}\right) \leq -\dfrac{1}{2}$

(2) $2\sin^2 x - 3\sin\left(x + \dfrac{3}{2}\pi\right) \geq 3$

표현 더하기

12-2 $0 \leq x < \dfrac{\pi}{2}$일 때, 다음 부등식을 푸시오.

(1) $\tan\left(x + \dfrac{\pi}{3}\right) < \dfrac{\sqrt{3}}{3}$

(2) $\tan^2(\pi + x) + \sqrt{3} \geq (1 + \sqrt{3})\tan x$

표현 더하기

12-3 $0 \leq x < 2\pi$일 때, 부등식 $\sin x \geq \cos x$를 푸시오.

실력 더하기

12-4 모든 실수 x에 대하여 부등식 $\cos^2 x - 4\sin x \leq a + 8$이 성립하도록 하는 실수 a의 최솟값을 구하시오.

대표 예제 | 13

다음 물음에 답하시오.

(1) x에 대한 이차방정식 $x^2-2x\sin\theta+\cos\theta+1=0$이 실근을 갖도록 하는 θ의 값의 범위를 구하시오.

(단, $0<\theta<2\pi$)

(2) 모든 실수 x에 대하여 부등식 $3x^2+4x\cos\theta+1\geq0$이 성립하도록 하는 θ의 값의 범위를 구하시오.

(단, $0\leq\theta<2\pi$)

바로 접근

(1) x에 대한 이차방정식이 실근을 가지려면 이차방정식의 판별식을 D라 할 때, $D\geq0$이어야 한다.

(2) 모든 실수 x에 대하여 부등식 $ax^2+bx+c\geq0$이 성립하려면 $a>0$, $b^2-4ac\leq0$이어야 한다.

바른 풀이

(1) 이차방정식 $x^2-2x\sin\theta+\cos\theta+1=0$이 실근을 가지려면 이 이차방정식의 판별식을 D라 할 때, $D\geq0$이어야 한다.

$$\frac{D}{4}=(-\sin\theta)^2-(\cos\theta+1)\geq0,\ (1-\cos^2\theta)-\cos\theta-1\geq0$$

$$\cos^2\theta+\cos\theta\leq0,\ \cos\theta(\cos\theta+1)\leq0$$

$$\therefore -1\leq\cos\theta\leq0 \quad\cdots\cdots\ \text{㉠}$$

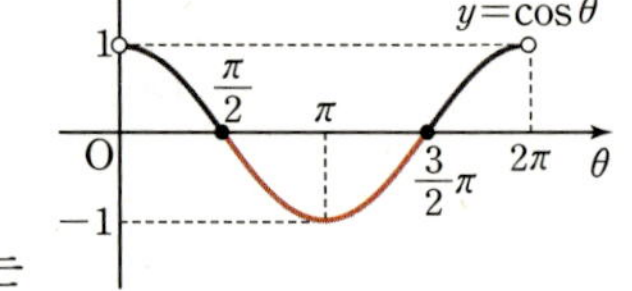

$0<\theta<2\pi$이므로 오른쪽 그림에서 ㉠을 만족시키는 θ의 값의 범위는

$$\frac{\pi}{2}\leq\theta\leq\frac{3}{2}\pi$$

(2) 모든 실수 x에 대하여 주어진 부등식이 성립해야 하므로 이차방정식 $3x^2+4x\cos\theta+1=0$의 판별식을 D라 할 때, $D\leq0$이어야 한다.

$$\frac{D}{4}=(2\cos\theta)^2-3\leq0,\ (2\cos\theta+\sqrt{3})(2\cos\theta-\sqrt{3})\leq0$$

$$\therefore -\frac{\sqrt{3}}{2}\leq\cos\theta\leq\frac{\sqrt{3}}{2} \quad\cdots\cdots\ \text{㉠}$$

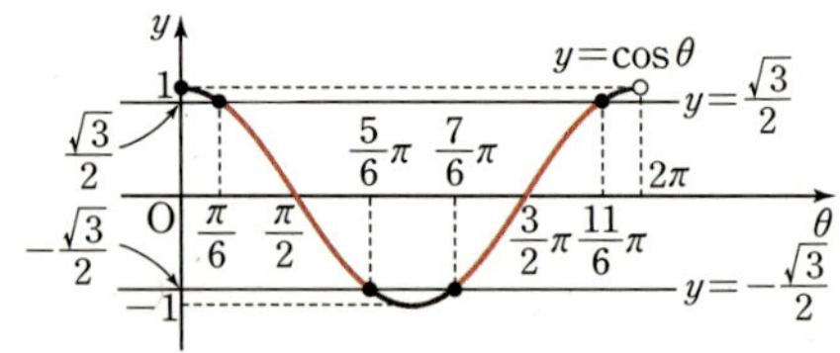

$0\leq\theta<2\pi$이므로 오른쪽 그림에서 ㉠을 만족시키는 θ의 값의 범위는

$$\frac{\pi}{6}\leq\theta\leq\frac{5}{6}\pi \text{ 또는 } \frac{7}{6}\pi\leq\theta\leq\frac{11}{6}\pi$$

정답 (1) $\frac{\pi}{2}\leq\theta\leq\frac{3}{2}\pi$ (2) $\frac{\pi}{6}\leq\theta\leq\frac{5}{6}\pi$ 또는 $\frac{7}{6}\pi\leq\theta\leq\frac{11}{6}\pi$

Bible Says

이차방정식 $ax^2+bx+c=0$ (a, b, c는 실수)의 판별식을 D라 할 때

(1) 이차방정식의 근의 판별

① $D>0 \Longleftrightarrow$ 서로 다른 두 실근　　② $D=0 \Longleftrightarrow$ 중근　　　　　③ $D<0 \Longleftrightarrow$ 서로 다른 두 허근

(2) 이차부등식이 항상 성립할 조건

① 모든 실수 x에 대하여 부등식 $ax^2+bx+c>0$이 성립한다. ➡ $a>0$, $D<0$

② 모든 실수 x에 대하여 부등식 $ax^2+bx+c<0$이 성립한다. ➡ $a<0$, $D<0$

한 번 더하기

13-1

다음 물음에 답하시오.

(1) x에 대한 이차방정식 $x^2-2\sqrt{2}x\cos\theta+3\sin\theta=0$이 중근을 갖도록 하는 θ의 값을 모두 구하시오. (단, $0<\theta<2\pi$)

(2) x에 대한 이차방정식 $x^2-2x+\tan^2\theta-2=0$이 서로 다른 두 실근을 갖도록 하는 θ의 값의 범위를 구하시오. (단, $0\le\theta<\pi$)

한 번 더하기

13-2

모든 실수 x에 대하여 부등식 $x^2-2(2\sin\theta-1)x+4>0$이 성립하도록 하는 θ의 값의 범위를 구하시오. (단, $0\le\theta<2\pi$)

표현 더하기

13-3

이차함수 $y=5x^2-2(4\cos\theta+3)x+5$의 그래프가 x축과 만나지 않을 때, θ의 값의 범위를 구하시오. (단, $0\le\theta<2\pi$)

표현 더하기

13-4

이차함수 $y=x^2-2x\cos\theta-\sin^2\theta$의 그래프의 꼭짓점이 직선 $y=\sqrt{2}x$ 위에 있도록 하는 θ의 값을 모두 구하시오. (단, $0\le\theta<2\pi$)

S·T·E·P **1** 기본 다지기

01 **보기**에서 함수 $y=\sin 2x$의 그래프를 평행이동하여 겹쳐질 수 있는 그래프의 식인 것만을 있는 대로 고르시오.

> ▸ **보기** ◂
>
> ㄱ. $y=\sin\left(x-\dfrac{\pi}{2}\right)$ ㄴ. $y=\sin(2x-\pi)$
>
> ㄷ. $y=2\sin 2x-3$ ㄹ. $y=\sin(2x-3\pi)+1$

02 다음 중 함수 $f(x)=4\cos\left(3x-\dfrac{\pi}{2}\right)+1$에 대한 설명으로 옳지 <u>않은</u> 것은?

① 주기는 $\dfrac{2}{3}\pi$이다.

② $f(0)=1$

③ 최댓값은 5이다.

④ 최솟값은 -3이다.

⑤ 함수 $y=f(x)$의 그래프는 함수 $y=4\cos 3x$의 그래프를 x축의 방향으로 $\dfrac{\pi}{2}$만큼, y축의 방향으로 1만큼 평행이동한 것이다.

03 함수 $y=a\sin(bx-c)$의 그래프가 그림과 같을 때, abc의 값을 구하시오. (단, $a>0$, $b>0$, $0<c<\pi$)

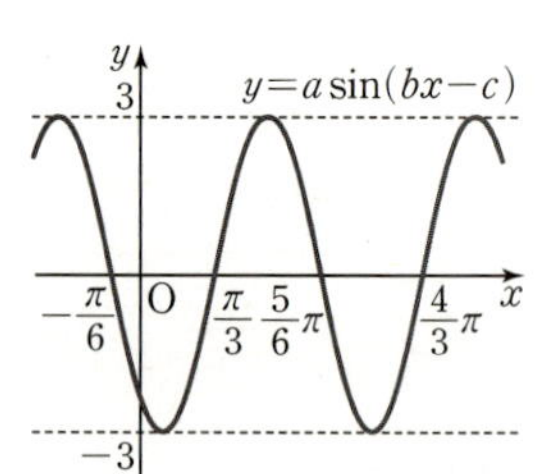

04 다음 식의 값을 구하시오.

$$\frac{\sin\left(\dfrac{\pi}{2}+\theta\right)}{\cos(\pi+\theta)}+\frac{\cos(3\pi-\theta)\tan(\pi+\theta)}{\sin(2\pi+\theta)}$$

05 삼각형 ABC에서 $\angle A$, $\angle B$, $\angle C$의 크기를 각각 A, B, C라 할 때, **보기**에서 옳은 것만을 있는 대로 고르시오.

> **보기**
> ㄱ. $\sin A = \sin(B+C)$
> ㄴ. $\cos \dfrac{A+C}{2} = \sin \dfrac{B}{2}$
> ㄷ. $\tan(B+C) = \tan A$

06 크기가 $\dfrac{\pi}{2}$인 각을 12등분한 각의 크기를 θ라 할 때,
$\cos^2 \theta + \cos^2 2\theta + \cos^2 3\theta + \cdots + \cos^2 12\theta$의 값을 구하시오.

07 양수 a와 상수 b에 대하여 함수 $y = a\left|\cos 2x - \dfrac{1}{2}\right| + b$의 최댓값이 8, 최솟값이 4일 때, $a+b$의 값을 구하시오.

08 함수 $y = 2\sin^2\left(x + \dfrac{\pi}{2}\right) - 3\cos^2(x+\pi) - 6\sin x + 7$의 최댓값을 M, 최솟값을 m이라 할 때, $M+m$의 값을 구하시오.

09 함수 $y=\dfrac{|\sin x|-5}{|\sin x|+3}$ 의 치역이 $\{y\,|\,a\leq y\leq b\}$ 일 때, 실수 a, b에 대하여 $6ab$의 값을 구하시오.

10 방정식 $2\cos x-1=\sin x$를 만족시키는 x에 대하여 $\cos x$의 값을 구하시오.

$$\left(\text{단, } 0<x<\frac{\pi}{2}\right)$$

11 $0\leq x\leq 2\pi$일 때, 부등식 $2\sin\left(x+\dfrac{\pi}{6}\right)<-1$을 만족시키는 x의 값의 범위는 $a<x<b$이다. $a+b$의 값을 구하시오.

12 함수 $f(x)=x^2-2x\cos\theta-\sin^2\theta$에 대하여 함수 $y=f(x)$의 그래프의 꼭짓점과 직선 $y=-2x$ 사이의 거리가 $\dfrac{2\sqrt{5}}{5}$일 때, 모든 θ의 값의 합을 구하시오. (단, $0\leq\theta<2\pi$)

S·T·E·P 2 실력 다지기

교육청 기출

13 $3\sin^2\left(\theta+\dfrac{2}{3}\pi\right)=8\sin\left(\theta+\dfrac{\pi}{6}\right)$일 때, $\cos\left(\theta-\dfrac{\pi}{3}\right)$의 값을 구하시오.

14 $0<x<\pi$에서 함수 $f(x)=\dfrac{\sin^2 x+8\sin^2(\pi-x)+6\sin x+4}{3\cos\left(\dfrac{\pi}{2}-x\right)}$의 최솟값을 구하시오.

15 $0\leq x<\pi$일 때, 방정식 $\cos(\pi\sin 2x)=0$의 모든 근의 합을 구하시오.

교육청 기출

16 집합 $\{x\mid-4\leq x\leq4\}$에서 정의된 함수

$$f(x)=2\sin\dfrac{\pi x}{4}$$

가 있다. 그림과 같이 함수 $y=f(x)$의 그래프가 직선 $y=\sqrt{2}$와 만나는 서로 다른 두 점을 A, B라 하고, 두 점 B, O를 지나는 직선이 함수 $y=f(x)$의 그래프와 만나는 점 중 B와 O가 아닌 점을 C라 하자. $\angle\mathrm{BAC}=\theta$라 할 때, $\sin\theta$의 값은?

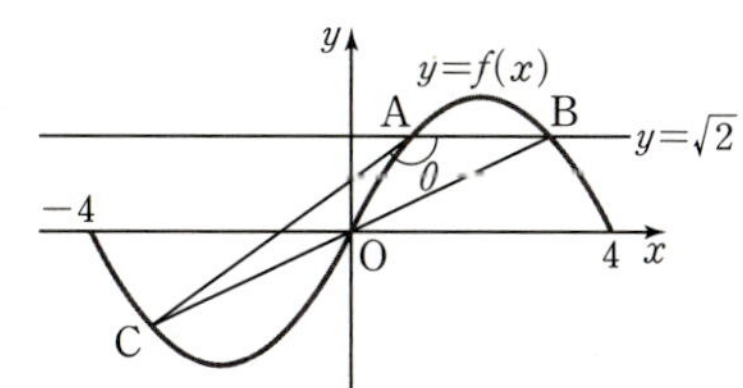

(단, 점 B의 x좌표는 점 A의 x좌표보다 크고, O는 원점이다.)

① $\dfrac{\sqrt{3}}{3}$　　② $\dfrac{7\sqrt{3}}{18}$　　③ $\dfrac{4\sqrt{3}}{9}$　　④ $\dfrac{\sqrt{3}}{2}$　　⑤ $\dfrac{5\sqrt{3}}{9}$

중단원 연습문제

17 이차정사각행렬 A의 (i, j) 성분 a_{ij} $(i=1, 2, j=1, 2)$는 x에 대한 방정식 $\sin\{(i+j)x\}=\dfrac{1}{2}$ $(0\leq x\leq 2\pi)$의 실근의 개수를 나타낸다. 행렬 A의 모든 성분의 합을 구하시오.

18 부등식

$$\log_2(2\cos x-1)\geq \log_4(4-5\cos x)$$

의 해가 $\alpha < x \leq \beta$ 또는 $\gamma \leq x < \delta$ 일 때, $\alpha+\beta+\gamma+\delta$의 값을 구하시오. (단, $0 \leq x \leq 2\pi$)

challenge 교육청 기출

19 자연수 n에 대하여 $0 \leq x \leq n$에서 함수 $y=2\sin\left\{\dfrac{\pi}{6}(x+1)\right\}$의 최댓값을 $f(n)$, 최솟값을 $g(n)$이라 할 때, 부등식 $2 < f(n)-g(n) < 4$를 만족시키는 모든 n의 값의 합을 구하시오.

challenge

20 함수 $f(x)$가 다음 조건을 만족시킨다.

> (가) 모든 실수 x에 대하여 $f(x+\pi)=f(x)$이다.
>
> (나) $0 \leq x \leq \dfrac{\pi}{2}$일 때, $f(x)=\sin 4x$
>
> (다) $\dfrac{\pi}{2} \leq x \leq \pi$일 때, $f(x)=-\sin 4x$

방정식 $f(x)=\dfrac{x}{\pi}$의 서로 다른 실근의 개수를 구하시오.

07

삼각함수의 활용

01 사인법칙과 코사인법칙

사인법칙	삼각형 ABC의 외접원의 반지름의 길이를 R이라 하면 $$\frac{a}{\sin A}=\frac{b}{\sin B}=\frac{c}{\sin C}=2R$$ 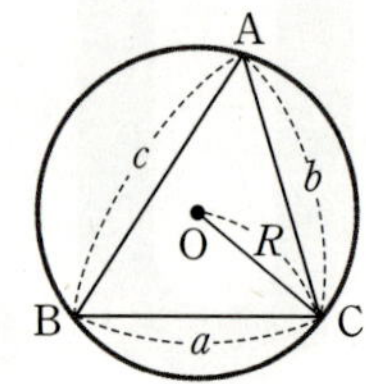
코사인법칙	(1) 코사인법칙 　삼각형 ABC에서 $$a^2=b^2+c^2-2bc\cos A,$$ $$b^2=c^2+a^2-2ca\cos B,$$ $$c^2=a^2+b^2-2ab\cos C$$ (2) 코사인법칙의 변형 　삼각형 ABC에서 $$\cos A=\frac{b^2+c^2-a^2}{2bc},\ \cos B=\frac{c^2+a^2-b^2}{2ca},\ \cos C=\frac{a^2+b^2-c^2}{2ab}$$ 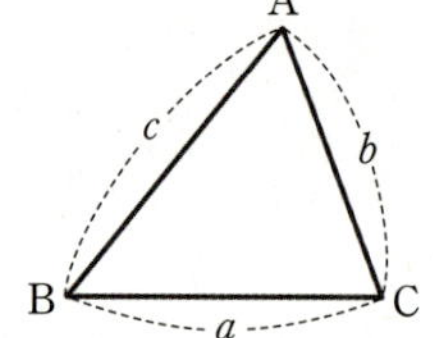

02 삼각형의 넓이

삼각형의 넓이	삼각형 ABC의 넓이를 S라 하면 $$S=\frac{1}{2}bc\sin A=\frac{1}{2}ca\sin B=\frac{1}{2}ab\sin C$$ 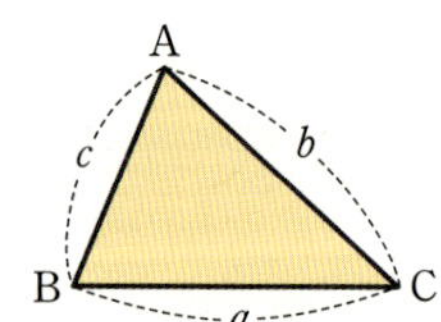
사각형의 넓이	(1) 평행사변형의 넓이 　이웃하는 두 변의 길이가 a, b이고 그 끼인각의 크기가 θ인 평행사변형 ABCD의 넓이를 S라 하면 $$S=ab\sin\theta$$ 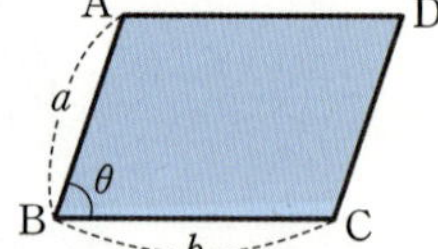 (2) 사각형의 넓이 　두 대각선의 길이가 a, b이고, 두 대각선이 이루는 각의 크기가 θ인 사각형 ABCD의 넓이를 S라 하면 $$S=\frac{1}{2}ab\sin\theta$$ 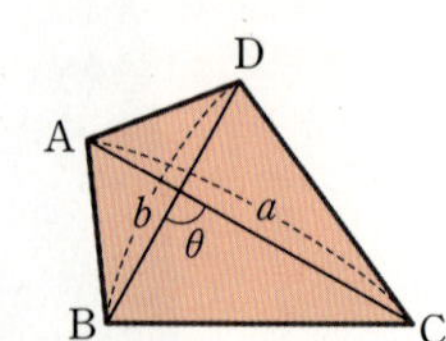

01 사인법칙과 코사인법칙

1 사인법칙

삼각형 ABC의 외접원의 반지름의 길이를 R이라 하면

$$\frac{a}{\sin A}=\frac{b}{\sin B}=\frac{c}{\sin C}=2R$$

삼각형 ABC에서 세 내각 $\angle$A, $\angle$B, $\angle$C의 크기를 각각 A, B, C로 나타 내고 이들의 대변 BC, CA, AB의 길이를 각각 a, b, c로 나타낸다. 이때 삼각형의 세 각의 크기 A, B, C와 세 변의 길이 a, b, c를 삼각형 ABC의 6요소라 한다.

사인함수와 삼각형의 외접원을 이용하여 삼각형의 세 변의 길이와 세 각의 크기 사이에 어떤 관 계가 있는지 알아보자.

삼각형 ABC의 외접원의 중심을 O, 반지름의 길이를 R이라 할 때, $\angle$A의 크기에 따라 다음과 같이 세 가지 경우로 나누어 생각할 수 있다.

(ⅰ) $A<90°$일 때,

그림과 같이 점 B를 지나는 지름의 다른 끝점을 A′이라 하면

$A=A'$이고 $\angle$A′CB$=90°$이므로　←　한 호에 대한 원주각의 크기는 모두 같다.
　　　　　　　　　　　　　　　　　반원에 대한 원주각의 크기는 $90°$이다.

$$\sin A=\sin A'$$
$$=\frac{\overline{\text{BC}}}{\overline{\text{BA}'}}=\frac{a}{2R}$$
$$\therefore \frac{a}{\sin A}=2R$$

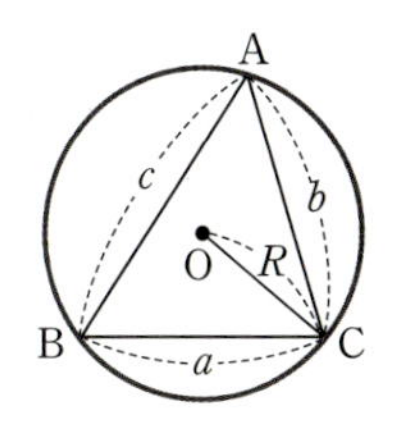

(ⅱ) $A=90°$일 때,

┌ 반원에 대한 원주각의 크기는 $90°$이다.

$\sin A=1$이고, $a=2R$이므로

$$\sin A=1=\frac{a}{2R}$$
$$\therefore \frac{a}{\sin A}=2R$$

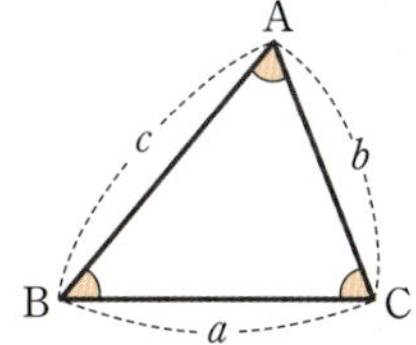

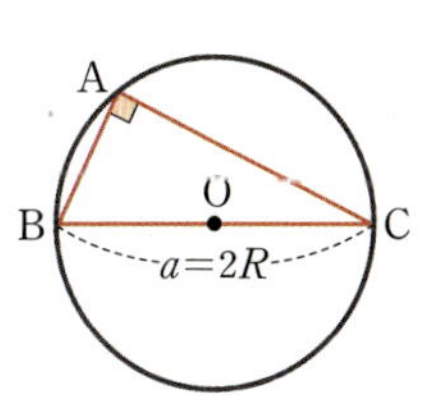

(iii) $A > 90°$일 때,

점 B를 지나는 지름의 다른 끝점을 A′이라 하면

사각형 ABA′C에서 $A = 180° - A'$이고 $\angle A'CB = 90°$이므로
원에 내접하는 사각형에서 마주 보는 두 각의 크기의 합은 180°이다.

$$\sin A = \sin(180° - A') = \sin A'$$
$$= \frac{\overline{BC}}{\overline{BA'}} = \frac{a}{2R}$$
$$\therefore \frac{a}{\sin A} = 2R$$

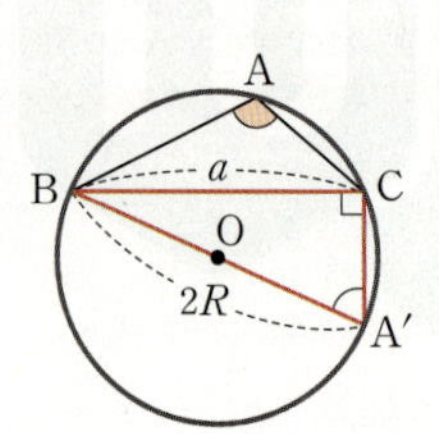

(ⅰ), (ⅱ), (ⅲ)에서 $\angle A$의 크기에 관계없이

$$\frac{a}{\sin A} = 2R$$

이 성립한다.

같은 방법으로 $\dfrac{b}{\sin B} = 2R$, $\dfrac{c}{\sin C} = 2R$도 성립한다.

따라서 삼각형 ABC에서

$$\frac{a}{\sin A} = \frac{b}{\sin B} = \frac{c}{\sin C} = 2R \qquad \cdots\cdots ㉠$$

이다.

이와 같이 삼각형 ABC의 세 변의 길이와 세 각의 크기 사이에는 ㉠과 같은 관계가 성립하는데 이를 **사인법칙**이라 한다.

사인법칙은 수선을 이용하여 확인할 수도 있다.

삼각형 ABC의 꼭짓점 A에서 변 BC 또는 그 연장선에 내린 수선의 발을 H라 할 때, $\angle C$의 크기에 따라 다음과 같이 세 가지 경우로 나누어 생각할 수 있다.

(ⅰ) $C < 90°$일 때	(ⅱ) $C = 90°$일 때	(ⅲ) $C > 90°$일 때
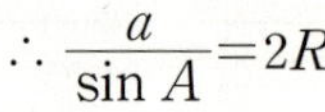		
$\overline{AH} = c\sin B = b\sin C$	$\overline{AH} = c\sin B = b\sin C$	$\begin{aligned}\overline{AH} &= c\sin B = b\sin(180° - C) \\ &= b\sin C\end{aligned}$

따라서 $\angle C$의 크기에 관계없이 $\overline{AH} = c\sin B = b\sin C$, 즉 $\dfrac{b}{\sin B} = \dfrac{c}{\sin C}$가 성립한다.

같은 방법으로 $\dfrac{a}{\sin A} = \dfrac{c}{\sin C}$, $\dfrac{a}{\sin A} = \dfrac{b}{\sin B}$이므로

$$\frac{a}{\sin A} = \frac{b}{\sin B} = \frac{c}{\sin C} \quad ← 사인법칙$$

가 성립한다.

(1) 삼각형 ABC에서 $a=2\sqrt{3}$, $b=2$, $A=120°$일 때,

B를 구하면

사인법칙에 의하여 $\dfrac{2\sqrt{3}}{\sin 120°}=\dfrac{2}{\sin B}$

$2\sqrt{3}\sin B=2\sin 120°$

$2\sqrt{3}\sin B=2\times\dfrac{\sqrt{3}}{2}$

$\therefore \sin B=\dfrac{1}{2}$

$\therefore B=30°$ $(\because 0°<B<60°)$ ← $A=120°$이므로 $B<180°-120°=60°$

(2) 삼각형 ABC에서 $a=2\sqrt{2}$, $B=45°$, $C=75°$일 때,

b와 외접원의 반지름의 길이를 구하면

삼각형의 내각의 크기의 합은 180°이므로

$A=180°-(45°+75°)=60°$

사인법칙에 의하여 $\dfrac{2\sqrt{2}}{\sin 60°}=\dfrac{b}{\sin 45°}$

$b\sin 60°=2\sqrt{2}\sin 45°$

$b\times\dfrac{\sqrt{3}}{2}=2\sqrt{2}\times\dfrac{\sqrt{2}}{2}$ $\therefore b=\dfrac{4\sqrt{3}}{3}$

외접원의 반지름의 길이를 R이라 하면 $\dfrac{a}{\sin A}=2R$에서

$R=\dfrac{1}{2}\times\dfrac{2\sqrt{2}}{\sin 60°}$

$=\dfrac{1}{2}\times\dfrac{2\sqrt{2}}{\dfrac{\sqrt{3}}{2}}=\dfrac{2\sqrt{6}}{3}$

이와 같이 사인법칙은 이미 주어진 것과 구해야 하는 것을 기준으로 다음과 같은 경우로 나누어 적용할 수 있다.

① 삼각형의 두 변의 길이와 한 대각의 크기를 알 때, 다른 각의 크기를 구하는 경우

두 변의 길이 a, b와 한 대각의 크기 A가 주어지면 사인법칙

$$\dfrac{a}{\sin A}=\dfrac{b}{\sin B}$$

를 이용하여 B를 구할 수 있다.

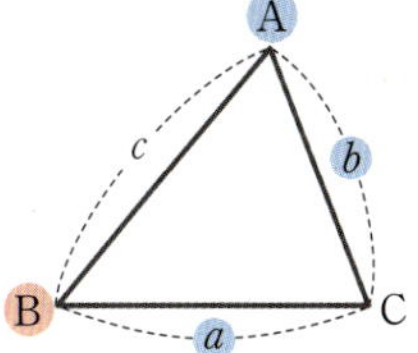

② 삼각형의 한 변의 길이와 두 각의 크기가 주어질 때, 다른 변의 길이를 구하는 경우

삼각형의 세 내각의 크기의 합은 180°이므로 세 각의 크기를 모두 알 수 있다.

따라서 사인법칙

$$\dfrac{a}{\sin A}=\dfrac{b}{\sin B}=\dfrac{c}{\sin C}$$

를 이용하여 나머지 두 변의 길이를 구할 수 있다.

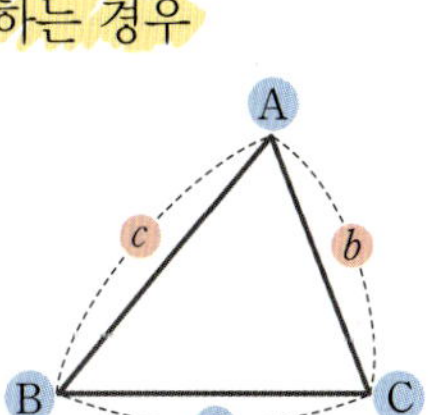

한편, 삼각형 ABC에서 외접원의 반지름의 길이를 R이라 하면 사인법칙에 의하여

$$\frac{a}{\sin A}=2R, \ \frac{b}{\sin B}=2R, \ \frac{c}{\sin C}=2R$$이므로

$$\sin A=\frac{a}{2R}, \ \sin B=\frac{b}{2R}, \ \sin C=\frac{c}{2R} \qquad \cdots\cdots ㉠$$

$$a=2R\sin A, \ b=2R\sin B, \ c=2R\sin C \qquad \cdots\cdots ㉡$$

이고, 특히 ㉡에서

$$a:b:c=2R\sin A:2R\sin B:2R\sin C$$
$$=\sin A:\sin B:\sin C \qquad \cdots\cdots ㉢$$

이다.

즉, ㉠을 이용하면 각의 크기 사이의 관계를 변의 길이 사이의 관계로 변형할 수 있고, ㉡과 ㉢을 이용하면 변의 길이 사이의 관계를 각의 크기 사이의 관계로 변형할 수 있다.

example 삼각형 ABC에서 $\sin A:\sin B:\sin C=3:4:5$이면

$a:b:c=\sin A:\sin B:\sin C=3:4:5$이므로

$a=3k, \ b=4k, \ c=5k \ (k>0)$이라 하면

$(3k)^2+(4k)^2=(5k)^2$이 성립한다.

즉, $a^2+b^2=c^2$이므로 삼각형 ABC는 $C=90°$인 직각삼각형이다.

2 코사인법칙

(1) 코사인법칙

삼각형 ABC에서

$$a^2=b^2+c^2-2bc\cos A,$$
$$b^2=c^2+a^2-2ca\cos B,$$
$$c^2=a^2+b^2-2ab\cos C$$

(2) 코사인법칙의 변형

삼각형 ABC에서

$$\cos A=\frac{b^2+c^2-a^2}{2bc}, \ \cos B=\frac{c^2+a^2-b^2}{2ca}, \ \cos C=\frac{a^2+b^2-c^2}{2ab}$$

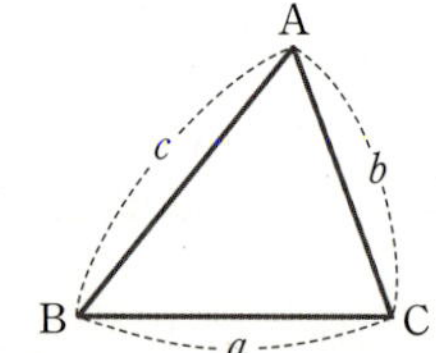

코사인함수와 피타고라스 정리를 이용하여 삼각형의 세 변의 길이와 세 각의 크기 사이에 어떤 관계가 있는지 알아보자.

삼각형 ABC의 꼭짓점 A에서 변 BC 또는 그 연장선에 내린 수선의 발을 H라 할 때, $\angle C$의 크기에 따라 다음과 같이 세 가지 경우로 나누어 생각할 수 있다.

(ⅰ) $C < 90°$일 때,

$\overline{BH} = \overline{BC} - \overline{CH} = a - b\cos C$이고, $\overline{AH} = b\sin C$이므로

$$c^2 = \overline{AH}^2 + \overline{BH}^2$$
$$= (b\sin C)^2 + (a - b\cos C)^2$$
$$= b^2\sin^2 C + a^2 - 2ab\cos C + b^2\cos^2 C$$
$$= a^2 + b^2(\sin^2 C + \cos^2 C) - 2ab\cos C$$
$$= a^2 + b^2 - 2ab\cos C$$

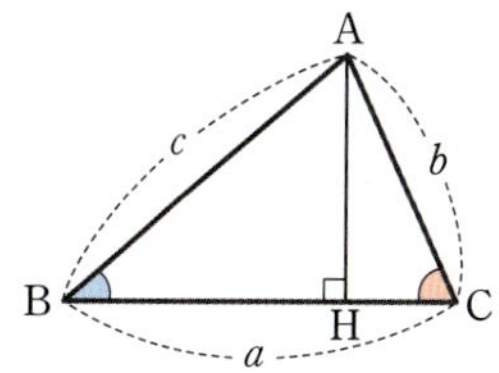

(ⅱ) $C = 90°$일 때,

$\cos C = 0$이므로

$$c^2 = \overline{AH}^2 + \overline{BH}^2$$
$$= b^2 + a^2$$
$$= a^2 + b^2 - 2ab\cos C$$

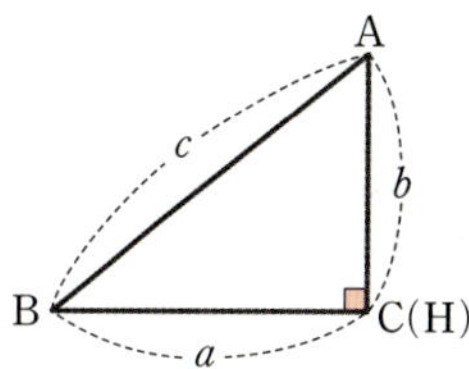

(ⅲ) $C > 90°$일 때,

$\overline{BH} = \overline{BC} + \overline{CH} = a + b\cos(180° - C) = a - b\cos C$이고,

$\overline{AH} = b\sin(180° - C) = b\sin C$이므로

$$c^2 = \overline{AH}^2 + \overline{BH}^2$$
$$= (b\sin C)^2 + (a - b\cos C)^2$$
$$= b^2\sin^2 C + a^2 - 2ab\cos C + b^2\cos^2 C$$
$$= a^2 + b^2(\sin^2 C + \cos^2 C) - 2ab\cos C$$
$$= a^2 + b^2 - 2ab\cos C$$

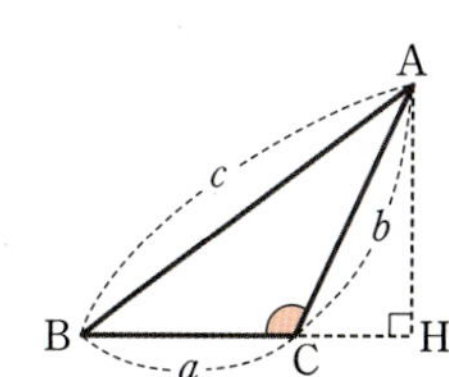

(ⅰ), (ⅱ), (ⅲ)에서 ∠C의 크기에 관계없이

$$c^2 = a^2 + b^2 - 2ab\cos C \qquad \cdots\cdots ㉠$$

가 성립한다.

같은 방법으로

$$b^2 = c^2 + a^2 - 2ca\cos B \qquad \cdots\cdots ㉡$$
$$a^2 = b^2 + c^2 - 2bc\cos A \qquad \cdots\cdots ㉢$$

도 성립한다.

이와 같이 삼각형 ABC의 세 변의 길이와 세 각의 크기 사이에는 ㉠, ㉡, ㉢과 같은 관계가 성립하는데 이를 **코사인법칙**이라 한다.

삼각형 ABC에서 $a = 4$, $b = 3$, $C = 60°$일 때, c를 구하면

코사인법칙에 의하여

$$c^2 = 4^2 + 3^2 - 2 \times 4 \times 3 \times \cos 60°$$
$$= 16 + 9 - 2 \times 4 \times 3 \times \frac{1}{2}$$
$$= 25 - 12 = 13$$
$$\therefore c = \sqrt{13} \ (\because c > 0)$$

한편, 삼각형 ABC에서 다음과 같이 코사인법칙을 변형할 수 있다.

$a^2=b^2+c^2-2bc\cos A$에서

$$2bc\cos A=b^2+c^2-a^2 \qquad \therefore \cos A=\frac{b^2+c^2-a^2}{2bc}$$

같은 방법으로

$$\cos B=\frac{c^2+a^2-b^2}{2ca},$$

$$\cos C=\frac{a^2+b^2-c^2}{2ab}$$

도 성립한다.

삼각형 ABC에서 $a=8$, $b=5$, $c=7$일 때, $\cos A$, $\cos B$, $\cos C$의 값을 구하면

코사인법칙에 의하여

$$\cos A=\frac{5^2+7^2-8^2}{2\times 5\times 7}=\frac{25+49-64}{70}=\frac{1}{7}$$

$$\cos B=\frac{7^2+8^2-5^2}{2\times 7\times 8}=\frac{49+64-25}{112}=\frac{11}{14}$$

$$\cos C=\frac{8^2+5^2-7^2}{2\times 8\times 5}=\frac{64+25-49}{80}=\frac{1}{2} \quad \leftarrow C=60^\circ$$

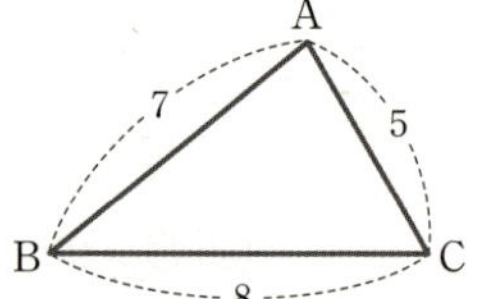

이와 같이 코사인법칙은 이미 주어진 것과 구해야 하는 것을 기준으로 다음과 같은 경우로 나누어 적용할 수 있다.

① 삼각형의 두 변의 길이와 그 끼인각의 크기가 주어질 때, 나머지 한 변의 길이를 구하는 경우

두 변의 길이 a, b와 그 끼인각의 크기 C가 주어지면 코사인법칙

$$c^2=a^2+b^2-2ab\cos C$$

를 이용하여 c를 구할 수 있다.

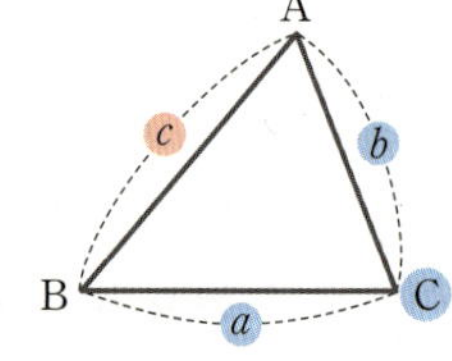

② 삼각형의 세 변의 길이가 주어질 때, 세 각의 크기를 구하는 경우

세 변의 길이 a, b, c가 주어지면 코사인법칙

$$\cos A=\frac{b^2+c^2-a^2}{2bc},$$

$$\cos B=\frac{c^2+a^2-b^2}{2ca},$$

$$\cos C=\frac{a^2+b^2-c^2}{2ab}$$

을 이용하여 세 각의 크기를 구할 수 있다.

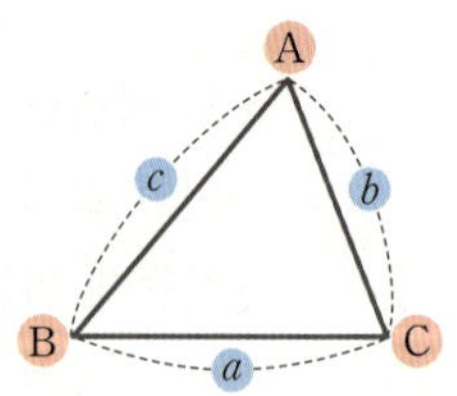

그림과 같이 $\angle B$, $\angle C$의 크기와 각각의 대변의 길이 b, c가 주어진
삼각형 ABC에서 $\angle A=180°-(\angle B+\angle C)$이므로 사인법칙을 이용하면
a의 값을 구할 수 있다.
하지만 $\angle A$의 크기가 특수각이 아니면 a를 구하기 쉽지 않다.
이 경우 코사인함수를 이용하여 간단한 방법으로 나머지 한 변의 길이를
구할 수 있다.

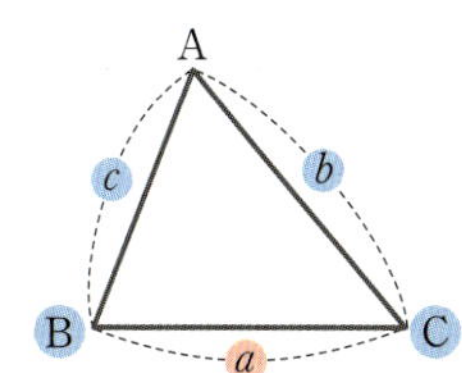

코사인함수와 피타고라스 정리를 이용하여 두 각의 크기와 각각의 대변의 길이가 주어진 삼각형
ABC에서 나머지 한 변의 길이를 구해 보자.

삼각형 ABC의 꼭짓점 A에서 변 BC 또는 그 연장선에 내린 수선의 발을 H라 할 때, $\angle C$의 크기에
따라 다음과 같이 세 가지 경우로 나누어 생각할 수 있다.

(ⅰ) $C<90°$일 때,
　　삼각형 ABH에서 $\overline{BH}=c\cos B$
　　삼각형 ACH에서 $\overline{CH}=b\cos C$
　　　　$\therefore a=\overline{BH}+\overline{CH}$
　　　　　　$=c\cos B+b\cos C$

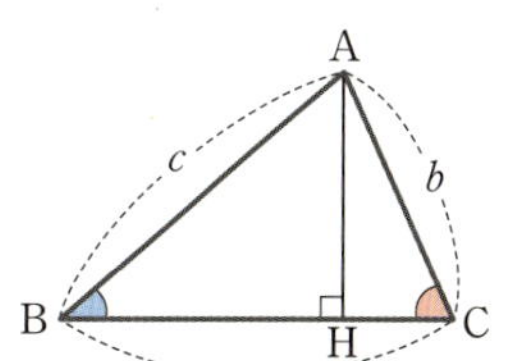

(ⅱ) $C=90°$일 때,
　　　　$a=c\cos B$
　　그런데 $\cos C=0$이므로
　　　　$a=c\cos B$
　　　　　$=c\cos B+b\cos C$

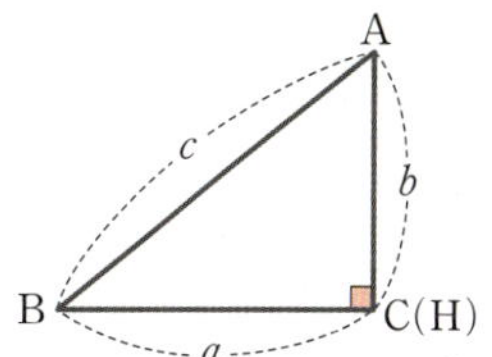

(ⅲ) $C>90°$일 때,
　　삼각형 ABH에서 $\overline{BH}=c\cos B$
　　삼각형 ACH에서 $\overline{CH}=b\cos (180°-C)=-b\cos C$
　　　　$\therefore a=\overline{BH}-\overline{CH}$
　　　　　　$=c\cos B-(-b\cos C)$
　　　　　　$=c\cos B+b\cos C$

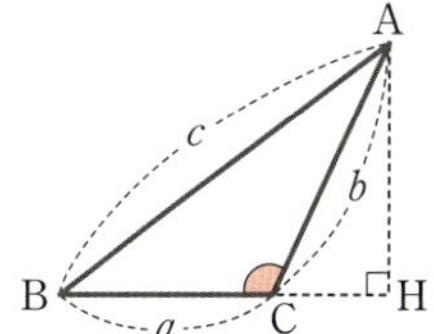

(ⅰ), (ⅱ), (ⅲ)에서 $\angle C$의 크기에 관계없이
　　　　$a=c\cos B+b\cos C$　　　……　㉠
가 성립한다.

같은 방법으로

$$b = c\cos A + a\cos C \qquad \cdots\cdots \; ㉡$$
$$c = a\cos B + b\cos A \qquad \cdots\cdots \; ㉢$$

도 성립한다.

이와 같이 삼각형 ABC의 세 변의 길이와 세 각의 크기 사이에는 ㉠, ㉡, ㉢과 같은 관계가 성립한다.

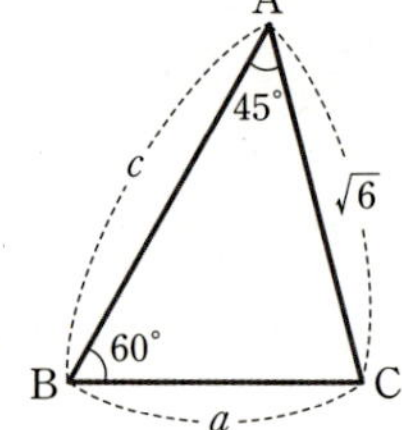

example 삼각형 ABC에서 $A = 45°$, $B = 60°$, $b = \sqrt{6}$일 때,

a, c를 구하면

사인법칙에 의하여 $\dfrac{a}{\sin 45°} = \dfrac{\sqrt{6}}{\sin 60°}$

$a\sin 60° = \sqrt{6}\sin 45°$, $\dfrac{\sqrt{3}}{2}a = \sqrt{6} \times \dfrac{\sqrt{2}}{2}$

$\therefore a = 2$

$c = a\cos B + b\cos A$이므로

$c = 2\cos 60° + \sqrt{6}\cos 45°$

$\quad = 2 \times \dfrac{1}{2} + \sqrt{6} \times \dfrac{\sqrt{2}}{2} = 1 + \sqrt{3}$ ← $C = 180° - (45° + 60°) = 75°$이므로
사인법칙을 이용하여 c의 값을 구하는 것은 쉽지 않다.

한편, ㉠은 코사인법칙을 이용하여 확인할 수도 있다.

코사인법칙에 의하여 $b^2 = c^2 + a^2 - 2ca\cos B$, $c^2 = a^2 + b^2 - 2ab\cos C$이므로 두 식을 변형하면

$$b^2 - c^2 - a^2 = -2ca\cos B$$
$$c^2 - a^2 - b^2 = -2ab\cos C$$

두 식을 변변 더하면

$$-2a^2 = -2ca\cos B - 2ab\cos C$$

양변을 $-2a$로 나누면

$$a = c\cos B + b\cos C$$

같은 방법으로 ㉡, ㉢도 확인할 수 있다.

01 삼각형 ABC에서 다음을 구하시오.

(1) $a=2\sqrt{2}$, $A=30°$, $B=45°$일 때, b

(2) $a=2\sqrt{3}$, $b=3\sqrt{2}$, $A=45°$일 때, B와 외접원의 반지름의 길이 R (단, $0°<B<90°$)

02 삼각형 ABC에서 $\sin A : \sin B : \sin C = 4 : 5 : 7$이 성립할 때, 삼각형 ABC는 어떤 삼각형인지 구하시오.

03 삼각형 ABC에서 $a=3\sqrt{2}$, $b=5$, $C=45°$일 때 c를 구하시오.

04 삼각형 ABC에서 $a=13$, $b=8$, $c=7$일 때, A를 구하시오.

대표 예제 | 01

삼각형 ABC에서 다음을 구하시오.

(1) $b=4$, $A=75°$, $C=60°$일 때, c와 외접원의 반지름의 길이 R

(2) $b=3\sqrt{3}$, $c=3$, $C=30°$일 때, A와 B (단, $90°<B<180°$)

바로 접근

삼각형 ABC에서

$$\frac{a}{\sin A}=\frac{b}{\sin B}=\frac{c}{\sin C}=2R$$

(단, R은 삼각형 ABC의 외접원의 반지름의 길이)

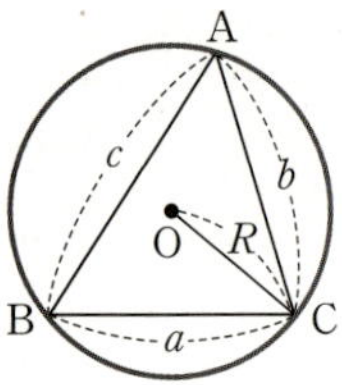

바른 풀이

(1) $A+B+C=180°$이므로 $B=180°-(75°+60°)=45°$

사인법칙에 의하여 $\dfrac{4}{\sin 45°}=\dfrac{c}{\sin 60°}$이므로

$c\sin 45°=4\sin 60°$, $c\times\dfrac{\sqrt{2}}{2}=4\times\dfrac{\sqrt{3}}{2}$ $\quad\therefore c=2\sqrt{6}$

또한 사인법칙에 의하여 $\dfrac{4}{\sin 45°}=2R$

$\therefore R=\dfrac{1}{2}\times\dfrac{4}{\frac{\sqrt{2}}{2}}=2\sqrt{2}$

(2) 사인법칙에 의하여 $\dfrac{3}{\sin 30°}=\dfrac{3\sqrt{3}}{\sin B}$이므로

$3\sin B=3\sqrt{3}\sin 30°$, $3\sin B=3\sqrt{3}\times\dfrac{1}{2}$ $\quad\therefore \sin B=\dfrac{\sqrt{3}}{2}$

$\therefore B=120°$ $(\because 90°<B<180°)$

$A+B+C=180°$이므로 $A=180°-(120°+30°)=30°$

정답 (1) $c=2\sqrt{6}$, $R=2\sqrt{2}$ (2) $A=30°$, $B=120°$

Bible Says

다음과 같은 경우 사인법칙을 이용하여 구한다.

삼각형 ABC에서

① 한 변의 길이와 두 각의 크기가 주어질 때, 나머지 두 변의 길이

② 두 변의 길이와 그 끼인각이 아닌 한 각의 크기가 주어질 때, 나머지 두 각의 크기

③ 외접원의 반지름의 길이와 한 변의 길이가 주어질 때, 대각의 크기

④ 외접원의 반지름의 길이와 한 각의 크기가 주어질 때, 대변의 길이

01-1

삼각형 ABC에서 $a=4$, $b=4\sqrt{3}$, $A=30°$일 때, $\cos^2 B$의 값을 구하시오.

01-2

그림과 같이 원 위의 네 점 A, B, C, D에 대하여 $\overline{AB}=10$이고
$\angle ADB=45°$, $\angle BAC=30°$일 때, 선분 BC의 길이를 구하시오.

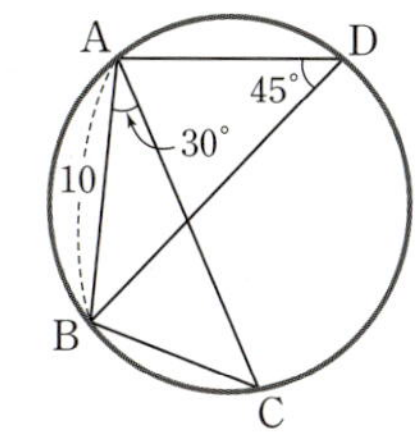

01-3

그림과 같이 $A=75°$, $C=60°$, $b=6\sqrt{3}$인 삼각형 ABC의 외접원의
넓이를 구하시오.

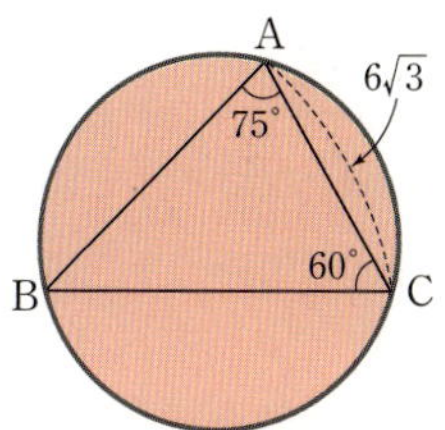

01-4

그림과 같이 $\overline{AB}=4$, $A=105°$, $B=30°$인 삼각형 ABC가
있다. 변 BC 위를 움직이는 점 P에 대하여 $\dfrac{\overline{CP}}{\sin(\angle CAP)}$의
최솟값을 구하시오.

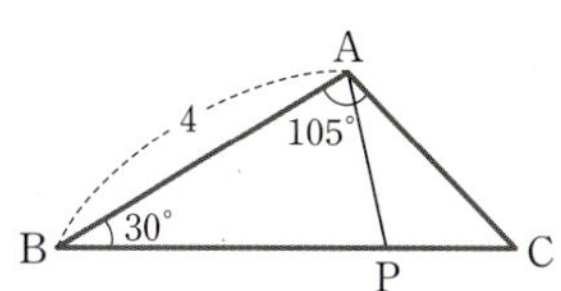

대표 예제 | 02

삼각형 ABC에 대하여 다음 물음에 답하시오.

(1) $(a+b):(b+c):(c+a)=7:8:9$일 때, $\sin A:\sin B:\sin C$를 구하시오.

(2) $A:B:C=1:1:4$일 때, $a:b:c$를 구하시오.

B로 접근

$\sin A:\sin B:\sin C=\dfrac{a}{2R}:\dfrac{b}{2R}:\dfrac{c}{2R}=a:b:c$임을 이용한다.

(단, R은 삼각형 ABC의 외접원의 반지름의 길이)

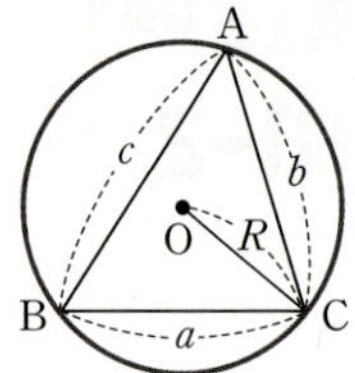

(1) 주어진 조건을 이용하여 a, b, c를 비례상수 k에 대한 식으로 나타낸 후
사인법칙을 이용하여 구하는 비를 a, b, c로 나타낸다.

(2) 주어진 조건에서 $A+B+C=180°$임을 이용하여 A, B, C를 구한 후
사인법칙을 이용하여 구하는 비를 $\sin A$, $\sin B$, $\sin C$로 나타낸다.

B른 풀이

(1) $(a+b):(b+c):(c+a)=7:8:9$이므로

$a+b=7k$, $b+c=8k$, $c+a=9k$ $(k>0)$

이라 하고 위의 세 식을 변끼리 더하면 $2a+2b+2c=24k$

$\therefore a+b+c=12k$ ...... ㉠

$a+b=7k$를 ㉠에 대입하면 $c=5k$

$b+c=8k$를 ㉠에 대입하면 $a=4k$

$c+a=9k$를 ㉠에 대입하면 $b=3k$

삼각형 ABC의 외접원의 반지름의 길이를 R이라 하면 사인법칙에 의하여

$\sin A:\sin B:\sin C=\dfrac{a}{2R}:\dfrac{b}{2R}:\dfrac{c}{2R}=a:b:c$

$=4k:3k:5k=4:3:5$

(2) $A+B+C=180°$이므로

$A=180°\times\dfrac{1}{6}=30°$, $B=180°\times\dfrac{1}{6}=30°$, $C=180°\times\dfrac{4}{6}=120°$

삼각형 ABC의 외접원의 반지름의 길이를 R이라 하면 사인법칙에 의하여

$a:b:c=2R\sin A:2R\sin B:2R\sin C=\sin A:\sin B:\sin C$

$=\sin 30°:\sin 30°:\sin 120°=\dfrac{1}{2}:\dfrac{1}{2}:\dfrac{\sqrt{3}}{2}$

$=1:1:\sqrt{3}$

정답 (1) $4:3:5$ (2) $1:1:\sqrt{3}$

Bible Says

삼각형 ABC의 세 변의 길이의 비는 사인법칙을 이용하면 다음 관계가 성립한다.

➜ $a:b:c=\sin A:\sin B:\sin C$

이때 $a:b:c\neq A:B:C$인 것에 주의하자.

한번 더하기

02-1

삼각형 ABC에 대하여 다음 물음에 답하시오.

(1) $\sin A : \sin B : \sin C = 4 : 2 : 3$일 때, $ab : bc : ca$를 구하시오.

(2) $\dfrac{a+b}{6} = \dfrac{b+c}{7} = \dfrac{c+a}{5}$일 때, $\sin A : \sin B : \sin C$를 구하시오.

한번 더하기

02-2

삼각형 ABC에서 $A : B : C = 3 : 4 : 5$이고 $a = 2\sqrt{3}$일 때, b를 구하시오.

표현 더하기

02-3

삼각형 ABC에서 $\sin (A+B) : \sin (B+C) : \sin (C+A) = 2 : 5 : 4$일 때, $a : b : c$를 구하시오.

표현 더하기

02-4

반지름의 길이가 4인 원에 내접하는 삼각형 ABC가 다음 조건을 만족시킬 때, 삼각형 ABC의 둘레의 길이를 구하시오.

$$\sin A + \sin B + \sin C = \frac{3}{2}$$

대표 예제 | 03

삼각형 ABC에서 $C=30°$, $a=4$, $b=2\sqrt{3}$일 때, A, B, c를 각각 구하시오.

바로 접근

삼각형 ABC에서

$a^2=b^2+c^2-2bc\cos A$

$b^2=c^2+a^2-2ca\cos B$

$c^2=a^2+b^2-2ab\cos C$

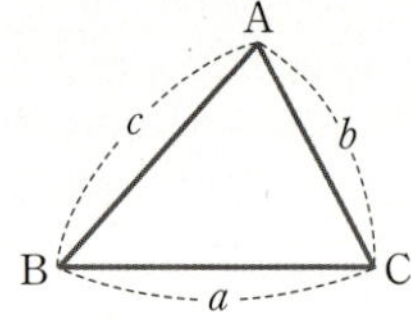

바른 풀이

코사인법칙에 의하여

$c^2=4^2+(2\sqrt{3})^2-2\times4\times2\sqrt{3}\times\cos30°$

$\quad=16+12-2\times4\times2\sqrt{3}\times\dfrac{\sqrt{3}}{2}=4$

$c>0$이므로 $c=2$

사인법칙에 의하여 $\dfrac{4}{\sin A}=\dfrac{2}{\sin 30°}$이므로 $2\sin A=4\sin 30°$

$2\sin A=4\times\dfrac{1}{2}$ $\quad\therefore \sin A=1$

$\therefore A=90° (\because 0°<A<180°)$

$\therefore B=180°-(90°+30°)=60°$

정답 $A=90°$, $B=60°$, $c=2$

Bible Says

다음과 같은 경우 코사인법칙을 이용하여 구한다.

삼각형 ABC에서

① 두 변의 길이와 그 끼인각의 크기가 주어질 때, 나머지 한 변의 길이 (대표 예제 | 03)

② 세 변의 길이가 주어질 때, 세 각의 크기 (대표 예제 | 04)

한 번 더하기

03-1

삼각형 ABC에서 $a=6$, $c=6\sqrt{2}$, $B=45°$일 때, A, C, b를 각각 구하시오.

표현 더하기

03-2

그림과 같은 삼각형 ABC에서 $\overline{AB}=4$, $\overline{AC}=5$, $A=60°$일 때, 삼각형 ABC의 외접원의 넓이를 구하시오.

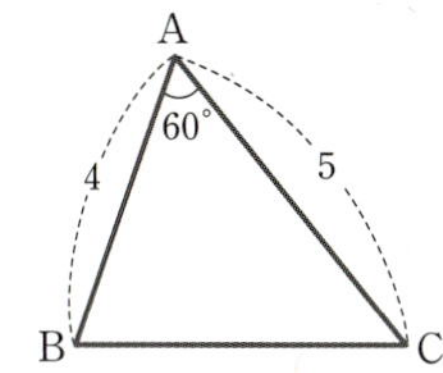

표현 더하기

03-3

그림과 같은 삼각형 ABC에서 $\overline{AB}=3\sqrt{7}$, $\overline{BC}=3$, $C=120°$일 때, 변 AC의 길이를 구하시오.

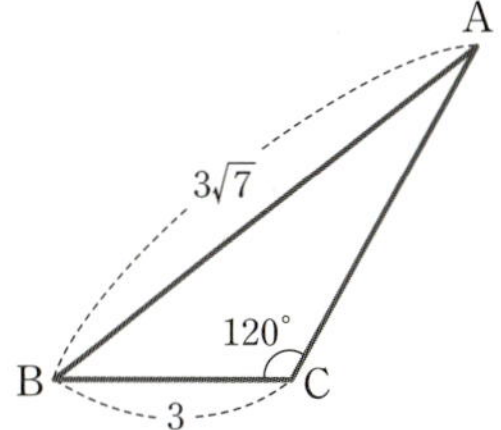

실력 더하기

03-4

삼각형 ABC에서 $\overline{AB}=\dfrac{2}{x}$, $\overline{AC}=x$, $A=120°$일 때, 변 BC의 길이의 최솟값을 구하시오.

대표 예제 | 04

삼각형 ABC에서 $a=1+\sqrt{3}$, $b=2$, $c=\sqrt{2}$일 때, B, C를 각각 구하시오.

Ḃ로 접근

삼각형 ABC에서

$$\cos A=\frac{b^2+c^2-a^2}{2bc} \quad \leftarrow a^2=b^2+c^2-2bc\cos A\text{에서 변형}$$

$$\cos B=\frac{c^2+a^2-b^2}{2ca} \quad \leftarrow b^2=c^2+a^2-2ca\cos B\text{에서 변형}$$

$$\cos C=\frac{a^2+b^2-c^2}{2ab} \quad \leftarrow c^2=a^2+b^2-2ab\cos C\text{에서 변형}$$

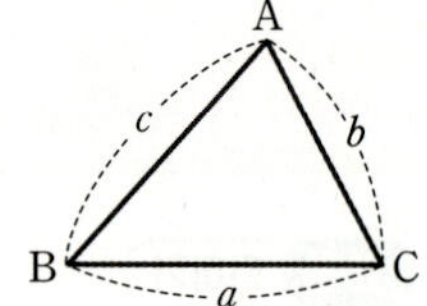

Ḃ른 풀이

코사인법칙에 의하여

$$\cos B=\frac{(\sqrt{2})^2+(1+\sqrt{3})^2-2^2}{2\times\sqrt{2}\times(1+\sqrt{3})}=\frac{2+4+2\sqrt{3}-4}{2\sqrt{2}(1+\sqrt{3})}$$

$$=\frac{2(1+\sqrt{3})}{2\sqrt{2}(1+\sqrt{3})}=\frac{\sqrt{2}}{2}$$

$$\therefore B=45° \ (\because 0°<B<180°)$$

사인법칙에 의하여 $\dfrac{2}{\sin 45°}=\dfrac{\sqrt{2}}{\sin C}$ 이므로 $2\sin C=\sqrt{2}\sin 45°$

$$2\sin C=\sqrt{2}\times\frac{\sqrt{2}}{2} \qquad \therefore \sin C=\frac{1}{2}$$

$$\therefore C=30° \ (\because 0°<C<135°)$$

[다른 풀이]

코사인법칙에 의하여

$$\cos C=\frac{(1+\sqrt{3})^2+2^2-(\sqrt{2})^2}{2\times(1+\sqrt{3})\times 2}=\frac{4+2\sqrt{3}+4-2}{4(1+\sqrt{3})}$$

$$=\frac{2\sqrt{3}(1+\sqrt{3})}{4(1+\sqrt{3})}=\frac{\sqrt{3}}{2}$$

$$\therefore C=30° \ (\because 0°<C<135°)$$

[정답] $B=45°$, $C=30°$

삼각형의 최대각과 최소각

삼각형의 세 변의 길이를 알 때, 코사인법칙을 이용하여 삼각형의 최대각과 최소각의 크기를 구할 수 있다.

① 최대각 ➡ 길이가 가장 긴 변의 대각

② 최소각 ➡ 길이가 가장 짧은 변의 대각

04-1 삼각형 ABC에서 $a=\sqrt{6}$, $b=2$, $c=\sqrt{3}+1$일 때, A를 구하시오.

04-2 그림과 같이 한 변의 길이가 4인 정사각형 ABCD의 두 변 AD, CD의 중점이 각각 E, F이고 $\angle EBF=\theta$일 때, $\cos\theta$의 값을 구하시오.

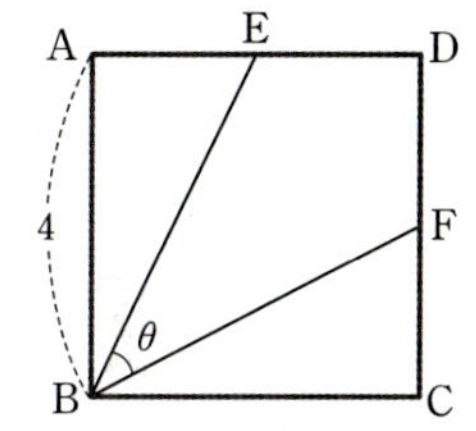

04-3 삼각형 ABC에서 $a:b:c=4:5:6$일 때, $\tan A$의 값을 구하시오.

04-4 세 변의 길이가 7, 5, 3인 삼각형 ABC의 세 내각 중 가장 큰 각의 크기를 θ라 할 때, $\sin\theta$의 값을 구하시오.

대표 예제 | 05

다음 등식을 만족시키는 삼각형 ABC는 어떤 삼각형인지 구하시오.

(1) $b \sin B = c \sin C$

(2) $a \cos B - c = b \cos A$

바로 접근

사인법칙과 코사인법칙을 이용하여 식에 포함되어 있는 sin, cos에 대한 식을 다음과 같이 a, b, c에 대한 식으로 고친 후 정리한다.

이때 삼각형의 세 변의 길이는 양수이므로 $a>0$, $b>0$, $c>0$임에 주의한다.

(1) sin에 대한 식: $\sin A = \dfrac{a}{2R}$, $\sin B = \dfrac{b}{2R}$, $\sin C = \dfrac{c}{2R}$ 를 대입한다.

(단, R은 삼각형 ABC의 외접원의 반지름의 길이)

(2) cos에 대한 식: $\cos A = \dfrac{b^2+c^2-a^2}{2bc}$, $\cos B = \dfrac{c^2+a^2-b^2}{2ca}$, $\cos C = \dfrac{a^2+b^2-c^2}{2ab}$ 을 대입한다.

바른 풀이

(1) 삼각형 ABC의 외접원의 반지름의 길이를 R이라 하면 사인법칙에 의하여

$$\sin B = \frac{b}{2R}, \ \sin C = \frac{c}{2R}$$

이것을 $b \sin B = c \sin C$에 대입하면

$$b \times \frac{b}{2R} = c \times \frac{c}{2R}, \ \frac{b^2}{2R} = \frac{c^2}{2R}$$

$$b^2 = c^2 \quad \therefore b = c \ (\because b>0, \ c>0)$$

따라서 삼각형 ABC는 $b=c$인 이등변삼각형이다.

(2) 코사인법칙에 의하여

$$\cos A = \frac{b^2+c^2-a^2}{2bc}, \ \cos B = \frac{c^2+a^2-b^2}{2ca}$$

이것을 $a \cos B - c = b \cos A$에 대입하면

$$a \times \frac{c^2+a^2-b^2}{2ca} - c = b \times \frac{b^2+c^2-a^2}{2bc}$$

$$\frac{c^2+a^2-b^2}{2c} - c = \frac{b^2+c^2-a^2}{2c}$$

$$c^2+a^2-b^2-2c^2 = b^2+c^2-a^2, \ 2a^2 = 2b^2+2c^2$$

$$\therefore a^2 = b^2+c^2$$

따라서 삼각형 ABC는 $A=90°$인 직각삼각형이다.

정답 (1) $b=c$인 이등변삼각형 (2) $A=90°$인 직각삼각형

Bible Says

세 변의 길이에 따른 삼각형의 모양

삼각형 ABC의 세 변의 길이 a, b, c에 대하여

① $c^2 = a^2+b^2$ ➡ $C=90°$인 직각삼각형

② $c^2 > a^2+b^2$ ➡ 둔각삼각형

③ $c^2 < a^2+b^2$ (c가 가장 긴 변) ➡ 예각삼각형

④ $a=b$ ➡ $a=b$인 이등변삼각형

한번 더하기

05-1

다음 등식을 만족시키는 삼각형 ABC는 어떤 삼각형인지 구하시오.

(1) $\sin^2 A + \sin^2 B = \sin^2 C$

(2) $a \sin (B+C) = b \sin (A+C)$

한번 더하기

05-2

다음 등식을 만족시키는 삼각형 ABC는 어떤 삼각형인지 구하시오.

(1) $a \cos C = c \cos A$

(2) $2 \sin B \cos C = \sin A$

표현 더하기

05-3

삼각형 ABC에서 등식 $a^2 \tan B = b^2 \tan A$가 성립할 때, 이 삼각형으로 가능한 것만을 **보기**에서 있는 대로 고르시오.

> **보기**
>
> ㄱ. $a=b$인 이등변삼각형 　　　　ㄴ. $a=c$인 이등변삼각형
>
> ㄷ. $B=90°$인 직각삼각형 　　　　ㄹ. $C=90°$인 직각삼각형

실력 더하기

05-4

x에 대한 이차방정식

$$ax^2 - 4\sqrt{b}\,x \sin (A+C) + 4\sin^2 A = 0$$

이 중근을 가질 때, 삼각형 ABC는 어떤 삼각형인지 구하시오.

대표 예제 | 06

다음 물음에 답하시오.

(1) 그림과 같이 90 m만큼 떨어져 있는 A지점과 B지점에서 하늘에 떠 있는 열기구를 올려다본 각의 크기가 각각 45˚, 75˚일 때, 열기구와 B지점 사이의 거리를 구하시오. (단, 열기구의 크기는 무시한다.)

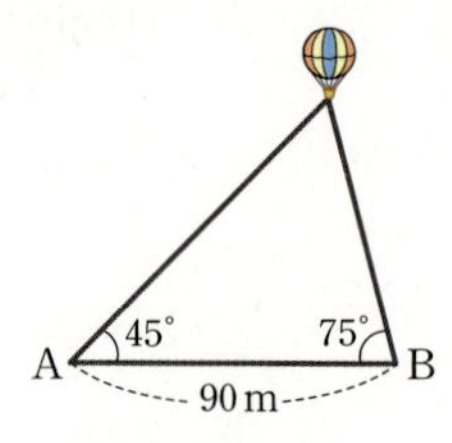

(2) 그림과 같이 세 지점 A, B, C를 잡아 측정하였더니 $\overline{AC}=8\sqrt{2}\,km$, $\overline{BC}=12\,km$, $\angle C=45˚$이었다. 두 지점 A, B 사이를 직선으로 연결하는 다리의 길이를 구하시오.

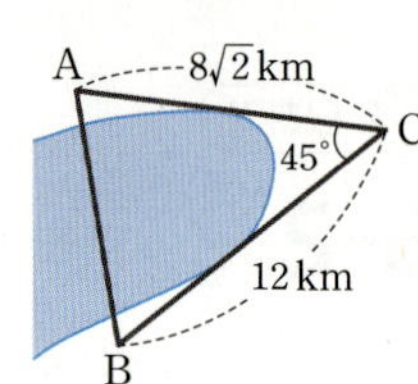

바로 접근 삼각형의 변의 길이와 각의 크기 사이의 관계가 주어지면 사인법칙과 코사인법칙을 이용하여 식을 세운다.

(1) 삼각형의 세 내각의 크기의 합은 180˚임을 이용하여 남은 한 각의 크기를 구한 후 사인법칙을 이용한다.

(2) 두 변의 길이와 그 끼인각의 크기가 주어졌으므로 코사인법칙을 이용한다.

바른 풀이 (1) 열기구의 위치를 C라 하면 삼각형 ABC에서 $C=180˚-(75˚+45˚)=60˚$

사인법칙에 의하여 $\dfrac{\overline{BC}}{\sin 45˚}=\dfrac{90}{\sin 60˚}$이므로 $\overline{BC}\sin 60˚=90\sin 45˚$

$$\overline{BC}\times\dfrac{\sqrt{3}}{2}=90\times\dfrac{\sqrt{2}}{2} \qquad \therefore \overline{BC}=30\sqrt{6}\,m$$

따라서 열기구와 B지점 사이의 거리는 $30\sqrt{6}\,m$이다.

(2) 삼각형 ABC에서 코사인법칙에 의하여

$$\overline{AB}^2=12^2+(8\sqrt{2})^2-2\times12\times8\sqrt{2}\times\cos 45˚$$

$$=144+128-2\times12\times8\sqrt{2}\times\dfrac{\sqrt{2}}{2}=144+128-192=80$$

$$\therefore \overline{AB}=4\sqrt{5}\,km\ (\because \overline{AB}>0)$$

따라서 두 지점 A, B 사이를 직선으로 연결하는 다리의 길이는 $4\sqrt{5}\,km$이다.

정답 (1) $30\sqrt{6}\,m$ (2) $4\sqrt{5}\,km$

Bible Says

06-3과 같이 삼각형 ABC의 외접원의 반지름의 길이(또는 외접원의 넓이)를 구할 때는
$\dfrac{a}{\sin A}=2R,\ \dfrac{b}{\sin B}=2R,\ \dfrac{c}{\sin C}=2R$을 이용하여 식을 변형한다.

(단, R은 삼각형 ABC의 외접원의 반지름의 길이)

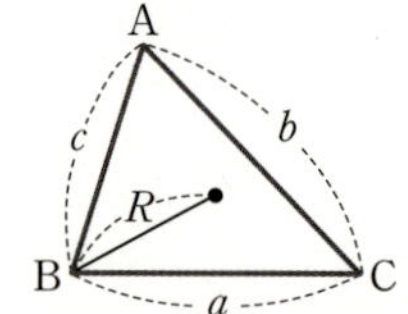

한 번 더하기

06-1

그림과 같이 $20\sqrt{3}\,\text{m}$ 떨어진 두 지점 A, B에서 스카이워크의 꼭 대기 P를 보았다. $\angle\text{PAB}=75°$, $\angle\text{PBA}=60°$, $\angle\text{PAQ}=45°$일 때, 스카이워크의 높이 $\overline{\text{PQ}}$의 길이를 구하시오.

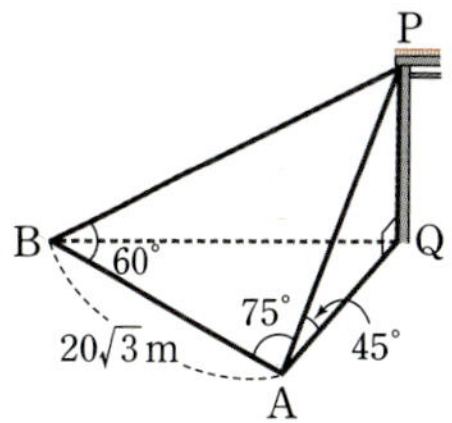

한 번 더하기

06-2

그림과 같이 높이가 $10\,\text{m}$, $20\,\text{m}$인 2개의 나무가 있다. P 지점에서 두 나무의 꼭대기 A, B를 각각 올려다본 각 의 크기가 모두 $30°$일 때, 두 지점 A, B 사이의 거리를 구하시오.

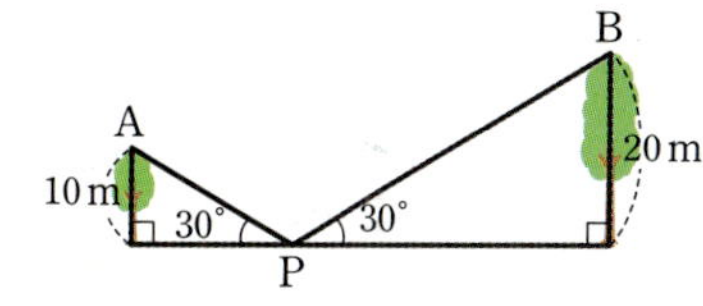

표현 더하기

06-3

그림과 같이 $40\,\text{m}$ 떨어진 두 지점 A, B에서 정자가 있는 지점 C를 바라보고 측정하였더니 $\angle\text{CAB}=105°$, $\angle\text{CBA}=45°$이었다. 세 지 점 A, B, C를 연결하는 원 모양의 모래밭을 만들려고 할 때, 모래 밭의 반지름의 길이를 구하시오.

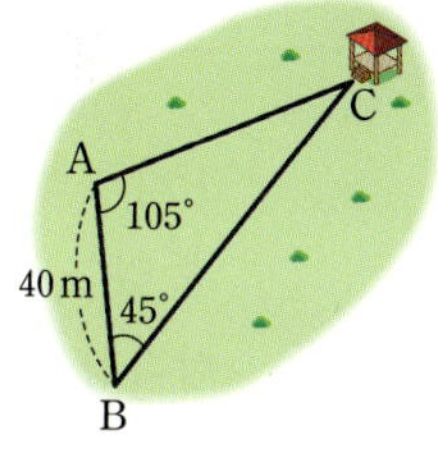

실력 더하기

06-4

그림과 같이 강 주변에 네 지점 A, B, C, D가 있다. 두 지점 C, D 사이의 거리를 구하기 위하여 측정하였더니 $\overline{\text{AB}}=60\,\text{m}$, $\angle\text{CAB}=90°$, $\angle\text{CBA}=\angle\text{DAB}=30°$, $\angle\text{DBA}=60°$이었다. 이 때 두 지점 C, D 사이의 거리를 구하시오.

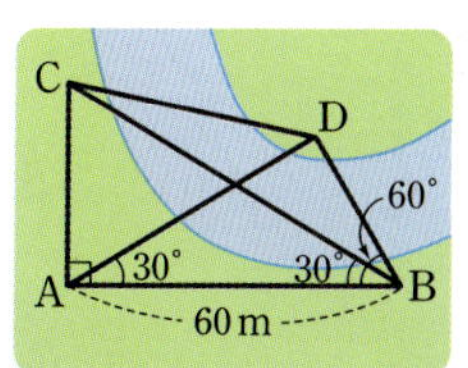

02 삼각형의 넓이

1 삼각형의 넓이

삼각형 ABC의 넓이를 S라 하면

$$S=\frac{1}{2}bc\sin A=\frac{1}{2}ca\sin B=\frac{1}{2}ab\sin C$$

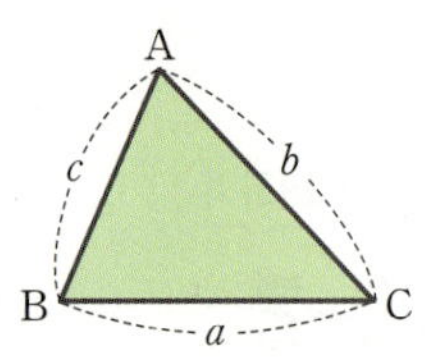

삼각형의 높이 h가 주어지면 삼각형의 넓이 S는 다음 공식에 의하여 쉽게 구할 수 있다.

$$S=\frac{1}{2}ah \quad \cdots\cdots \bigcirc$$

이때 높이 h가 주어지지 않더라도 변의 길이, 각의 크기, 삼각함수를 이용하여 삼각형의 넓이를 구할 수 있다.

$\bigcirc$을 기초로 하여 삼각형의 넓이를 여러 가지 방법으로 구해 보자.

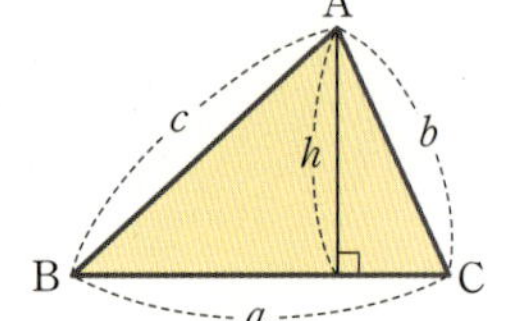

삼각형의 두 변의 길이와 그 끼인각의 크기를 알 때, 삼각함수를 이용하여 삼각형의 넓이를 구할 수 있다.

삼각형 ABC의 꼭짓점 A에서 변 BC 또는 그 연장선에 내린 수선의 발을 H, $\overline{\mathrm{AH}}=h$라 할 때, ∠B의 크기에 따라 다음과 같이 세 가지 경우로 나누어 생각해 보면

(ⅰ) $B<90°$일 때, (ⅱ) $B=90°$일 때, (ⅲ) $B>90°$일 때,

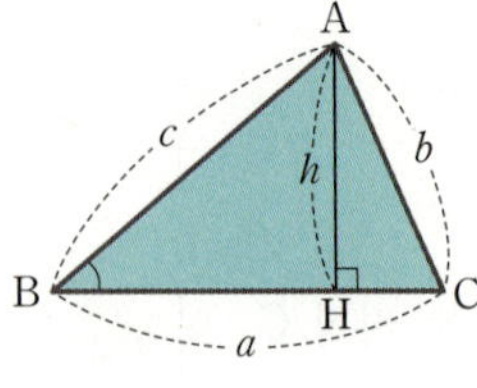

$$h=c\sin B$$

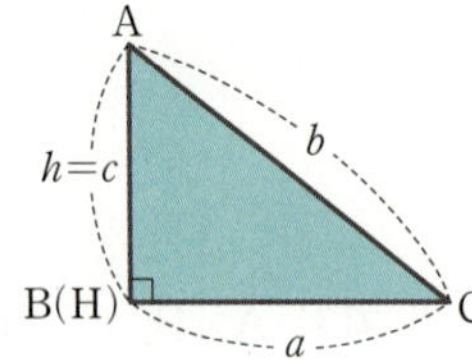

$$h=c=c\sin B$$
$$(\because \sin B=1)$$

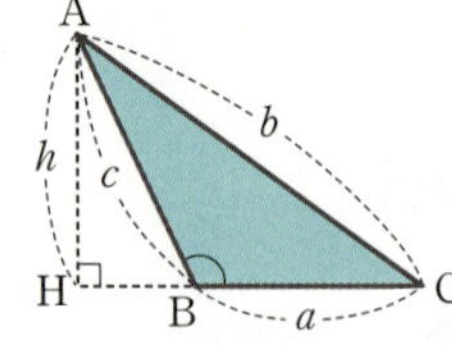

$$h=c\sin(180°-B)$$
$$=c\sin B$$

(ⅰ), (ⅱ), (ⅲ)에서 ∠B의 크기에 관계없이 $h=c\sin B$가 성립한다.

따라서 삼각형 ABC의 넓이를 S라 하면

$$S=\frac{1}{2}ah=\frac{1}{2}ac\sin B \quad \leftarrow \text{사인함수를 이용하여 } h\text{를 구한 후 } S=\frac{1}{2}ah\text{에 대입한 것이다.}$$

가 성립한다.

같은 방법으로 $S=\dfrac{1}{2}bc\sin A=\dfrac{1}{2}ab\sin C$가 성립함을 알 수 있다.

삼각형 ABC의 넓이를 S라 하면

(1)

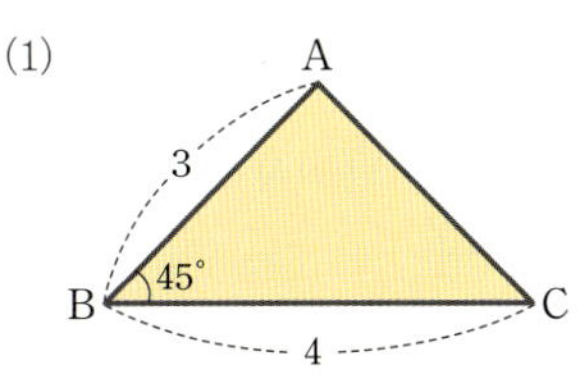

$$S=\dfrac{1}{2}\times3\times4\times\sin45°$$
$$=\dfrac{1}{2}\times3\times4\times\dfrac{\sqrt{2}}{2}=3\sqrt{2}$$

(2)

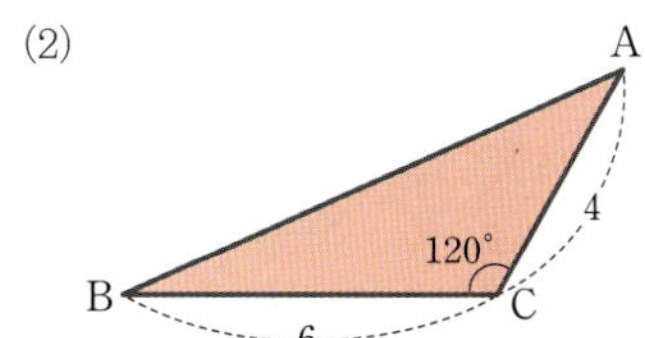

$$S=\dfrac{1}{2}\times6\times4\times\sin120°$$
$$=\dfrac{1}{2}\times6\times4\times\dfrac{\sqrt{3}}{2}=6\sqrt{3}$$

삼각형의 넓이를 구하는 다른 식을 살펴보도록 하자.

(1) 삼각형의 세 변의 길이와 삼각형의 외접원의 반지름의 길이가 주어진 경우

삼각형 ABC의 넓이를 S, 삼각형 ABC의 외접원의 반지름의 길이를 R이라 하면

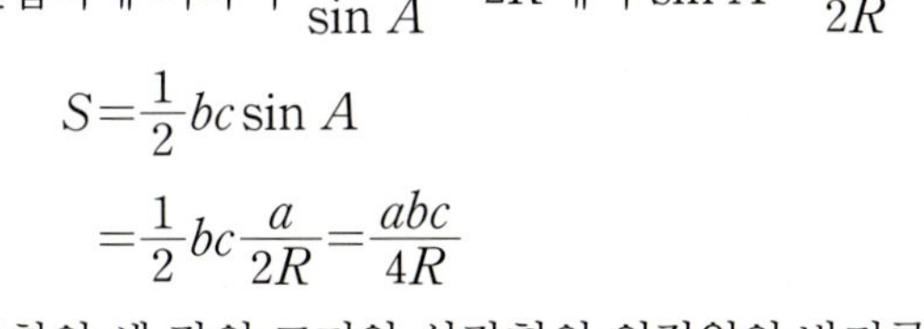

사인법칙에 의하여 $\dfrac{a}{\sin A}=2R$에서 $\sin A=\dfrac{a}{2R}$이므로

$$S=\dfrac{1}{2}bc\sin A$$
$$=\dfrac{1}{2}bc\dfrac{a}{2R}=\dfrac{abc}{4R}$$

(2) 삼각형의 세 각의 크기와 삼각형의 외접원의 반지름의 길이가 주어진 경우

삼각형 ABC의 넓이를 S, 삼각형 ABC의 외접원의 반지름의 길이를 R이라 하면

사인법칙에 의하여 $\dfrac{b}{\sin B}=\dfrac{c}{\sin C}=2R$에서 $b=2R\sin B$, $c=2R\sin C$이므로

$$S=\dfrac{1}{2}bc\sin A$$
$$=\dfrac{1}{2}\times2R\sin B\times2R\sin C\times\sin A$$
$$=2R^2\sin A\sin B\sin C$$

(3) 삼각형의 세 변의 길이와 삼각형의 내접원의 반지름의 길이가 주어진 경우

삼각형 ABC의 넓이를 S, 삼각형 ABC의 내접원의 반지름의 길이를 r이라 하면

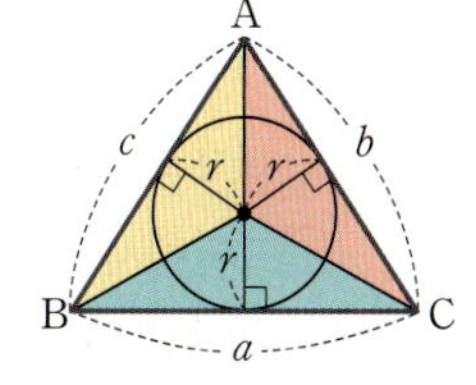

$$S=\dfrac{1}{2}ar+\dfrac{1}{2}br+\dfrac{1}{2}cr$$
$$=\dfrac{1}{2}r(a+b+c)$$

따라서 삼각형의 세 각의 크기 또는 세 변의 길이가 주어진 경우, 외접원 또는 내접원의 반지름의 길이를 알면 삼각형의 넓이를 구할 수 있다.

삼각형 ABC의 넓이를 S라 하면

(1) $a=13$, $b=7$, $c=8$, $R=\dfrac{13\sqrt{3}}{3}$일 때, (단, R은 외접원의 반지름의 길이)

$$S=\dfrac{13\times7\times8}{4\times\dfrac{13\sqrt{3}}{3}}=14\sqrt{3}$$

(2) $A=30°$, $B=30°$, $C=120°$, $R=4$일 때, (단, R은 외접원의 반지름의 길이)

$$S=2\times4^2\times\sin30°\times\sin30°\times\sin120°$$
$$=32\times\dfrac{1}{2}\times\dfrac{1}{2}\times\dfrac{\sqrt{3}}{2}=4\sqrt{3}$$

(3) $a=7$, $b=8$, $c=9$, $r=\sqrt{5}$일 때, (단, r은 내접원의 반지름의 길이)

$$S=\dfrac{1}{2}\times\sqrt{5}\times(7+8+9)=12\sqrt{5}$$

2 사각형의 넓이

(1) 평행사변형의 넓이

이웃하는 두 변의 길이가 a, b이고 그 끼인각의 크기가 θ인 평행사변형 ABCD의 넓이를 S라 하면

$$S=ab\sin\theta$$

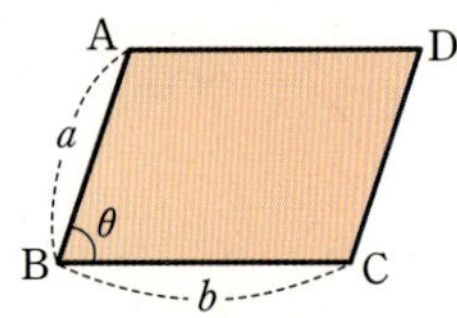

(2) 사각형의 넓이

두 대각선의 길이가 a, b이고, 두 대각선이 이루는 각의 크기가 θ인 사각형 ABCD의 넓이를 S라 하면

$$S=\dfrac{1}{2}ab\sin\theta$$

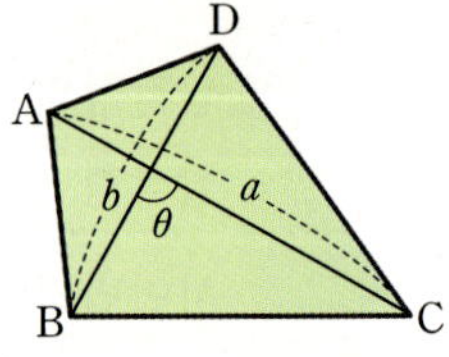

일반적으로 다각형의 넓이는 다각형을 여러 개의 삼각형으로 나눈 다음 삼각형의 넓이의 합으로 구할 수 있다.

삼각형의 넓이를 이용하여 평행사변형과 사각형의 넓이를 구해 보자.

(1) **평행사변형의 넓이**

그림과 같이 이웃하는 두 변의 길이가 a, b이고 그 끼인각의 크기가 θ인 평행사변형 ABCD에서 대각선 AC를 그으면 삼각형 ABC와 삼각형 CDA는 서로 합동이다.

따라서 평행사변형 ABCD의 넓이 S는 삼각형 ABC의 넓이의 2배이므로

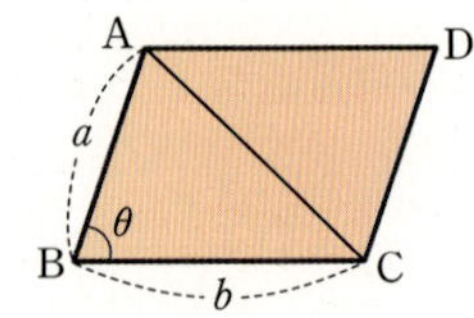

$$S=2\times\triangle ABC=2\times\dfrac{1}{2}ab\sin\theta=ab\sin\theta$$

(2) **사각형의 넓이**

두 대각선의 길이가 a, b이고 두 대각선이 이루는 각의 크기가 θ인 사각형의 넓이는 다음과 같이
두 가지 방법으로 구할 수 있다.

| **방법 1** | 삼각형의 넓이 이용

그림과 같이 사각형 ABCD의 두 대각선의 교점 E에서 각 꼭짓점에
이르는 선분의 길이를 각각 x, y, z, w라 하면

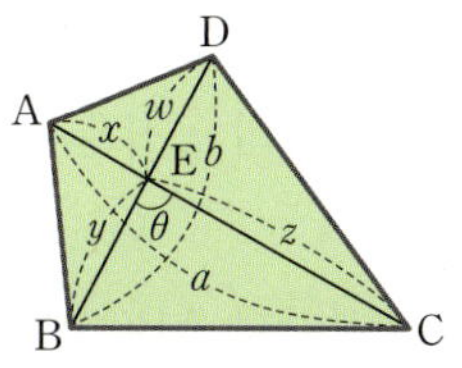

$$S = \triangle EAB + \triangle EBC + \triangle ECD + \triangle EDA$$

$$= \frac{1}{2}xy\sin(180°-\theta) + \frac{1}{2}yz\sin\theta$$

$$\qquad\qquad + \frac{1}{2}zw\sin(180°-\theta) + \frac{1}{2}wx\sin\theta$$

$$= \frac{1}{2}xy\sin\theta + \frac{1}{2}yz\sin\theta + \frac{1}{2}zw\sin\theta + \frac{1}{2}wx\sin\theta$$

$$= \frac{1}{2}(xy + yz + zw + wx)\sin\theta$$

$$= \frac{1}{2}\{x(y+w) + z(y+w)\}\sin\theta$$

$$= \frac{1}{2}(x+z)(y+w)\sin\theta$$

$$= \frac{1}{2}ab\sin\theta$$

| **방법 2** | 평행사변형의 넓이 이용

그림과 같이 사각형 ABCD의 대각선 AC에 평행하고 두 꼭짓점
B, D를 각각 지나는 직선과 대각선 BD에 평행하고 두 꼭짓점 A,
C를 각각 지나는 직선의 교점을 이용하여 평행사변형 PQRS를 만
들면

$$\overline{SR} = \overline{AC} = a, \quad \overline{PS} = \overline{BD} = b,$$

$$\angle PSR = \angle BEC = \theta$$

이때 사각형 ABCD의 넓이 S는 평행사변형 PQRS의 넓이의 $\frac{1}{2}$배이므로

$$S = \frac{1}{2} \times \square PQRS = \frac{1}{2}ab\sin\theta$$

example

(1) 그림과 같은 평행사변형 ABCD의 넓이를 S라 하면

$$S = 6 \times 9 \times \sin 120°$$

$$= 54 \times \frac{\sqrt{3}}{2} = 27\sqrt{3}$$

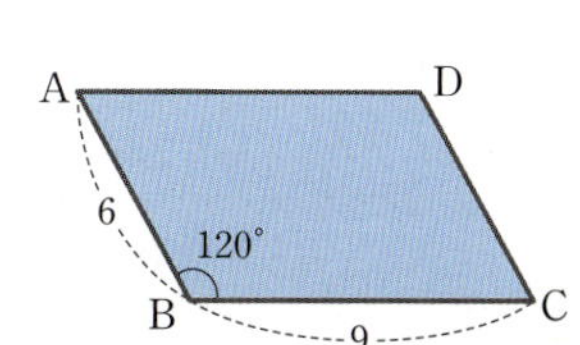

(2) 그림과 같은 사각형 ABCD의 넓이를 S라 하면

$$S = \frac{1}{2} \times 3\sqrt{2} \times 5 \times \sin 45°$$

$$= \frac{1}{2} \times 3\sqrt{2} \times 5 \times \frac{\sqrt{2}}{2} = \frac{15}{2}$$

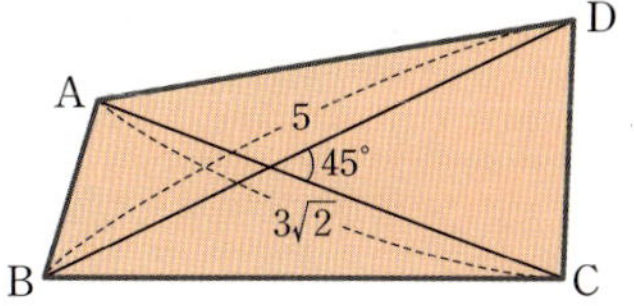

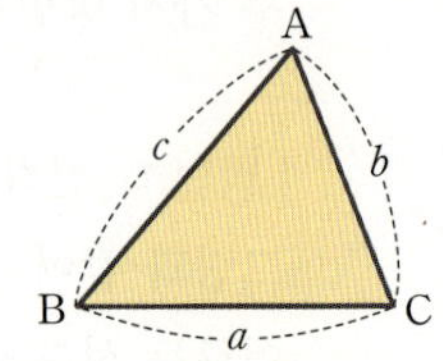

삼각형 ABC의 세 변의 길이가 주어질 때, 삼각형 ABC의 넓이를 S라 하면

$$S=\sqrt{s(s-a)(s-b)(s-c)}\ \left(\text{단, } s=\frac{a+b+c}{2}\right)$$

가 성립한다. 이를 헤론의 공식이라 한다.

헤론의 공식은 코사인법칙을 이용하여 유도할 수 있다.

삼각형 ABC의 넓이를 S라 하면

$$S=\frac{1}{2}bc\sin A$$

$$=\frac{1}{2}bc\sqrt{1-\cos^2 A}$$

$$=\frac{1}{2}bc\sqrt{(1+\cos A)(1-\cos A)}$$

$$=\frac{1}{2}bc\sqrt{\left(1+\frac{b^2+c^2-a^2}{2bc}\right)\left(1-\frac{b^2+c^2-a^2}{2bc}\right)}\qquad\text{← 코사인법칙 }\cos A=\frac{b^2+c^2-a^2}{2bc}\text{ 적용}$$

$$=\frac{1}{2}bc\sqrt{\frac{\{2bc+(b^2+c^2-a^2)\}\{2bc-(b^2+c^2-a^2)\}}{(2bc)^2}}$$

$$=\frac{1}{2}bc\times\frac{1}{2bc}\sqrt{\{(b+c)^2-a^2\}\{a^2-(b-c)^2\}}$$

$$=\frac{1}{4}\sqrt{(a+b+c)(-a+b+c)(a-b+c)(a+b-c)}\qquad\cdots\cdots\ \text{㉠}$$

이때 $\dfrac{a+b+c}{2}=s$라 하면 $a+b+c=2s$이므로

$$-a+b+c=a+b+c-2a=2s-2a=2(s-a)$$

같은 방법으로

$$a-b+c=2(s-b),\ a+b-c=2(s-c)$$

이므로 이를 ㉠에 대입하면

$$S=\frac{1}{4}\sqrt{2s\times 2(s-a)\times 2(s-b)\times 2(s-c)}$$

$$=\sqrt{s(s-a)(s-b)(s-c)}$$

example　오른쪽 그림과 같은 삼각형 ABC의 넓이를 구하면

$a=14,\ b=10,\ c=6$이므로 $s=\dfrac{14+10+6}{2}=15$

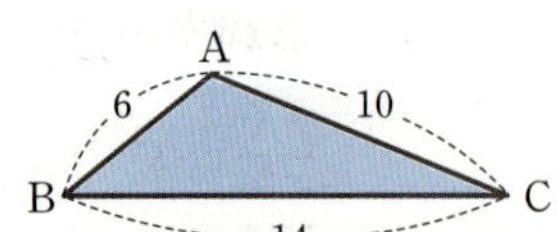

따라서 헤론의 공식에 의하여

$$\triangle ABC=\sqrt{15\times(15-14)\times(15-10)\times(15-6)}$$

$$=\sqrt{15\times 1\times 5\times 9}$$

$$=15\sqrt{3}$$

개념 CHECK
02. 삼각형의 넓이

01 그림과 같은 삼각형 ABC의 넓이를 구하시오.

(1)
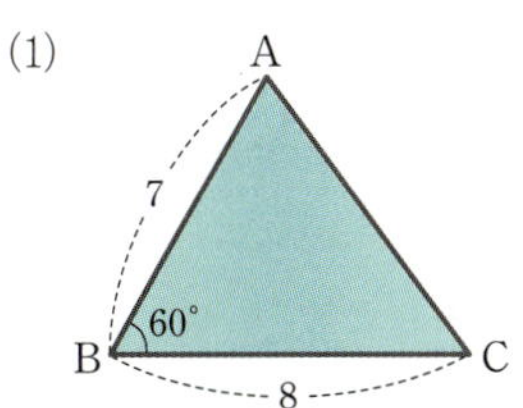

(2)
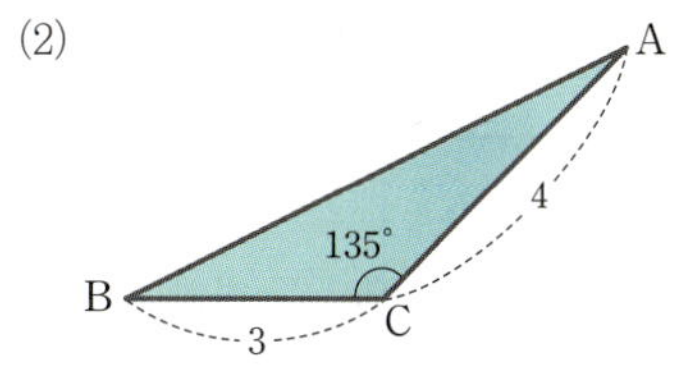

02 삼각형의 세 변의 길이가 5, 6, 7이고, 삼각형의 내접원의 반지름의 길이가 $\dfrac{2\sqrt{6}}{3}$일 때, 삼각형의 외접원의 반지름의 길이를 구하시오.

03 그림과 같은 평행사변형 ABCD의 넓이를 구하시오.

(1)
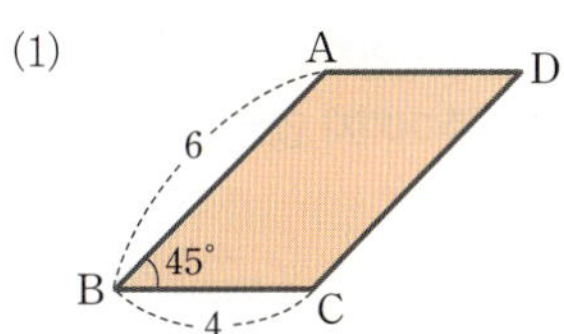

(2)
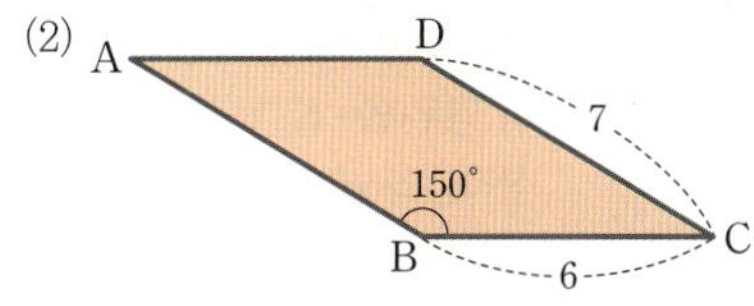

04 그림과 같은 등변사다리꼴 ABCD의 넓이를 구하시오.

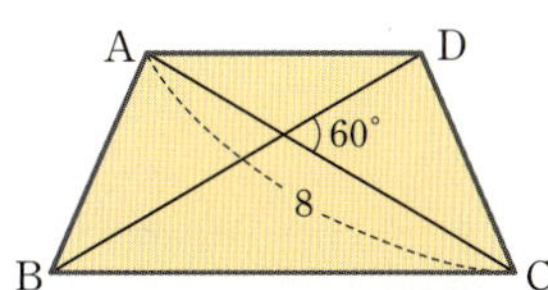

대표 예제 | 07

다음 물음에 답하시오.

(1) 삼각형 ABC에서 $a=4$, $b=8$이고 넓이가 8일 때, C를 구하시오.

(2) 삼각형 ABC에서 $a=\sqrt{21}$, $c=4$, $A=60°$일 때, 삼각형 ABC의 넓이를 구하시오.

바로 접근

삼각형 ABC에서 두 변의 길이와 그 끼인각의 크기를 알 때 넓이 S는

➡ $S=\dfrac{1}{2}bc\sin A=\dfrac{1}{2}ca\sin B=\dfrac{1}{2}ab\sin C$

바른 풀이

(1) 삼각형 ABC의 넓이가 8이므로

$8=\dfrac{1}{2}\times 4\times 8\times \sin C \qquad \therefore \sin C=\dfrac{1}{2}$

$0°<C<180°$이므로 $C=30°$ 또는 $C=150°$

(2) 코사인법칙에 의하여

$(\sqrt{21})^2=b^2+4^2-2\times b\times 4\times \cos 60°$, $21=b^2+16-8b\times \dfrac{1}{2}$

$b^2-4b-5=0$, $(b+1)(b-5)=0 \qquad \therefore b=5\ (\because b>0)$

따라서 삼각형 ABC의 넓이는

$\dfrac{1}{2}\times 5\times 4\times \sin 60°=10\times \dfrac{\sqrt{3}}{2}=5\sqrt{3}$

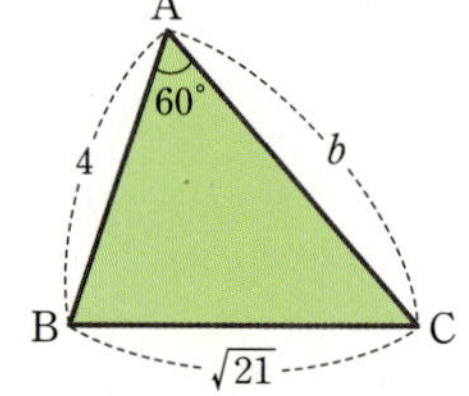

참고 (2)와 같이 크기가 주어진 각이 길이가 주어진 두 변의 끼인각이 아닌 경우, 사인법칙을 이용하여 C의 크기를 구하고 삼각형의 세 내각의 크기의 합을 이용하여 $\sin B$의 값을 구한 후 $S=\dfrac{1}{2}ca\sin B$를 이용해서 넓이를 구할 수도 있지만 C가 특수각이 아니면 $\sin B$의 값을 구하기 쉽지 않다.

이 경우에는 **바른 풀이** 와 같이 코사인법칙을 이용하여 길이가 주어지지 않은 다른 한 변의 길이를 구한 후 삼각형의 넓이를 구한다.

정답 (1) $30°$ 또는 $150°$ (2) $5\sqrt{3}$

Bible Says

삼각형의 넓이를 이용하여 사각형의 넓이 구하기

❶ 사각형을 두 개의 삼각형으로 나눈다.

❷ 사인법칙 또는 코사인법칙을 이용하여 변의 길이 또는 각의 크기를 구한다.

❸ 각각의 삼각형의 넓이를 구한 후 더한다.

07-1

다음 물음에 답하시오.

⑴ 삼각형 ABC에서 $a=4\sqrt{2}$, $c=3\sqrt{6}$이고 넓이가 18일 때, B를 구하시오.

⑵ 삼각형 ABC에서 $b=6$, $c=4$, $\sin(B+C)=\dfrac{1}{4}$일 때, 삼각형 ABC의 넓이를 구하시오.

07-2

예각삼각형 ABC에서 $a=8$, $b=5$이고 넓이가 $10\sqrt{3}$일 때, c를 구하시오.

07-3

그림과 같은 사각형 ABCD에서 $\overline{AB}=10$, $\overline{BC}=6$, $\overline{AD}=5$이고 $\angle BAD=60°$, $\angle DBC=30°$일 때, 사각형 ABCD의 넓이를 구하시오.

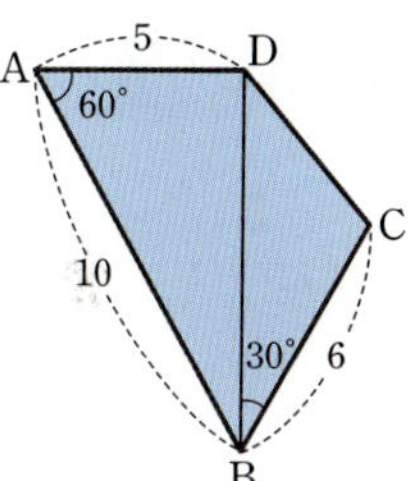

07-4

그림과 같이 $A=60°$인 삼각형 ABC의 두 변 AB, AC 위에 삼각형 APQ의 넓이가 삼각형 ABC의 넓이의 $\dfrac{1}{4}$이 되도록 두 점 P, Q를 각각 잡을 때, 선분 PQ의 길이의 최솟값을 구하시오.

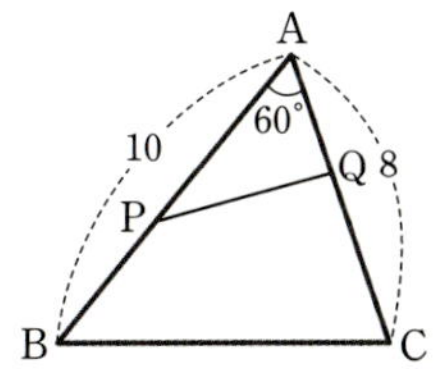

대표 예제 | 08

삼각형 ABC에서 $a=5$, $b=7$, $c=8$일 때, 다음을 구하시오.

(1) 삼각형 ABC의 넓이　　　　(2) 외접원의 반지름의 길이　　　　(3) 내접원의 반지름의 길이

바로 접근

① 세 변의 길이가 주어진 삼각형 ABC의 넓이 S는 다음과 같은 순서로 구한다.

❶ 코사인법칙을 이용하여 한 각의 코사인 값을 구한다.

❷ $\sin^2\theta+\cos^2\theta=1$을 이용하여 사인 값을 구한다.

❸ $S=\dfrac{1}{2}bc\sin A=\dfrac{1}{2}ca\sin B=\dfrac{1}{2}ab\sin C$임을 이용하여 삼각형 ABC의 넓이를 구한다.

② 세 변의 길이와 외접원의 반지름의 길이 R이 주어진 삼각형 ABC의 넓이 S는

➡ $S=\dfrac{abc}{4R}$

③ 세 각의 크기와 외접원의 반지름의 길이 R이 주어진 삼각형 ABC의 넓이 S는

➡ $S=2R^2\sin A\sin B\sin C$

④ 세 변의 길이와 내접원의 반지름의 길이 r이 주어진 삼각형 ABC의 넓이 S는

➡ $S=\dfrac{1}{2}r(a+b+c)$

바른 풀이

(1) 코사인법칙에 의하여 $\cos C=\dfrac{5^2+7^2-8^2}{2\times5\times7}=\dfrac{1}{7}$

$0°<C<180°$이므로 $\sin C=\sqrt{1-\cos^2 C}=\sqrt{1-\left(\dfrac{1}{7}\right)^2}=\dfrac{4\sqrt{3}}{7}$

따라서 삼각형 ABC의 넓이는 $\dfrac{1}{2}\times5\times7\times\dfrac{4\sqrt{3}}{7}=10\sqrt{3}$

(2) 삼각형 ABC의 외접원의 반지름의 길이를 R이라 하면

$10\sqrt{3}=\dfrac{5\times7\times8}{4R}$　　　$\therefore R=\dfrac{7\sqrt{3}}{3}$

(3) 삼각형 ABC의 내접원의 반지름의 길이를 r이라 하면

$10\sqrt{3}=\dfrac{1}{2}r(5+7+8)$　　　$\therefore r=\sqrt{3}$

다른 풀이

(1) 헤론의 공식을 이용하면 $s=\dfrac{5+7+8}{2}=10$이므로

$\sqrt{10\times(10-5)\times(10-7)\times(10-8)}=10\sqrt{3}$

정답　(1) $10\sqrt{3}$　(2) $\dfrac{7\sqrt{3}}{3}$　(3) $\sqrt{3}$

Bible Says

헤론의 공식

삼각형 ABC의 세 변의 길이가 주어질 때, 삼각형 ABC의 넓이 S는

➡ $S=\sqrt{s(s-a)(s-b)(s-c)}\left(단,\ s=\dfrac{a+b+c}{2}\right)$

08-1

삼각형 ABC에서 $a=9$, $b=10$, $c=11$일 때, 내접원의 반지름의 길이를 구하시오.

표현 더하기

08-2

세 변의 길이가 4, 6, 6인 삼각형 ABC의 내접원의 반지름의 길이가 $\sqrt{2}$일 때, 삼각형 ABC의 외접원의 반지름의 길이를 구하시오.

표현 더하기

08-3

삼각형 ABC에서 $\sin A + \sin B + \sin C = \dfrac{3}{2}$이고 외접원의 반지름의 길이가 3, 내접원의 반지름의 길이가 1일 때, 삼각형 ABC의 넓이를 구하시오.

표현 더하기

08-4

넓이가 12인 삼각형 ABC가 반지름의 길이가 4인 원에 내접할 때, $\sin A \times \sin B \times \sin C$의 값을 구하시오.

대표 예제 | 09

다음 물음에 답하시오.

(1) 그림과 같이 $\overline{AB}=4$, $\overline{BC}=6$, $\overline{AC}=8$인 평행사변형 ABCD의 넓이를 구하시오.

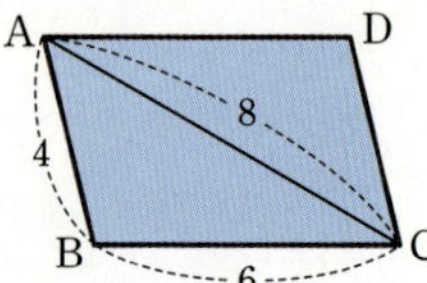

(2) 그림과 같이 두 대각선 AC, BD가 이루는 예각의 크기가 $45°$이고 넓이가 $16\sqrt{2}$인 등변사다리꼴 ABCD의 대각선의 길이를 구하시오.

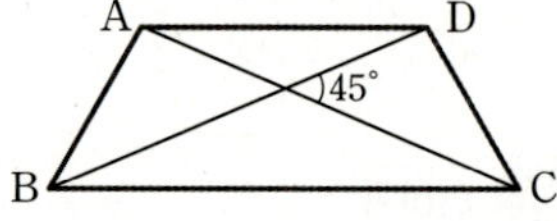

바로 접근

(1) 이웃하는 두 변의 길이가 a, b이고, 그 끼인각의 크기가 θ인 평행사변형의 넓이 S는

$$\Rightarrow S=ab\sin\theta$$

(2) 두 대각선의 길이가 a, b이고, 두 대각선이 이루는 각의 크기가 θ인 사각형의 넓이 S는

$$\Rightarrow S=\frac{1}{2}ab\sin\theta$$

바른 풀이

(1) 삼각형 ABC에서 코사인법칙에 의하여

$$\cos B=\frac{4^2+6^2-8^2}{2\times4\times6}=-\frac{1}{4}$$

$0°<B<180°$이므로

$$\sin B=\sqrt{1-\cos^2 B}=\sqrt{1-\left(-\frac{1}{4}\right)^2}=\frac{\sqrt{15}}{4}$$

따라서 평행사변형 ABCD의 넓이는

$$4\times6\times\frac{\sqrt{15}}{4}=6\sqrt{15}$$

(2) 등변사다리꼴 ABCD의 대각선의 길이를 x라 하면 두 대각선의 길이는 같으므로

$$\overline{AC}=\overline{BD}=x$$

등변사다리꼴의 넓이가 $16\sqrt{2}$이므로 $16\sqrt{2}=\frac{1}{2}\times x\times x\times\sin45°$

$$16\sqrt{2}=\frac{1}{2}\times x^2\times\frac{\sqrt{2}}{2},\ x^2=64 \qquad \therefore x=8\ (\because x>0)$$

따라서 구하는 대각선의 길이는 8이다.

정답 (1) $6\sqrt{15}$ (2) 8

Bible Says

등변사다리꼴의 성질

① 평행하지 않은 두 변의 길이가 같다.

② 두 밑각의 크기가 같다.

③ 두 대각선의 길이가 같다.

09-1 다음 물음에 답하시오.

(1) 그림과 같이 $\overline{AB}=6$, $\angle ABC=30°$인 평행사변형 ABCD
의 넓이가 $9\sqrt{3}$일 때, 대각선 AC의 길이를 구하시오.

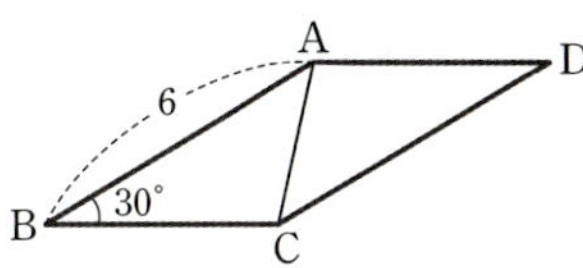

(2) 그림과 같이 두 대각선의 길이가 각각 4, 6이고 두 대각선이
이루는 예각의 크기가 θ인 사각형 ABCD에서 $\cos\theta=\dfrac{1}{3}$일
때, 사각형 ABCD의 넓이를 구하시오.

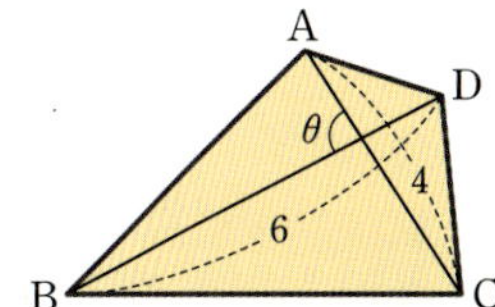

09-2 그림과 같이 $\overline{AB}=8$, $\overline{BC}=9$인 평행사변형 ABCD의 넓이가
$36\sqrt{2}$일 때, A를 구하시오. (단, $90°<A<180°$)

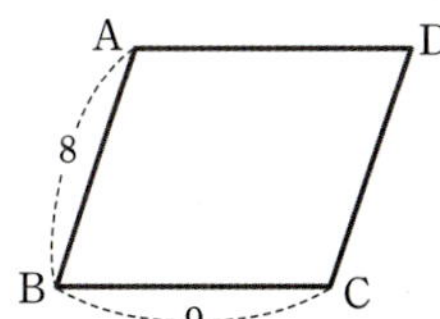

09-3 그림과 같이 $\overline{AC}=4\sqrt{3}$, $\overline{CD}=4$, $B=60°$인 평행사변형
ABCD의 넓이를 구하시오.

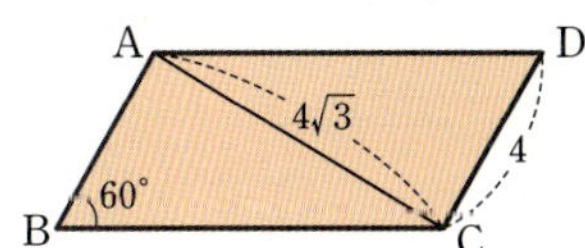

09-4 두 대각선의 길이가 $6\sqrt{2}$, $8\sqrt{2}$이고 넓이가 24인 사각형 ABCD의 두 대각선이 이루는 각의
크기를 모두 구하시오.

01 그림과 같이 $\overline{AB}=\overline{AC}$인 이등변삼각형 ABC에서 $\angle BAD=30°$, $\angle CAD=45°$일 때, $\dfrac{\overline{CD}}{\overline{BD}}$의 값을 구하시오.

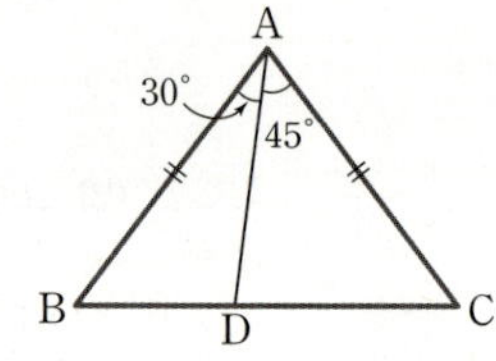

02 반지름의 길이가 3인 원에 내접하는 삼각형 ABC의 둘레의 길이가 12일 때, $\sin A+\sin B+\sin C$의 값을 구하시오.

03 그림과 같이 원에 내접하는 사각형 ABCD에서 $\overline{AD}=4$, $\overline{CD}=6$이다. $\cos B=\dfrac{1}{4}$일 때, 선분 AC의 길이를 구하시오.

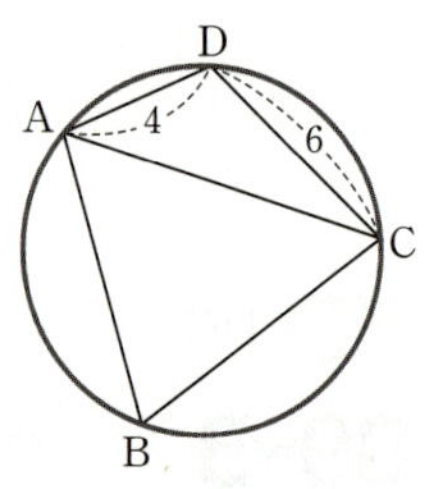

04 그림과 같이 한 모서리의 길이가 8인 정사면체에서 모서리 AB의 중점을 M이라 할 때, 모서리 AC를 움직이는 점 P에 대하여 $\overline{MP}+\overline{PD}$의 최솟값을 구하시오.

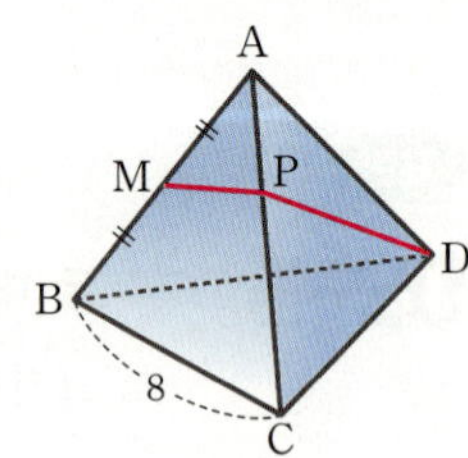

교육청 기출

05 그림과 같이 $\overline{AB}=3$, $\overline{BC}=6$인 직사각형 ABCD에서 선분 BC를 $1:5$로 내분하는 점을 E라 하자. $\angle EAC=\theta$라 할 때, $50\sin\theta\cos\theta$의 값을 구하시오.

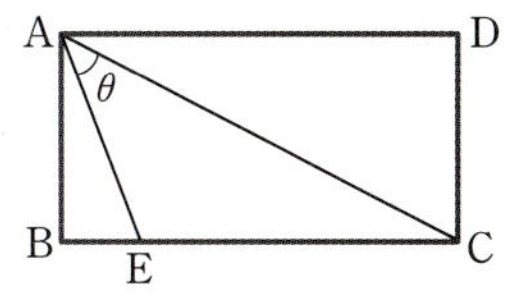

06 삼각형 ABC에서 $(b-c)\sin A=b\sin B-c\sin C$가 성립할 때, 삼각형 ABC는 어떤 삼각형인지 구하시오.

07 그림과 같이 원 모양의 접시가 깨져 있는데 접시의 반지름의 길이를 구하기 위해 그릇 테두리에 세 점을 잡아 삼각형을 그렸다. 이 삼각형의 세 변의 길이가 3 cm, 5 cm, 7 cm일 때, 깨지기 전 접시의 넓이를 구하시오.

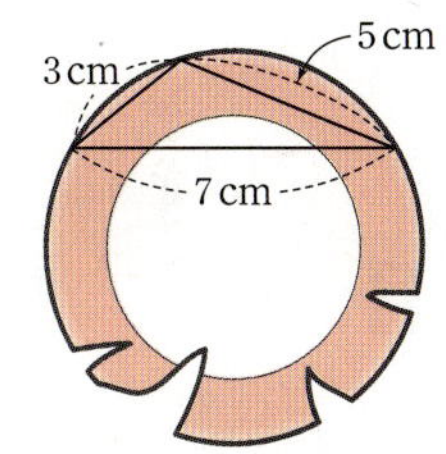

08 그림과 같은 삼각형 ABC에서 $\overline{AB}=6$, $\overline{AC}=8$, $A=120°$이다. 각 A의 이등분선이 변 BC와 만나는 점을 D라 할 때, 선분 AD의 길이를 구하시오.

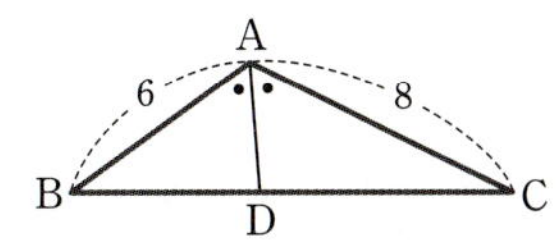

09 그림과 같이 원에 내접하는 사각형 ABCD에서 $\angle B = 60°$이고
$\overline{AB}=3$, $\overline{BC}=4$, $\overline{AD}=3$일 때, 사각형 ABCD의 넓이를 구하시오.

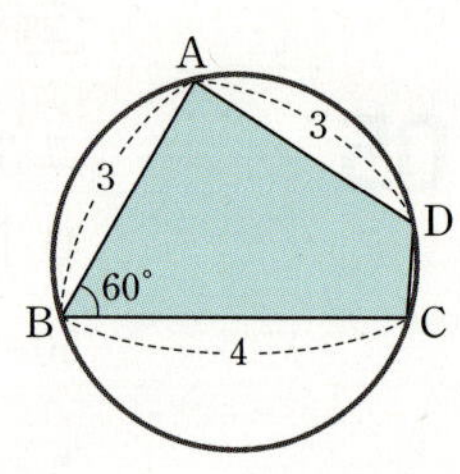

10 그림과 같은 이등변삼각형 ABC에서 $B=C=30°$이고, 삼각형 ABC
의 외접원의 반지름의 길이가 4일 때, 삼각형 ABC의 넓이를 구하시오.

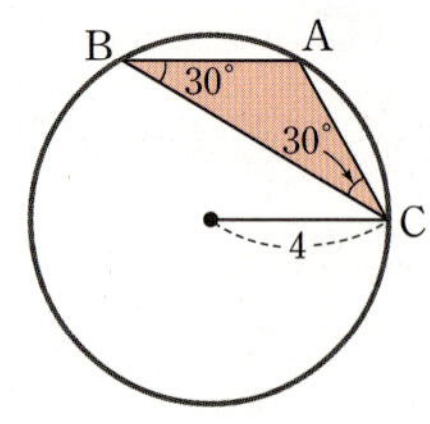

11 세 변의 길이가 6, 7, 8인 삼각형 ABC의 외접원의 반지름의 길이를 R, 내접원의 반지름의
길이를 r이라 할 때, Rr의 값을 구하시오.

12 그림과 같이 두 대각선의 길이가 a, b이고, 두 대각선이 이루는 각
의 크기가 60°인 사각형 ABCD가 있다. 이 사각형의 넓이가 $4\sqrt{3}$
이고 $a+b=9$일 때, a^3+b^3의 값을 구하시오.

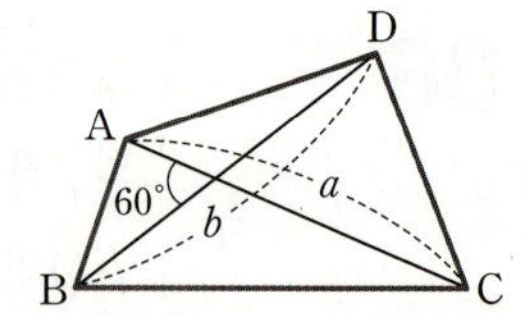

S·T·E·P 2 실력 다지기

13 그림과 같이 $\overline{AB}=17$, $\overline{BC}=8$, $\overline{CA}=15$인 직각삼각형 ABC의 내부에 $\overline{AP}=9$인 점 P가 있다. 점 P에서 두 변 AB, AC에 내린 수선의 발을 각각 Q, R이라 할 때, 선분 QR의 길이를 구하시오.

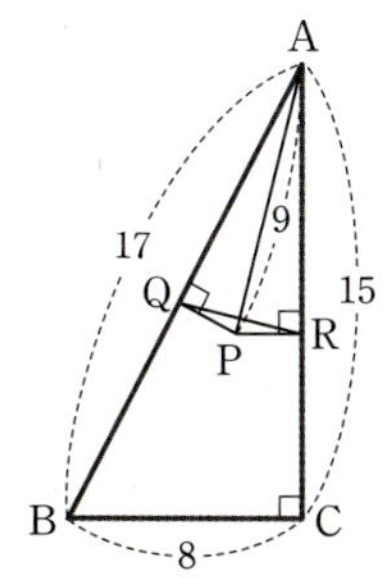

14 그림과 같이 길이가 $2\sqrt{5}$인 선분 AB를 지름으로 하는 원 O 위의 한 점 P에 대하여 $\overline{AP}=4$이다. $\angle PAB=\theta$라 할 때, $\cos 2\theta$의 값을 구하시오.

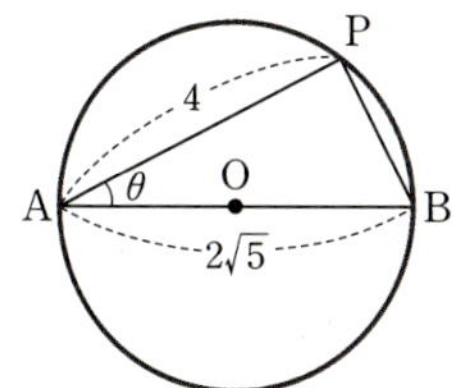

교육청 기출

15 그림과 같이 중심이 O이고 반지름의 길이가 6인 부채꼴 OAB가 있다. $\overline{AB}=8\sqrt{2}$이고 부채꼴 OAB의 호 AB 위의 한 점 P에 대하여 $\angle BPA>90°$, $\overline{AP}:\overline{BP}=3:1$일 때, 선분 BP의 길이는?

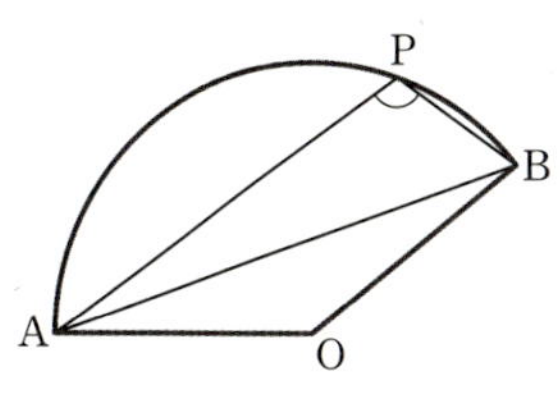

① $\dfrac{2\sqrt{6}}{3}$ ② $\dfrac{5\sqrt{6}}{6}$ ③ $\sqrt{6}$ ④ $\dfrac{7\sqrt{6}}{6}$ ⑤ $\dfrac{4\sqrt{6}}{3}$

16 그림과 같이 세 변의 길이가 5, 6, 7인 삼각형 ABC에 중심이 O인 반원이 내접한다. 이때 반원의 넓이를 구하시오.

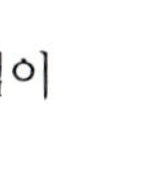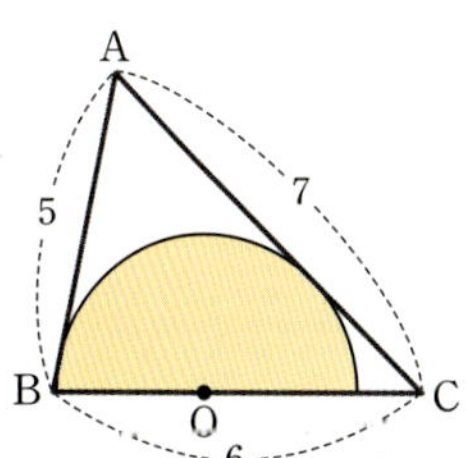

중단원 연습문제

17 그림과 같이 원에 내접하는 사각형 ABCD에서 $\overline{AB}=4$, $\overline{BC}=4$, $\overline{CD}=2$, $C=120°$일 때, $\sin(\angle ABC)$의 값을 구하시오.

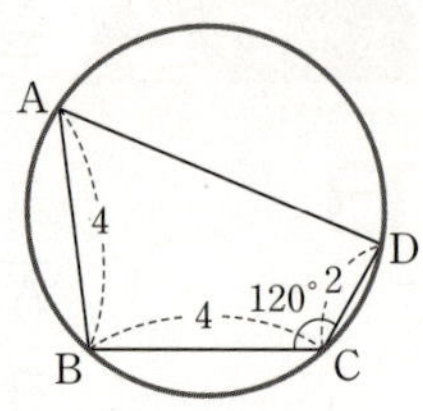

18 두 대각선의 길이의 합이 20인 사각형 ABCD의 넓이의 최댓값을 구하시오.

⚠ challenge · 교육청 기출

19 $\angle ABC=\dfrac{\pi}{3}$, $\overline{BC}=6$인 삼각형 ABC가 있다. 선분 BC 위에 점 B와 점 C가 아닌 점 D를 잡고, 삼각형 ABD의 외접원의 반지름의 길이를 r_1, 삼각형 ACD의 외접원의 반지름의 길이를 r_2라 하자. $\dfrac{r_2}{r_1}=\dfrac{\sqrt{13}}{3}$일 때, 선분 AB의 길이는 $\dfrac{q}{p}$이다. $p+q$의 값을 구하시오. (단, p와 q는 서로소인 자연수이다.)

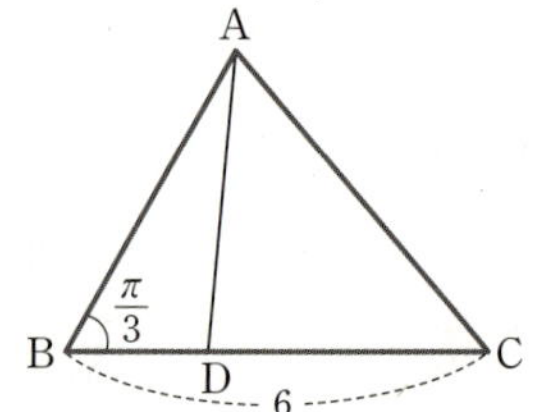

⚠ challenge · 교육청 기출

20 그림과 같이 $2\overline{AB}=\overline{AC}$인 삼각형 ABC에 대하여 선분 AB의 중점을 M, 선분 AC를 $3:5$로 내분하는 점을 N이라 하자. $\overline{MN}=\overline{AB}$이고, 삼각형 AMN의 외접원의 넓이가 16π일 때, 삼각형 ABC의 넓이는?

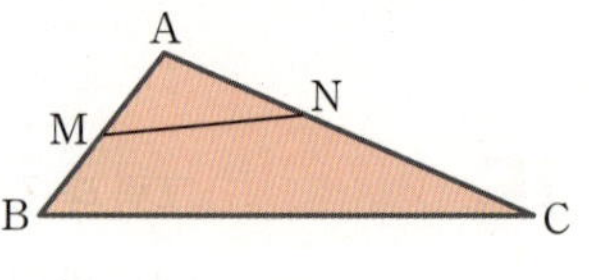

① $24\sqrt{3}$ ② $13\sqrt{13}$ ③ $14\sqrt{14}$ ④ $15\sqrt{15}$ ⑤ 64

08

등차수열과 등비수열

Bible Focus

01 등차수열

등차수열	(1) 등차수열: 첫째항부터 차례대로 일정한 수를 더하여 만든 수열 (2) 공차: 등차수열에서 더하는 일정한 수
등차수열의 일반항	첫째항이 a, 공차가 d인 등차수열의 일반항 a_n은 $$a_n=a+(n-1)d \ (\text{단, } n=1,\ 2,\ 3,\ \cdots)$$
등차중항	세 수 a, b, c가 이 순서대로 등차수열을 이룰 때, b를 a와 c의 등차중항이라 한다. ➡ b가 a와 c의 등차중항이면 $b=\dfrac{a+c}{2}$이다.
등차수열의 합	등차수열의 첫째항부터 제n항까지의 합 S_n은 다음과 같다. (1) 첫째항이 a, 제n항이 l일 때, $S_n=\dfrac{n(a+l)}{2}$ (2) 첫째항이 a, 공차가 d일 때, $S_n=\dfrac{n\{2a+(n-1)d\}}{2}$
수열의 합과 일반항 사이의 관계	수열 $\{a_n\}$의 첫째항부터 제n항까지의 합을 S_n이라 하면 다음이 성립한다. $$a_1=S_1,\ a_n=S_n-S_{n-1}\ (n\geq 2)$$

02 등비수열

등비수열	(1) 등비수열: 첫째항부터 차례대로 일정한 수를 곱하여 만든 수열 (2) 공비: 등비수열에서 곱하는 일정한 수
등비수열의 일반항	첫째항이 a, 공비가 $r\ (r\neq 0)$인 등비수열의 일반항 a_n은 $$a_n=ar^{n-1} \ (\text{단, } n=1,\ 2,\ 3,\ \cdots)$$
등비중항	세 수 a, b, c가 이 순서대로 등비수열을 이룰 때, b를 a와 c의 등비중항이라 한다. ➡ b가 a와 c의 등비중항이면 $b^2=ac$이다.
등비수열의 합	첫째항이 a, 공비가 r인 등비수열의 첫째항부터 제n항까지의 합을 S_n이라 하면 (1) $r\neq 1$일 때, $S_n=\dfrac{a(1-r^n)}{1-r}=\dfrac{a(r^n-1)}{r-1}$ (2) $r=1$일 때, $S_n=na$

01 등차수열

1 수열의 일반항

(1) 수열: 차례대로 나열된 수의 열
(2) 항: 수열을 이루고 있는 각각의 수
(3) 수열의 일반항

수열을 나타낼 때 항에 번호를 붙여 a_1, a_2, a_3, $\cdots$, a_n, $\cdots$과 같이 나타내고, 제n항 a_n을 이 수열의 일반항이라 한다. 이때 일반항이 a_n인 수열을 간단히 $\{a_n\}$과 같이 나타낸다.

짝수를 2부터 시작하여 차례대로 나열하면 다음과 같다.

$$2,\ 4,\ 6,\ 8,\ 10,\ 12,\ \cdots$$

← 일정한 규칙 없이 수를 나열한 것도 수열이지만 이 단원에서는 규칙이 있는 실수의 수열만 다룬다.

이와 같이 차례대로 나열된 수의 열을 수열이라 하고, 수열을 이루고 있는 각각의 수를 그 수열의 항이라 한다.

일반적으로 수열을 나타낼 때는 다음과 같이 각 항에 번호를 붙여서

$$a_1,\ a_2,\ a_3,\ \cdots,\ a_n,\ \cdots$$

과 같이 나타내고, 수열의 각 항을 앞에서부터 차례대로 첫째항, 둘째항, 셋째항, $\cdots$, n째항, $\cdots$ 또는 제1항, 제2항, 제3항, $\cdots$, 제n항, $\cdots$이라 한다.

이때 자연수 n에 대하여 수열의 제n항 a_n을 그 수열의 일반항이라 하고, 일반항이 a_n인 수열을 간단히 $\{a_n\}$과 같이 나타낸다.

> **example**
> 수열 2, 4, 6, 8, 10, 12, $\cdots$에서 셋째항은 6이고, 제5항은 10이다.
> ➡ 수열 2, 4, 6, 8, 10, 12, $\cdots$를 수열 $\{a_n\}$이라 하면 $a_3=6$, $a_5=10$이다.

수열 $\{a_n\}$은 자연수 1, 2, 3, $\cdots$, n, $\cdots$에 각 항 a_1, a_2, a_3, $\cdots$, a_n, $\cdots$이 차례대로 대응하는 자연수 전체의 집합 N에서 실수 전체의 집합 R로의 함수로 생각할 수 있다.

즉, $f : N \longrightarrow R$, $f(n)=a_n$이고

$$f(1)=a_1,\ f(2)=a_2,\ f(3)=a_3,\ \cdots,\ f(n)=a_n,\ \cdots$$

이다. ← 정의역: $\{1, 2, 3, \cdots, n, \cdots\}$, 치역: $\{a_1, a_2, a_3, \cdots, a_n, \cdots\}$

따라서 일반항 a_n이 n에 대한 식이면 n에 1, 2, 3, $\cdots$을 차례대로 대입하여 수열 $\{a_n\}$의 모든 항을 구할 수 있다.

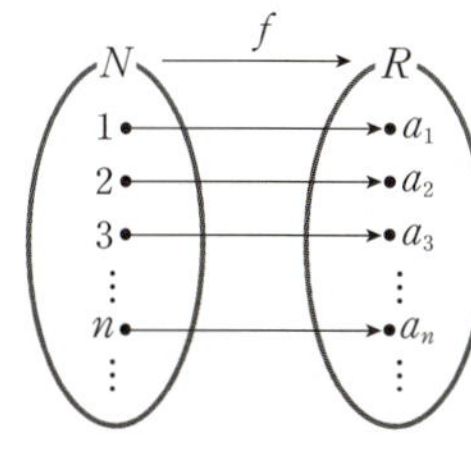

(1) 수열 $\{a_n\}$의 일반항이 $a_n=n^2+1$일 때, 이 수열의 제6항은 $a_6=6^2+1=37$이다.

(2) 수열 $\{a_n\}$의 일반항이 $a_n=3n-2$일 때,

$a_1=3\times1-2=1$, $a_2=3\times2-2=4$, $a_3=3\times3-2=7$, $a_4=3\times4-2=10$, $\cdots$

이므로 수열 $\{a_n\}$은 1, 4, 7, 10, $\cdots$이다.

(3) 수열 3, 6, 9, 12, $\cdots$의 일반항 a_n을 추측해 보면

$a_1=3=3\times1$, $a_2=6=3\times2$, $a_3=9=3\times3$, $\cdots$

이므로 $a_n=3n$이다.

2 등차수열

(1) **등차수열:** 첫째항부터 차례대로 일정한 수를 더하여 만든 수열

(2) **공차:** 등차수열에서 더하는 일정한 수

(3) **등차수열에서 이웃하는 두 항 사이의 관계**

공차가 d인 등차수열 $\{a_n\}$의 이웃하는 두 항 a_n, a_{n+1}에 대하여 다음 관계가 성립한다.

$a_{n+1}=a_n+d$ 또는 $a_{n+1}-a_n=d$ (단, $n=1, 2, 3, \cdots$)

참고 공차는 영어로 common difference이고 보통 d로 나타낸다.

수열 1, 3, 5, 7, 9, $\cdots$는 첫째항 1부터 시작하여 차례대로 2를 더하여 얻은 수열이다.

$$1, \quad 3, \quad 5, \quad 7, \quad 9, \cdots$$
$$+2 \quad +2 \quad +2 \quad +2$$

이와 같이 첫째항부터 차례대로 일정한 수를 더하여 만든 수열을 등차수열이라 하고, 더하는 일정한 수를 공차라 한다.

즉, 수열 1, 3, 5, 7, 9, $\cdots$는 첫째항이 1이고 공차가 2인 등차수열이다.

일반적으로 공차가 d인 등차수열 $\{a_n\}$에서 제n항 a_n에 공차 d를 더하면 제$(n+1)$항 a_{n+1}이 되므로

$a_{n+1}=a_n+d$, 즉 $a_{n+1}-a_n=d$ (단, $n=1, 2, 3, \cdots$)

등차수열은 이웃하는 두 항의 차가 일정한 수열이다.

가 성립한다.

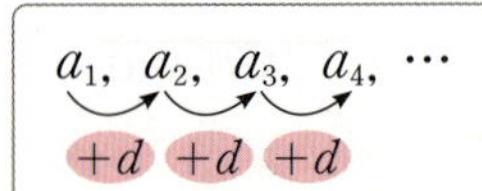

거꾸로 위의 등식이 성립하면 수열 $\{a_n\}$은 등차수열이다.

(1) 수열 10, 8, 6, 4, $\cdots$는 첫째항이 10, 공차가 -2인 등차수열이다.

(2) 수열 $\{3n-1\}$은 2, 5, 8, 11, $\cdots$이므로 첫째항이 2, 공차가 3인 등차수열이다.

(3) 첫째항이 5이고 공차가 -3인 등차수열은 5, 2, -1, -4, $\cdots$이다.

주의 등차수열이 일정한 수를 더하여 만든 수열이라고 해서 항상 항들이 점점 증가하는 것은 아니다.
(1), (3)과 같이 항들이 점점 감소하는 등차수열도 있다.

3 등차수열의 일반항

(1) 등차수열의 일반항

첫째항이 a, 공차가 d인 등차수열의 일반항 a_n은

$$a_n = a + (n-1)d \ (\text{단, } n=1, 2, 3, \cdots)$$

(2) 등차수열의 일반항의 특징

일반항 a_n이 n에 대한 일차식 $a_n = An + B(A, B$는 상수, $n=1, 2, 3, \cdots)$인 수열 $\{a_n\}$은 첫째항이 $A+B$이고, 공차가 A인 등차수열이다.

(1) 등차수열의 일반항

첫째항이 a, 공차가 d인 등차수열의 일반항은 다음과 같은 방법으로 구할 수 있다.

| **방법 1** | 첫째항 a부터 시작하여 등차수열 $\{a_n\}$의 각 항을 나열하면

$$a_1 = a$$
$$a_2 = a_1 + d = a + d$$
$$a_3 = a_2 + d = (a+d) + d = a + 2d$$
$$a_4 = a_3 + d = (a+2d) + d = a + 3d$$
$$\vdots$$

따라서 일반항 a_n은 $a_n = a + (n-1)d$이다.

$$a_1 = a + 0 \times d$$
$$a_2 = a + 1 \times d$$
$$a_3 = a + 2 \times d$$
$$a_4 = a + 3 \times d$$
$$\vdots$$
$$a_n = a + (n-1) \times d$$

| **방법 2** | 이웃하는 두 항의 차는 d로 일정하므로 두 항 사이의 관계를 나열하여 변끼리 더하면

$$
\begin{aligned}
a_2 - a_1 &= d \\
a_3 - a_2 &= d \\
a_4 - a_3 &= d \\
&\vdots \\
+) \quad a_n - a_{n-1} &= d \\
\hline
a_n - a_1 &= (n-1)d
\end{aligned}
$$

$(n-1)$개

이때 $a_1 = a$이므로 일반항 a_n은 $a_n = a + (n-1)d$이다.

example

(1) 첫째항이 3, 공차가 4인 등차수열의 일반항 a_n은

$$a_n = 3 + (n-1) \times 4 = 4n - 1$$

(2) 수열 $10, 7, 4, 1, -2, \cdots$는 첫째항이 10, 공차가 $7 - 10 = -3$인 등차수열이므로 일반항 a_n은

$$a_n = 10 + (n-1) \times (-3) = -3n + 13$$

(3) 첫째항이 -2, 셋째항이 4인 등차수열의 일반항을 a_n, 공차를 d라 하면

$$a_3 = -2 + 2d = 4\text{이므로 } d = 3$$
$$\therefore a_n = -2 + (n-1) \times 3 = 3n - 5$$

(2) 등차수열의 일반항의 특징

일반항 a_n이 n에 대한 일차식 $a_n=An+B$ $(A,\ B$는 상수, $n=1,\ 2,\ 3,\ \cdots)$인 수열 $\{a_n\}$은 첫째
항이 $A+B$이고, 공차가 A인 등차수열임을 확인해 보자.　←$a_{n+1}-a_n$의 값이 일정한 값을 가지면
수열 $\{a_n\}$은 등차수열임을 이용한다.

$a_n=An+B$에서 $a_{n+1}=A(n+1)+B$이므로
$$a_{n+1}-a_n=A(n+1)+B-(An+B)=\underset{\text{일정}}{A}$$
또한 첫째항은
$$a_1=A\times1+B=A+B$$
따라서 수열 $\{a_n\}$은 첫째항이 $A+B$이고, 공차가 A인 등차수열이다.

등차수열의 일반항은 공차가 0이 아닐 때는 n에 대한 일차식으로 나타내어지고, 공차가 0일 때
는 상수로 나타내어진다.

(1) 수열 $\{a_n\}$의 일반항이 $a_n=2n+1$이면 수열 $\{a_n\}$은　←$A=2,\ B=1$
첫째항이 $a_1=2+1=3$이고 공차는 2인 등차수열이다.
(2) 수열 $\{a_n\}$의 일반항이 $a_n=-4n$이면 수열 $\{a_n\}$은　←$A=-4,\ B=0$
첫째항이 $a_1=-4+0=-4$이고 공차는 -4인 등차수열이다.

4 등차중항

(1) 등차중항

세 수 $a,\ b,\ c$가 이 순서대로 등차수열을 이룰 때, b를 a와 c의 등차중항이라 한다.

➡ b가 a와 c의 등차중항이면 $b=\dfrac{a+c}{2}$이다.

(2) 등차수열의 관계식

수열 $\{a_n\}$이 등차수열이면 연속하는 세 항 $a_n,\ a_{n+1},\ a_{n+2}$ 사이에 다음 관계가 성립한다.

$$2a_{n+1}=a_n+a_{n+2}\ \text{또는}\ a_{n+1}=\dfrac{a_n+a_{n+2}}{2}\ (단,\ n=1,\ 2,\ 3,\ \cdots)$$

세 수 $a,\ b,\ c$가 이 순서대로 등차수열을 이루면 이웃하는 두 항의 차가 일정하므로
$$b-a=c-b$$
이것을 정리하면
$$2b=a+c\qquad\therefore b=\dfrac{a+c}{2}$$
이때 b를 a와 c의 **등차중항**이라 한다.　←등차중항 $b=\dfrac{a+c}{2}$는 a와 c의 산술평균이다.

또한 수열 $\{a_n\}$이 공차가 d인 등차수열이면 연속하는 세 항 a_n, a_{n+1}, a_{n+2}에 대하여

$$a_{n+1}-a_n=a_{n+2}-a_{n+1}=d \quad \leftarrow \text{등차수열의 연속하는 두 항의 차는 일정하다.}$$

인 관계가 성립하므로

$$2a_{n+1}=a_n+a_{n+2} \text{ 또는 } a_{n+1}=\frac{a_n+a_{n+2}}{2} \ (\text{단, } n=1,\ 2,\ 3,\ \cdots)$$

example

(1) 세 수 -3, x, 13이 이 순서대로 등차수열을 이루면

x는 -3과 13의 등차중항이므로 $x=\dfrac{-3+13}{2}=5$

(2) 네 수 2, a, -8, b가 이 순서대로 등차수열을 이룰 때,

a는 2와 -8의 등차중항이므로 $a=\dfrac{2+(-8)}{2}=-3$

이 수열의 공차가 $a-2=-3-2=-5$이므로 $b=-8+(-5)=-13$

5. 등차수열의 합

등차수열의 첫째항부터 제n항까지의 합 S_n은 다음과 같다.

(1) 첫째항이 a, 제n항이 l일 때, $S_n=\dfrac{n(a+l)}{2}$

(2) 첫째항이 a, 공차가 d일 때, $S_n=\dfrac{n\{2a+(n-1)d\}}{2}$

참고 일반적으로 수열 $\{a_n\}$에서 첫째항부터 제n항까지의 합을 S_n으로 나타낸다.

➡ $a_1+a_2+a_3+\cdots+a_n=S_n$

등차수열의 첫째항부터 제n항까지의 합을 구해 보자.

첫째항이 a, 공차가 d인 등차수열 $\{a_n\}$의 제n항을 l이라 하고, 첫째항부터 제n항까지의 합을 S_n이라 하면

$$S_n=a+(a+d)+(a+2d)+\cdots+(l-d)+l \quad \cdots\cdots ㉠$$

㉠에서 우변의 항의 순서를 거꾸로 놓으면

$$S_n=l+(l-d)+(l-2d)+\cdots+(a+d)+a \quad \cdots\cdots ㉡$$

㉠+㉡을 하면

$$2S_n=\underbrace{(a+l)+(a+l)+(a+l)+\cdots+(a+l)+(a+l)}_{n\text{개}}$$
$$=n(a+l)$$

$$\therefore S_n=\frac{n(a+l)}{2} \quad \leftarrow \text{첫째항과 제}n\text{항이 주어질 때 사용} \quad \cdots\cdots ㉢$$

이때 l은 제n항이므로 $l=a+(n-1)d$를 ㉢에 대입하여 정리하면

$$S_n=\frac{n\{2a+(n-1)d\}}{2} \quad \leftarrow \text{첫째항과 공차가 주어질 때 사용}$$

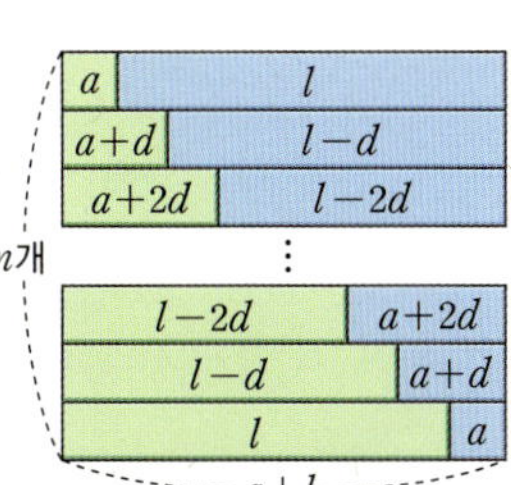

(1) 첫째항이 3, 제10항이 48인 등차수열의 첫째항부터 제10항까지의 합 S_{10}은

$$S_{10}=\frac{10(3+48)}{2}=255$$

(2) 첫째항이 5, 공차가 2인 등차수열의 첫째항부터 제12항까지의 합 S_{12}는

$$S_{12}=\frac{12\{2\times5+(12-1)\times2\}}{2}=192$$

(3) $2+4+6+8+10+\cdots+60$은 첫째항이 2, 제30항이 60인 등차수열의 첫째항부터

제30항까지의 합이므로 $2+4+6+8+10+\cdots+60=\dfrac{30(2+60)}{2}=930$

한편, 등차수열 $\{a_n\}$의 첫째항을 a, 공차를 d라 할 때, 첫째항부터 제n항까지의 합을 S_n이라 하면

$$S_n=\frac{n\{2a+(n-1)d\}}{2}=\frac{2an+dn^2-dn}{2}=\frac{d}{2}n^2+\frac{2a-d}{2}n$$

즉, $S_n=An^2+Bn$ (A, B는 상수)

꼴이므로 $d\neq0$이면 S_n은 n^2의 계수가 공차의 $\dfrac{1}{2}$이고 상수항이 없는 n에 대한 이차식이다.

6 수열의 합과 일반항 사이의 관계

수열 $\{a_n\}$의 첫째항부터 제n항까지의 합을 S_n이라 하면 다음이 성립한다.

$$a_1=S_1,\ a_n=S_n-S_{n-1}\ (n\geq2)$$

참고 수열의 합과 일반항 사이의 관계는 등차수열뿐만 아니라 모든 수열에서 성립한다.

수열의 합과 일반항 사이의 관계를 알아보자.

수열 $\{a_n\}$의 첫째항부터 제n항까지의 합을 S_n이라 하면

(i) $n=1$일 때, $S_1=a_1$

(ii) $n\geq2$일 때,

$$a_1+a_2+a_3+\cdots+a_{n-1}+a_n=S_n \qquad \cdots\cdots ㉠$$
$$a_1+a_2+a_3+\cdots+a_{n-1}=S_{n-1} \qquad \cdots\cdots ㉡$$

㉠$-$㉡을 하면 $a_n=S_n-S_{n-1}$

(i), (ii)에서

$$a_1=S_1,\ a_n=S_n-S_{n-1}\ (n\geq2)$$

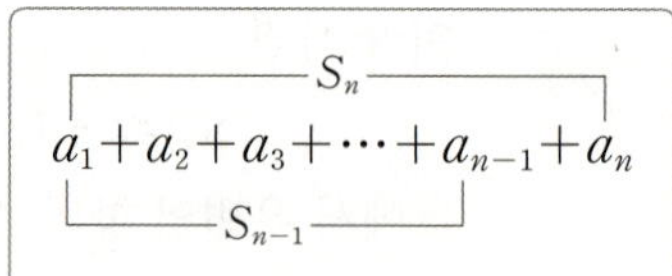

한편, $a_n=S_n-S_{n-1}$에 $n=1$을 대입하면 $a_1=S_1-S_0$이다. 그러나 S_0은 정의되지 않으므로 $n=1$일 때는 성립하지 않는다.

따라서 $a_n=S_n-S_{n-1}$을 만족시키는 n의 값의 범위는 $n\geq2$이며 $a_1=S_1$이다.

이때 $a_1=S_1$이 $a_n=S_n-S_{n-1}$ $(n\geq2)$에 $n=1$을 대입한 것과 같으면 $a_n=S_n-S_{n-1}$에서 구한 a_n이 $n=1$일 때부터 성립한다.

example 수열 $\{a_n\}$의 첫째항부터 제n항까지의 합을 S_n이라 할 때, 일반항 a_n을 구하면

(1) $S_n=n^2+2n$

   (i) $n=1$일 때, $a_1=S_1=1^2+2\times1=3$

   (ii) $n\geq2$일 때,

$$a_n=S_n-S_{n-1}=(n^2+2n)-\{(n-1)^2+2(n-1)\}$$
$$=2n+1 \quad \cdots\cdots \ \text{㉠}$$

이때 $a_1=3$은 ㉠에 $n=1$을 대입한 값과 같으므로

$$a_n=2n+1$$

3, 5, 7, 9, 11, $\cdots$
     └ 등차수열

(2) $S_n=n^2+2n+1$

   (i) $n=1$일 때, $a_1=S_1=1^2+2\times1+1=4$

   (ii) $n\geq2$일 때,

$$a_n=S_n-S_{n-1}=(n^2+2n+1)-\{(n-1)^2+2(n-1)+1\}$$
$$=2n+1 \quad \cdots\cdots \ \text{㉠}$$

이때 $a_1=4$는 ㉠에 $n=1$을 대입한 값과 다르므로

$$a_1=4, \ a_n=2n+1 \ (n\geq2)$$

4, 5, 7, 9, 11, $\cdots$
     └ 등차수열

참고 세 상수 A, B, C $(A\neq0, C\neq0)$에 대하여 수열의 합 S_n이

① $S_n=An^2+Bn$ 꼴이면 첫째항부터 등차수열을 이룬다.

② $S_n=An^2+Bn+C$ 꼴이면 제2항부터 등차수열을 이룬다.

바이블 PLUS ➕   조화수열과 조화중항

(1) 조화수열

수열 $\{a_n\}$에 대하여 각 항의 역수로 이루어진 수열 $\left\{\dfrac{1}{a_n}\right\}$이 등차수열을 이룰 때, 수열 $\{a_n\}$을 **조화수열**이라 한다.

이때 조화수열 $\{a_n\}$의 역수로 이루어진 수열 $\left\{\dfrac{1}{a_n}\right\}$이 공차가 d인 등차수열이면 다음이 성립한다.

$$\frac{1}{a_n}=\frac{1}{a_1}+(n-1)d \quad \leftarrow \text{역수가 존재해야 하므로 } a_n\neq0\text{이어야 한다.}$$

예를 들면 수열 $1, \dfrac{1}{3}, \dfrac{1}{5}, \dfrac{1}{7}, \dfrac{1}{9}, \cdots$은 각 항의 역수로 이루어진 수열 $1, 3, 5, 7, 9, \cdots$가 등차수열이므로 조화수열이다.

이때 등차수열 $\left\{\dfrac{1}{a_n}\right\}$의 첫째항은 1, 공차는 2이므로 일반항 $\dfrac{1}{a_n}$은

$$\frac{1}{a_n}=1+(n-1)\times2=2n-1 \qquad \therefore a_n=\frac{1}{2n-1}$$

(2) 조화중항

0이 아닌 세 수 a, b, c가 이 순서대로 조화수열을 이룰 때, b를 a와 c의 **조화중항**이라 한다.

이때 $\dfrac{1}{a}$, $\dfrac{1}{b}$, $\dfrac{1}{c}$은 이 순서대로 등차수열을 이루므로 $\dfrac{1}{b}$은 $\dfrac{1}{a}$과 $\dfrac{1}{c}$의 등차중항이다.

따라서 $\dfrac{2}{b}=\dfrac{1}{a}+\dfrac{1}{c}=\dfrac{a+c}{ac}$이므로

$$b=\dfrac{2ac}{a+c} \quad \leftarrow b\text{는 } a\text{와 } c\text{의 조화평균이다.}$$

가 성립한다.

(3) 조화수열의 관계식

수열 $\{a_n\}$이 조화수열이면 연속하는 세 항 a_n, a_{n+1}, a_{n+2}에 대하여 $\dfrac{1}{a_n}$, $\dfrac{1}{a_{n+1}}$, $\dfrac{1}{a_{n+2}}$은 이 순서대로 등차수열을 이루므로

$$\dfrac{2}{a_{n+1}}=\dfrac{1}{a_n}+\dfrac{1}{a_{n+2}}\ (n=1,\ 2,\ 3,\ \cdots)$$

이 성립한다.

example

(1) 수열 24, 12, 8, 6, $\cdots$의 일반항을 a_n이라 하고, 각 항의 역수를 구하면

$\dfrac{1}{24}$, $\dfrac{1}{12}$, $\dfrac{1}{8}$, $\dfrac{1}{6}$, $\cdots$ $\quad \leftarrow$ 역수로 이루어진 수열이 등차수열이므로 수열 $\{a_n\}$은 조화수열이다.

따라서 수열 $\left\{\dfrac{1}{a_n}\right\}$은 등차수열을 이루고 첫째항이 $\dfrac{1}{24}$, 공차가 $\dfrac{1}{12}-\dfrac{1}{24}=\dfrac{1}{24}$이므로

$\dfrac{1}{a_n}=\dfrac{1}{24}+\dfrac{1}{24}(n-1)=\dfrac{n}{24}$

$\therefore a_n=\dfrac{24}{n}$

(2) 두 수 4와 6의 조화중항을 x라 하면

4, x, 6은 이 순서대로 조화수열을 이루므로

$\dfrac{1}{4}$, $\dfrac{1}{x}$, $\dfrac{1}{6}$은 이 순서대로 등차수열을 이룬다.

$\dfrac{2}{x}=\dfrac{1}{4}+\dfrac{1}{6}$, $\dfrac{2}{x}=\dfrac{5}{12}$

$5x=24 \qquad \therefore x=\dfrac{24}{5}$

01. 등차수열

01 다음 수열의 일반항 a_n을 추측하시오.

(1) $1, 4, 9, 16, \cdots$

(2) $1 \times 3, 2 \times 4, 3 \times 5, 4 \times 6, \cdots$

02 다음 등차수열의 일반항 a_n을 구하시오.

(1) 첫째항이 7, 공차가 3

(2) $8, 2, -4, -10, \cdots$

03 수열 $7, x, -3, y, \cdots$가 등차수열이 되도록 하는 x, y의 값을 각각 구하시오.

04 다음 물음에 답하시오.

(1) 첫째항이 3이고 제15항이 27인 등차수열의 첫째항부터 제15항까지의 합 S_{15}를 구하시오.
(2) 등차수열 $9, 5, 1, -3, \cdots$의 첫째항부터 제10항까지의 합 S_{10}을 구하시오.

05 수열 $\{a_n\}$의 첫째항부터 제n항까지의 합을 S_n이라 할 때, 다음 물음에 답하시오.

(1) $S_n = n^2 - 3n$일 때, a_1과 a_{15}를 각각 구하시오.
(2) $S_n = -3n^2 + 2n + 5$일 때, 일반항 a_n을 구하시오.

대표 예제 | 01

등차수열 $\{a_n\}$에 대하여 다음 물음에 답하시오.

(1) 첫째항이 -2, 공차가 3일 때, $a_k=19$를 만족시키는 k의 값을 구하시오.

(2) $a_3=5$, $a_7=17$일 때, a_{13}의 값을 구하시오.

바로 접근

(1) 첫째항이 a, 공차가 d인 등차수열의 일반항 a_n은

$\Rightarrow a_n=a+(n-1)\times d$

(2) $a_n=a+(n-1)\times d$임을 이용하여 $a_3=5$, $a_7=17$을 각각 a와 d에 대한 식으로 나타낸다.

바른 풀이

(1) 등차수열 $\{a_n\}$의 첫째항이 -2, 공차가 3이므로 일반항은

$a_n=-2+(n-1)\times 3=3n-5$

따라서 $a_k=19$에서 $3k-5=19$이므로

$3k=24 \qquad \therefore k=8$

(2) 등차수열 $\{a_n\}$의 첫째항을 a, 공차를 d라 하면

$a_3=a+2d=5$

$a_7=a+6d=17$

두 식을 연립하여 풀면

$a=-1,\ d=3$

$\therefore a_{13}=a+12d=(-1)+12\times 3=(-1)+36=35$

정답 (1) 8 (2) 35

Bible Says

(2)와 같이 등차수열의 항 2개가 주어졌을 때, 다음과 같이 첫째항을 구하지 않고도 문제를 해결할 수 있다.

등차수열 $\{a_n\}$의 공차를 d라 하면 $a_7=a_3+4d$이므로

$17=5+4d \qquad \therefore d=3$

$\therefore a_{13}=a_7+6d=17+6\times 3=17+18=35$

한 번 더하기

01-1

등차수열 $\{a_n\}$에 대하여 다음 물음에 답하시오.

(1) 첫째항과 공차가 모두 4일 때, $a_k=32$를 만족시키는 자연수 k의 값을 구하시오.

(2) $a_2=\log_3 2$, $a_8=\log_3 128$이고, $a_{10}=\log_3 k$일 때, 실수 k의 값을 구하시오.

표현 더하기

01-2

첫째항이 3인 등차수열 $\{a_n\}$에 대하여 $2(a_3+a_4)=a_{10}$일 때, a_5의 값을 구하시오.

표현 더하기

01-3

등차수열 $\{a_n\}$에 대하여 $a_3 : a_5 = 3 : 4$일 때, $\log_2 a_{13} - \log_2 a_1$의 값을 구하시오.

표현 더하기

01-4

공차가 양수인 등차수열 $\{a_n\}$이 다음 조건을 만족시킬 때, a_2의 값을 구하시오.

> (가) $a_3+a_9=0$
> (나) $|a_3|=|a_7+1|$

대표 예제 | 02

등차수열 $\{a_n\}$에 대하여 다음 물음에 답하시오.

(1) 첫째항은 -30, 공차가 4일 때, 처음으로 양수가 되는 항은 제몇 항인지 구하시오.

(2) $a_3=11$, $a_6=23$일 때, $a_n<99$를 만족시키는 자연수 n의 최댓값을 구하시오.

바로 접근

(1) 등차수열의 일반항에 첫째항과 공차를 대입한 후, $a_n>0$을 만족시키는 자연수 n의 최솟값을 구한다.

(2) 첫째항과 공차를 구하여 등차수열의 일반항을 나타낸 후, $a_n<99$를 만족시키는 자연수 n의 최댓값을 구한다.

바른 풀이

(1) 등차수열 $\{a_n\}$의 첫째항이 -30, 공차가 4이므로 일반항은

$$a_n=-30+(n-1)\times4=4n-34$$

이때 제n항에서 처음으로 양수가 된다고 하면 $a_n>0$에서

$$4n-34>0,\ 4n>34 \qquad \therefore n>8.5$$

따라서 처음으로 양수가 되는 항은 제9항이다.

(2) 등차수열 $\{a_n\}$의 첫째항을 a, 공차를 d라 하면

$$a_3=a+2d=11 \quad \cdots\cdots\ \bigcirc$$

$$a_6=a+5d=23 \quad \cdots\cdots\ \bigcirc$$

$\bigcirc$, $\bigcirc$을 연립하여 풀면 $a=3$, $d=4$

$$\therefore a_n=3+(n-1)\times4=4n-1$$

$a_n<99$에서

$$4n-1<99,\ 4n<100 \qquad \therefore n<25$$

따라서 자연수 n의 최댓값은 24이다.

정답 (1) 제9항 (2) 24

Bible Says

등차수열 $\{a_n\}$에서 대소 관계, 특히 항의 값이 어떠한 수보다 크거나 작을 때를 구하는 경우는 일반항 a_n을 이용한다.

① 처음으로 k보다 커지는 항: $a_n>k$를 만족시키는 자연수 n의 최솟값을 구한다.

② 처음으로 k보다 작아지는 항: $a_n<k$를 만족시키는 자연수 n의 최솟값을 구한다.

한 번 **더하기**

02-1

등차수열 $\{a_n\}$에 대하여 다음 물음에 답하시오.

(1) 첫째항은 23, 공차가 -3일 때, 처음으로 음수가 되는 항은 제몇 항인지 구하시오.

(2) $a_5=5$, $a_{15}=25$일 때, $a_n<49$를 만족시키는 자연수 n의 최댓값을 구하시오.

표현 **더하기**

02-2

공차가 -2인 등차수열 $\{a_n\}$에 대하여 $|a_3|=|a_6|$일 때, $a_n<-30$을 만족시키는 자연수 n의 최솟값을 구하시오.

표현 **더하기**

02-3

등차수열 $\{a_n\}$에 대하여

$$a_5=3a_1,\ a_2+a_6=20$$

일 때, $\log a_k>2$를 만족시키는 자연수 k의 최솟값을 구하시오.

실력 **더하기**

02-4

첫째항이 10인 등차수열 $\{a_n\}$에 대하여

$$a_3a_5=28,\ a_4>0$$

일 때, 모든 자연수 k에 대하여 $|a_k|\geq p$를 만족시키는 실수 p의 최댓값을 구하시오.

대표 예제 03

다음 물음에 답하시오.

(1) 등차수열 $-1,\ a_1,\ a_2,\ \cdots,\ a_n,\ 34$의 공차가 7일 때, 자연수 n의 값을 구하시오.

(2) 7과 47 사이에 7개의 수를 넣어서 등차수열을 만들 때, 이 수열의 공차를 구하시오.

바로 접근

(1) $a_1,\ a_2,\ \cdots,\ a_n$의 항의 개수가 n이므로 34는 주어진 등차수열의 제$(n+2)$항이다.

(2) 7과 47 사이에 7개의 수를 넣으면 47은 주어진 등차수열의 제9항이다.

바른 풀이

(1) 등차수열 $-1,\ a_1,\ a_2,\ \cdots,\ a_n,\ 34$에서 첫째항은 -1, 공차는 7이다.

이때 34는 제$(n+2)$항이므로

$34=-1+\{(n+2)-1\}\times 7,\ 34=-1+7(n+1)$

$7n=28 \qquad \therefore n=4$

(2) 7과 47 사이에 넣은 7개의 수를 차례대로 $a_1,\ a_2,\ a_3,\ \cdots,\ a_7$이라 하면

수열 $7,\ a_1,\ a_2,\ a_3,\ \cdots,\ a_7,\ 47$은 첫째항이 7, 제9항이 47인 등차수열이다.

이때 이 등차수열의 공차를 d라 하면

$7+8d=47$에서 $8d=40$

$\therefore d=5$

따라서 구하는 수열의 공차는 5이다.

정답 (1) 4 (2) 5

Bible Says

두 수 $a,\ b$ 사이에 n개의 수를 넣어서 만든 등차수열의 항은 $(n+2)$개이고, 첫째항은 a, 제$(n+2)$항은 b이다.
따라서 공차를 d라 하면 $b=a+\{(n+2)-1\}d$, 즉 $b=a+(n+1)d$가 성립한다.

한 번 더하기

03-1

다음 물음에 답하시오.

(1) 1과 25 사이에 n개의 수를 넣어 만든 등차수열 1, a_1, a_2, $\cdots$, a_n, 25의 공차가 3일 때, 자연수 n의 값을 구하시오.

(2) 1과 4 사이에 14개의 수를 넣어 만든 등차수열의 공차를 구하시오.

표현 더하기

03-2

-2와 4 사이에 3개의 수 a, b, c를 넣어 만든 수열이 이 순서대로 등차수열을 이룰 때, $a^2+b^2+c^2$의 값을 구하시오.

08

표현 더하기

03-3

4와 -23 사이에 $2n$개의 수를 넣어 만든 등차수열

$$4, a_1, a_2, \cdots, a_{2n}, -23$$

의 공차가 -3일 때, 자연수 n의 값을 구하시오.

실력 더하기

03-4

공차가 자연수인 등차수열 $\{a_n\}$에 대하여 3과 27 사이에 k개의 수 a_2, a_4, a_6, $\cdots$, a_{2k}를 넣어 만든 수열이 등차수열을 이룰 때, a_1+k의 최댓값을 구하시오. (단, k는 자연수이다.)

대표 예제 04

다음 물음에 답하시오.

(1) 세 수 7, x^2+2x, $6x+5$가 이 순서대로 등차수열을 이룰 때, 양수 x의 값을 구하시오.

(2) 등차수열을 이루는 세 수의 합이 18, 곱이 120일 때, 세 수의 제곱의 합을 구하시오.

바로 접근

(1) 세 수 7, x^2+2x, $6x+5$가 이 순서대로 등차수열을 이룰 때, x^2+2x는 7과 $6x+5$의 등차중항이다.

(2) 등차수열을 이루는 세 수를 $a-d$, a, $a+d$로 놓고 식을 세운다.

바른 풀이

(1) 세 수 7, x^2+2x, $6x+5$가 이 순서대로 등차수열을 이루므로

x^2+2x는 7과 $6x+5$의 등차중항이다.

즉, $x^2+2x=\dfrac{7+(6x+5)}{2}$이므로

$2(x^2+2x)=6x+12$, $2x^2-2x-12=0$

$x^2-x-6=0$, $(x+2)(x-3)=0$

$\therefore x=3\ (\because x>0)$

(2) 등차수열을 이루는 세 수를 $a-d$, a, $a+d$로 놓으면

세 수의 합이 18이므로 $(a-d)+a+(a+d)=18$ ······ ㉠

세 수의 곱이 120이므로 $(a-d)\times a\times(a+d)=120$ ······ ㉡

㉠에서 $3a=18$ $\therefore a=6$

$a=6$을 ㉡에 대입하면 $(6-d)\times 6\times(6+d)=120$

$36-d^2=20$, $d^2=16$ $\therefore d=-4$ 또는 $d=4$

$d=-4$일 때 등차수열을 이루는 세 수는 10, 6, 2이고,

$d=4$일 때 등차수열을 이루는 세 수는 2, 6, 10이므로

세 수의 제곱의 합은 $2^2+6^2+10^2=4+36+100=140$

$\boxed{\text{정답}}$ (1) 3 (2) 140

Bible Says

네 수가 등차수열을 이룰 때,

주어진 등차수열의 공차를 d로 놓고 네 수를 a, $a+d$, $a+2d$, $a+3d$라 할 수도 있지만

주어진 등차수열의 공차를 $2d$로 놓고 네 수를

$a-3d$, $a-d$, $a+d$, $a+3d$

와 같이 대칭형으로 놓으면 계산이 간단해지는 경우가 있다.

한 번 더하기

04-1 다음 물음에 답하시오.

(1) 세 수 x^2-4x, $x-1$, 7이 이 순서대로 등차수열을 이룰 때, x의 값을 구하시오.

(2) 등차수열을 이루는 세 수의 합이 12, 곱이 28일 때, 세 수의 제곱의 합을 구하시오.

표현 더하기

04-2 네 수 a, 14, b, c가 이 순서대로 등차수열을 이루고, $b+c=19$일 때, a의 값을 구하시오.

표현 더하기

04-3 삼차방정식 $x^3+3x^2+kx-15=0$의 세 실근이 등차수열을 이룰 때, 상수 k의 값을 구하시오.

실력 더하기

04-4 공차가 양수인 두 등차수열 $\{a_n\}$, $\{b_n\}$에 대하여 두 집합 A, B를
$$A=\{a_1,\ a_2,\ a_3,\ a_4,\ a_5\},\ B=\{b_1,\ b_2,\ b_3,\ b_4,\ b_5\}$$
라 하자. $A-B=\{4,\ 8,\ 10\}$이고, 네 수 b_1, a_1, a_3, b_5가 이 순서대로 등차수열을 이룰 때, a_6+b_6의 값을 구하시오.

대표 예제 | 05

다음 물음에 답하시오.

(1) 첫째항이 -3이고 제k항이 25인 등차수열 $\{a_n\}$의 첫째항부터 제k항까지의 합이 88일 때, a_4의 값을 구하시오.

(2) $a_5=22$, $a_9=38$인 등차수열 $\{a_n\}$에 대하여 첫째항부터 제n항까지의 합을 S_n이라 할 때, S_9의 값을 구하시오.

바로 접근

등차수열의 첫째항부터 제n항까지의 합을 S_n이라 하면

① 첫째항이 a이고 제n항이 l일 때, $S_n=\dfrac{n(a+l)}{2}$ ← 첫째항과 끝항을 알 때 이용한다.

② 첫째항이 a이고 공차가 d일 때, $S_n=\dfrac{n\{2a+(n-1)d\}}{2}$ ← 첫째항과 공차를 알 때 이용한다.

바른 풀이

(1) 첫째항이 -3, 제k항이 25인 등차수열의 첫째항부터 제k항까지의 합이 88이므로

$$\dfrac{k(-3+25)}{2}=88$$

$22k=176$ $\therefore k=8$

즉, $a_8=25$이므로 등차수열 $\{a_n\}$의 공차를 d라 하면

$a_8=-3+7d=25$

$7d=28$ $\therefore d=4$

$\therefore a_4=-3+3\times4=9$

(2) 등차수열 $\{a_n\}$의 첫째항을 a, 공차를 d라 하면

$a_5=a+4d=22$

$a_9=a+8d=38$

두 식을 연립하여 풀면 $a=6$, $d=4$ …… ㉠

따라서 등차수열 $\{a_n\}$의 첫째항부터 제9항까지의 합 S_9는

$$S_9=\dfrac{9(6+38)}{2}=198$$ ← 첫째항과 끝항을 이용

다른 풀이

(2) ㉠에서 등차수열 $\{a_n\}$의 첫째항이 6, 공차가 4이므로 첫째항부터 제9항까지의 합 S_9는

$$S_9=\dfrac{9\{2\times6+(9-1)\times4\}}{2}=198$$ ← 첫째항과 공차를 이용

정답 (1) 9 (2) 198

Bible Says

등차수열에 대한 문제와 마찬가지로 등차수열의 합에 대한 문제도 첫째항, 공차, 일반항을 파악하는 것이 중요하다.

한 번 더하기

05-1

다음 물음에 답하시오.

⑴ 첫째항이 -2이고 공차가 4인 등차수열의 첫째항부터 제n항까지의 합이 48일 때, n의 값을 구하시오.

⑵ 등차수열 $\{a_n\}$에 대하여 $a_2=4$, $a_5=13$일 때, 수열 $\{a_n\}$의 첫째항부터 제8항까지의 합을 구하시오.

표현 더하기

05-2

공차가 3인 등차수열 $\{a_n\}$에 대하여 $a_4=-3$일 때, $a_{11}+a_{12}+a_{13}+\cdots+a_{20}$의 값을 구하시오.

표현 더하기

05-3

2와 6 사이에 n개의 수를 넣어 만든 등차수열

$$2,\ a_1,\ a_2,\ a_3,\ \cdots,\ a_n,\ 6$$

의 합이 40일 때, n의 값을 구하시오.

표현 더하기

05-4

등차수열 $\{a_n\}$의 첫째항부터 제n항까지의 합을 S_n이라 하자. $a_3=4$, $a_6=-2$일 때, $14 \leq S_n < 20$을 만족시키는 모든 자연수 n의 값의 합을 구하시오.

대표 예제 : 06

등차수열 $\{a_n\}$의 첫째항부터 제5항까지의 합이 15이고 첫째항부터 제10항까지의 합이 80일 때, 이 수열의 첫째항부터 제15항까지의 합을 구하시오.

바로 접근
첫째항을 a, 공차를 d로 놓고 주어진 등차수열의 합을 이용하여 a, d에 대한 연립방정식을 세운다.

바른 풀이
등차수열 $\{a_n\}$의 첫째항을 a, 공차를 d라 하면
첫째항부터 제5항까지의 합이 15이므로

$$\frac{5\{2a+(5-1)d\}}{2}=15 \qquad \therefore a+2d=3 \qquad \cdots\cdots \text{㉠}$$

첫째항부터 제10항까지의 합이 80이므로

$$\frac{10\{2a+(10-1)d\}}{2}=80 \qquad \therefore 2a+9d=16 \qquad \cdots\cdots \text{㉡}$$

㉠, ㉡을 연립하여 풀면 $a=-1$, $d=2$
따라서 첫째항부터 제15항까지의 합은

$$\frac{15\{2\times(-1)+(15-1)\times2\}}{2}=\frac{15\times26}{2}=195$$

다른 풀이
등차수열에서 차례대로 같은 개수의 항을 묶어서 그 합으로 수열을 만들면 그 수열은 등차수열을 이룬다.
즉, 첫째항부터 제n항까지의 합을 S_n이라 하면 S_5, $S_{10}-S_5$, $S_{15}-S_{10}$은 이 순서대로 등차수열을 이룬다.
$S_5=15$, $S_{10}=80$에서 $S_{10}-S_5=80-15=65$이므로
S_5, $S_{10}-S_5$, $S_{15}-S_{10}$은 공차가 $65-15=50$인 등차수열을 이룬다.
따라서 $S_{15}-S_{10}=65+50=115$이므로
$S_{15}=(S_{15}-S_{10})+S_{10}=115+80=195$

정답 **195**

Bible Says

등차수열에서 차례대로 같은 개수의 항을 묶어서 그 합으로 수열을 만들면 그 수열은 등차수열을 이룬다.

n	1	2	3	4	5	6	7	8	9	10	11	12	$\cdots$
a_n	-1	1	3	5	7	9	11	13	15	17	19	21	$\cdots$
2개씩 묶음	0		8		16		24		32		40		$\cdots$
3개씩 묶음	3			21			39			57			$\cdots$
4개씩 묶음	8				40				72				$\cdots$

2개씩 묶음: $+8$
3개씩 묶음: $+18$
4개씩 묶음: $+32$

한 번 더하기

06-1

등차수열 $\{a_n\}$의 첫째항부터 제6항까지의 합이 -48이고 첫째항부터 제11항까지의 합이 -198일 때, 이 수열의 첫째항부터 제16항까지의 합을 구하시오.

표현 더하기

06-2

등차수열 $\{a_n\}$의 첫째항부터 제n항까지의 합을 S_n이라 할 때, $S_3=24$, $S_9=-36$이다. 이때 S_6의 값을 구하시오.

표현 더하기

06-3

공차가 $\dfrac{3}{2}$인 등차수열 $\{a_n\}$에 대하여 $a_1+a_2+a_3+a_4=17$일 때,

$a_2+a_4+a_6+a_8+a_{10}+a_{12}$의 값을 구하시오.

실력 더하기

06-4

공차가 양수인 등차수열 $\{a_n\}$이

$$a_1+a_2+a_3+a_4+a_5=0, \ |a_1|+|a_2|+|a_3|+|a_4|+|a_5|=12$$

를 만족시킨다. 수열 $\{a_n\}$의 첫째항부터 제n항까지의 합을 S_n이라 할 때, S_3, S_{k+2}, S_{2k}가 이 순서대로 등차수열을 이루도록 하는 2 이상의 자연수 k의 값을 구하시오.

대표 예제 | 07

등차수열 $\{a_n\}$에 대하여 다음 물음에 답하시오.

(1) 첫째항이 26, 공차가 -3일 때, 첫째항부터 제n항까지의 합이 최대가 되도록 하는 자연수 n의 값을 구하시오.

(2) $a_3=-4$, $a_{11}=20$일 때, 첫째항부터 제n항까지의 합을 S_n이라 하자. S_n의 최솟값을 구하시오.

바로 접근

첫째항이 a, 공차가 d인 등차수열 $\{a_n\}$의 첫째항부터 제n항까지의 합을 S_n이라 할 때,

(1) $a>0$, $d<0$이면 S_n의 최댓값은 첫째항부터 마지막 양수인 항까지의 합이다.

(2) $a<0$, $d>0$이면 S_n의 최솟값은 첫째항부터 마지막 음수인 항까지의 합이다.

바른 풀이

(1) 등차수열 $\{a_n\}$의 첫째항이 26, 공차가 -3이므로 일반항은

$$a_n=26+(n-1)\times(-3)=-3n+29$$

$a_n<0$에서 $-3n+29<0$ $\quad\therefore n>9.6\times\times\times$

따라서 등차수열 $\{a_n\}$은 제10항부터 음수이므로 첫째항부터 제9항까지의 합이 최대가 된다.

$$\therefore n=9$$

(2) 등차수열 $\{a_n\}$의 첫째항을 a, 공차를 d라 하면

$$a_3=a+2d=-4$$
$$a_{11}=a+10d=20$$

두 식을 연립하여 풀면 $a=-10$, $d=3$

$$\therefore a_n=-10+(n-1)\times3=3n-13$$

$a_n>0$에서 $3n-13>0$ $\quad\therefore n>4.3\times\times\times$

따라서 등차수열 $\{a_n\}$은 제5항부터 양수이므로 첫째항부터 제4항까지의 합이 최소가 된다.

$$\therefore S_4=\frac{4\{2\times(-10)+(4-1)\times3\}}{2}=\frac{4\times(-11)}{2}=-22$$

정답 (1) 9 (2) -22

Bible Says

(1)을 다음과 같이 등차수열의 합을 이용하여 해결할 수도 있다. ← 하지만 계산이 복잡하고 비효율적이다.

첫째항부터 제n항까지의 합을 S_n이라 하면 첫째항이 26, 공차가 -3이므로

$$S_n=\frac{n\{2\times26+(n-1)\times(-3)\}}{2}=\frac{n(-3n+55)}{2}$$

$$=\frac{1}{2}(-3n^2+55n)=-\frac{3}{2}\left(n-\frac{55}{6}\right)^2+\frac{3025}{24}$$

이때 n은 자연수이고 $\dfrac{55}{6}=9.1\times\times\times$이므로 $n=9$일 때 S_n의 값이 최대이다.

한 번 더하기

07-1

등차수열 $\{a_n\}$이 $a_4=-6$, $a_{10}=18$을 만족시킨다. 첫째항부터 제n항까지의 합을 S_n이라 할 때, S_n의 최솟값을 구하시오.

표현 더하기

07-2

등차수열 $\{a_n\}$의 첫째항부터 제n항까지의 합을 S_n이라 할 때, $a_4=15$, $S_{10}=60$이다. S_n이 최대가 되도록 하는 자연수 n의 값을 구하시오.

표현 더하기

07-3

첫째항이 34이고, 공차가 -4인 등차수열의 첫째항부터 제n항까지의 합을 S_n이라 하자. $S_k<S_{k+1}$이고, $S_{k+1}>S_{k+2}$를 만족시키는 자연수 k의 값을 구하시오.

실력 더하기

07-4

등차수열 $\{a_n\}$의 첫째항부터 제n항까지의 합을 S_n이라 할 때, $S_2=-24$, $S_{10}=-40$이다. $S_k+S_{k+1}+S_{k+2}+S_{k+3}+S_{k+4}$의 값이 최소가 되도록 하는 자연수 k의 값을 구하시오.

대표 예제 | 08

다음 물음에 답하시오.

(1) 수열 $\{a_n\}$의 첫째항부터 제n항까지의 합 S_n이 $S_n = 3n^2 - 4n$일 때, $a_1 + a_4$의 값을 구하시오.

(2) 수열 $\{a_n\}$의 첫째항부터 제n항까지의 합 S_n이 $S_n = 2n^2 + 5n - 1$일 때, $a_k = 91$을 만족시키는 k의 값을 구하시오.

바로 접근

수열 $\{a_n\}$의 첫째항부터 제n항까지의 합을 S_n이라 하면
$$a_1 = S_1, \quad a_n = S_n - S_{n-1} \ (n \geq 2)$$

바른 풀이

(1) $S_n = 3n^2 - 4n$에서

$n=1$일 때, $a_1 = S_1 = 3 - 4 = -1$

$n \geq 2$일 때, $a_n = S_n - S_{n-1} = 3n^2 - 4n - \{3(n-1)^2 - 4(n-1)\} = 6n - 7$ ...... ㉠

이때 $a_1 = -1$은 ㉠에 $n=1$을 대입한 값과 같으므로 일반항 a_n은
$$a_n = 6n - 7$$
$$\therefore a_1 + a_4 = -1 + (6 \times 4 - 7) = 16$$

(2) $S_n = 2n^2 + 5n - 1$에서

$n=1$일 때, $a_1 = S_1 = 2 + 5 - 1 = 6$

$n \geq 2$일 때, $a_n = S_n - S_{n-1} = 2n^2 + 5n - 1 - \{2(n-1)^2 + 5(n-1) - 1\} = 4n + 3$ ...... ㉠

이때 $a_1 = 6$은 ㉠에 $n=1$을 대입한 값과 같지 않으므로 일반항 a_n은
$$a_1 = 6, \quad a_n = 4n + 3 \ (n \geq 2)$$

따라서 $a_k = 91$에서 $4k + 3 = 91$ $\quad \therefore k = 22$

다른 풀이

(1) $a_1 = S_1$, $a_4 = S_4 - S_3$이므로
$$a_1 + a_4 = S_1 + (S_4 - S_3) = (3-4) + \{48 - 16 - (27 - 12)\}$$
$$= -1 + (32 - 15) = 16$$

정답 (1) 16 (2) 22

Bible Says

수열 $\{a_n\}$의 첫째항부터 제n항까지의 합 S_n이 $S_n = An^2 + Bn + C$ (단, A, B, C는 실수)일 때
$$a_1 = S_1 = A + B + C$$
$$a_n = S_n - S_{n-1}$$
$$= An^2 + Bn + C - \{A(n-1)^2 + B(n-1) + C\}$$
$$= 2An - A + B \ (n \geq 2)$$

이때 $C = 0$이면 수열 $\{a_n\}$은 첫째항부터 등차수열이고, $C \neq 0$이면 수열 $\{a_n\}$은 제2항부터 등차수열이다.

한 번 더하기

08-1

수열 $\{a_n\}$의 첫째항부터 제n항까지의 합 S_n이 다음과 같을 때, 일반항 a_n을 구하시오.

(1) $S_n = 2n^2 - 3n$　　　　　　　　　　　(2) $S_n = n^2 - 10n + 2$

표현 더하기

08-2

수열 $\{a_n\}$의 첫째항부터 제n항까지의 합 S_n이 $S_n = -n^2 + 12n$일 때, $a_n > 0$을 만족시키는 자연수 n의 개수를 구하시오.

표현 더하기

08-3

두 수열 $\{a_n\}$, $\{b_n\}$의 첫째항부터 제n항까지의 합을 각각 S_n, T_n이라 하자.
$$S_n = kn^2 + 2n,\ T_n = 3n^2 - kn$$
이고, $a_5 = b_5$일 때, 상수 k의 값을 구하시오.

실력 더하기

08-4

등차수열 $\{a_n\}$의 첫째항부터 제n항까지의 합을 S_n이라 하자. 모든 자연수 n에 대하여
$$S_{n+5} - S_n = 10n - 25$$
일 때, $a_k \times a_{k+1} < 0$을 만족시키는 자연수 k의 값을 구하시오.

대표 예제 | 09

다음 물음에 답하시오.

(1) 연속하는 9개의 자연수의 합이 135일 때, 9개의 자연수 중에서 가장 작은 수를 구하시오.

(2) 100 이하의 자연수 중에서 8의 배수의 총합을 구하시오.

바로 접근 문제에 주어진 상황에서 첫째항 a, 공차 d, 항의 개수 n을 찾고 등차수열 $\{a_n\}$에서 첫째항부터 제n항까지의 합을 구한다.

바른 풀이

(1) 연속하는 9개의 자연수 중에서 가장 작은 수를 a라 하면 이 9개의 자연수는

$$a,\ a+1,\ a+2,\ \cdots,\ a+8$$

이므로 첫째항이 a, 공차가 1, 항의 개수가 9인 등차수열을 이룬다.

이때 연속하는 9개의 자연수의 합이 135이므로 $\dfrac{9\{2\times a+(9-1)\times 1\}}{2}=135$

$9a+36=135,\ 9a=99$ $\qquad \therefore a=11$

(2) 100 이하의 자연수 중에서 8의 배수를 작은 것부터 차례대로 나열하면

$$8,\ 16,\ 24,\ \cdots,\ 96$$

이므로 첫째항이 8, 공차가 8, 항의 개수가 12인 등차수열을 이룬다.

따라서 100 이하의 자연수 중에서 8의 배수의 총합은

$$\frac{12\{2\times 8+(12-1)\times 8\}}{2}=624$$

다른 풀이

(1) 연속하는 9개의 자연수 중에서 가장 작은 수를 a라 하면 이 9개의 자연수는

$$a,\ a+1,\ a+2,\ \cdots,\ a+8$$

이때 연속하는 9개의 자연수의 합이 135이므로 $\dfrac{9\{a+(a+8)\}}{2}=135$

$9a+36=135,\ 9a=99$ $\qquad \therefore a=11$

정답 (1) 11 (2) 624

Bible Says

① 자연수 d의 배수를 작은 것부터 차례대로 나열하면

$$d,\ 2d,\ 3d,\ \cdots$$

이므로 첫째항과 공차가 모두 d인 등차수열이 된다.

② 자연수 d로 나누었을 때의 나머지가 r인 자연수를 작은 것부터 차례대로 나열하면

$$r,\ r+d,\ r+2d,\ \cdots$$

이므로 첫째항이 r, 공차가 d인 등차수열이 된다.

📖 빠른 정답 • 465쪽 / 정답과 풀이 • 132쪽

09-1

100 이하의 자연수 중에서 5로 나누었을 때의 나머지가 2인 모든 자연수의 합을 구하시오.

09-2

k보다 작은 모든 자연수 중에서 3의 배수의 합이 165가 되도록 하는 자연수 k의 최댓값을 구하시오.

09-3

삼각형 ABC에 대하여 변 BC를 $a:b$로 내분하는 점을 D, 변 CA를 $c:d$로 내분하는 점을 E라 하자. 세 삼각형 ADE, CED, ABD의 넓이가 이 순서대로 등차수열을 이루고 삼각형 ABD의 넓이가 삼각형 ADE의 넓이의 4배일 때, $a+b+c+d$의 값을 구하시오. (단, a와 b, c와 d는 각각 서로소인 자연수이다.)

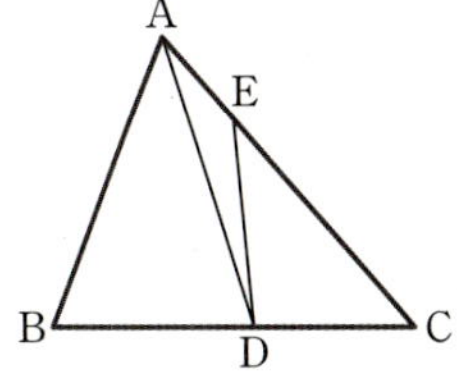

09-4

첫째항이 3이고, 공차가 2인 등차수열 $\{a_n\}$이 있다. 자연수 n에 대하여 좌표평면에서 점 $P_n(0,\ a_n)$을 지나고 x축에 평행한 직선이 직선 $y=mx+1$과 만나는 점을 Q_n이라 할 때, 선분 P_nQ_n의 길이를 b_n이라 하자. $b_1+b_2+b_3+\cdots+b_{10}=10$일 때, 양수 m의 값을 구하시오.

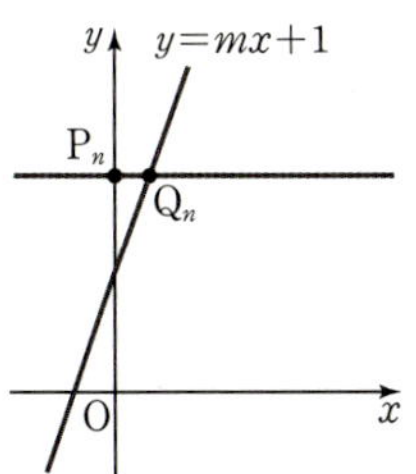

02 등비수열

1 등비수열

(1) **등비수열**: 첫째항부터 차례대로 일정한 수를 곱하여 만든 수열

(2) **공비**: 등비수열에서 곱하는 일정한 수

(3) **등비수열에서 이웃하는 두 항 사이의 관계**

공비가 $r\,(r\neq0)$인 등비수열 $\{a_n\}$의 이웃하는 두 항 a_n, a_{n+1}에 대하여 다음 관계가 성립한다.

$$a_{n+1}=ra_n \ \text{또는} \ \frac{a_{n+1}}{a_n}=r \ (\text{단, } n=1,\ 2,\ 3,\ \cdots)$$

참고 공비는 영어로 common ratio라 하고 보통 r로 나타낸다.

수열 1, 2, 4, 8, 16, $\cdots$은 첫째항 1부터 시작하여 차례대로 2를 곱하여 얻은 수열이다.

$$1, \quad 2, \quad 4, \quad 8, \quad 16, \cdots$$
$$\times2 \quad \times2 \quad \times2 \quad \times2$$

이와 같이 첫째항부터 차례대로 일정한 수를 곱하여 만든 수열을 **등비수열**이라 하고, 곱하는 일정한 수를 **공비**라 한다.

즉, 수열 1, 2, 4, 8, 16, $\cdots$은 첫째항이 1이고 공비가 2인 등비수열이다.

일반적으로 공비가 r인 등비수열 $\{a_n\}$에서 제n항에 공비 r을 곱하면 제$(n+1)$항이 되므로

$$a_{n+1}=ra_n, \ \text{즉} \ \frac{a_{n+1}}{a_n}=r \ (\text{단, } r\neq0,\ n=1,\ 2,\ 3,\ \cdots)$$

이 성립한다.

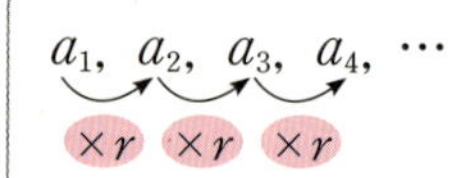

등비수열은 이웃하는 두 항의 비가 일정한 수열이다.

거꾸로 위의 등식이 성립하면 수열 $\{a_n\}$은 등비수열이다.

example

(1) 수열 16, 8, 4, 2, $\cdots$는 첫째항이 16, 공비가 $\dfrac{1}{2}$인 등비수열이다.

(2) 수열 $\dfrac{2}{3}$, -2, 6, -18, $\cdots$은 첫째항이 $\dfrac{2}{3}$, 공비가 -3인 등비수열이다.

(3) 수열 $\{3\times2^{n-1}\}$은 3, 6, 12, 24, $\cdots$이므로 첫째항 3, 공비가 2인 등비수열이다.

(4) 첫째항이 9이고 공비가 $-\dfrac{1}{3}$인 등비수열은 9, -3, 1, $-\dfrac{1}{3}$, $\dfrac{1}{9}$, $\cdots$이다.

첫째항이 a, 공비가 $r\,(r\neq0)$인 등비수열의 일반항 a_n은
$$a_n=ar^{n-1}\ (단,\ n=1,\ 2,\ 3,\ \cdots)$$

첫째항이 a, 공비가 r인 등비수열의 일반항은 다음과 같은 방법으로 구할 수 있다.

| 방법 1 | 첫째항 a부터 시작하여 등비수열 $\{a_n\}$의 각 항을 나열하면

$$a_1=a$$
$$a_2=a_1r=ar$$
$$a_3=a_2r=(ar)r=ar^2$$
$$a_4=a_3r=(ar^2)r=ar^3$$
$$\vdots$$

따라서 일반항 a_n은 $a_n=ar^{n-1}$이다.

$$a_1=a\times r^0$$
$$a_2=a\times r^1$$
$$a_3=a\times r^2$$
$$a_4=a\times r^3$$
$$\vdots$$
$$a_n=a\times r^{n-1}$$

| 방법 2 | 이웃하는 두 항의 비는 r로 일정하므로 두 항 사이의 관계를 나열하여 변끼리 곱하면

$$\frac{a_2}{a_1}=r$$
$$\frac{a_3}{a_2}=r$$
$$\frac{a_4}{a_3}=r$$
$$\vdots \quad\Bigg\}\ (n-1)개$$
$$\times\ \frac{a_n}{a_{n-1}}=r$$
$$\frac{a_n}{a_1}=r^{n-1}$$

이때 $a_1=a$이므로 일반항 a_n은 $a_n=ar^{n-1}$이다.

> **example**
> (1) 첫째항이 2, 공비가 7인 등비수열의 일반항 a_n은
> $$a_n=2\times7^{n-1}$$
> (2) 등비수열 5, -10, 20, -40, $\cdots$은 첫째항이 5, 공비가 $(-10)\div5=-2$인 등비수열
> 이므로 일반항 a_n은 $a_n=5\times(-2)^{n-1}$
> (3) 수열 $\{a_n\}$의 일반항이 $a_n=4\times3^n$이면 $a_n=12\times3^{n-1}$이므로 수열 $\{a_n\}$은 첫째항이
> $a_1=12$이고, 공비는 3인 등비수열이다.

한편, 첫째항 또는 공비가 0인 경우의 수열은
$$0,\ 0,\ 0,\ 0,\ \cdots\ 또는\ a,\ 0,\ 0,\ 0,\ \cdots\ (a는\ 0이\ 아닌\ 상수)$$
가 되어 의미가 없으므로 따로 언급하지 않아도 등비수열의 첫째항과 공비는 0이 아닌 수로 정한다.

3 등비중항

(1) 등비중항

세 수 a, b, c가 이 순서대로 등비수열을 이룰 때, b를 a와 c의 등비중항이라 한다.

➡ b가 a와 c의 등비중항이면 $b^2=ac$이다.

(2) 등비수열의 관계식

수열 $\{a_n\}$이 등비수열이면 연속하는 세 항 a_n, a_{n+1}, a_{n+2} 사이에 다음 관계가 성립한다.

$$a_{n+1}{}^2=a_n a_{n+2} \ (단, \ n=1, \ 2, \ 3, \ \cdots)$$

세 수 a, b, c가 이 순서대로 등비수열을 이루면 이웃하는 두 항의 비가 일정하므로

$$\frac{b}{a}=\frac{c}{b}, \ 즉 \ b^2=ac$$

이때 b를 a와 c의 **등비중항**이라 한다. ← 양의 등비중항 $b=\sqrt{ac}$는 a와 c의 기하평균이다.

또한 수열 $\{a_n\}$이 공비가 r인 등비수열이면 연속하는 세 항 a_n, a_{n+1}, a_{n+2}에 대하여

$$\frac{a_{n+1}}{a_n}=\frac{a_{n+2}}{a_{n+1}}=r \quad ← 등비수열의 연속하는 두 항의 비는 일정하다.$$

인 관계가 성립하므로

$$a_{n+1}{}^2=a_n a_{n+2} \ (단, \ n=1, \ 2, \ 3, \ \cdots)$$

example

세 수 4, x, 16이 이 순서대로 등비수열을 이루면

x는 4와 16의 등비중항이므로 $x^2=4\times16=64$ $\qquad \therefore \ x=-8$ 또는 $x=8$

---

4 등비수열의 합

첫째항이 a, 공비가 r인 등비수열의 첫째항부터 제n항까지의 합을 S_n이라 하면

(1) $r\neq1$일 때, $S_n=\dfrac{a(1-r^n)}{1-r}=\dfrac{a(r^n-1)}{r-1}$

(2) $r=1$일 때, $S_n=na$

등비수열의 첫째항부터 제n항까지의 합을 구해 보자.

첫째항이 a, 공비가 r인 등비수열 $\{a_n\}$의 첫째항부터 제n항까지의 합을 S_n이라 하면

$$S_n=a+ar+ar^2+\cdots+ar^{n-2}+ar^{n-1} \qquad \cdots\cdots \ ㉠$$

㉠의 양변에 r을 곱하면

$$rS_n=ar+ar^2+ar^3+\cdots+ar^{n-1}+ar^n \qquad \cdots\cdots \ ㉡$$

㉠－㉡을 하면

$$S_n=a+ar+ar^2+\cdots+ar^{n-1}$$
$$-)\quad rS_n=\quad ar+ar^2+\cdots+ar^{n-1}+ar^n$$
$$(1-r)S_n=a\qquad\qquad\qquad -ar^n$$

즉, $(1-r)S_n=a(1-r^n)$이므로

(1) $r\neq1$일 때, $S_n=\dfrac{a(1-r^n)}{1-r}=\dfrac{a(r^n-1)}{r-1}$

$\leftarrow$ $r<1$이면 $S_n=\dfrac{a(1-r^n)}{1-r}$, $r>1$이면 $S_n=\dfrac{a(r^n-1)}{r-1}$을 이용하는 것이 편리하다.

(2) $r=1$일 때, ㉠에서 $S_n=\underbrace{a+a+a+\cdots+a}_{n개}=na$

example

(1) 첫째항이 5, 공비가 2인 등비수열의 첫째항부터 제5항까지의 합 S_5는

$$S_5=\frac{5(2^5-1)}{2-1}=5\times31=155$$

(2) 첫째항이 8, 공비가 $\dfrac{1}{2}$인 등비수열의 첫째항부터 제5항까지의 합 S_5는

$$S_5=\frac{8\left\{1-\left(\dfrac{1}{2}\right)^5\right\}}{1-\dfrac{1}{2}}=\frac{8\times\dfrac{31}{32}}{\dfrac{1}{2}}=\frac{31}{2}$$

(3) 첫째항이 5, 공비가 1인 등비수열의 첫째항부터 제10항까지의 합 S_{10}은

$$S_{10}=10\times5=50$$

한편, 등비수열과 관련하여 첫째항부터 제n항까지의 합 S_n이 주어질 때, 일반항 a_n을 찾는 문제는 332쪽에서 학습하였듯이 수열의 합과 일반항 사이의 관계 $a_1=S_1$, $a_n=S_n-S_{n-1}$ $(n\geq2)$임을 이용한다.

example

수열 $\{a_n\}$의 첫째항부터 제n항까지의 합을 S_n이라 하면

(1) $S_n=2^n-1$일 때

  (i) $n=1$일 때, $a_1=S_1=2^1-1=1$

  (ii) $n\geq2$일 때,

    $a_n=S_n-S_{n-1}=2^n-1-(2^{n-1}-1)=2^{n-1}$ …… ㉠

  이때 $a_1=1$은 ㉠에 $n=1$을 대입한 값과 같으므로

  $a_n=2^{n-1}$ $\leftarrow$ 첫째항부터 등비수열을 이룬다.

> $1,\ 2,\ 2^2,\ 2^3,\ \cdots$
> $\llcorner$ 등비수열

(2) $S_n=2^n+1$일 때

  (i) $n=1$일 때, $a_1=S_1=2^1+1=3$

  (ii) $n\geq2$일 때,

    $a_n=S_n-S_{n-1}=2^n+1-(2^{n-1}+1)=2^{n-1}$ …… ㉠

  이때 $a_1=3$은 ㉠에 $n=1$을 대입한 값과 다르므로

  $a_1=3,\ a_n=2^{n-1}\ (n\geq2)$ $\leftarrow$ 제2항부터 등비수열을 이룬다.

> $3,\ 2,\ 2^2,\ 2^3,\ \cdots$
> $\llcorner$ 등비수열

참고 세 상수 $A,\ B,\ r\ (A\neq-B)$에 대하여 수열의 합 S_n이

  ① $S_n=A\times r^n-A$ 꼴이면 첫째항부터 등비수열을 이룬다.

  ② $S_n=A\times r^n+B$ 꼴이면 제2항부터 등비수열을 이룬다.

(1) 원리합계

원금과 이자를 합한 금액을 원리합계라 하고, 원금 a원을 연이율 r로 n년 동안 예금했을 때, 원리합계 S는 다음과 같이 두 가지 방법으로 계산한다.

① 단리법: 원금에 대해서만 이자를 계산하는 방법

$\Rightarrow S = a(1+rn)$ (원)

② 복리법: 원금에 이자를 합한 금액을 새로운 원금으로 보고 이자를 계산하는 방법

$\Rightarrow S = a(1+r)^n$ (원)

(2) 적립금의 원리합계

연이율 r, 1년마다 복리로 a원씩 적립할 때, n년째 말의 적립금의 원리합계 S는

① 매년 초에 적립하는 경우

$\Rightarrow S = \dfrac{a(1+r)\{(1+r)^n - 1\}}{r}$ (원)

② 매년 말에 적립하는 경우

$\Rightarrow S = \dfrac{a\{(1+r)^n - 1\}}{r}$ (원)

---

(1) 원리합계

은행에 예금을 하거나 적금을 들면 은행은 약속한 기간 후에 원금과 함께 이자를 붙여서 되돌려 준다. 이는 돈의 가치가 시간의 흐름에 따라 변하기 때문인데 예전에 맡긴 돈의 가치를 현재 시점에서의 가치만큼 이자를 붙여 돈의 가치를 유지시켜 주는 것이다.

이때 은행으로부터 받는 원금과 이자의 합계를 **원리합계**라 한다. ← (이자)=(원금)×(이율)

이자를 계산하는 방법에는 다음과 같이 단리법과 복리법이 있다.

단리법은 원금에 대해서만 이자를 계산하는 방법이다.

원금 a원을 연이율 r로 단리로 예금할 때, 1년 후, 2년 후, 3년 후, $\cdots$, n년 후의 원금과 이자, 원리합계는 다음과 같다.

이때 원금에 대해서만 이자가 붙으므로 해마다 붙는 이자는 모두 ar원으로 같다.

	원금	이자	원리합계
1년 후	a	ar	$a + ar = a(1+r)$
2년 후	$a(1+r)$	ar	$a(1+r) + ar = a(1+2r)$
3년 후	$a(1+2r)$	ar	$a(1+2r) + ar = a(1+3r)$
$\vdots$	$\vdots$	$\vdots$	$\vdots$
n년 후	$a\{1+(n-1)r\}$	ar	$a\{1+(n-1)r\} + ar = a(1+nr)$

따라서 원금 a원을 연이율 r로 n년 동안 단리로 예금할 때의 원리합계 S는

$S = a(1+rn)$ (원) ← 첫째항이 $a(1+r)$, 공차가 ar인 등차수열

원금 a원을 연이율 r로 복리로 예금할 때, 1년 후, 2년 후, 3년 후, $\cdots$, n년 후의 원금과 이자, 원리합계는 다음과 같다.

	원금	이자	원리합계
1년 후	a	ar	$a+ar=a(1+r)$
2년 후	$a(1+r)$	$a(1+r)r$	$a(1+r)+a(1+r)r=a(1+r)^2$
3년 후	$a(1+r)^2$	$a(1+r)^2r$	$a(1+r)^2+a(1+r)^2r=a(1+r)^3$
$\vdots$	$\vdots$	$\vdots$	$\vdots$
n년 후	$a(1+r)^{n-1}$	$a(1+r)^{n-1}r$	$a(1+r)^{n-1}+a(1+r)^{n-1}r=a(1+r)^n$

따라서

$$S=a(1+r)^n \text{(원)}$$ ← 첫째항이 $a(1+r)$, 공비가 $(1+r)$인 등비수열

example

원금 10000원을 연이율 2 %로 10년 동안 예금할 때의 원리합계는

(1) 단리로 예금할 경우

$$10000\times(1+0.02\times10)=10000\times1.2$$
$$=12000\text{(원)}$$

(2) 1년마다 복리로 예금할 경우

$$10000\times(1+0.02)^{10}=10000\times1.02^{10}\text{(원)}$$ ← 약 12200원으로 단리로 예금한 것보다 200원 더 많다.

참고 같은 금액에 같은 이율을 적용하여 예금한 경우 단리로 예금했을 때보다 복리로 예금했을 때 이자가 더 많이 붙는다.

⑵ 적립금의 원리합계

일정한 금액을 일정한 기간마다 적립하는 것을 적금 또는 적립예금이라 한다.

연이율 r, 1년마다 복리로 a원씩 적립할 때, n년째 말의 적립금의 원리합계 S는 다음과 같이 매년 초에 적립하는 경우와 매년 말에 적립하는 경우로 나누어 구한다. ← 각 기간의 초에 적립하는 것을 기수불, 각 기간의 말에 적립하는 것을 기말불이라 한다.

① 매년 초에 적립하는 경우 ← 기수불

매년 초에 적립하는 a원의 원리합계를 그림으로 나타내면 다음과 같다.

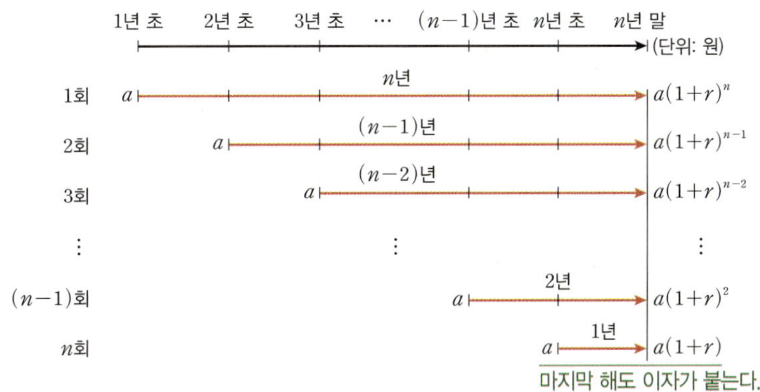

따라서

$$S=a(1+r)+a(1+r)^2+\cdots+a(1+r)^{n-1}+a(1+r)^n \text{(원)}$$

이것은 첫째항이 $a(1+r)$, 공비가 $1+r$인 등비수열의 첫째항부터 제n항까지의 합과 같으므로

$$S=\frac{a(1+r)\{(1+r)^n-1\}}{(1+r)-1}=\frac{a(1+r)\{(1+r)^n-1\}}{r}\text{(원)}$$

② 매년 말에 적립하는 경우 ← 기말불

매년 말에 적립하는 a원의 원리합계를 그림으로 나타내면 다음과 같다.

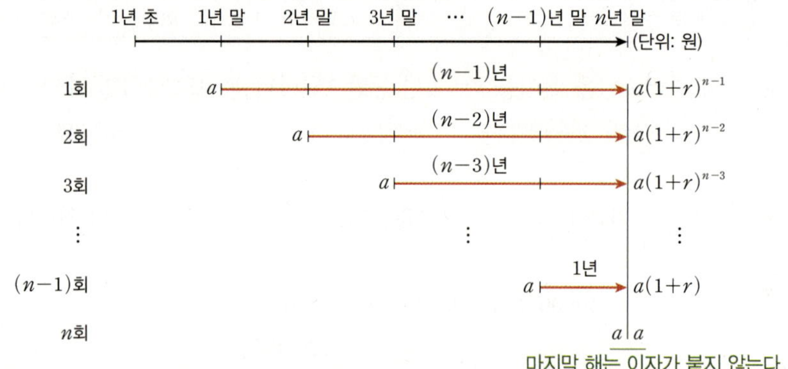

따라서

$$S=a+a(1+r)+a(1+r)^2+\cdots+a(1+r)^{n-2}+a(1+r)^{n-1}\text{(원)}$$

이것은 첫째항이 a, 공비가 $1+r$인 등비수열의 첫째항부터 제n항까지의 합과 같으므로

$$S=\frac{a\{(1+r)^n-1\}}{(1+r)-1}=\frac{a\{(1+r)^n-1\}}{r}\text{(원)}$$

example

연이율 5 %, 1년마다 복리로 매년 말에 50만 원씩 4년 동안 적립할 때, 4년째 말의 원리합계를 S만 원이라 하면 (단, $1.05^4=1.22$로 계산한다.)

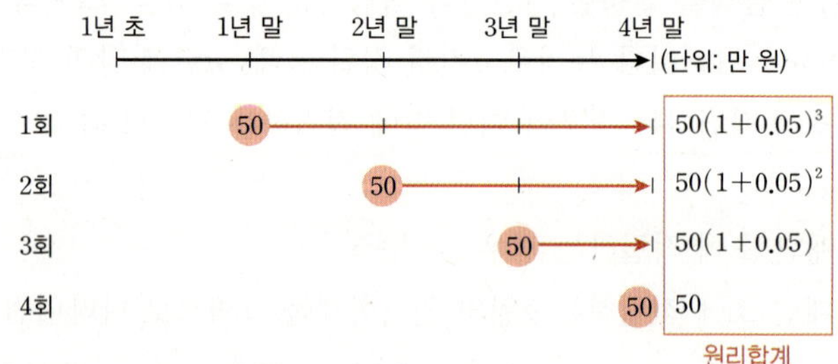

위의 그림에서

$$S=50+50(1+0.05)+50(1+0.05)^2+50(1+0.05)^3$$
$$=50+50\times1.05+50\times1.05^2+50\times1.05^3$$

즉, S는 첫째항이 50이고 공비가 1.05인 등비수열의 첫째항부터 제4항까지의 합이므로

$$S=\frac{50(1.05^4-1)}{1.05-1}=\frac{50(1.22-1)}{0.05}=220\text{(만 원)}$$

> **참고** 적립금의 원리합계 문제는 공식을 외워서 풀기보다는 위와 같이 주어진 조건을 그림으로 나타낸 후, 등비수열의 합을 이용하여 푼다.

(1) 상환

빌린 금액을 일정한 기간마다 일정한 금액씩 지불하여 빚을 갚는 것을 상환이라 한다. 마찬가지로 시간의 흐름에 따라 상환금액의 가치도 변하기 때문에 빌린 금액만큼만 갚는 것이 아니라 n년 동안 갚아나간다고 하면 n년 동안 상승된 돈의 가치를 고려해야 한다.

따라서 빌린 금액이 S원이고 이 금액을 n년 동안 갚기 위해 매년 지불해야 하는 금액을 a원이라 하면

$$(S원을\ n년\ 동안\ 예금할\ 때의\ 원리합계) = (a원을\ n년\ 동안\ 매년\ 적립할\ 때의\ 원리합계)$$

임을 이용하여 상환에 대한 문제를 해결할 수 있다.

example 지연이는 200만 원짜리 노트북을 이달 초에 구입하고 이달 말부터 매달 일정한 금액으로 12개월 동안 나누어서 갚으려고 한다. 월이율 2%, 1개월마다 복리로 계산할 때, 매달 갚아야 하는 금액을 구하면 (단, $1.02^{12}=1.26$으로 계산하고, 만 원 미만은 버린다.)

200만 원의 12개월 동안의 원리합계는

$$200 \times (1+0.02)^{12} = 200 \times 1.02^{12}$$
$$= 200 \times 1.26 = 252(만\ 원)$$

이달 말부터 매달 a만 원 씩 적립할 때의 원리합계를 그림으로 나타내면 다음과 같다.

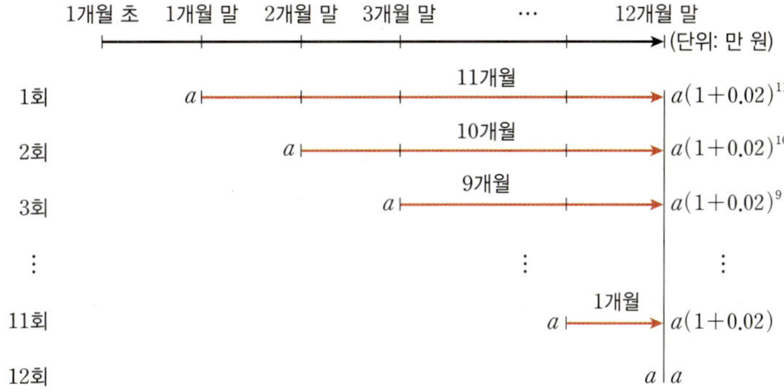

a만 원씩 12개월 동안 적립할 때의 원리합계는

$$a + a(1+0.02) + a(1+0.02)^2 + \cdots + a(1+0.02)^{11}$$

← 첫째항이 a, 공비가 1.02인 등비수열의 첫째항부터 제12항까지의 합

$$= \frac{a(1.02^{12}-1)}{1.02-1} = \frac{a(1.26-1)}{0.02} = 13a(만\ 원)$$

이때 $252=13a$이어야 하므로

$$a = \frac{252}{13} = 19.\times\times\times(만\ 원)$$

따라서 지연이가 매달 갚아야 할 금액은 19만 원이다.

(2) 연금의 현가

특정 기간동안 일정 금액을 계속적으로 지급받는 것을 연금이라 하고, 미래에 받을 연금을 현재의
가치로 환산하여 한꺼번에 받고자 할 때, 한꺼번에 받는 금액을 연금의 현가라 한다.

매년 a원씩 n년 동안 받을 연금의 현가를 S원이라 하면

$$(S원을 \ n년 \ 동안 \ 예금할 \ 때의 \ 원리합계)=(a원을 \ n년 \ 동안 \ 매년 \ 적립할 \ 때의 \ 원리합계)$$

임을 이용하여 연금의 현가에 대한 문제를 해결할 수 있다.

올해부터 매년 말에 200만 원씩 12년 동안 받는 연금이 있다. 이 연금을 올해 초에 한꺼번
에 받으려고 한다. 연이율 5 %, 1년마다 복리로 계산할 때, 올해 초에 한꺼번에 받는 금액
을 구하면 (단, $1.05^{12}=1.8$로 계산하고, 만 원 미만은 버린다.)

올해 초에 한꺼번에 받는 금액을 S만 원이라 하자.

S만 원의 12년 동안의 원리합계는

$$S(1+0.05)^{12}=S\times1.8=1.8S(만 \ 원)$$

매년 말에 200만 원씩 12년 동안 적립할 때의 원리합계를 그림으로 나타내면 다음과 같다.

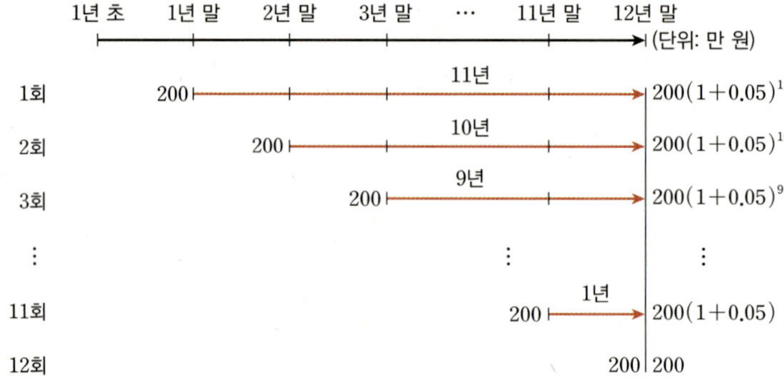

200만 원씩 12년 동안 적립할 때의 원리합계는

$$200+200(1+0.05)+200(1+0.05)^2+\cdots+200(1+0.05)^{11}$$

← 첫째항이 200, 공비가 1.05인 등비수열의 첫째항부터 제12항까지의 합

$$=\frac{200(1.05^{12}-1)}{1.05-1}=\frac{200(1.8-1)}{0.05}=3200(만 \ 원)$$

이때 $1.8S=3200$이어야 하므로

$$S=\frac{3200}{1.8}=1777.\times\times\times(만 \ 원)$$

따라서 올해 초에 한꺼번에 받는 금액은 1777만 원이다.

개념 CHECK
02. 등비수열

01 다음 등비수열의 일반항 a_n을 구하시오.

(1) 첫째항이 $-\dfrac{1}{2}$, 공비가 3

(2) $4,\ 2\sqrt{2},\ 2,\ \sqrt{2},\ \cdots$

02 다음 수열이 등비수열이 되도록 하는 $x,\ y$의 값을 각각 구하시오.

(1) $\dfrac{1}{3},\ x,\ 3,\ y,\ \cdots$

(2) $4,\ x,\ 1,\ y,\ \cdots$

03 다음 등비수열의 첫째항부터 제n항까지의 합을 구하시오.

(1) $2,\ 6,\ 18,\ 54,\ \cdots$

(2) $6,\ 4,\ \dfrac{8}{3},\ \dfrac{16}{9},\ \cdots$

04 수열 $\{a_n\}$의 첫째항부터 제n항까지의 합 S_n이 $S_n = 5^n - 1$일 때, 일반항 a_n을 구하시오.

05 연이율이 5 %이고 1년마다 복리로 매년 초 100만 원씩 6년 동안 적립할 때, 6년째 말의 적립금의 원리합계를 구하시오. (단, $1.05^6 = 1.34$로 계산한다.)

대표 예제 | 10

등비수열 $\{a_n\}$에 대하여 다음 물음에 답하시오.

(1) 첫째항이 24, 공비가 $\dfrac{1}{4}$일 때, $a_k=\dfrac{3}{32}$을 만족시키는 k의 값을 구하시오.

(2) $a_4=16$, $a_7=2$일 때, a_{11}의 값을 구하시오.

B 바로 접근

(1) 첫째항이 a, 공비가 r인 등차수열의 일반항 a_n은

→ $a_n=a\times r^{n-1}$

(2) $a_n=a\times r^{n-1}$임을 이용하여 $a_4=16$, $a_7=2$를 각각 a와 r에 대한 식으로 나타낸다.

B 바른 풀이

(1) 등비수열 $\{a_n\}$의 첫째항이 24, 공비가 $\dfrac{1}{4}$이므로 일반항은

$$a_n=24\times\left(\dfrac{1}{4}\right)^{n-1}$$

따라서 $a_k=\dfrac{3}{32}$에서 $24\times\left(\dfrac{1}{4}\right)^{k-1}=\dfrac{3}{32}$

$$\left(\dfrac{1}{4}\right)^{k-1}=\dfrac{1}{256},\ \left(\dfrac{1}{2}\right)^{2k-2}=\left(\dfrac{1}{2}\right)^{8}$$

$2k-2=8 \qquad \therefore k=5$

(2) 등비수열 $\{a_n\}$의 첫째항을 a, 공비를 r이라 하면

$a_4=a\times r^3=16 \qquad \cdots\cdots \ \unicode{x26B9} \ㄱ$

$a_7=a\times r^6=2 \qquad \cdots\cdots \ ㄴ$

ㄴ÷ㄱ을 하면 $r^3=\dfrac{1}{8} \qquad \therefore r=\dfrac{1}{2}$

$r=\dfrac{1}{2}$을 ㄱ에 대입하면 $\dfrac{1}{8}a=16 \qquad \therefore a=128$

$$\therefore a_{11}=a\times r^{10}=128\times\left(\dfrac{1}{2}\right)^{10}=\dfrac{1}{8}$$

정답 (1) 5 (2) $\dfrac{1}{8}$

Bible Says

(2)와 같이 등비수열의 항 2개가 주어졌을 때, 다음과 같이 첫째항을 구하지 않고도 문제를 해결할 수 있다.

등비수열 $\{a_n\}$의 공비를 r이라 하면 $a_7=a_4\times r^3$이므로

$2=16r^3,\ r^3=\dfrac{1}{8} \qquad \therefore r=\dfrac{1}{2}$

$\therefore a_{11}=a_7\times r^4=2\times\left(\dfrac{1}{2}\right)^4=\dfrac{1}{8}$

10-1 등비수열 $\{a_n\}$에 대하여 다음 물음에 답하시오.

(1) 첫째항이 8, 공비가 $\dfrac{1}{2}$일 때, $a_k=\dfrac{1}{8}$을 만족시키는 k의 값을 구하시오.

(2) $a_2=3$, $a_6=12$일 때, a_{10}의 값을 구하시오.

10-2 공비가 0이 아닌 등비수열 $\{a_n\}$에 대하여 $a_1=3$, $4a_4=a_9$일 때, a_6의 값을 구하시오.

10-3 공비가 1이 아닌 등비수열 $\{a_n\}$에 대하여 $a_1=\dfrac{1}{2}$, $a_2+a_3=1$일 때, a_6의 값을 구하시오.

10-4 모든 항이 양수인 등비수열 $\{a_n\}$에 대하여 $\dfrac{a_2a_4}{a_1}=\dfrac{1}{8}$, $\dfrac{a_5}{a_4}+\dfrac{a_{10}}{a_8}=20$일 때, a_9의 값을 구하시오.

대표 예제 11

등비수열 $\{a_n\}$에 대하여 다음 물음에 답하시오.

(1) 첫째항은 128, 공비가 $\dfrac{1}{2}$일 때, $a_n<1$을 만족시키는 자연수 n의 최솟값을 구하시오.

(2) 공비가 양수이고, $a_2=4$, $a_4=64$일 때, $a_n>1500$을 만족시키는 자연수 n의 최솟값을 구하시오.

바로 접근

(1) 등비수열의 일반항에 첫째항과 공비를 대입한 후, $a_n<1$을 만족시키는 자연수 n의 최솟값을 구한다.

(2) 첫째항과 공비를 구하여 등비수열의 일반항을 나타낸 후, $a_n>1500$을 만족시키는 자연수 n의 최솟값을 구한다.

바른 풀이

(1) 등비수열 $\{a_n\}$의 첫째항이 128, 공비가 $\dfrac{1}{2}$이므로 일반항은

$$a_n=128\times\left(\dfrac{1}{2}\right)^{n-1}$$

이때 $a_n<1$에서 $128\times\left(\dfrac{1}{2}\right)^{n-1}<1$

$\left(\dfrac{1}{2}\right)^{n-1}<\left(\dfrac{1}{2}\right)^{7}$, $n-1>7$ $\quad\therefore n>8$

따라서 $a_n<1$을 만족시키는 자연수 n의 최솟값은 9이다.

(2) 등비수열 $\{a_n\}$의 공비를 r이라 하면 $a_4=a_2\times r^2$이므로

$64=4r^2$에서 $r^2=16$ $\quad\therefore r=4\ (\because r>0)$

$a_2=a_1\times 4=4$에서 $a_1=1$이므로 등비수열 $\{a_n\}$의 일반항은

$a_n=1\times 4^{n-1}=4^{n-1}$

이때 $a_n>1500$에서 $4^{n-1}>1500$이고

$4^5=1024$, $4^6=4096$이므로

$n-1\geq 6$ $\quad\therefore n\geq 7$

따라서 $a_n>1500$을 만족시키는 자연수 n의 최솟값은 7이다.

정답 (1) 9 (2) 7

Bible Says

등비수열 $\{a_n\}$에서 대소 관계, 특히 항의 값이 어떠한 수보다 크거나 작을 때를 구하는 경우는 일반항 a_n을 이용한다.

① 처음으로 k보다 커지는 항: $a_n>k$를 만족시키는 자연수 n의 최솟값을 찾는다.

② 처음으로 k보다 작아지는 항: $a_n<k$를 만족시키는 자연수 n의 최솟값을 찾는다.

한 번 더하기

11-1

등비수열 $\{a_n\}$에 대하여 다음 물음에 답하시오.

(1) 첫째항은 $\dfrac{1}{32}$, 공비가 4일 때, $a_n > 100$을 만족시키는 자연수 n의 최솟값을 구하시오.

(2) $a_3 = 16$, $a_6 = 2$이고 공비가 실수일 때, $a_n < \dfrac{1}{10}$을 만족시키는 자연수 n의 최솟값을 구하시오.

표현 더하기

11-2

모든 항이 양수인 등비수열 $\{a_n\}$에 대하여
$$a_1 a_5 = 5, \ a_3 a_7 = 20$$
일 때, $a_n^2 < 200$을 만족시키는 자연수 n의 최댓값을 구하시오.

표현 더하기

11-3

공비가 양수인 등비수열 $\{a_n\}$에 대하여
$$\log_2 a_4 = \dfrac{5}{3}, \ \log_2 a_8 = 3$$
일 때, $16 < a_n < 32$를 만족시키는 모든 자연수 n의 값의 합을 구하시오.

표현 더하기

11-4

모든 항이 0이 아닌 등비수열 $\{a_n\}$에 대하여
$$a_2 - a_1 = 2, \ \dfrac{a_2 + a_4}{a_3 + a_5} = -\dfrac{1}{3}$$
일 때, $|a_n| < 500$을 만족시키는 모든 자연수 n의 값의 합을 구하시오.

대표 예제 12

다음 물음에 답하시오.

(1) 두 수 3과 48 사이에 7개의 양수 a_1, a_2, a_3, $\cdots$, a_7을 넣어 만든 수열 3, a_1, a_2, a_3, $\cdots$, a_7, 48이 이 순서대로 등비수열을 이룰 때, a_3+a_5의 값을 구하시오.

(2) $\dfrac{1}{4}$과 32 사이에 n개의 수를 넣어 만든 등비수열 $\dfrac{1}{4}$, a_1, a_2, a_3, $\cdots$, a_n, 32의 공비가 2일 때, 자연수 n의 값을 구하시오.

B로 접근

(1) 수열 3, a_1, a_2, a_3, $\cdots$, a_7, 48의 항의 개수가 9이므로 48은 주어진 등비수열의 제9항이다.

(2) 수열 $\dfrac{1}{4}$, a_1, a_2, a_3, $\cdots$, a_n, 32의 항의 개수가 $n+2$이므로 32는 주어진 등비수열의 제$(n+2)$항이다.

B른 풀이

(1) 등비수열 3, a_1, a_2, a_3, $\cdots$, a_7, 48의 공비를 r이라 하면 첫째항이 3, 제9항이 48이므로

$$3 \times r^{9-1}=48, \quad r^8=16 \qquad \therefore r=\sqrt{2} \ (\because r>0)$$

이때 a_3, a_5는 각각 제4항, 제6항이므로

$$a_3=3 \times (\sqrt{2})^3=6\sqrt{2}, \quad a_5=3 \times (\sqrt{2})^5=12\sqrt{2}$$

$$\therefore a_3+a_5=6\sqrt{2}+12\sqrt{2}=18\sqrt{2}$$

(2) 등비수열 $\dfrac{1}{4}$, a_1, a_2, a_3, $\cdots$, a_n, 32의 첫째항은 1, 공비는 2이고 32는 제$(n+2)$항이므로

$$32=\dfrac{1}{4} \times 2^{n+1}, \quad 2^{n+1}=2^7$$

$$n+1=7 \qquad \therefore n=6$$

정답 (1) $18\sqrt{2}$ (2) 6

Bible Says

두 수 a, b 사이에 n개의 수를 넣어서 만든 등비수열의 항은 $(n+2)$개이고, 첫째항은 a, 제$(n+2)$항은 b이다.
따라서 공비를 r이라 하면

$$b=ar^{(n+2)-1}, \text{ 즉 } b=ar^{n+1}$$

이 성립한다.

한번 더하기

12-1

6개의 수 4, a, b, c, d, 972가 이 순서대로 등비수열을 이룰 때, $a+d$의 값을 구하시오.

(단, 공비는 실수이다.)

표현 더하기

12-2

등비수열 $\{a_n\}$이

$$\frac{8}{81},\ x_1,\ x_2,\ \frac{1}{3},\ y_1,\ y_2,\ y_3,\ \cdots,\ y_n,\ \frac{81}{32}$$

일 때, 자연수 n의 값을 구하시오. (단, 수열의 모든 항은 실수이다.)

표현 더하기

12-3

등비수열 $\{a_n\}$에 대하여 3과 96 사이에 4개의 수를 넣어 만든 수열

$$3,\ a_2,\ a_4,\ a_6,\ a_8,\ 96$$

이 이 순서대로 등비수열을 이룰 때, $a_3 \times a_5$의 값을 구하시오.

실력 더하기

12-4

$\dfrac{1}{256}$과 4 사이에 n개의 수를 넣어 만든 등비수열

$$\frac{1}{256},\ a_1,\ a_2,\ a_3,\ \cdots,\ a_n,\ 4$$

의 공비를 r이라 할 때, $n+r$의 최솟값을 구하시오. (단, n은 자연수, r은 정수이다.)

대표 예제 | 13

다음 물음에 답하시오.

(1) 세 수 $x+1$, $2x-2$, $2x+4$가 이 순서대로 등비수열을 이룰 때, 양수 x의 값을 구하시오.

(2) 등비수열을 이루는 세 실수의 합이 13, 곱이 27일 때, 세 수 중 가장 큰 수를 구하시오.

바로 접근

(1) 세 수 $x+1$, $2x-2$, $2x+4$가 이 순서대로 등비수열을 이룰 때, $2x-2$는 $x+1$과 $2x+4$의 등비중항이다.

(2) 등비수열을 이루는 세 수를 a, ar, ar^2으로 놓고 식을 세운다. (단, $r \neq 0$)

바른 풀이

(1) 세 수 $x+1$, $2x-2$, $2x+4$가 이 순서대로 등비수열을 이루므로
$2x-2$는 $x+1$과 $2x+4$의 등비중항이다.
$$(2x-2)^2 = (x+1)(2x+4)$$
$$4x^2 - 8x + 4 = 2x^2 + 6x + 4$$
$$2x^2 - 14x = 0, \ 2x(x-7) = 0$$
$$\therefore x = 7 \ (\because x > 0)$$

(2) 등비수열을 이루는 세 수를 a, ar, ar^2으로 놓으면
세 수의 합이 13이므로 $a + ar + ar^2 = 13$ $\quad \therefore a(1+r+r^2) = 13$ $\quad$ ······ ㉠
세 수의 곱이 27이므로 $a \times ar \times ar^2 = 27$, $(ar)^3 = 27$ $\quad \therefore ar = 3 \ (\because ar$은 실수$)$ $\quad$ ······ ㉡

㉡에서 $a = \dfrac{3}{r}$이므로 이 식을 ㉠에 대입하면 $\dfrac{3}{r}(1+r+r^2) = 13$

양변에 r을 곱하면 $3 + 3r + 3r^2 = 13r$, $3r^2 - 10r + 3 = 0$

$(3r-1)(r-3) = 0$ $\quad \therefore r = \dfrac{1}{3}$ 또는 $r = 3$

$r = \dfrac{1}{3}$이면 $a = 9$이므로 등비수열을 이루는 세 수는 9, 3, 1이고,

$r = 3$이면 $a = 1$이므로 등비수열을 이루는 세 수는 1, 3, 9이다.
따라서 세 수 중 가장 큰 수는 9이다.

정답 (1) 7 (2) 9

Bible Says

세 수가 등비수열을 이룰 때, 주어진 등비수열의 공비를 r로 놓고 세 수를 a, ar, ar^2이라 할 수도 있지만
대표 예제 | 13 의 (2)와 같이 세 수의 곱이 주어진 경우에는 세 수를 $\dfrac{a}{r}$, a, ar로 놓고 r을 소거하여 풀 수도 있다.

13-1

다음 물음에 답하시오.

⑴ 세 수 4, $x+4$, $2x+5$가 이 순서대로 등비수열을 이룰 때, 양수 x의 값을 구하시오.

⑵ 등비수열을 이루는 세 실수의 합이 $\dfrac{3}{2}$, 곱이 -1일 때, 세 실수를 구하시오.

13-2

삼차방정식 $x^3-14x^2-84x+k=0$의 서로 다른 세 실근이 등비수열을 이룰 때, 상수 k의 값을 구하시오.

13-3

공차가 0이 아닌 등차수열 $\{a_n\}$의 세 항 a_1, a_3, a_8이 이 순서대로 등비수열을 이룰 때, $\dfrac{a_2}{a_4}$의 값을 구하시오.

13-4

세 수 81, ab, 256이 이 순서대로 등비수열을 이루도록 하는 자연수 a, b의 순서쌍 (a, b)의 개수를 구하시오.

대표 예제 · 14

다음 물음에 답하시오.

(1) 등비수열 $\{a_n\}$에 대하여 $a_1=5$, $a_4=40$일 때, 등비수열의 첫째항부터 제8항까지의 합을 구하시오.

(2) 등비수열 $1,\ x,\ x^2,\ x^3,\ \cdots$의 첫째항부터 제6항까지의 합을 $f(x)$라 할 때, $f(1)f(3)$의 값을 구하시오. (단, $x\neq0$)

바로 접근

첫째항이 a, 공비가 r인 등비수열 $\{a_n\}$의 첫째항부터 제n항까지의 합을 S_n이라 하면

① $r=1$일 때, $S_n=na$

② $r\neq1$일 때, $S_n=\dfrac{a(r^n-1)}{r-1}=\dfrac{a(1-r^n)}{1-r}$

(1) 주어진 항에서 공비를 먼저 구한다.

(2) 공비가 문자이면 (공비)$=1$, (공비)$\neq1$로 구분하여 생각한다.

바른 풀이

(1) 등비수열 $\{a_n\}$의 공비를 r이라 하면

$a_4=40$에서 $a_1r^3=40$

$5r^3=40$, $r^3=8$ $\quad\therefore r=2$

따라서 첫째항이 5, 공비가 2인 등비수열 $\{a_n\}$의 첫째항부터 제8항까지의 합은

$\dfrac{5(2^8-1)}{2-1}=5\times255=1275$

(2) 등비수열 $1,\ x,\ x^2,\ x^3,\ \cdots$의 첫째항은 1, 공비는 $x\ (x\neq0)$이므로

$x=1$일 때 등비수열의 첫째항부터 제n항까지의 합은

$1+1+1+\cdots+1=n$

$x\neq1$일 때 등비수열의 첫째항부터 제n항까지의 합은

$\dfrac{x^n-1}{x-1}$

등비수열 $1,\ x,\ x^2,\ x^3,\ \cdots$의 첫째항부터 제6항까지의 합이 $f(x)$이므로

$f(1)f(3)=6\times\dfrac{3^6-1}{3-1}=3\times728=2184$

정답 (1) 1275 (2) 2184

Bible Says

대표 예제 14 의 (2)에서 수열 $1,\ 1,\ 1,\ \cdots,\ 1$은

첫째항이 1, 공차가 0인 등차수열이면서 첫째항이 1, 공비가 1인 등비수열이기도 하다.

한 번 더하기

14-1

모든 항이 실수인 등비수열 $\{a_n\}$에 대하여

$$a_2 = -6, \ a_5 = 48$$

일 때, $a_1 + a_2 + a_3 + \cdots + a_7$의 값을 구하시오.

표현 더하기

14-2

수열 $\{a_n\}$이

$$a_n = 2^n + (-3)^n$$

일 때, $a_1 + a_2 + a_3 + \cdots + a_6$의 값을 구하시오.

08

표현 더하기

14-3

모든 항이 실수인 등비수열 $\{a_n\}$의 첫째항부터 제n항까지의 합을 S_n이라 하자.

$$a_3 = 3, \ \frac{S_6}{S_3} = 9$$

일 때, a_5의 값을 구하시오.

표현 더하기

14-4

수열 $\{a_n\}$의 첫째항부터 제n항까지의 합을 S_n이라 하자. 수열 $\{\log_2 a_n\}$이 공차가 -1인 등차수열을 이루고, $S_6 = \dfrac{63}{4}$일 때, a_7의 값을 구하시오.

대표 예제 | 15

등비수열 $\{a_n\}$의 첫째항부터 제10항까지의 합이 6이고, 첫째항부터 제20항까지의 합이 30일 때, 이 수열의 첫째항부터 제30항까지의 합을 구하시오.

바로 접근 문제에서 주어진 등비수열의 부분의 합을 계산하여 등비수열의 첫째항 또는 공비를 구한다.

바른 풀이 등비수열 $\{a_n\}$의 첫째항을 a, 공비를 r, 첫째항부터 제n항까지의 합을 S_n이라 하면

첫째항부터 제10항까지의 합이 6이므로

$$S_{10}=\frac{a(1-r^{10})}{1-r}=6 \qquad \cdots\cdots \text{㉠}$$

첫째항부터 제20항까지의 합이 30이므로

$$S_{20}=\frac{a(1-r^{20})}{1-r}=\frac{a(1-r^{10})(1+r^{10})}{1-r}=30 \qquad \cdots\cdots \text{㉡}$$

㉠을 ㉡에 대입하면 $6(1+r^{10})=30$

$1+r^{10}=5 \qquad \therefore r^{10}=4$

따라서 이 수열의 첫째항부터 제30항까지의 합은

$$S_{30}=\frac{a(1-r^{30})}{1-r}=\frac{a(1-r^{10})(1+r^{10}+r^{20})}{1-r}$$

$$=6\times(1+4+4^2)=126$$

다른 풀이

등비수열에서 차례대로 같은 개수의 항을 묶어서 그 합으로 수열을 만들면 그 수열은 등비수열을 이룬다.

즉, 첫째항부터 제n항까지의 합을 S_n이라 하면 S_{10}, $S_{20}-S_{10}$, $S_{30}-S_{20}$은 이 순서대로 등비수열을 이룬다.

$S_{10}=6$, $S_{20}=30$에서 $S_{20}-S_{10}=30-6=24$이므로

S_{10}, $S_{20}-S_{10}$, $S_{30}-S_{20}$은 공비가 $24\div6=4$인 등비수열을 이룬다.

따라서 $S_{30}-S_{20}=24\times4=96$이므로 $S_{30}=96+S_{20}=96+30=126$

정답 126

Bible Says

등비수열 $\{a_n\}$의 첫째항을 a, 공비를 $r\,(r\neq1)$, 첫째항부터 제n항까지의 합을 S_n이라 할 때,

$$S_n=\frac{a(1-r^n)}{1-r},\ S_{2n}=\frac{a(1-r^{2n})}{1-r}=\frac{a(1-r^n)(1+r^n)}{1-r},\ S_{3n}=\frac{a(1-r^{3n})}{1-r}=\frac{a(1-r^n)(1+r^n+r^{2n})}{1-r}$$

에서

$$S_{2n}-S_n=\frac{a(1-r^n)(1+r^n)}{1-r}-\frac{a(1-r^n)}{1-r}=\frac{a(1-r^n)}{1-r}\times r^n,$$

$$S_{3n}-S_{2n}=\frac{a(1-r^n)(1+r^n+r^{2n})}{1-r}-\frac{a(1-r^n)(1+r^n)}{1-r}=\frac{a(1-r^n)}{1-r}\times r^{2n}$$

이므로 S_n, $S_{2n}-S_n$, $S_{3n}-S_{2n}$은 이 순서대로 공비가 r^n인 등비수열을 이룬다.

한번 더하기

15-1 등비수열 $\{a_n\}$의 첫째항부터 제5항까지의 합이 12이고, 첫째항부터 제10항까지의 합이 6일 때, 이 수열의 첫째항부터 제15항까지의 합을 구하시오.

표현 더하기

15-2 공비가 2인 등비수열 $\{a_n\}$에 대하여 $a_1+a_2+a_3+a_4=90$일 때, $a_2+a_4+a_6+a_8$의 값을 구하시오.

표현 더하기

15-3 공비가 양수인 등비수열 $\{a_n\}$에 대하여
$$a_1+a_3+a_5+a_7+a_9+a_{11}=10, \quad a_{25}+a_{27}+a_{29}+a_{31}+a_{33}+a_{35}=90$$
일 때, $a_{13}+a_{15}+a_{17}+a_{19}+a_{21}+a_{23}$의 값을 구하시오.

표현 더하기

15-4 공비가 0이 아닌 등비수열 $\{a_n\}$의 첫째항부터 제n항까지의 합을 S_n이라 하자.
$$S_4=1, \quad S_{12}=6S_8-5$$
일 때, S_{12}의 값을 구하시오.

대표 예제 | 16

다음 물음에 답하시오.

(1) 수열 $\{a_n\}$의 첫째항부터 제n항까지의 합 S_n이 $S_n=4^{n+1}+k$일 때, 수열 $\{a_n\}$이 첫째항부터 등비수열이 되도록 하는 상수 k의 값을 구하시오.

(2) 수열 $\{a_n\}$의 첫째항부터 제n항까지의 합 S_n이 $S_n=2^{n+2}-1$일 때, a_1+a_5의 값을 구하시오.

바로 접근

수열 $\{a_n\}$의 첫째항부터 제n항까지의 합을 S_n이라 하면
$$a_1=S_1,\ a_n=S_n-S_{n-1}\ (n\geq 2)$$

바른 풀이

(1) $S_n=4^{n+1}+k$에서

　$n=1$일 때, $a_1=S_1=4^2+k=16+k$

　$n\geq 2$일 때, $a_n=S_n-S_{n-1}=4^{n+1}+k-(4^n+k)=4^{n+1}-4^n=3\times 4^n$ ······ ㉠

　이때 $a_1=16+k$와 ㉠에 $n=1$을 대입한 값이 같아야 수열 $\{a_n\}$이 첫째항부터 등비수열이 되므로

　$16+k=3\times 4,\ 16+k=12$　　$\therefore k=-4$

(2) $S_n=2^{n+2}-1$에서

　$n=1$일 때, $a_1=S_1=2^3-1=7$

　$n\geq 2$일 때, $a_n=S_n-S_{n-1}=2^{n+2}-1-(2^{n+1}-1)=2^{n+1}$ ······ ㉠

　이때 $a_1=7$은 ㉠에 $n=1$을 대입한 값과 같지 않으므로 일반항 a_n은

　$a_1=7,\ a_n=2^{n+1}\ (n\geq 2)$

　$\therefore a_1+a_5=7+64=71$

다른 풀이

(2) $a_1=S_1,\ a_5=S_5-S_4$이므로

　$a_1+a_5=S_1+(S_5-S_4)=(2^3-1)+\{2^7-1-(2^6-1)\}=7+(127-63)=71$

정답 (1) -4　(2) 71

Bible Says

수열 $\{a_n\}$의 첫째항부터 제n항까지의 합 S_n이 $S_n=Ar^n+B$ (단, $r\neq 0,\ r\neq 1,\ A,\ B$는 실수)일 때

　$a_1=S_1=Ar+B$

　$a_n=S_n-S_{n-1}$

　　$=Ar^n+B-(Ar^{n-1}+B)$

　　$=Ar^{n-1}(r-1)\ (n\geq 2)$

이때 $B=-A$이면 수열 $\{a_n\}$은 첫째항부터 등비수열이고, $B\neq -A$이면 수열 $\{a_n\}$은 제2항부터 등비수열이다.

한번 더하기

16-1 수열 $\{a_n\}$의 첫째항부터 제n항까지의 합 S_n이 다음과 같을 때, 일반항 a_n을 구하시오.

(1) $S_n=2^n-3$　　　　　　　　　　(2) $S_n=3^n-1$

한번 더하기

16-2 수열 $\{a_n\}$의 첫째항부터 제n항까지의 합 S_n이
$$S_n=2^{2-n}-4$$
일 때, a_7의 값을 구하시오.

표현 더하기

16-3 등비수열 $\{a_n\}$의 첫째항부터 제n항까지의 합을 S_n이라 할 때, $S_n=k\times 4^{n+1}-12$이다. 이 때 a_k의 값을 구하시오. (단, k는 상수이다.)

표현 더하기

16-4 수열 $\{a_n\}$의 첫째항부터 제n항까지의 합 S_n이
$$S_n=3^{n+1}-3$$
일 때, $a_n<500$을 만족시키는 자연수 n의 개수를 구하시오.

대표 예제 17

그림과 같이 한 변의 길이가 12인 정삼각형 $A_1B_1C_1$이 있다. 정삼각형 $A_1B_1C_1$의 각 변의 중점을 이어서 만든 정삼각형을 $A_2B_2C_2$라 하고, 정삼각형 $A_2B_2C_2$의 각 변의 중점을 이어서 만든 정삼각형을 $A_3B_3C_3$이라 하자. 같은 방법으로 정삼각형을 계속 만들 때, 정삼각형 $A_6B_6C_6$의 넓이를 구하시오.

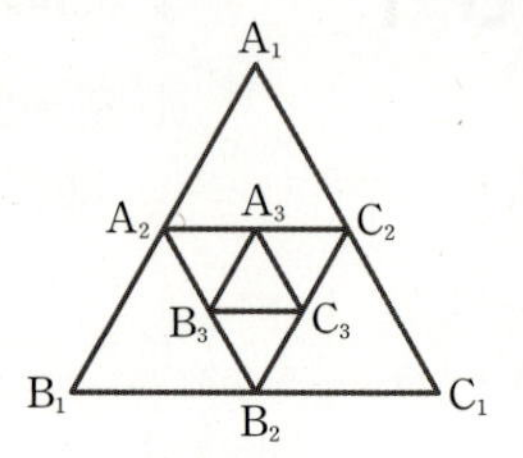

B바로 접근

도형의 길이, 넓이, 부피 등이 일정한 비율로 변할 때, 처음 몇 개의 항을 나열하여 규칙성을 파악한다.

B바른 풀이

정삼각형 $A_1B_1C_1$의 한 변의 길이가 12이므로

정삼각형 $A_1B_1C_1$의 넓이는 $\dfrac{\sqrt{3}}{4} \times 12^2 = 36\sqrt{3}$ ← 한 변의 길이가 a인 정삼각형의 넓이는 $\dfrac{\sqrt{3}}{4}a^2$

정삼각형 $A_2B_2C_2$의 넓이는 정삼각형 $A_1B_1C_1$의 넓이의 $\dfrac{1}{4}$이므로

정삼각형 $A_2B_2C_2$의 넓이는 $36\sqrt{3} \times \dfrac{1}{4}$

정삼각형 $A_3B_3C_3$의 넓이는 정삼각형 $A_2B_2C_2$의 넓이의 $\dfrac{1}{4}$이므로

정삼각형 $A_3B_3C_3$의 넓이는 $\left(36\sqrt{3} \times \dfrac{1}{4} \right) \times \dfrac{1}{4} = 36\sqrt{3} \times \left(\dfrac{1}{4} \right)^2$

$\vdots$

이와 같이 계속되므로 정삼각형 $A_nB_nC_n$의 넓이는

$$36\sqrt{3} \times \left(\dfrac{1}{4} \right)^{n-1}$$

따라서 정삼각형 $A_6B_6C_6$의 넓이는

$$36\sqrt{3} \times \left(\dfrac{1}{4} \right)^5 = \dfrac{9\sqrt{3}}{256}$$

정답 $\dfrac{9\sqrt{3}}{256}$

Bible Says

① 처음의 양을 a, 매회 (매시간, 매년 등) 일정한 증가율을 r이라 하면 n회 (n시간, n년 등) 후의 양은

$$a(1+r)^n$$

② 처음의 양을 a, 매회 (매시간, 매년 등) 일정한 감소율을 r이라 하면 n회 (n시간, n년 등) 후의 양은

$$a(1-r)^n$$

한 번 더하기

17-1 넓이가 16인 정사각형 모양의 종이가 있다. 그림과 같이 1회 시행에서 이 정사각형 모양의 종이를 9등분하여 네 모퉁이 및 한가운데의 사각형을 잘라내고 색칠한 부분만 남긴다. 2회 시행에서 1회 시행 후 남은 4개의 정사각형을

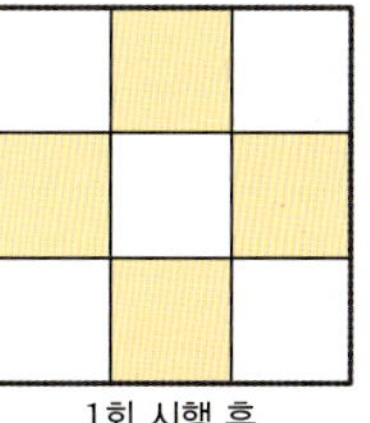
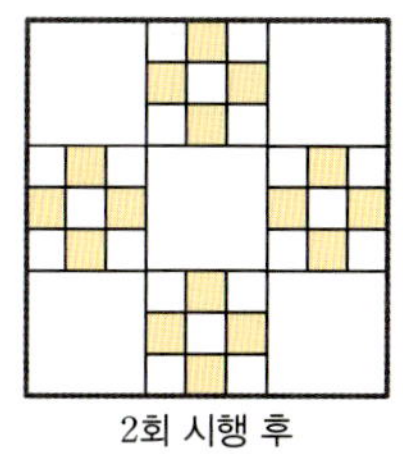

각각 9등분하여 네 모퉁이 및 한가운데의 사각형을 잘라내고 색칠한 부분만 남긴다. 이와 같은 시행을 반복할 때, 5회 시행 후 남아 있는 도형의 넓이가 $\dfrac{2^b}{3^a}$이다. ab의 값을 구하시오.

(단, a, b는 자연수이다.)

표현 더하기

17-2 어느 제약회사에서 신약 개발에 성공한 후 회사의 약품 판매량이 매년 20 %씩 증가하였다. 신약 개발에 성공한 첫 해의 판매량이 5000개일 때, 7년 후 그 해의 약품 판매량을 구하시오. (단, $1.2^7 = 3.58$로 계산한다.)

표현 더하기

17-3 그림과 같이 점 $P_1(8, 0)$에서 직선 $y = x$에 내린 수선의 발을 P_2, 점 P_2에서 y축에 내린 수선의 발을 P_3, 점 P_3에서 직선 $y = -x$에 내린 수선의 발을 P_4, 점 P_4에서 x축에 내린 수선의 발을 P_5라 하자. 이와 같은 과정을 반복하여 만든 삼각형 OP_nP_{n+1}의 넓이를 S_n이라 할 때, S_8의 값을 구하시오.

(단, O는 원점이다.)

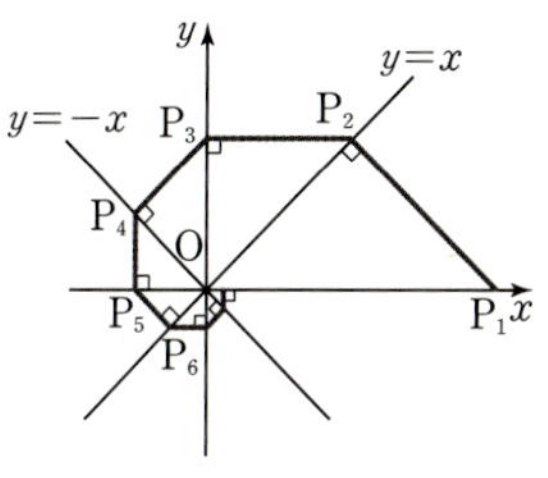

표현 더하기

17-4 그림과 같이 길이가 1인 선분 AB_1을 지름으로 하는 반원 C_1이 있다. 선분 AB_1을 $2 : 1$로 내분하는 점을 B_2라 하고, 선분 AB_2를 지름으로 하는 반원을 C_2라 하자. 선분 AB_2를 $2 : 1$로 내분하는 점을 B_3이라 하고, 선분 AB_3을 지름으로 하는 반원을 C_3이라 하자. 이와 같은 과정을 반복하여 만든 반원의 호의 길이를 l_n이라 할 때,

$$l_1 + l_2 + l_3 + \cdots + l_{10} = \left\{ \dfrac{a}{2} - \left(\dfrac{2}{3} \right)^b \right\} \pi \text{이다.} \ a + b \text{의 값을 구하시오. (단, } a, b \text{는 정수이다.)}$$

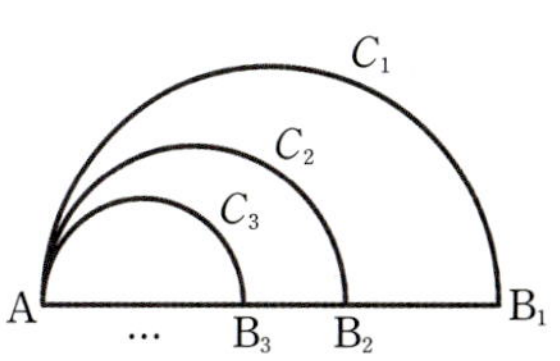

대표 예제 | 18

연이율이 4 %이고 1년마다 복리로 매년 초 100만 원씩 10년 동안 적립할 때, 10년째 말의 적립금의 원리합계를 구하시오. (단, $1.04^{10}=1.5$로 계산한다.)

바로 접근

연이율 r, 1년마다 복리로 n년 동안 매년 적립할 때, n년 말의 원리합계를 S_n이라 하면

① 매년 초에 a원씩 적립: $S_n=\dfrac{a(1+r)\{(1+r)^n-1\}}{r}$ ← 첫째항이 $a(1+r)$, 공비가 $1+r$인 등비수열의 합

② 매년 말에 a원씩 적립: $S_n=\dfrac{a\{(1+r)^n-1\}}{r}$ ← 첫째항이 a, 공비가 $1+r$인 등비수열의 합

바른 풀이

	1년 초	2년 초	3년 초	4년 초	⋯	10년 초	10년 말
							(단위: 만 원)
1회	100	$100(1+0.04)$	$100(1+0.04)^2$	$100(1+0.04)^3$	⋯	$100(1+0.04)^9$	$100(1+0.04)^{10}$
2회		100	$100(1+0.04)$	$100(1+0.04)^2$	⋯	$100(1+0.04)^8$	$100(1+0.04)^9$
3회			100	$100(1+0.04)$	⋯	$100(1+0.04)^7$	$100(1+0.04)^8$
⋮						⋮	⋮
10회						100	$100(1+0.04)$

원리합계

연이율 4 %로 매년 초 100만 원씩 10년 동안 적립할 때, 10년째 말의 적립금의 원리합계는

$100(1+0.04)+100(1+0.04)^2+100(1+0.04)^3+\cdots+100(1+0.04)^{10}$

$=100\times1.04+100\times1.04^2+100\times1.04^3+\cdots+100\times1.04^{10}$

$=\dfrac{100\times1.04\times(1.04^{10}-1)}{1.04-1}$ ← 첫째항이 100×1.04, 공비가 1.04인 등비수열의 합

$=\dfrac{100\times1.04\times(1.5-1)}{0.04}$

$=1300$(만 원)

정답) 1300만 원

Bible Says

매년 초에 적립하는지, 매년 말에 적립하는지를 잘 확인해야 한다.

매년 초에 적립할 때는 마지막에 넣는 돈에 대한 1년 동안의 이자를 받고, 매년 말에 적립할 때는 마지막에 넣는 돈에 대한 이자가 없다.

원리합계에 대한 문제는 공식을 외워서 풀기보다는 위의 **바른 풀이**와 같이 주어진 조건을 그림으로 나타낸 후 등비수열의 합을 이용하여 푼다.

한 번 더하기

18-1

연이율이 3 %이고 1년마다 복리로 매년 말 200만 원씩 6년 동안 적립할 때, 6년째 말의 적립금의 원리합계를 구하시오. (단, $1.03^6=1.2$로 계산하고, 천의 자리에서 반올림한다.)

표현 더하기

18-2

이준이는 초등학교 1학년 초부터 연이율이 6 %이고 1년마다 복리로 매년 10만 원씩 적립하려고 한다. 고등학교 3학년 말의 적립금의 원리합계를 구하시오.

(단, $1.06^{12}=2.01$로 계산하고, 천의 자리에서 반올림한다.)

표현 더하기

18-3

서윤이는 무선 헤드셋을 사기 위하여 1월부터 매월 초에 일정한 금액을 적립하여 5월 말에 20만 원을 마련하려고 한다. 월이율 0.5 %, 한 달마다 복리로 계산할 때, 매월 초에 적립해야 하는 금액을 구하시오. (단, $1.005^5=1.025$로 계산하고, 백 원 미만은 버린다.)

실력 더하기

18-4

첫 해 말에 30만 원을 적립하고 다음 해부터 매년 말에 전년도 적립금액의 4 %를 증액하여 적립하기로 하였다. 연이율이 4 %이고 1년마다 복리로 계산할 때, 6년째 말의 적립금의 원리합계를 구하시오. (단, $1.04^5=1.2$로 계산한다.)

01 등차수열 $\{a_n\}$에 대하여

$$\begin{pmatrix} a_1 & a_2 \\ a_3 & a_4 \end{pmatrix}\begin{pmatrix} 2 \\ -1 \end{pmatrix}=\begin{pmatrix} -3 \\ 5 \end{pmatrix}$$

일 때, a_5의 값을 구하시오.

02 공차가 양수인 등차수열 $\{a_n\}$에 대하여 $a_1=1$이고,

$$|a_3-6|=|a_4-6|$$

일 때, a_5의 값을 구하시오.

03 이차방정식 $x^2-4x+k=0$의 두 근 α, β $(\alpha<\beta)$에 대하여 α, β, $\alpha+\beta$가 이 순서대로 등차수열을 이룰 때, 상수 k의 값을 구하시오.

04 첫째항이 1인 수열 $\{a_n\}$에 대하여 수열 $\{a_{2n-1}\}$은 공차가 2인 등차수열이고, 수열 $\{a_{2n}\}$은 공차가 3인 등차수열이다. $a_4=a_5$일 때, a_{10}의 값을 구하시오.

05 첫째항이 양수이고 공차가 2인 등차수열 $\{a_n\}$의 첫째항부터 제n항까지의 합을 S_n이라 하자. $a_k=31$, $S_{k+10}=640$을 만족시키는 자연수 k에 대하여 S_k의 값은?

① 200 ② 205 ③ 210 ④ 215 ⑤ 220

06 첫째항이 10인 등차수열 $\{a_n\}$에 대하여 수열 $\{a_{2n-1}\}$의 첫째항부터 제n항까지의 합을 S_n, 수열 $\{a_{2n}\}$의 첫째항부터 제n항까지의 합을 T_n이라 할 때, $\dfrac{2^{S_{10}}}{2^{T_{10}}}=16$이다. a_6의 값을 구하시오.

07 세 수 $b+3$, $2a$, $3a-1$은 이 순서대로 공차가 양수인 등차수열을 이루고, 세 수 $b-1$, $a-1$, $2a+1$은 이 순서대로 등비수열을 이룬다. $a+b$의 값을 구하시오.

08 그림과 같이 직선 $x=k$ $(k>4)$가 두 곡선 $y=\dfrac{\sqrt{x}}{4}$, $y=\dfrac{2}{x}$ 및 x축과 만나는 점을 각각 A, B, C라 하자. $\overline{BC}$, $\overline{AC}$, $\overline{OC}$가 이 순서대로 등비수열을 이룰 때, k의 값을 구하시오. (단, O는 원점이다.)

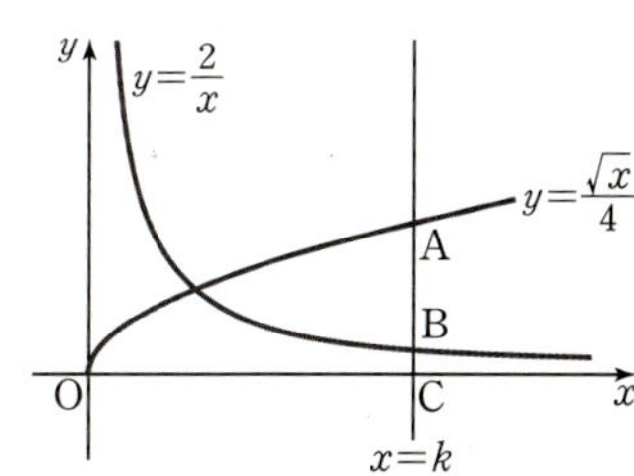

09 모든 항이 양수인 등비수열 $\{a_n\}$이 다음 조건을 만족시킬 때, a_1의 값을 구하시오.

> (가) $a_6=a_4a_5$
> (나) 세 수 a_5, a_6+2, a_7이 이 순서대로 등차수열을 이룬다.

10 첫째항이 1이고, 모든 항이 양수인 등비수열 $\{a_n\}$의 첫째항부터 제n항까지의 합을 S_n이라 하자.

$$\frac{S_6}{S_3}=3(a_1+a_2)$$

일 때, a_{10}의 값을 구하시오.

11 공비가 2인 등비수열 $\{a_n\}$에 대하여

$$a_1+a_2+a_3+a_4=3$$

일 때, $a_1^2+a_2^2+a_3^2+a_4^2$의 값을 구하시오.

12 등비수열 $\{a_n\}$의 첫째항부터 제n항까지의 합을 S_n이라 할 때,

$$a_5=2(S_4-S_3)$$

이 성립한다. $S_k=21$, $S_{k+2}=93$을 만족시키는 자연수 k의 값을 구하시오.

S·T·E·P 2 실력 다지기

13 첫째항과 공차가 모두 정수인 등차수열 $\{a_n\}$에 대하여 $a_3+a_4=0$이다. $a_k\leq30$을 만족시키는 자연수 k의 최댓값이 5가 되도록 하는 모든 a_1의 값의 합을 구하시오.

14 첫째항이 1이고 공차가 정수인 등차수열 $\{a_n\}$의 첫째항부터 제n항까지의 합을 S_n이라 할 때,
$$\frac{S_2^{\,2}-S_5^{\,2}}{a_4}=12$$
를 만족시킨다. a_8의 값을 구하시오.

15 두 등차수열 $\{a_n\}$, $\{b_n\}$의 첫째항부터 제n항까지의 합을 각각 S_n, T_n이라 하자. 모든 자연수 n에 대하여
$$\frac{S_n}{T_n}=\frac{2n+3}{3n-1}$$
을 만족시키고, $a_1=b_1+6$일 때, b_{10}의 값을 구하시오.

16 $a>1$인 실수 a에 대하여 함수 $f(x)=\log_a x$의 그래프가 함수
$$g(x)=\begin{cases} 2-2x & (x<2) \\ 2x-6 & (2\leq x<8) \\ -\dfrac{3}{4}x+16 & (x\geq8) \end{cases}$$
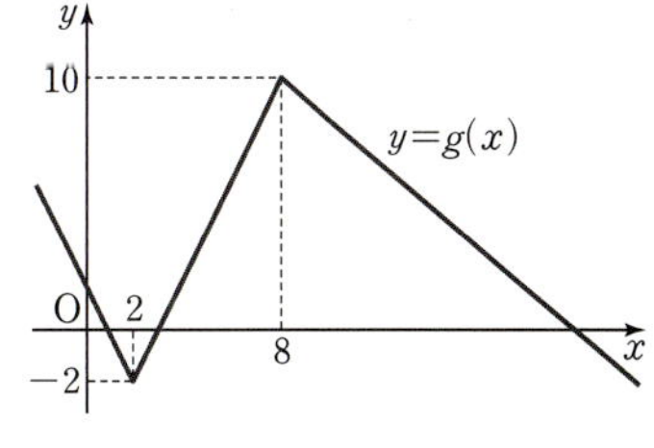
의 그래프와 서로 다른 세 점에서 만날 때, 세 점의 x좌표를 각각 x_1, x_2, $x_3\ (x_1<x_2<x_3)$이라 하자. 세 수 x_1, x_2, x_3이 이 순서대로 등비수열을 이룰 때, $a+x_1+x_2+x_3$의 값을 구하시오.

중단원 연습문제

17 모든 항이 자연수이고, 공비가 2인 등비수열 $\{a_n\}$이 있다. 함수

$$f(x) = \begin{cases} \log_2 x & (x < 50) \\ \log_{\frac{1}{2}} x & (x \geq 50) \end{cases}$$

에 대하여 $b_n = f(a_n)$이라 하면 $b_1 + b_2 + b_3 + b_4 + b_5 = -12$일 때, a_5의 값을 구하시오.

18 다음은 어느 회사의 연봉에 대한 규정이다.

> (가) 입사 첫째 해 연봉은 a원이고, 입사 19년째 해까지의 연봉은 해마다 직전 연봉에서 8 %씩 인상된다.
>
> (나) 입사 20년째 해부터의 매년 연봉은 입사 19년째 해 연봉의 $\dfrac{2}{3}$로 한다.

이 회사에 입사한 사람이 25년 동안 근무하여 받는 연봉의 총합이 ka원일 때, $2k$의 값을 구하시오. (단, $1.08^{18} = 4$로 계산한다.)

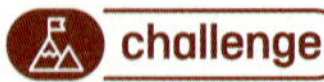

교육청 기출

19 공차가 음수인 등차수열 $\{a_n\}$이 다음 조건을 만족시킬 때, 모든 a_1의 값의 합은?

> $|a_m| = 2|a_{m+2}|$이면서 S_m, S_{m+1}, S_{m+2} 중에서 가장 큰 값이 460이고 가장 작은 값이 450이 되도록 하는 자연수 m이 존재한다.
>
> (단, S_n은 수열 $\{a_n\}$의 첫째항부터 제n항까지의 합이다.)

① 144 　　② 148 　　③ 152 　　④ 156 　　⑤ 160

20 첫째항이 자연수이고, 공비가 2인 등비수열 $\{a_n\}$에 대하여 수열 $\{b_n\}$을

$$b_n = |a_n - 128|$$

이라 하자. $b_k + b_{k+1}$의 값이 최소일 때의 자연수 k의 값이 5가 되도록 하는 모든 a_1의 값의 합을 구하시오.

09

수열의 합

01 합의 기호 $\sum$

합의 기호 $\sum$의 뜻	수열 $\{a_n\}$의 첫째항부터 제n항까지의 합을 기호 $\sum$를 사용하여 다음과 같이 나타낸다. $$a_1+a_2+a_3+\cdots+a_n=\sum_{k=1}^{n}a_k$$
$\sum$의 성질	두 수열 $\{a_n\},\{b_n\}$과 상수 c에 대하여 다음 성질이 성립한다. (1) $\displaystyle\sum_{k=1}^{n}(a_k+b_k)=\sum_{k=1}^{n}a_k+\sum_{k=1}^{n}b_k$　　　(2) $\displaystyle\sum_{k=1}^{n}(a_k-b_k)=\sum_{k=1}^{n}a_k-\sum_{k=1}^{n}b_k$ (3) $\displaystyle\sum_{k=1}^{n}ca_k=c\sum_{k=1}^{n}a_k$　　　(4) $\displaystyle\sum_{k=1}^{n}c=cn$

02 자연수의 거듭제곱의 합

자연수의 거듭제곱의 합	(1) $\displaystyle\sum_{k=1}^{n}k=1+2+3+\cdots+n=\dfrac{n(n+1)}{2}$ (2) $\displaystyle\sum_{k=1}^{n}k^2=1^2+2^2+3^2+\cdots+n^2=\dfrac{n(n+1)(2n+1)}{6}$ (3) $\displaystyle\sum_{k=1}^{n}k^3=1^3+2^3+3^3+\cdots+n^3=\left\{\dfrac{n(n+1)}{2}\right\}^2$

03 여러 가지 수열의 합

분수 꼴로 주어진 수열의 합	분수 꼴로 주어진 수열의 합은 다음과 같이 부분분수로 변형하여 전개한 후 합이 0이 되는 항을 소거하여 구한다. (1) $\displaystyle\sum_{k=1}^{n}\dfrac{1}{k(k+1)}=\sum_{k=1}^{n}\left(\dfrac{1}{k}-\dfrac{1}{k+1}\right)$ (2) $\displaystyle\sum_{k=1}^{n}\dfrac{1}{k(k+a)}=\dfrac{1}{a}\sum_{k=1}^{n}\left(\dfrac{1}{k}-\dfrac{1}{k+a}\right)$ (단, $a\neq0$) (3) $\displaystyle\sum_{k=1}^{n}\dfrac{1}{(k+a)(k+b)}=\dfrac{1}{b-a}\sum_{k=1}^{n}\left(\dfrac{1}{k+a}-\dfrac{1}{k+b}\right)$ (단, $a\neq b$)
분모가 무리식인 수열의 합	분모가 무리식인 수열의 합은 다음과 같이 분모를 유리화한 후 합이 0이 되는 항을 소거하여 구한다. $$\sum_{k=1}^{n}\dfrac{1}{\sqrt{k+1}+\sqrt{k}}=\sum_{k=1}^{n}(\sqrt{k+1}-\sqrt{k})$$

01 합의 기호 $\sum$

1 합의 기호 $\sum$의 뜻

수열 $\{a_n\}$의 첫째항부터 제n항까지의 합을 기호 $\sum$를 사용하여 다음과 같이 나타낸다.

$$a_1+a_2+a_3+\cdots+a_n=\sum_{k=1}^{n} a_k$$

참고 기호 $\sum$는 합을 뜻하는 Sum의 첫 글자 S에 해당하는 그리스 문자로 '시그마(sigma)'라 읽는다.

수열 $\{a_n\}$의 첫째항부터 제n항까지의 합 $a_1+a_2+a_3+\cdots+a_n$을 합의 기호 $\sum$를 사용하여 $\sum\limits_{k=1}^{n} a_k$로 나타낼 수 있다.

$$a_1+a_2+a_3+\cdots+a_n=\sum_{k=1}^{n} a_k$$

즉, $\sum\limits_{k=1}^{n} a_k$는 수열의 일반항 a_k의 k에 $1, 2, 3, \cdots, n$을 차례대로 대입하여 얻은 항 $a_1, a_2, a_3 \cdots, a_n$의 합을 뜻한다.

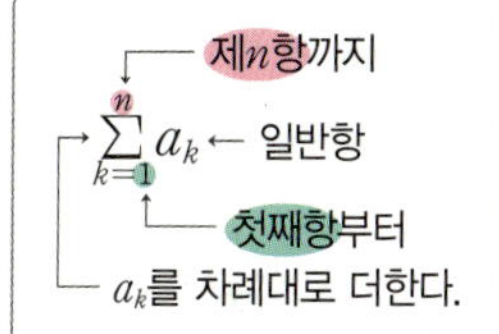

예를 들어 수열 $2, 4, 6, \cdots, 100$의 일반항을 a_n이라 하면 $a_n=2n$이고, $a_1=2, a_{50}=100$이므로

$$2+4+6+\cdots+100=\sum_{k=1}^{50} 2k \quad \text{← 첫째항부터 제50항까지의 합}$$

와 같이 나타낼 수 있다.

example

(1) 등차수열 $1, 4, 7, \cdots, 28$의 합을 기호 $\sum$를 사용하여 나타내면
수열의 일반항 a_k는 $a_k=3k-2$이고, 첫째항부터 제10항까지의 합이므로

$$1+4+7+\cdots+28=\sum_{k=1}^{10} (3k-2)$$

(2) $\sum\limits_{k=1}^{30} 2^k$은 2^k의 k에 $1, 2, 3, \cdots, 30$을 대입하여 얻은 항을 모두 더한 값이므로

$$\sum_{k=1}^{30} 2^k=2+2^2+2^3+\cdots+2^{30}$$

$\sum\limits_{k=1}^{n} a_k$는 k 대신에 다른 문자를 사용하여 $\sum\limits_{i=1}^{n} a_i$, $\sum\limits_{m=1}^{n} a_m$ 등으로 표현해도 같은 수열의 합을 나타낸다. 즉,

$$\sum_{k=1}^{n} a_k=\sum_{i=1}^{n} a_i=\sum_{m=1}^{n} a_m=a_1+a_2+a_3+\cdots+a_n$$

또한 $m \leq n$일 때, 수열 $\{a_n\}$의 제m항부터 제n항까지의 합을 합의 기호 $\sum$를 사용하여 다음과 같이 나타낼 수 있다.

$$a_m + a_{m+1} + a_{m+2} + \cdots + a_n = \sum_{k=m}^{n} a_k$$

← 앞에서 배운 S_n은 수열 $\{a_n\}$의 첫째항부터 제n항까지의 합만을 나타낼 수 있지만 합의 기호 $\sum$를 사용하면 첫째항이 아닌 항부터의 합도 표현할 수 있다.

이때 $\displaystyle\sum_{k=m}^{n} a_k$는 첫째항부터 제$n$항까지의 합에서 첫째항부터 제$(m-1)$항까지의 합을 뺀 것과 같으므로 다음이 성립한다.

$$\sum_{k=m}^{n} a_k = \sum_{k=1}^{n} a_k - \sum_{k=1}^{m-1} a_k \quad (\text{단, } 2 \leq m \leq n)$$

example

(1) $\displaystyle\sum_{i=1}^{3} i(i+1) = 1 \times 2 + 2 \times 3 + 3 \times 4$

(2) $\displaystyle\sum_{k=5}^{15} 3^k = 3^5 + 3^6 + \cdots + 3^{15}$

(3) n이 7보다 큰 자연수일 때

$$7 + 8 + \cdots + n = \sum_{k=7}^{n} k = \sum_{k=1}^{n} k - \sum_{k=1}^{6} k$$

2 $\sum$의 성질

두 수열 $\{a_n\}$, $\{b_n\}$과 상수 c에 대하여 다음 성질이 성립한다.

(1) $\displaystyle\sum_{k=1}^{n} (a_k + b_k) = \sum_{k=1}^{n} a_k + \sum_{k=1}^{n} b_k$

(2) $\displaystyle\sum_{k=1}^{n} (a_k - b_k) = \sum_{k=1}^{n} a_k - \sum_{k=1}^{n} b_k$

(3) $\displaystyle\sum_{k=1}^{n} c a_k = c \sum_{k=1}^{n} a_k$

(4) $\displaystyle\sum_{k=1}^{n} c = cn$

기호 $\sum$의 성질을 확인해 보자.

두 수열 $\{a_n\}$, $\{b_n\}$과 상수 c에 대하여

(1) $\displaystyle\sum_{k=1}^{n} (a_k + b_k) = (a_1 + b_1) + (a_2 + b_2) + (a_3 + b_3) + \cdots + (a_n + b_n)$

$\qquad = (a_1 + a_2 + a_3 + \cdots + a_n) + (b_1 + b_2 + b_3 + \cdots + b_n) = \displaystyle\sum_{k=1}^{n} a_k + \sum_{k=1}^{n} b_k$

(2) $\displaystyle\sum_{k=1}^{n} (a_k - b_k) = (a_1 - b_1) + (a_2 - b_2) + (a_3 - b_3) + \cdots + (a_n - b_n)$

$\qquad = (a_1 + a_2 + a_3 + \cdots + a_n) - (b_1 + b_2 + b_3 + \cdots + b_n) = \displaystyle\sum_{k=1}^{n} a_k - \sum_{k=1}^{n} b_k$

(3) $\displaystyle\sum_{k=1}^{n} c a_k = c a_1 + c a_2 + c a_3 + \cdots + c a_n = c(a_1 + a_2 + a_3 + \cdots + a_n) = c \sum_{k=1}^{n} a_k$

← (1), (2), (3)은 첫째항이 아닌 항부터 제n항까지의 합으로 고쳐도 성립한다.

(4) $\displaystyle\sum_{k=1}^{n} c = \underbrace{c + c + c + \cdots + c}_{n\text{개}} = cn$

또한 위의 성질에서 세 상수 p, q, r에 대하여 다음이 성립함을 알 수 있다.

$$\sum_{k=1}^{n}(pa_k \pm qb_k \pm r)=p\sum_{k=1}^{n}a_k \pm q\sum_{k=1}^{n}b_k \pm rn \text{ (복부호동순)}$$

example
(1) $\displaystyle\sum_{k=1}^{n}(3a_k-5b_k)=\sum_{k=1}^{n}3a_k-\sum_{k=1}^{n}5b_k=3\sum_{k=1}^{n}a_k-5\sum_{k=1}^{n}b_k$

(2) $\displaystyle\sum_{k=1}^{20}6=6\times20=120$

한편, $\sum$의 성질에 대하여 다음을 실수하지 않도록 주의하자. 다음 식의 좌변과 우변은 일반적으로 다르다.
$\sum$의 성질은 곱셈이나 나눗셈에 대해서는 성립하지 않는다.

① $\displaystyle\sum_{k=1}^{n}a_kb_k \neq \sum_{k=1}^{n}a_k\sum_{k=1}^{n}b_k$ ② $\displaystyle\sum_{k=1}^{n}\frac{a_k}{b_k} \neq \frac{\sum\limits_{k=1}^{n}a_k}{\sum\limits_{k=1}^{n}b_k}$ ③ $\displaystyle\sum_{k=1}^{n}a_k^2 \neq \left(\sum_{k=1}^{n}a_k\right)^2$

개념 CHECK
01. 합의 기호 $\sum$

📖 빠른 정답 • 465쪽 / 정답과 풀이 • 148쪽

01 다음 수열의 합을 합의 기호 $\sum$를 사용하여 나타내시오.

(1) $2+5+8+\cdots+(3n-1)$

(2) $\dfrac{1}{3}+\dfrac{1}{5}+\dfrac{1}{7}+\cdots+\dfrac{1}{2n+1}$

(3) $7+7+7+7+7+7$

(4) $1+3+3^2+\cdots+3^{n-1}$

02 $\displaystyle\sum_{k=1}^{10}a_k=8$, $\displaystyle\sum_{k=1}^{10}b_k=-5$일 때, 다음 식의 값을 구하시오.

(1) $\displaystyle\sum_{k=1}^{10}(2a_k-5b_k)$

(2) $\displaystyle\sum_{k=1}^{10}(3a_k+2b_k-3)$

대표 예제 | 01

다음 물음에 답하시오.

(1) $\displaystyle\sum_{k=1}^{n} a_k = 2n+1$일 때, $\displaystyle\sum_{k=1}^{30}(a_{2k-1}+a_{2k})$의 값을 구하시오.

(2) $\displaystyle\sum_{k=1}^{10}(2a_k-b_k)=25$, $\displaystyle\sum_{k=1}^{10}(a_k+b_k)=-13$일 때, $\displaystyle\sum_{k=1}^{10}(a_k-b_k)$의 값을 구하시오.

바로 접근

(1) $\displaystyle\sum_{k=1}^{30}(a_{2k-1}+a_{2k})$의 k에 1, 2, 3, $\cdots$, 30을 대입하여 ∑를 사용하지 않는 덧셈식으로 나타낸다.

(2) 두 수열 $\{a_n\}$, $\{b_n\}$과 상수 c에 대하여 다음이 성립한다.

① $\displaystyle\sum_{k=1}^{n}(a_k+b_k)=\sum_{k=1}^{n}a_k+\sum_{k=1}^{n}b_k$ ② $\displaystyle\sum_{k=1}^{n}(a_k-b_k)=\sum_{k=1}^{n}a_k-\sum_{k=1}^{n}b_k$

③ $\displaystyle\sum_{k=1}^{n}ca_k=c\sum_{k=1}^{n}a_k$ ④ $\displaystyle\sum_{k=1}^{n}c=cn$

바른 풀이

(1) $\displaystyle\sum_{k=1}^{30}(a_{2k-1}+a_{2k})=(a_1+a_2)+(a_3+a_4)+(a_5+a_6)+\cdots+(a_{59}+a_{60})$

$$=\sum_{k=1}^{60}a_k=2\times 60+1=121$$

(2) $\displaystyle\sum_{k=1}^{10}(2a_k-b_k)=25$에서 $2\displaystyle\sum_{k=1}^{10}a_k-\sum_{k=1}^{10}b_k=25$

$\displaystyle\sum_{k=1}^{10}(a_k+b_k)=-13$에서 $\displaystyle\sum_{k=1}^{10}a_k+\sum_{k=1}^{10}b_k=-13$

두 식을 연립하여 풀면 $\displaystyle\sum_{k=1}^{10}a_k=4$, $\displaystyle\sum_{k=1}^{10}b_k=-17$

$\therefore \displaystyle\sum_{k=1}^{10}(a_k-b_k)=\sum_{k=1}^{10}a_k-\sum_{k=1}^{10}b_k=4-(-17)=21$

정답 (1) 121   (2) 21

Bible Says

기호 ∑의 뜻을 이용한 문제는 ∑를 사용하지 않는 덧셈식으로 바꾼 후 계산하면 편리할 때가 있다.

① $\displaystyle\sum_{k=1}^{n-1}a_{k+1}=a_2+a_3+a_4+\cdots+a_n=\sum_{k=2}^{n}a_k$

② $\displaystyle\sum_{k=m}^{n}a_k=a_m+a_{m+1}+a_{m+2}+\cdots+a_n=\sum_{k=1}^{n}a_k-\sum_{k=1}^{m-1}a_k$ (단, $2\le m\le n$)

③ $\displaystyle\sum_{k=1}^{n}(a_{2k-1}+a_{2k})=(a_1+a_2)+(a_3+a_4)+\cdots+(a_{2n-1}+a_{2n})=\sum_{k=1}^{2n}a_k$

한 번 더하기

01-1

다음 물음에 답하시오.

(1) $\displaystyle\sum_{k=1}^{n}(a_{2k-1}+a_{2k})=3n^2$일 때, $\displaystyle\sum_{k=1}^{20}a_k$의 값을 구하시오.

(2) $\displaystyle\sum_{k=1}^{10}(a_k-2b_k)=30$, $\displaystyle\sum_{k=1}^{10}(a_k+b_k)=6$일 때, $\displaystyle\sum_{k=1}^{10}\left(a_k+\dfrac{1}{2}\right)$의 값을 구하시오.

표현 더하기

01-2

수열 $\{a_n\}$에 대하여 $a_1=10$이고,

$$\sum_{k=1}^{20}a_{k+1}-\sum_{k=2}^{21}a_{k-1}=32$$

일 때, a_{21}의 값을 구하시오.

표현 더하기

01-3

수열 $\{a_n\}$에 대하여

$$\sum_{k=1}^{10}a_k=5,\quad \sum_{k=1}^{10}a_k^{2}=9$$

일 때, $\displaystyle\sum_{k=1}^{10}(a_k+1)^2$의 값을 구하시오.

표현 더하기

01-4

$\displaystyle\sum_{k=1}^{20}\dfrac{5^k+3^k}{6^k}=a+b\times\left(\dfrac{5}{6}\right)^{20}+c\times\left(\dfrac{1}{2}\right)^{20}$일 때, 정수 a, b, c에 대하여 $a+b-c$의 값을 구하시오.

대표 예제 | 02

다음 물음에 답하시오.

(1) 등차수열 $\{a_n\}$에 대하여 $a_2=9$, $a_5=21$일 때, $\displaystyle\sum_{k=4}^{10} a_k$의 값을 구하시오.

(2) 공비가 음수인 등비수열 $\{a_n\}$에 대하여 $a_7=81a_3$, $\displaystyle\sum_{k=1}^{5} a_k=122$일 때, a_4의 값을 구하시오.

바로 접근

(1) 수열 $\{a_n\}$이 첫째항이 a, 공차가 d인 등차수열이면
$$\sum_{k=1}^{n} a_k=\frac{n\{2a+(n-1)d\}}{2}$$

(2) 수열 $\{a_n\}$이 첫째항이 a, 공비가 r $(r\neq1)$인 등비수열이면
$$\sum_{k=1}^{n} a_k=\frac{a(1-r^n)}{1-r}$$

바른 풀이

(1) 등차수열 $\{a_n\}$의 첫째항을 a, 공차를 d라 하면

$a_2=a+d=9$, $a_5=a+4d=21$

두 식을 연립하여 풀면 $a=5$, $d=4$

$$\therefore \sum_{k=4}^{10} a_k=\sum_{k=1}^{10} a_k-\sum_{k=1}^{3} a_k$$
$$=\frac{10(2\times5+9\times4)}{2}-\frac{3(2\times5+2\times4)}{2}$$
$$=230-27=203$$

(2) 등비수열 $\{a_n\}$의 첫째항을 a, 공비를 r $(r<0)$이라 하면

$a_7=81a_3$에서 $ar^6=81ar^2$, $r^4=81$ $\left(\because \displaystyle\sum_{k=1}^{5} a_k=122$에서 $a\neq0\right)$

$\therefore r=-3$ $(\because r<0)$

$\displaystyle\sum_{k=1}^{5} a_k=122$에서 $\dfrac{a\{1-(-3)^5\}}{1-(-3)}=122$, $61a=122$

$\therefore a=2$

따라서 $a_n=2\times(-3)^{n-1}$이므로

$a_4=2\times(-3)^3=-54$

다른 풀이

(1) $\displaystyle\sum_{k=4}^{10} a_k$의 값은 첫째항이 $a_4=17$, 공차가 4, 항수가 7인 등차수열의 합으로 구할 수도 있다.

$$\sum_{k=4}^{10} a_k=\frac{7(2\times17+6\times4)}{2}=203$$

정답 (1) 203 (2) -54

Bible Says

수열 $\{a_n\}$에 대하여 $\displaystyle\sum_{k=1}^{n} a_k$는 앞 단원 **08. 등차수열과 등비수열**에서 학습한 수열의 합 S_n의 다른 표현으로 볼 수 있다.

즉, 수열 $\{a_n\}$의 첫째항부터 제n항까지의 합을 S_n이라 하면

$$S_n=a_1+a_2+a_3+\cdots+a_n=\sum_{k=1}^{n} a_k$$

한번 더하기

02-1

다음 물음에 답하시오.

(1) 등차수열 $\{a_n\}$에 대하여 $a_2=-4$, $a_6=8$일 때, $\displaystyle\sum_{k=1}^{10} a_{2k}$의 값을 구하시오.

(2) 등비수열 $\{a_n\}$에 대하여 $a_3=4(a_2-a_1)$, $\displaystyle\sum_{k=1}^{5} a_k=24$일 때, a_6-a_1의 값을 구하시오.

표현 더하기

02-2

등차수열 $\{a_n\}$에 대하여 $a_4=5$, $a_7=14$일 때, $\displaystyle\sum_{k=1}^{30} a_{2k}-\sum_{k=1}^{30} a_{2k-1}$의 값을 구하시오.

표현 더하기　**교육청 기출**

02-3

모든 항이 실수인 등비수열 $\{a_n\}$에 대하여

$$\sum_{k=1}^{20} a_k+\sum_{k=1}^{10} a_{2k}=0$$

이 성립한다. $a_3+a_4=3$일 때, a_1의 값은?

① 12　　　② 16　　　③ 20　　　④ 24　　　⑤ 28

실력 더하기

02-4

첫째항이 자연수이고 공비가 3인 등비수열 $\{a_n\}$과 첫째항이 6이고 공비가 2인 등비수열 $\{b_n\}$에 대하여

$$\sum_{k=1}^{n} (a_k-b_k)<0$$

을 만족시키는 자연수 n의 최댓값이 3일 때, a_4의 값을 구하시오.

자연수의 거듭제곱의 합

1 자연수의 거듭제곱의 합

(1) $\displaystyle\sum_{k=1}^{n} k = 1+2+3+\cdots+n = \dfrac{n(n+1)}{2}$

(2) $\displaystyle\sum_{k=1}^{n} k^2 = 1^2+2^2+3^2+\cdots+n^2 = \dfrac{n(n+1)(2n+1)}{6}$

(3) $\displaystyle\sum_{k=1}^{n} k^3 = 1^3+2^3+3^3+\cdots+n^3 = \left\{\dfrac{n(n+1)}{2}\right\}^2$

자연수의 거듭제곱의 합을 구해 보자.

(1) 1부터 n까지의 자연수의 합

1부터 n까지의 자연수의 합은 첫째항이 1, 공차가 1인 등차수열의 첫째항부터 제n항까지의 합이므로 다음과 같다.

$$\sum_{k=1}^{n} k = 1+2+3+\cdots+n = \dfrac{n(n+1)}{2}$$ ← 등차수열의 합 공식 이용

(2) 1부터 n까지의 자연수의 제곱의 합

항등식 $(k+1)^3-k^3=3k^2+3k+1$에서 k에 1, 2, 3, $\cdots$, n을 차례대로 대입하여 변끼리 모두 더하면 다음과 같다.

$$2^3-1^3=3\times1^2+3\times1+1 \quad \leftarrow k=1$$
$$3^3-2^3=3\times2^2+3\times2+1 \quad \leftarrow k=2$$
$$4^3-3^3=3\times3^2+3\times3+1 \quad \leftarrow k=3$$
$$\vdots$$
$$+)\ (n+1)^3-n^3=3\times n^2+3\times n+1 \quad \leftarrow k=n$$
$$(n+1)^3-1^3=3\sum_{k=1}^{n}k^2+3\sum_{k=1}^{n}k+1\times n$$

즉, $(n+1)^3-1=3\displaystyle\sum_{k=1}^{n}k^2+3\sum_{k=1}^{n}k+n$이므로 이 식에 $\displaystyle\sum_{k=1}^{n}k=\dfrac{n(n+1)}{2}$ 을 대입하면

$$(n+1)^3-1=3\sum_{k=1}^{n}k^2+3\times\dfrac{n(n+1)}{2}+n$$

이고 정리하면

$$\underset{1^2+2^2+3^2+\cdots+n^2}{\sum_{k=1}^{n} k^2 = \dfrac{n(n+1)(2n+1)}{6}}$$

⑶ **1부터 n까지의 자연수의 세제곱의 합**

⑵와 같은 방법으로 항등식 $(k+1)^4-k^4=4k^3+6k^2+4k+1$의 k에 1, 2, 3, $\cdots$, n을 차례대로 대입하여 변끼리 모두 더하면 다음과 같다.

$$2^4-1^4=4\times1^3+6\times1^2+4\times1+1 \quad \leftarrow k=1$$
$$3^4-2^4=4\times2^3+6\times2^2+4\times2+1 \quad \leftarrow k=2$$
$$4^4-3^4=4\times3^3+6\times3^2+4\times3+1 \quad \leftarrow k=3$$
$$\vdots$$
$$+\,)\,(n+1)^4-n^4=4\times n^3+6\times n^2+4\times n+1 \quad \leftarrow k=n$$
$$\overline{(n+1)^4-1^4=4\sum_{k=1}^{n}k^3+6\sum_{k=1}^{n}k^2+4\sum_{k=1}^{n}k+1\times n}$$

즉, $(n+1)^4-1=4\sum\limits_{k=1}^{n}k^3+6\sum\limits_{k=1}^{n}k^2+4\sum\limits_{k=1}^{n}k+n$이므로 이 식에 $\sum\limits_{k=1}^{n}k=\dfrac{n(n+1)}{2}$,

$\sum\limits_{k=1}^{n}k^2=\dfrac{n(n+1)(2n+1)}{6}$ 을 대입하면

$$(n+1)^4-1=4\sum_{k=1}^{n}k^3+6\times\frac{n(n+1)(2n+1)}{6}+4\times\frac{n(n+1)}{2}+n$$

이고 정리하면

$$\sum_{k=1}^{n}k^3=\left\{\frac{n(n+1)}{2}\right\}^2$$
$$\scriptstyle 1^3+2^3+3^3+\cdots+n^3$$

example

(1) $1+2+3+\cdots+10=\sum\limits_{k=1}^{10}k=\dfrac{10\times11}{2}=55$

(2) $3^2+4^2+5^2+\cdots+10^2=\sum\limits_{k=1}^{10}k^2-1^2-2^2$

$\qquad\qquad\qquad\qquad\quad =\dfrac{10\times11\times21}{6}-5=385-5=380$

(3) $1^3+2^3+3^3+\cdots+7^3=\sum\limits_{k=1}^{7}k^3=\left(\dfrac{7\times8}{2}\right)^2=784$

390쪽에서 학습한 $\sum$의 성질과 자연수의 거듭제곱의 합을 이용하여 수열의 합을 구할 수 있다.

example

(1) $\sum\limits_{k=1}^{20}(4k+1)=4\sum\limits_{k=1}^{20}k+\sum\limits_{k=1}^{20}1$

$\qquad\qquad\qquad =4\times\dfrac{20\times21}{2}+1\times20$

$\qquad\qquad\qquad =840+20=860$

(2) $\sum\limits_{k=1}^{10}(k^3-2k)=\sum\limits_{k=1}^{10}k^3-2\sum\limits_{k=1}^{10}k$

$\qquad\qquad\qquad =\left(\dfrac{10\times11}{2}\right)^2-2\times\left(\dfrac{10\times11}{2}\right)$

$\qquad\qquad\qquad =3025-110=2915$

(1) 1부터 n까지의 자연수의 합

자연수를 한 변의 길이가 1인 정사각형의 개수로 생각해 보자.

자연수의 합의 2배 $2 \times (1+2+3+\cdots+n)$은 그림과 같이 넓이가 $n(n+1)$인 직사각형이 된다.

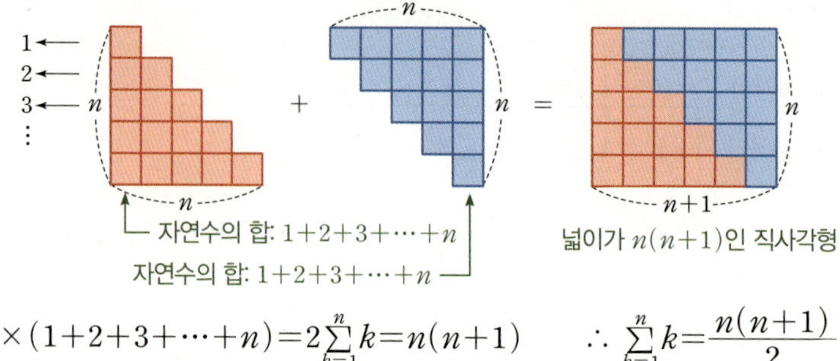

$$2 \times (1+2+3+\cdots+n) = 2\sum_{k=1}^{n} k = n(n+1) \qquad \therefore \sum_{k=1}^{n} k = \frac{n(n+1)}{2}$$

(2) 1부터 n까지의 자연수의 제곱의 합

자연수를 한 모서리의 길이가 1인 정육면체의 개수로 생각해 보자.

자연수의 제곱의 합 $1^2+2^2+3^2+\cdots+n^2$은 그림과 같이 직육면체를 쌓아올린 탑 모양이 된다.

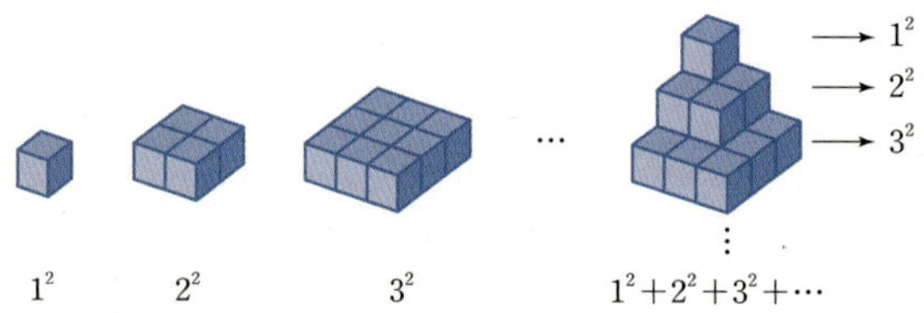

이 탑 모양 3개를 다음 그림과 같이 알맞게 재배열하면 부피가 $n(n+1)\left(n+\dfrac{1}{2}\right)$인 직육면체가 된다.

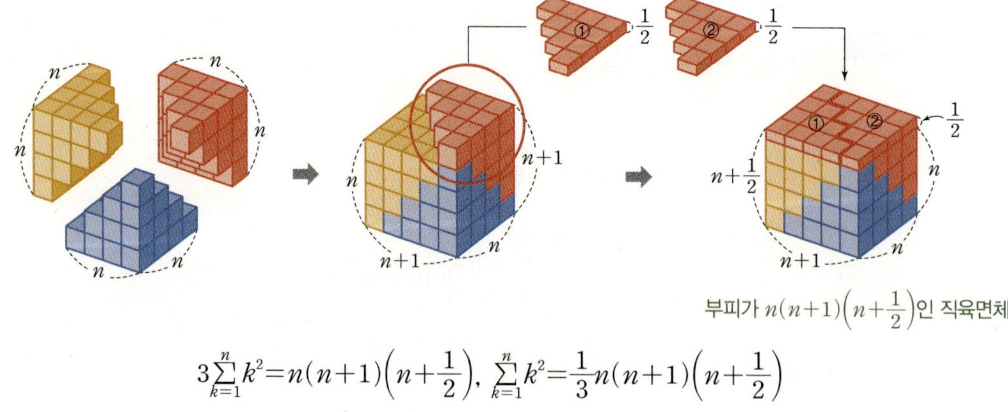

$$3\sum_{k=1}^{n} k^2 = n(n+1)\left(n+\frac{1}{2}\right), \quad \sum_{k=1}^{n} k^2 = \frac{1}{3}n(n+1)\left(n+\frac{1}{2}\right)$$

$$\therefore \sum_{k=1}^{n} k^2 = \frac{n(n+1)(2n+1)}{6}$$

(3) 1부터 n까지의 자연수의 세제곱의 합

자연수를 한 모서리의 길이가 1인 정육면체의 개수로 생각해 보자.

자연수의 세제곱의 합 $1^3+2^3+3^3+\cdots+n^3$은 그림과 같이 부피가 $\left\{\dfrac{n(n+1)}{2}\right\}^2$인 직육면체가 된다.

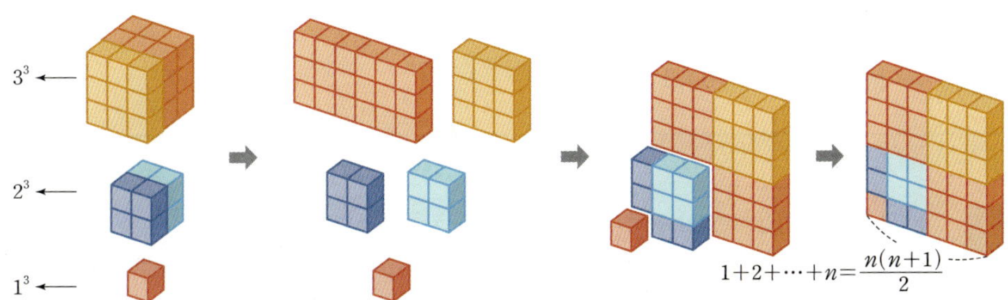

$$1^3+2^3+3^3+\cdots+n^3=\sum_{k=1}^{n}k^3=\left\{\frac{n(n+1)}{2}\right\}^2$$

개념 CHECK

02. 자연수의 거듭제곱의 합

빠른 정답 • 466쪽 / 정답과 풀이 • 150쪽

01 다음 식의 값을 구하시오.

(1) $\displaystyle\sum_{k=1}^{7}(3k^2-k)$ (2) $\displaystyle\sum_{k=1}^{5}(2k^3+3)$

02 다음을 계산하시오.

(1) $\displaystyle\sum_{k=1}^{n-1}(2k+1)$ (2) $\displaystyle\sum_{k=n+1}^{2n}k^2$

대표 예제 : 03

다음 식의 값을 구하시오.

(1) $\displaystyle\sum_{k=1}^{5} k(k+1)(k+2)$

(2) $\displaystyle\sum_{k=1}^{8} \frac{1+2+3+\cdots+k}{k+1}$

(3) $1\times 10+2\times 9+3\times 8+\cdots+10\times 1$

바로 접근

$\sum$의 성질을 이용하여 식을 정리한 후 자연수의 거듭제곱의 합을 이용한다.

① $\displaystyle\sum_{k=1}^{n} k=1+2+3+\cdots+n=\frac{n(n+1)}{2}$

② $\displaystyle\sum_{k=1}^{n} k^2=1^2+2^2+3^2+\cdots+n^2=\frac{n(n+1)(2n+1)}{6}$

③ $\displaystyle\sum_{k=1}^{n} k^3=1^3+2^3+3^3+\cdots+n^3=\left\{\frac{n(n+1)}{2}\right\}^2$

바른 풀이

(1) $\displaystyle\sum_{k=1}^{5} k(k+1)(k+2)=\sum_{k=1}^{5}(k^3+3k^2+2k)=\sum_{k=1}^{5}k^3+3\sum_{k=1}^{5}k^2+2\sum_{k=1}^{5}k$

$\displaystyle\quad=\left(\frac{5\times 6}{2}\right)^2+3\times\frac{5\times 6\times 11}{6}+2\times\frac{5\times 6}{2}$

$\displaystyle\quad=225+165+30=420$

(2) $\displaystyle\sum_{k=1}^{8}\frac{1+2+3+\cdots+k}{k+1}=\sum_{k=1}^{8}\frac{\frac{k(k+1)}{2}}{k+1}=\sum_{k=1}^{8}\frac{k}{2}=\frac{1}{2}\sum_{k=1}^{8}k$

$\displaystyle\quad=\frac{1}{2}\times\frac{8\times 9}{2}=18$

(3) 수열 $1\times 10,\ 2\times 9,\ 3\times 8,\ \cdots,\ 10\times 1$의 일반항을 a_n이라 하면

$a_n=n(11-n)=-n^2+11n$

이때 $10\times 1=10\times(11-10)=a_{10}$이므로

$\displaystyle 1\times 10+2\times 9+3\times 8+\cdots+10\times 1=\sum_{k=1}^{10}a_k=\sum_{k=1}^{10}(-k^2+11k)=-\sum_{k=1}^{10}k^2+11\sum_{k=1}^{10}k$

$\displaystyle\quad=-\frac{10\times 11\times 21}{6}+11\times\frac{10\times 11}{2}$

$\displaystyle\quad=-385+605=220$

정답 | (1) 420 (2) 18 (3) 220

Bible Says

(3)에서 $\displaystyle\sum_{k=1}^{10}k=\frac{10\times 11}{2}=55$, $\displaystyle\sum_{k=1}^{10}k^2=\frac{10\times 11\times 21}{6}=385$는 자주 나오는 계산이므로 공식처럼 알고 있으면 좋다.

03-1

다음 식의 값을 구하시오.

(1) $\displaystyle\sum_{k=1}^{10}(k-1)(k+1)$

(2) $\displaystyle 6\sum_{k=1}^{7}\frac{1^2+2^2+3^2+\cdots+k^2}{2k+1}$

(3) $1^2\times2+2^2\times3+3^2\times4+\cdots+6^2\times7$

03-2

다음 물음에 답하시오.

(1) $\displaystyle\sum_{k=1}^{10}(2k+a)=200$일 때, 상수 a의 값을 구하시오.

(2) 수열 $\{a_n\}$에서 $a_{2n-1}=n^2+n$, $a_{2n}=3n-2$일 때, $\displaystyle\sum_{k=1}^{9}a_k$의 값을 구하시오.

03-3

다음 수열의 첫째항부터 제n항까지의 합을 구하시오.

$$2,\ 2+4,\ 2+4+6,\ 2+4+6+8,\ \cdots$$

03-4

수열 $\{a_n\}$에 대하여

$$a_n=\sum_{k=1}^{n}\frac{(n-k)^2}{n}$$

일 때, $\displaystyle\sum_{k=1}^{6}a_k$의 값을 구하시오.

대표 예제 | 04

다음 식의 값을 구하시오.

(1) $\displaystyle\sum_{n=1}^{10}\left\{\sum_{m=1}^{n}\left(\sum_{k=1}^{m}4\right)\right\}$

(2) $\displaystyle\sum_{n=1}^{4}\left(\sum_{m=1}^{n}mn\right)$

Ｂ로 접근

여러 개의 Σ를 포함한 식에서는 항을 나타내는 문자와 상수를 나타내는 문자를 잘 구분해야 한다.

(2)에서 $\displaystyle\sum_{m=1}^{n}mn$의 m은 항을 나타내는 문자이고 n은 상수를 나타내는 문자이므로

$\displaystyle\sum_{m=1}^{n}mn=n\sum_{m=1}^{n}m=n\times\frac{n(n+1)}{2}$이다.

Ｂ른 풀이

(1) $\displaystyle\sum_{n=1}^{10}\left\{\sum_{m=1}^{n}\left(\sum_{k=1}^{m}4\right)\right\}=\sum_{n=1}^{10}\left(\sum_{m=1}^{n}4m\right)=\sum_{n=1}^{10}\left(4\sum_{m=1}^{n}m\right)$

$\qquad\displaystyle=\sum_{n=1}^{10}\left\{4\times\frac{n(n+1)}{2}\right\}=\sum_{n=1}^{10}(2n^2+2n)\qquad\cdots\cdots\ \unicode{x24D8}$

$\qquad\displaystyle=2\sum_{n=1}^{10}n^2+2\sum_{n=1}^{10}n$

$\qquad\displaystyle=2\times\frac{10\times11\times21}{6}+2\times\frac{10\times11}{2}$

$\qquad=770+110=880$

(2) $\displaystyle\sum_{n=1}^{4}\left(\sum_{m=1}^{n}mn\right)=\sum_{n=1}^{4}\left(n\sum_{m=1}^{n}m\right)=\sum_{n=1}^{4}\left\{n\times\frac{n(n+1)}{2}\right\}$

$\qquad\displaystyle=\frac{1}{2}\sum_{n=1}^{4}(n^3+n^2)$

$\qquad\displaystyle=\frac{1}{2}\sum_{n=1}^{4}n^3+\frac{1}{2}\sum_{n=1}^{4}n^2$

$\qquad\displaystyle=\frac{1}{2}\times\left(\frac{4\times5}{2}\right)^2+\frac{1}{2}\times\frac{4\times5\times9}{6}$

$\qquad=50+15=65$

정답 (1) 880 (2) 65

Bible Says

$\displaystyle\sum_{k=1}^{n}k(k+1)=\sum_{k=1}^{n}k^2+\sum_{k=1}^{n}k=\frac{n(n+1)(2n+1)}{6}+\frac{n(n+1)}{2}=\frac{n(n+1)(n+2)}{3}$ 는 자주 사용되므로 공식처럼 알고 있으면 좋다. (1)의 $\unicode{x24D8}$에서

$\displaystyle\sum_{k=1}^{10}(2n^2+2n)=2\sum_{n=1}^{10}n(n+1)=2\times\frac{10\times11\times12}{3}=2\times440=880$

과 같이 빠르게 계산할 수 있다.

한번 더하기

04-1

$\displaystyle\sum_{n=1}^{5}\left\{\sum_{k=1}^{n}(2k-1)\right\}$의 값을 구하시오.

표현 더하기

04-2

$\displaystyle\sum_{n=1}^{p}\left\{\sum_{m=1}^{n}\left(\sum_{k=1}^{m}6\right)\right\}=60$을 만족시키는 자연수 p의 값을 구하시오.

표현 더하기

04-3

자연수 n에 대하여 x에 대한 이차방정식
$$x^2+n(n+2)x-n=0$$
의 두 근을 α_n, β_n이라 하자. $\displaystyle\sum_{k=1}^{5}\left\{\sum_{n=1}^{k}\left(\frac{1}{\alpha_n}+\frac{1}{\beta_n}\right)\right\}$의 값을 구하시오.

실력 더하기

04-4

자연수 n에 대하여 다항식 x^2-4x+1을 $x-2^n$으로 나누었을 때의 나머지를 a_n이라 할 때, $\displaystyle\sum_{k=1}^{3}\left(\sum_{n=1}^{k}a_n\right)$의 값을 구하시오.

대표 예제 | 05

수열 $\{a_n\}$에 대하여 $\displaystyle\sum_{k=1}^{n} a_k = n^2$일 때, $\displaystyle\sum_{k=1}^{6} a_{2k+1}$의 값을 구하시오.

바로 접근

수열 $\{a_n\}$에 대하여 $\displaystyle\sum_{k=1}^{n} a_k$는 첫째항부터 제$n$항까지의 합 S_n이므로 $S_n = \displaystyle\sum_{k=1}^{n} a_k$로 놓고 S_n과 a_n 사이의 관계를 이용하여 a_n을 구한다.

바른 풀이

수열 $\{a_n\}$의 첫째항부터 제n항까지의 합을 S_n이라 하면 $S_n = \displaystyle\sum_{k=1}^{n} a_k = n^2$이므로

$n=1$일 때, $a_1 = S_1 = 1^2 = 1$

$n \geq 2$일 때, $a_n = S_n - S_{n-1} = n^2 - (n-1)^2 = n^2 - (n^2 - 2n + 1) = 2n - 1$ $\cdots\cdots$ ㉠

이때 $a_1 = 1$은 ㉠에 $n=1$을 대입한 값과 같으므로 일반항 a_n은

$a_n = 2n - 1$

$\therefore a_{2k+1} = 2(2k+1) - 1 = 4k + 1$

$\therefore \displaystyle\sum_{k=1}^{6} a_{2k+1} = \sum_{k=1}^{6} (4k+1) = 4 \times \frac{6 \times 7}{2} + 6 = 84 + 6 = 90$

다른 풀이

수열 $\{a_n\}$의 첫째항부터 제n항까지의 합을 S_n이라 하면 $S_n = \displaystyle\sum_{k=1}^{n} a_k = n^2$이므로

$n=1$일 때, $a_1 = S_1 = 1^2 = 1$

$n \geq 2$일 때, $a_n = S_n - S_{n-1} = n^2 - (n-1)^2 = n^2 - (n^2 - 2n + 1) = 2n - 1$ $\cdots\cdots$ ㉠

이때 $a_1 = 1$은 ㉠에 $n=1$을 대입한 값과 같으므로 일반항 a_n은

$a_n = 2n - 1$

$\displaystyle\sum_{k=1}^{6} a_{2k+1}$에서

$k=1$일 때 $a_{2 \times 1 + 1} = a_3 = 2 \times 3 - 1 = 5$, $k=6$일 때 $a_{2 \times 6 + 1} = a_{13} = 2 \times 13 - 1 = 25$이고 더하는 항의 수는 6이다.

수열 $\{a_{2k+1}\}$은 등차수열이므로 $\displaystyle\sum_{k=1}^{6} a_{2k+1} = \frac{6(5+25)}{2} = 90$

정답 | 90

Bible Says

수열 $\{a_n\}$에 대하여 $\displaystyle\sum_{k=1}^{n} a_k$가 주어질 때,

(i) $a_1 = S_1 = \displaystyle\sum_{k=1}^{1} a_k$

(ii) $n \geq 2$이면 $a_n = S_n - S_{n-1} = \displaystyle\sum_{k=1}^{n} a_k - \sum_{k=1}^{n-1} a_k$

를 이용하여 일반항 a_n을 구한다.

한번 더하기

05-1

수열 $\{a_n\}$에 대하여

$$\sum_{k=1}^{n} a_k = n^2 + 2n$$

일 때, a_{13}의 값을 구하시오.

표현 더하기

05-2

등차수열 $\{a_n\}$이 모든 자연수 n에 대하여

$$\sum_{k=1}^{n} a_{2k} = 4n^2 + 3n$$

을 만족시킬 때, a_5의 값을 구하시오.

09

표현 더하기

05-3

수열 $\{a_n\}$에 대하여

$$\sum_{k=1}^{n} a_k = 4^n - 2^{n+5} + 64$$

일 때, $a_n < 0$을 만족시키는 모든 자연수 n의 값의 합을 구하시오.

표현 더하기

05-4

수열 $\{a_n\}$이 모든 자연수 n에 대하여

$$\sum_{k=1}^{n} \frac{4k+3}{a_k} = 2n^2 + n$$

을 만족시킨다. $a_4 \times a_5 \times a_6 \times a_7 \times a_8$의 값을 구하시오.

03 여러 가지 수열의 합

분수 꼴로 주어진 수열의 합

분수 꼴로 주어진 수열의 합은 다음과 같이 부분분수로 변형하여 전개한 후 합이 0이 되는 항을 소거하여 구한다.

(1) $\displaystyle\sum_{k=1}^{n}\dfrac{1}{k(k+1)}=\sum_{k=1}^{n}\left(\dfrac{1}{k}-\dfrac{1}{k+1}\right)$

(2) $\displaystyle\sum_{k=1}^{n}\dfrac{1}{k(k+a)}=\dfrac{1}{a}\sum_{k=1}^{n}\left(\dfrac{1}{k}-\dfrac{1}{k+a}\right)$ (단, $a\neq0$)

(3) $\displaystyle\sum_{k=1}^{n}\dfrac{1}{(k+a)(k+b)}=\dfrac{1}{b-a}\sum_{k=1}^{n}\left(\dfrac{1}{k+a}-\dfrac{1}{k+b}\right)$ (단, $a\neq b$)

수열 $\dfrac{1}{1\times2}$, $\dfrac{1}{2\times3}$, $\dfrac{1}{3\times4}$, $\cdots$의 첫째항부터 제10항까지의 합을 구해 보자.

이 수열의 일반항을 a_n이라 하면

$$a_n=\dfrac{1}{n(n+1)}=\dfrac{1}{n}-\dfrac{1}{n+1} \quad \leftarrow \dfrac{1}{AB}=\dfrac{1}{B-A}\left(\dfrac{1}{A}-\dfrac{1}{B}\right)(A\neq B)$$

이때 $a_k=\dfrac{1}{k}-\dfrac{1}{k+1}$에 $k=1,\,2,\,3,\,\cdots,\,10$을 차례대로 대입하여 합의 꼴로 나타내면 다음과 같이 항이 연쇄적으로 소거되므로 그 합을 구할 수 있다.

$$\sum_{k=1}^{10}\dfrac{1}{k(k+1)}=\sum_{k=1}^{10}\left(\dfrac{1}{k}-\dfrac{1}{k+1}\right)=\left(\dfrac{1}{1}-\dfrac{1}{2}\right)+\left(\dfrac{1}{2}-\dfrac{1}{3}\right)+\left(\dfrac{1}{3}-\dfrac{1}{4}\right)+\cdots+\left(\dfrac{1}{10}-\dfrac{1}{11}\right)$$
$$=1-\dfrac{1}{11}=\dfrac{10}{11}$$

앞에서 첫 번째가 남으면 뒤에서 첫 번째가 남는다.

이와 같이 분수 꼴로 주어진 수열의 합은 부분분수로 변형한 후 연쇄적으로 항을 소거하고 소거되지 않은 남은 항의 합을 구하면 된다. 이때 앞에서 남은 항과 뒤에서 남은 항은 서로 대칭이 되는 위치에 있다.

일반적으로 분수 꼴로 주어진 수열의 합에서 항이 연쇄적으로 소거되는 형태는 위의 예와 같이 연달아 소거되는 경우와 다음 예와 같이 건너뛰며 소거되는 경우가 있다.

$$\sum_{k=1}^{5}\dfrac{1}{k(k+2)}=\dfrac{1}{2}\sum_{k=1}^{5}\left(\dfrac{1}{k}-\dfrac{1}{k+2}\right)$$
$$=\dfrac{1}{2}\left\{\left(1-\dfrac{1}{3}\right)+\left(\dfrac{1}{2}-\dfrac{1}{4}\right)+\left(\dfrac{1}{3}-\dfrac{1}{5}\right)+\left(\dfrac{1}{4}-\dfrac{1}{6}\right)+\left(\dfrac{1}{5}-\dfrac{1}{7}\right)\right\}$$
$$=\dfrac{1}{2}\left(1+\dfrac{1}{2}-\dfrac{1}{6}-\dfrac{1}{7}\right)=\dfrac{25}{42}$$

앞에서 첫 번째, 세 번째가 남으면 뒤에서 첫 번째, 세 번째가 남는다.

$$\sum_{k=1}^{50}\frac{1}{(k+1)(k+2)}$$
$$=\sum_{k=1}^{50}\left(\frac{1}{k+1}-\frac{1}{k+2}\right)$$
$$=\left(\frac{1}{2}-\frac{1}{3}\right)+\left(\frac{1}{3}-\frac{1}{4}\right)+\left(\frac{1}{4}-\frac{1}{5}\right)+\cdots+\left(\frac{1}{51}-\frac{1}{52}\right)$$
$$=\frac{1}{2}-\frac{1}{52}=\frac{25}{52}$$

부분분수로 변형한다.

k에 1, 2, 3, …, 50을 차례대로 대입하여 합의 꼴로 나타낸다.

합이 0이 되는 항을 소거한다.

2 분모가 무리식인 수열의 합

분모가 무리식인 수열의 합은 다음과 같이 분모를 유리화한 후 합이 0이 되는 항을 소거하여 구한다.

$$\sum_{k=1}^{n}\frac{1}{\sqrt{k+1}+\sqrt{k}}=\sum_{k=1}^{n}(\sqrt{k+1}-\sqrt{k})$$

수열 $\dfrac{1}{\sqrt{2}+1},\ \dfrac{1}{\sqrt{3}+\sqrt{2}},\ \dfrac{1}{\sqrt{4}+\sqrt{3}},\ \cdots$의 첫째항부터 제99항까지의 합을 구해 보자.

이 수열의 일반항을 a_n이라 하면

$$a_n=\frac{1}{\sqrt{n+1}+\sqrt{n}}=\frac{\sqrt{n+1}-\sqrt{n}}{(\sqrt{n+1}+\sqrt{n})(\sqrt{n+1}-\sqrt{n})} \qquad \leftarrow \text{분모의 유리화}$$
$$=\sqrt{n+1}-\sqrt{n}$$

이때 $a_k=\sqrt{k+1}-\sqrt{k}$에 $k=1,\ 2,\ 3,\ \cdots,\ 99$를 차례대로 대입하여 합의 꼴로 나타내면 다음과 같이 항이 연쇄적으로 소거되므로 그 합을 구할 수 있다.

$$\sum_{k=1}^{99}\frac{1}{\sqrt{k+1}+\sqrt{k}}=\sum_{k=1}^{99}(\sqrt{k+1}-\sqrt{k})$$
$$=(\sqrt{2}-\sqrt{1})+(\sqrt{3}-\sqrt{2})+(\sqrt{4}-\sqrt{3})+\cdots+(\sqrt{100}-\sqrt{99})$$
$$=-1+10=9$$

앞에서 두 번째가 남으면 뒤에서 두 번째가 남는다.

분모가 무리식인 수열의 합도 앞에서 학습한 **1. 분수 꼴로 주어진 수열의 합**에서와 마찬가지로 소거되는 항에는 규칙성이 있음을 알 수 있다.

$$\sum_{k=1}^{14}\frac{1}{\sqrt{k+2}+\sqrt{k}}$$
$$=\sum_{k=1}^{14}\frac{\sqrt{k+2}-\sqrt{k}}{(\sqrt{k+2}+\sqrt{k})(\sqrt{k+2}-\sqrt{k})}$$
$$=\frac{1}{2}\sum_{k=1}^{14}(\sqrt{k+2}-\sqrt{k})$$
$$=\frac{1}{2}\{(\sqrt{3}-\sqrt{1})+(\sqrt{4}-\sqrt{2})+(\sqrt{5}-\sqrt{3})$$
$$\qquad\qquad +\cdots+(\sqrt{15}-\sqrt{13})+(\sqrt{16}-\sqrt{14})\}$$
$$=\frac{1}{2}(-1-\sqrt{2}+\sqrt{15}+\sqrt{16})=\frac{1}{2}(3-\sqrt{2}+\sqrt{15})$$

분모를 유리화한다.

k에 1, 2, 3, …, 14를 차례대로 대입하여 합의 꼴로 나타낸다.

합이 0이 되는 항을 소거한다.
(앞에서 두 번째, 네 번째가 남으면 뒤에서 두 번째, 네 번째가 남는다.)

(1) 멱급수　← (등차수열)×(등비수열) 꼴의 수열의 합

등차수열과 등비수열의 각 항의 곱으로 이루어진 수열의 합을 **멱급수**라 한다.
　교육과정은 아니지만 등비수열의 합의 공식의 유도 과정에 대한 응용으로 볼 수도 있다.

멱급수를 구하는 순서를 정리하면 다음과 같다.

❶ 주어진 수열의 합을 S로 놓는다.

❷ 등비수열의 공비가 r일 때, $S-rS$를 구한다. (단, $r\neq1$)

❸ 등비수열의 합을 이용하여 $S-rS$의 값을 구한 후, 주어진 수열의 합 S의 값을 구한다.

수열의 합 $1\times2+2\times2^2+3\times2^3+\cdots+9\times2^9$의 값을 구해 보자.

이 수열의 합은

$$\text{등차수열 } 1,\ 2,\ 3,\ \cdots,\ 9$$

$$\text{등비수열 } 2,\ 2^2,\ 2^3,\ \cdots,\ 2^9$$

을 서로 대응하는 항끼리 곱하여 더한 것이다.

❶ 주어진 수열의 합을 S로 놓으면

$$S=1\times2+2\times2^2+3\times2^3+\cdots+9\times2^9 \qquad \cdots\cdots \ \text{㉠}$$

❷ ㉠의 양변에 등비수열의 공비 2를 곱하면

$$2S=1\times2^2+2\times2^3+3\times2^4+\cdots+9\times2^{10} \qquad \cdots\cdots \ \text{㉡}$$

❸ ㉠−㉡, 즉 $S-2S$를 계산하면

$$
\begin{array}{l}
S=1\times2+2\times2^2+3\times2^3+\cdots+9\times2^9 \\
-\underline{)\,2S=\qquad\ \ 1\times2^2+2\times2^3+\cdots+8\times2^9+9\times2^{10}} \\
-S=1\times2+1\times2^2+1\times2^3+\cdots+1\times2^9-9\times2^{10}
\end{array}
$$

$$=2+2^2+2^3+\cdots+2^9-9\times2^{10}$$

$$=\frac{2(2^9-1)}{2-1}-9\times2^{10} \qquad ← \text{등비수열의 합을 이용한다.}$$

$$=2^{10}-2-9\times2^{10}$$

$$=-8\times2^{10}-2$$

$$\therefore S=8\times2^{10}+2$$

$$=8\times1024+2=8194$$

example　수열의 합 $2\times1+4\times3+6\times3^2+\cdots+20\times3^9$은

등차수열 $2,\ 4,\ 6,\ \cdots,\ 20$과 등비수열 $1,\ 3,\ 3^2,\ \cdots,\ 3^9$을 서로 대응하는 항끼리 곱하여 더한 것이다.

❶ 주어진 수열의 합을 S로 놓으면

$$S=2\times1+4\times3+6\times3^2+\cdots+20\times3^9 \qquad \cdots\cdots \ \text{㉠}$$

❷ ㉠의 양변에 등비수열의 공비 3을 곱하면

$$3S = 2 \times 3 + 4 \times 3^2 + \cdots + 18 \times 3^9 + 20 \times 3^{10} \qquad \cdots\cdots ㉡$$

❸ ㉠−㉡, 즉 $S - 3S$를 계산하면

$$
\begin{aligned}
S &= 2 \times 1 + 4 \times 3 + 6 \times 3^2 + \cdots + 20 \times 3^9 \\
-\,)\ 3S &= 2 \times 3 + 4 \times 3^2 + \cdots + 18 \times 3^9 + 20 \times 3^{10} \\
\hline
-2S &= 2 \times 1 + 2 \times 3 + 2 \times 3^2 + \cdots + 2 \times 3^9 - 20 \times 3^{10} \\
&= 2 \times (1 + 3 + 3^2 + \cdots + 3^9) - 20 \times 3^{10} \\
&= 2 \times \frac{3^{10} - 1}{3 - 1} - 20 \times 3^{10} \\
&= 3^{10} - 1 - 20 \times 3^{10} \\
&= -19 \times 3^{10} - 1
\end{aligned}
$$

$$\therefore S = \frac{19 \times 3^{10} + 1}{2}$$

(2) 군수열

수열의 항을 몇 개씩 묶었을 때, 규칙성을 갖는 수열에 대하여 알아보자.

수열 1, 1, 2, 1, 2, 3, 1, 2, 3, 4, 1, 2, 3, 4, 5, ⋯ 를 살펴보면 모든 항에 적용되는 규칙은 존재하지 않지만 다음과 같이 첫째항부터 항을 1개, 2개, 3개, 4개, ⋯씩 묶으면 그 묶음 안에서 규칙을 파악할 수 있다.

$$(1),\ (1, 2),\ (1, 2, 3),\ (1, 2, 3, 4),\ \cdots$$

제1군　　제2군　　　제3군　　　　제4군　　　⋯

이때 각 묶음을 첫 번째부터 차례대로 제1군, 제2군, 제3군, 제4군, ⋯이라 하고 규칙을 알아보면 다음과 같다.

① 각 군의 첫째항은 모두 1이다.　←주로 각 군의 첫째항 또는 마지막 항에서 규칙성을 찾을 수 있다.

② 제n군의 항의 개수는 n이다.　←제n군의 항의 개수를 확인한다.

➡ 제1군부터 제n군까지의 항의 개수는

$$1 + 2 + 3 + \cdots + n = \sum_{k=1}^{n} k = \frac{n(n+1)}{2}$$

③ 제n군의 k번째 항은 k이다.　←제n군의 규칙을 확인한다.

이와 같이 규칙성을 갖는 묶음(군)으로 나눌 수 있는 수열을 **군수열**이라 한다.

일반적으로 군수열에 대한 문제는 다음과 같은 순서로 해결한다.　←보통 특정 항을 묻는다.

❶ 수열의 각 항의 규칙을 파악하여 군으로 묶는다.

❷ 긱 군의 항의 개수를 파악하고, 각 군의 첫째항 또는 끝항이 갖는 규칙성을 조사한다.

❸ 구하는 항이 제몇 군의 몇 번째 항인지 구한다.

수열 $\dfrac{1}{1}$, $\dfrac{1}{2}$, $\dfrac{2}{2}$, $\dfrac{1}{3}$, $\dfrac{2}{3}$, $\dfrac{3}{3}$, $\dfrac{1}{4}$, $\dfrac{2}{4}$, $\dfrac{3}{4}$, $\dfrac{4}{4}$, $\cdots$의 제60항을 구하면

주어진 수열에서 분모가 같은 것끼리 군으로 묶으면 다음과 같다.

$$\left(\dfrac{1}{1}\right),\ \left(\dfrac{1}{2},\ \dfrac{2}{2}\right),\ \left(\dfrac{1}{3},\ \dfrac{2}{3},\ \dfrac{3}{3}\right),\ \left(\dfrac{1}{4},\ \dfrac{2}{4},\ \dfrac{3}{4},\ \dfrac{4}{4}\right),\ \cdots$$

제1군　제2군　　제3군　　　　제4군　　　$\cdots$

← ① 제n군의 첫째항은 $\dfrac{1}{n}$이다.

② 제n군의 항의 개수는 n이다.

③ 제n군의 k번째 항은 $\dfrac{k}{n}$이다.

제n군의 항의 개수는 n이므로 제1군부터 제n군까지의 항의 개수는

$$\sum_{k=1}^{n}k=\dfrac{n(n+1)}{2}$$

이때 $\dfrac{10\times11}{2}=55$, $\dfrac{11\times12}{2}=66$이므로 제60항은 제11군의 5번째 항이다.

제1군부터 제10군까지의 항의 개수는 55, 제1군부터 제11군까지의 항의 개수는 66이다.

따라서 주어진 수열의 제60항은 $\dfrac{5}{11}$이다.

(3) 계차수열

수열 1, 3, 7, 15, 31, $\cdots$에서 두 항의 차를 살펴보면 2, 4, 8, 16, $\cdots$으로 첫째항이 2, 공비가 2인 등비수열을 이루고 있음을 알 수 있다.

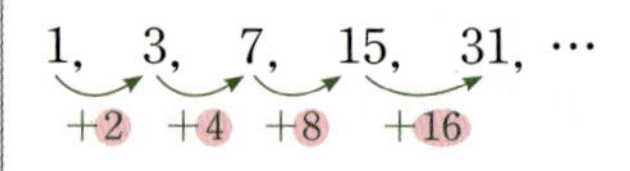

이와 같이 수열 $\{a_n\}$에서 이웃하는 두 항의 차 $b_n=a_{n+1}-a_n$ $(n=1,\ 2,\ 3,\ \cdots)$을 a_{n+1}과 a_n의 **계차**라 하고, 계차로 이루어진 수열 $\{b_n\}$을 $\{a_n\}$의 **계차수열**이라 한다.

$$a_1,\ a_2,\ a_3,\ a_4,\ \cdots,\ a_{n-1},\ a_n,\ \cdots$$

$+b_1$　$+b_2$　$+b_3$　$\cdots$　　$+b_{n-1}$　$\cdots$ ← 계차수열

← 원수열(처음에 주어진 수열)

이때 $b_n=a_{n+1}-a_n$의 n에 1, 2, 3, $\cdots$, $n-1$을 대입하여 변끼리 더하면

$$a_2-a_1=b_1$$
$$a_3-a_2=b_2$$
$$a_4-a_3=b_3$$
$$\vdots$$
$$+\ )\ \underline{a_n-a_{n-1}=b_{n-1}}$$
$$a_n-a_1=b_1+b_2+b_3+\cdots+b_{n-1}$$

$$\therefore\ a_n=a_1+(b_1+b_2+b_3+\cdots+b_{n-1})=a_1+\sum_{k=1}^{n-1}b_k\ (n\geq2)$$

(원수열의 일반항)＝(원수열의 첫째항)＋(계차수열의 첫째항부터 제$(n-1)$항까지의 합)

따라서 계차수열을 이용하여 수열의 일반항을 구하는 방법을 정리하면 다음과 같다.

❶ 계차수열의 일반항 b_n을 구한다.

❷ $a_n=a_1+\sum_{k=1}^{n-1}b_k\ (n\geq2)$임을 이용하여 일반항 a_n을 구한다.

이때 일반항에 $n=1$을 대입하여 얻은 값과 원수열의 첫째항이 같은지 확인한다.

(1) 수열 1, 3, 7, 15, 31, …의 일반항 a_n을 구하면

수열 $\{a_n\}$의 계차수열을 $\{b_n\}$이라 하면

$\{b_n\}$: 2, 4, 8, 16, …

계차수열 $\{b_n\}$은 첫째항이 2, 공비가 2인 등비수열이므로 $b_n = 2^n$

$$\therefore a_n = a_1 + \sum_{k=1}^{n-1} 2^k = 1 + \frac{2(2^{n-1}-1)}{2-1} = 2^n - 1 \ (n \geq 2)$$ ← 계차수열이 등비수열인 경우 등비수열의 합의 공식을 이용한다.

이때 $a_1 = 1$은 $2^n - 1$에 $n=1$을 대입한 값과 같으므로

$$a_n = 2^n - 1$$

(2) 수열 1, 2, 4, 7, 11, …의 일반항 a_n을 구하면

수열 $\{a_n\}$의 계차수열을 $\{b_n\}$이라 하면

$\{b_n\}$: 1, 2, 3, 4, …

계차수열 $\{b_n\}$은 첫째항이 1, 공차가 1인 등차수열이므로 $b_n = n$

$$\therefore a_n = a_1 + \sum_{k=1}^{n-1} k = 1 + \frac{(n-1)n}{2} = \frac{n^2-n+2}{2} \ (n \geq 2)$$ ← 계차수열이 등차수열인 경우 자연수의 거듭제곱의 합의 공식을 이용한다.

이때 $a_1 = 1$은 $\dfrac{n^2-n+2}{2}$에 $n=1$을 대입한 값과 같으므로

$$a_n = \frac{n^2-n+2}{2}$$

09

개념 CHECK

03. 여러 가지 수열의 합

📖 빠른 정답 • 466쪽 / 정답과 풀이 • 153쪽

01 다음 식의 값을 구하시오.

(1) $\displaystyle\sum_{k=1}^{10} \frac{1}{(3k-2)(3k+1)}$

(2) $\displaystyle\sum_{k=1}^{9} \frac{1}{(k+1)(k+3)}$

02 다음 식의 값을 구하시오.

(1) $\displaystyle\sum_{k=1}^{40} \frac{1}{\sqrt{2k+1}+\sqrt{2k-1}}$

(2) $\displaystyle\sum_{k=1}^{24} \frac{2}{\sqrt{k+3}+\sqrt{k+1}}$

대표 예제 | 06

다음 수열의 첫째항부터 제n항까지의 합을 구하시오.

(1) $\dfrac{1}{1\times2}$, $\dfrac{1}{2\times3}$, $\dfrac{1}{3\times4}$, $\dfrac{1}{4\times5}$, $\cdots$

(2) $\dfrac{1}{2^2-1}$, $\dfrac{1}{3^2-1}$, $\dfrac{1}{4^2-1}$, $\dfrac{1}{5^2-1}$, $\cdots$

바로 접근

일반항이 분수 꼴로 주어진 수열의 합은 일반항을 부분분수로 변형하여 계산한다.

$$\frac{1}{AB}=\frac{1}{B-A}\left(\frac{1}{A}-\frac{1}{B}\right) \ (\text{단, } A\neq0,\ B\neq0,\ A\neq B)$$

바른 풀이

(1) 주어진 수열의 일반항을 a_n이라 하면

$$a_n=\frac{1}{n(n+1)}=\frac{1}{n}-\frac{1}{n+1}$$

$$\therefore \sum_{k=1}^{n}a_k=\sum_{k=1}^{n}\left(\frac{1}{k}-\frac{1}{k+1}\right)$$

$$=\left(\frac{1}{1}-\frac{1}{2}\right)+\left(\frac{1}{2}-\frac{1}{3}\right)+\left(\frac{1}{3}-\frac{1}{4}\right)+\cdots+\left(\frac{1}{n}-\frac{1}{n+1}\right)$$

$$=1-\frac{1}{n+1}=\frac{n}{n+1}$$

(2) 주어진 수열의 일반항을 a_n이라 하면

$$a_n=\frac{1}{(n+1)^2-1}=\frac{1}{n(n+2)}=\frac{1}{2}\left(\frac{1}{n}-\frac{1}{n+2}\right)$$

$$\therefore \sum_{k=1}^{n}a_k=\frac{1}{2}\sum_{k=1}^{n}\left(\frac{1}{n}-\frac{1}{n+2}\right)$$

$$=\frac{1}{2}\left\{\left(\frac{1}{1}-\frac{1}{3}\right)+\left(\frac{1}{2}-\frac{1}{4}\right)+\left(\frac{1}{3}-\frac{1}{5}\right)+\cdots+\left(\frac{1}{n-1}-\frac{1}{n+1}\right)+\left(\frac{1}{n}-\frac{1}{n+2}\right)\right\}$$

$$=\frac{1}{2}\left\{\left(1+\frac{1}{2}-\frac{1}{n+1}-\frac{1}{n+2}\right)=\frac{n(3n+5)}{4(n+1)(n+2)}\right.$$

부분분수에서 항이 연쇄적으로 소거될 때,
앞에서 남은 항과 뒤에서 남은 항은 서로
대칭이 되는 위치에 있다.
즉, 앞에서 첫 번째, 세 번째 항이 남으므로
뒤에서 첫 번째, 세 번째 항이 남는다.

정답 (1) $\dfrac{n}{n+1}$ (2) $\dfrac{n(3n+5)}{4(n+1)(n+2)}$

Bible Says

분수 꼴로 주어진 수열의 합에서 자주 사용되는 식

① $\displaystyle\sum_{k=1}^{n}\frac{1}{k(k+1)}=\sum_{k=1}^{n}\left(\frac{1}{k}-\frac{1}{k+1}\right)$

② $\displaystyle\sum_{k=1}^{n}\frac{1}{k(k+a)}=\frac{1}{a}\sum_{k=1}^{n}\left(\frac{1}{k}-\frac{1}{k+a}\right)$

③ $\displaystyle\sum_{k=1}^{n}\frac{1}{(k+a)(k+b)}=\frac{1}{b-a}\sum_{k=1}^{n}\left(\frac{1}{k+a}-\frac{1}{k+b}\right)$

④ $\displaystyle\sum_{k=1}^{n}\frac{1}{k(k+1)(k+2)}=\frac{1}{2}\sum_{k=1}^{n}\left\{\frac{1}{k(k+1)}-\frac{1}{(k+1)(k+2)}\right\}$

06-1

수열 $\dfrac{1}{2\times 5}$, $\dfrac{1}{5\times 8}$, $\dfrac{1}{8\times 11}$, $\dfrac{1}{11\times 14}$, $\cdots$의 첫째항부터 제n항까지의 합을 구하시오.

06-2

다음 물음에 답하시오.

(1) $\displaystyle\sum_{k=1}^{9}\dfrac{1}{k^2+2k}$의 값을 구하시오.

(2) $\displaystyle\sum_{k=1}^{n}\dfrac{5}{(k+1)(k+2)}=\dfrac{13}{6}$을 만족시키는 자연수 n의 값을 구하시오.

06-3

첫째항이 1인 등차수열 $\{a_n\}$에 대하여

$$\sum_{k=1}^{9}\dfrac{1}{a_k a_{k+1}}=\dfrac{9}{28}$$

일 때, a_5의 값을 구하시오.

06-4

첫째항이 2이고, 각 항이 양수인 수열 $\{a_n\}$이

$$\sum_{k=1}^{10}\left\{(-1)^k\times\left(\dfrac{1}{a_k}+\dfrac{1}{a_{k+1}}\right)\right\}=\dfrac{1}{10}$$

일 때, a_{11}의 값을 구하시오.

대표 예제 | 07

다음 식의 값을 구하시오.

(1) $\displaystyle\sum_{k=1}^{40} \dfrac{3}{\sqrt{3k+1}+\sqrt{3k-2}}$

(2) $\displaystyle\sum_{k=1}^{48} \log_5 \dfrac{k+2}{k+1}$

B로 접근

(1) 일반항의 분모가 무리식 꼴로 주어진 수열의 합은 일반항의 분모를 유리화하여 계산한다.

(2) 일반항이 로그 꼴로 주어진 수열의 합은 로그의 성질을 이용하여 계산한다.

B른 풀이

(1) $\displaystyle\sum_{k=1}^{40} \dfrac{3}{\sqrt{3k+1}+\sqrt{3k-2}} = \sum_{k=1}^{40} \dfrac{3(\sqrt{3k+1}-\sqrt{3k-2})}{(\sqrt{3k+1}+\sqrt{3k-2})(\sqrt{3k+1}-\sqrt{3k-2})}$

$\qquad = 3\displaystyle\sum_{k=1}^{40} \dfrac{\sqrt{3k+1}-\sqrt{3k-2}}{3}$

$\qquad = \displaystyle\sum_{k=1}^{40} (\sqrt{3k+1}-\sqrt{3k-2})$

$\qquad = (\sqrt{4}-\sqrt{1})+(\sqrt{7}-\sqrt{4})+(\sqrt{10}-\sqrt{7})+\cdots+(\sqrt{121}-\sqrt{118})$

$\qquad = -1+11 = 10$

(2) $\displaystyle\sum_{k=1}^{48} \log_5 \dfrac{k+2}{k+1} = \log_5 \dfrac{3}{2} + \log_5 \dfrac{4}{3} + \log_5 \dfrac{5}{4} + \cdots + \log_5 \dfrac{50}{49}$

$\qquad = \log_5 \left(\dfrac{3}{2} \times \dfrac{4}{3} \times \dfrac{5}{4} \times \cdots \times \dfrac{50}{49} \right)$

$\qquad = \log_5 \dfrac{50}{2} = \log_5 25 = \log_5 5^2 = 2$

정답 (1) 10 (2) 2

Bible Says

(1) 분모의 유리화

분모가 무리식일 때, 다음과 같이 분모를 유리화한다.

① $\dfrac{c}{\sqrt{a}+\sqrt{b}} = \dfrac{c(\sqrt{a}-\sqrt{b})}{(\sqrt{a}+\sqrt{b})(\sqrt{a}-\sqrt{b})} = \dfrac{c(\sqrt{a}-\sqrt{b})}{a-b}$ (단, $a \neq b$)

② $\dfrac{c}{\sqrt{a}-\sqrt{b}} = \dfrac{c(\sqrt{a}+\sqrt{b})}{(\sqrt{a}-\sqrt{b})(\sqrt{a}+\sqrt{b})} = \dfrac{c(\sqrt{a}+\sqrt{b})}{a-b}$ (단, $a \neq b$)

(2) 로그의 성질

$a>0$, $a \neq 1$, $M>0$, $N>0$일 때,

① $\log_a 1 = 0$, $\log_a a = 1$

② $\log_a MN = \log_a M + \log_a N$

③ $\log_a \dfrac{M}{N} = \log_a M - \log_a N$

④ $\log_a M^k = k \log_a M$ (단, k는 실수)

한 번 더하기

07-1

다음 식의 값을 구하시오.

(1) $\displaystyle\sum_{k=1}^{13} \frac{1}{\sqrt{k+3}+\sqrt{k+2}}$

(2) $\displaystyle\sum_{k=1}^{40} \log_3 \frac{2k+1}{2k-1}$

표현 더하기

07-2

n이 자연수일 때, x에 대한 이차방정식

$$x^2 - nx + n - 2 = 0$$

의 두 근의 합을 a_n, 두 근의 곱을 b_n이라 하자. $\displaystyle\sum_{k=3}^{9} \frac{2}{\sqrt{a_k}+\sqrt{b_k}}$의 값을 구하시오.

표현 더하기

07-3

첫째항이 2인 수열 $\{a_n\}$에 대하여

$$\sum_{k=1}^{10} \log_2 \frac{a_{k+1}}{a_k} = 4$$

일 때, a_{11}의 값을 구하시오.

표현 더하기

07-4

첫째항이 4이고 공차가 0이 아닌 등차수열 $\{a_n\}$에 대하여

$$\sum_{k=1}^{10} \frac{1}{\sqrt{a_{k+1}}+\sqrt{a_k}} = 1$$

일 때, a_{10}의 값을 구하시오.

S·T·E·P 1 기본 다지기

01 수열 $\{a_n\}$에 대하여

$$\sum_{k=1}^{8}(a_k-1)^2=30, \quad \sum_{k=1}^{8}(a_k+1)^2=62$$

일 때, $\sum_{k=1}^{8}a_k(a_k+1)$의 값을 구하시오.

02 두 수열 $\{a_n\}$, $\{b_n\}$이 모든 자연수 n에 대하여 $a_n+b_n=7$을 만족시킨다.

$$\sum_{k=1}^{10}(2a_k+3b_k)=100$$

일 때, $\sum_{k=1}^{10}a_k$의 값을 구하시오.

교육청 기출

03 첫째항이 $\dfrac{1}{5}$이고 공비가 양수인 등비수열 $\{a_n\}$에 대하여 $a_4=4a_2$일 때, $\displaystyle\sum_{k=1}^{n}a_k=\dfrac{3}{13}\sum_{k=1}^{n}a_k^{\,2}$을 만족시키는 자연수 n의 값은?

① 5　　　　② 6　　　　③ 7　　　　④ 8　　　　⑤ 9

04 수열 $\{a_n\}$에 대하여

$$\sum_{k=1}^{6}a_k=4, \quad \sum_{k=1}^{6}(k+1)(a_k+k)=122$$

일 때, $\sum_{k=1}^{6}ka_k$의 값을 구하시오.

05 함수

$$f(x)=\sum_{k=1}^{5}(x-k)^2$$

이 $x=p$에서 최솟값 q를 가질 때, $p+q$의 값을 구하시오.

06 양의 실수 t에 대하여 $\log_2(3t-1)$의 값이 자연수가 되도록 하는 t의 값을 작은 수부터 크기 순으로 나열했을 때, n번째 수를 a_n이라 하자. $\sum_{k=1}^{6}\left(\sum_{n=1}^{k}a_n\right)$의 값을 구하시오.

07 수열 $\{a_n\}$이 모든 자연수 n에 대하여

$$\sum_{k=1}^{n}\frac{a_k}{2^k-1}=2n+3$$

을 만족시킬 때, $\sum_{k=1}^{5}a_k$의 값을 구하시오.

08 수열 $\{a_n\}$이 모든 자연수 n에 대하여

$$\sum_{k=1}^{n}a_k=2^n-1$$

을 만족시킬 때, $\sum_{k=1}^{4}\dfrac{1}{a_k a_{k+1}}$의 값을 구하시오.

09

수열 $\{a_n\}$이 모든 자연수 n에 대하여

$$\sum_{k=1}^{n} ka_k = n^2 + 3n$$

을 만족시킬 때, $a_1 \times a_2 \times a_3 \times \cdots \times a_6$의 값을 구하시오.

10

n이 자연수일 때, x에 대한 이차방정식 $x^2 - 2x + n(n+1) = 0$의 두 근을 α_n, β_n이라 하자. $\sum_{n=1}^{10} \left(\dfrac{1}{\alpha_n} + \dfrac{1}{\beta_n} \right)$의 값을 구하시오.

11

자연수 n에 대하여 두 곡선

$$y = \sqrt{x+1}, \ y = -\sqrt{x}$$

가 직선 $x=n$과 만나는 두 점을 각각 P_n, Q_n이라 하자. 삼각형 OP_nQ_n의 넓이를 S_n이라 할 때, $\sum_{n=1}^{15} \dfrac{n}{S_n}$의 값을 구하시오.

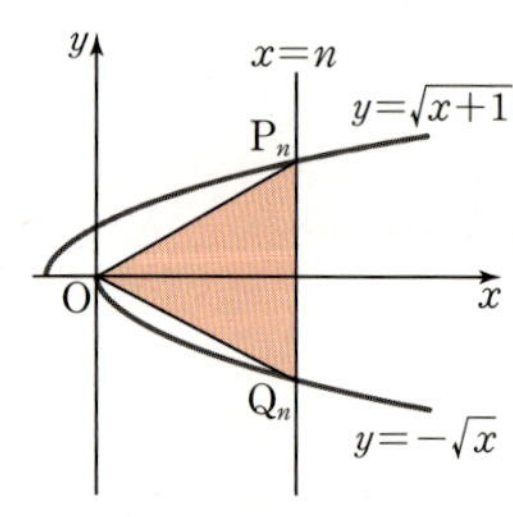

(단, O는 원점이다.)

12

자연수 n에 대하여 2^n을 5로 나누었을 때의 나머지를 a_n이라 하자. $\sum_{n=1}^{30} a_n$의 값을 구하시오.

S·T·E·P 2 실력 다지기

13 수열 $\{a_n\}$이 모든 자연수 n에 대하여 $\sum\limits_{k=1}^{n}(a_{2k}+a_{2k+1})=n^2+2n$을 만족시킨다. $\sum\limits_{k=1}^{11}a_k=40$일 때, a_1의 값을 구하시오.

14 첫째항이 5인 등차수열 $\{a_n\}$에 대하여 $\sum\limits_{k=1}^{5}(a_{2k}-a_k)=45$일 때, $\sum\limits_{k=1}^{5}a_k$의 값을 구하시오.

15 공차가 양수인 등차수열 $\{a_n\}$에 대하여 $\sum\limits_{k=1}^{5}a_k=0$, $\sum\limits_{k=1}^{10}(|a_k|-a_k)=12$일 때, a_5의 값을 구하시오.

16 첫째항과 제2항이 $\dfrac{1}{2}$이고 모든 항이 양수인 수열 $\{a_n\}$에 대하여 두 이차정사각행렬 A_n, B_n을

$$A_n=\begin{pmatrix} a_{2n-1} & 0 \\ 0 & a_{2n} \end{pmatrix},\quad B_n=A_1+A_2+A_3+\cdots+A_n$$

이라 하자. 행렬 B_n의 $(1, 1)$ 성분을 c_n, $(2, 2)$ 성분을 d_n이라 할 때, 수열 $\{c_n\}$은 공비가 2인 등비수열이고, 수열 $\{d_n\}$은 공비가 5인 등비수열이다. $\sum\limits_{n=1}^{10}\log a_n=p-\log q$일 때, $p+q$의 값을 구하시오. (단, p, q는 자연수이다.)

17 첫째항이 4, 공비가 2인 등비수열 $\{a_n\}$에 대하여 곡선 $y=\log_2 x$가 직선 $x=a_n$과 만나는 점을 P_n, 점 P_n을 지나고 y축에 수직인 직선과 점 P_{n+1}을 지나고 x축에 수직인 직선이 만나는 점을 Q_n이라 하자. 삼각형 $\mathrm{P}_n\mathrm{Q}_n\mathrm{P}_{n+1}$의 넓이를 S_n이라 할 때, $\sum\limits_{n=1}^{5}S_n$의 값을 구하시오.

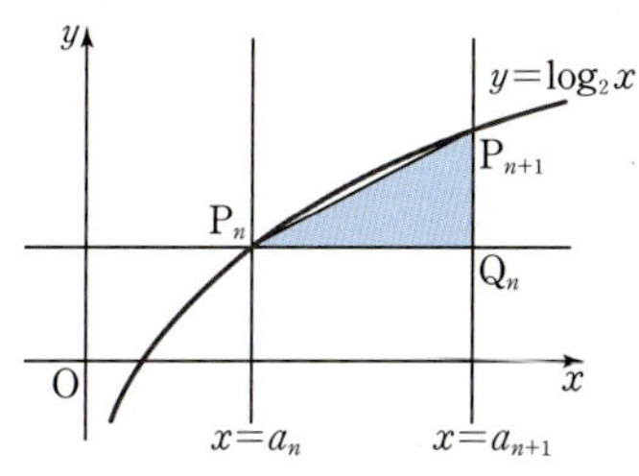

중단원 연습문제

18 자연수 n에 대하여 점 $A(0, n)$과 원 $(x-n)^2+(y+4)^2=4$ 위의 점 P에 대하여 선분 AP의 길이의 최댓값을 a_n, 최솟값을 b_n이라 할 때, $\sum_{n=1}^{10} \dfrac{1}{a_n b_n + 2n}$의 값을 구하시오.

challenge **수능 기출**

19 좌표평면에서 자연수 n에 대하여 A_n을 4개의 점 (n^2, n^2), $(4n^2, n^2)$, $(4n^2, 4n^2)$, $(n^2, 4n^2)$을 꼭짓점으로 하는 정사각형이라 하자. 정사각형 A_n과 함수 $y=k\sqrt{x}$의 그래프가 만나도록 하는 자연수 k의 개수를 a_n이라 할 때, **보기**에서 옳은 것만을 있는 대로 고른 것은?

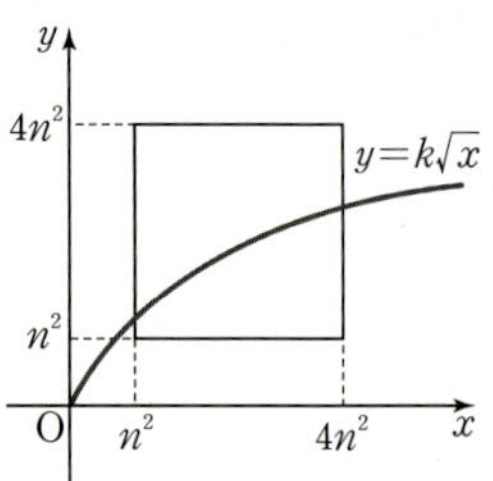

> **보기**
>
> ㄱ. $a_5 = 15$ ㄴ. $a_{n+2} - a_n = 7$ ㄷ. $\sum_{k=1}^{10} a_k = 200$

① ㄴ   ② ㄷ   ③ ㄱ, ㄴ   ④ ㄴ, ㄷ   ⑤ ㄱ, ㄴ, ㄷ

challenge **교육청 기출**

20 양수 a와 0이 아닌 실수 d에 대하여 첫째항이 모두 a이고, 공차가 각각 d, $-2d$인 두 등차수열 $\{a_n\}$과 $\{b_n\}$이 다음 조건을 만족시킨다.

> (가) $|a_1| = |b_7|$
>
> (나) $S_n = \sum_{k=1}^{n} (|a_k| - |b_k|)$라 할 때, 모든 자연수 n에 대하여 $S_n \le 108$이고, $S_p = 108$인 자연수 p가 존재한다.

$S_n \ge 0$을 만족시키는 자연수 n의 최댓값을 m이라 할 때, a_m의 값은?

① 46   ② 50   ③ 54   ④ 58   ⑤ 62

10 수학적 귀납법

01 수열의 귀납적 정의

수열의 귀납적 정의	수열 $\{a_n\}$을 (i) 첫째항 a_1 또는 처음 몇 개의 항 (ii) 이웃하는 항들 사이의 관계식 으로 정의하는 것을 수열 $\{a_n\}$의 귀납적 정의라 한다. 이때 (ii)의 관계식의 n에 1, 2, 3, …을 차례대로 대입하면 수열 $\{a_n\}$의 모든 항을 구할 수 있다.
등차수열의 귀납적 정의	수열 $\{a_n\}$에 대하여 $n=1,\ 2,\ 3,\ \cdots$일 때 등차수열을 나타내는 관계식은 다음과 같다. ① $a_{n+1}-a_n=d$ (일정) ② $a_{n+1}-a_n=a_{n+2}-a_{n+1} \iff 2a_{n+1}=a_n+a_{n+2}$
등비수열의 귀납적 정의	수열 $\{a_n\}$에 대하여 $n=1,\ 2,\ 3,\ \cdots$일 때 등비수열을 나타내는 관계식은 다음과 같다. ① $\dfrac{a_{n+1}}{a_n}=r$ (일정) ② $\dfrac{a_{n+1}}{a_n}=\dfrac{a_{n+2}}{a_{n+1}} \iff a_{n+1}{}^2=a_n a_{n+2}$

02 수학적 귀납법

수학적 귀납법	자연수 n에 대한 명제 $p(n)$이 모든 자연수 n에 대하여 성립함을 증명하려면 다음 두 가지를 보이면 된다. (i) $n=1$일 때, 명제 $p(n)$이 성립한다. (ii) $n=k$일 때, 명제 $p(n)$이 성립한다고 가정하면 $n=k+1$일 때도 명제 $p(n)$이 성립한다. 이와 같이 자연수에 대한 어떤 명제가 참임을 증명하는 방법을 수학적 귀납법이라 한다.

수열의 귀납적 정의

1 수열의 귀납적 정의

수열 $\{a_n\}$을
(i) 첫째항 a_1 또는 처음 몇 개의 항
(ii) 이웃하는 항들 사이의 관계식
으로 정의하는 것을 수열 $\{a_n\}$의 귀납적 정의라 한다.
이때 (ii)의 관계식의 n에 1, 2, 3, …을 차례대로 대입하면 수열 $\{a_n\}$의 모든 항을 구할 수 있다.

수열 1, 3, 5, 7, 9, …는 첫째항이 1, 공차가 2인 등차수열로 이 수열의 일반항을 a_n이라 하면 $a_n=2n-1$로 표현하는 방법을 앞에서 학습하였다.
이렇게 수열을 정의할 때, 일반항이라는 구체적인 식을 사용하기도 하지만 처음 몇 개의 항과 이웃하는 여러 항 사이의 관계식을 이용하여 정의하기도 한다.

수열 1, 3, 5, 7, 9, …로 주어진 수열은 첫째항이 1이고, 이웃하는 두 항의 차가 2로 항상 일정하므로 이 수열 $\{a_n\}$을 첫째항 a_1과 이웃하는 두 항 사이의 관계식으로 정의하면 다음과 같다.

$$a_1=1,\ a_{n+1}=a_n+2\ (n=1,\ 2,\ 3,\ \cdots)$$

이때 관계식 $a_{n+1}=a_n+2$의 n에 1, 2, 3, …을 차례대로 대입하면

$$a_2=a_1+2=1+2=3$$
$$a_3=a_2+2=3+2=5$$
$$a_4=a_3+2=5+2=7$$
$$\vdots$$

과 같이 수열 $\{a_n\}$의 모든 항을 구할 수 있다.

이와 같이 ==처음 몇 개의 항과 이웃하는 항들 사이의 관계식으로 수열을 정의하는 것==을 수열의 **귀납적 정의**라 하고, 수열에서 이웃하는 항들 사이의 관계식을 **점화식**이라 한다.

example

수열 $\{a_n\}$이 $a_1=2$, $\underline{a_{n+1}=3a_n-1}$ (점화식) $(n=1,\ 2,\ 3,\ \cdots)$로 정의될 때
관계식 $a_{n+1}=3a_n-1$의 n에 1, 2, 3, …을 차례대로 대입하면
$a_2=3a_1-1=3\times2-1=5$, $a_3=3a_2-1=3\times5-1=14$,
$a_4=3a_3-1=3\times14-1=41$, …

수열 $\{a_n\}$에 대하여 $n=1, 2, 3, \cdots$일 때 등차수열을 나타내는 관계식은 다음과 같다.

① $a_{n+1}-a_n=d$ (일정)

② $a_{n+1}-a_n=a_{n+2}-a_{n+1} \Longleftrightarrow 2a_{n+1}=a_n+a_{n+2}$

수열 $\{a_n\}$이 공차가 d인 등차수열이면 임의의 연속된 두 항 a_n과 a_{n+1} 사이에

$$a_{n+1}=a_n+d, \ \text{즉} \ a_{n+1}-a_n=d$$

가 성립한다. 거꾸로 $a_{n+1}-a_n=d$가 성립하는 수열 $\{a_n\}$은 공차가 d인 등차수열이다.

또한 수열 $\{a_n\}$이 등차수열일 때, 임의의 세 항 a_n, a_{n+1}, a_{n+2} 사이에

$$a_{n+1}-a_n=a_{n+2}-a_{n+1}, \ \text{즉} \ 2a_{n+1}=a_n+a_{n+2}$$

가 성립한다. 거꾸로 $2a_{n+1}=a_n+a_{n+2}$가 성립하는 수열 $\{a_n\}$은 등차수열이다.

따라서 첫째항이 a, 공차가 d인 등차수열의 귀납적 정의는

$$a_1=a, \ a_{n+1}=a_n+d \ (n=1, 2, 3, \cdots)$$

이다.

$a_1=4$, $a_{n+1}=a_n+3$ $(n=1, 2, 3, \cdots)$과 같이 정의된 수열 $\{a_n\}$은
첫째항이 4이고 공차가 3인 등차수열이므로
일반항은 $a_n=4+(n-1)\times 3=3n+1$

n에 $1, 2, 3, \cdots$을 차례대로 대입하면
$a_2=4+3=7$, $a_3=7+3=10$,
$a_4=10+3=13$, $\cdots$

수열 $\{a_n\}$에 대하여 $n=1, 2, 3, \cdots$일 때 등비수열을 나타내는 관계식은 다음과 같다.

① $\dfrac{a_{n+1}}{a_n}=r$ (일정)

② $\dfrac{a_{n+1}}{a_n}=\dfrac{a_{n+2}}{a_{n+1}} \Longleftrightarrow a_{n+1}{}^2=a_n a_{n+2}$

수열 $\{a_n\}$이 공비가 r인 등비수열이면 임의의 연속된 두 항 a_n과 a_{n+1} 사이에

$$a_{n+1}=ra_n, \ \text{즉} \ \dfrac{a_{n+1}}{a_n}=r$$

이 성립한다. 거꾸로 $\dfrac{a_{n+1}}{a_n}=r$이 성립하는 수열 $\{a_n\}$은 공비가 r인 등비수열이다.

또한 수열 $\{a_n\}$이 등비수열일 때, 임의의 세 항 a_n, a_{n+1}, a_{n+2} 사이에

$$\dfrac{a_{n+1}}{a_n}=\dfrac{a_{n+2}}{a_{n+1}}, \ \text{즉} \ a_{n+1}{}^2=a_n a_{n+2}$$

가 성립한다. 거꾸로 $a_{n+1}{}^2=a_n a_{n+2}$가 성립하는 수열 $\{a_n\}$은 등비수열이다.

따라서 첫째항이 a, 공비가 $r\,(r\neq0)$인 등비수열의 귀납적 정의는
$$a_1=a,\ a_{n+1}=ra_n\ (n=1,\ 2,\ 3,\ \cdots)$$
이다.

$a_1=3$, $a_{n+1}=2a_n\ (n=1,\ 2,\ 3,\ \cdots)$과 같이 정의된 수열 $\{a_n\}$은
첫째항이 3, 공비가 2인 등비수열이므로
일반항은 $a_n=3\times2^{n-1}$

n에 1, 2, 3, $\cdots$을 차례대로 대입하면
$a_2=2\times3=6$, $a_3=2\times6=12$,
$a_4=2\times12=24$, $\cdots$

바이블 PLUS ➕ 여러 가지 수열의 귀납적 정의

다음과 같이 귀납적으로 정의된 여러 가지 수열 $\{a_n\}$의 일반항을 구하는 방법을 알아보자.

(1) $a_{n+1}=a_n+f(n)$ 꼴

➡ $a_{n+1}=a_n+f(n)$의 n에 1, 2, 3, $\cdots$, $n-1$을 차례대로 대입한 후 변끼리 더하여 구한다.

$$
\begin{aligned}
a_2&=a_1+f(1)\\
a_3&=a_2+f(2)\\
a_4&=a_3+f(3)\\
&\ \ \vdots\\
+\ )\ a_n&=a_{n-1}+f(n-1)\\
\hline
a_n&=a_1+f(1)+f(2)+f(3)+\cdots+f(n-1)=a_1+\sum_{k=1}^{n-1}f(k)
\end{aligned}
$$

$a_1=3$, $a_{n+1}-a_n=2n\ (n=1,\ 2,\ 3,\ \cdots)$으로 정의된 수열 $\{a_n\}$의 일반항을 구하기 위하여
$a_{n+1}=a_n+2n$의 n에 1, 2, 3, $\cdots$, $n-1$을 차례대로 대입한 후 변끼리 더하면

$$
\begin{aligned}
a_2&=a_1+2\times1\\
a_3&=a_2+2\times2\\
a_4&=a_3+2\times3\\
&\ \ \vdots\\
+\ )\ a_n&=a_{n-1}+2\times(n-1)\\
\hline
a_n&=a_1+2\{1+2+3+\cdots+(n-1)\}\\
&=3+2\sum_{k=1}^{n-1}k=3+2\times\frac{n(n-1)}{2}\\
&=n^2-n+3
\end{aligned}
$$

(2) $a_{n+1}=a_n f(n)$ 꼴

➜ $a_{n+1}=a_n f(n)$의 n에 1, 2, 3, $\cdots$, $n-1$을 차례대로 대입한 후 변끼리 곱하여 구한다.

$$\begin{aligned}
a_2 &= a_1 \times f(1) \\
a_3 &= a_2 \times f(2) \\
a_4 &= a_3 \times f(3) \\
&\ \ \vdots \\
\times\ )\ a_n &= a_{n-1} \times f(n-1) \\
\hline
a_n &= a_1 \times f(1) \times f(2) \times f(3) \times \cdots \times f(n-1)
\end{aligned}$$

example $a_1=5$, $a_{n+1}=(n+1)a_n\ (n=1, 2, 3, \cdots)$으로 정의된 수열 $\{a_n\}$의 일반항을 구하기 위하여

$a_{n+1}=(n+1)a_n$의 n에 1, 2, 3, $\cdots$, $n-1$을 차례대로 대입한 후 변끼리 곱하면

$$\begin{aligned}
a_2 &= 2a_1 \\
a_3 &= 3a_2 \\
a_4 &= 4a_3 \\
&\ \ \vdots \\
\times\ )\ a_n &= na_{n-1} \\
\hline
a_n &= a_1 \times 2 \times 3 \times 4 \times \cdots \times n = 5 \times 2 \times 3 \times 4 \times \cdots \times n \\
&= 5 \times n!
\end{aligned}$$

(3) $a_{n+1}=pa_n+q\ (p \neq 1,\ pq \neq 0)$ 꼴

➜ $a_{n+1}-\alpha=p(a_n-\alpha)$ 꼴로 변형한다.

$a_{n+1}=pa_n+q$를 $a_{n+1}-\alpha=p(a_n-\alpha)$ 꼴로 변형해야 하므로

$a_{n+1}-\alpha=p(a_n-\alpha)$에서 $a_{n+1}=pa_n-p\alpha+\alpha$　← 이 식은 $a_{n+1}=pa_n+q$와 같다.

따라서 $-p\alpha+\alpha=q$이므로 $\alpha=\dfrac{q}{1-p}$　← ❶ α의 값을 구한다.

즉, $a_{n+1}-\alpha=p(a_n-\alpha)$에서 수열 $\{a_n-\alpha\}$는 첫째항이 $a_1-\alpha$, 공비가 p인 등비수열이므로

$$a_n-\alpha=(a_1-\alpha)p^{n-1}$$
$$\therefore a_n=\alpha+(a_1-\alpha)p^{n-1}$$

← ❷ 일반항 a_n을 구한다.

example $a_1=1$, $a_{n+1}=3a_n+2$로 정의된 수열 $\{a_n\}$의 일반항을 구하기 위하여

$a_{n+1}=3a_n+2$를 $a_{n+1}-\alpha=3(a_n-\alpha)$로 놓으면

$a_{n+1}=3a_n-2\alpha$

$-2\alpha=2$이므로 $\alpha=-1$　　$\therefore a_{n+1}+1=3(a_n+1)$

따라서 수열 $\{a_n+1\}$은 첫째항이 $a_1+1=1+1=2$, 공비가 3인 등비수열이므로

$a_n+1=2 \times 3^{n-1}$

$\therefore a_n=2 \times 3^{n-1}-1$

(4) $pa_{n+2}+qa_{n+1}+ra_n=0 \ (p+q+r=0, \ pqr\neq0)$ 꼴

➡ $a_{n+2}-a_{n+1}=\dfrac{r}{p}(a_{n+1}-a_n)$ 꼴로 변형한다.

$p+q+r=0$에서 $q=-p-r$이므로 $pa_{n+2}-(p+r)a_{n+1}+ra_n=0$

$$p(a_{n+2}-a_{n+1})=r(a_{n+1}-a_n) \qquad \therefore a_{n+2}-a_{n+1}=\frac{r}{p}(a_{n+1}-a_n)$$

수열 $\{a_{n+1}-a_n\}$은 첫째항이 a_2-a_1, 공비가 $\dfrac{r}{p}$인 등비수열이므로

$$a_{n+1}-a_n=(a_2-a_1)\left(\frac{r}{p}\right)^{n-1} \qquad \therefore a_{n+1}=a_n+(a_2-a_1)\left(\frac{r}{p}\right)^{n-1} \quad \leftarrow \text{(1) } a_{n+1}=a_n+f(n) \text{ 꼴이다.}$$

이 식에서 $(a_2-a_1)\left(\dfrac{r}{p}\right)^{n-1}$은 n에 대한 식이므로 **(1)**의 방법을 이용하여 일반항 a_n을 구한다.

(5) $a_{n+1}=\dfrac{ra_n}{pa_n+q} \ (pqr\neq0)$ 꼴

➡ 양변의 역수를 취한 후 $\dfrac{1}{a_n}=b_n$으로 놓는다.

$a_{n+1}=\dfrac{ra_n}{pa_n+q}$의 양변의 역수를 취하면 $\dfrac{1}{a_{n+1}}=\dfrac{pa_n+q}{ra_n}$, $\dfrac{1}{a_{n+1}}=\dfrac{q}{r}\times\dfrac{1}{a_n}+\dfrac{p}{r}$

이때 $\dfrac{1}{a_n}=b_n$으로 놓으면 $b_{n+1}=\dfrac{q}{r}b_n+\dfrac{p}{r}$ $\quad \leftarrow \text{(3) } a_{n+1}=pa_n+q \text{ 꼴이다.}$

이 식에서 $\dfrac{q}{r}$, $\dfrac{p}{r}$는 상수이므로 **(3)**의 방법을 이용하여 b_n을 구한 후 a_n을 구한다.

개념 CHECK
📖 빠른 정답 • 466쪽 / 정답과 풀이 • 161쪽

01. 수열의 귀납적 정의

01 다음과 같이 정의된 수열 $\{a_n\}$의 제6항을 구하시오. (단, $n=1, 2, 3, \cdots$)

(1) $a_1=0, \ a_{n+1}=a_n+4n$

(2) $a_1=1, \ a_2=1, \ a_{n+2}=a_n+a_{n+1}$

02 다음과 같이 정의된 수열 $\{a_n\}$의 제5항을 구하시오. (단, $n=1, 2, 3, \cdots$)

(1) $a_1=7, \ a_{n+1}=a_n-3$

(2) $a_1=3, \ a_2=5, \ 2a_{n+1}=a_n+a_{n+2}$

(3) $a_1=4, \ a_{n+1}=3a_n$

(4) $a_1=-3, \ a_2=6, \ a_{n+1}{}^2=a_na_{n+2}$

대표 예제 | 01

다음 물음에 답하시오.

(1) 수열 $\{a_n\}$이 $a_1=20$이고 모든 자연수 n에 대하여 $a_{n+1}-a_n=2$를 만족시킬 때, $a_k=40$을 만족시키는 자연수 k의 값을 구하시오.

(2) 수열 $\{a_n\}$이 모든 자연수 n에 대하여 $a_{n+2}-a_{n+1}=a_{n+1}-a_n$이고 $a_4=16$, $a_8=36$일 때, a_{10}의 값을 구하시오.

바로 접근

(1) 두 항 사이의 차가 2로 일정하므로 수열 $\{a_n\}$은 공차가 2인 등차수열이다.

(2) $a_{n+2}-a_{n+1}=a_{n+1}-a_n$에서 $2a_{n+1}=a_n+a_{n+2}$이므로 수열 $\{a_n\}$은 등차수열이다.

바른 풀이

(1) $a_{n+1}-a_n=2$에서 수열 $\{a_n\}$은 공차가 2인 등차수열이고, 첫째항은 20이므로 일반항은
$$a_n=20+(n-1)\times2=2n+18$$
이때 $a_k=40$에서 $2k+18=40$, $2k=22$
$$\therefore k=11$$

(2) $a_{n+2}-a_{n+1}=a_{n+1}-a_n$에서 수열 $\{a_n\}$은 등차수열이므로
수열 $\{a_n\}$의 첫째항을 a, 공차를 d라 하면
$$a_4=a+3d=16$$
$$a_8=a+7d=36$$
두 식을 연립하여 풀면 $a=1$, $d=5$이므로
수열 $\{a_n\}$의 일반항은
$$a_n=1+(n-1)\times5=5n-4$$
$$\therefore a_{10}=5\times10-4=46$$

정답 (1) 11 (2) 46

Bible Says

등차수열의 귀납적 정의
첫째항이 a, 공차가 d인 등차수열 $\{a_n\}$에 대하여 $n=1,\ 2,\ 3,\ \cdots$일 때
① $a_{n+1}=a_n+d \iff a_{n+1}-a_n=d$ ← 등차수열의 뜻을 이용
② $2a_{n+1}=a_n+a_{n+2} \iff a_{n+2}-a_{n+1}=a_{n+1}-a_n$ ← 등차중항을 이용

한 번 더하기

01-1

다음 물음에 답하시오.

(1) 수열 $\{a_n\}$이 $a_1=5$이고, 모든 자연수 n에 대하여 $a_{n+1}=a_n-3$을 만족시킬 때, a_7의 값을 구하시오.

(2) 수열 $\{a_n\}$이 모든 자연수 n에 대하여 $a_{n+2}=2a_{n+1}-a_n$이고 $a_5=7$, $a_7=15$일 때, $a_k=35$를 만족시키는 자연수 k의 값을 구하시오.

표현 더하기

01-2

첫째항이 자연수인 수열 $\{a_n\}$이 모든 자연수 n에 대하여

$$a_{n+1}-a_n=-2$$

를 만족시킨다. $\sum\limits_{k=1}^{5} a_k \leq 0$이 되도록 하는 모든 a_1의 값의 합을 구하시오.

표현 더하기

01-3

수열 $\{a_n\}$이 $a_1=1$이고, 모든 자연수 n에 대하여

$$\begin{pmatrix} a_{n+1} \\ a_{n+2} \end{pmatrix} = \begin{pmatrix} 3 & -a_{n+3} \\ a_{n+1} & a_n \end{pmatrix} \begin{pmatrix} 2 \\ -1 \end{pmatrix}$$

을 만족시킨다. a_5의 값을 구하시오.

실력 더하기

01-4

첫째항이 3인 수열 $\{a_n\}$과 첫째항이 5인 수열 $\{b_n\}$에 대하여 두 수열 $\{c_n\}$, $\{d_n\}$을

$$c_n=a_n+b_n, \ d_n=a_n-b_n$$

이라 하자. 두 수열 $\{c_n\}$, $\{d_n\}$은 모든 자연수 n에 대하여

$$c_{n+1}=c_n+3, \ d_{n+1}=d_n-1$$

을 만족시킨다. a_5+b_7의 값을 구하시오.

대표 예제 | 02

다음 물음에 답하시오.

(1) 수열 $\{a_n\}$이 $a_1=\dfrac{1}{5}$이고, 모든 자연수 n에 대하여 $\dfrac{a_{n+1}}{a_n}=25$를 만족시킬 때, $a_k=5^{21}$을 만족시키는 자연수 k의 값을 구하시오.

(2) 수열 $\{a_n\}$이 모든 자연수 n에 대하여 $\dfrac{a_{n+2}}{a_{n+1}}=\dfrac{a_{n+1}}{a_n}$이고 $a_2=6$, $a_3=12$일 때, $\dfrac{a_{20}}{a_{15}}$의 값을 구하시오.

바로 접근

(1) 두 항 사이의 비가 25로 일정하므로 수열 $\{a_n\}$은 공비가 25인 등비수열이다.

(2) $\dfrac{a_{n+2}}{a_{n+1}}=\dfrac{a_{n+1}}{a_n}$에서 $a_{n+1}^2=a_n a_{n+2}$이므로 수열 $\{a_n\}$은 등비수열이다.

바른 풀이

(1) $\dfrac{a_{n+1}}{a_n}=25$에서 수열 $\{a_n\}$은 공비가 25인 등비수열이고, 첫째항이 $\dfrac{1}{5}$이므로 일반항은

$$a_n=\frac{1}{5}\times 25^{n-1}=5^{-1}\times\left(5^2\right)^{n-1}=5^{-1+2n-2}=5^{2n-3}$$

이때 $a_k=5^{21}$에서 $5^{2k-3}=5^{21}$

$2k-3=21$, $2k=24$

$\therefore k=12$

(2) $\dfrac{a_{n+2}}{a_{n+1}}=\dfrac{a_{n+1}}{a_n}$에서 수열 $\{a_n\}$은 등비수열이므로

공비를 r이라 하면

$$r=\frac{a_3}{a_2}=\frac{12}{6}=2$$

$$\therefore \frac{a_{20}}{a_{15}}=\frac{a_1\times r^{19}}{a_1\times r^{14}}=r^5=2^5=32$$

정답 (1) 12　(2) 32

Bible Says

등비수열의 귀납적 정의

첫째항이 a, 공비가 r인 등비수열 $\{a_n\}$에 대하여 $n=1,\ 2,\ 3,\ \cdots$일 때

① $a_{n+1}=ra_n \Longleftrightarrow \dfrac{a_{n+1}}{a_n}=r$　　← 등비수열의 뜻을 이용

② $a_{n+1}^2=a_n a_{n+2} \Longleftrightarrow \dfrac{a_{n+2}}{a_{n+1}}=\dfrac{a_{n+1}}{a_n}$　　← 등비중항을 이용

한번 더하기

02-1 수열 $\{a_n\}$이 모든 자연수 n에 대하여
$$a_{n+1}=-2a_n$$
을 만족시키고, $a_1=a_2+9$이다. $a_k=48$을 만족시키는 자연수 k의 값을 구하시오.

한번 더하기

02-2 수열 $\{a_n\}$이 모든 자연수 n에 대하여
$$a_{n+1}{}^2=a_n a_{n+2}$$
를 만족시키고, $a_1=1$, $a_2=5$일 때, a_4의 값을 구하시오.

표현 더하기

02-3 모든 항이 양수인 수열 $\{a_n\}$이 모든 자연수 n에 대하여
$$a_{n+1}=\sqrt{a_n a_{n+2}}$$
를 만족시킨다. $a_1=3$, $a_5=a_3+6$일 때, $\dfrac{a_3}{a_1}+\dfrac{a_6}{a_2}+\dfrac{a_9}{a_3}$의 값을 구하시오.

표현 더하기

02-4 모든 항이 양수인 수열 $\{a_n\}$이 모든 자연수 n에 대하여
$$\log_2 a_{n+1}=2+\log_2 a_n$$
을 만족시킨다. $\log_2 a_1+\log_2 a_2+\log_2 a_3=9$일 때, a_5의 값을 구하시오.

대표 예제 | 03

수열 $\{a_n\}$이 $a_1=1$이고 모든 자연수 n에 대하여 $a_{n+1}=a_n+3n+3$을 만족시킬 때, a_{10}의 값을 구하시오.

Ba로 접근

$a_{n+1}=a_n+f(n)$ $(n=1, 2, 3, \cdots)$ 꼴로 정의된 수열에 대한 문제

➜ 주어진 식에 $n=1, 2, 3, \cdots, n-1$을 차례대로 대입한 후 변끼리 더하여 규칙을 찾는다.

즉, $(n-1)$개의 식을 변끼리 모두 더하면 $a_2, a_3, \cdots a_{n-1}$은 모두 소거되고 $a_1, a_n, f(1), f(2), \cdots,$ $f(n-1)$만 남게 되어 a_n을 구할 수 있다.

Ba른 풀이

$a_{n+1}=a_n+3n+3$의 n에 1, 2, 3, $\cdots$, 9를 차례대로 대입한 후 변끼리 더하면

$$a_2=a_1+3\times1+3$$
$$a_3=a_2+3\times2+3$$
$$a_4=a_3+3\times3+3$$
$$\vdots$$
$$+\,)\ a_{10}=a_9+3\times9+3$$

$$a_{10}=a_1+3\times(1+2+3+\cdots+9)+3\times9=1+3\sum_{k=1}^{9}k+27$$
$$=1+3\times\frac{9\times10}{2}+27=163$$

참고 수열 $\{a_n\}$의 일반항을 구해 보자.

$a_{n+1}=a_n+3n+3$의 n에 1, 2, 3, $\cdots$, $n-1$을 차례대로 대입한 후 변끼리 더하면

$$a_2=a_1+3\times1+3$$
$$a_3=a_2+3\times2+3$$
$$a_4=a_3+3\times3+3$$
$$\vdots$$
$$+\,)\ a_n=a_{n-1}+3(n-1)+3$$

$$a_n=a_1+3\times\{1+2+3+\cdots+(n-1)\}+3(n-1)=1+3\sum_{k=1}^{n-1}k+3n-3$$
$$=1+3\times\frac{n(n-1)}{2}+3n-3=\frac{3}{2}n^2+\frac{3}{2}n-2$$

정답 163

Bible Says

$a_{n+1}=a_n+3n+3$에서 $3n+3$은 일정한 값이 아니므로 수열 $\{a_n\}$이 등차수열이 아닌 점에 주의하자.

한번 더하기

03-1 수열 $\{a_n\}$이 $a_1=5$이고, 모든 자연수 n에 대하여

$$a_{n+1}-a_n=2n-1$$

을 만족시킬 때, a_7의 값을 구하시오.

한번 더하기

03-2 수열 $\{a_n\}$이 $a_1=3$이고, 모든 자연수 n에 대하여

$$a_{n+1}=a_n+2^n$$

을 만족시킬 때, a_{11}의 값을 구하시오.

표현 더하기

03-3 수열 $\{a_n\}$이 모든 자연수 n에 대하여

$$a_{n+1}=a_n+\frac{1}{n^2+n}$$

을 만족시킨다. $a_{15}=1$일 때, a_1의 값을 구하시오.

실력 더하기

03-4 수열 $\{a_n\}$이 모든 자연수 n에 대하여

$$a_{n+1}=(-1)^n a_n+\log\frac{n}{n+1}$$

을 만족시킨다. $\displaystyle\sum_{k=1}^{6} a_k=p$라 할 때, 10^p의 값을 구하시오.

대표 예제 | 04

수열 $\{a_n\}$이 $a_1=3$이고 모든 자연수 n에 대하여 $a_{n+1}=\dfrac{n+1}{n}a_n$을 만족시킬 때, a_{15}의 값을 구하시오.

바로 접근

$a_{n+1}=a_n f(n)$ $(n=1,\ 2,\ 3,\ \cdots)$ 꼴로 정의된 수열에 대한 문제

➡ 주어진 식에 $n=1,\ 2,\ 3,\ \cdots,\ n-1$을 차례대로 대입한 후 변끼리 곱하여 규칙을 찾는다.

즉, $(n-1)$개의 식을 변끼리 모두 곱하면 $a_2,\ a_3,\ \cdots\ a_{n-1}$은 모두 소거되고 $a_1,\ a_n,\ f(1),\ f(2),\ \cdots,$
$f(n-1)$만 남게 되어 a_n을 구할 수 있다.

바른 풀이

$a_{n+1}=\dfrac{n+1}{n}a_n$의 n에 $1,\ 2,\ 3,\ \cdots,\ 14$를 차례대로 대입한 후 변끼리 곱하면

$$a_2=\frac{2}{1}a_1$$
$$a_3=\frac{3}{2}a_2$$
$$a_4=\frac{4}{3}a_3$$
$$\vdots$$

$$\times\ \Big)\ a_{15}=\frac{15}{14}a_{14}$$

$$a_{15}=a_1\times\frac{2}{1}\times\frac{3}{2}\times\frac{4}{3}\times\cdots\times\frac{14}{13}\times\frac{15}{14}$$
$$=3\times15=45$$

참고 수열 $\{a_n\}$의 일반항을 구해 보자.

$a_{n+1}=\dfrac{n+1}{n}a_n$의 n에 $1,\ 2,\ 3,\ \cdots,\ n-1$을 차례대로 대입한 후 변끼리 곱하면

$$a_2=\frac{2}{1}a_1$$
$$a_3=\frac{3}{2}a_2$$
$$a_4=\frac{4}{3}a_3$$
$$\vdots$$

$$\times\ \Big)\ a_n=\frac{n}{n-1}a_{n-1}$$

$$a_n=a_1\times\frac{2}{1}\times\frac{3}{2}\times\frac{4}{3}\times\cdots\times\frac{n-1}{n-2}\times\frac{n}{n-1}$$
$$=3n$$

정답 45

Bible Says

$a_{n+1}=\dfrac{n+1}{n}a_n$에서 $\dfrac{n+1}{n}$은 일정한 값이 아니므로 수열 $\{a_n\}$이 등비수열이 아닌 점에 주의하자.

한 번 더하기

04-1 수열 $\{a_n\}$이 $a_1=6$이고, 모든 자연수 n에 대하여
$$\sqrt{n+1}\,a_{n+1}=\sqrt{n}\,a_n$$
을 만족시킬 때, a_9의 값을 구하시오.

표현 더하기

04-2 수열 $\{a_n\}$이 $a_1=3$이고, 모든 자연수 n에 대하여
$$\frac{a_{n+1}}{n}=\frac{2a_n}{n+1}$$
을 만족시킬 때, a_6의 값을 구하시오.

표현 더하기

04-3 수열 $\{a_n\}$이 모든 자연수 n에 대하여
$$a_{n+1}=\frac{2n-1}{2n+1}a_n$$
을 만족시킨다. $a_7=1$일 때, a_1의 값을 구하시오.

표현 더하기

04-4 수열 $\{a_n\}$이 모든 자연수 n에 대하여
$$\frac{a_{n+1}}{a_n}=3^n$$
을 만족시킨다. $\log_3 a_8=25$일 때, a_1의 값을 구하시오.

대표 예제 05

다음 물음에 답하시오.

(1) 수열 $\{a_n\}$이 $a_1=3$이고 모든 자연수 n에 대하여 $a_{n+1}=3a_n-5$를 만족시킬 때, a_5의 값을 구하시오.

(2) 수열 $\{a_n\}$의 첫째항부터 제n항까지의 합을 S_n이라 하면 $S_1=1$, $S_n=2a_n-1$ $(n=1,\ 2,\ 3,\ \cdots)$이 성립한다. a_4의 값을 구하시오.

바로 접근

(1) 주어진 식이 앞의 대표 예제 01 ~ 대표 예제 04 유형이 아닌 경우는 $n=1,\ 2,\ 3,\ \cdots$을 차례대로 대입하여 항을 바로 구하거나 규칙을 찾아 일반항을 추론한다.

(2) 수열 $\{a_n\}$의 일반항 a_n과 첫째항부터 제n항까지의 합 S_n으로 이루어진 관계식이 주어지면 수열의 합과 일반항 사이의 관계, 즉 $S_1=a_1$, $S_n-S_{n-1}=a_n$ $(n\geq2)$임을 이용하여 a_n 또는 S_n에 대한 식으로 변형한다.

바른 풀이

(1) $a_{n+1}=3a_n-5$의 n에 1, 2, 3, 4를 차례대로 대입하면

$a_2=3a_1-5=3\times3-5=4$

$a_3=3a_2-5=3\times4-5=7$

$a_4=3a_3-5=3\times7-5=16$

$\therefore a_5=3a_4-5=3\times16-5=43$

(2) $S_n=2a_n-1$의 n에 $n+1$을 대입하면

$S_{n+1}=2a_{n+1}-1$

$S_{n+1}-S_n$을 하면

$S_{n+1}-S_n=2a_{n+1}-1-(2a_n-1)=2a_{n+1}-2a_n$

이때 $S_{n+1}-S_n=a_{n+1}$ $(n=1,\ 2,\ 3,\ \cdots)$이므로

$a_{n+1}=2a_{n+1}-2a_n$ $\quad\therefore a_{n+1}=2a_n$ $(n=1,\ 2,\ 3,\ \cdots)$

따라서 수열 $\{a_n\}$은 첫째항이 $S_1=a_1=1$, 공비가 2인 등비수열이므로 일반항은

$a_n=1\times2^{n-1}=2^{n-1}$

$\therefore a_4=2^3=8$

정답 (1) 43 (2) 8

Bible Says

(2)에서 주어진 식에 $n=2,\ 3,\ 4$를 차례대로 대입하여 항을 바로 구할 수도 있다.

$n=2$일 때, $S_2=2a_2-1$, $a_1+a_2=2a_2-1$ $\quad\therefore a_2=a_1+1=2$

$n=3$일 때, $S_3=2a_3-1$, $a_1+a_2+a_3=2a_3-1$ $\quad\therefore a_3=a_1+a_2+1=4$

$n=4$일 때, $S_4=2a_4-1$, $a_1+a_2+a_3+a_4=2a_4-1$ $\quad\therefore a_4=a_1+a_2+a_3+1=8$

한 번 더하기

05-1 다음 물음에 답하시오.

(1) 수열 $\{a_n\}$이 $a_1=3$이고, 모든 자연수 n에 대하여 $a_{n+1}+2a_n=3$을 만족시킬 때, a_6의 값을 구하시오.

(2) 수열 $\{a_n\}$의 첫째항부터 제n항까지의 합을 S_n이라 하면
$S_1=1$, $S_n=-a_n+4n-2\ (n=1,\ 2,\ 3,\ \cdots)$이 성립한다. 이때 a_4의 값을 구하시오.

표현 더하기

05-2 수열 $\{a_n\}$이 $a_1=1$, $a_2=2$이고, 모든 자연수 n에 대하여
$$a_{n+2}=a_{n+1}-2a_n$$
을 만족시킬 때, a_7의 값을 구하시오.

표현 더하기

05-3 수열 $\{a_n\}$의 첫째항부터 제n항까지의 합을 S_n이라 하자. 모든 자연수 n에 대하여
$$a_{n+1}=2S_n$$
이고, $a_1+a_2=6$일 때, a_5의 값을 구하시오.

실력 더하기

05-4 수열 $\{a_n\}$이 $a_1=1$이고, 모든 자연수 n에 대하여
$$(n+1)a_{n+1}=2\sum_{k=1}^{n}a_k$$
를 만족시킨다. a_5의 값을 구하시오.

대표 예제 | 06

수열 $\{a_n\}$은 $a_1=5$이고 모든 자연수 n에 대하여

$$a_{n+1}=\begin{cases} a_n-3 & (n\text{이 홀수인 경우}) \\ -a_n+4 & (n\text{이 짝수인 경우}) \end{cases}$$

를 만족시킨다. $a_{97} \times a_{99}$의 값을 구하시오.

Ba로 접근

경우에 따라 다르게 정의된 수열에 대한 문제는 주어진 식에 $n=1, 2, 3, \cdots$을 차례대로 대입하여 반복되는 수열의 규칙을 찾거나 조건을 만족시키는 수열을 구한다.

Ba른 풀이

$a_{n+1}=\begin{cases} a_n-3 & (n\text{이 홀수인 경우}) \\ -a_n+4 & (n\text{이 짝수인 경우}) \end{cases}$ 의 양변에 $n=1, 2, 3, \cdots$을 차례대로 대입하면

$a_2=a_1-3=5-3=2$

$a_3=-a_2+4=-2+4=2$

$a_4=a_3-3=2-3=-1$

$a_5=-a_4+4=-(-1)+4=5$

$a_6=a_5-3=5-3=2$

$\qquad \vdots$

따라서 수열 $\{a_n\}$은 $5, 2, 2, -1$이 이 순서대로 반복되므로

$a_1=a_5=a_9=\cdots=a_{97}=5$

$a_2=a_6=a_{10}=\cdots=a_{98}=2$

$a_3=a_7=a_{11}=\cdots=a_{99}=2$

$a_4=a_8=a_{12}=\cdots=a_{100}=-1$

$\therefore a_{97} \times a_{99}=5 \times 2=10$

정답 10

Bible Says

수열의 귀납적 정의에서 $n\geq10$인 a_n의 값을 구하는 문제는 항이 반복되는 수열인 경우가 많으므로
규칙이 나올 때까지 $n=1, 2, 3, \cdots$을 차례대로 대입하여 문제를 해결한다.

📖 빠른 정답 • 466쪽 / 정답과 풀이 • 166쪽

한 번 더하기

06-1

수열 $\{a_n\}$은 $a_1=5$이고, 모든 자연수 n에 대하여

$$a_{n+1}=\begin{cases} a_n-2 & (n\text{이 홀수인 경우}) \\ 4-a_n & (n\text{이 짝수인 경우}) \end{cases}$$

를 만족시킨다. $\displaystyle\sum_{k=1}^{30} a_k$의 값을 구하시오.

표현 더하기

06-2

수열 $\{a_n\}$은 모든 자연수 n에 대하여

$$a_{n+1}=\begin{cases} a_n-2 & (n\text{이 3의 배수가 아닌 경우}) \\ 2a_n & (n\text{이 3의 배수인 경우}) \end{cases}$$

를 만족시킨다. $a_7=16$일 때, a_1의 값을 구하시오.

표현 더하기

06-3

수열 $\{a_n\}$이 $a_1=13$이고, 모든 자연수 n에 대하여

$$a_{n+1}=\begin{cases} a_n+3 & (a_n\text{이 홀수인 경우}) \\ \dfrac{1}{2}a_n & (a_n\text{이 짝수인 경우}) \end{cases}$$

를 만족시킬 때, $a_k=4$를 만족시키는 30 이하의 모든 자연수 k의 값의 합을 구하시오.

실력 더하기

06-4

수열 $\{a_n\}$은 모든 자연수 n에 대하여

$$a_{n+2}=\begin{cases} a_n+a_{n+1} & (a_n\leq a_{n+1}) \\ 2a_n-a_{n+1} & (a_n>a_{n+1}) \end{cases}$$

을 만족시킨다. $a_2=-2$, $a_4=4$를 만족시키는 모든 a_1의 값의 합을 구하시오.

대표 예제 | 07

어떤 자동차에 32 L의 휘발유가 들어 있다. 전날 들어 있던 휘발유의 반을 사용하고 8 L의 휘발유를 새로 넣는 시행을 매일 반복할 때, n일 후 자동차에 들어 있는 휘발유의 양은 a_n L이다. a_6의 값을 구하시오.

바로 접근

주어진 조건을 이용하여 제n항과 제$(n+1)$항 사이의 관계를 식으로 나타낸다.

바른 풀이

1일 후 자동차에 들어 있는 휘발유의 양 a_1 L는

$$a_1 = 32 \times \frac{1}{2} + 8 = 24$$

$(n+1)$일 후 자동차에 들어 있는 휘발유의 양 a_{n+1} L는

$$a_{n+1} = \frac{1}{2}a_n + 8 \ (n=1,\ 2,\ 3,\ \cdots)$$

양변에 $n=1,\ 2,\ 3,\ 4,\ 5$를 차례대로 대입하면

$$a_2 = \frac{1}{2}a_1 + 8 = \frac{1}{2} \times 24 + 8 = 20$$

$$a_3 = \frac{1}{2}a_2 + 8 = \frac{1}{2} \times 20 + 8 = 18$$

$$a_4 = \frac{1}{2}a_3 + 8 = \frac{1}{2} \times 18 + 8 = 17$$

$$a_5 = \frac{1}{2}a_4 + 8 = \frac{1}{2} \times 17 + 8 = \frac{33}{2}$$

$$\therefore a_6 = \frac{1}{2}a_5 + 8 = \frac{1}{2} \times \frac{33}{2} + 8 = \frac{65}{4}$$

정답 $\dfrac{65}{4}$

Bible Says

수열의 귀납적 정의의 활용 문제 풀이 순서

❶ 첫째항, 둘째항, 셋째항을 구해 규칙을 파악한 후, 제n항을 a_n이라 하고 a_n과 a_{n+1}의 관계식을 구한다.

❷ 수열의 귀납적 정의가 대표 예제 | 01 ~ 대표 예제 | 04 에서 학습한 꼴인 경우 이전의 학습내용을 활용하여 문제를 해결한다.

❸ 수열의 귀납적 정의가 대표 예제 | 01 ~ 대표 예제 | 04 에서 학습한 꼴이 아닌 경우 규칙이 나올 때까지 $n=1,\ 2,\ 3,\ \cdots$을 차례대로 대입하여 문제를 해결한다.

07-1

산에 나무를 심으려 한다. 첫째 날은 10그루의 나무를 심고, 다음 날부터는 전날 심은 나무의 수의 2배보다 3그루를 새로 더 심기로 하였다. 나무를 심은 지 n일째 되는 날 새로 심은 나무의 수를 a_n이라 할 때, $a_k > 500$을 만족시키는 k의 최솟값을 구하시오.

07-2

그림과 같이 한 변의 길이가 1인 정사각형이 있다. 이 정사각형의 각 변의 수직이등분선에 의하여 분리된 정사각형들을 나타낸 그림을 [그림 1]이라 하자. [그림 1]에서 분리된 작은 정사각형들의 각 변의 수직이등분선에 의하여 분리된 정사각형들을 나타낸 그림을 [그림 2]라 하자. 이와 같은 과정을 n번 반복하여 분리된 정사각형들을 나타낸 그림을 [그림 n]이라 할 때, [그림 n]의 가장 작은 정사각형들의 모든 둘레의 길이의 합을 a_n이라 하자. 예를 들어 $a_1 = 8$이다. a_5의 값을 구하시오.

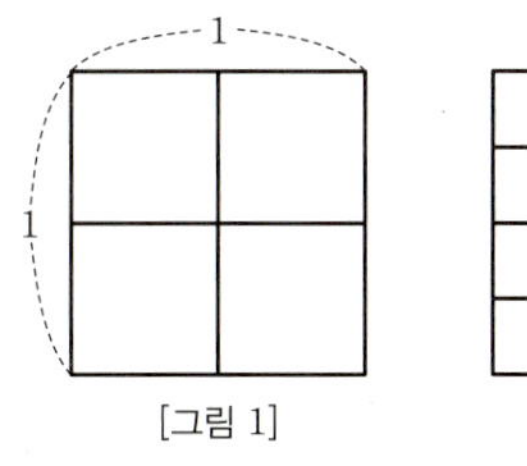

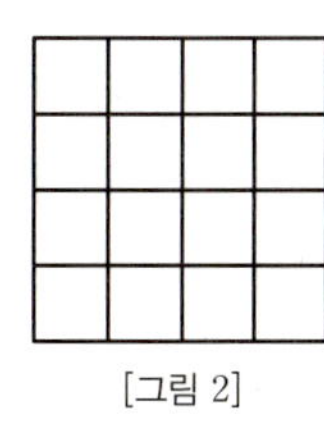

07-3

자연수 n에 대하여 점 A_n이 x축 위의 점일 때, 점 A_{n+1}을 다음 규칙에 따라 정한다.

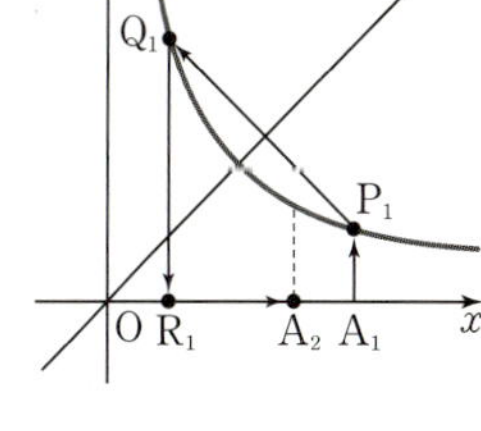

㈎ 점 A_1의 좌표는 $(2, 0)$이다.
㈏ ① 점 A_n을 지나고 y축에 평행한 직선이 곡선 $y=\dfrac{1}{x}$ $(x>0)$과 만나는 점을 P_n이라 한다.
② 점 P_n을 직선 $y=x$에 대하여 대칭이동한 점을 Q_n이라 한다.
③ 점 Q_n을 지나고 y축에 평행한 직선이 x축과 만나는 점을 R_n이라 한다.
④ 점 R_n을 x축의 방향으로 1만큼 평행이동한 점을 A_{n+1}이라 한다.

점 A_n의 x좌표를 x_n이라 할 때, x_5의 값을 구하시오.

02 수학적 귀납법

1 수학적 귀납법

자연수 n에 대한 명제 $p(n)$이 모든 자연수 n에 대하여 성립함을 증명하려면 다음 두 가지를 보이면 된다.

(i) $n=1$일 때, 명제 $p(n)$이 성립한다.

(ii) $n=k$일 때, 명제 $p(n)$이 성립한다고 가정하면 $n=k+1$일 때도 명제 $p(n)$이 성립한다.

이와 같이 자연수에 대한 어떤 명제가 참임을 증명하는 방법을 수학적 귀납법이라 한다.

모든 자연수 n에 대하여 등식
$$1+3+5+\cdots+(2n-1)=n^2 \qquad \cdots\cdots \ \text{㉠}$$
이 성립함을 증명해 보자.

$n=1$일 때, (좌변)$=1$, (우변)$=1^2=1$이므로 ㉠이 성립한다.
$n=2$일 때, (좌변)$=1+3=4$, (우변)$=2^2=4$이므로 ㉠이 성립한다.
$n=3$일 때, (좌변)$=1+3+5=9$, (우변)$=3^2=9$이므로 ㉠이 성립한다.
  $\vdots$
이에 따라 모든 자연수 n에 대하여 ㉠이 성립할 것이라고 추측할 수 있다.

하지만 추측에 불과할 뿐, 몇 개의 자연수에 대하여 ㉠이 성립한다고 해서 모든 자연수 n에 대하여 ㉠이 성립한다고 할 수 없다.
또한 ㉠의 n에 모든 자연수를 대입하여 확인하는 것도 불가능하다.

이 경우 (i) $n=1$일 때 등식이 성립함을 보인 후, (ii) $n=k$일 때 등식이 성립한다고 가정하고 $n=k+1$일 때도 등식이 성립함을 증명하면 무수히 많은 자연수를 대입하는 것을 대신할 수 있다.
따라서 ㉠은 다음과 같이 증명할 수 있다.

(i) $n=1$일 때, (좌변)$=1$, (우변)$=1^2=1$이므로
  $n=1$일 때 ㉠이 성립한다.   ← $n=1$일 때 성립함을 확인한다.
(ii) $n=k$일 때, ㉠이 성립한다고 가정하면
$$1+3+5+\cdots+(2k-1)=k^2 \qquad \cdots\cdots \ \text{㉡}$$
       ← $n=k$일 때 성립한다고 가정한다.

ⓛ의 양변에 $2k+1$을 더하면

$1+3+5+\cdots+(2k-1)+(2k+1)=k^2+(2k+1)=(k+1)^2$ ← $n=k+1$일 때 성립함을 보인다.

따라서 $n=k+1$일 때도 ⓐ이 성립한다.

(i)에 의하여 $n=1$일 때 ⓐ이 성립한다.

(ii)에 의하여

$n=1$일 때 ⓐ이 성립하므로 $n=1+1=2$일 때도 ⓐ이 성립한다.

$n=2$일 때 ⓐ이 성립하므로 $n=2+1=3$일 때도 ⓐ이 성립한다.

$n=3$일 때 ⓐ이 성립하므로 $n=3+1=4$일 때도 ⓐ이 성립한다.

$\vdots$

이와 같이 무한히 반복되므로 ⓐ은 $n=5,\ 6,\ 7,\ \cdots$일 때도 성립한다.

따라서 ⓐ은 모든 자연수 n에서 성립함을 알 수 있다.

이와 같은 단계를 따라 자연수 n에 대한 명제 $p(n)$이 참임을 증명하는 방법을 **수학적 귀납법**이라고 한다.

---

example

모든 자연수 n에 대하여 $1^2+2^2+3^2+\cdots+n^2=\dfrac{n(n+1)(2n+1)}{6}$이 성립함을 수학적 귀납법으로 증명해 보면

$$1^2+2^2+3^2+\cdots+n^2=\frac{n(n+1)(2n+1)}{6} \qquad \cdots\cdots ⓐ$$

(i) $n=1$일 때,

$$(좌변)=1^2=1,\quad (우변)=\frac{1\times2\times3}{6}=1$$

따라서 $n=1$일 때 등식 ⓐ이 성립한다.

(ii) $n=k$일 때, 등식 ⓐ이 성립한다고 가정하면

$$1^2+2^2+3^2+\cdots+k^2=\frac{k(k+1)(2k+1)}{6}$$

이 등식의 양변에 $(k+1)^2$을 더하면

$$\begin{aligned}
1^2+2^2+3^2+\cdots+k^2+(k+1)^2&=\frac{k(k+1)(2k+1)}{6}+(k+1)^2\\
&=\frac{k+1}{6}\{k(2k+1)+6(k+1)\}\\
&=\frac{(k+1)(2k^2+7k+6)}{6}\\
&=\frac{(k+1)(k+2)(2k+3)}{6}\\
&=\frac{(k+1)\{(k+1)+1\}\{2(k+1)+1\}}{6}
\end{aligned}$$

따라서 $n=k+1$일 때도 등식 ⓐ이 성립한다.

(i), (ii)에서 모든 자연수 n에 대하여 등식 ⓐ이 성립한다.

참고 명제 $p(k)$가 성립한다고 가정하고 명제 $p(k+1)$이 성립함을 보일 때, $p(k)$의 양변에 같은 값을 더하거나 곱하여 $p(k+1)$로 나타내어지는 식을 만든다.

한편, 수학적 귀납법은 모든 자연수 n에 대한 명제를 증명할 때뿐만 아니라
$n \geq m$ (m은 2 이상의 자연수)인 모든 자연수 n에 대한 명제 $p(n)$이 성립함을 증명할 때도 사용된다.

자연수 n에 대하여 명제 $p(n)$이 $n \geq m$ (m은 2 이상의 자연수)인 모든 자연수 n에 대하여 성립함을 증명하려면 다음 두 가지를 보이면 된다.

(ⅰ) $n=m$일 때 명제 $p(n)$이 성립한다.

(ⅱ) $n=k$ $(k \geq m)$일 때 명제 $p(n)$이 성립한다고 가정하면 $n=k+1$일 때도 명제 $p(n)$이 성립한다.

> **example**
>
> $n \geq 4$인 모든 자연수 n에 대하여 부등식 $n! > 2^n$이 성립함을 수학적 귀납법으로 증명해 보면
>
> $$n! > 2^n \quad \cdots\cdots \ \unicode{x1D4F5}$$
>
> (ⅰ) $n=4$일 때,
>
> (좌변)$=4!=24$, (우변)$=2^4=16$
>
> 따라서 $n=4$일 때, 부등식 ㉠이 성립한다.
>
> (ⅱ) $n=k$ $(k \geq 4)$일 때,
>
> 부등식 ㉠이 성립한다고 가정하면
>
> $$1 \times 2 \times 3 \times \cdots \times k > 2^k$$
>
> 이 부등식의 양변에 $(k+1)$을 곱하면
>
> $$1 \times 2 \times 3 \times \cdots \times k \times (k+1) > 2^k \times (k+1)$$
> $$> 2^k \times 2 = 2^{k+1} \quad \leftarrow k \geq 4일 \ 때, \ k+1 \geq 5이므로 \ 2^k \times (k+1) > 2^k \times 2$$
>
> 따라서 $n=k+1$일 때도 부등식 ㉠이 성립한다.
>
> (ⅰ), (ⅱ)에서 $n \geq 4$인 모든 자연수 n에 대하여 부등식 ㉠이 성립한다.

01 다음은 모든 자연수 n에서 등식 $1+2+3+\cdots+n=\dfrac{n(n+1)}{2}$이 성립함을 수학적 귀납법으로 증명한 것이다. (개), (내)에 알맞은 식을 각각 구하시오.

> (i) $n=1$일 때,
>   (좌변)$=1$, (우변)$=1$
>   따라서 $n=1$일 때 주어진 등식이 성립한다.
> (ii) $n=k$일 때,
>   주어진 등식이 성립한다고 가정하면 $1+2+3+\cdots+k=\dfrac{k(k+1)}{2}$
>   이 등식의 양변에 $\boxed{\text{(개)}}$ 을(를) 더하면
> $1+2+3+\cdots+k+\boxed{\text{(개)}}=\dfrac{k(k+1)}{2}+\boxed{\text{(개)}}=\boxed{\text{(내)}}$
>   따라서 $n=k+1$일 때도 주어진 등식이 성립한다.
> (i), (ii)에서 모든 자연수 n에 대하여 주어진 등식이 성립한다.

02 모든 자연수 n에 대하여 명제 $p(n)$이 참이면 명제 $p(n+2)$가 참일 때, **보기**에서 옳은 것만을 있는 대로 고르시오.

> **보기**
> ㄱ. $p(2)$가 참이면 $p(5)$도 참이다.
> ㄴ. $p(1)$이 참이면 모든 자연수 n에 대하여 $p(2n-1)$도 참이다.
> ㄷ. $p(1)$, $p(2)$가 참이면 모든 자연수 n에 대하여 $p(n)$이 참이다.

03 다음은 $n\geq 3$인 모든 자연수 n에 대하여 부등식 $2^n>2n+1$이 성립함을 수학적 귀납법으로 증명한 것이다. (개), (내)에 알맞은 것을 각각 구하시오.

> (i) $n=3$일 때,
>   (좌변)$=2^3=8$, (우변)$=2\times 3+1=7$
>   따라서 $n=3$일 때 주어진 부등식이 성립한다.
> (ii) $n=k$ $(k\geq 3)$일 때,
>   주어진 부등식이 성립한다고 가정하면 $2^k>2k+1$
>   이 부등식의 양변에 $\boxed{\text{(개)}}$ 을(를) 곱하면
> $2^{k+1}>2(k+1)+\boxed{\text{(내)}}$
>   이때 $2(k+1)+\boxed{\text{(내)}}>2(k+1)+1$이므로
> $2^{k+1}>2(k+1)+1$
>   따라서 $n=k+1$일 때도 주어진 부등식이 성립한다.
> (i), (ii)에서 $n\geq 3$인 모든 자연수 n에 대하여 주어진 부등식이 성립한다.

대표 예제 08

모든 자연수 n에 대하여 등식

$$1^3+2^3+3^3+\cdots+n^3=\left\{\frac{n(n+1)}{2}\right\}^2$$

이 성립함을 수학적 귀납법으로 증명하시오.

바로 접근

❶ 주어진 등식에 $n=1$을 대입하여 등식이 성립하는지 확인한다.

❷ $n=k$일 때 주어진 등식이 성립한다고 가정하고 $n=k+1$일 때도 등식이 성립하는지 확인한다.

바른 풀이

(i) $n=1$일 때,

$$(좌변)=1^3=1, \ (우변)=\left(\frac{1\times2}{2}\right)^2=1$$

따라서 $n=1$일 때 주어진 등식이 성립한다.

(ii) $n=k$일 때, 주어진 등식이 성립한다고 가정하면

$$1^3+2^3+3^3+\cdots+k^3=\left\{\frac{k(k+1)}{2}\right\}^2$$

이 등식의 양변에 $(k+1)^3$을 더하면

$$\begin{aligned}
1^3+2^3+3^3+\cdots+k^3+(k+1)^3&=\left\{\frac{k(k+1)}{2}\right\}^2+(k+1)^3\\
&=\frac{(k+1)^2}{4}\{k^2+4(k+1)\}\\
&=\left\{\frac{(k+1)(k+2)}{2}\right\}^2
\end{aligned}$$

따라서 $n=k+1$일 때도 주어진 등식이 성립한다.

(i), (ii)에서 모든 자연수 n에 대하여 주어진 등식이 성립한다.

정답 풀이 참조

Bible Says

$n=k$일 때 주어진 등식이 성립한다고 가정하고 $n=k+1$일 때도 등식이 성립하는지 확인할 때

주어진 식에 $n=k$를 대입한 식의 양변에 적당한 수 또는 식을 더하거나 곱하여서

주어진 식에 $n=k+1$을 대입한 식의 꼴이 나오도록 해야 한다.

08-1

모든 자연수 n에 대하여 등식

$$\frac{1}{1\times2}+\frac{1}{2\times3}+\frac{1}{3\times4}+\cdots+\frac{1}{n(n+1)}=\frac{n}{n+1}$$

이 성립함을 수학적 귀납법으로 증명하시오.

08-2

다음은 모든 자연수 n에 대하여 등식

$$1\times2+2\times2^2+3\times2^3+\cdots+n\times2^n=(n-1)\times2^{n+1}+2$$

가 성립함을 수학적 귀납법으로 증명한 것이다. ㈎, ㈏에 알맞은 식을 각각 구하시오.

(i) $n=1$일 때,

　(좌변)$=1\times2=2$, (우변)$=(1-1)\times2^2+2=2$이므로 주어진 등식이 성립한다.

(ii) $n=k$일 때, 주어진 등식이 성립한다고 가정하면

　$1\times2+2\times2^2+3\times2^3+\cdots+k\times2^k=(k-1)\times2^{k+1}+2$

　이 등식의 양변에 $\boxed{\text{㈎}}$ 을(를) 더하면

　$1\times2+2\times2^2+3\times2^3+\cdots+k\times2^k+\boxed{\text{㈎}}=(k-1)\times2^{k+1}+2+\boxed{\text{㈎}}$

　　　　　　　　　　　　　　　　　　$=\boxed{\text{㈏}}\times2^{k+2}+2$

　따라서 $n=k+1$일 때도 주어진 등식이 성립한다.

(i), (ii)에서 모든 자연수 n에 대하여 주어진 등식이 성립한다.

08-3

2 이상의 모든 자연수 n에 대하여 3^n-2n을 4로 나눈 나머지가 1임을 수학적 귀납법으로 증명하시오.

대표 예제 | 09

$n \geq 5$인 모든 자연수 n에 대하여 부등식

$$2^n > n^2$$

이 성립함을 수학적 귀납법으로 증명하시오.

B로 접근

❶ 주어진 부등식에 $n=5$를 대입하여 부등식이 성립하는지 확인한다.

❷ $n=k$ $(k \geq 5)$일 때 주어진 부등식이 성립한다고 가정하고 $n=k+1$일 때도 부등식이 성립하는지 확인한다.

B른 풀이

(i) $n=5$일 때,

(좌변)$=2^5=32$, (우변)$=5^2=25$

에서 $32>25$이므로 $n=5$일 때 주어진 부등식이 성립한다.

(ii) $n=k$ $(k \geq 5)$일 때, 주어진 부등식이 성립한다고 가정하면

$$2^k > k^2$$

이 부등식의 양변에 2를 곱하면

$$2^k \times 2 > k^2 \times 2$$

$$2^{k+1} > 2k^2 \qquad \cdots\cdots \ \text{㉠}$$

한편, $k \geq 5$이면 $k^2-2k-1=(k-1)^2-2>0$이므로

$$k^2 > 2k+1 \qquad \cdots\cdots \ \text{㉡}$$

㉠, ㉡에서

$$2^{k+1} > 2k^2 = k^2+k^2 > k^2+(2k+1)=(k+1)^2$$

따라서 $n=k+1$일 때도 주어진 부등식이 성립한다.

(i), (ii)에서 $n \geq 5$인 모든 자연수 n에 대하여 주어진 부등식이 성립한다.

정답 풀이 참조

Bible Says

$n \geq 5$인 모든 자연수 n에 대하여 성립하는 부등식이므로 $n=1, 2, 3, 4$에서는 부등식이 성립하지 않아도 된다.

$n=5$일 때 부등식이 성립하는지 확인하였고,

$n=k$ $(k \geq 5)$일 때 부등식이 성립한다고 가정하였을 때 $n=k+1$일 때도 부등식이 성립하는지 확인하였으므로

$n=5$일 때 부등식이 성립하면 $n=6$일 때 부등식이 성립하고,

$n=6$일 때 부등식이 성립하면 $n=7$일 때 부등식이 성립하고,

$\vdots$

따라서 $n \geq 5$인 모든 자연수 n에서 부등식이 성립함을 확인할 수 있다.

09-1

$h>0$일 때, $n\geq2$인 모든 자연수 n에 대하여 부등식

$$(1+h)^n>1+nh$$

가 성립함을 수학적 귀납법으로 증명하시오.

09-2

다음은 2 이상의 모든 자연수 n에 대하여 부등식 $\displaystyle\sum_{i=1}^{n}\left(\dfrac{1}{2i-1}-\dfrac{1}{2i}\right)<\dfrac{1}{4}\left(3-\dfrac{1}{n}\right)$이 성립함을 수학적 귀납법으로 증명한 것이다. ㈎, ㈏, ㈐에 알맞은 것을 각각 구하시오.

> (i) $n=2$일 때,
>
> (좌변)$=\dfrac{7}{12}$, (우변)$=\dfrac{5}{8}$이므로 주어진 부등식이 성립한다.
>
> (ii) $n=k\ (k\geq2)$일 때, 주어진 부등식이 성립한다고 가정하면
>
> $$\sum_{i=1}^{k}\left(\frac{1}{2i-1}-\frac{1}{2i}\right)<\frac{1}{4}\left(3-\frac{1}{k}\right)$$
>
> 이다. $n=k+1$일 때,
>
> $$\sum_{i=1}^{k+1}\left(\frac{1}{2i-1}-\frac{1}{2i}\right)=\sum_{i=1}^{k}\left(\frac{1}{2i-1}-\frac{1}{2i}\right)+\frac{1}{2k+1}-\frac{1}{\boxed{㈎}}$$
>
> $$<\frac{1}{4}\left(3-\frac{1}{k}\right)+\frac{1}{2k+1}-\frac{1}{\boxed{㈎}}$$
>
> $$=\frac{1}{4}\left(3-\frac{1}{k+1}\right)+\frac{1}{4(k+1)}-\frac{1}{\boxed{㈏}}+\frac{1}{2k+1}-\frac{1}{\boxed{㈎}}$$
>
> $$=\frac{1}{4}\left(3-\frac{1}{k+1}\right)-\frac{\boxed{㈏}}{4k(k+1)(2k+1)}$$
>
> $$<\frac{1}{4}\left(3-\frac{1}{k+1}\right)$$
>
> 이므로 $n=k+1$일 때도 주어진 부등식이 성립한다.
>
> (i), (ii)에서 2 이상의 모든 자연수 n에 대하여 주어진 부등식이 성립한다.

01 수열 $\{a_n\}$이 $a_1=3$이고, 모든 자연수 n에 대하여

$$a_{n+1}-a_n=a_3$$

을 만족시킬 때, a_5의 값을 구하시오.

02 수열 $\{a_n\}$이 $a_1=5$이고, 모든 자연수 n에 대하여 다음 조건을 만족시킬 때, a_9의 값을 구하시오.

> (가) $a_{n+1}<a_n$
> (나) $(a_{n+1}+a_n)^2=4a_na_{n+1}+4$

03 수열 $\{a_n\}$이 모든 자연수 n에 대하여

$$a_{n+1}=\frac{1}{2}a_n$$

을 만족시킨다. $a_1=a_3+1$일 때, a_5의 값을 구하시오.

04 모든 항이 서로 다른 양수인 수열 $\{a_n\}$이 $a_1=2$이고, 모든 자연수 n에 대하여

$$\log a_{n+2}=2\log a_{n+1}-\log a_n$$

을 만족시킨다. $\displaystyle\sum_{k=1}^{6}a_k=28\sum_{k=1}^{3}a_k$일 때, a_4의 값을 구하시오.

05 첫째항이 2이고 모든 항이 양수인 수열 $\{a_n\}$이 있다. 모든 자연수 n에 대하여 함수 $f(x)$가

$$f(x)=a_n x^2-2a_{n+1}x+a_{n+2}$$

이고 다음 조건을 만족시킬 때, a_3의 값을 구하시오.

> (가) $n=1$일 때, $f(1)=18$이다.
> (나) 모든 자연수 n에 대하여 함수 $y=f(x)$의 그래프가 x축과 만나는 서로 다른 점의 개수는 1이다.

06 수열 $\{a_n\}$이 $a_1=a_2=3$이고, 모든 자연수 n에 대하여

$$a_{2n+2}=a_{2n}-2,\ a_{2n+1}=2a_{2n-1}$$

을 만족시킬 때, $a_{10}+a_{11}$의 값을 구하시오.

07 수열 $\{a_n\}$이 모든 자연수 n에 대하여

$$a_{n+1}-a_n=n+1$$

을 만족시킨다. $a_1+a_3=9$일 때, a_8의 값을 구하시오.

08 수열 $\{a_n\}$이 모든 자연수 n에 대하여

$$a_{n+1}=a_n+2^n$$

을 만족시킨다. $\displaystyle\sum_{k=2}^{6} a_k=100$일 때, $\displaystyle\sum_{k=1}^{5} a_k$의 값을 구하시오.

09 수열 $\{a_n\}$이 $a_1=1$이고, 모든 자연수 n에 대하여

$$a_{n+1}=\frac{a_n}{1-2a_n}$$

을 만족시킬 때, a_6의 값을 구하시오.

10 수열 $\{a_n\}$이 $a_1=1$이고, 모든 자연수 n에 대하여

$$a_{n+1}=\frac{k}{a_n+3}$$

를 만족시킬 때, $a_3=\dfrac{8}{5}$이 되도록 하는 상수 k의 값을 구하시오.

11 수열 $\{a_n\}$이 $a_1=8$이고, 모든 자연수 n에 대하여

$$a_{n+1}=\begin{cases} 2a_n & (a_n\text{이 홀수인 경우}) \\ a_n-1 & (a_n\text{이 짝수인 경우}) \end{cases}$$

를 만족시킨다. a_8의 값을 구하시오.

교육청 기출

12 수열 $\{a_n\}$의 일반항은 $a_n=(2^{2n}-1)\times 2^{n(n-1)}+(n-1)\times 2^{-n}$이다. 다음은 모든 자연수 n에 대하여

$$\sum_{k=1}^{n} a_k = 2^{n(n+1)}-(n+1)\times 2^{-n} \qquad \cdots\cdots (*)$$

임을 수학적 귀납법을 이용하여 증명한 것이다.

> (ⅰ) $n=1$일 때, (좌변)$=3$, (우변)$=3$이므로 $(*)$이 성립한다.
>
> (ⅱ) $n=m$일 때, $(*)$이 성립한다고 가정하면
>
> $$\sum_{k=1}^{m} a_k = 2^{m(m+1)}-(m+1)\times 2^{-m}$$
>
> 이다. $n=m+1$일 때,
>
> $$\sum_{k=1}^{m+1} a_k = 2^{m(m+1)}-(m+1)\times 2^{-m}+(2^{2m+2}-1)\times \boxed{\text{(가)}}+m\times 2^{-m-1}$$
>
> $$=\boxed{\text{(가)}}\times \boxed{\text{(나)}}-\frac{m+2}{2}\times 2^{-m}$$
>
> $$=2^{(m+1)(m+2)}-(m+2)\times 2^{-(m+1)}$$
>
> 이다. 따라서 $n=m+1$일 때도 $(*)$이 성립한다.
>
> (ⅰ), (ⅱ)에 의하여 모든 자연수 n에 대하여
>
> $$\sum_{k=1}^{n} a_k = 2^{n(n+1)}-(n+1)\times 2^{-n}$$
>
> 이다.

위의 (가), (나)에 알맞은 식을 각각 $f(m)$, $g(m)$이라 할 때, $\dfrac{g(7)}{f(3)}$의 값은?

① 2　　　　② 4　　　　③ 8　　　　④ 16　　　　⑤ 32

S·T·E·P 2 실력 다지기

13 수열 $\{a_n\}$이 $a_1=0$이고, 모든 자연수 n에 대하여

$$a_{n+1}=\frac{2a_n-1}{3a_n-1}$$

을 만족시킨다. $\displaystyle\sum_{k=1}^{n}a_k=15$를 만족시키는 모든 자연수 n의 값의 합을 구하시오.

14 두 수열 $\{a_n\}$, $\{b_n\}$이 $a_1=1$, $b_1=-1$이고, 모든 자연수 n에 대하여

$$a_{n+1}=a_n+b_n,\ b_{n+1}=2\cos\frac{a_n}{3}\pi$$

를 만족시킨다. $a_{77}-b_{77}$의 값을 구하시오.

15 수열 $\{a_n\}$이 $a_1=a_2=1$이고, 모든 자연수 n에 대하여

$$a_{n+2}=a_{n+1}^{\ 2}-a_n^{\ 2}$$

을 만족시킨다. 수열 $\{b_n\}$을 $b_n=a_n+n$이라 할 때, $\displaystyle\sum_{k=1}^{10}b_k$의 값을 구하시오.

16 수열 $\{a_n\}$이 모든 자연수 n에 대하여

$$a_{n+1}=\begin{cases}a_n+k & (a_n=n\text{인 경우}) \\ 3a_n-n & (a_n\neq n\text{인 경우})\end{cases}$$

를 만족시킨다. $a_4=6$일 때, $k\times a_1$의 값을 구하시오. (단, k는 상수이다.)

17

농도가 16 %인 소금물 200 g이 들어 있는 그릇이 있다. 이 그릇에서 소금물 50 g을 덜어 낸 다음 농도가 8 %인 소금물 50 g을 다시 넣는 시행을 계속할 때, n번째 시행 후 그릇에 담긴 소금물의 농도를 a_n %라 하자. 모든 자연수 n에 대하여 $a_{n+1}=pa_n+q$가 성립할 때, a_1+4p+q의 값을 구하시오. (단, p, q는 상수이다.)

18

다음은 3 이상의 모든 자연수 n에 대하여 부등식

$$1+\frac{1}{2}+\frac{1}{3}+\cdots+\frac{1}{n}>\frac{2n-1}{n}$$

이 성립함을 수학적 귀납법으로 증명한 것이다.

(i) $n=3$일 때, (좌변)$=\dfrac{11}{6}$, (우변)$=\boxed{\ (가)\ }$ 이므로 주어진 부등식이 성립한다.

(ii) $n=k$ $(k\geq3)$일 때, 주어진 부등식이 성립한다고 가정하면

$$1+\frac{1}{2}+\frac{1}{3}+\cdots+\frac{1}{k}>\frac{2k-1}{k}$$

이 부등식의 양변에 $\dfrac{1}{k+1}$을 더하면

$$1+\frac{1}{2}+\frac{1}{3}+\cdots+\frac{1}{k}+\frac{1}{k+1}>\frac{2k-1}{k}+\frac{1}{k+1}=\frac{\boxed{(나)}}{k(k+1)}$$

이때 k는 3 이상의 자연수이므로

$$\frac{\boxed{(나)}}{k(k+1)}-\frac{2k+1}{k+1}=\frac{\boxed{(다)}}{k(k+1)}>0$$

따라서 $1+\dfrac{1}{2}+\dfrac{1}{3}+\cdots+\dfrac{1}{k}+\dfrac{1}{k+1}>\dfrac{2k+1}{k+1}$이므로

$n=k+1$일 때도 주어진 부등식이 성립한다.

(i), (ii)에 의하여 3 이상의 모든 자연수 n에 대하여 주어진 부등식이 성립한다.

위의 (가)에 알맞은 수를 p, (나), (다)에 알맞은 식을 각각 $f(k)$, $g(k)$라 할 때,

$$6p+\frac{f(4)}{g(4)}$$ 의 값을 구하시오.

challenge 교육청 기출

19 수열 $\{a_n\}$의 첫째항부터 제 n항까지의 합을 S_n이라 하자. $a_1=2$, $a_2=4$이고 2 이상의 모든 자연수 n에 대하여

$$a_{n+1}S_n=a_nS_{n+1}$$

이 성립할 때, S_5의 값을 구하시오.

challenge

20 모든 항이 자연수인 수열 $\{a_n\}$이 모든 자연수 n에 대하여

$$a_{n+1}=\begin{cases} a_n+1 & (a_n\text{이 }3\text{의 배수가 아닌 경우}) \\ \dfrac{1}{3}a_n+2 & (a_n\text{이 }3\text{의 배수인 경우}) \end{cases}$$

를 만족시킨다. $a_3+a_4=10$이 되도록 하는 모든 a_1의 값의 합을 구하시오.

I. 지수함수와 로그함수

01 지수

01 거듭제곱과 거듭제곱근

개념 CHECK   본문 15쪽

01 (1) -5 (2) $-4, 4$

02 (1) 0.2 (2) 5 (3) -10

03 (1) 2 (2) 49 (3) 6 (4) 5

유제   본문 16~19쪽

01-1 ④   **01-2** $6\sqrt{5}$ **01-3** 6 **01-4** ①

02-1 (1) -3 (2) 25 (3) 4 (4) $\dfrac{2}{3}$

02-2 3 **02-3** (1) ab (2) 1 (3) $\sqrt[24]{a^{19}}$

02-4 21

02 지수의 확장

개념 CHECK   본문 25쪽

01 (1) $\dfrac{9}{8}$ (2) 25

02 (1) $\dfrac{1}{81}$ (2) $-\dfrac{1}{8}$ (3) $\dfrac{1}{a}$ (4) $a^7 b^{11}$

03 (1) $a^{\frac{3}{4}}$ (2) $a^{\frac{1}{3}}$

04 (1) 2 (2) 9 (3) $2^{\sqrt{2}}$ (4) 25 (5) $a^{\frac{1}{3}}b^2$ (6) $a^{2\sqrt{2}}$

유제   본문 26~37쪽

03-1 (1) 10 (2) 8 (3) 9

03-2 (1) $\dfrac{5}{8}$ (2) $m=-\dfrac{1}{3},\ n=\dfrac{1}{4}$

03-3 (1) $\dfrac{13}{12}$ (2) $\dfrac{9}{64}$ **03-4** $a^{\frac{1}{8}}b^{\frac{1}{3}}$

04-1 (1) $1, 2, 4, 8$ (2) $\sqrt[9]{14}<\sqrt{2}<\sqrt[3]{3}$ **04-2** ④

04-3 60 **04-4** 28

05-1 (1) $x-y$ (2) $x+\dfrac{1}{y}$ **05-2** -2 **05-3** 5

05-4 -4 **06-1** (1) 18 (2) 76 **06-2** 3

06-3 14 **06-4** 14 **07-1** (1) 3 (2) $\dfrac{7}{4}$

07-2 $\dfrac{31}{5}$ **07-3** $2\sqrt{2}-1$ **07-4** $\dfrac{5}{6}$

08-1 (1) 2 (2) 0 **08-2** (1) $\dfrac{1}{2}$ (2) 18

08-3 (1) 8 (2) 196 **08-4** 100

중단원 연습문제   본문 38~42쪽

01 ⑤   **02** $\dfrac{1}{4}$ **03** ④   **04** 13

05 $\dfrac{1}{2}$ **06** -12 **07** ①   **08** 8

09 -15 **10** 20 **11** $-\dfrac{2\sqrt{6}}{5}$ **12** 2

13 ③   **14** 1 **15** 5 **16** $\dfrac{\sqrt{2}}{6}$

17 1 **18** ③   **19** ③   **20** 729

02 로그

01 로그의 뜻

개념 CHECK   본문 47쪽

01 (1) 5 (2) -3 (3) 4

02 (1) $\dfrac{1}{81}$ (2) $2\sqrt{2}$ (3) $2^{\frac{4}{3}}$ (4) 49

03 (1) $x>10$ (2) $0<x<3$

     (3) $-7<x<-6$ 또는 $x>-6$

     (4) $-4<x<-3$ 또는 $-3<x<2$ 또는 $x>2$

유제
본문 48~49쪽

01-1 (1) 25　(2) 81　(3) $2 < x < 3$
01-2 (1) 4　(2) 6　　**01-3** 18　　**01-4** 5

02 로그의 성질

개념 CHECK
본문 53쪽

01 (1) 3　(2) $\dfrac{7}{2}$　(3) 5　(4) $\dfrac{1}{2}$
02 (1) $a+b$　(2) $3a+b$　(3) $4a-2b$
03 (1) 3　(2) 1
04 (1) 4　(2) $\dfrac{3}{10}$　(3) $9\sqrt{3}$　(4) 21

유제
본문 54~63쪽

02-1 (1) 0　(2) 2　(3) -2　　**02-2** (1) 6　(2) -2
02-3 $-\dfrac{1}{2}a-\dfrac{3}{2}b+\dfrac{1}{2}$　　**02-4** 45
03-1 (1) 15　(2) 2　(3) $\dfrac{1}{2}+\log_3 5$
03-2 (1) $\dfrac{8}{5}$　(2) 14
03-3 (1) $a+\dfrac{2}{b}$　(2) $\dfrac{ab+1}{b+1}$　(3) $\dfrac{ab-2b-1}{ab+b}$
03-4 2　　**04-1** (1) $\dfrac{16}{3}$　(2) 100　(3) 5
04-2 36　　**04-3** (1) 16　(2) 16
04-4 $A < C < B$
05-1 (1) $\dfrac{53}{10}$　(2) 2　(3) 3　　**05-2** $1+2a+b$
05-3 (1) $\dfrac{3}{2}$　(2) 0　　**05-4** (1) $\dfrac{1}{3}$　(2) 20
06-1 34　　**06-2** 2　　**06-3** (1) 6　(2) 0
06-4 2

03 상용로그

개념 CHECK
본문 67쪽

01 (1) 4　(2) $\dfrac{2}{3}$　(3) 3
02 (1) 2.5694　(2) -2.4306　(3) 0.1898
03 (1) 6230　(2) 0.0623

유제
본문 68~71쪽

07-1 (1) 1.7481　(2) 2.2431
07-2 (1) 2.6857　(2) 0.0485　**07-3** 5.0033
07-4 (1) 10, $10^{\frac{3}{2}}$　(2) $10^{\frac{9}{4}}$, $10^{\frac{5}{2}}$, $10^{\frac{11}{4}}$
08-1 ③　　**08-2** 10^6　　**08-3** 12.9 %

중단원 연습문제
본문 72~76쪽

01 3	**02** 32	**03** 11	**04** 1
05 $\dfrac{13}{6}$	**06** ④	**07** 625	**08** 2
09 (1) 4　(2) 1		**10** $\dfrac{2}{3}$	**11** $\dfrac{9}{16}$
12 1.1271	**13** ④	**14** $\dfrac{1}{2}$	**15** $\dfrac{9}{2}$
16 ②	**17** 27	**18** ②	**19** ⑤
20 ①			

03 지수함수와 로그함수

01 지수함수의 뜻과 그래프

개념 CHECK
본문 87쪽

01 ㄱ, ㄴ, ㄹ, ㅂ
02 ㄱ, ㄷ, ㄹ

03 (1) 그래프: 풀이 참조, 정의역: 실수 전체의 집합,

치역: 양의 실수 전체의 집합,

점근선의 방정식: $y=0$

(2) 그래프: 풀이 참조, 정의역: 실수 전체의 집합,

치역: $\{y|y>-2\}$,

점근선의 방정식: $y=-2$

(3) 그래프: 풀이 참조, 정의역: 실수 전체의 집합,

치역: 음의 실수 전체의 집합,

점근선의 방정식: $y=0$

(4) 그래프: 풀이 참조, 정의역: 실수 전체의 집합,

치역: 음의 실수 전체의 집합,

점근선의 방정식: $y=0$

04 (1) 최댓값: 5, 최솟값: $\dfrac{1}{25}$　(2) 최댓값: 1, 최솟값: $\dfrac{1}{64}$

(3) 최댓값: 32, 최솟값: $\dfrac{1}{2}$　(4) 최댓값: $\dfrac{1}{9}$, 최솟값: $\dfrac{1}{243}$

유제

본문 88~105쪽

01-1 ③　　**01-2** ③, ⑤　**01-3** ㄱ, ㄴ, ㄷ

01-4 ㄱ, ㄷ, ㄹ　　　**02-1** 7

02-2 (1) -12　(2) -1　**02-3** 4

02-4 8　　**03-1** (1) 풀이 참조　(2) 풀이 참조

03-2 풀이 참조　　**03-3** 8　　**03-4** 9

04-1 27　　**04-2** 12　　**04-3** $\dfrac{1}{625}$

04-4 -5　　**05-1** (1) $B<C<A$　(2) $c<d<a<b$

05-2 $5^{\frac{9}{4}}$　　**05-3** $f(a)<f\left(\dfrac{1}{a}\right)<f\left(\dfrac{b}{a}\right)$

05-4 $a<a^{a^a}<a^a$

06-1 (1) 최댓값: 18, 최솟값: -2

(2) 최댓값: 16, 최솟값: $\dfrac{\sqrt{2}}{16}$

06-2 10　　**06-3** 1　　**06-4** $9\sqrt{2}$

07-1 (1) 30　(2) 34　　**07-2** 514

07-3 $\dfrac{\sqrt{3}}{3}$　　**07-4** 128

08-1 (1) 최댓값: 22, 최솟값: 2

(2) 최댓값: 1, 최솟값: $-\dfrac{5}{4}$

08-2 2　　**08-3** -2　　**08-4** $\dfrac{1}{3}$

09-1 (1) 14　(2) -11　　**09-2** 5

09-3 $20\sqrt{10}$　**09-4** 9

개념 CHECK

본문 113쪽

01 (1) $y=\log_{\frac{1}{10}} x$　(2) $y=5^x$

02 (1) 0　(2) 4　(3) -2　(4) $-\dfrac{1}{2}$

03 (1) 그래프: 풀이 참조, 정의역: $\{x|x>1\}$,

치역: 실수 전체의 집합, 점근선의 방정식: $x=1$

(2) 그래프: 풀이 참조, 정의역: 양의 실수 전체의 집합,

치역: 실수 전체의 집합, 점근선의 방정식: $x=0$

(3) 그래프: 풀이 참조, 정의역: 음의 실수 전체의 집합,

치역: 실수 전체의 집합, 점근선의 방정식: $x=0$

(4) 그래프: 풀이 참조, 정의역: 음의 실수 전체의 집합,

치역: 실수 전체의 집합, 점근선의 방정식: $x=0$

04 (1) 최댓값: 2, 최솟값: -1　(2) 최댓값: 0, 최솟값: -2

(3) 최댓값: 3, 최솟값: 0　(4) 최댓값: 0, 최솟값: -2

유제

본문 114~133쪽

10-1 ④　　**10-2** $a<3$　**10-3** -5　**10-4** ㄴ

11-1 (1) 8　(2) $\dfrac{13}{2}$　　**11-2** 20　　**11-3** ③

11-4 $\dfrac{1}{4}$　　**12-1** (1) 풀이 참조　(2) 풀이 참조

12-2 풀이 참조　　**12-3** 10　　**12-4** 15

13-1 20　　**13-2** 12　　**13-3** $\dfrac{1}{2}$

13-4 $\log_3 7$　**14-1** 8　　**14-2** (1) 27　(2) 3

14-3 14　　**14-4** $\sqrt{5}$

15-1 (1) $\dfrac{1}{2}\log_{\sqrt{6}} 6<\log_{\frac{1}{4}}\dfrac{3}{16}<\log_{\frac{1}{2}}\dfrac{2}{5}$

(2) $\log_{27}\sqrt{7}<\log_9 2<\log_{81} 5$

15-2 $f\left(\dfrac{a}{b}\right)<f(a)<f(b)$

15-3 $\log_b\dfrac{b}{a}<\log_a b<\log_b a$

15-4 ㄱ, ㄴ, ㄹ

16-1 (1) 최댓값: 3, 최솟값: 2

(2) 최댓값: -3, 최솟값: -4

본문 146~161쪽

16-2 (1) 최댓값: -1, 최솟값: -3

(2) 최댓값: $\dfrac{3}{2}$, 최솟값: 0

16-3 21 **16-4** 1 **17-1** (1) -1 (2) 6

17-2 (1) 2 (2) 1 **17-3** -2 **17-4** $\dfrac{1}{3}$

18-1 (1) 최댓값: 23, 최솟값: -2

(2) 최댓값: 7, 최솟값: 3

18-2 19 **18-3** 5

18-4 최댓값: 32, 최솟값: $\dfrac{1}{16}$

19-1 (1) -2 (2) 11 **19-2** 4

19-3 2000 **19-4** 6

중단원 연습문제

본문 134~138쪽

01 ㄱ, ㄷ, ㄹ **02** ④ **03** 17 **04** ②

05 18 **06** 7 **07** ③ **08** ④

09 3 **10** ㄱ, ㄷ **11** 4 **12** 4

13 2 **14** -1 **15** 3 **16** ③

17 $3\sqrt{5}$ **18** $\dfrac{225}{4}$ **19** 15 **20** ②

유제

01-1 (1) $x=2$ 또는 $x=3$

(2) $x=0$ 또는 $x=-2$ 또는 $x=\dfrac{1}{2}$

01-2 13 **01-3** -10 **01-4** -16

02-1 (1) $x=-1$ (2) $x=1$ **02-2** (1) $x=0$ (2) 9

02-3 1

02-4 (1) $0<a<16$ (2) $4<a<\dfrac{16}{3}$

03-1 (1) $-2<x<1$ (2) $x\le-\dfrac{3}{2}$ 또는 $x\ge4$

03-2 40 **03-3** $-4<x<2$ **03-4** 30

04-1 (1) $0\le x\le2$ (2) $x>1$ **04-2** 7

04-3 -28 **04-4** 12 **05-1** (1) 1 (2) $\dfrac{8}{3}$

05-2 3 **05-3** 6 **05-4** $\dfrac{1}{2}$

06-1 (1) $x=1$ 또는 $x=5$ (2) $x=\dfrac{1}{2}$ 또는 $x=2$

(3) $0<x<1$ 또는 $3<x<4$

06-2 (1) $x=-6$ 또는 $x=-4$ 또는 $x=5$ (2) 15

06-3 $x\ge-1$ **06-4** ③

07-1 (1) $k>\dfrac{77}{4}$ (2) $k\le5$ **07-2** $\dfrac{3}{4}$

07-3 6 **07-4** $a<2$ **08-1** 250 hPa

08-2 ② **08-3** 18시간 **08-4** 4년

04 지수함수와 로그함수의 활용

01 지수방정식과 지수부등식

개념 CHECK

본문 145쪽

01 (1) $x=2$ (2) $x=-1$ 또는 $x=3$

02 (1) $x=1$ (2) $x=0$ 또는 $x=-2$

03 (1) $x=3$ 또는 $x=0$ (2) $x=1$ 또는 $x=3$

04 (1) $x\le-3$ (2) $x<1$

05 (1) $x>1$ (2) $x\ge-2$

02 로그방정식과 로그부등식

개념 CHECK

본문 167쪽

01 (1) $x=1$ (2) $x=1$ 또는 $x=3$

02 (1) $x=\dfrac{1}{9}$ 또는 $x=\dfrac{1}{3}$ (2) $x=2$ 또는 $x=16$

03 (1) $x=3$ (2) $x=3$ 또는 $x=9$

04 (1) $2<x\le4$ (2) $x>-1$

05 (1) $0<x\le4$ 또는 $x\ge16$ (2) $\dfrac{1}{3}<x<27$

09-1 (1) $x=5$　(2) $x=1$　(3) $x=\dfrac{2}{3}$ 또는 $x=3$

09-2 $x=3$　**09-3** 10　**09-4** 25

10-1 (1) $x=\dfrac{1}{9}$ 또는 $x=81$　(2) $x=\dfrac{\sqrt{5}}{5}$ 또는 $x=25$

10-2 (1) $\dfrac{\sqrt{3}}{3}$　(2) $-\dfrac{25}{12}$　**10-3** 34

10-4 (1) $k<-3$ 또는 $k>7$　(2) $-\dfrac{1}{4}$

11-1 (1) $x=100$　(2) $x=1$ 또는 $x=6$

11-2 $x=\dfrac{1}{36}$　**11-3** 9　**11-4** 4

12-1 (1) $3<x<5$　(2) $4<x\leq6$

12-2 (1) 6　(2) 4　**12-3** 3　**12-4** $\dfrac{3}{2}$

13-1 (1) $5<x<25$　(2) $0<x\leq\dfrac{1}{81}$ 또는 $x\geq\dfrac{1}{3}$

13-2 -16　**13-3** $\dfrac{1}{4}<x<1$ 또는 $x>16$

13-4 64　**14-1** (1) $\dfrac{1}{9}<x<\dfrac{1}{3}$　(2) $\dfrac{1}{5}<x<5$

14-2 $0<x<\dfrac{\sqrt{10}}{100}$ 또는 $x>10$

14-3 $3<x<8$　**14-4** 64

15-1 (1) 7　(2) $10<x<35$

15-2 (1) $2<x\leq4$　(2) $3<x<\dfrac{11}{2}$

15-3 -11　**15-4** 7　**16-1** 2　**16-2** 13

16-3 -8　**16-4** $k\geq6$　**17-1** (1) 4　(2) 28

17-2 $\dfrac{1}{4}<a<64$　**17-3** 7

17-4 $2\leq a<2\sqrt{2}$　**18-1** 12　**18-2** 18

18-3 $\dfrac{99}{8}$ 분　**18-4** 15

01 $\dfrac{1}{2}$　**02** 13　**03** 3　**04** 36

05 3　**06** 4　**07** 8　**08** -1

09 9　**10** ⑤　**11** 256　**12** 6년 후

13 4　**14** 163　**15** 12　**16** 16

17 14　**18** 14　**19** ③　**20** ④

Ⅱ. 삼각함수

05 삼각함수

01 일반각과 호도법

01 (1) 제4사분면　(2) 제2사분면　(3) 제1사분면

02 $108°$

03 (1) $\dfrac{4}{3}\pi$　(2) $-\dfrac{5}{6}\pi$　(3) $210°$　(4) $-135°$

04 (1) $2n\pi+\dfrac{2}{3}\pi$　(2) $2n\pi+\dfrac{5}{4}\pi$

05 (1) $l=6\pi,\ S=27\pi$　(2) $l=\pi,\ S=2\pi$

01-1 (1) ㄷ　(2) 제1사분면, 제3사분면　**01-2** ②

01-3 제1사분면, 제2사분면, 제3사분면

01-4 제1사분면, 제3사분면

02-1 (1) $\dfrac{9}{2}\pi$　(2) $\dfrac{6}{5}\pi,\ \dfrac{8}{5}\pi$　**02-2** ㄴ, ㄷ

02-3 $\dfrac{5}{2}\pi$　**02-4** $\dfrac{5}{8}\pi$　**03-1** (1) $\dfrac{\pi}{2}$　(2) 8π

03-2 $\dfrac{4}{7}\pi$　**03-3** 반지름의 길이: 5, 중심각의 크기: 2

03-4 8

02 삼각함수

01 (1) $\sin\theta=\dfrac{4}{5},\ \cos\theta=-\dfrac{3}{5},\ \tan\theta=-\dfrac{4}{3}$

(2) $\sin\theta=-\dfrac{5}{13},\ \cos\theta=\dfrac{12}{13},\ \tan\theta=-\dfrac{5}{12}$

02 (1) $\sin 600° < 0$, $\cos 600° < 0$, $\tan 600° > 0$

    (2) $\sin \frac{11}{3}\pi < 0$, $\cos \frac{11}{3}\pi > 0$, $\tan \frac{11}{3}\pi < 0$

    (3) $\sin\left(-\frac{13}{4}\pi\right) > 0$, $\cos\left(-\frac{13}{4}\pi\right) < 0$,

       $\tan\left(-\frac{13}{4}\pi\right) < 0$

03 (1) 제2사분면　(2) 제2사분면 또는 제4사분면

04 $\sin\theta = -\frac{3}{5}$, $\tan\theta = \frac{3}{4}$　**05** $-\frac{3}{8}$

유제
본문 216~225쪽

04-1 (1) $-\frac{1}{5}$　(2) $\frac{15}{7}$

04-2 $\sin\theta = -\frac{\sqrt{3}}{2}$, $\cos\theta = -\frac{1}{2}$, $\tan\theta = \sqrt{3}$

04-3 $-\frac{2}{5}$　**04-4** 1

05-1 (1) 제2사분면　(2) $-\cos\theta$

05-2 $-\cos\theta + \tan\theta$　　**05-3** $\sin\theta + \cos\theta$

05-4 $\sin\theta$　**06-1** (1) 2　(2) $\frac{1}{\cos\theta}$　　**06-2** 1

06-3 ㄱ, ㄷ　**06-4** 1　　**07-1** (1) $-\frac{2}{3}$　(2) 12

07-2 (1) $-\frac{15}{32}$　(2) $\frac{\sqrt{31}}{4}$　(3) $\frac{47}{128}$

07-3 $\frac{49}{81}$　**07-4** $-\frac{\sqrt{15}}{3}$

08-1 (1) $-\frac{1}{2}$　(2) $\frac{\sqrt{6}}{2}$　　**08-2** $-\frac{1}{2}$　**08-3** $\frac{1}{6}$

08-4 89

중단원 연습문제
본문 226~230쪽

01 ⑤　　**02** 제2사분면　**03** $\frac{\pi}{4}$　　**04** 2π

05 $-\frac{1}{3}$　　**06** 제4사분면　　**07** 1

08 $2\cos\theta$　**09** $\sin\theta\cos\theta$　　**10** $\frac{\sqrt{3}}{2}$

11 18　**12** 11　**13** $\frac{3}{4}\pi$　**14** ③

15 ③　**16** 0　**17** 4π

18 $4x^2 + 9x + 4 = 0$　**19** $-3\sqrt{5}$　**20** $\sqrt{2}$

---

06 삼각함수의 그래프

01 삼각함수의 그래프

개념 CHECK
본문 243쪽

01 (1) 그래프: 풀이 참조, 주기: 2π

    (2) 그래프: 풀이 참조, 주기: $\frac{2}{3}\pi$

    (3) 그래프: 풀이 참조, 주기: 2π

02 (1) 최댓값: 3, 최솟값: -1, 주기: 2π

    (2) 최댓값: 2, 최솟값: -4, 주기: π

03 (1) 최댓값: 없다., 최솟값: 없다., 주기: $\frac{\pi}{3}$

    (2) 최댓값: 없다., 최솟값: 없다., 주기: 2π

04 (1) 풀이 참조　(2) 풀이 참조

유제
본문 244~251쪽

01-1 (1) 그래프: 풀이 참조,

    최댓값: $-\frac{1}{2}$, 최솟값: $-\frac{3}{2}$, 주기: 2π

    (2) 그래프: 풀이 참조,

    최댓값: 4, 최솟값: -2, 주기: π

01-2 8　　**01-3** (1) 2　(2) 1

01-4 ㄴ, ㄷ

02-1 (1) 그래프: 풀이 참조,

    주기: $\frac{\pi}{2}$

    (2) 그래프: 풀이 참조,

    주기: π

02-2 ③　　**02-3** 3　　**02-4** ㄱ, ㄷ

03-1 $\frac{15}{2}$　　**03-2** π　　**03-3** 6

03-4 $-\frac{3}{2}\pi$

04-1 (1) 그래프: 풀이 참조,

    최댓값: 0, 최솟값: -1

    (2) 그래프: 풀이 참조,

    최댓값: 없다., 최솟값: 없다.

04-2 $\frac{8}{3}\pi$　　**04-3** ㄴ, ㄷ　**04-4** 5

02 여러 가지 각의 삼각함수

개념 CHECK

01 (1) $\dfrac{\sqrt{3}}{2}$ (2) $-\dfrac{\sqrt{2}}{2}$ (3) $-\sqrt{3}$ (4) $\dfrac{1}{2}$ (5) $\dfrac{1}{2}$ (6) $\dfrac{\sqrt{3}}{3}$

02 (1) -0.2250 (2) 0.9703 (3) -0.2126

03 $1,\ \left|t-\dfrac{1}{2}\right|+2,\ -t+\dfrac{5}{2},\ t+\dfrac{3}{2},\ -1,\ \dfrac{7}{2},\ \dfrac{1}{2},\ 2$

유제

05-1 (1) $-\dfrac{1}{2}$ (2) 1 **05-2** (1) 2 (2) 1

05-3 1 **05-4** $-\dfrac{1}{2}$ **06-1** (1) $\dfrac{91}{2}$ (2) 1

06-2 -1 **06-3** 0 **06-4** $\dfrac{5}{3}$

07-1 (1) 최댓값: 6, 최솟값: -2

(2) 최댓값: 2, 최솟값: -2

07-2 6 **07-3** 15 **07-4** $\dfrac{3}{2}$

08-1 (1) 최댓값: 7, 최솟값: $\dfrac{5}{3}$

(2) 최댓값: 0, 최솟값: -1

08-2 (1) -1 (2) 5 **08-3** $\dfrac{5}{2}$ **08-4** 4

03 삼각방정식과 삼각부등식

개념 CHECK

01 (1) $x=\dfrac{2}{3}\pi$ (2) $x=\dfrac{\pi}{3}$ 또는 $x=\dfrac{2}{3}\pi$

(3) $x=\dfrac{2}{3}\pi$ 또는 $x=\dfrac{5}{3}\pi$

02 (1) $\dfrac{\pi}{6}\leq x\leq\dfrac{5}{6}\pi$

(2) $\dfrac{5}{6}\pi\leq x\leq\dfrac{7}{6}\pi$ 또는 $\dfrac{17}{6}\pi\leq x<3\pi$

(3) $0\leq x<\dfrac{\pi}{4}$ 또는 $\dfrac{\pi}{2}<x<\dfrac{5}{4}\pi$ 또는 $\dfrac{3}{2}\pi<x<2\pi$

유제

09-1 (1) $x=\dfrac{3}{2}\pi$ 또는 $x=\dfrac{11}{6}\pi$

(2) $x=\dfrac{5}{12}\pi$ 또는 $x=\dfrac{17}{12}\pi$

09-2 $\dfrac{5}{3}\pi$ **09-3** $x=-\dfrac{2}{3}\pi$

09-4 4π

10-1 (1) $x=0$ 또는 $x=\dfrac{\pi}{6}$ 또는 $x=\dfrac{5}{6}\pi$ (2) $x=\pi$

10-2 $x=\dfrac{\pi}{3}$ **10-3** $x=\dfrac{\pi}{3}$ **10-4** $\dfrac{1}{2}$

11-1 (1) $-8\leq k\leq8$ (2) 3 **11-2** $-1\leq k\leq8$

11-3 12 **11-4** $\dfrac{3}{5}$

12-1 (1) $\dfrac{5}{6}\pi\leq x\leq\dfrac{3}{2}\pi$

(2) $0\leq x\leq\dfrac{\pi}{3}$ 또는 $\dfrac{5}{3}\pi\leq x<2\pi$

12-2 (1) $\dfrac{\pi}{6}<x<\dfrac{\pi}{2}$

(2) $0\leq x\leq\dfrac{\pi}{4}$ 또는 $\dfrac{\pi}{3}\leq x<\dfrac{\pi}{2}$

12-3 $\dfrac{\pi}{4}\leq x\leq\dfrac{5}{4}\pi$ **12-4** -4

13-1 (1) $\dfrac{\pi}{6},\ \dfrac{5}{6}\pi$ (2) $0\leq\theta<\dfrac{\pi}{3}$ 또는 $\dfrac{2}{3}\pi<\theta<\pi$

13-2 $0\leq\theta<\dfrac{7}{6}\pi$ 또는 $\dfrac{11}{6}\pi<\theta<2\pi$

13-3 $\dfrac{\pi}{3}<\theta<\dfrac{5}{3}\pi$ **13-4** $\dfrac{3}{4}\pi,\ \dfrac{5}{4}\pi$

중단원 연습문제

01 ㄴ, ㄹ	**02** ⑤	**03** 4π	**04** -2
05 ㄱ, ㄴ	**06** $\dfrac{11}{2}$	**07** $\dfrac{20}{3}$	**08** 14
09 10	**10** $\dfrac{4}{5}$	**11** $\dfrac{8}{3}\pi$	**12** 2π
13 $\dfrac{1}{3}$	**14** 6	**15** 2π	**16** ①
17 24	**18** 4π	**19** 13	**20** 8

07 삼각함수의 활용

01 사인법칙과 코사인법칙

개념 CHECK
본문 295쪽

01 (1) 4 (2) $B=60°$, $R=\sqrt{6}$
02 $C>90°$인 둔각삼각형 **03** $\sqrt{13}$ **04** $120°$

유제
본문 296~307쪽

01-1 $\dfrac{1}{4}$ **01-2** $5\sqrt{2}$ **01-3** 54π
01-4 $2\sqrt{2}$ **02-1** (1) $4:3:6$ (2) $2:4:3$
02-2 $3\sqrt{2}$ **02-3** $5:4:2$ **02-4** 12
03-1 $A=45°$, $C=90°$, $b=6$ **03-2** 7π
03-3 6 **03-4** $\sqrt{6}$ **04-1** $60°$ **04-2** $\dfrac{4}{5}$
04-3 $\dfrac{\sqrt{7}}{3}$ **04-4** $\dfrac{\sqrt{3}}{2}$
05-1 (1) $C=90°$인 직각삼각형
　　　(2) $a=b$인 이등변삼각형
05-2 (1) $a=c$인 이등변삼각형
　　　(2) $b=c$인 이등변삼각형
05-3 ㄱ, ㄹ **05-4** $a=b$인 이등변삼각형
06-1 30 m **06-2** $20\sqrt{7}$ m
06-3 40 m **06-4** $10\sqrt{21}$ m

02 삼각형의 넓이

개념 CHECK
본문 313쪽

01 (1) $14\sqrt{3}$ (2) $3\sqrt{2}$ **02** $\dfrac{35\sqrt{6}}{24}$
03 (1) $12\sqrt{2}$ (2) 21 **04** $16\sqrt{3}$

유제
본문 314~319쪽

07-1 (1) $60°$ 또는 $120°$ (2) 3 **07-2** 7
07-3 $20\sqrt{3}$ **07-4** $2\sqrt{5}$ **08-1** $2\sqrt{2}$
08-2 $\dfrac{9\sqrt{2}}{4}$ **08-3** $\dfrac{9}{2}$ **08-4** $\dfrac{3}{8}$
09-1 (1) 3 (2) $8\sqrt{2}$ **09-2** $135°$
09-3 $16\sqrt{3}$ **09-4** $30°$ 또는 $150°$

중단원 연습문제
본문 320~324쪽

01 $\sqrt{2}$ **02** 2 **03** 8 **04** $4\sqrt{7}$
05 25 **06** $b=c$인 이등변삼각형
07 $\dfrac{49}{3}\pi$ cm^2 **08** $\dfrac{24}{7}$ **09** $\dfrac{15\sqrt{3}}{4}$ **10** $4\sqrt{3}$
11 8 **12** 297 **13** $\dfrac{72}{17}$ **14** $\dfrac{3}{5}$
15 ⑤ **16** 3π **17** $\dfrac{4\sqrt{3}}{7}$ **18** 50
19 11 **20** ④

Ⅲ. 수열

08 등차수열과 등비수열

01 등차수열

개념 CHECK
본문 335쪽

01 (1) $a_n=n^2$ (2) $a_n=n(n+2)$
02 (1) $a_n=3n+4$ (2) $a_n=-6n+14$
03 $x=2$, $y=-8$ **04** (1) 225 (2) -90
05 (1) $a_1=-2$, $a_{15}=26$
　　　(2) $a_1=4$, $a_n=-6n+5$ $(n\geq2)$

유제

01-1 (1) 8 (2) 512   **01-2** -33 **01-3** 2

01-4 -2 **02-1** (1) 제9항 (2) 26   **02-2** 20

02-3 50   **02-4** $\dfrac{1}{2}$ **03-1** (1) 7 (2) $\dfrac{1}{5}$

03-2 $\dfrac{15}{2}$ **03-3** 4   **03-4** 15

04-1 (1) 3 (2) 66   **04-2** 17

04-3 -13 **04-4** 29   **05-1** (1) 6 (2) 92

05-2 315   **05-3** 8   **05-4** 18

06-1 -448 **06-2** 12   **06-3** 66   **06-4** 3

07-1 -50 **07-2** 6   **07-3** 8   **07-4** 5

08-1 (1) $a_n=4n-5$

(2) $a_1=-7,\ a_n=2n-11\ (n\geq2)$

08-2 6   **08-3** $\dfrac{5}{2}$ **08-4** 5

09-1 990   **09-2** 33   **09-3** 22

09-4 11

13-1 (1) 2 (2) $\dfrac{1}{2},\ -1,\ 2$ **13-2** 216

13-3 $\dfrac{7}{13}$ **13-4** 15   **14-1** 129

14-2 672   **14-3** 12   **14-4** $\dfrac{1}{8}$ **15-1** 9

15-2 1020   **15-3** 30   **15-4** 31

16-1 (1) $a_1=-1,\ a_n=2^{n-1}\ (n\geq2)$ (2) $a_n=2\times3^{n-1}$

16-2 $-\dfrac{1}{32}$ **16-3** 576   **16-4** 5   **17-1** 140

17-2 17900개   **17-3** $\dfrac{1}{8}$

17-4 12   **18-1** 1333만 원

18-2 178만 원   **18-3** 39800원

18-4 216만 원

중단원 연습문제

01 17   **02** 9   **03** $\dfrac{32}{9}$ **04** 14

05 ⑤   **06** 8   **07** 6   **08** 32

09 $\dfrac{1}{4}$ **10** 512   **11** $\dfrac{17}{5}$ **12** 3

13 -170 **14** -6 **15** 112   **16** 23

17 256   **18** 115   **19** ③   **20** 15

02 등비수열

개념 CHECK

01 $a_n=-\dfrac{1}{2}\times3^{n-1}$ (2) $a_n=4\times\left(\dfrac{\sqrt{2}}{2}\right)^{n-1}$

02 (1) $x=-1,\ y=-9$ 또는 $x=1,\ y=9$

(2) $x=-2,\ y=-\dfrac{1}{2}$ 또는 $x=2,\ y=\dfrac{1}{2}$

03 (1) 3^n-1 (2) $18\left\{1-\left(\dfrac{2}{3}\right)^n\right\}$

04 $a_n=4\times5^{n-1}$ **05** 714만 원

유제

10-1 (1) 7 (2) 48   **10-2** 12

10-3 -16 **10-4** 32   **11-1** (1) 7 (2) 11

11-2 8   **11-3** 25   **11-4** 28   **12-1** 336

12-2 4   **12-3** 144   **12-4** -31

09 수열의 합

01 합의 기호 $\sum$

개념 CHECK

01 (1) $\displaystyle\sum_{k=1}^{n}(3k-1)$ (2) $\displaystyle\sum_{k=1}^{n}\dfrac{1}{2k+1}$

(3) $\displaystyle\sum_{k=1}^{6}7$ (4) $\displaystyle\sum_{k=1}^{n}3^{k-1}$

02 (1) 41 (2) -16

유제
본문 392~395쪽

01-1 (1) 300 (2) 19   **01-2** 42   **01-3** 29
01-4 2   **02-1** (1) 230 (2) 24   **02-2** 90
02-3 ④   **02-4** 81

---

02 자연수의 거듭제곱의 합

개념 CHECK
본문 399쪽

01 (1) 392 (2) 465
02 (1) $n^2 - 1$ (2) $\dfrac{n(2n+1)(7n+1)}{6}$

유제
본문 400~405쪽

03-1 (1) 375 (2) 168 (3) 532
03-2 (1) 9 (2) 92   **03-3** $\dfrac{n(n+1)(n+2)}{3}$
03-4 $\dfrac{125}{6}$ **04-1** 55   **04-2** 3   **04-3** 65
04-4 26   **05-1** 27   **05-2** 19   **05-3** 9
05-4 $\dfrac{7}{3}$

---

03 여러 가지 수열의 합

개념 CHECK
본문 411쪽

01 (1) $\dfrac{10}{31}$ (2) $\dfrac{29}{88}$ **02** (1) 4 (2) $\sqrt{26} + 2\sqrt{3} - \sqrt{2}$

유제
본문 412~415쪽

06-1 $\dfrac{n}{2(3n+2)}$ **06-2** (1) $\dfrac{36}{55}$ (2) 13
06-3 13   **06-4** $\dfrac{5}{3}$ **07-1** (1) $4-\sqrt{3}$ (2) 4
07-2 $2+\sqrt{2}$ **07-3** 32   **07-4** 58

중단원 연습문제
본문 416~420쪽

01 46   **02** 110   **03** ②   **04** 6
05 13   **06** 87   **07** 117   **08** $\dfrac{85}{128}$
09 448   **10** $\dfrac{20}{11}$ **11** 6   **12** 76
13 5   **14** 55   **15** 4   **16** 10
17 62   **18** $\dfrac{5}{39}$ **19** ④   **20** ③

---

⑩ 수학적 귀납법

01 수열의 귀납적 정의

개념 CHECK
본문 427쪽

01 (1) 60 (2) 8
02 (1) -5 (2) 11 (3) 324 (4) -48

유제
본문 428~441쪽

01-1 (1) -13 (2) 12   **01-2** 10
01-3 -11 **01-4** 24   **02-1** 5
02-2 125   **02-3** 14   **02-4** 512
03-1 41   **03-2** 2049   **03-3** $\dfrac{1}{15}$
03-4 $\dfrac{5}{16}$ **04-1** 2   **04-2** 16   **04-3** 13
04-4 $\dfrac{1}{27}$ **05-1** (1) -63 (2) $\dfrac{29}{8}$ **05-2** 12
05-3 108   **05-4** 2   **06-1** 64   **06-2** 10
06-3 144   **06-4** -4 **07-1** 7   **07-2** 128
07-3 $\dfrac{13}{8}$

⬡02 수학적 귀납법

개념 CHECK
본문 445쪽

01 ㈎ $k+1$ ㈏ $\dfrac{(k+1)(k+2)}{2}$ **02** ㄴ, ㄷ

03 ㈎ 2 ㈏ $2k$

유제
본문 446~449쪽

08-1 풀이 참조

08-2 ㈎ $(k+1)\times 2^{k+1}$ ㈏ k

08-3 풀이 참조   **09-1** 풀이 참조

09-2 ㈎ $2k+2$ ㈏ $4k$ ㈐ 1

중단원 연습문제
본문 450~455쪽

01 -9 **02** -11 **03** $\dfrac{1}{12}$ **04** 54

05 32   **06** 91   **07** 37   **08** 38

09 $-\dfrac{1}{9}$ **10** 8   **11** 49   **12** ④

13 61   **14** 6   **15** 56   **16** $\dfrac{8}{3}$

17 19   **18** 23   **19** 162   **20** 54

상용로그표(1)

수	0	1	2	3	4	5	6	7	8	9
1.0	.0000	.0043	.0086	.0128	.0170	.0212	.0253	.0294	.0334	.0374
1.1	.0414	.0453	.0492	.0531	.0569	.0607	.0645	.0682	.0719	.0755
1.2	.0792	.0828	.0864	.0899	.0934	.0969	.1004	.1038	.1072	.1106
1.3	.1139	.1173	.1206	.1239	.1271	.1303	.1335	.1367	.1399	.1430
1.4	.1461	.1492	.1523	.1553	.1584	.1614	.1644	.1673	.1703	.1732
1.5	.1761	.1790	.1818	.1847	.1875	.1903	.1931	.1959	.1987	.2014
1.6	.2041	.2068	.2095	.2122	.2148	.2175	.2201	.2227	.2253	.2279
1.7	.2304	.2330	.2355	.2380	.2405	.2430	.2455	.2480	.2504	.2529
1.8	.2553	.2577	.2601	.2625	.2648	.2672	.2695	.2718	.2742	.2765
1.9	.2788	.2810	.2833	.2856	.2878	.2900	.2923	.2945	.2967	.2989
2.0	.3010	.3032	.3054	.3075	.3096	.3118	.3139	.3160	.3181	.3201
2.1	.3222	.3243	.3263	.3284	.3304	.3324	.3345	.3365	.3385	.3404
2.2	.3424	.3444	.3464	.3483	.3502	.3522	.3541	.3560	.3579	.3598
2.3	.3617	.3636	.3655	.3674	.3692	.3711	.3729	.3747	.3766	.3784
2.4	.3802	.3820	.3838	.3856	.3874	.3892	.3909	.3927	.3945	.3962
2.5	.3979	.3997	.4014	.4031	.4048	.4065	.4082	.4099	.4116	.4133
2.6	.4150	.4166	.4183	.4200	.4216	.4232	.4249	.4265	.4281	.4298
2.7	.4314	.4330	.4346	.4362	.4378	.4393	.4409	.4425	.4440	.4456
2.8	.4472	.4487	.4502	.4518	.4533	.4548	.4564	.4579	.4594	.4609
2.9	.4624	.4639	.4654	.4669	.4683	.4698	.4713	.4728	.4742	.4757
3.0	.4771	.4786	.4800	.4814	.4829	.4843	.4857	.4871	.4886	.4900
3.1	.4914	.4928	.4942	.4955	.4969	.4983	.4997	.5011	.5024	.5038
3.2	.5051	.5065	.5079	.5092	.5105	.5119	.5132	.5145	.5159	.5172
3.3	.5185	.5198	.5211	.5224	.5237	.5250	.5263	.5276	.5289	.5302
3.4	.5315	.5328	.5340	.5353	.5366	.5378	.5391	.5403	.5416	.5428
3.5	.5441	.5453	.5465	.5478	.5490	.5502	.5514	.5527	.5539	.5551
3.6	.5563	.5575	.5587	.5599	.5611	.5623	.5635	.5647	.5658	.5670
3.7	.5682	.5694	.5705	.5717	.5729	.5740	.5752	.5763	.5775	.5786
3.8	.5798	.5809	.5821	.5832	.5843	.5855	.5866	.5877	.5888	.5899
3.9	.5911	.5922	.5933	.5944	.5955	.5966	.5977	.5988	.5999	.6010
4.0	.6021	.6031	.6042	.6053	.6064	.6075	.6085	.6096	.6107	.6117
4.1	.6128	.6138	.6149	.6160	.6170	.6180	.6191	.6201	.6212	.6222
4.2	.6232	.6243	.6253	.6263	.6274	.6284	.6294	.6304	.6314	.6325
4.3	.6335	.6345	.6355	.6365	.6375	.6385	.6395	.6405	.6415	.6425
4.4	.6435	.6444	.6454	.6464	.6474	.6484	.6493	.6503	.6513	.6522
4.5	.6532	.6542	.6551	.6561	.6571	.6580	.6590	.6599	.6609	.6618
4.6	.6628	.6637	.6646	.6656	.6665	.6675	.6684	.6693	.6702	.6712
4.7	.6721	.6730	.6739	.6749	.6758	.6767	.6776	.6785	.6794	.6803
4.8	.6812	.6821	.6830	.6839	.6848	.6857	.6866	.6875	.6884	.6893
4.9	.6902	.6911	.6920	.6928	.6937	.6946	.6955	.6964	.6972	.6981
5.0	.6990	.6998	.7007	.7016	.7024	.7033	.7042	.7050	.7059	.7067
5.1	.7076	.7084	.7093	.7101	.7110	.7118	.7126	.7135	.7143	.7152
5.2	.7160	.7168	.7177	.7185	.7193	.7202	.7210	.7218	.7226	.7235
5.3	.7243	.7251	.7259	.7267	.7275	.7284	.7292	.7300	.7308	.7316
5.4	.7324	.7332	.7340	.7348	.7356	.7364	.7372	.7380	.7388	.7396

수	0	1	2	3	4	5	6	7	8	9
5.5	.7404	.7412	.7419	.7427	.7435	.7443	.7451	.7459	.7466	.7474
5.6	.7482	.7490	.7497	.7505	.7513	.7520	.7528	.7536	.7543	.7551
5.7	.7559	.7566	.7574	.7582	.7589	.7597	.7604	.7612	.7619	.7627
5.8	.7634	.7642	.7649	.7657	.7664	.7672	.7679	.7686	.7694	.7701
5.9	.7709	.7716	.7723	.7731	.7738	.7745	.7752	.7760	.7767	.7774
6.0	.7782	.7789	.7796	.7803	.7810	.7818	.7825	.7832	.7839	.7846
6.1	.7853	.7860	.7868	.7875	.7882	.7889	.7896	.7903	.7910	.7917
6.2	.7924	.7931	.7938	.7945	.7952	.7959	.7966	.7973	.7980	.7987
6.3	.7993	.8000	.8007	.8014	.8021	.8028	.8035	.8041	.8048	.8055
6.4	.8062	.8069	.8075	.8082	.8089	.8096	.8102	.8109	.8116	.8122
6.5	.8129	.8136	.8142	.8149	.8156	.8162	.8169	.8176	.8182	.8189
6.6	.8195	.8202	.8209	.8215	.8222	.8228	.8235	.8241	.8248	.8254
6.7	.8261	.8267	.8274	.8280	.8287	.8293	.8299	.8306	.8312	.8319
6.8	.8325	.8331	.8338	.8344	.8351	.8357	.8363	.8370	.8376	.8382
6.9	.8388	.8395	.8401	.8407	.8414	.8420	.8426	.8432	.8439	.8445
7.0	.8451	.8457	.8463	.8470	.8476	.8482	.8488	.8494	.8500	.8506
7.1	.8513	.8519	.8525	.8531	.8537	.8543	.8549	.8555	.8561	.8567
7.2	.8573	.8579	.8585	.8591	.8597	.8603	.8609	.8615	.8621	.8627
7.3	.8633	.8639	.8645	.8651	.8657	.8663	.8669	.8675	.8681	.8686
7.4	.8692	.8698	.8704	.8710	.8716	.8722	.8727	.8733	.8739	.8745
7.5	.8751	.8756	.8762	.8768	.8774	.8779	.8785	.8791	.8797	.8802
7.6	.8808	.8814	.8820	.8825	.8831	.8837	.8842	.8848	.8854	.8859
7.7	.8865	.8871	.8876	.8882	.8887	.8893	.8899	.8904	.8910	.8915
7.8	.8921	.8927	.8932	.8938	.8943	.8949	.8954	.8960	.8965	.8971
7.9	.8976	.8982	.8987	.8993	.8998	.9004	.9009	.9015	.9020	.9025
8.0	.9031	.9036	.9042	.9047	.9053	.9058	.9063	.9069	.9074	.9079
8.1	.9085	.9090	.9096	.9101	.9106	.9112	.9117	.9122	.9128	.9133
8.2	.9138	.9143	.9149	.9154	.9159	.9165	.9170	.9175	.9180	.9186
8.3	.9191	.9196	.9201	.9206	.9212	.9217	.9222	.9227	.9232	.9238
8.4	.9243	.9248	.9253	.9258	.9263	.9269	.9274	.9279	.9284	.9289
8.5	.9294	.9299	.9304	.9309	.9315	.9320	.9325	.9330	.9335	.9340
8.6	.9345	.9350	.9355	.9360	.9365	.9370	.9375	.9380	.9385	.9390
8.7	.9395	.9400	.9405	.9410	.9415	.9420	.9425	.9430	.9435	.9440
8.8	.9445	.9450	.9455	.9460	.9465	.9469	.9474	.9479	.9484	.9489
8.9	.9494	.9499	.9504	.9509	.9513	.9518	.9523	.9528	.9533	.9538
9.0	.9542	.9547	.9552	.9557	.9562	.9566	.9571	.9576	.9581	.9586
9.1	.9590	.9595	.9600	.9605	.9609	.9614	.9619	.9624	.9628	.9633
9.2	.9638	.9643	.9647	.9652	.9657	.9661	.9666	.9671	.9675	.9680
9.3	.9685	.9689	.9694	.9699	.9703	.9708	.9713	.9717	.9722	.9727
9.4	.9731	.9736	.9741	.9745	.9750	.9754	.9759	.9763	.9768	.9773
9.5	.9777	.9782	.9786	.9791	.9795	.9800	.9805	.9809	.9814	.9818
9.6	.9823	.9827	.9832	.9836	.9841	.9845	.9850	.9854	.9859	.9863
9.7	.9868	.9872	.9877	.9881	.9886	.9890	.9894	.9899	.9903	.9908
9.8	.9912	.9917	.9921	.9926	.9930	.9934	.9939	.9943	.9948	.9952
9.9	.9956	.9961	.9965	.9969	.9974	.9978	.9983	.9987	.9991	.9996

각(θ)	$\sin\theta$	$\cos\theta$	$\tan\theta$	각(θ)	$\sin\theta$	$\cos\theta$	$\tan\theta$
0°	0.0000	1.0000	0.0000	45°	0.7071	0.7071	1.0000
1°	0.0175	0.9998	0.0175	46°	0.7193	0.6947	1.0355
2°	0.0349	0.9994	0.0349	47°	0.7314	0.6820	1.0724
3°	0.0523	0.9986	0.0524	48°	0.7431	0.6691	1.1106
4°	0.0698	0.9976	0.0699	49°	0.7547	0.6561	1.1504
5°	0.0872	0.9962	0.0875	50°	0.7660	0.6428	1.1918
6°	0.1045	0.9945	0.1051	51°	0.7771	0.6293	1.2349
7°	0.1219	0.9925	0.1228	52°	0.7880	0.6157	1.2799
8°	0.1392	0.9903	0.1405	53°	0.7986	0.6018	1.3270
9°	0.1564	0.9877	0.1584	54°	0.8090	0.5878	1.3764
10°	0.1736	0.9848	0.1763	55°	0.8192	0.5736	1.4281
11°	0.1908	0.9816	0.1944	56°	0.8290	0.5592	1.4826
12°	0.2079	0.9781	0.2126	57°	0.8387	0.5446	1.5399
13°	0.2250	0.9744	0.2309	58°	0.8480	0.5299	1.6003
14°	0.2419	0.9703	0.2493	59°	0.8572	0.5150	1.6643
15°	0.2588	0.9659	0.2679	60°	0.8660	0.5000	1.7321
16°	0.2756	0.9613	0.2867	61°	0.8746	0.4848	1.8040
17°	0.2924	0.9563	0.3057	62°	0.8829	0.4695	1.8807
18°	0.3090	0.9511	0.3249	63°	0.8910	0.4540	1.9626
19°	0.3256	0.9455	0.3443	64°	0.8988	0.4384	2.0503
20°	0.3420	0.9397	0.3640	65°	0.9063	0.4226	2.1445
21°	0.3584	0.9336	0.3839	66°	0.9135	0.4067	2.2460
22°	0.3746	0.9272	0.4040	67°	0.9205	0.3907	2.3559
23°	0.3907	0.9205	0.4245	68°	0.9272	0.3746	2.4751
24°	0.4067	0.9135	0.4452	69°	0.9336	0.3584	2.6051
25°	0.4226	0.9063	0.4663	70°	0.9397	0.3420	2.7475
26°	0.4384	0.8988	0.4877	71°	0.9455	0.3256	2.9042
27°	0.4540	0.8910	0.5095	72°	0.9511	0.3090	3.0777
28°	0.4695	0.8829	0.5317	73°	0.9563	0.2924	3.2709
29°	0.4848	0.8746	0.5543	74°	0.9613	0.2756	3.4874
30°	0.5000	0.8660	0.5774	75°	0.9659	0.2588	3.7321
31°	0.5150	0.8572	0.6009	76°	0.9703	0.2419	4.0108
32°	0.5299	0.8480	0.6249	77°	0.9744	0.2250	4.3315
33°	0.5446	0.8387	0.6494	78°	0.9781	0.2079	4.7046
34°	0.5592	0.8290	0.6745	79°	0.9816	0.1908	5.1446
35°	0.5736	0.8192	0.7002	80°	0.9848	0.1736	5.6713
36°	0.5878	0.8090	0.7265	81°	0.9877	0.1564	6.3138
37°	0.6018	0.7986	0.7536	82°	0.9903	0.1392	7.1154
38°	0.6157	0.7880	0.7813	83°	0.9925	0.1219	8.1443
39°	0.6293	0.7771	0.8098	84°	0.9945	0.1045	9.5144
40°	0.6428	0.7660	0.8391	85°	0.9962	0.0872	11.4301
41°	0.6561	0.7547	0.8693	86°	0.9976	0.0698	14.3007
42°	0.6691	0.7431	0.9004	87°	0.9986	0.0523	19.0811
43°	0.6820	0.7314	0.9325	88°	0.9994	0.0349	28.6363
44°	0.6947	0.7193	0.9657	89°	0.9998	0.0175	57.2900
45°	0.7071	0.7071	1.0000	90°	1.0000	0.0000	

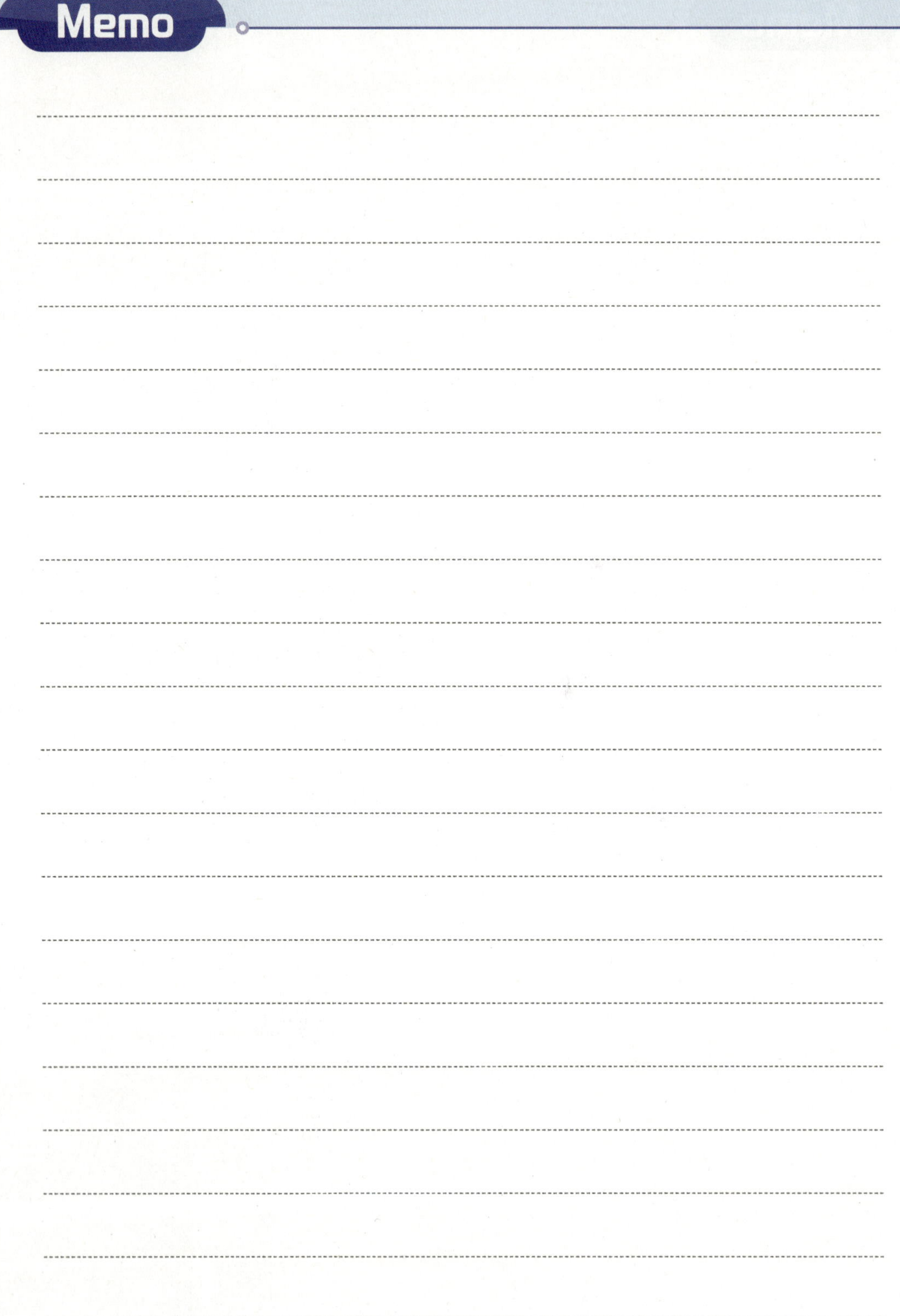

Memo

Memo

수학의 바이블

개념 ON

정답과 풀이

이투스북

2022개정 교육과정

대수

수학의 바이블

개념 ON

정답과 풀이

대수

I. 지수함수와 로그함수

01 지수

01 거듭제곱과 거듭제곱근

개념 CHECK

01 (1) -5　(2) $-4, 4$
02 (1) 0.2　(2) 5　(3) -10
03 (1) 2　(2) 49　(3) 6　(4) 5

01

(1) -125의 세제곱근을 x라 하면 $x^3=-125$이므로
$x^3+125=0, \ (x+5)(x^2-5x+25)=0$
$\therefore x=-5$ 또는 $x=\dfrac{5\pm5\sqrt{3}\,i}{2}$
따라서 이 중 실수인 것은 -5이다.
(2) 256의 네제곱근을 x라 하면 $x^4=256$이므로
$x^4-256=0, \ (x+4)(x-4)(x^2+16)=0$
$\therefore x=\pm4$ 또는 $x=\pm4i$
따라서 이 중 실수인 것은 $-4, 4$이다.

답 (1) -5　(2) $-4, 4$

02

(1) 0.008의 세제곱근 중 실수인 것은 0.2이므로
$\sqrt[3]{0.008}=0.2$
(2) 625의 네제곱근 중 실수인 것은 $-5, 5$이고
$\sqrt[4]{625}$은 양수이므로 $\sqrt[4]{625}=5$
(3) -1000의 세제곱근 중 실수인 것은 -10이므로
$\sqrt[3]{-1000}=-10$

답 (1) 0.2　(2) 5　(3) -10

03

(1) $\sqrt[4]{4}\times\sqrt[4]{32}\div\sqrt[4]{8}=\sqrt[4]{\dfrac{4\times32}{8}}=\sqrt[4]{16}=\sqrt[4]{2^4}=2$

(2) $(\sqrt[4]{7})^8=\sqrt[4]{7^8}=\sqrt[4]{49^4}=49$

(3) $\sqrt[3]{27}\times\sqrt{\sqrt{16}}=\sqrt[3]{3^3}\times\sqrt[4]{2^4}=3\times2=6$

(4) $\sqrt[9]{5^6}\times\sqrt[6]{5^2}=\sqrt[3]{5^2}\times\sqrt[3]{5}=\sqrt[3]{5^3}=5$

답 (1) 2　(2) 49　(3) 6　(4) 5

01-1 ④　　**01-2** $6\sqrt{5}$　　**01-3** 6　　**01-4** ①
02-1 (1) -3　(2) 25　(3) 4　(4) $\dfrac{2}{3}$
02-2 3　　**02-3** (1) ab　(2) 1　(3) $\sqrt[24]{a^{19}}$
02-4 21

01-1

① -4의 제곱근을 x라 하면 $x^2=-4$이므로
$x=\pm2i$
따라서 -4의 제곱근은 $-2i, 2i$이다.
② -1의 세제곱근을 x라 하면 $x^3=-1$이므로
$x^3+1=0, \ (x+1)(x^2-x+1)=0$
$\therefore x=-1$ 또는 $x=\dfrac{1\pm\sqrt{3}\,i}{2}$
따라서 -1의 세제곱근은 $-1, \dfrac{1-\sqrt{3}\,i}{2}, \dfrac{1+\sqrt{3}\,i}{2}$이다.
③ 36의 네제곱근을 x라 하면 $x^4=36$이므로
$x^4-36=0, \ (x^2+6)(x^2-6)=0$
$\therefore x=\pm\sqrt{6}\,i$ 또는 $x=\pm\sqrt{6}$
따라서 36의 네제곱근 중 실수인 것은 $-\sqrt{6}, \sqrt{6}$이다.
⑤ n이 홀수일 때, 8의 n제곱근 중 실수인 것은 $\sqrt[n]{8}$의 1개
이다.
따라서 옳은 것은 ④이다.

답 ④

01-2

-216의 세제곱근을 x라 하면 $x^3=-216$이므로
$x^3+216=0, \ (x+6)(x^2-6x+36)=0$
$\therefore x=-6$ 또는 $x=3\pm3\sqrt{3}\,i$
이때 실수인 것은 -6이므로 $a=-6$
$\sqrt{625}=25$의 네제곱근을 x라 하면 $x^4=25$이므로
$x^4-25=0, \ (x^2+5)(x^2-5)=0$
$\therefore x=\pm\sqrt{5}\,i$ 또는 $x=\pm\sqrt{5}$
이때 음수인 것은 $-\sqrt{5}$이므로 $b=-\sqrt{5}$
$\therefore ab=(-6)\times(-\sqrt{5})=6\sqrt{5}$

답 $6\sqrt{5}$

01-3

n^2-3n-4의 n제곱근 중 실수의 개수가 2가 되려면
$n^2-3n-4>0$이고 n은 짝수이어야 한다.
$n^2-3n-4>0$에서 $(n+1)(n-4)>0$
$\therefore n<-1$ 또는 $n>4$

따라서 n은 $n>4$인 짝수이므로 n의 최솟값은 6이다.

답 6

01-4

$n=3$일 때 $m-6$의 세제곱근 중에서 실수인 것의 개수는
m의 값에 관계없이 1이므로 $f(3)=1$
따라서 $f(2)+f(3)+f(4)=3$에서
$f(2)+1+f(4)=3$ $\therefore f(2)+f(4)=2$
$n=2$일 때 $m-4$의 제곱근 중에서 실수인 것의 개수는
$m>4$이면 2, $m=4$이면 1, $m<4$이면 0이다.
$n=4$일 때 $m-8$의 네제곱근 중에서 실수인 것의 개수는
$m>8$이면 2, $m=8$이면 1, $m<8$이면 0이다.
이때 $f(2)=0$ 또는 $f(2)=1$이면 $f(4)=0$이므로
$f(2)+f(4)=2$가 될 수 없다.
따라서 $f(2)+f(4)=2$이기 위해서는 $f(2)=2$, $f(4)=0$
이어야 하고 이때 m의 값의 범위는 $4<m<8$이다.
그러므로 구하는 모든 자연수 m의 값의 합은
$5+6+7=18$

> **참고**
>
> 짝수 m $(m\geq2)$, 홀수 n $(n\geq3)$에 대하여
> (1) 실수 a의 n제곱근 중 실수는 $\sqrt[n]{a}$의 1개이다.
> (2) 실수 a의 m제곱근 중 실수는
>   ① $a>0$이면 $\pm\sqrt[m]{a}$의 2개이다.
>   ② $a=0$이면 0의 1개이다.
>   ③ $a<0$이면 없다.

답 ①

02-1

(1) $\sqrt[3]{\sqrt{3^{12}}} \div \sqrt[5]{-243} = \sqrt[6]{3^{12}} \div \sqrt[5]{(-3)^5}$
$\qquad\qquad\qquad = \sqrt[6]{(3^2)^6} \div (-3)$
$\qquad\qquad\qquad = 9 \div (-3) = -3$

(2) $\sqrt[4]{5} \times \sqrt[4]{625} \times \sqrt[4]{125} = \sqrt[4]{5} \times \sqrt[4]{5^4} \times \sqrt[4]{5^3}$
$\qquad\qquad\qquad\qquad = \sqrt[4]{5 \times 5^4 \times 5^3}$
$\qquad\qquad\qquad\qquad = \sqrt[4]{5^8} = \sqrt[4]{(5^2)^4} = 25$

(3) $(\sqrt[3]{2})^6 \div \sqrt[5]{32^2} + \sqrt{\sqrt[3]{729}} = \sqrt[3]{2^6} \div \sqrt[5]{(2^5)^2} + \sqrt[6]{3^6}$
$\qquad\qquad\qquad\qquad = \sqrt[3]{(2^2)^3} \div \sqrt[5]{(2^2)^5} + 3$
$\qquad\qquad\qquad\qquad = 4 \div 4 + 3$
$\qquad\qquad\qquad\qquad = 1 + 3 = 4$

(4) $\sqrt[3]{36} \times \sqrt[3]{18} \div \sqrt[3]{3^7} = \dfrac{\sqrt[3]{36 \times 18}}{\sqrt[3]{3^7}} = \sqrt[3]{\dfrac{2^2 \times 3^4}{3^7}}$
$\qquad\qquad\qquad\qquad = \sqrt[3]{\dfrac{2^3}{3^3}} = \sqrt[3]{\left(\dfrac{2}{3}\right)^3} = \dfrac{2}{3}$

답 (1) -3 (2) 25 (3) 4 (4) $\dfrac{2}{3}$

02-2

$\sqrt{\dfrac{\sqrt[3]{25}}{\sqrt{25}}} \div \sqrt[3]{\dfrac{\sqrt[4]{25}}{25}} = \dfrac{\sqrt[6]{5^2}}{\sqrt[4]{5^2}} \div \dfrac{\sqrt[12]{5^2}}{\sqrt[3]{5^2}}$
$\qquad\qquad\qquad = \dfrac{\sqrt[6]{5^2}}{\sqrt[4]{5^2}} \times \dfrac{\sqrt[3]{5^2}}{\sqrt[12]{5^2}}$
$\qquad\qquad\qquad = \dfrac{\sqrt[12]{5^4}}{\sqrt[12]{5^6}} \times \dfrac{\sqrt[12]{5^8}}{\sqrt[12]{5^2}}$
$\qquad\qquad\qquad = \dfrac{1}{\sqrt[12]{5^2}} \times \sqrt[12]{5^6}$
$\qquad\qquad\qquad = \sqrt[12]{5^4} = \sqrt[3]{5}$

$\therefore k=3$

답 3

02-3

(1) $\sqrt{ab^3} \times \sqrt[3]{a^2b} \div \sqrt[6]{ab^5} = \sqrt[6]{(ab^3)^3} \times \sqrt[6]{(a^2b)^2} \div \sqrt[6]{ab^5}$
$\qquad\qquad\qquad = \sqrt[6]{a^3b^9} \times \sqrt[6]{a^4b^2} \div \sqrt[6]{ab^5}$
$\qquad\qquad\qquad = \sqrt[6]{\dfrac{a^3b^9 \times a^4b^2}{ab^5}}$
$\qquad\qquad\qquad = \sqrt[6]{a^6b^6} = \sqrt[6]{(ab)^6} = ab$

(2) $\sqrt[4]{\dfrac{\sqrt{a}}{\sqrt[3]{a}}} \times \sqrt{\dfrac{\sqrt[3]{a}}{\sqrt[4]{a}}} \times \sqrt[3]{\dfrac{\sqrt[4]{a}}{\sqrt{a}}} = \dfrac{\sqrt[4]{\sqrt{a}}}{\sqrt[4]{\sqrt[3]{a}}} \times \dfrac{\sqrt{\sqrt[3]{a}}}{\sqrt{\sqrt[4]{a}}} \times \dfrac{\sqrt[3]{\sqrt[4]{a}}}{\sqrt[3]{\sqrt{a}}}$
$\qquad\qquad\qquad = \dfrac{\sqrt[8]{a}}{\sqrt[12]{a}} \times \dfrac{\sqrt[6]{a}}{\sqrt[8]{a}} \times \dfrac{\sqrt[12]{a}}{\sqrt[6]{a}} = 1$

(3) $\sqrt{a \times \sqrt[3]{a \times \sqrt[4]{a^3}}} = \sqrt{a \times \sqrt[3]{a} \times \sqrt[3]{\sqrt[4]{a^3}}}$
$\qquad\qquad\qquad = \sqrt{a \times \sqrt[6]{a} \times \sqrt[24]{a^3}}$
$\qquad\qquad\qquad = \sqrt[24]{a^{12}} \times \sqrt[24]{a^4} \times \sqrt[24]{a^3}$
$\qquad\qquad\qquad = \sqrt[24]{a^{12} \times a^4 \times a^3} = \sqrt[24]{a^{19}}$

답 (1) ab (2) 1 (3) $\sqrt[24]{a^{19}}$

02-4

직육면체의 부피는
$\sqrt{8} \times \sqrt{32} \times \sqrt[4]{\sqrt{128}} = \sqrt{2^3} \times \sqrt{2^5} \times \sqrt[8]{2^7}$
$\qquad\qquad\qquad = \sqrt[8]{2^{12}} \times \sqrt[8]{2^{20}} \times \sqrt[8]{2^7}$
$\qquad\qquad\qquad = \sqrt[8]{2^{12} \times 2^{20} \times 2^7} = \sqrt[8]{2^{39}}$

정육면체의 부피는
$(\sqrt[m]{2^n})^3 = \sqrt[m]{2^{3n}}$
이때 직육면체와 정육면체의 부피가 같으므로
$\sqrt[m]{2^{3n}} = \sqrt[8]{2^{39}}$에서
$m=8$, $3n=39$
따라서 $m=8$, $n=13$이므로
$m+n=8+13=21$

답 21

02 지수의 확장

개념 CHECK

01 (1) $\dfrac{9}{8}$ (2) 25

02 (1) $\dfrac{1}{81}$ (2) $-\dfrac{1}{8}$ (3) $\dfrac{1}{a}$ (4) a^7b^{11}

03 (1) $a^{\frac{3}{4}}$ (2) $a^{\frac{1}{3}}$

04 (1) 2 (2) 9 (3) $2^{\sqrt{2}}$ (4) 25 (5) $a^{\frac{1}{3}}b^2$ (6) $a^{2\sqrt{2}}$

01

(1) $(\sqrt{7})^0+2^{-3}=1+\dfrac{1}{2^3}=1+\dfrac{1}{8}=\dfrac{9}{8}$

(2) $\left(\dfrac{1}{5}\right)^{-2}=(5^{-1})^{-2}=5^2=25$

$\boxed{답}$ (1) $\dfrac{9}{8}$ (2) 25

02

(1) $(3^{-5})^2\times3^6=3^{-10}\times3^6=3^{-10+6}=3^{-4}$
$=\dfrac{1}{3^4}=\dfrac{1}{81}$

(2) $(-2)^{-6}\div(-2)^{-3}=(-2)^{-6-(-3)}$
$=(-2)^{-3}=\dfrac{1}{(-2)^3}=-\dfrac{1}{8}$

(3) $(a^{-1})^{-3}\times a^{-4}=a^3\times a^{-4}=a^{3+(-4)}$
$=a^{-1}=\dfrac{1}{a}$

(4) $(ab^{-4})^{-2}\div(a^3b)^{-3}=a^{-2}b^8\div a^{-9}b^{-3}$
$=a^{-2-(-9)}b^{8-(-3)}=a^7b^{11}$

$\boxed{답}$ (1) $\dfrac{1}{81}$ (2) $-\dfrac{1}{8}$ (3) $\dfrac{1}{a}$ (4) a^7b^{11}

03

(1) $\sqrt{a}\times\sqrt[4]{a}=a^{\frac{1}{2}}\times a^{\frac{1}{4}}=a^{\frac{1}{2}+\frac{1}{4}}=a^{\frac{3}{4}}$

(2) $\dfrac{1}{\sqrt[6]{a^{-2}}}=\dfrac{1}{a^{-\frac{2}{6}}}=\dfrac{1}{a^{-\frac{1}{3}}}=a^{\frac{1}{3}}$

$\boxed{답}$ (1) $a^{\frac{3}{4}}$ (2) $a^{\frac{1}{3}}$

04

(1) $2^{-\frac{1}{3}}\times2^{\frac{8}{3}}\div2^{\frac{4}{3}}=2^{-\frac{1}{3}+\frac{8}{3}-\frac{4}{3}}=2$

(2) $(3^{\frac{2}{3}})^{\frac{1}{2}}\times3\sqrt[3]{3^5}=3^{\frac{1}{3}}\times3^{\frac{5}{3}}=3^{\frac{1}{3}+\frac{5}{3}}=3^2=9$

(3) $2^{\sqrt{32}}\times2^{\sqrt{8}}\div2^{\sqrt{50}}=2^{4\sqrt{2}+2\sqrt{2}-5\sqrt{2}}=2^{\sqrt{2}}$

(4) $(5^{\sqrt{48}})^{\frac{1}{\sqrt{12}}}=5^{4\sqrt{3}\times\frac{1}{2\sqrt{3}}}=5^2=25$

(5) $a^{\frac{2}{3}}b^{-\frac{1}{2}}\times(a^{-2}b^{15})^{\frac{1}{6}}=a^{\frac{2}{3}}b^{-\frac{1}{2}}\times a^{-\frac{1}{3}}b^{\frac{5}{2}}$
$=a^{\frac{2}{3}+\left(-\frac{1}{3}\right)}\times b^{-\frac{1}{2}+\frac{5}{2}}=a^{\frac{1}{3}}b^2$

(6) $a^{\sqrt{12}}\times a^{\sqrt{2}}\div(a^{\sqrt{2}})^{\sqrt{6}-1}=a^{2\sqrt{3}}\times a^{\sqrt{2}}\div a^{2\sqrt{3}-\sqrt{2}}$
$=a^{2\sqrt{3}+\sqrt{2}-(2\sqrt{3}-\sqrt{2})}=a^{2\sqrt{2}}$

$\boxed{답}$ (1) 2 (2) 9 (3) $2^{\sqrt{2}}$ (4) 25 (5) $a^{\frac{1}{3}}b^2$ (6) $a^{2\sqrt{2}}$

유제

03-1 (1) 10 (2) 8 (3) 9

03-2 (1) $\dfrac{5}{8}$ (2) $m=-\dfrac{1}{3},\ n=\dfrac{1}{4}$

03-3 (1) $\dfrac{13}{12}$ (2) $\dfrac{9}{64}$ **03-4** $a^{\frac{1}{8}}b^{\frac{1}{3}}$

04-1 (1) 1, 2, 4, 8 (2) $\sqrt[9]{14}<\sqrt{2}<\sqrt[3]{3}$ **04-2** ④

04-3 60   **04-4** 28

05-1 (1) $x-y$ (2) $x+\dfrac{1}{y}$ **05-2** -2 **05-3** 5

05-4 -4 **06-1** (1) 18 (2) 76   **06-2** 3

06-3 14   **06-4** 14   **07-1** (1) 3 (2) $\dfrac{7}{4}$

07-2 $\dfrac{31}{5}$ **07-3** $2\sqrt{2}-1$ **07-4** $\dfrac{5}{6}$

08-1 (1) 2 (2) 0   **08-2** (1) $\dfrac{1}{2}$ (2) 18

08-3 (1) 8 (2) 196   **08-4** 100

03-1

(1) $50^{\frac{2}{3}}\times16^{\frac{1}{3}}\div40^{\frac{1}{3}}$
$=(2\times5^2)^{\frac{2}{3}}\times(2^4)^{\frac{1}{3}}\div(2^3\times5)^{\frac{1}{3}}$
$=(2^{\frac{2}{3}}\times5^{\frac{4}{3}})\times2^{\frac{4}{3}}\div(2\times5^{\frac{1}{3}})$
$=2^{\frac{2}{3}+\frac{4}{3}-1}\times5^{\frac{4}{3}-\frac{1}{3}}$
$=2\times5=10$

(2) $\left\{\left(\dfrac{9}{4}\right)^{-\frac{4}{3}}\right\}^{\frac{9}{8}}\times\left(\dfrac{3^{\sqrt{7}}}{9}\right)^{\sqrt{7}+2}$
$=\left\{\left(\dfrac{3}{2}\right)^2\right\}^{-\frac{4}{3}\times\frac{9}{8}}\times(3^{\sqrt{7}-2})^{\sqrt{7}+2}$
$=\left(\dfrac{3}{2}\right)^{2\times\left(-\frac{3}{2}\right)}\times3^{(\sqrt{7}-2)(\sqrt{7}+2)}$
$=\left(\dfrac{3}{2}\right)^{-3}\times3^3=\dfrac{8}{27}\times27=8$

(3) $(3^{\sqrt{8}}\times 5^{\sqrt{2}})^{\sqrt{2}}\div\{(-15)^4\}^{\frac{1}{2}}$

$\quad=(3^{\sqrt{8}})^{\sqrt{2}}\times(5^{\sqrt{2}})^{\sqrt{2}}\div(15^4)^{\frac{1}{2}}$

$\quad=3^4\times 5^2\div(3\times 5)^2$

$\quad=3^{4-2}\times 5^{2-2}$

$\quad=3^2\times 1=9$

$\qquad\qquad\qquad$ 답 (1) 10　(2) 8　(3) 9

03-2

(1) $\dfrac{\sqrt[3]{a^4}\times\sqrt[8]{a}}{\sqrt[6]{a^5}}=\dfrac{a^{\frac{4}{3}}\times a^{\frac{1}{8}}}{a^{\frac{5}{6}}}=a^{\frac{4}{3}+\frac{1}{8}-\frac{5}{6}}=a^{\frac{5}{8}}$

$\quad\therefore p=\dfrac{5}{8}$

(2) $\sqrt[3]{\sqrt{ab^2}\div\sqrt[4]{a^6b}}=\{(ab^2)^{\frac{1}{2}}\div(a^6b)^{\frac{1}{4}}\}^{\frac{1}{3}}$

$\qquad\qquad\qquad=(a^{\frac{1}{2}}b\div a^{\frac{3}{2}}b^{\frac{1}{4}})^{\frac{1}{3}}$

$\qquad\qquad\qquad=(a^{\frac{1}{2}-\frac{3}{2}}\times b^{1-\frac{1}{4}})^{\frac{1}{3}}$

$\qquad\qquad\qquad=(a^{-1}\times b^{\frac{3}{4}})^{\frac{1}{3}}$

$\qquad\qquad\qquad=a^{-\frac{1}{3}}b^{\frac{1}{4}}$

$\therefore m=-\dfrac{1}{3},\ n=\dfrac{1}{4}$

(2) $\sqrt[3]{\sqrt{ab^2}\div\sqrt[4]{a^6b}}=\sqrt[3]{\dfrac{\sqrt{ab^2}}{\sqrt[4]{a^6b}}}=\dfrac{\sqrt[3]{\sqrt{ab^2}}}{\sqrt[3]{\sqrt[4]{a^6b}}}$

$\qquad\qquad\qquad=\dfrac{\sqrt[6]{ab^2}}{\sqrt[12]{a^6b}}=\dfrac{(ab^2)^{\frac{1}{6}}}{(a^6b)^{\frac{1}{12}}}=\dfrac{a^{\frac{1}{6}}b^{\frac{1}{3}}}{a^{\frac{1}{2}}b^{\frac{1}{12}}}$

$\qquad\qquad\qquad=a^{\frac{1}{6}-\frac{1}{2}}\times b^{\frac{1}{3}-\frac{1}{12}}=a^{-\frac{1}{3}}b^{\frac{1}{4}}$

$\therefore m=-\dfrac{1}{3},\ n=\dfrac{1}{4}$

$\qquad\qquad$ 답 (1) $\dfrac{5}{8}$　(2) $m=-\dfrac{1}{3},\ n=\dfrac{1}{4}$

03-3

(1) $\sqrt{2\sqrt[3]{4\sqrt[4]{64}}}=\{2\times(4\times 64^{\frac{1}{4}})^{\frac{1}{3}}\}^{\frac{1}{2}}$

$\qquad\qquad\quad=\{2\times(2^2\times 2^{6\times\frac{1}{4}})^{\frac{1}{3}}\}^{\frac{1}{2}}$

$\qquad\qquad\quad=\{2\times(2^2\times 2^{\frac{3}{2}})^{\frac{1}{3}}\}^{\frac{1}{2}}$

$\qquad\qquad\quad=\{2\times(2^{\frac{7}{2}})^{\frac{1}{3}}\}^{\frac{1}{2}}$

$\qquad\qquad\quad=(2\times 2^{\frac{7}{6}})^{\frac{1}{2}}$

$\qquad\qquad\quad=(2^{\frac{13}{6}})^{\frac{1}{2}}=2^{\frac{13}{12}}$

$\quad\therefore p=\dfrac{13}{12}$

(2) $\sqrt{\sqrt{\sqrt{5}}}\times\sqrt[4]{\sqrt[4]{\sqrt[4]{5}}}=\{(5^{\frac{1}{2}})^{\frac{1}{2}}\}^{\frac{1}{2}}\times\{(5^{\frac{1}{4}})^{\frac{1}{4}}\}^{\frac{1}{4}}$

$\qquad\qquad\qquad=5^{\frac{1}{8}}\times 5^{\frac{1}{64}}$

$\qquad\qquad\qquad=5^{\frac{1}{8}+\frac{1}{64}}=5^{\frac{9}{64}}$

$\quad\therefore p=\dfrac{9}{64}$

(1) $\sqrt{2\sqrt[3]{4\sqrt[4]{64}}}=\sqrt{2}\times\sqrt[3]{\sqrt{2^2}}\times\sqrt[3]{\sqrt[4]{\sqrt{2^6}}}$

$\qquad\qquad\quad=2^{\frac{1}{2}}\times\sqrt[6]{2^2}\times\sqrt[24]{2^6}=2^{\frac{1}{2}}\times 2^{\frac{1}{3}}\times 2^{\frac{1}{4}}$

$\qquad\qquad\quad=2^{\frac{1}{2}+\frac{1}{3}+\frac{1}{4}}=2^{\frac{13}{12}}$

$\quad\therefore p=\dfrac{13}{12}$

(2) $\sqrt{\sqrt{\sqrt{5}}}\times\sqrt[4]{\sqrt[4]{\sqrt[4]{5}}}=\sqrt[8]{5}\times\sqrt[64]{5}=5^{\frac{1}{8}}\times 5^{\frac{1}{64}}$

$\qquad\qquad\qquad=5^{\frac{1}{8}+\frac{1}{64}}=5^{\frac{9}{64}}$

$\quad\therefore p=\dfrac{9}{64}$

$\qquad\qquad$ 답 (1) $\dfrac{13}{12}$　(2) $\dfrac{9}{64}$

03-4

$a=\sqrt[3]{4}$에서 $a=2^{\frac{2}{3}}$　　$\therefore a^{\frac{3}{2}}=2$

$b=\sqrt[4]{3}$에서 $b=3^{\frac{1}{4}}$　　$\therefore b^4=3$

$\therefore\sqrt[12]{6}=6^{\frac{1}{12}}=(2\times 3)^{\frac{1}{12}}=(a^{\frac{3}{2}}\times b^4)^{\frac{1}{12}}=a^{\frac{1}{8}}b^{\frac{1}{3}}$

$\qquad\qquad\qquad\qquad$ 답 $a^{\frac{1}{8}}b^{\frac{1}{3}}$

04-1

(1) $\left(\dfrac{1}{256}\right)^{-\frac{1}{n}}=(2^{-8})^{-\frac{1}{n}}=2^{\frac{8}{n}}$이므로

$\dfrac{8}{n}$이 자연수일 때 $\left(\dfrac{1}{256}\right)^{-\frac{1}{n}}$이 자연수가 된다.

따라서 구하는 정수 n의 값은 1, 2, 4, 8이다.

(2) $\sqrt[9]{14}=14^{\frac{1}{9}},\ \sqrt[3]{3}=3^{\frac{1}{3}},\ \sqrt{2}=2^{\frac{1}{2}}$

9, 3, 2의 최소공배수가 18이므로 세 수의 지수를 같게 하면

$\sqrt[9]{14}=14^{\frac{1}{9}}=(14^2)^{\frac{1}{18}}=196^{\frac{1}{18}}$

$\sqrt[3]{3}=3^{\frac{1}{3}}=(3^6)^{\frac{1}{18}}=729^{\frac{1}{18}}$

$\sqrt{2}=2^{\frac{1}{2}}=(2^9)^{\frac{1}{18}}=512^{\frac{1}{18}}$

이때 $196<512<729$이므로 $196^{\frac{1}{18}}<512^{\frac{1}{18}}<729^{\frac{1}{18}}$

$\therefore\sqrt[9]{14}<\sqrt{2}<\sqrt[3]{3}$

(2) 9, 3, 2의 최소공배수가 18이므로 세 수를 $\sqrt[18]{\bullet}$ 꼴로 변형
하면

$\sqrt[9]{14}=\sqrt[18]{14^2}=\sqrt[18]{196}$

$\sqrt[3]{3}=\sqrt[18]{3^6}=\sqrt[18]{729}$

$\sqrt{2}=\sqrt[18]{2^9}=\sqrt[18]{512}$

이때 $196<512<729$이므로 $\sqrt[18]{196}<\sqrt[18]{512}<\sqrt[18]{729}$

$\therefore\sqrt[9]{14}<\sqrt{2}<\sqrt[3]{3}$

(2) $\sqrt[9]{14}=14^{\frac{1}{9}},\ \sqrt[3]{3}=3^{\frac{1}{3}},\ \sqrt{2}=2^{\frac{1}{2}}$

9, 3, 2의 최소공배수가 18이므로 세 수를 각각 18제곱하면

$$(\sqrt[9]{14})^{18}=(14^{\frac{1}{9}})^{18}=14^2=196$$
$$(\sqrt[3]{3})^{18}=(3^{\frac{1}{3}})^{18}=3^6=729$$
$$(\sqrt{2})^{18}=(2^{\frac{1}{2}})^{18}=2^9=512$$

이때 $196<512<729$이므로 $\sqrt[9]{14}<\sqrt{2}<\sqrt[3]{3}$

답 (1) $1,\ 2,\ 4,\ 8$ (2) $\sqrt[9]{14}<\sqrt{2}<\sqrt[3]{3}$

04-2

$$A=\sqrt{\sqrt[3]{4}}=(4^{\frac{1}{3}})^{\frac{1}{2}}=4^{\frac{1}{6}}$$
$$B=\sqrt[4]{\sqrt{6}}=(6^{\frac{1}{2}})^{\frac{1}{4}}=6^{\frac{1}{8}}$$
$$C=\sqrt[3]{\sqrt[4]{15}}=(15^{\frac{1}{4}})^{\frac{1}{3}}=15^{\frac{1}{12}}$$

6, 8, 12의 최소공배수가 24이므로 세 수의 지수를 같게 하면
$$A=4^{\frac{1}{6}}=(4^4)^{\frac{1}{24}}=256^{\frac{1}{24}}$$
$$B=6^{\frac{1}{8}}=(6^3)^{\frac{1}{24}}=216^{\frac{1}{24}}$$
$$C=15^{\frac{1}{12}}=(15^2)^{\frac{1}{24}}=225^{\frac{1}{24}}$$

이때 $216<225<256$이므로 $216^{\frac{1}{24}}<225^{\frac{1}{24}}<256^{\frac{1}{24}}$
$$\therefore B<C<A$$

[다른 풀이]

$$A=\sqrt{\sqrt[3]{4}}=\sqrt[6]{4}$$
$$B=\sqrt[4]{\sqrt{6}}=\sqrt[8]{6}$$
$$C=\sqrt[3]{\sqrt[4]{15}}=\sqrt[12]{15}$$

6, 8, 12의 최소공배수가 24이므로 세 수를 $\sqrt[24]{\bullet}$ 꼴로 변형하면

$$A=\sqrt[24]{4^4}=\sqrt[24]{256}$$
$$B=\sqrt[24]{6^3}=\sqrt[24]{216}$$
$$C=\sqrt[24]{15^2}=\sqrt[24]{225}$$

이때 $216<225<256$이므로 $\sqrt[24]{216}<\sqrt[24]{225}<\sqrt[24]{256}$
$$\therefore B<C<A$$

답 ④

04-3

(i) $(\sqrt{7^n})^{\frac{1}{5}}=\{(7^n)^{\frac{1}{2}}\}^{\frac{1}{5}}=7^{\frac{n}{10}}$이 자연수가 되려면 n이 10의 배수이어야 하므로
$$n=10,\ 20,\ 30,\ 40,\ \cdots$$

(ii) $\sqrt[n]{7^{50}}=7^{\frac{50}{n}}$이 자연수가 되려면 n이 50의 약수이어야 하므로
$$n=2,\ 5,\ 10,\ 25,\ 50\ (\because n\geq2)$$

(i), (ii)를 모두 만족시키는 n의 값은 10, 50이므로 모든 n의 값의 합은
$$10+50=60$$

답 60

04-4

$\sqrt[3]{a^b}=a^{\frac{b}{3}}$이므로

(i) b가 3의 배수인 경우

a의 값에 관계없이 $a^{\frac{b}{3}}$은 항상 자연수이므로 조건을 만족시키는 순서쌍 $(a,\ b)$는
$(1,\ 3),\ (2,\ 3),\ \cdots,\ (10,\ 3),\ (1,\ 6),\ (2,\ 6),\ \cdots,$
$(10,\ 6)$의 20개이다.

(ii) b가 3의 배수가 아닌 경우

$a=k^3$ (k는 자연수) 꼴이어야 하므로 $1\leq a\leq10$인 자연수 중 a가 될 수 있는 수는 $1^3,\ 2^3$, 즉 1, 8이다.

따라서 조건을 만족시키는 순서쌍 $(a,\ b)$는
$(1,\ 1),\ (1,\ 2),\ (1,\ 4),\ (1,\ 5),\ (8,\ 1),\ (8,\ 2),$
$(8,\ 4),\ (8,\ 5)$의 8개이다.

(i), (ii)에서 조건을 만족시키는 순서쌍 $(a,\ b)$의 개수는
$$20+8=28$$

답 28

05-1

(1) $(x^{\frac{1}{4}}-y^{\frac{1}{4}})(x^{\frac{1}{4}}+y^{\frac{1}{4}})(x^{\frac{1}{2}}+y^{\frac{1}{2}})$
$$=\{(x^{\frac{1}{4}}-y^{\frac{1}{4}})(x^{\frac{1}{4}}+y^{\frac{1}{4}})\}(x^{\frac{1}{2}}+y^{\frac{1}{2}})$$
$$=\{(x^{\frac{1}{4}})^2-(y^{\frac{1}{4}})^2\}(x^{\frac{1}{2}}+y^{\frac{1}{2}})$$
$$=(x^{\frac{1}{2}}-y^{\frac{1}{2}})(x^{\frac{1}{2}}+y^{\frac{1}{2}})$$
$$=(x^{\frac{1}{2}})^2-(y^{\frac{1}{2}})^2=x-y$$

(2) $(x^{\frac{1}{3}}+y^{-\frac{1}{3}})(x^{\frac{2}{3}}-x^{\frac{1}{3}}y^{-\frac{1}{3}}+y^{-\frac{2}{3}})$
$$=(x^{\frac{1}{3}}+y^{-\frac{1}{3}})\{(x^{\frac{1}{3}})^2-x^{\frac{1}{3}}y^{-\frac{1}{3}}+(y^{-\frac{1}{3}})^2\}$$
$$=(x^{\frac{1}{3}})^3+(y^{-\frac{1}{3}})^3$$
$$=x+y^{-1}=x+\frac{1}{y}$$

답 (1) $x-y$ (2) $x+\dfrac{1}{y}$

05-2

$(a^{\frac{1}{6}}-b^{-\frac{1}{2}})(a^{\frac{1}{3}}+a^{\frac{1}{6}}b^{-\frac{1}{2}}+b^{-1})(a^{\frac{1}{2}}+b^{-\frac{3}{2}})$
$$=\{(a^{\frac{1}{6}}-b^{-\frac{1}{2}})(a^{\frac{1}{3}}+a^{\frac{1}{6}}b^{-\frac{1}{2}}+b^{-1})\}(a^{\frac{1}{2}}+b^{-\frac{3}{2}})$$
$$=[(a^{\frac{1}{6}}-b^{-\frac{1}{2}})\{(a^{\frac{1}{6}})^2+a^{\frac{1}{6}}b^{-\frac{1}{2}}+(b^{-\frac{1}{2}})^2\}](a^{\frac{1}{2}}+b^{-\frac{3}{2}})$$
$$=\{(a^{\frac{1}{6}})^3-(b^{-\frac{1}{2}})^3\}(a^{\frac{1}{2}}+b^{-\frac{3}{2}})$$
$$=(a^{\frac{1}{2}}-b^{-\frac{3}{2}})(a^{\frac{1}{2}}+b^{-\frac{3}{2}})$$
$$=(a^{\frac{1}{2}})^2-(b^{-\frac{3}{2}})^2$$
$$=a-b^{-3}$$

따라서 $p=1,\ q=-3$이므로
$$p+q=1+(-3)=-2$$

$a^{\frac{1}{6}}=X$, $b^{-\frac{1}{2}}=Y$로 놓으면

$(a^{\frac{1}{6}}-b^{-\frac{1}{2}})(a^{\frac{1}{3}}+a^{\frac{1}{6}}b^{-\frac{1}{2}}+b^{-1})(a^{\frac{1}{2}}+b^{-\frac{3}{2}})$

$=(X-Y)(X^2+XY+Y^2)(X^3+Y^3)$

$=\{(X-Y)(X^2+XY+Y^2)\}(X^3+Y^3)$

$=(X^3-Y^3)(X^3+Y^3)$

$=X^6-Y^6$

$=(a^{\frac{1}{6}})^6-(b^{-\frac{1}{2}})^6=a-b^{-3}$

따라서 $p=1$, $q=-3$이므로

$p+q=1+(-3)=-2$

답 -2

05-3

$a=3^{\frac{1}{3}}+3^{-\frac{1}{3}}$의 양변을 세제곱하면

$a^3=3+3(3^{\frac{1}{3}}+3^{-\frac{1}{3}})+3^{-1}$

$a^3=\dfrac{10}{3}+3a \qquad \therefore 3a^3-9a=10$

$\therefore 3a^3-9a-5=10-5=5$

답 5

05-4

$\dfrac{1}{1-a^{\frac{1}{8}}}+\dfrac{1}{1+a^{\frac{1}{8}}}+\dfrac{2}{1+a^{\frac{1}{4}}}+\dfrac{4}{1+a^{\frac{1}{2}}}+\dfrac{8}{1+a}$

$=\dfrac{1+a^{\frac{1}{8}}+1-a^{\frac{1}{8}}}{(1-a^{\frac{1}{8}})(1+a^{\frac{1}{8}})}+\dfrac{2}{1+a^{\frac{1}{4}}}+\dfrac{4}{1+a^{\frac{1}{2}}}+\dfrac{8}{1+a}$

$=\dfrac{2}{1-a^{\frac{1}{4}}}+\dfrac{2}{1+a^{\frac{1}{4}}}+\dfrac{4}{1+a^{\frac{1}{2}}}+\dfrac{8}{1+a}$

$=\dfrac{2(1+a^{\frac{1}{4}})+2(1-a^{\frac{1}{4}})}{(1-a^{\frac{1}{4}})(1+a^{\frac{1}{4}})}+\dfrac{4}{1+a^{\frac{1}{2}}}+\dfrac{8}{1+a}$

$=\dfrac{4}{1-a^{\frac{1}{2}}}+\dfrac{4}{1+a^{\frac{1}{2}}}+\dfrac{8}{1+a}$

$=\dfrac{4(1+a^{\frac{1}{2}})+4(1-a^{\frac{1}{2}})}{(1-a^{\frac{1}{2}})(1+a^{\frac{1}{2}})}+\dfrac{8}{1+a}$

$=\dfrac{8}{1-a}+\dfrac{8}{1+a}=\dfrac{8(1+a)+8(1-a)}{(1-a)(1+a)}$

$=\dfrac{16}{1-a^2}=\dfrac{16}{1-(\sqrt{5})^2}=-4$

$a^{\frac{1}{8}}=X$로 놓으면 $a^{\frac{1}{4}}=X^2$, $a^{\frac{1}{2}}=X^4$, $a=X^8$이므로 주어진 식을

$\dfrac{1}{1-X}+\dfrac{1}{1+X}+\dfrac{2}{1+X^2}+\dfrac{4}{1+X^4}+\dfrac{8}{1+X^8}$

로 정리하여 간단히 할 수도 있다.

답 -4

06-1

(1) $x^{\frac{1}{2}}-x^{-\frac{1}{2}}=4$의 양변을 제곱하면

$(x^{\frac{1}{2}}-x^{-\frac{1}{2}})^2=4^2$

$x-2+x^{-1}=16$

$\therefore x+x^{-1}=18$

(2) $x^{\frac{1}{2}}-x^{-\frac{1}{2}}=4$의 양변을 세제곱하면

$(x^{\frac{1}{2}}-x^{-\frac{1}{2}})^3=4^3$

$x^{\frac{3}{2}}-3x\times x^{-\frac{1}{2}}+3x^{\frac{1}{2}}\times x^{-1}-x^{-\frac{3}{2}}=64$

$x^{\frac{3}{2}}-3x^{\frac{1}{2}}+3x^{-\frac{1}{2}}-x^{-\frac{3}{2}}=64$

$x^{\frac{3}{2}}-x^{-\frac{3}{2}}-3(x^{\frac{1}{2}}-x^{-\frac{1}{2}})=64$

$x^{\frac{3}{2}}-x^{-\frac{3}{2}}-3\times4=64$

$\therefore x^{\frac{3}{2}}-x^{-\frac{3}{2}}=76$

$x^{\frac{1}{2}}=X$로 놓으면 $x^{-\frac{1}{2}}=\dfrac{1}{X}$이므로

$X-\dfrac{1}{X}=4$

(1) $x+x^{-1}=X^2+\dfrac{1}{X^2}=\left(X-\dfrac{1}{X}\right)^2+2$

$\qquad =4^2+2=16+2=18$

(2) $x^{\frac{3}{2}}-x^{-\frac{3}{2}}=X^3-\dfrac{1}{X^3}=\left(X-\dfrac{1}{X}\right)^3+3\left(X-\dfrac{1}{X}\right)$

$\qquad =4^3+3\times4=64+12=76$

답 (1) 18 (2) 76

06-2

$(x+x^{-1})^2=x^2+2+x^{-2}$

$\qquad\qquad\quad =7+2=9$

이때 $x>0$이므로 $x+x^{-1}>0$

$\therefore x+x^{-1}=3$

답 3

06-3

$a^{\frac{1}{2}}-a^{-\frac{1}{2}}=\sqrt{3}$의 양변을 제곱하면

$(a^{\frac{1}{2}}-a^{-\frac{1}{2}})^2=(\sqrt{3})^2$

$a-2+a^{-1}=3 \qquad \therefore a+a^{-1}=5$

$a+a^{-1}=5$의 양변을 세제곱하면

$(a+a^{-1})^3=5^3$

$a^3+3a^2\times a^{-1}+3a\times a^{-2}+a^{-3}=125$

$a^3+3(a+a^{-1})+a^{-3}=125$

$a^3+3\times5+a^{-3}=125 \qquad \therefore a^3+a^{-3}=110$

$\therefore \dfrac{a^3+a^{-3}+2}{a+a^{-1}+3}=\dfrac{110+2}{5+3}=14$

답 14

$(a^x-a^{-x})^2=a^{2x}-2+a^{-2x}$
$\qquad\qquad\quad=6-2=4$

이때 $a>1$, $x>0$이므로 $a^x-a^{-x}>0$

$\therefore a^x-a^{-x}=2$

$\therefore a^{3x}-a^{-3x}=(a^x-a^{-x})^3+3(a^x-a^{-x})$
$\qquad\qquad\quad=2^3+3\times2=8+6=14$

目 14

(1) 주어진 식의 분모, 분자에 각각 a^x을 곱하면

$\dfrac{a^x+a^{-x}}{a^x-a^{-x}}=\dfrac{a^x(a^x+a^{-x})}{a^x(a^x-a^{-x})}$
$\qquad\qquad=\dfrac{a^{2x}+1}{a^{2x}-1}$
$\qquad\qquad=\dfrac{2+1}{2-1}=3$

(2) 주어진 식의 분모, 분자에 각각 a^x을 곱하면

$\dfrac{a^{3x}+3a^{-x}}{a^x+4a^{-3x}}=\dfrac{a^x(a^{3x}+3a^{-x})}{a^x(a^x+4a^{-3x})}=\dfrac{a^{4x}+3}{a^{2x}+4a^{-2x}}$
$\qquad\qquad=\dfrac{(a^{2x})^2+3}{a^{2x}+4\times(a^{2x})^{-1}}$
$\qquad\qquad=\dfrac{2^2+3}{2+4\times\frac{1}{2}}=\dfrac{4+3}{2+2}=\dfrac{7}{4}$

目 (1) 3 (2) $\dfrac{7}{4}$

주어진 식의 분모, 분자에 각각 a^x을 곱하면

$\dfrac{a^{3x}-a^{-3x}}{a^x-a^{-x}}=\dfrac{a^x(a^{3x}-a^{-3x})}{a^x(a^x-a^{-x})}=\dfrac{a^{4x}-a^{-2x}}{a^{2x}-1}$
$\qquad\qquad=\dfrac{(a^{2x})^2-(a^{2x})^{-1}}{a^{2x}-1}$
$\qquad\qquad=\dfrac{5^2-\frac{1}{5}}{5-1}=\dfrac{\frac{124}{5}}{4}=\dfrac{31}{5}$

[다른 풀이]

$x^3-y^3=(x-y)(x^2+xy+y^2)$임을 이용하면

$\dfrac{a^{3x}-a^{-3x}}{a^x-a^{-x}}=\dfrac{(a^x-a^{-x})(a^{2x}+a^xa^{-x}+a^{-2x})}{a^x-a^{-x}}$
$\qquad\qquad=a^{2x}+1+a^{-2x}$
$\qquad\qquad=5+1+\dfrac{1}{5}=\dfrac{31}{5}$

目 $\dfrac{31}{5}$

$9^{2x}=\sqrt{2}-1$에서 $3^{4x}=\sqrt{2}-1$

주어진 식의 분모, 분자에 각각 3^{2x}을 곱하면

$\dfrac{3^{6x}+3^{-6x}}{3^{2x}+3^{-2x}}=\dfrac{3^{2x}(3^{6x}+3^{-6x})}{3^{2x}(3^{2x}+3^{-2x})}=\dfrac{3^{8x}+3^{-4x}}{3^{4x}+1}$
$\qquad\qquad=\dfrac{(3^{4x})^2+(3^{4x})^{-1}}{3^{4x}+1}$
$\qquad\qquad=\dfrac{(\sqrt{2}-1)^2+\frac{1}{\sqrt{2}-1}}{(\sqrt{2}-1)+1}$
$\qquad\qquad=\dfrac{3-2\sqrt{2}+\sqrt{2}+1}{\sqrt{2}}=2\sqrt{2}-1$

目 $2\sqrt{2}-1$

주어진 식의 좌변의 분모, 분자에 각각 5^x을 곱하면

$\dfrac{5^x(5^x-5^{-x})}{5^x(5^x+5^{-x})}=\dfrac{1}{5}$

$\dfrac{5^{2x}-1}{5^{2x}+1}=\dfrac{1}{5}$, $5(5^{2x}-1)=5^{2x}+1$

$5\times5^{2x}-5=5^{2x}+1$

$4\times5^{2x}=6$ $\qquad\therefore 5^{2x}=\dfrac{3}{2}$

$\therefore 25^x-25^{-x}=5^{2x}-(5^{2x})^{-1}=\dfrac{3}{2}-\dfrac{2}{3}=\dfrac{5}{6}$

[다른 풀이]

$\dfrac{5^x-5^{-x}}{5^x+5^{-x}}=\dfrac{1}{5}$에서 $5(5^x-5^{-x})=5^x+5^{-x}$

$5\times5^x-5\times5^{-x}=5^x+5^{-x}$

$4\times5^x=6\times5^{-x}$

양변에 5^x을 곱하면

$4\times5^{2x}=6$ $\qquad\therefore 5^{2x}=\dfrac{3}{2}$

$\therefore 25^x-25^{-x}=5^{2x}-(5^{2x})^{-1}=\dfrac{3}{2}-\dfrac{2}{3}=\dfrac{5}{6}$

目 $\dfrac{5}{6}$

(1) $275^x=125$에서 $(275^x)^{\frac{1}{x}}=(5^3)^{\frac{1}{x}}$

$\quad\therefore 275=5^{\frac{3}{x}}$ $\quad\cdots\cdots$ ㉠

$\quad 11^y=25$에서 $(11^y)^{\frac{1}{y}}=(5^2)^{\frac{1}{y}}$

$\quad\therefore 11=5^{\frac{2}{y}}$ $\quad\cdots\cdots$ ㉡

㉠÷㉡을 하면

$$\frac{275}{11}=5^{\frac{3}{x}-\frac{2}{y}},\ 5^2=5^{\frac{3}{x}-\frac{2}{y}}$$

$$\therefore \frac{3}{x}-\frac{2}{y}=2$$

(2) $2^x=3^y=\left(\dfrac{1}{6}\right)^z=k$로 놓으면 $k>0$이고, $xyz\neq0$에서

$k\neq1$이다.

$2^x=k$에서 $2=k^{\frac{1}{x}}$ $\qquad$ …… ㉠

$3^y=k$에서 $3=k^{\frac{1}{y}}$ $\qquad$ …… ㉡

$\left(\dfrac{1}{6}\right)^z=k$에서 $\dfrac{1}{6}=k^{\frac{1}{z}}$ $\quad$ …… ㉢

㉠$\times$㉡$\times$㉢을 하면

$$2\times3\times\frac{1}{6}=k^{\frac{1}{x}+\frac{1}{y}+\frac{1}{z}},\ 1=k^{\frac{1}{x}+\frac{1}{y}+\frac{1}{z}}$$

$$\therefore \frac{1}{x}+\frac{1}{y}+\frac{1}{z}=0$$

답 (1) 2 (2) 0

08-2

(1) $a^x=81$에서 $81^{\frac{1}{x}}=a$ $\qquad$ …… ㉠

$b^y=81$에서 $81^{\frac{1}{y}}=b$ $\qquad$ …… ㉡

$c^z=81$에서 $81^{\frac{1}{z}}=c$ $\qquad$ …… ㉢

㉠$\times$㉡$\times$㉢을 하면

$$81^{\frac{1}{x}}\times81^{\frac{1}{y}}\times81^{\frac{1}{z}}=abc$$

이때 $abc=9$이므로 $81^{\frac{1}{x}+\frac{1}{y}+\frac{1}{z}}=9$

$$\therefore 3^{4\left(\frac{1}{x}+\frac{1}{y}+\frac{1}{z}\right)}=3^2$$

따라서 $4\left(\dfrac{1}{x}+\dfrac{1}{y}+\dfrac{1}{z}\right)=2$이므로

$$\frac{1}{x}+\frac{1}{y}+\frac{1}{z}=\frac{1}{2}$$

(2) $2^x=6^y=27^z=k$이므로 $k>0$

$2^x=k$에서 $2=k^{\frac{1}{x}}$ $\qquad$ …… ㉠

$6^y=k$에서 $6=k^{\frac{1}{y}}$ $\qquad$ …… ㉡

$27^z=k$에서 $27=k^{\frac{1}{z}}$ $\qquad$ …… ㉢

㉠$\times$㉡$\times$㉢을 하면

$$2\times6\times27=k^{\frac{1}{x}+\frac{1}{y}+\frac{1}{z}}$$

이때 $\dfrac{1}{x}+\dfrac{1}{y}+\dfrac{1}{z}=2$이므로

$$k^2=2\times(2\times3)\times3^3=2^2\times3^4=(2\times3^2)^2$$

$$\therefore k=2\times3^2=18\ (\because k>0)$$

답 (1) $\dfrac{1}{2}$ (2) 18

08-3

(1) $a^x=b^y=2^z=k$로 놓으면 $k>0$이고, $xyz\neq0$에서 $k\neq1$
이다.

$a^x=k$에서 $a=k^{\frac{1}{x}}$ $\qquad$ …… ㉠

$b^y=k$에서 $b=k^{\frac{1}{y}}$ $\qquad$ …… ㉡

$2^z=k$에서 $2=k^{\frac{1}{z}}$

㉡$\div$㉠을 하면

$$\frac{b}{a}=k^{\frac{1}{y}-\frac{1}{x}}=k^{\frac{3}{z}}=(k^{\frac{1}{z}})^3=2^3=8$$

(2) $32^a=49^b=x^c=k$로 놓으면 $k>0$이다.

$32^a=k$에서 $(2^{5a})^{\frac{2}{a}}=k^{\frac{2}{a}}$

$$\therefore 2^{10}=k^{\frac{2}{a}} \qquad …… ㉠$$

$49^b=k$에서 $(7^{2b})^{\frac{5}{b}}=k^{\frac{5}{b}}$

$$\therefore 7^{10}=k^{\frac{5}{b}} \qquad …… ㉡$$

$x^c=k$에서 $(x^c)^{\frac{5}{c}}=k^{\frac{5}{c}}$ $\quad \therefore x^5=k^{\frac{5}{c}}$

㉠$\times$㉡을 하면

$$2^{10}\times7^{10}=k^{\frac{2}{a}+\frac{5}{b}}=k^{\frac{5}{c}},\ 14^{10}=x^5$$

$$\therefore x=(14^{10})^{\frac{1}{5}}=14^2=196$$

답 (1) 8 (2) 196

08-4

$80^b=5$에서 $80=5^{\frac{1}{b}}$이므로

$80\div5=5^{\frac{1}{b}-1},\ 16=5^{\frac{1-b}{b}}$

$$\therefore 16^{\frac{a+2b}{1-b}}=(5^{\frac{1-b}{b}})^{\frac{a+2b}{1-b}}=5^{\frac{a+2b}{b}}=(5^{\frac{1}{b}})^a\times5^2$$
$$=80^a\times25=4\times25=100$$

다른 풀이

$16=\dfrac{80}{5}=\dfrac{80}{80^b}=80^{1-b}$이므로

$$16^{\frac{a+2b}{1-b}}=(80^{1-b})^{\frac{a+2b}{1-b}}=80^{a+2b}=80^a\times(80^b)^2$$
$$=4\times25=100$$

답 100

중단원 연습문제

01 ⑤	**02** $\dfrac{1}{4}$	**03** ④	**04** 13
05 $\dfrac{1}{2}$	**06** -12	**07** ①	**08** 8
09 -15	**10** 20	**11** $-\dfrac{2\sqrt{6}}{5}$	**12** 2
13 ③	**14** 1	**15** 5	**16** $\dfrac{\sqrt{2}}{6}$
17 1	**18** ③	**19** ③	**20** 729

01

① -9의 제곱근을 x라 하면 $x^2=-9$

$\quad \therefore x=\pm 3i$

따라서 -9의 제곱근은 $\pm 3i$이다.

② -64의 세제곱근을 x라 하면 $x^3=-64$

$\quad x^3+64=0,\ (x+4)(x^2-4x+16)=0$

$\quad \therefore x=-4$ 또는 $x=2\pm 2\sqrt{3}i$

따라서 -64의 세제곱근 중 실수인 것은 -4이다.

③ $\sqrt{256}=16$의 네제곱근을 x라 하면 $x^4=16$

$\quad x^4-16=0,\ (x^2-4)(x^2+4)=0$

$\quad \therefore x=\pm 2$ 또는 $x=\pm 2i$

따라서 $\sqrt{256}$의 네제곱근은 $\pm 2,\ \pm 2i$이다.

④ 0의 세제곱근은 0이다.

따라서 옳은 것은 ⑤이다.

답 ⑤

02

$$\frac{4^7-32^2}{4^{10}-16^4}=\frac{(2^2)^7-(2^5)^2}{(2^2)^{10}-(2^4)^4}$$

$$=\frac{2^{14}-2^{10}}{2^{20}-2^{16}}$$

$$=\frac{2^{10}(2^4-1)}{2^{16}(2^4-1)}$$

$$=\frac{1}{2^6}=\frac{1}{64}$$

따라서 $\dfrac{1}{64}$의 세제곱근 중 실수인 것은

$$\sqrt[3]{\frac{1}{64}}=\sqrt[3]{\left(\frac{1}{4}\right)^3}=\frac{1}{4}$$

답 $\dfrac{1}{4}$

03

① $\sqrt[3]{9}\times\sqrt[3]{24}=\sqrt[3]{3^2}\times\sqrt[3]{2^3\times 3}=\sqrt[3]{(2\times 3)^3}=6$

② $\sqrt[3]{-2^6}+\sqrt[4]{(-5)^4}=\sqrt[3]{-64}+\sqrt[4]{5^4}$

$\qquad\qquad =\sqrt[3]{(-4)^3}+\sqrt[4]{5^4}$

$\qquad\qquad =(-4)+5=1$

③ $\sqrt[4]{\sqrt{3^{16}}}=\sqrt[8]{3^{16}}=3^2=9$

④ $\sqrt[4]{\dfrac{8}{2}}\div\sqrt{\sqrt{2}}=\dfrac{\sqrt[4]{2^3}}{\sqrt{2}}\times\dfrac{1}{\sqrt[4]{2}}=\dfrac{\sqrt[4]{2^2}}{\sqrt{2}}=\dfrac{\sqrt{2}}{\sqrt{2}}=1$

⑤ $(\sqrt[3]{3}+\sqrt[3]{5})(\sqrt[3]{9}-\sqrt[3]{15}+\sqrt[3]{25})$

$\quad =(\sqrt[3]{3}+\sqrt[3]{5})(\sqrt[3]{3^2}-\sqrt[3]{3\times 5}+\sqrt[3]{5^2})$

$\quad =(\sqrt[3]{3}+\sqrt[3]{5})\{(\sqrt[3]{3})^2-\sqrt[3]{3}\times\sqrt[3]{5}+(\sqrt[3]{5})^2\}$

$\quad =(\sqrt[3]{3})^3+(\sqrt[3]{5})^3=3+5=8$

따라서 옳은 것은 ④이다.

답 ④

04

$$\sqrt[8]{a^6b}\times\sqrt{3a^5b^3}\div\sqrt[4]{9a^2b^2}$$

$$=\sqrt[8]{a^6b}\times\sqrt[8]{(3a^5b^3)^4}\div\sqrt[8]{(9a^2b^2)^2}$$

$$=\sqrt[8]{a^6b}\times\sqrt[8]{3^4a^{20}b^{12}}\div\sqrt[8]{9^2a^4b^4}$$

$$=\sqrt[8]{\frac{a^6b\times 3^4a^{20}b^{12}}{9^2a^4b^4}}$$

$$=\sqrt[8]{a^{22}b^9}$$

따라서 $m=22,\ n=9$이므로

$$m-n=22-9=13$$

다른 풀이

$$\sqrt[8]{a^6b}\times\sqrt{3a^5b^3}\div\sqrt[4]{9a^2b^2}$$

$$=(a^6b)^{\frac{1}{8}}\times(3a^5b^3)^{\frac{1}{2}}\div(3^2a^2b^2)^{\frac{1}{4}}$$

$$=a^{\frac{3}{4}}b^{\frac{1}{8}}\times 3^{\frac{1}{2}}a^{\frac{5}{2}}b^{\frac{3}{2}}\div 3^{\frac{1}{2}}a^{\frac{1}{2}}b^{\frac{1}{2}}$$

$$=a^{\frac{3}{4}+\frac{5}{2}-\frac{1}{2}}b^{\frac{1}{8}+\frac{3}{2}-\frac{1}{2}}$$

$$=a^{\frac{11}{4}}b^{\frac{9}{8}}=a^{\frac{22}{8}}b^{\frac{9}{8}}=\sqrt[8]{a^{22}b^9}$$

따라서 $m=22,\ n=9$이므로

$$m-n=22-9=13$$

답 13

05

$$\sqrt[3]{\frac{a^2}{\sqrt[3]{a^2}}\times\sqrt{a}}=\left(a^2\div a^{\frac{2}{3}}\times a^{\frac{1}{2}}\right)^{\frac{1}{3}}$$

$$=\left(a^{2-\frac{2}{3}+\frac{1}{2}}\right)^{\frac{1}{3}}$$

$$=a^{\frac{11}{6}\times\frac{1}{3}}=a^{\frac{11}{18}},$$

$$\frac{\sqrt[3]{\sqrt[3]{a}\sqrt{a}}}{\sqrt[4]{\sqrt[3]{a^2}}}=\frac{(a^{\frac{1}{3}}\times a^{\frac{1}{2}})^{\frac{1}{3}}}{(a^{\frac{2}{3}})^{\frac{1}{4}}}=\frac{a^{\frac{5}{18}}}{a^{\frac{1}{6}}}$$

$$=a^{\frac{5}{18}-\frac{1}{6}}=a^{\frac{1}{9}}$$

이므로

$$\sqrt[3]{\frac{a^2}{\sqrt[3]{a^2}}\times\sqrt{a}}\div\frac{\sqrt[3]{\sqrt[3]{a}\sqrt{a}}}{\sqrt[4]{\sqrt[3]{a^2}}}=a^{\frac{11}{18}-\frac{1}{9}}=a^{\frac{1}{2}}$$

$$\therefore k=\frac{1}{2}$$

답 $\dfrac{1}{2}$

06

$f(x)=3x^3+12$가 $x+\sqrt{k}$로 나누어떨어지므로 나머지정리에 의하여 $f(-\sqrt{k})=0$

$3(-\sqrt{k})^3+12=0,\ -3\times k^{\frac{3}{2}}+12=0$

$\therefore k^{\frac{3}{2}}=4$

$\therefore \sqrt[4]{k^3}=k^{\frac{3}{4}}=(k^{\frac{3}{2}})^{\frac{1}{2}}=4^{\frac{1}{2}}=2$

따라서 다항식 $f(x)$를 $x+\sqrt[4]{k^3}$, 즉 $x+2$로 나누었을 때의 나머지는 나머지정리에 의하여

$$f(-2)=3\times(-2)^3+12$$
$$=-24+12=-12$$

> **참고**
>
> 나머지정리
> 다항식 $f(x)$를 일차식 $x-\alpha$로 나누었을 때의 나머지는 $f(\alpha)$이다.

답 -12

07

$$A=\sqrt[3]{2\sqrt{3}}=2^{\frac{1}{3}}\times3^{\frac{1}{6}}=(2^2\times3)^{\frac{1}{6}}=12^{\frac{1}{6}}$$
$$B=\sqrt{2\sqrt[3]{2}}=2^{\frac{1}{2}}\times2^{\frac{1}{6}}=(2^3\times2)^{\frac{1}{6}}=16^{\frac{1}{6}}$$
$$C=\sqrt[3]{3\sqrt{2}}=3^{\frac{1}{3}}\times2^{\frac{1}{6}}=(3^2\times2)^{\frac{1}{6}}=18^{\frac{1}{6}}$$

이때 $12<16<18$이므로

$$A<B<C$$

> **다른 풀이 1**

$$A=\sqrt[3]{2\sqrt{3}}=\sqrt[3]{\sqrt{2^2\times3}}=\sqrt[6]{12}$$
$$B=\sqrt{2\sqrt[3]{2}}=\sqrt{\sqrt[3]{2^3\times2}}=\sqrt[6]{16}$$
$$C=\sqrt[3]{3\sqrt{2}}=\sqrt[3]{\sqrt{3^2\times2}}=\sqrt[6]{18}$$

이때 $12<16<18$이므로

$$A<B<C$$

> **다른 풀이 2**

세 수 A, B, C를 각각 6제곱하면

$$A^6=(\sqrt[3]{2\sqrt{3}})^6=\{(\sqrt[3]{2\sqrt{3}})^3\}^2$$
$$=(2\sqrt{3})^2=12$$
$$B^6=(\sqrt{2\sqrt[3]{2}})^6=\{(\sqrt{2\sqrt[3]{2}})^2\}^3$$
$$=(2\sqrt[3]{2})^3=16$$
$$C^6=(\sqrt[3]{3\sqrt{2}})^6=\{(\sqrt[3]{3\sqrt{2}})^3\}^2$$
$$=(3\sqrt{2})^2=18$$

이때 $12<16<18$이므로

$$A<B<C$$

답 ①

08

$\left(\dfrac{1}{243}\right)^{\frac{8}{n}}=(3^{-5})^{\frac{8}{n}}=3^{-\frac{40}{n}}$이므로 $-\dfrac{40}{n}$이 자연수일 때 $\left(\dfrac{1}{243}\right)^{\frac{8}{n}}$이 자연수가 된다.

따라서 구하는 정수 n의 값은 -40, -20, -10, -8, -5, -4, -2, -1이므로

$$A=\{3,\ 3^2,\ 3^4,\ 3^5,\ 3^8,\ 3^{10},\ 3^{20},\ 3^{40}\}$$
$$\therefore n(A)=8$$

답 8

09

$$(1+2^2)(1+2)(1+\sqrt{2})(1+\sqrt{\sqrt{2}})(1+\sqrt{\sqrt[4]{2}})(1-\sqrt[4]{\sqrt{2}})$$
$$=(1+2^2)(1+2)(1+2^{\frac{1}{2}})(1+2^{\frac{1}{4}})(1+2^{\frac{1}{8}})(1-2^{\frac{1}{8}})$$
$$=(1+2^2)(1+2)(1+2^{\frac{1}{2}})(1+2^{\frac{1}{4}})(1-2^{\frac{1}{4}})$$
$$=(1+2^2)(1+2)(1+2^{\frac{1}{2}})(1-2^{\frac{1}{2}})$$
$$=(1+2^2)(1+2)(1-2)$$
$$=(1+2^2)(1-2^2)$$
$$=1-2^4$$
$$=1-16=-15$$

답 -15

10

$x=\sqrt[3]{4}-\dfrac{1}{\sqrt[3]{4}}$의 양변을 세제곱하면

$$x^3=4-3\left(\sqrt[3]{4}-\dfrac{1}{\sqrt[3]{4}}\right)-\dfrac{1}{4}$$
$$x^3=\dfrac{15}{4}-3x \qquad \therefore 4x^3+12x=15$$
$$\therefore 4x^3+12x+5=15+5=20$$

답 20

11

$a^{\frac{1}{2}}+a^{-\frac{1}{2}}=2\sqrt{3}$의 양변을 제곱하면

$$(a^{\frac{1}{2}}+a^{-\frac{1}{2}})^2=(2\sqrt{3})^2$$
$$a+a^{-1}+2=12 \qquad \therefore a+a^{-1}=10$$
$$(a-a^{-1})^2=(a+a^{-1})^2-4=10^2-4=96$$이고
$$0<a<1$$이므로
$$a-a^{-1}=a-\dfrac{1}{a}<0$$
$$\therefore a-a^{-1}=-4\sqrt{6}$$
$$\therefore \dfrac{a-a^{-1}}{a+a^{-1}}=\dfrac{-4\sqrt{6}}{10}=-\dfrac{2\sqrt{6}}{5}$$

답 $-\dfrac{2\sqrt{6}}{5}$

12

$$5^x=10에서\ 5=10^{\frac{1}{x}} \qquad \cdots\cdots\ \bigcirc$$
$$40^y=10에서\ 40=10^{\frac{1}{y}} \qquad \cdots\cdots\ \bigcirc$$
$$a^z=10에서\ a=10^{\frac{1}{z}} \qquad \cdots\cdots\ \bigcirc$$

$\bigcirc \times \bigcirc \div \bigcirc$을 하면

$$5 \times 40 \div a = 10^{\frac{1}{x}} \times 10^{\frac{1}{y}} \div 10^{\frac{1}{z}}$$

$$\frac{200}{a} = 10^{\frac{1}{x}+\frac{1}{y}-\frac{1}{z}}$$

$$\frac{200}{a} = 10^2 \qquad \therefore a = 2$$

답 2

13

$\left(\dfrac{\sqrt[6]{5}}{\sqrt[4]{2}}\right)^m \times n = 100$에서

$$5^{\frac{m}{6}} \times 2^{-\frac{m}{4}} \times n = 5^2 \times 2^2$$

이때 n이 자연수이므로 $\dfrac{m}{6}$과 $\dfrac{m}{4}$은 자연수가 되어야 한다.

따라서 m은 12의 배수이어야 한다.

(i) $m = 12$일 때

$$5^{\frac{12}{6}} \times 2^{-\frac{12}{4}} \times n = 5^2 \times 2^2 \text{에서}$$

$$2^{-3} \times n = 2^2$$

$$\therefore n = 2^5 = 32$$

(ii) $m = 24, 36, 48, \cdots$일 때

$$5^{\frac{m}{6}} \times 2^{-\frac{m}{4}} \times n = 5^2 \times 2^2 \text{에서}$$

$$n = 5^2 \times 2^2 \times 2^{\frac{m}{4}} \times \frac{1}{5^{\frac{m}{6}}} = 2^{\frac{m+8}{4}} \times \frac{1}{5^{\frac{m-12}{6}}} \qquad \cdots\cdots \bigcirc$$

그런데 $5^{\frac{m-12}{6}} \geq 5^2$이므로 $\bigcirc$을 만족시키는 자연수 n은 존재하지 않는다.

(i), (ii)에서 $m = 12$, $n = 32$

$$\therefore m + n = 12 + 32 = 44$$

답 ③

14

$$f(\sqrt[4]{5}) = 3\sqrt{\sqrt[4]{5}} = 3 \times 5^{\frac{1}{8}}$$

$$(f \circ f \circ f)(45) = 3\sqrt{3\sqrt{3\sqrt{45}}} = 3^{1+\frac{1}{2}+\frac{1}{4}} \times 45^{\frac{1}{8}}$$

$$= 3^{\frac{7}{4}} \times (3^2 \times 5)^{\frac{1}{8}} = 3^{\frac{7}{4}} \times 3^{\frac{1}{4}} \times 5^{\frac{1}{8}}$$

$$= 3^2 \times 5^{\frac{1}{8}}$$

$$(f \circ f)(75) = 3\sqrt{3\sqrt{75}} = 3^{1+\frac{1}{2}} \times 75^{\frac{1}{4}}$$

$$= 3^{\frac{3}{2}} \times (3 \times 5^2)^{\frac{1}{4}} = 3^{\frac{3}{2}} \times 3^{\frac{1}{4}} \times 5^{\frac{1}{2}}$$

$$= 3^{\frac{7}{4}} \times 5^{\frac{1}{2}}$$

$$\therefore \frac{f(\sqrt[4]{5}) \times (f \circ f \circ f)(45)}{(f \circ f)(75)} = \frac{3 \times 5^{\frac{1}{8}} \times 3^2 \times 5^{\frac{1}{8}}}{3^{\frac{7}{4}} \times 5^{\frac{1}{2}}}$$

$$= \frac{3^3 \times 5^{\frac{1}{4}}}{3^{\frac{7}{4}} \times 5^{\frac{1}{2}}}$$

$$= 3^{3-\frac{7}{4}} \times 5^{\frac{1}{4}-\frac{1}{2}}$$

$$= 3^{\frac{5}{4}} \times 5^{-\frac{1}{4}}$$

따라서 $a = \dfrac{5}{4}$, $b = -\dfrac{1}{4}$이므로

$$a + b = \frac{5}{4} + \left(-\frac{1}{4}\right) = 1$$

답 1

15

$f(x) = (a+b)x + 5a + 3b$이고

$g(2a) = m$이라 하면 $f(m) = 2a$이므로

$$(a+b)m + 5a + 3b = 2a$$

$$(a+b)m = -3(a+b)$$

$$\therefore m = -3 \ (\because a+b \neq 0)$$

$g(-2b) = n$이라 하면 $f(n) = -2b$이므로

$$(a+b)n + 5a + 3b = -2b$$

$$(a+b)n = -5(a+b)$$

$$\therefore n = -5 \ (\because a+b \neq 0)$$

즉, $g(2a) = -3$, $g(-2b) = -5$이므로

$$5^{-g(2a)} \times \left(\frac{1}{\sqrt[5]{125}}\right)^{g(-2b)} \div \left(\sqrt[3]{5^{g(-2b)}}\right)^{g(2a)}$$

$$= 5^3 \times \left(5^{-\frac{3}{5}}\right)^{-5} \div \left(5^{-\frac{5}{3}}\right)^{-3}$$

$$= 5^3 \times 5^3 \div 5^5 = 5^{3+3-5} = 5$$

> **참고**
>
> **역함수의 함숫값**
> 함수 f의 역함수가 g일 때,
> $$f(a) = b \Longleftrightarrow g(b) = a$$

답 5

16

$\dfrac{a^x - a^{-x}}{a^x + a^{-x}} = \dfrac{1}{3}$의 좌변의 분모, 분자에 각각 a^x을 곱하면

$$\frac{a^x - a^{-x}}{a^x + a^{-x}} = \frac{a^x(a^x - a^{-x})}{a^x(a^x + a^{-x})} = \frac{a^{2x} - 1}{a^{2x} + 1} = \frac{1}{3}$$

$$3(a^{2x} - 1) = a^{2x} + 1$$

$$2a^{2x} = 4, \ a^{2x} = 2 \qquad \therefore a^x = \sqrt{2} \ (\because a > 0)$$

$\dfrac{a^{\frac{x}{2}} - a^{-\frac{3}{2}x}}{a^{\frac{3}{2}x} + a^{-\frac{x}{2}}}$의 분모, 분자에 각각 $a^{\frac{x}{2}}$을 곱하면

$$\frac{a^{\frac{x}{2}} - a^{-\frac{3}{2}x}}{a^{\frac{3}{2}x} + a^{-\frac{x}{2}}} = \frac{a^{\frac{x}{2}}(a^{\frac{x}{2}} - a^{-\frac{3}{2}x})}{a^{\frac{x}{2}}(a^{\frac{3}{2}x} + a^{-\frac{x}{2}})} = \frac{a^x - a^{-x}}{a^{2x} + 1}$$

$$= \frac{\sqrt{2} - \dfrac{1}{\sqrt{2}}}{(\sqrt{2})^2 + 1} = \frac{\dfrac{1}{\sqrt{2}}}{2+1}$$

$$= \frac{1}{3\sqrt{2}} = \frac{\sqrt{2}}{6}$$

답 $\dfrac{\sqrt{2}}{6}$

17

두 식 $5^{a-b}=9$, $5^{4a+b}=27$의 양변을 변끼리 곱하면

$5^{a-b} \times 5^{4a+b} = 9 \times 27$

$5^{a-b+4a+b} = 243$, $5^{5a} = 3^5$

$5^a = 3$ $\qquad \therefore 3^{\frac{1}{a}} = 5$

또한 $5^{a-b} = 9$에서 $5^a \div 5^b = 9$이고 $5^a = 3$이므로

$3 \div 5^b = 9$, $5^b = \dfrac{1}{3}$

$3^{-\frac{1}{b}} = 5$ $\qquad \therefore 3^{\frac{1}{b}} = \dfrac{1}{5}$

$\therefore 3^{\frac{a+b}{ab}} = 3^{\frac{1}{a}+\frac{1}{b}} = 3^{\frac{1}{a}} \times 3^{\frac{1}{b}} = 5 \times \dfrac{1}{5} = 1$

답 1

18

$B_1 = \dfrac{kI_0 r_1{}^2}{2(x_1{}^2 + r_1{}^2)^{\frac{3}{2}}}$

$B_2 = \dfrac{kI_0(3r_1)^2}{2\{(3x_1)^2 + (3r_1)^2\}^{\frac{3}{2}}} = \dfrac{kI_0 9r_1{}^2}{2(9x_1{}^2 + 9r_1{}^2)^{\frac{3}{2}}}$

$\quad = \dfrac{9kI_0 r_1{}^2}{2 \times 9^{\frac{3}{2}}(x_1{}^2 + r_1{}^2)^{\frac{3}{2}}}$

$\quad = 9^{1-\frac{3}{2}} \times \dfrac{kI_0 r_1{}^2}{2(x_1{}^2 + r_1{}^2)^{\frac{3}{2}}}$

$\quad = \dfrac{1}{3} \times \dfrac{kI_0 r_1{}^2}{2(x_1{}^2 + r_1{}^2)^{\frac{3}{2}}}$

$\quad = \dfrac{1}{3} B_1$

$\therefore \dfrac{B_2}{B_1} = \dfrac{\frac{1}{3}B_1}{B_1} = \dfrac{1}{3}$

답 ③

19

(i) n이 홀수일 때

$n^2 - 15n + 50$의 n제곱근 중 실수인 것의 개수는 항상 1이므로

$f(5) = f(7) = f(9) = f(11) = 1$

(ii) n이 짝수일 때

$n^2 - 15n + 50$의 값에 따라 경우를 나누어 보면 다음과 같다.

ⓐ $n^2 - 15n + 50 < 0$인 경우

$(n-5)(n-10) < 0$에서 $5 < n < 10$

이때 $f(n) = 0$이므로 $f(6) = f(8) = 0$

ⓑ $n^2 - 15n + 50 = 0$인 경우

$(n-5)(n-10) = 0$에서 $n = 10$ ($\because n$은 짝수)

이때 $f(n) = 1$이므로 $f(10) = 1$

ⓒ $n^2 - 15n + 50 > 0$인 경우

$(n-5)(n-10) > 0$에서 $n < 5$ 또는 $n > 10$

이때 $f(n) = 2$이므로 $f(4) = f(12) = 2$

(i), (ii)에서 $f(9) = f(10) = f(11) = 1$이므로

$f(n) = f(n+1)$을 만족시키는 n의 값은 9, 10이다.

따라서 모든 자연수 n의 값의 합은

$9 + 10 = 19$

답 ③

20

$3^a = \sqrt[3]{7}$에서 $3^{3a} = 7$

$49^b = 125$에서 $7^{2b} = 5^3$이므로 $5 = 7^{\frac{2b}{3}}$

$\therefore \sqrt[3]{5^c} = 5^{\frac{c}{3}} = (7^{\frac{2b}{3}})^{\frac{c}{3}} = (7^{\frac{2}{9}})^{bc} = \{(3^{3a})^{\frac{2}{9}}\}^{bc}$

$\qquad = (3^{\frac{2}{3}})^{abc}$

이때 $abc = 9$이므로

$(3^{\frac{2}{3}})^{abc} = (3^{\frac{2}{3}})^9 = 3^6 = 729$

답 729

01 로그의 뜻

본문 47쪽

개념 CHECK

01 (1) 5   (2) -3 (3) 4

02 (1) $\dfrac{1}{81}$ (2) $2\sqrt{2}$ (3) $2^{\frac{4}{3}}$ (4) 49

03 (1) $x>10$ (2) $0<x<3$
   (3) $-7<x<-6$ 또는 $x>-6$
   (4) $-4<x<-3$ 또는 $-3<x<2$ 또는 $x>2$

01

(1) $\log_3 243=x$라 하면 로그의 정의에 의하여 $3^x=243$
이때 $243=3^5$이므로 $x=5$

(2) $\log_{\frac{1}{2}} 8=x$라 하면 로그의 정의에 의하여 $\left(\dfrac{1}{2}\right)^x=8$
이때 $8=2^3=\left(\dfrac{1}{2}\right)^{-3}$이므로 $x=-3$

(3) $\log_{\sqrt{5}} 25=x$라 하면 로그의 정의에 의하여 $(\sqrt{5})^x=25$
이때 $25=5^2=(\sqrt{5})^4$이므로 $x=4$

   답 (1) 5   (2) -3 (3) 4

02

(1) $x=3^{-4}=\dfrac{1}{81}$

(2) $x=(\sqrt{2})^3=2\sqrt{2}$

(3) $x^3=16$이므로 $x=16^{\frac{1}{3}}=2^{\frac{4}{3}}$

(4) $x^{\frac{1}{2}}=7$이므로 $x=7^2=49$

   답 (1) $\dfrac{1}{81}$ (2) $2\sqrt{2}$ (3) $2^{\frac{4}{3}}$ (4) 49

03

(1) 진수의 조건에서 $x-10>0$이므로 $x>10$

(2) 진수의 조건에서 $-x^2+3x>0$, $x^2-3x<0$
   $x(x-3)<0$ $\therefore 0<x<3$

(3) 밑의 조건에서 $x+7>0$, $x+7\neq 1$이므로
   $x>-7$, $x\neq -6$ $\therefore -7<x<-6$ 또는 $x>-6$

(4) 밑의 조건에서 $x+4>0$, $x+4\neq 1$이므로
   $x>-4$, $x\neq -3$
   $\therefore -4<x<-3$ 또는 $x>-3$ ...... ㉠

진수의 조건에서 $(x-2)^2>0$이므로
$x\neq 2$인 모든 실수   ...... ㉡
㉠, ㉡의 공통 범위를 구하면
$-4<x<-3$ 또는 $-3<x<2$ 또는 $x>2$

   답 (1) $x>10$ (2) $0<x<3$
      (3) $-7<x<-6$ 또는 $x>-6$
      (4) $-4<x<-3$ 또는 $-3<x<2$ 또는 $x>2$

유제

본문 48~49쪽

01-1 (1) 25   (2) 81   (3) $2<x<3$

01-2 (1) 4   (2) 6   **01-3** 18   **01-4** 5

01-1

(1) $\log_7\{\log_2(\log_5 x)\}=0$에서
   $\log_2(\log_5 x)=7^0=1$
   $\log_2(\log_5 x)=1$에서 $\log_5 x=2$
   $\therefore x=5^2=25$

(2) $\log_{\frac{1}{\sqrt{3}}} a=5$에서 $a=\left(\dfrac{1}{\sqrt{3}}\right)^5=(3^{-\frac{1}{2}})^5=3^{-\frac{5}{2}}$
   $\log_b \dfrac{1}{27}=-2$에서 $b^{-2}=\dfrac{1}{27}$
   $\therefore b=\left(\dfrac{1}{27}\right)^{-\frac{1}{2}}=(3^{-3})^{-\frac{1}{2}}=3^{\frac{3}{2}}$
   $\therefore \dfrac{b}{a}=\dfrac{3^{\frac{3}{2}}}{3^{-\frac{5}{2}}}=3^{\frac{3}{2}-\left(-\frac{5}{2}\right)}=3^4=81$

(3) 밑의 조건에서 $x-2>0$, $x-2\neq 1$이므로
   $x>2$, $x\neq 3$
   $\therefore 2<x<3$ 또는 $x>3$ ...... ㉠
   진수의 조건에서 $-x^2+4x-3>0$이므로
   $x^2-4x+3<0$, $(x-1)(x-3)<0$
   $\therefore 1<x<3$ ...... ㉡
   ㉠, ㉡의 공통 범위를 구하면 $2<x<3$

   답 (1) 25   (2) 81   (3) $2<x<3$

01-2

(1) $\log_a 7=2$에서 $a^2=7$ $\therefore a=\sqrt{7}\ (\because a>0)$
   $\log_b 9=k$에서 $b^k=9$ $\therefore b=9^{\frac{1}{k}}=(3^2)^{\frac{1}{k}}=3^{\frac{2}{k}}$
   $ab=\sqrt{21}$에서 $\sqrt{7}\times 3^{\frac{2}{k}}=\sqrt{21}$이므로
   $3^{\frac{2}{k}}=\sqrt{3}=3^{\frac{1}{2}}$ $\therefore k=4$

(2) $x=\log_2(1+\sqrt{2})$에서 $2^x=1+\sqrt{2}$이므로
   $2^{-x}=\dfrac{1}{1+\sqrt{2}}=\sqrt{2}-1$

$$\therefore 4^x+4^{-x}=(2^x)^2+(2^{-x})^2$$
$$=(1+\sqrt{2})^2+(\sqrt{2}-1)^2$$
$$=(3+2\sqrt{2})+(3-2\sqrt{2})=6$$

달 (1) 4　(2) 6

01-3

밑의 조건에서 $a-1>0$, $a-1\neq1$이므로 $a>1$, $a\neq2$

$\therefore 1<a<2$ 또는 $a>2$　$\cdots\cdots$ ㉠

진수의 조건에서 모든 실수 x에 대하여

$x^2+2ax+7a>0$이므로 이차방정식 $x^2+2ax+7a=0$의

판별식을 D라 하면 $D<0$이어야 한다.

$$\frac{D}{4}=a^2-7a<0,\ a(a-7)<0$$

$\therefore 0<a<7$　$\cdots\cdots$ ㉡

㉠, ㉡의 공통 범위를 구하면 $1<a<2$ 또는 $2<a<7$

따라서 모든 실수 x에 대하여 $\log_{a-1}(x^2+2ax+7a)$가 정

의되도록 하는 모든 정수 a의 값은 3, 4, 5, 6이므로 구하는

합은

$3+4+5+6=18$

> **참고**
>
> 모든 실수 x에 대하여 이차부등식 $x^2+bx+c>0$이 성립
> 하려면 $b^2-4c<0$이어야 한다.

달 18

01-4

주어진 식의 분모, 분자에 각각 2^x을 곱하면

$$\frac{8^x-8^{-x}}{2^x-2^{-x}}=\frac{2^x(2^{3x}-2^{-3x})}{2^x(2^x-2^{-x})}$$
$$=\frac{2^{4x}-2^{-2x}}{2^{2x}-1}$$
$$=\frac{4^{2x}-4^{-x}}{4^x-1}$$

$x=\log_4(2-\sqrt{3})$에서 $4^x=2-\sqrt{3}$이므로

$$4^{-x}=\frac{1}{2-\sqrt{3}}=2+\sqrt{3},\ 4^{2x}=(2-\sqrt{3})^2=7-4\sqrt{3}$$

$$\therefore \frac{8^x-8^{-x}}{2^x-2^{-x}}=\frac{4^{2x}-4^{-x}}{4^x-1}$$
$$=\frac{7-4\sqrt{3}-(2+\sqrt{3})}{2-\sqrt{3}-1}$$
$$=\frac{5(1-\sqrt{3})}{1-\sqrt{3}}=5$$

달 5

02 로그의 성질

개념 CHECK

01 (1) 3　(2) $\dfrac{7}{2}$　(3) 5　(4) $\dfrac{1}{2}$

02 (1) $a+b$　(2) $3a+b$　(3) $4a-2b$

03 (1) 3　(2) 1

04 (1) 4　(2) $\dfrac{3}{10}$　(3) $9\sqrt{3}$　(4) 21

01

(1) $\log_4 1+\log_3 3-\log_2\dfrac{1}{4}=\log_4 1+\log_3 3-\log_2 2^{-2}$
$$=0+1-(-2)=3$$

(2) $\log_3 27+\log_7 49-\log_2 2\sqrt{2}$
$$=\log_3 3^3+\log_7 7^2-\log_2 2^{\frac{3}{2}}$$
$$=3+2-\frac{3}{2}=\frac{7}{2}$$

(3) $\log_3 48+4\log_3\dfrac{3}{2}=\log_3 48+\log_3\left(\dfrac{3}{2}\right)^4$
$$=\log_3\left(48\times\frac{81}{16}\right)$$
$$=\log_3 243$$
$$=\log_3 3^5=5$$

(4) $\log_6 2\sqrt{3}-\dfrac{1}{2}\log_6 2=\log_6 2\sqrt{3}-\log_6 2^{\frac{1}{2}}$
$$=\log_6 2\sqrt{3}-\log_6\sqrt{2}$$
$$=\log_6\frac{2\sqrt{3}}{\sqrt{2}}=\log_6\sqrt{6}$$
$$=\log_6 6^{\frac{1}{2}}=\frac{1}{2}$$

달 (1) 3　(2) $\dfrac{7}{2}$　(3) 5　(4) $\dfrac{1}{2}$

02

(1) $\log_5 6=\log_5(2\times3)$
$$=\log_5 2+\log_5 3=a+b$$

(2) $\log_5 24=\log_5(2^3\times3)$
$$=\log_5 2^3+\log_5 3$$
$$=3\log_5 2+\log_5 3=3a+b$$

(3) $\log_5\dfrac{16}{9}=\log_5\dfrac{2^4}{3^2}$
$$=\log_5 2^4-\log_5 3^2$$
$$=4\log_5 2-2\log_5 3=4a-2b$$

달 (1) $a+b$　(2) $3a+b$　(3) $4a-2b$

(1) $\dfrac{\log_5 8}{\log_5 2}=\log_2 8=\log_2 2^3=3\log_2 2=3$

(2) $\log_6 24-\dfrac{1}{\log_4 6}=\log_6 24-\log_6 4$

$\qquad\qquad=\log_6 \dfrac{24}{4}=\log_6 6=1$

답 (1) 3　(2) 1

04

(1) $\log_5 16\times\log_2 5=\log_5 2^4\times\log_2 5$

$\qquad\qquad=4\log_5 2\times\log_2 5=4$

(2) $\log_{32} 16+\log_{\frac{1}{5}}\sqrt{5}=\log_{2^5} 2^4+\log_{5^{-1}} 5^{\frac{1}{2}}$

$\qquad\qquad=\dfrac{4}{5}\log_2 2+\left(-\dfrac{1}{2}\log_5 5\right)$

$\qquad\qquad=\dfrac{4}{5}+\left(-\dfrac{1}{2}\right)=\dfrac{3}{10}$

(3) $4^{\log_2 3}\times 6^{\log_{36} 3}=3^{\log_2 4}\times 3^{\log_{36} 6}=3^{2\log_2 2}\times 3^{\frac{1}{2}\log_6 6}$

$\qquad\qquad=3^2\times 3^{\frac{1}{2}}=9\sqrt{3}$

(4) $5^{\log_{25} 9-\log_{\frac{1}{5}} 7}=5^{\log_5 3+\log_5 7}=5^{\log_5 (3\times 7)}$

$\qquad\qquad=5^{\log_5 21}=21$

답 (1) 4　(2) $\dfrac{3}{10}$　(3) $9\sqrt{3}$　(4) 21

유제

본문 54~63쪽

02-1 (1) 0　(2) 2　(3) -2　　**02-2** (1) 6　(2) -2

02-3 $-\dfrac{1}{2}a-\dfrac{3}{2}b+\dfrac{1}{2}$　　**02-4** 45

03-1 (1) 15　(2) 2　(3) $\dfrac{1}{2}+\log_3 5$

03-2 (1) $\dfrac{8}{5}$　(2) 14

03-3 (1) $a+\dfrac{2}{b}$　(2) $\dfrac{ab+1}{b+1}$　(3) $\dfrac{ab-2b-1}{ab+b}$

03-4 2　　**04-1** (1) $\dfrac{16}{3}$　(2) 100　(3) 5

04-2 36　　**04-3** (1) 16　(2) 16

04-4 $A<C<B$

05-1 (1) $\dfrac{53}{10}$　(2) 2　(3) 3　　**05-2** $1+2a+b$

05-3 (1) $\dfrac{3}{2}$　(2) 0　　**05-4** (1) $\dfrac{1}{3}$　(2) 20

06-1 34　　**06-2** 2　　**06-3** (1) 6　(2) 0

06-4 2

02-1

(1) $\log_6 \sqrt{8}+\dfrac{1}{2}\log_6 \dfrac{5}{4}-\log_6 \sqrt{10}$

$\quad=\dfrac{1}{2}\log_6 8+\dfrac{1}{2}\log_6 \dfrac{5}{4}-\dfrac{1}{2}\log_6 10$

$\quad=\dfrac{1}{2}\left(\log_6 8+\log_6 \dfrac{5}{4}-\log_6 10\right)$

$\quad=\dfrac{1}{2}\log_6 \left(8\times\dfrac{5}{4}\times\dfrac{1}{10}\right)$

$\quad=\dfrac{1}{2}\log_6 1=\dfrac{1}{2}\times 0=0$

(2) $\dfrac{1}{2}\log_2 24-3\log_2 \sqrt{6}+\log_2 12$

$\quad=\log_2 \sqrt{24}-\log_2 (\sqrt{6})^3+\log_2 12$

$\quad=\log_2 2\sqrt{6}-\log_2 6\sqrt{6}+\log_2 12$

$\quad=\log_2 \left(2\sqrt{6}\times\dfrac{1}{6\sqrt{6}}\times 12\right)$

$\quad=\log_2 4=\log_2 2^2=2$

(3) $\log_{10} \dfrac{1}{9}-\log_{10} (-2)^2-2\log_{10} \dfrac{5}{3}$

$\quad=\log_{10} \dfrac{1}{9}-\log_{10} 4-\log_{10} \left(\dfrac{5}{3}\right)^2$

$\quad=\log_{10} \left(\dfrac{1}{9}\times\dfrac{1}{4}\times\dfrac{9}{25}\right)$

$\quad=\log_{10} \dfrac{1}{100}=\log_{10} 10^{-2}=-2$

답 (1) 0　(2) 2　(3) -2

02-2

(1) $\log_2 3+\log_2 \left(1+\dfrac{1}{3}\right)+\log_2 \left(1+\dfrac{1}{4}\right)$

$\qquad\qquad\qquad +\cdots+\log_2 \left(1+\dfrac{1}{63}\right)$

$\quad=\log_2 3+\log_2 \dfrac{4}{3}+\log_2 \dfrac{5}{4}+\cdots+\log_2 \dfrac{64}{63}$

$\quad=\log_2 \left(3\times\dfrac{4}{3}\times\dfrac{5}{4}\times\cdots\times\dfrac{64}{63}\right)$

$\quad=\log_2 64$

$\quad=\log_2 2^6=6$

(2) $\log_{10} \left(1-\dfrac{1}{2}\right)+\log_{10} \left(1-\dfrac{1}{3}\right)+\log_{10} \left(1-\dfrac{1}{4}\right)$

$\qquad\qquad\qquad +\cdots+\log_{10} \left(1-\dfrac{1}{100}\right)$

$\quad=\log_{10} \dfrac{1}{2}+\log_{10} \dfrac{2}{3}+\log_{10} \dfrac{3}{4}+\cdots+\log_{10} \dfrac{99}{100}$

$\quad=\log_{10} \left(\dfrac{1}{2}\times\dfrac{2}{3}\times\dfrac{3}{4}\times\cdots\times\dfrac{99}{100}\right)$

$\quad=\log_{10} \dfrac{1}{100}$

$\quad=\log_{10} 10^{-2}=-2$

답 (1) 6　(2) -2

$\log_7 \dfrac{\sqrt{42}}{18}$

$=\log_7 \sqrt{42}-\log_7 18$

$=\log_7 42^{\frac{1}{2}}-\log_7 18$

$=\dfrac{1}{2}\log_7 (2\times 3\times 7)-\log_7 (2\times 3^2)$

$=\dfrac{1}{2}(\log_7 2+\log_7 3+\log_7 7)-(\log_7 2+2\log_7 3)$

$=\dfrac{1}{2}(a+b+1)-(a+2b)$

$=-\dfrac{1}{2}a-\dfrac{3}{2}b+\dfrac{1}{2}$

답 $-\dfrac{1}{2}a-\dfrac{3}{2}b+\dfrac{1}{2}$

02-4

$\log_3 (2x+3y)=2$에서 $2x+3y=3^2=9$

$\log_3 x+\log_3 y=1$에서 $\log_3 xy=1$이므로 $xy=3$

$\therefore 4x^2+9y^2=(2x)^2+(3y)^2$

$\qquad\qquad\quad =(2x+3y)^2-12xy$

$\qquad\qquad\quad =9^2-12\times 3=81-36=45$

답 45

03-1

(1) $\log_2 125\times\log_7 \sqrt{32}\times\log_5 49$

$\quad =\log_2 5^3\times\log_7 2^{\frac{5}{2}}\times\log_5 7^2$

$\quad =3\log_2 5\times\dfrac{5}{2}\log_7 2\times 2\log_5 7$

$\quad =3\times\dfrac{5}{2}\times 2\times\dfrac{\log_{10} 5}{\log_{10} 2}\times\dfrac{\log_{10} 2}{\log_{10} 7}\times\dfrac{\log_{10} 7}{\log_{10} 5}=15$

(2) $\dfrac{1}{\log_{10} 5}+\dfrac{1}{\log_{15} 5}-\dfrac{1}{\log_6 5}$

$\quad =\log_5 10+\log_5 15-\log_5 6$

$\quad =\log_5\left(10\times 15\times\dfrac{1}{6}\right)$

$\quad =\log_5 25=\log_5 5^2=2$

(3) $\log_3 \sqrt{15}-\log_6 \dfrac{1}{5}\times\log_3 \dfrac{1}{\sqrt{2}}\times\log_2 \dfrac{1}{6}$

$\quad =\dfrac{1}{2}\log_3 15-\dfrac{-\log_{10} 5}{\log_{10} 6}\times\dfrac{-\dfrac{1}{2}\log_{10} 2}{\log_{10} 3}\times\dfrac{-\log_{10} 6}{\log_{10} 2}$

$\quad =\dfrac{1}{2}(\log_3 3+\log_3 5)+\dfrac{1}{2}\times\dfrac{\log_{10} 5}{\log_{10} 3}$

$\quad =\dfrac{1}{2}+\dfrac{1}{2}\log_3 5+\dfrac{1}{2}\log_3 5=\dfrac{1}{2}+\log_3 5$

답 (1) 15　(2) 2　(3) $\dfrac{1}{2}+\log_3 5$

03-2

(1) $\log_a x=8,\ \log_b x=3,\ \log_c x=6$에서

$\quad \log_x a=\dfrac{1}{8},\ \log_x b=\dfrac{1}{3},\ \log_x c=\dfrac{1}{6}$

$\quad \therefore \log_{abc} x=\dfrac{1}{\log_x abc}$

$\qquad\qquad\quad =\dfrac{1}{\log_x a+\log_x b+\log_x c}$

$\qquad\qquad\quad =\dfrac{1}{\dfrac{1}{8}+\dfrac{1}{3}+\dfrac{1}{6}}$

$\qquad\qquad\quad =\dfrac{1}{\dfrac{5}{8}}=\dfrac{8}{5}$

(2) $\dfrac{1}{\log_2 x}+\dfrac{1}{\log_7 x}+\dfrac{1}{\log_{14} x}=2$에서

$\quad \log_x 2+\log_x 7+\log_x 14=2$

$\quad \log_x (2\times 7\times 14)=2$

$\quad x^2=14^2$

$\quad \therefore x=14\ (\because x>0)$

다른 풀이

(1) $\log_a x=8,\ \log_b x=3,\ \log_c x=6$에서

$\quad x=a^8,\ x=b^3,\ x=c^6$

$\quad \therefore a=x^{\frac{1}{8}},\ b=x^{\frac{1}{3}},\ c=x^{\frac{1}{6}}$

$\quad \log_{abc} x=k$로 놓으면 $(abc)^k=x$

$\quad (x^{\frac{1}{8}}\times x^{\frac{1}{3}}\times x^{\frac{1}{6}})^k=x,\ (x^{\frac{5}{8}})^k=x$

$\quad \dfrac{5}{8}k=1\qquad \therefore k=\dfrac{8}{5}$

답 (1) $\dfrac{8}{5}$　(2) 14

03-3

(1) $\log_3 2=b$에서 $\log_2 3=\dfrac{1}{b}$

$\quad \therefore \log_2 45=\log_2 (3^2\times 5)=2\log_2 3+\log_2 5$

$\qquad\qquad\quad =a+\dfrac{2}{b}$

(2) $\log_6 15=\dfrac{\log_2 15}{\log_2 6}=\dfrac{\log_2 (3\times 5)}{\log_2 (2\times 3)}$

$\qquad\quad =\dfrac{\log_2 3+\log_2 5}{\log_2 2+\log_2 3}$

$\qquad\quad =\dfrac{\dfrac{1}{b}+a}{1+\dfrac{1}{b}}$

$\qquad\quad =\dfrac{\dfrac{1+ab}{b}}{\dfrac{b+1}{b}}=\dfrac{ab+1}{b+1}$

(3) $\log_{\frac{1}{10}} \dfrac{12}{5} = \dfrac{\log_2 \dfrac{12}{5}}{\log_2 \dfrac{1}{10}} = \dfrac{\log_2 12 - \log_2 5}{\log_2 10^{-1}}$

$= \dfrac{\log_2 (2^2 \times 3) - \log_2 5}{-\log_2 (2 \times 5)}$

$= \dfrac{2\log_2 2 + \log_2 3 - \log_2 5}{-(\log_2 2 + \log_2 5)}$

$= \dfrac{2 + \dfrac{1}{b} - a}{-(1+a)} = \dfrac{\dfrac{2b+1-ab}{b}}{-(1+a)}$

$= \dfrac{ab - 2b - 1}{ab + b}$

답 (1) $a + \dfrac{2}{b}$　(2) $\dfrac{ab+1}{b+1}$　(3) $\dfrac{ab-2b-1}{ab+b}$

03-4

$\log_{\sqrt{6}} (\log_2 3) + \log_{\sqrt{6}} (\log_3 4) + \log_{\sqrt{6}} (\log_4 5)$
$\qquad\qquad\qquad + \cdots + \log_{\sqrt{6}} (\log_{63} 64)$

$= \log_{\sqrt{6}} (\log_2 3 \times \log_3 4 \times \log_4 5 \times \cdots \times \log_{63} 64)$

$= \log_{\sqrt{6}} \left(\dfrac{\log_2 3}{\log_2 2} \times \dfrac{\log_2 4}{\log_2 3} \times \dfrac{\log_2 5}{\log_2 4} \times \cdots \times \dfrac{\log_2 64}{\log_2 63} \right)$

$= \log_{\sqrt{6}} (\log_2 64) = \log_{\sqrt{6}} (\log_2 2^6)$

$= \log_{\sqrt{6}} 6 = \log_{\sqrt{6}} (\sqrt{6})^2 = 2$

답 2

04-1

(1) $\left(\log_{\frac{1}{8}} 49 - \log_{\sqrt{2}} \sqrt[3]{7} \right) \left(\log_{49} \dfrac{1}{16} + \log_{\frac{1}{7}} 4 \right)$

$= \left(\log_{2^{-3}} 7^2 - \log_{2^{\frac{1}{2}}} 7^{\frac{1}{3}} \right) \left(\log_{7^2} 2^{-4} + \log_{7^{-1}} 2^2 \right)$

$= \left(-\dfrac{2}{3} \log_2 7 - \dfrac{2}{3} \log_2 7 \right) \left(-2\log_7 2 - 2\log_7 2 \right)$

$= \left(-\dfrac{4}{3} \log_2 7 \right) \times \left(-4\log_7 2 \right)$

$= \left(-\dfrac{4}{3} \right) \times (-4) = \dfrac{16}{3}$

(2) $(\sqrt{6})^{\log_6 25} \times \log_{\sqrt{2}} 9^{\log_3 32}$

$= 25^{\log_6 \sqrt{6}} \times \log_{\sqrt{2}} 32^{\log_3 9}$

$= 25^{\log_6 6^{\frac{1}{2}}} \times \log_{2^{\frac{1}{2}}} (2^5)^{\log_3 3^2}$

$= 25^{\frac{1}{2}} \times \log_{2^{\frac{1}{2}}} 2^{10}$

$= (5^2)^{\frac{1}{2}} \times 20 \log_2 2$

$= 5 \times 20 = 100$

(3) $3^{4\log_3 \sqrt{5} + \log_3 4 - \log_3 20} = 3^{\log_3 (\sqrt{5})^4 + \log_3 4 - \log_3 20}$

$\qquad\qquad = 3^{\log_3 \left(25 \times 4 \times \frac{1}{20} \right)}$

$\qquad\qquad = 3^{\log_3 5} = 5$

답 (1) $\dfrac{16}{3}$　(2) 100　(3) 5

04-2

$\log_2 a + 2\log_4 b + 3\log_8 c = 1$에서

$\log_2 a + 2\log_{2^2} b + 3\log_{2^3} c = 1$

$\log_2 a + \log_2 b + \log_2 c = 1$

$\log_2 abc = 1 \qquad \therefore abc = 2$

$\therefore \{(6^a)^b\}^c = 6^{abc} = 6^2 = 36$

답 36

04-3

(1) $\log_2 3 \times \log_4 x = \log_8 9$에서

$\log_2 3 \times \log_{2^2} x = \log_{2^3} 3^2$

$\log_2 3 \times \dfrac{1}{2} \log_2 x = \dfrac{2}{3} \log_2 3$

$\dfrac{1}{2} \log_2 x = \dfrac{2}{3} \qquad \therefore \log_2 x = \dfrac{4}{3}$

따라서 $x = 2^{\frac{4}{3}}$이므로 $x^3 = (2^{\frac{4}{3}})^3 = 2^4 = 16$

(2) $(\log_4 9 + 2\log_2 \sqrt{5}) \log_{\sqrt{15}} a = 8$에서

$(\log_{2^2} 3^2 + 2\log_2 5^{\frac{1}{2}}) \log_{15^{\frac{1}{2}}} a = 8$

$(\log_2 3 + \log_2 5) \times 2\log_{15} a = 8$

$\log_2 15 \times \log_{15} a = 4$

$\dfrac{\log_2 15}{\log_2 2} \times \dfrac{\log_2 a}{\log_2 15} = 4$

$\log_2 a = 4 \qquad \therefore a = 2^4 = 16$

답 (1) 16　(2) 16

04-4

$A = \log_8 4 - \log_{2\sqrt{2}} 32 = \log_{2^3} 2^2 - \log_{2^{\frac{3}{2}}} 2^5$

$\quad = \dfrac{2}{3} \log_2 2 - \dfrac{10}{3} \log_2 2 = \dfrac{2}{3} - \dfrac{10}{3} = -\dfrac{8}{3}$

$B = 7^{\log_7 9 - \log_7 36} = 7^{\log_7 \frac{1}{4}} = \dfrac{1}{4}$

$C = \log_2 \{ \log_{81} (\log_5 125) \} = \log_2 \{ \log_{3^4} (\log_5 5^3) \}$

$\quad = \log_2 (\log_{3^4} 3) = \log_2 \dfrac{1}{4} = \log_2 2^{-2} = -2$

따라서 세 수 A, B, C의 대소 관계는

$A < C < B$

답 $A < C < B$

05-1

(1) $\dfrac{b^5}{a^3} = 1$의 양변에 밑이 b인 로그를 취하면

$\log_b \dfrac{b^5}{a^3} = \log_b 1$

$\log_b b^5 - \log_b a^3 = 0$

$5 - 3\log_b a = 0 \qquad \therefore \log_b a = \dfrac{5}{3}$

$$\therefore \log_b a^3 b^{\frac{1}{2}} - \log_a \frac{b^2}{a}$$

$$= (\log_b a^3 + \log_b b^{\frac{1}{2}}) - (\log_a b^2 - \log_a a)$$

$$= \left(3\log_b a + \frac{1}{2}\right) - (2\log_a b - 1)$$

$$= \left(3 \times \frac{5}{3} + \frac{1}{2}\right) - \left(2 \times \frac{3}{5} - 1\right)$$

$$= \frac{11}{2} - \frac{1}{5} = \frac{53}{10}$$

(2) $63^x = 9$의 양변에 밑이 3인 로그를 취하면

$$\log_3 63^x = \log_3 3^2, \ x\log_3 63 = 2$$

$$\therefore \frac{2}{x} = \log_3 63$$

$7^y = 81$의 양변에 밑이 3인 로그를 취하면

$$\log_3 7^y = \log_3 3^4, \ y\log_3 7 = 4$$

$$\therefore \frac{4}{y} = \log_3 7$$

$$\therefore \frac{2}{x} - \frac{4}{y} = \log_3 63 - \log_3 7 = \log_3 \frac{63}{7}$$

$$= \log_3 9 = \log_3 3^2 = 2$$

(3) $12^x = 6$에서 $x = \log_{12} 6$ $\quad \therefore \frac{1}{x} = \log_6 12$

$18^y = 6$에서 $y = \log_{18} 6$ $\quad \therefore \frac{1}{y} = \log_6 18$

$$\therefore \frac{x+y}{xy} = \frac{1}{x} + \frac{1}{y} = \log_6 12 + \log_6 18$$

$$= \log_6 (12 \times 18) = \log_6 6^3 = 3$$

(2) $63^x = 9$에서 $(3^2)^{\frac{1}{x}} = 63$ $\quad \therefore 3^{\frac{2}{x}} = 63$

$7^y = 81$에서 $(3^4)^{\frac{1}{y}} = 7$ $\quad \therefore 3^{\frac{4}{y}} = 7$

$3^{\frac{2}{x}} \div 3^{\frac{4}{y}} = 63 \div 7$이므로 $3^{\frac{2}{x} - \frac{4}{y}} = 3^2$

$$\therefore \frac{2}{x} - \frac{4}{y} = 2$$

(3) $12^x = 6$에서 $6^{\frac{1}{x}} = 12$

$18^y = 6$에서 $6^{\frac{1}{y}} = 18$

$6^{\frac{1}{x}} \times 6^{\frac{1}{y}} = 12 \times 18$이므로 $6^{\frac{1}{x} + \frac{1}{y}} = 6^3$

$$\therefore \frac{1}{x} + \frac{1}{y} = 3$$

$$\therefore \frac{x+y}{xy} = \frac{1}{x} + \frac{1}{y} = 3$$

답 (1) $\dfrac{53}{10}$ (2) 2 (3) 3

05-2

$2^a = 3$에서 $a = \log_2 3$

$2^b = 5$에서 $b = \log_2 5$

$$\therefore \log_2 90 = \log_2 (2 \times 3^2 \times 5)$$

$$= \log_2 2 + 2\log_2 3 + \log_2 5$$

$$= 1 + 2a + b$$

답 $1 + 2a + b$

05-3

(1) $4^x = 7$에서 $x = \log_4 7$

$7^y = 8$에서 $y = \log_7 8$

$$\therefore xy = \log_4 7 \times \log_7 8 = \log_{2^2} 7 \times \log_7 2^3$$

$$= \frac{1}{2}\log_2 7 \times 3\log_7 2 = \frac{1}{2} \times 3 = \frac{3}{2}$$

(2) $3^x = 5^y = 15^z = k$로 놓으면 $k > 0$이고, $xyz \neq 0$에서 $k \neq 1$이다.

$3^x = k$에서 $x = \log_3 k$,

$5^y = k$에서 $y = \log_5 k$,

$15^z = k$에서 $z = \log_{15} k$이므로

$$\frac{1}{x} + \frac{1}{y} - \frac{1}{z} = \frac{1}{\log_3 k} + \frac{1}{\log_5 k} - \frac{1}{\log_{15} k}$$

$$= \log_k 3 + \log_k 5 - \log_k 15$$

$$= \log_k \frac{3 \times 5}{15} = \log_k 1 = 0$$

(1) $4^x = 7$에서 $7^{\frac{1}{x}} = 4$ $\quad$ …… ㉠

$7^y = 8$에서 $8^{\frac{1}{y}} = 7$ $\quad$ …… ㉡

㉡을 ㉠에 대입하면 $(8^{\frac{1}{y}})^{\frac{1}{x}} = 4$

$(2^3)^{\frac{1}{xy}} = 2^2, \ 2^{\frac{3}{xy}} = 2^2$

$$\frac{3}{xy} = 2 \quad \therefore xy = \frac{3}{2}$$

(2) $3^x = 5^y = 15^z = k$로 놓으면 $k > 0$이고, $xyz \neq 0$에서 $k \neq 1$이다.

$3^x = k$에서 $k^{\frac{1}{x}} = 3$ $\quad$ …… ㉠

$5^y = k$에서 $k^{\frac{1}{y}} = 5$ $\quad$ …… ㉡

$15^z = k$에서 $k^{\frac{1}{z}} = 15$ $\quad$ …… ㉢

㉠$\times$㉡$\div$㉢을 하면

$$k^{\frac{1}{x} + \frac{1}{y} - \frac{1}{z}} = 3 \times 5 \div 15, \ k^{\frac{1}{x} + \frac{1}{y} - \frac{1}{z}} = 1$$

$$\therefore \frac{1}{x} + \frac{1}{y} - \frac{1}{z} = 0$$

$a > 0$, $a \neq 1$, $b > 0$, $b \neq 1$, $c > 0$, $c \neq 1$, $d > 0$일 때,

① $\log_a b \times \log_b c = \log_a c$

② $\log_a b \times \log_b c \times \log_c d = \log_a d$

답 (1) $\dfrac{3}{2}$ (2) 0

05-4

(1) $a^x = 216$에서 $x = \log_a 216$

$b^y = 216$에서 $y = \log_b 216$

$c^z = 216$에서 $z = \log_c 216$

$$\therefore \frac{1}{x}+\frac{1}{y}+\frac{1}{z}=\frac{1}{\log_a 216}+\frac{1}{\log_b 216}+\frac{1}{\log_c 216}$$
$$=\log_{216} a+\log_{216} b+\log_{216} c$$
$$=\log_{216} abc=\log_{216} 6$$
$$=\log_{6^3} 6=\frac{1}{3}$$

(2) $a^x=9$에서 $x=\log_a 9$

$b^{2y}=9$에서 $2y=\log_b 9$ $\therefore y=\frac{1}{2}\log_b 9$

$c^{5z}=9$에서 $5z=\log_c 9$ $\therefore z=\frac{1}{5}\log_c 9$

$$\therefore \frac{10}{x}+\frac{5}{y}+\frac{2}{z}=\frac{10}{\log_a 9}+\frac{5}{\frac{1}{2}\log_b 9}+\frac{2}{\frac{1}{5}\log_c 9}$$
$$=\frac{10}{\log_a 9}+\frac{10}{\log_b 9}+\frac{10}{\log_c 9}$$
$$=10(\log_9 a+\log_9 b+\log_9 c)$$
$$=10\log_9 abc=10\log_9 81$$
$$=10\log_{3^2} 3^4=10\times 2\log_3 3$$
$$=20$$

답 (1) $\dfrac{1}{3}$　(2) 20

06-1

이차방정식 $x^2-6x+2=0$의 두 근이 $\log_5 a$, $\log_5 b$이므로
이차방정식의 근과 계수의 관계에 의하여

$\log_5 a+\log_5 b=6$, $\log_5 a\times\log_5 b=2$

$\therefore \log_a ab^2+\log_b a^2 b$

$$=\frac{\log_5 ab^2}{\log_5 a}+\frac{\log_5 a^2 b}{\log_5 b}$$
$$=\frac{\log_5 a+2\log_5 b}{\log_5 a}+\frac{2\log_5 a+\log_5 b}{\log_5 b}$$
$$=1+2\left(\frac{\log_5 b}{\log_5 a}+\frac{\log_5 a}{\log_5 b}\right)+1$$
$$=2+2\times\frac{(\log_5 b)^2+(\log_5 a)^2}{\log_5 a\times\log_5 b}$$
$$=2+2\times\frac{(\log_5 a+\log_5 b)^2-2\times\log_5 a\times\log_5 b}{\log_5 a\times\log_5 b}$$
$$=2+2\times\frac{6^2-2\times 2}{2}$$
$$=2+32=34$$

답 34

06-2

이차방정식 $x^2-3x+k=0$의 두 근이 $\log_3 a$, $\log_3 b$이므로
이차방정식의 근과 계수의 관계에 의하여

$\log_3 a+\log_3 b=3$, $\log_3 a\times\log_3 b=k$

$\log_3 a+\log_3 b=3$에서 $\log_3 ab=3$

$\therefore ab=3^3=27$　　　…… ㉠

문제의 조건에서 $a+b=12$　　…… ㉡

㉠, ㉡을 연립하여 풀면

$a=3,\ b=9$ 또는 $a=9,\ b=3$

$\therefore k=\log_3 3\times\log_3 9=1\times 2=2$

답 2

06-3

이차방정식 $x^2-5x+5=0$의 두 근이 α, β이므로 이차방정
식의 근과 계수의 관계에 의하여

$\alpha+\beta=5$, $\alpha\beta=5$

(1) $(\alpha-\beta)^2=(\alpha+\beta)^2-4\alpha\beta$
$$=5^2-4\times 5=25-20=5$$

$\therefore \alpha-\beta=\sqrt{5}\ (\because \alpha>\beta)$

$\therefore \log_{\alpha-\beta}\alpha^3+\log_{\alpha-\beta}\beta^3=\log_{\alpha-\beta}\alpha^3\beta^3$
$$=\log_{\alpha-\beta}(\alpha\beta)^3$$
$$=\log_{\sqrt{5}}5^3=\log_{5^{\frac{1}{2}}}5^3$$
$$=6\log_5 5=6$$

(2) $\log_{\alpha+\beta}\left(\alpha-\dfrac{\alpha}{\beta}\right)+\log_{\alpha+\beta}\left(\beta-\dfrac{\beta}{\alpha}\right)$

$$=\log_{\alpha+\beta}\left(\alpha-\frac{\alpha}{\beta}\right)\left(\beta-\frac{\beta}{\alpha}\right)$$
$$=\log_5\{\alpha\beta-(\alpha+\beta)+1\}$$
$$=\log_5(5-5+1)=\log_5 1=0$$

답 (1) 6　(2) 0

06-4

이차방정식 $x^2-6x+4=0$의 두 근이 α, β이므로 이차방정
식의 근과 계수의 관계에 의하여

$\alpha+\beta=6$, $\alpha\beta=4$

$(\beta-\alpha)^2=(\alpha+\beta)^2-4\alpha\beta$
$$=6^2-4\times 4=36-16=20$$

$\therefore \beta-\alpha=\sqrt{20}=2\sqrt{5}\ (\because \alpha<\beta)$

따라서 $m=\dfrac{\beta-\alpha}{2}=\dfrac{2\sqrt{5}}{2}=\sqrt{5}$이므로

$\log_m(\alpha+4\beta)+\log_m(4\alpha+\beta)-\log_m 36$

$$=\log_m\frac{(\alpha+4\beta)(4\alpha+\beta)}{36}$$
$$=\log_{\sqrt{5}}\frac{4\alpha^2+\alpha\beta+16\alpha\beta+4\beta^2}{36}$$
$$=\log_{\sqrt{5}}\frac{4\{(\alpha+\beta)^2-2\alpha\beta\}+17\alpha\beta}{36}$$
$$=\log_{\sqrt{5}}\frac{4(\alpha+\beta)^2+9\alpha\beta}{36}$$
$$=\log_{\sqrt{5}}\frac{4\times 6^2+9\times 4}{36}=\log_{\sqrt{5}}5$$
$$=\log_{5^{\frac{1}{2}}}5=2\log_5 5=2$$

답 2

03 상용로그

개념 CHECK

01 (1) 4 (2) $\dfrac{2}{3}$ (3) 3

02 (1) 2.5694 (2) -2.4306 (3) 0.1898

03 (1) 6230 (2) 0.0623

유제

07-1 (1) 1.7481 (2) 2.2431

07-2 (1) 2.6857 (2) 0.0485 **07-3** 5.0033

07-4 (1) 10, $10^{\frac{3}{2}}$ (2) $10^{\frac{9}{4}}$, $10^{\frac{5}{2}}$, $10^{\frac{11}{4}}$

08-1 ③ **08-2** 10^6 **08-3** 12.9 %

01

(1) $\log 10000 = \log 10^4 = 4$

(2) $\log \sqrt[3]{100} = \log 10^{\frac{2}{3}} = \dfrac{2}{3}$

(3) $\log 20 + \log 50 = \log (20 \times 50) = \log 1000$
$$= \log 10^3 = 3$$

답 (1) 4 (2) $\dfrac{2}{3}$ (3) 3

02

(1) $\log 371 = \log (3.71 \times 10^2)$
$$= \log 3.71 + \log 10^2$$
$$= 0.5694 + 2$$
$$= 2.5694$$

(2) $\log 0.00371 = \log (3.71 \times 10^{-3})$
$$= \log 3.71 + \log 10^{-3}$$
$$= 0.5694 + (-3)$$
$$= -2.4306$$

(3) $\log \sqrt[3]{3.71} = \log 3.71^{\frac{1}{3}} = \dfrac{1}{3} \log 3.71$
$$= \dfrac{1}{3} \times 0.5694$$
$$= 0.1898$$

답 (1) 2.5694 (2) -2.4306 (3) 0.1898

03

(1) $\log N = 3 + 0.7945$
$$= \log 10^3 + \log 6.23$$
$$= \log (10^3 \times 6.23)$$
$$= \log 6230$$
$$\therefore N = 6230$$

(2) $\log N = -2 + 0.7945$
$$= \log 10^{-2} + \log 6.23$$
$$= \log (10^{-2} \times 6.23)$$
$$= \log 0.0623$$
$$\therefore N = 0.0623$$

답 (1) 6230 (2) 0.0623

07-1

(1) $\log 56 = \log (2^3 \times 7)$
$$= \log 2^3 + \log 7$$
$$= 3 \log 2 + \log 7$$
$$= 3 \times 0.3010 + 0.8451$$
$$= 0.9030 + 0.8451 = 1.7481$$

(2) $\log 175 = \log (7 \times 5^2)$
$$= \log 7 + \log 5^2$$
$$= \log 7 + 2 \log 5$$
$$= \log 7 + 2 \log \dfrac{10}{2}$$
$$= \log 7 + 2 (\log 10 - \log 2)$$
$$= 0.8451 + 2(1 - 0.3010)$$
$$= 0.8451 + 1.3980$$
$$= 2.2431$$

답 (1) 1.7481 (2) 2.2431

07-2

(1) $x = \log 485 = \log (4.85 \times 100)$
$$= \log 4.85 + \log 10^2$$
$$= 0.6857 + 2$$
$$= 2.6857$$

(2) $\log x = -1.3143$
$$= (-1) + (-0.3143)$$
$$= (-1-1) + (1 - 0.3143)$$
$$= (-2) + 0.6857$$
$$= \log 10^{-2} + \log 4.85$$
$$= \log (10^{-2} \times 4.85)$$
$$= \log 0.0485$$
$$\therefore x = 0.0485$$

> **참고**
>
> 임의의 양수 N은 $N = a \times 10^n$ (n은 정수, $1 \le a < 10$) 꼴로 나타낼 수 있다. 즉,
> $$\log N = n + \alpha \ (n은 정수,\ 0 \le \alpha < 1)$$
> 정수 부분 ⌐ ⌐ 소수 부분
> 이때 상용로그의 값이 음수인 경우에도 소수 부분은 $0 \le$ (소수 부분) < 1인 것에 주의한다.

답 (1) 2.6857 (2) 0.0485

07-3

$$\log 105^3 - \log \sqrt{132}$$

$$= 3\log 105 - \frac{1}{2}\log 132$$

$$= 3\log(1.05 \times 100) - \frac{1}{2}\log(1.32 \times 100)$$

$$= 3(\log 1.05 + \log 10^2) - \frac{1}{2}(\log 1.32 + \log 10^2)$$

$$= 3\log 1.05 + 3 \times 2 - \frac{1}{2}\log 1.32 - \frac{1}{2} \times 2$$

$$= 3 \times 0.0212 + 6 - \frac{1}{2} \times 0.1206 - 1$$

$$= 0.0636 + 6 - 0.0603 - 1 = 5.0033$$

답 5.0033

07-4

(1) $\log x - \log \dfrac{1}{x} = \log x - (-\log x)$

$$= 2\log x$$

$10 \le x < 100$에서 $\log 10 \le \log x < \log 100$

$1 \le \log x < 2$

$\therefore 2 \le 2\log x < 4$

이때 $2\log x$는 정수이므로

$2\log x = 2$ 또는 $2\log x = 3$

$\log x = 1$ 또는 $\log x = \dfrac{3}{2}$

$\therefore x = 10$ 또는 $x = 10^{\frac{3}{2}}$

따라서 구하는 x의 값은 10, $10^{\frac{3}{2}}$이다.

(2) $\log x + \log x^3 = \log x + 3\log x$

$$= 4\log x$$

$100 < x < 1000$에서 $\log 100 < \log x < \log 1000$

$2 < \log x < 3$　$\therefore 8 < 4\log x < 12$

이때 $4\log x$는 정수이므로

$4\log x = 9$ 또는 $4\log x = 10$ 또는 $4\log x = 11$

$\log x = \dfrac{9}{4}$ 또는 $\log x = \dfrac{5}{2}$ 또는 $\log x = \dfrac{11}{4}$

$\therefore x = 10^{\frac{9}{4}}$ 또는 $x = 10^{\frac{5}{2}}$ 또는 $x = 10^{\frac{11}{4}}$

따라서 구하는 x의 값은 $10^{\frac{9}{4}}$, $10^{\frac{5}{2}}$, $10^{\frac{11}{4}}$이다.

답 (1) 10, $10^{\frac{3}{2}}$　(2) $10^{\frac{9}{4}}$, $10^{\frac{5}{2}}$, $10^{\frac{11}{4}}$

08-1

$6(\mathrm{m})$ 떨어진 지점에서 느낀 감각강도 P_6은

$$P_6 = k\log \frac{h}{36} \qquad \cdots\cdots ㉠$$

$9(\mathrm{m})$ 떨어진 지점에서 느낀 감각강도 P_9는

$$P_9 = k\log \frac{h}{81} \qquad \cdots\cdots ㉡$$

㉠$-$㉡을 하면

$$P_6 - P_9 = k\left(\log \frac{h}{36} - \log \frac{h}{81}\right) = k\log \frac{\frac{h}{36}}{\frac{h}{81}}$$

$$= k\log \frac{81}{36} = k\log \frac{9}{4}$$

$$= k(\log 9 - \log 4) = k(2\log 3 - 2\log 2)$$

$$= k(2 \times 0.48 - 2 \times 0.30)$$

$$= 0.36k$$

답 ③

08-2

$\log E_A = 11.8 + 1.5 \times 5 = 19.3$

$\therefore E_A = 10^{19.3}$

$\log E_B = 11.8 + 1.5 \times 9 = 25.3$

$\therefore E_B = 10^{25.3}$

$\therefore \dfrac{E_B}{E_A} = \dfrac{10^{25.3}}{10^{19.3}} = 10^{25.3-19.3} = 10^6$

답 10^6

08-3

매년 $r\,\%$씩 감소시켜 10년 전 쓰레기양 $1000\,\mathrm{t}$이 현재 $250\,\mathrm{t}$이 되었으므로

$$1000\left(1 - \frac{r}{100}\right)^{10} = 250$$

$$\left(1 - \frac{r}{100}\right)^{10} = \frac{1}{4}$$

양변에 상용로그를 취하면

$$\log\left(1 - \frac{r}{100}\right)^{10} = \log \frac{1}{4}$$

$$10\log\left(1 - \frac{r}{100}\right) = -2\log 2$$

$$\log\left(1 - \frac{r}{100}\right) = -\frac{1}{5}\log 2 = -\frac{1}{5} \times 0.3 = -0.06$$

$$= -1 + (1 - 0.06) = -1 + 0.94$$

$$= \log 10^{-1} + \log 8.71$$

$$= \log(10^{-1} \times 8.71)$$

$$= \log 0.871$$

즉, $1 - \dfrac{r}{100} = 0.871$이므로 $\dfrac{r}{100} = 0.129$

$\therefore r = 12.9$

따라서 쓰레기양을 매년 $12.9\,\%$씩 감소시켰다.

답 $12.9\,\%$

중단원 연습문제

01 3	**02** 32	**03** 11	**04** 1
05 $\dfrac{13}{6}$	**06** ④	**07** 625	**08** 2
09 (1) 4 (2) 1		**10** $\dfrac{2}{3}$	**11** $\dfrac{9}{16}$
12 1.1271	**13** ④	**14** $\dfrac{1}{2}$	**15** $\dfrac{9}{2}$
16 ②	**17** 27	**18** ②	**19** ⑤
20 ①			

01

$\log_a \sqrt{2} = \dfrac{1}{4}$에서 $a^{\frac{1}{4}} = \sqrt{2}$ $\therefore a = (\sqrt{2})^4 = 4$

$\log_3 \{\log_8 (\log_9 b)\} = -1$에서

$\log_8 (\log_9 b) = 3^{-1} = \dfrac{1}{3}$

$\log_9 b = 8^{\frac{1}{3}} = (2^3)^{\frac{1}{3}} = 2$ $\therefore b = 9^2 = 81$

$\therefore \sqrt[a]{b} = \sqrt[4]{81} = \sqrt[4]{3^4} = 3$

답 3

02

$\log_2 a_{11} = \dfrac{1-1+2}{3} = \dfrac{2}{3}$이므로 $a_{11} = 2^{\frac{2}{3}}$

$\log_2 a_{12} = \dfrac{1-2+2}{3} = \dfrac{1}{3}$이므로 $a_{12} = 2^{\frac{1}{3}}$

$\log_2 a_{21} = \dfrac{2-1+2}{3} = 1$이므로 $a_{21} = 2$

$\log_2 a_{22} = \dfrac{2-2+2}{3} = \dfrac{2}{3}$이므로 $a_{22} = 2^{\frac{2}{3}}$

즉, $A = \begin{pmatrix} 2^{\frac{2}{3}} & 2^{\frac{1}{3}} \\ 2 & 2^{\frac{2}{3}} \end{pmatrix}$이므로

$A^2 = \begin{pmatrix} 2^{\frac{2}{3}} & 2^{\frac{1}{3}} \\ 2 & 2^{\frac{2}{3}} \end{pmatrix}\begin{pmatrix} 2^{\frac{2}{3}} & 2^{\frac{1}{3}} \\ 2 & 2^{\frac{2}{3}} \end{pmatrix} = \begin{pmatrix} 2^{\frac{4}{3}}+2^{\frac{4}{3}} & 2+2 \\ 2^{\frac{5}{3}}+2^{\frac{5}{3}} & 2^{\frac{4}{3}}+2^{\frac{4}{3}} \end{pmatrix}$

$= \begin{pmatrix} 2\times 2^{\frac{4}{3}} & 4 \\ 2\times 2^{\frac{5}{3}} & 2\times 2^{\frac{4}{3}} \end{pmatrix} = \begin{pmatrix} 2^{\frac{7}{3}} & 4 \\ 2^{\frac{8}{3}} & 2^{\frac{7}{3}} \end{pmatrix}$

따라서 행렬 A^2의 $(1, 1)$ 성분은 $2^{\frac{7}{3}}$, $(2, 1)$ 성분은 $2^{\frac{8}{3}}$이므로 $2^{\frac{7}{3}} \times 2^{\frac{8}{3}} = 2^{\frac{7}{3}+\frac{8}{3}} = 2^5 = 32$

참고

행렬의 곱셈

두 행렬 $A = \begin{pmatrix} a_{11} & a_{12} \\ a_{21} & a_{22} \end{pmatrix}$, $B = \begin{pmatrix} b_{11} & b_{12} \\ b_{21} & b_{22} \end{pmatrix}$에 대하여

$AB = \begin{pmatrix} a_{11}b_{11}+a_{12}b_{21} & a_{11}b_{12}+a_{12}b_{22} \\ a_{21}b_{11}+a_{22}b_{21} & a_{21}b_{12}+a_{22}b_{22} \end{pmatrix}$

답 32

03

밑의 조건에서 $(k-2)^2 > 0$, $(k-2)^2 \neq 1$이므로

$k \neq 1$, $k \neq 2$, $k \neq 3$인 모든 실수 $\cdots\cdots$ ㉠

진수의 조건에서 $x^2 + 2kx + 8k > 0$이 모든 실수 x에 대하여 성립하려면 이차방정식 $x^2 + 2kx + 8k = 0$의 판별식을 D라 할 때 $D < 0$이어야 한다.

$\dfrac{D}{4} = k^2 - 8k < 0$

$k(k-8) < 0$ $\therefore 0 < k < 8$ $\cdots\cdots$ ㉡

㉠, ㉡에서 정수 k는 4, 5, 6, 7이므로 정수 k의 최댓값은 7, 최솟값은 4이다.

따라서 최댓값과 최솟값의 합은

$7 + 4 = 11$

답 11

04

$\log_a b + \log_b a = \dfrac{5}{2}$에서 $\log_a b + \dfrac{1}{\log_a b} = \dfrac{5}{2}$

$(\log_a b)^2 + 1 = \dfrac{5}{2}\log_a b$

$2(\log_a b)^2 - 5\log_a b + 2 = 0$

$(2\log_a b - 1)(\log_a b - 2) = 0$

$\therefore \log_a b = \dfrac{1}{2}$ 또는 $\log_a b = 2$

이때 $\log_a b > 1$이므로 $\log_a b = 2$ $\therefore b = a^2$

$\therefore \dfrac{a^6 + \sqrt{b}}{a + b^3} = \dfrac{a^6 + \sqrt{a^2}}{a + (a^2)^3} = \dfrac{a^6 + a}{a + a^6} = 1$

답 1

05

$\log_a c : \log_b c = 2 : 3$에서 $3\log_a c = 2\log_b c$

$\dfrac{3}{\log_c a} = \dfrac{2}{\log_c b}$, $\dfrac{\log_c b}{\log_c a} = \dfrac{2}{3}$

$\therefore \log_a b = \dfrac{2}{3}$

$\therefore \log_a b + \log_b a = \log_a b + \dfrac{1}{\log_a b}$

$= \dfrac{2}{3} + \dfrac{3}{2} = \dfrac{13}{6}$

다른 풀이

$\log_a c : \log_b c = 2 : 3$에서 $3\log_a c = 2\log_b c$

$\dfrac{3}{\log_c a} = \dfrac{2}{\log_c b}$, $3\log_c b = 2\log_c a$, $\log_c b^3 = \log_c a^2$

$b^3 = a^2$ $\therefore b = a^{\frac{2}{3}}$

$\therefore \log_a b + \log_b a = \log_a a^{\frac{2}{3}} + \log_{a^{\frac{2}{3}}} a$

$= \dfrac{2}{3} + \dfrac{3}{2} = \dfrac{13}{6}$

답 $\dfrac{13}{6}$

06

$\log_2 3=a$, $\log_3 5=b$, $\log_5 7=c$에서

$ab=\log_2 3\times\log_3 5=\log_2 5$

$abc=\log_2 5\times\log_5 7=\log_2 7$

$\therefore \log_{42}\sqrt{60}=\dfrac{1}{2}\log_{42} 60=\dfrac{\log_2 60}{2\log_2 42}$

$\qquad=\dfrac{\log_2 (2^2\times 3\times 5)}{2\log_2 (2\times 3\times 7)}$

$\qquad=\dfrac{2+\log_2 3+\log_2 5}{2(1+\log_2 3+\log_2 7)}$

$\qquad=\dfrac{2+a+ab}{2(1+a+abc)}$

$\qquad=\dfrac{2+a+ab}{2+2a+2abc}$

답 ④

07

$2^{a+b}=9$에서 $a+b=\log_2 9$

$3^{a-b}=5$에서 $a-b=\log_3 5$

$\therefore a^2-b^2=(a+b)(a-b)$

$\qquad=\log_2 9\times\log_3 5$

$\qquad=2\log_2 3\times\dfrac{\log_2 5}{\log_2 3}$

$\qquad=2\log_2 5$

$\therefore 4^{a^2-b^2}=2^{2(a^2-b^2)}=2^{4\log_2 5}=2^{\log_2 5^4}=5^4=625$

$3^{a-b}=5$에서 $3=5^{\frac{1}{a-b}}$이므로

$2^{a+b}=9$에서 $2=9^{\frac{1}{a+b}}=3^{\frac{2}{a+b}}=\left(5^{\frac{1}{a-b}}\right)^{\frac{2}{a+b}}=5^{\frac{2}{a^2-b^2}}$

$\therefore 4^{a^2-b^2}=2^{2(a^2-b^2)}=\left(5^{\frac{2}{a^2-b^2}}\right)^{2(a^2-b^2)}=5^4=625$

답 625

08

$f(n)=\log_a (\log_{n+1} n)$이므로

$f(2)+f(3)+f(4)+\cdots+f(255)$

$=\log_a (\log_3 2)+\log_a (\log_4 3)+\log_a (\log_5 4)$
$\qquad\qquad\qquad\qquad+\cdots+\log_a (\log_{256} 255)$

$=\log_a (\log_3 2\times\log_4 3\times\log_5 4\times\cdots\times\log_{256} 255)$

$=\log_a \left(\dfrac{\log_2 2}{\log_2 3}\times\dfrac{\log_2 3}{\log_2 4}\times\dfrac{\log_2 4}{\log_2 5}\times\cdots\times\dfrac{\log_2 255}{\log_2 256}\right)$

$=\log_a \dfrac{1}{\log_2 256}=\log_a \dfrac{1}{\log_2 2^8}=\log_a \dfrac{1}{8}$

즉, $\log_a \dfrac{1}{8}=-3$이므로 $a^{-3}=\dfrac{1}{8}$

$a^3=8$ $\qquad\therefore a=2$

답 2

09

(1) $\log_6 \dfrac{2}{3}=A$, $\log_6 54=B$로 놓으면

$A+B=\log_6 \dfrac{2}{3}+\log_6 54=\log_6 \left(\dfrac{2}{3}\times 54\right)$

$\qquad=\log_6 36=\log_6 6^2=2$

$\log_6 \dfrac{4}{9}=\log_6 \left(\dfrac{2}{3}\right)^2=2\log_6 \dfrac{2}{3}=2A$

$\therefore \left(\log_6 \dfrac{2}{3}\right)^2+(\log_6 54)^2+\log_6 \dfrac{4}{9}\times\log_6 54$

$\qquad=A^2+B^2+2AB$

$\qquad=(A+B)^2=2^2=4$

(2) $\log 2=A$, $\log 5=B$로 놓으면

$A+B=\log 2+\log 5=\log (2\times 5)$

$\qquad=\log 10=1$

$\log 8=\log 2^3=3\log 2=3A$

$\therefore (\log 2)^3+(\log 5)^3+\log 5\times\log 8$

$\qquad=A^3+B^3+3AB$

$\qquad=A^3+3AB(A+B)+B^3 \;(\because A+B=1)$

$\qquad=(A+B)^3=1$

답 (1) 4 (2) 1

10

$6.28^x=1000$에서 $x=\log_{6.28} 1000$

$0.0628^y=1000$에서 $y=\log_{0.0628} 1000$

$\therefore \dfrac{1}{x}-\dfrac{1}{y}=\dfrac{1}{\log_{6.28} 1000}-\dfrac{1}{\log_{0.0628} 1000}$

$\qquad=\log_{1000} 6.28-\log_{1000} 0.0628$

$\qquad=\log_{1000} \dfrac{6.28}{0.0628}=\log_{1000} 100=\log_{10^3} 10^2$

$\qquad=\dfrac{2}{3}\log_{10} 10=\dfrac{2}{3}$

$6.28^x=1000$에서 $1000^{\frac{1}{x}}=6.28$ $\qquad\cdots\cdots\;\ominus$

$0.0628^y=1000$에서 $1000^{\frac{1}{y}}=0.0628$ $\qquad\cdots\cdots\;\oslash$

$\ominus\div\oslash$을 하면

$1000^{\frac{1}{x}}\div 1000^{\frac{1}{y}}=6.28\div 0.0628$

$1000^{\frac{1}{x}-\frac{1}{y}}=100$

$10^{3\left(\frac{1}{x}-\frac{1}{y}\right)}=10^2$

$3\left(\dfrac{1}{x}-\dfrac{1}{y}\right)=2$

$\therefore \dfrac{1}{x}-\dfrac{1}{y}=\dfrac{2}{3}$

답 $\dfrac{2}{3}$

11

점 $(\sqrt[3]{a}, \sqrt{b})$가 함수 $y=\dfrac{a}{x}$의 그래프 위의 점이므로

$\sqrt{b}=\dfrac{a}{\sqrt[3]{a}}$, 즉 $b^{\frac{1}{2}}=a^{\frac{2}{3}}$

양변을 제곱하면 $b=a^{\frac{4}{3}}$

$\therefore \log_a b=\log_a a^{\frac{4}{3}}=\dfrac{4}{3}$, $\log_b a=\dfrac{1}{\log_a b}=\dfrac{3}{4}$

따라서 점 $\left(\dfrac{4}{3}, \dfrac{3}{4}\right)$과 원점을 지나는 직선의 기울기는

$\dfrac{\dfrac{3}{4}-0}{\dfrac{4}{3}-0}=\dfrac{9}{16}$

답 $\dfrac{9}{16}$

12

$\log x^3=3.9096$에서 $3\log x=3.9096$

$\therefore \log x=1.3032=1+0.3032$

$\qquad\qquad =1+\log 2.01=\log (10\times 2.01)$

$\qquad\qquad =\log 20.1$

따라서 $x=20.1$이므로

$\log \dfrac{2}{3}x=\log \left(\dfrac{2}{3}\times 20.1\right)=\log 13.4$

$\qquad\qquad =\log (10\times 1.34)=1+\log 1.34$

$\qquad\qquad =1+0.1271=1.1271$

답 1.1271

13

$a\log_{500} 2+b\log_{500} 5=c$에서 $\log_{500} 2^a+\log_{500} 5^b=c$

$\log_{500} (2^a\times 5^b)=c$

$2^a\times 5^b=500^c=(2^2\times 5^3)^c=2^{2c}\times 5^{3c}$

이때 a, b, c가 자연수이므로 $a=2c$, $b=3c$이고

$a:b:c=2c:3c:c=2:3:1$

$\therefore c<a<b$

답 ④

14

$3^a=5^b=c$에서 $a=\log_3 c$, $b=\log_5 c$

$\log_c 3=\dfrac{1}{a}$, $\log_c 5=\dfrac{1}{b}$

두 식의 양변을 각각 더하면

$\log_c 3+\log_c 5=\dfrac{1}{a}+\dfrac{1}{b}$, $\log_c 15=\dfrac{a+b}{ab}$

$\therefore \log_{15} c=\dfrac{ab}{a+b}$ $\qquad$ …… ㉠

$a^2+b^2=2ab(a+b-1)$에서 $a^2+b^2=2ab(a+b)-2ab$

$a^2+b^2+2ab=2ab(a+b)$

$(a+b)^2=2ab(a+b)$, $a+b=2ab$ $(\because a+b\neq 0)$

$\therefore \dfrac{ab}{a+b}=\dfrac{1}{2}$ $\qquad$ …… ㉡

㉠, ㉡에서 $\log_{15} c=\dfrac{1}{2}$

답 $\dfrac{1}{2}$

15

$\log_2 A$의 정수 부분을 n, 소수 부분을 α $(0\leq \alpha<1)$이라 하면

$\log_2 A=n+\alpha$이므로 $\alpha=\log_2 A-n$

이차방정식의 근과 계수의 관계에 의하여

$\log_2 A=n+\alpha=-\dfrac{1}{3}$, $n\alpha=\dfrac{k}{3}$

이때 $-1<\log_2 A<0$이므로

$n=-1$, $\alpha=-\dfrac{1}{3}-(-1)=\dfrac{2}{3}$

$\log_2 A=-\dfrac{1}{3}$에서 $A=2^{-\frac{1}{3}}$

$n\alpha=\dfrac{k}{3}$에서 $(-1)\times \dfrac{2}{3}=\dfrac{k}{3}$ $\qquad \therefore k=-2$

$\therefore A^3+k^2=(2^{-\frac{1}{3}})^3+(-2)^2=2^{-1}+4=\dfrac{1}{2}+4=\dfrac{9}{2}$

답 $\dfrac{9}{2}$

16

밑의 조건에서 $b>a$, $b+a\neq 1$, $b-a\neq 1$이고 $c\neq 1$이므로

$\log_{b+a} \sqrt{c}+\log_{b-a} \sqrt{c}=\log_{b+a} c\times \log_{b-a} c$에서

$\dfrac{1}{2}\log_{b+a} c+\dfrac{1}{2}\log_{b-a} c=\log_{b+a} c\times \log_{b-a} c$

$\dfrac{1}{2\log_c (b+a)}+\dfrac{1}{2\log_c (b-a)}$

$=\dfrac{1}{\log_c (b+a)}\times \dfrac{1}{\log_c (b-a)}$

양변에 $2\log_c (b+a)\times \log_c (b-a)$를 곱하면

$\log_c (b-a)+\log_c (b+a)=2$

$\log_c (b-a)(b+a)=2$, $\log_c (b^2-a^2)=2$

$b^2-a^2=c^2$ $\qquad \therefore b^2=a^2+c^2$

따라서 주어진 삼각형은 빗변의 길이가 b인 직각삼각형이다.

답 ②

17

$\log_a b-\log_b a=0$에서 $\log_a b-\dfrac{1}{\log_a b}=0$

$(\log_a b)^2=1$ $\qquad \therefore \log_a b=\pm 1$

그런데 $a\neq b$이므로 $\log_a b=-1$

$\therefore b=a^{-1}=\dfrac{1}{a}$

$$(2a+3)(6b+1)=(2a+3)\left(\frac{6}{a}+1\right)$$
$$=2a+\frac{18}{a}+15$$

이때 $2a>0$, $\dfrac{18}{a}>0$이므로 산술평균과 기하평균의 관계에 의하여

$$2a+\frac{18}{a}\geq 2\sqrt{2a\times\frac{18}{a}}=12$$
$$\left(\text{단, 등호는 } 2a=\frac{18}{a}, \text{ 즉 } a=3\text{일 때 성립}\right)$$

$$\therefore (2a+3)(6b+1)=2a+\frac{18}{a}+15\geq 12+15=27$$

따라서 $(2a+3)(6b+1)$의 최솟값은 27이다.

산술평균과 기하평균의 관계
$a>0$, $b>0$일 때,
$$\frac{a+b}{2}\geq\sqrt{ab} \ (\text{단, 등호는 } a=b\text{일 때 성립})$$

답 27

18

약물 A의 흡수율과 배설률을 각각 K_A, E_A라 하고, 약물 B의 흡수율과 배설률을 각각 K_B, E_B라 하면

$K_A=K_B$, $E_A=\dfrac{1}{2}K_A$, $E_B=\dfrac{1}{4}K_B$이므로

약물 A를 투여한 후 약물 A의 혈중농도가 최고치에 도달하는 시간은

$$c\times\frac{\log K_A-\log E_A}{K_A-E_A}=c\times\frac{\log K_A-\log\frac{1}{2}K_A}{K_A-\frac{1}{2}K_A}$$
$$=c\times\frac{\log 2}{\frac{1}{2}K_A}=c\times\frac{2\log 2}{K_A}$$

이므로 $c\times\dfrac{2\log 2}{K_A}=3$

$$\therefore \frac{c}{K_A}=\frac{3}{2\log 2}$$

약물 B를 투여한 후 약물 B의 혈중농도가 최고치에 도달하는 시간은

$$c\times\frac{\log K_B-\log E_B}{K_B-E_B}=c\times\frac{\log K_A-\log\frac{1}{4}K_A}{K_A-\frac{1}{4}K_A}$$
$$=c\times\frac{\log 4}{\frac{3}{4}K_A}=\frac{c}{K_A}\times\frac{8\log 2}{3}$$
$$=\frac{3}{2\log 2}\times\frac{8\log 2}{3}=4$$

이므로 $a=4$

답 ②

19

$$-4\log_a b=54\log_b c=\log_c a=k \ (k\text{는 상수}) \qquad \cdots\cdots\ \text{㉠}$$

로 놓으면

$$k^3=-4\log_a b\times 54\log_b c\times\log_c a$$
$$=-\frac{4\log b}{\log a}\times\frac{54\log c}{\log b}\times\frac{\log a}{\log c}=-216$$
$$\therefore k=-6$$

㉠에서 $b=a^{-\frac{k}{4}}=a^{\frac{3}{2}}$, $c=a^{\frac{1}{k}}=a^{-\frac{1}{6}}$이므로

$$b\times c=a^{\frac{3}{2}}\times a^{-\frac{1}{6}}=a^{\frac{4}{3}}$$

1이 아닌 자연수 a에 대하여 $a^{\frac{4}{3}}$의 값이 자연수가 되기 위해서는 어떤 자연수 $n \ (n>1)$에 대하여 $a=n^3$이어야 한다.

이때 $a^{\frac{4}{3}}=(n^3)^{\frac{4}{3}}=n^4\leq 300$에서 가능한 자연수 n의 값은 2, 3, 4이므로 구하는 모든 자연수 a는 2^3, 3^3, 4^3이다.

따라서 모든 자연수 a의 값의 합은

$$2^3+3^3+4^3=8+27+64=99$$

답 ⑤

20

$$\log_2 ab=\log_2\left(2^{\frac{1}{n}}\times 2^{\frac{1}{n+1}}\right)$$
$$=\log_2 2^{\frac{1}{n}+\frac{1}{n+1}}$$
$$=\frac{1}{n}+\frac{1}{n+1}$$

$$(\log_2 a)(\log_2 b)=(\log_2 2^{\frac{1}{n}})(\log_2 2^{\frac{1}{n+1}})$$
$$=\frac{1}{n}\times\frac{1}{n+1}=\frac{1}{n(n+1)}$$

$$\therefore \left\{\frac{3^{\log_2 ab}}{3^{(\log_2 a)(\log_2 b)}}\right\}^5=\left\{\frac{3^{\frac{1}{n}+\frac{1}{n+1}}}{3^{\frac{1}{n(n+1)}}}\right\}^5$$
$$=\{3^{\frac{1}{n}+\frac{1}{n+1}-\frac{1}{n(n+1)}}\}^5$$
$$=\{3^{\frac{2n}{n(n+1)}}\}^5$$
$$=3^{\frac{10}{n+1}}$$

$3^{\frac{10}{n+1}}$이 자연수가 되도록 하려면 $n+1$은 10의 약수이어야 하므로 자연수 n의 값은 1, 4, 9이다.

따라서 구하는 모든 자연수 n의 값의 합은

$$1+4+9=14$$

답 ①

지수함수와 로그함수

01 지수함수의 뜻과 그래프

본문 87쪽

개념 CHECK

01 ㄱ, ㄴ, ㄹ, ㅂ

02 ㄱ, ㄷ, ㄹ

03 (1) 그래프: 풀이 참조, 정의역: 실수 전체의 집합,
치역: 양의 실수 전체의 집합,
점근선의 방정식: $y=0$

(2) 그래프: 풀이 참조, 정의역: 실수 전체의 집합,
치역: $\{y \mid y>-2\}$,
점근선의 방정식: $y=-2$

(3) 그래프: 풀이 참조, 정의역: 실수 전체의 집합,
치역: 음의 실수 전체의 집합,
점근선의 방정식: $y=0$

(4) 그래프: 풀이 참조, 정의역: 실수 전체의 집합,
치역: 음의 실수 전체의 집합,
점근선의 방정식: $y=0$

04 (1) 최댓값: 5, 최솟값: $\dfrac{1}{25}$ (2) 최댓값: 1, 최솟값: $\dfrac{1}{64}$

(3) 최댓값: 32, 최솟값: $\dfrac{1}{2}$ (4) 최댓값: $\dfrac{1}{9}$, 최솟값: $\dfrac{1}{243}$

01

지수함수는 $y=a^x \ (a>0, \ a \neq 1)$ 꼴이다.

ㄹ. $y=2^{-2x}=(2^{-2})^x=\left(\dfrac{1}{4}\right)^x$

ㅂ. $y=\dfrac{1}{2^x}=\left(\dfrac{1}{2}\right)^x$

따라서 지수함수는 ㄱ, ㄴ, ㄹ, ㅂ이다.

답 ㄱ, ㄴ, ㄹ, ㅂ

02

ㄴ. 치역은 양의 실수 전체의 집합이다.
ㅁ. x의 값이 증가하면 y의 값도 증가한다.
따라서 옳은 것은 ㄱ, ㄷ, ㄹ이다.

답 ㄱ, ㄷ, ㄹ

03

(1) 함수 $y=3^{x-1}$의 그래프는 $y=3^x$의 그래프를 x축의 방향으로 1만큼 평행이동한 것이다.
따라서 함수 $y=3^{x-1}$의 그래프는 오른쪽 그림과 같고, 정의역은 실수 전체의 집합, 치역은 양의 실수 전체의 집합, 점근선의 방정식은 $y=0$이다.

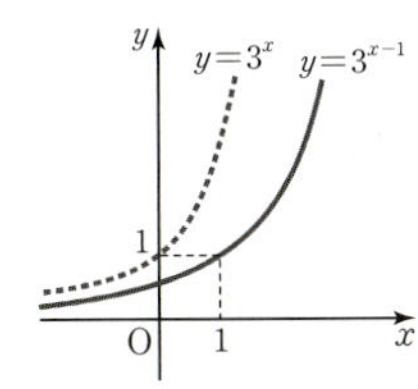

(2) 함수 $y=3^x-2$의 그래프는 $y=3^x$의 그래프를 y축의 방향으로 -2만큼 평행이동한 것이다.
따라서 함수 $y=3^x-2$의 그래프는 오른쪽 그림과 같고, 정의역은 실수 전체의 집합, 치역은 $\{y \mid y>-2\}$, 점근선의 방정식은 $y=-2$이다.

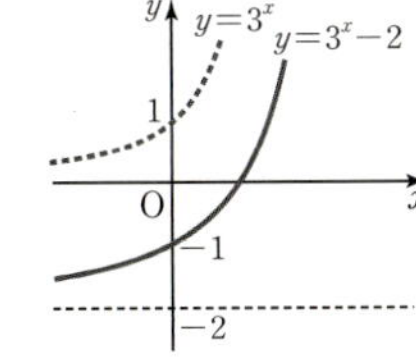

(3) 함수 $y=-3^x$의 그래프는 $y=3^x$의 그래프를 x축에 대하여 대칭이동한 것이다.
따라서 함수 $y=-3^x$의 그래프는 오른쪽 그림과 같고, 정의역은 실수 전체의 집합, 치역은 음의 실수 전체의 집합, 점근선의 방정식은 $y=0$이다.

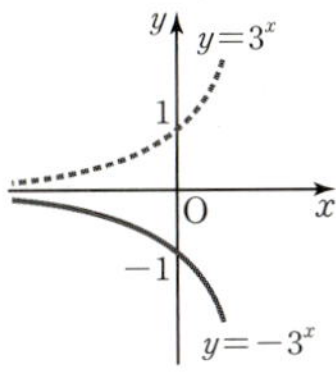

(4) 함수 $y=-\left(\dfrac{1}{3}\right)^x$의 그래프는 $y=3^x$의 그래프를 원점에 대하여 대칭이동한 것이다.
따라서 함수 $y=-\left(\dfrac{1}{3}\right)^x$의 그래프는 오른쪽 그림과 같고, 정의역은 실수 전체의 집합, 치역은 음의 실수 전체의 집합, 점근선의 방정식은 $y=0$이다.

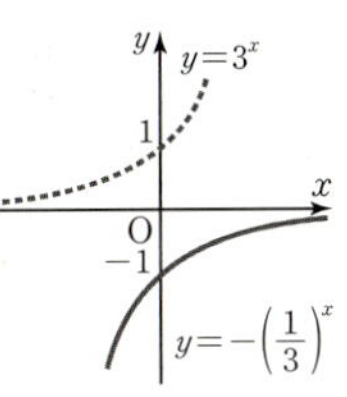

답 (1) 그래프: 풀이 참조, 정의역: 실수 전체의 집합,
치역: 양의 실수 전체의 집합, 점근선의 방정식: $y=0$

(2) 그래프: 풀이 참조, 정의역: 실수 전체의 집합,
치역: $\{y \mid y>-2\}$, 점근선의 방정식: $y=-2$

(3) 그래프: 풀이 참조, 정의역: 실수 전체의 집합,
치역: 음의 실수 전체의 집합, 점근선의 방정식: $y=0$

(4) 그래프: 풀이 참조, 정의역: 실수 전체의 집합,
치역: 음의 실수 전체의 집합, 점근선의 방정식: $y=0$

04

(1) 함수 $y=5^x$은 밑이 5이고 $5>1$이므로 x의 값이 증가하면 y의 값도 증가한다.

따라서 $-2 \le x \le 1$일 때, 함수 $y=5^x$은

$x=1$에서 최댓값 $5^1=5$,

$x=-2$에서 최솟값 $5^{-2}=\dfrac{1}{25}$을 갖는다.

(2) $y=4^{-x}=\left(\dfrac{1}{4}\right)^x$

함수 $y=\left(\dfrac{1}{4}\right)^x$은 밑이 $\dfrac{1}{4}$이고 $0<\dfrac{1}{4}<1$이므로 x의 값이 증가하면 y의 값은 감소한다.

따라서 $0 \le x \le 3$일 때, 함수 $y=\left(\dfrac{1}{4}\right)^x$은

$x=0$에서 최댓값 $\left(\dfrac{1}{4}\right)^0=1$,

$x=3$에서 최솟값 $\left(\dfrac{1}{4}\right)^3=\dfrac{1}{64}$을 갖는다.

(3) 함수 $y=2^{x+3}$은 밑이 2이고 $2>1$이므로 $x+3$이 최대일 때 y도 최대이고, $x+3$이 최소일 때 y도 최소이다.

따라서 $-4 \le x \le 2$에서 함수 $y=2^{x+3}$은

$x=2$에서 최댓값 $2^5=32$,

$x=-4$에서 최솟값 $2^{-1}=\dfrac{1}{2}$을 갖는다.

(4) 함수 $y=\left(\dfrac{1}{3}\right)^{4-x}$은 밑이 $\dfrac{1}{3}$이고 $0<\dfrac{1}{3}<1$이므로 $4-x$가 최대일 때 y는 최소이고, $4-x$가 최소일 때 y는 최대이다.

따라서 $-1 \le x \le 2$에서 함수 $y=\left(\dfrac{1}{3}\right)^{4-x}$은

$x=2$에서 최댓값 $\left(\dfrac{1}{3}\right)^2=\dfrac{1}{9}$,

$x=-1$에서 최솟값 $\left(\dfrac{1}{3}\right)^5=\dfrac{1}{243}$을 갖는다.

답 (1) 최댓값: 5, 최솟값: $\dfrac{1}{25}$

(2) 최댓값: 1, 최솟값: $\dfrac{1}{64}$

(3) 최댓값: 32, 최솟값: $\dfrac{1}{2}$

(4) 최댓값: $\dfrac{1}{9}$, 최솟값: $\dfrac{1}{243}$

01-1 ③　　**01-2** ③, ⑤　　**01-3** ㄱ, ㄴ, ㄷ

01-4 ㄱ, ㄷ, ㄹ　　**02-1** 7

02-2 (1) -12　(2) -1　　**02-3** 4

02-4 8　　**03-1** (1) 풀이 참조　(2) 풀이 참조

03-2 풀이 참조　　**03-3** 8　　**03-4** 9

04-1 27　　**04-2** 12　　**04-3** $\dfrac{1}{625}$

04-4 -5　　**05-1** (1) $B<C<A$　(2) $c<d<a<b$

05-2 $5^{\frac{9}{4}}$　　**05-3** $f(a)<f\left(\dfrac{1}{a}\right)<f\left(\dfrac{b}{a}\right)$

05-4 $a<a^{a^a}<a^a$

06-1 (1) 최댓값: 18, 최솟값: -2

(2) 최댓값: 16, 최솟값: $\dfrac{\sqrt{2}}{16}$

06-2 10　　**06-3** 1　　**06-4** $9\sqrt{2}$

07-1 (1) 30　(2) 34　　**07-2** 514

07-3 $\dfrac{\sqrt{3}}{3}$　　**07-4** 128

08-1 (1) 최댓값: 22, 최솟값: 2

(2) 최댓값: 1, 최솟값: $-\dfrac{5}{4}$

08-2 2　　**08-3** -2　　**08-4** $\dfrac{1}{3}$

09-1 (1) 14　(2) -11　　**09-2** 5

09-3 $20\sqrt{10}$　　**09-4** 9

01-1

함수 $f(x)=\left(\dfrac{1}{a}\right)^x$이고 $a>1$이므로 주어진 함수의 밑 $\dfrac{1}{a}$은 1보다 작다.

① $x_1 \ne x_2$이면 $\left(\dfrac{1}{a}\right)^{x_1} \ne \left(\dfrac{1}{a}\right)^{x_2}$이므로 일대일함수이다. (참)

② 그래프는 점 $(0, 1)$을 지난다. (참)

③ 정의역은 실수 전체의 집합이고, 치역은 양의 실수 전체의 집합이다. (거짓)

④ 그래프의 점근선은 x축, 즉 직선 $y=0$이다. (참)

⑤ $\dfrac{1}{a}<1$이므로 x의 값이 증가하면 y의 값은 감소한다.

즉, $x_1<x_2$일 때, $f(x_1)>f(x_2)$이다. (참)

따라서 옳지 않은 것은 ③이다.

답 ③

01-2

임의의 실수 a, b에 대하여 $a<b$일 때, $f(a)<f(b)$를 만족시키는 함수는 함수 $f(x)$가 x의 값이 증가하면 y의 값도 증

가하는 함수이다.

즉, $f(x)=a^x$에서 $a>1$인 함수이다.

① $y=7^{-x}=\left(\dfrac{1}{7}\right)^x$

③ $f(x)=\left(\dfrac{5}{6}\right)^{-x}=\left(\dfrac{6}{5}\right)^x$

①, ②, ④에서 밑은 0보다 크고 1보다 작으므로 함수 $f(x)$는 x의 값이 증가하면 y의 값은 감소한다.

③, ⑤에서 밑은 1보다 크므로 함수 $f(x)$는 x의 값이 증가하면 y의 값도 증가한다.

달 ③, ⑤

01-3

$0<a<b$이고 $a\neq1$, $b\neq1$인 두 함수 $y=f(x)$, $y=g(x)$의 그래프는 다음의 세 경우가 있다.

(i) $0<a<b<1$일 때   (ii) $0<a<1<b$일 때

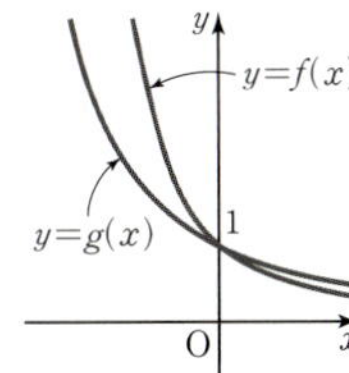 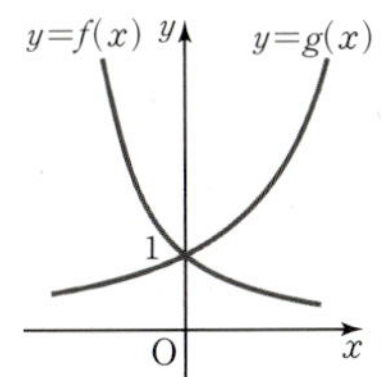

(iii) $1<a<b$일 때

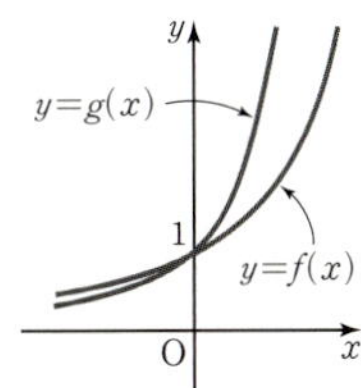

ㄱ. (i), (ii), (iii)에서 $k>0$일 때 $f(k)<g(k)$이다. (참)

ㄴ. (i)에서 $0<a<b<1$이면 $-k<0$일 때
$f(-k)>g(-k)$이다. (참)

ㄷ. $f(k)=g(-k)$이면 $a^k=b^{-k}$에서 $a=\dfrac{1}{b}$이므로

$$f\left(\dfrac{1}{k}\right)=a^{\frac{1}{k}}=\left(\dfrac{1}{b}\right)^{\frac{1}{k}}=b^{-\frac{1}{k}},\ g\left(-\dfrac{1}{k}\right)=b^{-\frac{1}{k}}$$

$$\therefore f\left(\dfrac{1}{k}\right)=g\left(-\dfrac{1}{k}\right)\ (참)$$

따라서 ㄱ, ㄴ, ㄷ 모두 옳다.

달 ㄱ, ㄴ, ㄷ

01-4

ㄱ. $f(-x)=a^{-x}=\dfrac{1}{a^x}=\dfrac{1}{f(x)}$ (참)

ㄴ. $f(m+2n)=a^{m+2n}=a^m a^{2n}=f(m)f(2n)$,
$f(2mn)=a^{2mn}$이므로
$f(m+2n)\neq f(2mn)$ (거짓)

ㄷ. $f(3m)=a^{3m}$, $\{f(m)\}^3=(a^m)^3=a^{3m}$이므로
$f(3m)=\{f(m)\}^3$ (참)

ㄹ. $m<n$이라 하자.
(i) $0<a<1$일 때

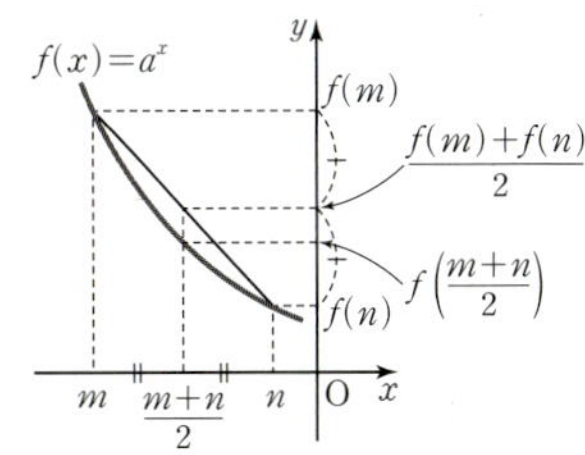

(ii) $a>1$일 때

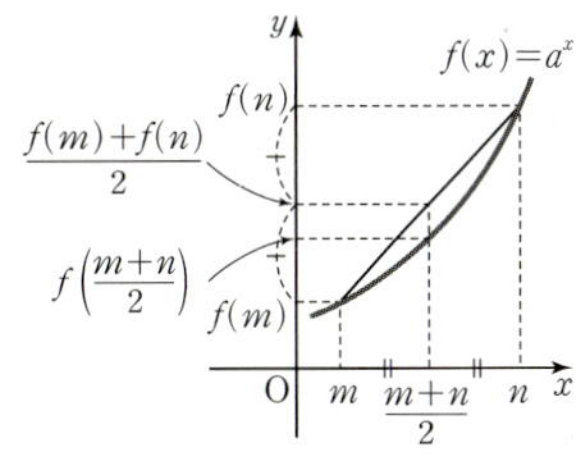

(i), (ii)에서 $f\left(\dfrac{m+n}{2}\right)<\dfrac{f(m)+f(n)}{2}$

$m>n$인 경우도 마찬가지 방법으로
$$f\left(\dfrac{m+n}{2}\right)<\dfrac{f(m)+f(n)}{2}\ (참)$$

따라서 옳은 것은 ㄱ, ㄷ, ㄹ이다.

달 ㄱ, ㄷ, ㄹ

02-1

함수 $y=2^{x+a}+b$의 그래프의 점근선이 직선 $y=1$이므로
$b=1$

함수 $y=2^{x+a}+1$의 그래프가 점 $\left(0,\ \dfrac{9}{8}\right)$를 지나므로

$$\dfrac{9}{8}=2^a+1,\ 2^a=\dfrac{1}{8},\ 2^a=2^{-3}$$

$$\therefore a=-3$$

$$\therefore 2^{-a}-b=2^3-1=8-1=7$$

달 7

02-2

(1) 함수 $y=3^{2x}$의 그래프를 x축의 방향으로 m만큼, y축의 방향으로 n만큼 평행이동한 그래프의 식은

$$y=3^{2(x-m)}+n \qquad \cdots\cdots \㉠$$

한편,

$$y=\dfrac{1}{27}\times3^{2x}-8=3^{2x-3}-8$$

$$=3^{2\left(x-\frac{3}{2}\right)}-8$$

이고 이 식이 ㉠과 일치하므로

$m=\dfrac{3}{2},\ n=-8$

$\therefore mn=\dfrac{3}{2}\times(-8)=-12$

(2) 함수 $y=\left(\dfrac{1}{2}\right)^x$의 그래프를 원점에 대하여 대칭이동한 그래프의 식은

$y=-\left(\dfrac{1}{2}\right)^{-x}\qquad\therefore y=-2^x$

함수 $y=-2^x$의 그래프를 x축의 방향으로 m만큼, y축의 방향으로 -3만큼 평행이동한 그래프의 식은

$y=-2^{x-m}-3$

이 함수의 그래프가 점 $(0,\ -5)$를 지나므로

$-5=-2^{-m}-3,\ 2^{-m}=2$

$\therefore m=-1$

답 (1) -12 (2) -1

02-3

함수 $y=3^x$의 그래프를 y축에 대하여 대칭이동한 그래프의 식은 $y=3^{-x}$

함수 $y=3^{-x}$의 그래프를 x축의 방향으로 m만큼, y축의 방향으로 n만큼 평행이동한 그래프의 식은

$y=3^{-(x-m)}+n\qquad\cdots\cdots\ \bigcirc$

$\bigcirc$의 그래프의 점근선이 직선 $y=-3$이므로

$n=-3$

$\bigcirc$의 그래프가 원점을 지나므로

$0=3^m-3,\ 3^m=3\qquad\therefore m=1$

$\therefore m-n=1-(-3)=4$

답 4

02-4

$$f(x)=-2^{3-2x}+k$$
$$=-2^{-2\left(x-\frac{3}{2}\right)}+k$$
$$=-\left(\dfrac{1}{4}\right)^{x-\frac{3}{2}}+k$$

함수 $y=f(x)$의 그래프는

$y=\left(\dfrac{1}{4}\right)^x$의 그래프를 x축에 대하여

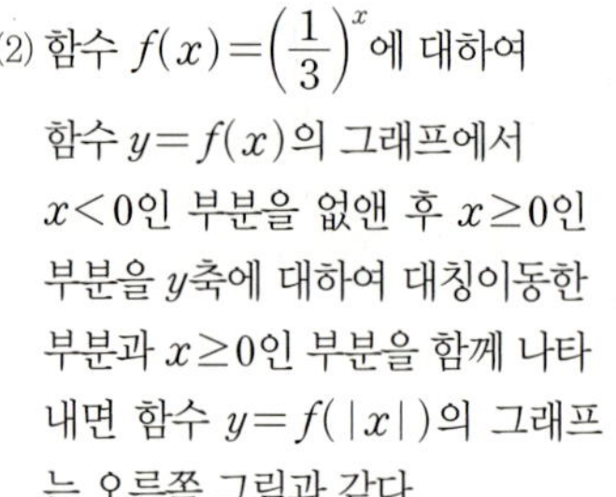

대칭이동한 후 x축의 방향으로 $\dfrac{3}{2}$만큼, y축의 방향으로 k만큼 평행이동한 것이므로 오른쪽 그림과 같이

함수 $y=f(x)$의 그래프가 제2사분면을 지나지 않으려면 $x=0$일 때 $y\leq0$이어야 한다.

즉, 그래프가 원점을 지날 때 제2사분면을 지나지 않도록 하는 자연수 k가 최대이므로

$0=-2^3+k\qquad\therefore k=8$

따라서 자연수 k의 최댓값은 8이다.

답 8

03-1

(1) 함수 $f(x)=\left(\dfrac{1}{3}\right)^x$에 대하여

함수 $y=f(x)-3$의 그래프는 $y=f(x)$의 그래프를 y축의 방향으로 -3만큼 평행이동한 것이다.

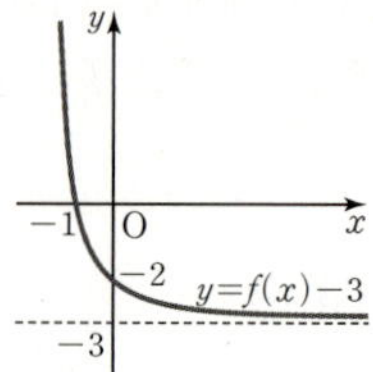

함수 $y=f(x)-3$의 그래프에서 $y<0$인 부분을 x축에 대하여 대칭이동한 부분과 $y\geq0$인 부분을 함께 나타내면 함수 $y=|f(x)-3|$의 그래프는 오른쪽 그림과 같다.

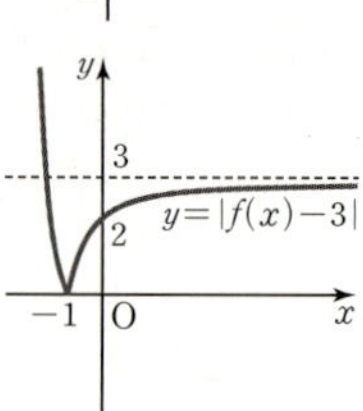

(2) 함수 $f(x)=\left(\dfrac{1}{3}\right)^x$에 대하여

함수 $y=f(x)$의 그래프에서 $x<0$인 부분을 없앤 후 $x\geq0$인 부분을 y축에 대하여 대칭이동한 부분과 $x\geq0$인 부분을 함께 나타내면 함수 $y=f(|x|)$의 그래프는 오른쪽 그림과 같다.

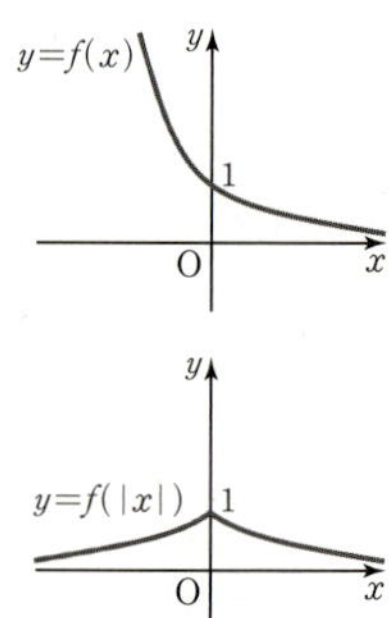

답 (1) 풀이 참조 (2) 풀이 참조

03-2

함수 $y=5^{x-2}-5$의 그래프는 $y=5^x$의 그래프를 x축의 방향으로 2만큼, y축의 방향으로 -5만큼 평행이동한 것이다.

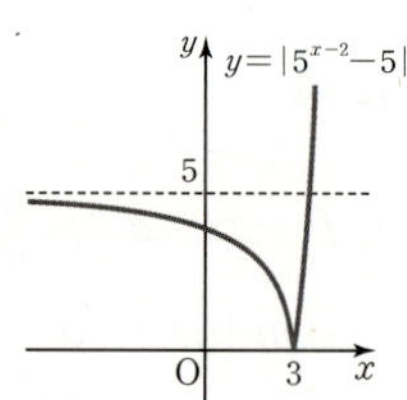

함수 $y=5^{x-2}-5$의 그래프에서 $y<0$인 부분을 x축에 대하여 대칭이동한 부분과 $y\geq0$인 부분을 함께 나타내면 함수 $y=|5^{x-2}-5|$의 그래프는 오른쪽 그림과 같다.

답 풀이 참조

03-3

함수 $y=\left|\left(\dfrac{1}{2}\right)^{x-a}+b\right|$의 그래프의 점근선이 직선 $y=4$이므로 함수 $y=\left(\dfrac{1}{2}\right)^{x-a}+b$의 그래프의 점근선은 직선 $y=-4$이다.

함수 $y=\left(\dfrac{1}{2}\right)^{x-a}+b$의 그래프는 $y=\left(\dfrac{1}{2}\right)^{x}$의 그래프를 x축의 방향으로 a만큼, y축의 방향으로 b만큼 평행이동한 것이므로

$b=-4$

주어진 그래프에서 함수 $y=\left|\left(\dfrac{1}{2}\right)^{x-a}-4\right|$의 그래프가 점 $(3,\ 2)$를 지나므로 함수 $y=\left(\dfrac{1}{2}\right)^{x-a}-4$의 그래프는 점 $(3,\ -2)$를 지난다.

$y=\left(\dfrac{1}{2}\right)^{x-a}-4$에 $x=3$, $y=-2$를 대입하면

$-2=\left(\dfrac{1}{2}\right)^{3-a}-4,\ 2^{a-3}=2$

$a-3=1$　∴ $a=4$

∴ $a-b=4-(-4)=8$

답 8

03-4

두 곡선 $y=|10^{x}-5|$와 $y=2^{x+k}$이 만나는 서로 다른 두 점의 x좌표 x_{1}, x_{2} $(x_{1}<x_{2})$에 대하여

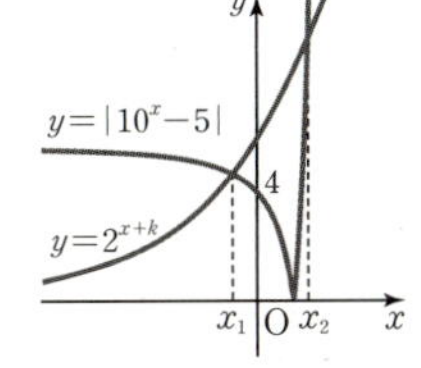

(i) $x_{1}\leq 0$이려면 곡선 $y=2^{x+k}$의 x좌표가 0일 때 y좌표가 4보다 크거나 같아야 하므로 $2^{k}\geq 4$에서 $k\geq 2$

(ii) $0<x_{2}<2$이려면 곡선 $y=2^{x+k}$의 x좌표가 2일 때 y좌표가 $|10^{2}-5|=95$보다 작아야 하므로 $2^{2+k}<95$에서 $k=1,\ 2,\ 3,\ 4$

(i), (ii)에서 구하는 모든 자연수 k는 2, 3, 4이므로 그 합은 $2+3+4=9$

답 9

04-1

함수 $y=\left(\dfrac{3}{5}\right)^{x-4}$의 그래프는 $y=\left(\dfrac{3}{5}\right)^{x+2}$의 그래프를 x축의 방향으로 6만큼 평행이동한 것이다.

또한 오른쪽 그림에서 빗금 친 두 부분의 넓이가 같으므로 구하는 넓이는 가로의 길이가 6, 세로의 길이가 $6-\dfrac{3}{2}=\dfrac{9}{2}$인 직사각형의 넓이와 같다.

따라서 구하는 넓이는

$6\times\dfrac{9}{2}=27$

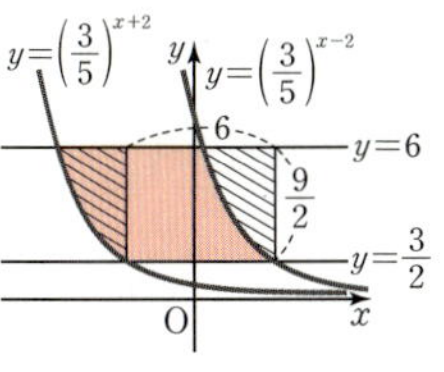

답 27

04-2

$y=20\times 2^{x}=5\times 2^{x+2}$이므로 함수 $y=20\times 2^{x}$의 그래프는 $y=5\times 2^{x}$의 그래프를 x축의 방향으로 -2만큼 평행이동한 것이다.

또한 오른쪽 그림에서 빗금 친 두 부분의 넓이가 같으므로 구하는 넓이는 가로의 길이가 2, 세로의 길이가 $8-2=6$인 직사각형의 넓이와 같다.

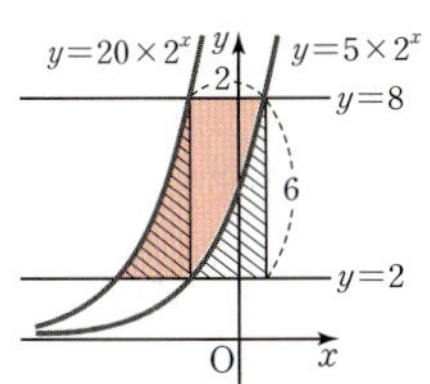

따라서 구하는 넓이는

$2\times 6=12$

답 12

04-3

두 함수 $y=5^{x}$, $y=a^{x}$의 그래프가 모두 점 $(0,\ 1)$을 지나므로 $A(0,\ 1)$

점 B의 y좌표는 5이고 점 B는 함수 $y=5^{x}$의 그래프 위의 점이므로

$5^{x}=5$에서 $x=1$

∴ $B(1,\ 5)$

삼각형 ABC의 넓이가 $\dfrac{5}{2}$이므로

$\dfrac{1}{2}\times\overline{BC}\times(5-1)=\dfrac{5}{2}$　∴ $\overline{BC}=\dfrac{5}{4}$

점 C에서 y축에 내린 수선의 발을 H라 하면

$\overline{CH}=\overline{BC}-\overline{BH}=\dfrac{5}{4}-1=\dfrac{1}{4}$

점 $C\left(-\dfrac{1}{4},\ 5\right)$는 함수 $y=a^{x}$의 그래프 위의 점이므로

$a^{-\frac{1}{4}}=5$　∴ $a=5^{-4}=\dfrac{1}{625}$

답 $\dfrac{1}{625}$

04-4

두 함수 $y=\left(\dfrac{1}{2}\right)^{x-1}$, $y=\left(\dfrac{1}{2}\right)^{x+3}$의 그래프는 함수

$y=\left(\dfrac{1}{2}\right)^x$의 그래프를 x축의 방향으로 각각 1, -3만큼 평행이동한 것이므로

$\overline{\text{AB}}=4$

즉, 정사각형 ABCD의 한 변의 길이가 4이므로 점 B의 y좌표는 4이다.

점 B의 x좌표를 a라 하면 점 $\text{B}(a,\,4)$는 함수 $y=\left(\dfrac{1}{2}\right)^{x+3}$의 그래프 위의 점이므로

$\left(\dfrac{1}{2}\right)^{a+3}=4,\ 2^{-a-3}=2^2$

$-a-3=2$ $\therefore a=-5$

따라서 점 C의 x좌표는 점 B의 x좌표와 같으므로 -5이다.

답 -5

05-1

(1) $A=\sqrt[3]{\dfrac{1}{9}\sqrt{\dfrac{1}{3}}}=\left\{\left(\dfrac{1}{3}\right)^{2+\frac{1}{2}}\right\}^{\frac{1}{3}}$

$\quad=\left\{\left(\dfrac{1}{3}\right)^{\frac{5}{2}}\right\}^{\frac{1}{3}}=\left(\dfrac{1}{3}\right)^{\frac{5}{6}}$

$C=\sqrt{\dfrac{1}{27}\sqrt[3]{\dfrac{1}{3}}}=\left\{\left(\dfrac{1}{3}\right)^{3+\frac{1}{3}}\right\}^{\frac{1}{2}}$

$\quad=\left\{\left(\dfrac{1}{3}\right)^{\frac{10}{3}}\right\}^{\frac{1}{2}}=\left(\dfrac{1}{3}\right)^{\frac{5}{3}}$

지수함수 $y=\left(\dfrac{1}{3}\right)^x$은 x의 값이 증가하면 y의 값은 감소하므로

$\dfrac{5}{6}<\dfrac{5}{3}<1.8$에서 $\left(\dfrac{1}{3}\right)^{\frac{5}{6}}>\left(\dfrac{1}{3}\right)^{\frac{5}{3}}>\left(\dfrac{1}{3}\right)^{1.8}$

$\therefore B<C<A$

(2) 함수 $y=a^x$, $y=b^x$은 모두 x의 값이 증가하면 y의 값도 증가하므로 $a>1$, $b>1$

또한 $x>0$에서 곡선 $y=b^x$이 곡선 $y=a^x$보다 y축에 가까우므로 $1<a<b$

함수 $y=c^x$, $y=d^x$은 모두 x의 값이 증가하면 y의 값은 감소하므로 $c<1$, $d<1$

또한 $x<0$에서 곡선 $y=c^x$이 곡선 $y=d^x$보다 y축에 가까우므로 $c<d<1$

$\therefore c<d<a<b$

답 (1) $B<C<A$ (2) $c<d<a<b$

05-2

$\left(\dfrac{1}{625}\right)^{-\frac{1}{5}}=(5^{-4})^{-\frac{1}{5}}=5^{\frac{4}{5}}$

$\sqrt{\sqrt{125}}=\left\{(5^3)^{\frac{1}{2}}\right\}^{\frac{1}{2}}=5^{\frac{3}{4}}$

$0.04^{-\frac{3}{4}}=\left(\dfrac{1}{25}\right)^{-\frac{3}{4}}=(5^{-2})^{-\frac{3}{4}}=5^{\frac{3}{2}}$

지수함수 $y=5^x$은 x의 값이 증가하면 y의 값도 증가하므로

$\dfrac{3}{4}<\dfrac{4}{5}<\dfrac{4}{3}<\dfrac{3}{2}$에서 $5^{\frac{3}{4}}<5^{\frac{4}{5}}<5^{\frac{4}{3}}<5^{\frac{3}{2}}$

$\therefore \sqrt{\sqrt{125}}<\left(\dfrac{1}{625}\right)^{-\frac{1}{5}}<5^{\frac{4}{3}}<0.04^{-\frac{3}{4}}$

따라서 가장 큰 수와 가장 작은 수의 곱은

$\sqrt{\sqrt{125}}\times 0.04^{-\frac{3}{4}}=5^{\frac{3}{4}}\times 5^{\frac{3}{2}}=5^{\frac{3}{4}+\frac{3}{2}}=5^{\frac{9}{4}}$

답 $5^{\frac{9}{4}}$

05-3

$b>1$일 때, 함수 $f(x)=b^x$은 x의 값이 증가하면 y의 값도 증가한다.

$0<a<1<b$이므로 $a<\dfrac{1}{a}<\dfrac{b}{a}$에서

$b^a<b^{\frac{1}{a}}<b^{\frac{b}{a}}$

$\therefore f(a)<f\left(\dfrac{1}{a}\right)<f\left(\dfrac{b}{a}\right)$

답 $f(a)<f\left(\dfrac{1}{a}\right)<f\left(\dfrac{b}{a}\right)$

05-4

$0<a<1$일 때, 지수함수 $y=a^x$은 x의 값이 증가하면 y의 값은 감소한다.

$0<a$이므로 $a^0>a^a$ $\therefore 1>a^a$

$1>a^a$이므로 $a^1<a^{a^a}$, 즉 $a<a^{a^a}$ $\quad$ …… ㉠

$a<1$이므로 $a^a>a^1$ $\therefore a^a>a$

$a^a>a$이므로 $a^{a^a}<a^a$ $\quad$ …… ㉡

㉠, ㉡에서 $a<a^{a^a}<a^a$

답 $a<a^{a^a}<a^a$

06-1

(1) $y=5^{\frac{1}{2}x+1}-7=5^{\frac{1}{2}(x+2)}-7=(\sqrt{5})^{x+2}-7$

주어진 함수는 밑이 $\sqrt{5}$이고 $\sqrt{5}>1$이므로 x의 값이 증가하면 y의 값도 증가한다.

따라서 $0\le x\le 2$일 때, 함수 $y=(\sqrt{5})^{x+2}-7$은

$x=2$에서 최댓값 $(\sqrt{5})^{2+2}-7=25-7=18$,

$x=0$에서 최솟값 $(\sqrt{5})^2-7=5-7=-2$를 갖는다.

(2) $y=2^{\frac{1}{2}x-3}\times 4^{2-x}=(\sqrt{2})^x\times\dfrac{1}{8}\times 16\times\left(\dfrac{1}{4}\right)^x$

$\quad=2\times\left(\dfrac{\sqrt{2}}{4}\right)^x$

주어진 함수는 밑이 $\dfrac{\sqrt{2}}{4}$이고 $0<\dfrac{\sqrt{2}}{4}<1$이므로 x의 값이 증가하면 y의 값은 감소한다.

따라서 $-2\le x\le 3$일 때, 함수 $y=2\times\left(\dfrac{\sqrt{2}}{4}\right)^x$은

$x=-2$에서 최댓값 $2\times\left(\dfrac{\sqrt{2}}{4}\right)^{-2}=2\times 8=16$,

$x=3$에서 최솟값 $2\times\left(\dfrac{\sqrt{2}}{4}\right)^{3}=2\times\dfrac{\sqrt{2}}{32}=\dfrac{\sqrt{2}}{16}$ 를 갖는다.

$$\text{답 (1) 최댓값: }18,\ \text{최솟값: }-2$$
$$\text{(2) 최댓값: }16,\ \text{최솟값: }\dfrac{\sqrt{2}}{16}$$

06-2

함수 $f(x)=\left(\dfrac{1}{5}\right)^{x-1}+k$는 밑이 $\dfrac{1}{5}$이고 $0<\dfrac{1}{5}<1$이므로 x의 값이 증가하면 y의 값은 감소한다.

따라서 $-1\le x\le 2$일 때, 함수 $f(x)$는 $x=-1$에서 최댓값 30을 가지므로

$f(-1)=30$에서 $\left(\dfrac{1}{5}\right)^{-2}+k=30$

$25+k=30$ $\therefore k=5$

즉, $f(x)=\left(\dfrac{1}{5}\right)^{x-1}+5$이므로

$f(0)=\left(\dfrac{1}{5}\right)^{-1}+5=10$

$$\text{답 }10$$

06-3

함수 $f(x)=a^{3x-4}$은 밑 a가 $0<a<1$이므로 x의 값이 증가하면 y의 값은 감소한다.

따라서 $1\le x\le 2$일 때, 함수 $f(x)=a^{3x-4}$은 $x=2$에서 최솟값 $\dfrac{9}{16}$를 갖고, $x=1$에서 최댓값 M을 가지므로

$f(2)=\dfrac{9}{16}$에서 $a^{2}=\dfrac{9}{16}$ $\therefore a=\dfrac{3}{4}\ (\because 0<a<1)$

즉, $f(x)=\left(\dfrac{3}{4}\right)^{3x-4}$이므로 $M=f(1)=\left(\dfrac{3}{4}\right)^{-1}=\dfrac{4}{3}$

$\therefore aM=\dfrac{3}{4}\times\dfrac{4}{3}=1$

$$\text{답 }1$$

06-4

(ⅰ) $\dfrac{3}{a}>1$이면 함수 $f(x)=\left(\dfrac{3}{a}\right)^{x-1}$은 x의 값이 증가할 때 y의 값도 증가한다.

　따라서 $-1\le x\le 4$일 때, 함수 $f(x)$는 $x=4$에서 최댓값 8을 가지므로

$$f(4)=\left(\dfrac{3}{a}\right)^{3}=8,\ a^{3}=\dfrac{27}{8}\qquad\therefore a=\dfrac{3}{2}$$

(ⅱ) $\dfrac{3}{a}=1$이면 $f(x)=1$이므로 함수 $f(x)$의 최댓값은 8이 될 수 없다.

(ⅲ) $0<\dfrac{3}{a}<1$이면 함수 $f(x)=\left(\dfrac{3}{a}\right)^{x-1}$은 x의 값이 증가할 때 y의 값은 감소한다.

따라서 $-1\le x\le 4$일 때, 함수 $f(x)$는 $x=-1$에서 최댓값 8을 가지므로

$$f(-1)=\left(\dfrac{3}{a}\right)^{-2}=8,\ \dfrac{a^{2}}{9}=8,\ a^{2}=72\qquad\therefore a=6\sqrt{2}$$

(ⅰ), (ⅱ), (ⅲ)에서 구하는 모든 양수 a의 값은 $\dfrac{3}{2}$, $6\sqrt{2}$이므로 구하는 곱은

$$\dfrac{3}{2}\times 6\sqrt{2}=9\sqrt{2}$$

$$\text{답 }9\sqrt{2}$$

07-1

(1) $y=\left(\dfrac{1}{3}\right)^{-x^{2}+6x-12}$에서 $f(x)=-x^{2}+6x-12$라 하면

$f(x)=-(x-3)^{2}-3$

따라서 함수 $f(x)$는 $x=3$에서 최댓값 -3을 갖는다.

이때 $y=\left(\dfrac{1}{3}\right)^{f(x)}$은 밑이 $\dfrac{1}{3}$이고 $0<\dfrac{1}{3}<1$이므로

$x=3$에서 최솟값 $\left(\dfrac{1}{3}\right)^{-3}=27$을 갖는다.

따라서 $a=3$, $b=27$이므로

$a+b=3+27=30$

(2) $y=\left(\dfrac{1}{2}\right)^{-x^{2}+4x-5}$에서 $f(x)=-x^{2}+4x-5$라 하면

$f(x)=-(x-2)^{2}-1$

$1\le x\le 4$에서

$f(1)=-2$, $f(2)=-1$, $f(4)=-5$이므로

$-5\le f(x)\le -1$

이때 $y=\left(\dfrac{1}{2}\right)^{f(x)}$은 밑이 $\dfrac{1}{2}$이고 $0<\dfrac{1}{2}<1$이므로

$f(x)=-5$에서 최댓값 $y=\left(\dfrac{1}{2}\right)^{-5}=32$,

$f(x)=-1$에서 최솟값 $y=\left(\dfrac{1}{2}\right)^{-1}=2$를 갖는다.

따라서 최댓값과 최솟값의 합은

$32+2=34$

다른 풀이

(1) $y=\left(\dfrac{1}{3}\right)^{-x^{2}+6x-12}=\left(\dfrac{1}{3}\right)^{-(x^{2}-6x+12)}=3^{x^{2}-6x+12}$에서

$f(x)=x^{2}-6x+12$라 하면

$f(x)=(x-3)^{2}+3$

따라서 함수 $f(x)$는 $x=3$에서 최솟값 3을 갖는다.

이때 $y=3^{f(x)}$은 밑이 3이고 $3>1$이므로

$x=3$에서 최솟값 $3^{3}=27$을 갖는다.

따라서 $a=3$, $b=27$이므로

$a+b=3+27=30$

(2) $y=\left(\dfrac{1}{2}\right)^{-x^{2}+4x-5}=\left(\dfrac{1}{2}\right)^{-(x^{2}-4x+5)}=2^{x^{2}-4x+5}$에서

$f(x)=x^{2}-4x+5$라 하면

$f(x)=(x-2)^{2}+1$

$1 \leq x \leq 4$에서 $f(1)=2$, $f(2)=1$, $f(4)=5$이므로
$1 \leq f(x) \leq 5$
이때 $y=2^{f(x)}$은 밑이 2이고 $2>1$이므로
$f(x)=5$에서 최댓값 $y=2^5=32$,
$f(x)=1$에서 최솟값 $y=2$를 갖는다.
따라서 최댓값과 최솟값의 합은
$32+2=34$

📘 (1) 30   (2) 34

07-2

$f(x)=\left(\dfrac{1}{4}\right)^{-x^2} \times 2^{3-4x}=2^{2x^2} \times 2^{3-4x}=2^{2x^2-4x+3}$에서

$g(x)=2x^2-4x+3$이라 하면
$g(x)=2(x-1)^2+1$
$0 \leq x \leq 3$에서 $g(0)=3$, $g(1)=1$, $g(3)=9$이므로
$1 \leq g(x) \leq 9$
이때 $f(x)=2^{g(x)}$은 밑이 2이고 $2>1$이므로
$g(x)=9$에서 최댓값 $f(x)=2^9=512$,
$g(x)=1$에서 최솟값 $f(x)=2$를 갖는다.
따라서 최댓값과 최솟값의 합은
$512+2=514$

📘 514

07-3

$y=a^{x^2+8x+20}$에서
$f(x)=x^2+8x+20$이라 하면
$f(x)=(x+4)^2+4$
따라서 함수 $y=a^{f(x)}$ $(0<a<1)$은 $f(x)=4$에서 최댓값
$\dfrac{1}{9}$을 가지므로

$a^4=\dfrac{1}{9}$, $a^2=\dfrac{1}{3}$ $\therefore a=\dfrac{\sqrt{3}}{3}$ $(\because 0<a<1)$

📘 $\dfrac{\sqrt{3}}{3}$

07-4

$g(x)=(x-1)(x-3)=x^2-4x+3=(x-2)^2-1$
$0 \leq x \leq 5$에서 $g(0)=3$, $g(2)=-1$, $g(5)=8$이므로
$-1 \leq g(x) \leq 8$
함수 $f(x)=\left(\dfrac{1}{2}\right)^{x-a}$은 밑이 $\dfrac{1}{2}$이고 $0<\dfrac{1}{2}<1$이므로 x의
값이 증가할 때 y의 값은 감소한다.
따라서 함수 $h(x)=(f \circ g)(x)=f(g(x))$는 $g(x)$의 값
이 증가할 때 y의 값은 감소한다.
즉, 함수 $h(x)$는 $x=5$에서 최솟값 $\dfrac{1}{4}$, $x=2$에서 최댓값
M을 가지므로

$h(5)=f(g(5))=f(8)=\left(\dfrac{1}{2}\right)^{8-a}=\dfrac{1}{4}$
$2^{a-8}=2^{-2}$, $a-8=-2$ $\therefore a=6$
즉, $f(x)=\left(\dfrac{1}{2}\right)^{x-6}$이므로
$M=h(2)=f(g(2))=f(-1)$
$\quad =\left(\dfrac{1}{2}\right)^{-1-6}=2^7=128$

$f(x)=\left(\dfrac{1}{2}\right)^{x-a}$, $g(x)=(x-1)(x-3)$이므로

$h(x)=(f \circ g)(x)=f(g(x))=\left(\dfrac{1}{2}\right)^{(x-1)(x-3)-a}$
$\qquad\qquad =\left(\dfrac{1}{2}\right)^{x^2-4x+3-a}$

에서 $i(x)=x^2-4x+3-a$라 하면
$i(x)=(x-2)^2-a-1$
$0 \leq x \leq 5$에서 $i(0)=-a+3$, $i(2)=-a-1$,
$i(5)=-a+8$이므로
$-a-1 \leq i(x) \leq -a+8$
이때 $h(x)=\left(\dfrac{1}{2}\right)^{i(x)}$은 밑이 $\dfrac{1}{2}$이고 $0<\dfrac{1}{2}<1$이므로
$i(x)=-a-1$에서 최댓값 $M=\left(\dfrac{1}{2}\right)^{-a-1}$,
$i(x)=-a+8$에서 최솟값 $\left(\dfrac{1}{2}\right)^{-a+8}=\dfrac{1}{4}$을 갖는다.
$\left(\dfrac{1}{2}\right)^{-a+8}=\dfrac{1}{4}$에서 $\left(\dfrac{1}{2}\right)^{-a+8}=\left(\dfrac{1}{2}\right)^2$
$-a+8=2$ $\therefore a=6$
$\therefore M=\left(\dfrac{1}{2}\right)^{-6-1}=2^7=128$

$h(x)=(f \circ g)(x)=f(g(x))$
$\qquad =\left(\dfrac{1}{2}\right)^{(x-1)(x-3)-a}=\left(\dfrac{1}{2}\right)^{x^2-4x+3-a}$
$\qquad =2^{-(x^2-4x+3-a)}$

에서 $i(x)=-(x^2-4x+3-a)$라 하면
$i(x)=-(x-2)^2+a+1$
$0 \leq x \leq 5$에서 $i(0)=a-3$, $i(2)=a+1$, $i(5)=a-8$이므
로
$a-8 \leq i(x) \leq a+1$
이때 $h(x)=2^{i(x)}$은 밑이 2이고 $2>1$이므로
$i(x)=a+1$에서 최댓값 $M=2^{a+1}$,
$i(x)=a-8$에서 최솟값 $2^{a-8}=\dfrac{1}{4}$을 갖는다.
$2^{a-8}=\dfrac{1}{4}$에서 $2^{a-8}=2^{-2}$
$a-8=-2$ $\therefore a=6$
$\therefore M=2^{6+1}=128$

📘 128

08-1

(1) $y=25^x-5^x+2=(5^x)^2-5^x+2$에서

$5^x=t\ (t>0)$으로 놓으면

$y=t^2-t+2=\left(t-\dfrac{1}{2}\right)^2+\dfrac{7}{4}$

이때 $0\leq x\leq1$에서 $5^0\leq t\leq5^1$

$\therefore 1\leq t\leq5$

$1\leq t\leq5$에서 함수 $y=\left(t-\dfrac{1}{2}\right)^2+\dfrac{7}{4}$은

$t=5$에서 최댓값 $\left(5-\dfrac{1}{2}\right)^2+\dfrac{7}{4}=22$,

$t=1$에서 최솟값 $\left(1-\dfrac{1}{2}\right)^2+\dfrac{7}{4}=2$를 갖는다.

(2) $y=\left(\dfrac{1}{9}\right)^x-\left(\dfrac{1}{3}\right)^{x-1}+1=\left\{\left(\dfrac{1}{3}\right)^x\right\}^2-3\times\left(\dfrac{1}{3}\right)^x+1$에서

$\left(\dfrac{1}{3}\right)^x=t\ (t>0)$으로 놓으면

$y=t^2-3t+1=\left(t-\dfrac{3}{2}\right)^2-\dfrac{5}{4}$

이때 $-1\leq x\leq2$에서 $\left(\dfrac{1}{3}\right)^2\leq t\leq\left(\dfrac{1}{3}\right)^{-1}$

$\therefore \dfrac{1}{9}\leq t\leq3$

$\dfrac{1}{9}\leq t\leq3$에서 함수 $y=\left(t-\dfrac{3}{2}\right)^2-\dfrac{5}{4}$는

$t=3$에서 최댓값 $\left(3-\dfrac{3}{2}\right)^2-\dfrac{5}{4}=1$,

$t=\dfrac{3}{2}$에서 최솟값 $-\dfrac{5}{4}$를 갖는다.

답 (1) 최댓값: 22, 최솟값: 2

(2) 최댓값: 1, 최솟값: $-\dfrac{5}{4}$

08-2

$y=\left(\dfrac{1}{2^x}\right)^2-\left(\dfrac{1}{2}\right)^{x-3}+15=\left\{\left(\dfrac{1}{2}\right)^x\right\}^2-8\times\left(\dfrac{1}{2}\right)^x+15$

에서 $\left(\dfrac{1}{2}\right)^x=t\ (t>0)$으로 놓으면

$y=t^2-8t+15=(t-4)^2-1$

함수 $y=(t-4)^2-1$은 $t=4$에서 최솟값 -1을 갖는다.

즉, 함수 $y=\left(\dfrac{1}{2^x}\right)^2-\left(\dfrac{1}{2}\right)^{x-3}+15$는 $x=-2$에서 최솟값

-1을 가지므로 $t=4$를 $\left(\dfrac{1}{2}\right)^x=t$에 대입

$\alpha=-2,\ \beta=-1$

$\therefore \alpha\beta=(-2)\times(-1)=2$

답 2

08-3

함수 $y=36^x+k\times6^{x+1}+11=(6^x)^2+6k\times6^x+11$에서

$6^x=t\ (t>0)$으로 놓으면

$y=t^2+6kt+11=(t+3k)^2-9k^2+11$

함수 $y=(t+3k)^2-9k^2+11$은 $t=-3k$에서 최솟값 -25

를 가지므로

$-9k^2+11=-25$

$k^2=4 \qquad \therefore k=-2\ (\because k<0)$

답 -2

08-4

$y=3\times9^x-6\times3^{x+1}+k=3\times(3^x)^2-18\times3^x+k$에서

$3^x=t\ (t>0)$으로 놓으면

$y=3t^2-18t+k=3(t-3)^2+k-27$

이때 $-1\leq x\leq1$에서 $3^{-1}\leq t\leq3^1$

$\therefore \dfrac{1}{3}\leq t\leq3$

함수 $y=3(t-3)^2+k-27$은 $t=3$에서 최솟값 -20을 가

지므로

$k-27=-20 \qquad \therefore k=7$

또한 함수 $y=3(t-3)^2-20$은 $t=\dfrac{1}{3}$에서 최댓값

$3\times\left(\dfrac{1}{3}-3\right)^2-20=\dfrac{4}{3}$를 갖는다.

즉, 함수 $y=3\times9^x-6\times3^{x+1}+7$은 $x=-1$에서 최댓값

$\dfrac{4}{3}$를 가지므로 $t=\dfrac{1}{3}$을 $3^x=t$에 대입

$a=-1,\ M=\dfrac{4}{3} \qquad \therefore a+M=(-1)+\dfrac{4}{3}=\dfrac{1}{3}$

답 $\dfrac{1}{3}$

09-1

(1) $(\sqrt{7})^{x+1}>0$, $(\sqrt{7})^{3-x}>0$이므로 산술평균과 기하평균의

관계에 의하여

$y=(\sqrt{7})^{x+1}+(\sqrt{7})^{3-x}$

$\quad >2\sqrt{(\sqrt{7})^{x+1}\times(\sqrt{7})^{3-x}}=2\sqrt{(\sqrt{7})^4}=14$

(단, 등호는 $(\sqrt{7})^{x+1}=(\sqrt{7})^{3-x}$, 즉 $x=1$일 때 성립)

따라서 구하는 최솟값은 14이다.

(2) $y=9^x+9^{-x}-6(3^x+3^{-x})$에서

$3^x+3^{-x}=t$로 놓으면

$3^x>0$, $3^{-x}>0$이므로 산술평균과 기하평균의 관계에 의

하여

$t=3^x+3^{-x}\geq2\sqrt{3^x\times3^{-x}}=2$

(단, 등호는 $3^x=3^{-x}$, 즉 $x=0$일 때 성립)

$\therefore t\geq2 \qquad \cdots\cdots\ \bigcirc$

9^x+9^{-x}을 t에 대한 식으로 나타내면

$9^x+9^{-x}=(3^x)^2+(3^{-x})^2=(3^x+3^{-x})^2-2$

$\qquad\qquad =t^2-2$

따라서 주어진 함수를 t에 대한 함수로 나타내면
$$y=9^x+9^{-x}-6(3^x+3^{-x})$$
$$=(t^2-2)-6t=t^2-6t-2$$
$$=(t-3)^2-11 \quad \cdots\cdots \ \text{ⓛ}$$
㉠, ⓛ에 의하여 구하는 최솟값은 $t\geq2$에서 함수
$y=(t-3)^2-11$의 최솟값과 같다.
따라서 $t=3$에서 최솟값 -11을 갖는다.

🖪 (1) 14 (2) -11

09-2

$2^{k+x}>0$, $2^{k-x}>0$이므로 산술평균과 기하평균의 관계에 의하여
$$y=2^{k+x}+2^{k-x}\geq2\sqrt{2^{k+x}\times2^{k-x}}=2\sqrt{2^{2k}}=2\times2^k$$
$$(\text{단, 등호는 } 2^{k+x}=2^{k-x}, \text{ 즉 } x=0\text{일 때 성립})$$
함수 $y=2^{k+x}+2^{k-x}$의 최솟값이 64이므로 $2\times2^k=64$에서
$2^{k+1}=2^6$
$k+1=6 \quad \therefore k=5$

🖪 5

09-3

$x+y-3=0$에서 $y=3-x \quad \cdots\cdots \ \text{㉠}$
㉠을 10^x+10^y에 대입하면 10^x+10^{3-x}
이때 $10^x>0$, $10^{3-x}>0$이므로 산술평균과 기하평균의 관계에 의하여
$$10^x+10^{3-x}\geq2\sqrt{10^x\times10^{3-x}}=2\times10\sqrt{10}=20\sqrt{10}$$
$$\left(\text{단, 등호는 } 10^x=10^{3-x}, \text{ 즉 } x=\frac{3}{2}\text{일 때 성립}\right)$$
따라서 10^x+10^y의 최솟값은 $20\sqrt{10}$이다.

🖪 $20\sqrt{10}$

09-4

$y=4\{(\sqrt{2})^x+(\sqrt{2})^{-x}\}-(2^x+2^{-x})+k$에서
$(\sqrt{2})^x+(\sqrt{2})^{-x}=t$로 놓으면
$(\sqrt{2})^x>0$, $(\sqrt{2})^{-x}>0$이므로 산술평균과 기하평균의 관계에 의하여
$$t=(\sqrt{2})^x+(\sqrt{2})^{-x}\geq2\sqrt{(\sqrt{2})^x\times(\sqrt{2})^{-x}}=2$$
$$(\text{단, 등호는 } (\sqrt{2})^x=(\sqrt{2})^{-x}, \text{ 즉 } x=0\text{일 때 성립})$$
$$\therefore t\geq2 \quad \cdots\cdots \ \text{㉠}$$
2^x+2^{-x}을 t에 대한 식으로 나타내면
$$2^x+2^{-x}=\{(\sqrt{2})^x\}^2+\{(\sqrt{2})^{-x}\}^2$$
$$=\{(\sqrt{2})^x+(\sqrt{2})^{-x}\}^2-2$$
$$=t^2-2$$
따라서 주어진 함수를 t에 대한 함수로 나타내면

$$y=4\{(\sqrt{2})^x+(\sqrt{2})^{-x}\}-(2^x+2^{-x})+k$$
$$=4t-(t^2-2)+k$$
$$=-t^2+4t+k+2$$
$$=-(t-2)^2+k+6 \quad \cdots\cdots \ \text{ⓛ}$$
㉠, ⓛ에 의하여 구하는 최댓값은 $t\geq2$에서 함수
$y=-(t-2)^2+k+6$의 최댓값과 같다.
따라서 $t=2$에서 최댓값 15를 가지므로
$k+6=15 \quad \therefore k=9$

🖪 9

개념 CHECK

본문 113쪽

01 (1) $y=\log_{\frac{1}{10}}x$ (2) $y=5^x$

02 (1) 0 (2) 4 (3) -2 (4) $-\dfrac{1}{2}$

03 (1) 그래프: 풀이 참조, 정의역: $\{x\,|\,x>1\}$,
   치역: 실수 전체의 집합, 점근선의 방정식: $x=1$
   (2) 그래프: 풀이 참조, 정의역: 양의 실수 전체의 집합,
   치역: 실수 전체의 집합, 점근선의 방정식: $x=0$
   (3) 그래프: 풀이 참조, 정의역: 음의 실수 전체의 집합,
   치역: 실수 전체의 집합, 점근선의 방정식: $x=0$
   (4) 그래프: 풀이 참조, 정의역: 음의 실수 전체의 집합,
   치역: 실수 전체의 집합, 점근선의 방정식: $x=0$

04 (1) 최댓값: 2, 최솟값: -1 (2) 최댓값: 0, 최솟값: -2
   (3) 최댓값: 3, 최솟값: 0 (4) 최댓값: 0, 최솟값: -2

01

(1) 주어진 함수는 실수 전체의 집합에서 양의 실수 전체의 집합으로의 일대일대응이다.
   $y=\left(\dfrac{1}{10}\right)^x$에서 로그의 정의에 의하여 $x=\log_{\frac{1}{10}}y$
   x와 y를 서로 바꾸면 구하는 역함수는 $y=\log_{\frac{1}{10}}x$
(2) 주어진 함수는 양의 실수 전체의 집합에서 실수 전체의 집합으로의 일대일대응이다.
   $y=\log_5x$에서 로그의 정의에 의하여 $x=5^y$
   x와 y를 서로 바꾸면 구하는 역함수는 $y=5^x$

🖪 (1) $y=\log_{\frac{1}{10}}x$ (2) $y=5^x$

02

(1) $f(1)=\log_{\frac{1}{2}}1=0$

(2) $f\left(\dfrac{1}{16}\right)=\log_{\frac{1}{2}}\dfrac{1}{16}=\log_{\frac{1}{2}}\left(\dfrac{1}{2}\right)^4=4$

(3) $f(4)=\log_{\frac{1}{2}}4=\log_{\frac{1}{2}}\left(\dfrac{1}{2}\right)^{-2}=-2$

(4) $f(\sqrt{2})=\log_{\frac{1}{2}}\sqrt{2}=\log_{\frac{1}{2}}\left(\dfrac{1}{2}\right)^{-\frac{1}{2}}=-\dfrac{1}{2}$

답 (1) 0　(2) 4　(3) -2　(4) $-\dfrac{1}{2}$

03

(1) 함수 $y=\log_3(x-1)$의 그래프는 $y=\log_3 x$의 그래프를 x축의 방향으로 1만큼 평행이동한 것이다.
따라서 함수 $y=3^{x-1}$의 그래프는 오른쪽 그림과 같고, 정의역은 $\{x|x>1\}$, 치역은 실수 전체의 집합, 점근선의 방정식은 $x=1$이다.

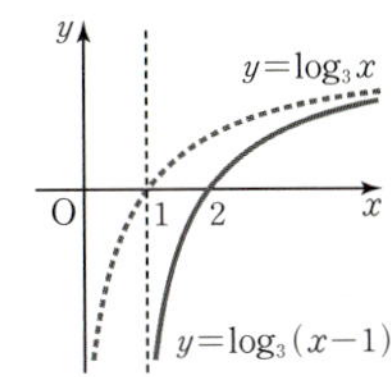

(2) 함수 $y=\log_3 x+2$의 그래프는 $y=\log_3 x$의 그래프를 y축의 방향으로 2만큼 평행이동한 것이다.
따라서 함수 $y=\log_3 x+2$의 그래프는 오른쪽 그림과 같고, 정의역은 양의 실수 전체의 집합, 치역은 실수 전체의 집합, 점근선의 방정식은 $x=0$이다.

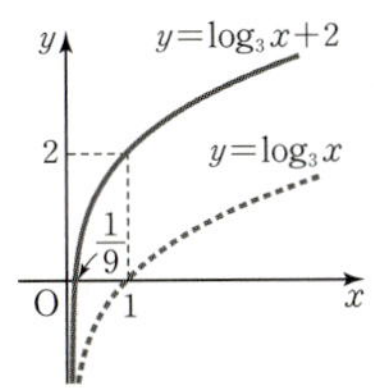

(3) 함수 $y=\log_3(-x)$의 그래프는 $y=\log_3 x$의 그래프를 y축에 대하여 대칭이동한 것이다.
따라서 함수 $y=\log_3(-x)$의 그래프는 오른쪽 그림과 같고, 정의역은 음의 실수 전체의 집합, 치역은 실수 전체의 집합, 점근선의 방정식은 $x=0$이다.

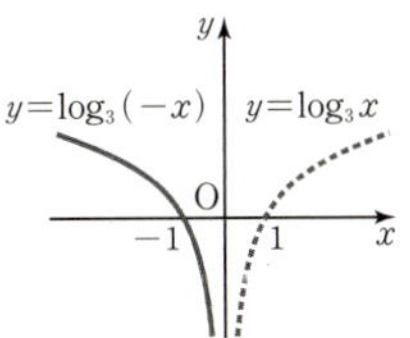

(4) 함수 $y=\log_3\left(-\dfrac{1}{x}\right)$의 그래프는 $y=\log_3 x$의 그래프를 원점에 대하여 대칭이동한 것이다.
따라서 함수 $y=\log_3\left(-\dfrac{1}{x}\right)$의 그래프는 오른쪽 그림과 같고, 정의역은 음의 실수 전체의 집합, 치역은 실수 전체의 집합, 점근선의 방정식은 $x=0$이다.

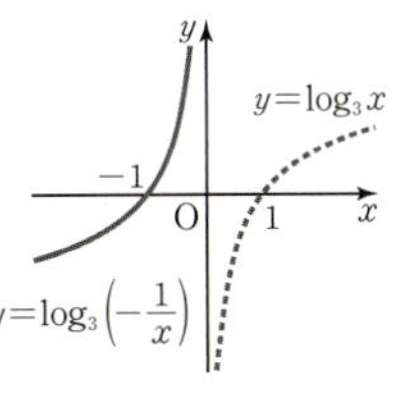

답 (1) 그래프: 풀이 참조, 정의역: $\{x|x>1\}$,
　　치역: 실수 전체의 집합, 점근선의 방정식: $x=1$

(2) 그래프: 풀이 참조, 정의역: 양의 실수 전체의 집합,
　　치역: 실수 전체의 집합, 점근선의 방정식: $x=0$

(3) 그래프: 풀이 참조, 정의역: 음의 실수 전체의 집합,
　　치역: 실수 전체의 집합, 점근선의 방정식: $x=0$

(4) 그래프: 풀이 참조, 정의역: 음의 실수 전체의 집합,
　　치역: 실수 전체의 집합, 점근선의 방정식: $x=0$

04

(1) 함수 $y=\log x$는 밑이 10이고 $10>1$이므로 x의 값이 증가하면 y의 값도 증가한다.
따라서 $\dfrac{1}{10}\leq x\leq 100$일 때, 함수 $y=\log x$는
$x=100$에서 최댓값 $\log 100=\log 10^2=2$,
$x=\dfrac{1}{10}$에서 최솟값 $\log\dfrac{1}{10}=\log 10^{-1}=-1$을 갖는다.

(2) 함수 $y=\log_{\frac{1}{4}}x$는 밑이 $\dfrac{1}{4}$이고 $0<\dfrac{1}{4}<1$이므로 x의 값이 증가하면 y의 값은 감소한다.
따라서 $1\leq x\leq 16$일 때, 함수 $y=\log_{\frac{1}{4}}x$는
$x=1$에서 최댓값 $\log_{\frac{1}{4}}1=0$,
$x=16$에서 최솟값 $\log_{\frac{1}{4}}16=\log_{\frac{1}{4}}\left(\dfrac{1}{4}\right)^{-2}=-2$를 갖는다.

(3) 함수 $y=\log_2(-x+3)$은 밑이 2이고 $2>1$이므로 $-x+3$이 최대일 때 y도 최대이고, $-x+3$이 최소일 때 y도 최소이다.
따라서 $-5\leq x\leq 2$에서 함수 $y=\log_2(-x+3)$은
$x=-5$에서 최댓값 $\log_2 8=\log_2 2^3=3$,
$x=2$에서 최솟값 $\log_2 1=0$을 갖는다.

(4) 함수 $y=\log_{\frac{1}{3}}(x-4)$는 밑이 $\dfrac{1}{3}$이고 $0<\dfrac{1}{3}<1$이므로 $x-4$가 최대일 때 y는 최소이고, $x-4$가 최소일 때 y는 최대이다.
따라서 $5\leq x\leq 13$에서 함수 $y=\log_{\frac{1}{3}}(x-4)$는
$x=5$에서 최댓값 $\log_{\frac{1}{3}}1=0$,
$x=13$에서 최솟값 $\log_{\frac{1}{3}}9=\log_{\frac{1}{3}}\left(\dfrac{1}{3}\right)^{-2}=-2$를 갖는다.

답 (1) 최댓값: 2, 최솟값: -1
(2) 최댓값: 0, 최솟값: -2
(3) 최댓값: 3, 최솟값: 0
(4) 최댓값: 0, 최솟값: -2

유제

10-1 ④　　**10-2** $a<3$　　**10-3** -5　　**10-4** ㄴ

11-1 (1) 8　(2) $\dfrac{13}{2}$　　**11-2** 20　　**11-3** ③

11-4 $\dfrac{1}{4}$　　**12-1** (1) 풀이 참조　(2) 풀이 참조

12-2 풀이 참조　　**12-3** 10　　**12-4** 15

13-1 20　　**13-2** 12　　**13-3** $\dfrac{1}{2}$

13-4 $\log_3 7$　　**14-1** 8　　**14-2** (1) 27　(2) 3

14-3 14　　**14-4** $\sqrt{5}$

15-1 (1) $\dfrac{1}{2}\log_{\sqrt{6}}6<\log_{\frac{1}{4}}\dfrac{3}{16}<\log_{\frac{1}{2}}\dfrac{2}{5}$

　　　(2) $\log_{27}\sqrt{7}<\log_9 2<\log_{81}5$

15-2 $f\left(\dfrac{a}{b}\right)<f(a)<f(b)$

15-3 $\log_b\dfrac{b}{a}<\log_a b<\log_b a$

15-4 ㄱ, ㄴ, ㄹ

16-1 (1) 최댓값: 3, 최솟값: 2

　　　(2) 최댓값: -3, 최솟값: -4

16-2 (1) 최댓값: -1, 최솟값: -3

　　　(2) 최댓값: $\dfrac{3}{2}$, 최솟값: 0

16-3 21　　**16-4** 1　　**17-1** (1) -1　(2) 6

17-2 (1) 2　(2) 1　　**17-3** -2　　**17-4** $\dfrac{1}{3}$

18-1 (1) 최댓값: 23, 최솟값: -2

　　　(2) 최댓값: 7, 최솟값: 3

18-2 19　　**18-3** 5

18-4 최댓값: 32, 최솟값: $\dfrac{1}{16}$

19-1 (1) -2　(2) 11　　**19-2** 4

19-3 2000　　**19-4** 6

10-1

$f(x)=\log_{\frac{1}{3}}x^{-1}=\log_3 x$

① 그래프는 직선 $x=0$, 즉 y축을 점근선으로 하는 곡선이다. (참)

② 정의역은 $\{x\,|\,x>0\}$이고, 치역은 실수 전체의 집합이다.
(참)

③ 밑이 3이고 $3>1$이므로 x의 값이 증가하면 y의 값도 증가한다. 즉, $x_1<x_2$이면 $f(x_1)<f(x_2)$이다. (참)

④ 오른쪽 그림에서

$$\dfrac{f(3)+f(5)}{2}<f\left(\dfrac{3+5}{2}\right)$$ 이

므로

$f(3)+f(5)<2f(4)$ (거짓)

⑤ $y=\log_{\frac{1}{3}}x=-\log_3 x$이므로

함수 $y=\log_3 x$의 그래프와 x축에 대하여 대칭이다. (참)

따라서 옳지 않은 것은 ④이다.

답 ④

10-2

함수 $f(x)=\log_{10-3a}x$가 x의 값이 증가할 때 y의 값도 증가하려면 밑 $10-3a$가 $10-3a>1$이어야 하므로

$-3a>-9$　　∴ $a<3$

답 $a<3$

10-3

$a=1$이므로 $\log_2 b=a=1$　　$\cdots\cdots$ ㉠

㉠에서 $b=2$이므로 $\log_2 c=b$에서

$\log_2 c=2$　　$\cdots\cdots$ ㉡

㉡에서 $c=2^2=4$이므로 $\log_2 d=c$에서

$\log_2 d=4$　　$\cdots\cdots$ ㉢

$$\begin{aligned}
\therefore \log_2\dfrac{bc}{d^2}&=\log_2 b+\log_2 c-2\log_2 d\\
&=1+2-2\times 4\ (\because ㉠,\ ㉡,\ ㉢)\\
&=-5
\end{aligned}$$

답 -5

10-4

ㄱ. 함수 $y=\log_3 x^2$의 정의역은 $\{x\,|\,x\neq 0$인 모든 실수$\}$, 함수 $y=2\log_3 x$의 정의역은 $\{x\,|\,x>0\}$ 이므로 서로 다른 함수이다.

ㄴ. 함수 $y=\log_6 x$의 정의역은 $\{x\,|\,x>0\}$,

함수 $y=\dfrac{1}{3}\log_6 x^3$의 정의역은 $\{x\,|\,x>0\}$이고

$\dfrac{1}{3}\log_6 x^3=\log_6 x$이므로 서로 같은 함수이다.

ㄷ. $y=\log_5(x^2-5x+6)$에서

$x^2-5x+6>0,\ (x-2)(x-3)>0$

∴ $x<2$ 또는 $x>3$

따라서 함수 $y=\log_5(x^2-5x+6)$의 정의역은
$\{x\,|\,x<2$ 또는 $x>3\}$,

함수 $y=\log_5(x-2)+\log_5(x-3)$의 정의역은
$\{x\,|\,x>3\}$이므로 서로 다른 함수이다.

따라서 서로 같은 함수인 것끼리 짝 지어진 것은 ㄴ이다.

답 ㄴ

11-1

(1) 함수 $y=\log_{\frac{1}{5}}(x+a)+b$의 그래프의 점근선이 직선 $x=-5$이므로

$a=5$

함수 $y=\log_{\frac{1}{5}}(x+5)+b$의 그래프가 점 $(0,\ 2)$를 지나므로

$2=\log_{\frac{1}{5}}5+b$

$2=-1+b$ $\quad\therefore b=3$

$\therefore a+b=5+3=8$

(2) 함수 $y=\log_4 x$의 그래프를 x축의 방향으로 -3만큼, y축의 방향으로 5만큼 평행이동한 그래프의 식은

$y=\log_4(x+3)+5$

함수 $y=\log_4(x+3)+5$의 그래프가 점 $(5,\ a)$를 지나므로

$a=\log_4(5+3)+5=\log_4 8+5$

$\qquad=\dfrac{3}{2}+5=\dfrac{13}{2}$

답 (1) 8　(2) $\dfrac{13}{2}$

11-2

함수 $y=\log_3 x$의 그래프를 y축에 대하여 대칭이동한 그래프의 식은

$y=\log_3(-x)$

함수 $y=\log_3(-x)$의 그래프를 x축의 방향으로 m만큼, y축의 방향으로 n만큼 평행이동한 그래프의 식은

$y=\log_3\{-(x-m)\}+n=\log_3(-x+m)+n$

이 식이 $y=\log_3(-x+5)+4$이므로

$m=5,\ n=4$

$\therefore mn=5\times4=20$

답 20

11-3

① $y=\log_{\frac{1}{3}}x=-\log_3 x$이므로 $y=\log_3 x$의 그래프를 x축에 대하여 대칭이동한 그래프의 식이다.

② $y=\log_3\dfrac{3}{x}=-\log_3 x+1$이므로 $y=\log_3 x$의 그래프를 x축에 대하여 대칭이동한 후 y축의 방향으로 1만큼 평행이동한 그래프의 식이다.

③ $y=\log_3 x^3=3\log_3 x$이므로 $y=\log_3 x$의 그래프를 평행이동 또는 대칭이동하여 $y=\log_3 x^3$의 그래프와 일치시킬 수 없다.

④ $y=\log_3 2x=\log_3 x+\log_3 2$이므로 $y=\log_3 x$의 그래프를 y축의 방향으로 $\log_3 2$만큼 평행이동한 그래프의 식이다.

⑤ $y=2\log_9(x-3)=\log_3(x-3)$이므로 $y=\log_3 x$의 그래프를 x축의 방향으로 3만큼 평행이동한 그래프의 식이다.

답 ③

11-4

$f(x)=\log_{0.5}(kx+4k)=\log_{\frac{1}{2}}(x+4)+\log_{\frac{1}{2}}k$이므로

함수 $y=f(x)$의 그래프는 $y=\log_{\frac{1}{2}}x$의 그래프를 x축의 방향으로 -4만큼, y축의 방향으로 $\log_{\frac{1}{2}}k$만큼 평행이동한 것이다.

따라서 오른쪽 그림과 같이 함수 $y=f(x)$의 그래프가 제1사분면을 지나지 않으려면 $x=0$일 때 $y\leq0$이어야 한다.

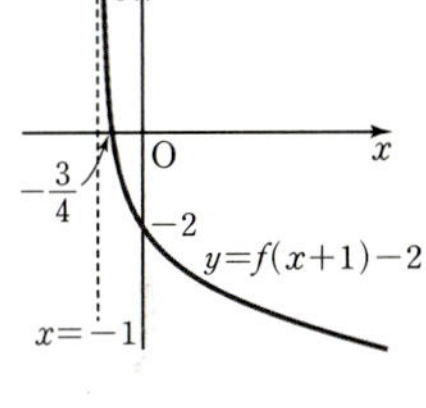

즉, 그래프가 원점을 지날 때 제1사분면을 지나지 않도록 하는 양수 k가 최소이므로

$\log_{\frac{1}{2}}4+\log_{\frac{1}{2}}k=0$에서 $-2+\log_{\frac{1}{2}}k=0$

$\log_{\frac{1}{2}}k=2$ $\quad\therefore k=\left(\dfrac{1}{2}\right)^2=\dfrac{1}{4}$

따라서 양수 k의 최솟값은 $\dfrac{1}{4}$이다.

답 $\dfrac{1}{4}$

12-1

(1) 함수 $f(x)=\log_{\frac{1}{2}}x$에 대하여

함수 $y=f(x+1)-2$의 그래프는 $y=f(x)$의 그래프를 x축의 방향으로 -1만큼, y축의 방향으로 -2만큼 평행이동한 것이다.

함수 $y=f(x+1)-2$의 그래프에서 $y<0$인 부분을 x축에 대하여 대칭이동한 부분과 $y\geq0$인 부분을 함께 나타내면 함수 $y=|f(x+1)-2|$의 그래프는 오른쪽 그림과 같다.

(2) 함수 $f(x)=\log_{\frac{1}{2}}x$에 대하여

함수 $y=f(x-3)$의 그래프는 $y=f(x)$의 그래프를 x축의 방향으로 3만큼 평행이동한 것이다.

함수 $y=f(x-3)$의 그래프에서 $x\geq3$인 부분을 직선 $x=3$에 대하여 대칭이동한 부분과 $x\geq3$인 부분을 함께 나타내면 함수 $y=f(|x-3|)$의 그래프는 오른쪽 그림과 같다.

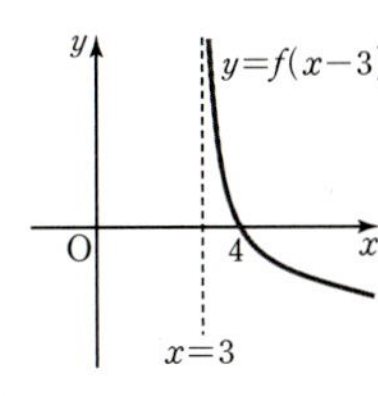

답 (1) 풀이 참조　(2) 풀이 참조

함수 $y=\log(x+2)$의 그래프는 $y=\log x$의 그래프를 x축의 방향으로 -2만큼 평행이동한 것이다.

함수 $y=\log(x+2)$의 그래프에서 $x<-2$인 부분을 없앤 후 $x\geq-2$인 부분을 직선 $x=-2$에 대하여 대칭이동한 부분과 $x\geq-2$인 부분을 함께 나타내면 함수 $y=\log|x+2|$의 그래프는 [그림 1]과 같다.

함수 $y=\log|x+2|+1$의 그래프는 $y=\log|x+2|$의 그래프를 y축의 방향으로 1만큼 평행이동한 것이므로 [그림 2]와 같다.

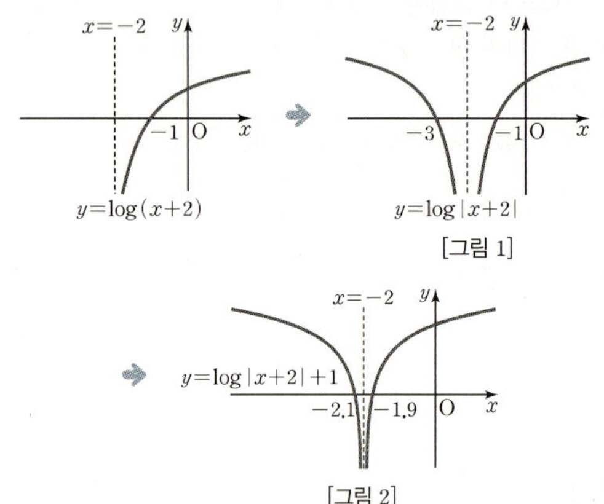

또한 위의 그림에서

함수 $y=\log|x+2|+1$

[그림 1]

[그림 2]

답 풀이 참조

12-3

함수 $y=|a-\log_2(x+b)|$, 즉 $y=|a+\log_{\frac{1}{2}}(x+b)|$의 그래프의 점근선이 직선 $x=-5$이므로

함수 $y=a+\log_{\frac{1}{2}}(x+b)$의 그래프의 점근선은 직선 $x=-5$이다.

함수 $y=a+\log_{\frac{1}{2}}(x+b)$의 그래프는 $y=\log_{\frac{1}{2}}x$의 그래프를 x축의 방향으로 $-b$만큼, y축의 방향으로 a만큼 평행이동한 것이므로

$b=5$

주어진 그래프에서 함수 $y=|a+\log_{\frac{1}{2}}(x+5)|$의 그래프가 점 $(3,1)$을 지나므로 함수 $y=a+\log_{\frac{1}{2}}(x+5)$의 그래프는 점 $(3,-1)$을 지난다.

$y=a+\log_{\frac{1}{2}}(x+5)$에 $x=3$, $y=-1$을 대입하면

$-1=a+\log_{\frac{1}{2}}(3+5)$

$a+\log_{\frac{1}{2}}2^3=-1$

$a-3=-1$ $\therefore a=2$

$\therefore ab=2\times5=10$

답 10

12-4

$y=|\log_{\sqrt{3}}(x+1)|$의 그래프는 오른쪽 그림과 같다.

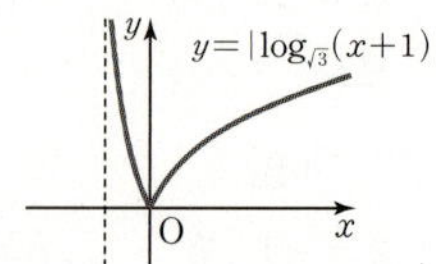

두 곡선 $y=|\log_{\sqrt{3}}(x+1)|$과 $y=\log_4(x+k)$가 만나는 서로 다른 두 점의 x좌표 x_1, x_2 $(x_1<x_2)$에 대하여

(i) $x_1<0$이려면 곡선 $y=\log_4(x+k)$의 x좌표가 0일 때 y좌표가 0보다 커야 하므로 $k>1$

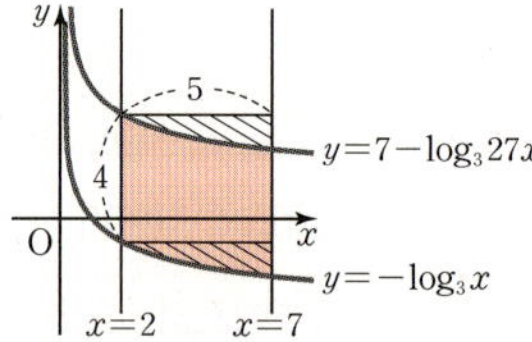

(ii) $0<x_2<2$이려면 곡선 $y=\log_4(x+k)$의 x좌표가 2일 때 y좌표가 $|\log_{\sqrt{3}}(2+1)|=2$보다 작아야 하므로

$\log_4(2+k)<2$에서

$k=1,\ 2,\ 3,\ \cdots,\ 13$

(i), (ii)에서 구하는 모든 자연수 k의 값은 $2,\ 3,\ 4,\ \cdots,\ 13$이므로 가장 큰 수와 작은 수의 합은

$2+13=15$

답 15

13-1

$y=-\log_3 x=\log_{\frac{1}{3}}x$

$y=7-\log_3 27x=7-(\log_3 27+\log_3 x)$

$\quad=7-3-\log_3 x=\log_{\frac{1}{3}}x+4$

이므로 함수 $y=\log_{\frac{1}{3}}x+4$의 그래프는 $y=\log_{\frac{1}{3}}x$의 그래프를 y축의 방향으로 4만큼 평행이동한 것이다.

또한 위의 그림에서 빗금 친 두 부분의 넓이가 같으므로 구하는 넓이는 가로의 길이가 $7-2=5$, 세로의 길이가 4인 직사각형의 넓이와 같다.

따라서 구하는 넓이는

$5\times4=20$

답 20

13-2

$y=\log_{\frac{1}{25}}x=-\frac{1}{2}\log_5 x$에서

$x=\dfrac{1}{5}$일 때, $y=-\dfrac{1}{2}\log_5\dfrac{1}{5}=-\dfrac{1}{2}\log_5 5^{-1}=\dfrac{1}{2}$

$\therefore \mathrm{A}\left(\dfrac{1}{5},\ \dfrac{1}{2}\right)$

$x=5$일 때, $y=-\dfrac{1}{2}\log_5 5=-\dfrac{1}{2}$

$\therefore \mathrm{C}\left(5,\ -\dfrac{1}{2}\right)$

$y=\log_{\sqrt{5}} x=2\log_5 x$에서

$x=\dfrac{1}{5}$일 때, $y=2\log_5\dfrac{1}{5}=2\log_5 5^{-1}=-2$

$\therefore \mathrm{B}\left(\dfrac{1}{5},\ -2\right)$

$x=5$일 때, $y=2\log_5 5=2$

$\therefore \mathrm{D}(5,\ 2)$

따라서 $\overline{\mathrm{AB}}/\!/\overline{\mathrm{CD}}$이고 $\overline{\mathrm{AB}}=\overline{\mathrm{DC}}=\dfrac{5}{2}$이므로 사각형

ABCD는 평행사변형이고 그 넓이는

$\dfrac{5}{2}\times\left(5-\dfrac{1}{5}\right)=\dfrac{5}{2}\times\dfrac{24}{5}=12$

🔲 12

13-3

두 곡선 $y=\log_4 x$, $y=\log_a x$는 모두 점 $(1,\ 0)$을 지나므로

$\mathrm{A}(1,\ 0)$

점 B의 x좌표는 8이고, 점 B는 곡선 $y=\log_4 x$ 위의 점이므로

$\mathrm{B}\left(8,\ \dfrac{3}{2}\right)$

점 C의 좌표를 $(8,\ \log_a 8)$이라 하면 삼각형 ABC의 넓이가

$\dfrac{63}{4}$이므로

$\dfrac{1}{2}\times\left(\dfrac{3}{2}-\log_a 8\right)\times(8-1)=\dfrac{63}{4}$

$\dfrac{3}{2}-\log_a 8=\dfrac{9}{2}$, $\log_a 8=-3$

$a^{-3}=8 \qquad \therefore a=\dfrac{1}{2}$

🔲 $\dfrac{1}{2}$

13-4

정사각형 ABCD의 한 변의 길이가 2이므로 점 A의 y좌표가 2이다.

점 A는 함수 $y=\log_3 x$의 그래프 위의 점이므로 $y=2$를 대입하면 $\log_3 x=2$에서 $x=3^2=9$

$\therefore \mathrm{A}(9,\ 2)$

점 C의 x좌표는 $9-2=7$이고, 점 E는 함수 $y=\log_3 x$의 그래프 위의 점이므로 $x=7$을 대입하면

$y=\log_3 7$

$\therefore \mathrm{E}(7,\ \log_3 7)$

따라서 정사각형 EFGC의 한 변의 길이는 $\log_3 7$이므로

$\overline{\mathrm{GC}}=\log_3 7$

🔲 $\log_3 7$

14-1

$y=\log_2(8x-8a)$, 즉 $y=\log_2(x-a)+3$을 x에 대하여 풀면

$\log_2(x-a)=y-3$

$x-a=2^{y-3}$

$x=2^{y-3}+a$

x와 y를 서로 바꾸어 나타내면

$y=2^{x-3}+a$

따라서 $a=5$, $b=3$이므로

$a+b=5+3=8$

🔲 8

14-2

(1) $(g\circ f)(x)=x$이므로 $g(x)$는 $f(x)$의 역함수이다.

$g(15)=k$로 놓으면 $f(k)=15$이므로

$9+2\log_3 k=15$

$2\log_3 k=6$, $\log_3 k=3 \qquad \therefore k=27$

$\therefore g(15)=27$

(2) $f(x)=\log_a(x-b)+2$로 놓 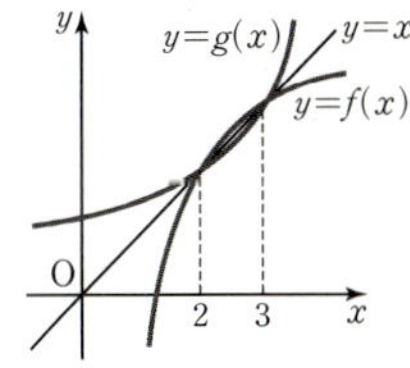
으면 함수 $y=f(x)$의 그래프
와 그 역함수 $y=g(x)$의 그래
프는 직선 $y=x$에 대하여 대칭
이고 두 함수의 그래프가 두 점
에서 만나므로 두 함수 $y=f(x)$, $y=g(x)$의 그래프의
두 교점은 함수 $y=\log_a(x-b)+2$의 그래프와 직선
$y=x$의 교점과 같다.

즉, $\log_a(x-b)+2=x$의 두 근이

$x=2$ 또는 $x=3$이므로

$x=2$일 때, $\log_a(2-b)=0$

$a^0=2-b \qquad \therefore b=1$

$x=3$일 때, $\log_a(3-1)=1$

$\therefore a=2$

$\therefore a+b=2+1=3$

(1) $y=9+2\log_3 x$를 x에 대하여 풀면

$2\log_3 x=y-9$, $\log_3 x=\dfrac{y-9}{2}$

$x=3^{\frac{y-9}{2}}$

x와 y를 서로 바꾸어 나타내면

$y=3^{\frac{x-9}{2}}$

즉, $g(x)=3^{\frac{x-9}{2}}$이므로

$g(15)=3^{\frac{15-9}{2}}=3^3=27$

함수 $y=f(x)$의 역함수 $y=f^{-1}(x)$가 존재할 때, 함수 $y=f(x)$의 그래프 위의 임의의 점을 $(a,\,b)$라 하면 다음이 성립한다.

$$b=f(a) \iff a=f^{-1}(b)$$

답 (1) 27 (2) 3

14-3

함수 $y=2^x$의 그래프를 x축의 방향으로 a만큼, y축의 방향으로 3만큼 평행이동한 그래프의 식은

$y=2^{x-a}+3$

함수 $y=2^{x-a}+3$의 그래프를 직선 $y=x$에 대하여 대칭이동한 그래프의 식은

$x=2^{y-a}+3$, $2^{y-a}=x-3$

$y-a=\log_2(x-3)$

$\therefore y=\log_2(x-3)+a$

$\log_2(x-3)+a=\log_2(x-3)+\log_2 2^a$
$\qquad\qquad =\log_2(2^a x-3\times 2^a)$

이고, 함수 $y=\log_2(2^a x-3\times 2^a)$의 그래프가 함수 $y=\log_2(4x-b)$의 그래프와 일치하므로

$2^a=4$, $3\times 2^a=b$

$\therefore a=2$, $b=12$

$\therefore a+b=2+12=14$

답 14

14-4

두 함수 $y=a^x$, $y=\log_a x$는 서로 역함수 관계이므로 두 함수의 그래프는 직선 $y=x$에 대하여 대칭이다.

따라서 점 A의 좌표를 $(k,\,-k+7)$이라 하면 점 B의 좌표는 $(-k+7,\,k)$이고 $\overline{AB}=3\sqrt{2}$이므로

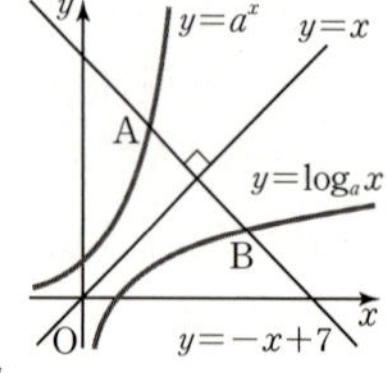

$\overline{AB}=\sqrt{(-k+7-k)^2+\{k-(-k+7)\}^2}=3\sqrt{2}$

$\sqrt{(-2k+7)^2+(2k-7)^2}=3\sqrt{2}$

양변을 제곱하면

$2(2k-7)^2=18$, $(2k-7)^2=9$

$2k-7=-3$ 또는 $2k-7=3$

$\therefore k=2$ 또는 $k=5$

그런데 점 A의 x좌표는 점 B의 x좌표보다 작으므로 $k=2$

따라서 A$(2,\,5)$, B$(5,\,2)$이고 점 A가 함수 $y=a^x$의 그래프 위의 점이므로

$a^2=5$

$\therefore a=\sqrt{5}\ (\because a>1)$

점 A의 좌표를 $(k,\,-k+7)$이라 하면 선분 AB의 길이가 $3\sqrt{2}$이고, 직선 AB의 기울기가 -1이므로 점 B의 x좌표는 점 A의 x좌표보다 3만큼 크고, 점 B의 y좌표는 점 A의 y좌표보다 3만큼 작다.

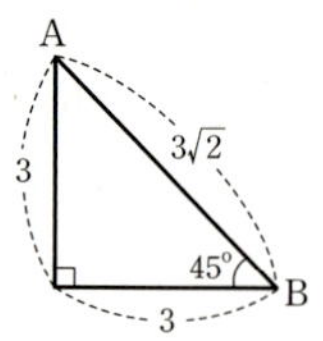

따라서 점 B의 좌표는

$(k+3,\,-k+7-3)$, 즉 $(k+3,\,-k+4)$

이때 두 점 A, B는 직선 $y=x$에 대하여 대칭이므로

$k=-k+4$ $\therefore k=2$

따라서 A$(2,\,5)$, B$(5,\,2)$이고 점 A가 함수 $y=a^x$의 그래프 위의 점이므로

$a^2=5$

$\therefore a=\sqrt{5}\ (\because a>1)$

$\overline{AB}$의 중점을 M이라 하면 점 M은 두 직선 $y=x$, $y=-x+7$의 교점이므로

$x=-x+7$에서 $2x=7$

$\therefore x=\dfrac{7}{2}$

$\therefore$ M$\left(\dfrac{7}{2},\,\dfrac{7}{2}\right)$

점 A의 좌표를 $(p,\,q)$라 하면 점 B의 좌표는 $(q,\,p)$이므로

$\dfrac{p+q}{2}=\dfrac{7}{2}$에서 $p+q=7$ $\cdots\cdots$ ㉠

$\overline{AB}=\sqrt{(q-p)^2+(p-q)^2}=3\sqrt{2}$이므로

$\sqrt{2(q-p)^2}=3\sqrt{2}$

양변을 제곱하면

$2(q-p)^2=18$, $(q-p)^2=9$

$q-p=3\ (\because q>p)$ $\cdots\cdots$ ㉡

㉠, ㉡을 연립하여 풀면

$p=2$, $q=5$

따라서 A$(2,\,5)$, B$(5,\,2)$이므로

$a^2=5$ $\therefore a=\sqrt{5}\ (\because a>1)$

(1) 두 점 사이의 거리

　두 점 (x_1, y_1), (x_2, y_2) 사이의 거리는

$$\sqrt{(x_2-x_1)^2+(y_2-y_1)^2}$$

(2) 점과 직선 사이의 거리

　점 (x_1, y_1)과 직선 $ax+by+c=0$ 사이의 거리는

$$\frac{|ax_1+by_1+c|}{\sqrt{a^2+b^2}}$$

답 $\sqrt{5}$

15-1

(1) $\dfrac{1}{2}\log_{\sqrt{6}}6=\log_6 6=1=\log_{\frac{1}{2}}\dfrac{1}{2}$

$\log_{\frac{1}{4}}\dfrac{3}{16}=\dfrac{1}{2}\log_{\frac{1}{2}}\dfrac{3}{16}=\log_{\frac{1}{2}}\dfrac{\sqrt{3}}{4}$

로그함수 $y=\log_{\frac{1}{2}}x$는 x의 값이 증가하면 y의 값은 감소

하므로

$\dfrac{2}{5}<\dfrac{\sqrt{3}}{4}<\dfrac{1}{2}$에서

$\log_{\frac{1}{2}}\dfrac{1}{2}<\log_{\frac{1}{2}}\dfrac{\sqrt{3}}{4}<\log_{\frac{1}{2}}\dfrac{2}{5}$

$\therefore \dfrac{1}{2}\log_{\sqrt{6}}6<\log_{\frac{1}{4}}\dfrac{3}{16}<\log_{\frac{1}{2}}\dfrac{2}{5}$

(2) $\log_9 2=\dfrac{1}{2}\log_3 2=\log_3 2^{\frac{1}{2}}$

$\log_{27}\sqrt{7}=\dfrac{1}{3}\log_3 7^{\frac{1}{2}}=\log_3 7^{\frac{1}{6}}$

$\log_{81}5=\dfrac{1}{4}\log_3 5=\log_3 5^{\frac{1}{4}}$

로그함수 $y=\log_3 x$는 x의 값이 증가하면 y의 값도 증가

하므로

$2^{\frac{1}{2}}=2^{\frac{6}{12}}=64^{\frac{1}{12}}$, $7^{\frac{1}{6}}=7^{\frac{2}{12}}=49^{\frac{1}{12}}$, $5^{\frac{1}{4}}=5^{\frac{3}{12}}=125^{\frac{1}{12}}$에서

$7^{\frac{1}{6}}<2^{\frac{1}{2}}<5^{\frac{1}{4}}$이므로

$\log_3 7^{\frac{1}{6}}<\log_3 2^{\frac{1}{2}}<\log_3 5^{\frac{1}{4}}$

$\therefore \log_{27}\sqrt{7}<\log_9 2<\log_{81}5$

다른 풀이

(1) $\log_{\frac{1}{2}}\dfrac{2}{5}=\log_2\dfrac{5}{2}$

$\dfrac{1}{2}\log_{\sqrt{6}}6=\log_6 6=1=\log_2 2$

$\log_{\frac{1}{4}}\dfrac{3}{16}=-\dfrac{1}{2}\log_2\dfrac{3}{16}=\log_2\dfrac{4}{\sqrt{3}}$

로그함수 $y=\log_2 x$는 x의 값이 증가하면 y의 값도 증가

하므로

$2<\dfrac{4}{\sqrt{3}}<\dfrac{5}{2}$에서

$\log_2 2<\log_2\dfrac{4}{\sqrt{3}}<\log_2\dfrac{5}{2}$

$\therefore \dfrac{1}{2}\log_{\sqrt{6}}6<\log_{\frac{1}{4}}\dfrac{3}{16}<\log_{\frac{1}{2}}\dfrac{2}{5}$

답 (1) $\dfrac{1}{2}\log_{\sqrt{6}}6<\log_{\frac{1}{4}}\dfrac{3}{16}<\log_{\frac{1}{2}}\dfrac{2}{5}$

　　(2) $\log_{27}\sqrt{7}<\log_9 2<\log_{81}5$

15-2

$1<a<b$에서 $a+b>1$이고 $\dfrac{a}{b}<1<a<b$이므로

$\dfrac{a}{b}<a<b$의 양변에 밑이 $a+b$인 로그를 취하면

$\log_{a+b}\dfrac{a}{b}<\log_{a+b}a<\log_{a+b}b$

$\therefore f\!\left(\dfrac{a}{b}\right)<f(a)<f(b)$

답 $f\!\left(\dfrac{a}{b}\right)<f(a)<f(b)$

15-3

$0<a<1$이므로 $a<b<1$의 각 변에 밑이 a인 로그를 취하

면

$1>\log_a b>0$　　……㉠

$0<b<1$이므로 $a<b$의 양변에 밑이 b인 로그를 취하면

$\log_b a>1$　　……㉡

㉠, ㉡에서 $0<\log_a b<\log_b a$

한편, $\log_b\dfrac{b}{a}=1-\log_b a$이므로

㉡에서 $1-\log_b a<0$

$\therefore \log_b\dfrac{b}{a}<\log_a b<\log_b a$

답 $\log_b\dfrac{b}{a}<\log_a b<\log_b a$

15-4

ㄱ. 함수 $y=\log_3 x$의 밑이 3이고 $3>1$이므로 x이 값이 증

　가하면 y의 값도 증가한다.

　따라서 $n+2<n+3$이므로

　$\log_3(n+2)<\log_3(n+3)$ (참)

ㄴ. $\log_{\frac{1}{3}}(n+2)=\dfrac{\log(n+2)}{\log\dfrac{1}{3}}$

　$\log_{\frac{1}{2}}(n+2)=\dfrac{\log(n+2)}{\log\dfrac{1}{2}}$

　이때 $\log\dfrac{1}{3}<\log\dfrac{1}{2}$이므로

　$\log_{\frac{1}{3}}(n+2)>\log_{\frac{1}{2}}(n+2)$ (참)

ㄷ. $\log_2(n+3)=\dfrac{\log(n+3)}{\log 2}$

$\log_3(n+3)=\dfrac{\log(n+3)}{\log 3}$

이때 $\log 2<\log 3$이므로

$\log_2(n+3)>\log_3(n+3)$ (거짓)

ㄹ. $\log_2(n+2)=\alpha$, $\log_3(n+3)=\beta$로 놓으면

$n+2=2^\alpha$, $n+3=3^\beta$

즉, $n=2^\alpha-2=3^\beta-3$에서

$2^\alpha+1=3^\beta$

n은 자연수이므로 $\alpha>1$, $\beta>1$

두 함수 $y=2^x+1$, $y=3^x$의 그래프는 오른쪽 그림과 같다.

즉, $2^\alpha+1=3^\beta=k$일 때, $\alpha>\beta$이므로

$\log_2(n+2)>\log_3(n+3)$

(참)

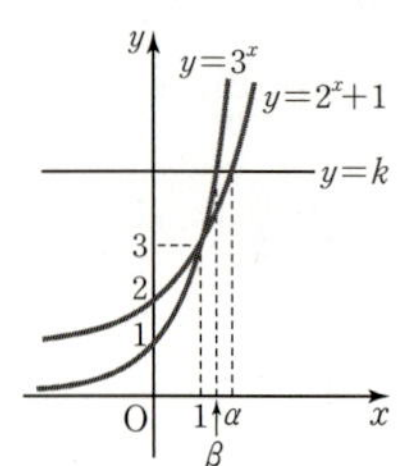

따라서 옳은 것은 ㄱ, ㄴ, ㄹ이다.

답 ㄱ, ㄴ, ㄹ

16-1

(1) 주어진 함수는 밑이 3이고 $3>1$이므로 x의 값이 증가하면 y의 값도 증가한다.

따라서 $1\leq x\leq\dfrac{5}{2}$일 때, 함수 $y=\log_3(4x-1)+1$은

$x=\dfrac{5}{2}$에서 최댓값 $\log_3 9+1=2+1=3$,

$x=1$에서 최솟값 $\log_3 3+1=1+1=2$를 갖는다.

(2) 주어진 함수는 밑이 $\dfrac{1}{5}$이고 $0<\dfrac{1}{5}<1$이므로 x의 값이 증가하면 y의 값은 감소한다.

따라서 $-1\leq x\leq 3$일 때, 함수 $y=\log_{\frac{1}{5}}(5x+10)-2$는

$x=-1$에서 최댓값 $\log_{\frac{1}{5}}5-2=-1-2=-3$,

$x=3$에서 최솟값 $\log_{\frac{1}{5}}25-2=-2-2=-4$를 갖는다.

답 (1) 최댓값: 3, 최솟값: 2

(2) 최댓값: -3, 최솟값: -4

16-2

(1) $y=\log_{\frac{1}{2}}(|x-1|+2)$에서 $f(x)=|x-1|+2$로 놓으면

$0\leq x\leq 7$에서 $2\leq f(x)\leq 8$

$y=\log_{\frac{1}{2}}f(x)$의 밑이 $\dfrac{1}{2}$이고 $0<\dfrac{1}{2}<1$이므로

함수 $y=\log_{\frac{1}{2}}f(x)$는

$f(x)=2$에서 최댓값 $\log_{\frac{1}{2}}2=-1$,

$f(x)=8$에서 최솟값 $\log_{\frac{1}{2}}8=-3$을 갖는다.

(2) $y=\log_4(|2x+1|+1)$에서 $f(x)=|2x+1|+1$로 놓으면

$-4\leq x\leq 2$에서 $1\leq f(x)\leq 8$

$y=\log_4 f(x)$의 밑이 4이고 $4>1$이므로

함수 $y=\log_4 f(x)$는

$f(x)=8$에서 최댓값 $\log_4 8=\log_{2^2}2^3=\dfrac{3}{2}$,

$f(x)=1$에서 최솟값 $\log_4 1=0$을 갖는다.

답 (1) 최댓값: -1, 최솟값: -3

(2) 최댓값: $\dfrac{3}{2}$, 최솟값: 0

16-3

함수 $y=\log_7(4x+k)-6$은 밑이 7이고 $7>1$이므로 x의 값이 증가하면 y의 값도 증가한다.

따라서 $-\dfrac{7}{2}\leq x\leq 7$일 때, 함수 $y=\log_7(4x+k)-6$은

$x=-\dfrac{7}{2}$에서 최솟값 -5를 가지므로

$\log_7(-14+k)-6=-5$

$\log_7(-14+k)=1$

$-14+k=7$ $\therefore k=21$

답 21

16-4

함수 $y=\log_a(2x-1)+b$의 밑이 a이고 $0<a<1$이므로

$2\leq x\leq 5$에서 함수 $y=\log_a(2x-1)+b$는

$x=2$에서 최댓값 2를 가지므로

$\log_a 3+b=2$, $\log_a 3=2-b$ ……㉠

$x=5$에서 최솟값 1을 가지므로

$\log_a 9+b=1$, $\log_a 9=1-b$ ……㉡

㉠$-$㉡을 하면 $\log_a 3-\log_a 9=1$

$\log_a\dfrac{1}{3}=1$ $\therefore a=\dfrac{1}{3}$

$a=\dfrac{1}{3}$을 ㉠에 대입하면

$-1=2-b$ $\therefore b=3$

$\therefore ab=\dfrac{1}{3}\times 3=1$

답 1

17-1

(1) $y=\log_{\frac{1}{5}}(x^2-4x+9)$에서

$f(x)=x^2-4x+9$라 하면

$f(x)=(x-2)^2+5$

따라서 함수 $f(x)$는 $x=2$에서 최솟값 5를 갖는다.

이때 $y=\log_{\frac{1}{5}} f(x)$는 밑이 $\frac{1}{5}$이고 $0<\frac{1}{5}<1$이므로

$x=2$에서 최댓값 $\log_{\frac{1}{5}} 5=-1$을 갖는다.

(2) $y=\log_{\frac{1}{2}}(-x^2-2x+7)$에서

    $f(x)=-x^2-2x+7$이라 하면

    $f(x)=-(x+1)^2+8$

    $-3\le x\le 0$에서

    $f(-3)=4,\ f(-1)=8,$

    $f(0)=7$이므로

    $4\le f(x)\le 8$

이때 $y=\log_{\frac{1}{2}} f(x)$는 밑이 $\frac{1}{2}$이고 $0<\frac{1}{2}<1$이므로

$x=-3$에서 최댓값 $\log_{\frac{1}{2}} 4=-2,$

$x=-1$에서 최솟값 $\log_{\frac{1}{2}} 8=-3$을 갖는다.

따라서 구하는 최댓값과 최솟값의 곱은

$(-2)\times(-3)=6$

📘 (1) -1 (2) 6

17-2

(1) 진수의 조건에 의하여 $-x+6>0,\ x-2>0$

   $\therefore\ 2<x<6$

   $y=\log_2(-x+6)+\log_2(x-2)$

     $=\log_2(-x+6)(x-2)$

     $=\log_2(-x^2+8x-12)$

   에서 $f(x)=-x^2+8x-12$라 하면

     $f(x)=-(x-4)^2+4$

   따라서 $2<x<6$에서 함수 $f(x)$는 $x=4$에서 최댓값 4를 갖는다.

   이때 $y=\log_2 f(x)$는 밑이 2이고 $2>1$이므로

   $x=4$에서 최댓값 $\log_2 4=2$를 갖는다.

(2) $g(x)=x^2-2x+4=(x-1)^2+3$이므로

   $g(x)$는 $x=1$에서 최솟값 3을 갖는다.

   $(f\circ g)(x)=f(g(x))=\log_3\dfrac{9}{g(x)}$에서 밑이 3이고

   $3>1$이므로 $x=1$에서 최댓값 $\log_3\dfrac{9}{3}=\log_3 3=1$을 갖는다.

(2) $f(x)=\log_3\dfrac{9}{x}=\log_3 9-\log_3 x$

     $=2+\log_{\frac{1}{3}} x$

   $g(x)=x^2-2x+4=(x-1)^2+3$이므로

   $g(x)$는 $x=1$일 때 최솟값 3을 갖는다.

$(f\circ g)(x)=f(g(x))=2+\log_{\frac{1}{3}} g(x)$에서 밑이 $\frac{1}{3}$이

고 $0<\frac{1}{3}<1$이므로 $x=1$에서 최댓값

$2+\log_{\frac{1}{3}} 3=2-1=1$을 갖는다.

📘 (1) 2   (2) 1

17-3

$f(x)=|x^2-10x+16|$이라 하면

$f(x)=|(x-5)^2-9|$

$3\le x\le 6$에서 함수 $y=f(x)$의 그래프는 오른쪽 그림과 같으므로

$5\le f(x)\le 9$

$y=\log_{\frac{1}{3}} f(x)$에서 밑이 $\frac{1}{3}$이고

$0<\frac{1}{3}<1$이므로 함수 $y=\log_{\frac{1}{3}} f(x)$는 $f(x)=9$, 즉 $x=5$

에서 최솟값 $\log_{\frac{1}{3}} 9=-2$를 갖는다.

📘 -2

17-4

$y=\log_a(x^2-10x+30)$에서

$f(x)=x^2-10x+30$이라 하면

$f(x)=(x-5)^2+5$

$4\le x\le 7$에서 $f(4)=6,\ f(5)=5,\ f(7)=9$이므로

$5\le f(x)\le 9$

이때 $y=\log_a f(x)$는 밑이 a이고 $0<a<1$이므로 $x=7$에서 최솟값 $\log_a 9$를 갖는다.

즉, $\log_a 9=-2$이므로

$a^{-2}=9$ $\therefore\ a=\dfrac{1}{3}$

📘 $\dfrac{1}{3}$

18-1

(1) $y=\left(\log_{\frac{1}{3}} x\right)^2-\log_{\frac{1}{3}} x^6+7$

     $=\left(\log_{\frac{1}{3}} x\right)^2-6\log_{\frac{1}{3}} x+7$

   에서 $\log_{\frac{1}{3}} x=t$로 놓으면

     $y=t^2-6t+7=(t-3)^2-2$

   이때 $\dfrac{1}{81}\le x\le 9$에서 $\log_{\frac{1}{3}} 9\le t\le \log_{\frac{1}{3}}\dfrac{1}{81}$

   $\therefore\ -2\le t\le 4$

   따라서 $-2\le t\le 4$에서 함수 $y=(t-3)^2-2$는

   $t=-2$에서 최댓값 $(-2-3)^2-2=23,$

   $t=3$에서 최솟값 $(3-3)^2-2=-2$를 갖는다.

(2) $y=\log_5 x^{\log_5 x}-2\log_5\dfrac{x}{25}$

$\quad=(\log_5 x)^2-2(\log_5 x-2)$

$\quad=(\log_5 x)^2-2\log_5 x+4$

에서 $\log_5 x=t$로 놓으면

$y=t^2-2t+4=(t-1)^2+3$

이때 $1\le x\le 125$에서 $\log_5 1\le t\le\log_5 125$

$\therefore\ 0\le t\le 3$

따라서 $0\le t\le 3$에서 함수 $y=(t-1)^2+3$은

$t=3$에서 최댓값 $(3-1)^2+3=7$,

$t=1$에서 최솟값 $(1-1)^2+3=3$을 갖는다.

답 (1) 최댓값: 23, 최솟값: -2 (2) 최댓값: 7, 최솟값: 3

18-2

$y=(\log_3 x)^2-\log_3 9x^2+k$

$\quad=(\log_3 x)^2-(2+2\log_3 x)+k$

$\quad=(\log_3 x)^2-2\log_3 x+k-2$

에서 $\log_3 x=t$로 놓으면

$y=t^2-2t+k-2=(t-1)^2+k-3$

이때 $1\le x\le 81$에서 $\log_3 1\le t\le\log_3 81$

$\therefore\ 0\le t\le 4$

따라서 $0\le t\le 4$에서 함수 $y=(t-1)^2+k-3$은

$t=1$에서 최솟값 10을 가지므로

$(1-1)^2+k-3=10\quad\therefore\ k=13$

따라서 $y=(t-1)^2+10$이므로 주어진 함수는 $t=4$에서 최댓값 19를 갖는다.

답 19

18-3

$y=(\log x)^2+a\log_{\sqrt{10}} x+b$

$\quad=(\log x)^2+2a\log x+b$

에서 $\log x=t$로 놓으면

$y=t^2+2at+b=(t+a)^2-a^2+b$

즉, 주어진 함수는 $t=\log\dfrac{1}{10}=-1$에서 최솟값 3을 가지므로

$-a=-1,\ -a^2+b=3\quad\therefore\ a=1,\ b=4$

$\therefore\ a+b=1+4=5$

답 5

18-4

$y=x^{-4+\log_2 x}$의 양변에 밑이 2인 로그를 취하면

$\log_2 y=\log_2 x^{-4+\log_2 x}=(-4+\log_2 x)\times\log_2 x$

$\quad=(\log_2 x)^2-4\log_2 x$

$\log_2 x=t$로 놓으면

$\log_2 y=t^2-4t=(t-2)^2-4$

이때 $\dfrac{1}{2}\le x\le 16$에서 $\log_2\dfrac{1}{2}\le t\le\log_2 16$

$\therefore\ -1\le t\le 4$

따라서 $-1\le t\le 4$에서 함수 $\log_2 y=(t-2)^2-4$는

$t=-1$에서 최댓값 $\log_2 y=(-1-2)^2-4=5$,

$t=2$에서 최솟값 $\log_2 y=(2-2)^2-4=-4$를 가지므로

y의 최댓값은 $2^5=32$, y의 최솟값은 $2^{-4}=\dfrac{1}{16}$이다.

답 최댓값: 32, 최솟값: $\dfrac{1}{16}$

19-1

(1) $y=\log_{0.2}(x+1)+\log_{0.2}\left(\dfrac{9}{x}+4\right)$

$\quad=\log_{0.2}\left(4x+\dfrac{9}{x}+13\right)\qquad\cdots\cdots\ \bigcirc$

$x>0$이므로 산술평균과 기하평균의 관계에 의하여

$4x+\dfrac{9}{x}+13\ge 2\sqrt{4x\times\dfrac{9}{x}}+13=2\times 6+13=25$

$\left(\text{단, 등호는 } 4x=\dfrac{9}{x}\text{일 때 성립}\right)$

이때 밑이 0.2이고 $0<0.2<1$이므로 $\bigcirc$은 $4x+\dfrac{9}{x}+13$이 최소일 때 최대가 된다.

$\bigcirc$에서

$y=\log_{0.2}\left(4x+\dfrac{9}{x}+13\right)$

$\quad\le\log_{0.2}25=\log_{\frac{1}{5}}5^2=-2$

따라서 구하는 최댓값은 -2이다.

(2) $y=\log_3 243x+3\log_x 27$

$\quad=(\log_3 3^5+\log_3 x)+3\log_x 3^3$

$\quad=\log_3 x+9\log_x 3+5$

$\quad=\log_3 x+\dfrac{9}{\log_3 x}+5$

이때 $x>1$에서 $\log_3 x>0$이므로 산술평균과 기하평균의 관계에 의하여

$y=\log_3 x+\dfrac{9}{\log_3 x}+5$

$\quad\ge 2\sqrt{\log_3 x\times\dfrac{9}{\log_3 x}}+5$

$\quad=2\times 3+5=11$

(단, 등호는 $\log_3 x=9\log_x 3$일 때 성립)

따라서 구하는 최솟값은 11이다.

답 (1) -2 (2) 11

19-2

$\log_{\sqrt{6}}\left(x+\dfrac{25}{y}\right)+\log_{\sqrt{6}}\left(y+\dfrac{1}{x}\right)=\log_{\sqrt{6}}\left(xy+\dfrac{25}{xy}+26\right)$

$x>0$, $y>0$에서 $xy>0$, $\dfrac{25}{xy}>0$이므로 산술평균과 기하평균의 관계에 의하여

$$xy+\dfrac{25}{xy}\geq 2\sqrt{xy\times\dfrac{25}{xy}}=10$$

(단, 등호는 $xy=5$일 때 성립)

이때 $\log_{\sqrt{6}}\left(xy+\dfrac{25}{xy}+26\right)$의 밑이 $\sqrt{6}$이고 $\sqrt{6}>1$이므로

$$\log_{\sqrt{6}}\left(xy+\dfrac{25}{xy}+26\right)\geq\log_{\sqrt{6}}(10+26)$$
$$=\log_{\sqrt{6}}36=4$$

따라서 구하는 최솟값은 4이다.

답 4

19-3

$\log x+\log y=5$에서 $\log xy=5$

$\therefore xy=10^5$

로그의 진수의 조건에 의하여 $x>0$, $y>0$

따라서 $2x>0$, $5y>0$이므로 산술평균과 기하평균의 관계에 의하여

$$2x+5y\geq 2\sqrt{10xy}=2\sqrt{10\times10^5}$$
$$=2\times10^3=2000 \text{ (단, 등호는 } 2x=5y\text{일 때 성립)}$$

따라서 구하는 최솟값은 2000이다.

답 2000

19-4

$\log_2 x+\log_2 y=\log_2 xy$

$x>0$, $y>0$이므로 산술평균과 기하평균의 관계에 의하여

$$x+9y\geq 2\sqrt{9xy}$$
$$48\geq 6\sqrt{xy}, \ \sqrt{xy}\leq 8$$

$\therefore xy\leq 64$ (단, 등호는 $x=9y$일 때 성립)

이때 $\log_2 xy$의 밑이 2이고 $2>1$이므로

$xy=64$에서 최댓값 $\log_2 xy=\log_2 64=6$을 갖는다.

따라서 구하는 최댓값은 6이다.

답 6

01 ㄱ, ㄷ, ㄹ	**02** ④	**03** 17	**04** ②
05 18	**06** 7	**07** ③	**08** ④
09 3	**10** ㄱ, ㄷ	**11** 4	**12** 4
13 2	**14** -1	**15** 3	**16** ③
17 $3\sqrt{5}$	**18** $\dfrac{225}{4}$	**19** 15	**20** ②

01

ㄱ. $y=5(5^x-1)=5^{x+1}-5$이므로 함수 $y=5(5^x-1)$의 그래프는 $y=5^x$의 그래프를 x축의 방향으로 -1만큼, y축의 방향으로 -5만큼 평행이동하면 일치한다.

ㄴ. $y=5^{2x}=25^x$의 밑은 $y=5^x$의 밑과 다르므로 두 그래프는 평행이동 또는 대칭이동해도 일치하지 않는다.

ㄷ. $y=\left(\dfrac{1}{5}\right)^{x-1}=5^{-(x-1)}$이므로 함수 $y=\left(\dfrac{1}{5}\right)^{x-1}$의 그래프는 $y=5^x$의 그래프를 y축에 대하여 대칭이동한 후 x축의 방향으로 1만큼 평행이동하면 일치한다.

ㄹ. $y=-\dfrac{5^x}{25}=-5^{x-2}$이므로 함수 $y=-\dfrac{5^x}{25}$의 그래프는 $y=5^x$의 그래프를 x축에 대하여 대칭이동한 후 x축의 방향으로 2만큼 평행이동하면 일치한다.

따라서 함수 $y=5^x$의 그래프를 평행이동 또는 대칭이동하였을 때 일치하는 것은 ㄱ, ㄷ, ㄹ이다.

답 ㄱ, ㄷ, ㄹ

02

함수 $y=2^{x+1}-4$의 그래프는 $y=2^x$의 그래프를 x축의 방향으로 -1만큼, y축의 방향으로 -4만큼 평행이동하여 나타낸다.

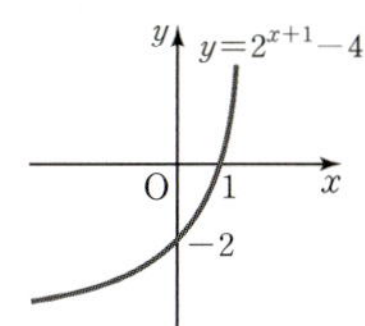

함수 $y=2^{|x|+1}-4$의 그래프는 $y=2^{x+1}-4$의 그래프에서 $x<0$인 부분을 없앤 후 $x\geq0$인 부분을 y축에 대하여 대칭이동하여 $x\geq0$인 부분과 함께 나타낸다.

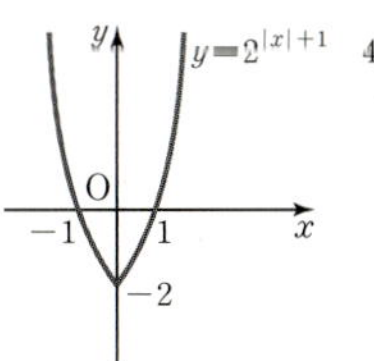

함수 $y=|2^{|x|+1}-4|$의 그래프는 $y=2^{|x|+1}-4$의 그래프에서 $y<0$인 부분을 x축에 대하여 대칭이동한 부분과 $y\geq0$인 부분을 함께 나타낸다.

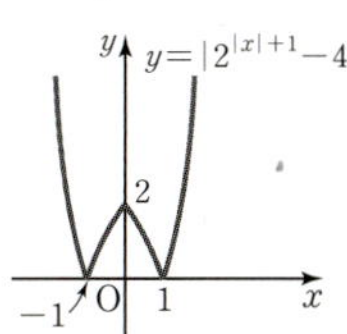

따라서 함수 $y=|2^{|x|+1}-4|$의 그래프로 알맞은 것은 ④이다.

답 ④

03

함수 $y=3^{x-2}-1$의 그래프
는 함수 $y=3^x+1$의 그래프
를 x축의 방향으로 2만큼, y
축의 방향으로 -2만큼 평행
이동한 것이므로 두 점 B, D
는 두 점 A, C를 각각 x축의
방향으로 2만큼, y축의 방향
으로 -2만큼 평행이동한 것이다.

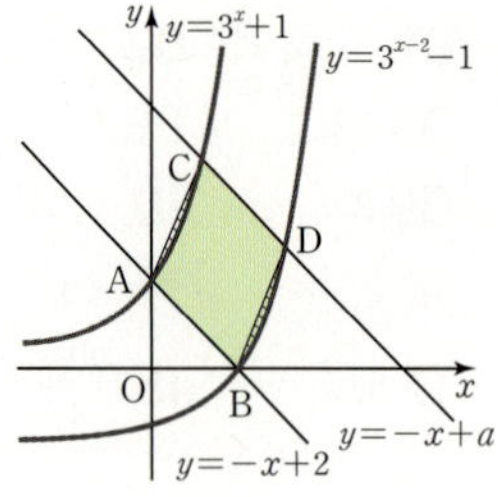

즉, 빗금 친 두 부분의 넓이가 같으므로 두 함수 $y=3^x+1$,
$y=3^{x-2}-1$의 그래프와 두 선분 AB, CD로 둘러싸인 부분
의 넓이 30은 평행사변형 ABDC의 넓이와 같다.

직선 $y=-x+2$와 함수 $y=3^x+1$의 그래프가 모두 점
$(0, 2)$를 지나므로 점 A의 좌표는 $(0, 2)$

또한 직선 $y=-x+2$와 함수 $y=3^{x-2}-1$의 그래프가 모두
점 $(2, 0)$을 지나므로 점 B의 좌표는 $(2, 0)$

$\therefore \overline{AB}=\sqrt{2^2+(-2)^2}=2\sqrt{2}$

점 $A(0, 2)$와 직선 $y=-x+a$, 즉 $x+y-a=0$ 사이의 거
리는

$$\frac{|2-a|}{\sqrt{1^2+1^2}}=\frac{\sqrt{2}(a-2)}{2} \ (\because a>2)$$

따라서 평행사변형 ABDC의 넓이는 30이므로

$$2\sqrt{2}\times\frac{\sqrt{2}(a-2)}{2}=30$$

$2a-4=30$

$2a=34 \qquad \therefore a=17$

답 17

04

1이 아닌 두 양수 a, b에 대하여

$\dfrac{\sqrt{1-a}}{\sqrt{1-b}}=-\sqrt{\dfrac{1-a}{1-b}}$ 에서

$1-a>0$, $1-b<0$

$\therefore 0<a<1<b$

k가 2 이상의 자연수이므로 $b^k>a^k$

$0<a<1$이고 $k^2>k$이므로 $a^k>a^{k^2}$

$\therefore a^{k^2}<a^k<b^k$

참고

a, b가 실수일 때 $\dfrac{\sqrt{a}}{\sqrt{b}}=-\sqrt{\dfrac{a}{b}}$ 이면

$a>0$, $b<0$ 또는 $a=0$, $b\neq0$

답 ②

05

$f(x)=\left(\dfrac{3}{a}\right)^x$ 에서

(i) $\dfrac{3}{a}>1$, 즉 $0<a<3$일 때,

함수 $f(x)$는 x의 값이 증가할 때 y의 값도 증가하므로
$x=2$에서 최댓값 4를 갖는다.

$f(2)=\left(\dfrac{3}{a}\right)^2=4$에서

$a^2=\dfrac{9}{4} \qquad \therefore a=\dfrac{3}{2} \ (\because 0<a<3)$

(ii) $\dfrac{3}{a}=1$, 즉 $a=3$일 때,

$f(x)=1$이므로 함수 $f(x)$의 최댓값은 4가 될 수 없다.

(iii) $0<\dfrac{3}{a}<1$, 즉 $a>3$일 때,

함수 $f(x)$는 x의 값이 증가할 때 y의 값은 감소하므로
$x=-1$에서 최댓값 4를 갖는다.

$f(-1)=\left(\dfrac{3}{a}\right)^{-1}=\dfrac{a}{3}=4$에서

$a=12$

(i), (ii), (iii)에서 모든 양수 a의 값의 곱은

$\dfrac{3}{2}\times12=18$

답 18

06

$$ABC=\begin{pmatrix}-1 & 2^x\end{pmatrix}\begin{pmatrix}1 & 0 \\ 4 & 2\end{pmatrix}\begin{pmatrix}-2 & 1 \\ 2^x & 3\end{pmatrix}$$

$$=\begin{pmatrix}-1+4\times2^x & 2\times2^x\end{pmatrix}\begin{pmatrix}-2 & 1 \\ 2^x & 3\end{pmatrix}$$

$$=\begin{pmatrix}2-8\times2^x+2\times2^{2x} & -1+10\times2^x\end{pmatrix}$$

행렬 ABC의 $(1, 1)$ 성분은 $2-8\times2^x+2\times2^{2x}$이므로

$y=2-8\times2^x+2\times2^{2x}$이라 하자.

$2^x=t \ (t>0)$으로 놓으면

$y=2t^2-8t+2=2(t-2)^2-6$

따라서 함수 $y=2(t-2)^2-6$은 $t=2$에서 최솟값 -6을 가
지므로 $2^x=2$, 즉 $x=1$일 때 최솟값을 갖는다.

$\therefore a=1$, $b=-6$

$\therefore a-b=1-(-6)=7$

답 7

07

함수 $f(x)=2\log_2(x-5)$가 정의되려면

$x-5>0 \qquad \therefore A=\{x\,|\,x>5\}$

함수 $g(x)=2\log_2|x-5|$가 정의되려면

$|x-5|>0$, $x-5\neq0 \qquad \therefore B=\{x\,|\,x\neq5$인 실수$\}$

함수 $h(x)=\log_2(x-5)^2$이 정의되려면

$(x-5)^2>0$, $x-5\neq0$ $\therefore C=\{x\,|\,x\neq5$인 실수$\}$

$\therefore A\subset B=C$

답 ③

08

① 밑이 3이고 $3>1$이므로 x의 값이 증가하면 y의 값도 증가한다. (참)

② 정의역이 $\{x\,|\,x>-4\}$이므로 그래프의 점근선은 직선 $x=-4$이다. (참)

③ $y=\log_3(6x+24)=\log_3 6(x+4)$

$\quad=\log_3\{3\times2(x+4)\}=1+\log_3 2(x+4)$

이므로 함수 $y=\log_3(6x+24)$의 그래프는

$y=\log_3 2x$의 그래프를 x축의 방향으로 -4만큼,

y축의 방향으로 1만큼 평행이동한 것이다. (참)

④ $y=\log_3(6x+24)$를 x에 대하여 풀면

$\quad3^y=6x+24$, $3^y-24=6x$

$\quad\therefore x=\dfrac{1}{6}\times3^y-4$

x와 y를 서로 바꾸어 나타내면

$y=\dfrac{1}{6}\times3^x-4$, 즉 $y=\dfrac{1}{2}\times3^{x-1}-4$

따라서 함수 $y=\log_3(6x+24)$의 그래프는

함수 $y=\dfrac{1}{2}\times3^{x-1}-4$의 그래프와 직선 $y=x$에 대하여

대칭이다. (거짓)

⑤ 함수 $y=\log_3(6x+24)$의 그래프를 x축에 대하여 대칭

이동한 그래프의 식은

$\quad-y=\log_3(6x+24)$

$\quad\therefore y=\log_{\frac{1}{3}}(6x+24)$ (참)

따라서 옳지 않은 것은 ④이다.

답 ④

09

함수 $y=\log_a x+k$의 그래프와 그 역함수의 그래프의 교점은 $y=\log_a x+k$의 그래프와 직선 $y=x$의 교점과 같으므로

두 교점 A, B의 좌표는

$A(1,1)$, $B(2,2)$

점 A는 함수 $y=\log_a x+k$의 그래프 위의 점이므로

$\log_a 1+k=1$ $\therefore k=1$

점 B도 함수 $y=\log_a x+1$의 그래프 위의 점이므로

$2=\log_a 2+1$에서 $\log_a 2=1$ $\therefore a=2$

$\therefore a+k=2+1=3$

답 3

10

ㄱ. $1<a<b$에서 $0<\log a<\log b$

$\quad\log_b a=\dfrac{\log a}{\log b}<1$이고 $\log_a b=\dfrac{\log b}{\log a}>1$이므로

$\quad\log_b a<\log_a b$ (참)

ㄴ. 함수 $y=\log x$의 그래프 위의 점 $(a,\log a)$, $(b,\log b)$

와 원점 $(0,0)$을 지나는 직선의 기울기를 이용하자.

원점을 지나고 $y=\log x$의 그래프에 접하는 직선의 x좌

표를 $t\,(t>1)$이라 하면

$\quad t<a<b$에서

$\quad\dfrac{\log a-0}{a-0}>\dfrac{\log b-0}{b-0}$

$\quad\therefore \dfrac{1}{a}\log a>\dfrac{1}{b}\log b$ (거짓)

ㄷ. $2\log(a+b)<\log 2(a^2+b^2)$에서

$\quad\log(a+b)^2<\log 2(a^2+b^2)$

한편,

$\quad2(a^2+b^2)-(a+b)^2=a^2-2ab+b^2$

$\qquad\qquad\qquad\qquad\quad=(a-b)^2>0$

에서 $(a+b)^2<2(a^2+b^2)$이므로

$2\log(a+b)<\log 2(a^2+b^2)$이 성립한다. (참)

답 ㄱ, ㄷ

11

$y=(\log x)(\log_{\frac{1}{10}} x)+2\log x+3$에서

$y=-(\log x)^2+2\log x+3$

$\log x=t$로 놓으면

$y=-t^2+2t+3=-(t-1)^2+4$

$\dfrac{1}{10}\leq x\leq10\sqrt{10}$에서

$\log\dfrac{1}{10}\leq t\leq\log 10\sqrt{10}$

$\therefore -1\leq t\leq\dfrac{3}{2}$

따라서 $-1\leq t\leq\dfrac{3}{2}$에서 함수 $y=-(t-1)^2+4$는

$t=1$에서 최댓값 $-(1-1)^2+4=4$,

$t=-1$에서 최솟값 $-(-1-1)^2+4=0$을 가지므로

최댓값과 최솟값의 합은

$4+0=4$

답 4

12

두 점 P, Q의 y좌표가 k이므로

$k=\log_5(x-1)$에서 $5^k=x-1$

$x=5^k+1$ $\therefore P(5^k+1,k)$

$k=\log_5\dfrac{1}{-(x+1)}$에서 $5^k=\dfrac{1}{-(x+1)}$

$x=-\left(\dfrac{1}{5}\right)^k-1$ $\quad\therefore \mathrm{Q}\left(-\left(\dfrac{1}{5}\right)^k-1,\ k\right)$

$\therefore \overline{\mathrm{PQ}}=5^k+1-\left\{-\left(\dfrac{1}{5}\right)^k-1\right\}=5^k+\left(\dfrac{1}{5}\right)^k+2$

$5^k>0$, $\left(\dfrac{1}{5}\right)^k>0$이므로 산술평균과 기하평균의 관계에 의하여

$5^k+\left(\dfrac{1}{5}\right)^k\geq 2\sqrt{5^k\times\left(\dfrac{1}{5}\right)^k}=2$

$$\left(\text{단, 등호는 } 5^k=\left(\dfrac{1}{5}\right)^k\text{일 때 성립}\right)$$

따라서 선분 PQ의 길이의 최솟값은

$2+2=4$

답 4

13

$x+y=2$에서 $y=-x+2$를

$-3^{2x}-3^{2y}+3^{x+1}+3^{y+1}+2$에 대입하면

$-3^{2x}-3^{2y}+3^{x+1}+3^{y+1}+2$

$=-3^{2x}-3^{-2x+4}+3^{x+1}+3^{-x+3}+2$

$3^x=t\ (t>0)$으로 놓으면

$-t^2-\dfrac{81}{t^2}+3t+\dfrac{27}{t}+2$

$=-\left(t^2+\dfrac{81}{t^2}\right)+3\left(t+\dfrac{9}{t}\right)+2$

$=-\left\{\left(t+\dfrac{9}{t}\right)^2-18\right\}+3\left(t+\dfrac{9}{t}\right)+2$ $\quad\cdots\cdots$ ㉠

$t+\dfrac{9}{t}=s$로 놓으면 $t>0$, $\dfrac{9}{t}>0$이므로 산술평균과 기하평균

의 관계에 의하여

$s=t+\dfrac{9}{t}\geq 2\sqrt{t\times\dfrac{9}{t}}=6$ $\left(\text{단, 등호는 } t=\dfrac{9}{t}\text{일 때 성립}\right)$

$\therefore s\geq 6$

따라서 ㉠에서 $-s^2+3s+20=-\left(s-\dfrac{3}{2}\right)^2+\dfrac{89}{4}$이므로

$s=6$일 때 최댓값 $-36+18+20=2$를 갖는다.

답 2

14

$f(x)=2\log_5 x-1$에서

$f(1)=2\log_5 1-1=-1$, $f(25)=2\log_5 25-1=3$

이므로 $-1\leq f(x)\leq 3$

$g(x)=x^2-4x+a+2=(x-2)^2+a-2$이므로

$(g\circ f)(x)=g(f(x))=\{f(x)-2\}^2+a-2$

이때 $-1\leq f(x)\leq 3$에서 함수 $(g\circ f)(x)$는 $f(x)=-1$

에서 최댓값 6을 가지므로

$(-1-2)^2+a-2=6$

$\therefore a=-1$

답 -1

15

직선 $y=k$가 두 곡선 $y=\log_4(x+2)$, $y=\log_2(x+8)-2$

와 만나는 두 점 A_k, B_k의 x좌표를 각각 a_k, b_k라 하면

$k=\log_4(x+2)$에서

$x+2=4^k$ $\quad\therefore x=4^k-2$

즉, $a_k=4^k-2$

$k=\log_2(x+8)-2$에서

$k+2=\log_2(x+8)$

$x+8=2^{k+2}$ $\quad\therefore x=2^{k+2}-8$

즉, $b_k=2^{k+2}-8$

$\overline{\mathrm{A}_k\mathrm{B}_k}=|a_k-b_k|$

$\qquad=|4^k-2-(2^{k+2}-8)|$

$\qquad=|(2^k)^2-4\times 2^k+6|$

이때 $2^k=t\ (t>0)$으로 놓으면

$(2^k)^2-4\times 2^k+6=t^2-4t+6$

$\qquad\qquad\qquad=(t-2)^2+2>0$

즉, 모든 실수 k에 대하여 $(2^k)^2-4\times 2^k+6>0$이므로

$\overline{\mathrm{A}_k\mathrm{B}_k}=(2^k)^2-4\times 2^k+6$

따라서 $\overline{\mathrm{A}_k\mathrm{B}_k}$는 $t=2$, 즉 $k=1$에서 최솟값 2를 가지므로

$a=1$, $b=2$

$\therefore a+b=1+2=3$

답 3

16

직선 $x=k$가 x축과 만나는 점을 E라 하자.

두 삼각형 ACB와 BCD의 넓이의 비가 $3:2$이므로 선분

BC를 두 삼각형의 밑변이라 하면 두 삼각형의 높이의 비도

$3:2$이다.

두 삼각형 ACB와 BCD의 높이는 각각 선분 AB의 길이,

선분 BE의 길이이므로

$\overline{\mathrm{AB}}:\overline{\mathrm{BE}}=3:2$

$\therefore \overline{\mathrm{BE}}=\overline{\mathrm{AE}}\times\dfrac{2}{3+2}=\dfrac{2}{5}\overline{\mathrm{AE}}$ $\quad\cdots\cdots$ ㉠

이때 $\overline{\mathrm{BE}}=(\text{점 B의 } y\text{좌표})=\log_a k$,

$\overline{\mathrm{AE}}=(\text{점 A의 } y\text{좌표})=\log_2 k$이므로 두 식을 ㉠에 대입하면

$$\log_a k = \frac{2}{5}\log_2 k, \ \frac{\log_a k}{\log_2 k} = \frac{2}{5}$$

$$\frac{\log_k 2}{\log_k a} = \frac{2}{5}, \ \log_a 2 = \frac{2}{5}$$

$$a^{\frac{2}{5}} = 2 \qquad \therefore a = 2^{\frac{5}{2}} = 4\sqrt{2}$$

답 ③

17

함수 $y = |\log x|$의 그래프와 직선 l이 서로 다른 세 점에서 만나려면 다음 그림과 같아야 한다.

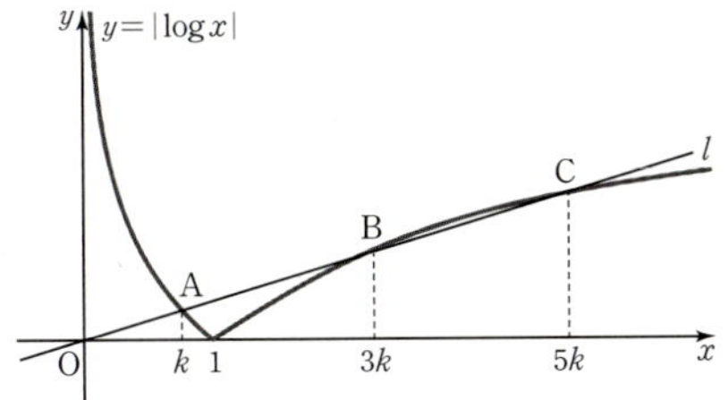

$\alpha : \beta : \gamma = 1 : 3 : 5$이므로 $\alpha = k$, $\beta = 3k$, $\gamma = 5k$ $(k > 0)$으로 놓으면 두 점 $B(3k, \log 3k)$, $C(5k, \log 5k)$를 지나는 직선의 기울기와 두 점 $B(3k, \log 3k)$, $A(k, -\log k)$를 지나는 직선의 기울기는 서로 같다. 즉,

$$\frac{\log 5k - \log 3k}{5k - 3k} = \frac{1}{2k}\log\frac{5}{3},$$

$$\frac{\log 3k - (-\log k)}{3k - k} = \frac{1}{2k}\log 3k^2$$에서

$$\frac{1}{2k}\log\frac{5}{3} = \frac{1}{2k}\log 3k^2$$이므로

$$\frac{5}{3} = 3k^2, \ k^2 = \frac{5}{9}$$

$$\therefore k = \frac{\sqrt{5}}{3} \ (\because k > 0)$$

$$\therefore \alpha + \beta + \gamma = 9k = 9 \times \frac{\sqrt{5}}{3} = 3\sqrt{5}$$

답 $3\sqrt{5}$

18

직선 $y = -x + 10$, 즉 $x + y - 10 = 0$과 원점 사이의 거리는

$$\frac{|-10|}{\sqrt{1^2 + 1^2}} = \frac{10}{\sqrt{2}} = 5\sqrt{2}$$

삼각형 AOB의 넓이가 25이므로

$$\frac{1}{2} \times \overline{AB} \times 5\sqrt{2} = 25 \qquad \therefore \overline{AB} = 5\sqrt{2}$$

함수 $y = \log_a x$는 $y = a^x$의 역함수이므로 두 함수 $y = a^x$, $y = \log_a x$의 그래프는 직선 $y = x$에 대하여 대칭이다.
즉, 점 A의 좌표를 $(k, 10-k)$라 하면 점 B의 좌표는 $(10-k, k)$이므로

$$\overline{AB}^2 = (10 - 2k)^2 + (2k - 10)^2 = (5\sqrt{2})^2$$에서

$$2(2k - 10)^2 = 50, \ 4(k - 5)^2 = 25$$

$$(k - 5)^2 = \frac{25}{4}, \ k - 5 = \pm\frac{5}{2}$$

$$\therefore k = \frac{5}{2} \ \text{또는} \ k = \frac{15}{2}$$

이때 점 A의 x좌표가 점 B의 x좌표보다 작으므로 $k = \frac{5}{2}$

따라서 $A\left(\frac{5}{2}, \frac{15}{2}\right)$, $B\left(\frac{15}{2}, \frac{5}{2}\right)$이고 점 A가 함수 $y = a^x$의 그래프 위의 점이므로

$$a^{\frac{5}{2}} = \frac{15}{2}$$

$$\therefore a^5 = (a^{\frac{5}{2}})^2 = \left(\frac{15}{2}\right)^2 = \frac{225}{4}$$

답 $\dfrac{225}{4}$

19

오른쪽 그림과 같이 함수 $y = \log_3\left(x - \frac{a}{2}\right)$의 그래프의 점근선은 직선 $x = \frac{a}{2}$이다.

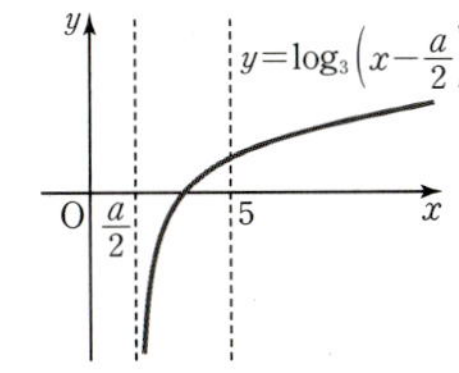

함수 $y = \log_3\left(x - \frac{a}{2}\right)$의 그래프와 직선 $x = 5$가 한 점에서 만나려면 점근선은 직선 $x = 5$보다 왼쪽에 있어야 한다.

즉, $\dfrac{a}{2} < 5$이므로 $a < 10$ $\qquad$ …… ㉠

함수 $y = \left(\frac{1}{5}\right)^x - a$의 그래프의 점근선은 직선 $y = -a$이므로 함수 $y = \left|\left(\frac{1}{5}\right)^x - a\right|$의 그래프는 다음 그림과 같다.

(i) $a < 0$일 때 $\qquad\qquad$ (ii) $a > 0$일 때

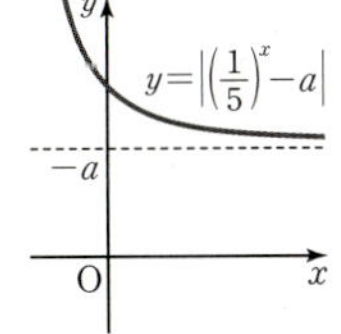

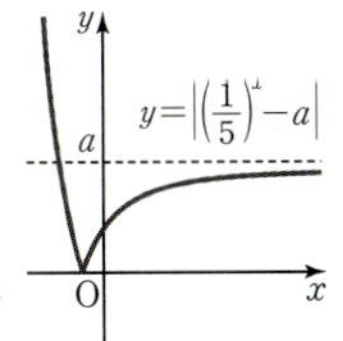

함수 $y = \left|\left(\frac{1}{5}\right)^x - a\right|$의 그래프와 직선 $y = 5$가 서로 다른 두 점에서 만나려면 (ii)에서

$$a > 5 \qquad \text{…… ㉡}$$

㉠, ㉡의 공통부분을 구하면 $5 < a < 10$

따라서 $5 < a < 10$에서 가장 큰 정수는 9, 가장 작은 정수는 6이므로 그 합은

$$9 + 6 = 15$$

답 15

다음 그림과 같이 점 B에서 x축에 내린 수선의 발을 P, 점 A에서 선분 BP에 내린 수선의 발을 Q, 점 C에서 선분 BP에 내린 수선의 발을 R이라 하자.

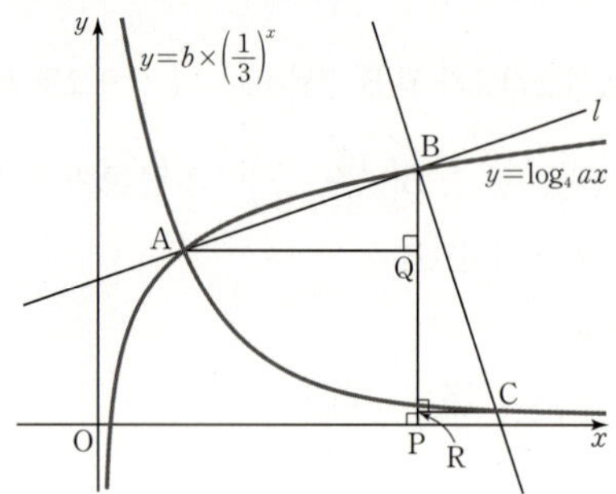

ㄱ. 직선 l의 기울기가 $\dfrac{1}{3}$이므로

$$\dfrac{\overline{BQ}}{\overline{AQ}}=\dfrac{y_2-y_1}{x_2-x_1}=\dfrac{1}{3},\ y_2-y_1=\dfrac{1}{3}(x_2-x_1)\quad\cdots\cdots\ \bigcirc$$

$$\overline{AB}=\sqrt{(x_2-x_1)^2+(y_2-y_1)^2}=\sqrt{10}에서$$

$$(x_2-x_1)^2+(y_2-y_1)^2=10$$

$$(x_2-x_1)^2+\dfrac{1}{9}(x_2-x_1)^2=10\ (\because\ \bigcirc)$$

$$\dfrac{10}{9}(x_2-x_1)^2=10,\ (x_2-x_1)^2=9$$

$$\therefore\ x_2-x_1=3\ (\because\ x_1<x_2)\ (참)\quad\cdots\cdots\ \bigcirc$$

ㄴ. $\angle AQB=\angle BRC=90°,\ \overline{AB}=\overline{BC}=\sqrt{10}$이고
$\angle ABQ+\angle CBR=\angle CBR+\angle BCR=90°$에서
$\angle ABQ=\angle BCR$
이므로 두 삼각형 ABQ와 BCR은 합동이다.
$$\therefore\ \overline{BR}=\overline{AQ}=x_2-x_1=3$$

또한 $\bigcirc$에서 $y_2-y_1=\dfrac{1}{3}\times3=1$이므로 $\quad\cdots\cdots\ \bigcirc$

$$\overline{CR}=\overline{BQ}=y_2-y_1=1$$

따라서
$$x_3-x_1=\overline{AQ}+\overline{CR}=3+1=4,$$
$$y_1-y_3=\overline{QR}=\overline{BR}-\overline{BQ}=3-1=2$$
이므로 $x_3-x_1=2(y_1-y_3)=4$ (참)

ㄷ. $\bigcirc$, $\bigcirc$에서 $x_2=x_1+3,\ y_2=y_1+1$이므로 점 B의 좌표는
$(x_1+3,\ y_1+1)$이다.
두 점 A, B는 곡선 $y=\log_4 ax$ 위에 있으므로
$$y_1=\log_4 ax_1\quad\cdots\cdots\ \text{ㄹ}$$
$$y_1+1=\log_4 a(x_1+3)\quad\cdots\cdots\ \text{ㅁ}$$

점 A는 곡선 $y=b\times\left(\dfrac{1}{3}\right)^x$ 위에 있으므로
$$y_1=\dfrac{b}{3^{x_1}}\quad\cdots\cdots\ \text{ㅂ}$$

ㄹ을 ㅁ에 대입하면
$$\log_4 ax_1+1=\log_4 a(x_1+3)$$

$$\log_4 4ax_1=\log_4 a(x_1+3)$$
$$4ax_1=a(x_1+3),\ 4x_1=x_1+3\ (\because\ a\neq0)$$
$$3x_1=3\qquad\therefore\ x_1=1$$

ㄹ을 ㅂ에 대입하면 $\log_4 ax_1=\dfrac{b}{3^{x_1}}$

$x_1=1$을 대입하면 $\log_4 a=\dfrac{b}{3}$

$$a=4^{\frac{b}{3}}\qquad\therefore\ a^2=4^{\frac{2}{3}b}\ (거짓)$$

따라서 보기 중 옳은 것은 ㄱ, ㄴ이다.

답 ②

04 지수함수와 로그함수의 활용

01 지수방정식과 지수부등식

개념 CHECK

01 (1) $x=2$ (2) $x=-1$ 또는 $x=3$

02 (1) $x=1$ (2) $x=0$ 또는 $x=-2$

03 (1) $x=3$ 또는 $x=0$ (2) $x=1$ 또는 $x=3$

04 (1) $x\leq-3$ (2) $x<1$

05 (1) $x>1$ (2) $x\geq-2$

01

(1) $3^{6-x}=9^x$에서 $3^{6-x}=3^{2x}$

$6-x=2x$ $\therefore x=2$

(2) $\left(\dfrac{1}{5}\right)^{x^2-3}=\left(\dfrac{1}{25}\right)^x$에서 $\left(\dfrac{1}{5}\right)^{x^2-3}=\left(\dfrac{1}{5}\right)^{2x}$

$x^2-3=2x,\ x^2-2x-3=0$

$(x+1)(x-3)=0$ $\therefore x=-1$ 또는 $x=3$

답 (1) $x=2$ (2) $x=-1$ 또는 $x=3$

02

(1) $25^x-3\times5^x-10=0$에서

$(5^x)^2-3\times5^x-10=0$

$5^x=t\ (t>0)$으로 놓으면

$t^2-3t-10=0,\ (t+2)(t-5)=0$

$\therefore t=5\ (\because t>0)$

따라서 $5^x=5$이므로 $x=1$

(2) $4\times\left(\dfrac{1}{2}\right)^{2x}-5\times\left(\dfrac{1}{2}\right)^{x-2}+16=0$에서

$4\times\left(\dfrac{1}{2}\right)^{2x}-5\times4\times\left(\dfrac{1}{2}\right)^{x}+16=0$

$4\times\left\{\left(\dfrac{1}{2}\right)^{x}\right\}^2-20\times\left(\dfrac{1}{2}\right)^{x}+16=0$

$\left(\dfrac{1}{2}\right)^{x}=t\ (t>0)$으로 놓으면

$4t^2-20t+16=0,\ t^2-5t+4=0$

$(t-1)(t-4)=0$ $\therefore t=1$ 또는 $t=4$

따라서 $\left(\dfrac{1}{2}\right)^{x}=1$ 또는 $\left(\dfrac{1}{2}\right)^{x}=4$이므로

$x=0$ 또는 $x=-2$

답 (1) $x=1$ (2) $x=0$ 또는 $x=-2$

03

(1) $x+2=5$ 또는 $x=0$이므로

$x=3$ 또는 $x=0$

(2) $x+1=2x$ 또는 $x-3=0$이므로

$x=1$ 또는 $x=3$

답 (1) $x=3$ 또는 $x=0$ (2) $x=1$ 또는 $x=3$

04

(1) $\left(\dfrac{1}{6}\right)^{x+1}\geq36$에서 $\left(\dfrac{1}{6}\right)^{x+1}\geq\left(\dfrac{1}{6}\right)^{-2}$

밑 $\dfrac{1}{6}$이 $0<\dfrac{1}{6}<1$이므로 $x+1\leq-2$

$\therefore x\leq-3$

(2) $2^{-2x+11}<\left(\dfrac{1}{8}\right)^{3x-6}$에서 $2^{-2x+11}<2^{-3(3x-6)}$

$2^{-2x+11}<2^{-9x+18}$

밑 2가 $2>1$이므로 $-2x+11<-9x+18$

$7x<7$ $\therefore x<1$

답 (1) $x\leq-3$ (2) $x<1$

05

(1) $25^x-4\times5^x-5>0$에서

$(5^x)^2-4\times5^x-5>0$

$5^x=t\ (t>0)$으로 놓으면 $t^2-4t-5>0$

$(t+1)(t-5)>0$ $\therefore t>5\ (\because t>0)$

따라서 $5^x>5$이고 밑 5가 $5>1$이므로

$x>1$

(2) $3\times\left(\dfrac{1}{2}\right)^{2x}-11\times\left(\dfrac{1}{2}\right)^{x}-4\leq0$에서

$3\times\left\{\left(\dfrac{1}{2}\right)^{x}\right\}^2-11\times\left(\dfrac{1}{2}\right)^{x}-4\leq0$

$\left(\dfrac{1}{2}\right)^{x}=t\ (t>0)$으로 놓으면 $3t^2-11t-4\leq0$

$(3t+1)(t-4)\leq0$ $\therefore 0<t\leq4\ (\because t>0)$

따라서 $0<\left(\dfrac{1}{2}\right)^{x}\leq\left(\dfrac{1}{2}\right)^{-2}$이고

밑 $\dfrac{1}{2}$이 $0<\dfrac{1}{2}<1$이므로 $x\geq-2$

답 (1) $x>1$ (2) $x\geq-2$

01-1 (1) $x=2$ 또는 $x=3$

(2) $x=0$ 또는 $x=-2$ 또는 $x=\dfrac{1}{2}$

01-2 13 　　**01-3** -10 　　**01-4** -16

02-1 (1) $x=-1$ 　(2) $x=1$ 　**02-2** (1) $x=0$ 　(2) 9

02-3 1

02-4 (1) $0<a<16$ 　(2) $4<a<\dfrac{16}{3}$

03-1 (1) $-2<x<1$ 　(2) $x\leq-\dfrac{3}{2}$ 또는 $x\geq4$

03-2 40 　　**03-3** $-4<x<2$ 　　**03-4** 30

04-1 (1) $0\leq x\leq2$ 　(2) $x>1$ 　　**04-2** 7

04-3 -28 　**04-4** 12 　**05-1** (1) 1 　(2) $\dfrac{8}{3}$

05-2 3 　　**05-3** 6 　　**05-4** $\dfrac{1}{2}$

06-1 (1) $x=1$ 또는 $x=5$ 　(2) $x=\dfrac{1}{2}$ 또는 $x=2$

(3) $0<x<1$ 또는 $3<x<4$

06-2 (1) $x=-6$ 또는 $x=-4$ 또는 $x=5$ 　(2) 15

06-3 $x\geq-1$ 　　　　**06-4** ③

07-1 (1) $k>\dfrac{77}{4}$ 　(2) $k\leq5$ 　**07-2** $\dfrac{3}{4}$

07-3 6 　　**07-4** $a<2$ 　**08-1** 250 hPa

08-2 ② 　　**08-3** 18시간 **08-4** 4년

01-1

(1) $2^{3x^2+12}=8^{5x-2}$에서 밑을 8로 같게 변형하면

$2^{3(x^2+4)}=8^{5x-2}$, $8^{x^2+4}=8^{5x-2}$

이므로 $x^2+4=5x-2$, $x^2-5x+6=0$

$(x-2)(x-3)=0$ 　 $\therefore x=2$ 또는 $x=3$

(2) $\left(\dfrac{3}{4}\right)^{2x^3-3x}=\left(\dfrac{4}{3}\right)^{3x^2+x}$에서 밑을 $\dfrac{3}{4}$으로 같게 변형하면

$\left(\dfrac{3}{4}\right)^{2x^3-3x}=\left(\dfrac{3}{4}\right)^{-3x^2-x}$

이므로 $2x^3-3x=-3x^2-x$, $2x^3+3x^2-2x=0$

$x(2x^2+3x-2)=0$, $x(x+2)(2x-1)=0$

$\therefore x=0$ 또는 $x=-2$ 또는 $x=\dfrac{1}{2}$

답 (1) $x=2$ 또는 $x=3$ 　(2) $x=0$ 또는 $x=-2$ 또는 $x=\dfrac{1}{2}$

01-2

$3^{2x}-81=0$에서 $3^{2x}=3^4$

$2x=4$ 　 $\therefore x=2$

$5^x-\dfrac{1}{125}=0$에서 $5^x=5^{-3}$

$\therefore x=-3$

따라서 $\alpha=2$, $\beta=-3$ 또는 $\alpha=-3$, $\beta=2$이므로

$\alpha^2+\beta^2=2^2+(-3)^2=13$

답 13

01-3

$(\sqrt{2})^{x^2+k}-(2\sqrt{2})^{3x}=0$에서 $(\sqrt{2})^{x^2+k}=(2\sqrt{2})^{3x}$

$(\sqrt{2})^{x^2+k}=\{(\sqrt{2})^3\}^{3x}$, $(\sqrt{2})^{x^2+k}=(\sqrt{2})^{9x}$

$x^2+k=9x$, $x^2-9x+k=0$

주어진 방정식의 한 근이 -1이므로

$1+9+k=0$ 　 $\therefore k=-10$

다른 풀이

$(\sqrt{2})^{x^2+k}-(2\sqrt{2})^{3x}=0$의 한 근이 -1이므로

$(\sqrt{2})^{1+k}-(2\sqrt{2})^{-3}=0$, $(\sqrt{2})^{1+k}=\{(\sqrt{2})^3\}^{-3}$

$(\sqrt{2})^{1+k}=(\sqrt{2})^{-9}$

$1+k=-9$에서 $k=-10$

답 -10

01-4

$100^{|x|}=\left(\dfrac{1}{10}\right)^{x^2-24}$에서

$10^{2|x|}=(10^{-1})^{x^2-24}$, $10^{2|x|}=10^{-x^2+24}$

$2|x|=-x^2+24$, $x^2+2|x|-24=0$

$x^2=|x|^2$이므로

$|x|^2+2|x|-24=0$, $(|x|+6)(|x|-4)=0$

이때 $|x|+6\neq0$이므로 $|x|=4$

$\therefore x=-4$ 또는 $x=4$

따라서 모든 실근의 곱은 $(-4)\times4=-16$

답 -16

02-1

(1) $\left(\dfrac{1}{9}\right)^x+\left(\dfrac{1}{3}\right)^{x-1}-18=0$을 변형하면

$\left\{\left(\dfrac{1}{3}\right)^x\right\}^2+3\times\left(\dfrac{1}{3}\right)^x-18=0$

이때 $\left(\dfrac{1}{3}\right)^x=t\ (t>0)$으로 놓으면

$t^2+3t-18=0$, $(t+6)(t-3)=0$

$\therefore t=3\ (\because t>0)$

따라서 $\left(\dfrac{1}{3}\right)^x=3$에서 $x=-1$

(2) $24+5^{1-x}=5^{x+1}$의 양변에 5^x을 곱하면

$24\times5^x+5=5\times(5^x)^2$, $5\times(5^x)^2-24\times5^x-5=0$

이때 $5^x=t\ (t>0)$으로 놓으면

$5t^2-24t-5=0$, $(5t+1)(t-5)=0$

$$\therefore t=5 \; (\because t>0)$$

따라서 $5^x=5$에서 $x=1$

📦 (1) $x=-1$ (2) $x=1$

02-2

(1) $4^x+4^{-x}+2(2^x+2^{-x})-6=0$에서

$$(2^x+2^{-x})^2-2+2(2^x+2^{-x})-6=0$$
$$(2^x+2^{-x})^2+2(2^x+2^{-x})-8=0 \quad \cdots\cdots \text{㉠}$$

$2^x+2^{-x}=X$로 놓으면

$$X=2^x+2^{-x}\geq 2\sqrt{2^x\times 2^{-x}}=2$$

(단, 등호는 $2^x=2^{-x}$일 때 성립)

㉠에 $2^x+2^{-x}=X$를 대입하면

$$X^2+2X-8=0, \; (X+4)(X-2)=0$$
$$\therefore X=2 \; (\because X\geq 2)$$

즉, $2^x+2^{-x}=2$의 양변에 2^x을 곱하면

$$(2^x)^2+1=2\times 2^x, \; (2^x)^2-2\times 2^x+1=0$$

이때 $2^x=t \; (t>0)$으로 놓으면

$$t^2-2t+1=0, \; (t-1)^2=0$$
$$\therefore t=1$$

따라서 $2^x=1$에서 $x=0$

(2) $a^{2x}-4\times a^x+3=0$에서 $a^x=t \; (t>0)$으로 놓으면

$$t^2-4t+3=0, \; (t-1)(t-3)=0$$
$$\therefore t=1 \text{ 또는 } t=3$$

즉, $a^x=1$ 또는 $a^x=3$이므로

$$x=0 \text{ 또는 } x=\log_a 3$$

한 근이 $\dfrac{1}{2}$이므로 $x=\log_a 3=\dfrac{1}{2}$

$$a^{\frac{1}{2}}=3 \qquad \therefore a=9$$

📦 (1) $x=0$ (2) 9

02-3

$9^x-3^{x+2}+3=0$에서 $3^x=t \; (t>0)$으로 놓으면

$$t^2-9t+3=0 \quad \cdots\cdots \text{㉠}$$

주어진 방정식의 두 근이 α, β이므로 방정식 ㉠의 두 근은 3^α, 3^β이다.

따라서 이차방정식의 근과 계수의 관계에 의하여

$$3^\alpha\times 3^\beta=3, \; 3^{\alpha+\beta}=3$$
$$\therefore \alpha+\beta=1$$

📦 1

02-4

(1) $4^x-2^{x+3}+a=0$에서 $(2^x)^2-8\times 2^x+a=0$

이때 $2^x=t \; (t>0)$으로 놓으면

$$t^2-8t+a=0 \quad \cdots\cdots \text{㉠}$$

주어진 방정식이 서로 다른 두 실근을 가지려면 방정식 ㉠이 서로 다른 두 양의 실근을 가져야 한다.

(ⅰ) 방정식 ㉠의 판별식을 D라 하면

$$\dfrac{D}{4}=(-4)^2-a>0, \; 16-a>0$$
$$\therefore a<16$$

(ⅱ) (두 근의 합)>0이어야 하므로 이차방정식의 근과 계수의 관계에 의하여

(두 근의 합)$=8>0$

(ⅲ) (두 근의 곱)>0이어야 하므로 이차방정식의 근과 계수의 관계에 의하여

(두 근의 곱)$=a>0$

(ⅰ), (ⅱ), (ⅲ)에서 $0<a<16$

(2) $\left(\dfrac{1}{25}\right)^x-a\times\left(\dfrac{1}{5}\right)^x-3a+16=0$에서

$$\left\{\left(\dfrac{1}{5}\right)^x\right\}^2-a\times\left(\dfrac{1}{5}\right)^x-3a+16=0$$

이때 $\left(\dfrac{1}{5}\right)^x=t \; (t>0)$으로 놓으면

$$t^2-at-3a+16=0 \quad \cdots\cdots \text{㉠}$$

주어진 방정식이 서로 다른 두 실근을 가지려면 방정식 ㉠이 서로 다른 두 양의 실근을 가져야 한다.

(ⅰ) 방정식 ㉠의 판별식을 D라 하면

$$D=(-a)^2-4\times(-3a+16)>0$$
$$a^2+12a-64>0, \; (a+16)(a-4)>0$$
$$\therefore a<-16 \text{ 또는 } a>4$$

(ⅱ) (두 근의 합)>0이어야 하므로 이차방정식의 근과 계수의 관계에 의하여

(두 근의 합)$=a>0$

(ⅲ) (두 근의 곱)>0이어야 하므로 이차방정식의 근과 계수의 관계에 의하여

(두 근의 곱)$=-3a+16>0$

$$\therefore a<\dfrac{16}{3}$$

(ⅰ), (ⅱ), (ⅲ)에서 $4<a<\dfrac{16}{3}$

이차방정식의 실근의 부호

계수가 실수인 이차방정식 $ax^2+bx+c=0$의 판별식을 D라 할 때,

① 두 근이 모두 양수이면
   ➡ $D\geq 0$, (두 근의 합)>0, (두 근의 곱)>0

② 두 근이 모두 음수이면
   ➡ $D\geq 0$, (두 근의 합)<0, (두 근의 곱)>0

③ 두 근이 서로 다른 부호이면 ➡ (두 근의 곱)<0

이때 두 근이 서로 다른 실수이면 ①, ②에서 $D>0$이다.

📦 (1) $0<a<16$ (2) $4<a<\dfrac{16}{3}$

03-1

(1) $\left(\dfrac{7}{3}\right)^{x+3}<\left(\dfrac{3}{7}\right)^{x^2-5}$에서 밑을 $\dfrac{7}{3}$로 같게 변형하면

$\left(\dfrac{7}{3}\right)^{x+3}<\left(\dfrac{7}{3}\right)^{-x^2+5}$

밑 $\dfrac{7}{3}$이 $\dfrac{7}{3}>1$이므로 $x+3<-x^2+5$

$x^2+x-2<0,\ (x+2)(x-1)<0$

$\therefore -2<x<1$

(2) $\left(\dfrac{1}{6}\right)^{12-x}\geq\left(\dfrac{1}{36}\right)^{x^2-3x}$에서 밑을 $\dfrac{1}{6}$로 같게 변형하면

$\left(\dfrac{1}{6}\right)^{12-x}\geq\left(\dfrac{1}{6}\right)^{2x^2-6x}$

밑 $\dfrac{1}{6}$이 $0<\dfrac{1}{6}<1$이므로 $12-x\leq 2x^2-6x$

$2x^2-5x-12\geq 0,\ (2x+3)(x-4)\geq 0$

$\therefore x\leq -\dfrac{3}{2}$ 또는 $x\geq 4$

다른 풀이

(2) $\left(\dfrac{1}{6}\right)^{12-x}\geq\left(\dfrac{1}{36}\right)^{x^2-3x}$에서 밑을 6으로 같게 변형하면

$(6^{-1})^{12-x}\geq(6^{-2})^{x^2-3x},\ 6^{x-12}\geq 6^{-2x^2+6x}$

밑 6이 $6>1$이므로 $x-12\geq -2x^2+6x$

$2x^2-5x-12\geq 0,\ (2x+3)(x-4)\geq 0$

$\therefore x\leq -\dfrac{3}{2}$ 또는 $x\geq 4$

답 (1) $-2<x<1$　(2) $x\leq -\dfrac{3}{2}$ 또는 $x\geq 4$

03-2

$\left(\dfrac{1}{2}\right)^{5x+a}<\sqrt{8^{2x}}$에서 밑을 2로 같게 변형하면

$(2^{-1})^{5x+a}<\{(2^3)^{2x}\}^{\frac{1}{2}},\ 2^{-5x-a}<2^{3x}$

밑 2가 $2>1$이므로 $-5x-a<3x$

$-8x<a$　$\therefore x>-\dfrac{a}{8}$

주어진 부등식의 해가 $x>-5$이므로

$-\dfrac{a}{8}=-5$　$\therefore a=40$

답 40

03-3

$\left(\dfrac{1}{3}\right)^{f(x)}<\left(\dfrac{1}{3}\right)^{g(x)}$의 밑 $\dfrac{1}{3}$이 $0<\dfrac{1}{3}<1$이므로

$f(x)>g(x)$　……㉠

주어진 그림에서 ㉠을 만족시키는 x의 값의 범위는 직선 $y=f(x)$가 곡선 $y=g(x)$보다 위쪽에 있는 부분의 x의 값의 범위이므로 $-4<x<2$

답 $-4<x<2$

03-4

$7^{kx}<\left(\dfrac{1}{49}\right)^{x^2}$에서 밑을 7로 같게 변형하면

$7^{kx}<7^{-2x^2}$

밑 7이 $7>1$이므로 $kx<-2x^2$

$2x^2+kx<0,\ x(2x+k)<0$

이때 k는 자연수이므로

$-\dfrac{k}{2}<x<0$　……㉠

㉠을 만족시키는 정수 x의 개수가 2이므로

$-3\leq -\dfrac{k}{2}<-2$

$\therefore 4<k\leq 6$

따라서 자연수 k는 $5,\ 6$이므로 그 곱은

$5\times 6=30$

답 30

04-1

(1) $6^x-(\sqrt{6})^x\leq(\sqrt{6})^{x+2}-6$을 변형하면

$(\sqrt{6})^{2x}-7\times(\sqrt{6})^x+6\leq 0$

이때 $(\sqrt{6})^x=t\ (t>0)$으로 놓으면

$t^2-7t+6\leq 0,\ (t-1)(t-6)\leq 0$

$\therefore 1\leq t\leq 6$

따라서 $(\sqrt{6})^0\leq(\sqrt{6})^x\leq(\sqrt{6})^2$에서 밑 $\sqrt{6}$이 $\sqrt{6}>1$이므로 $0\leq x\leq 2$

(2) $5^{1-x}+9<2\times 5^x$의 양변에 5^x을 곱하면

$5+9\times 5^x<2\times(5^x)^2$

$2\times(5^x)^2-9\times 5^x-5>0$

이때 $5^x=t\ (t>0)$으로 놓으면

$2t^2-9t-5>0,\ (2t+1)(t-5)>0$

$\therefore t>5\ (\because t>0)$

따라서 $5^x>5$에서 밑 5가 $5>1$이므로

$x>1$

답 (1) $0\leq x\leq 2$　(2) $x>1$

04-2

$4^{|x|}-2^{|x|+4}+15\leq 0$에서

$(2^{|x|})^2-16\times 2^{|x|}+15\leq 0$

이때 $2^{|x|}=t\ (t\geq 1)$로 놓으면

$t^2-16t+15\leq 0$

$(t-1)(t-15)\leq 0$

$\therefore 1\leq t\leq 15$

따라서 $1\leq 2^{|x|}\leq 15$, 즉 $2^0\leq 2^{|x|}\leq 2^{\log_2 15}$에서 밑 2가 $2>1$이므로 $0\leq |x|\leq\log_2 15$

그러므로 부등식을 만족시키는 정수 x는 -3, -2, -1, 0, 1, 2, 3의 7개이다.

답 7

04-3

$9^x+a\times 3^x+b>0$에서 $3^x=t$ $(t>0)$으로 놓으면

$t^2+at+b>0$ $\qquad$ ...... ㉠

$x<-1$ 또는 $x>2$에서 $t=3^x$이므로

$0<t<\dfrac{1}{3}$ 또는 $t>9$ $\qquad$ ...... ㉡

따라서 이차항의 계수가 1이고 해가 ㉡인 t에 대한 이차부등식은 $\left(t-\dfrac{1}{3}\right)(t-9)>0$

$\therefore t^2-\dfrac{28}{3}t+3>0$ $\qquad$ ...... ㉢

㉠, ㉢이 서로 같으므로 $a=-\dfrac{28}{3}$, $b=3$

$\therefore ab=\left(-\dfrac{28}{3}\right)\times 3=-28$

> **참고**
>
> ① 해가 $\alpha<x<\beta$이고 x^2의 계수가 1인 이차부등식은
> $$(x-\alpha)(x-\beta)<0$$
> ② 해가 $x<\alpha$ 또는 $x>\beta$ $(\alpha<\beta)$이고 x^2의 계수가 1인 이차부등식은
> $$(x-\alpha)(x-\beta)>0$$

답 -28

04-4

$\left(\dfrac{1}{4}\right)^x-(3n+16)\times\left(\dfrac{1}{2}\right)^x+48n\leq 0$에서

$\left\{\left(\dfrac{1}{2}\right)^x\right\}^2-(3n+16)\times\left(\dfrac{1}{2}\right)^x+48n\leq 0$

$\left(\dfrac{1}{2}\right)^x=t$ $(t>0)$으로 놓으면

$t^2-(3n+16)t+48n\leq 0$

$(t-3n)(t-16)\leq 0$

(i) $3n<16$일 때, $3n\leq t\leq 16$

즉, $3n\leq\left(\dfrac{1}{2}\right)^x\leq 16$을 만족시키는 정수 x의 개수가 2가 되려면 $2^2<3n\leq 2^3$이어야 하므로

$n=2$

(ii) $3n>16$일 때, $16\leq t\leq 3n$

즉, $16\leq\left(\dfrac{1}{2}\right)^x\leq 3n$을 만족시키는 정수 x의 개수가 2가 되려면 $2^5\leq 3n<2^6$이어야 하므로

$n=11$, 12, 13, $\cdots$, 21

(i), (ii)에서 구하는 모든 자연수 n의 개수는 12이다.

답 12

05-1

(1) $\begin{cases} 3^x+(\sqrt{5})^{2y+2}=8 \\ -3^{x-1}+2\times 5^y=1 \end{cases}$ 에서 $\begin{cases} 3^x+5^{y+1}=8 \\ -\dfrac{1}{3}\times 3^x+2\times 5^y=1 \end{cases}$

$3^x=X$, $5^y=Y$ $(X>0, Y>0)$으로 놓으면

$\begin{cases} X+5Y=8 \\ -\dfrac{1}{3}X+2Y=1 \end{cases}$

위의 연립방정식을 풀면 $X=3$, $Y=1$

$3^x=3$, $5^y=1$

$\therefore x=1$, $y=0$

따라서 $\alpha=1$, $\beta=0$이므로

$\alpha+\beta=1$

(2) $\left(\dfrac{1}{9\sqrt{3}}\right)^x<243<27^{3-2x}$에서

$3^{-\frac{5}{2}x}<3^5<3^{9-6x}$

밑 3이 $3>1$이므로

(i) $-\dfrac{5}{2}x<5$ $\qquad$ $\therefore x>-2$

(ii) $5<9-6x$, $6x<4$ $\qquad$ $\therefore x<\dfrac{2}{3}$

(i), (ii)에서 $-2<x<\dfrac{2}{3}$

따라서 $\alpha=-2$, $\beta=\dfrac{2}{3}$이므로

$\beta-\alpha=\dfrac{2}{3}-(-2)=\dfrac{8}{3}$

답 (1) 1 $\quad$ (2) $\dfrac{8}{3}$

05-2

$\left(\dfrac{1}{3}\right)^x=X$, $\left(\dfrac{1}{3}\right)^y=Y$ $(X>0, Y>0)$으로 놓으면

$\begin{cases} X+Y=\dfrac{28}{3} \qquad \cdots\cdots ㉠ \\ XY=3 \qquad\qquad \cdots\cdots ㉡ \end{cases}$

㉠에서 $Y=\dfrac{28}{3}-X$를 ㉡에 대입하면

$X\left(\dfrac{28}{3}-X\right)=3$, $X^2-\dfrac{28}{3}X+3=0$

$3X^2-28X+9=0$, $(3X-1)(X-9)=0$

$\therefore X=\dfrac{1}{3}$, $Y=9$ 또는 $X=9$ 또는 $Y=\dfrac{1}{3}$

$\left(\dfrac{1}{3}\right)^x=\dfrac{1}{3}$, $\left(\dfrac{1}{3}\right)^y=9$ 또는 $\left(\dfrac{1}{3}\right)^x=9$, $\left(\dfrac{1}{3}\right)^y=\dfrac{1}{3}$

따라서 $x=1$, $y=-2$ 또는 $x=-2$, $y=1$이므로

$\alpha=1$, $\beta=-2$ 또는 $\alpha=-2$, $\beta=1$

$\therefore |\alpha-\beta|=3$

$\left(\dfrac{1}{3}\right)^x=X,\ \left(\dfrac{1}{3}\right)^y=Y\ (X>0,\ Y>0)$으로 놓으면

$$\begin{cases} X+Y=\dfrac{28}{3} & \cdots\cdots\ \text{㉠} \\ XY=3 & \cdots\cdots\ \text{㉡} \end{cases}$$

이차방정식의 근과 계수의 관계를 이용하면 $X,\ Y$는 t에 대한 이차방정식 $t^2-(X+Y)t+XY=0$의 해이므로

$t^2-\dfrac{28}{3}t+3=0,\ 3t^2-28t+9=0$

$(3t-1)(t-9)=0$

따라서 $X=\dfrac{1}{3},\ Y=9$ 또는 $X=9,\ Y=\dfrac{1}{3}$이므로

$x=1,\ y=-2$ 또는 $x=-2,\ y=1$

따라서 $\alpha=1,\ \beta=-2$ 또는 $\alpha=-2,\ \beta=1$이므로

$|\alpha-\beta|=3$

답 3

05-3

$$\begin{cases} \dfrac{1}{64}\le\left(\dfrac{1}{8}\right)^{x-3} \\ \left(\dfrac{1}{7}\right)^x<\sqrt[3]{7^5}\times 7^x \end{cases} \text{에서}\ \begin{cases} \left(\dfrac{1}{8}\right)^2\le\left(\dfrac{1}{8}\right)^{x-3} \\ 7^{-x}<7^{\frac{5}{3}}\times 7^x \end{cases}$$

$\left(\dfrac{1}{8}\right)^2\le\left(\dfrac{1}{8}\right)^{x-3}$에서 밑 $\dfrac{1}{8}$이 $0<\dfrac{1}{8}<1$이므로

$2\ge x-3$ $\quad\therefore\ x\le 5$ $\qquad\cdots\cdots\ \text{㉠}$

$7^{-x}<7^{\frac{5}{3}}\times 7^x$에서 $7^{-x}<7^{x+\frac{5}{3}}$

밑 7이 $7>1$이므로 $-x<x+\dfrac{5}{3}$

$-2x<\dfrac{5}{3}$ $\quad\therefore\ x>-\dfrac{5}{6}$ $\qquad\cdots\cdots\ \text{㉡}$

㉠, ㉡에 의하여 구하는 해는 $-\dfrac{5}{6}<x\le 5$

따라서 정수 x는 $0,\ 1,\ 2,\ 3,\ 4,\ 5$의 6개이다.

답 6

05-4

$$\begin{cases} 4^{x^2-\frac{1}{2}}>(\sqrt{128})^x \\ \left(\dfrac{1}{36}\right)^x-\left(\dfrac{1}{6}\right)^x<\left(\dfrac{1}{6}\right)^{x-2}-36 \end{cases}\text{에서}$$

$$\begin{cases} 2^{2x^2-1}>2^{\frac{7}{2}x} \\ \left\{\left(\dfrac{1}{6}\right)^x\right\}^2-\left(\dfrac{1}{6}\right)^x<36\times\left(\dfrac{1}{6}\right)^x-36 \end{cases}$$

$2^{2x^2-1}>2^{\frac{7}{2}x}$에서 밑 2가 $2>1$이므로

$2x^2-1>\dfrac{7}{2}x,\ 4x^2-7x-2>0,\ (4x+1)(x-2)>0$

$\therefore\ x<-\dfrac{1}{4}$ 또는 $x>2$ $\qquad\cdots\cdots\ \text{㉠}$

$\left\{\left(\dfrac{1}{6}\right)^x\right\}^2-\left(\dfrac{1}{6}\right)^x<36\times\left(\dfrac{1}{6}\right)^x-36$에서

$\left(\dfrac{1}{6}\right)^x=t\ (t>0)$으로 놓으면

$t^2-t<36t-36,\ t^2-37t+36<0$

$(t-1)(t-36)<0$ $\quad\therefore\ 1<t<36$

즉, $\left(\dfrac{1}{6}\right)^0<\left(\dfrac{1}{6}\right)^x<\left(\dfrac{1}{6}\right)^{-2}$에서 밑 $\dfrac{1}{6}$이 $0<\dfrac{1}{6}<1$이므로

$-2<x<0$ $\qquad\cdots\cdots\ \text{㉡}$

㉠, ㉡에 의하여 구하는 해는 $-2<x<-\dfrac{1}{4}$

따라서 $\alpha=-2,\ \beta=-\dfrac{1}{4}$이므로

$\alpha\beta=(-2)\times\left(-\dfrac{1}{4}\right)=\dfrac{1}{2}$

답 $\dfrac{1}{2}$

06-1

(1) (i) 밑이 1일 때, $x=1$이면 주어진 방정식은
$1^3=1^{-9}$이므로 등식이 성립한다.

(ii) 지수가 같을 때, $-2x+5=x-10$
$3x=15$ $\quad\therefore\ x=5$

(i), (ii)에서 구하는 방정식의 해는
$x=1$ 또는 $x=5$

(2) (i) 밑이 같을 때, $2x+6=5x$
$3x=6$ $\quad\therefore\ x=2$

(ii) 지수가 0일 때, $1-2x=0$ $\quad\therefore\ x=\dfrac{1}{2}$

즉, 주어진 방정식은 $7^0=\left(\dfrac{5}{2}\right)^0$이므로 등식이 성립한다.

(i), (ii)에서 구하는 방정식의 해는
$x=\dfrac{1}{2}$ 또는 $x=2$

(3) (i) $x>1$일 때, $4x-7>x^2-3x+5$
$x^2-7x+12<0,\ (x-3)(x-4)<0$
$\therefore\ 3<x<4$

(ii) $x=1$일 때, (좌변)$=1$, (우변)$=1$
이므로 주어진 부등식은 성립하지 않는다.

(iii) $0<x<1$일 때, $4x-7<x^2-3x+5$
$x^2-7x+12>0,\ (x-3)(x-4)>0$
$\therefore\ x<3$ 또는 $x>4$
그런데 $0<x<1$이므로 $0<x<1$

(i), (ii), (iii)에서 구하는 부등식의 해는
$0<x<1$ 또는 $3<x<4$

답 (1) $x=1$ 또는 $x=5$

(2) $x=\dfrac{1}{2}$ 또는 $x=2$

(3) $0<x<1$ 또는 $3<x<4$

06-2

(1) (i) 밑이 1일 때, $x+7=1$, 즉 $x=-6$이면 주어진
방정식은 $1^{36}=1^{14}$이므로 등식이 성립한다.

(ii) 지수가 같을 때, $x^2=x+20$
$x^2-x-20=0$, $(x+4)(x-5)=0$
$\therefore x=-4$ 또는 $x=5$

(i), (ii)에서 구하는 방정식의 해는
$x=-6$ 또는 $x=-4$ 또는 $x=5$

(2) (i) 밑이 1일 때, $x^2-5x+7=1$
$x^2-5x+6=0$, $(x-2)(x-3)=0$
$\therefore x=2$ 또는 $x=3$

(ii) 지수가 0일 때, $2x-5=0$ $\quad \therefore x=\dfrac{5}{2}$

(i), (ii)에서 구하는 방정식의 해는
$x=2$ 또는 $x=\dfrac{5}{2}$ 또는 $x=3$

따라서 모든 근의 곱은 $2\times\dfrac{5}{2}\times3=15$

$$\boxed{\text{답}}\ (1)\ x=-6\ \text{또는}\ x=-4\ \text{또는}\ x=5 \quad (2)\ 15$$

06-3

(i) $x+2>1$, 즉 $x>-1$일 때,
$(x+2)^{x^2+5}\geq(x+2)^{-4x+1}$에서
$x^2+5\geq-4x+1$
$x^2+4x+4\geq0$, $(x+2)^2\geq0$
$\therefore x$는 모든 실수
그런데 $x>-1$이므로 $x>-1$

(ii) $x+2=1$, 즉 $x=-1$일 때,
(좌변)$=1^6$, (우변)$=1^5$이므로 주어진 부등식이 성립한다.

(iii) $0<x+2<1$, 즉 $-2<x<-1$일 때,
$(x+2)^{x^2+5}\geq(x+2)^{-4x+1}$에서
$x^2+5\leq-4x+1$
$x^2+4x+4\leq0$, $(x+2)^2\leq0$
$\therefore x=-2$
그런데 $-2<x<-1$이므로 해는 없다.

(i), (ii), (iii)에서 구하는 해는 $x\geq-1$

$$\boxed{\text{답}}\ x\geq-1$$

06-4

$(x^2-10x+25)^{x-5}<1 \qquad \cdots\cdots\ \unicode{x1F150}$

(i) $0<x^2-10x+25<1$, 즉 $0<(x-5)^2<1$일 때,
$-1<x-5<0$ 또는 $0<x-5<1$
$\therefore 4<x<5$ 또는 $5<x<6 \qquad \cdots\cdots\ \unicode{x1F151}$

㉠에서 $0<($밑$)<1$이므로
$x-5>0 \qquad \therefore x>5 \qquad \cdots\cdots\ \unicode{x1F152}$
ㄴ, ㄷ의 공통부분을 구하면 $5<x<6$

(ii) $x^2-10x+25=1$일 때,
부등식 ㉠은 성립하지 않는다.

(iii) $x^2-10x+25>1$, 즉 $x^2-10x+24>0$일 때,
$(x-4)(x-6)>0$
$\therefore x<4$ 또는 $x>6 \qquad \cdots\cdots\ \unicode{x1F153}$
㉠에서 (밑)>1이므로
$x-5<0 \qquad \therefore x<5 \qquad \cdots\cdots\ \unicode{x1F154}$
ㄹ, ㅁ의 공통부분을 구하면 $x<4$

(i), (ii), (iii)에서 구하는 부등식의 해는
$x<4$ 또는 $5<x<6$
$\therefore S=\{x\,|\,x<4\ \text{또는}\ 5<x<6\}$

따라서 집합 S의 원소가 아닌 것은 ③ $\dfrac{9}{2}$이다.

$$\boxed{\text{답}}\ \text{③}$$

07-1

(1) $\left(\dfrac{1}{9}\right)^x-\left(\dfrac{1}{3}\right)^{x-2}+k+1>0$에서
$\left\{\left(\dfrac{1}{3}\right)^x\right\}^2-9\times\left(\dfrac{1}{3}\right)^x+k+1>0$

이때 $\left(\dfrac{1}{3}\right)^x=t\ (t>0)$으로 놓으면
$t^2-9t+k+1>0$
$f(t)=t^2-9t+k+1$이라 하면
$f(t)=\left(t-\dfrac{9}{2}\right)^2+k-\dfrac{77}{4}$

따라서 부등식 $f(t)>0$이
$t>0$인 모든 실수 t에 대하여 성립하려면
$f\left(\dfrac{9}{2}\right)>0$이어야 하므로
$k-\dfrac{77}{4}>0$
$\therefore k>\dfrac{77}{4}$

(2) $\left(\dfrac{1}{4}\right)^{x-1}+\left(\dfrac{1}{2}\right)^{x-3}\geq k-5$에서
$4\times\left\{\left(\dfrac{1}{2}\right)^x\right\}^2+8\times\left(\dfrac{1}{2}\right)^x-k+5\geq0$

이때 $\left(\dfrac{1}{2}\right)^x=t\ (t>0)$으로 놓으면
$4t^2+8t-k+5\geq0$
$f(t)=4t^2+8t-k+5$라 하면
$f(t)=4(t+1)^2-k+1$

따라서 부등식 $f(t)\geq0$이
$t>0$인 모든 실수 t에 대하여
성립하려면
$f(0)\geq0$이어야 하므로
$-k+5\geq0$
$\therefore k\leq5$

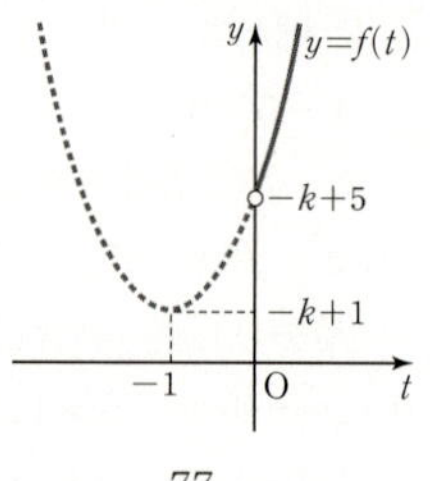

$\boxed{답}$ (1) $k>\dfrac{77}{4}$ (2) $k\leq5$

07-2

$\left(\dfrac{1}{16}\right)^x-\left(\dfrac{1}{4}\right)^{x+1}\geq k$에서

$\left\{\left(\dfrac{1}{4}\right)^x\right\}^2-\dfrac{1}{4}\times\left(\dfrac{1}{4}\right)^x-k\geq0$

이때 $\left(\dfrac{1}{4}\right)^x=t\ (t>0)$으로 놓으면

$t^2-\dfrac{1}{4}t-k\geq0$

또한 $x\leq0$에서 $t\geq1$이므로

$f(t)=t^2-\dfrac{1}{4}t-k$라 하면 $f(t)=\left(t-\dfrac{1}{8}\right)^2-k-\dfrac{1}{64}$

부등식 $f(t)\geq0$이 $t\geq1$인 모든 실수
t에 대하여 성립하려면
$f(1)\geq0$이어야 하므로
$f(1)=1-\dfrac{1}{4}-k\geq0$

$\therefore k\leq\dfrac{3}{4}$

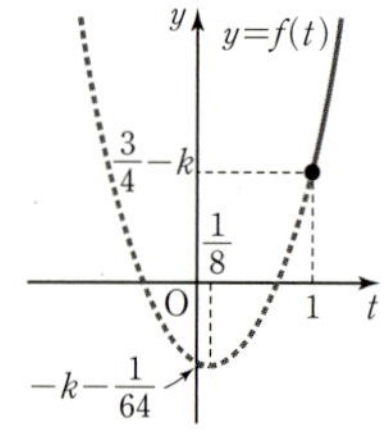

따라서 구하는 실수 k의 최댓값은 $\dfrac{3}{4}$이다.

$\boxed{답}$ $\dfrac{3}{4}$

07-3

$9^x+9^{-x}\geq k-2(3^x+3^{-x})$에서
$(3^x+3^{-x})^2+2(3^x+3^{-x})-2-k\geq0$ $\quad\cdots\cdots\ \bigcirc$
$3^x+3^{-x}=t$로 놓으면
$t=3^x+3^{-x}\geq2\sqrt{3^x\times3^{-x}}=2$

$\qquad\qquad\qquad$ (단, 등호는 $3^x=3^{-x}$일 때 성립)
즉, $t\geq2$이고 $\bigcirc$에 $3^x+3^{-x}=t$를 대입하면
$t^2+2t-2-k\geq0$
$f(t)=t^2+2t-2-k$라 하면
$f(t)=(t+1)^2-3-k$
부등식 $f(t)\geq0$이 $t\geq2$인 모든 실수 t에 대하여 성립하려면
$f(2)\geq0$이어야 하므로
$4+4-2-k\geq0$ $\quad\therefore k\leq6$
따라서 구하는 실수 k의 최댓값은 6이다.

$\boxed{답}$ 6

07-4

$2^{2x}-a\times2^{x+1}+6-a>0$에서
$(2^x)^2-2a\times2^x+6-a>0$
이때 $2^x=t\ (t>0)$으로 놓으면
$t^2-2at+6-a>0$
$f(t)=t^2-2at+6-a$라 하면
$f(t)=(t-a)^2-a^2-a+6$
부등식 $f(t)>0$이 $t>0$인 모든 실수 t에 대하여 성립하려면
(i) $a\leq0$일 때, $f(0)\geq0$이어야 하므로
$\quad 6-a\geq0$ $\quad\therefore a\leq6$
$\quad$그런데 $a\leq0$이므로 $a\leq0$
(ii) $a>0$일 때, $f(a)>0$이어야 하므로
$\quad -a^2-a+6>0,\ a^2+a-6<0$
$\quad (a+3)(a-2)<0$ $\quad\therefore -3<a<2$
$\quad$그런데 $a>0$이므로 $0<a<2$
(i), (ii)에서 구하는 실수 a의 값의 범위는
$a<2$

$\boxed{답}$ $a<2$

08-1

해발 2500 m인 곳의 기압이 $500\sqrt{2}$ hPa이므로
$500\sqrt{2}=1000\times2^{-\frac{2500}{a}}$에서
$\dfrac{\sqrt{2}}{2}=2^{-\frac{2500}{a}}$, $2^{-\frac{1}{2}}=2^{-\frac{2500}{a}}$
즉, $-\dfrac{1}{2}=-\dfrac{2500}{a}$이므로 $a=5000$
따라서 해발 10000 m인 곳의 기압은
$1000\times2^{-\frac{10000}{5000}}=1000\times2^{-2}$
$\qquad\qquad\qquad\quad =1000\times\dfrac{1}{4}=250\,(\text{hPa})$

$\boxed{답}$ 250 hPa

08-2

$\dfrac{Q(4)}{Q(2)}=\dfrac{3}{2}$에서 $2Q(4)=3Q(2)$
$Q(2)=Q_0\left(1-2^{-\frac{2}{a}}\right)$, $Q(4)=Q_0\left(1-2^{-\frac{4}{a}}\right)$이므로
$2Q_0\left(1-2^{-\frac{4}{a}}\right)=3Q_0\left(1-2^{-\frac{2}{a}}\right)$
$2\left\{1-\left(2^{-\frac{2}{a}}\right)^2\right\}=3\left(1-2^{-\frac{2}{a}}\right)$ $(\because Q_0>0)$ $\quad\cdots\cdots\ \bigcirc$
이때 $2^{-\frac{2}{a}}=t$로 놓으면 $a>0$이므로 $0<t<1$
$\bigcirc$에 $2^{-\frac{2}{a}}=t$를 대입하면
$2(1-t^2)=3(1-t)$
$2(1+t)(1-t)=3(1-t)$
$2(1+t)=3\ (\because 1-t\neq0)$
$1+t=\dfrac{3}{2}$ $\quad\therefore t=\dfrac{1}{2}$

즉, $2^{-\frac{2}{a}} = \frac{1}{2} = 2^{-1}$에서 $-\frac{2}{a} = -1$

$\therefore a = 2$

답 ②

08-3

처음 25마리였던 유산균이 3시간 후 50마리가 되므로

$25 \times a^3 = 50$, $a^3 = 2$ $\therefore a = 2^{\frac{1}{3}}$

50마리의 유산균이 n시간 후 3200마리가 된다고 하면

$50 \times (2^{\frac{1}{3}})^n = 3200$

$2^{\frac{n}{3}} = 64 = 2^6$, $\frac{n}{3} = 6$ $\therefore n = 18$

따라서 50마리의 유산균이 3200마리가 되는 데 걸리는 시간은 18시간이다.

답 18시간

08-4

이월 상품의 가격은 1년이 지날 때마다 20 %씩 낮추어지므로 이월 상품의 가격은 1년 전 가격의 $\frac{4}{5}$가 된다.

최소 n년이 되었을 때 이월 상품의 가격이 102만 4천 원 이하가 된다고 하면

$2500000 \times \left(\frac{4}{5}\right)^n \leq 1024000$

$\left(\frac{4}{5}\right)^n \leq \frac{256}{625}$, $\left(\frac{4}{5}\right)^n \leq \left(\frac{4}{5}\right)^4$

밑 $\frac{4}{5}$가 $0 < \frac{4}{5} < 1$이므로 $n \geq 4$

따라서 옷의 가격을 102만 4천 원 이하로 정했을 때, 이 매장에서 이 옷을 구매한 지 최소 4년이 되었다.

답 4년

02 로그방정식과 로그부등식

본문 167쪽

개념 CHECK

01 (1) $x=1$ (2) $x=1$ 또는 $x=3$

02 (1) $x=\frac{1}{9}$ 또는 $x=\frac{1}{3}$ (2) $x=2$ 또는 $x=16$

03 (1) $x=3$ (2) $x=3$ 또는 $x=9$

04 (1) $2 < x \leq 4$ (2) $x > -1$

05 (1) $0 < x \leq 4$ 또는 $x \geq 16$ (2) $\frac{1}{3} < x < 27$

01

(1) 진수의 조건에서 $x > 0$, $3x - 2 > 0$

$\therefore x > \frac{2}{3}$ ...... ㉠

$\log_3 x = 2\log_9 (3x-2)$에서 $\log_3 x = \log_3 (3x-2)$

$x = 3x - 2$ $\therefore x = 1$ ...... ㉡

㉠, ㉡에 의하여 구하는 해는 $x = 1$

(2) 진수의 조건에서 $5 - x > 0$, $1 + x > 0$

$\therefore -1 < x < 5$ ...... ㉠

$\log_2 (5-x) + \log_2 (1+x) = 3$에서

$\log_2 (-x^2 + 4x + 5) = \log_2 8$

$-x^2 + 4x + 5 = 8$, $x^2 - 4x + 3 = 0$

$(x-1)(x-3) = 0$

$\therefore x = 1$ 또는 $x = 3$ ...... ㉡

㉠, ㉡에 의하여 구하는 해는 $x = 1$ 또는 $x = 3$

답 (1) $x = 1$ (2) $x = 1$ 또는 $x = 3$

02

(1) $(\log_3 x)^2 + \log_3 x^3 + 2 = 0$에서

$(\log_3 x)^2 + 3\log_3 x + 2 = 0$

$\log_3 x = t$로 놓으면

$t^2 + 3t + 2 = 0$, $(t+2)(t+1) = 0$

$\therefore t = -2$ 또는 $t = -1$

따라서 $\log_3 x = -2$ 또는 $\log_3 x = -1$이므로

$x = \frac{1}{9}$ 또는 $x = \frac{1}{3}$

(2) $(\log_2 x)^2 + 5\log_{\frac{1}{2}} x = -4$에서

$(\log_2 x)^2 - 5\log_2 x + 4 = 0$

$\log_2 x = t$로 놓으면

$t^2 - 5t + 4 = 0$, $(t-1)(t-4) = 0$

$\therefore t = 1$ 또는 $t = 4$

따라서 $\log_2 x = 1$ 또는 $\log_2 x = 4$이므로

$x = 2$ 또는 $x = 16$

답 (1) $x = \frac{1}{9}$ 또는 $x = \frac{1}{3}$ (2) $x = 2$ 또는 $x = 16$

03

(1) 진수의 조건에서 $4 - x > 0$

밑의 조건에서

$x - 1 > 0$, $x - 1 \neq 1$, $2x + 3 > 0$, $2x + 3 \neq 1$

$\therefore 1 < x < 2$ 또는 $2 < x < 4$ ...... ㉠

주어진 방정식에서 $x - 1 = 2x + 3$ 또는 $4 - x = 1$

$\therefore x = -4$ 또는 $x = 3$ ...... ㉡

㉠, ㉡에 의하여 구하는 해는 $x = 3$

(2) $x^{\log_3 x} = \frac{1}{9}x^3$의 양변에 밑이 3인 로그를 취하면

$$\log_3 x^{\log_3 x} = \log_3 \frac{1}{9} x^3$$

$$\log_3 x \times \log_3 x = \log_3 \frac{1}{9} + \log_3 x^3$$

$$(\log_3 x)^2 = -2 + 3\log_3 x$$

$$(\log_3 x)^2 - 3\log_3 x + 2 = 0$$

$\log_3 x = t$로 놓으면

$$t^2 - 3t + 2 = 0, \ (t-1)(t-2) = 0$$

$$\therefore t = 1 \ 또는 \ t = 2$$

따라서 $\log_3 x = 1$ 또는 $\log_3 x = 2$이므로

$$x = 3 \ 또는 \ x = 9$$

답 (1) $x = 3$ (2) $x = 3$ 또는 $x = 9$

04

(1) 진수의 조건에서 $x - 2 > 0, \ x > 0$

$$\therefore x > 2 \qquad \cdots\cdots \ \text{㉠}$$

$\log_6 (x-2) + \log_6 x \leq \log_6 8$에서

$$\log_6 x(x-2) \leq \log_6 8$$

밑 6이 $6 > 1$이므로 $x(x-2) \leq 8$

$$x^2 - 2x - 8 \leq 0, \ (x+2)(x-4) \leq 0$$

$$\therefore -2 \leq x \leq 4 \qquad \cdots\cdots \ \text{㉡}$$

㉠, ㉡에 의하여 구하는 해는 $2 < x \leq 4$

(2) 진수의 조건에서 $x + 5 > 0, \ x + 3 > 0$

$$\therefore x > -3 \qquad \cdots\cdots \ \text{㉠}$$

$\log_{\frac{1}{2}} (x+5) > 4\log_{\frac{1}{4}} (x+3)$에서

$$\log_{\frac{1}{2}} (x+5) > 2\log_{\frac{1}{2}} (x+3)$$

$$\log_{\frac{1}{2}} (x+5) > \log_{\frac{1}{2}} (x+3)^2$$

밑 $\frac{1}{2}$이 $0 < \frac{1}{2} < 1$이므로

$$x + 5 < (x+3)^2, \ x + 5 < x^2 + 6x + 9$$

$$x^2 + 5x + 4 > 0, \ (x+4)(x+1) > 0$$

$$\therefore x < -4 \ 또는 \ x > -1 \qquad \cdots\cdots \ \text{㉡}$$

㉠, ㉡에 의하여 구하는 해는 $x > -1$

답 (1) $2 < x \leq 4$ (2) $x > -1$

05

(1) 진수의 조건에서 $x > 0 \qquad \cdots\cdots \ \text{㉠}$

$(\log_2 x)^2 - \log_2 x^6 + 8 \geq 0$에서

$$(\log_2 x)^2 - 6\log_2 x + 8 \geq 0$$

$\log_2 x = t$로 놓으면

$$t^2 - 6t + 8 \geq 0, \ (t-2)(t-4) \geq 0$$

$$\therefore t \leq 2 \ 또는 \ t \geq 4$$

따라서 $\log_2 x \leq 2$ 또는 $\log_2 x \geq 4$이고

밑 2가 $2 > 1$이므로

$$x \leq 4 \ 또는 \ x \geq 16 \qquad \cdots\cdots \ \text{㉡}$$

㉠, ㉡에 의하여 구하는 해는 $0 < x \leq 4$ 또는 $x \geq 16$

(2) 진수의 조건에서 $x > 0 \qquad \cdots\cdots \ \text{㉠}$

$x^{\log_3 x} < 27x^2$의 양변에 밑이 3인 로그를 취하면

$$\log_3 x^{\log_3 x} < \log_3 27x^2, \ \log_3 x \times \log_3 x < 3 + 2\log_3 x$$

$$(\log_3 x)^2 - 2\log_3 x - 3 < 0$$

$\log_3 x = t$로 놓으면

$$t^2 - 2t - 3 < 0, \ (t+1)(t-3) < 0$$

$$\therefore -1 < t < 3$$

따라서 $-1 < \log_3 x < 3$이고 밑 3이 $3 > 1$이므로

$$\frac{1}{3} < x < 27 \qquad \cdots\cdots \ \text{㉡}$$

㉠, ㉡에 의하여 구하는 해는 $\frac{1}{3} < x < 27$

답 (1) $0 < x \leq 4$ 또는 $x \geq 16$ (2) $\frac{1}{3} < x < 27$

09-1 (1) $x = 5$ (2) $x = 1$ (3) $x = \frac{2}{3}$ 또는 $x = 3$

09-2 $x = 3$ **09-3** 10 **09-4** 25

10-1 (1) $x = \frac{1}{9}$ 또는 $x = 81$ (2) $x = \frac{\sqrt{5}}{5}$ 또는 $x = 25$

10-2 (1) $\frac{\sqrt{3}}{3}$ (2) $-\frac{25}{12}$ **10-3** 34

10-4 (1) $k < -3$ 또는 $k > 7$ (2) $-\frac{1}{4}$

11-1 (1) $x = 100$ (2) $x = 1$ 또는 $x = 6$

11-2 $x = \frac{1}{36}$ **11-3** 9 **11-4** 4

12-1 (1) $3 < x < 5$ (2) $4 < x \leq 6$

12-2 (1) 6 (2) 4 **12-3** 3 **12-4** $\frac{3}{2}$

13-1 (1) $5 < x < 25$ (2) $0 < x \leq \frac{1}{81}$ 또는 $x \geq \frac{1}{3}$

13-2 -16 **13-3** $\frac{1}{4} < x < 1$ 또는 $x > 16$

13-4 64 **14-1** (1) $\frac{1}{9} < x < \frac{1}{3}$ (2) $\frac{1}{5} < x < 5$

14-2 $0 < x < \frac{\sqrt{10}}{100}$ 또는 $x > 10$

14-3 $3 < x < 8$ **14-4** 64

15-1 (1) 7 (2) $10 < x < 35$

15-2 (1) $2 < x \leq 4$ (2) $3 < x < \frac{11}{2}$

15-3 -11 **15-4** 7 **16-1** 2 **16-2** 13

16-3 -8 **16-4** $k \geq 6$ **17-1** (1) 4 (2) 28

17-2 $\frac{1}{4} < a < 64$ **17-3** 7

17-4 $2 \leq a < 2\sqrt{2}$ **18-1** 12 **18-2** 18

18-3 $\frac{99}{8}$ 분   **18-4** 15

09-1

(1) 진수의 조건에서 $x-1>0$, $x-3>0$

$\quad\therefore x>3$ ...... ㉠

$\log_{0.04}(x-1)=\log_{\frac{1}{5}}(x-3)$에서

$\dfrac{1}{2}\log_{\frac{1}{5}}(x-1)=\log_{\frac{1}{5}}(x-3)$

$\log_{\frac{1}{5}}(x-1)=\log_{\frac{1}{5}}(x-3)^2$

$x-1=(x-3)^2$, $x-1=x^2-6x+9$

$x^2-7x+10=0$, $(x-2)(x-5)=0$

$\quad\therefore x=2$ 또는 $x=5$ ...... ㉡

㉠, ㉡에 의하여 구하는 해는 $x=5$

(2) 진수의 조건에서 $2x+2>0$, $3x-2>0$

$\quad\therefore x>\dfrac{2}{3}$ ...... ㉠

$\log_2\sqrt{2x+2}=1-\dfrac{1}{2}\log_2(3x-2)$의 양변에 2를 곱하면

$2\log_2\sqrt{2x+2}=2-\log_2(3x-2)$

$\log_2(2x+2)+\log_2(3x-2)=2$

$\log_2(2x+2)(3x-2)=\log_2 4$

$(x+1)(3x-2)=2$, $3x^2+x-4=0$

$(3x+4)(x-1)=0$

$\quad\therefore x=-\dfrac{4}{3}$ 또는 $x=1$ ...... ㉡

㉠, ㉡에 의하여 구하는 해는 $x=1$

(3) 밑과 진수의 조건에서

$x^2+3>0$, $x^2+3\neq1$, $x+9>0$, $x+9\neq1$, $3x-1>0$

$\quad\therefore x>\dfrac{1}{3}$ ...... ㉠

$\log_{x^2+3}(3x-1)=\log_{x+9}(3x-1)$에서

(ⅰ) $x^2+3=x+9$일 때, $x^2-x-6=0$

$\quad(x+2)(x-3)=0$

$\quad\therefore x=-2$ 또는 $x=3$ ...... ㉡

㉠, ㉡에 의하여 $x=3$

(ⅱ) $3x-1=1$일 때, $x=\dfrac{2}{3}$

이때 $x=\dfrac{2}{3}$는 ㉠을 만족시킨다.

(ⅰ), (ⅱ)에서 구하는 해는 $x=\dfrac{2}{3}$ 또는 $x=3$

답 (1) $x=5$ (2) $x=1$ (3) $x=\dfrac{2}{3}$ 또는 $x=3$

09-2

진수의 조건에서 $x>0$, $2x+3>0$, $x-2>0$

$\quad\therefore x>2$ ...... ㉠

$\log_{\sqrt{3}}x-\log_3(2x+3)=\log_3(x-2)$에서

$\log_{\sqrt{3}}x=\log_3(x-2)+\log_3(2x+3)$

$\log_3 x^2=\log_3(x-2)(2x+3)$이므로

$x^2=(x-2)(2x+3)$

$x^2-x-6=0$, $(x+2)(x-3)=0$

$\quad\therefore x=-2$ 또는 $x=3$ ...... ㉡

㉠, ㉡에 의하여 구하는 해는 $x=3$

답 $x=3$

09-3

방정식 $\log_2(x+a)+\log_2(3-x)=5$의 한 근이 -5이므로

$\log_2(-5+a)+\log_2 8=5$, $\log_2(-5+a)+3=5$

$\log_2(-5+a)=2$

$-5+a=2^2$이므로 $-5+a=4$ $\quad\therefore a=9$

$\log_2(x+9)+\log_2(3-x)=5$에서

진수의 조건에서 $x+9>0$, $3-x>0$

$\quad\therefore -9<x<3$ ...... ㉠

$\log_2(x+9)(3-x)=5$

$(x+9)(3-x)=2^5$, $-x^2-6x+27=32$

$x^2+6x+5=0$, $(x+5)(x+1)=0$

$\quad\therefore x=-5$ 또는 $x=-1$

$x=-1$은 ㉠을 만족시키므로 $b=-1$

$\quad\therefore a-b=9-(-1)=10$

답 10

09-4

밑과 진수의 조건에서 $x^2-10x+25>0$, $x^2-10x+25\neq1$, $5-x>0$이므로

$x<4$ 또는 $4<x<5$ ...... ㉠

(ⅰ) $x^2-10x+25=9$일 때

$\quad x^2-10x+16=0$, $(x-2)(x-8)=0$

$\quad\therefore x=2$ 또는 $x=8$ ...... ㉡

㉠, ㉡에 의하여 $x=2$

(ⅱ) $5-x=1$일 때, $x=4$

이때 $x=4$는 ㉠을 만족시키지 않는다.

(ⅰ), (ⅱ)에 의하여 구하는 해는 $x=2$이므로

$a=2$

$\quad\therefore 5^a=5^2=25$

답 25

10-1

(1) $(\log_{\frac{1}{3}}x+2)\log_3 x=-8$에서

$\quad\log_{\frac{1}{3}}x\times\log_3 x+2\log_3 x+8=0$

$\quad\therefore (\log_3 x)^2-2\log_3 x-8=0$

이때 $\log_3 x=t$로 놓으면 $t^2-2t-8=0$
$(t+2)(t-4)=0$ $\quad\therefore t=-2$ 또는 $t=4$
따라서 $\log_3 x=-2$ 또는 $\log_3 x=4$이므로
$x=\dfrac{1}{9}$ 또는 $x=81$

(2) $\log_x 25x^3=\log_{\sqrt5} x$에서 $2\log_x 5+3=2\log_5 x$이므로
양변에 $\log_5 x$를 곱하면
$2(\log_5 x)^2-3\log_5 x-2=0$
이때 $\log_5 x=t$로 놓으면
$2t^2-3t-2=0$, $(2t+1)(t-2)=0$
$\therefore t=-\dfrac{1}{2}$ 또는 $t=2$
따라서 $\log_5 x=-\dfrac{1}{2}$ 또는 $\log_5 x=2$이므로
$x=\dfrac{\sqrt5}{5}$ 또는 $x=25$

$\boxed{\text{답}}$ (1) $x=\dfrac{1}{9}$ 또는 $x=81$　(2) $x=\dfrac{\sqrt5}{5}$ 또는 $x=25$

10-2

$2(\log_3 x)^2-\log_{\frac13} x-6=0$에서
$2(\log_3 x)^2+\log_3 x-6=0$
이때 $\log_3 x=t$로 놓으면
$2t^2+t-6=0$
이 이차방정식의 두 근은 $\log_3\alpha$, $\log_3\beta$이므로 근과 계수의 관계에 의하여
$\log_3\alpha+\log_3\beta=-\dfrac{1}{2}$, $\log_3\alpha\times\log_3\beta=-3$

(1) $\log_3\alpha+\log_3\beta=-\dfrac{1}{2}$에서 $\log_3\alpha\beta=-\dfrac{1}{2}$
$\therefore \alpha\beta=3^{-\frac12}=\dfrac{\sqrt3}{3}$

(2) $\log_\alpha\beta+\log_\beta\alpha$
$=\dfrac{\log_3\beta}{\log_3\alpha}+\dfrac{\log_3\alpha}{\log_3\beta}=\dfrac{(\log_3\alpha)^2+(\log_3\beta)^2}{\log_3\alpha\times\log_3\beta}$
$=\dfrac{(\log_3\alpha+\log_3\beta)^2-2\log_3\alpha\times\log_3\beta}{\log_3\alpha\times\log_3\beta}$
$=\dfrac{(\log_3\alpha\beta)^2}{\log_3\alpha\times\log_3\beta}-2$
$=\dfrac{\left(-\dfrac{1}{2}\right)^2}{-3}-2=-\dfrac{25}{12}$

(1) $2(\log_3 x)^2-\log_{\frac13} x-6=0$에서
　$2(\log_3 x)^2+\log_3 x-6=0$
　이때 $\log_3 x=t$로 놓으면
　$2t^2+t-6=0$, $(t+2)(2t-3)=0$
　$\therefore t=-2$ 또는 $t=\dfrac{3}{2}$

따라서 $\log_3 x=-2$ 또는 $\log_3 x=\dfrac{3}{2}$이므로
$x=\dfrac{1}{9}$ 또는 $x=3\sqrt3$
$\therefore \alpha=\dfrac{1}{9}$, $\beta=3\sqrt3$ 또는 $\alpha=3\sqrt3$, $\beta=\dfrac{1}{9}$
$\therefore \alpha\beta=\dfrac{1}{9}\times3\sqrt3=\dfrac{\sqrt3}{3}$

(2) $\log_\alpha\beta+\log_\beta\alpha=\log_{\frac19} 3\sqrt3+\log_{3\sqrt3}\dfrac{1}{9}$
$=\log_{3^{-2}} 3^{\frac32}+\log_{3^{\frac32}} 3^{-2}$
$=-\dfrac{3}{4}+\left(-\dfrac{4}{3}\right)=-\dfrac{25}{12}$

$\boxed{\text{답}}$ (1) $\dfrac{\sqrt3}{3}$　(2) $-\dfrac{25}{12}$

10-3

방정식 $\log_6 x+\dfrac{a}{\log_6 x}-1=0$의 한 근이 $\dfrac{1}{6}$이므로
$\log_6\dfrac{1}{6}+\dfrac{a}{\log_6\dfrac{1}{6}}-1=0$
$-1-a-1=0$ $\quad\therefore a=-2$
$\log_6 x-\dfrac{2}{\log_6 x}-1=0$에서
$(\log_6 x)^2-\log_6 x-2=0$
이때 $\log_6 x=t$로 놓으면
$t^2-t-2=0$, $(t+1)(t-2)=0$
$\therefore t=-1$ 또는 $t=2$
따라서 $\log_6 x=-1$ 또는 $\log_6 x=2$이므로
$x=\dfrac{1}{6}$ 또는 $x=36$
$\therefore b=36$
$\therefore a+b=(-2)+36=34$

$\log_6 x+\dfrac{a}{\log_6 x}-1=0$에서
$(\log_6 x)^2-\log_6 x+a=0$ $\quad\cdots\cdots\ \bigcirc$
이때 $\log_6 x=t$로 놓으면
$t^2-t+a=0$ $\quad\cdots\cdots\ \bigcirc$
방정식 $\bigcirc$의 서로 다른 두 실근이 $\dfrac{1}{6}$, b이므로 이차방정식 $\bigcirc$
의 두 근은 -1, $\log_6 b$이다.
따라서 근과 계수의 관계에 의하여
$(-1)+\log_6 b=1$, $(-1)\times\log_6 b=a$
$\log_6 b=2$, $a=-\log_6 b$
따라서 $a=-2$, $b=36$이므로
$a+b=(-2)+36=34$

$\boxed{\text{답}}$ 34

(1) $(\log_3 x+2)^2-k\log_3 x^2+21=0$에서

$(\log_3 x)^2+4\log_3 x+4-2k\log_3 x+21=0$

$(\log_3 x)^2+2(2-k)\log_3 x+25=0$

이때 $\log_3 x=t$로 놓으면

$t^2+2(2-k)t+25=0$

이 이차방정식이 서로 다른 두 실근을 가져야 하므로 이 이차방정식의 판별식을 D라 하면

$\dfrac{D}{4}=(2-k)^2-25>0$

$k^2-4k-21>0,\ (k+3)(k-7)>0$

$\therefore k<-3$ 또는 $k>7$

(2) $(\log_2 x-a)^2+\log_2 16x^3-1=0$에서

$(\log_2 x)^2-2a\log_2 x+a^2+4+3\log_2 x-1=0$

$(\log_2 x)^2-(2a-3)\log_2 x+a^2+3=0$

이때 $\log_2 x=t$로 놓으면

$t^2-(2a-3)t+a^2+3=0$

이 이차방정식이 중근을 가져야 하므로 이 이차방정식의 판별식을 D라 하면

$D=\{-(2a-3)\}^2-4(a^2+3)=0$

$4a^2-12a+9-4a^2-12=0,\ -12a=3$

$\therefore a=-\dfrac{1}{4}$

답 (1) $k<-3$ 또는 $k>7$　(2) $-\dfrac{1}{4}$

11-1

(1) $10x^{\log x}=\dfrac{1}{1000}x^4$에서 $10000x^{\log x}=x^4$의 양변에 밑이 10인 로그를 취하면

$\log 10000x^{\log x}=\log x^4,\ 4+(\log x)^2=4\log x$

$(\log x)^2-4\log x+4=0$

이때 $\log x=t$로 놓으면 $t^2-4t+4=0$

$(t-2)^2=0\qquad\therefore t=2$

따라서 $\log x=2$에서 $x=100$

(2) $8\times 7^{\log_6 x}-7=7^{\log_6 x}\times x^{\log_6 7}$에서

$x^{\log_6 7}=7^{\log_6 x}$이므로

$(7^{\log_6 x})^2-8\times 7^{\log_6 x}+7=0$

이때 $7^{\log_6 x}=t\ (t>0)$으로 놓으면

$t^2-8t+7=0,\ (t-1)(t-7)=0$

$\therefore t=1$ 또는 $t=7$

따라서 $7^{\log_6 x}=1$ 또는 $7^{\log_6 x}=7$에서

$\log_6 x=0$ 또는 $\log_6 x=1$

$\therefore x=1$ 또는 $x=6$

답 (1) $x=100$　(2) $x=1$ 또는 $x=6$

11-2

방정식 $2^{\log 4x}=3^{\log 9x}$의 양변에 밑이 10인 로그를 취하면

$\log 2^{\log 4x}=\log 3^{\log 9x}$

$\log 4x\times\log 2=\log 9x\times\log 3$

$(\log 4+\log x)\times\log 2=(\log 9+\log x)\times\log 3$

$(\log 2-\log 3)\times\log x=2(\log 3)^2-2(\log 2)^2$

$\log x=\dfrac{2(\log 3+\log 2)(\log 3-\log 2)}{\log 2-\log 3}$

$\log x=-2\log 6,\ \log x=\log\dfrac{1}{36}$

$\therefore x=\dfrac{1}{36}$

답 $x=\dfrac{1}{36}$

11-3

방정식 $x^{\log_3 x}=81x^2$의 양변에 밑이 3인 로그를 취하면

$\log_3 x^{\log_3 x}=\log_3 81x^2,\ (\log_3 x)^2=4+2\log_3 x$

$(\log_3 x)^2-2\log_3 x-4=0$

이 방정식의 두 실근이 α, β이므로 이차방정식의 근과 계수의 관계에 의하여

$\log_3\alpha+\log_3\beta=2$

$\log_3\alpha\beta=2\qquad\therefore \alpha\beta=9$

다른 풀이

방정식 $x^{\log_3 x}=81x^2$의 양변에 밑이 3인 로그를 취하면

$\log_3 x^{\log_3 x}=\log_3 81x^2,\ (\log_3 x)^2=4+2\log_3 x$

$(\log_3 x)^2-2\log_3 x-4=0$

이때 $\log_3 x=t$로 놓으면

$t^2-2t-4=0$

$\therefore t=1-\sqrt{5}$ 또는 $t=1+\sqrt{5}$

따라서 $\log_3 x=1-\sqrt{5}$ 또는 $\log_3 x=1+\sqrt{5}$이므로

$x=3^{1-\sqrt{5}}$ 또는 $x=3^{1+\sqrt{5}}$

$\therefore \alpha\beta=3^{1-\sqrt{5}}\times 3^{1+\sqrt{5}}=3^2=9$

답 9

11-4

방정식 $x^{\log_4 x}=\dfrac{x^a}{64}$의 한 근이 64이므로

$64^{\log_4 64}=\dfrac{64^a}{64},\ 64^3=64^{a-1}$

$a-1=3$이므로 $a=4$

$x^{\log_4 x}=\dfrac{x^4}{64}$의 양변에 밑이 4인 로그를 취하면

$\log_4 x^{\log_4 x}=\log_4\dfrac{x^4}{64},\ (\log_4 x)^2=4\log_4 x-3$

$(\log_4 x)^2-4\log_4 x+3=0$

이때 $\log_4 x=t$로 놓으면

$t^2-4t+3=0$, $(t-1)(t-3)=0$

$\therefore t=1$ 또는 $t=3$

즉, $\log_4 x=1$ 또는 $\log_4 x=3$이므로

$x=4$ 또는 $x=64$

따라서 다른 실근은 4이다.

🈸 4

12-1

(1) 진수의 조건에서 $x-3>0$, $x+1>0$

$\therefore x>3$ ...... ㉠

$\log_2 (x-3)+\log_2 (x+1)<2+\log_2 3$에서

$\log_2 (x-3)(x+1)<\log_2 4+\log_2 3$

$\log_2 (x-3)(x+1)<\log_2 12$

밑 2가 $2>1$이므로 $(x-3)(x+1)<12$

$x^2-2x-15<0$, $(x+3)(x-5)<0$

$\therefore -3<x<5$ ...... ㉡

㉠, ㉡에 의하여 구하는 해는 $3<x<5$

(2) 진수의 조건에서 $x-4>0$, $x-2>0$

$\therefore x>4$ ...... ㉠

$2\log_{\frac{1}{3}} (x-4)\geq\log_{\frac{1}{3}} (x-2)$에서

$\log_{\frac{1}{3}} (x-4)^2\geq\log_{\frac{1}{3}} (x-2)$

밑 $\frac{1}{3}$이 $0<\frac{1}{3}<1$이므로 $(x-4)^2\leq x-2$

$x^2-9x+18\leq0$, $(x-3)(x-6)\leq0$

$\therefore 3\leq x\leq6$ ...... ㉡

㉠, ㉡에 의하여 구하는 해는 $4<x\leq6$

🈸 (1) $3<x<5$ (2) $4<x\leq6$

12-2

(1) 진수의 조건에서 $|x-1|>0$, 즉 $x\neq1$인 모든 실수이므로

$x<1$ 또는 $x>1$ ...... ㉠

$3\log_3 |x-1|\leq2-\log_3 \frac{1}{3}$에서

$3\log_3 |x-1|\leq3$

$\log_3 |x-1|\leq1$, $\log_3 |x-1|\leq\log_3 3$

밑 3이 $3>1$이므로 $|x-1|\leq3$

$-3\leq x-1\leq3$

$\therefore -2\leq x\leq4$ ...... ㉡

㉠, ㉡에 의하여 구하는 해는

$-2\leq x<1$ 또는 $1<x\leq4$

따라서 부등식을 만족시키는 모든 정수 x는

-2, -1, 0, 2, 3, 4의 6개이다.

(2) 진수의 조건에서 $x>0$, $\log_{25} x>0$

$\therefore x>1$ ...... ㉠

$\log_{\frac{1}{2}} (\log_{25} x)>1$에서 $\log_{\frac{1}{2}} (\log_{25} x)>\log_{\frac{1}{2}} \frac{1}{2}$

밑 $\frac{1}{2}$이 $0<\frac{1}{2}<1$이므로 $\log_{25} x<\frac{1}{2}$

$\log_{25} x<\log_{25} 5$

밑 25가 $25>1$이므로 $x<5$ ...... ㉡

㉠, ㉡에 의하여 구하는 해는 $1<x<5$

따라서 부등식을 만족시키는 정수 x의 최댓값은 4이다.

🈸 (1) 6   (2) 4

12-3

진수의 조건에서 $x-2>0$, $\frac{1}{2}x+k>0$

$\therefore x>2$, $x>-2k$

이때 k는 자연수이므로 $-2k$는 음수이다.

$\therefore x>2$ ...... ㉠

$\log_{\frac{1}{6}} (x-2)\geq\log_{\frac{1}{6}} \left(\frac{1}{2}x+k\right)$에서

밑 $\frac{1}{6}$이 $0<\frac{1}{6}<1$이므로 $x-2\leq\frac{1}{2}x+k$

$\frac{1}{2}x\leq k+2$ $\therefore x\leq2(k+2)$ ...... ㉡

㉠, ㉡에 의하여 구하는 해는 $2<x\leq2(k+2)$이고

부등식을 만족시키는 모든 정수 x의 개수가 8이므로

$10\leq2(k+2)<11$, $5\leq k+2<\frac{11}{2}$

$3\leq k<\frac{7}{2}$ $\therefore k=3$ ($\because k$는 자연수)

🈸 3

12-4

진수의 조건에서 $x+2>0$, $3-x>0$

$\therefore -2<x<3$ ...... ㉠

$\log_a (x+2)>\log_a (3-x)+1$에서

$\log_a (x+2)>\log_a a(3-x)$

(i) $0<a<1$일 때, $x+2<a(3-x)$이므로

$x<\frac{3a-2}{a+1}$ ...... ㉡

이때 ㉠, ㉡의 공통부분은 부등식의 해 $1<x<3$을 만족시킬 수 없다.

(ii) $a>1$일 때, $x+2>a(3-x)$이므로

$x>\frac{3a-2}{a+1}$ ...... ㉢

부등식의 해는 $1<x<3$이므로 ㉠, ㉢에 의하여

$\frac{3a-2}{a+1}<x<3$에서 $\frac{3a-2}{a+1}=1$

$3a-2=a+1$, $2a=3$ $\therefore a=\frac{3}{2}$

(i), (ii)에서 $a=\frac{3}{2}$

🈸 $\frac{3}{2}$

(1) 진수의 조건에서 $x>0$ $\qquad$ ㉠

$(\log_5 5x)^2-\log_5 x^5+1<0$에서

$(1+\log_5 x)^2-5\log_5 x+1<0$

$(\log_5 x)^2-3\log_5 x+2<0$

이때 $\log_5 x=t$로 놓으면 $t^2-3t+2<0$

$(t-1)(t-2)<0$ $\quad\therefore 1<t<2$

$1<\log_5 x<2$에서 $\log_5 5<\log_5 x<\log_5 25$이고

밑 5가 $5>1$이므로

$5<x<25$ $\qquad$ ㉡

㉠, ㉡에 의하여 구하는 해는 $5<x<25$

(2) 진수의 조건에서 $x>0$ $\qquad$ ㉠

$\log_{\frac13} 9x \times \log_{\frac13} 27x \geq 2$에서

$(-2+\log_{\frac13} x)(-3+\log_{\frac13} x)\geq 2$

$(\log_{\frac13} x)^2-5\log_{\frac13} x+4\geq 0$

이때 $\log_{\frac13} x=t$로 놓으면 $t^2-5t+4\geq 0$

$(t-1)(t-4)\geq 0$ $\quad\therefore t\leq 1$ 또는 $t\geq 4$

$\log_{\frac13} x\leq 1$ 또는 $\log_{\frac13} x\geq 4$에서

$\log_{\frac13} x\leq \log_{\frac13} \dfrac13$ 또는 $\log_{\frac13} x\geq \log_{\frac13} \dfrac{1}{81}$이고

밑 $\dfrac13$이 $0<\dfrac13<1$이므로

$x\geq \dfrac13$ 또는 $x\leq \dfrac{1}{81}$ $\qquad$ ㉡

㉠, ㉡에 의하여 구하는 해는

$0<x\leq \dfrac{1}{81}$ 또는 $x\geq \dfrac13$

답 (1) $5<x<25$ (2) $0<x\leq \dfrac{1}{81}$ 또는 $x\geq \dfrac13$

$(\log_{\frac12} x)^2+a\log_2 x+b<0$에서

$(-\log_2 x)^2+a\log_2 x+b<0$

이때 $\log_2 x=t$로 놓으면

$t^2+at+b<0$ $\qquad$ ㉠

주어진 부등식의 해가 $\dfrac14<x<64$이므로 각 변에 밑이 2인

로그를 취하면

$\log_2 \dfrac14<\log_2 x<\log_2 64$ ← 밑 2가 $2>1$이므로 부등호의 방향은 바뀌지 않는다.

$\therefore -2<t<6$

이차항의 계수가 1이고 해가 $-2<t<6$인 이차부등식은

$(t+2)(t-6)<0$ $\quad\therefore t^2-4t-12<0$ $\qquad$ ㉡

㉠, ㉡이 같으므로 $a=-4$, $b=-12$

$\therefore a+b=(-4)+(-12)=-16$

답 -16

진수의 조건에서 $x>0$

밑의 조건에서 $x>0$, $x\neq 1$

$\therefore 0<x<1$ 또는 $x>1$

$1+\log_{\frac14} x<\log_x \dfrac{1}{16}$에서

$1+\log_{\frac14} x<2\log_x \dfrac14$ $\qquad$ ㉠

(ⅰ) $0<x<1$일 때, $\log_{\frac14} x>0$이므로

㉠의 양변에 $\log_{\frac14} x$를 곱하면

$\log_{\frac14} x+(\log_{\frac14} x)^2<2$, $(\log_{\frac14} x)^2+\log_{\frac14} x-2<0$

이때 $\log_{\frac14} x=t$로 놓으면 $t>0$이고

$t^2+t-2<0$, $(t+2)(t-1)<0$ $\quad\therefore -2<t<1$

그런데 $t>0$이므로 $0<t<1$

$0<\log_{\frac14} x<1$에서 $\log_{\frac14} 1<\log_{\frac14} x<\log_{\frac14} \dfrac14$이고

밑 $\dfrac14$이 $0<\dfrac14<1$이므로 $\dfrac14<x<1$

(ⅱ) $x>1$일 때, $\log_{\frac14} x<0$이므로

㉠의 양변에 $\log_{\frac14} x$를 곱하면

$\log_{\frac14} x+(\log_{\frac14} x)^2>2$, $(\log_{\frac14} x)^2+\log_{\frac14} x-2>0$

이때 $\log_{\frac14} x=t$로 놓으면 $t<0$이고

$t^2+t-2>0$, $(t+2)(t-1)>0$

$\therefore t<-2$ 또는 $t>1$

그런데 $t<0$이므로 $t<-2$

$\log_{\frac14} x<-2$에서 $\log_{\frac14} x<\log_{\frac14} 16$이고

밑 $\dfrac14$이 $0<\dfrac14<1$이므로 $x>16$

(ⅰ), (ⅱ)에 의하여 구하는 해는

$\dfrac14<x<1$ 또는 $x>16$

답 $\dfrac14<x<1$ 또는 $x>16$

진수의 조건에서 $|x|>0$, $4x^2>0$

$\therefore x\neq 0$ $\qquad$ ㉠

$\log_2 |x| \times \log_4 4x^2 \leq 30$에서

$\log_2 |x| \times (1+\log_2 |x|)\leq 30$

$(\log_2 |x|)^2+\log_2 |x|-30\leq 0$

이때 $\log_2 |x|=t$로 놓으면

$t^2+t-30\leq 0$, $(t+6)(t-5)\leq 0$ $\quad\therefore -6\leq t\leq 5$

$-6\leq \log_2 |x|\leq 5$에서 $\log_2 \dfrac{1}{64}\leq \log_2 |x|\leq \log_2 32$이고

밑 2가 $2>1$이므로

$\dfrac{1}{64}\leq |x|\leq 32$ $\qquad$ ㉡

㉠, ㉡을 만족시키는 정수 x는 $-32,\ -31,\ -30,\ \cdots,\ -2,$
$-1,\ 1,\ 2,\ \cdots,\ 30,\ 31,\ 32$의 64개이다.

답 64

14-1

(1) 진수의 조건에서 $x>0$ ······ ㉠

$x^{\log_{\frac{1}{3}}x}>9x^3$의 양변에 밑이 $\dfrac{1}{3}$인 로그를 취하면

$\log_{\frac{1}{3}}x^{\log_{\frac{1}{3}}x}<\log_{\frac{1}{3}}9x^3$　←밑 $\dfrac{1}{3}$이 $0<\dfrac{1}{3}<1$이므로 부등호의 방향이 바뀐다.

$(\log_{\frac{1}{3}}x)^2<\log_{\frac{1}{3}}9+3\log_{\frac{1}{3}}x$

$(\log_{\frac{1}{3}}x)^2-3\log_{\frac{1}{3}}x+2<0$

이때 $\log_{\frac{1}{3}}x=t$로 놓으면

$t^2-3t+2<0,\ (t-1)(t-2)<0$

$\therefore\ 1<t<2$

$1<\log_{\frac{1}{3}}x<2$에서 $\log_{\frac{1}{3}}\dfrac{1}{3}<\log_{\frac{1}{3}}x<\log_{\frac{1}{3}}\dfrac{1}{9}$이고

밑 $\dfrac{1}{3}$이 $0<\dfrac{1}{3}<1$이므로

$\dfrac{1}{9}<x<\dfrac{1}{3}$ ······ ㉡

㉠, ㉡에 의하여 구하는 해는 $\dfrac{1}{9}<x<\dfrac{1}{3}$

(2) 진수의 조건에서 $x>0$ ······ ㉠

$\dfrac{5}{2}\times2^{\log_5 x}-1>2^{\log_5 x}\times x^{\log_5 2}$에서

$2^{\log_5 x}\times x^{\log_5 2}-\dfrac{5}{2}\times2^{\log_5 x}+1<0$

$x^{\log_5 2}=2^{\log_5 x}$이므로

$2(2^{\log_5 x})^2-5\times2^{\log_5 x}+2<0$

이때 $2^{\log_5 x}=t\ (t>0)$으로 놓으면

$2t^2-5t+2<0,\ (2t-1)(t-2)<0$

$\therefore\ \dfrac{1}{2}<t<2$

$t=2^{\log_5 x}$이므로 $\dfrac{1}{2}<2^{\log_5 x}<2,\ 2^{-1}<2^{\log_5 x}<2$

지수의 밑 2가 $2>1$이므로

$-1<\log_5 x<1,\ \log_5\dfrac{1}{5}<\log_5 x<\log_5 5$

밑 5가 $5>1$이므로

$\dfrac{1}{5}<x<5$ ······ ㉡

㉠, ㉡에 의하여 구하는 해는 $\dfrac{1}{5}<x<5$

답 (1) $\dfrac{1}{9}<x<\dfrac{1}{3}$　(2) $\dfrac{1}{5}<x<5$

14-2

진수의 조건에서 $x>0$ ······ ㉠

$x^{\log_{0.1}x}<\sqrt{\dfrac{x}{1000}}$의 양변에 밑이 10인 로그를 취하면

$\log x^{\log_{0.1}x}<\log\sqrt{\dfrac{x}{1000}},\ -(\log x)^2<\dfrac{1}{2}(\log x-3)$

$2(\log x)^2+\log x-3>0$

이때 $\log x=t$로 놓으면

$2t^2+t-3>0,\ (2t+3)(t-1)>0$

$\therefore\ t<-\dfrac{3}{2}$ 또는 $t>1$

따라서 $\log x<-\dfrac{3}{2}$ 또는 $\log x>1$에서

$\log x<\log\dfrac{\sqrt{10}}{100}$ 또는 $\log x>\log 10$이고

밑 10이 $10>1$이므로

$x<\dfrac{\sqrt{10}}{100}$ 또는 $x>10$ ······ ㉡

㉠, ㉡에 의하여 구하는 해는

$0<x<\dfrac{\sqrt{10}}{100}$ 또는 $x>10$

답 $0<x<\dfrac{\sqrt{10}}{100}$ 또는 $x>10$

14-3

진수의 조건에서 $x>2$ ······ ㉠

$(x-2)^{\log_6(x-2)}+2<x$에서

$(x-2)^{\log_6(x-2)}<x-2$

양변에 밑이 6인 로그를 취하면

$\log_6(x-2)^{\log_6(x-2)}<\log_6(x-2)$

$\{\log_6(x-2)\}^2<\log_6(x-2)$

이때 $\log_6(x-2)=t$로 놓으면

$t^2<t,\ t(t-1)<0$　$\therefore\ 0<t<1$

따라서 $0<\log_6(x-2)<1$에서

$\log_6 1<\log_6(x-2)<\log_6 6$이고 밑 6이 $6>1$이므로

$1<x-2<6$　$\therefore\ 3<x<8$ ······ ㉡

㉠, ㉡에 의하여 구하는 해는 $3<x<8$

답 $3<x<8$

14-4

$\dfrac{1}{4}<x<64$의 각 변에 밑이 4인 로그를 취하면

$\log_4\dfrac{1}{4}<\log_4 x<\log_4 64$

$\therefore\ -1<\log_4 x<3$ ······ ㉠

$x^{\log_4 x}<ax^2$의 양변에 밑이 4인 로그를 취하면

$\log_4 x^{\log_4 x}<\log_4 ax^2,\ (\log_4 x)^2<\log_4 a+2\log_4 x$

$(\log_4 x)^2-2\log_4 x-\log_4 a<0$

이때 $\log_4 x = t$로 놓으면

$t^2 - 2t - \log_4 a < 0$ $\qquad$ ...... ㉡

부등식 ㉡의 해가 ㉠에 의하여 $-1 < t < 3$이므로

$(t+1)(t-3) < 0$, $t^2 - 2t - 3 < 0$ $\qquad$ ...... ㉢

㉡, ㉢이 같으므로 $\log_4 a = 3$에서

$a = 4^3 = 64$

답 64

15-1

(1) $\begin{cases} \log_{\sqrt{2}} x + \log_5 \dfrac{y^3}{5} = 3 \\ \log_{0.5} \dfrac{x}{4} + \log_{\sqrt{5}} y = -7 \end{cases}$ 에서

$\begin{cases} 2\log_2 x + 3\log_5 y - \log_5 5 = 3 \\ -(\log_2 x - \log_2 4) + 2\log_5 y = -7 \end{cases}$

$\begin{cases} 2\log_2 x + 3\log_5 y = 4 \\ \log_2 x - 2\log_5 y = 9 \end{cases}$

$\log_2 x = X$, $\log_5 y = Y$로 놓으면

$\begin{cases} 2X + 3Y = 4 \\ X - 2Y = 9 \end{cases}$

위의 연립방정식을 풀면 $X = 5$, $Y = -2$

즉, $\log_2 x = 5$에서 $x = 32$

$\log_5 y = -2$에서 $y = \dfrac{1}{25}$

따라서 $\alpha = 32$, $\beta = \dfrac{1}{25}$이므로

$\alpha - \dfrac{1}{\beta} = 32 - \dfrac{1}{\frac{1}{25}} = 7$

(2) 진수의 조건에서 $x > 0$

(i) $\log_{0.1} x < -1$에서 $\log_{\frac{1}{10}} x < \log_{\frac{1}{10}} 10$

밑 $\dfrac{1}{10}$이 $0 < \dfrac{1}{10} < 1$이므로

$x > 10$

(ii) $-1 < \log_7 \dfrac{5}{x}$에서

$\log_7 \dfrac{1}{7} < \log_7 \dfrac{5}{x}$

밑 7이 $7 > 1$이므로

$\dfrac{1}{7} < \dfrac{5}{x}$

$\dfrac{1}{7} x < 5$ $(\because x > 0)$

$\therefore x < 35$

(i), (ii)에 의하여 $10 < x < 35$

답 (1) 7 $\quad$ (2) $10 < x < 35$

15-2

(1)(i) $2\log_{\frac{1}{5}}(x-2) \geq \log_{\frac{1}{5}}(2x-1)$의 진수의 조건에서

$x - 2 > 0$, $2x - 1 > 0$ $\quad \therefore x > 2$ $\qquad$ ...... ㉠

$2\log_{\frac{1}{5}}(x-2) \geq \log_{\frac{1}{5}}(2x-1)$에서

$\log_{\frac{1}{5}}(x-2)^2 \geq \log_{\frac{1}{5}}(2x-1)$

밑 $\dfrac{1}{5}$이 $0 < \dfrac{1}{5} < 1$이므로 $(x-2)^2 \leq 2x - 1$

$x^2 - 4x + 4 \leq 2x - 1$

$x^2 - 6x + 5 \leq 0$, $(x-1)(x-5) \leq 0$

$\therefore 1 \leq x \leq 5$ $\qquad$ ...... ㉡

㉠, ㉡에 의하여 구하는 해는 $2 < x \leq 5$

(ii) $\log_3(\log_4 x) \leq 0$의 진수의 조건에서

$x > 0$, $\log_4 x > 0$ $\quad \therefore x > 1$ $\qquad$ ...... ㉠

$\log_3(\log_4 x) \leq 0$에서

$\log_3(\log_4 x) \leq \log_3 1$

밑 3이 $3 > 1$이므로 $\log_4 x \leq 1$

$\log_4 x \leq \log_4 4$

밑 4가 $4 > 1$이므로 $x \leq 4$ $\qquad$ ...... ㉡

㉠, ㉡에 의하여 구하는 해는 $1 < x \leq 4$

(i), (ii)에 의하여 주어진 연립부등식의 해는

$2 < x \leq 4$

(2)(i) $\left(\dfrac{1}{9}\right)^{x-3} > \dfrac{1}{243}$에서 $\left(\dfrac{1}{3}\right)^{2x-6} > \left(\dfrac{1}{3}\right)^5$

밑 $\dfrac{1}{3}$이 $0 < \dfrac{1}{3} < 1$이므로 $2x - 6 < 5$

$\therefore x < \dfrac{11}{2}$

(ii) $\log_{\sqrt{10}}(x-3) < \log(3x+1)$의 진수의 조건에서

$x - 3 > 0$, $3x + 1 > 0$ $\quad \therefore x > 3$ $\qquad$ ...... ㉠

$\log_{\sqrt{10}}(x-3) < \log(3x+1)$에서

$\log(x-3)^2 < \log(3x+1)$

밑 10이 $10 > 1$이므로 $(x-3)^2 < 3x + 1$

$x^2 - 6x + 9 < 3x + 1$

$x^2 - 9x + 8 < 0$, $(x-1)(x-8) < 0$

$\therefore 1 < x < 8$ $\qquad$ ...... ㉡

㉠, ㉡에 의하여 구하는 해는 $3 < x < 8$

(i), (ii)에 의하여 주어진 연립부등식의 해는

$3 < x < \dfrac{11}{2}$

답 (1) $2 < x \leq 4$ $\quad$ (2) $3 < x < \dfrac{11}{2}$

15-3

$\begin{cases} \log_3 x^2 + \log_4 y^2 = 10 \\ \log_3 \sqrt{x} \times \log_4 y = 3 \end{cases}$ 에서

$\begin{cases} \log_3 x + \log_4 y = 5 \\ \log_3 x \times \log_4 y = 6 \end{cases}$

$\log_3 x = X$, $\log_4 y = Y$로 놓으면

$$\begin{cases} X+Y=5 \\ XY=6 \end{cases}$$

위의 연립방정식을 풀면

$$\begin{cases} X=2 \\ Y=3 \end{cases} \text{또는} \begin{cases} X=3 \\ Y=2 \end{cases}$$

즉, $\begin{cases} \log_3 x=2 \\ \log_4 y=3 \end{cases}$ 또는 $\begin{cases} \log_3 x=3 \\ \log_4 y=2 \end{cases}$ 에서

$$\begin{cases} x=9 \\ y=64 \end{cases} \text{또는} \begin{cases} x=27 \\ y=16 \end{cases}$$

따라서 $\beta-\alpha$의 최솟값은 $\alpha=27$, $\beta=16$일 때

$$16-27=-11$$

답 -11

15-4

(i) $\log_2 x+\log_2 (6-x)\leq 3$의 진수의 조건에서

$x>0,\ 6-x>0$

$\therefore 0<x<6 \qquad \cdots\cdots \ \text{㉠}$

$\log_2 x+\log_2 (6-x)\leq 3$에서

$\log_2 x(6-x)\leq \log_2 8$

밑 2가 $2>1$이므로 $x(6-x)\leq 8$

$x^2-6x+8\geq 0$

$(x-2)(x-4)\geq 0$

$\therefore x\leq 2$ 또는 $x\geq 4 \qquad \cdots\cdots \ \text{㉡}$

㉠, ㉡에 의하여 구하는 해는

$0<x\leq 2$ 또는 $4\leq x<6$

(ii) $x^2-kx<0$에서 $x(x-k)<0$

$\therefore 0<x<k \ (\because k>0)$

(i), (ii)의 공통부분을 만족시키는 x의 값 중 정수가 2개이려면 $0<x\leq 2$에서 정수 x는 1, 2로 2개가 되므로 k의 값의 범위는

$2<k\leq 4$

따라서 모든 자연수 k의 값의 합은 $3+4=7$

답 7

16-1

$(\log_{\frac{1}{5}} x)^2+2\log_5 x+2a-3\geq 0$에서

$(-\log_5 x)^2+2\log_5 x+2a-3\geq 0$

이때 $\log_5 x=t$로 놓으면 x는 모든 양수이므로 t는 모든 실수이고,

$t^2+2t+2a-3\geq 0$

따라서 이차방정식 $t^2+2t+2a-3=0$의 판별식을 D라 하면

$\dfrac{D}{4}=1^2-(2a-3)\leq 0,\ 2a\geq 4 \qquad \therefore a\geq 2$

따라서 구하는 실수 a의 최솟값은 2이다.

답 2

16-2

$(\log_{\sqrt{2}} x)^2+\log_{0.5} x^a+3\geq 0$에서

$(2\log_2 x)^2-a\log_2 x+3\geq 0$

이때 $\log_2 x=t$로 놓으면 x는 모든 양수이므로 t는 모든 실수이고,

$4t^2-at+3\geq 0$

따라서 이차방정식 $4t^2-at+3=0$의 판별식을 D라 하면

$D=(-a)^2-4\times 4\times 3\leq 0,\ a^2-48\leq 0$

$(a+4\sqrt{3})(a-4\sqrt{3})\leq 0$

$\therefore -4\sqrt{3}\leq a\leq 4\sqrt{3}$

따라서 구하는 정수는 $-6,\ -5,\ -4,\ \cdots,\ 5,\ 6$의 13개이다.

답 13

16-3

$x^{\log_9 x}>(81x)^k$의 양변에 밑이 9인 로그를 취하면

$\log_9 x^{\log_9 x}>\log_9 (81x)^k,\ (\log_9 x)^2>2k+k\log_9 x$

$(\log_9 x)^2-k\log_9 x-2k>0$

이때 $\log_9 x=t$로 놓으면 x는 모든 양수이므로 t는 모든 실수이고,

$t^2-kt-2k>0$

따라서 이차방정식 $t^2-kt-2k=0$의 판별식을 D라 하면

$D=(-k)^2-4\times (-2k)<0,\ k^2+8k<0$

$k(k+8)<0 \qquad \therefore -8<k<0$

따라서 정수 k의 최댓값은 -1, 최솟값은 -7이므로 최댓값과 최솟값의 합은

$(-1)+(-7)=-8$

답 -8

16-4

$x^{-\log_6 x}\leq kx^2$의 양변에 밑이 6인 로그를 취하면

$\log_6 x^{-\log_6 x}\leq \log_6 kx^2$

$-(\log_6 x)^2\leq \log_6 k+2\log_6 x$

$(\log_6 x)^2+2\log_6 x+\log_6 k\geq 0$

이때 $\log_6 x=t$로 놓으면 x는 모든 양수이므로 t는 모든 실수이고,

$t^2+2t+\log_6 k\geq 0$

따라서 이차방정식 $t^2+2t+\log_6 k=0$의 판별식을 D라 하면

$\dfrac{D}{4}=1^2-\log_6 k\leq 0,\ \log_6 k\geq 1$

$\therefore k\geq 6$

답 $k\geq 6$

17-1

(1) 이차방정식 $2x^2-(\log_{\frac{1}{2}}a^2)x+3\log_{\frac{1}{4}}a+5=0$, 즉

$2x^2+(2\log_2 a)x-\dfrac{3}{2}\log_2 a+5=0$의 판별식을 D라

하면

$\dfrac{D}{4}=(\log_2 a)^2-2\left(-\dfrac{3}{2}\log_2 a+5\right)=0$

$(\log_2 a)^2+3\log_2 a-10=0$

이때 $\log_2 a=t$로 놓으면 $t^2+3t-10=0$

$(t+5)(t-2)=0$ $\therefore t=-5$ 또는 $t=2$

즉, $\log_2 a=-5$ 또는 $\log_2 a=2$이므로

$a=\dfrac{1}{32}$ 또는 $a=4$

따라서 자연수 a의 값은 4이다.

(2) 진수의 조건에서 $a>0$ …… ㉠

이차방정식 $x^2+(3-\log_3 a)x+\log_3\dfrac{27}{a}=0$, 즉

$x^2+(3-\log_3 a)x+3-\log_3 a=0$의 판별식을 D라

하면

$D=(3-\log_3 a)^2-4(3-\log_3 a)>0$

$(\log_3 a)^2-2\log_3 a-3>0$

이때 $\log_3 a=t$로 놓으면 $t^2-2t-3>0$

$(t+1)(t-3)>0$ $\therefore t<-1$ 또는 $t>3$

즉, $\log_3 a<-1$ 또는 $\log_3 a>3$이므로

$a<\dfrac{1}{3}$ 또는 $a>27$ …… ㉡

㉠, ㉡에 의하여 구하는 해는 $0<a<\dfrac{1}{3}$ 또는 $a>27$

따라서 자연수 a의 최솟값은 28이다.

답 (1) 4 (2) 28

17-2

진수의 조건에서 $a>0$ …… ㉠

이차방정식 $x^2+(2+\log_2 a)x+\log_2 a^2+4=0$, 즉

$x^2+(2+\log_2 a)x+2\log_2 a+4=0$의 판별식을 D라 하

면

$D=(2+\log_2 a)^2-4(2\log_2 a+4)<0$

$(\log_2 a)^2-4\log_2 a-12<0$

이때 $\log_2 a=t$로 놓으면 $t^2-4t-12<0$

$(t+2)(t-6)<0$ $\therefore -2<t<6$

즉, $-2<\log_2 a<6$이므로

$\dfrac{1}{4}<a<64$ …… ㉡

㉠, ㉡에 의하여 구하는 해는 $\dfrac{1}{4}<a<64$

답 $\dfrac{1}{4}<a<64$

17-3

진수의 조건에서 $n>0$ …… ㉠

이차방정식 $8x^2+4(\log_3 n)x+\log_3 n=0$의 판별식을 D

라 하면

$\dfrac{D}{4}=(2\log_3 n)^2-8\log_3 n<0$

이때 $\log_3 n=t$로 놓으면 $4t^2-8t<0$

$4t(t-2)<0$ $\therefore 0<t<2$

즉, $0<\log_3 n<2$이므로 $1<n<9$ …… ㉡

㉠, ㉡에 의하여 구하는 해는 $1<n<9$

따라서 자연수 n은 2, 3, 4, 5, 6, 7, 8의 7개이다.

답 7

이차부등식이 항상 성립할 조건

이차방정식 $ax^2+bx+c=0$의 판별식을 D라 할 때, 다음
이 성립한다.

① 모든 실수 x에 대하여 $ax^2+bx+c>0$
  $\iff a>0,\ D<0$

② 모든 실수 x에 대하여 $ax^2+bx+c\geq 0$
  $\iff a>0,\ D\leq 0$

③ 모든 실수 x에 대하여 $ax^2+bx+c<0$
  $\iff a<0,\ D<0$

④ 모든 실수 x에 대하여 $ax^2+bx+c\leq 0$
  $\iff a<0,\ D\leq 0$

17-4

진수의 조건에서 $a>0$ …… ㉠

이차방정식 $x^2-2x\log_2 a+3-2\log_2 a=0$의 두 근이 모
두 양수이려면

(i) 주어진 이차방정식의 판별식을 D라 하면

  $\dfrac{D}{4}=(-\log_2 a)^2-(3-2\log_2 a)\geq 0$

  $(\log_2 a)^2+2\log_2 a-3\geq 0$

  이때 $\log_2 a=t$로 놓으면

  $t^2+2t-3\geq 0,\ (t+3)(t-1)\geq 0$

  $\therefore t\leq -3$ 또는 $t\geq 1$

  $\log_2 a\leq -3$ 또는 $\log_2 a\geq 1$

  $\therefore a\leq \dfrac{1}{8}$ 또는 $a\geq 2$

(ii) (두 근의 합) >0이어야 하므로 이차방정식의 근과 계수의
  관계에 의하여

  $2\log_2 a>0$에서 $\log_2 a>0$

  $\therefore a>1$

(iii) (두 근의 곱) >0이어야 하므로 이차방정식의 근과 계수의
  관계에 의하여

$3-2\log_2 a>0$에서 $\log_2 a<\dfrac{3}{2}$

$\therefore a<2\sqrt{2}$

(i), (ii), (iii)을 모두 만족시키는 a의 값의 범위는

$2\leq a<2\sqrt{2}$ ...... ㉡

㉠, ㉡에 의하여 구하는 a의 값의 범위는 $2\leq a<2\sqrt{2}$

답 $2\leq a<2\sqrt{2}$

18-1

처음 물에 섞여 있는 중금속의 양을 a라 하면 여과기를 n번 통과한 후 남아 있는 중금속의 양은

$a\left(1-\dfrac{28}{100}\right)^n$이므로

$a\left(1-\dfrac{28}{100}\right)^n\leq\dfrac{2}{100}a, \left(\dfrac{72}{100}\right)^n\leq\dfrac{2}{100}$

위의 부등식의 양변에 상용로그를 취하면

$\log\left(\dfrac{72}{100}\right)^n\leq\log\dfrac{2}{100}$

$n(\log 72-2)\leq\log 2-2$

$n(3\log 2+2\log 3-2)\leq\log 2-2$

$n(0.9030+0.9542-2)\leq0.3010-2$

$-0.1428n\leq-1.6990$

$n\geq\dfrac{1.6990}{0.1428}=11.8\times\times\times$

따라서 중금속의 양을 처음 양의 2 % 이하로 줄이려면 여과기를 최소한 12번 통과해야 하므로 $n=12$

답 12

18-2

현재 미세 먼지 농도를 k라 하면 n년 후 미세 먼지 농도는

$k\times(1+0.04)^n=k\times1.04^n$

n년 후 미세 먼지 농도가 현재의 2배 이상이 된다고 하면

$k\times1.04^n\geq2k$ $\therefore 1.04^n\geq2$ $(\because k>0)$

위의 부등식의 양변에 상용로그를 취하면

$\log 1.04^n\geq\log 2, n\log 1.04\geq\log 2$

$n\geq\dfrac{\log 2}{\log 1.04}=\dfrac{0.3}{0.017}=17.6\times\times\times$

따라서 미세 먼지 농도가 현재의 2배 이상이 되는 것은 최소 18년 후이므로 $n=18$

답 18

18-3

초기 온도가 $15\,^\circ\mathrm{C}$인 건물에서 화재가 발생한 지 $\dfrac{9}{8}$분 만에 온도가 $245\,^\circ\mathrm{C}$까지 올라가므로

$245=15+k\log 10$ $\therefore k=230$

$475=15+230\log(8t+1)$에서

$\log(8t+1)=2$

$8t+1=100$ $\therefore t=\dfrac{99}{8}$

따라서 이 건물에 화재가 발생한 후 온도가 $475\,^\circ\mathrm{C}$가 되는 데 걸리는 시간은 $\dfrac{99}{8}$분이다.

답 $\dfrac{99}{8}$분

18-4

A제품은 3개월마다 10 %, B제품은 3개월마다 5 %의 가격이 하락하므로 $3n$개월 후에 제품 A를 구입한다고 하면 이 시기의 제품 A의 가격은 60×0.9^n(만 원)이고 제품 B의 가격은 40×0.95^n(만 원)이다.

$60\times0.9^n-40\times0.95^n\leq40\times0.95^n\times\dfrac{20}{100}$

$5\times0.9^n\leq4\times0.95^n$

$\therefore \left(\dfrac{0.9}{0.95}\right)^n\leq\dfrac{4}{5}$

위의 부등식의 양변에 상용로그를 취하면

$n\log\dfrac{0.9}{0.95}\leq\log\dfrac{4}{5}$

$n(\log 0.9-\log 0.95)\leq\log 4-\log 5$

$n\{(\log 9-1)-\log 0.95\}\leq2\log 2-(1-\log 2)$

$n(2\log 3-1-\log 0.95)\leq3\log 2-1$

$n(2\times0.48-1+0.02)\leq3\times0.3-1$

$\therefore n\geq\dfrac{-0.1}{-0.02}=5$

따라서 제품 A를 구입할 수 있는 최초의 시기가 $3\times5=15$(개월) 후이므로 $t=15$

답 15

중단원 연습문제

본문 188~192쪽

01 $\dfrac{1}{2}$	02 13	03 3	04 36
05 3	06 4	07 8	08 -1
09 9	10 ⑤	11 256	12 6년 후
13 4	14 163	15 12	16 16
17 14	18 14	19 ③	20 ④

01

$\dfrac{25^{x^2-8}}{5^{x-4}}=125$에서 $\dfrac{5^{2(x^2-8)}}{5^{x-4}}=5^3$

$5^{2(x^2-8)-(x-4)}=5^3,\ 5^{2x^2-x-12}=5^3$

즉, $2x^2-x-12=3$이므로

$2x^2-x-15=0,\ (2x+5)(x-3)=0$

$\therefore x=-\dfrac{5}{2}$ 또는 $x=3$

따라서 주어진 방정식을 만족시키는 모든 실근의 합은

$\left(-\dfrac{5}{2}\right)+3=\dfrac{1}{2}$

답 $\dfrac{1}{2}$

02

$x^{(x+3)^2}=x^{8(x+3)}$에서

(i) 밑이 1일 때, $x=1$이면 주어진 방정식은 $1^{16}=1^{32}$이므로 등식이 성립한다.

(ii) 지수가 같을 때, $(x+3)^2=8(x+3)$

$x^2-2x-15=0,\ (x+3)(x-5)=0$

$\therefore x=5\ \left(\because x>\dfrac{1}{3}\right)$

(i), (ii)에서 구하는 해는 $x=1$ 또는 $x=5$이므로

$a=1+5=6$

$\left(x-\dfrac{1}{3}\right)^{5-3x}=5^{5-3x}$에서

(iii) 밑이 같을 때, $x-\dfrac{1}{3}=5$

$\therefore x=\dfrac{16}{3}$

(iv) 지수가 0일 때, $5-3x=0$

$\therefore x=\dfrac{5}{3}$

즉, 주어진 방정식은 $\left(\dfrac{4}{3}\right)^0=5^0=1$이므로 등식이 성립한다.

(iii), (iv)에서 구하는 해는 $x=\dfrac{16}{3}$ 또는 $x=\dfrac{5}{3}$이므로

$b=\dfrac{16}{3}+\dfrac{5}{3}=7$

$\therefore a+b=6+7=13$

답 13

03

$4^{f(x)}+2^{2+f(x)}<2^5$에서 $2^{2f(x)}+2^{2+f(x)}-32<0$

이때 $2^{f(x)}=t\ (t>0)$으로 놓으면

$t^2+4t-32<0,\ (t+8)(t-4)<0$

$\therefore -8<t<4$

그런데 $t>0$이므로 $0<t<4$

따라서 $0<2^{f(x)}<4$이므로 $0<2^{f(x)}<2^2$

밑 2가 $2>1$이므로 $f(x)<2$

$x^2-x-10<2,\ x^2-x-12<0$

$(x+3)(x-4)<0$ $\therefore -3<x<4$

따라서 주어진 부등식을 만족시키는 정수 x는

$-2,\ -1,\ 0,\ 1,\ 2,\ 3$이므로 그 합은

$(-2)+(-1)+0+1+2+3=3$

답 3

04

일차항의 계수가 양수이고 $f(4)=0$이므로

일차항의 계수를 $a\ (a>0)$이라 하면

$f(x)=a(x-4)$

$\left(\dfrac{1}{\sqrt{5}}\right)^{f(x)}\le 125$에서 $5^{-\frac{f(x)}{2}}\le 5^3,\ 5^{-f(x)}\le 5^6$

밑 5가 $5>1$이므로 $-f(x)\le 6$

$f(x)\ge -6$

$a(x-4)\ge -6$ $\therefore x\ge \dfrac{4a-6}{a}$

주어진 부등식의 해가 $x\ge 3$이므로

$\dfrac{4a-6}{a}=3,\ 4a-6=3a$ $\therefore a=6$

따라서 $f(x)=6(x-4)$이므로

$f(10)=6\times 6=36$

답 36

05

$4^x-3\times 2^{x+2}+32\le 0$에서

$(2^x)^2-12\times 2^x+32\le 0$

이때 $2^x=t\ (t>0)$으로 놓으면

$t^2-12t+32\le 0,\ (t-4)(t-8)\le 0$

$\therefore 4\le t\le 8$

즉, $4\le 2^x\le 8$에서 $2^2\le 2^x\le 2^3$이고

밑 2가 $2>1$이므로

$2\le x\le 3$ $\qquad\cdots\cdots\ \bigcirc$

$\left(\dfrac{1}{5}\right)^{2x-3}<\left(\dfrac{1}{125}\right)^{5-2x}$에서 $\left(\dfrac{1}{5}\right)^{2x-3}<\left(\dfrac{1}{5}\right)^{15-6x}$

밑 $\dfrac{1}{5}$이 $0<\dfrac{1}{5}<1$이므로

$2x-3>15-6x,\ 8x>18$

$\therefore x>\dfrac{9}{4}$ $\qquad\cdots\cdots\ \bigcirc\!\!\!\bigcirc$

$\bigcirc,\ \bigcirc\!\!\!\bigcirc$에 의하여 구하는 해는 $\dfrac{9}{4}<x\le 3$

따라서 정수 x는 3이다.

답 3

06

함수 $g(x)$는 $f(x)=\left(\dfrac{1}{2}\right)^x$의 역함수이므로

$g(x)=\log_{\frac{1}{2}} x$

$g\left(x^{-\log_2 x}\right)+2g(4x)-4=0$에서

$\log_{\frac{1}{2}} x^{-\log_2 x}+2\log_{\frac{1}{2}} 4x-4=0$

$\left(\log_{\frac{1}{2}} x\right)^2+2\left(\log_{\frac{1}{2}} x+\log_{\frac{1}{2}} 4\right)-4=0$

$\left(\log_{\frac{1}{2}} x\right)^2+2\log_{\frac{1}{2}} x-8=0$

이때 $\log_{\frac{1}{2}} x=t$로 놓으면

$t^2+2t-8=0,\ (t+4)(t-2)=0$

$\therefore t=-4$ 또는 $t=2$

즉, $\log_{\frac{1}{2}} x=-4$ 또는 $\log_{\frac{1}{2}} x=2$이므로

$x=16$ 또는 $x=\dfrac{1}{4}$

따라서 구하는 방정식의 모든 해의 곱은

$16\times\dfrac{1}{4}=4$

답 4

07

진수의 조건에서 $|x-2|>0,\ x+1>0$

$\therefore -1<x<2$ 또는 $x>2$ $\quad$ …… ㉠

(ⅰ) $-1<x<2$일 때,

$\quad \log(-x+2)+\log(x+1)\leq 1$

$\quad \log(-x+2)(x+1)\leq \log 10$

$\quad$ 밑 10이 $10>1$이므로

$\quad (-x+2)(x+1)\leq 10$

$\quad -x^2+x+2\leq 10,\ x^2-x+8\geq 0$

$\quad \left(x-\dfrac{1}{2}\right)^2+\dfrac{31}{4}\geq 0$

따라서 $-1<x<2$인 실수 x에 대하여 항상 성립하므로

정수 x는 $0,\ 1$이다.

(ⅱ) $x>2$일 때,

$\quad \log(x-2)+\log(x+1)\leq 1$

$\quad \log(x-2)(x+1)\leq \log 10$

$\quad$ 밑 10이 $10>1$이므로 $(x-2)(x+1)\leq 10$

$\quad x^2-x-12\leq 0,\ (x+3)(x-4)\leq 0$

$\quad \therefore -3\leq x\leq 4$

$\quad$ 그런데 $x>2$이므로 $2<x\leq 4$

따라서 정수 x는 $3,\ 4$이다.

(ⅰ), (ⅱ)에서 모든 정수 x의 값의 합은

$0+1+3+4=8$

답 8

08

방정식 $4^x-5\times 2^{x+2}+64=0$에서

$2^x=t\ (t>0)$으로 놓으면

$t^2-20t+64=0,\ (t-4)(t-16)=0$

$\therefore t=4$ 또는 $t=16$

즉, $2^x=4$ 또는 $2^x=16$이므로 $x=2$ 또는 $x=4$

$\therefore \alpha=2,\ \beta=4\ (\because \alpha<\beta)$

부등식 $(\log_2 x)^2+\log_2 x^a+b\leq 0$에서

$\log_2 x=s$로 놓으면

$s^2+as+b\leq 0$ $\qquad$ …… ㉠

$\alpha\leq x\leq \beta$에서 $2\leq x\leq 4$이므로

$\log_2 2\leq \log_2 x\leq \log_2 4$

밑 2가 $2>1$이므로 $1\leq s\leq 2$

이차항의 계수가 1이고 해가 $1\leq s\leq 2$인 이차부등식은

$(s-1)(s-2)\leq 0$ $\quad \therefore s^2-3s+2\leq 0$ $\quad$ …… ㉡

㉠, ㉡이 같으므로 $a=-3,\ b=2$

$\therefore a+b=(-3)+2=-1$

답 -1

09

진수의 조건에서 $x>0$ $\quad$ …… ㉠

$\left(\dfrac{1}{3}x\right)^{\log_{\frac{1}{3}} x-2}\geq \dfrac{1}{81}$에서 $\left(\dfrac{1}{3}x\right)^{\log_{\frac{1}{3}} x-2}\geq 3^{-4}$의 양변에 밑이

3인 로그를 취하면

$\log_3\left(\dfrac{1}{3}x\right)^{\log_{\frac{1}{3}} x-2}\geq \log_3 3^{-4}$

$\left(\log_{\frac{1}{3}} x-2\right)\log_3 \dfrac{1}{3}x\geq \log_3 3^{-4}$

$\left(-\log_3 x-2\right)\left(\log_3 \dfrac{1}{3}+\log_3 x\right)\geq -4$

$(\log_3 x+2)(-1+\log_3 x)\leq 4$

$\therefore (\log_3 x)^2+\log_3 x-6\leq 0$

$\log_3 x=t$로 놓으면 $t^2+t-6\leq 0$

$(t+3)(t-2)\leq 0$ $\quad \therefore -3\leq t\leq 2$

$-3\leq \log_3 x\leq 2$에서 $\log_3 \dfrac{1}{27}\leq \log_3 x\leq \log_3 9$이고

밑 3이 $3>1$이므로

$\dfrac{1}{27}\leq x\leq 9$ $\qquad$ …… ㉡

㉠, ㉡에 의하여 구하는 해는 $\dfrac{1}{27}\leq x\leq 9$

따라서 정수 x는 $1,\ 2,\ 3,\ \cdots,\ 9$의 9개이다.

답 9

10

주어진 부등식의 양변에 상용로그를 취하면

$(3x+1)\log 2>(6-x)\log 5$

$(3\log 2+\log 5)x>6\log 5-\log 2$

이때 $\log 5=\log 10-\log 2=1-0.3=0.7$이므로

$(3\times0.3+0.7)x>6\times0.7-0.3$

$1.6x>3.9$

$\therefore x>\dfrac{3.9}{1.6}=\dfrac{39}{16}$

따라서 $S=\left\{x\,\middle|\,x>\dfrac{39}{16}\right\}$이므로 $\{x\,|\,x>3\}\subset S$

답 ⑤

11

진수의 조건에서 $a>0$ $\qquad$ …… ㉠

이차방정식 $5x^2-2(2+\log_2 a)x+(4+\log_2 a^2)=0$의 판별식을 D라 하면

$\dfrac{D}{4}=\{-(2+\log_2 a)\}^2-5(4+2\log_2 a)<0$

$\therefore (\log_2 a)^2-6\log_2 a-16<0$

이때 $\log_2 a=t$로 놓으면

$t^2-6t-16<0,\ (t+2)(t-8)<0$

$\therefore -2<t<8$

즉, $-2<\log_2 a<8$이므로

$\dfrac{1}{4}<a<256$ $\qquad$ …… ㉡

㉠, ㉡에 의하여 구하는 해는 $\dfrac{1}{4}<a<256$

따라서 자연수 a의 최댓값은 255, 최솟값은 1이므로 최댓값과 최솟값의 합은

$255+1=256$

답 256

12

처음 로션 1병에 들어가는 실제 로션의 용량을 a, 로션 1병당 가격을 b원이라 하면 n년 후 로션 1병에 들어가는 실제 로션의 용량은 $0.9^n\times a$이므로 n년 후 실제 로션의 단위 용량당 가격이 처음의 1.8배 이상이 되려면

$\dfrac{b}{0.9^n\times a}\geq1.8\times\dfrac{b}{a}$

$\therefore \left(\dfrac{1}{0.9}\right)^n\geq1.8$

양변에 상용로그를 취하면 $n(\log 10-\log 9)\geq\log 1.8$

$n(1-2\log 3)\geq\log 2+2\log 3-1$

$n\geq\dfrac{\log 2+2\log 3-1}{1-2\log 3}$

$\qquad=\dfrac{0.3010+2\times0.4771-1}{1-2\times0.4771}=\dfrac{0.2552}{0.0458}=5.5\times\times\times$

따라서 최소 6년 후에 로션의 단위 용량당 가격이 처음의 1.8배 이상이 된다.

답 6년 후

13

$3^x+3^{-x}=t$로 놓으면 $3^x>0$, $3^{-x}>0$이므로 산술평균과 기하평균의 관계에 의하여

$3^x+3^{-x}\geq2\sqrt{3^x\times3^{-x}}=2$ (단, 등호는 $3^x=3^{-x}$일 때 성립)

따라서 $t\geq2$이고 $9^x+9^{-x}=(3^x+3^{-x})^2-2=t^2-2$이므로 주어진 방정식은

$t^2-2-kt+5=0,\ t^2-kt+3=0$ $\qquad$ …… ㉠

$f(t)=t^2-kt+3$이라 하면 $f(t)=\left(t-\dfrac{k}{2}\right)^2-\dfrac{k^2}{4}+3$

(i) 함수 $y=f(t)$의 그래프의 대칭축이 직선 $t=2$의 왼쪽에 있을 때

$\dfrac{k}{2}<2$에서 $k<4$ $\qquad$ …… ㉡

$f(2)=-2k+7\leq0$에서 $k\geq\dfrac{7}{2}$ $\qquad$ …… ㉢

㉡, ㉢에서 $\dfrac{7}{2}\leq k<4$

(ii) 함수 $y=f(t)$의 그래프의 대칭축이 직선 $t=2$ 또는 직선 $t=2$의 오른쪽에 있을 때

$\dfrac{k}{2}\geq2$에서 $k\geq4$ $\qquad$ …… ㉣

이차방정식 ㉠의 판별식을 D라 하면

$D=(-k)^2-4\times3\geq0,\ k^2\geq12$

$\therefore k\leq-2\sqrt{3}$ 또는 $k\geq2\sqrt{3}$ $\qquad$ …… ㉤

㉣, ㉤에서 $k\geq4$

(i), (ii)에서 $k\geq\dfrac{7}{2}$

따라서 정수 k의 최솟값은 4이다.

답 4

14

$9^x+(a-9)\times3^x-9a\leq0$에서

$(3^x)^2+(a-9)\times3^x-9a\leq0$

이때 $3^x=t\ (t>0)$으로 놓으면

$t^2+(a-9)t-9a\leq0$

$(t+a)(t-9)\leq0$ $\qquad$ ㉠

(i) $a<-9$일 때, ㉠의 해는 $9\leq t\leq-a$이므로

$3^2\leq3^x\leq-a$

이 부등식을 만족시키는 정수 x가 3개이려면

$3^4\leq-a<3^5$, 즉 $-3^5<a\leq-3^4$

따라서 정수 a의 개수는

$-3^4-(-3^5)=-81+243=162$

(ii) $a=-9$일 때, ㉠은 $(t-9)^2\leq0$ $\quad\therefore t=9$

즉, $3^x=9=3^2$에서 $x=2$

이때 부등식을 만족시키는 정수 x는 1개이므로 조건을 만족시키지 않는다.

(iii) $a>-9$일 때, ㉠의 해는 $-a\leq t\leq9$이므로

$-a\leq3^x\leq3^2$

이 부등식을 만족시키는 정수 x가 3개이려면

$3^{-1} < -a \leq 3^0$, 즉 $-1 \leq a < -\dfrac{1}{3}$

따라서 정수 a는 -1의 1개이다.

(i), (ii), (iii)에 의하여 구하는 정수 a의 개수는

$162 + 1 = 163$

답 163

15

n분이 지난 후 잔류 농약은 $0.1 \times \left(\dfrac{a}{100}\right)^{\frac{n}{2}}$ mg

6분이 지난 후의 잔류 농약은 $0.1 \times \left(\dfrac{a}{100}\right)^3$ mg이고 이 값이

0.01 mg이므로

$0.1 \times \left(\dfrac{a}{100}\right)^3 = 0.01 \quad \therefore \dfrac{a}{100} = \left(\dfrac{1}{10}\right)^{\frac{1}{3}}$

t분이 지난 후의 잔류 농약은

$0.1 \times \left(\dfrac{a}{100}\right)^{\frac{t}{2}} = 0.1 \times \left\{\left(\dfrac{1}{10}\right)^{\frac{1}{3}}\right\}^{\frac{t}{2}} = 0.1 \times \left(\dfrac{1}{10}\right)^{\frac{t}{6}}$ 이므로

$0.1 \times \left(\dfrac{1}{10}\right)^{\frac{t}{6}} \leq 0.001$ 에서

$\left(\dfrac{1}{10}\right)^{\frac{t}{6}} \leq \left(\dfrac{1}{10}\right)^2, \dfrac{t}{6} \geq 2 \quad \therefore t \geq 12$

따라서 이 채소를 안전하게 섭취하려면 최소 12분 동안 물에 담가 두어야 하므로 $t = 12$

답 12

16

(i) $\log_4 |x-6| < 2$의 진수의 조건에서

　　$|x-6| > 0 \quad \therefore x \neq 6$인 모든 실수 　$\cdots\cdots$ ㉠

　　$\log_4 |x-6| < 2$에서 $\log_4 |x-6| < \log_4 16$

　　밑 4가 $4 > 1$이므로 $|x-6| < 16$

　　$\therefore -10 < x < 22$ 　$\cdots\cdots$ ㉡

　　㉠, ㉡에 의하여 구하는 해는

　　$-10 < x < 6$ 또는 $6 < x < 22$

(ii) $\log_{\frac{1}{3}} \{\log_3 (\log_4 x)\} \geq 0$의 진수의 조건에서

　　$x > 0, \log_4 x > 0, \log_3 (\log_4 x) > 0$

　　$\log_4 x > 0$에서 $x > 1$

　　$\log_3 (\log_4 x) > 0$에서 $\log_4 x > 1$이므로 $x > 4$

　　$\therefore x > 4$ 　$\cdots\cdots$ ㉢

　　$\log_{\frac{1}{3}} \{\log_3 (\log_4 x)\} \geq 0$에서

　　$\log_{\frac{1}{3}} \{\log_3 (\log_4 x)\} \geq \log_{\frac{1}{3}} 1$이고

　　밑 $\dfrac{1}{3}$이 $0 < \dfrac{1}{3} < 1$이므로

　　$\log_3 (\log_4 x) \leq 1$

　　$\log_3 (\log_4 x) \leq \log_3 3$에서

　　밑 3이 $3 > 1$이므로 $\log_4 x \leq 3$

$\log_4 x \leq \log_4 64$에서 밑 4가 $4 > 1$이므로

$x \leq 64$ 　$\cdots\cdots$ ㉣

㉢, ㉣에 의하여 구하는 해는 $4 < x \leq 64$

(i), (ii)에 의하여 $4 < x < 6$ 또는 $6 < x < 22$

따라서 구하는 정수 x는 5, 7, 8, 9, $\cdots$, 21의 16개이다.

답 16

17

$\left(\log_{\frac{1}{3}} x\right)^2 + 6\log_{\frac{1}{3}} x - 5 = 0$에서

$(-\log_3 x)^2 - 6\log_3 x - 5 = 0$

$\log_3 x = t$로 놓으면

$t^2 - 6t - 5 = 0$ 　$\cdots\cdots$ ㉠

$(\log_3 x)^2 + a\log_3 x + b = 0$에서

$t^2 + at + b = 0$ 　$\cdots\cdots$ ㉡

이차방정식 ㉠의 두 근이 $\log_3 \alpha$, $\log_3 \beta$이므로 이차방정식의 근과 계수의 관계에 의하여

$\log_3 \alpha + \log_3 \beta = 6, \log_3 \alpha \times \log_3 \beta = -5$

이차방정식 ㉡의 두 근이 $\log_3 \dfrac{3}{\alpha}$, $\log_3 \dfrac{3}{\beta}$, 즉

$1 - \log_3 \alpha$, $1 - \log_3 \beta$이므로 이차방정식의 근과 계수의 관계에 의하여

$-a = (1 - \log_3 \alpha) + (1 - \log_3 \beta)$

$\quad = 2 - (\log_3 \alpha + \log_3 \beta)$

$\quad = 2 - 6 = -4$

$\therefore a = 4$

$b = (1 - \log_3 \alpha)(1 - \log_3 \beta)$

$\quad = 1 - (\log_3 \alpha + \log_3 \beta) + \log_3 \alpha \times \log_3 \beta$

$\quad = 1 - 6 + (-5) = -10$

$\therefore a - b = 4 - (-10) = 14$

답 14

18

$2(1 - \log k)x^2 + 4(1 - \log k)x + 1 \geq 0$에서

(i) $1 - \log k = 0$일 때,

　　주어진 부등식은 $1 \geq 0$이므로 항상 성립한다.

　　따라서 $\log k = 1$에서 $k = 10$

(ii) $1 - \log k \neq 0$일 때,

　　$1 - \log k > 0$이므로 $\log k < 1$

　　$\therefore 0 < k < 10$ 　$\cdots\cdots$ ㉠

　　이차방정식 $2(1 - \log k)x^2 + 4(1 - \log k)x + 1 = 0$에서 $\log k = t$로 놓으면

　　$2(1 - t)x^2 + 4(1 - t)x + 1 = 0$

　　이 이차방정식의 판별식을 D라 하면

　　$\dfrac{D}{4} = \{2(1 - t)\}^2 - 2(1 - t) \leq 0$

$2(1-t)(1-2t)\leq0,\ 2(t-1)(2t-1)\leq0$

$\therefore \dfrac{1}{2}\leq t\leq1$

즉, $\dfrac{1}{2}\leq \log k\leq1$이므로 $\log\sqrt{10}\leq \log k\leq \log 10$

밑 10이 $10>1$이므로 $\sqrt{10}\leq k\leq10$ $\qquad\cdots\cdots$ ㉡

㉠, ㉡의 공통부분은 $\sqrt{10}\leq k<10$

(i), (ii)에서 $\sqrt{10}\leq k\leq10$

따라서 정수 k의 최댓값은 10, 최솟값은 4이므로

$M=10,\ m=4$

$\therefore M+m=10+4=14$

🅐 14

19

집합 $A=\{x\,|\,2^{x(x-3a)}<2^{a(x-3a)}\}$에서

$2^{x(x-3a)}<2^{a(x-3a)}$

밑 2가 $2>1$이므로

$x(x-3a)<a(x-3a),\ x(x-3a)-a(x-3a)<0$

$(x-a)(x-3a)<0$

또한 집합 $B=\{x\,|\,\log_3(x^2-2x+6)<2\}$에서

$x^2-2x+6=(x-1)^2+5>0$

이므로 진수의 조건을 만족시킨다.

$\log_3(x^2-2x+6)<2$에서 $\log_3(x^2-2x+6)<\log_3 9$

밑 3이 $3>1$이므로

$x^2-2x+6<9,\ x^2-2x-3<0$

$(x+1)(x-3)<0$

$\therefore -1<x<3$

$A\cap B=A$, 즉 $A\subset B$가 성립해야 하므로

(i) $a<0$일 때,

　$A=\{x\,|\,3a<x<a\}\subset\{x\,|\,-1<x<3\}=B$이어야 하

　므로

　$3a\geq-1$에서 $a\geq-\dfrac{1}{3}$ $\qquad\therefore -\dfrac{1}{3}\leq a<0$

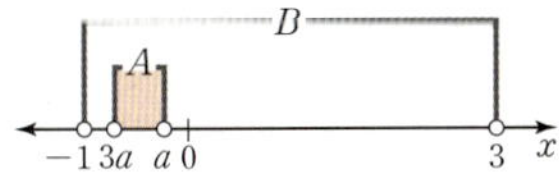

(ii) $a=0$일 때,

　$A=\{x\,|\,x^2<0\}=\varnothing\subset B$이므로 $a=0$은 조건을 만족시

　킨다.

(iii) $a>0$일 때,

　$A=\{x\,|\,a<x<3a\}\subset\{x\,|\,-1<x<3\}=B$이어야 하

　므로

　$3a\leq3$에서 $a\leq1$ $\qquad\therefore 0<a\leq1$

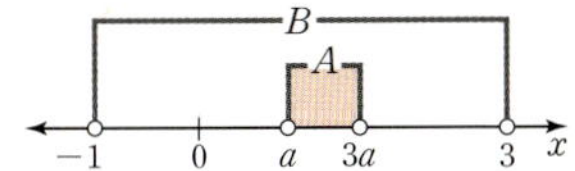

(i), (ii), (iii)에서 a의 값의 범위는 $-\dfrac{1}{3}\leq a\leq1$

🅐 ③

20

진수의 조건에서

$\sqrt{-n^2+10n+75}>0,\ 75-kn>0$

$\sqrt{-n^2+10n+75}>0$에서

$-n^2+10n+75>0,\ n^2-10n-75<0$

$(n+5)(n-15)<0$ $\qquad\therefore -5<n<15$

이때 n이 자연수이므로

$1\leq n<15$ $\qquad\cdots\cdots$ ㉠

$75-kn>0$에서 $n<\dfrac{75}{k}$ $\qquad\cdots\cdots$ ㉡

$\log_2\sqrt{-n^2+10n+75}-\log_4(75-kn)>0$에서

$\log_4(-n^2+10n+75)>\log_4(75-kn)$

밑 4가 $4>1$이므로

$-n^2+10n+75>75-kn$

$n^2-(k+10)n<0,\ n(n-k-10)<0$

$\therefore 0<n<k+10$

이때 $n,\ k$는 자연수이므로

$1\leq n\leq k+9$ $\qquad\cdots\cdots$ ㉢

㉠, ㉡, ㉢을 모두 만족시키는 자연수 n의 개수는 12가 되어

야 하므로

(i) $k=1,\ 2$일 때,

　㉢을 만족시키는 자연수 n의 개수는 11 이하이므로 주어

　진 조건을 만족시키지 않는다.

(ii) $k=3$일 때,

　$1\leq n\leq12$이므로 주어진 조건을 만족시킨다.

(iii) $k=4$일 때,

　$1\leq n\leq13$이므로 주어진 조건을 만족시키지 않는다.

(iv) $k=5$일 때,

　$1\leq n\leq14$이므로 주어진 조건을 만족시키지 않는다.

(v) $k=6$일 때,

　$1\leq n<\dfrac{25}{2}$이므로 주어진 조건을 만족시킨다.

(vi) $k\geq7$일 때,

　㉡에서 $n<\dfrac{75}{7}<11$이므로 ㉡을 만족시키는 자연수 n의

　개수는 10 이하이다.

　따라서 주어진 조건을 만족시키지 않는다.

(i)~(vi)에서 주어진 조건을 만족시키는 k의 값은 3, 6이므로

그 합은 $3+6=9$

🅐 ④

Ⅱ. 삼각함수

⑤ 삼각함수

① 일반각과 호도법

개념 CHECK

01 (1) 제4사분면 (2) 제2사분면 (3) 제1사분면

02 $108°$

03 (1) $\dfrac{4}{3}\pi$ (2) $-\dfrac{5}{6}\pi$ (3) $210°$ (4) $-135°$

04 (1) $2n\pi+\dfrac{2}{3}\pi$ (2) $2n\pi+\dfrac{5}{4}\pi$

05 (1) $l=6\pi,\ S=27\pi$ (2) $l=\pi,\ S=2\pi$

01

(1) $650°=360°\times1+290°$이므로 $650°$는 제4사분면의 각이다.

(2) $870°=360°\times2+150°$이므로 $870°$는 제2사분면의 각이다.

(3) $-700°=360°\times(-2)+20°$이므로 $-700°$는 제1사분면의 각이다.

답 (1) 제4사분면 (2) 제2사분면 (3) 제1사분면

02

$4\theta+\theta=360°\times n+180°$ (n은 정수)

$5\theta=360°\times n+180°$ $\therefore \theta=72°\times n+36°$ …… ㉠

$90°<\theta<180°$에서 $90°<72°\times n+36°<180°$

$\therefore \dfrac{3}{4}<n<2$

이때 n은 정수이므로 $n=1$

이것을 ㉠에 대입하면 $\theta=108°$

답 $108°$

03

(1) $240°=240\times\dfrac{\pi}{180}=\dfrac{4}{3}\pi$

(2) $-150°=-150\times\dfrac{\pi}{180}=-\dfrac{5}{6}\pi$

---

(3) $\dfrac{7}{6}\pi=\dfrac{7}{6}\pi\times\dfrac{180°}{\pi}=210°$

(4) $-\dfrac{3}{4}\pi=-\dfrac{3}{4}\pi\times\dfrac{180°}{\pi}=-135°$

답 (1) $\dfrac{4}{3}\pi$ (2) $-\dfrac{5}{6}\pi$ (3) $210°$ (4) $-135°$

04

(1) $\dfrac{14}{3}\pi=2\pi\times2+\dfrac{2}{3}\pi$이므로

$\dfrac{14}{3}\pi$의 동경이 나타내는 일반각은 $2n\pi+\dfrac{2}{3}\pi$

(2) $-\dfrac{11}{4}\pi=2\pi\times(-2)+\dfrac{5}{4}\pi$이므로

$-\dfrac{11}{4}\pi$의 동경이 나타내는 일반각은 $2n\pi+\dfrac{5}{4}\pi$

답 (1) $2n\pi+\dfrac{2}{3}\pi$ (2) $2n\pi+\dfrac{5}{4}\pi$

05

(1) $l=9\times\dfrac{2}{3}\pi=6\pi,\ S=\dfrac{1}{2}\times9^2\times\dfrac{2}{3}\pi=27\pi$

(2) $45°=45\times\dfrac{\pi}{180}=\dfrac{\pi}{4}$이므로

$l=4\times\dfrac{\pi}{4}=\pi,\ S=\dfrac{1}{2}\times4^2\times\dfrac{\pi}{4}=2\pi$

답 (1) $l=6\pi,\ S=27\pi$ (2) $l=\pi,\ S=2\pi$

유제

01-1 (1) ㄷ (2) 제1사분면, 제3사분면   **01-2** ②

01-3 제1사분면, 제2사분면, 제3사분면

01-4 제1사분면, 제3사분면

02-1 (1) $\dfrac{9}{2}\pi$ (2) $\dfrac{6}{5}\pi,\ \dfrac{8}{5}\pi$ **02-2** ㄴ, ㄷ

02-3 $\dfrac{5}{2}\pi$ **02-4** $\dfrac{5}{8}\pi$ **03-1** (1) $\dfrac{\pi}{2}$ (2) 8π

03-2 $\dfrac{4}{7}\pi$ **03-3** 반지름의 길이: 5, 중심각의 크기: 2

03-4 8

01-1

(1) ㄱ. $-1105°=360°\times(-4)+335°$

ㄴ. $645°=360°\times1+285°$

ㄷ. $\dfrac{29}{12}\pi=435°=360°\times1+75°$

ㄹ. $\dfrac{25}{4}\pi=1125°=360°\times3+45°$

따라서 $75°$를 나타내는 동경과 일치하는 것은 ㄷ이다.

(2) θ가 제2사분면의 각이므로 정수 n에 대하여
$$360° \times n + 90° < \theta < 360° \times n + 180°$$
$$\therefore 180° \times n + 45° < \frac{\theta}{2} < 180° \times n + 90°$$

(i) $n = 2k$ (k는 정수)일 때
$$180° \times 2k + 45° < \frac{\theta}{2} < 180° \times 2k + 90°$$
$$360° \times k + 45° < \frac{\theta}{2} < 360° \times k + 90°$$

즉, $\dfrac{\theta}{2}$는 제1사분면의 각이다.

(ii) $n = 2k+1$ (k는 정수)일 때
$$180° \times (2k+1) + 45° < \frac{\theta}{2} < 180° \times (2k+1) + 90°$$
$$360° \times k + 225° < \frac{\theta}{2} < 360° \times k + 270°$$

즉, $\dfrac{\theta}{2}$는 제3사분면의 각이다.

(i), (ii)에서 각 $\dfrac{\theta}{2}$를 나타내는 동경이 존재하는 사분면은
제1사분면, 제3사분면이다.

$\boxed{\text{답}}$ (1) ㄷ　(2) 제1사분면, 제3사분면

01-2

① $-510° = 360° \times (-2) + 210°$
② $-290° = 360° \times (-1) + 70°$
③ $450° = 360° \times 1 + 90°$
④ $630° = 360° \times 1 + 270°$
⑤ $800° = 360° \times 2 + 80°$
따라서 a의 값이 가장 작은 것은 ②이다.

$\boxed{\text{답}}$ ②

01-3

3θ가 제1사분면의 각이므로 정수 n에 대하여
$$360° \times n < 3\theta < 360° \times n + 90°$$
$$\therefore 120° \times n < \theta < 120° \times n + 30°$$
(i) $n = 3k$ (k는 정수)일 때
$$120° \times 3k < \theta < 120° \times 3k + 30°$$
$$360° \times k < \theta < 360° \times k + 30°$$
즉, θ는 제1사분면의 각이다.
(ii) $n = 3k+1$ (k는 정수)일 때
$$120° \times (3k+1) < \theta < 120° \times (3k+1) + 30°$$
$$360° \times k + 120° < \theta < 360° \times k + 150°$$
즉, θ는 제2사분면의 각이다.
(iii) $n = 3k+2$ (k는 정수)일 때
$$120° \times (3k+2) < \theta < 120° \times (3k+2) + 30°$$
$$360° \times k + 240° < \theta < 360° \times k + 270°$$
즉, θ는 제3사분면의 각이다.

(i), (ii), (iii)에서 각 θ를 나타내는 동경이 존재하는 사분면은
제1사분면, 제2사분면, 제3사분면이다.

$\boxed{\text{답}}$ 제1사분면, 제2사분면, 제3사분면

01-4

주어진 그림에서 $360° \times n < \theta < 360° \times n + 60°$ 또는
$360° \times n + 120° < \theta < 360° \times n + 180°$ (n은 정수)
$$\therefore 360° \times \frac{n}{2} < \frac{\theta}{2} < 360° \times \frac{n}{2} + 30°$$ 또는
$$360° \times \frac{n}{2} + 60° < \frac{\theta}{2} < 360° \times \frac{n}{2} + 90°$$ (n은 정수)
(i) $n = 2k$ (k는 정수)일 때
$$360° \times k < \frac{\theta}{2} < 360° \times k + 30°$$ 또는
$$360° \times k + 60° < \frac{\theta}{2} < 360° \times k + 90°$$
즉, $\dfrac{\theta}{2}$는 제1사분면의 각이다.
(ii) $n = 2k+1$ (k는 정수)일 때
$$360° \times k + 180° < \frac{\theta}{2} < 360° \times k + 210°$$ 또는
$$360° \times k + 240° < \frac{\theta}{2} < 360° \times k + 270°$$
즉, $\dfrac{\theta}{2}$는 제3사분면의 각이다.

(i), (ii)에서 각 $\dfrac{\theta}{2}$를 나타내는 동경이 존재하는 사분면은 제1
사분면, 제3사분면이다.

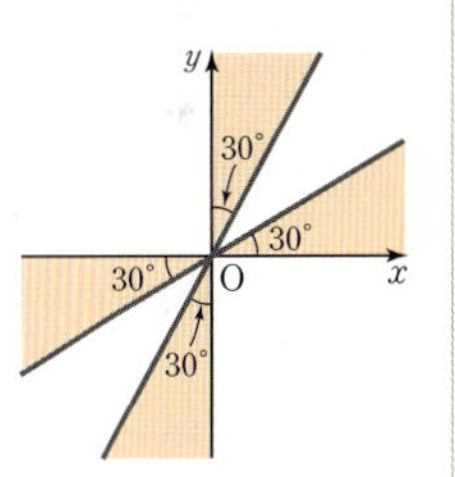

$\boxed{\text{답}}$ 제1사분면, 제3사분면

02-1

(1) 각 θ를 나타내는 동경과 각 7θ를 나타내는 동경이 일직선
위에 있고 방향이 반대이므로
$$7\theta - \theta = 2n\pi + \pi \quad (n\text{은 정수})$$
$$6\theta = (2n+1)\pi \qquad \therefore \theta = \frac{2n+1}{6}\pi \quad \cdots\cdots \ \unicode{x1D7E0}$$
$\pi < \theta < 2\pi$에서 $\pi < \dfrac{2n+1}{6}\pi < 2\pi$
$$\therefore \frac{5}{2} < n < \frac{11}{2}$$
n은 정수이므로 $n = 3$ 또는 $n = 4$ 또는 $n = 5$

이것을 ㉠에 대입하면 $\theta=\dfrac{7}{6}\pi$ 또는 $\theta=\dfrac{3}{2}\pi$ 또는 $\theta=\dfrac{11}{6}\pi$

따라서 모든 각 θ의 크기의 합은

$$\dfrac{7}{6}\pi+\dfrac{3}{2}\pi+\dfrac{11}{6}\pi=\dfrac{9}{2}\pi$$

(2) 각 θ를 나타내는 동경과 각 4θ를 나타내는 동경이 x축에 대하여 대칭이므로

$$\theta+4\theta=2n\pi\ (n\text{은 정수})$$

$$5\theta=2n\pi \quad \therefore \theta=\dfrac{2}{5}n\pi \quad \cdots\cdots ㉠$$

$\pi<\theta<2\pi$에서 $\pi<\dfrac{2}{5}n\pi<2\pi \quad \therefore \dfrac{5}{2}<n<5$

n은 정수이므로 $n=3$ 또는 $n=4$

이것을 ㉠에 대입하면 $\theta=\dfrac{6}{5}\pi$ 또는 $\theta=\dfrac{8}{5}\pi$

$$\text{답}\ (1)\ \dfrac{9}{2}\pi \quad (2)\ \dfrac{6}{5}\pi,\ \dfrac{8}{5}\pi$$

02-2

ㄱ. 두 각 α, β를 나타내는 동경이 일치하면 $\alpha-\beta=2n\pi$이다.

ㄹ. 두 각 α, β를 나타내는 동경이 직선 $y=x$에 대하여 대칭이면 $\alpha+\beta=2n\pi+\dfrac{\pi}{2}$이다.

따라서 옳은 것은 ㄴ, ㄷ이다.

$$\text{답}\ ㄴ,\ ㄷ$$

02-3

각 2θ를 나타내는 동경과 각 6θ를 나타내는 동경이 y축에 대하여 대칭이므로 $2\theta+6\theta=2n\pi+\pi\ (n\text{은 정수})$

$$8\theta=(2n+1)\pi \quad \therefore \theta=\dfrac{2n+1}{8}\pi \quad \cdots\cdots ㉠$$

$\pi<\theta<\dfrac{3}{2}\pi$에서 $\pi<\dfrac{2n+1}{8}\pi<\dfrac{3}{2}\pi$

$$\therefore \dfrac{7}{2}<n<\dfrac{11}{2}$$

n은 정수이므로 $n=4$ 또는 $n=5$

이것을 ㉠에 대입하면 $\theta=\dfrac{9}{8}\pi$ 또는 $\theta=\dfrac{11}{8}\pi$

따라서 모든 각 θ의 크기의 합은

$$\dfrac{9}{8}\pi+\dfrac{11}{8}\pi=\dfrac{5}{2}\pi$$

$$\text{답}\ \dfrac{5}{2}\pi$$

02-4

각 θ를 나타내는 동경과 각 3θ를 나타내는 동경이 직선 $y=x$에 대하여 대칭이므로

$$\theta+3\theta=2n\pi+\dfrac{\pi}{2}\ (n\text{은 정수})$$

$$4\theta=\dfrac{4n+1}{2}\pi \quad \therefore \theta=\dfrac{4n+1}{8}\pi \quad \cdots\cdots ㉠$$

$\dfrac{\pi}{2}<\theta<\pi$에서 $\dfrac{\pi}{2}<\dfrac{4n+1}{8}\pi<\pi$

$$\therefore \dfrac{3}{4}<n<\dfrac{7}{4}$$

n은 정수이므로 $n=1$

이것을 ㉠에 대입하면 $\theta=\dfrac{5}{8}\pi$

$$\text{답}\ \dfrac{5}{8}\pi$$

03-1

부채꼴의 반지름의 길이를 r, 중심각의 크기를 θ, 호의 길이를 l, 넓이를 S라 하자.

(1) $l=3\pi$, $S=9\pi$이므로

$$S=\dfrac{1}{2}rl\text{에서 } 9\pi=\dfrac{1}{2}\times r\times 3\pi \quad \therefore r=6$$

$$l=r\theta\text{에서 } 3\pi=6\theta \quad \therefore \theta=\dfrac{\pi}{2}$$

(2) $\theta=\dfrac{\pi}{4}$, $l=2\pi$이므로

$$l=r\theta\text{에서 } 2\pi=r\times\dfrac{\pi}{4} \quad \therefore r=8$$

$$S=\dfrac{1}{2}r^2\theta\text{에서 } S=\dfrac{1}{2}\times 8^2\times\dfrac{\pi}{4}=8\pi$$

$$\text{답}\ (1)\ \dfrac{\pi}{2} \quad (2)\ 8\pi$$

03-2

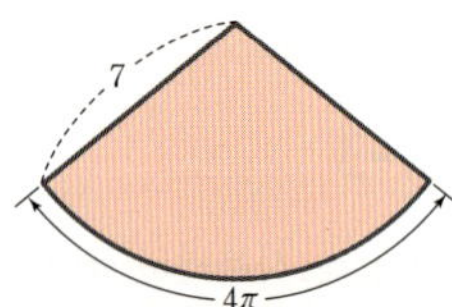

원뿔에서 옆면의 부채꼴의 호의 길이는 밑면의 원의 둘레의 길이와 같으므로 부채꼴의 호의 길이는 $2\pi\times 2=4\pi$

따라서 주어진 부채꼴은 반지름의 길이가 7이고, 호의 길이가 4π이므로 부채꼴의 중심각의 크기를 θ라 하면

$$7\times\theta=4\pi \quad \therefore \theta=\dfrac{4}{7}\pi$$

$$\text{답}\ \dfrac{4}{7}\pi$$

03-3

부채꼴의 반지름의 길이를 r, 호의 길이를 l이라 하면 둘레의 길이가 20이므로

$$20=l+2r \quad \therefore l=20-2r$$

이때 $20-2r>0$, $r>0$이므로 $0<r<10$

부채꼴의 넓이를 S라 하면

$$S=\frac{1}{2}rl=\frac{1}{2}r(20-2r)$$
$$=-r^2+10r=-(r-5)^2+25 \ (0<r<10)$$

따라서 S는 $r=5$일 때 최댓값 25를 갖는다.

이때 부채꼴의 중심각의 크기를 θ라 하면 $S=\frac{1}{2}r^2\theta$이므로

$$25=\frac{1}{2}\times25\times\theta \qquad \therefore \theta=2$$

답 반지름의 길이: 5, 중심각의 크기: 2

03-4

부채꼴의 반지름의 길이를 r, 호의 길이를 l이라 하면 넓이가

4이므로 $4=\frac{1}{2}rl$ $\qquad \therefore l=\frac{8}{r}$

따라서 부채꼴의 둘레의 길이는

$$l+2r=\frac{8}{r}+2r$$

이때 $\frac{8}{r}>0$, $2r>0$이므로 산술평균과 기하평균의 관계에 의

하여 $\frac{8}{r}+2r\geq2\sqrt{\frac{8}{r}\times2r}=2\times4=8$

$$\left(\text{단, 등호는 }\frac{8}{r}=2r,\text{ 즉 }r=2\text{일 때 성립}\right)$$

따라서 부채꼴의 둘레의 길이의 최솟값은 8이다.

> **참고**
>
> **산술평균과 기하평균의 관계**
> $a>0$, $b>0$일 때
> $$\frac{a+b}{2}\geq\sqrt{ab} \ (\text{단, 등호는 } a=b\text{일 때 성립})$$

답 8

02 삼각함수

개념 CHECK

본문 215쪽

01 (1) $\sin\theta=\frac{4}{5}$, $\cos\theta=-\frac{3}{5}$, $\tan\theta=-\frac{4}{3}$

  (2) $\sin\theta=-\frac{5}{13}$, $\cos\theta=\frac{12}{13}$, $\tan\theta=-\frac{5}{12}$

02 (1) $\sin600°<0$, $\cos600°<0$, $\tan600°>0$

  (2) $\sin\frac{11}{3}\pi<0$, $\cos\frac{11}{3}\pi>0$, $\tan\frac{11}{3}\pi<0$

  (3) $\sin\left(-\frac{13}{4}\pi\right)>0$, $\cos\left(-\frac{13}{4}\pi\right)<0$,

  $\tan\left(-\frac{13}{4}\pi\right)<0$

03 (1) 제2사분면 (2) 제2사분면 또는 제4사분면

04 $\sin\theta=-\frac{3}{5}$, $\tan\theta=\frac{3}{4}$ **05** $-\frac{3}{8}$

01

(1) $\overline{OP}=\sqrt{(-3)^2+4^2}=5$이므로

  $\sin\theta=\frac{4}{5}$,

  $\cos\theta=-\frac{3}{5}$,

  $\tan\theta=-\frac{4}{3}$

(2) $\overline{OP}=\sqrt{12^2+(-5)^2}=13$이므로

  $\sin\theta=-\frac{5}{13}$,

  $\cos\theta=\frac{12}{13}$,

  $\tan\theta=-\frac{5}{12}$

답 (1) $\sin\theta=\frac{4}{5}$, $\cos\theta=-\frac{3}{5}$, $\tan\theta=-\frac{4}{3}$

  (2) $\sin\theta=-\frac{5}{13}$, $\cos\theta=\frac{12}{13}$, $\tan\theta=-\frac{5}{12}$

02

(1) $600°=360°+240°$이므로 $600°$는 제3사분면의 각이다.

  $\therefore \sin600°<0$, $\cos600°<0$, $\tan600°>0$

(2) $\frac{11}{3}\pi=2\pi+\frac{5}{3}\pi$이므로 $\frac{11}{3}\pi$는 제4사분면의 각이다.

  $\therefore \sin\frac{11}{3}\pi<0$, $\cos\frac{11}{3}\pi>0$, $\tan\frac{11}{3}\pi<0$

(3) $-\frac{13}{4}\pi=-4\pi+\frac{3}{4}\pi$이므로 $-\frac{13}{4}\pi$는 제2사분면의 각

이다.

  $\therefore \sin\left(-\frac{13}{4}\pi\right)>0$, $\cos\left(-\frac{13}{4}\pi\right)<0$,

  $\tan\left(-\frac{13}{4}\pi\right)<0$

답 (1) $\sin600°<0$, $\cos600°<0$, $\tan600°>0$

  (2) $\sin\frac{11}{3}\pi<0$, $\cos\frac{11}{3}\pi>0$, $\tan\frac{11}{3}\pi<0$

  (3) $\sin\left(-\frac{13}{4}\pi\right)>0$, $\cos\left(-\frac{13}{4}\pi\right)<0$,

  $\tan\left(-\frac{13}{4}\pi\right)<0$

03

(1) $\sin\theta>0$이면 제1사분면 또는 제2사분면의 각이고,

  $\tan\theta<0$이면 제2사분면 또는 제4사분면의 각이므로 동시에 만족시키는 θ는 제2사분면의 각이다.

(2) $\sin\theta\cos\theta<0$에서 $\sin\theta>0$, $\cos\theta<0$

  또는 $\sin\theta<0$, $\cos\theta>0$

  (i) $\sin\theta>0$, $\cos\theta<0$에서 $\sin\theta>0$이면 제1사분면 또는 제2사분면의 각이고, $\cos\theta<0$이면 제2사분면 또는 는 제3사분면의 각이므로 동시에 만족시키는 θ는 제2

사분면의 각이다.

(ii) $\sin\theta<0$, $\cos\theta>0$에서 $\sin\theta<0$이면 제3사분면 또는 제4사분면의 각이고, $\cos\theta>0$이면 제1사분면 또는 제4사분면의 각이므로 동시에 만족시키는 θ는 제4사분면의 각이다.

(i), (ii)에서 θ는 제2사분면 또는 제4사분면의 각이다.

답 (1) 제2사분면 (2) 제2사분면 또는 제4사분면

04

$\sin^2\theta+\cos^2\theta=1$에서

$$\sin^2\theta=1-\cos^2\theta=1-\left(-\frac{4}{5}\right)^2=\frac{9}{25}$$

그런데 θ가 제3사분면의 각이면 $\sin\theta<0$이므로

$$\sin\theta=-\frac{3}{5}$$

또한 $\tan\theta=\dfrac{\sin\theta}{\cos\theta}$에서 $\tan\theta=\dfrac{-\dfrac{3}{5}}{-\dfrac{4}{5}}=\dfrac{3}{4}$

답 $\sin\theta=-\dfrac{3}{5}$, $\tan\theta=\dfrac{3}{4}$

05

$\sin\theta+\cos\theta=\dfrac{1}{2}$의 양변을 제곱하면

$$\sin^2\theta+2\sin\theta\cos\theta+\cos^2\theta=\frac{1}{4}$$

$\sin^2\theta+\cos^2\theta=1$이므로

$$1+2\sin\theta\cos\theta=\frac{1}{4}$$

$$2\sin\theta\cos\theta=-\frac{3}{4} \qquad \therefore \sin\theta\cos\theta=-\frac{3}{8}$$

답 $-\dfrac{3}{8}$

04-1 (1) $-\dfrac{1}{5}$ (2) $\dfrac{15}{7}$

04-2 $\sin\theta=-\dfrac{\sqrt{3}}{2}$, $\cos\theta=-\dfrac{1}{2}$, $\tan\theta=\sqrt{3}$

04-3 $-\dfrac{2}{5}$ **04-4** 1

05-1 (1) 제2사분면 (2) $-\cos\theta$

05-2 $-\cos\theta+\tan\theta$ **05-3** $\sin\theta+\cos\theta$

05-4 $\sin\theta$ **06-1** (1) 2 (2) $\dfrac{1}{\cos\theta}$ **06-2** 1

06-3 ㄱ, ㄷ   **06-4** 1 **07-1** (1) $-\dfrac{2}{3}$ (2) 12

07-2 (1) $-\dfrac{15}{32}$ (2) $\dfrac{\sqrt{31}}{4}$ (3) $\dfrac{47}{128}$

07-3 $\dfrac{49}{81}$ **07-4** $-\dfrac{\sqrt{15}}{3}$

08-1 (1) $-\dfrac{1}{2}$ (2) $\dfrac{\sqrt{6}}{2}$ **08-2** $-\dfrac{1}{2}$ **08-3** $\dfrac{1}{6}$

08-4 89

04-1

오른쪽 그림에서

$\overline{\mathrm{OP}}=\sqrt{(-8)^2+6^2}=10$이므로

$$\sin\theta=\frac{6}{10}=\frac{3}{5}$$

$$\cos\theta=-\frac{8}{10}=-\frac{4}{5}$$

$$\tan\theta=-\frac{6}{8}=-\frac{3}{4}$$

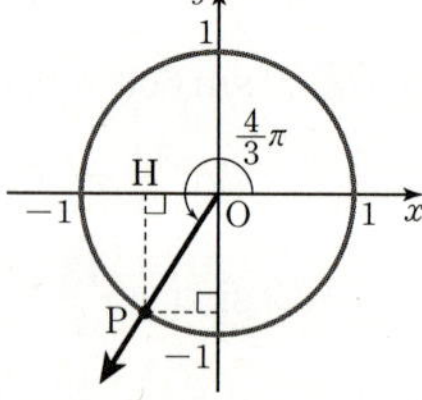

(1) $\sin\theta+\cos\theta=\dfrac{3}{5}+\left(-\dfrac{4}{5}\right)=-\dfrac{1}{5}$

(2) $\dfrac{4\tan\theta}{\cos\theta-\sin\theta}=\dfrac{4\times\left(-\dfrac{3}{4}\right)}{\left(-\dfrac{4}{5}\right)-\dfrac{3}{5}}=\dfrac{15}{7}$

답 (1) $-\dfrac{1}{5}$ (2) $\dfrac{15}{7}$

04-2

오른쪽 그림과 같이 반지름의 길이가 1인 원에서 각 $\dfrac{4}{3}\pi$를 나타내는 동경과 이 원의 교점을 P, 점 P에서 x축에 내린 수선의 발을 H라 하면 직각삼각형 POH에서

$\angle\mathrm{POH}=\dfrac{\pi}{3}$이므로

$$\overline{\mathrm{PH}}=\overline{\mathrm{OP}}\sin\frac{\pi}{3}=\frac{\sqrt{3}}{2},$$

$$\overline{\text{OH}}=\overline{\text{OP}}\cos\frac{\pi}{3}=\frac{1}{2}$$

따라서 점 P의 좌표는 $\left(-\dfrac{1}{2},\ -\dfrac{\sqrt{3}}{2}\right)$이다.

$$\therefore\ \sin\theta=-\frac{\sqrt{3}}{2},\ \cos\theta=-\frac{1}{2},\ \tan\theta=\sqrt{3}$$

$$\text{🖪}\ \sin\theta=-\frac{\sqrt{3}}{2},\ \cos\theta=-\frac{1}{2},\ \tan\theta=\sqrt{3}$$

04-3

θ가 제2사분면의 각이고

$\tan\theta=-\dfrac{1}{2}$이므로

각 θ를 나타내는 동경과 그 위의 한 점 P를 오른쪽 그림과 같이 나타낼 수 있다.

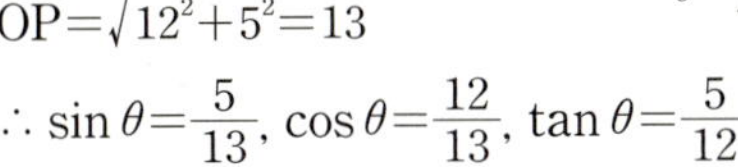

따라서 $\overline{\text{OP}}=\sqrt{(-2)^2+1^2}=\sqrt{5}$ 이므로

$$\sin\theta=\frac{\sqrt{5}}{5},\ \cos\theta=-\frac{2\sqrt{5}}{5}$$

$$\therefore\ \sin\theta\cos\theta=\frac{\sqrt{5}}{5}\times\left(-\frac{2\sqrt{5}}{5}\right)=-\frac{2}{5}$$

$$\text{🖪}\ -\frac{2}{5}$$

04-4

$5x-12y=0$에서 $y=\dfrac{5}{12}x$

$0<\theta<\dfrac{\pi}{2}$이므로

오른쪽 그림에서 직선 $y=\dfrac{5}{12}x$

위의 점 $\text{P}(12,\ 5)$에 대하여

$$\overline{\text{OP}}=\sqrt{12^2+5^2}=13$$

$$\therefore\ \sin\theta=\frac{5}{13},\ \cos\theta=\frac{12}{13},\ \tan\theta=\frac{5}{12}$$

$$\therefore\ \frac{13\sin\theta+12\tan\theta}{13\cos\theta-2}=\frac{13\times\frac{5}{13}+12\times\frac{5}{12}}{13\times\frac{12}{13}-2}=1$$

$$\text{🖪}\ 1$$

05-1

(1) (i) $\sin\theta\tan\theta<0$에서

$\sin\theta>0,\ \tan\theta<0$ 또는 $\sin\theta<0,\ \tan\theta>0$

이므로 θ는 제2사분면 또는 제3사분면의 각이다.

(ii) $\cos\theta\tan\theta>0$에서

$\cos\theta>0,\ \tan\theta>0$ 또는 $\cos\theta<0,\ \tan\theta<0$이므

로 θ는 제1사분면 또는 제2사분면의 각이다.

(i), (ii)에서 θ는 제2사분면의 각이다.

(2) θ가 제4사분면의 각이므로

$\sin\theta<0,\ \cos\theta>0,\ \tan\theta<0$에서

$\sin\theta+\tan\theta<0,\ \sin\theta-\cos\theta<0$

$$\therefore\ \sqrt{(\sin\theta+\tan\theta)^2}-\sqrt{\tan^2\theta}-|\sin\theta-\cos\theta|$$
$$=-(\sin\theta+\tan\theta)$$
$$\qquad\qquad-(-\tan\theta)-\{-(\sin\theta-\cos\theta)\}$$
$$=-\cos\theta$$

$$\text{🖪}\ (1)\ 제2사분면\quad(2)\ -\cos\theta$$

05-2

$\pi<\theta<\dfrac{3}{2}\pi$에서 $\sin\theta<0,\ \cos\theta<0,\ \tan\theta>0$

$$\therefore\ |\sin\theta|+\sqrt{\cos^2\theta}+\sqrt{\tan^2\theta}+\sin\theta$$
$$=-\sin\theta+(-\cos\theta)+\tan\theta+\sin\theta$$
$$=-\cos\theta+\tan\theta$$

$$\text{🖪}\ -\cos\theta+\tan\theta$$

05-3

(i) $\sin\theta\cos\theta<0$에서

$\sin\theta>0,\ \cos\theta<0$ 또는 $\sin\theta<0,\ \cos\theta>0$

이므로 θ는 제2사분면 또는 제4사분면의 각이다.

(ii) $\cos\theta\tan\theta<0$에서

$\cos\theta>0,\ \tan\theta<0$ 또는 $\cos\theta<0,\ \tan\theta>0$

이므로 θ는 제3사분면 또는 제4사분면의 각이다.

(i), (ii)에서 θ는 제4사분면의 각이므로

$\sin\theta<0,\ \cos\theta>0,\ \tan\theta<0$

$$\therefore\ \sqrt{(\tan\theta-\cos\theta)^2}-|\tan\theta|+\sqrt[3]{\sin^3\theta}$$
$$=-(\tan\theta-\cos\theta)-(-\tan\theta)+\sin\theta$$
$$=\sin\theta+\cos\theta$$

$$\text{🖪}\ \sin\theta+\cos\theta$$

05-4

$\dfrac{\sqrt{\sin\theta}}{\sqrt{\cos\theta}}=-\sqrt{\dfrac{\sin\theta}{\cos\theta}}$에서 $\sin\theta>0,\ \cos\theta<0$

따라서 θ는 제2사분면의 각이므로

$\tan\theta<0,\ \sin\theta-\tan\theta>0,\ \tan\theta+\cos\theta<0$

$$\therefore\ |\sin\theta-\tan\theta|+\sqrt{\cos^2\theta}-\sqrt{(\tan\theta+\cos\theta)^2}$$
$$=\sin\theta-\tan\theta+(-\cos\theta)-\{-(\tan\theta+\cos\theta)\}$$
$$=\sin\theta$$

$$\text{🖪}\ \sin\theta$$

06-1

(1) $(\sin\theta+\cos\theta)^2+(\sin\theta-\cos\theta)^2$
$=\sin^2\theta+2\sin\theta\cos\theta+\cos^2\theta$
$\qquad\qquad\quad+\sin^2\theta-2\sin\theta\cos\theta+\cos^2\theta$
$=2(\sin^2\theta+\cos^2\theta)$
$=2$

(2) $\tan\theta+\dfrac{\cos\theta}{1+\sin\theta}=\dfrac{\sin\theta}{\cos\theta}+\dfrac{\cos\theta}{1+\sin\theta}$
$\qquad\qquad=\dfrac{\sin\theta(1+\sin\theta)+\cos^2\theta}{\cos\theta(1+\sin\theta)}$
$\qquad\qquad=\dfrac{\sin\theta+\sin^2\theta+\cos^2\theta}{\cos\theta(1+\sin\theta)}$
$\qquad\qquad=\dfrac{\sin\theta+1}{\cos\theta(1+\sin\theta)}$
$\qquad\qquad=\dfrac{1}{\cos\theta}$

$\qquad\qquad\qquad$ 답 (1) 2　(2) $\dfrac{1}{\cos\theta}$

06-2

$\left(1-\dfrac{1}{\sin\theta}\right)\left(1-\dfrac{1}{\cos\theta}\right)\left(1+\dfrac{1}{\sin\theta}\right)\left(1+\dfrac{1}{\cos\theta}\right)$

$=\left\{\left(1-\dfrac{1}{\sin\theta}\right)\left(1+\dfrac{1}{\sin\theta}\right)\right\}\left\{\left(1-\dfrac{1}{\cos\theta}\right)\left(1+\dfrac{1}{\cos\theta}\right)\right\}$

$=\left(1-\dfrac{1}{\sin^2\theta}\right)\left(1-\dfrac{1}{\cos^2\theta}\right)$

$=\dfrac{\sin^2\theta-1}{\sin^2\theta}\times\dfrac{\cos^2\theta-1}{\cos^2\theta}$

$=\dfrac{-\cos^2\theta}{\sin^2\theta}\times\dfrac{-\sin^2\theta}{\cos^2\theta}$

$=1$

$\qquad\qquad\qquad$ 답 1

06-3

ㄱ. $\dfrac{\sin\theta\cos\theta}{1+\cos\theta}+\dfrac{\sin\theta\cos\theta}{1-\cos\theta}$

$=\dfrac{\sin\theta\cos\theta(1-\cos\theta)+\sin\theta\cos\theta(1+\cos\theta)}{(1+\cos\theta)(1-\cos\theta)}$

$=\dfrac{2\sin\theta\cos\theta}{1-\cos^2\theta}$

$=\dfrac{2\sin\theta\cos\theta}{\sin^2\theta}$

$=\dfrac{2\cos\theta}{\sin\theta}$

$=\dfrac{2}{\tan\theta}$ (참)

ㄴ. $\sin^4\theta-\cos^4\theta=(\sin^2\theta+\cos^2\theta)(\sin^2\theta-\cos^2\theta)$
$\qquad\qquad\quad=\sin^2\theta-\cos^2\theta$
$\qquad\qquad\quad=\sin^2\theta-(1-\sin^2\theta)$
$\qquad\qquad\quad=2\sin^2\theta-1$ (거짓)

ㄷ. $\left(\dfrac{1}{\cos\theta}+\tan\theta\right)^2=\left(\dfrac{1}{\cos\theta}+\dfrac{\sin\theta}{\cos\theta}\right)^2$
$\qquad\qquad=\left(\dfrac{1+\sin\theta}{\cos\theta}\right)^2$
$\qquad\qquad=\dfrac{(1+\sin\theta)^2}{\cos^2\theta}$
$\qquad\qquad=\dfrac{(1+\sin\theta)^2}{1-\sin^2\theta}$
$\qquad\qquad=\dfrac{(1+\sin\theta)^2}{(1+\sin\theta)(1-\sin\theta)}$
$\qquad\qquad=\dfrac{1+\sin\theta}{1-\sin\theta}$ (참)

따라서 옳은 것은 ㄱ, ㄷ이다.

$\qquad\qquad\qquad$ 답 ㄱ, ㄷ

06-4

$\left(\sin\theta-\dfrac{1}{\sin\theta}\right)^2+\left(\cos\theta-\dfrac{1}{\cos\theta}\right)^2-\left(\tan\theta-\dfrac{1}{\tan\theta}\right)^2$

$=\left(\sin^2\theta-2+\dfrac{1}{\sin^2\theta}\right)+\left(\cos^2\theta-2+\dfrac{1}{\cos^2\theta}\right)$
$\qquad\qquad\qquad\quad-\left(\tan^2\theta-2+\dfrac{1}{\tan^2\theta}\right)$

$=(\sin^2\theta+\cos^2\theta)+\left(\dfrac{1}{\sin^2\theta}+\dfrac{1}{\cos^2\theta}\right)$
$\qquad\qquad\quad-\left(\dfrac{\sin^2\theta}{\cos^2\theta}+\dfrac{\cos^2\theta}{\sin^2\theta}\right)-2$

$=1+\left(\dfrac{1}{\sin^2\theta}-\dfrac{\cos^2\theta}{\sin^2\theta}\right)+\left(\dfrac{1}{\cos^2\theta}-\dfrac{\sin^2\theta}{\cos^2\theta}\right)-2$

$=-1+\dfrac{1-\cos^2\theta}{\sin^2\theta}+\dfrac{1-\sin^2\theta}{\cos^2\theta}$

$=-1+\dfrac{\sin^2\theta}{\sin^2\theta}+\dfrac{\cos^2\theta}{\cos^2\theta}$

$=-1+1+1=1$

$\qquad\qquad\qquad$ 답 1

07-1

(1) $\cos\theta=-\dfrac{5}{13}$ 이므로 $\sin^2\theta+\cos^2\theta=1$ 에서

$\sin^2\theta=1-\cos^2\theta=1-\left(-\dfrac{5}{13}\right)^2=\dfrac{144}{169}$

$\pi<\theta<\dfrac{3}{2}\pi$ 이므로 $\sin\theta<0$

$$\therefore \sin\theta = -\frac{12}{13} \qquad \therefore \frac{1}{\sin\theta} = -\frac{13}{12}$$

또한 $\tan\theta = \dfrac{\sin\theta}{\cos\theta} = \dfrac{-\dfrac{12}{13}}{-\dfrac{5}{13}} = \dfrac{12}{5}$ 이므로

$$\frac{1}{\tan\theta} = \frac{5}{12}$$

$$\therefore \frac{1}{\sin\theta} + \frac{1}{\tan\theta} = \left(-\frac{13}{12}\right) + \frac{5}{12} = -\frac{2}{3}$$

(2) $\dfrac{1+\sin\theta}{1-\sin\theta} = \dfrac{1}{9}$ 에서

$$9(1+\sin\theta) = 1-\sin\theta$$
$$9+9\sin\theta = 1-\sin\theta$$
$$10\sin\theta = -8 \qquad \therefore \sin\theta = -\frac{4}{5}$$

$\sin^2\theta + \cos^2\theta = 1$ 에서

$$\cos^2\theta = 1-\sin^2\theta$$
$$= 1-\left(-\frac{4}{5}\right)^2 = \frac{9}{25}$$

그런데 θ 가 제4사분면의 각이므로 $\cos\theta > 0$

$$\therefore \cos\theta = \frac{3}{5}$$

따라서 $\tan\theta = \dfrac{\sin\theta}{\cos\theta} = \dfrac{-\dfrac{4}{5}}{\dfrac{3}{5}} = -\dfrac{4}{3}$ 이므로

$$5\sin\theta - 12\tan\theta = 5\times\left(-\frac{4}{5}\right) - 12\times\left(-\frac{4}{3}\right)$$
$$= 12$$

답 (1) $-\dfrac{2}{3}$　(2) 12

07-2

(1) $\sin\theta + \cos\theta = \dfrac{1}{4}$ 의 양변을 제곱하면

$$\sin^2\theta + 2\sin\theta\cos\theta + \cos^2\theta = \frac{1}{16}$$
$$1 + 2\sin\theta\cos\theta = \frac{1}{16}$$
$$\therefore \sin\theta\cos\theta = -\frac{15}{32}$$

(2) $(\sin\theta - \cos\theta)^2 = \sin^2\theta - 2\sin\theta\cos\theta + \cos^2\theta$
$$= 1 - 2\sin\theta\cos\theta$$
$$= 1 - 2\times\left(-\frac{15}{32}\right) = \frac{31}{16}$$

이때 $\sin\theta > \cos\theta$ 이므로 $\sin\theta - \cos\theta > 0$

$$\therefore \sin\theta - \cos\theta = \frac{\sqrt{31}}{4}$$

(3) $\sin^3\theta + \cos^3\theta$
$$= (\sin\theta + \cos\theta)^3 - 3\sin\theta\cos\theta(\sin\theta + \cos\theta)$$
$$= \left(\frac{1}{4}\right)^3 - 3\times\left(-\frac{15}{32}\right)\times\frac{1}{4} = \frac{47}{128}$$

(3) $\sin^3\theta + \cos^3\theta$
$$= (\sin\theta + \cos\theta)(\sin^2\theta - \sin\theta\cos\theta + \cos^2\theta)$$
$$= \frac{1}{4}\times\left\{1 - \left(-\frac{15}{32}\right)\right\} = \frac{47}{128}$$

답 (1) $-\dfrac{15}{32}$　(2) $\dfrac{\sqrt{31}}{4}$　(3) $\dfrac{47}{128}$

07-3

$\sin\theta - \cos\theta = \dfrac{1}{3}$ 의 양변을 제곱하면

$$\sin^2\theta - 2\sin\theta\cos\theta + \cos^2\theta = \frac{1}{9}$$
$$1 - 2\sin\theta\cos\theta = \frac{1}{9} \qquad \therefore \sin\theta\cos\theta = \frac{4}{9}$$
$$\therefore \sin^4\theta + \cos^4\theta = (\sin^2\theta + \cos^2\theta)^2 - 2\sin^2\theta\cos^2\theta$$
$$= 1 - 2\times\left(\frac{4}{9}\right)^2 = \frac{49}{81}$$

답 $\dfrac{49}{81}$

07-4

$\tan\theta = \dfrac{\sin\theta}{\cos\theta}$ 이므로 $\tan\theta + \dfrac{1}{\tan\theta} = 3$ 에서

$$\frac{\sin\theta}{\cos\theta} + \frac{\cos\theta}{\sin\theta} = 3,\ \frac{\sin^2\theta + \cos^2\theta}{\sin\theta\cos\theta} = 3$$
$$\frac{1}{\sin\theta\cos\theta} = 3 \qquad \therefore \sin\theta\cos\theta = \frac{1}{3}$$
$$\therefore (\sin\theta + \cos\theta)^2 = \sin^2\theta + 2\sin\theta\cos\theta + \cos^2\theta$$
$$= 1 + 2\sin\theta\cos\theta$$
$$= 1 + 2\times\frac{1}{3} = \frac{5}{3}$$

그런데 $\pi < \theta < \dfrac{3}{2}\pi$ 이므로 $\sin\theta < 0,\ \cos\theta < 0$

따라서 $\sin\theta + \cos\theta < 0$ 이므로

$$\sin\theta + \cos\theta = -\frac{\sqrt{15}}{3}$$

답 $-\dfrac{\sqrt{15}}{3}$

08-1

(1) 이차방정식 $2x^2 - \sqrt{2}x + k = 0$ 의 두 근이 $\sin\theta$, $\cos\theta$ 이므로 근과 계수의 관계에 의하여

$$\sin\theta + \cos\theta = \frac{\sqrt{2}}{2},\ \sin\theta\cos\theta = \frac{k}{2}$$

이때 $(\sin\theta + \cos\theta)^2 = 1 + 2\sin\theta\cos\theta$ 이므로

$$\left(\frac{\sqrt{2}}{2}\right)^2 = 1 + 2\times\frac{k}{2},\ \frac{1}{2} = 1 + k$$
$$\therefore k = -\frac{1}{2}$$

(2) $\sin\theta\cos\theta=\dfrac{k}{2}=-\dfrac{1}{4}$이므로

$$(\sin\theta-\cos\theta)^2=\sin^2\theta-2\sin\theta\cos\theta+\cos^2\theta$$
$$=1-2\sin\theta\cos\theta$$
$$=1-2\times\left(-\dfrac{1}{4}\right)=\dfrac{3}{2}$$

이때 $\sin\theta>\cos\theta$이므로 $\sin\theta-\cos\theta>0$

$$\therefore \sin\theta-\cos\theta=\dfrac{\sqrt{6}}{2}$$

답 (1) $-\dfrac{1}{2}$　(2) $\dfrac{\sqrt{6}}{2}$

08-2

이차방정식 $x^2+x+k=0$에서 근과 계수의 관계에 의하여
$$(\cos\theta+\sin\theta)+(\cos\theta-\sin\theta)=-1 \quad\cdots\cdots ㉠$$
$$(\cos\theta+\sin\theta)(\cos\theta-\sin\theta)=k \quad\cdots\cdots ㉡$$

㉠에서 $2\cos\theta=-1$

$$\therefore \cos\theta=-\dfrac{1}{2}$$

㉡의 좌변을 간단히 하면
$$(\cos\theta+\sin\theta)(\cos\theta-\sin\theta)=\cos^2\theta-\sin^2\theta$$
$$=\cos^2\theta-(1-\cos^2\theta)$$
$$=2\cos^2\theta-1$$

즉, $2\cos^2\theta-1=k$이므로 $\cos\theta=-\dfrac{1}{2}$을 대입하면

$$\dfrac{1}{2}-1=k \quad\quad \therefore k=-\dfrac{1}{2}$$

답 $-\dfrac{1}{2}$

08-3

이차방정식의 계수가 유리수이므로 한 근이 $3-2\sqrt{2}$이면 다른 한 근은 $3+2\sqrt{2}$이다.
따라서 근과 계수의 관계에 의하여

$$\tan\theta+\dfrac{1}{\tan\theta}=(3-2\sqrt{2})+(3+2\sqrt{2})=6$$

좌변을 정리하면

$$\tan\theta+\dfrac{1}{\tan\theta}=\dfrac{\sin\theta}{\cos\theta}+\dfrac{\cos\theta}{\sin\theta}$$
$$=\dfrac{\sin^2\theta+\cos^2\theta}{\sin\theta\cos\theta}$$
$$=\dfrac{1}{\sin\theta\cos\theta}$$

이 값이 6이므로 $\dfrac{1}{\sin\theta\cos\theta}=6$

$$\therefore \sin\theta\cos\theta=\dfrac{1}{6}$$

이차방정식의 켤레근
계수가 유리수인 이차방정식의 한 근이 $p+q\sqrt{m}$이면 다른 한 근은 $p-q\sqrt{m}$이다.

(단, p, q는 유리수, $q\neq 0$, $\sqrt{m}$은 무리수)

답 $\dfrac{1}{6}$

08-4

이차방정식 $8x^2+4x+k=0$의 두 근이 $\sin\theta$, $\cos\theta$이므로 근과 계수의 관계에 의하여

$$\sin\theta+\cos\theta=-\dfrac{1}{2} \quad\cdots\cdots ㉠$$
$$\sin\theta\cos\theta=\dfrac{k}{8} \quad\cdots\cdots ㉡$$

㉠의 양변을 제곱하면

$$\sin^2\theta+2\sin\theta\cos\theta+\cos^2\theta=\dfrac{1}{4}$$
$$1+2\sin\theta\cos\theta=\dfrac{1}{4}$$
$$\therefore \sin\theta\cos\theta=-\dfrac{3}{8} \quad\cdots\cdots ㉢$$

㉡, ㉢에서 $k=-3$

따라서 이차방정식 $3x^2+ax+b=0$의 두 근이 $\dfrac{1}{\sin\theta}$, $\dfrac{1}{\cos\theta}$이므로 근과 계수의 관계에 의하여

$$-\dfrac{a}{3}=\dfrac{1}{\sin\theta}+\dfrac{1}{\cos\theta}=\dfrac{\sin\theta+\cos\theta}{\sin\theta\cos\theta}=\dfrac{-\dfrac{1}{2}}{-\dfrac{3}{8}}=\dfrac{4}{3}$$

$$\therefore a=-4$$

$$\dfrac{b}{3}=\dfrac{1}{\sin\theta}\times\dfrac{1}{\cos\theta}=\dfrac{1}{\sin\theta\cos\theta}=-\dfrac{8}{3}$$

$$\therefore b=-8$$

$$\therefore a^2+b^2+k^2=(-4)^2+(-8)^2+(-3)^2=89$$

답 89

본문 226~230쪽

중단원 연습문제

01 ⑤	02 제2사분면	03 $\dfrac{\pi}{4}$	04 2π
05 $-\dfrac{1}{3}$	06 제4사분면		07 1
08 $2\cos\theta$	09 $\sin\theta\cos\theta$		10 $\dfrac{\sqrt{3}}{2}$
11 18	12 11	13 $\dfrac{3}{4}\pi$	14 ③
15 ③	16 0	17 4π	
18 $4x^2+9x+4=0$		19 $-3\sqrt{5}$	20 $\sqrt{2}$

01

① $-2040° = 360° × (-6) + 120°$ ➡ 제2사분면의 각

② $3370° = 360° × 9 + 130°$ ➡ 제2사분면의 각

③ $-\dfrac{17}{5}\pi = 2\pi × (-2) + \dfrac{3}{5}\pi$ ➡ 제2사분면의 각

④ $\dfrac{20}{3}\pi = 2\pi × 3 + \dfrac{2}{3}\pi$ ➡ 제2사분면의 각

⑤ $\dfrac{21}{4}\pi = 2\pi × 2 + \dfrac{5}{4}\pi$ ➡ 제3사분면의 각

따라서 동경이 존재하는 사분면이 나머지 넷과 다른 하나는
⑤이다.

답 ⑤

02

θ가 제3사분면의 각이므로

$2n\pi + \pi < \theta < 2n\pi + \dfrac{3}{2}\pi$ (n은 정수)

$\therefore \dfrac{2n}{3}\pi + \dfrac{\pi}{3} < \dfrac{\theta}{3} < \dfrac{2n}{3}\pi + \dfrac{\pi}{2}$

(ⅰ) $n = 3k$ (k는 정수)일 때

$\qquad 2k\pi + \dfrac{\pi}{3} < \dfrac{\theta}{3} < 2k\pi + \dfrac{\pi}{2}$

$\qquad$ 따라서 $\dfrac{\theta}{3}$는 제1사분면의 각이다.

(ⅱ) $n = 3k+1$ (k는 정수)일 때

$\qquad 2k\pi + \pi < \dfrac{\theta}{3} < 2k\pi + \dfrac{7}{6}\pi$

$\qquad$ 따라서 $\dfrac{\theta}{3}$는 제3사분면의 각이다.

(ⅲ) $n = 3k+2$ (k는 정수)일 때

$\qquad 2k\pi + \dfrac{5}{3}\pi < \dfrac{\theta}{3} < 2k\pi + \dfrac{11}{6}\pi$

$\qquad$ 따라서 $\dfrac{\theta}{3}$는 제4사분면의 각이다.

(ⅰ), (ⅱ), (ⅲ)에서 각 $\dfrac{\theta}{3}$를 나타내는 동경이 존재할 수 없는 사분면은 제2사분면이다.

답 제2사분면

03

각 θ를 나타내는 동경과 각 5θ를 나타내는 동경이 일직선 위에 있고 방향이 반대이므로

$5\theta - \theta = 2n\pi + \pi$ (n은 정수)

$4\theta = (2n+1)\pi$

$\therefore \theta = \dfrac{2n+1}{4}\pi$ $\qquad$ …… ㉠

$0 < \theta < \dfrac{\pi}{2}$에서 $0 < \dfrac{2n+1}{4}\pi < \dfrac{\pi}{2}$

$0 < 2n+1 < 2$ $\qquad \therefore -\dfrac{1}{2} < n < \dfrac{1}{2}$

n은 정수이므로 $n = 0$

이것을 ㉠에 대입하면 $\theta = \dfrac{\pi}{4}$

답 $\dfrac{\pi}{4}$

04

원의 중심을 C, 점 C에서 선분 OA에 내린 수선의 발을 H, 호 AB와 원이 만나는 점을 D라 하자.

원의 반지름의 길이를 r이라 하면
$\overline{CH} = r,\ \overline{OC} = \overline{OD} - \overline{CD} = 6 - r$

$\angle COH = \dfrac{1}{2} × \dfrac{\pi}{3} = \dfrac{\pi}{6}$이므로

$\sin\dfrac{\pi}{6} = \dfrac{\overline{CH}}{\overline{OC}}$에서 $\dfrac{1}{2} = \dfrac{r}{6-r}$

$2r = 6 - r$ $\qquad \therefore r = 2$

따라서 색칠한 부분의 넓이는

$\dfrac{1}{2} × 6^2 × \dfrac{\pi}{3} - \pi × 2^2 = 6\pi - 4\pi = 2\pi$

답 2π

05

$\dfrac{\pi}{2} < \theta < \pi$이므로 오른쪽 그림에서

직선 $y = -3x$ 위의 점 $P(-1, 3)$에 대하여

$\overline{OP} = \sqrt{(-1)^2 + 3^2} = \sqrt{10}$

$\therefore \sin\theta = \dfrac{3\sqrt{10}}{10},\ \cos\theta = -\dfrac{\sqrt{10}}{10},$

$\qquad \tan\theta = -3$

$\therefore \dfrac{1}{\sin\theta\cos\theta} - \tan\theta = \dfrac{1}{\dfrac{3\sqrt{10}}{10} × \left(-\dfrac{\sqrt{10}}{10}\right)} - (-3)$

$\qquad\qquad\qquad\qquad = -\dfrac{10}{3} + 3 = -\dfrac{1}{3}$

답 $-\dfrac{1}{3}$

06

(ⅰ) θ가 제1사분면의 각일 때

$\qquad f(\sin\theta) + 2f(\cos\theta) + f(\tan\theta)$
$\qquad = 1 + 2 × 1 + 1 = 4$

(ⅱ) θ가 제2사분면의 각일 때

$\qquad f(\sin\theta) + 2f(\cos\theta) + f(\tan\theta)$
$\qquad = 1 + 2 × (-1) + (-1) = -2$

(iii) θ가 제3사분면의 각일 때
$$f(\sin\theta)+2f(\cos\theta)+f(\tan\theta)$$
$$=(-1)+2\times(-1)+1=-2$$
(iv) θ가 제4사분면의 각일 때
$$f(\sin\theta)+2f(\cos\theta)+f(\tan\theta)$$
$$=(-1)+2\times1+(-1)=0$$
(i)~(iv)에서 θ는 제4사분면의 각이다.

답 제4사분면

07

θ가 제2사분면의 각이므로 $\sin\theta>0$, $\cos\theta<0$
따라서 $1+\sin\theta>0$, $\cos\theta-\sin\theta<0$이므로
$$|1+\sin\theta|+\sqrt{\cos^2\theta}-\sqrt{(\cos\theta-\sin\theta)^2}$$
$$=1+\sin\theta+(-\cos\theta)-\{-(\cos\theta-\sin\theta)\}$$
$$=1$$

답 1

08

$$\sqrt{1-2\sin\theta\cos\theta}+\sqrt{1+2\sin\theta\cos\theta}$$
$$=\sqrt{\sin^2\theta-2\sin\theta\cos\theta+\cos^2\theta}$$
$$\qquad+\sqrt{\sin^2\theta+2\sin\theta\cos\theta+\cos^2\theta}$$
$$=\sqrt{(\sin\theta-\cos\theta)^2}+\sqrt{(\sin\theta+\cos\theta)^2}$$
$$=|\sin\theta-\cos\theta|+|\sin\theta+\cos\theta|$$
$$=-(\sin\theta-\cos\theta)+(\sin\theta+\cos\theta)$$
$$\qquad\qquad(\because 0<\sin\theta<\cos\theta)$$
$$=-\sin\theta+\cos\theta+\sin\theta+\cos\theta$$
$$=2\cos\theta$$

답 $2\cos\theta$

09

$$\frac{\tan\theta}{\sin^2\theta+\cos^2\theta+\tan^2\theta}=\frac{\tan\theta}{1+\tan^2\theta}$$
$$=\frac{\dfrac{\sin\theta}{\cos\theta}}{1+\dfrac{\sin^2\theta}{\cos^2\theta}}=\frac{\dfrac{\sin\theta}{\cos\theta}}{\dfrac{\cos^2\theta+\sin^2\theta}{\cos^2\theta}}$$
$$=\frac{\sin\theta\cos^2\theta}{\cos\theta}$$
$$=\sin\theta\cos\theta$$

답 $\sin\theta\cos\theta$

10

$\dfrac{1-\tan\theta}{1+\tan\theta}=2+\sqrt{3}$에서
$$1-\tan\theta=(2+\sqrt{3})(1+\tan\theta)$$

$$(3+\sqrt{3})\tan\theta=-1-\sqrt{3}$$
$$\therefore \tan\theta=\frac{-1-\sqrt{3}}{3+\sqrt{3}}=-\frac{1+\sqrt{3}}{\sqrt{3}(\sqrt{3}+1)}=-\frac{\sqrt{3}}{3}$$
$$\tan^2\theta=\frac{\sin^2\theta}{\cos^2\theta}=\frac{1-\cos^2\theta}{\cos^2\theta}=\left(-\frac{\sqrt{3}}{3}\right)^2\text{이므로}$$
$$\frac{1-\cos^2\theta}{\cos^2\theta}=\frac{1}{3},\ 3-3\cos^2\theta=\cos^2\theta$$
$$4\cos^2\theta=3,\ \cos^2\theta=\frac{3}{4}$$
$$\therefore \cos\theta=\frac{\sqrt{3}}{2}\left(\because \frac{3}{2}\pi<\theta<2\pi\right)$$

답 $\dfrac{\sqrt{3}}{2}$

11

$\log_2\sin\theta+\log_2\cos\theta=-4$에서
$$\log_2\sin\theta\cos\theta=-4,\ 2^{-4}=\sin\theta\cos\theta$$
$$\therefore \sin\theta\cos\theta=\frac{1}{16}$$
$$\therefore (\sin\theta+\cos\theta)^2=\sin^2\theta+2\sin\theta\cos\theta+\cos^2\theta$$
$$=1+2\times\frac{1}{16}=\frac{9}{8}\qquad\cdots\cdots\ \text{㉠}$$
따라서 $\log_2(\sin\theta+\cos\theta)=\dfrac{1}{2}(\log_2 x-4)$에서
$$\log_2(\sin\theta+\cos\theta)^2=\log_2 x-4$$
$$\log_2\frac{9}{8}=\log_2\frac{x}{16}\ (\because \text{㉠})$$
$$\frac{9}{8}=\frac{x}{16}\qquad\therefore x=18$$

답 18

12

이차방정식 $5x^2+ax-11=0$의 두 근이 $\dfrac{1}{\sin\theta}$, $\dfrac{1}{\cos\theta}$
이므로 근과 계수의 관계에 의하여
$$\frac{1}{\sin\theta}+\frac{1}{\cos\theta}=-\frac{a}{5}\qquad\cdots\cdots\ \text{㉠}$$
$$\frac{1}{\sin\theta}\times\frac{1}{\cos\theta}=-\frac{11}{5}\qquad\cdots\cdots\ \text{㉡}$$
㉠에서 $\dfrac{\sin\theta+\cos\theta}{\sin\theta\cos\theta}=-\dfrac{a}{5}\qquad\cdots\cdots\ \text{㉢}$
㉡에서 $\dfrac{1}{\sin\theta\cos\theta}=-\dfrac{11}{5}$이므로
$$\sin\theta\cos\theta=-\frac{5}{11}\qquad\cdots\cdots\ \text{㉣}$$
㉣을 ㉢에 대입하면
$$\frac{\sin\theta+\cos\theta}{-\dfrac{5}{11}}=-\frac{a}{5}$$
$$\therefore \sin\theta+\cos\theta=\frac{a}{11}$$

양변을 제곱하면

$$\sin^2\theta+2\sin\theta\cos\theta+\cos^2\theta=\frac{a^2}{121}$$

$$1+2\sin\theta\cos\theta=\frac{a^2}{121}$$

$$1+2\times\left(-\frac{5}{11}\right)=\frac{a^2}{121}\ (\because \text{㉣})$$

$$\frac{1}{11}=\frac{a^2}{121}\qquad \therefore a^2=11$$

탭 11

13

각 3θ를 나타내는 동경과 각 5θ를 나타내는 동경이 직선 $y=x$에 대하여 대칭이므로

$$3\theta+5\theta=2n\pi+\frac{\pi}{2}\ (n\text{은 정수})$$

$$8\theta=2n\pi+\frac{\pi}{2}\qquad \therefore \theta=\frac{n}{4}\pi+\frac{\pi}{16}\qquad \cdots\cdots\ \text{㉠}$$

$0<\theta<\pi$에서 $0<\dfrac{n}{4}\pi+\dfrac{\pi}{16}<\pi$이므로

$$-\frac{\pi}{16}<\frac{n}{4}\pi<\frac{15}{16}\pi$$

$$\therefore -\frac{1}{4}<n<\frac{15}{4}$$

n은 정수이므로 $n=0$ 또는 $n=1$ 또는 $n=2$ 또는 $n=3$

각 θ 중에서 크기가 가장 큰 것은 $n=3$일 때이므로 이것을 ㉠에 대입하면

$$a=\frac{3}{4}\pi+\frac{\pi}{16}=\frac{13}{16}\pi$$

각 θ 중에서 크기가 가장 작은 것은 $n=0$일 때이므로 이것을 ㉠에 대입하면

$$\beta=0+\frac{\pi}{16}=\frac{\pi}{16}$$

$$\therefore a-\beta=\frac{13}{16}\pi-\frac{\pi}{16}=\frac{3}{4}\pi$$

탭 $\dfrac{3}{4}\pi$

14

각 θ를 나타내는 동경과 각 8θ를 나타내는 동경이 일치하므로

$$8\theta-\theta=2n\pi\ (n\text{은 정수})$$

$$7\theta=2n\pi\qquad \therefore \theta=\frac{2}{7}n\pi\qquad \cdots\cdots\ \text{㉠}$$

$0<\theta<\dfrac{\pi}{2}$에서 $0<\dfrac{2}{7}n\pi<\dfrac{\pi}{2}$이므로

$$0<n<\frac{7}{4}$$

n은 정수이므로 $n=1$

이것을 ㉠에 대입하면 $\theta=\dfrac{2}{7}\pi$

따라서 부채꼴의 넓이는

$$\frac{1}{2}\times 2^2\times\frac{2}{7}\pi=\frac{4}{7}\pi$$

탭 ③

15

점 P는 곡선 $y=\sqrt{x}\ (x>0)$ 위의 점이므로 $\mathrm{P}(t,\sqrt{t})\ (t>0)$이라 하면

$$\overline{\mathrm{OP}}=\sqrt{t^2+t}$$

$$\therefore \sin\theta=\frac{\sqrt{t}}{\sqrt{t^2+t}},$$

$$\cos\theta=\frac{t}{\sqrt{t^2+t}}\qquad \cdots\cdots\ \text{㉠}$$

$\cos^2\theta-2\sin^2\theta=-1$에 ㉠을 대입하면

$$\frac{t^2}{t^2+t}-\frac{2t}{t^2+t}=-1,\ t^2-2t=-t^2-t$$

$$t(2t-1)=0\qquad \therefore t=\frac{1}{2}\ (\because t>0)$$

$$\therefore \mathrm{P}\left(\frac{1}{2},\frac{\sqrt{2}}{2}\right)$$

$$\therefore \overline{\mathrm{OP}}=\sqrt{\left(\frac{1}{2}\right)^2+\left(\frac{\sqrt{2}}{2}\right)^2}=\frac{\sqrt{3}}{2}$$

탭 ③

16

주어진 그림에서 점 A_1과 점 A_6, 점 A_2와 점 A_5, 점 A_3과 점 A_4, 점 A_7과 점 A_{10}, 점 A_8과 점 A_9가 각각 y축에 대하여 대칭이므로 이 점들의 x좌표는 절댓값이 같고 부호가 서로 반대이다.

이때 삼각함수의 정의에 의하여 점 A_2의 x좌표는 $\cos\theta$, 점 A_5의 x좌표는 $\cos 4\theta$이므로

$$\cos\theta+\cos 4\theta=0$$

마찬가지 방법으로

$$\cos 2\theta+\cos 3\theta=0$$

$$\cos 6\theta+\cos 9\theta=0$$

$$\cos 7\theta+\cos 8\theta=0$$

$$\cos 5\theta+\cos 10\theta=0$$

$$\therefore \cos\theta+\cos 2\theta+\cos 3\theta+\cdots+\cos 10\theta=0$$

탭 0

17

$$x=1+2\cos\theta\text{에서 }\cos\theta=\frac{x-1}{2}$$

$$y=5-2\sin\theta\text{에서 }\sin\theta=\frac{5-y}{2}$$

이때 $\sin^2\theta+\cos^2\theta=1$이므로

$$\left(\frac{5-y}{2}\right)^2+\left(\frac{x-1}{2}\right)^2=1$$

$$\therefore (x-1)^2+(y-5)^2=4$$

따라서 점 (x, y)가 그리는 도형은 점 $(1, 5)$를 중심으로 하고 반지름의 길이가 2인 원이므로 점 (x, y)가 그리는 도형의 길이는

$$2\pi \times 2=4\pi$$

답 4π

18

$3x^2+x+k=0$에서 근과 계수의 관계에 의하여

$$\sin\theta+\cos\theta=-\frac{1}{3}$$

위의 식의 양변을 제곱하면

$$\sin^2\theta+2\sin\theta\cos\theta+\cos^2\theta=\frac{1}{9}$$

$$1+2\sin\theta\cos\theta=\frac{1}{9} \qquad \therefore \sin\theta\cos\theta=-\frac{4}{9}$$

$\tan\theta$와 $\dfrac{1}{\tan\theta}$을 두 근으로 하고 x^2의 계수가 4인 이차방정식은

$$4\left\{x^2-\left(\tan\theta+\frac{1}{\tan\theta}\right)x+\left(\tan\theta\times\frac{1}{\tan\theta}\right)\right\}=0$$

이때

$$\tan\theta+\frac{1}{\tan\theta}=\frac{\sin\theta}{\cos\theta}+\frac{\cos\theta}{\sin\theta}$$

$$=\frac{\sin^2\theta+\cos^2\theta}{\sin\theta\cos\theta}$$

$$=\frac{1}{\sin\theta\cos\theta}=-\frac{9}{4}$$

이므로 구하는 이차방정식은

$$4\left\{x^2-\left(-\frac{9}{4}\right)x+1\right\}=0$$

$$\therefore 4x^2+9x+4=0$$

답 $4x^2+9x+4=0$

19

$$\tan^2\theta-\frac{1}{\tan^2\theta}$$

$$=\frac{\sin^2\theta}{\cos^2\theta}-\frac{\cos^2\theta}{\sin^2\theta}=\frac{\sin^4\theta-\cos^4\theta}{\sin^2\theta\cos^2\theta}$$

$$=\frac{(\sin^2\theta+\cos^2\theta)(\sin^2\theta-\cos^2\theta)}{\sin^2\theta\cos^2\theta}$$

$$=\frac{(\sin^2\theta+\cos^2\theta)(\sin\theta+\cos\theta)(\sin\theta-\cos\theta)}{\sin^2\theta\cos^2\theta}$$

$$=\frac{(\sin\theta+\cos\theta)(\sin\theta-\cos\theta)}{\sin^2\theta\cos^2\theta}$$

$\sin\theta\cos\theta=\dfrac{1}{3}$이므로

$$(\sin\theta+\cos\theta)^2=\sin^2\theta+2\sin\theta\cos\theta+\cos^2\theta$$

$$=1+2\times\frac{1}{3}=\frac{5}{3}$$

이때 θ가 제3사분면의 각이므로

$$\sin\theta<0,\ \cos\theta<0$$

$$\therefore \sin\theta+\cos\theta=-\frac{\sqrt{15}}{3}$$

$$(\sin\theta-\cos\theta)^2=\sin^2\theta-2\sin\theta\cos\theta+\cos^2\theta$$

$$=1-2\times\frac{1}{3}=\frac{1}{3}$$

$\sin\theta>\cos\theta$이므로 $\sin\theta-\cos\theta>0$

$$\therefore \sin\theta-\cos\theta=\frac{\sqrt{3}}{3}$$

$$\therefore (주어진 식)=\frac{(\sin\theta+\cos\theta)(\sin\theta-\cos\theta)}{\sin^2\theta\cos^2\theta}$$

$$=\frac{\left(-\dfrac{\sqrt{15}}{3}\right)\times\dfrac{\sqrt{3}}{3}}{\left(\dfrac{1}{3}\right)^2}$$

$$=-3\sqrt{5}$$

답 $-3\sqrt{5}$

20

$$\frac{-\sin^2\theta-\cos\theta+3}{1-\cos\theta}=\frac{-(1-\cos^2\theta)-\cos\theta+3}{1-\cos\theta}$$

$$=\frac{-\cos\theta(1-\cos\theta)+2}{1-\cos\theta}$$

$$=-\cos\theta+\frac{2}{1-\cos\theta}$$

$$=1-\cos\theta+\frac{2}{1-\cos\theta}-1 \ \cdots\cdots\ \bigcirc$$

$1-\cos\theta=t$라 하면 $\dfrac{\pi}{2}<\theta<\dfrac{3}{2}\pi$에서 $\cos\theta<0$이므로 $t>1$이고, 산술평균과 기하평균의 관계에 의하여 $\bigcirc$에서

$$1-\cos\theta+\frac{2}{1-\cos\theta}-1=t+\frac{2}{t}-1$$

$$\geq 2\sqrt{t\times\frac{2}{t}}-1$$

$$=2\sqrt{2}-1$$

$$\left(단,\ 등호는\ t=\frac{2}{t},\ 즉\ t=\sqrt{2}일\ 때\ 성립\right)$$

따라서 주어진 식은 $1-\cos\theta=\sqrt{2}$, 즉 $\cos\theta=1-\sqrt{2}$일 때 최솟값 $2\sqrt{2}-1$을 갖는다.

$$\therefore a=1-\sqrt{2},\ b=2\sqrt{2}-1$$

$$\therefore a+b=(1-\sqrt{2})+(2\sqrt{2}-1)=\sqrt{2}$$

답 $\sqrt{2}$

06 삼각함수의 그래프

01 삼각함수의 그래프

개념 CHECK

본문 243쪽

01 (1) 그래프: 풀이 참조, 주기: 2π

　(2) 그래프: 풀이 참조, 주기: $\dfrac{2}{3}\pi$

　(3) 그래프: 풀이 참조, 주기: 2π

02 (1) 최댓값: 3, 최솟값: -1, 주기: 2π

　(2) 최댓값: 2, 최솟값: -4, 주기: π

03 (1) 최댓값: 없다., 최솟값: 없다., 주기: $\dfrac{\pi}{3}$

　(2) 최댓값: 없다., 최솟값: 없다., 주기: 2π

04 (1) 풀이 참조　(2) 풀이 참조

01

(1)
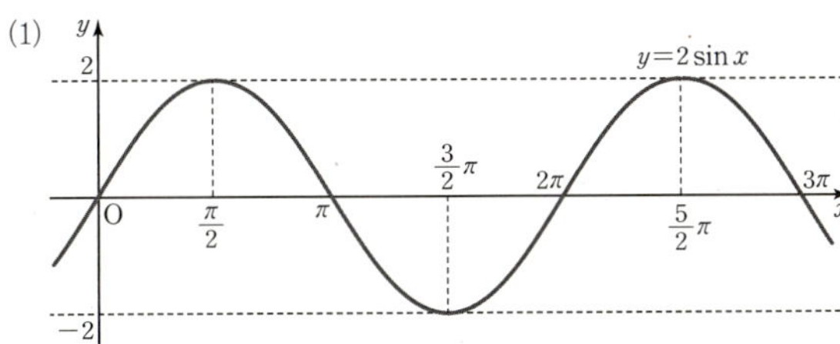

(2)
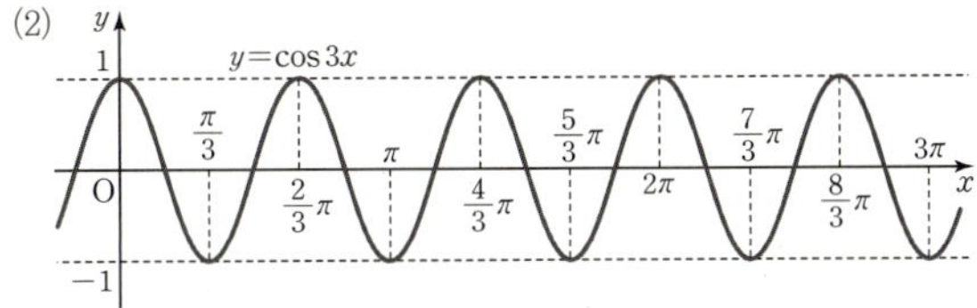

(3)
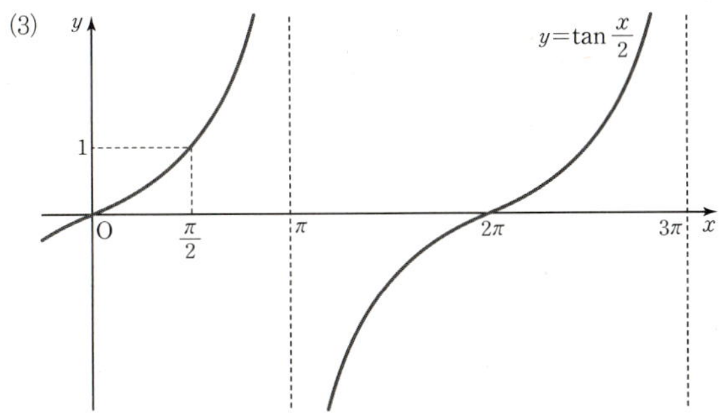

답 (1) 그래프: 풀이 참조, 주기: 2π

　(2) 그래프: 풀이 참조, 주기: $\dfrac{2}{3}\pi$

　(3) 그래프: 풀이 참조, 주기: 2π

02

(1) $y = 2\sin\left(x - \dfrac{\pi}{3}\right) + 1$

　최댓값: $|2| + 1 = 3$

　최솟값: $-|2| + 1 = -1$

　주기: $\dfrac{2\pi}{|1|} = 2\pi$

(2) $y = 3\cos\left(2x - \dfrac{\pi}{4}\right) - 1 = 3\cos\left\{2\left(x - \dfrac{\pi}{8}\right)\right\} - 1$

　최댓값: $|3| - 1 = 2$

　최솟값: $-|3| - 1 = -4$

　주기: $\dfrac{2\pi}{|2|} = \pi$

답 (1) 최댓값: 3, 최솟값: -1, 주기: 2π

　(2) 최댓값: 2, 최솟값: -4, 주기: π

03

(1) $y = 2\tan\left(3x - \dfrac{\pi}{4}\right) = 2\tan\left\{3\left(x - \dfrac{\pi}{12}\right)\right\}$

　최댓값: 없다.

　최솟값: 없다.

　주기: $\dfrac{\pi}{|3|} = \dfrac{\pi}{3}$

(2) $y = \tan\left(\dfrac{1}{2}x - \dfrac{\pi}{6}\right) + 3 = \tan\left\{\dfrac{1}{2}\left(x - \dfrac{\pi}{3}\right)\right\} + 3$

　최댓값: 없다.

　최솟값: 없다.

　주기: $\dfrac{\pi}{\left|\dfrac{1}{2}\right|} = 2\pi$

답 (1) 최댓값: 없다., 최솟값: 없다., 주기: $\dfrac{\pi}{3}$

　(2) 최댓값: 없다., 최솟값: 없다., 주기: 2π

04

(1)
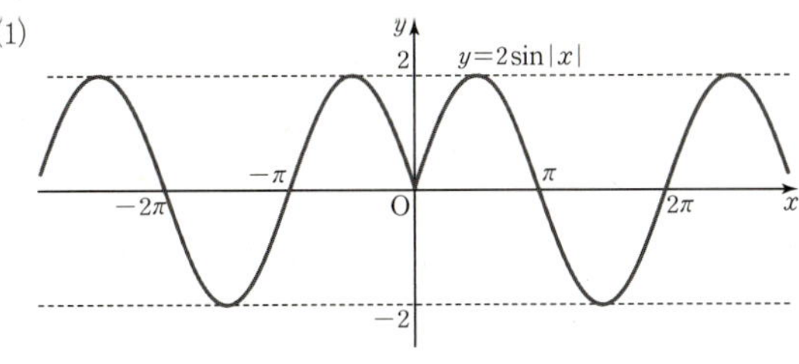

(2)
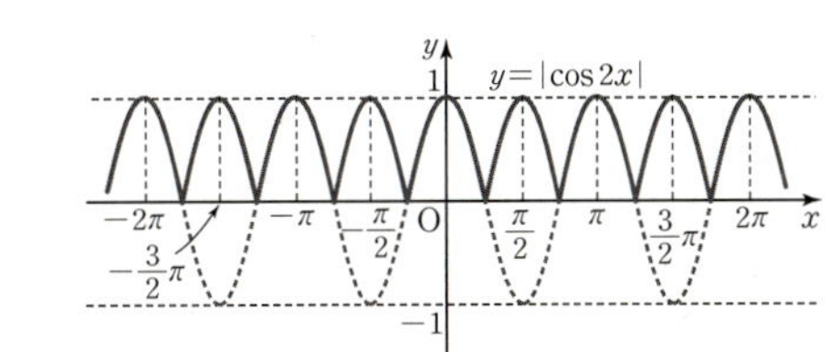

답 (1) 풀이 참조　(2) 풀이 참조

01-1 (1) 그래프: 풀이 참조,

　　　최댓값: $-\dfrac{1}{2}$, 최솟값: $-\dfrac{3}{2}$, 주기: 2π

　　(2) 그래프: 풀이 참조,

　　　최댓값: 4, 최솟값: -2, 주기: π

01-2 8　　　**01-3** (1) 2　(2) 1

01-4 ㄴ, ㄷ

02-1 (1) 그래프: 풀이 참조,

　　　주기: $\dfrac{\pi}{2}$

　　(2) 그래프: 풀이 참조,

　　　주기: π

02-2 ③　　**02-3** 3　　**02-4** ㄱ, ㄷ

03-1 $\dfrac{15}{2}$　　**03-2** π　　**03-3** 6

03-4 $-\dfrac{3}{2}\pi$

04-1 (1) 그래프: 풀이 참조,

　　　최댓값: 0, 최솟값: -1

　　(2) 그래프: 풀이 참조,

　　　최댓값: 없다., 최솟값: 없다.

04-2 $\dfrac{8}{3}\pi$　　**04-3** ㄴ, ㄷ　　**04-4** 5

01-1

(1) 함수 $y=\dfrac{1}{2}\sin(x-\pi)-1$의 그래프는 함수 $y=\sin x$

의 그래프를 y축의 방향으로 $\dfrac{1}{2}$배한 후 x축의 방향으로 π

만큼, y축의 방향으로 -1만큼 평행이동한 것이다.

따라서 그래프는 다음 그림과 같고, 최댓값은 $-\dfrac{1}{2}$, 최솟

값은 $-\dfrac{3}{2}$, 주기는 2π이다.

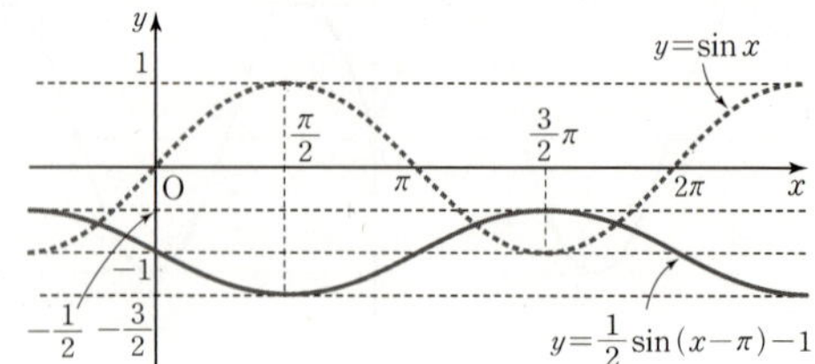

(2) 함수 $y=3\cos 2x+1$의 그래프는 함수 $y=\cos x$의 그래

프를 y축의 방향으로 3배, x축의 방향으로 $\dfrac{1}{2}$배한 후 y축

의 방향으로 1만큼 평행이동한 것이다.

따라서 그래프는 다음 그림과 같고, 최댓값은 4, 최솟값은

-2, 주기는 π이다.

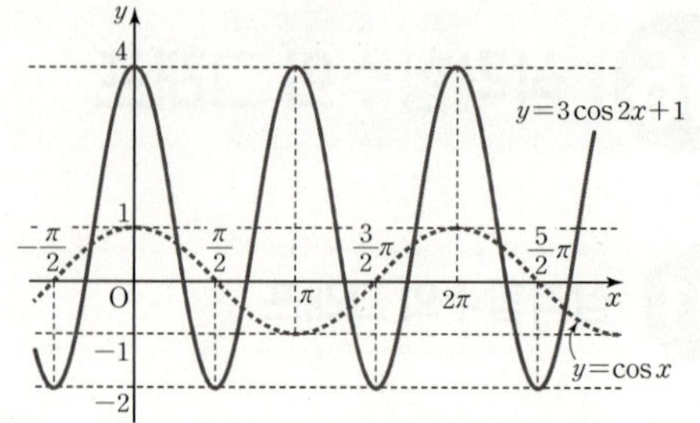

답 (1) 그래프: 풀이 참조,

　　　최댓값: $-\dfrac{1}{2}$, 최솟값: $-\dfrac{3}{2}$, 주기: 2π

　　(2) 그래프: 풀이 참조,

　　　최댓값: 4, 최솟값: -2, 주기: π

01-2

$y=2\sin\left(\dfrac{\pi}{3}x-\pi\right)+1$에서

$a=|2|+1=3$

$b=-|2|+1=-1$

$c=\dfrac{2\pi}{\left|\dfrac{\pi}{3}\right|}=6$

$\therefore a+b+c=3+(-1)+6$

　　　　$=8$

답 8

01-3

(1) 함수 $y=\dfrac{1}{3}\sin(2x+1)+2$의 그래프를 x축의 방향으로

　2만큼, y축의 방향으로 1만큼 평행이동한 그래프의 식은

　$y-1=\dfrac{1}{3}\sin\{2(x-2)+1\}+2$

　$\therefore y=\dfrac{1}{3}\sin(2x-3)+3$

　따라서 $a=2$, $b=-3$, $c=3$이므로

　$a+b+c=2+(-3)+3$

　　　　　$=2$

(2) 함수 $y=\cos 3x+1$의 그래프를 x축에 대하여 대칭이동

　한 그래프의 식은

　$-y=\cos 3x+1$

　$\therefore y=-\cos 3x-1$

　따라서 $a=-1$, $b=-1$이므로

　$ab=(-1)\times(-1)$

　　　$=1$

평행이동과 대칭이동

함수 $y=f(x)$의 그래프를

① x축의 방향으로 p만큼, y축의 방향으로 q만큼 평행이동
  $\rightarrow y-q=f(x-p)$, 즉 $y=f(x-p)+q$

② x축에 대하여 대칭이동
  $\rightarrow -y=f(x)$, 즉 $y=-f(x)$

③ y축에 대하여 대칭이동
  $\rightarrow y=f(-x)$

④ 원점에 대하여 대칭이동
  $\rightarrow -y=f(-x)$, 즉 $y=-f(-x)$

답 (1) 2　(2) 1

01-4

ㄱ. $f(x)=4\cos\left(\dfrac{1}{2}x-\dfrac{\pi}{3}\right)-1$

　　$=4\cos\left\{\dfrac{1}{2}\left(x-\dfrac{2}{3}\pi\right)\right\}-1$

　이므로 함수 $y=f(x)$의 그래프는 함수 $y=4\cos\dfrac{1}{2}x$의

　그래프를 x축의 방향으로 $\dfrac{2}{3}\pi$만큼, y축의 방향으로 -1

　만큼 평행이동한 것이다. (거짓)

ㄴ. 최댓값은 $|4|-1=3$,

　　최솟값은 $-|4|-1=-5$ (참)

ㄷ. 주기는 $\dfrac{2\pi}{\left|\dfrac{1}{2}\right|}=4\pi$ (참)

따라서 옳은 것은 ㄴ, ㄷ이다.

답 ㄴ, ㄷ

02-1

(1) $y=\tan\left(2x-\dfrac{\pi}{2}\right)=\tan\left\{2\left(x-\dfrac{\pi}{4}\right)\right\}$이므로

　함수 $y=\tan\left(2x-\dfrac{\pi}{2}\right)$의 그래프는 함수 $y=\tan x$의 그

　래프를 x축의 방향으로 $\dfrac{1}{2}$배한 후 x축의 방향으로 $\dfrac{\pi}{4}$만큼

　평행이동한 것이다.

　따라서 그래프는 다음 그림과 같고, 주기는 $\dfrac{\pi}{2}$이다.

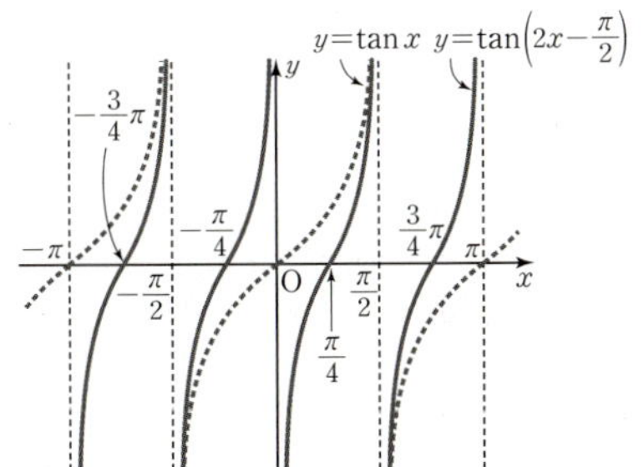

(2) 함수 $y=3\tan\left(x-\dfrac{\pi}{6}\right)$의 그래프는 함수 $y=\tan x$의 그

　래프를 y축의 방향으로 3배한 후 x축의 방향으로 $\dfrac{\pi}{6}$만큼

　평행이동한 것이다.

　따라서 그래프는 다음 그림과 같고, 주기는 π이다.

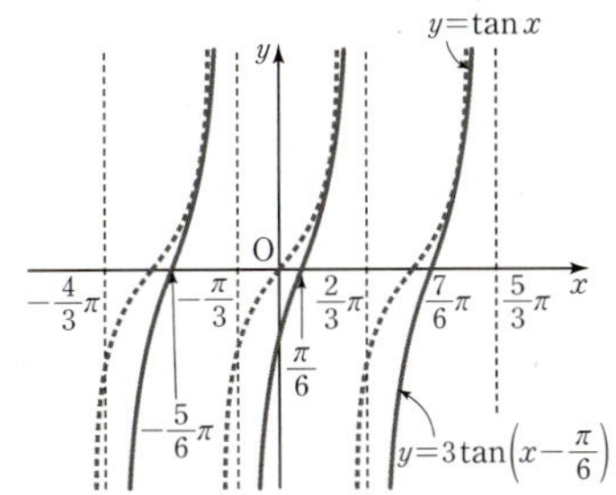

답 (1) 그래프: 풀이 참조, 주기: $\dfrac{\pi}{2}$

(2) 그래프: 풀이 참조, 주기: π

02-2

$y=2\tan\left(\dfrac{1}{3}x-\dfrac{\pi}{2}\right)$의 주기는 $\dfrac{\pi}{\left|\dfrac{1}{3}\right|}=3\pi$

각 함수의 주기를 구하면 다음과 같다.

① $\dfrac{2\pi}{\left|\dfrac{1}{3}\right|}=6\pi$ 　② $\dfrac{2\pi}{\left|\dfrac{1}{6}\right|}=12\pi$ 　③ $\dfrac{2\pi}{\left|\dfrac{2}{3}\right|}=3\pi$

④ $\dfrac{\pi}{|1|}=\pi$ 　　⑤ $\dfrac{\pi}{|3|}=\dfrac{\pi}{3}$

따라서 함수 $y=2\tan\left(\dfrac{1}{3}x-\dfrac{\pi}{2}\right)$와 주기가 같은 것은 ③

이다.

답 ③

02-3

함수 $y=\tan 2x+5$의 그래프를 x축의 방향으로 $-\dfrac{\pi}{4}$만큼

평행이동한 그래프의 식은

$y=\tan\left\{2\left(x+\dfrac{\pi}{4}\right)\right\}+5$

이 함수의 그래프를 y축에 대하여 대칭이동한 그래프의 식은

$y=\tan\left\{2\left(-x+\dfrac{\pi}{4}\right)\right\}+5=\tan\left(-2x+\dfrac{\pi}{2}\right)+5$

따라서 $a=-2$, $b=5$이므로

$a+b=(-2)+5=3$

답 3

02-4

ㄱ. 주기가 $\dfrac{\pi}{\left|\dfrac{\pi}{2}\right|}=2$인 주기함수이다. (참)

ㄴ. 최댓값, 최솟값은 없다. (거짓)

ㄷ. $f(2)=\tan 2\pi+1=1$이므로 점 $(2, 1)$을 지난다. (참)

따라서 옳은 것은 ㄱ, ㄷ이다.

답 ㄱ, ㄷ

03-1

주어진 함수의 최솟값이 -1이고 $a>0$이므로

$$-a+c=-1 \quad \cdots\cdots \ \text{㉠}$$

주기가 4π이고 $b>0$이므로

$$\frac{2\pi}{b}=4\pi \quad \therefore b=\frac{1}{2}$$

$f(x)=a\sin\left(\frac{1}{2}x-\frac{\pi}{4}\right)+c$에서 $f\left(\frac{3}{2}\pi\right)=5$이므로

$$a\sin\frac{\pi}{2}+c=5$$

$$\therefore a+c=5 \quad \cdots\cdots \ \text{㉡}$$

㉠, ㉡을 연립하여 풀면 $a=3,\ c=2$

$$\therefore a+b+2c=3+\frac{1}{2}+2\times2=\frac{15}{2}$$

답 $\dfrac{15}{2}$

03-2

주어진 함수의 그래프에서 주기가 $\frac{\pi}{2}$이고 $a>0$이므로

$$\frac{\pi}{a}=\frac{\pi}{2} \quad \therefore a=2$$

따라서 주어진 함수는 $y=\tan(2x-b)$이고, 이 함수의 그래프가 점 $\left(\frac{\pi}{4}, 0\right)$을 지나므로

$$\tan\left(\frac{\pi}{2}-b\right)=0$$

이때 $0<b<\pi$에서 $-\frac{\pi}{2}<\frac{\pi}{2}-b<\frac{\pi}{2}$이므로

$$\frac{\pi}{2}-b=0 \quad \therefore b=\frac{\pi}{2}$$

$$\therefore ab=2\times\frac{\pi}{2}=\pi$$

답 π

03-3

주어진 함수의 그래프에서 최댓값이 3, 최솟값이 -5이고 $a>0$이므로

$$a+b=3,\ -a+b=-5$$

두 식을 연립하여 풀면 $a=4,\ b=-1$

$$\therefore y=4\cos\left\{\frac{\pi}{2}(x-1)\right\}-1$$

따라서 주기는 $\dfrac{2\pi}{\left|\dfrac{\pi}{2}\right|}=4$이고, 그래프에서 주기는 $2(c-1)$

이므로

$$2(c-1)=4 \quad \therefore c=3$$

$$\therefore a+b+c=4+(-1)+3=6$$

답 6

03-4

$$y=a\tan(bx+c)+d=a\tan\left\{b\left(x+\frac{c}{b}\right)\right\}+d$$

주기가 $\frac{\pi}{3}$이고 $b>0$이므로

$$\frac{\pi}{b}=\frac{\pi}{3} \quad \therefore b=3$$

함수 $y=a\tan 3x$의 그래프를 x축의 방향으로 $\frac{\pi}{12}$만큼, y축의 방향으로 1만큼 평행이동한 그래프의 식은

$$y=a\tan\left\{3\left(x-\frac{\pi}{12}\right)\right\}+1=a\tan\left(3x-\frac{\pi}{4}\right)+1$$

$$\therefore c=-\frac{\pi}{4},\ d=1$$

$$f\left(\frac{\pi}{6}\right)=a\tan\left(\frac{\pi}{2}-\frac{\pi}{4}\right)+1=a\tan\frac{\pi}{4}+1=a+1$$

이 값이 3이므로 $a+1=3$

$$\therefore a=2$$

$$\therefore abcd=2\times3\times\left(-\frac{\pi}{4}\right)\times1=-\frac{3}{2}\pi$$

답 $-\dfrac{3}{2}\pi$

04-1

(1) 함수 $y=\cos 2x$의 그래프는 다음 그림과 같다.

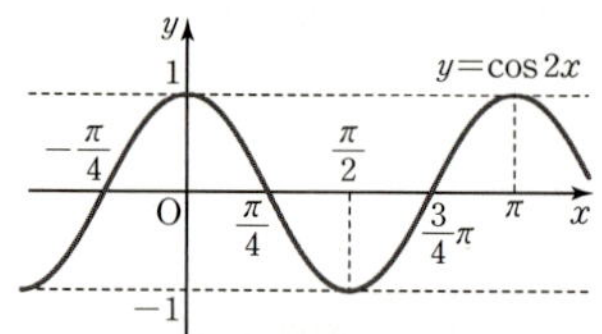

함수 $y=|\cos 2x|$의 그래프는 함수 $y=\cos 2x$의 그래프의 $y<0$인 부분을 x축에 대하여 대칭이동한 것이다.

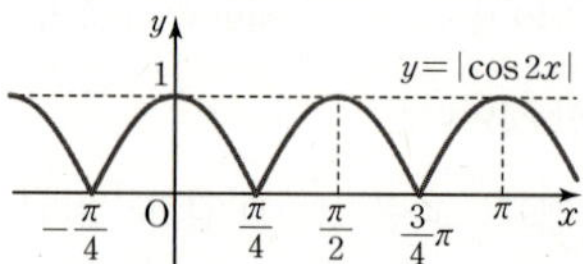

함수 $y=|\cos 2x|-1$의 그래프는 함수 $y=|\cos 2x|$의 그래프를 y축의 방향으로 -1만큼 평행이동한 것이다.

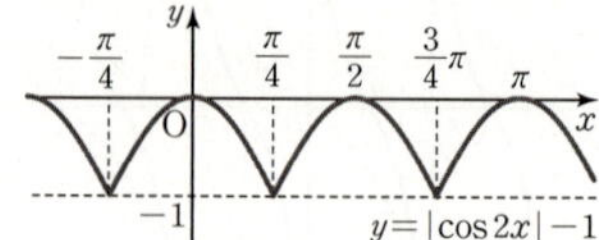

따라서 최댓값은 0, 최솟값은 -1이다.

(2) 함수 $y=\tan \pi x$의 그래프는 다음 그림과 같다.

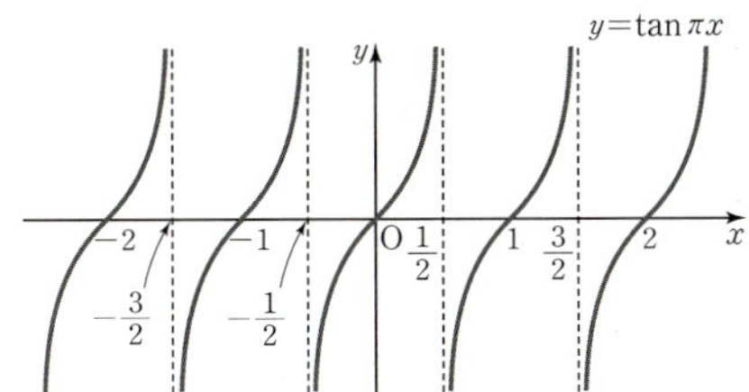

함수 $y=\tan |\pi x|$의 그래프는 함수 $y=\tan \pi x$의 그래프의 $x<0$인 부분을 없애고 $x \geq 0$인 부분을 y축에 대하여 대칭이동한 것이다.

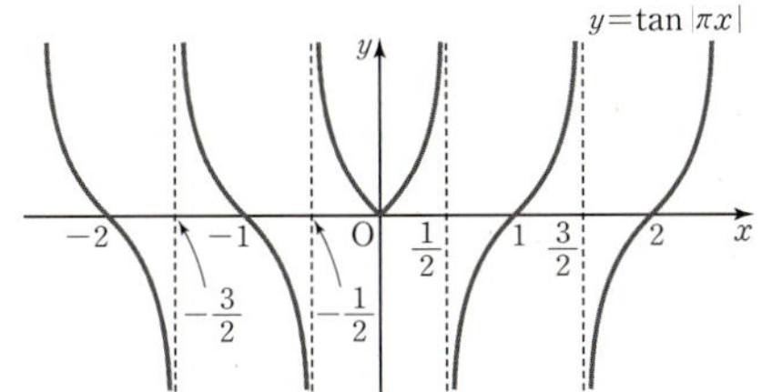

따라서 최댓값, 최솟값은 없다.

답 (1) 그래프: 풀이 참조, 최댓값: 0, 최솟값: -1
  (2) 그래프: 풀이 참조, 최댓값: 없다., 최솟값: 없다.

04-2

함수 $y=2|\sin 3x|+2$의 주기는 $y=|\sin 3x|$의 주기와 같으므로
$$a=\frac{\pi}{3}$$
$0 \leq |\sin 3x| \leq 1$이므로 $0 \leq 2|\sin 3x| \leq 2$
$$\therefore 2 \leq 2|\sin 3x|+2 \leq 4$$
따라서 최댓값은 4, 최솟값은 2이므로 $b=4$, $c=2$
$$\therefore abc=\frac{\pi}{3} \times 4 \times 2=\frac{8}{3}\pi$$

절댓값 기호를 포함한 삼각함수의 주기
① $y=|\sin x|$의 주기가 π이므로 $y=|\sin bx|$의 주기는
  $\dfrac{\pi}{|b|}$이다.
② $y=|\cos x|$의 주기가 π이므로 $y=|\cos bx|$의 주기는
  $\dfrac{\pi}{|b|}$이다.
③ $y=|\tan x|$의 주기가 π이므로 $y=|\tan bx|$의 주기는
  $\dfrac{\pi}{|b|}$이다.

답 $\dfrac{8}{3}\pi$

04-3

함수 $y=2\tan |x|$의 그래프는 다음 그림과 같다.

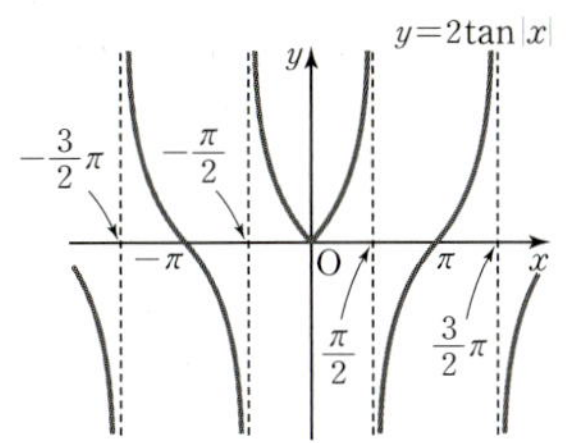

ㄱ. 주기함수가 아니다. (거짓)
ㄴ. 치역은 실수 전체의 집합이다. (참)
ㄷ. 함수 $y=f(x)$의 그래프의 점근선은 직선
  $x=n\pi+\dfrac{\pi}{2}$ (n은 정수)이다. (참)
따라서 옳은 것은 ㄴ, ㄷ이다.

답 ㄴ, ㄷ

04-4

$f(x)=a|\cos bx|+c$의 최댓값이 5이고 $a>0$이므로
$$a+c=5 \qquad \cdots\cdots \ \bigcirc$$
주기가 $\dfrac{\pi}{2}$이고 $b>0$이므로
$$\frac{\pi}{b}=\frac{\pi}{2} \qquad \therefore b=2$$
$f\left(\dfrac{\pi}{6}\right)=3$에서
$a\left|\cos \dfrac{\pi}{3}\right|+c=3$이므로
$$\frac{1}{2}a+c=3 \qquad \cdots\cdots \ \bigcirc\!\!\bigcirc$$
$\bigcirc$, $\bigcirc\!\!\bigcirc$을 연립하여 풀면 $a=4$, $c=1$
$$\therefore a+b-c=4+2-1=5$$

답 5

02 **여러 가지 각의 삼각함수**

본문 257쪽

개념 CHECK

01 (1) $\dfrac{\sqrt{3}}{2}$ (2) $-\dfrac{\sqrt{2}}{2}$ (3) $-\sqrt{3}$ (4) $\dfrac{1}{2}$ (5) $\dfrac{1}{2}$ (6) $\dfrac{\sqrt{3}}{3}$

02 (1) -0.2250 (2) 0.9703 (3) -0.2126

03 1, $\left|t-\dfrac{1}{2}\right|+2$, $-t+\dfrac{5}{2}$, $t+\dfrac{3}{2}$, -1, $\dfrac{7}{2}$, $\dfrac{1}{2}$, 2

01

(1) $\sin 780° = \sin(360° \times 2 + 60°) = \sin 60° = \dfrac{\sqrt{3}}{2}$

(2) $\cos 225° = \cos(180° + 45°) = -\cos 45° = -\dfrac{\sqrt{2}}{2}$

(3) $\tan 300° = \tan(360° - 60°) = \tan(-60°)$
$\qquad = -\tan 60° = -\sqrt{3}$

(4) $\sin \dfrac{5}{6}\pi = \sin\left(\pi - \dfrac{\pi}{6}\right) = \sin \dfrac{\pi}{6} = \dfrac{1}{2}$

(5) $\cos\left(-\dfrac{5}{3}\pi\right) = \cos \dfrac{5}{3}\pi = \cos\left(2\pi - \dfrac{\pi}{3}\right)$
$\qquad = \cos\left(-\dfrac{\pi}{3}\right) = \cos \dfrac{\pi}{3} = \dfrac{1}{2}$

(6) $\tan\left(-\dfrac{11}{6}\pi\right) = -\tan \dfrac{11}{6}\pi = -\tan\left(2\pi - \dfrac{\pi}{6}\right)$
$\qquad = -\tan\left(-\dfrac{\pi}{6}\right) = \tan \dfrac{\pi}{6} = \dfrac{\sqrt{3}}{3}$

답 (1) $\dfrac{\sqrt{3}}{2}$ (2) $-\dfrac{\sqrt{2}}{2}$ (3) $-\sqrt{3}$

$\qquad$ (4) $\dfrac{1}{2}$ (5) $\dfrac{1}{2}$ (6) $\dfrac{\sqrt{3}}{3}$

02

(1) $\sin 193° = \sin(180° + 13°) = -\sin 13° = -0.2250$

(2) $\cos 346° = \cos(360° - 14°) = \cos(-14°) = \cos 14°$
$\qquad = 0.9703$

(3) $\tan 168° = \tan(180° - 12°) = -\tan 12° = -0.2126$

답 (1) -0.2250 (2) 0.9703 (3) -0.2126

03

$y = \left|\cos x - \dfrac{1}{2}\right| + 2$에서 $\cos x = t$로 놓으면

$-1 \le t \le \boxed{1}$이고 $y = \boxed{\left|t - \dfrac{1}{2}\right| + 2}$　　 $\cdots\cdots$ ㉠

(i) $-1 \le t < \dfrac{1}{2}$일 때, $y = -\left(t - \dfrac{1}{2}\right) + 2 = \boxed{-t + \dfrac{5}{2}}$

(ii) $\dfrac{1}{2} \le t \le 1$일 때, $y = \left(t - \dfrac{1}{2}\right) + 2 = \boxed{t + \dfrac{3}{2}}$

따라서 함수 ㉠의 그래프는 오른쪽
그림과 같으므로

$t = \boxed{-1}$일 때 최댓값은 $\boxed{\dfrac{7}{2}}$이고,

$t = \boxed{\dfrac{1}{2}}$일 때 최솟값은 $\boxed{2}$이다.

답 1, $\left|t - \dfrac{1}{2}\right| + 2$, $-t + \dfrac{5}{2}$, $t + \dfrac{3}{2}$, -1, $\dfrac{7}{2}$, $\dfrac{1}{2}$, 2

05-1

(1) $\cos \dfrac{13}{6}\pi = \cos\left(2\pi + \dfrac{\pi}{6}\right) = \cos \dfrac{\pi}{6} = \dfrac{\sqrt{3}}{2}$

$\tan\left(-\dfrac{5}{6}\pi\right) = -\tan \dfrac{5}{6}\pi = -\tan\left(\pi - \dfrac{\pi}{6}\right)$
$\qquad = \tan \dfrac{\pi}{6} = \dfrac{\sqrt{3}}{3}$

$\sin \dfrac{9}{2}\pi = \sin\left(4\pi + \dfrac{\pi}{2}\right) = \sin \dfrac{\pi}{2} = 1$

$\therefore \cos \dfrac{13}{6}\pi \tan\left(-\dfrac{5}{6}\pi\right) - \sin \dfrac{9}{2}\pi$
$\quad = \dfrac{\sqrt{3}}{2} \times \dfrac{\sqrt{3}}{3} - 1 = \dfrac{1}{2} - 1 = -\dfrac{1}{2}$

(2) $\sin \dfrac{2}{3}\pi = \sin\left(\pi - \dfrac{\pi}{3}\right) = \sin \dfrac{\pi}{3} = \dfrac{\sqrt{3}}{2}$

$\tan \dfrac{4}{3}\pi = \tan\left(\pi + \dfrac{\pi}{3}\right) = \tan \dfrac{\pi}{3} = \sqrt{3}$

$\cos \dfrac{13}{3}\pi = \cos\left(4\pi + \dfrac{\pi}{3}\right) = \cos \dfrac{\pi}{3} = \dfrac{1}{2}$

$\tan\left(-\dfrac{5}{4}\pi\right) = -\tan \dfrac{5}{4}\pi = -\tan\left(\pi + \dfrac{\pi}{4}\right)$
$\qquad = -\tan \dfrac{\pi}{4} = -1$

$\therefore \sin \dfrac{2}{3}\pi \tan \dfrac{4}{3}\pi + \cos \dfrac{13}{3}\pi \tan\left(-\dfrac{5}{4}\pi\right)$
$\quad = \dfrac{\sqrt{3}}{2} \times \sqrt{3} + \dfrac{1}{2} \times (-1)$
$\quad = \dfrac{3}{2} - \dfrac{1}{2} = 1$

답 (1) $-\dfrac{1}{2}$ (2) 1

05-2

(1) $\cos\left(\dfrac{\pi}{2} - \theta\right) = \sin \theta$, $\cos(\pi - \theta) = -\cos \theta$,

$$\cos\left(\frac{3}{2}\pi-\theta\right)=-\sin\theta,\ \cos(2\pi-\theta)=\cos\theta$$

$$\therefore\ \cos^2\left(\frac{\pi}{2}-\theta\right)+\cos^2(\pi-\theta)+\cos^2\left(\frac{3}{2}\pi-\theta\right)$$
$$+\cos^2(2\pi-\theta)$$
$$=\sin^2\theta+(-\cos\theta)^2+(-\sin\theta)^2+\cos^2\theta$$
$$=\sin^2\theta+\cos^2\theta+\sin^2\theta+\cos^2\theta$$
$$=2$$

(2) $\tan\left(\dfrac{\pi}{2}-\theta\right)=\dfrac{1}{\tan\theta},\ \tan\left(\dfrac{\pi}{2}+\theta\right)=-\dfrac{1}{\tan\theta},$

$$\tan(\pi-\theta)=-\tan\theta,\ \tan(\pi+\theta)=\tan\theta$$

$$\therefore\ \tan\left(\frac{\pi}{2}-\theta\right)\tan\left(\frac{\pi}{2}+\theta\right)\tan(\pi-\theta)\tan(\pi+\theta)$$
$$=\frac{1}{\tan\theta}\times\left(-\frac{1}{\tan\theta}\right)\times(-\tan\theta)\times\tan\theta$$
$$=1$$

탑 (1) 2 (2) 1

05-3

$$\sin\left(\frac{\pi}{4}-\theta\right)=\sin\left\{\frac{\pi}{2}-\left(\frac{\pi}{4}+\theta\right)\right\}=\cos\left(\frac{\pi}{4}+\theta\right)$$
이므로
$$\sin^2\left(\frac{\pi}{4}+\theta\right)+\sin^2\left(\frac{\pi}{4}-\theta\right)$$
$$=\sin^2\left(\frac{\pi}{4}+\theta\right)+\cos^2\left(\frac{\pi}{4}+\theta\right)$$
$$=1$$

탑 1

05-4

직선 $y=ax+5$가 x축의 양의 방향과 이루는 각의 크기가 θ
이므로 $\tan\theta=a$이다.

$$\frac{1+\sin\left(\frac{3}{2}\pi-\theta\right)}{\sin(\pi-\theta)}+\frac{1+\cos\theta}{\cos\left(\frac{\pi}{2}+\theta\right)}$$
$$=\frac{1-\cos\theta}{\sin\theta}+\frac{1+\cos\theta}{-\sin\theta}$$
$$=\frac{-2\cos\theta}{\sin\theta}$$
$$=\frac{-2}{\tan\theta}=4$$
에서 $\tan\theta=-\dfrac{1}{2}$

$$\therefore\ a=\tan\theta=-\frac{1}{2}$$

탑 $-\dfrac{1}{2}$

06-1

(1) $\cos(90°-\theta)=\sin\theta$이므로

$$\cos90°=\cos(90°-0°)=\sin0°$$
$$\cos89°=\cos(90°-1°)=\sin1°$$
$$\cos88°=\cos(90°-2°)=\sin2°$$
$$\vdots$$
$$\cos46°=\cos(90°-44°)=\sin44°$$

$$\therefore\ \cos^20°+\cos^21°+\cos^22°+\cdots+\cos^289°+\cos^290°$$
$$=\cos^20°+\cos^21°+\cos^22°+\cdots+\sin^21°+\sin^20°$$
$$=(\sin^20°+\cos^20°)+(\sin^21°+\cos^21°)$$
$$+\cdots+(\sin^244°+\cos^244°)+\cos^245°$$
$$=\underbrace{1+1+\cdots+1}_{45개}+\left(\frac{\sqrt{2}}{2}\right)^2$$
$$=1\times45+\frac{1}{2}=\frac{91}{2}$$

(2) $\tan(90°-\theta)=\dfrac{1}{\tan\theta}$이므로

$$\tan80°=\tan(90°-10°)=\frac{1}{\tan10°}$$
$$\tan70°=\tan(90°-20°)=\frac{1}{\tan20°}$$
$$\tan60°=\tan(90°-30°)=\frac{1}{\tan30°}$$
$$\tan50°=\tan(90°-40°)=\frac{1}{\tan40°}$$

$$\therefore\ \tan10°\times\tan20°\times\tan30°\times\cdots\times\tan80°$$
$$=\tan10°\times\tan20°\times\tan30°\times\tan40°$$
$$\times\frac{1}{\tan40°}\times\frac{1}{\tan30°}\times\frac{1}{\tan20°}\times\frac{1}{\tan10°}$$
$$=1$$

탑 (1) $\dfrac{91}{2}$ (2) 1

06-2

$$\cos\frac{9}{10}\pi=\cos\left(\pi-\frac{\pi}{10}\right)=-\cos\frac{\pi}{10}$$
$$\cos\frac{8}{10}\pi=\cos\left(\pi-\frac{2}{10}\pi\right)=-\cos\frac{2}{10}\pi$$
$$\cos\frac{7}{10}\pi=\cos\left(\pi-\frac{3}{10}\pi\right)=-\cos\frac{3}{10}\pi$$
$$\cos\frac{6}{10}\pi=\cos\left(\pi-\frac{4}{10}\pi\right)=-\cos\frac{4}{10}\pi$$
$$\cos\frac{5}{10}\pi=\cos\frac{\pi}{2}=0$$
$$\cos\frac{10}{10}\pi=\cos\pi=-1$$

$$\therefore\ \cos\frac{\pi}{10}+\cos\frac{2}{10}\pi+\cos\frac{3}{10}\pi+\cdots+\cos\frac{10}{10}\pi$$
$$=\cos\frac{\pi}{10}+\cos\frac{2}{10}\pi+\cos\frac{3}{10}\pi+\cos\frac{4}{10}\pi+0$$
$$-\cos\frac{4}{10}\pi-\cos\frac{3}{10}\pi-\cos\frac{2}{10}\pi-\cos\frac{\pi}{10}-1$$
$$=-1$$

탑 -1

06-3

$10\theta=\pi$이므로

$\sin\theta+\sin 2\theta+\sin 3\theta+\cdots+\sin 20\theta$

$=\sin\theta+\sin 2\theta+\sin 3\theta+\cdots+\sin 10\theta+\sin(\pi+\theta)$
$\qquad+\sin(\pi+2\theta)+\sin(\pi+3\theta)+\cdots+\sin(\pi+10\theta)$

$=\sin\theta+\sin 2\theta+\sin 3\theta+\cdots+\sin 10\theta$
$\qquad\qquad-\sin\theta-\sin 2\theta-\sin 3\theta-\cdots-\sin 10\theta$

$=0$

🈔 0

06-4

선분 AB가 원의 지름이므로 $\angle \mathrm{ACB}=\dfrac{\pi}{2}$

$\therefore \alpha+\beta=\dfrac{\pi}{2}$

직각삼각형 ABC에서

$\overline{\mathrm{AB}}=\sqrt{5^2+(\sqrt{11})^2}=6$

$\therefore \sin(2\alpha+\beta)-\cos(\alpha+2\beta)$

$\quad=\sin\left(\dfrac{\pi}{2}+\alpha\right)-\cos\left(\dfrac{\pi}{2}+\beta\right)$

$\quad=\cos\alpha+\sin\beta$

$\quad=\dfrac{5}{6}+\dfrac{5}{6}=\dfrac{5}{3}$

🈔 $\dfrac{5}{3}$

07-1

(1) $\sin\left(x+\dfrac{\pi}{2}\right)=\sin\left(\dfrac{\pi}{2}+x\right)=\cos x$이므로

$\quad y=\sin\left(x+\dfrac{\pi}{2}\right)+3\cos x+2$

$\qquad=\cos x+3\cos x+2$

$\qquad=4\cos x+2$

이때 $-1\le\cos x\le1$이므로 $-4\le 4\cos x\le 4$

$\therefore -2\le 4\cos x+2\le 6$

따라서 주어진 함수의 최댓값은 6, 최솟값은 -2이다.

(2) $y=|3\cos x-1|-2$에서

$\cos x=t$로 놓으면 $-1\le t\le1$이고 주어진 함수는

$y=|3t-1|-2 \quad\cdots\cdots\;㉠$

(ⅰ) $-1\le t<\dfrac{1}{3}$일 때, $y=-(3t-1)-2=-3t-1$

(ⅱ) $\dfrac{1}{3}\le t\le1$일 때, $y=(3t-1)-2=3t-3$

따라서 함수 ㉠의 그래프는
오른쪽 그림과 같으므로
$t=-1$일 때 최댓값은 2이고,
$t=\dfrac{1}{3}$일 때 최솟값은 -2이다.

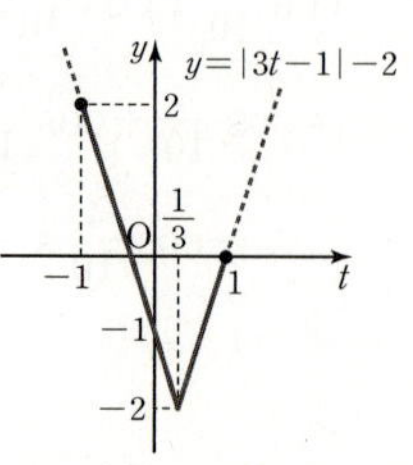

---

(2) $-1\le\cos x\le1$이므로 $-3\le 3\cos x\le3$

$\quad -4\le 3\cos x-1\le2$

$\quad 0\le|3\cos x-1|\le4$

$\therefore -2\le|3\cos x-1|-2\le2$

따라서 주어진 함수의 최댓값은 2, 최솟값은 -2이다.

🈔 (1) 최댓값: 6, 최솟값: -2
(2) 최댓값: 2, 최솟값: -2

07-2

$\cos\left(x-\dfrac{\pi}{2}\right)=\cos\left(\dfrac{\pi}{2}-x\right)=\sin x$이므로

$y=\cos\left(x-\dfrac{\pi}{2}\right)+4\sin x+k=5\sin x+k$

이때 $-1\le\sin x\le1$이므로 $-5\le 5\sin x\le5$에서

$-5+k\le 5\sin x+k\le5+k$

주어진 함수의 최솟값이 -4이므로

$-5+k=-4 \qquad \therefore k=1$

따라서 주어진 함수의 최댓값은

$5+1=6$

🈔 6

07-3

$y=\tan(\pi-x)+4=-\tan x+4$

이때 $-\dfrac{\pi}{4}\le x\le\dfrac{\pi}{4}$에서 $-1\le\tan x\le1$

$-1\le-\tan x\le1 \qquad \therefore 3\le-\tan x+4\le5$

따라서 주어진 함수의 최댓값은 5, 최솟값은 3이므로 그 곱은

$5\times3=15$

🈔 15

07-4

$-1\le\sin x\le1$이므로 $\sin x-2<0$

$\therefore y=-|\sin x-2|+a=\sin x-2+a$

따라서 주어진 함수의 최댓값은 $1-2+a=-1+a$,

최솟값은 $-1-2+a=-3+a$이다.

즉, $(-1+a)+(-3+a)=-1$이므로

$2a-4=-1,\ 2a=3$

$\therefore a=\dfrac{3}{2}$

🈔 $\dfrac{3}{2}$

08-1

(1) $\cos^2 x = 1 - \sin^2 x$이므로

$\quad y = -3\cos^2 x - 2\sin x + 5$

$\qquad = -3(1 - \sin^2 x) - 2\sin x + 5$

$\qquad = 3\sin^2 x - 2\sin x + 2$

$\sin x = t$로 놓으면 $-1 \le t \le 1$이고, 주어진 함수는

$\quad y = 3t^2 - 2t + 2 = 3\left(t - \dfrac{1}{3}\right)^2 + \dfrac{5}{3}$ $\quad\cdots\cdots$ ㉠

따라서 함수 ㉠의 그래프는
오른쪽 그림과 같으므로
$t = -1$일 때 최댓값은 7이고,
$t = \dfrac{1}{3}$일 때 최솟값은 $\dfrac{5}{3}$이다.

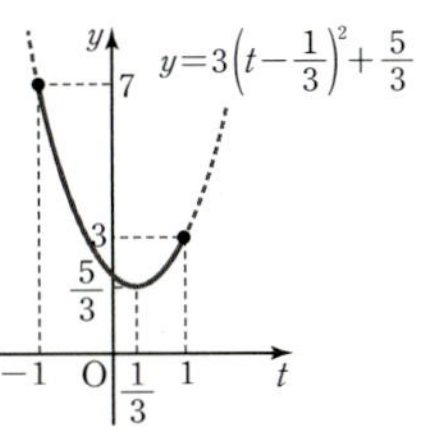

(2) $\cos x = t$로 놓으면 $-1 \le t \le 1$이고, 주어진 함수는

$\quad y = \dfrac{t+1}{t-3} = \dfrac{(t-3)+4}{t-3} = \dfrac{4}{t-3} + 1$ $\quad\cdots\cdots$ ㉠

따라서 함수 ㉠의 그래프는 오른
쪽 그림과 같으므로
$t = -1$일 때 최댓값은 0이고,
$t = 1$일 때 최솟값은 -1이다.

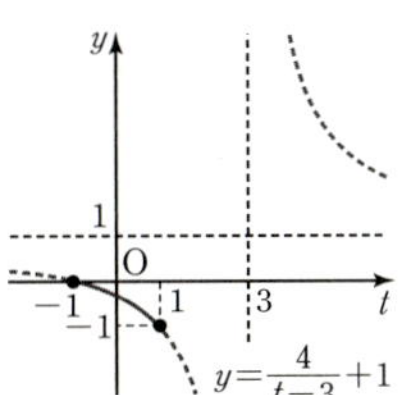

[다른 풀이]

(2) $y = \dfrac{\cos x + 1}{\cos x - 3} = \dfrac{(\cos x - 3) + 4}{\cos x - 3} = \dfrac{4}{\cos x - 3} + 1$

$-1 \le \cos x \le 1$이므로 $-4 \le \cos x - 3 \le -2$

$-\dfrac{1}{2} \le \dfrac{1}{\cos x - 3} \le -\dfrac{1}{4}$, $\quad -2 \le \dfrac{4}{\cos x - 3} \le -1$

$\therefore -1 \le \dfrac{4}{\cos x - 3} + 1 \le 0$

따라서 주어진 함수의 최댓값은 0이고, 최솟값은 -1이다.

답 (1) 최댓값: 7, 최솟값: $\dfrac{5}{3}$

$\qquad$ (2) 최댓값: 0, 최솟값: -1

08-2

(1) $y = 2\cos^2 x + 2\sin(x + \pi) + a$

$\qquad = 2(1 - \sin^2 x) + 2\sin(\pi + x) + a$

$\qquad = -2\sin^2 x - 2\sin x + a + 2$

$\sin x = t$로 놓으면 $-1 \le t \le 1$이고, 주어진 함수는

$\quad y = -2t^2 - 2t + a + 2$

$\qquad = -2\left(t + \dfrac{1}{2}\right)^2 + a + \dfrac{5}{2}$ $\quad\cdots\cdots$ ㉠

오른쪽 그림에서 함수 ㉠은 $t = 1$
일 때 최솟값 $a - 2$를 가지므로
$\quad a - 2 = -3$
$\quad \therefore a = -1$

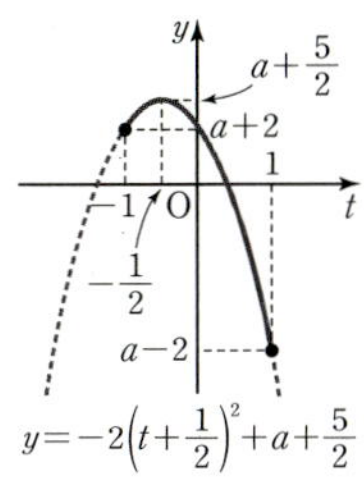

(2) $\sin x = t$로 놓으면 $-1 \le t \le 1$이고, 주어진 함수는

$\quad y = \dfrac{-2t + a}{t + 2} = \dfrac{-2(t+2) + a + 4}{t + 2}$

$\qquad = \dfrac{a + 4}{t + 2} - 2$ $\quad\cdots\cdots$ ㉠

오른쪽 그림에서 함수 ㉠은
$t = -1$일 때 최댓값 $a + 2$를
가지므로
$\quad a + 2 = 7$
$\quad \therefore a = 5$

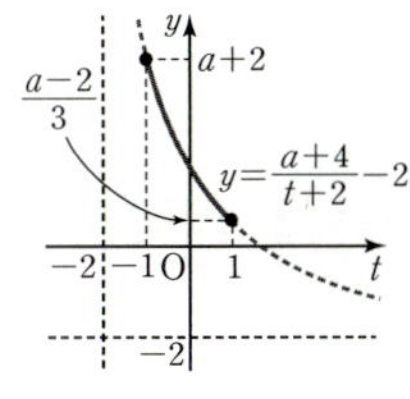

답 (1) -1 (2) 5

08-3

$\tan x = t$로 놓으면 $0 \le x \le \dfrac{\pi}{4}$에서 $0 \le t \le 1$이고,

주어진 함수는

$\quad y = \dfrac{2t + 1}{t + 1} = \dfrac{2(t+1) - 1}{t + 1}$

$\qquad = -\dfrac{1}{t + 1} + 2$ $\quad\cdots\cdots$ ㉠

따라서 함수 ㉠의 그래프는 오른
쪽 그림과 같으므로
$t = 1$일 때 최댓값은 $\dfrac{3}{2}$이고,
$t = 0$일 때 최솟값은 1이다.

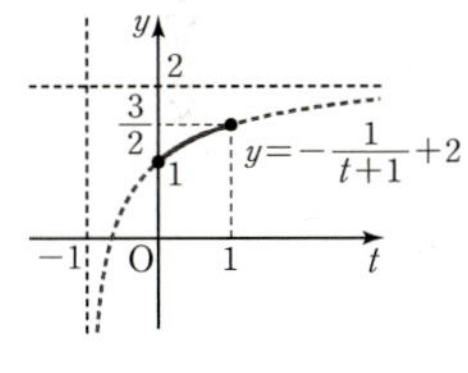

즉, $M = \dfrac{3}{2}$, $m = 1$이므로

$\quad M + m = \dfrac{3}{2} + 1 = \dfrac{5}{2}$

답 $\dfrac{5}{2}$

08-4

$y = \sin^2 x + 2a\cos x - 1$

$\quad = (1 - \cos^2 x) + 2a\cos x - 1$

$\quad = -\cos^2 x + 2a\cos x$

$\cos x = t$로 놓으면 $0 \le x < 2\pi$에서 $-1 \le t \le 1$이고, 주어진
함수는

$\quad y = -t^2 + 2at = -(t - a)^2 + a^2$

$\quad f(t) = -(t - a)^2 + a^2$으로 놓으면

(i) $0<a\le1$일 때, 함수 $f(t)$의 최댓값은 $f(a)=a^2$이므로

$a^2=7$ $\therefore a=\sqrt{7}\ (\because a>0)$

그런데 $a=\sqrt{7}$은 $0<a\le1$을 만족시키지 않는다.

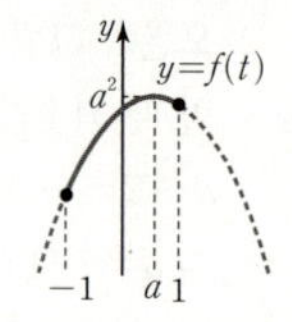

(ii) $a>1$일 때, 함수 $f(t)$의 최댓값은 $f(1)=-1+2a$이므로

$-1+2a=7,\ 2a=8$

$\therefore a=4$

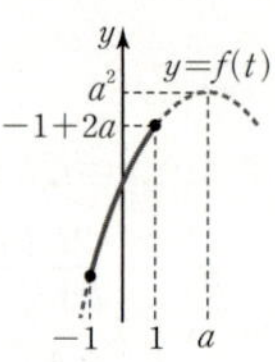

(i), (ii)에서 양수 a의 값은 4이다.

답 4

03 삼각방정식과 삼각부등식

개념 CHECK

본문 269쪽

01 (1) $x=\dfrac{2}{3}\pi$　(2) $x=\dfrac{\pi}{3}$ 또는 $x=\dfrac{2}{3}\pi$

(3) $x=\dfrac{2}{3}\pi$ 또는 $x=\dfrac{5}{3}\pi$

02 (1) $\dfrac{\pi}{6}\le x\le\dfrac{5}{6}\pi$

(2) $\dfrac{5}{6}\pi\le x\le\dfrac{7}{6}\pi$ 또는 $\dfrac{17}{6}\pi\le x<3\pi$

(3) $0\le x<\dfrac{\pi}{4}$ 또는 $\dfrac{\pi}{2}<x<\dfrac{5}{4}\pi$ 또는 $\dfrac{3}{2}\pi<x<2\pi$

01

(1) $2\cos x=-1$에서 $\cos x=-\dfrac{1}{2}$

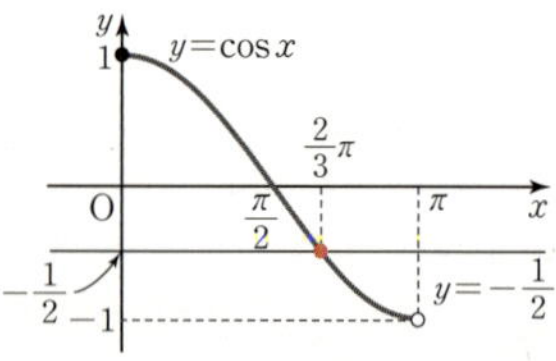

위의 그림과 같이 $0\le x<\pi$에서 함수 $y=\cos x$의 그래프와 직선 $y=-\dfrac{1}{2}$의 교점의 x좌표는 $\dfrac{2}{3}\pi$이므로 구하는 해는 $x=\dfrac{2}{3}\pi$이다.

(2) $2\sin x-\sqrt{3}=0$에서 $\sin x=\dfrac{\sqrt{3}}{2}$

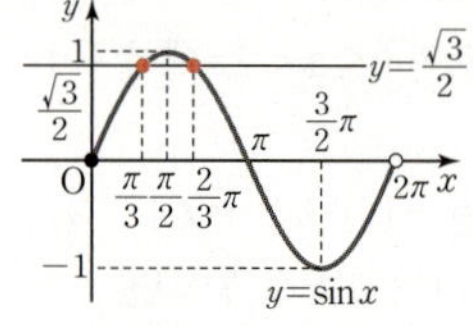

앞의 그림과 같이 $0\le x<2\pi$에서 함수 $y=\sin x$의 그래프와 직선 $y=\dfrac{\sqrt{3}}{2}$의 교점의 x좌표는 $\dfrac{\pi}{3}$, $\dfrac{2}{3}\pi$이므로 구하는 해는 $x=\dfrac{\pi}{3}$ 또는 $x=\dfrac{2}{3}\pi$이다.

(3) $\tan x+\sqrt{3}=0$에서 $\tan x=-\sqrt{3}$

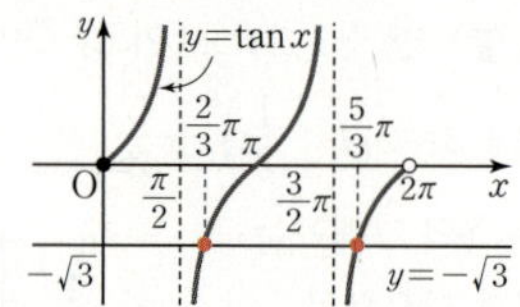

위의 그림과 같이 $0\le x<2\pi$에서 함수 $y=\tan x$의 그래프와 직선 $y=-\sqrt{3}$의 교점의 x좌표는 $\dfrac{2}{3}\pi$, $\dfrac{5}{3}\pi$이므로 구하는 해는 $x=\dfrac{2}{3}\pi$ 또는 $x=\dfrac{5}{3}\pi$이다.

답 (1) $x=\dfrac{2}{3}\pi$

(2) $x=\dfrac{\pi}{3}$ 또는 $x=\dfrac{2}{3}\pi$

(3) $x=\dfrac{2}{3}\pi$ 또는 $x=\dfrac{5}{3}\pi$

02

(1) $\sin x-\dfrac{1}{2}\ge0$에서 $\sin x\ge\dfrac{1}{2}$

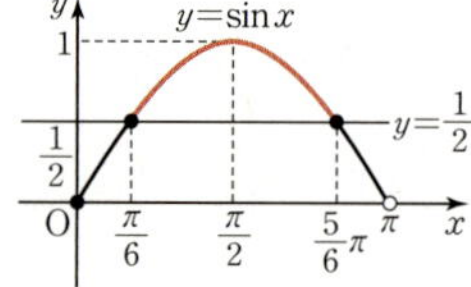

따라서 주어진 부등식의 해는 위의 그림과 같이 $0\le x<\pi$에서 함수 $y=\sin x$의 그래프가 직선 $y=\dfrac{1}{2}$보다 위쪽에 있거나 만나는 부분의 x의 값의 범위와 같으므로 구하는 해는 $\dfrac{\pi}{6}\le x\le\dfrac{5}{6}\pi$이다.

(2) $2\cos x\le-\sqrt{3}$에서 $\cos x\le-\dfrac{\sqrt{3}}{2}$

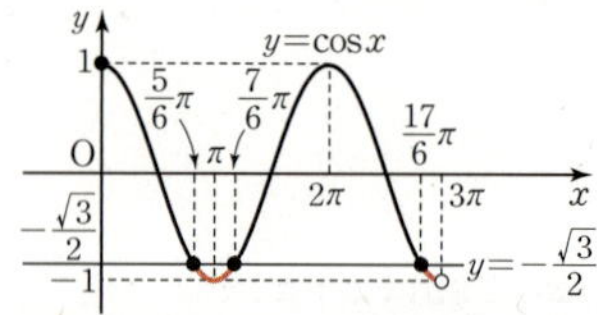

따라서 주어진 부등식의 해는 위의 그림과 같이 $0\le x<3\pi$에서 함수 $y=\cos x$의 그래프가 직선 $y=-\dfrac{\sqrt{3}}{2}$보다 아래쪽에 있거나 만나는 부분의 x의 값의 범위와 같으므로 구하는 해는 $\dfrac{5}{6}\pi\le x\le\dfrac{7}{6}\pi$ 또는 $\dfrac{17}{6}\pi\le x<3\pi$이다.

(3) $\tan x - 1 < 0$에서 $\tan x < 1$

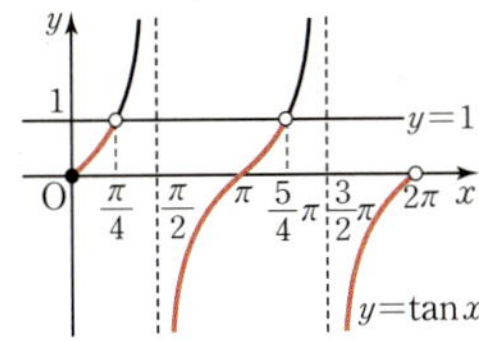

따라서 주어진 부등식의 해는 위의 그림과 같이
$0 \leq x < 2\pi$에서 함수 $y = \tan x$의 그래프가 직선 $y = 1$
보다 아래쪽에 있는 부분의 x의 값의 범위와 같으므로 구하
는 해는 $0 \leq x < \dfrac{\pi}{4}$ 또는 $\dfrac{\pi}{2} < x < \dfrac{5}{4}\pi$ 또는 $\dfrac{3}{2}\pi < x < 2\pi$
이다.

답 (1) $\dfrac{\pi}{6} \leq x \leq \dfrac{5}{6}\pi$

  (2) $\dfrac{5}{6}\pi \leq x \leq \dfrac{7}{6}\pi$ 또는 $\dfrac{17}{6}\pi \leq x < 3\pi$

  (3) $0 \leq x < \dfrac{\pi}{4}$ 또는 $\dfrac{\pi}{2} < x < \dfrac{5}{4}\pi$ 또는 $\dfrac{3}{2}\pi < x < 2\pi$

유제

09-1 (1) $x = \dfrac{3}{2}\pi$ 또는 $x = \dfrac{11}{6}\pi$

   (2) $x = \dfrac{5}{12}\pi$ 또는 $x = \dfrac{17}{12}\pi$

09-2 $\dfrac{5}{3}\pi$ **09-3** $x = -\dfrac{2}{3}\pi$

09-4 4π

10-1 (1) $x = 0$ 또는 $x = \dfrac{\pi}{6}$ 또는 $x = \dfrac{5}{6}\pi$ (2) $x = \pi$

10-2 $x = \dfrac{\pi}{3}$ **10-3** $x = \dfrac{\pi}{3}$ **10-4** $\dfrac{1}{2}$

11-1 (1) $-8 \leq k \leq 8$ (2) 3 **11-2** $-1 \leq k \leq 8$

11-3 12 **11-4** $\dfrac{3}{5}$

12-1 (1) $\dfrac{5}{6}\pi \leq x \leq \dfrac{3}{2}\pi$

   (2) $0 \leq x \leq \dfrac{\pi}{3}$ 또는 $\dfrac{5}{3}\pi \leq x < 2\pi$

12-2 (1) $\dfrac{\pi}{6} < x < \dfrac{\pi}{2}$

   (2) $0 \leq x \leq \dfrac{\pi}{4}$ 또는 $\dfrac{\pi}{3} \leq x < \dfrac{\pi}{2}$

12-3 $\dfrac{\pi}{4} \leq x \leq \dfrac{5}{4}\pi$ **12-4** -4

13-1 (1) $\dfrac{\pi}{6}, \dfrac{5}{6}\pi$ (2) $0 \leq \theta < \dfrac{\pi}{3}$ 또는 $\dfrac{2}{3}\pi < \theta < \pi$

13-2 $0 \leq \theta < \dfrac{7}{6}\pi$ 또는 $\dfrac{11}{6}\pi < \theta < 2\pi$

13-3 $\dfrac{\pi}{3} < \theta < \dfrac{5}{3}\pi$ **13-4** $\dfrac{3}{4}\pi, \dfrac{5}{4}\pi$

09-1

(1) $x + \dfrac{\pi}{3} = t$로 놓으면 $0 \leq x < 2\pi$에서 $\dfrac{\pi}{3} \leq t < \dfrac{7}{3}\pi$이고,

주어진 방정식은 $2\cos t = \sqrt{3}$, 즉 $\cos t = \dfrac{\sqrt{3}}{2}$

다음 그림에서 함수 $y = \cos t \left(\dfrac{\pi}{3} \leq t < \dfrac{7}{3}\pi \right)$의 그래프와

직선 $y = \dfrac{\sqrt{3}}{2}$의 교점의 t좌표는 $\dfrac{11}{6}\pi$, $\dfrac{13}{6}\pi$이므로

$t = \dfrac{11}{6}\pi$ 또는 $t = \dfrac{13}{6}\pi$

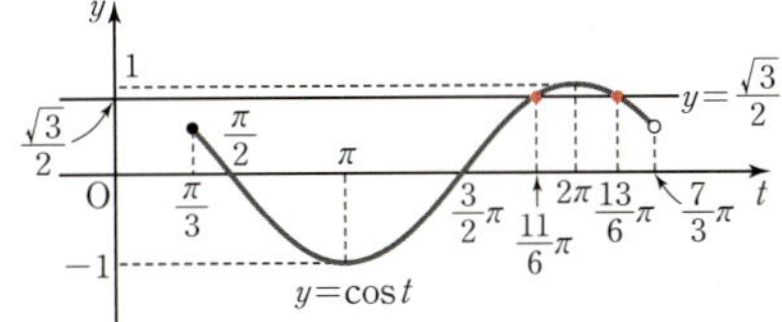

따라서 $x + \dfrac{\pi}{3} = \dfrac{11}{6}\pi$ 또는 $x + \dfrac{\pi}{3} = \dfrac{13}{6}\pi$이므로

$x = \dfrac{3}{2}\pi$ 또는 $x = \dfrac{11}{6}\pi$

(2) $x - \dfrac{\pi}{6} = t$로 놓으면 $0 \leq x < 2\pi$에서 $-\dfrac{\pi}{6} \leq t < \dfrac{11}{6}\pi$

이고, 주어진 방정식은 $\tan t = 1$

다음 그림에서 함수 $y = \tan t \left(-\dfrac{\pi}{6} \leq t < \dfrac{11}{6}\pi \right)$의 그래

프와 직선 $y = 1$의 교점의 t좌표는 $\dfrac{\pi}{4}$, $\dfrac{5}{4}\pi$이므로

$t = \dfrac{\pi}{4}$ 또는 $t = \dfrac{5}{4}\pi$

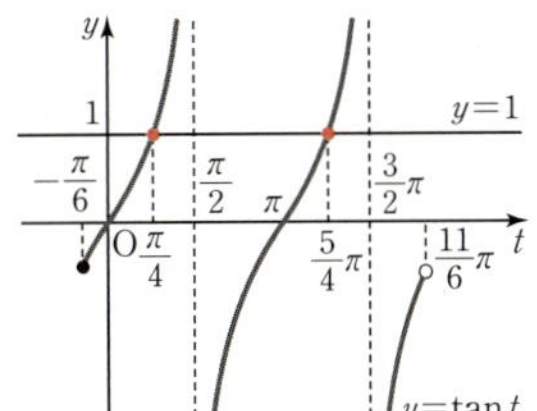

따라서 $x - \dfrac{\pi}{6} = \dfrac{\pi}{4}$ 또는 $x - \dfrac{\pi}{6} = \dfrac{5}{4}\pi$이므로

$x = \dfrac{5}{12}\pi$ 또는 $x = \dfrac{17}{12}\pi$

답 (1) $x = \dfrac{3}{2}\pi$ 또는 $x = \dfrac{11}{6}\pi$

  (2) $x = \dfrac{5}{12}\pi$ 또는 $x = \dfrac{17}{12}\pi$

09-2

$2x = t$로 놓으면 $0 \leq x < 2\pi$에서 $0 \leq t < 4\pi$이고, 주어진 방
정식은 $|\sin t| = \dfrac{\sqrt{3}}{2}$

$|\sin t|=\dfrac{\sqrt{3}}{2}$에서 $\sin t=\dfrac{\sqrt{3}}{2}$ 또는 $\sin t=-\dfrac{\sqrt{3}}{2}$

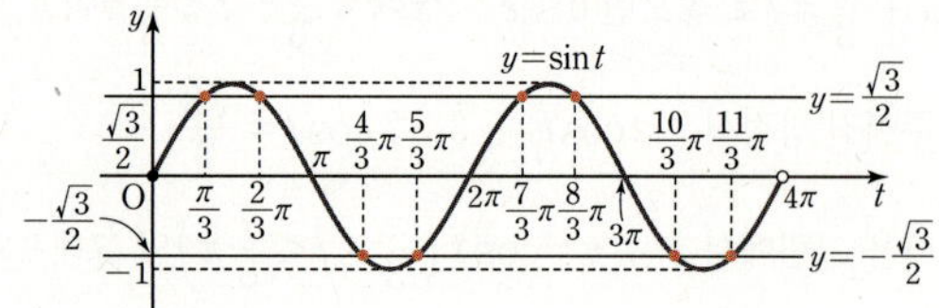

(i) $\sin t=\dfrac{\sqrt{3}}{2}$일 때

$t=\dfrac{\pi}{3}$ 또는 $t=\dfrac{2}{3}\pi$ 또는 $t=\dfrac{7}{3}\pi$ 또는 $t=\dfrac{8}{3}\pi$

따라서 $2x=\dfrac{\pi}{3}$ 또는 $2x=\dfrac{2}{3}\pi$ 또는 $2x=\dfrac{7}{3}\pi$ 또는

$2x=\dfrac{8}{3}\pi$이므로

$x=\dfrac{\pi}{6}$ 또는 $x=\dfrac{\pi}{3}$ 또는 $x=\dfrac{7}{6}\pi$ 또는 $x=\dfrac{4}{3}\pi$

(ii) $\sin t=-\dfrac{\sqrt{3}}{2}$일 때

$t=\dfrac{4}{3}\pi$ 또는 $t=\dfrac{5}{3}\pi$ 또는 $t=\dfrac{10}{3}\pi$ 또는 $t=\dfrac{11}{3}\pi$

따라서 $2x=\dfrac{4}{3}\pi$ 또는 $2x=\dfrac{5}{3}\pi$ 또는 $2x=\dfrac{10}{3}\pi$ 또는

$2x=\dfrac{11}{3}\pi$이므로

$x=\dfrac{2}{3}\pi$ 또는 $x=\dfrac{5}{6}\pi$ 또는 $x=\dfrac{5}{3}\pi$ 또는 $x=\dfrac{11}{6}\pi$

(i), (ii)에서 해의 최댓값은 $\dfrac{11}{6}\pi$, 최솟값은 $\dfrac{\pi}{6}$이므로 최댓값과 최솟값의 차는 $\dfrac{11}{6}\pi-\dfrac{\pi}{6}=\dfrac{5}{3}\pi$

답 $\dfrac{5}{3}\pi$

09-3

$\sin\dfrac{x}{2}=-\sqrt{3}\cos\dfrac{x}{2}$에서 $\dfrac{x}{2}=t$로 놓으면

$\sin t=-\sqrt{3}\cos t$ ······ ㉠

$-\pi<x<\pi$에서 $-\dfrac{\pi}{2}<\dfrac{x}{2}<\dfrac{\pi}{2}$

$\therefore -\dfrac{\pi}{2}<t<\dfrac{\pi}{2}$

$-\dfrac{\pi}{2}<t<\dfrac{\pi}{2}$에서 $\cos t\neq0$이므로 ㉠의 양변을 $\cos t$로 나누면

$\dfrac{\sin t}{\cos t}=-\sqrt{3}$ $\therefore \tan t=-\sqrt{3}$

다음 그림에서 함수 $y=\tan t\left(-\dfrac{\pi}{2}<t<\dfrac{\pi}{2}\right)$의 그래프와

직선 $y=-\sqrt{3}$의 교점의 t좌표는 $-\dfrac{\pi}{3}$이므로

$t=-\dfrac{\pi}{3}$

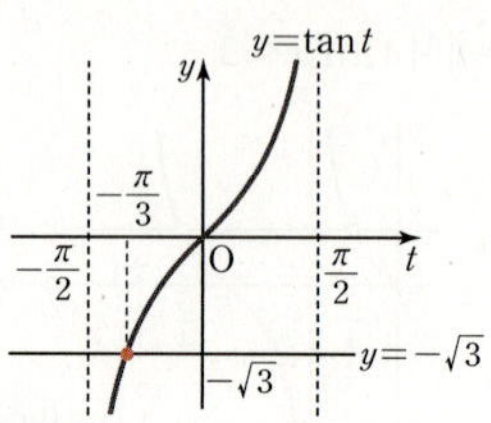

따라서 $\dfrac{x}{2}=-\dfrac{\pi}{3}$이므로 $x=-\dfrac{2}{3}\pi$

답 $x=-\dfrac{2}{3}\pi$

09-4

다음 그림과 같이 $0\leq x\leq2\pi$에서 함수 $y=\cos 2x$의 그래프와 직선 $y=\dfrac{2}{3}$의 교점의 x좌표를 작은 것부터 차례대로

$x_1,\ x_2,\ x_3,\ x_4$로 놓으면

$\dfrac{x_1+x_4}{2}=\pi,\ \dfrac{x_2+x_3}{2}=\pi$

$\therefore x_1+x_4=2\pi,\ x_2+x_3=2\pi$

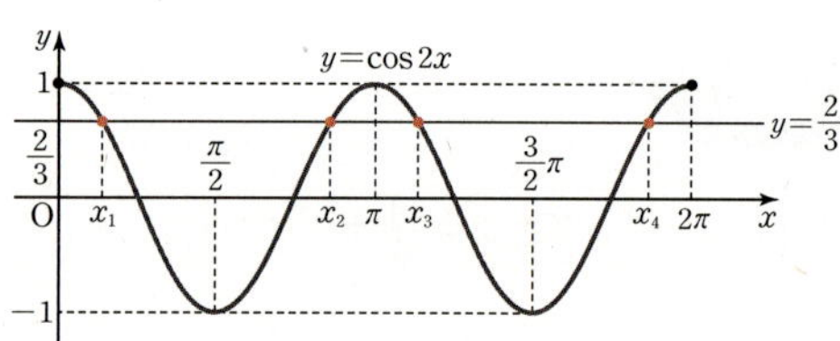

따라서 모든 실근의 합은

$x_1+x_2+x_3+x_4=2\pi+2\pi=4\pi$

답 4π

10-1

(1) $2\cos^2 x+\sin x-2=0$에서

$2(1-\sin^2 x)+\sin x-2=0$

$2\sin^2 x-\sin x=0,\ \sin x(2\sin x-1)=0$

$\therefore \sin x=0$ 또는 $\sin x=\dfrac{1}{2}$

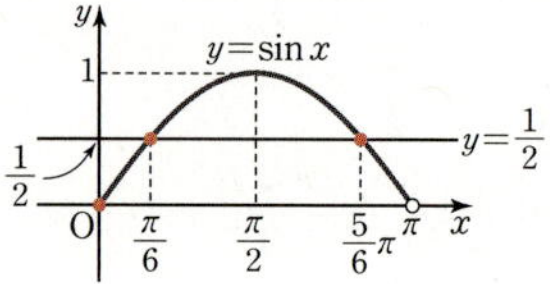

$0\leq x<\pi$이므로

방정식 $\sin x=0$의 해는

$x=0$

방정식 $\sin x=\dfrac{1}{2}$의 해는

$x=\dfrac{\pi}{6}$ 또는 $x=\dfrac{5}{6}\pi$

따라서 주어진 방정식의 해는

$$x=0 \ \text{또는} \ x=\frac{\pi}{6} \ \text{또는} \ x=\frac{5}{6}\pi$$

(2) $\sin^2\left(\frac{\pi}{2}+x\right)=2\cos^2 x-5\cos(\pi+x)+4$에서

$\cos^2 x=2\cos^2 x+5\cos x+4$

$\cos^2 x+5\cos x+4=0$

$(\cos x+4)(\cos x+1)=0$

$\therefore \cos x=-4 \ \text{또는} \ \cos x=-1$

이때 $0 \le x < 2\pi$에서 $-1 \le \cos x \le 1$이므로

$\cos x=-1 \qquad \therefore x=\pi$

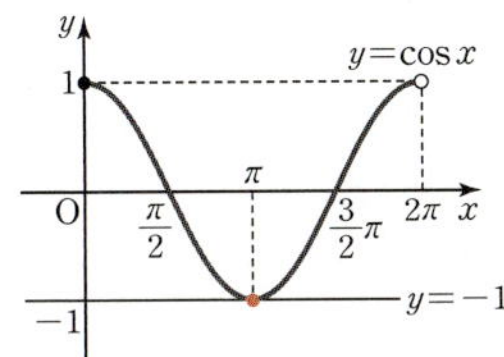

답 (1) $x=0$ 또는 $x=\frac{\pi}{6}$ 또는 $x=\frac{5}{6}\pi$ (2) $x=\pi$

10-2

$\tan^2(\pi+x)-2\sqrt{3}\tan x+3=0$

에서 $\tan^2 x-2\sqrt{3}\tan x+3=0$

$(\tan x-\sqrt{3})^2=0$

$\therefore \tan x=\sqrt{3}$

$0<x<\pi$이므로

$x=\frac{\pi}{3}$

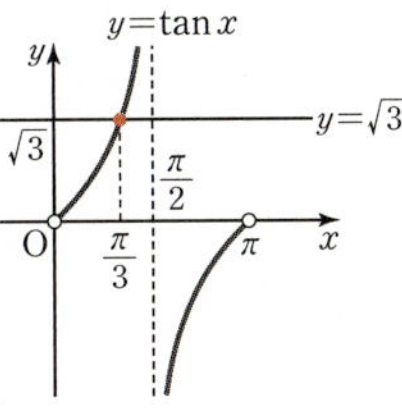

답 $x=\frac{\pi}{3}$

10-3

$\sqrt{\cos x+1}=\sqrt{2}\sin x$의 양변을 제곱하면

$\cos x+1=2\sin^2 x$

$\cos x+1-2(1-\cos^2 x)$

$2\cos^2 x+\cos x-1=0$

$(\cos x+1)(2\cos x-1)=0$

$\therefore \cos x=-1 \ \text{또는} \ \cos x=\frac{1}{2}$

$0<x<\pi$에서 $-1<\cos x<1$

이므로

$\cos x=\frac{1}{2} \qquad \therefore x=\frac{\pi}{3}$

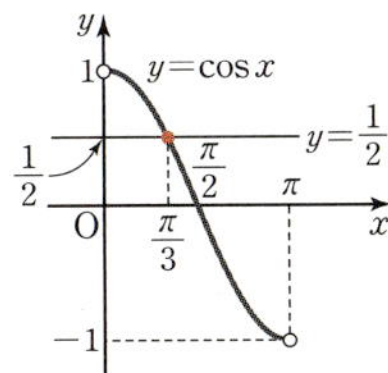

답 $x=\frac{\pi}{3}$

10-4

$A+B+C=\pi$이므로 $A+B=\pi-C$

이때

$$\cos\frac{A+B}{2}=\cos\frac{\pi-C}{2}=\cos\left(\frac{\pi}{2}-\frac{C}{2}\right)=\sin\frac{C}{2}$$

이므로 주어진 방정식은

$2\sin^2\frac{C}{2}+\sin\frac{C}{2}-1=0$

$\frac{C}{2}=t$로 놓으면

$2\sin^2 t+\sin t-1=0$

$(\sin t+1)(2\sin t-1)=0$

$\therefore \sin t=-1 \ \text{또는} \ \sin t=\frac{1}{2}$

이때 $0<C<\pi$에서 $0<\frac{C}{2}<\frac{\pi}{2}$이므로

$0<\sin\frac{C}{2}<1$

$\therefore \sin t=\frac{1}{2}$

따라서 $t=\frac{\pi}{6}$이므로

$\frac{C}{2}=\frac{\pi}{6}$, 즉 $C=\frac{\pi}{3}$

$\therefore \cos C=\cos\frac{\pi}{3}=\frac{1}{2}$

답 $\frac{1}{2}$

11-1

(1) 방정식 $2\sin^2 x+8\cos x-k=0$, 즉
$2\sin^2 x+8\cos x=k$가 실근을 가지려면 함수
$y=2\sin^2 x+8\cos x$의 그래프와 직선 $y=k$가 교점을
가져야 한다.

$y=2\sin^2 x+8\cos x$에서

$y=2(1-\cos^2 x)+8\cos x$

$\quad =-2\cos^2 x+8\cos x+2$

$\cos x=t$로 놓으면 $-1 \le t \le 1$이고

$y=-2t^2+8t+2$

$\quad =-2(t-2)^2+10$

따라서 함수
$y=-2t^2+8t+2 \ (-1 \le t \le 1)$
의 그래프는 오른쪽 그림과 같
으므로 주어진 방정식이 실근을
갖도록 하는 실수 k의 값의 범
위는
$-8 \le k \le 8$

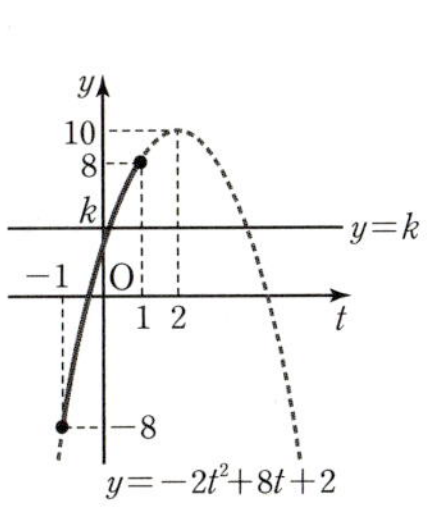

(2) 방정식 $\cos\pi x=\frac{2}{3}x$의 실근은 함수 $y=\cos\pi x$의 그래
프와 직선 $y=\frac{2}{3}x$의 교점의 x좌표와 같다.

다음 그림과 같이 함수 $y=\cos \pi x$의 그래프와 직선 $y=\dfrac{2}{3}x$의 교점의 개수는 3이므로 주어진 방정식의 실근의 개수는 3이다.

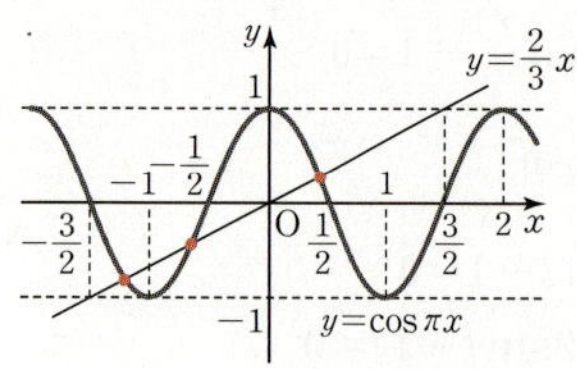

답 (1) $-8\le k\le 8$ (2) 3

11-2

방정식 $4\sin^2(\pi-x)+4\cos\left(\dfrac{3}{2}\pi+x\right)=k$, 즉

$4\sin^2 x+4\sin x=k$가 실근을 가지려면 함수

$y=4\sin^2 x+4\sin x$의 그래프와 직선 $y=k$가 교점을 가져야 한다.

$y=4\sin^2 x+4\sin x$에서

$\sin x=t$로 놓으면

$-1\le t\le 1$이고

$y=4t^2+4t=4\left(t+\dfrac{1}{2}\right)^2-1$

따라서 함수 $y=4t^2+4t$ $(-1\le t\le 1)$의 그래프는 오른쪽 그림과 같으므로 주어진 방정식이 실근을 갖도록 하는 실수 k의 값의 범위는

$-1\le k\le 8$

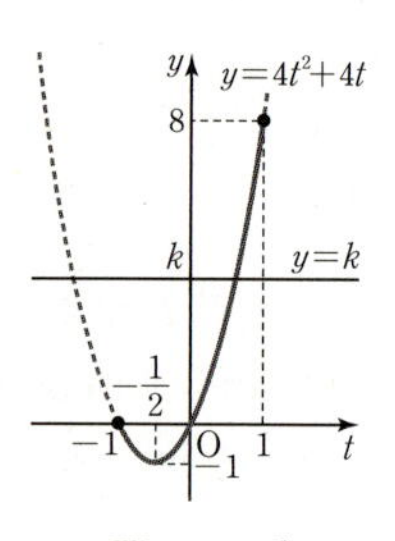

답 $-1\le k\le 8$

11-3

방정식 $|\cos 3x|=\dfrac{4}{5}$의 실근은 함수 $y=|\cos 3x|$의 그래프와 직선 $y=\dfrac{4}{5}$의 교점의 x좌표와 같다.

다음 그림과 같이 함수 $y=|\cos 3x|$의 그래프와 직선 $y=\dfrac{4}{5}$의 교점의 개수는 12이므로 주어진 방정식의 서로 다른 실근의 개수는 12이다.

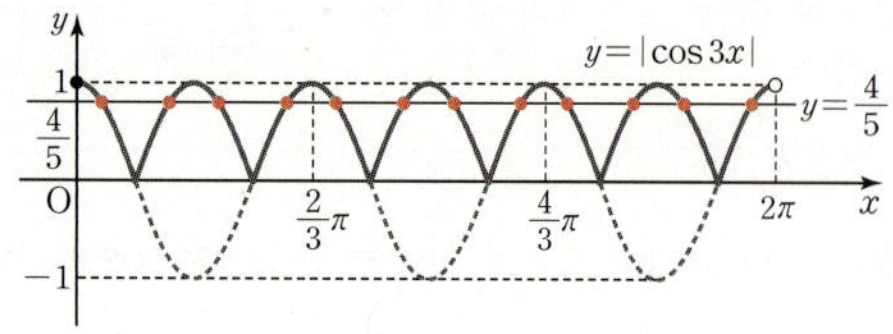

답 12

11-4

함수 $y=\sin x+\dfrac{2}{5}$의 치역은 $\left\{y\left|-\dfrac{3}{5}\le y\le \dfrac{7}{5}\right.\right\}$이다.

방정식 $\left|\sin x+\dfrac{2}{5}\right|=k$가 서로 다른 3개의 실근을 가지려면

함수 $y=\left|\sin x+\dfrac{2}{5}\right|$의 그래프와 직선 $y=k$가 서로 다른 세 점에서 만나야 한다.

따라서 다음 그림에서 함수 $y=\left|\sin x+\dfrac{2}{5}\right|$의 그래프와 직선 $y=k$가 서로 다른 세 점에서 만나도록 하는 실수 k의 값은 $\dfrac{3}{5}$이다.

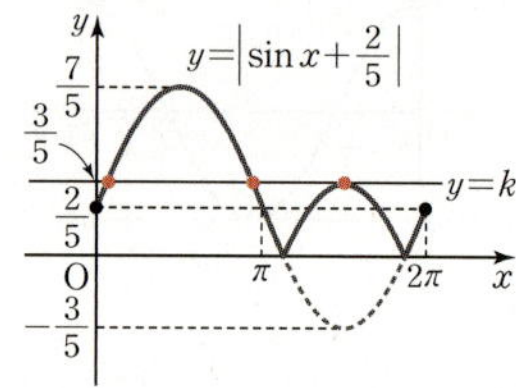

답 $\dfrac{3}{5}$

12-1

(1) $x-\dfrac{\pi}{6}=t$로 놓으면 $0\le x<2\pi$에서 $-\dfrac{\pi}{6}\le t<\dfrac{11}{6}\pi$

이고, 주어진 부등식은

$\cos t\le -\dfrac{1}{2}$

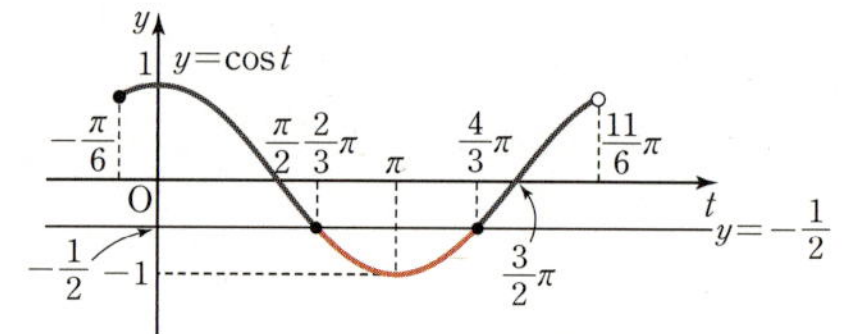

위의 그림에서 부등식 $\cos t\le -\dfrac{1}{2}$ $\left(-\dfrac{\pi}{6}\le t<\dfrac{11}{6}\pi\right)$

의 해는 $\dfrac{2}{3}\pi\le t\le \dfrac{4}{3}\pi$

따라서 $\dfrac{2}{3}\pi\le x-\dfrac{\pi}{6}\le \dfrac{4}{3}\pi$이므로 $\dfrac{5}{6}\pi\le x\le \dfrac{3}{2}\pi$

(2) $2\sin^2 x-3\sin\left(x+\dfrac{3}{2}\pi\right)\ge 3$에서

$2(1-\cos^2 x)+3\cos x-3\ge 0$이므로

$2\cos^2 x-3\cos x+1\le 0$

$(2\cos x-1)(\cos x-1)\le 0$

$\therefore \dfrac{1}{2}\le \cos x\le 1$

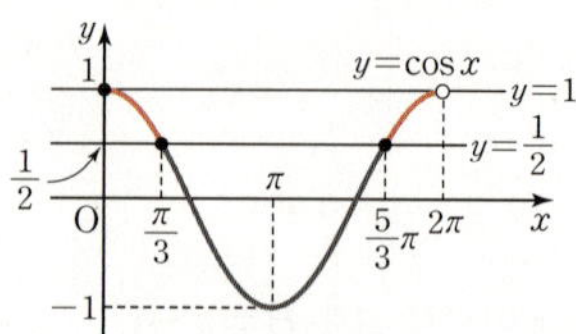

$0 \le x < 2\pi$이므로 앞의 그림에서 부등식 $\dfrac{1}{2} \le \cos x \le 1$의

해는 $0 \le x \le \dfrac{\pi}{3}$ 또는 $\dfrac{5}{3}\pi \le x < 2\pi$

답 (1) $\dfrac{5}{6}\pi \le x \le \dfrac{3}{2}\pi$

(2) $0 \le x \le \dfrac{\pi}{3}$ 또는 $\dfrac{5}{3}\pi \le x < 2\pi$

12-2

(1) $x + \dfrac{\pi}{3} = t$로 놓으면 $0 \le x < \dfrac{\pi}{2}$에서 $\dfrac{\pi}{3} \le t < \dfrac{5}{6}\pi$이고,

주어진 부등식은

$$\tan t < \dfrac{\sqrt{3}}{3}$$

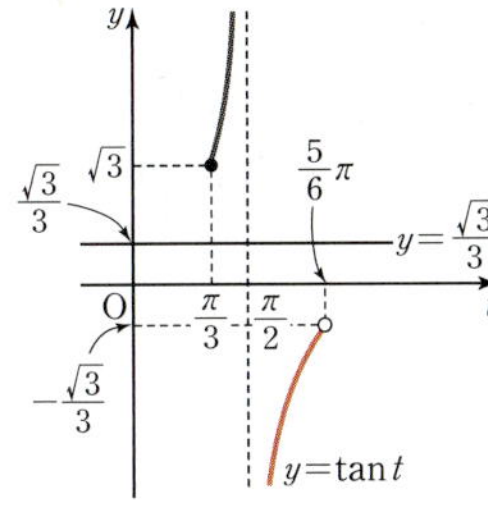

위의 그림에서 부등식 $\tan t < \dfrac{\sqrt{3}}{3}\left(\dfrac{\pi}{3} \le t < \dfrac{5}{6}\pi\right)$의

해는 $\dfrac{\pi}{2} < t < \dfrac{5}{6}\pi$

따라서 $\dfrac{\pi}{2} < x + \dfrac{\pi}{3} < \dfrac{5}{6}\pi$이므로 $\dfrac{\pi}{6} < x < \dfrac{\pi}{2}$

(2) $\tan^2(\pi + x) + \sqrt{3} \ge (1 + \sqrt{3})\tan x$에서

$\tan^2 x - (1 + \sqrt{3})\tan x + \sqrt{3} \ge 0$

$(\tan x - 1)(\tan x - \sqrt{3}) \ge 0$

$\therefore \tan x \le 1$ 또는 $\tan x \ge \sqrt{3}$

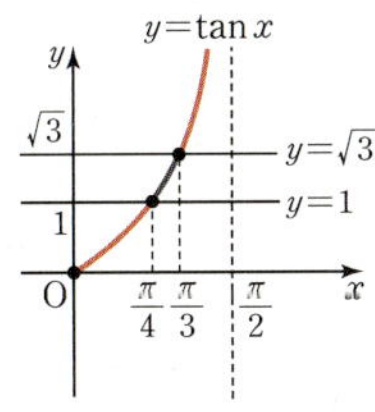

$0 \le x < \dfrac{\pi}{2}$이므로 위의 그림에서

부등식 $\tan x \le 1$의 해는 $0 \le x \le \dfrac{\pi}{4}$

부등식 $\tan x \ge \sqrt{3}$의 해는 $\dfrac{\pi}{3} \le x < \dfrac{\pi}{2}$

따라서 주어진 부등식의 해는

$0 \le x \le \dfrac{\pi}{4}$ 또는 $\dfrac{\pi}{3} \le x < \dfrac{\pi}{2}$

답 (1) $\dfrac{\pi}{6} < x < \dfrac{\pi}{2}$

(2) $0 \le x \le \dfrac{\pi}{4}$ 또는 $\dfrac{\pi}{3} \le x < \dfrac{\pi}{2}$

12-3

부등식 $\sin x \ge \cos x$의 해는 함수 $y = \sin x$의 그래프가
함수 $y = \cos x$의 그래프보다 위쪽에 있거나 만나는 x의 값
의 범위와 같으므로 다음 그림에서 주어진 부등식의 해는

$\dfrac{\pi}{4} \le x \le \dfrac{5}{4}\pi$

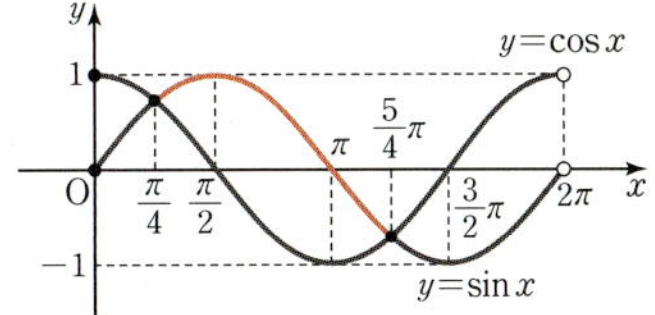

답 $\dfrac{\pi}{4} \le x \le \dfrac{5}{4}\pi$

12-4

$\cos^2 x - 4\sin x \le a + 8$에서

$(1 - \sin^2 x) - 4\sin x \le a + 8$

$\sin^2 x + 4\sin x + a + 7 \ge 0$

$\sin x = t$로 놓으면 $-1 \le t \le 1$이고, 주어진 부등식은

$t^2 + 4t + a + 7 \ge 0$ $\cdots\cdots$ ㉠

$f(t) = t^2 + 4t + a + 7$이라 하면

$f(t) = (t + 2)^2 + a + 3$

$-1 \le t \le 1$에서 함수 $f(t)$는 $t = -1$
일 때 최솟값 $f(-1) = a + 4$를 갖는
다.

이때 부등식 ㉠이 항상 성립하려면

$a + 4 \ge 0$이어야 하므로

$a \ge -4$

따라서 실수 a의 최솟값은 -4이다.

답 -4

13-1

(1) 이차방정식 $x^2 - 2\sqrt{2}x\cos\theta + 3\sin\theta = 0$이 중근을 가지
려면 이 이차방정식의 판별식을 D라 할 때, $D = 0$이어야
한다.

$\dfrac{D}{4} = (-\sqrt{2}\cos\theta)^2 - 3\sin\theta = 0$

$2\cos^2\theta - 3\sin\theta = 0$, $2(1 - \sin^2\theta) - 3\sin\theta = 0$

$2\sin^2\theta + 3\sin\theta - 2 = 0$

$(\sin\theta + 2)(2\sin\theta - 1) = 0$

이때 $0 < \theta < 2\pi$이므로 $-1 \le \sin\theta \le 1$

$\therefore \sin\theta = \dfrac{1}{2}$ $\cdots\cdots$ ㉠

$0 < \theta < 2\pi$에서 ㉠을 만족시키는 θ의 값은

$\theta = \dfrac{\pi}{6}$ 또는 $\theta = \dfrac{5}{6}\pi$

(2) 이차방정식 $x^2-2x+\tan^2\theta-2=0$이 서로 다른 두 실근
을 가지려면 이 이차방정식의 판별식을 D라 할 때, $D>0$
이어야 한다.

$$\frac{D}{4}=(-1)^2-(\tan^2\theta-2)>0, \quad \tan^2\theta<3$$

$$\therefore -\sqrt{3}<\tan\theta<\sqrt{3} \quad \cdots\cdots \text{㉠}$$

$0\le\theta<\pi$이므로 오른쪽
그림에서 ㉠을 만족시키는
θ의 값의 범위는

$$0\le\theta<\frac{\pi}{3} \ \text{또는} \ \frac{2}{3}\pi<\theta<\pi$$

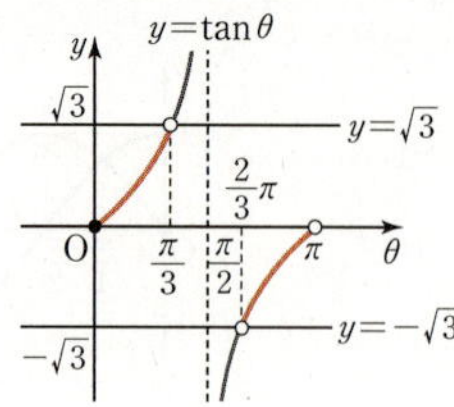

답 (1) $\dfrac{\pi}{6}$, $\dfrac{5}{6}\pi$

(2) $0\le\theta<\dfrac{\pi}{3}$ 또는 $\dfrac{2}{3}\pi<\theta<\pi$

13-2

모든 실수 x에 대하여 주어진 부등식이 성립해야 하므로 이
차방정식 $x^2-2(2\sin\theta-1)x+4=0$의 판별식을 D라 할
때, $D<0$이어야 한다.

$$\frac{D}{4}=\{-(2\sin\theta-1)\}^2-4<0$$

$$4\sin^2\theta-4\sin\theta-3<0$$

$$(2\sin\theta+1)(2\sin\theta-3)<0$$

$0\le\theta<2\pi$에서 $2\sin\theta-3<0$이므로

$$2\sin\theta+1>0$$

$$\therefore \sin\theta>-\frac{1}{2} \quad \cdots\cdots \text{㉠}$$

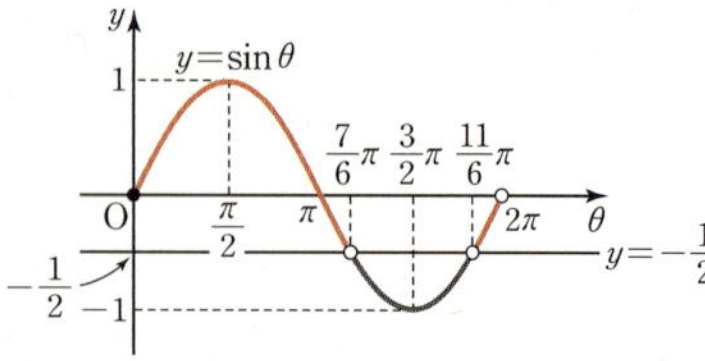

$0\le\theta<2\pi$이므로 위의 그림에서 ㉠을 만족시키는 θ의 값의
범위는

$$0\le\theta<\frac{7}{6}\pi \ \text{또는} \ \frac{11}{6}\pi<\theta<2\pi$$

답 $0\le\theta<\dfrac{7}{6}\pi$ 또는 $\dfrac{11}{6}\pi<\theta<2\pi$

13-3

이차함수 $y=5x^2-2(4\cos\theta+3)x+5$의 그래프가 x축과
만나지 않으면 이차방정식 $5x^2-2(4\cos\theta+3)x+5=0$이
서로 다른 두 허근을 가지므로 이 이차방정식의 판별식을 D
라 할 때, $D<0$이어야 한다.

$$\frac{D}{4}=\{-(4\cos\theta+3)\}^2-25<0$$

$$16\cos^2\theta+24\cos\theta-16<0$$

$$2\cos^2\theta+3\cos\theta-2<0$$

$$(\cos\theta+2)(2\cos\theta-1)<0$$

$0\le\theta<2\pi$에서 $\cos\theta+2>0$이므로

$$2\cos\theta-1<0$$

$$\therefore \cos\theta<\frac{1}{2} \quad \cdots\cdots \text{㉠}$$

$0\le\theta<2\pi$이므로 오른쪽
그림에서 ㉠을 만족시키는
θ의 값의 범위는

$$\frac{\pi}{3}<\theta<\frac{5}{3}\pi$$

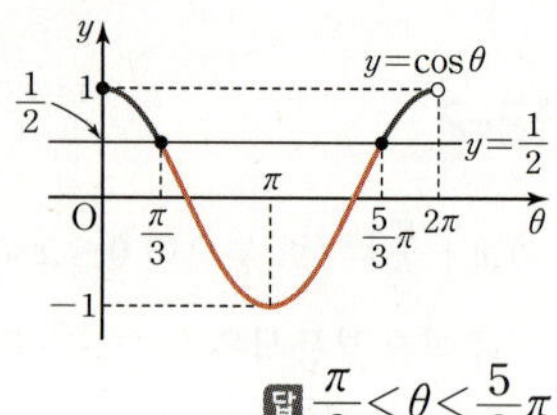

답 $\dfrac{\pi}{3}<\theta<\dfrac{5}{3}\pi$

13-4

$$y=x^2-2x\cos\theta-\sin^2\theta$$
$$=(x-\cos\theta)^2-\cos^2\theta-\sin^2\theta$$
$$=(x-\cos\theta)^2-1$$

이므로 꼭짓점의 좌표는 $(\cos\theta, -1)$이다.
이 점이 직선 $y=\sqrt{2}x$ 위에 있으려면

$$-1=\sqrt{2}\cos\theta \quad \therefore \cos\theta=-\frac{\sqrt{2}}{2}$$

$0\le\theta<2\pi$에서 $\cos\theta=-\dfrac{\sqrt{2}}{2}$를 만족시키는 θ의 값은

$$\theta=\frac{3}{4}\pi \ \text{또는} \ \theta=\frac{5}{4}\pi$$

답 $\dfrac{3}{4}\pi$, $\dfrac{5}{4}\pi$

01 ㄴ, ㄹ	**02** ⑤	**03** 4π	**04** -2
05 ㄱ, ㄴ	**06** $\dfrac{11}{2}$	**07** $\dfrac{20}{3}$	**08** 14
09 10	**10** $\dfrac{4}{5}$	**11** $\dfrac{8}{3}\pi$	**12** 2π
13 $\dfrac{1}{3}$	**14** 6	**15** 2π	**16** ①
17 24	**18** 4π	**19** 13	**20** 8

01

ㄱ. 함수 $y=\sin\left(x-\dfrac{\pi}{2}\right)$의 그래프는 함수 $y=\sin x$의 그

래프를 x축의 방향으로 $\dfrac{\pi}{2}$만큼 평행이동한 것이다.

ㄴ. $y=\sin(2x-\pi)=\sin\left\{2\left(x-\dfrac{\pi}{2}\right)\right\}$이므로

함수 $y=\sin(2x-\pi)$의 그래프는 함수 $y=\sin 2x$의 그

래프를 x축의 방향으로 $\dfrac{\pi}{2}$만큼 평행이동한 것이다.

ㄷ. 함수 $y=2\sin 2x-3$의 그래프는 함수 $y=\sin 2x$의 그래프를 y축의 방향으로 2배한 후 y축의 방향으로 -3만큼 평행이동한 것이다.

ㄹ. $y=\sin(2x-3\pi)+1=\sin\left\{2\left(x-\dfrac{3}{2}\pi\right)\right\}+1$이므로

함수 $y=\sin(2x-3\pi)+1$의 그래프는 함수 $y=\sin 2x$의 그래프를 x축의 방향으로 $\dfrac{3}{2}\pi$만큼, y축의 방향으로 1만큼 평행이동한 것이다.

따라서 함수 $y=\sin 2x$의 그래프를 평행이동하여 겹쳐질 수 있는 그래프의 식은 ㄴ, ㄹ이다.

답 ㄴ, ㄹ

02

① 주기는 $\dfrac{2\pi}{|3|}=\dfrac{2}{3}\pi$이다. (참)

② $f(0)=4\cos\left(-\dfrac{\pi}{2}\right)+1=4\times 0+1=1$ (참)

③ 최댓값은 $|4|+1=5$이다. (참)

④ 최솟값은 $-|4|+1=-3$이다. (참)

⑤ $f(x)=4\cos\left(3x-\dfrac{\pi}{2}\right)+1=4\cos\left\{3\left(x-\dfrac{\pi}{6}\right)\right\}+1$

이므로 함수 $y=f(x)$의 그래프는 함수 $y=4\cos 3x$의 그래프를 x축의 방향으로 $\dfrac{\pi}{6}$만큼, y축의 방향으로 1만큼 평행이동한 것이다. (거짓)

따라서 옳지 않은 것은 ⑤이다.

답 ⑤

03

함수 $y=a\sin(bx-c)$의 그래프에서 최댓값이 3, 최솟값이 -3이고 $a>0$이므로 $a=3$

주기는 $\dfrac{4}{3}\pi-\dfrac{\pi}{3}=\pi$이고 $b>0$이므로

$\dfrac{2\pi}{b}=\pi$ $\quad\therefore b=2$

따라서 주어진 함수의 식은 $y=3\sin(2x-c)$이고, 이 함수의 그래프가 점 $\left(\dfrac{\pi}{3},\,0\right)$을 지나므로

$0=3\sin\left(\dfrac{2}{3}\pi-c\right),\ \sin\left(\dfrac{2}{3}\pi-c\right)=0$

$0<c<\pi$에서 $-\dfrac{\pi}{3}<\dfrac{2}{3}\pi-c<\dfrac{2}{3}\pi$이므로

$\dfrac{2}{3}\pi-c=0$ $\quad\therefore c=\dfrac{2}{3}\pi$

$\therefore abc=3\times 2\times\dfrac{2}{3}\pi=4\pi$

다른 풀이

함수 $y=a\sin(bx-c)$의 그래프에서 최댓값이 3, 최솟값이 -3이고 $a>0$이므로 $a=3$

주기는 $\dfrac{4}{3}\pi-\dfrac{\pi}{3}=\pi$이고 $b>0$이므로

$\dfrac{2\pi}{b}=\pi$ $\quad\therefore b=2$

따라서 주어진 함수의 식은 $y=3\sin(2x-c)$ ······ ㉠

주어진 그래프는 $y=3\sin 2x$의 그래프를 x축의 방향으로 $\dfrac{\pi}{3}$만큼 평행이동한 것이므로

$y=3\sin\left\{2\left(x-\dfrac{\pi}{3}\right)\right\}=3\sin\left(2x-\dfrac{2}{3}\pi\right)$ ······ ㉡

㉠, ㉡이 일치해야 하고 $0<c<\pi$이므로 $c=\dfrac{2}{3}\pi$

$\therefore abc=3\times 2\times\dfrac{2}{3}\pi=4\pi$

답 4π

04

$\sin\left(\dfrac{\pi}{2}+\theta\right)=\cos\theta,\ \cos(\pi+\theta)=-\cos\theta$

$\cos(3\pi-\theta)=-\cos\theta,\ \tan(\pi+\theta)=\tan\theta$

$\sin(2\pi+\theta)=\sin\theta$

$\therefore\ \dfrac{\sin\left(\dfrac{\pi}{2}+\theta\right)}{\cos(\pi+\theta)}+\dfrac{\cos(3\pi-\theta)\tan(\pi+\theta)}{\sin(2\pi+\theta)}$

$=\dfrac{\cos\theta}{-\cos\theta}+\dfrac{-\cos\theta\tan\theta}{\sin\theta}$

$=-1+\dfrac{-\cos\theta\times\dfrac{\sin\theta}{\cos\theta}}{\sin\theta}=-1+\dfrac{-\sin\theta}{\sin\theta}$

$=-1+(-1)=-2$

답 -2

05

$A+B+C=\pi$이므로

ㄱ. $\sin A=\sin\{\pi-(B+C)\}=\sin(B+C)$ (참)

ㄴ. $\cos\dfrac{A+C}{2}=\cos\dfrac{\pi-B}{2}$

$\qquad=\cos\left(\dfrac{\pi}{2}-\dfrac{B}{2}\right)=\sin\dfrac{B}{2}$ (참)

ㄷ. $\tan(B+C)=\tan(\pi-A)=-\tan A$ (거짓)

따라서 옳은 것은 ㄱ, ㄴ이다.

답 ㄱ, ㄴ

06

$12\theta=\dfrac{\pi}{2}$에서 $6\theta=\dfrac{\pi}{4}$

$\cos 11\theta=\cos\left(\dfrac{\pi}{2}-\theta\right)=\sin\theta$

$\cos 10\theta=\cos\left(\dfrac{\pi}{2}-2\theta\right)=\sin 2\theta$

$\cos 9\theta=\cos\left(\dfrac{\pi}{2}-3\theta\right)=\sin 3\theta$

$$\cos 8\theta = \cos\left(\frac{\pi}{2} - 4\theta\right) = \sin 4\theta$$

$$\cos 7\theta = \cos\left(\frac{\pi}{2} - 5\theta\right) = \sin 5\theta$$

$$\begin{aligned}
\therefore\ &\cos^2\theta + \cos^2 2\theta + \cos^2 3\theta + \cdots + \cos^2 12\theta \\
&= (\cos^2\theta + \cos^2 11\theta) + (\cos^2 2\theta + \cos^2 10\theta) \\
&\quad + (\cos^2 3\theta + \cos^2 9\theta) + (\cos^2 4\theta + \cos^2 8\theta) \\
&\quad + (\cos^2 5\theta + \cos^2 7\theta) + \cos^2 6\theta + \cos^2 12\theta \\
&= (\cos^2\theta + \sin^2\theta) + (\cos^2 2\theta + \sin^2 2\theta) \\
&\quad + (\cos^2 3\theta + \sin^2 3\theta) + (\cos^2 4\theta + \sin^2 4\theta) \\
&\quad + (\cos^2 5\theta + \sin^2 5\theta) + \cos^2 6\theta + \cos^2 12\theta \\
&= 1 \times 5 + \left(\frac{\sqrt{2}}{2}\right)^2 + 0 = \frac{11}{2}
\end{aligned}$$

$$\text{답}\ \frac{11}{2}$$

07

$y = a\left|\cos 2x - \dfrac{1}{2}\right| + b$에서 $\cos 2x = t$로 놓으면

$-1 \le t \le 1$이고 주어진 방정식은

$$y = a\left|t - \frac{1}{2}\right| + b \quad \cdots\cdots\ \bigcirc$$

(i) $-1 \le t < \dfrac{1}{2}$일 때, $y = -a\left(t - \dfrac{1}{2}\right) + b$

(ii) $\dfrac{1}{2} \le t \le 1$일 때, $y = a\left(t - \dfrac{1}{2}\right) + b$

따라서 함수 $\bigcirc$의 그래프는
오른쪽 그림과 같고

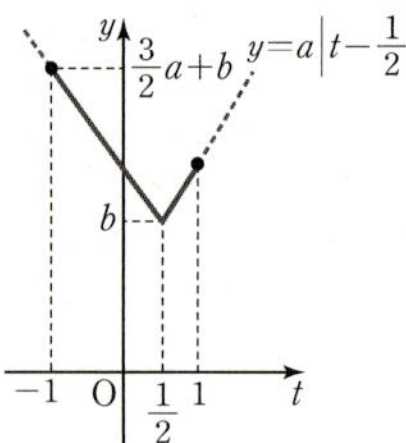

$t = -1$일 때 최댓값 $\dfrac{3}{2}a + b$

를 가지므로

$$\frac{3}{2}a + b = 8 \quad \cdots\cdots\ \bigcirc$$

$t = \dfrac{1}{2}$일 때 최솟값 b를 가지므로 $b = 4$

$b = 4$를 $\bigcirc$에 대입하면 $a = \dfrac{8}{3}$

$$\therefore a + b = \frac{8}{3} + 4 = \frac{20}{3}$$

$$\text{답}\ \frac{20}{3}$$

08

$\sin\left(x + \dfrac{\pi}{2}\right) = \cos x$, $\cos(x + \pi) = -\cos x$이므로

$$\begin{aligned}
y &= 2\sin^2\left(x + \frac{\pi}{2}\right) - 3\cos^2(x + \pi) - 6\sin x + 7 \\
&= 2\cos^2 x - 3\cos^2 x - 6\sin x + 7 \\
&= -\cos^2 x - 6\sin x + 7 \\
&= -(1 - \sin^2 x) - 6\sin x + 7 \\
&= \sin^2 x - 6\sin x + 6
\end{aligned}$$

$\sin x = t$로 놓으면 $-1 \le \sin x \le 1$에서 $-1 \le t \le 1$이고,
주어진 함수는

$$y = t^2 - 6t + 6 = (t-3)^2 - 3$$

따라서 오른쪽 그림에서

$t = -1$일 때 최댓값은 13,

$t = 1$일 때 최솟값은 1이므로

$M = 13$, $m = 1$

$$\therefore M + m = 13 + 1 = 14$$

$$\text{답}\ 14$$

09

$y = \dfrac{|\sin x| - 5}{|\sin x| + 3}$에서 $|\sin x| = t$로 놓으면

$-1 \le \sin x \le 1$에서 $0 \le |\sin x| \le 1$이므로 $0 \le t \le 1$이고,
주어진 함수는

$$y = \frac{t-5}{t+3} = \frac{(t+3) - 8}{t+3} = -\frac{8}{t+3} + 1$$

오른쪽 그림에서

$t = 1$일 때 최댓값은 -1,

$t = 0$일 때 최솟값은 $-\dfrac{5}{3}$

이므로 주어진 함수의 치역은

$$\left\{y \,\middle|\, -\frac{5}{3} \le y \le -1\right\}$$

따라서 $a = -\dfrac{5}{3}$, $b = -1$이므로

$$6ab = 6 \times \left(-\frac{5}{3}\right) \times (-1) = 10$$

$$\text{답}\ 10$$

10

$\sin x = 2\cos x - 1$을 $\sin^2 x + \cos^2 x = 1$에 대입하면

$$(2\cos x - 1)^2 + \cos^2 x = 1$$

$$(4\cos^2 x - 4\cos x + 1) + \cos^2 x = 1$$

$$5\cos^2 x - 4\cos x = 0$$

$$\cos x(5\cos x - 4) = 0$$

이때 $0 < x < \dfrac{\pi}{2}$에서 $0 < \cos x < 1$이므로

$$\cos x = \frac{4}{5}$$

$$\text{답}\ \frac{4}{5}$$

11

$x + \dfrac{\pi}{6} = t$로 놓으면 $0 \le x \le 2\pi$에서 $\dfrac{\pi}{6} \le t \le \dfrac{13}{6}\pi$이고,

주어진 부등식은 $2\sin t < -1$, 즉 $\sin t < -\dfrac{1}{2}$

다음 그림에서 부등식 $\sin t < -\dfrac{1}{2}\left(\dfrac{\pi}{6} \le t \le \dfrac{13}{6}\pi\right)$의 해는

$$\dfrac{7}{6}\pi < t < \dfrac{11}{6}\pi$$

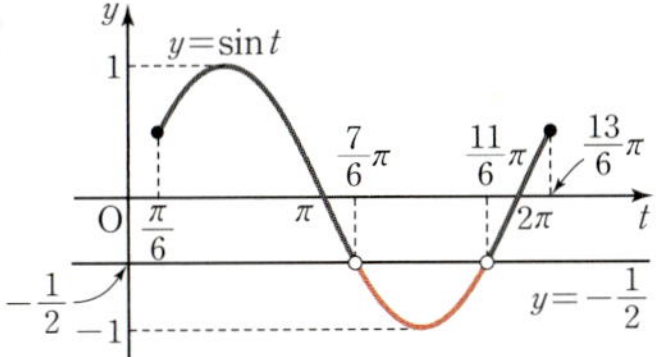

따라서 $\dfrac{7}{6}\pi < x + \dfrac{\pi}{6} < \dfrac{11}{6}\pi$이므로 $\pi < x < \dfrac{5}{3}\pi$

즉, $a = \pi$, $b = \dfrac{5}{3}\pi$이므로

$$a + b = \pi + \dfrac{5}{3}\pi = \dfrac{8}{3}\pi$$

답 $\dfrac{8}{3}\pi$

12

$$\begin{aligned}
f(x) &= x^2 - 2x\cos\theta - \sin^2\theta \\
&= (x - \cos\theta)^2 - \cos^2\theta - \sin^2\theta \\
&= (x - \cos\theta)^2 - 1
\end{aligned}$$

이므로 함수 $y = f(x)$의 그래프의 꼭짓점의 좌표는 $(\cos\theta, \, -1)$이다.

점 $(\cos\theta, \, -1)$과 직선 $y = -2x$, 즉 $2x + y = 0$ 사이의

거리가 $\dfrac{2\sqrt{5}}{5}$이므로

$$\dfrac{|2\cos\theta - 1|}{\sqrt{2^2 + 1^2}} = \dfrac{2\sqrt{5}}{5}$$

$$|2\cos\theta - 1| = 2, \quad 2\cos\theta - 1 = \pm 2$$

$$\therefore \cos\theta = -\dfrac{1}{2} \text{ 또는 } \cos\theta = \dfrac{3}{2}$$

그런데 $0 \le \theta < 2\pi$에서 $-1 \le \cos\theta \le 1$이므로

$$\cos\theta = -\dfrac{1}{2}$$

$$\therefore \theta = \dfrac{2}{3}\pi \text{ 또는 } \theta = \dfrac{4}{3}\pi$$

따라서 모든 θ의 값의 합은

$$\dfrac{2}{3}\pi + \dfrac{4}{3}\pi = 2\pi$$

답 2π

13

$\theta - \dfrac{\pi}{3} = t$로 놓으면 $\theta = t + \dfrac{\pi}{3}$이므로

$$\begin{aligned}
3\sin^2\left(\theta + \dfrac{2}{3}\pi\right) &= 3\sin^2(\pi + t) = 3\sin^2 t \\
&= 3(1 - \cos^2 t) = 3 - 3\cos^2 t
\end{aligned}$$

$$8\sin\left(\theta + \dfrac{\pi}{6}\right) = 8\sin\left(\dfrac{\pi}{2} + t\right) = 8\cos t$$

따라서 $3\sin^2\left(\theta + \dfrac{2}{3}\pi\right) = 8\sin\left(\theta + \dfrac{\pi}{6}\right)$에서

$$3 - 3\cos^2 t = 8\cos t$$

$$3\cos^2 t + 8\cos t - 3 = 0$$

$$(\cos t + 3)(3\cos t - 1) = 0$$

이때 $-1 \le \cos t \le 1$이므로 $\cos t + 3 > 0$

$$\therefore \cos t = \dfrac{1}{3}$$

$$\therefore \cos\left(\theta - \dfrac{\pi}{3}\right) = \cos t = \dfrac{1}{3}$$

답 $\dfrac{1}{3}$

14

$\sin^2(\pi - x) = \sin^2 x$, $\cos\left(\dfrac{\pi}{2} - x\right) = \sin x$이므로

$$\begin{aligned}
f(x) &= \dfrac{\sin^2 x + 8\sin^2(\pi - x) + 6\sin x + 4}{3\cos\left(\dfrac{\pi}{2} - x\right)} \\
&= \dfrac{\sin^2 x + 8\sin^2 x + 6\sin x + 4}{3\sin x} \\
&= \dfrac{9\sin^2 x + 6\sin x + 4}{3\sin x} \\
&= 3\sin x + \dfrac{4}{3\sin x} + 2
\end{aligned}$$

이때 $\sin x = t$로 놓으면 $0 < x < \pi$에서 $0 < t \le 1$이므로 산술평균과 기하평균의 관계에 의하여

$$\begin{aligned}
f(x) &= 3t + \dfrac{4}{3t} + 2 \\
&\ge 2\sqrt{3t \times \dfrac{4}{3t}} + 2 \\
&= 4 + 2 = 6 \left(\text{단, 등호는 } 3t = \dfrac{4}{3t}, \text{ 즉 } t = \dfrac{2}{3}\text{일 때 성립}\right)
\end{aligned}$$

따라서 함수 $f(x)$의 최솟값은 6이다.

답 6

15

$\pi\sin 2x = t$로 놓으면 $0 \le x < \pi$에서 $0 \le 2x < 2\pi$이므로

$$-1 \le \sin 2x \le 1, \quad -\pi \le \pi\sin 2x \le \pi$$

$$\therefore -\pi \le t \le \pi$$

이때 방정식 $\cos(\pi\sin 2x) = 0$은 $\cos t = 0$이므로

$$t = -\dfrac{\pi}{2} \text{ 또는 } t = \dfrac{\pi}{2}$$

(i) $t = -\dfrac{\pi}{2}$일 때

$\pi\sin 2x = -\dfrac{\pi}{2}$이므로 $\sin 2x = -\dfrac{1}{2}$

$\therefore 2x = \dfrac{7}{6}\pi \text{ 또는 } 2x = \dfrac{11}{6}\pi \ (\because 0 \le 2x < 2\pi)$

$\therefore x = \dfrac{7}{12}\pi \text{ 또는 } x = \dfrac{11}{12}\pi \ (\because 0 \le x < \pi)$

(ii) $t=\dfrac{\pi}{2}$ 일 때

$\pi \sin 2x = \dfrac{\pi}{2}$ 이므로 $\sin 2x = \dfrac{1}{2}$

$\therefore 2x = \dfrac{\pi}{6}$ 또는 $2x = \dfrac{5}{6}\pi$ $\left(\because 0 \le 2x < 2\pi\right)$

$\therefore x = \dfrac{\pi}{12}$ 또는 $x = \dfrac{5}{12}\pi$ $\left(\because 0 \le x < \pi\right)$

(i), (ii)에서 모든 근의 합은

$$\dfrac{\pi}{12} + \dfrac{5}{12}\pi + \dfrac{7}{12}\pi + \dfrac{11}{12}\pi = 2\pi$$

답 2π

16

함수 $y=f(x)$의 그래프가 직선 $y=\sqrt{2}$와 만나는 점의 x좌표
는 방정식 $2\sin\dfrac{\pi x}{4}=\sqrt{2}$, 즉 $\sin\dfrac{\pi x}{4}=\dfrac{\sqrt{2}}{2}$ $(-4 \le x \le 4)$
의 해와 같다.

$\dfrac{\pi x}{4}=t$로 놓으면 $-4 \le x \le 4$에서 $-\pi \le t \le \pi$이고

$\sin t = \dfrac{\sqrt{2}}{2}$ $\qquad \therefore t = \dfrac{\pi}{4}$ 또는 $t = \dfrac{3}{4}\pi$

즉, $\dfrac{\pi x}{4} = \dfrac{\pi}{4}$ 또는 $\dfrac{\pi x}{4} = \dfrac{3}{4}\pi$이므로

$x=1$ 또는 $x=3$

따라서 점 A의 좌표는 $(1, \sqrt{2})$, 점 B의 좌표는 $(3, \sqrt{2})$이
고, 점 B와 점 C는 원점에 대하여 서로 대칭이므로 점 C의
좌표는 $(-3, -\sqrt{2})$이다.

점 C에서 직선 $y=\sqrt{2}$에 내린 수선의 발을 H라 하면 점 H의
좌표는 $(-3, \sqrt{2})$이다.

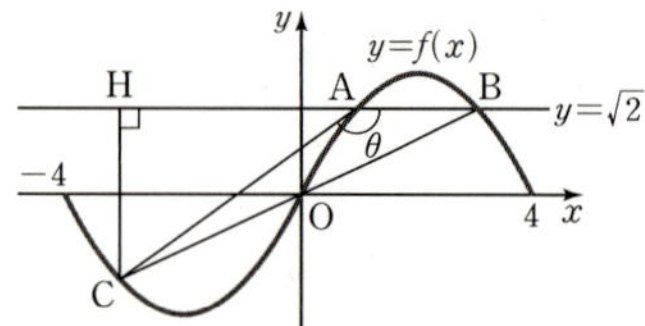

$\angle CAH = \pi - \theta$, $\overline{CH} = 2\sqrt{2}$,

$\overline{AC} = \sqrt{(-3-1)^2 + (-\sqrt{2}-\sqrt{2})^2} = 2\sqrt{6}$

이므로 직각삼각형 AHC에서

$\sin(\pi - \theta) = \dfrac{\overline{CH}}{\overline{AC}} = \dfrac{2\sqrt{2}}{2\sqrt{6}} = \dfrac{\sqrt{3}}{3}$

$\therefore \sin\theta = \sin(\pi - \theta) = \dfrac{\sqrt{3}}{3}$

답 ①

17

x에 대한 방정식 $\sin\{(i+j)x\} = \dfrac{1}{2}$ $(0 \le x \le 2\pi)$의 실근
의 개수는 $0 \le x \le 2\pi$에서 함수 $y=\sin\{(i+j)x\}$의 그래

프와 직선 $y=\dfrac{1}{2}$의 교점의 개수와 같다.

(i) $i=1$, $j=1$일 때

함수 $y=\sin\{(1+1)x\}$, 즉 $y=\sin 2x$의 주기가

$\dfrac{2\pi}{|2|}=\pi$이므로 $0 \le x \le 2\pi$에서 함수 $y=\sin 2x$의 그래

프와 직선 $y=\dfrac{1}{2}$은 다음 그림과 같다.

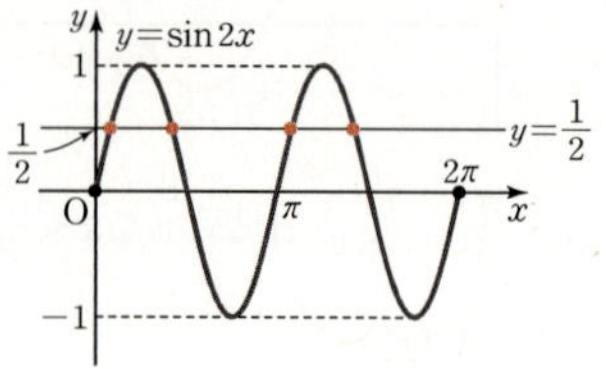

따라서 교점의 개수는 4이다.

(ii) $i=1$, $j=2$일 때

함수 $y=\sin\{(1+2)x\}$, 즉 $y=\sin 3x$의 주기가

$\dfrac{2\pi}{|3|}=\dfrac{2}{3}\pi$이므로 $0 \le x \le 2\pi$에서 함수 $y=\sin 3x$의 그

래프와 직선 $y=\dfrac{1}{2}$은 다음 그림과 같다.

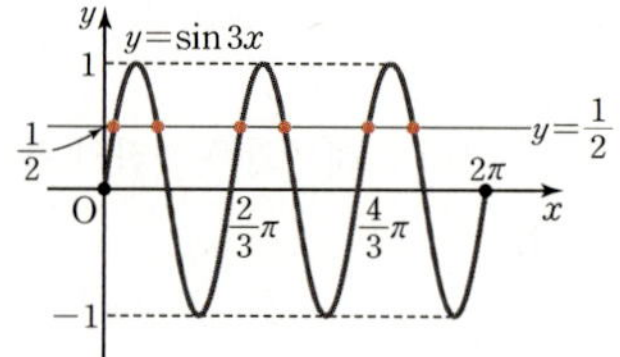

따라서 교점의 개수는 6이다.

(iii) $i=2$, $j=1$일 때

함수 $y=\sin\{(2+1)x\}$, 즉 $y=\sin 3x$의 주기가

$\dfrac{2\pi}{|3|}=\dfrac{2}{3}\pi$이므로 $0 \le x \le 2\pi$에서 함수 $y=\sin 3x$의 그

래프와 직선 $y=\dfrac{1}{2}$의 교점의 개수는 6이다. ($\because$ (ii))

(iv) $i=2$, $j=2$일 때

함수 $y=\sin\{(2+2)x\}$, 즉 $y=\sin 4x$의 주기가

$\dfrac{2\pi}{|4|}=\dfrac{\pi}{2}$이므로 $0 \le x \le 2\pi$에서 함수 $y=\sin 4x$의 그래

프와 직선 $y=\dfrac{1}{2}$은 다음 그림과 같다.

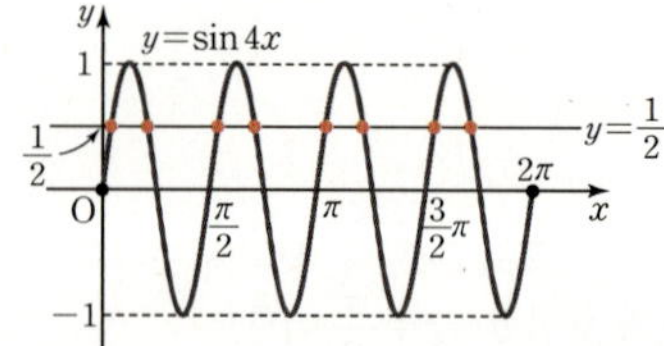

따라서 교점의 개수는 8이다.

(i)~(iv)에서

$$A = \begin{pmatrix} 4 & 6 \\ 6 & 8 \end{pmatrix}$$

따라서 행렬 A의 모든 성분의 합은
$$4+6+6+8=24$$

답 24

18

진수의 조건에서 $2\cos x-1>0$, $4-5\cos x>0$

$$\therefore \frac{1}{2}<\cos x<\frac{4}{5} \qquad \cdots\cdots \text{㉠}$$

$\log_2(2\cos x-1)\ge\log_4(4-5\cos x)$에서

$\log_4(2\cos x-1)^2\ge\log_4(4-5\cos x)$

밑 4가 $4>1$이므로

$(2\cos x-1)^2\ge4-5\cos x$

$4\cos^2 x+\cos x-3\ge0$

$(\cos x+1)(4\cos x-3)\ge0$

$$\therefore \cos x\le-1 \text{ 또는 } \cos x\ge\frac{3}{4} \qquad \cdots\cdots \text{㉡}$$

㉠, ㉡의 공통부분을 구하면

$$\frac{3}{4}\le\cos x<\frac{4}{5}$$

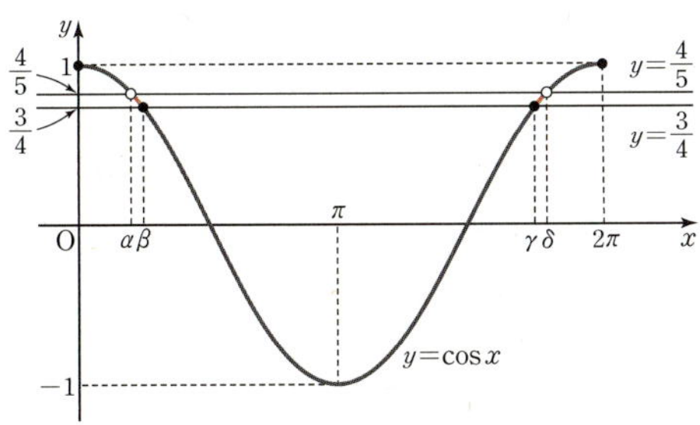

따라서 위의 그림에서 $\dfrac{\alpha+\delta}{2}=\pi$, $\dfrac{\beta+\gamma}{2}=\pi$이므로

$\alpha+\delta=2\pi$, $\beta+\gamma=2\pi$

$$\therefore \alpha+\beta+\gamma+\delta=2\pi+2\pi=4\pi$$

답 4π

19

함수 $y=2\sin\left\{\dfrac{\pi}{6}(x+1)\right\}$의 주기는 $\dfrac{2\pi}{\left|\dfrac{\pi}{6}\right|}=12$이고,

최댓값은 2, 최솟값은 -2이다.

함수 $y=2\sin\left\{\dfrac{\pi}{6}(x+1)\right\}$의 그래프는 함수

$y=2\sin\dfrac{\pi}{6}x$의 그래프를 x축의 방향으로 -1만큼 평행이

동한 것이므로 다음 그림과 같다.

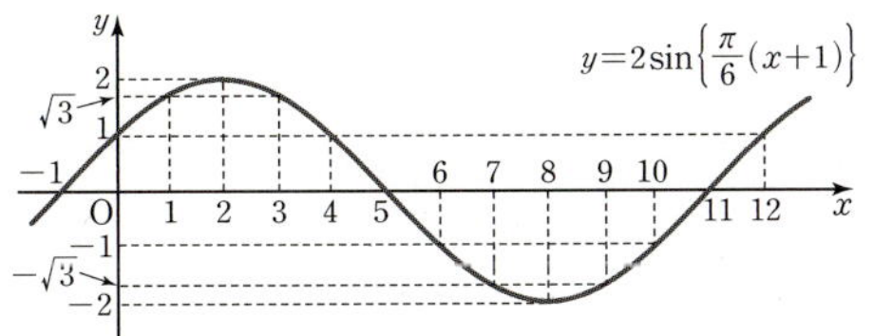

(i) $1\le n\le5$일 때

$f(1)=\sqrt3$, $2\le n\le5$일 때 $f(n)=2$

$1\le n\le4$일 때 $g(n)=1$, $g(5)=0$

이므로 $f(1)-g(1)=\sqrt3-1$, $f(5)-g(5)=2-0=2$,

$2\le n\le4$일 때 $f(n)-g(n)=2-1=1$

따라서 부등식 $2<f(n)-g(n)<4$를 만족시키는 자연

수 n은 없다.

(ii) $n=6$, 7일 때

$f(n)=2$이고 $g(6)=-1$, $g(7)=-\sqrt3$이므로

$f(6)-g(6)=2-(-1)=3$,

$f(7)-g(7)=2-(-\sqrt3)=2+\sqrt3$

따라서 부등식 $2<f(n)-g(n)<4$를 만족시키는 자연

수 n의 값은 6, 7이다.

(iii) $n\ge8$일 때

$f(n)=2$이고 $g(n)=-2$이므로

$f(n)-g(n)=2-(-2)=4$

따라서 부등식 $2<f(n)-g(n)<4$를 만족시키는 자연

수 n은 없다.

(i), (ii), (iii)에서 구하는 자연수 n의 값의 합은

$$6+7=13$$

답 13

20

함수 $y=\sin4x$의 주기는 $\dfrac{2\pi}{|4|}=\dfrac{\pi}{2}$이고, 함수 $y=-\sin4x$

의 그래프는 함수 $y=\sin4x$

의 그래프를 x축에 대하여 대

칭이동한 것이므로 $0\le x\le\pi$

에서 함수 $y=f(x)$의 그래

프는 오른쪽 그림과 같다.

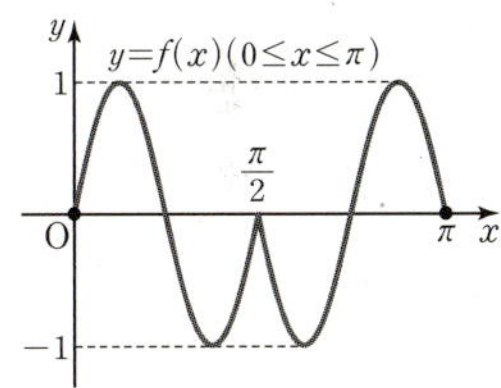

조건 ㈎에서 함수 $f(x)$의 주

기는 π이므로 함수 $y=f(x)$의 그래프와 직선 $y=\dfrac{x}{\pi}$는 다

음 그림과 같다.

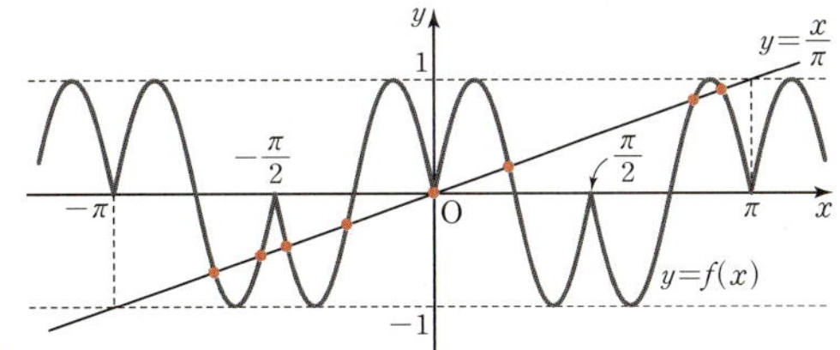

따라서 방정식 $f(x)=\dfrac{x}{\pi}$의 서로 다른 실근의 개수는 함수

$y=f(x)$의 그래프와 직선 $y=\dfrac{x}{\pi}$가 만나는 점의 개수와 같

으므로 8이다.

답 8

 **삼각함수의 활용**

01 사인법칙과 코사인법칙

01 (1) 4　(2) $B=60°$, $R=\sqrt{6}$
02 $C>90°$인 둔각삼각형　**03** $\sqrt{13}$　**04** $120°$

01

(1) 사인법칙에 의하여 $\dfrac{2\sqrt{2}}{\sin 30°}=\dfrac{b}{\sin 45°}$이므로

$$b\sin 30°=2\sqrt{2}\sin 45°,\ b\times\dfrac{1}{2}=2\sqrt{2}\times\dfrac{\sqrt{2}}{2}$$

$$\therefore b=4$$

(2) 사인법칙에 의하여 $\dfrac{2\sqrt{3}}{\sin 45°}=\dfrac{3\sqrt{2}}{\sin B}$이므로

$$2\sqrt{3}\sin B=3\sqrt{2}\sin 45°,\ 2\sqrt{3}\sin B=3\sqrt{2}\times\dfrac{\sqrt{2}}{2}$$

$$\sin B=\dfrac{\sqrt{3}}{2}\quad\therefore B=60°\ (\because 0°<B<90°)$$

또한 사인법칙에 의하여 $\dfrac{2\sqrt{3}}{\sin 45°}=2R$이므로

$$R=\dfrac{1}{2}\times\dfrac{2\sqrt{3}}{\dfrac{\sqrt{2}}{2}}=\sqrt{6}$$

답 (1) 4　(2) $B=60°$, $R=\sqrt{6}$

02

삼각형 ABC의 외접원의 반지름의 길이를 R이라 하면 사인법칙에 의하여

$$\dfrac{a}{\sin A}=2R,\ \dfrac{b}{\sin B}=2R,\ \dfrac{c}{\sin C}=2R$$이므로

$$a:b:c=2R\sin A:2R\sin B:2R\sin C$$
$$=\sin A:\sin B:\sin C$$
$$=4:5:7$$

$a=4k$, $b=5k$, $c=7k$ $(k>0)$이라 하면
$(4k)^2+(5k)^2<(7k)^2$이 성립한다.
따라서 $a^2+b^2<c^2$이므로 삼각형 ABC는 $C>90°$인 둔각삼각형이다.

답 $C>90°$인 둔각삼각형

03

코사인법칙에 의하여

$$c^2=(3\sqrt{2})^2+5^2-2\times 3\sqrt{2}\times 5\times\cos 45°$$
$$=18+25-30\sqrt{2}\times\dfrac{\sqrt{2}}{2}$$
$$=13$$
$$\therefore c=\sqrt{13}\ (\because c>0)$$

답 $\sqrt{13}$

04

코사인법칙에 의하여

$$\cos A=\dfrac{8^2+7^2-13^2}{2\times 8\times 7}=\dfrac{-56}{112}=-\dfrac{1}{2}$$
$$\therefore A=120°\ (\because 0°<A<180°)$$

답 $120°$

01-1 $\dfrac{1}{4}$　**01-2** $5\sqrt{2}$　**01-3** 54π
01-4 $2\sqrt{2}$　**02-1** (1) $4:3:6$　(2) $2:4:3$
02-2 $3\sqrt{2}$　**02-3** $5:4:2$　**02-4** 12
03-1 $A=45°$, $C=90°$, $b=6$　**03-2** 7π
03-3 6　**03-4** $\sqrt{6}$　**04-1** $60°$　**04-2** $\dfrac{4}{5}$
04-3 $\dfrac{\sqrt{7}}{3}$　**04-4** $\dfrac{\sqrt{3}}{2}$
05-1 (1) $C=90°$인 직각삼각형
　　　(2) $a=b$인 이등변삼각형
05-2 (1) $a=c$인 이등변삼각형
　　　(2) $b=c$인 이등변삼각형
05-3 ㄱ, ㄹ　**05-4** $a=b$인 이등변삼각형
06-1 30 m　**06-2** $20\sqrt{7}\text{ m}$
06-3 40 m　**06-4** $10\sqrt{21}\text{ m}$

01-1

사인법칙에 의하여 $\dfrac{4}{\sin 30°}=\dfrac{4\sqrt{3}}{\sin B}$이므로

$$4\sin B=4\sqrt{3}\sin 30°,\ 4\sin B=4\sqrt{3}\times\dfrac{1}{2}$$

$$\therefore \sin B=\dfrac{\sqrt{3}}{2}$$

$$\therefore \cos^2 B=1-\sin^2 B=1-\left(\dfrac{\sqrt{3}}{2}\right)^2=\dfrac{1}{4}$$

답 $\dfrac{1}{4}$

호 AB에 대한 원주각의 크기는 같으므로
$\angle ACB = \angle ADB = 45°$
삼각형 ABC에서 사인법칙에 의하여
$$\frac{\overline{BC}}{\sin 30°} = \frac{10}{\sin 45°}, \ \overline{BC} \sin 45° = 10 \sin 30°$$
$$\overline{BC} \times \frac{\sqrt{2}}{2} = 10 \times \frac{1}{2}$$
$$\therefore \overline{BC} = 5\sqrt{2}$$

참고

원주각의 성질
원에서 한 호에 대한 원주각의
크기는 모두 같다.
$\angle AP_1B = \angle AP_2B = \angle AP_3B$

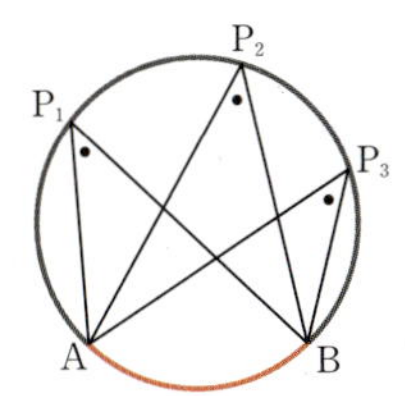

답 $5\sqrt{2}$

01-3

삼각형 ABC에서
$B = 180° - (75° + 60°) = 45°$
삼각형 ABC의 외접원의 반지름의 길이를 R이라 하면 사인
법칙에 의하여 $\frac{6\sqrt{3}}{\sin 45°} = 2R$이므로
$$R = \frac{1}{2} \times \frac{6\sqrt{3}}{\frac{\sqrt{2}}{2}} = 3\sqrt{6}$$
따라서 삼각형 ABC의 외접원의 넓이는
$\pi \times (3\sqrt{6})^2 = 54\pi$

답 54π

01-4

삼각형 ABC에서
$C = 180° - (105° + 30°) = 45°$
삼각형 APC에서 사인법칙에 의하여
$$\frac{\overline{CP}}{\sin (\angle CAP)} = \frac{\overline{AP}}{\sin 45°} = \frac{\overline{AP}}{\frac{\sqrt{2}}{2}} = \sqrt{2} \times \overline{AP}$$

따라서 $\overline{AP}$의 길이가 최소일 때 $\frac{\overline{CP}}{\sin (\angle CAP)}$의 값이 최
소이다.
$\overline{AP} \perp \overline{BC}$일 때 $\overline{AP}$의 길이가 최소이므로

$$\overline{AP} \geq 4 \sin 30° = 4 \times \frac{1}{2} = 2$$
따라서 $\frac{\overline{CP}}{\sin (\angle CAP)}$의 최솟값은 $\sqrt{2} \times 2 = 2\sqrt{2}$이다.

답 $2\sqrt{2}$

02-1

(1) 사인법칙에 의하여
$a : b : c = \sin A : \sin B : \sin C = 4 : 2 : 3$
이므로 $a = 4k,\ b = 2k,\ c = 3k\ (k > 0)$이라 하면
$ab = 4k \times 2k = 8k^2$
$bc = 2k \times 3k = 6k^2$
$ca = 3k \times 4k = 12k^2$
$\therefore ab : bc : ca = 8k^2 : 6k^2 : 12k^2$
$\qquad\qquad\qquad = 4 : 3 : 6$

(2) $\frac{a+b}{6} = \frac{b+c}{7} = \frac{c+a}{5} = k\ (k > 0)$이라 하면
$a + b = 6k,\ b + c = 7k,\ c + a = 5k$
위의 세 식을 변끼리 더하면
$2a + 2b + 2c = 18k \qquad \therefore a + b + c = 9k \qquad \cdots\cdots ㉠$
$a + b = 6k$를 ㉠에 대입하면 $c = 3k$
$b + c = 7k$를 ㉠에 대입하면 $a = 2k$
$c + a = 5k$를 ㉠에 대입하면 $b = 4k$
따라서 사인법칙에 의하여
$\sin A : \sin B : \sin C = a : b : c$
$\qquad\qquad\qquad\qquad = 2k : 4k : 3k$
$\qquad\qquad\qquad\qquad = 2 : 4 : 3$

답 (1) $4 : 3 : 6$　(2) $2 : 4 : 3$

02-2

$A + B + C = 180°$이므로
$A = 180° \times \frac{3}{12} = 45°$
$B = 180° \times \frac{4}{12} = 60°$
$C = 180° \times \frac{5}{12} = 75°$
사인법칙에 의하여
$\frac{2\sqrt{3}}{\sin 45°} = \frac{b}{\sin 60°}$이므로
$b \sin 45° = 2\sqrt{3} \sin 60°,\ b \times \frac{\sqrt{2}}{2} = 2\sqrt{3} \times \frac{\sqrt{3}}{2}$
$\therefore b = 3\sqrt{2}$

답 $3\sqrt{2}$

$A+B+C=180°$이므로
$\sin(A+B):\sin(B+C):\sin(C+A)$
$=\sin(180°-C):\sin(180°-A):\sin(180°-B)$
$=\sin C:\sin A:\sin B$
사인법칙에 의하여
$\sin C:\sin A:\sin B=c:a:b=2:5:4$이므로
$a:b:c=5:4:2$

답 $5:4:2$

02-4

삼각형 ABC의 외접원의 반지름의 길이가 4이므로 사인법칙에 의하여
$$\frac{a}{\sin A}=\frac{b}{\sin B}=\frac{c}{\sin C}=8$$
$\therefore \sin A=\dfrac{a}{8},\ \sin B=\dfrac{b}{8},\ \sin C=\dfrac{c}{8}$

이때 $\sin A+\sin B+\sin C=\dfrac{3}{2}$이므로
$$\frac{a}{8}+\frac{b}{8}+\frac{c}{8}=\frac{3}{2}$$
$\therefore a+b+c=12$
따라서 삼각형 ABC의 둘레의 길이는 12이다.

답 12

03-1

코사인법칙에 의하여
$$b^2=(6\sqrt{2})^2+6^2-2\times6\sqrt{2}\times6\times\cos45°$$
$$=72+36-2\times6\sqrt{2}\times6\times\frac{\sqrt{2}}{2}=36$$
$\therefore b=6\ (\because b>0)$

사인법칙에 의하여 $\dfrac{6\sqrt{2}}{\sin C}=\dfrac{6}{\sin45°}$이므로
$6\sin C=6\sqrt{2}\sin45°$
$6\sin C=6\sqrt{2}\times\dfrac{\sqrt{2}}{2} \qquad \therefore \sin C=1$
$\therefore C=90°\ (\because 0°<C<180°)$
$\therefore A=180°-(45°+90°)=45°$

다른 풀이

삼각형 ABC는 $a=b$인 이등변삼각형이므로
$A=B=45°$
$C=180°-(45°+45°)=90°$

답 $A=45°,\ C=90°,\ b=6$

03-2

코사인법칙에 의하여

$\overline{BC}^2=4^2+5^2-2\times4\times5\times\cos60°$
$=16+25-2\times4\times5\times\dfrac{1}{2}=21$
$\therefore \overline{BC}=\sqrt{21}\ (\because \overline{BC}>0)$
삼각형 ABC의 외접원의 반지름의 길이를 R이라 하면 사인법칙에 의하여
$$\frac{\sqrt{21}}{\sin60°}=2R \qquad \therefore R=\frac{1}{2}\times\frac{\sqrt{21}}{\frac{\sqrt{3}}{2}}=\sqrt{7}$$

따라서 삼각형 ABC의 외접원의 넓이는
$\pi\times(\sqrt{7})^2=7\pi$

답 7π

03-3

$\overline{AC}=x$라 하면 코사인법칙에 의하여
$(3\sqrt{7})^2=3^2+x^2-2\times3\times x\times\cos120°$
$63=9+x^2-2\times3\times x\times\left(-\dfrac{1}{2}\right)$
$x^2+3x-54=0,\ (x+9)(x-6)=0$
$\therefore x=6\ (\because x>0)$
따라서 변 AC의 길이는 6이다.

답 6

03-4

코사인법칙에 의하여
$$\overline{BC}^2=\left(\frac{2}{x}\right)^2+x^2-2\times\frac{2}{x}\times x\times\cos120°$$
$$=\frac{4}{x^2}+x^2-2\times\frac{2}{x}\times x\times\left(-\frac{1}{2}\right)$$
$$=\frac{4}{x^2}+x^2+2$$
$\dfrac{4}{x^2}>0,\ x^2>0$이므로 산술평균과 기하평균의 관계에 의하여
$$\frac{4}{x^2}+x^2\geq2\sqrt{\frac{4}{x^2}\times x^2}=2\times2=4$$

$\left(단, 등호는 \dfrac{4}{x^2}=x^2일 때 성립\right)$

$\therefore \overline{BC}^2=\dfrac{4}{x^2}+x^2+2\geq4+2=6$

따라서 변 BC의 길이의 최솟값은 $\sqrt{6}$이다.

참고

산술평균과 기하평균의 관계
$a>0,\ b>0$일 때
$$\frac{a+b}{2}\geq\sqrt{ab}\ (단, 등호는 a=b일 때 성립)$$

답 $\sqrt{6}$

04-1

코사인법칙에 의하여

$$\cos A = \frac{2^2 + (\sqrt{3}+1)^2 - (\sqrt{6})^2}{2 \times 2 \times (\sqrt{3}+1)}$$

$$= \frac{4+4+2\sqrt{3}-6}{4(\sqrt{3}+1)}$$

$$= \frac{2(\sqrt{3}+1)}{4(\sqrt{3}+1)}$$

$$= \frac{1}{2}$$

$$\therefore A = 60° \ (\because 0° < A < 180°)$$

답 $60°$

04-2

오른쪽 그림과 같이 $\overline{\text{EF}}$를 그으면
직각삼각형 ABE에서
$\overline{\text{BE}} = \sqrt{4^2 + 2^2} = 2\sqrt{5}$
직각삼각형 BCF에서
$\overline{\text{BF}} = \sqrt{4^2 + 2^2} = 2\sqrt{5}$
직각삼각형 EFD에서
$\overline{\text{EF}} = \sqrt{2^2 + 2^2} = 2\sqrt{2}$
삼각형 BFE에서 코사인법칙에 의하여

$$\cos \theta = \frac{(2\sqrt{5})^2 + (2\sqrt{5})^2 - (2\sqrt{2})^2}{2 \times 2\sqrt{5} \times 2\sqrt{5}} = \frac{4}{5}$$

답 $\dfrac{4}{5}$

04-3

$a : b : c = 4 : 5 : 6$이므로 $a = 4k$, $b = 5k$, $c = 6k$ $(k > 0)$
이라 하면 코사인법칙에 의하여

$$\cos A = \frac{(5k)^2 + (6k)^2 - (4k)^2}{2 \times 5k \times 6k} = \frac{3}{4}$$

$$\sin^2 A = 1 - \left(\frac{3}{4}\right)^2 = \frac{7}{16}$$

$$\therefore \sin A = \frac{\sqrt{7}}{4} \ (\because 0° < A < 90°)$$

$$\therefore \tan A = \frac{\sin A}{\cos A} = \frac{\frac{\sqrt{7}}{4}}{\frac{3}{4}} = \frac{\sqrt{7}}{3}$$

답 $\dfrac{\sqrt{7}}{3}$

04-4

가장 긴 변의 대각의 크기가 가장 크므로 그 크기를 θ라 하면
코사인법칙에 의하여

$$\cos \theta = \frac{5^2 + 3^2 - 7^2}{2 \times 5 \times 3} = -\frac{1}{2}$$

$$\therefore \theta = 120° \ (\because 0° < \theta < 180°)$$

$$\therefore \sin \theta = \sin 120° = \frac{\sqrt{3}}{2}$$

답 $\dfrac{\sqrt{3}}{2}$

05-1

(1) 삼각형 ABC의 외접원의 반지름의 길이를 R이라 하면
사인법칙에 의하여

$$\sin A = \frac{a}{2R}, \ \sin B = \frac{b}{2R}, \ \sin C = \frac{c}{2R}$$

이것을 $\sin^2 A + \sin^2 B = \sin^2 C$에 대입하면

$$\left(\frac{a}{2R}\right)^2 + \left(\frac{b}{2R}\right)^2 = \left(\frac{c}{2R}\right)^2$$

$$\frac{a^2}{4R^2} + \frac{b^2}{4R^2} = \frac{c^2}{4R^2}$$

$$\therefore a^2 + b^2 = c^2$$

따라서 삼각형 ABC는 $C = 90°$인 직각삼각형이다.

(2) 삼각형 ABC에서 $A + B + C = 180°$이므로

$$\sin(B+C) = \sin(180° - A) = \sin A$$
$$\sin(A+C) = \sin(180° - B) = \sin B$$

이것을 $a \sin(B+C) = b \sin(A+C)$에 대입하면

$$a \sin A = b \sin B \quad \cdots\cdots \ \unicode{x3009}$$

삼각형 ABC의 외접원의 반지름의 길이를 R이라 하면
사인법칙에 의하여

$$\sin A = \frac{a}{2R}, \ \sin B = \frac{b}{2R}$$

이것을 ㉠에 대입하면

$$a \times \frac{a}{2R} = b \times \frac{b}{2R}, \ \frac{a^2}{2R} = \frac{b^2}{2R}$$

$$a^2 = b^2 \quad \therefore a = b \ (\because a > 0, \ b > 0)$$

따라서 삼각형 ABC는 $a = b$인 이등변삼각형이다.

답 (1) $C = 90°$인 직각삼각형 (2) $a = b$인 이등변삼각형

05-2

(1) 코사인법칙에 의하여

$$\cos A = \frac{b^2 + c^2 - a^2}{2bc}, \ \cos C = \frac{a^2 + b^2 - c^2}{2ab}$$

이것을 $a \cos C = c \cos A$에 대입하면

$$a \times \frac{a^2 + b^2 - c^2}{2ab} = c \times \frac{b^2 + c^2 - a^2}{2bc}$$

$$\frac{a^2 + b^2 - c^2}{2b} = \frac{b^2 + c^2 - a^2}{2b}$$

$$a^2 + b^2 - c^2 = b^2 + c^2 - a^2$$

$$2a^2 = 2c^2, \ a^2 = c^2$$

$$\therefore a = c \ (\because a > 0, \ c > 0)$$

따라서 삼각형 ABC는 $a = c$인 이등변삼각형이다.

(2) 삼각형 ABC의 외접원의 반지름의 길이를 R이라 하면 사인법칙과 코사인법칙에 의하여

$$\sin A=\frac{a}{2R},\ \sin B=\frac{b}{2R},\ \cos C=\frac{a^2+b^2-c^2}{2ab}$$

이것을 $2\sin B\cos C=\sin A$에 대입하면

$$2\times\frac{b}{2R}\times\frac{a^2+b^2-c^2}{2ab}=\frac{a}{2R}$$

$$a^2+b^2-c^2=a^2$$

$$b^2=c^2$$

$$\therefore b=c\ (\because b>0,\ c>0)$$

따라서 삼각형 ABC는 $b=c$인 이등변삼각형이다.

답 (1) $a=c$인 이등변삼각형 (2) $b=c$인 이등변삼각형

05-3

$a^2\tan B=b^2\tan A$에서

$$a^2\times\frac{\sin B}{\cos B}=b^2\times\frac{\sin A}{\cos A}$$

$$a^2\sin B\cos A=b^2\sin A\cos B\quad\cdots\cdots\ \bigcirc$$

삼각형 ABC의 외접원의 반지름의 길이를 R이라 하면 사인법칙과 코사인법칙에 의하여

$$\sin A=\frac{a}{2R},\ \sin B=\frac{b}{2R},\ \cos A=\frac{b^2+c^2-a^2}{2bc},$$

$$\cos B=\frac{c^2+a^2-b^2}{2ca}$$

이것을 $\bigcirc$에 대입하면

$$a^2\times\frac{b}{2R}\times\frac{b^2+c^2-a^2}{2bc}=b^2\times\frac{a}{2R}\times\frac{c^2+a^2-b^2}{2ca}$$

$$a^2(b^2+c^2-a^2)=b^2(c^2+a^2-b^2)$$

$$a^2b^2+a^2c^2-a^4=b^2c^2+a^2b^2-b^4$$

$$a^4-b^4-a^2c^2+b^2c^2=0$$

$$(a^2+b^2)(a^2-b^2)-c^2(a^2-b^2)=0$$

$$(a^2+b^2-c^2)(a^2-b^2)=0$$

$$(a^2+b^2-c^2)(a+b)(a-b)=0$$

$$\therefore a^2+b^2=c^2\ \text{또는}\ a=b\ (\because a+b>0)$$

따라서 삼각형 ABC는 $C=90°$인 직각삼각형 또는 $a=b$인 이등변삼각형이다.

즉, 이 삼각형으로 가능한 삼각형인 것은 ㄱ, ㄹ이다.

답 ㄱ, ㄹ

05-4

주어진 이차방정식이 중근을 가지므로 이 이차방정식의 판별식을 D라 하면

$$\frac{D}{4}=\{-2\sqrt{b}\sin(A+C)\}^2-a\times4\sin^2 A=0$$

$$4b\sin^2(A+C)-4a\sin^2 A=0$$

$$4b\sin^2(180°-B)-4a\sin^2 A=0$$

$$4b\sin^2 B-4a\sin^2 A=0$$

$$a\sin^2 A=b\sin^2 B\quad\cdots\cdots\ \bigcirc$$

삼각형 ABC의 외접원의 반지름의 길이를 R이라 하면 사인법칙에 의하여

$$\sin A=\frac{a}{2R},\ \sin B=\frac{b}{2R}$$

이것을 $\bigcirc$에 대입하면

$$a\times\left(\frac{a}{2R}\right)^2=b\times\left(\frac{b}{2R}\right)^2,\ a^3=b^3$$

$$\therefore a=b\ (\because a,\ b\text{는 실수})$$

따라서 삼각형 ABC는 $a=b$인 이등변삼각형이다.

이차방정식의 근의 판별

계수가 실수인 이차방정식 $ax^2+bx+c=0$에서 $D=b^2-4ac$라 할 때

① $D>0$이면 서로 다른 두 실근을 갖는다.

② $D=0$이면 중근(서로 같은 두 실근)을 갖는다.

③ $D<0$이면 서로 다른 두 허근을 갖는다.

답 $a=b$인 이등변삼각형

06-1

삼각형 PAB에서

$$\angle APB=180°-(75°+60°)=45°$$

사인법칙에 의하여 $\dfrac{\overline{AP}}{\sin 60°}=\dfrac{20\sqrt3}{\sin 45°}$이므로

$$\overline{AP}\sin 45°=20\sqrt3\sin 60°,\ \overline{AP}\times\frac{\sqrt2}{2}=20\sqrt3\times\frac{\sqrt3}{2}$$

$$\therefore \overline{AP}=30\sqrt2\,\text{m}$$

직각삼각형 PAQ에서

$$\overline{PQ}=\overline{AP}\sin 45°=30\sqrt2\times\frac{\sqrt2}{2}=30\,(\text{m})$$

따라서 스카이워크의 높이 $\overline{PQ}$의 길이는 30 m이다.

답 30 m

06-2

오른쪽 그림과 같이 두 나무의 아래 지점을 각각 C, D라 하면

직각삼각형 ACP에서

$$\overline{AP}=\frac{\overline{AC}}{\sin 30°}=\frac{10}{\frac{1}{2}}=20\,(\text{m})$$

직각삼각형 BPD에서

$$\overline{BP}=\frac{\overline{BD}}{\sin 30°}=\frac{20}{\frac{1}{2}}=40\,(\text{m})$$

삼각형 APB에서
$$\angle APB = 180° - (30° + 30°) = 120°$$
이므로 코사인법칙에 의하여
$$\overline{AB}^2 = 20^2 + 40^2 - 2 \times 20 \times 40 \times \cos 120°$$
$$= 400 + 1600 - 2 \times 20 \times 40 \times \left(-\frac{1}{2}\right)$$
$$= 2800$$
$$\therefore \overline{AB} = 20\sqrt{7} \text{ m} \ (\because \overline{AB} > 0)$$
따라서 두 지점 A, B 사이의 거리는 $20\sqrt{7}$ m이다.

답 $20\sqrt{7}$ m

06-3

삼각형 ABC에서
$$C = 180° - (105° + 45°) = 30°$$
삼각형 ABC의 외접원의 반지름의 길이를 R m라 하면 사인법칙에 의하여
$$\frac{40}{\sin 30°} = 2R$$
$$\therefore R = \frac{1}{2} \times \frac{40}{\frac{1}{2}} = 40$$

따라서 모래밭의 반지름의 길이는 40 m이다.

답 40 m

06-4

$\angle ADB = 180° - (30° + 60°) = 90°$이므로
직각삼각형 ABD에서
$$\overline{BD} = \overline{AB} \cos 60° = 60 \times \frac{1}{2} = 30 \,(\text{m})$$
직각삼각형 ABC에서
$$\overline{BC} = \frac{\overline{AB}}{\cos 30°} = \frac{60}{\frac{\sqrt{3}}{2}} = 40\sqrt{3} \,(\text{m})$$

오른쪽 그림의 삼각형 CBD에서
코사인법칙에 의하여

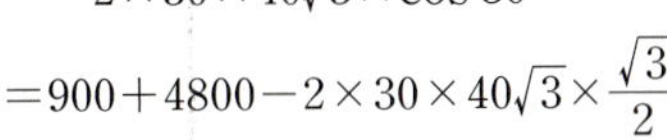

$$\overline{CD}^2 = 30^2 + (40\sqrt{3})^2$$
$$\qquad - 2 \times 30 \times 40\sqrt{3} \times \cos 30°$$
$$= 900 + 4800 - 2 \times 30 \times 40\sqrt{3} \times \frac{\sqrt{3}}{2}$$
$$= 2100$$
$$\therefore \overline{CD} = 10\sqrt{21} \text{ m} \ (\because \overline{CD} > 0)$$
따라서 두 지점 C, D 사이의 거리는 $10\sqrt{21}$ m이다.

답 $10\sqrt{21}$ m

02 삼각형의 넓이

개념 CHECK

01 (1) $14\sqrt{3}$ (2) $3\sqrt{2}$ 　　**02** $\dfrac{35\sqrt{6}}{24}$

03 (1) $12\sqrt{2}$ (2) 21 　　**04** $16\sqrt{3}$

01

삼각형 ABC의 넓이를 S라 하면
$$(1) \ S = \frac{1}{2} \times 7 \times 8 \times \sin 60°$$
$$= \frac{1}{2} \times 7 \times 8 \times \frac{\sqrt{3}}{2}$$
$$= 14\sqrt{3}$$
$$(2) \ S = \frac{1}{2} \times 3 \times 4 \times \sin 135°$$
$$= \frac{1}{2} \times 3 \times 4 \times \frac{\sqrt{2}}{2}$$
$$= 3\sqrt{2}$$

답 (1) $14\sqrt{3}$ (2) $3\sqrt{2}$

02

삼각형의 넓이를 S라 하면
$$S = \frac{1}{2} \times (5 + 6 + 7) \times \frac{2\sqrt{6}}{3}$$
$$= \frac{1}{2} \times 18 \times \frac{2\sqrt{6}}{3} = 6\sqrt{6}$$
따라서 삼각형의 외접원의 반지름의 길이를 R이라 하면
$$6\sqrt{6} = \frac{5 \times 6 \times 7}{4R}$$
$$\therefore R = \frac{1}{4} \times \frac{5 \times 6 \times 7}{6\sqrt{6}} = \frac{35\sqrt{6}}{24}$$

답 $\dfrac{35\sqrt{6}}{24}$

03

평행사변형 ABCD의 넓이를 S라 하면
$$(1) \ S = 6 \times 4 \times \sin 45°$$
$$= 6 \times 4 \times \frac{\sqrt{2}}{2} = 12\sqrt{2}$$
$$(2) \ \overline{AB} = \overline{DC} = 7$$이므로
$$S = 7 \times 6 \times \sin 150°$$
$$= 7 \times 6 \times \frac{1}{2} = 21$$

답 (1) $12\sqrt{2}$ (2) 21

04

$\overline{BD}=\overline{AC}=8$이므로 등변사다리꼴 ABCD의 넓이를 S라 하면

$$S=\frac{1}{2}\times8\times8\times\sin60°$$
$$=\frac{1}{2}\times8\times8\times\frac{\sqrt{3}}{2}$$
$$=16\sqrt{3}$$

답 $16\sqrt{3}$

07-1 (1) 60° 또는 120°　(2) 3　　　　**07-2** 7

07-3 $20\sqrt{3}$　**07-4** $2\sqrt{5}$　**08-1** $2\sqrt{2}$

08-2 $\dfrac{9\sqrt{2}}{4}$　**08-3** $\dfrac{9}{2}$　**08-4** $\dfrac{3}{8}$

09-1 (1) 3　(2) $8\sqrt{2}$　　　**09-2** 135°

09-3 $16\sqrt{3}$　**09-4** 30° 또는 150°

07-1

(1) 삼각형 ABC의 넓이가 18이므로

$$18=\frac{1}{2}\times3\sqrt{6}\times4\sqrt{2}\times\sin B$$
$$\therefore \sin B=\frac{\sqrt{3}}{2}$$

$0°<B<180°$이므로 $B=60°$ 또는 $B=120°$

(2) $A+B+C=180°$이므로 $B+C=180°-A$

$$\therefore \sin A=\sin(180°-A)=\sin(B+C)=\frac{1}{4}$$

따라서 삼각형 ABC의 넓이는

$$\frac{1}{2}\times6\times4\times\frac{1}{4}=3$$

답 (1) 60° 또는 120°　(2) 3

07-2

삼각형 ABC의 넓이가 $10\sqrt{3}$이므로

$$\frac{1}{2}\times8\times5\times\sin C=10\sqrt{3}\qquad\therefore \sin C=\frac{\sqrt{3}}{2}$$

이때 $0°<C<90°$이므로 $C=60°$

코사인법칙에 의하여

$$c^2=8^2+5^2-2\times8\times5\times\cos60°$$
$$=64+25-2\times8\times5\times\frac{1}{2}=49$$
$$\therefore c=7\ (\because c>0)$$

답 7

07-3

삼각형 ABD에서 코사인법칙에 의하여

$$\overline{BD}^2=5^2+10^2-2\times5\times10\times\cos60°$$
$$=25+100-2\times5\times10\times\frac{1}{2}$$
$$=75$$
$$\therefore \overline{BD}=5\sqrt{3}\ (\because \overline{BD}>0)$$

따라서 사각형 ABCD의 넓이는

$$\frac{1}{2}\times5\times10\times\sin60°+\frac{1}{2}\times5\sqrt{3}\times6\times\sin30°$$
$$=\frac{25\sqrt{3}}{2}+\frac{15\sqrt{3}}{2}$$
$$=20\sqrt{3}$$

답 $20\sqrt{3}$

07-4

$\overline{AP}=x$, $\overline{AQ}=y$라 하면

$\triangle ABC=4\triangle APQ$에서

$$\frac{1}{2}\times10\times8\times\sin60°=4\times\left(\frac{1}{2}\times x\times y\times\sin60°\right)$$
$$\therefore xy=20$$

삼각형 APQ에서 코사인법칙에 의하여

$$\overline{PQ}^2=x^2+y^2-2\times x\times y\times\cos60°$$
$$=x^2+y^2-2\times x\times y\times\frac{1}{2}$$
$$=x^2+y^2-xy$$

$x^2>0$, $y^2>0$이므로 산술평균과 기하평균의 관계에 의하여

$$x^2+y^2-xy\geq2\sqrt{x^2y^2}-xy=2xy-xy=xy=20$$

(단, 등호는 $x=y=2\sqrt{5}$일 때 성립)

따라서 $\overline{PQ}$의 길이의 최솟값은 $\sqrt{20}=2\sqrt{5}$이다.

답 $2\sqrt{5}$

08-1

코사인법칙에 의하여

$$\cos C=\frac{9^2+10^2-11^2}{2\times9\times10}=\frac{1}{3}$$

$0°<C<180°$이므로

$$\sin C=\sqrt{1-\cos^2 C}=\sqrt{1-\left(\frac{1}{3}\right)^2}=\frac{2\sqrt{2}}{3}$$

따라서 삼각형 ABC의 넓이는

$$\frac{1}{2}\times9\times10\times\frac{2\sqrt{2}}{3}=30\sqrt{2}$$

삼각형 ABC의 내접원의 반지름의 길이를 r이라 하면

$$30\sqrt{2}=\frac{1}{2}r(9+10+11)\qquad\therefore r=2\sqrt{2}$$

삼각형 ABC에서 헤론의 공식에 의하여

$$S = \frac{9+10+11}{2} = 15$$

$$\therefore \triangle ABC = \sqrt{15 \times (15-9) \times (15-10) \times (15-11)}$$
$$= 30\sqrt{2}$$

답 $2\sqrt{2}$

08-2

삼각형 ABC의 넓이는

$$\frac{1}{2} \times \sqrt{2} \times (4+6+6) = 8\sqrt{2}$$

삼각형 ABC의 외접원의 반지름의 길이를 R이라 하면

$$8\sqrt{2} = \frac{4 \times 6 \times 6}{4R}, \ \frac{36}{R} = 8\sqrt{2} \quad \therefore R = \frac{9\sqrt{2}}{4}$$

답 $\dfrac{9\sqrt{2}}{4}$

08-3

삼각형 ABC의 외접원의 반지름의 길이가 3이므로 사인법칙에 의하여

$$\sin A + \sin B + \sin C = \frac{a}{2 \times 3} + \frac{b}{2 \times 3} + \frac{c}{2 \times 3}$$
$$= \frac{a}{6} + \frac{b}{6} + \frac{c}{6} = \frac{3}{2}$$

$$\therefore a + b + c = 9$$

삼각형 ABC의 내접원의 반지름의 길이가 1이므로 삼각형 ABC의 넓이는

$$\frac{1}{2} \times 1 \times 9 = \frac{9}{2}$$

답 $\dfrac{9}{2}$

08-4

삼각형 ABC의 외접원의 반지름의 길이가 4이고 삼각형 ABC의 넓이가 12이므로

$$12 = 2 \times 4^2 \times \sin A \times \sin B \times \sin C$$

$$\therefore \sin A \times \sin B \times \sin C = \frac{3}{8}$$

삼각형 ABC의 외접원의 반지름의 길이가 4이고 삼각형 ABC의 넓이가 12이므로 사인법칙에 의하여

$$\sin A \times \sin B \times \sin C = \frac{a}{2 \times 4} \times \frac{b}{2 \times 4} \times \sin C$$
$$= \frac{1}{2} ab \sin C \times \frac{1}{32}$$
$$= 12 \times \frac{1}{32} = \frac{3}{8}$$

답 $\dfrac{3}{8}$

09-1

(1) 평행사변형 ABCD의 넓이가 $9\sqrt{3}$이므로

$$9\sqrt{3} = 6 \times \overline{BC} \times \sin 30°, \ 9\sqrt{3} = 6 \times \overline{BC} \times \frac{1}{2}$$

$$\therefore \overline{BC} = 3\sqrt{3}$$

삼각형 ABC에서 코사인법칙에 의하여

$$\overline{AC}^2 = 6^2 + (3\sqrt{3})^2 - 2 \times 6 \times 3\sqrt{3} \times \cos 30°$$
$$= 36 + 27 - 2 \times 6 \times 3\sqrt{3} \times \frac{\sqrt{3}}{2}$$
$$= 9$$

$$\therefore \overline{AC} = 3 \ (\because \overline{AC} > 0)$$

(2) $\sin^2 \theta = 1 - \cos^2 \theta = 1 - \left(\frac{1}{3}\right)^2 = \frac{8}{9}$

$0° < \theta < 180°$에서 $\sin \theta > 0$이므로

$$\sin \theta = \frac{2\sqrt{2}}{3}$$

따라서 사각형 ABCD의 넓이는

$$\frac{1}{2} \times 4 \times 6 \times \sin \theta = \frac{1}{2} \times 4 \times 6 \times \frac{2\sqrt{2}}{3}$$
$$= 8\sqrt{2}$$

답 (1) 3 (2) $8\sqrt{2}$

09-2

$\overline{AD} = \overline{BC} = 9$이므로

$$8 \times 9 \times \sin A = 36\sqrt{2} \quad \therefore \sin A = \frac{\sqrt{2}}{2}$$

$90° < A < 180°$이므로 $A = 135°$

답 $135°$

09-3

$\overline{AB} = \overline{DC} = 4$이므로 $\overline{BC} = x$라 하면

삼각형 ABC에서 코사인법칙에 의하여

$$(4\sqrt{3})^2 = 4^2 + x^2 - 2 \times 4 \times x \times \cos 60°$$

$$48 = 16 + x^2 - 2 \times 4 \times x \times \frac{1}{2}$$

$$x^2 - 4x - 32 = 0, \ (x+4)(x-8) = 0$$

$$\therefore x = 8 \ (\because x > 0)$$

따라서 평행사변형 ABCD의 넓이는

$$4 \times 8 \times \sin 60° = 4 \times 8 \times \frac{\sqrt{3}}{2} = 16\sqrt{3}$$

답 $16\sqrt{3}$

09-4

사각형 ABCD의 두 대각선이 이루는 각의 크기를 θ라 하면 사각형 ABCD의 넓이가 24이므로

$$\frac{1}{2} \times 6\sqrt{2} \times 8\sqrt{2} \times \sin\theta = 24 \qquad \therefore \sin\theta = \frac{1}{2}$$

$$\therefore \theta = 30° \text{ 또는 } \theta = 150°$$

답 30° 또는 150°

01

$\overline{AB}=\overline{AC}=a$라 하고 $\angle ADB=\theta$라 하면 $\angle ADC=\pi-\theta$

삼각형 ABD에서 사인법칙에 의하여

$$\frac{a}{\sin\theta}=\frac{\overline{BD}}{\sin 30°}$$이므로

$$\overline{BD}=\frac{a}{\sin\theta}\times\sin 30°=\frac{a}{2\sin\theta}$$

또한 삼각형 ACD에서 사인법칙에 의하여

$$\frac{a}{\sin(180°-\theta)}=\frac{\overline{CD}}{\sin 45°}$$이므로

$$\overline{CD}=\frac{a}{\sin\theta}\times\sin 45°=\frac{\sqrt{2}a}{2\sin\theta}$$

$$\therefore \frac{\overline{CD}}{\overline{BD}}=\frac{\dfrac{\sqrt{2}a}{2\sin\theta}}{\dfrac{a}{2\sin\theta}}=\sqrt{2}$$

답 $\sqrt{2}$

02

삼각형 ABC의 외접원의 반지름의 길이를 R이라 하면

$R=3,\ a+b+c=12$

사인법칙에 의하여

$$\sin A+\sin B+\sin C=\frac{a}{2R}+\frac{b}{2R}+\frac{c}{2R}$$
$$=\frac{a+b+c}{2R}=\frac{12}{2\times 3}=2$$

답 2

03

사각형 ABCD가 원에 내접하므로

$$B+D=180°$$

즉, $D=180°-B$이므로

$$\cos D=\cos(180°-B)=-\cos B=-\frac{1}{4}$$

따라서 삼각형 ACD에서 코사인법칙에 의하여

$$\overline{AC}^2=4^2+6^2-2\times 4\times 6\times\cos D$$
$$=16+36-2\times 4\times 6\times\left(-\frac{1}{4}\right)$$
$$=64$$

$$\therefore \overline{AC}=8\ (\because \overline{AC}>0)$$

답 8

04

정사면체의 전개도는 오른쪽 그림과 같으므로

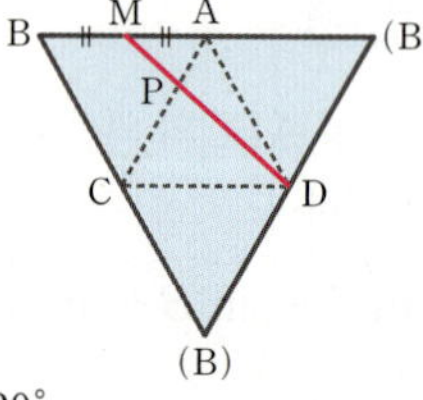

$$\overline{MP}+\overline{PD}\geq\overline{DM}$$

삼각형 AMD에서 코사인법칙에 의하여

$$\overline{DM}^2=4^2+8^2-2\times 4\times 8\times\cos 120°$$
$$=16+64-2\times 4\times 8\times\left(-\frac{1}{2}\right)$$
$$=112$$

$$\therefore \overline{DM}=4\sqrt{7}\ (\because \overline{DM}>0)$$

따라서 $\overline{MP}+\overline{PD}$의 최솟값은 $4\sqrt{7}$이다.

답 $4\sqrt{7}$

05

점 E는 선분 BC를 $1:5$로 내분하는 점이므로

$$\overline{BE}=1,\ \overline{EC}=5$$

직각삼각형 ABE에서

$$\overline{AE}=\sqrt{1^2+3^2}=\sqrt{10}$$

또한 직각삼각형 ABC에서

$$\overline{AC}=\sqrt{6^2+3^2}=3\sqrt{5}$$

삼각형 AEC에서 코사인법칙에 의하여

$$\cos\theta=\frac{(\sqrt{10})^2+(3\sqrt{5})^2-5^2}{2\times\sqrt{10}\times 3\sqrt{5}}=\frac{30}{30\sqrt{2}}=\frac{\sqrt{2}}{2}$$

이때 $0°<\theta<90°$이므로 $\theta=45°$

$$\therefore \sin\theta=\frac{\sqrt{2}}{2}$$

$$\therefore 50\sin\theta\cos\theta=50\times\frac{\sqrt{2}}{2}\times\frac{\sqrt{2}}{2}=25$$

넓이를 이용하여 $\sin\theta$의 값을 구할 수도 있다.

$$\triangle AEC=\frac{1}{2}\times\overline{AE}\times\overline{AC}\times\sin\theta=\frac{1}{2}\times\overline{EC}\times\overline{AB}$$

이므로

$$\frac{1}{2}\times\sqrt{10}\times3\sqrt{5}\times\sin\theta=\frac{1}{2}\times5\times3 \qquad \therefore \sin\theta=\frac{\sqrt{2}}{2}$$

답 25

06

삼각형 ABC의 외접원의 반지름의 길이를 R이라 하면 사인법칙에 의하여

$$\sin A=\frac{a}{2R},\ \sin B=\frac{b}{2R},\ \sin C=\frac{c}{2R}$$

이것을 $(b-c)\sin A=b\sin B-c\sin C$에 대입하면

$$(b-c)\times\frac{a}{2R}=b\times\frac{b}{2R}-c\times\frac{c}{2R}$$

$$(b-c)a=b^2-c^2$$

$$b^2-c^2-a(b-c)=0$$

$$(b+c)(b-c)-a(b-c)=0$$

$$(b-c)(b+c-a)=0$$

이때 $b+c-a\neq0$이므로 $b-c=0$

$$\therefore b=c$$

따라서 삼각형 ABC는 $b=c$인 이등변삼각형이다.

답 $b=c$인 이등변삼각형

07

오른쪽 그림과 같이 삼각형의 세 꼭짓점을 A, B, C라 하면 코사인법칙에 의하여

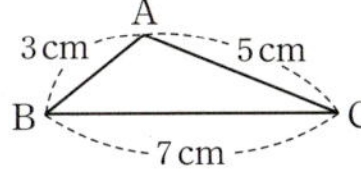

$$\cos A=\frac{3^2+5^2-7^2}{2\times3\times5}=-\frac{1}{2}$$

$0°<A<180°$이므로

$$\sin A=\sqrt{1-\cos^2 A}$$
$$=\sqrt{1-\left(-\frac{1}{2}\right)^2}=\frac{\sqrt{3}}{2}$$

접시의 반지름의 길이를 R cm라 하면 사인법칙에 의하여

$$\frac{7}{\sin A}=2R$$

$$\therefore R=\frac{1}{2}\times\frac{7}{\frac{\sqrt{3}}{2}}=\frac{7\sqrt{3}}{3}$$

따라서 깨지기 전 접시의 넓이는

$$\pi\times\left(\frac{7\sqrt{3}}{3}\right)^2=\frac{49}{3}\pi(\text{cm}^2)$$

답 $\frac{49}{3}\pi\ \text{cm}^2$

08

$\overline{AD}=x$라 하면 삼각형 ABC의 넓이는 두 삼각형 ABD와 ADC의 넓이의 합과 같으므로

$$\frac{1}{2}\times6\times8\times\sin120°$$

$$=\frac{1}{2}\times6\times x\times\sin60°+\frac{1}{2}\times x\times8\times\sin60°$$

$$12\sqrt{3}=\frac{3\sqrt{3}}{2}x+2\sqrt{3}x,\ \frac{7\sqrt{3}}{2}x=12\sqrt{3}$$

$$\therefore x=\frac{24}{7}$$

따라서 선분 AD의 길이는 $\frac{24}{7}$이다.

답 $\frac{24}{7}$

09

$\overline{AC}=x$라 하면 삼각형 ABC에서 코사인법칙에 의하여

$$x^2=3^2+4^2-2\times3\times4\times\cos60°$$
$$=9+16-2\times3\times4\times\frac{1}{2}$$
$$=13$$

$$\therefore x=\sqrt{13}\ (\because x>0)$$

이때 사각형 ABCD가 원에 내접하므로

$$D=180°-B=180°-60°=120°$$

$\overline{CD}=y$라 하면 삼각형 ACD에서 코사인법칙에 의하여

$$(\sqrt{13})^2=3^2+y^2-2\times3\times y\times\cos120°$$

$$13=9+y^2-2\times3\times y\times\left(-\frac{1}{2}\right)$$

$$y^2+3y-4=0,\ (y+4)(y-1)=0$$

$$\therefore y=1\ (\because y>0)$$

따라서 사각형 ABCD의 넓이는

$$\frac{1}{2}\times3\times4\times\sin60°+\frac{1}{2}\times3\times1\times\sin120°$$

$$=\frac{1}{2}\times3\times4\times\frac{\sqrt{3}}{2}+\frac{1}{2}\times3\times1\times\frac{\sqrt{3}}{2}$$

$$=\frac{15\sqrt{3}}{4}$$

답 $\frac{15\sqrt{3}}{4}$

10

삼각형 ABC에서 $B=C=30°$이므로

$$A=180°-(30°+30°)=120°$$

삼각형 ABC의 외접원의 반지름의 길이가 4이므로 사인법칙에 의하여

$$\frac{b}{\sin30°}=\frac{c}{\sin30°}=2\times4$$

$$\therefore b=c=2\times4\times\frac{1}{2}=4$$

따라서 삼각형 ABC의 넓이는

$$\frac{1}{2}\times4\times4\times\sin120°=\frac{1}{2}\times4\times4\times\frac{\sqrt{3}}{2}=4\sqrt{3}$$

삼각형 ABC에서 $B=C=30°$이므로

$A=180°-(30°+30°)=120°$

삼각형 ABC의 외접원의 반지름의 길이가 4이므로

삼각형 ABC의 넓이는

$2\times4^2\times\sin120°\times\sin30°\times\sin30°$

$$=32\times\frac{\sqrt{3}}{2}\times\frac{1}{2}\times\frac{1}{2}$$

$$=4\sqrt{3}$$

답 $4\sqrt{3}$

11

$a=6$, $b=7$, $c=8$이라 하면 삼각형 ABC에서 코사인법칙에 의하여

$$\cos A=\frac{7^2+8^2-6^2}{2\times7\times8}=\frac{11}{16}$$

$0°<A<180°$이므로

$$\sin A=\sqrt{1-\left(\frac{11}{16}\right)^2}=\frac{3\sqrt{15}}{16}$$

삼각형 ABC의 외접원의 반지름의 길이가 R이므로 사인법칙에 의하여

$$R=\frac{1}{2}\times\frac{a}{\sin A}=\frac{1}{2}\times\frac{6}{\frac{3\sqrt{15}}{16}}=\frac{16\sqrt{15}}{15}$$

삼각형 ABC의 넓이는

$$\frac{1}{2}\times7\times8\times\sin A=\frac{1}{2}\times7\times8\times\frac{3\sqrt{15}}{16}=\frac{21\sqrt{15}}{4}$$

이고, 삼각형 ABC의 내접원의 반지름의 길이가 r이므로

$$\frac{21\sqrt{15}}{4}=\frac{1}{2}\times r\times(6+7+8)$$

$$\therefore r=\frac{\sqrt{15}}{2}$$

$$\therefore Rr=\frac{16\sqrt{15}}{15}\times\frac{\sqrt{15}}{2}=8$$

삼각형 ABC의 넓이를 S라 하면 세 변의 길이가 6, 7, 8이므로

$$S=\frac{6\times7\times8}{4R}=\frac{84}{R}$$

$$\therefore R=\frac{84}{S}$$

$$S=\frac{1}{2}\times r\times(6+7+8)=\frac{21}{2}r$$

$$\therefore r=\frac{2}{21}S$$

$$\therefore Rr=\frac{84}{S}\times\frac{2}{21}S=8$$

답 8

12

사각형 ABCD의 넓이가 $4\sqrt{3}$이므로

$$\frac{1}{2}ab\sin60°=4\sqrt{3}, \frac{1}{2}ab\times\frac{\sqrt{3}}{2}=4\sqrt{3}$$

$$\therefore ab=16$$

$$\therefore a^3+b^3=(a+b)^3-3ab(a+b)$$

$$=9^3-3\times16\times9$$

$$=297$$

답 297

13

네 점 A, Q, P, R은 지름이 $\overline{AP}$인 원 위의 점이다.

$\angle QAR=\theta$라 하면 삼각형 AQR에서 사인법칙에 의하여

$$\frac{\overline{QR}}{\sin\theta}=9 \quad \therefore \sin\theta=\frac{\overline{QR}}{9} \quad\cdots\cdots ㉠$$

또한 직각삼각형 ABC에서

$$\sin\theta=\frac{8}{17} \quad\cdots\cdots ㉡$$

㉠, ㉡은 서로 같으므로

$$\frac{\overline{QR}}{9}=\frac{8}{17}$$

$$\therefore \overline{QR}=\frac{8}{17}\times9=\frac{72}{17}$$

답 $\dfrac{72}{17}$

14

선분 AB가 원의 지름이므로 $\angle APB=90°$

직각삼각형 ABP에서 $\overline{BP}^2=(2\sqrt{5})^2-4^2=4$

$\therefore \overline{BP}=2 (\because \overline{BP}>0)$

오른쪽 그림과 같이 $\overline{OP}$를 그으면

삼각형 AOP에서

$\overline{OA}=\overline{OP}$이므로

$\angle OPA=\angle OAP=\theta$

$\therefore \angle POB=2\theta$

따라서 $\overline{OB}=\overline{OP}=\sqrt{5}$이므로 삼각형 OBP에서 코사인법칙에 의하여

$$\cos2\theta=\frac{(\sqrt{5})^2+(\sqrt{5})^2-2^2}{2\times\sqrt{5}\times\sqrt{5}}=\frac{3}{5}$$

답 $\dfrac{3}{5}$

15

삼각형 APB의 외접원의 반지름의 길이 R은 부채꼴 OAB
의 반지름의 길이와 같으므로 $R=6$

$\angle BPA=\theta\,(90°<\theta<180°)$라 하면 삼각형 APB에서 사
인법칙에 의하여

$$\frac{8\sqrt{2}}{\sin\theta}=2\times6 \qquad \therefore \sin\theta=\frac{2\sqrt{2}}{3}$$

$$\cos^2\theta=1-\left(\frac{2\sqrt{2}}{3}\right)^2=\frac{1}{9}$$

$$\therefore \cos\theta=-\frac{1}{3}\,(\because 90°<\theta<180°)$$

$\overline{BP}=k\,(k>0)$이라 하면 $\overline{AP}:\overline{BP}=3:1$이므로 $\overline{AP}=3k$
삼각형 APB에서 코사인법칙에 의하여

$$(8\sqrt{2})^2=(3k)^2+k^2-2\times3k\times k\times\left(-\frac{1}{3}\right)$$

$$9k^2+k^2+2k^2=128,\ k^2=\frac{32}{3} \qquad \therefore k=\frac{4\sqrt{6}}{3}$$

따라서 선분 BP의 길이는 $\dfrac{4\sqrt{6}}{3}$이다.

답 ⑤

16

반원의 반지름의 길이를 r이라 하면
$\triangle ABC=\triangle ABO+\triangle AOC$이므로

$$\frac{1}{2}\times\overline{AB}\times\overline{AC}\times\sin A$$

$$=\frac{1}{2}\times\overline{AB}\times r+\frac{1}{2}\times\overline{AC}\times r$$

$$\frac{1}{2}\times5\times7\times\sin A$$

$$=\frac{1}{2}\times5\times r+\frac{1}{2}\times7\times r$$

$$35\sin A=12r \qquad \therefore r=\frac{35}{12}\sin A \qquad \cdots\cdots \text{㉠}$$

한편, 삼각형 ABC에서 코사인법칙에 의하여

$$\cos A=\frac{5^2+7^2-6^2}{2\times5\times7}=\frac{19}{35}$$

$0°<A<180°$이므로

$$\sin A=\sqrt{1-\left(\frac{19}{35}\right)^2}=\frac{12\sqrt{6}}{35}$$

이 값을 ㉠에 대입하면

$$r=\frac{35}{12}\times\frac{12\sqrt{6}}{35}=\sqrt{6}$$

따라서 반원의 넓이는

$$\frac{1}{2}\times\pi\times(\sqrt{6})^2=3\pi$$

> **다른 풀이**

삼각형 ABC에서 헤론의 공식에 의하여

$$s=\frac{5+6+7}{2}=9$$

$$\therefore \triangle ABC=\sqrt{9\times(9-5)\times(9-6)\times(9-7)}=6\sqrt{6}$$

반원의 반지름의 길이를 r이라 하면
$\triangle ABC=\triangle ABO+\triangle AOC$에서

$$6\sqrt{6}=\frac{1}{2}\times5\times r+\frac{1}{2}\times7\times r$$

$$6r=6\sqrt{6} \qquad \therefore r=\sqrt{6}$$

따라서 반원의 넓이는

$$\frac{1}{2}\times\pi\times(\sqrt{6})^2=3\pi$$

답 3π

17

선분 BD를 그으면 삼각형 BCD에서 코사인법칙에 의하여

$$\overline{BD}^2=4^2+2^2-2\times4\times2\times\cos120°$$

$$=16+4-2\times4\times2\times\left(-\frac{1}{2}\right)$$

$$=28$$

$$\therefore \overline{BD}=2\sqrt{7}\,(\because \overline{BD}>0)$$

사각형 ABCD가 원에 내접하므로

$$A=180°-C=60°$$

이때 $\overline{AD}=x$라 하면 삼각형 ABD에서 코사인법칙에 의하
여

$$(2\sqrt{7})^2=4^2+x^2-2\times4\times x\times\cos60°$$

$$28=16+x^2-2\times4\times x\times\frac{1}{2},\ x^2-4x-12=0$$

$$(x+2)(x-6)=0 \qquad \therefore x=6\,(\because x>0)$$

$$\therefore \overline{AD}=6$$

따라서 사각형 ABCD의 넓이는

$$\frac{1}{2}\times4\times6\times\sin60°+\frac{1}{2}\times4\times2\times\sin120°$$

$$=6\sqrt{3}+2\sqrt{3}=8\sqrt{3} \qquad \cdots\cdots \text{㉠}$$

또한 $\angle ABC=\theta$라 하면 $\angle ADC=180°-\theta$이므로

$$\square ABCD$$

$$=\triangle ABC+\triangle ACD$$

$$=\frac{1}{2}\times4\times4\times\sin\theta+\frac{1}{2}\times2\times6\times\sin(180°-\theta)$$

$$=8\sin\theta+6\sin\theta=14\sin\theta \qquad \cdots\cdots \text{㉡}$$

㉠, ㉡에 의하여 $8\sqrt{3}=14\sin\theta$

$$\therefore \sin\theta=\frac{4\sqrt{3}}{7}$$

$$\therefore \sin(\angle ABC)=\sin\theta=\frac{4\sqrt{3}}{7}$$

답 $\dfrac{4\sqrt{3}}{7}$

18

두 대각선의 길이를 각각 a, b라 하면 $a+b=20$이므로
산술평균과 기하평균의 관계에 의하여
$a+b\geq2\sqrt{ab}$에서

$20 \geq 2\sqrt{ab}, \sqrt{ab} \leq 10$

$\therefore ab \leq 100$ (단, 등호는 $a = b = 10$일 때 성립)

사각형 ABCD의 두 대각선이 이루는 각의 크기를 θ, 넓이를 S라 하면

$ab \leq 100$이고 $\sin\theta$의 최댓값이 1이므로

$$S = \frac{1}{2}ab\sin\theta \leq \frac{1}{2} \times 100 \times 1 = 50$$

따라서 사각형 ABCD의 넓이는 $a = b = 10$이고 $\theta = 90°$일 때, 최댓값 50을 갖는다.

답 50

19

$\angle \mathrm{ADB} = \theta$라 하면

삼각형 ABD에서 사인법칙에 의하여

$$\frac{\overline{\mathrm{AB}}}{\sin\theta} = 2r_1 \qquad \therefore r_1 = \frac{\overline{\mathrm{AB}}}{2\sin\theta}$$

삼각형 ADC에서 사인법칙에 의하여

$$\frac{\overline{\mathrm{AC}}}{\sin(\pi - \theta)} = \frac{\overline{\mathrm{AC}}}{\sin\theta} = 2r_2 \qquad \therefore r_2 = \frac{\overline{\mathrm{AC}}}{2\sin\theta}$$

이때 $\dfrac{r_2}{r_1} = \dfrac{\sqrt{13}}{3}$이므로

$$\frac{\dfrac{\overline{\mathrm{AC}}}{2\sin\theta}}{\dfrac{\overline{\mathrm{AB}}}{2\sin\theta}} = \frac{\sqrt{13}}{3}, \ \frac{\overline{\mathrm{AC}}}{\overline{\mathrm{AB}}} = \frac{\sqrt{13}}{3}$$

$\therefore \overline{\mathrm{AB}} : \overline{\mathrm{AC}} = 3 : \sqrt{13}$

$t > 0$인 실수 t에 대하여 $\overline{\mathrm{AB}} = 3t$, $\overline{\mathrm{AC}} = \sqrt{13}t$라 하면 삼각형 ABC에서 코사인법칙에 의하여

$$(\sqrt{13}t)^2 = (3t)^2 + 6^2 - 2 \times 3t \times 6 \times \cos\frac{\pi}{3}$$

$$13t^2 = 9t^2 + 36 - 36t \times \frac{1}{2}, \ 2t^2 + 9t - 18 = 0$$

$$(t+6)(2t-3) = 0 \qquad \therefore t = \frac{3}{2} \ (\because t > 0)$$

$$\therefore \overline{\mathrm{AB}} = 3t = 3 \times \frac{3}{2} = \frac{9}{2}$$

따라서 $p = 2$, $q = 9$이므로

$p + q = 2 + 9 = 11$

답 11

20

$\overline{\mathrm{AB}} = k \ (k > 0)$이라 하면 $2\overline{\mathrm{AB}} = \overline{\mathrm{AC}}$에서 $\overline{\mathrm{AC}} = 2k$

점 M은 선분 AB의 중점이므로 $\overline{\mathrm{AM}} = \dfrac{k}{2}$

점 N은 선분 AC를 $3 : 5$로 내분하는 점이므로

$$\overline{\mathrm{AN}} = 2k \times \frac{3}{8} = \frac{3}{4}k$$

$\overline{\mathrm{MN}} = \overline{\mathrm{AB}} = k$이므로 삼각형 AMN에서 코사인법칙에 의하여

$$\cos A = \frac{\left(\dfrac{k}{2}\right)^2 + \left(\dfrac{3}{4}k\right)^2 - k^2}{2 \times \dfrac{k}{2} \times \dfrac{3}{4}k} = -\frac{1}{4}$$

$0° < A < 180°$이므로

$$\sin A = \sqrt{1 - \cos^2 A} = \sqrt{1 - \left(-\frac{1}{4}\right)^2} = \frac{\sqrt{15}}{4}$$

삼각형 AMN의 외접원의 반지름의 길이를 R이라 하면

$$\pi R^2 = 16\pi \qquad \therefore R = 4$$

삼각형 AMN에서 사인법칙에 의하여

$$\frac{\overline{\mathrm{MN}}}{\sin A} = 2R \text{에서} \ \frac{k}{\dfrac{\sqrt{15}}{4}} = 8$$

$$\therefore k = 2\sqrt{15}$$

따라서 삼각형 ABC의 넓이는

$$\frac{1}{2} \times \overline{\mathrm{AB}} \times \overline{\mathrm{AC}} \times \sin A = \frac{1}{2} \times 2\sqrt{15} \times 4\sqrt{15} \times \frac{\sqrt{15}}{4}$$

$$= 15\sqrt{15}$$

답 ④

Ⅲ. 수열

 **등차수열과 등비수열**

01 등차수열

본문 335쪽

개념 CHECK

01 (1) $a_n=n^2$　(2) $a_n=n(n+2)$
02 (1) $a_n=3n+4$　(2) $a_n=-6n+14$
03 $x=2,\ y=-8$　　　**04** (1) 225　(2) -90
05 (1) $a_1=-2,\ a_{15}=26$
　　　(2) $a_1=4,\ a_n=-6n+5\ (n\geq2)$

01

(1) $a_1=1=1^2,\ a_2=4=2^2,\ a_3=9=3^2,\ a_4=16=4^2,\ \cdots$
　이므로 $a_n=n^2$
(2) $a_1=1\times(1+2),\ a_2=2\times(2+2),\ a_3=3\times(3+2),$
　$a_4=4\times(4+2),\ \cdots$
　이므로 $a_n=n(n+2)$

답 (1) $a_n=n^2$　(2) $a_n=n(n+2)$

02

(1) 첫째항이 7, 공차가 3인 등차수열의 일반항은
　$a_n=7+(n-1)\times3=3n+4$
(2) 첫째항이 8, 공차가 -6인 등차수열의 일반항은
　$a_n=8+(n-1)\times(-6)=-6n+14$

답 (1) $a_n=3n+4$　(2) $a_n=-6n+14$

03

x는 7과 -3의 등차중항이므로 $x=\dfrac{7+(-3)}{2}=2$
이 수열의 공차가 $x-7=2-7=-5$이므로
$y=(-3)+(-5)=-8$

답 $x=2,\ y=-8$

04

(1) $S_{15}=\dfrac{15(3+27)}{2}=225$

(2) 첫째항이 9, 공차가 -4인 등차수열이므로
$S_{10}=\dfrac{10\{2\times9+(10-1)\times(-4)\}}{2}=-90$

답 (1) 225　(2) -90

05

(1) $a_1=S_1=1^2-3\times1=-2$
　$a_{15}=S_{15}-S_{14}=15^2-3\times15-(14^2-3\times14)=26$
(2) $n=1$일 때,
　$a_1=S_1=-3\times1^2+2\times1+5=4$
　$n\geq2$일 때,
　$a_n=S_n-S_{n-1}$
　$=-3n^2+2n+5-\{-3(n-1)^2+2(n-1)+5\}$
　$=-6n+5$　　$\cdots\cdots$ ㉠
이때 $a_1=4$는 ㉠에 $n=1$을 대입한 값과 같지 않으므로 일반항 a_n은
$a_1=4,\ a_n=-6n+5\ (n\geq2)$

답 (1) $a_1=-2,\ a_{15}=26$
　　　(2) $a_1=4,\ a_n=-6n+5\ (n\geq2)$

유제　　본문 336~353쪽

01-1 (1) 8　(2) 512　　**01-2** -33　**01-3** 2
01-4 -2　**02-1** (1) 제9항　(2) 26　**02-2** 20
02-3 50　**02-4** $\dfrac{1}{2}$　**03-1** (1) 7　(2) $\dfrac{1}{5}$
03-2 $\dfrac{15}{2}$　**03-3** 4　**03-4** 15
04-1 (1) 3　(2) 66　**04-2** 17
04-3 -13　**04-4** 29　**05-1** (1) 6　(2) 92
05-2 315　**05-3** 8　**05-4** 18
06-1 -448　**06-2** 12　**06-3** 66　**06-4** 3
07-1 -50　**07-2** 6　**07-3** 8　**07-4** 5
08-1 (1) $a_n=4n-5$
　　　(2) $a_1=-7,\ a_n=2n-11\ (n\geq2)$
08-2 6　**08-3** $\dfrac{5}{2}$　**08-4** 5
09-1 990　**09-2** 33　**09-3** 22
09-4 11

01-1

(1) 등차수열 $\{a_n\}$의 첫째항과 공차가 모두 4이므로 일반항은
　$a_n=4+(n-1)\times4=4n$
　따라서 $a_k=32$에서 $4k=32$이므로
　$k=8$

(2) 등차수열 $\{a_n\}$의 첫째항을 a, 공차를 d라 하면
$$a_2=a+d=\log_3 2 \qquad \cdots\cdots \text{㉠}$$
$$a_8=a+7d=\log_3 128 \qquad \cdots\cdots \text{㉡}$$
㉡$-$㉠을 하면
$$6d=\log_3 128-\log_3 2, \ 6d=\log_3 64$$
$$6d=6\log_3 2 \qquad \therefore d=\log_3 2 \qquad \cdots\cdots \text{㉢}$$
㉢을 ㉠에 대입하면 $a=0$
$$\therefore a_{10}=a+9d=0+9\times\log_3 2=9\log_3 2=\log_3 512$$
$$\therefore k=512$$

로그의 성질
$a>0$, $a\ne1$, $M>0$, $N>0$일 때
① $\log_a MN=\log_a M+\log_a N$
② $\log_a \dfrac{M}{N}=\log_a M-\log_a N$
③ $\log_a M^k=k\log_a M$ (단, k는 실수)

답 (1) 8 (2) 512

01-2

첫째항이 3인 등차수열 $\{a_n\}$의 공차를 d라 하면
$a_n=3+(n-1)d$이므로
$2(a_3+a_4)=a_{10}$에서 $2\{(3+2d)+(3+3d)\}=3+9d$
$$12+10d=3+9d \qquad \therefore d=-9$$
$$\therefore a_5=3+4\times(-9)=-33$$

답 -33

01-3

등차수열 $\{a_n\}$의 공차를 d $(d\ne0)$이라 하면
$a_3:a_5=3:4$에서 $3a_5=4a_3$이므로
$$3(a_1+4d)=4(a_1+2d)$$
$$\therefore a_1=4d$$
따라서 $a_{13}=a_1+12d=16d$이므로
$$\log_2 a_{13}-\log_2 a_1=\log_2 \frac{a_{13}}{a_1}=\log_2 \frac{16d}{4d}$$
$$=\log_2 4=2$$

답 2

01-4

등차수열 $\{a_n\}$의 첫째항을 a, 공차를 d $(d>0)$이라 하면
조건 ㈎에서
$$a_3+a_9=(a+2d)+(a+8d)=2a+10d=0$$
$$\therefore a=-5d \qquad \cdots\cdots \text{㉠}$$
조건 ㈏에서
$$|a+2d|=|a+6d+1| \qquad \cdots\cdots \text{㉡}$$

이고, ㉠을 ㉡에 대입하면
$$|-3d|=|d+1|$$
이때 공차 d가 양수이므로
$$3d=d+1 \qquad \therefore d=\frac{1}{2}$$
$d=\dfrac{1}{2}$을 ㉠에 대입하면 $a=-\dfrac{5}{2}$
$$\therefore a_2=a+d=\left(-\frac{5}{2}\right)+\frac{1}{2}=-2$$

답 -2

02-1

(1) 등차수열 $\{a_n\}$의 첫째항이 23, 공차가 -3이므로 일반항은 $a_n=23+(n-1)\times(-3)=-3n+26$
이때 제n항에서 처음으로 음수가 된다고 하면
$a_n<0$에서
$$-3n+26<0, \ 3n>26 \qquad \therefore n>\frac{26}{3}=8.6\times\times\times$$
따라서 처음으로 음수가 되는 항은 제9항이다.
(2) 등차수열 $\{a_n\}$의 첫째항을 a, 공차를 d라 하면
$$a_5=a+4d=5 \qquad \cdots\cdots \text{㉠}$$
$$a_{15}=a+14d=25 \qquad \cdots\cdots \text{㉡}$$
㉠, ㉡을 연립하여 풀면 $a=-3$, $d=2$
$$\therefore a_n=-3+(n-1)\times2=2n-5$$
$a_n<49$에서
$$2n-5<49, \ 2n<54 \qquad \therefore n<27$$
따라서 자연수 n의 최댓값은 26이다.

답 (1) 제9항 (2) 26

02-2

등차수열 $\{a_n\}$의 첫째항을 a라 하면 공차가 -2이므로
$$a_3=a+2\times(-2)=a-4$$
$$a_6=a+5\times(-2)=a-10$$
이때 $|a_3|=|a_6|$에서 공차가 음수이므로
$a_3>0$, $a_6<0$이어야 한다.
즉, $|a-4|=|a-10|$에서 $a-4=-(a-10)$
$$2a=14 \qquad \therefore a=7$$
$$\therefore a_n=7+(n-1)\times(-2)=-2n+9$$
$a_n<-30$에서
$$-2n+9<-30, \ 2n>39 \qquad \therefore n>19.5$$
따라서 자연수 n의 최솟값은 20이다.

답 20

02-3

등차수열 $\{a_n\}$의 공차를 d라 하면
$a_5=3a_1$에서 $a_1+4d=3a_1$ $\qquad \therefore a_1=2d \qquad \cdots\cdots \text{㉠}$

$a_2+a_6=20$에서 $(a_1+d)+(a_1+5d)=20$

$\therefore a_1+3d=10$ $\qquad\qquad$ …… ㉡

㉠, ㉡을 연립하여 풀면

$a_1=4$, $d=2$

$\therefore a_n=4+(n-1)\times2=2n+2$

$\log a_k>2$에서

$\log(2k+2)>2$, $2k+2>100$

$\therefore k>49$

따라서 자연수 k의 최솟값은 50이다.

🅓 50

02-4

등차수열 $\{a_n\}$의 공차를 d라 하면

$a_3a_5=(10+2d)(10+4d)=28$

$8d^2+60d+100=28$, $2d^2+15d+18=0$

$(d+6)(2d+3)=0$ $\quad$ $\therefore d=-6$ 또는 $d=-\dfrac{3}{2}$

이때 $d=-6$이면 $a_4=10-18=-8<0$이므로

조건을 만족시키지 못하고, $d=-\dfrac{3}{2}$이면

$a_4=10-\dfrac{9}{2}=\dfrac{11}{2}>0$이므로 조건을 만족시킨다.

따라서 $d=-\dfrac{3}{2}$이므로

$a_n=10+(n-1)\times\left(-\dfrac{3}{2}\right)=-\dfrac{3}{2}n+\dfrac{23}{2}$

$\left|-\dfrac{3}{2}n+\dfrac{23}{2}\right|=\dfrac{1}{2}|23-3n|$은

$n=7$일 때 그 값이 1이고, $n=8$일 때 그 값이 $\dfrac{1}{2}$이므로

$n=8$일 때, 최솟값이 $\dfrac{1}{2}$이다.

따라서 모든 자연수 k에 대하여 $|a_k|\geq p$를 만족시키는 실수 p의 값의 범위는 $p\leq\dfrac{1}{2}$이므로 실수 p의 최댓값은 $\dfrac{1}{2}$이다.

🅓 $\dfrac{1}{2}$

03-1

(1) 등차수열 1, a_1, a_2, $\cdots$, a_n, 25에서 첫째항은 1, 공차는 3 이다.

　　이때 25는 제$(n+2)$항이므로

　　$25=1+\{(n+2)-1\}\times3$, $25=1+3n+3$

　　$3n=21$ $\quad$ $\therefore n=7$

(2) 1과 4 사이에 넣은 14개의 수를 차례대로 a_1, a_2, a_3, $\cdots$, a_{14}라 하면 수열 1, a_1, a_2, a_3, $\cdots$, a_{14}, 4는 첫째항이 1, 제16항이 4인 등차수열이다.

　　이때 이 등차수열의 공차를 d라 하면

　　$1+15d=4$에서 $15d=3$

$\therefore d=\dfrac{1}{5}$

따라서 구하는 수열의 공차는 $\dfrac{1}{5}$이다.

🅓 (1) 7 　(2) $\dfrac{1}{5}$

03-2

수열 -2, a, b, c, 4는 첫째항이 -2, 제5항이 4인 등차수열 이다.

이때 이 등차수열의 공차를 d라 하면

$-2+4d=4$에서 $4d=6$

$\therefore d=\dfrac{3}{2}$

따라서 $a=-2+\dfrac{3}{2}=-\dfrac{1}{2}$, $b=-2+2\times\dfrac{3}{2}=1$,

$c=-2+3\times\dfrac{3}{2}=\dfrac{5}{2}$

$\therefore a^2+b^2+c^2=\dfrac{1}{4}+1+\dfrac{25}{4}=\dfrac{15}{2}$

🅓 $\dfrac{15}{2}$

03-3

등차수열 4, a_1, a_2, $\cdots$, a_{2n}, -23에서 첫째항은 4, 공차는 -3이다.

이때 -23은 제$(2n+2)$항이므로

$-23=4+\{(2n+2)-1\}\times(-3)$

$-23=4-6n-3$

$6n=24$ $\quad$ $\therefore n=4$

🅓 4

03-4

등차수열 $\{a_n\}$의 공차를 d라 하면

수열 3, a_2, a_4, a_6, $\cdots$, a_{2k}, 27에서 27은 제$(k+2)$항이고, 이 수열의 공차는 $a_4-a_2=2d$이므로

$3+(k+1)\times2d=27$에서 $d(k+1)=12$

이때 d와 k가 모두 자연수이므로 d는 12의 양의 약수 중 하나이다.

(i) $d=1$일 때,

　　$k=11$이고 $a_2=5$이므로 $a_1=4$이다.

　　$\therefore a_1+k=4+11=15$

(ii) $d=2$일 때,

　　$k=5$이고 $a_2=7$이므로 $a_1=5$이다.

　　$\therefore a_1+k=5+5=10$

(iii) $d=3$일 때,

　　$k=3$이고 $a_2=9$이므로 $a_1=6$이다.

　　$\therefore a_1+k=6+3=9$

(iv) $d=4$일 때,

$\quad k=2$이고 $a_2=11$이므로 $a_1=7$이다.

$\quad \therefore a_1+k=7+2=9$

(v) $d=6$일 때,

$\quad k=1$이고 $a_2=15$이므로 $a_1=9$이다.

$\quad \therefore a_1+k=9+1=10$

(i)~(v)에서 a_1+k의 최댓값은 15이다.

답 15

04-1

(1) 세 수 x^2-4x, $x-1$, 7이 이 순서대로 등차수열을 이루므로 $x-1$은 x^2-4x와 7의 등차중항이다.

즉, $x-1=\dfrac{(x^2-4x)+7}{2}$이므로

$2x-2=x^2-4x+7$

$x^2-6x+9=0$, $(x-3)^2=0$ $\quad \therefore x=3$

(2) 등차수열을 이루는 세 수를 $a-d$, a, $a+d$로 놓으면

세 수의 합이 12이므로

$(a-d)+a+(a+d)=12$ $\quad \cdots\cdots$ ㉠

세 수의 곱이 28이므로

$(a-d)\times a\times(a+d)=28$ $\quad \cdots\cdots$ ㉡

㉠에서 $3a=12$ $\quad \therefore a=4$

$a=4$를 ㉡에 대입하면 $(4-d)\times4\times(4+d)=28$

$16-d^2=7$, $d^2=9$ $\quad \therefore d=-3$ 또는 $d=3$

$d=-3$일 때 등차수열을 이루는 세 수는 7, 4, 1이고,

$d=3$일 때 등차수열을 이루는 세 수는 1, 4, 7이므로

세 수의 제곱의 합은

$1^2+4^2+7^2=1+16+49=66$

답 (1) 3 (2) 66

04-2

네 수 a, 14, b, c가 이 순서대로 등차수열을 이루므로 14는 a와 b의 등차중항이고, b는 14와 c의 등차중항이다.

$a+b=28$ $\quad \cdots\cdots$ ㉠

$14+c=2b$에서

$2b-c=14$ $\quad \cdots\cdots$ ㉡

이때 $b+c=19$이므로 ㉡과 연립하여 풀면

$b=11$, $c=8$

$b=11$을 ㉠에 대입하면 $a=17$

답 17

04-3

$x^3+3x^2+kx-15=0$의 세 실근을 각각 $a-d$, a, $a+d$라 하면 삼차방정식의 근과 계수의 관계에 의하여

$(a-d)+a+(a+d)=-3$

$3a=-3$ $\quad \therefore a=-1$

따라서 $x^3+3x^2+kx-15=0$의 한 근이 -1이므로

$x=-1$을 삼차방정식 $x^3+3x^2+kx-15=0$에 대입하면

$-1+3-k-15=0$ $\quad \therefore k=-13$

참고

삼차방정식의 근과 계수의 관계

삼차방정식 $ax^3+bx^2+cx+d=0$의 세 근을 α, β, γ라 하면

① 세 근의 합: $\alpha+\beta+\gamma=-\dfrac{b}{a}$

② 두 근끼리의 곱의 합: $\alpha\beta+\beta\gamma+\gamma\alpha=\dfrac{c}{a}$

③ 세 근의 곱: $\alpha\beta\gamma=-\dfrac{d}{a}$

답 -13

04-4

$A-B=\{4,\ 8,\ 10\}$에서 $n(A\cap B)=2$이고, 세 수 4, 8, 10은 집합 A에는 속하지만 집합 B에는 속하지 않는다.

수열 $\{a_n\}$이 등차수열이므로 $10-8=2$, $8-4=4$에서 $6\in A$이어야 한다.

따라서 $A=\{2,\ 4,\ 6,\ 8,\ 10\}$ 또는

$A=\{4,\ 6,\ 8,\ 10,\ 12\}$이어야 한다.

(i) $A=\{2,\ 4,\ 6,\ 8,\ 10\}$인 경우

$a_1=2$, $a_3=6$이므로 네 수 b_1, a_1, a_3, b_5가 이 순서대로 등차수열을 이루기 위해서는

$b_1+6=2\times2$에서 $b_1=-2$, $2+b_5=2\times6$에서 $b_5=10$이어야 한다.

따라서 등차수열 $\{b_n\}$의 첫째항은 -2, 공차는 3이므로

$b_n=-2+(n-1)\times3$, 즉 $b_n=3n-5$

$\therefore B=\{-2,\ 1,\ 4,\ 7,\ 10\}$

이때 $A-B=\{2,\ 6,\ 8\}$이므로 조건을 만족시키지 않는다.

(ii) $A=\{4,\ 6,\ 8,\ 10,\ 12\}$인 경우

$a_1=4$, $a_3=8$이므로 네 수 b_1, a_1, a_3, b_5가 이 순서대로 등차수열을 이루기 위해서는

$b_1+8=2\times4$에서 $b_1=0$, $4+b_5=2\times8$에서 $b_5=12$이어야 한다.

따라서 등차수열 $\{b_n\}$의 첫째항은 0, 공차는 3이므로

$b_n=0+(n-1)\times3$, 즉 $b_n=3n-3$

$\therefore B=\{0,\ 3,\ 6,\ 9,\ 12\}$

이때 $A-B=\{4,\ 8,\ 10\}$이므로 조건을 만족시킨다.

$\therefore a_n=4+(n-1)\times2=2n+2$

(i), (ii)에서 $a_n=2n+2$, $b_n=3n-3$이므로

$a_6+b_6=14+15=29$

두 집합 A, B에 대하여 집합 A에는 속하지만 집합 B에는 속하지 않는 모든 원소로 이루어진 집합을 A에 대한 B의 차집합이라 하고 기호로 $A-B$로 나타낸다.

답 29

05-1

(1) 첫째항이 -2이고 공차가 4인 등차수열의 첫째항부터 제n항까지의 합이 48이므로
$$\frac{n\{2\times(-2)+(n-1)\times4\}}{2}=48$$
$2n^2-4n=48,\ n^2-2n-24=0$
$(n+4)(n-6)=0$ $\quad\therefore n=6\ (\because n\text{은 자연수})$

(2) 등차수열 $\{a_n\}$의 첫째항을 a, 공차를 d라 하면
$a_2=a+d=4,\ a_5=a+4d=13$
두 식을 연립하여 풀면 $a=1,\ d=3$ $\quad\cdots\cdots$ ㉠
따라서 등차수열 $\{a_n\}$의 첫째항이 1, 공차가 3이므로 첫째항부터 제8항까지의 합은
$$\frac{8\{2\times1+(8-1)\times3\}}{2}=92$$

(2) ㉠에서 $a_8=1+7\times3=22$이므로 등차수열 $\{a_n\}$의 첫째항부터 제8항까지의 합은
$$\frac{8(1+22)}{2}=92$$

답 (1) 6 (2) 92

05-2

등차수열 $\{a_n\}$의 공차가 3이므로
$a_{11}=a_4+7\times3=-3+21=18,$
$a_{20}=a_4+16\times3=-3+48=45$이고,
a_{11}부터 a_{20}까지 항의 개수는 10이므로
$$a_{11}+a_{12}+a_{13}+\cdots+a_{20}=\frac{10(18+45)}{2}=315$$

등차수열 $\{a_n\}$의 첫째항을 a라 하면
$a_4=a+3\times3=-3$ $\quad\therefore a=-12$
등차수열 $\{a_n\}$의 첫째항부터 제n항까지의 합을 S_n이라 하면
$a_{11}+a_{12}+a_{13}+\cdots+a_{20}$
$=S_{20}-S_{10}$
$$=\frac{20\{2\times(-12)+(20-1)\times3\}}{2}$$
$$\qquad-\frac{10\{2\times(-12)+(10-1)\times3\}}{2}$$
$=330-15=315$

답 315

05-3

등차수열 $2,\ a_1,\ a_2,\ a_3,\ \cdots,\ a_n,\ 6$은 첫째항이 2,
제$(n+2)$항이 6이고 그 합이 40이므로
$$\frac{(n+2)(2+6)}{2}=40,\ 4n+8=40$$
$4n=32$ $\quad\therefore n=8$

답 8

05-4

등차수열 $\{a_n\}$의 첫째항을 a, 공차를 d라 하면
$a_3=a+2d=4$
$a_6=a+5d=-2$
두 식을 연립하여 풀면 $a=8,\ d=-2$
따라서 등차수열 $\{a_n\}$의 첫째항부터 제n항까지의 합 S_n은
$$S_n=\frac{n\{2\times8+(n-1)\times(-2)\}}{2}=-n^2+9n$$
$14\le S_n<20$에서 $14\le-n^2+9n<20$
$14\le-n^2+9n$에서 $n^2-9n+14\le0$
$(n-2)(n-7)\le0$ $\quad\therefore 2\le n\le7$ $\quad\cdots\cdots$ ㉠
$-n^2+9n<20$에서 $n^2-9n+20>0$
$(n-4)(n-5)>0$ $\quad\therefore n<4$ 또는 $n>5$ $\quad\cdots\cdots$ ㉡
㉠, ㉡의 공통부분은 $2\le n<4,\ 5<n\le7$
따라서 조건을 만족시키는 자연수 n은 2, 3, 6, 7이므로 그 합은
$2+3+6+7=18$

답 18

06-1

등차수열 $\{a_n\}$의 첫째항을 a, 공차를 d라 하면
첫째항부터 제6항까지의 합이 -48이므로
$$\frac{6\{2a+(6-1)d\}}{2}=-48$$
$\therefore 2a+5d=-16$ $\quad\cdots\cdots$ ㉠
첫째항부터 제11항까지의 합이 -198이므로
$$\frac{11\{2a+(11-1)d\}}{2}=-198$$
$\therefore a+5d=-18$ $\quad\cdots\cdots$ ㉡
㉠, ㉡을 연립하여 풀면 $a=2,\ d=-4$
따라서 첫째항부터 제16항까지의 합은
$$\frac{16\{2\times2+(16-1)\times(-4)\}}{2}=\frac{16\times(-56)}{2}=-448$$

답 -448

06-2

등차수열 $\{a_n\}$의 첫째항을 a, 공차를 d라 하면

$S_3=24$이므로

$$S_3=\frac{3\{2a+(3-1)d\}}{2}=24$$

$\therefore a+d=8 \quad\cdots\cdots\ \bigcirc$

$S_9=-36$이므로

$$S_9=\frac{9\{2a+(9-1)d\}}{2}=-36$$

$\therefore a+4d=-4 \quad\cdots\cdots\ \bigcirc$

$\bigcirc$, $\bigcirc$을 연립하여 풀면 $a=12$, $d=-4$

$$\therefore S_6=\frac{6\{2\times12+(6-1)\times(-4)\}}{2}$$

$$=\frac{6\times4}{2}=12$$

다른 풀이

등차수열에서 차례대로 같은 개수의 항을 묶어서 그 합으로 수열을 만들면 그 수열은 등차수열을 이룬다.

즉, 첫째항부터 제n항까지의 합을 S_n이라 하면 S_3, S_6-S_3, S_9-S_6은 이 순서대로 등차수열을 이룬다.

$S_3=24$, $S_9=-36$에서

$S_6-S_3=S_6-24$, $S_9-S_6=-36-S_6$이므로

24, S_6-24, $-36-S_6$은 이 순서대로 등차수열을 이룬다.

따라서 $2(S_6-24)=-12-S_6$에서 $3S_6=36$

$\therefore S_6=12$

답 12

06-3

등차수열 $\{a_n\}$의 공차가 $\dfrac{3}{2}$이므로

$$a_1+a_2+a_3+a_4=\frac{4\left\{2a_1+(4-1)\times\frac{3}{2}\right\}}{2}$$

$$=4a_1+9=17$$

$\therefore a_1=2$

수열 $\{a_n\}$이 공차가 $\dfrac{3}{2}$인 등차수열이므로 수열 a_2, a_4, a_6, a_8, a_{10}, a_{12}는 공차가 $2\times\dfrac{3}{2}=3$인 등차수열이다.

따라서 $a_2=2+\dfrac{3}{2}=\dfrac{7}{2}$, $a_{12}=2+11\times\dfrac{3}{2}=\dfrac{37}{2}$이므로

$$a_2+a_4+a_6+a_8+a_{10}+a_{12}=\frac{6\left(\frac{7}{2}+\frac{37}{2}\right)}{2}=66$$

답 66

06-4

등차수열 $\{a_n\}$의 공차를 d라 하면

$a_1+a_2+a_3+a_4+a_5=0$에서

$$\frac{5(2a_1+4d)}{2}=0$$

$\therefore a_1+2d=0 \quad\cdots\cdots\ \bigcirc$

즉, $a_1=-2d$, $a_2=-d$, $a_3=0$, $a_4=d$, $a_5=2d$이고

$d>0$이므로 $|a_1|+|a_2|+|a_3|+|a_4|+|a_5|=12$에서

$2d+d+0+d+2d=12$

$6d=12 \quad\therefore d=2$

$d=2$를 $\bigcirc$에 대입하면

$a_1=-4$

수열 $\{a_n\}$의 첫째항부터 제n항까지의 합 S_n은

$$S_n=\frac{n\{2\times(-4)+(n-1)\times2\}}{2}=n(n-5)$$

이때 $S_3=-6$, $S_{k+2}=(k+2)(k-3)=k^2-k-6$,

$S_{2k}=2k(2k-5)=4k^2-10k$이고, S_3, S_{k+2}, S_{2k}가 이 순서대로 등차수열을 이루므로

$$k^2-k-6=\frac{-6+4k^2-10k}{2}$$

$2k^2-8k+6=0$, $k^2-4k+3=0$

$(k-1)(k-3)=0 \quad\therefore k=1$ 또는 $k=3$

따라서 2 이상의 자연수 k의 값은 3이다.

답 3

07-1

등차수열 $\{a_n\}$의 첫째항을 a, 공차를 d라 하면

$a_4=a+3d=-6$

$a_{10}=a+9d=18$

두 식을 연립하여 풀면 $a=-18$, $d=4$

$\therefore a_n=-18+(n-1)\times4=4n-22$

$a_n>0$에서 $4n-22>0 \quad\therefore n>5.5$

따라서 등차수열 $\{a_n\}$은 제6항부터 양수이므로 첫째항부터 제5항까지의 합이 최소가 된다.

$$\therefore S_5=\frac{5\{2\times(-18)+(5-1)\times4\}}{2}$$

$$=5\times(-10)=-50$$

답 -50

07-2

등차수열 $\{a_n\}$의 첫째항을 a, 공차를 d라 하면

$a_4=a+3d=15 \quad\cdots\cdots\ \bigcirc$

$$S_{10}=\frac{10\{2a+(10-1)d\}}{2}=5(2a+9d)=60$$

$\therefore 2a+9d=12 \quad\cdots\cdots\ \bigcirc$

$\bigcirc$, $\bigcirc$을 연립하여 풀면 $a=33$, $d=-6$

$\therefore a_n=33+(n-1)\times(-6)=-6n+39$

$a_n<0$에서 $-6n+39<0 \quad\therefore n>6.5$

따라서 등차수열 $\{a_n\}$은 제7항부터 음수이므로 S_n이 최대가 되도록 하는 자연수 n의 값은 6이다.

답 6

첫째항이 34이고 공차가 -4인 등차수열의 제n항은
$34+(n-1)\times(-4)=-4n+38$
$a_n<0$에서 $-4n+38<0$ $\quad\therefore n>9.5$
따라서 주어진 등차수열은 제10항부터 음수이므로 S_n은
$n=9$일 때 최대이다.
즉, $S_8<S_9$이고, $S_9>S_{10}$이므로 자연수 k의 값은 8이다.

[다른 풀이]
첫째항이 34이고 공차가 -4인 등차수열의
첫째항부터 제n항까지의 합 S_n은
$$S_n=\frac{n\{2\times34+(n-1)\times(-4)\}}{2}$$
$$=-2n^2+36n$$
$$=-2(n-9)^2+162$$
따라서 S_n은 $n=9$일 때 최대이다.
즉, $S_8<S_9$이고, $S_9>S_{10}$이므로 자연수 k의 값은 8이다.

답 8

07-4

등차수열 $\{a_n\}$의 첫째항을 a, 공차를 d라 하면
$$S_2=\frac{2\{2a+(2-1)d\}}{2}=2a+d=-24 \quad\cdots\cdots\ \text{㉠}$$
$$S_{10}=\frac{10\{2a+(10-1)d\}}{2}=5(2a+9d)=-40$$
$$\therefore 2a+9d=-8 \quad\cdots\cdots\ \text{㉡}$$
㉠, ㉡을 연립하여 풀면 $a=-13$, $d=2$
$\therefore a_n=-13+(n-1)\times2=2n-15$
$a_n>0$에서 $2n-15>0$ $\quad\therefore n>7.5$

따라서 등차수열 $\{a_n\}$은 제8항부터 양수이므로
S_n은 $n=7$일 때 최소이다.
이때 $S_k+S_{k+1}+S_{k+2}+S_{k+3}+S_{k+4}$가 최소가 되려면
$S_{k+2}=S_7$이어야 한다.
따라서 $k+2=7$이므로 $k=5$

[참고]

$$S_n=\frac{n\{2\times(-13)+(n-1)\times2\}}{2}=n^2-14n$$
$$=n(n-14)$$
이므로
$S_k+S_{k+1}+S_{k+2}+S_{k+3}+S_{k+4}$
$=k(k-14)+(k+1)(k-13)+(k+2)(k-12)$
$\qquad\qquad +(k+3)(k-11)+(k+4)(k-10)$
$=5k^2-50k-110=5(k-5)^2-235$
따라서 $k=5$일 때 최솟값 -235를 갖는다.

답 5

08-1

(1) $S_n=2n^2-3n$에서
$\quad n=1$일 때, $a_1=S_1=2-3=-1$
$\quad n\geq2$일 때,
$\quad\quad a_n=S_n-S_{n-1}$
$\quad\quad\quad =2n^2-3n-\{2(n-1)^2-3(n-1)\}$
$\quad\quad\quad =4n-5 \quad\cdots\cdots\ \text{㉠}$
$\quad$이때 $a_1=-1$은 ㉠에 $n=1$을 대입한 값과 같으므로 일반
$\quad$항 a_n은 $a_n=4n-5$
(2) $S_n=n^2-10n+2$에서
$\quad n=1$일 때, $a_1=S_1=1-10+2=-7$
$\quad n\geq2$일 때,
$\quad\quad a_n=S_n-S_{n-1}$
$\quad\quad\quad =n^2-10n+2-\{(n-1)^2-10(n-1)+2\}$
$\quad\quad\quad =2n-11 \quad\cdots\cdots\ \text{㉠}$
$\quad$이때 $a_1=-7$은 ㉠에 $n=1$을 대입한 값과 같지 않으므로
$\quad$일반항 a_n은
$\quad\quad a_1=-7$, $a_n=2n-11\ (n\geq2)$

답 (1) $a_n=4n-5$
(2) $a_1=-7$, $a_n=2n-11\ (n\geq2)$

08-2

$S_n=-n^2+12n$에서
$n=1$일 때, $a_1=S_1=-1+12=11$
$n\geq2$일 때,
$a_n=S_n-S_{n-1}$
$\quad =-n^2+12n-\{-(n-1)^2+12(n-1)\}$
$\quad =-2n+13 \quad\cdots\cdots\ \text{㉠}$
이때 $a_1=11$은 ㉠에 $n=1$을 대입한 값과 같으므로 일반항
a_n은 $a_n=-2n+13$
$a_n>0$에서 $-2n+13>0$ $\quad\therefore n<6.5$
따라서 자연수 n은 1, 2, 3, 4, 5, 6의 6개이다.

답 6

08-3

수열 $\{a_n\}$의 첫째항부터 제n항까지의 합이 S_n이므로
$a_5=S_5-S_4=25k+10-(16k+8)=9k+2$
수열 $\{b_n\}$의 첫째항부터 제n항까지의 합이 T_n이므로
$b_5=T_5-T_4=75-5k-(48-4k)=27-k$
이때 $a_5=b_5$이므로 $9k+2=27-k$
$10k=25$ $\quad\therefore k=\dfrac{5}{2}$

답 $\dfrac{5}{2}$

08-4

$S_{n+5}-S_n=a_{n+5}+a_{n+4}+a_{n+3}+a_{n+2}+a_{n+1}$이고, 수열 $\{a_n\}$이 등차수열이므로 a_{n+5}, a_{n+4}, a_{n+3}, a_{n+2}, a_{n+1}은 이 순서대로 등차수열을 이룬다.

따라서 $a_{n+5}+a_{n+1}=2a_{n+3}$, $a_{n+4}+a_{n+2}=2a_{n+3}$에서
$a_{n+5}+a_{n+4}+a_{n+3}+a_{n+2}+a_{n+1}=5a_{n+3}$이므로
$5a_{n+3}=10n-25$ $\therefore a_{n+3}=2n-5$

따라서 $a_n=2(n-3)-5=2n-11$이므로
$a_n<0$에서 $2n-11<0$ $\therefore n<5.5$

즉, 수열 $\{a_n\}$은 제6항부터 양수이다.

따라서 $a_5\times a_6<0$이므로 조건을 만족시키는 자연수 k의 값은 5이다.

답 5

09-1

100 이하의 자연수 중에서 5로 나누었을 때의 나머지가 2인 수를 차례대로 나열하면 2, 7, 12, 17, $\cdots$, 97이므로 첫째항이 2, 공차가 5, 항의 개수가 20인 등차수열을 이룬다.

따라서 100 이하의 자연수 중에서 5로 나누었을 때의 나머지가 2인 모든 자연수의 합은
$$\frac{20\{2\times2+(20-1)\times5\}}{2}=990$$

답 990

09-2

3의 배수를 작은 것부터 차례대로 나열하면
3, 6, 9, 12, 15, $\cdots$이므로 첫째항이 3, 공차가 3인 등차수열을 이룬다.

이 수열의 첫째항부터 제n항까지의 합은
$$\frac{n\{2\times3+(n-1)\times3\}}{2}=\frac{3n(n+1)}{2}$$

$\dfrac{3n(n+1)}{2}=165$를 만족시키는 자연수 n의 값을 구하면

$n(n+1)=110$, $n^2+n-110=0$
$(n+11)(n-10)=0$ $\therefore n=10$

즉, k보다 작은 모든 자연수 중에서 3의 배수가 10개 있어야 하므로 $30<k\leq33$이어야 한다.

따라서 구하는 자연수 k의 최댓값은 33이다.

답 33

09-3

삼각형 ADE의 넓이를 k라 하면 삼각형 ABD의 넓이는 $4k$이다.

세 삼각형 ADE, CED, ABD의 넓이가 이 순서대로 등차수열을 이루므로

$$\triangle CED=\frac{k+4k}{2}=\frac{5}{2}k$$

$$\therefore \triangle ADC=k+\frac{5}{2}k=\frac{7}{2}k$$

두 삼각형 ABD, ADC의 밑변이 각각 선분 BD, 선분 DC일 때, 높이가 서로 같으므로 두 삼각형 ABD, ADC의 넓이의 비는 밑변 BD, 밑변 CD의 길이의 비와 같다.

$4k:\dfrac{7}{2}k=8:7$ $\therefore a=8,\ b=7$

또한 두 삼각형 CED, ADE의 밑변이 각각 선분 CE, 선분 AE일 때, 높이가 서로 같으므로 두 삼각형 CED, ADE의 넓이의 비는 밑변 CE, AE의 길이의 비와 같다.

$\dfrac{5}{2}k:k=5:2$ $\therefore c=5,\ d=2$

$\therefore a+b+c+d=8+7+5+2=22$

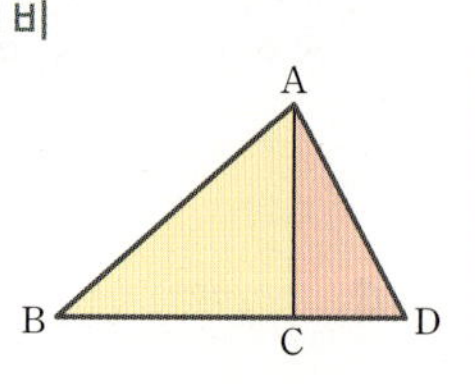

답 22

09-4

등차수열 $\{a_n\}$은 $a_1=3$이고 공차가 2이므로 일반항은
$a_n=3+(n-1)\times2$, 즉 $a_n=2n+1$

따라서 점 P_n의 좌표는 $(0,\ 2n+1)$이고 점 P_n을 지나고 x축에 평행한 직선은 $y=2n+1$이다.

또한 직선 $y=2n+1$은 x축에 평행하므로 두 점 P_n과 Q_n의 y좌표는 서로 같다. 이때 점 P_n의 x좌표는 0이므로 선분 P_nQ_n의 길이는 점 Q_n의 x좌표와 같다.

점 Q_n은 두 직선 $y=mx+1$ $(m>0)$과 $y=2n+1$의 교점이므로 점 Q_n의 x좌표는

$mx+1=2n+1$에서 $x=\dfrac{2n}{m}$

$\therefore b_n=\dfrac{2n}{m}$

따라서 수열 $\{b_n\}$은 첫째항이 $\dfrac{2}{m}$, 공차가 $\dfrac{2}{m}$인 등차수열이고, $b_1+b_2+b_3+\cdots+b_{10}=10$이므로

$$\frac{10\left(\dfrac{4}{m}+9\times\dfrac{2}{m}\right)}{2}=10,\ \frac{110}{m}=10$$

$\therefore m=11$

답 11

02 등비수열

개념 CHECK

01 $a_n=-\dfrac{1}{2}\times3^{n-1}$　(2) $a_n=4\times\left(\dfrac{\sqrt{2}}{2}\right)^{n-1}$

02 (1) $x=-1,\ y=-9$ 또는 $x=1,\ y=9$

　　(2) $x=-2,\ y=-\dfrac{1}{2}$ 또는 $x=2,\ y=\dfrac{1}{2}$

03 (1) 3^n-1　(2) $18\left\{1-\left(\dfrac{2}{3}\right)^n\right\}$

04 $a_n=4\times5^{n-1}$　　　　**05** 714만 원

01

(1) $a_n=-\dfrac{1}{2}\times3^{n-1}$

(2) 첫째항이 4, 공비가 $\dfrac{2\sqrt{2}}{4}=\dfrac{\sqrt{2}}{2}$인 등비수열이므로 일반항

은 $a_n=4\times\left(\dfrac{\sqrt{2}}{2}\right)^{n-1}$

$$\text{답 (1) } a_n=-\dfrac{1}{2}\times3^{n-1}\quad(2)\ a_n=4\times\left(\dfrac{\sqrt{2}}{2}\right)^{n-1}$$

02

(1) x는 $\dfrac{1}{3}$과 3의 등비중항이므로 $x^2=\dfrac{1}{3}\times3=1$

$\therefore x=-1$ 또는 $x=1$

$x=-1$일 때, 세 수 $\dfrac{1}{3}$, -1, 3은 공비가 -3인 등비수열

이므로

$y=3\times(-3)=-9$

$x=1$일 때, 세 수 $\dfrac{1}{3}$, 1, 3은 공비가 3인 등비수열이므로

$y=3\times3=9$

(2) x는 4와 1의 등비중항이므로 $x^2=4\times1=4$

$\therefore x=-2$ 또는 $x=2$

$x=-2$일 때, 세 수 4, -2, 1은 공비가 $-\dfrac{1}{2}$인 등비수열

이므로

$y=1\times\left(-\dfrac{1}{2}\right)=-\dfrac{1}{2}$

$x=2$일 때, 세 수 4, 2, 1은 공비가 $\dfrac{1}{2}$인 등비수열이므로

$y=1\times\dfrac{1}{2}=\dfrac{1}{2}$

$$\text{답 (1) } x=-1,\ y=-9 \text{ 또는 } x=1,\ y=9$$
$$(2)\ x=-2,\ y=-\dfrac{1}{2} \text{ 또는 } x=2,\ y=\dfrac{1}{2}$$

03

주어진 수열의 첫째항부터 제n항까지의 합을 S_n이라 하자.

(1) 첫째항이 2, 공비가 3인 등비수열이므로

$$S_n=\dfrac{2(3^n-1)}{3-1}=3^n-1$$

(2) 첫째항이 6, 공비가 $\dfrac{2}{3}$인 등비수열이므로

$$S_n=\dfrac{6\left\{1-\left(\dfrac{2}{3}\right)^n\right\}}{1-\dfrac{2}{3}}=18\left\{1-\left(\dfrac{2}{3}\right)^n\right\}$$

$$\text{답 (1) } 3^n-1\quad(2)\ 18\left\{1-\left(\dfrac{2}{3}\right)^n\right\}$$

04

$n=1$일 때,

$a_1=S_1=5-1=4$

$n\geq2$일 때,

$a_n=S_n-S_{n-1}$

$\quad=5^n-1-(5^{n-1}-1)$

$\quad=4\times5^{n-1}\quad\cdots\cdots\ \ominus$

이때 $a_1=4$는 $\ominus$에 $n=1$을 대입하여 얻은 값과 같으므로 일반항 a_n은

$a_n=4\times5^{n-1}$

$$\text{답 } a_n=4\times5^{n-1}$$

05

매년 초에 100만 원씩 적립한 금액의 원리합계를 그림으로 나타내면 다음과 같다.

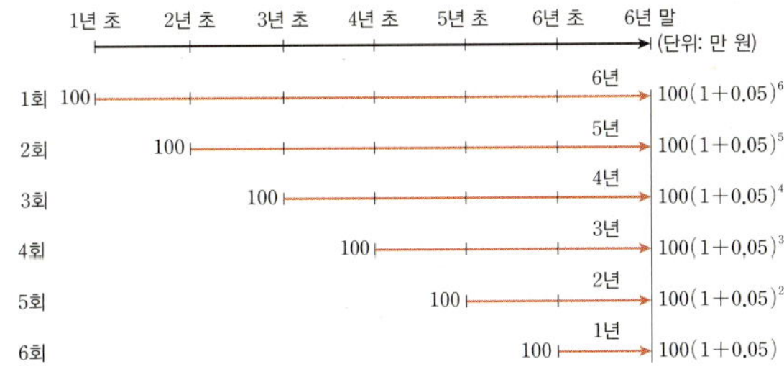

따라서 6년째 말의 적립금의 원리합계는

$$100(1+0.05)+100(1+0.05)^2+100(1+0.05)^3$$
$$+\cdots+100(1+0.05)^6$$
$$=\dfrac{100\times1.05\times(1.05^6-1)}{1.05-1}$$
$$=\dfrac{100\times1.05\times(1.34-1)}{0.05}=714(\text{만 원})$$

$$\text{답 } 714\text{만 원}$$

10-1 (1) 7 (2) 48   **10-2** 12

10-3 -16 **10-4** 32 **11-1** (1) 7 (2) 11

11-2 8 **11-3** 25 **11-4** 28 **12-1** 336

12-2 4 **12-3** 144 **12-4** -31

13-1 (1) 2 (2) $\dfrac{1}{2}$, -1, 2 **13-2** 216

13-3 $\dfrac{7}{13}$ **13-4** 15 **14-1** 129

14-2 672 **14-3** 12 **14-4** $\dfrac{1}{8}$ **15-1** 9

15-2 1020 **15-3** 30 **15-4** 31

16-1 (1) $a_1=-1$, $a_n=2^{n-1}$ $(n\geq2)$ (2) $a_n=2\times3^{n-1}$

16-2 $-\dfrac{1}{32}$ **16-3** 576 **16-4** 5 **17-1** 140

17-2 17900개 **17-3** $\dfrac{1}{8}$

17-4 12 **18-1** 1333만 원

18-2 178만 원 **18-3** 39800원

18-4 216만 원

10-1

(1) 등비수열 $\{a_n\}$의 첫째항이 8, 공비가 $\dfrac{1}{2}$이므로 일반항

은 $a_n=8\times\left(\dfrac{1}{2}\right)^{n-1}$

따라서 $a_k=\dfrac{1}{8}$에서 $8\times\left(\dfrac{1}{2}\right)^{k-1}=\dfrac{1}{8}$

$\left(\dfrac{1}{2}\right)^{k-1}=\dfrac{1}{64}$, $\left(\dfrac{1}{2}\right)^{k-1}=\left(\dfrac{1}{2}\right)^6$

$k-1=6$ $\therefore k=7$

(2) 등비수열 $\{a_n\}$의 첫째항을 a, 공비를 r이라 하면

$a_2=a\times r=3$ ……㉠

$a_6=a\times r^5=12$ ……㉡

㉡÷㉠을 하면 $r^4=4$

$\therefore a_{10}=a_6\times r^4=12\times4=48$

(2) $a_6=a_2\times r^4$에서 $12=3\times r^4$이므로

$r^4=4$

$\therefore a_{10}=a_6\times r^4=12\times4=48$

답 (1) 7 (2) 48

10-2

등비수열 $\{a_n\}$의 공비를 r이라 하면

$4a_4=a_9$에서 $4a_4=a_4\times r^5$이므로

$r^5=4$

$\therefore a_6=a_1\times r^5=3\times4=12$

$4a_4=a_9$에서 $4\times3\times r^3=3\times r^8$이므로

$r^5=4$

$\therefore a_6=a_1\times r^5=3\times4=12$

답 12

10-3

등비수열 $\{a_n\}$의 공비를 r $(r\neq1)$이라 하면

$a_1=\dfrac{1}{2}$이므로

$a_2+a_3=\dfrac{1}{2}\times r+\dfrac{1}{2}\times r^2=1$

$r^2+r-2=0$, $(r+2)(r-1)=0$

$\therefore r=-2$ $(\because r\neq1)$

따라서 등비수열 $\{a_n\}$의 일반항은 $a_n=\dfrac{1}{2}\times(-2)^{n-1}$이므로

$a_6=\dfrac{1}{2}\times(-2)^5=-16$

답 -16

10-4

등비수열 $\{a_n\}$의 공비를 r이라 하면

$\dfrac{a_2a_4}{a_1}=\dfrac{a_1\times r\times a_1\times r^3}{a_1}=a_1\times r^4=a_5=\dfrac{1}{8}$

$\dfrac{a_5}{a_4}+\dfrac{a_{10}}{a_8}=\dfrac{a_1\times r^4}{a_1\times r^3}+\dfrac{a_1\times r^9}{a_1\times r^7}=r+r^2$이므로

$r+r^2=20$에서

$r^2+r-20=0$, $(r+5)(r-4)=0$

$\therefore r=-5$ 또는 $r=4$

이때 모든 항이 양수이므로 $r=4$

$\therefore a_9=a_5\times r^4=\dfrac{1}{8}\times4^4=32$

답 32

11-1

(1) 등비수열 $\{a_n\}$의 첫째항이 $\dfrac{1}{32}$, 공비가 4이므로

일반항은 $a_n=\dfrac{1}{32}\times4^{n-1}$

이때 $a_n>100$에서 $\dfrac{1}{32}\times4^{n-1}>100$, $4^{n-1}>3200$이고

$4^5=1024$, $4^6=4096$이므로

$n-1\geq6$ $\therefore n\geq7$

따라서 $a_n>100$을 만족시키는 자연수 n의 최솟값은 7

이다.

(2) 등비수열 $\{a_n\}$의 공비를 r이라 하면 $a_6=a_3\times r^3$이므로

$2=16\times r^3$에서 $r^3=\dfrac{1}{8}$ $\therefore r=\dfrac{1}{2}$

$$a_3 = a_1 \times \left(\frac{1}{2}\right)^2 = 16 \text{에서 } a_1 = 64 \text{이므로}$$

등비수열 $\{a_n\}$의 일반항은

$$a_n = 64 \times \left(\frac{1}{2}\right)^{n-1} = \left(\frac{1}{2}\right)^{n-7}$$

이때 $a_n < \dfrac{1}{10}$에서 $\left(\dfrac{1}{2}\right)^{n-7} < \dfrac{1}{10}$이고

$$\left(\frac{1}{2}\right)^4 < \frac{1}{10} < \left(\frac{1}{2}\right)^3 \text{이므로}$$

$$n - 7 \geq 4 \qquad \therefore n \geq 11$$

따라서 $a_n < \dfrac{1}{10}$을 만족시키는 자연수 n의 최솟값은 11이다.

답 (1) 7   (2) 11

11-2

등비수열 $\{a_n\}$의 첫째항을 a, 공비를 r이라 하면

$$a_1 a_5 = a \times a \times r^4 = a^2 r^4 = 5,$$
$$a_3 a_7 = a \times r^2 \times a \times r^6 = a^2 r^8 = 20 \text{에서}$$
$$r^4 = 4 \qquad \therefore r^2 = 2$$

따라서 $a^2 r^4 = a^2 \times 4 = 5$이므로 $a^2 = \dfrac{5}{4}$이다.

등비수열 $\{a_n\}$의 일반항이 $a_n = ar^{n-1}$이므로

$$a_n{}^2 = a^2 (r^2)^{n-1} = \frac{5}{4} \times 2^{n-1} = 5 \times 2^{n-3}$$

$a_n{}^2 < 200$에서 $5 \times 2^{n-3} < 200$, $2^{n-3} < 40$이고,

$2^5 < 40 < 2^6$이므로 $n - 3 \leq 5 \qquad \therefore n \leq 8$

따라서 $a_n{}^2 < 200$을 만족시키는 자연수 n의 최댓값은 8이다.

답 8

11-3

등비수열 $\{a_n\}$의 첫째항을 a, 공비를 r이라 하면

$\log_2 a_4 = \dfrac{5}{3}$에서

$$a_4 = ar^3 = 2^{\frac{5}{3}} \qquad \cdots\cdots \ \text{㉠}$$

$\log_2 a_8 = 3$에서

$$a_8 = ar^7 = 2^3 \qquad \cdots\cdots \ \text{㉡}$$

㉡$\div$㉠을 하면

$$r^4 = 2^{3 - \frac{5}{3}} = 2^{\frac{4}{3}} = \left(2^{\frac{1}{3}}\right)^4$$

$$\therefore r = 2^{\frac{1}{3}} \ (\because r > 0)$$

$r = 2^{\frac{1}{3}}$을 ㉠에 대입하면

$$a \times \left(2^{\frac{1}{3}}\right)^3 = 2^{\frac{5}{3}}$$

$$\therefore a = 2^{\frac{2}{3}}$$

$$\therefore a_n = 2^{\frac{2}{3}} \times \left(2^{\frac{1}{3}}\right)^{n-1} = 2^{\frac{n+1}{3}}$$

따라서 $16 < a_n < 32$에서 $2^4 < 2^{\frac{n+1}{3}} < 2^5$이고 밑 2가 $2 > 1$이므로

$$4 < \frac{n+1}{3} < 5, \ 12 < n+1 < 15$$

$$\therefore 11 < n < 14$$

따라서 자연수 n은 12, 13이므로 그 합은

$$12 + 13 = 25$$

답 25

11-4

등비수열 $\{a_n\}$의 첫째항을 a, 공비를 r이라 하면

$$a_2 - a_1 = ar - a = a(r-1) = 2 \qquad \cdots\cdots \ \text{㉠}$$

$$\frac{a_2 + a_4}{a_3 + a_5} = \frac{ar + ar^3}{ar^2 + ar^4} = \frac{ar(1+r^2)}{ar^2(1+r^2)} = \frac{1}{r} = -\frac{1}{3}$$

따라서 $r = -3$이고, ㉠에 의하여 $a = -\dfrac{1}{2}$

등비수열 $\{a_n\}$의 일반항이 $a_n = -\dfrac{1}{2} \times (-3)^{n-1}$이므로

$$|a_n| = \frac{1}{2} \times 3^{n-1}$$

$|a_n| < 500$에서 $\dfrac{1}{2} \times 3^{n-1} < 500$, $3^{n-1} < 1000$이고,

$3^6 < 1000 < 3^7$이므로 $n - 1 \leq 6 \qquad \therefore n \leq 7$

따라서 $|a_n| < 500$을 만족시키는 모든 자연수 n은 1, 2, 3, 4, 5, 6, 7이고 그 합은

$$1 + 2 + 3 + 4 + 5 + 6 + 7 = 28$$

답 28

12-1

등비수열 4, a, b, c, d, 972의 공비를 r이라 하면 첫째항이 4, 제6항이 972이므로

$$4 \times r^{6-1} = 972, \ r^5 = 243 \qquad \therefore r = 3$$

이때 a, d는 각각 제2항, 제5항이므로

$$a = 4 \times 3 = 12, \ d = 4 \times 3^4 = 324$$

$$\therefore a + d = 12 + 324 = 336$$

답 336

12-2

등비수열 $\{a_n\}$의 공비를 r이라 하면 $\dfrac{1}{3}$은 제4항이므로

$$\frac{8}{81} \times r^3 = \frac{1}{3}, \ r^3 = \frac{27}{8} \qquad \therefore r = \frac{3}{2}$$

또한 $\dfrac{81}{32}$은 제$(n+5)$항이므로

$$\frac{8}{81} \times \left(\frac{3}{2}\right)^{n+4} = \frac{81}{32}$$

$$\left(\frac{3}{2}\right)^{n+4} = \frac{3^4 \times 3^4}{2^5 \times 2^3} = \left(\frac{3}{2}\right)^8$$

$$n + 4 = 8 \qquad \therefore n = 4$$

답 4

12-3

등비수열 $\{a_n\}$의 공비를 r이라 하면 수열 3, a_2, a_4, a_6, a_8, 96의 공비는 r^2이다.

이 수열의 첫째항이 3, 제6항이 96이므로

$3 \times (r^2)^5 = 96$에서 $r^{10} = 32$, 즉 $r^2 = 2$이다.

따라서 $a_2 = 3 \times r^2 = 6$, $a_4 = 6 \times r^2 = 12$에서

$$\begin{aligned} a_3 \times a_5 &= (a_2 \times r) \times (a_4 \times r) \\ &= a_2 \times a_4 \times r^2 \\ &= 6 \times 12 \times 2 = 144 \end{aligned}$$

답 144

12-4

등비수열 $\dfrac{1}{256}$, a_1, a_2, a_3, $\cdots$, a_n, 4의 첫째항은 $\dfrac{1}{256}$, 제$(n+2)$항이 4이므로

$4 = \dfrac{1}{256} \times r^{n+1}$ $\therefore r^{n+1} = 2^{10}$

이때 n은 자연수, r은 정수이므로 $|r|$은 2 또는 2^2 또는 2^5이어야 한다.

(i) $|r| = 2$일 때,

  $n + 1 = 10$에서 $n = 9$

  따라서 $r = 2$이면 $n + r = 11$, $r = -2$이면 $n + r = 7$

(ii) $|r| = 2^2$일 때,

  $2^{10} = (2^2)^5$이므로 $r = 2^2$이고, $n + 1 = 5$에서 $n = 4$

  따라서 $n + r = 8$이다.

(iii) $|r| = 2^5$일 때,

  $2^{10} = (2^5)^2$이므로 $n + 1 = 2$에서 $n = 1$

  따라서 $r = 2^5$이면 $n + r = 33$, $r = -2^5$이면

  $n + r = -31$이다.

(i), (ii), (iii)에서 $n + r$의 최솟값은 -31이다.

답 -31

13-1

(1) 세 수 4, $x+4$, $2x+5$가 이 순서대로 등비수열을 이루므로 $x+4$는 4와 $2x+5$의 등비중항이다.

  $(x+4)^2 = 4(2x+5)$

  $x^2 + 8x + 16 = 8x + 20$

  $x^2 = 4$

  $\therefore x = 2 \ (\because x > 0)$

(2) 등비수열을 이루는 세 수를 a, ar, ar^2으로 놓으면

  세 수의 합이 $\dfrac{3}{2}$이므로

  $a + ar + ar^2 = \dfrac{3}{2}$

  $\therefore a(1 + r + r^2) = \dfrac{3}{2}$ $\cdots\cdots$ ㉠

  세 수의 곱이 -1이므로

$a \times ar \times ar^2 = -1$, $(ar)^3 = -1$

$\therefore ar = -1 \ (\because ar$은 실수) $\cdots\cdots$ ㉡

㉡에서 $a = -\dfrac{1}{r}$이므로 이 식을 ㉠에 대입하면

$-\dfrac{1}{r}(1 + r + r^2) = \dfrac{3}{2}$

양변에 $2r$을 곱하면

$-2 - 2r - 2r^2 = 3r$, $2r^2 + 5r + 2 = 0$

$(r+2)(2r+1) = 0$ $\therefore r = -2$ 또는 $r = -\dfrac{1}{2}$

$r = -2$이면 $a = \dfrac{1}{2}$이므로 등비수열을 이루는 세 수는 $\dfrac{1}{2}$, -1, 2이고,

$r = -\dfrac{1}{2}$이면 $a = 2$이므로 등비수열을 이루는 세 수는 2, -1, $\dfrac{1}{2}$이다.

따라서 등비수열을 이루는 세 실수는 $\dfrac{1}{2}$, -1, 2이다.

답 (1) 2 (2) $\dfrac{1}{2}$, -1, 2

13-2

세 근을 a, ar, ar^2이라 하면 삼차방정식의 근과 계수의 관계에 의하여

$a + ar + ar^2 = 14$

$\therefore a(1 + r + r^2) = 14$ $\cdots\cdots$ ㉠

$a \times ar + ar \times ar^2 + a \times ar^2 = -84$

$\therefore a^2 r(1 + r + r^2) = -84$ $\cdots\cdots$ ㉡

$a \times ar \times ar^2 = -k$

$\therefore (ar)^3 = -k$ $\cdots\cdots$ ㉢

㉡÷㉠을 하면 $ar = -6$ $\cdots\cdots$ ㉣

㉣을 ㉢에 대입하면

$k = -(ar)^3 = -(-6)^3 = 216$

> **참고**
>
> **삼차방정식의 근과 계수의 관계**
> 삼차방정식 $ax^3 + bx^2 + cx + d = 0$의 세 근을 α, β, γ라 하면
>
> ① 세 근의 합: $\alpha + \beta + \gamma = -\dfrac{b}{a}$
>
> ② 두 근끼리의 곱의 합: $\alpha\beta + \beta\gamma + \gamma\alpha = \dfrac{c}{a}$
>
> ③ 세 근의 곱: $\alpha\beta\gamma = -\dfrac{d}{a}$

답 216

13-3

등차수열 $\{a_n\}$의 공차를 $d \ (d \neq 0)$이라 하면

$a_3 = a_1 + 2d$, $a_8 = a_1 + 7d$이고,

세 항 a_1, a_3, a_8이 이 순서대로 등비수열을 이루므로

$(a_1 + 2d)^2 = a_1(a_1 + 7d)$

$a_1^2 + 4a_1 d + 4d^2 = a_1^2 + 7a_1 d$

$3a_1 d = 4d^2 \quad \therefore d = \dfrac{3}{4}a_1 \ (\because d \neq 0)$

$$\therefore \frac{a_2}{a_4} = \frac{a_1 + d}{a_1 + 3d} = \frac{a_1 + \dfrac{3}{4}a_1}{a_1 + \dfrac{9}{4}a_1}$$

$$= \frac{\dfrac{7}{4}a_1}{\dfrac{13}{4}a_1} = \frac{7}{13}$$

답 $\dfrac{7}{13}$

13-4

$81 = 3^4$, $256 = 2^8$이고,

세 수 81, ab, 256이 이 순서대로 등비수열을 이루므로

$(ab)^2 = 3^4 \times 2^8$에서

$ab = 3^2 \times 2^4$

따라서 두 자연수 a, b의 순서쌍 (a, b)의 개수는 $3^2 \times 2^4$의 양의 약수의 개수와 같으므로

$3 \times 5 = 15$

> **참고**
>
> 자연수 $a^m \times b^n$ (a, b는 서로 다른 소수, m, n은 자연수)의 양의 약수의 개수는
>
> → $(m+1)(n+1)$

답 15

14-1

등비수열 $\{a_n\}$이 첫째항을 a, 공비를 r이라 하면

$a_2 = -6$에서 $ar = -6$ $\qquad$ …… ㉠

$a_5 = 48$에서 $ar^4 = 48$ $\qquad$ …… ㉡

㉡÷㉠에서 $r^3 = -8 \qquad \therefore r = -2$

$r = -2$를 ㉠에 대입하면 $a = 3$

따라서 등비수열 $\{a_n\}$의 첫째항이 3, 공비가 -2이므로

$a_1 + a_2 + a_3 + \cdots + a_7 = \dfrac{3\{1 - (-2)^7\}}{1 - (-2)} = 129$

답 129

14-2

$a_n = 2^n + (-3)^n$에서 $b_n = 2^n$, $c_n = (-3)^n$이라 하면

수열 $\{b_n\}$은 첫째항이 2이고, 공비가 2인 등비수열이고, 수열 $\{c_n\}$은 첫째항이 -3이고, 공비가 -3인 등비수열이다.

$\therefore a_1 + a_2 + a_3 + \cdots + a_6$

$\quad = (b_1 + b_2 + \cdots + b_6) + (c_1 + c_2 + \cdots + c_6)$

$\quad = \dfrac{2(2^6 - 1)}{2 - 1} + \dfrac{-3\{1 - (-3)^6\}}{1 - (-3)}$

$\quad = 126 + 546 = 672$

답 672

14-3

등비수열 $\{a_n\}$의 첫째항을 a, 공비를 r이라 하면

$S_6 = \dfrac{a(r^6 - 1)}{r - 1}$, $S_3 = \dfrac{a(r^3 - 1)}{r - 1}$이므로

$\dfrac{S_6}{S_3} = \dfrac{r^6 - 1}{r^3 - 1} = r^3 + 1 = 9$

$r^3 = 8 \qquad \therefore r = 2$

$\therefore a_5 = a_3 \times r^2$

$\qquad = 3 \times 4 = 12$

답 12

14-4

수열 $\{\log_2 a_n\}$이 공차가 -1인 등차수열을 이루므로 첫째항을 k라 하면

$\log_2 a_n = k + (n-1) \times (-1)$에서

$a_n = 2^{-(n-1)+k} = 2^k \times \left(\dfrac{1}{2}\right)^{n-1}$

따라서 수열 $\{a_n\}$은 첫째항이 2^k이고, 공비가 $\dfrac{1}{2}$인 등비수열이다.

$S_6 = \dfrac{63}{4}$이므로

$\dfrac{2^k\left\{1 - \left(\dfrac{1}{2}\right)^6\right\}}{1 - \dfrac{1}{2}} = \dfrac{63}{4}$

$2^{k+1} \times \dfrac{63}{64} = \dfrac{63}{4}$, $2^{k+1} = 16$

$2^{k+1} = 2^4 \qquad \therefore k = 3$

$\therefore a_7 = 2^3 \times \left(\dfrac{1}{2}\right)^6 = \dfrac{1}{8}$

답 $\dfrac{1}{8}$

15-1

등비수열 $\{a_n\}$의 첫째항을 a, 공비를 r, 첫째항부터 제n항까지의 합을 S_n이라 하면

첫째항부터 제5항까지의 합이 12이므로

$$S_5 = \frac{a(1-r^5)}{1-r} = 12 \qquad \cdots\cdots \ \text{㉠}$$

첫째항부터 제10항까지의 합이 6이므로

$$S_{10} = \frac{a(1-r^{10})}{1-r} = \frac{a(1-r^5)(1+r^5)}{1-r} = 6 \qquad \cdots\cdots \ \text{㉡}$$

㉠을 ㉡에 대입하면 $12(1+r^5) = 6$

$$1 + r^5 = \frac{1}{2}$$

$$\therefore r^5 = -\frac{1}{2}$$

따라서 이 수열의 첫째항부터 제15항까지의 합은

$$S_{15} = \frac{a(1-r^{15})}{1-r} = \frac{a(1-r^5)(1+r^5+r^{10})}{1-r}$$

$$= 12 \times \left(1 - \frac{1}{2} + \frac{1}{4}\right) \ (\because \text{㉠})$$

$$= 9$$

다른 풀이

등비수열에서 차례대로 같은 개수의 항을 묶어서 그 합으로 수열을 만들면 그 수열은 등비수열을 이룬다.

즉, 첫째항부터 제n항까지의 합을 S_n이라 하면 S_5, $S_{10}-S_5$, $S_{15}-S_{10}$은 이 순서대로 등비수열을 이룬다.

$S_5 = 12$, $S_{10} = 6$에서 $S_{10} - S_5 = 6 - 12 = -6$이므로

S_5, $S_{10}-S_5$, $S_{15}-S_{10}$은 공비가 $(-6) \div 12 = -\dfrac{1}{2}$인 등비수열을 이룬다.

따라서 $S_{15} - S_{10} = -6 \times \left(-\dfrac{1}{2}\right) = 3$이므로

$$S_{15} = 6 + 3 = 9$$

🅐 9

15-2

등비수열 $\{a_n\}$의 공비가 2이므로

$$a_1 + a_2 + a_3 + a_4 = \frac{a_1 \times (2^4 - 1)}{2 - 1}$$

$$= 15a_1 = 90$$

$$\therefore a_1 = 6$$

수열 $\{a_n\}$이 공비가 2인 등비수열이므로 수열 a_2, a_4, a_6, a_8은 공비가 $2^2 = 4$인 등비수열이다.

$a_2 = 2a_1 = 2 \times 6 = 12$이므로

$$a_2 + a_4 + a_6 + a_8 = \frac{12(4^4 - 1)}{4 - 1}$$

$$= 1020$$

🅐 1020

15-3

수열 $\{a_n\}$이 등비수열이므로 수열 $\{a_{2n-1}\}$도 등비수열이다.

등비수열 $\{a_{2n-1}\}$의 첫째항을 a, 공비를 $r \ (r > 0)$이라 하면

138 정답과 풀이

$$a_1 + a_3 + a_5 + a_7 + a_9 + a_{11}$$

$$= \frac{a(1-r^6)}{1-r} = 10 \qquad \cdots\cdots \ \text{㉠}$$

$$a_{25} + a_{27} + a_{29} + a_{31} + a_{33} + a_{35}$$

$$= \frac{ar^{12}(1-r^6)}{1-r} = 90 \qquad \cdots\cdots \ \text{㉡}$$

㉠을 ㉡에 대입하면 $10r^{12} = 90$

$r^{12} = 9 \qquad \therefore r^6 = 3 \ (\because r > 0)$

$$\therefore a_{13} + a_{15} + a_{17} + a_{19} + a_{21} + a_{23} = \frac{ar^6(1-r^6)}{1-r}$$

$$= 10 \times r^6 = 10 \times 3 = 30$$

다른 풀이

등비수열에서 차례대로 같은 개수의 항을 묶어서 그 합으로 수열을 만들면 그 수열은 등비수열을 이룬다.

즉, 수열 $\{a_{2n-1}\}$의 첫째항부터 제n항까지의 합을 S_n이라 하면 S_6, $S_{12}-S_6$, $S_{18}-S_{12}$는 이 순서대로 등비수열을 이룬다.

또한 수열 $\{a_{2n-1}\}$은 공비가 양수이고

$a_1 + a_3 + a_5 + a_7 + a_9 + a_{11} > 0$이므로 모든 항이 양수이다.

$a_1 + a_3 + a_5 + a_7 + a_9 + a_{11} = S_6 = 10$,

$a_{25} + a_{27} + a_{29} + a_{31} + a_{33} + a_{35} = S_{18} - S_{12} = 90$,

$a_{13} + a_{15} + a_{17} + a_{19} + a_{21} + a_{23} = S_{12} - S_6$에서

10, $S_{12}-S_6$, 90이 이 순서대로 등비수열을 이루고, $S_{12} - S_6$의 값이 양수이므로

$(S_{12} - S_6)^2 = 900$에서 $S_{12} - S_6 = 30$이다.

참고

> 등비수열 $\{a_n\}$의 공비를 r이라 하면 수열 $\{a_{2n-1}\}$은 공비가 r^2인 등비수열이므로 공비는 0 또는 양수이다.

🅐 30

15-4

등비수열 $\{a_n\}$의 첫째항을 a, 공비를 r, 첫째항부터 제n항까지의 합을 S_n이라 하면

$$S_4 = \frac{a(1-r^4)}{1-r} = 1 \qquad \cdots\cdots \ \text{㉠}$$

$$S_8 = \frac{a(1-r^8)}{1-r} \qquad \cdots\cdots \ \text{㉡}$$

$$S_{12} = \frac{a(1-r^{12})}{1-r} \qquad \cdots\cdots \ \text{㉢}$$

$S_{12} = 6S_8 - 5$에 ㉡, ㉢을 대입하면

$$\frac{a(1-r^{12})}{1-r} = 6 \times \frac{a(1-r^8)}{1-r} - 5$$

$$\frac{a(1-r^4)(1+r^4+r^8)}{1-r} = 6 \times \frac{a(1-r^4)(1+r^4)}{1-r} - 5$$

이 식에 ㉠을 대입하면

$$1 + r^4 + r^8 = 6(1+r^4) - 5$$

$$r^8-5r^4=0, \quad r^4(r^4-5)=0$$
$$\therefore r^4=5 \ (\because r^4\neq0)$$
$$\therefore S_{12}=\frac{a(1-r^{12})}{1-r}$$
$$=\frac{a(1-r^4)(1+r^4+r^8)}{1-r}$$
$$=1+r^4+r^8$$
$$=1+5+5^2=31$$

다른 풀이

$S_{12}=6S_8-5$에서 $S_{12}-S_8=5(S_8-1)$이므로

$\dfrac{S_{12}-S_8}{S_8-1}=5$이고, $S_4=1$에서 $\dfrac{S_{12}-S_8}{S_8-S_4}=5$이다.

등비수열에서 차례대로 같은 개수의 항을 묶어서 그 합으로 수열을 만들면 그 수열은 등비수열을 이룬다.

즉, S_4, S_8-S_4, $S_{12}-S_8$은 이 순서대로 등비수열을 이룬다.

이때 $\dfrac{S_{12}-S_8}{S_8-S_4}=5$이므로 S_4, S_8-S_4, $S_{12}-S_8$은 이 순서대로 공비가 5인 등비수열을 이룬다.

$S_4=1$이므로 $S_8-S_4=5$, $S_{12}-S_8=25$

$\therefore S_8=6, \ S_{12}=31$

답 31

16-1

(1) $S_n=2^n-3$에서

$n=1$일 때, $a_1=S_1=2-3=-1$

$n\geq2$일 때,

$a_n=S_n-S_{n-1}$

$\quad=2^n-3-(2^{n-1}-3)$

$\quad=2^n-2^{n-1}=2^{n-1}$ $\quad$ …… ㉠

이때 $a_1=-1$은 ㉠에 $n=1$을 대입한 값과 같지 않으므로 일반항 a_n은

$a_1=-1, \ a_n=2^{n-1} \ (n\geq2)$

(2) $S_n=3^n-1$에서

$n=1$일 때, $a_1=S_1=3-1=2$

$n\geq2$일 때,

$a_n=S_n-S_{n-1}$

$\quad=3^n-1-(3^{n-1}-1)$

$\quad=3^n-3^{n-1}=2\times3^{n-1}$ $\quad$ …… ㉠

이때 $a_1=2$는 ㉠에 $n=1$을 대입한 값과 같으므로 일반항 a_n은

$a_n=2\times3^{n-1}$

답 (1) $a_1=-1, \ a_n=2^{n-1} \ (n\geq2)$

$\qquad$ (2) $a_n=2\times3^{n-1}$

16-2

$S_n=2^{2-n}-4$에서

$n=1$일 때, $a_1=S_1=2^{2-1}-4=-2$

$n\geq2$일 때,

$a_n=S_n-S_{n-1}$

$\quad=2^{2-n}-4-(2^{3-n}-4)$

$\quad=2^{2-n}-2^{3-n}=-2^{2-n}$ $\quad$ …… ㉠

이때 $a_1=-2$는 ㉠에 $n=1$을 대입한 값과 같으므로 일반항 a_n은 $a_n=-2^{2-n}$

$\therefore a_7=-2^{-5}=-\dfrac{1}{32}$

다른 풀이

$a_7=S_7-S_6=2^{-5}-4-(2^{-4}-4)$

$\quad=2^{-5}-2^{-4}=\dfrac{1}{32}-\dfrac{1}{16}$

$\quad=-\dfrac{1}{32}$

답 $-\dfrac{1}{32}$

16-3

$S_n=k\times4^{n+1}-12$에서

$n=1$일 때, $a_1=S_1=k\times4^2-12=16k-12$

$n=2$일 때,

$a_n=S_n-S_{n-1}$

$\quad=k\times4^{n+1}-12-(k\times4^n-12)$

$\quad=3k\times4^n$ $\quad$ …… ㉠

이때 수열 $\{a_n\}$이 첫째항부터 등비수열이므로

$a_1=16k-12$와 ㉠에 $n=1$을 대입한 값이 같아야 한다.

$16k-12=3k\times4, \ 4k=12$

$\therefore k=3$

따라서 $a_n=9\times4^n$이므로

$a_k=a_3=9\times4^3=576$

답 576

16-4

$S_n=3^{n+1}-3$에서

$n=1$일 때, $a_1=S_1=3^2-3=6$

$n\geq2$일 때,

$a_n=S_n-S_{n-1}$

$\quad=3^{n+1}-3-(3^n-3)$

$\quad=3^{n+1}-3^n=2\times3^n$ $\quad$ …… ㉠

이때 $a_1=6$은 ㉠에 $n=1$을 대입한 값과 같으므로 일반항 a_n은 $a_n=2\times3^n$

$a_n<500$에서 $2\times3^n<500$, $3^n<250$이고

$3^5<250<3^6$이므로 $n\leq5$

따라서 $a_n<500$을 만족시키는 자연수 n은 1, 2, 3, 4, 5의 5개이다.

답 5

17-1

시행 전 정사각형의 넓이가 16이므로
1회 시행 후 남아 있는 도형의 넓이는
$16 \times \dfrac{4}{9}$

2회 시행 후 남아 있는 도형의 넓이는
$\left(16 \times \dfrac{4}{9}\right) \times \dfrac{4}{9} = 16 \times \left(\dfrac{4}{9}\right)^2$

3회 시행 후 남아 있는 도형의 넓이는
$\left\{16 \times \left(\dfrac{4}{9}\right)^2\right\} \times \dfrac{4}{9} = 16 \times \left(\dfrac{4}{9}\right)^3$
$\vdots$

이와 같이 계속되므로 n회 시행 후 남아 있는 도형의 넓이는
$16 \times \left(\dfrac{4}{9}\right)^n$

따라서 5회 시행 후 남아 있는 도형의 넓이는
$16 \times \left(\dfrac{4}{9}\right)^5 = \dfrac{2^{14}}{3^{10}}$이므로
$a=10,\ b=14$
$\therefore ab = 10 \times 14 = 140$

탑 140

17-2

신약 개발 이후 매년 약품 판매량이 20 %씩 증가하였으므로
1년 후 판매량은 $5000 \times \left(1 + \dfrac{20}{100}\right) = 5000 \times 1.2$

2년 후 판매량은 $(5000 \times 1.2) \times \left(1 + \dfrac{20}{100}\right) = 5000 \times 1.2^2$

3년 후 판매량은 $(5000 \times 1.2^2) \times \left(1 + \dfrac{20}{100}\right) = 5000 \times 1.2^3$
$\vdots$

이와 같이 계속되므로 n년 후 약품 판매량은
5000×1.2^n

따라서 7년 후 약품 판매량은
$5000 \times 1.2^7 = 5000 \times 3.58 = 17900(개)$

탑 17900개

17-3

삼각형 $\text{OP}_n\text{P}_{n+1}$은 모두 직각이등변삼각형이고
$\overline{\text{OP}_1} = 8$이므로

$\overline{\text{OP}_2} = \overline{\text{OP}_1}\sin 45° = 8 \times \dfrac{\sqrt{2}}{2} = 4\sqrt{2}$

$\overline{\text{OP}_3} = \overline{\text{OP}_2}\sin 45° = 4\sqrt{2} \times \dfrac{\sqrt{2}}{2} = 4$

$\overline{\text{OP}_4} = \overline{\text{OP}_3}\sin 45° = 4 \times \dfrac{\sqrt{2}}{2} = 2\sqrt{2}$
$\vdots$

$S_n = \triangle \text{OP}_n\text{P}_{n+1}$이므로
$S_1 = \triangle \text{OP}_1\text{P}_2 = \dfrac{1}{2} \times 4\sqrt{2} \times 4\sqrt{2} = 16$

$S_2 = \triangle \text{OP}_2\text{P}_3 = \dfrac{1}{2} \times 4 \times 4 = 8 = 16 \times \dfrac{1}{2}$

$S_3 = \triangle \text{OP}_3\text{P}_4 = \dfrac{1}{2} \times 2\sqrt{2} \times 2\sqrt{2} = 4 = 16 \times \left(\dfrac{1}{2}\right)^2$
$\vdots$

따라서 수열 $\{S_n\}$은 첫째항이 16, 공비가 $\dfrac{1}{2}$인 등비수열이므로
$S_n = 16 \times \left(\dfrac{1}{2}\right)^{n-1}$
$\therefore S_8 = 16 \times \left(\dfrac{1}{2}\right)^{8-1} = \dfrac{1}{8}$

탑 $\dfrac{1}{8}$

17-4

점 B_2는 선분 AB_1을 $2:1$로 내분한 점이므로
$\overline{\text{AB}_2} = 1 \times \dfrac{2}{2+1} = \dfrac{2}{3}$

점 B_3은 선분 AB_2를 $2:1$로 내분한 점이므로
$\overline{\text{AB}_3} = \dfrac{2}{3} \times \dfrac{2}{2+1} = \left(\dfrac{2}{3}\right)^2$
$\vdots$

반원 C_1의 호의 길이는
$l_1 = \dfrac{1}{2} \times \pi \times \overline{\text{AB}_1} = \dfrac{\pi}{2}$

반원 C_2의 호의 길이는
$l_2 = \dfrac{1}{2} \times \pi \times \overline{\text{AB}_2} = \dfrac{\pi}{2} \times \dfrac{2}{3}$

반원 C_3의 호의 길이는
$l_3 = \dfrac{1}{2} \times \pi \times \overline{\text{AB}_3} = \dfrac{\pi}{2} \times \left(\dfrac{2}{3}\right)^2$
$\vdots$

따라서 수열 $\{l_n\}$은 첫째항이 $\dfrac{\pi}{2}$, 공비가 $\dfrac{2}{3}$인 등비수열이므로
$l_n = \dfrac{\pi}{2} \times \left(\dfrac{2}{3}\right)^{n-1}$

$\therefore l_1 + l_2 + l_3 + \cdots + l_{10} = \dfrac{\dfrac{\pi}{2}\left\{1 - \left(\dfrac{2}{3}\right)^{10}\right\}}{1 - \dfrac{2}{3}}$

$\qquad = \dfrac{3}{2}\pi\left\{1 - \left(\dfrac{2}{3}\right)^{10}\right\}$

$\qquad = \left\{\dfrac{3}{2} - \left(\dfrac{2}{3}\right)^9\right\}\pi$

따라서 $a=3,\ b=9$이므로
$a+b = 3+9 = 12$

탑 12

18-1

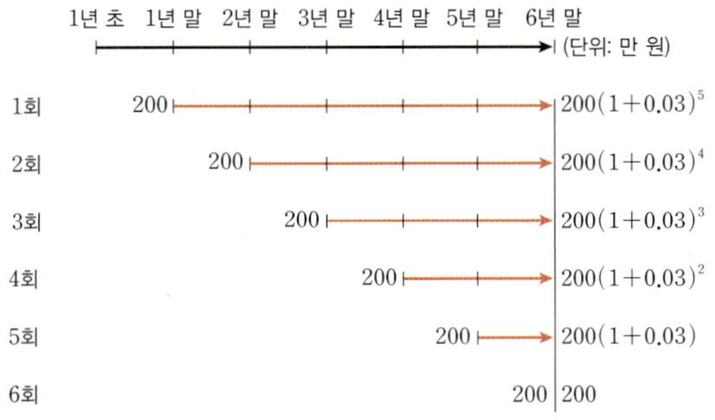

연이율 3 %로 매년 말 200만 원씩 6년 동안 적립할 때, 6년째 말의 적립금의 원리합계는

$$200+200(1+0.03)+200(1+0.03)^2+200(1+0.03)^3$$
$$+200(1+0.03)^4+200(1+0.03)^5$$
$$=200+200\times1.03+200\times1.03^2+200\times1.03^3$$
$$+200\times1.03^4+200\times1.03^5$$
$$=\frac{200\times(1.03^6-1)}{1.03-1}=\frac{200\times(1.2-1)}{0.03}$$
$$=\frac{200\times0.2}{0.03}=1333.3\times\times\times\text{(만 원)}$$

따라서 적립금의 원리합계는 1333만 원이다.

답 1333만 원

18-2

초등학교 1학년 초부터 고등학교 3학년 말까지는 12년이다.

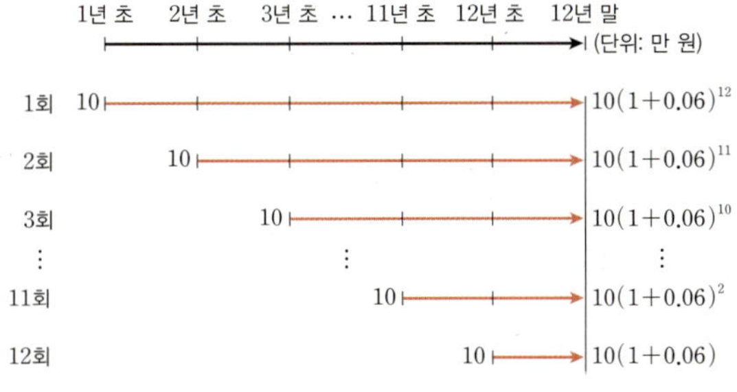

연이율 6 %로 매년 초 10만 원씩 12년 동안 적립할 때, 12년 말까지 적립금의 원리합계는

$$10(1+0.06)+10(1+0.06)^2+10(1+0.06)^3$$
$$+\cdots+10(1+0.06)^{11}+10(1+0.06)^{12}$$
$$=10\times1.06+10\times1.06^2+10\times1.06^3$$
$$+\cdots+10\times1.06^{11}+10\times1.06^{12}$$
$$=\frac{10\times1.06\times(1.06^{12}-1)}{1.06-1}=\frac{10\times1.06\times(2.01-1)}{0.06}$$
$$=\frac{10\times1.06\times1.01}{0.06}$$
$$=178.4\times\times\times\text{(만 원)}$$

따라서 적립금의 원리합계는 178만 원이다.

답 178만 원

18-3

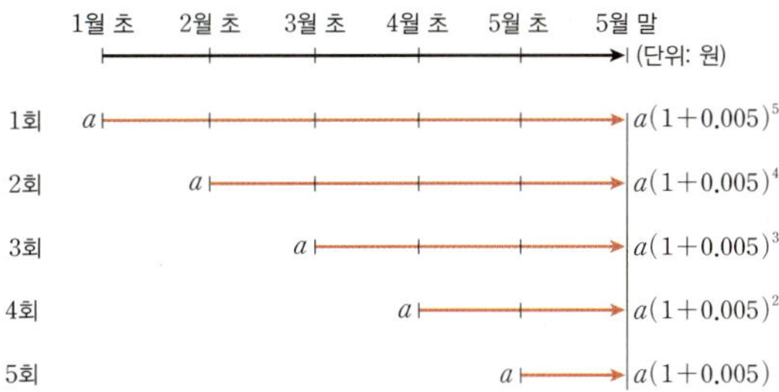

월이율 0.5 %로 1월 초부터 매월 초 a원씩 5개월 동안 적립할 때, 5월 말의 적립금의 원리합계는

$$a(1+0.005)+a(1+0.005)^2+a(1+0.005)^3$$
$$+a(1+0.005)^4+a(1+0.005)^5$$
$$=a\times1.005+a\times1.005^2+a\times1.005^3+a\times1.005^4$$
$$+a\times1.005^5$$
$$=\frac{a\times1.005\times(1.005^5-1)}{1.005-1}$$
$$=\frac{a\times1.005\times(1.025-1)}{0.005}$$
$$=\frac{a\times1.005\times0.025}{0.005}$$
$$=5.025a\text{(원)}$$

5월 말까지 원리합계가 20만 원이 되어야 하므로

$$5.025a=200000$$
$$\therefore a=39800.\times\times\times\text{(원)}$$

따라서 서윤이가 매월 초에 적립해야 하는 금액은 39800원이다.

답 39800원

18-4

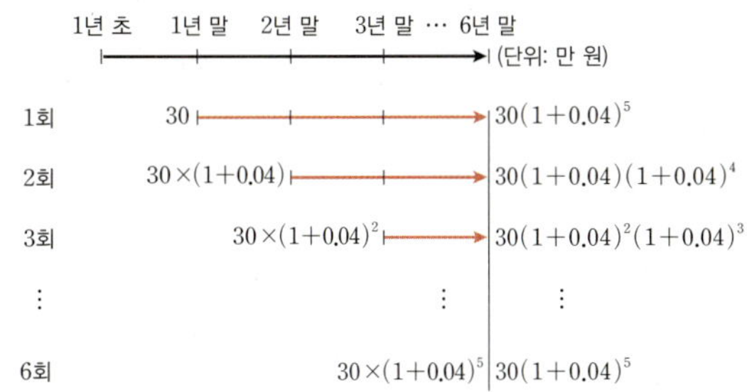

따라서 6년째 말의 적립금의 원리합계는

$$30(1+0.04)^5+30(1+0.04)(1+0.04)^4$$
$$+30(1+0.04)^2(1+0.04)^3+30(1+0.04)^3(1+0.04)^2$$
$$+30(1+0.04)^4(1+0.04)+30(1+0.04)^5$$
$$=30(1+0.04)^5\times6=30\times1.04^5\times6$$
$$=30\times1.2\times6=216\text{(만 원)}$$

답 216만 원

중단원 연습문제

01 17	**02** 9	**03** $\dfrac{32}{9}$	**04** 14
05 ⑤	**06** 8	**07** 6	**08** 32
09 $\dfrac{1}{4}$	**10** 512	**11** $\dfrac{17}{5}$	**12** 3
13 -170	**14** -6	**15** 112	**16** 23
17 256	**18** 115	**19** ③	**20** 15

01

$$\begin{pmatrix} a_1 & a_2 \\ a_3 & a_4 \end{pmatrix}\begin{pmatrix} 2 \\ -1 \end{pmatrix}=\begin{pmatrix} 2a_1-a_2 \\ 2a_3-a_4 \end{pmatrix}=\begin{pmatrix} -3 \\ 5 \end{pmatrix}$$에서

$2a_1-a_2=-3$이고, $2a_3-a_4=5$이다.

이때 등차수열 $\{a_n\}$의 공차를 d라 하면

$2a_1-a_2=-3$에서

$2a_1-(a_1+d)=-3$ $\quad \therefore a_1-d=-3$ $\quad$ …… ㉠

$2a_3-a_4=5$에서

$2(a_1+2d)-(a_1+3d)=5$ $\quad \therefore a_1+d=5$ $\quad$ …… ㉡

㉠, ㉡을 연립하여 풀면

$a_1=1$, $d=4$

$\therefore a_5=1+4\times4=17$

참고

2×1 행렬의 곱셈

$$\begin{pmatrix} a & b \\ c & d \end{pmatrix}\begin{pmatrix} x \\ y \end{pmatrix}=\begin{pmatrix} ax+by \\ cx+dy \end{pmatrix}$$

답 17

02

등차수열 $\{a_n\}$의 공차가 양수이므로 $a_3<a_4$이다.

따라서 $|a_3-6|=|a_4-6|$에서

$a_3-6=-(a_4-6)$이어야 하므로

$a_3+a_4=12$

등차수열 $\{a_n\}$의 공차를 $d\,(d>0)$이라 하면

$(1+2d)+(1+3d)=12$, $5d+2=12$

$\therefore d=2$

$\therefore a_5=1+4\times2=9$

답 9

03

이차방정식 $x^2-4x+k=0$에서 근과 계수의 관계에 의하여

$\alpha+\beta=4$, $\alpha\beta=k$

세 수 α, β, $\alpha+\beta$가 이 순서대로 등차수열을 이루므로

$2\beta=2\alpha+\beta$

$\therefore 2\alpha=\beta$ $\quad$ …… ㉠

$\alpha+\beta=4$와 ㉠을 연립하여 풀면 $\alpha=\dfrac{4}{3}$, $\beta=\dfrac{8}{3}$이므로

$k=\alpha\beta=\dfrac{4}{3}\times\dfrac{8}{3}$

$\quad =\dfrac{32}{9}$

답 $\dfrac{32}{9}$

04

$a_1=1$이고, 수열 $\{a_{2n-1}\}$은 공차가 2인 등차수열이므로

$a_5=a_1+2\times2=1+4=5$

수열 $\{a_{2n}\}$은 공차가 3인 등차수열이므로

$a_4=a_2+3$

이때 $a_4=a_5$이므로 $a_2+3=5$ $\quad \therefore a_2=2$

$\therefore a_{10}=a_2+3\times4=2+12=14$

답 14

05

$S_{k+10}=S_k+(a_{k+1}+a_{k+2}+\cdots+a_{k+10})$이고 등차수열 $\{a_n\}$의 공차가 2이므로

$640=S_k+(a_{k+1}+a_{k+2}+\cdots+a_{k+10})$

$\quad =S_k+\{(a_k+2)+(a_k+4)+\cdots+(a_k+20)\}$

$\quad =S_k+\left\{10\times31+\dfrac{10\times(2+20)}{2}\right\}$

$\quad =S_k+420$

$\therefore S_k=220$

다른 풀이

등차수열 $\{a_n\}$의 첫째항을 a라 하면

$a_k=a+(k-1)\times2=31$이므로

$a=-2k+33$ $\quad$ …… ㉠

또한 $S_{k+10}=\dfrac{(k+10)\{2a+(k+9)\times2\}}{2}=640$이므로

$(k+10)(a+k+9)=640$ $\quad$ …… ㉡

㉠을 ㉡에 대입하면

$(k+10)(-2k+33+k+9)=640$

$(k+10)(-k+42)=640$, $-k^2+32k+420=640$

$k^2-32k+220=0$, $(k-10)(k-22)=0$

$\therefore k=10$ 또는 $k=22$

$k=10$일 때 $a=13$,

$k=22$일 때 $a=-11$

그런데 $a>0$이므로 $k=10$, $a=13$

$\therefore S_k=S_{10}=\dfrac{10\times\{2\times13+(10-1)\times2\}}{2}=220$

답 ⑤

06

등차수열 $\{a_n\}$의 공차를 d라 하면
$S_n=a_1+a_3+a_5+\cdots+a_{2n-1}$,
$T_n=a_2+a_4+a_6+\cdots+a_{2n}$이므로
$$S_{10}-T_{10}=(a_1-a_2)+(a_3-a_4)+\cdots+(a_{19}-a_{20})$$
$$=-10d$$
따라서 $\dfrac{2^{S_{10}}}{2^{T_{10}}}=2^{S_{10}-T_{10}}=2^{-10d}=16$에서

$2^{-10d}=2^4,\ -10d=4 \quad \therefore d=-\dfrac{2}{5}$

$\therefore a_6=10+5\times\left(-\dfrac{2}{5}\right)=8$

답 8

07

세 수 $b+3,\ 2a,\ 3a-1$은 이 순서대로 등차수열을 이루므로
$2\times 2a=(b+3)+(3a-1)$
$4a=3a+b+2 \quad \therefore a=b+2 \quad \cdots\cdots\ \bigcirc$
세 수 $b-1,\ a-1,\ 2a+1$은 이 순서대로 등비수열을 이루
므로
$(a-1)^2=(b-1)(2a+1) \quad\quad \cdots\cdots\ \bigcirc$
$\bigcirc$을 $\bigcirc$에 대입하면
$(b+1)^2=(b-1)(2b+5)$
$b^2+2b+1=2b^2+3b-5$
$b^2+b-6=0,\ (b+3)(b-2)=0$
$\therefore b=-3$ 또는 $b=2$
이때 $b=-3$이면 $\bigcirc$에서 $a=-1$이고,
세 수 $b+3,\ 2a,\ 3a-1$은 $0,\ -2,\ -4$가 되어 이 순서대로
공차가 -2인 등차수열이므로 공차가 양수라는 조건을 만족
시키지 않는다.
$b=2$이면 $\bigcirc$에서 $a=4$이므로
세 수 $b+3,\ 2a,\ 3a-1$은 $5,\ 8,\ 11$로 이 순서대로 공차가 3
인 등차수열을 이룬다.
따라서 $a=4,\ b=2$이므로 세 수 $b-1,\ a-1,\ 2a+1$은 $1,\ 3,$
9로 이 순서대로 공비가 3인 등비수열을 이룬다.
$\therefore a+b=4+2=6$

답 6

08

세 점 A, B, C의 좌표는
$$A\left(k,\ \dfrac{\sqrt{k}}{4}\right),\ B\left(k,\ \dfrac{2}{k}\right),\ C(k,\ 0)$$
따라서 $\overline{BC}=\dfrac{2}{k},\ \overline{AC}=\dfrac{\sqrt{k}}{4},\ \overline{OC}=k$이고,
$\overline{BC},\ \overline{AC},\ \overline{OC}$가 이 순서대로 등비수열을 이루므로

$\left(\dfrac{\sqrt{k}}{4}\right)^2=\dfrac{2}{k}\times k,\ \dfrac{k}{16}=2$
$\therefore k=32$

답 32

09

등비수열 $\{a_n\}$의 공비를 $r\ (r>0)$이라 하면
조건 ㈎에서
$a_1 r^5=a_1 r^3\times a_1 r^4$
$\therefore a_1 r^2=1 \quad\quad \cdots\cdots\ \bigcirc$
조건 ㈏에서 $2(a_6+2)=a_5+a_7$이므로
$2a_1 r^5+4=a_1 r^4+a_1 r^6$
이 식에 $\bigcirc$을 대입하면
$2r^3+4=r^2+r^4,\ r^4-2r^3+r^2-4=0$
$(r+1)(r-2)(r^2-r+2)=0$
이때 $r>0$이므로 $r=2$
$r=2$를 $\bigcirc$에 대입하면
$4a_1=1 \quad \therefore a_1=\dfrac{1}{4}$

답 $\dfrac{1}{4}$

10

등비수열 $\{a_n\}$의 공비를 r이라 하면 첫째항이 1이므로
$$S_6=\dfrac{r^6-1}{r-1},\ S_3=\dfrac{r^3-1}{r-1},\ a_2=r$$

따라서 $\dfrac{S_6}{S_3}=3(a_1+a_2)$에서

$\dfrac{r^6-1}{r^3-1}=3(1+r)$

$\dfrac{(r^3+1)(r^3-1)}{r^3-1}=3+3r$

$r^3+1=3+3r$
$r^3-3r-2=0,\ (r+1)^2(r-2)=0$
$\therefore r=-1$ 또는 $r=2$
이때 등비수열 $\{a_n\}$의 모든 항이 양수이므로 $r>0$이어야
한다.
$\therefore r=2$
$\therefore a_{10}=2^9=512$

참고

> $r=1$이면 $S_3=3,\ S_6=6$이므로
> $\dfrac{S_6}{S_3}=\dfrac{6}{3}=2$
> 이때 $3(a_1+a_2)=3\times(1+1)=6$이므로
> $\dfrac{S_6}{S_3}\neq 3(a_1+a_2) \quad \therefore r\neq 1$

답 512

11

등비수열 $\{a_n\}$의 공비가 2이므로

$a_1+a_2+a_3+a_4=3$에서

$\dfrac{a_1(2^4-1)}{2-1}=3$, $15a_1=3$

$\therefore a_1=\dfrac{1}{5}$

이때 수열 $\{a_n{}^2\}$은 첫째항이 $a_1{}^2=\dfrac{1}{25}$이고,

공비가 $2^2=4$인 등비수열이므로

$a_1{}^2+a_2{}^2+a_3{}^2+a_4{}^2=\dfrac{\dfrac{1}{25}(4^4-1)}{4-1}$

$\qquad\qquad\qquad\qquad=\dfrac{17}{5}$

답 $\dfrac{17}{5}$

12

$a_5=2(S_4-S_3)=2a_4$이므로 등비수열 $\{a_n\}$의 공비는 2이다.

따라서 등비수열 $\{a_n\}$의 첫째항을 a라 하면 일반항은

$a_n=a\times 2^{n-1}$

$S_k=21$에서

$\dfrac{a(2^k-1)}{2-1}=21$

$\therefore a(2^k-1)=21$ $\qquad$ ······ ㉠

또한 $a_{k+2}+a_{k+1}=S_{k+2}-S_k=93-21=72$이므로

$a\times 2^{k+1}+a\times 2^k=72$

$3a\times 2^k=72$

$\therefore a=\dfrac{24}{2^k}$ $\qquad$ ······ ㉡

㉡을 ㉠에 대입하면

$\dfrac{24}{2^k}(2^k-1)=21$

$8\times 2^k-8=7\times 2^k$

$2^k=8$ $\qquad \therefore k=3$

답 3

13

정수 a, d에 대하여 등차수열 $\{a_n\}$의 첫째항을 a, 공차를 d라 하자.

$a_3+a_4=0$이므로

$a+2d+a+3d=0$, $2a+5d=0$

$\therefore d=-\dfrac{2}{5}a$

이때 a와 d는 모두 정수이므로 정수 m에 대하여 $a=5m$ 꼴이어야 한다.

즉, 등차수열 $\{a_n\}$의 일반항은

$a_n=a+(n-1)\times\left(-\dfrac{2}{5}a\right)$

$\qquad=-\dfrac{2}{5}an+\dfrac{7}{5}a$

$\qquad=\dfrac{a}{5}(-2n+7)$

이때 $a_k\le 30$을 만족시키는 자연수 k의 최댓값이 5이므로

$a_5\le 30$이고, $a_6>30$이다.

$a_5=-\dfrac{3}{5}a\le 30$에서 $a\ge -50$

$a_6=-a>30$에서 $a<-30$

즉, $-50\le a<-30$이고 $a=5m$ 꼴이므로 가능한 정수 a의 값은 -50, -45, -40, -35이고, 그 합은

$(-50)+(-45)+(-40)+(-35)=-170$

답 -170

14

$\dfrac{S_2{}^2-S_5{}^2}{a_4}=\dfrac{(S_2+S_5)(S_2-S_5)}{a_4}$

$\qquad\qquad\quad=\dfrac{-(S_2+S_5)(S_5-S_2)}{a_4}$

$\qquad\qquad\quad=\dfrac{-(S_2+S_5)(a_5+a_4+a_3)}{a_4}$

이때 $a_5+a_4+a_3=3a_4$이므로

$\dfrac{S_2{}^2-S_5{}^2}{a_4}=\dfrac{-(S_2+S_5)\times 3a_4}{a_4}$

$\qquad\qquad\quad=-3(S_2+S_5)=12$

$\therefore S_2+S_5=-4$ $\qquad$ ······ ㉠

등차수열 $\{a_n\}$의 공차를 d라 하면 ㉠에서

$\dfrac{2(2+d)}{2}+\dfrac{5(2+4d)}{2}=-4$

$11d+7=-4$

$\therefore d=-1$

$\therefore a_8=1+7\times(-1)=-6$

다른 풀이

등차수열 $\{a_n\}$의 공차를 d라 하면 첫째항이 1이므로

$S_2=\dfrac{2(2+d)}{2}=2+d$,

$S_5=\dfrac{5(2+4d)}{2}=5(1+2d)$,

$a_4=1+3d$

$\dfrac{S_2{}^2-S_5{}^4}{a_4}=12$에 위 식을 대입하면

$\dfrac{(2+d)^2-\{5(1+2d)\}^2}{1+3d}=12$

$-99d^2-96d-21=12+36d$

$3d^2+4d+1=0, \ (d+1)(3d+1)=0$

$\therefore d=-1 \ \text{또는} \ d=-\dfrac{1}{3}$

이때 공차가 정수이므로

$d=-1$

$\therefore a_8=1+7\times(-1)=-6$

답 -6

15

$\dfrac{S_n}{T_n}=\dfrac{2n+3}{3n-1}$에서 두 수열 $\{a_n\}$, $\{b_n\}$이 등차수열이므로

0이 아닌 상수 k에 대하여

$S_n=kn(2n+3), \ T_n=kn(3n-1)$이다.

$a_1=S_1=5k, \ b_1=T_1=2k$이므로

$a_1=b_1+6$에서

$5k=2k+6, \ 3k=6 \qquad \therefore k=2$

따라서 $T_n=2n(3n-1)$이므로

$b_{10}=T_{10}-T_9=(20\times29)-(18\times26)$

$\qquad =580-468=112$

답 112

16

$f(1)=g(1)=0$이므로 $x_1=1$

세 수 x_1, x_2, x_3이 이 순서대로 등비수열을 이루므로

이 수열의 공비를 $r \ (r>0)$이라 하면

$x_2=r, \ x_3=r^2$

두 함수 $y=f(x)$와 $y=g(x)$의 그래프는 그림과 같다.

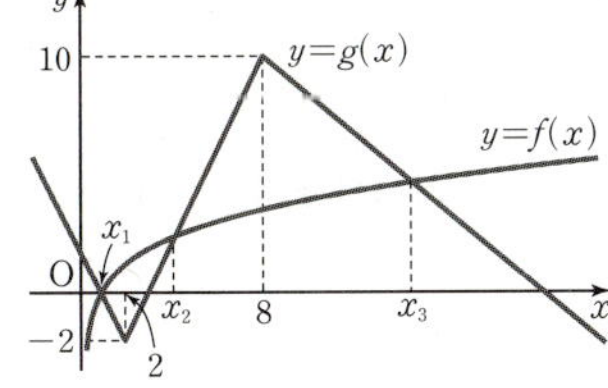

따라서 $2<x_2<8, \ x_3>8$에서

$g(x_2)=g(r)=2r-6, \ g(x_3)=g(r^2)=-\dfrac{3}{4}r^2+16$이고,

$g(x_2)=f(x_2)=\log_a r,$

$g(x_3)=f(x_3)=\log_a r^2=2\log_a r$

에서 $g(x_3)=2g(x_2)$이므로

$-\dfrac{3}{4}r^2+16=2(2r-6), \ \dfrac{3}{4}r^2+4r-28=0$

$3r^2+16r-112=0, \ (3r+28)(r-4)=0$

$\therefore r=4 \ (\because r>0)$

따라서 $\log_a 4=2$에서 $a=2$이고,

$x_1=1, \ x_2=4, \ x_3=4^2=16$이므로

$a+x_1+x_2+x_3=2+1+4+16=23$

답 23

17

$g(x)=\log_2 x$라 하면 $f(x)=\begin{cases} g(x) & (x<50) \\ -g(x) & (x\geq50) \end{cases}$이므로

$b_n=\begin{cases} g(a_n) & (a_n<50) \\ -g(a_n) & (a_n\geq50) \end{cases}$

이다.

등비수열 $\{a_n\}$의 첫째항을 a라 하면 $a_n=a\times2^{n-1}$이므로

$g(a_1)=\log_2 a$

$g(a_2)=\log_2 2a=1+\log_2 a$

$g(a_3)=\log_2 2^2 a=2+\log_2 a$

$g(a_4)=\log_2 2^3 a=3+\log_2 a$

$g(a_5)=\log_2 2^4 a=4+\log_2 a$

이때 a는 자연수이므로 음이 아닌 정수 k에 대하여 $a\neq2^k$이면 $b_1+b_2+b_3+b_4+b_5$의 값은 정수가 될 수 없다.

따라서 $a=2^k$ 꼴이다.

(i) $a\leq2$일 때,

$a_1<a_2<a_3<a_4<a_5<50$이므로

$b_1+b_2+b_3+b_4+b_5$

$=g(a_1)+g(a_2)+g(a_3)+g(a_4)+g(a_5)$

$=10+5\log_2 a\geq10$

따라서 조건을 만족시키지 않는다.

(ii) $a=2^2=4$일 때,

$a_1<a_2<a_3<a_4<50, \ a_5\geq50$이므로

$b_1+b_2+b_3+b_4+b_5$

$=g(a_1)+g(a_2)+g(a_3)+g(a_4)+\{-g(a_5)\}$

$=2+3\log_2 a=2+6=8$

따라서 조건을 만족시키지 않는다.

(iii) $a=2^3=8$일 때,

$a_1<a_2<a_3<50, \ a_5>a_4\geq50$이므로

$b_1+b_2+b_3+b_4+b_5$

$=g(a_1)+g(a_2)+g(a_3)+\{-g(a_4)\}+\{-g(a_5)\}$

$=-4+\log_2 a=-4+3=-1$

따라서 조건을 만족시키지 않는다.

(iv) $a=2^4=16$일 때,

$a_1<a_2<50, \ a_5>a_4>a_3\geq50$이므로

$b_1+b_2+b_3+b_4+b_5$

$=g(a_1)+g(a_2)+\{-g(a_3)\}+\{-g(a_4)\}$

$\qquad\qquad\qquad\qquad\qquad +\{-g(a_5)\}$

$=-8-\log_2 a=-8-4=-12$

따라서 조건을 만족시킨다.

(v) $a=2^5=32$일 때,

$a_1<50,\ a_5>a_4>a_3>a_2\geq50$이므로

$b_1+b_2+b_3+b_4+b_5$

$=g(a_1)+\{-g(a_2)\}+\{-g(a_3)\}+\{-g(a_4)\}$
$\qquad\qquad\qquad\qquad\qquad\quad +\{-g(a_5)\}$

$=-10-3\log_2 a$

$=-10-15=-25$

따라서 조건을 만족시키지 않는다.

(vi) $a\geq2^6=64$일 때,

$a_5>a_4>a_3>a_2>a_1\geq50$이므로

$b_1+b_2+b_3+b_4+b_5$

$=\{-g(a_1)\}+\{-g(a_2)\}+\{-g(a_3)\}+\{-g(a_4)\}$
$\qquad\qquad\qquad\qquad\qquad\quad +\{-g(a_5)\}$

$=-10-5\log_2 a\leq-40$

따라서 조건을 만족시키지 않는다.

(i)~(vi)에서 $a=16$이므로

$a_n=16\times2^{n-1}=2^{n+3}$

$\therefore a_5=2^8=256$

답 256

18

첫째 해의 연봉: a원

2년째 해의 연봉: $a(1+0.08)$원

3년째 해의 연봉: $a(1+0.08)^2$원

$\qquad\vdots$

19년째 해의 연봉: $a(1+0.08)^{18}$원

20년째 해부터의 매년 연봉: $\dfrac{2}{3}a(1+0.08)^{18}$원

따라서 이 회사에 입사한 사람이 25년 동안 근무하여 받는 연봉의 총합은

$(a+a\times1.08+a\times1.08^2+a\times1.08^3$
$\qquad\qquad +\cdots+a\times1.08^{17}+a\times1.08^{18})+\dfrac{2}{3}a\times1.08^{18}\times6$

$=a+\dfrac{a\times1.08(1.08^{18}-1)}{1.08-1}+4a\times1.08^{18}$

$=a+\dfrac{a\times1.08\times(4-1)}{0.08}+4a\times4$

$=17a+\dfrac{81}{2}a$

$=\dfrac{115}{2}a$

따라서 $k=\dfrac{115}{2}$이므로

$2k=2\times\dfrac{115}{2}=115$

답 115

19

등차수열 $\{a_n\}$의 공차를 $d\ (d<0)$이라 하자.

(i) $a_m=2a_{m+2}$일 때,

$a_{m+2}=a_m+2d$이므로

$a_m=2(a_m+2d)\qquad\therefore a_m=-4d\qquad\cdots\cdots\ \text{㉠}$

$\therefore a_{m+1}=-3d,\ a_{m+2}=-2d$

$S_{m+1}=S_m+(-3d)>S_m,$

$S_{m+2}=S_{m+1}+(-2d)>S_{m+1}$이므로

$S_{m+2}>S_{m+1}>S_m$

$\therefore S_{m+2}=460,\ S_m=450\qquad\cdots\cdots\ \text{㉡}$

$S_{m+2}-S_m=a_{m+1}+a_{m+2}$에서

$460-450=-3d+(-2d),\ 5d=-10$

$\therefore d=-2$

따라서 ㉠에서 $a_m=-4\times(-2)=8$이므로

$a_1+(m-1)\times(-2)=8$

$\therefore a_1=2m+6$

㉡에서

$S_m=\dfrac{m(a_1+a_m)}{2}=\dfrac{m(2m+14)}{2}=450$이므로

$m^2+7m-450=0,\ (m+25)(m-18)=0$

$m=-25$ 또는 $m=18$

그런데 m은 자연수이므로 $m=18$

$\therefore a_1=2\times18+6=42$

(ii) $a_m=-2a_{m+2}$일 때,

$a_{m+2}=a_m+2d$이므로

$a_m=-2(a_m+2d)\qquad\therefore a_m=-\dfrac{4}{3}d$

$\therefore a_{m+1}=-\dfrac{d}{3},\ a_{m+2}=\dfrac{2}{3}d\qquad\cdots\cdots\ \text{㉢}$

$S_{m+1}=S_m+\left(-\dfrac{d}{3}\right)>S_m,$

$S_{m+2}=S_m+\left(-\dfrac{d}{3}\right)+\dfrac{2}{3}d=S_m+\dfrac{d}{3}<S_m$이므로

$S_{m+1}>S_m>S_{m+2}$

$\therefore S_{m+1}=460,\ S_{m+2}=450\qquad\cdots\cdots\ \text{㉣}$

$S_{m+2}-S_{m+1}=a_{m+2}$에서 $450-460=\dfrac{2}{3}d$

$\therefore d=-15$

따라서 ㉢에서 $a_{m+1}=-\dfrac{-15}{3}=5$이므로

$a_1+m\times(-15)=5$

$\therefore a_1=15m+5$

㉣에서

$S_{m+1}=\dfrac{(m+1)(a_1+a_{m+1})}{2}=\dfrac{(m+1)(15m+10)}{2}$
$\qquad\quad =460$

이므로

$3m^2+5m-182=0,\ (3m+26)(m-7)=0$

$$\therefore m=-\frac{26}{3} \ \text{또는} \ m=7$$

그런데 m은 자연수이므로 $m=7$

$$\therefore a_1=15\times7+5=110$$

(i), (ii)에 의하여 모든 a_1의 값의 합은

$$42+110=152$$

답 ③

20

공비가 2인 등비수열 $\{a_n\}$의 일반항은

$a_n=a_1\times2^{n-1}$이다.

$b_n=|a_n-128|$에 대하여 b_k+b_{k+1}의 값이 최소가 되도록

하는 자연수 k의 값이 5이므로

$b_5+b_6<b_4+b_5$이고 $b_5+b_6<b_6+b_7$에서

$b_6<b_4$이고 $b_5<b_7$이어야 한다.

$b_6<b_4$에서 $|a_6-128|<|a_4-128|$

$$\therefore |32a_1-128|<|8a_1-128| \quad \cdots\cdots \ \text{㉠}$$

$b_5<b_7$에서 $|a_5-128|<|a_7-128|$

$$\therefore |16a_1-128|<|64a_1-128| \quad \cdots\cdots \ \text{㉡}$$

㉠에서

(i) $a_1<4$일 때,

$$128-32a_1<128-8a_1, \ a_1>0$$
$$\therefore 0<a_1<4$$

(ii) $4\le a_1<16$일 때,

$$32a_1-128<128-8a_1, \ 40a_1<256, \ a_1<\frac{32}{5}$$
$$\therefore 4\le a_1<\frac{32}{5}$$

(iii) $a_1\ge16$일 때,

$$32a_1-128<8a_1-128, \ a_1<0$$

이므로 조건을 만족시키는 a_1은 존재하지 않는다.

(i), (ii), (iii)에서 ㉠을 만족시키는 a_1의 값의 범위는

$$0<a_1<\frac{32}{5} \quad \cdots\cdots \ \text{㉢}$$

㉡에서

(iv) $a_1<2$일 때,

$$128-16a_1<128-64a_1, \ a_1<0$$

이므로 조건을 만족시키는 a_1은 존재하지 않는다.

(v) $2\le a_1<8$일 때,

$$128-16a_1<64a_1-128, \ 80a_1>256, \ a_1>\frac{16}{5}$$
$$\therefore \frac{16}{5}<a_1<8$$

(vi) $a_1\ge8$일 때,

$$16a_1-128<64a_1-128, \ a_1>0$$
$$\therefore a_1\ge8$$

(iv), (v), (vi)에서 ㉡을 만족시키는 a_1의 값의 범위는

$$a_1>\frac{16}{5} \quad \cdots\cdots \ \text{㉣}$$

㉢과 ㉣의 공통부분을 구하면

$$\frac{16}{5}<a_1<\frac{32}{5}$$

이므로 조건을 만족시키는 자연수 a_1의 값은 4, 5, 6이고 그

합은

$$4+5+6=15$$

답 15

09 수열의 합

01 합의 기호 $\sum$

개념 CHECK

01 (1) $\displaystyle\sum_{k=1}^{n}(3k-1)$　(2) $\displaystyle\sum_{k=1}^{n}\dfrac{1}{2k+1}$

　　(3) $\displaystyle\sum_{k=1}^{6}7$　(4) $\displaystyle\sum_{k=1}^{n}3^{k-1}$

02 (1) 41　(2) -16

01

답 (1) $\displaystyle\sum_{k=1}^{n}(3k-1)$　(2) $\displaystyle\sum_{k=1}^{n}\dfrac{1}{2k+1}$　(3) $\displaystyle\sum_{k=1}^{6}7$　(4) $\displaystyle\sum_{k=1}^{n}3^{k-1}$

02

(1) $\displaystyle\sum_{k=1}^{10}(2a_k-5b_k)=2\sum_{k=1}^{10}a_k-5\sum_{k=1}^{10}b_k$

$\qquad\qquad\qquad\quad=2\times8-5\times(-5)=41$

(2) $\displaystyle\sum_{k=1}^{10}(3a_k+2b_k-3)=3\sum_{k=1}^{10}a_k+2\sum_{k=1}^{10}b_k-\sum_{k=1}^{10}3$

$\qquad\qquad\qquad\qquad=3\times8+2\times(-5)-3\times10$

$\qquad\qquad\qquad\qquad=-16$

답 (1) 41　(2) -16

유제

01-1 (1) 300　(2) 19　　**01-2** 42　　**01-3** 29

01-4 2　　**02-1** (1) 230　(2) 24　　**02-2** 90

02-3 ④　　**02-4** 81

01-1

(1) $\displaystyle\sum_{k=1}^{n}(a_{2k-1}+a_{2k})=(a_1+a_2)+(a_3+a_4)+(a_5+a_6)$

$\qquad\qquad\qquad\qquad\quad+\cdots+(a_{2n-1}+a_{2n})$

$\qquad\qquad\qquad\quad=\displaystyle\sum_{k=1}^{2n}a_k$

이므로 $\displaystyle\sum_{k=1}^{2n}a_k=3n^2$

$\therefore \displaystyle\sum_{k=1}^{20}a_k=3\times10^2=300$

(2) $\displaystyle\sum_{k=1}^{10}(a_k-2b_k)=30$에서 $\displaystyle\sum_{k=1}^{10}a_k-2\sum_{k=1}^{10}b_k=30$

$\displaystyle\sum_{k=1}^{10}(a_k+b_k)=6$에서 $\displaystyle\sum_{k=1}^{10}a_k+\sum_{k=1}^{10}b_k=6$

두 식을 연립하여 풀면 $\displaystyle\sum_{k=1}^{10}a_k=14$, $\displaystyle\sum_{k=1}^{10}b_k=-8$

$\therefore \displaystyle\sum_{k=1}^{10}\left(a_k+\dfrac{1}{2}\right)=\sum_{k=1}^{10}a_k+\dfrac{1}{2}\times10=14+5=19$

답 (1) 300　(2) 19

01-2

$\displaystyle\sum_{k=1}^{20}a_{k+1}=a_2+a_3+a_4+\cdots+a_{20}+a_{21}$ ……㉠

$\displaystyle\sum_{k=2}^{21}a_{k-1}=a_1+a_2+a_3+\cdots+a_{19}+a_{20}$ ……㉡

$\displaystyle\sum_{k=1}^{20}a_{k+1}-\sum_{k=2}^{21}a_{k-1}=32$이므로 ㉠－㉡을 하면

$-a_1+a_{21}=32$

$\therefore a_{21}=32+a_1=32+10=42$

답 42

01-3

$\displaystyle\sum_{k=1}^{10}(a_k+1)^2=\sum_{k=1}^{10}(a_k^2+2a_k+1)$

$\qquad\qquad\quad=\displaystyle\sum_{k=1}^{10}a_k^2+2\sum_{k=1}^{10}a_k+\sum_{k=1}^{10}1$

$\qquad\qquad\quad=9+2\times5+1\times10$

$\qquad\qquad\quad=29$

답 29

01-4

$\displaystyle\sum_{k=1}^{20}\dfrac{5^k+3^k}{6^k}=\sum_{k=1}^{20}\left(\dfrac{5^k}{6^k}+\dfrac{3^k}{6^k}\right)=\sum_{k=1}^{20}\left(\dfrac{5}{6}\right)^k+\sum_{k=1}^{20}\left(\dfrac{1}{2}\right)^k$

$\qquad\qquad\quad=\dfrac{\dfrac{5}{6}\left\{1-\left(\dfrac{5}{6}\right)^{20}\right\}}{1-\dfrac{5}{6}}+\dfrac{\dfrac{1}{2}\left\{1-\left(\dfrac{1}{2}\right)^{20}\right\}}{1-\dfrac{1}{2}}$

$\qquad\qquad\quad=5\left\{1-\left(\dfrac{5}{6}\right)^{20}\right\}+\left\{1-\left(\dfrac{1}{2}\right)^{20}\right\}$

$\qquad\qquad\quad=5-5\times\left(\dfrac{5}{6}\right)^{20}+1-\left(\dfrac{1}{2}\right)^{20}$

$\qquad\qquad\quad=6-5\times\left(\dfrac{5}{6}\right)^{20}-\left(\dfrac{1}{2}\right)^{20}$

따라서 $a=6$, $b=-5$, $c=-1$이므로

$a+b-c=6+(-5)-(-1)=2$

답 2

02-1

(1) 등차수열 $\{a_n\}$의 첫째항을 a, 공차를 d라 하면

$a_2=a+d=-4$, $a_6=a+5d=8$

두 식을 연립하여 풀면
$$a=-7,\ d=3$$
따라서 수열 $\{a_{2n}\}$은 첫째항이
$$a_2=a+d=(-7)+3=-4$$이고 공차가
$$2d=2\times3=6$$인 등차수열이므로
$$\sum_{k=1}^{10}a_{2k}=\frac{10\{2\times(-4)+9\times6\}}{2}=230$$

(2) 등비수열 $\{a_n\}$의 공비를 r이라 하면
$$a_3=4(a_2-a_1)$$에서
$$a_1r^2=4(a_1r-a_1),\ a_1r^2-4a_1r+4a_1=0$$
$$a_1(r^2-4r+4)=0,\ a_1(r-2)^2=0$$
$$\therefore r=2\ \left(\because \sum_{k=1}^{5}a_k=24에서\ a_1\neq0\right)$$
$$\sum_{k=1}^{5}a_k=24에서\ \sum_{k=1}^{5}a_k=\frac{a_1(2^5-1)}{2-1}=31a_1$$이므로
$$31a_1=24\qquad \therefore a_1=\frac{24}{31}$$
$$\therefore a_6-a_1=\frac{24}{31}\times2^5-\frac{24}{31}$$
$$=\frac{24}{31}\times(32-1)$$
$$=\frac{24}{31}\times31=24$$

답 (1) 230 (2) 24

02-2

등차수열 $\{a_n\}$의 공차를 d라 하면
$$\sum_{k=1}^{30}a_{2k}-\sum_{k=1}^{30}a_{2k-1}$$
$$=(a_2+a_4+a_6+\cdots+a_{60})-(a_1+a_3+a_5+\cdots+a_{59})$$
$$=(a_2-a_1)+(a_4-a_3)+(a_6-a_5)+\cdots+(a_{60}-a_{59})$$
$$=\underbrace{d+d+d+\cdots+d}_{30개}=30d$$
이때 $a_4=5,\ a_7=14$이므로
$$a_1+3d=5,\ a_1+6d=14$$
두 식을 연립하여 풀면 $a_1=-4,\ d=3$
$$\therefore \sum_{k=1}^{30}a_{2k}-\sum_{k=1}^{30}a_{2k-1}=30d=30\times3=90$$

참고

첫째항은 구할 필요 없이 공차만 구하면 되므로
$$a_7-a_4=14-5=9=3d\qquad \therefore d=3$$

답 90

02-3

등비수열 $\{a_n\}$의 공비를 r이라 하자.
$r=1$이면 $\sum_{k=1}^{20}a_k=20a_1,\ \sum_{k=1}^{10}a_{2k}=10a_1$이므로

$$20a_1+10a_1=0\qquad \therefore a_1=0$$
따라서 $a_3+a_4=0\neq3$이므로 조건을 만족시키지 않는다.
즉, $r\neq1$이고
$$\sum_{k=1}^{20}a_k=\frac{a_1(r^{20}-1)}{r-1},\ \sum_{k=1}^{10}a_{2k}=\frac{a_1r(r^{20}-1)}{r^2-1}$$이므로
$$\frac{a_1(r^{20}-1)}{r-1}+\frac{a_1r(r^{20}-1)}{r^2-1}=0$$
$$\frac{a_1(r^{20}-1)(2r+1)}{r^2-1}=0$$
이때 $r\neq1$에서 $r^{20}-1\neq0,\ r^2-1\neq0$이므로
$$a_1(2r+1)=0$$
한편, $a_1=0$이면 $a_3+a_4=0\neq3$이므로 조건을 만족시키지 않는다.
따라서 $a_1\neq0$이므로 $2r+1=0$
$$\therefore r=-\frac{1}{2}$$
$a_3+a_4=3$에서
$$a_1\times\left(-\frac{1}{2}\right)^2+a_1\times\left(-\frac{1}{2}\right)^3=3,\ \frac{1}{8}a_1=3$$
$$\therefore a_1=24$$

답 ④

02-4

등비수열 $\{a_n\}$의 첫째항을 a라 하면
$$\sum_{k=1}^{n}a_k=\frac{a(3^n-1)}{3-1}=\frac{a}{2}(3^n-1),$$
$$\sum_{k=1}^{n}b_k=\frac{6(2^n-1)}{2-1}=6(2^n-1)$$이므로
$$\sum_{k=1}^{n}(a_k-b_k)=\sum_{k=1}^{n}a_k-\sum_{k=1}^{n}b_k$$
$$=\frac{a}{2}(3^n-1)-6(2^n-1)$$
$$\sum_{k=1}^{n}(a_k-b_k)<0$$을 만족시키는 자연수 n의 최댓값이 3이므로 $n=3$일 때 $\frac{a}{2}(3^3-1)<6(2^3-1)$이고,
$n=4$일 때 $\frac{a}{2}(3^4-1)\geq6(2^4-1)$이어야 한다.
즉, $13a<42$에서 $a<\frac{42}{13}$이고
$40a\geq90$에서 $a\geq\frac{9}{4}$이므로
$$\frac{9}{4}\leq a<\frac{42}{13}$$
따라서 자연수 a의 값은 3이므로
$$a_4=3\times3^3=81$$

답 81

02 자연수의 거듭제곱의 합

개념 CHECK

01 (1) 392　(2) 465

02 (1) n^2-1　(2) $\dfrac{n(2n+1)(7n+1)}{6}$

03-1 (1) 375　(2) 168　(3) 532

03-2 (1) 9　(2) 92　　　**03-3** $\dfrac{n(n+1)(n+2)}{3}$

03-4 $\dfrac{125}{6}$　**04-1** 55　　**04-2** 3　　**04-3** 65

04-4 26　　**05-1** 27　　**05-2** 19　　**05-3** 9

05-4 $\dfrac{7}{3}$

01

$$(1)\ \sum_{k=1}^{7}(3k^2-k)=3\sum_{k=1}^{7}k^2-\sum_{k=1}^{7}k$$
$$=3\times\frac{7\times8\times15}{6}-\frac{7\times8}{2}$$
$$=420-28$$
$$=392$$

$$(2)\ \sum_{k=1}^{5}(2k^3+3)=2\sum_{k=1}^{5}k^3+\sum_{k=1}^{5}3$$
$$=2\times\left(\frac{5\times6}{2}\right)^2+3\times5$$
$$=450+15$$
$$=465$$

답 (1) 392　(2) 465

02

$$(1)\ \sum_{k=1}^{n-1}(2k+1)=2\sum_{k=1}^{n-1}k+\sum_{k=1}^{n-1}1$$
$$=2\times\frac{(n-1)\times n}{2}+1\times(n-1)$$
$$=(n-1)(n+1)$$
$$=n^2-1$$

$$(2)\ \sum_{k=n+1}^{2n}k^2=\sum_{k=1}^{2n}k^2-\sum_{k=1}^{n}k^2$$
$$=\frac{2n(2n+1)(4n+1)}{6}-\frac{n(n+1)(2n+1)}{6}$$
$$=\frac{1}{6}n(2n+1)\{2(4n+1)-(n+1)\}$$
$$=\frac{n(2n+1)(7n+1)}{6}$$

답 (1) n^2-1　(2) $\dfrac{n(2n+1)(7n+1)}{6}$

03-1

$$(1)\ \sum_{k=1}^{10}(k-1)(k+1)=\sum_{k=1}^{10}(k^2-1)$$
$$=\sum_{k=1}^{10}k^2-\sum_{k=1}^{10}1$$
$$=\frac{10\times11\times21}{6}-1\times10$$
$$=385-10=375$$

$$(2)\ 6\sum_{k=1}^{7}\frac{1^2+2^2+3^2+\cdots+k^2}{2k+1}$$
$$=6\sum_{k=1}^{7}\frac{\dfrac{k(k+1)(2k+1)}{6}}{2k+1}=6\times\frac{1}{6}\sum_{k=1}^{7}k(k+1)$$
$$=\sum_{k=1}^{7}(k^2+k)=\sum_{k=1}^{7}k^2+\sum_{k=1}^{7}k$$
$$=\frac{7\times8\times15}{6}+\frac{7\times8}{2}$$
$$=140+28=168$$

(3) 수열 $1^2\times2,\ 2^2\times3,\ 3^2\times4,\ \cdots,\ 6^2\times7$의 일반항을 a_n이라 하면 $a_n=n^2(n+1)=n^3+n^2$

이때 $6^2\times7=a_6$이므로

$$1^2\times2+2^2\times3+3^2\times4+\cdots+6^2\times7$$
$$=\sum_{k=1}^{6}a_k=\sum_{k=1}^{6}(k^3+k^2)$$
$$=\sum_{k=1}^{6}k^3+\sum_{k=1}^{6}k^2$$
$$=\left(\frac{6\times7}{2}\right)^2+\frac{6\times7\times13}{6}$$
$$=441+91=532$$

답 (1) 375　(2) 168　(3) 532

03-2

$$(1)\ \sum_{k=1}^{10}(2k+a)=2\sum_{k=1}^{10}k+a\times10$$
$$=2\times\frac{10\times11}{2}+10a$$
$$=110+10a=200$$
$$\therefore a=9$$

(2) $\sum\limits_{k=1}^{9} a_k = \sum\limits_{k=1}^{5} a_{2k-1} + \sum\limits_{k=1}^{4} a_{2k}$ ← (홀수 번째 항의 합)
$\qquad\qquad\qquad\qquad\qquad\qquad$ +(짝수 번째 항의 합)

$\qquad = \sum\limits_{k=1}^{5}(k^2+k) + \sum\limits_{k=1}^{4}(3k-2)$

$\qquad = \dfrac{5\times6\times11}{6} + \dfrac{5\times6}{2} + 3\times\dfrac{4\times5}{2} - 2\times4$

$\qquad = 55+15+30-8$

$\qquad = 92$

다른 풀이

(2) $\sum\limits_{k=1}^{9} a_k = \sum\limits_{k=1}^{5} a_{2k-1} + \sum\limits_{k=1}^{5} a_{2k} - a_{10}$

$\qquad = \sum\limits_{k=1}^{5}(k^2+k) + \sum\limits_{k=1}^{5}(3k-2) - 13$

$\qquad = \sum\limits_{k=1}^{5}(k^2+4k-2) - 13$

$\qquad = \sum\limits_{k=1}^{5}k^2 + 4\sum\limits_{k=1}^{5}k - 2\times5 - 13$

$\qquad = \dfrac{5\times6\times11}{6} + 4\times\dfrac{5\times6}{2} - 23$

$\qquad = 55+60-23 = 92$

$\qquad\qquad\qquad\qquad\qquad$ 답 (1) 9   (2) 92

03-3

수열 $2,\ 2+4,\ 2+4+6,\ 2+4+6+8,\ \cdots$의 일반항을 a_n이라 하면

$a_n = 2+4+6+8+\cdots+2n$

$\qquad = \sum\limits_{k=1}^{n} 2k = 2\sum\limits_{k=1}^{n}k = 2\times\dfrac{n(n+1)}{2} = n^2+n$

$\therefore\ \sum\limits_{k=1}^{n} a_k = \sum\limits_{k=1}^{n}(k^2+k) = \sum\limits_{k=1}^{n}k^2 + \sum\limits_{k=1}^{n}k$

$\qquad\qquad = \dfrac{n(n+1)(2n+1)}{6} + \dfrac{n(n+1)}{2}$

$\qquad\qquad = \dfrac{n(n+1)(2n+1+3)}{6}$

$\qquad\qquad = \dfrac{n(n+1)(n+2)}{3}$

$\qquad\qquad\qquad\qquad\qquad$ 답 $\dfrac{n(n+1)(n+2)}{3}$

03-4

$a_n = \sum\limits_{k=1}^{n} \dfrac{(n-k)^2}{n} = \dfrac{1}{n}\sum\limits_{k=1}^{n}(n^2-2nk+k^2)$

$\qquad = \dfrac{1}{n}\times n\times n^2 - 2\sum\limits_{k=1}^{n}k + \dfrac{1}{n}\sum\limits_{k=1}^{n}k^2$

$\qquad = n^2 - 2\times\dfrac{n(n+1)}{2} + \dfrac{(n+1)(2n+1)}{6}$

$\qquad = n^2 - n(n+1) + \dfrac{(n+1)(2n+1)}{6}$

$\qquad = -n + \dfrac{2n^2+3n+1}{6} = \dfrac{2n^2-3n+1}{6}$

$\therefore\ \sum\limits_{k=1}^{6} a_k = \sum\limits_{k=1}^{6}\dfrac{2k^2-3k+1}{6}$

$\qquad\qquad = \dfrac{1}{3}\sum\limits_{k=1}^{6}k^2 - \dfrac{1}{2}\sum\limits_{k=1}^{6}k + \dfrac{1}{6}\times6$

$\qquad\qquad = \dfrac{1}{3}\times\dfrac{6\times7\times13}{6} - \dfrac{1}{2}\times\dfrac{6\times7}{2} + 1$

$\qquad\qquad = \dfrac{91}{3} - \dfrac{21}{2} + 1$

$\qquad\qquad = \dfrac{125}{6}$

$\qquad\qquad\qquad\qquad\qquad$ 답 $\dfrac{125}{6}$

04-1

$\sum\limits_{k=1}^{n}(2k-1) = 2\sum\limits_{k=1}^{n}k - n = 2\times\dfrac{n(n+1)}{2} - n$

$\qquad\qquad\qquad = n(n+1) - n$

$\qquad\qquad\qquad = n^2$

이므로

$\sum\limits_{n=1}^{5}\left\{\sum\limits_{k=1}^{n}(2k-1)\right\} = \sum\limits_{n=1}^{5}n^2 = \dfrac{5\times6\times11}{6} = 55$

$\qquad\qquad\qquad\qquad\qquad$ 답 55

04-2

$\sum\limits_{n=1}^{p}\left\{\sum\limits_{m=1}^{n}\left(\sum\limits_{k=1}^{m}6\right)\right\}$

$= \sum\limits_{n=1}^{p}\left(\sum\limits_{m=1}^{n}6m\right) = \sum\limits_{n=1}^{p}\left(6\sum\limits_{m=1}^{n}m\right)$

$= \sum\limits_{n=1}^{p}\left\{6\times\dfrac{n(n+1)}{2}\right\} = \sum\limits_{n=1}^{p}(3n^2+3n)$

$= 3\sum\limits_{n=1}^{p}n^2 + 3\sum\limits_{n=1}^{p}n$

$= 3\times\dfrac{p(p+1)(2p+1)}{6} + 3\times\dfrac{p(p+1)}{2}$

$= p(p+1)(p+2)$

$= p^3+3p^2+2p = 60$

$p^3+3p^2+2p-60 = 0,\ (p-3)(p^2+6p+20) = 0$

$\therefore\ p=3\ (\because\ p^2+6p+20 > 0)$

$\qquad\qquad\qquad\qquad\qquad$ 답 3

04-3

x에 대한 이차방정식 $x^2+n(n+2)x-n=0$에서 근과 계수의 관계에 의하여

$\alpha_n + \beta_n = -n(n+2),\ \alpha_n\beta_n = -n$이므로

$\dfrac{1}{\alpha_n} + \dfrac{1}{\beta_n} = \dfrac{\alpha_n+\beta_n}{\alpha_n\beta_n} = n+2$

$$\therefore \sum_{k=1}^{5}\left\{\sum_{n=1}^{k}\left(\frac{1}{\alpha_n}+\frac{1}{\beta_n}\right)\right\}=\sum_{k=1}^{5}\left\{\sum_{n=1}^{k}(n+2)\right\}$$
$$=\sum_{k=1}^{5}\left\{\frac{k(k+1)}{2}+2k\right\}$$
$$=\frac{1}{2}\sum_{k=1}^{5}(k^2+5k)$$
$$=\frac{1}{2}\times\frac{5\times6\times11}{6}+\frac{5}{2}\times\frac{5\times6}{2}$$
$$=\frac{55}{2}+\frac{75}{2}=65$$

답 65

04-4

다항식 x^2-4x+1을 $x-2^n$으로 나누었을 때의 나머지는 나머지정리에 의하여

$a_n=4^n-2^{n+2}+1$

$$\therefore \sum_{k=1}^{3}\left(\sum_{n=1}^{k}a_n\right)$$
$$=\sum_{k=1}^{3}\left\{\sum_{n=1}^{k}(4^n-2^{n+2}+1)\right\}$$
$$=\sum_{k=1}^{3}\left\{\frac{4(4^k-1)}{4-1}-\frac{2^3(2^k-1)}{2-1}+k\right\}$$
$$=\sum_{k=1}^{3}\frac{4}{3}(4^k-1)-\sum_{k=1}^{3}8(2^k-1)+\sum_{k=1}^{3}k$$
$$=\frac{4}{3}\sum_{k=1}^{3}4^k-\frac{4}{3}\times3-8\sum_{k=1}^{3}2^k+8\times3+\sum_{k=1}^{3}k$$
$$=\frac{4}{3}\times\frac{4(4^3-1)}{4-1}-8\times\frac{2(2^3-1)}{2-1}+\frac{3\times4}{2}+20$$
$$=112-112+26$$
$$=26$$

> **참고**
>
> **나머지정리**
> 다항식 $f(x)$를 일차식 $x-\alpha$로 나누었을 때의 나머지는 $f(\alpha)$이다.

답 26

05-1

수열 $\{a_n\}$의 첫째항부터 제n항까지의 합을 S_n이라 하면

$S_n=\sum_{k=1}^{n}a_k=n^2+2n$이므로

$n=1$일 때,

$a_1=S_1=1^2+2=3$

$n\geq2$일 때,

$a_n=S_n-S_{n-1}$
$\quad=n^2+2n-\{(n-1)^2+2(n-1)\}$
$\quad=n^2+2n-(n^2-2n+1+2n-2)$
$\quad=2n+1 \quad\cdots\cdots \text{㉠}$

이때 $a_1=3$은 ㉠에 $n=1$을 대입한 값과 같으므로 일반항 a_n은 $a_n=2n+1$

$\therefore a_{13}=2\times13+1=27$

다른 풀이

$\sum_{k=1}^{n}a_k=n^2+2n$이므로

$a_{13}=\sum_{k=1}^{13}a_k-\sum_{k=1}^{12}a_k$
$\quad=13^2+2\times13-(12^2+2\times12)$
$\quad=195-168$
$\quad=27$

답 27

05-2

$\sum_{k=1}^{n}a_{2k}=4n^2+3n$이므로

$n\geq2$일 때,

$a_{2n}=4n^2+3n-\{4(n-1)^2+3(n-1)\}$
$\quad=4n^2+3n-\{4(n^2-2n+1)+3n-3\}$
$\quad=4n^2+3n-(4n^2-5n+1)$
$\quad=8n-1$

따라서 $a_4=8\times2-1=15$, $a_6=8\times3-1=23$이고 수열 $\{a_n\}$은 등차수열이므로

$$a_5=\frac{a_4+a_6}{2}=\frac{15+23}{2}=19$$

답 19

05-3

수열 $\{a_n\}$의 첫째항부터 제n항까지의 합을 S_n이라 하면

$S_n=\sum_{k=1}^{n}a_k=4^n-2^{n+5}+64$이므로

$n=1$일 때,

$a_1=S_1=4^1-2^6+64=4$

$n\geq2$일 때,

$a_n=S_n-S_{n-1}$
$\quad=4^n-2^{n+5}+64-(4^{n-1}-2^{n+4}+64)$
$\quad=3\times4^{n-1}-2^{n+4} \quad\cdots\cdots \text{㉠}$

이때 $a_1=4$는 ㉠에 $n=1$을 대입한 값과 같지 않으므로 일반항 a_n은

$a_1=4$, $a_n=3\times4^{n-1}-2^{n+4}$ $(n\geq2)$

따라서 $a_1=4>0$이고,

$n\geq2$일 때,

$a_n=3\times4^{n-1}-2^{n+4}<0$에서 $\frac{3}{4}\times(2^n)^2-16\times2^n<0$

$2^n=t$ $(t\geq4)$로 놓으면 $\frac{3}{4}t^2-16t<0$

$$\frac{1}{4}t(3t-64)<0 \qquad \therefore 0<t<\frac{64}{3}$$

이때 $t\geq 4$이므로 $4\leq t<\frac{64}{3}$

따라서 $4\leq 2^n<\frac{64}{3}$이므로 $a_n<0$을 만족시키는 자연수 n은
$2,\ 3,\ 4$이고 그 합은 $2+3+4=9$이다.

답 9

05-4

$\sum\limits_{k=1}^{n}\frac{4k+3}{a_k}=2n^2+n$이므로

$n\geq 2$일 때,

$$\begin{aligned}
\frac{4n+3}{a_n}&=2n^2+n-\{2(n-1)^2+(n-1)\}\\
&=2n^2+n-\{2(n^2-2n+1)+n-1\}\\
&=2n^2+n-(2n^2-3n+1)\\
&=4n-1
\end{aligned}$$

따라서 $n\geq 2$일 때, $a_n=\frac{4n+3}{4n-1}$

$$\begin{aligned}
\therefore a_4\times a_5\times a_6\times a_7\times a_8&=\frac{19}{15}\times\frac{23}{19}\times\frac{27}{23}\times\frac{31}{27}\times\frac{35}{31}\\
&=\frac{7}{3}
\end{aligned}$$

답 $\frac{7}{3}$

03 여러 가지 수열의 합

개념 CHECK

본문 411쪽

01 (1) $\frac{10}{31}$ (2) $\frac{29}{88}$ **02** (1) 4 (2) $\sqrt{26}+2\sqrt{3}-\sqrt{2}$

01

$(1)\ \sum\limits_{k=1}^{10}\frac{1}{(3k-2)(3k+1)}$

$$\begin{aligned}
&=\frac{1}{3}\sum_{k=1}^{10}\left(\frac{1}{3k-2}-\frac{1}{3k+1}\right)\\
&=\frac{1}{3}\left\{\left(1-\frac{1}{4}\right)+\left(\frac{1}{4}-\frac{1}{7}\right)+\left(\frac{1}{7}-\frac{1}{10}\right)\right.\\
&\qquad\qquad\left.+\cdots+\left(\frac{1}{28}-\frac{1}{31}\right)\right\}\\
&=\frac{1}{3}\left(1-\frac{1}{31}\right)=\frac{10}{31}
\end{aligned}$$

$(2)\ \sum\limits_{k=1}^{9}\frac{1}{(k+1)(k+3)}$

$$\begin{aligned}
&=\frac{1}{2}\sum_{k=1}^{9}\left(\frac{1}{k+1}-\frac{1}{k+3}\right)\\
&=\frac{1}{2}\left\{\left(\frac{1}{2}-\frac{1}{4}\right)+\left(\frac{1}{3}-\frac{1}{5}\right)+\left(\frac{1}{4}-\frac{1}{6}\right)\right.\\
&\qquad\qquad\left.+\cdots+\left(\frac{1}{9}-\frac{1}{11}\right)+\left(\frac{1}{10}-\frac{1}{12}\right)\right\}\\
&=\frac{1}{2}\left(\frac{1}{2}+\frac{1}{3}-\frac{1}{11}-\frac{1}{12}\right)=\frac{29}{88}
\end{aligned}$$

답 (1) $\frac{10}{31}$ (2) $\frac{29}{88}$

02

$(1)\ \sum\limits_{k=1}^{40}\frac{1}{\sqrt{2k+1}+\sqrt{2k-1}}$

$$\begin{aligned}
&=\sum_{k=1}^{40}\frac{\sqrt{2k+1}-\sqrt{2k-1}}{(\sqrt{2k+1}+\sqrt{2k-1})(\sqrt{2k+1}-\sqrt{2k-1})}\\
&=\frac{1}{2}\sum_{k=1}^{40}(\sqrt{2k+1}-\sqrt{2k-1})\\
&=\frac{1}{2}\{(\sqrt{3}-1)+(\sqrt{5}-\sqrt{3})+(\sqrt{7}-\sqrt{5})\\
&\qquad\qquad+\cdots+(\sqrt{81}-\sqrt{79})\}\\
&=\frac{1}{2}(-1+9)=4
\end{aligned}$$

$(2)\ \sum\limits_{k=1}^{24}\frac{2}{\sqrt{k+3}+\sqrt{k+1}}$

$$\begin{aligned}
&=\sum_{k=1}^{24}\frac{2(\sqrt{k+3}-\sqrt{k+1})}{(\sqrt{k+3}+\sqrt{k+1})(\sqrt{k+3}-\sqrt{k+1})}\\
&=\sum_{k=1}^{24}(\sqrt{k+3}-\sqrt{k+1})\\
&=(\sqrt{4}-\sqrt{2})+(\sqrt{5}-\sqrt{3})+(\sqrt{6}-\sqrt{4})\\
&\qquad\qquad+\cdots+(\sqrt{26}-\sqrt{24})+(\sqrt{27}-\sqrt{25})\\
&=-\sqrt{2}-\sqrt{3}+\sqrt{26}+\sqrt{27}\\
&=\sqrt{26}+2\sqrt{3}-\sqrt{2}
\end{aligned}$$

답 (1) 4 (2) $\sqrt{26}+2\sqrt{3}-\sqrt{2}$

유제

본문 412~415쪽

06-1 $\dfrac{n}{2(3n+2)}$ **06-2** (1) $\dfrac{36}{55}$ (2) 13

06-3 13 **06-4** $\dfrac{5}{3}$ **07-1** (1) $4-\sqrt{3}$ (2) 4

07-2 $2+\sqrt{2}$ **07-3** 32 **07-4** 58

06-1

주어진 수열의 일반항을 a_n이라 하면

$$a_n=\frac{1}{(3n-1)(3n+2)}=\frac{1}{3}\left(\frac{1}{3n-1}-\frac{1}{3n+2}\right)$$

$$\therefore \sum_{k=1}^{n} a_k = \frac{1}{3}\sum_{k=1}^{n}\left(\frac{1}{3k-1}-\frac{1}{3k+2}\right)$$
$$= \frac{1}{3}\left\{\left(\frac{1}{2}-\frac{1}{5}\right)+\left(\frac{1}{5}-\frac{1}{8}\right)+\left(\frac{1}{8}-\frac{1}{11}\right)\right.$$
$$\left.+\cdots+\left(\frac{1}{3n-1}-\frac{1}{3n+2}\right)\right\}$$
$$= \frac{1}{3}\left(\frac{1}{2}-\frac{1}{3n+2}\right)=\frac{n}{2(3n+2)}$$

$$\text{답}\ \ \frac{n}{2(3n+2)}$$

06-2

(1) $\displaystyle\sum_{k=1}^{9}\frac{1}{k^2+2k}$

$$=\sum_{k=1}^{9}\frac{1}{k(k+2)}$$
$$=\frac{1}{2}\sum_{k=1}^{9}\left(\frac{1}{k}-\frac{1}{k+2}\right)$$
$$=\frac{1}{2}\left\{\left(\frac{1}{1}-\frac{1}{3}\right)+\left(\frac{1}{2}-\frac{1}{4}\right)+\left(\frac{1}{3}-\frac{1}{5}\right)\right.$$
$$\left.+\cdots+\left(\frac{1}{8}-\frac{1}{10}\right)+\left(\frac{1}{9}-\frac{1}{11}\right)\right\}$$
$$=\frac{1}{2}\left(\frac{1}{1}+\frac{1}{2}-\frac{1}{10}-\frac{1}{11}\right)=\frac{36}{55}$$

(2) $\displaystyle\sum_{k=1}^{n}\frac{5}{(k+1)(k+2)}$

$$=5\sum_{k=1}^{n}\left(\frac{1}{k+1}-\frac{1}{k+2}\right)$$
$$=5\left\{\left(\frac{1}{2}-\frac{1}{3}\right)+\left(\frac{1}{3}-\frac{1}{4}\right)+\left(\frac{1}{4}-\frac{1}{5}\right)\right.$$
$$\left.+\cdots+\left(\frac{1}{n+1}-\frac{1}{n+2}\right)\right\}$$
$$=5\left(\frac{1}{2}-\frac{1}{n+2}\right)$$

이 값이 $\dfrac{13}{6}$이므로 $5\left(\dfrac{1}{2}-\dfrac{1}{n+2}\right)=\dfrac{13}{6}$에서

$$\frac{1}{2}-\frac{1}{n+2}=\frac{13}{30},\ \frac{1}{n+2}=\frac{1}{15}$$
$$\therefore n=13$$

$$\text{답}\ (1)\ \frac{36}{55}\quad (2)\ 13$$

06-3

등차수열 $\{a_n\}$의 공차를 d라 하면

$$\sum_{k=1}^{9}\frac{1}{a_k a_{k+1}}=\sum_{k=1}^{9}\left\{\frac{1}{a_{k+1}-a_k}\left(\frac{1}{a_k}-\frac{1}{a_{k+1}}\right)\right\}$$
$$=\sum_{k=1}^{9}\left\{\frac{1}{d}\left(\frac{1}{a_k}-\frac{1}{a_{k+1}}\right)\right\}$$
$$=\frac{1}{d}\left\{\left(\frac{1}{a_1}-\frac{1}{a_2}\right)+\left(\frac{1}{a_2}-\frac{1}{a_3}\right)\right.$$
$$\left.+\cdots+\left(\frac{1}{a_9}-\frac{1}{a_{10}}\right)\right\}$$
$$=\frac{1}{d}\left(\frac{1}{a_1}-\frac{1}{a_{10}}\right)$$

이 값이 $\dfrac{9}{28}$이고 $a_1=1$이므로

$$\frac{1}{d}\left(\frac{1}{a_1}-\frac{1}{a_{10}}\right)=\frac{9}{28}$$에서
$$\frac{1}{d}\left(1-\frac{1}{1+9d}\right)=\frac{9}{28},\ \frac{1}{d}\times\frac{9d}{1+9d}=\frac{9}{28}$$
$$1+9d=28\quad \therefore d=3$$
$$\therefore a_5=1+4\times3=13$$

$$\text{답}\ 13$$

06-4

$$\sum_{k=1}^{10}\left\{(-1)^k\times\left(\frac{1}{a_k}+\frac{1}{a_{k+1}}\right)\right\}$$
$$=-\left(\frac{1}{a_1}+\frac{1}{a_2}\right)+\left(\frac{1}{a_2}+\frac{1}{a_3}\right)-\left(\frac{1}{a_3}+\frac{1}{a_4}\right)$$
$$+\cdots-\left(\frac{1}{a_9}+\frac{1}{a_{10}}\right)+\left(\frac{1}{a_{10}}+\frac{1}{a_{11}}\right)$$
$$=-\frac{1}{a_1}+\frac{1}{a_{11}}$$

이 값이 $\dfrac{1}{10}$이고 $a_1=2$이므로

$$-\frac{1}{a_1}+\frac{1}{a_{11}}=\frac{1}{10}$$에서 $-\dfrac{1}{2}+\dfrac{1}{a_{11}}=\dfrac{1}{10}$
$$\frac{1}{a_{11}}=\frac{3}{5}$$
$$\therefore a_{11}=\frac{5}{3}$$

$$\text{답}\ \frac{5}{3}$$

07-1

(1) $\displaystyle\sum_{k=1}^{13}\frac{1}{\sqrt{k+3}+\sqrt{k+2}}$

$$=\sum_{k=1}^{13}(\sqrt{k+3}-\sqrt{k+2})$$
$$=(\sqrt{4}-\sqrt{3})+(\sqrt{5}-\sqrt{4})+\cdots+(\sqrt{16}-\sqrt{15})$$
$$=4-\sqrt{3}$$

(2) $\displaystyle\sum_{k=1}^{40}\log_3\frac{2k+1}{2k-1}$

$$=\log_3\frac{3}{1}+\log_3\frac{5}{3}+\log_3\frac{7}{5}+\cdots+\log_3\frac{81}{79}$$
$$=\log_3\left(\frac{3}{1}\times\frac{5}{3}\times\cdots\times\frac{81}{79}\right)$$
$$=\log_3 81=\log_3 3^4=4$$

$$\text{답}\ (1)\ 4-\sqrt{3}\quad (2)\ 4$$

07-2

x에 대한 이차방정식 $x^2-nx+n-2=0$의 두 근의 합과 곱은 근과 계수의 관계에 의하여 각각 n, $n-2$이므로

$$a_n=n,\ b_n=n-2$$

$$\therefore \sum_{k=3}^{9} \frac{2}{\sqrt{a_k}+\sqrt{b_k}}$$

$$=\sum_{k=3}^{9} \frac{2}{\sqrt{k}+\sqrt{k-2}}=\sum_{k=3}^{9}(\sqrt{k}-\sqrt{k-2})$$

$$=(\sqrt{3}-\sqrt{1})+(\sqrt{4}-\sqrt{2})+(\sqrt{5}-\sqrt{3})$$
$$+\cdots+(\sqrt{8}-\sqrt{6})+(\sqrt{9}-\sqrt{7})$$

$$=\sqrt{8}+\sqrt{9}-1-\sqrt{2}$$

$$=2+\sqrt{2}$$

답 $2+\sqrt{2}$

07-3

$$\sum_{k=1}^{10} \log_2 \frac{a_{k+1}}{a_k}$$

$$=\log_2 \frac{a_2}{a_1}+\log_2 \frac{a_3}{a_2}+\log_2 \frac{a_4}{a_3}+\cdots+\log_2 \frac{a_{11}}{a_{10}}$$

$$=\log_2 \left(\frac{a_2}{a_1}\times\frac{a_3}{a_2}\times\frac{a_4}{a_3}\times\cdots\times\frac{a_{11}}{a_{10}} \right)=\log_2 \frac{a_{11}}{a_1}$$

이 값이 4이므로 $\log_2 \dfrac{a_{11}}{a_1}=4$에서

$$\frac{a_{11}}{a_1}=2^4$$

$$\therefore a_{11}=a_1\times 2^4=2\times 2^4=32$$

답 32

07-4

등차수열 $\{a_n\}$의 공차를 d라 하면

$$\sum_{k=1}^{10} \frac{1}{\sqrt{a_{k+1}}+\sqrt{a_k}}$$

$$=\sum_{k=1}^{10} \frac{\sqrt{a_{k+1}}-\sqrt{a_k}}{(\sqrt{a_{k+1}}+\sqrt{a_k})(\sqrt{a_{k+1}}-\sqrt{a_k})}$$

$$=\sum_{k=1}^{10} \frac{\sqrt{a_{k+1}}-\sqrt{a_k}}{a_{k+1}-a_k}$$

$$=\frac{1}{d}\sum_{k=1}^{10}(\sqrt{a_{k+1}}-\sqrt{a_k})$$

$$=\frac{1}{d}\{(\sqrt{a_2}-\sqrt{a_1})+(\sqrt{a_3}-\sqrt{a_2})+\cdots+(\sqrt{a_{11}}-\sqrt{a_{10}})\}$$

$$=\frac{1}{d}(\sqrt{a_{11}}-\sqrt{a_1})$$

$$=\frac{1}{d}(\sqrt{4+10d}-\sqrt{4})$$

$$=\frac{1}{d}(\sqrt{10d+4}-2)$$

이 값이 1이므로 $\dfrac{1}{d}(\sqrt{10d+4}-2)=1$에서

$$\sqrt{10d+4}=d+2, \ 10d+4=d^2+4d+4$$

$$d^2-6d=0, \ d(d-6)=0 \quad \therefore d=6 \ (\because d\neq 0)$$

$$\therefore a_{10}=4+9\times 6=58$$

답 58

중단원 연습문제

01 46	**02** 110	**03** ②	**04** 6
05 13	**06** 87	**07** 117	**08** $\dfrac{85}{128}$
09 448	**10** $\dfrac{20}{11}$	**11** 6	**12** 76
13 5	**14** 55	**15** 4	**16** 10
17 62	**18** $\dfrac{5}{39}$	**19** ④	**20** ③

01

$$\sum_{k=1}^{8}(a_k-1)^2=\sum_{k=1}^{8}(a_k^2-2a_k+1)$$

$$=\sum_{k=1}^{8}a_k^2-2\sum_{k=1}^{8}a_k+8=30$$

이므로 $\displaystyle\sum_{k=1}^{8}a_k^2-2\sum_{k=1}^{8}a_k=22$ ······ ㉠

$$\sum_{k=1}^{8}(a_k+1)^2=\sum_{k=1}^{8}(a_k^2+2a_k+1)$$

$$=\sum_{k=1}^{8}a_k^2+2\sum_{k=1}^{8}a_k+8=62$$

이므로 $\displaystyle\sum_{k=1}^{8}a_k^2+2\sum_{k=1}^{8}a_k=54$ ······ ㉡

㉠, ㉡을 연립하여 풀면

$$\sum_{k=1}^{8}a_k^2=38, \ \sum_{k=1}^{8}a_k=8$$

$$\therefore \sum_{k=1}^{8}a_k(a_k+1)=\sum_{k=1}^{8}(a_k^2+a_k)=\sum_{k=1}^{8}a_k^2+\sum_{k=1}^{8}a_k$$

$$=38+8=46$$

답 46

02

$a_n+b_n=7$에서 $b_n=7-a_n$이므로

$$\sum_{k=1}^{10}(2a_k+3b_k)=\sum_{k=1}^{10}\{2a_k+3(7-a_k)\}$$

$$=\sum_{k=1}^{10}(21-a_k)$$

$$=\sum_{k=1}^{10}21-\sum_{k=1}^{10}a_k$$

$$=21\times 10-\sum_{k=1}^{10}a_k$$

$$=210-\sum_{k=1}^{10}a_k$$

이 값이 100이므로 $210-\displaystyle\sum_{k=1}^{10}a_k=100$에서

$$\sum_{k=1}^{10}a_k=210-100=110$$

답 110

03

등비수열 $\{a_n\}$의 공비를 $r\ (r>0)$이라 하면

$a_4=4a_2=r^2a_2$이므로

$r^2=4 \qquad \therefore r=2\ (r>0)$

$\sum\limits_{k=1}^{n}a_k=\dfrac{3}{13}\sum\limits_{k=1}^{n}a_k{}^2$이므로

$\dfrac{\frac{1}{5}(2^n-1)}{2-1}=\dfrac{3}{13}\times\dfrac{\left(\frac{1}{5}\right)^2\times\{(2^2)^n-1\}}{2^2-1}$

$2^n-1=\dfrac{1}{65}(2^n-1)(2^n+1)$

$\dfrac{1}{65}(2^n+1)=1\ (\because 2^n-1\neq 0)$

$2^n+1=65,\ 2^n=2^6$

$\therefore n=6$

답 ②

04

$\sum\limits_{k=1}^{6}(k+1)(a_k+k)=\sum\limits_{k=1}^{6}(ka_k+k^2+a_k+k)$

$\qquad=\sum\limits_{k=1}^{6}ka_k+\sum\limits_{k=1}^{6}k^2+\sum\limits_{k=1}^{6}a_k+\sum\limits_{k=1}^{6}k$

$\qquad=\sum\limits_{k=1}^{6}ka_k+\dfrac{6\times7\times13}{6}+4+\dfrac{6\times7}{2}$

$\qquad=\sum\limits_{k=1}^{6}ka_k+91+4+21$

$\qquad=\sum\limits_{k=1}^{6}ka_k+116$

이 값이 122이므로 $\sum\limits_{k=1}^{6}ka_k+116=122$에서

$\sum\limits_{k=1}^{6}ka_k=122-116=6$

답 6

05

$f(x)=\sum\limits_{k=1}^{5}(x-k)^2$

$\qquad=\sum\limits_{k=1}^{5}(x^2-2kx+k^2)$

$\qquad=5x^2-2x\sum\limits_{k=1}^{5}k+\sum\limits_{k=1}^{5}k^2$

$\qquad=5x^2-2x\times\dfrac{5\times6}{2}+\dfrac{5\times6\times11}{6}$

$\qquad=5x^2-30x+55$

$\qquad=5(x-3)^2+10$

이므로 함수 $f(x)$는 $x=3$에서 최솟값 10을 갖는다.

따라서 $p=3,\ q=10$이므로

$p+q=3+10=13$

답 13

06

$\log_2(3t-1)$의 값이 자연수가 되려면 자연수 p에 대하여

$3t-1=2^p$이어야 한다.

따라서 $t=\dfrac{2^p+1}{3}$이므로

$a_n=\dfrac{2^n+1}{3}$

$\therefore \sum\limits_{k=1}^{6}\left(\sum\limits_{n=1}^{k}a_n\right)=\sum\limits_{k=1}^{6}\left(\sum\limits_{n=1}^{k}\dfrac{2^n+1}{3}\right)$

$\qquad=\sum\limits_{k=1}^{6}\left(\dfrac{1}{3}\sum\limits_{n=1}^{k}2^n+\sum\limits_{n=1}^{k}\dfrac{1}{3}\right)$

$\qquad=\sum\limits_{k=1}^{6}\left\{\dfrac{1}{3}\times\dfrac{2(2^k-1)}{2-1}+\dfrac{k}{3}\right\}$

$\qquad=\sum\limits_{k=1}^{6}\left(\dfrac{2^{k+1}}{3}+\dfrac{k}{3}-\dfrac{2}{3}\right)$

$\qquad=\dfrac{1}{3}\sum\limits_{k=1}^{6}2^{k+1}+\dfrac{1}{3}\sum\limits_{k=1}^{6}k-\dfrac{2}{3}\times6$

$\qquad=\dfrac{1}{3}\times\dfrac{4\times(2^6-1)}{2-1}+\dfrac{1}{3}\times\dfrac{6\times7}{2}-4$

$\qquad=84+7-4$

$\qquad=87$

답 87

07

$\sum\limits_{k=1}^{n}\dfrac{a_k}{2^k-1}=2n+3$에서

$n=1$일 때, $a_1=5$이고,

$n\geq 2$일 때,

$\dfrac{a_n}{2^n-1}=\sum\limits_{k=1}^{n}\dfrac{a_k}{2^k-1}-\sum\limits_{k=1}^{n-1}\dfrac{a_k}{2^k-1}$

$\qquad=2n+3-\{2(n-1)+3\}$

$\qquad=2$

$\therefore a_n=2^{n+1}-2 \qquad \cdots\cdots\ \bigcirc$

이때 $a_1=5$는 $\bigcirc$에 $n=1$을 대입한 값과 같지 않으므로 일반항 a_n은

$a_1=5,\ a_n=2^{n+1}-2\ (n\geq2)$

$\therefore \sum\limits_{k=1}^{5}a_k=a_1+\sum\limits_{k=2}^{5}(2^{k+1}-2)$

$\qquad=5+\sum\limits_{k=1}^{4}(2^{k+2}-2)$

$\qquad=5+\sum\limits_{k=1}^{4}2^{k+2}-2\times4$

$\qquad=\dfrac{8\times(2^4-1)}{2-1}-3$

$\qquad=120-3$

$\qquad=117$

답 117

08

$\sum\limits_{k=1}^{n} a_k = 2^n - 1$에서 $n=1$일 때, $a_1 = 1$이고,

$n \geq 2$일 때,

$a_n = \sum\limits_{k=1}^{n} a_k - \sum\limits_{k=1}^{n-1} a_k = 2^n - 1 - (2^{n-1} - 1) = 2^{n-1}$ $\quad \cdots\cdots$ ㉠

이때 $a_1 = 1$은 ㉠에 $n=1$을 대입한 값과 같으므로

일반항 a_n은 $a_n = 2^{n-1}$

$$\therefore \sum_{k=1}^{4} \frac{1}{a_k a_{k+1}} = \sum_{k=1}^{4} \frac{1}{2^{k-1} \times 2^k}$$

$$= \sum_{k=1}^{4} \frac{1}{2^{2k-1}}$$

$$= 2 \sum_{k=1}^{4} \left(\frac{1}{4}\right)^k$$

$$= 2 \times \frac{\frac{1}{4}\left\{1 - \left(\frac{1}{4}\right)^4\right\}}{1 - \frac{1}{4}}$$

$$= 2 \times \frac{1}{3} \times \frac{255}{256}$$

$$= \frac{85}{128}$$

답 $\dfrac{85}{128}$

09

$\sum\limits_{k=1}^{n} k a_k = n^2 + 3n$에서

$n=1$일 때, $a_1 = 4$이고,

$n \geq 2$일 때,

$na_n = \sum\limits_{k=1}^{n} k a_k - \sum\limits_{k=1}^{n-1} k a_k$

$\quad = n^2 + 3n - \{(n-1)^2 + 3(n-1)\}$

$\quad = n^2 + 3n - (n^2 + n - 2)$

$\quad = 2n + 2$ $\quad \cdots\cdots$ ㉠

이때 $a_1 = 4$는 ㉠에 $n=1$을 대입한 값과 같으므로

일반항 na_n은 $na_n = 2n + 2$이고

$a_n = 2 \times \dfrac{n+1}{n}$

$\therefore a_1 \times a_2 \times a_3 \times \cdots \times a_6 = 2^6 \times \left(\dfrac{2}{1} \times \dfrac{3}{2} \times \dfrac{4}{3} \times \cdots \times \dfrac{7}{6}\right)$

$\qquad\qquad\qquad\qquad = 2^6 \times 7 = 448$

답 448

10

x에 대한 이차방정식 $x^2 - 2x + n(n+1) = 0$의 두 근이 a_n, β_n이므로 근과 계수의 관계에 의하여

$a_n + \beta_n = 2$, $a_n \beta_n = n(n+1)$

$$\therefore \sum_{n=1}^{10} \left(\frac{1}{a_n} + \frac{1}{\beta_n}\right) = \sum_{n=1}^{10} \left(\frac{a_n + \beta_n}{a_n \beta_n}\right)$$

$$= \sum_{n=1}^{10} \frac{2}{n(n+1)}$$

$$= 2 \sum_{n=1}^{10} \left(\frac{1}{n} - \frac{1}{n+1}\right)$$

$$= 2\left\{\left(\frac{1}{1} - \frac{1}{2}\right) + \left(\frac{1}{2} - \frac{1}{3}\right) \right.$$

$$\left. + \cdots + \left(\frac{1}{10} - \frac{1}{11}\right)\right\}$$

$$= 2\left(\frac{1}{1} - \frac{1}{11}\right) = \frac{20}{11}$$

답 $\dfrac{20}{11}$

11

삼각형 OP_nQ_n에서 $\overline{P_nQ_n} = \sqrt{n+1} + \sqrt{n}$이므로

$S_n = \dfrac{1}{2} \times n \times (\sqrt{n+1} + \sqrt{n})$

$$\therefore \sum_{n=1}^{15} \frac{n}{S_n} = 2 \sum_{n=1}^{15} \frac{1}{\sqrt{n+1} + \sqrt{n}}$$

$$= 2 \sum_{n=1}^{15} (\sqrt{n+1} - \sqrt{n})$$

$$= 2\{(\sqrt{2} - \sqrt{1}) + (\sqrt{3} - \sqrt{2})$$

$$+ \cdots + (\sqrt{16} - \sqrt{15})\}$$

$$= 2 \times (4 - 1) = 6$$

답 6

12

$n=1$일 때, $2^1 = 2$를 5로 나눈 나머지는 2이므로 $a_1 = 2$

$n=2$일 때, $2^2 = 4$를 5로 나눈 나머지는 4이므로 $a_2 = 4$

$n=3$일 때, $2^3 = 8$을 5로 나눈 나머지는 3이므로 $a_3 = 3$

$n=4$일 때, $2^4 = 16$을 5로 나눈 나머지는 1이므로 $a_4 = 1$

$n=5$일 때, $2^5 = 32$를 5로 나눈 나머지는 2이므로 $a_5 = 2$

$n=6$일 때, $2^6 = 64$를 5로 나눈 나머지는 4이므로 $a_6 = 4$

$\qquad \vdots$

이와 같이 수열 $\{a_n\}$은 2, 4, 3, 1이 이 순서대로 반복되는 수열이다.

따라서

$a_1 = a_5 = a_9 = \cdots = a_{25} = a_{29}$

$a_2 = a_6 = a_{10} = \cdots = a_{26} = a_{30}$

$a_3 = a_7 = a_{11} = \cdots = a_{27}$

$a_4 = a_8 = a_{12} = \cdots = a_{28}$

이므로

$$\sum_{n=1}^{30} a_n = 7\sum_{n=1}^{4} a_n + a_{29} + a_{30}$$
$$= 7 \times (2+4+3+1) + 2 + 4$$
$$= 7 \times 10 + 6 = 76$$

답 76

13

$$\sum_{k=1}^{11} a_k = a_1 + (a_2+a_3) + (a_4+a_5) + \cdots + (a_{10}+a_{11})$$
$$= a_1 + \sum_{k=1}^{5} (a_{2k}+a_{2k+1})$$

이때 $\sum_{k=1}^{5}(a_{2k}+a_{2k+1}) = 5^2 + 2 \times 5 = 35$이므로

$$\sum_{k=1}^{11} a_k = a_1 + 35 = 40$$
$$\therefore a_1 = 5$$

답 5

14

등차수열 $\{a_n\}$의 공차를 d라 하면

$a_n = 5 + (n-1)d$에서 $a_{2n} = 5 + (2n-1)d$이므로

$a_{2n} - a_n = nd$

따라서

$$\sum_{k=1}^{5} (a_{2k} - a_k) = d\sum_{k=1}^{5} k = d \times \frac{5 \times 6}{2}$$
$$= 15d$$

이고 이 값이 45이므로 $15d = 45$

$\therefore d = 3, \ a_n = 5 + (n-1) \times 3 = 3n + 2$

$$\therefore \sum_{k=1}^{5} a_k = \sum_{k=1}^{5} (3k+2) = 3\sum_{k=1}^{5} k + 2 \times 5$$
$$= 3 \times \frac{5 \times 6}{2} + 10 = 55$$

답 55

15

수열 $\{a_n\}$은 등차수열이므로

$$\sum_{k=1}^{5} a_k = a_1 + a_2 + a_3 + a_4 + a_5 = 5a_3 \ (\because 등차중항)$$

이 값이 0이므로 $a_3 = 0$

등차수열 $\{a_n\}$의 공차를 $d \, (d>0)$이라 하면

$a_1 = -2d, \ a_2 = -d, \ a_3 = 0, \ a_4 = d, \ a_5 = 2d, \cdots$ $\quad \cdots\cdots$ ㉠

에서 $a_1 < a_2 < 0, \ 0 < a_4 < a_5 < \cdots$이므로

$n=1$, 2일 때 $|a_n| - a_n = -2a_n$

$n=3$일 때 $a_3 = 0$

$n \geq 4$일 때 $|a_n| - a_n = 0$

따라서 $\sum_{k=1}^{10} (|a_k| - a_k) = 12$에서

$-2a_1 + (-2a_2) = 12, \ a_1 + a_2 = -6$

$-2d + (-d) = -6 \, (\because ㉠)$

$\therefore d = 2$

$\therefore a_5 = 2 \times 2 = 4$

답 4

16

$$B_n = A_1 + A_2 + A_3 + \cdots + A_n$$
$$= \begin{pmatrix} a_1 & 0 \\ 0 & a_2 \end{pmatrix} + \begin{pmatrix} a_3 & 0 \\ 0 & a_4 \end{pmatrix} + \begin{pmatrix} a_5 & 0 \\ 0 & a_6 \end{pmatrix}$$
$$+ \cdots + \begin{pmatrix} a_{2n-1} & 0 \\ 0 & a_{2n} \end{pmatrix}$$
$$= \begin{pmatrix} \sum_{k=1}^{n} a_{2k-1} & 0 \\ 0 & \sum_{k=1}^{n} a_{2k} \end{pmatrix}$$

$$\therefore c_n = \sum_{k=1}^{n} a_{2k-1}, \ d_n = \sum_{k=1}^{n} a_{2k}$$

이때 $c_1 = a_1 = \frac{1}{2}, \ d_1 = a_2 = \frac{1}{2}$이고, 수열 $\{c_n\}$은 공비가

2인 등비수열, 수열 $\{d_n\}$은 공비가 5인 등비수열이므로

$$c_n = \sum_{k=1}^{n} a_{2k-1} = \frac{1}{2} \times 2^{n-1}, \ d_n = \sum_{k=1}^{n} a_{2k} = \frac{1}{2} \times 5^{n-1}$$

따라서 $n \geq 2$일 때,

$$a_{2n-1} = \frac{1}{2} \times 2^{n-1} - \frac{1}{2} \times 2^{n-2} = \frac{1}{4} \times 2^{n-1} \quad \cdots\cdots ㉠$$
$$a_{2n} = \frac{1}{2} \times 5^{n-1} - \frac{1}{2} \times 5^{n-2} = \frac{2}{5} \times 5^{n-1} \quad \cdots\cdots ㉡$$

이때 $a_1 = a_2 = \frac{1}{2}$은 ㉠, ㉡에 $n=1$을 대입한 값과 같지 않으

므로 일반항 $a_{2n-1}, \ a_{2n}$은

$$a_1 = \frac{1}{2}, \ a_{2n-1} = \frac{1}{4} \times 2^{n-1} \ (n \geq 2)$$
$$a_2 = \frac{1}{2}, \ a_{2n} = \frac{2}{5} \times 5^{n-1} \ (n \geq 2)$$

$$\therefore \sum_{n=1}^{10} \log a_n = \sum_{n=1}^{5} \log a_{2n-1} + \sum_{n=1}^{5} \log a_{2n}$$
$$= \log a_1 + \log a_2 + \sum_{n=2}^{5} \log \left(\frac{1}{4} \times 2^{n-1} \right)$$
$$+ \sum_{n=2}^{5} \log \left(\frac{2}{5} \times 5^{n-1} \right)$$
$$= 2\log \frac{1}{2} + \sum_{n=2}^{5} \log \left(\frac{1}{10} \times 10^{n-1} \right)$$
$$= -\log 4 + \sum_{n=2}^{5} \log 10^{n-2}$$
$$= -\log 4 + \sum_{n=2}^{5} (n-2)$$
$$= -\log 4 + \sum_{n=1}^{4} (n-1)$$
$$= -\log 4 + \frac{4 \times 5}{2} - 4$$
$$= 6 - \log 4$$

따라서 $p = 6, \ q = 4$이므로

$p + q = 6 + 4 = 10$

답 10

17

첫째항이 4이고, 공비가 2인 등비수열 $\{a_n\}$의 일반항은
$a_n=2^2\times2^{n-1}=2^{n+1}$
이므로 세 점 P_n, P_{n+1}, Q_n의 좌표는
$P_n(2^{n+1},\ n+1)$, $P_{n+1}(2^{n+2},\ n+2)$, $Q_n(2^{n+2},\ n+1)$
따라서 $\overline{P_nQ_n}=2^{n+2}-2^{n+1}=2^{n+1}$,
$\overline{P_{n+1}Q_n}=(n+2)-(n+1)=1$이므로
$$S_n=\frac{1}{2}\times2^{n+1}\times1=2^n$$
$$\therefore \sum_{n=1}^{5}S_n=\sum_{n=1}^{5}2^n$$
$$=\frac{2(2^5-1)}{2-1}=62$$

답 62

18

원 $(x-n)^2+(y+4)^2=4$의 중심을 Q라 하면
$Q(n,\ -4)$이고, 원의 반지름의 길이가 2이므로 선분 AP의
길이의 최댓값은 $a_n=\overline{AQ}+2$, 최솟값은 $b_n=\overline{AQ}-2$이다.
$\overline{AQ}=\sqrt{(n-0)^2+(-4-n)^2}=\sqrt{2n^2+8n+16}$이므로
$$a_nb_n=(\overline{AQ}+2)(\overline{AQ}-2)$$
$$=\overline{AQ}^2-4$$
$$=2n^2+8n+16-4$$
$$=2n^2+8n+12$$
$$\therefore \sum_{n=1}^{10}\frac{1}{a_nb_n+2n}=\sum_{n=1}^{10}\frac{1}{2n^2+10n+12}$$
$$=\frac{1}{2}\sum_{n=1}^{10}\frac{1}{n^2+5n+6}$$
$$=\frac{1}{2}\sum_{n=1}^{10}\frac{1}{(n+2)(n+3)}$$
$$=\frac{1}{2}\sum_{n=1}^{10}\left(\frac{1}{n+2}-\frac{1}{n+3}\right)$$
$$=\frac{1}{2}\left\{\left(\frac{1}{3}-\frac{1}{4}\right)+\left(\frac{1}{4}-\frac{1}{5}\right)\right.$$
$$\left.+\cdots+\left(\frac{1}{12}-\frac{1}{13}\right)\right\}$$
$$=\frac{1}{2}\left(\frac{1}{3}-\frac{1}{13}\right)$$
$$=\frac{1}{2}\times\frac{10}{39}=\frac{5}{39}$$

답 $\dfrac{5}{39}$

19

$f(x)=k\sqrt{x}$라 할 때, 함수 $y=f(x)$의 그래프가 정사각형
A_n과 만나려면 자연수 n에 대하여
$f(n^2)\leq4n^2$, $f(4n^2)\geq n^2$을 모두 만족시켜야 한다.

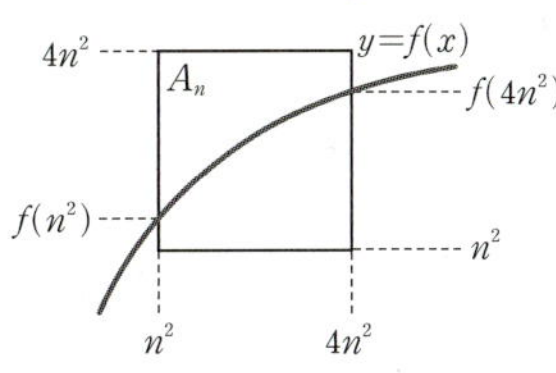

$f(n^2)\leq4n^2$에서
$k\sqrt{n^2}\leq4n^2$, $kn\leq4n^2$이므로
$k\leq4n$ $\qquad\qquad$ ……㉠
$f(4n^2)\geq n^2$에서
$k\sqrt{4n^2}\geq n^2$, $2nk\geq n^2$이므로
$k\geq\dfrac{n}{2}$ $\qquad\qquad$ ……㉡

㉠, ㉡에서 $\dfrac{n}{2}\leq k\leq4n$

(ⅰ) $\dfrac{n}{2}$이 자연수일 때, 즉 n이 짝수일 때

$\dfrac{n}{2}\leq k\leq4n$을 만족시키는 자연수 k의 최솟값은 $\dfrac{n}{2}$,
최댓값은 $4n$이므로
$$a_n=4n-\frac{n}{2}+1=\frac{7}{2}n+1 \qquad ……㉢$$

(ⅱ) $\dfrac{n}{2}$이 자연수가 아닐 때, 즉 n이 홀수일 때

$\dfrac{n}{2}\leq k\leq4n$을 만족시키는 자연수 k의 최솟값은 $\dfrac{n+1}{2}$,
최댓값은 $4n$이므로
$$a_n=4n-\frac{n+1}{2}+1=\frac{7}{2}n+\frac{1}{2} \qquad ……㉣$$

ㄱ. $a_5=\dfrac{7}{2}\times5+\dfrac{1}{2}=18$ ($\because$ ㉣) (거짓)

ㄴ. ㉢에서 n이 짝수이면 $n+2$도 짝수이므로
$$a_{n+2}-a_n=\left\{\frac{7}{2}(n+2)+1\right\}-\left(\frac{7}{2}n+1\right)=7$$
㉣에서 n이 홀수이면 $n+2$도 홀수이므로
$$a_{n+2}-a_n=\left\{\frac{7}{2}(n+2)+\frac{1}{2}\right\}-\left(\frac{7}{2}n+\frac{1}{2}\right)=7$$
$$\therefore a_{n+2}-a_n=7 \text{ (참)}$$

ㄷ. ㄴ에 의하여 수열 $\{a_n\}$의 짝수 번째 항들로 이루어진 수
열 $\{a_{2n}\}$과 홀수 번째 항들로 이루어진 수열 $\{a_{2n-1}\}$은
모두 공차가 7인 등차수열이다.
$$\therefore \sum_{k=1}^{10}a_k=(a_1+a_3+a_5+a_7+a_9)$$
$$+(a_2+a_4+a_6+a_8+a_{10})$$
$$=5a_5+5a_6 \ (\because \text{ 등차중항})$$
$$=5\left(\frac{7}{2}\times5+\frac{1}{2}\right)+5\left(\frac{7}{2}\times6+1\right) (\because \text{ ㉢, ㉣})$$
$$=90+110$$
$$=200 \text{ (참)}$$
따라서 옳은 것은 ㄴ, ㄷ이다.

답 ④

등차수열 $\{a_n\}$, $\{b_n\}$은 첫째항이 모두 a이고 공차가 각각 d, $-2d$이므로 일반항은

$a_n=a+(n-1)d$, $b_n=a+(n-1)\times(-2d)$

조건 ㈎에서 $|a_1|=|b_7|$이므로

$|a|=|a-12d|$

$a=a-12d$ 또는 $a=-a+12d$

그런데 $d\neq0$이므로 $a=a-12d$가 될 수 없다.

따라서 $a=-a+12d$이므로 $a=6d$ $\qquad$ …… ㉠

$\therefore a_n=6d+(n-1)d=(n+5)d$ $\qquad$ …… ㉡

$\quad b_n=6d-2(n-1)d=(-2n+8)d$ $\qquad$ …… ㉢

한편, a는 양수이므로 ㉠에 의하여 $d>0$

따라서 모든 자연수 n에 대하여 $a_n>0$이고,

㉢에 의하여 $1\leq n\leq3$일 때, $b_n>0$, $n\geq4$일 때, $b_n\leq0$이다.

수열 $\{c_n\}$을 $c_n=|a_n|-|b_n|$이라 하면

$$c_n=\begin{cases}(n+5)d-(-2n+8)d & (1\leq n\leq3)\\(n+5)d-(2n-8)d & (n\geq4)\end{cases}$$

$$=\begin{cases}3(n-1)d & (1\leq n\leq3)\\(13-n)d & (n\geq4)\end{cases}$$

따라서 $1\leq n\leq12$일 때 $c_n\geq0$, $c_{13}=0$, $n\geq14$일 때 $c_n<0$
이므로

$$S_n=\sum_{k=1}^{n}(|a_k|-|b_k|)=\sum_{k=1}^{n}c_k$$

의 값이 최대가 되는 n의 값은

$n=12$ 또는 $n=13$

$S_p=108$인 p는 12 또는 13이므로

$$S_{12}=S_{13}=\sum_{n=1}^{13}c_n$$

$$=\sum_{n=1}^{3}3(n-1)d+\sum_{n=4}^{13}(13-n)d$$

$$=3d\sum_{n=1}^{3}(n-1)+d\sum_{n=4}^{13}(13-n)$$

$$=3d\times(0+1+2)+d\times(9+8+7+\cdots+1+0)$$

$$=9d+45d$$

$$=54d=108$$

$\therefore d=2$

$$\therefore c_n=\begin{cases}6(n-1) & (1\leq n\leq3)\\2(13-n) & (n\geq4)\end{cases}$$

즉, $c_1=0$, $c_2=6$, $c_3=12$이고,

$c_4=-c_{22}$, $c_5=-c_{21}$, $c_6=-c_{20}$, $\cdots$, $c_{12}=-c_{14}$, $c_{13}=0$
이므로

$$S_{22}=(c_1+c_2+c_3)+(c_4+c_5+c_6+\cdots+c_{22})$$

$$=(0+6+12)+0=18$$

또한 $c_{23}=-20$이므로

$S_{23}=S_{22}+c_{23}=18+(-20)=-2<0$

$n\geq24$일 때, $c_n<0$이므로 $n\geq23$일 때 $S_n<0$

따라서 $S_n\geq0$을 만족시키는 자연수 n의 최댓값은 22이므로

$m=22$

$\therefore a_{22}=(22+5)\times2=54$ ($\because$ ㉡)

답 ③

 수학적 귀납법

01 수열의 귀납적 정의

개념 CHECK

01 (1) 60　(2) 8

02 (1) -5　(2) 11　(3) 324　(4) -48

01

(1) $a_{n+1}=a_n+4n$의 n에 1, 2, 3, 4, 5를 차례대로 대입하면
$a_2=0+4\times1=4$, $a_3=4+4\times2=12$,
$a_4=12+4\times3=24$, $a_5=24+4\times4=40$
$\therefore a_6=40+4\times5=60$

(2) $a_{n+2}=a_n+a_{n+1}$의 n에 1, 2, 3, 4를 차례대로 대입하면
$a_3=1+1=2$, $a_4=1+2=3$,
$a_5=2+3=5$
$\therefore a_6=3+5=8$

답 (1) 60　(2) 8

02

(1) 수열 $\{a_n\}$은 첫째항이 7, 공차가 -3인 등차수열이므로
일반항은
$a_n=7+(n-1)\times(-3)=-3n+10$
따라서 제5항은 $a_5=-3\times5+10=-5$

(2) 수열 $\{a_n\}$은 첫째항이 3, 공차가 $a_2-a_1=5-3=2$인 등차수열이므로 일반항은
$a_n=3+(n-1)\times2=2n+1$
따라서 제5항은 $a_5=2\times5+1=11$

(3) 수열 $\{a_n\}$은 첫째항이 4, 공비가 3인 등비수열이므로 일반항은
$a_n=4\times3^{n-1}$
따라서 제5항은 $a_5=4\times3^4=324$

(4) 수열 $\{a_n\}$은 첫째항이 -3, 공비가 $\dfrac{a_2}{a_1}=\dfrac{6}{-3}=-2$인 등비수열이므로 일반항은
$a_n=-3\times(-2)^{n-1}$
따라서 제5항은 $a_5=-3\times(-2)^4=-48$

답 (1) -5　(2) 11　(3) 324　(4) -48

유제

01-1 (1) -13　(2) 12　　**01-2** 10

01-3 -11　　**01-4** 24　　**02-1** 5

02-2 125　　**02-3** 14　　**02-4** 512

03-1 41　　**03-2** 2049　　**03-3** $\dfrac{1}{15}$

03-4 $\dfrac{5}{16}$　　**04-1** 2　　**04-2** 16　　**04-3** 13

04-4 $\dfrac{1}{27}$　　**05-1** (1) -63　(2) $\dfrac{29}{8}$　　**05-2** 12

05-3 108　　**05-4** 2　　**06-1** 64　　**06-2** 10

06-3 144　　**06-4** -4　　**07-1** 7　　**07-2** 128

07-3 $\dfrac{13}{8}$

01-1

(1) $a_{n+1}=a_n-3$, 즉 $a_{n+1}-a_n=-3$에서
수열 $\{a_n\}$은 공차가 -3인 등차수열이고, 첫째항은 5이므로 일반항은
$a_n=5+(n-1)\times(-3)=-3n+8$
$\therefore a_7=-3\times7+8=-13$

(2) $a_{n+2}=2a_{n+1}-a_n$에서 $a_{n+2}-a_{n+1}=a_{n+1}-a_n$이므로 수열 $\{a_n\}$은 등차수열이다.
수열 $\{a_n\}$의 첫째항을 a, 공차를 d라 하면
$a_5=a+4d=7$
$a_7=a+6d=15$
두 식을 연립하여 풀면 $a=-9$, $d=4$이므로
수열 $\{a_n\}$의 일반항은
$a_n=-9+(n-1)\times4=4n-13$
이때 $a_k=35$에서
$4k-13=35$, $4k=48$
$\therefore k=12$

답 (1) -13　(2) 12

01-2

$a_{n+1}-a_n=-2$에서 수열 $\{a_n\}$은 공차가 -2인 등차수열이므로
$a_n=a_1+(n-1)\times(-2)=-2n+a_1+2$
이때 $\displaystyle\sum_{k=1}^{5}a_k\leq0$이므로
$\displaystyle\sum_{k=1}^{5}(-2k+a_1+2)\leq0$, $-2\displaystyle\sum_{k=1}^{5}k+5(a_1+2)\leq0$
$-2\times\dfrac{5\times6}{2}+5a_1+10\leq0$, $5a_1-20\leq0$
$\therefore a_1\leq4$

따라서 자연수 a_1의 값은 1, 2, 3, 4이므로 그 합은
$1+2+3+4=10$

답 10

01-3

$\begin{pmatrix} a_{n+1} \\ a_{n+2} \end{pmatrix} = \begin{pmatrix} 3 & -a_{n+3} \\ a_{n+1} & a_n \end{pmatrix} \begin{pmatrix} 2 \\ -1 \end{pmatrix}$에서

$\begin{pmatrix} a_{n+1} \\ a_{n+2} \end{pmatrix} = \begin{pmatrix} 6+a_{n+3} \\ 2a_{n+1}-a_n \end{pmatrix}$이므로

$a_{n+1}=6+a_{n+3}$, $a_{n+2}=2a_{n+1}-a_n$

$a_{n+2}=2a_{n+1}-a_n$에서 $a_{n+2}-a_{n+1}=a_{n+1}-a_n$이므로 수열 $\{a_n\}$은 등차수열이다.

$a_{n+1}=6+a_{n+3}$에서 $a_{n+3}-a_{n+1}=-6$이므로
등차수열 $\{a_n\}$의 공차를 d라 하면
$2d=-6$ $\therefore d=-3$
즉, 등차수열 $\{a_n\}$은 첫째항이 1이고, 공차가 -3이므로 일반항은
$a_n=1+(n-1)\times(-3)=-3n+4$
$\therefore a_5=-3\times5+4=-11$

답 -11

01-4

$a_1=3$, $b_1=5$이므로
$c_1=a_1+b_1=3+5=8$, $d_1=a_1-b_1=3-5=-2$
$c_{n+1}=c_n+3$, $d_{n+1}=d_n-1$에서 수열 $\{c_n\}$은 공차가 3인 등차수열이고, 수열 $\{d_n\}$은 공차가 -1인 등차수열이다.
따라서 $c_n=8+(n-1)\times3=3n+5$,
$d_n=-2+(n-1)\times(-1)=-n-1$이므로
$a_n+b_n=3n+5$
$a_n-b_n=-n-1$
두 식을 연립하여 풀면
$a_n=n+2$, $b_n=2n+3$
$\therefore a_5+b_7=(5+2)+(2\times7+3)$
$\qquad\qquad =7+17=24$

답 24

02-1

$a_{n+1}=-2a_n$에서 수열 $\{a_n\}$은 공비가 -2인 등비수열이다.
$a_1=a_2+9$에서 $a_1=-2a_1+9$
$3a_1=9$ $\therefore a_1=3$
따라서 수열 $\{a_n\}$의 일반항은
$a_n=3\times(-2)^{n-1}$
이때 $a_k=48$에서 $a_k=3\times(-2)^{k-1}=48$

$(-2)^{k-1}=16$
$(-2)^4=16$이므로 $k-1=4$
$\therefore k=5$

답 5

02-2

$a_{n+1}{}^2=a_n a_{n+2}$에서 수열 $\{a_n\}$은 등비수열이므로
공비를 r이라 하면
$r=\dfrac{a_2}{a_1}=5$
$\therefore a_4=1\times5^3=125$

답 125

02-3

$a_{n+1}=\sqrt{a_n a_{n+2}}$에서 $a_{n+1}{}^2=a_n a_{n+2}$이므로 수열 $\{a_n\}$은 등비수열이다.
등비수열 $\{a_n\}$의 공비를 r이라 하면
$a_5=a_3+6$에서 $3r^4=3r^2+6$
$r^4-r^2-2=0$, $(r^2-2)(r^2+1)=0$
$\therefore r^2=2$
$\therefore \dfrac{a_3}{a_1}+\dfrac{a_6}{a_2}+\dfrac{a_9}{a_3}=r^2+r^4+r^6$
$\qquad\qquad\qquad\qquad =2+2^2+2^3=14$

답 14

02-4

$\log_2 a_{n+1}=2+\log_2 a_n$에서 $\log_2 a_{n+1}=\log_2 4a_n$이므로
$a_{n+1}=4a_n$이다.
즉, 수열 $\{a_n\}$은 공비가 4인 등비수열이다.
$\log_2 a_1+\log_2 a_2+\log_2 a_3=9$에서
$\log_2(a_1\times a_2\times a_3)=9$, $\log_2 a_2{}^3=9$
$\log_2 a_2=3$ $\therefore a_2=2^3=8$
$\therefore a_5=a_2\times4^3=8\times4^3=2^9=512$

다른 풀이

수열 $\{b_n\}$을 $b_n=\log_2 a_n$라 하자.
$\log_2 a_{n+1}=2+\log_2 a_n$에서 $b_{n+1}=b_n+2$이므로
수열 $\{b_n\}$은 공차가 2인 등차수열이다.
$\log_2 a_1+\log_2 a_2+\log_2 a_3=9$에서
$b_1+b_2+b_3=9$, $3b_2=9$
$\therefore b_2=3$
$\therefore b_5=b_2+3\times2=9$
따라서 $b_5=\log_2 a_5=9$에서
$a_5=2^9=512$

답 512

03-1

$a_{n+1}-a_n=2n-1$에서 $a_{n+1}=a_n+2n-1$ $\qquad$ …… ㉠

㉠의 n에 1, 2, 3, $\cdots$, 6을 차례대로 대입한 후 변끼리 더하면

$$a_2=a_1+2\times1-1$$
$$a_3=a_2+2\times2-1$$
$$a_4=a_3+2\times3-1$$
$$\vdots$$
$$+\ )\ a_7=a_6+2\times6-1$$

$$\overline{a_7=a_1+2\times(1+2+3+\cdots+6)-1\times6}$$
$$=5+2\sum_{k=1}^{6}k-6$$
$$=5+2\times\frac{6\times7}{2}-6$$
$$=41$$

다른 풀이

$a_{n+1}-a_n=2n-1$, 즉 $a_{n+1}=a_n+2n-1$의 n에

1, 2, 3, 4, 5, 6을 차례대로 대입하면

$a_2=a_1+1=5+1=6$

$a_3=a_2+3=6+3=9$

$a_4=a_3+5=9+5=14$

$a_5=a_4+7=14+7=21$

$a_6=a_5+9=21+9=30$

$\therefore a_7=a_6+11=30+11=41$

답 41

03-2

$a_{n+1}=a_n+2^n$의 n에 1, 2, 3, $\cdots$, 10을 차례대로 대입한 후 변끼리 더하면

$$a_2=a_1+2$$
$$a_3=a_2+2^2$$
$$a_4=a_3+2^3$$
$$\vdots$$
$$+\ )\ a_{11}=a_{10}+2^{10}$$
$$\overline{a_{11}=a_1+2+2^2+2^3+\cdots+2^{10}}$$
$$=3+\frac{2(2^{10}-1)}{2-1}$$
$$=3+2\times1023$$
$$=2049$$

답 2049

03-3

$a_{n+1}=a_n+\dfrac{1}{n^2+n}$에서 $a_{n+1}=a_n+\dfrac{1}{n(n+1)}$

$\therefore a_{n+1}=a_n+\dfrac{1}{n}-\dfrac{1}{n+1}$ $\qquad$ …… ㉠

㉠의 n에 1, 2, 3, $\cdots$, 14를 차례대로 대입한 후 변끼리 더하면

$$a_2=a_1+\frac{1}{1}-\frac{1}{2}$$
$$a_3=a_2+\frac{1}{2}-\frac{1}{3}$$
$$a_4=a_3+\frac{1}{3}-\frac{1}{4}$$
$$\vdots$$
$$+\ )\ a_{15}=a_{14}+\frac{1}{14}-\frac{1}{15}$$
$$\overline{a_{15}=a_1+\left(\frac{1}{1}-\frac{1}{2}\right)+\left(\frac{1}{2}-\frac{1}{3}\right)+\left(\frac{1}{3}-\frac{1}{4}\right)}$$
$$+\cdots+\left(\frac{1}{14}-\frac{1}{15}\right)$$
$$=a_1+1-\frac{1}{15}=a_1+\frac{14}{15}$$

이때 $a_{15}=1$이므로

$1=a_1+\dfrac{14}{15}$ $\qquad \therefore a_1=\dfrac{1}{15}$

답 $\dfrac{1}{15}$

03-4

$a_{n+1}=(-1)^n a_n+\log\dfrac{n}{n+1}$의 n에 1, 3, 5를 차례대로

대입하면

$$a_2=-a_1+\log\frac{1}{2}$$
$$a_4=-a_3+\log\frac{3}{4}$$
$$a_6=-a_5+\log\frac{5}{6}$$

$$\therefore \sum_{k=1}^{6}a_k=a_1+\left(-a_1+\log\frac{1}{2}\right)+a_3+\left(-a_3+\log\frac{3}{4}\right)$$
$$+a_5+\left(-a_5+\log\frac{5}{6}\right)$$
$$=\log\frac{1}{2}+\log\frac{3}{4}+\log\frac{5}{6}$$
$$=\log\left(\frac{1}{2}\times\frac{3}{4}\times\frac{5}{6}\right)$$
$$=\log\frac{5}{16}=p$$

$$\therefore 10^p=\frac{5}{16}$$

다른 풀이

$a_{n+1}=(-1)^n a_n+\log\dfrac{n}{n+1}$의 n에 1, 2, 3, 4, 5를 차례

대로 대입하면

$$a_2=-a_1+\log\frac{1}{2}$$
$$a_3=a_2+\log\frac{2}{3}=-a_1+\log\frac{1}{2}+\log\frac{2}{3}=-a_1+\log\frac{1}{3}$$
$$a_4=-a_3+\log\frac{3}{4}=a_1-\log\frac{1}{3}+\log\frac{3}{4}=a_1+\log\frac{9}{4}$$

$$a_5=a_4+\log\frac{4}{5}=a_1+\log\frac{9}{4}+\log\frac{4}{5}=a_1+\log\frac{9}{5}$$

$$a_6=-a_5+\log\frac{5}{6}=-a_1-\log\frac{9}{5}+\log\frac{5}{6}$$

$$=-a_1+\log\frac{25}{54}$$

$$\therefore \sum_{k=1}^{6}a_k=a_1+\left(-a_1+\log\frac{1}{2}\right)+\left(-a_1+\log\frac{1}{3}\right)$$
$$+\left(a_1+\log\frac{9}{4}\right)+\left(a_1+\log\frac{9}{5}\right)$$
$$+\left(-a_1+\log\frac{25}{54}\right)$$
$$=\log\frac{1}{2}+\log\frac{1}{3}+\log\frac{9}{4}+\log\frac{9}{5}+\log\frac{25}{54}$$
$$=\log\left(\frac{1}{2}\times\frac{1}{3}\times\frac{9}{4}\times\frac{9}{5}\times\frac{25}{54}\right)$$
$$=\log\frac{5}{16}=p$$

$$\therefore 10^p=\frac{5}{16}$$

답 $\dfrac{5}{16}$

04-1

$\sqrt{n+1}\,a_{n+1}=\sqrt{n}\,a_n$에서

$$a_{n+1}=\sqrt{\frac{n}{n+1}}\,a_n \quad\cdots\cdots\;\bigcirc$$

$\bigcirc$의 n에 1, 2, 3, $\cdots$, 8을 차례대로 대입한 후 변끼리 곱하면

$$a_2=\sqrt{\frac{1}{2}}\,a_1$$
$$a_3=\sqrt{\frac{2}{3}}\,a_2$$
$$a_4=\sqrt{\frac{3}{4}}\,a_3$$
$$\vdots$$
$$\times\left)\;a_9=\sqrt{\frac{8}{9}}\,a_8\right.$$
$$\overline{\qquad\qquad\qquad\qquad}$$
$$a_9=a_1\times\sqrt{\frac{1}{2}\times\frac{2}{3}\times\frac{3}{4}\times\cdots\times\frac{8}{9}}$$
$$=6\times\frac{1}{3}=2$$

답 2

04-2

$\dfrac{a_{n+1}}{n}=\dfrac{2a_n}{n+1}$에서

$$a_{n+1}=2\times\frac{n}{n+1}\times a_n \quad\cdots\cdots\;\bigcirc$$

$\bigcirc$의 n에 1, 2, 3, 4, 5를 차례대로 대입한 후 변끼리 곱하면

$$a_2=2\times\frac{1}{2}a_1$$
$$a_3=2\times\frac{2}{3}a_2$$
$$a_4=2\times\frac{3}{4}a_3$$
$$a_5=2\times\frac{4}{5}a_4$$
$$\times\left)\;a_6=2\times\frac{5}{6}a_5\right.$$
$$\overline{\qquad\qquad\qquad\qquad}$$
$$a_6=a_1\times2^5\times\frac{1}{2}\times\frac{2}{3}\times\frac{3}{4}\times\frac{4}{5}\times\frac{5}{6}$$
$$=3\times32\times\frac{1}{6}=16$$

$\dfrac{a_{n+1}}{n}=\dfrac{2a_n}{n+1}$에서

$$a_{n+1}=\frac{2n}{n+1}\times a_n \quad\cdots\cdots\;\bigcirc$$

$\bigcirc$의 n에 1, 2, 3, 4, 5를 차례대로 대입하면

$$a_2=\frac{2}{2}\times a_1=\frac{2}{2}\times3=3$$
$$a_3=\frac{4}{3}\times a_2=\frac{4}{3}\times3=4$$
$$a_4=\frac{6}{4}\times a_3=\frac{6}{4}\times4=6$$
$$a_5=\frac{8}{5}\times a_4=\frac{8}{5}\times6=\frac{48}{5}$$
$$\therefore a_6=\frac{10}{6}\times a_5=\frac{10}{6}\times\frac{48}{5}=16$$

답 16

04-3

$a_{n+1}=\dfrac{2n-1}{2n+1}a_n$의 n에 1, 2, 3, $\cdots$, 6을 차례대로 대입한 후 변끼리 곱하면

$$a_2=\frac{1}{3}a_1$$
$$a_3=\frac{3}{5}a_2$$
$$a_4=\frac{5}{7}a_3$$
$$\vdots$$
$$\times\left)\;a_7=\frac{11}{13}a_6\right.$$
$$\overline{\qquad\qquad\qquad\qquad}$$
$$a_7=a_1\times\frac{1}{3}\times\frac{3}{5}\times\frac{5}{7}\times\cdots\times\frac{11}{13}$$
$$=\frac{1}{13}a_1$$

이때 $a_7=1$이므로

$$1=\frac{1}{13}a_1 \quad\therefore a_1=13$$

$a_{n+1}=\dfrac{2n-1}{2n+1}a_n$의 n에 1, 2, 3, $\cdots$, 6을 차례대로 대입하면

$a_2=\dfrac{1}{3}a_1$

$a_3=\dfrac{3}{5}a_2=\dfrac{3}{5}\times\dfrac{1}{3}a_1=\dfrac{1}{5}a_1$

$a_4=\dfrac{5}{7}a_3=\dfrac{5}{7}\times\dfrac{1}{5}a_1=\dfrac{1}{7}a_1$

$a_5=\dfrac{7}{9}a_4=\dfrac{7}{9}\times\dfrac{1}{7}a_1=\dfrac{1}{9}a_1$

$a_6=\dfrac{9}{11}a_5=\dfrac{9}{11}\times\dfrac{1}{9}a_1=\dfrac{1}{11}a_1$

$a_7=\dfrac{11}{13}a_6=\dfrac{11}{13}\times\dfrac{1}{11}a_1=\dfrac{1}{13}a_1$

이때 $a_7=1$이므로 $1=\dfrac{1}{13}a_1$ $\therefore a_1=13$

답 13

04-4

$\dfrac{a_{n+1}}{a_n}=3^n$에서 $a_{n+1}=3^n\times a_n$ $\cdots\cdots$ ㉠

㉠의 n에 1, 2, 3, $\cdots$, 7을 차례대로 대입한 후 변끼리 곱하면

$$a_2=3a_1$$
$$a_3=3^2a_2$$
$$a_4=3^3a_3$$
$$\vdots$$
$$\times\ )\ a_8=3^7a_7$$

$$a_8=a_1\times3^{1+2+3+\cdots+7}=a_1\times3^{28}$$

이때 $\log_3 a_8=25$에서 $a_8=3^{25}$이므로

$a_1\times3^{28}=3^{25}$

$\therefore a_1=3^{25-28}=3^{-3}=\dfrac{1}{27}$

답 $\dfrac{1}{27}$

05-1

(1) $a_{n+1}+2a_n=3$에서 $a_{n+1}=-2a_n+3$ $\cdots\cdots$ ㉠

㉠의 n에 1, 2, 3, 4, 5를 차례대로 대입하면

$a_2=-2a_1+3=-2\times3+3=-3$

$a_3=-2a_2+3=-2\times(-3)+3=9$

$a_4=-2a_3+3=-2\times9+3=-15$

$a_5=-2a_4+3=-2\times(-15)+3=33$

$\therefore a_6=-2a_5+3=-2\times33+3=-63$

(2) $S_n=-a_n+4n-2$의 n에 $n+1$을 대입하면

$S_{n+1}=-a_{n+1}+4(n+1)-2$

$S_{n+1}-S_n$을 하면

$S_{n+1}-S_n=-a_{n+1}+4(n+1)-2-\{(-a_n+4n)-2\}$
$\qquad\qquad=-a_{n+1}+a_n+4$

이때 $S_{n+1}-S_n=a_{n+1}$ $(n=1, 2, 3, \cdots)$이므로

$a_{n+1}=-a_{n+1}+a_n+4$

$\therefore a_{n+1}=\dfrac{1}{2}a_n+2$ $(n=1, 2, 3, \cdots)$ $\cdots\cdots$ ㉠

㉠의 n에 1, 2, 3을 차례대로 대입하면 $S_1=a_1=1$이므로

$a_2=\dfrac{1}{2}\times a_1+2=\dfrac{1}{2}\times1+2=\dfrac{5}{2}$

$a_3=\dfrac{1}{2}\times a_2+2=\dfrac{1}{2}\times\dfrac{5}{2}+2=\dfrac{13}{4}$

$\therefore a_4=\dfrac{1}{2}\times a_3+2=\dfrac{1}{2}\times\dfrac{13}{4}+2=\dfrac{29}{8}$

(2) $S_n=-a_n+4n-2$에

$n=2$를 대입하면

$a_1+a_2=-a_2+8-2$ $\therefore a_2=\dfrac{5}{2}$ $(\because a_1=S_1=1)$

$n=3$을 대입하면

$a_1+a_2+a_3=-a_3+12-2$ $\therefore a_3=\dfrac{13}{4}$

$n=4$를 대입하면

$a_1+a_2+a_3+a_4=-a_4+16-2$ $\therefore a_4=\dfrac{29}{8}$

답 (1) -63 (2) $\dfrac{29}{8}$

05-2

$a_{n+2}=a_{n+1}-2a_n$의 n에 1, 2, 3, 4, 5를 차례대로 대입하면

$a_3=a_2-2a_1=2-2\times1=0$

$a_4=a_3-2a_2=0-2\times2=-4$

$a_5=a_4-2a_3=-4-2\times0=-4$

$a_6=a_5-2a_4=-4-2\times(-4)=4$

$\therefore a_7=a_6-2a_5=4-2\times(-4)=12$

답 12

05-3

$n\geq2$인 자연수 n에 대하여 $a_n=S_n-S_{n-1}$이므로

$a_{n+1}=2S_n$, $a_n=2S_{n-1}$에서

$a_{n+1}-a_n=2(S_n-S_{n-1})=2a_n$

$\therefore a_{n+1}=3a_n$ $(n\geq2)$

따라서 수열 $\{a_n\}$은 $n\geq2$일 때 공비가 3인 등비수열이다.

또한 $a_{n+1}=2S_n$에서 $a_2=2S_1=2a_1$이므로

$a_1+a_2=6$에서 $3a_1=6$ $\therefore a_1=2$

따라서 $a_2=6-2=4$이고

$a_5=a_2\times3^3=4\times27=108$

모든 자연수 n에 대하여 $a_{n+1}=S_{n+1}-S_n$이고

조건에서 $a_{n+1}=2S_n$이므로

$S_{n+1}-S_n=2S_n$ $\therefore S_{n+1}=3S_n$

즉, 수열 $\{S_n\}$은 공비가 3인 등비수열이다.

$S_1=a_1$이므로 $n\geq2$인 자연수 n에 대하여

$S_n=a_1\times3^{n-1}$

$\therefore a_n=S_n-S_{n-1}=a_1\times3^{n-1}-a_1\times3^{n-2}=2a_1\times3^{n-2}$

$\therefore a_2=2a_1\times3^0=2a_1$

$a_1+a_2=6$에서 $3a_1=6$이므로 $a_1=2$

$\therefore a_5=a_2\times3^3=2a_1\times3^3=2\times2\times27=108$

달 108

05-4

$(n+1)a_{n+1}=2\sum_{k=1}^{n}a_k$에 $n=1$을 대입하면

$2a_2=2a_1$ $\therefore a_2=a_1$

이때 $a_1=1$이므로 $a_2=1$

모든 자연수 n에 대하여 $(n+1)a_{n+1}=2\sum_{k=1}^{n}a_k$이므로

$n\geq2$인 모든 자연수 n에 대하여 $na_n=2\sum_{k=1}^{n-1}a_k$가 성립한다.

두 식의 양변을 각각 빼면

$(n+1)a_{n+1}-na_n=2a_n$

즉, $n\geq2$일 때, $a_{n+1}=\dfrac{n+2}{n+1}a_n$이므로

$a_3=\dfrac{4}{3}a_2=\dfrac{4}{3}\times1=\dfrac{4}{3}$

$a_4=\dfrac{5}{4}a_3=\dfrac{5}{4}\times\dfrac{4}{3}=\dfrac{5}{3}$

$\therefore a_5=\dfrac{6}{5}a_4=\dfrac{6}{5}\times\dfrac{5}{3}=2$

달 2

06-1

$a_{n+1}=\begin{cases}a_n-2 & (n\text{이 홀수인 경우})\\ 4-a_n & (n\text{이 짝수인 경우})\end{cases}$

의 양변에 $n=1,\ 2,\ 3,\ \cdots$을 차례대로 대입하면

$a_2=a_1-2=5-2=3$

$a_3=4-a_2=4-3=1$

$a_4=a_3-2=1-2=-1$

$a_5=4-a_4=4-(-1)=5$

$a_6=a_5-2=5-2=3$

⋮

따라서 수열 $\{a_n\}$은 $5,\ 3,\ 1,\ -1$이 이 순서대로 반복되므로

$a_1=a_5=a_9=\cdots=a_{25}=a_{29}=5$

$a_2=a_6=a_{10}=\cdots=a_{26}=a_{30}=3$

$a_3=a_7=a_{11}=\cdots=a_{27}=1$

$a_4=a_8=a_{12}=\cdots=a_{28}=-1$

$\therefore \sum_{k=1}^{30}a_k=7\times\{5+3+1+(-1)\}+5+3=64$

달 64

06-2

6은 3의 배수이므로 $a_7=2a_6$

$2a_6=16$ $\therefore a_6=8$

5는 3의 배수가 아니므로 $a_6=a_5-2$

$a_5-2=8$ $\therefore a_5=10$

4는 3의 배수가 아니므로 $a_5=a_4-2$

$a_4-2=10$ $\therefore a_4=12$

3은 3의 배수이므로 $a_4=2a_3$

$2a_3=12$ $\therefore a_3=6$

2는 3의 배수가 아니므로 $a_3=a_2-2$

$a_2-2=6$ $\therefore a_2=8$

1은 3의 배수가 아니므로 $a_2=a_1-2$

$a_1-2=8$ $\therefore a_1=10$

다른 풀이

$a_1=k$라 하면

$n=1$일 때, $a_2=a_1-2=k-2$

$n=2$일 때, $a_3=a_2-2=k-4$

$n=3$일 때, $a_4=2a_3=2k-8$

$n=4$일 때, $a_5=a_4-2=2k-10$

$n=5$일 때, $a_6=a_5-2=2k-12$

$n=6$일 때, $a_7=2a_6=4k-24$

이때 $a_7=16$이므로 $4k-24=16$에서

$4k=40$ $\therefore k=10$

$\therefore a_1=10$

달 10

06-3

$a_{n+1}=\begin{cases}a_n+3 & (a_n\text{이 홀수인 경우})\\ \dfrac{1}{2}a_n & (a_n\text{이 짝수인 경우})\end{cases}$

의 양변에 $n=1,\ 2,\ 3,\ \cdots$을 차례대로 대입하면

$a_1=13$은 홀수이므로 $a_2=a_1+3=13+3=16$

a_2는 짝수이므로 $a_3=\dfrac{1}{2}a_2=\dfrac{1}{2}\times16=8$

a_3은 짝수이므로 $a_4=\dfrac{1}{2}a_3=\dfrac{1}{2}\times8=4$

a_4는 짝수이므로 $a_5=\dfrac{1}{2}a_4=\dfrac{1}{2}\times4=2$

a_5는 짝수이므로 $a_6=\dfrac{1}{2}a_5=\dfrac{1}{2}\times2=1$

a_6은 홀수이므로 $a_7=a_6+3=1+3=4$

⋮

에서 수열 $\{a_n\}$은 a_4부터 $4,\ 2,\ 1$이 이 순서대로 반복된다.

따라서 자연수 p에 대하여

$a_4=a_7=a_{10}=\cdots=a_{3p+1}=4$이므로

$a_k=4$를 만족시키는 자연수 k는 $3p+1$이다.

$3p+1\leq30$에서 $1\leq p\leq9$이므로 구하는 값은

$$\sum_{p=1}^{9}(3p+1)=3\times\frac{9\times10}{2}+9=144$$

답 144

06-4

$$a_3=\begin{cases}a_1+a_2 & (a_1\leq a_2)\\2a_1-a_2 & (a_1>a_2)\end{cases}$$에서 $a_2=-2$이므로

$$a_3=\begin{cases}a_1-2 & (a_1\leq-2)\\2a_1+2 & (a_1>-2)\end{cases}$$

$$a_4=\begin{cases}a_2+a_3 & (a_2\leq a_3)\\2a_2-a_3 & (a_2>a_3)\end{cases}$$에서 $a_2=-2$이므로

$$a_4=\begin{cases}a_3-2 & (a_3\geq-2)\\-a_3-4 & (a_3<-2)\end{cases}$$

$a_4=4$이므로

$a_3\geq-2$이면 $a_3-2=4$에서 $a_3=6$

$a_3<-2$이면 $-a_3-4=4$에서 $a_3=-8$

$a_3=6$일 때,

$a_1\leq-2$이면 $a_1-2=6$에서 $a_1=8$이므로 조건을 만족시키지 않는다.

$a_1>-2$이면 $2a_1+2=6$에서 $a_1=2$

$a_3=-8$일 때,

$a_1\leq-2$이면 $a_1-2=-8$에서 $a_1=-6$

$a_1>-2$이면 $2a_1+2=-8$에서 $a_1=-5$이므로 조건을 만족시키지 않는다.

따라서 가능한 a_1의 값은 2, -6이므로 그 합은

$2+(-6)=-4$

답 -4

07-1

$a_1=10$, $a_{n+1}=2a_n+3$ $(n=1, 2, 3, \cdots)$이므로

$a_2=2\times10+3=23$

$a_3=2\times23+3=49$

$a_4=2\times49+3=101$

$a_5=2\times101+3=205$

$a_6=2\times205+3=413$

$a_7=2\times413+3=829$

따라서 $a_k>500$을 만족시키는 k의 최솟값은 7이다.

답 7

07-2

$a_1=8$

각 단계별로 가장 작은 정사각형의 한 변의 길이는 이전 단계

의 $\frac{1}{2}$배가 되고, 가장 작은 정사각형의 개수는 이전 단계의 4

배가 되므로 [그림 $n+1$]의 가장 작은 정사각형들의 모든 둘

레의 길이의 합 a_{n+1}은

$$a_{n+1}=\frac{1}{2}\times4\times a_n,\ \ 즉\ a_{n+1}=2a_n\ (n=1, 2, 3, \cdots)$$

따라서 수열 $\{a_n\}$은 첫째항이 8, 공비가 2인 등비수열이므로

$a_5=8\times2^4=128$

답 128

07-3

$A_n(x_n, 0)$이므로 규칙 ㈏에 의하여

$$P_n\left(x_n, \frac{1}{x_n}\right),\ Q_n\left(\frac{1}{x_n}, x_n\right),\ R_n\left(\frac{1}{x_n}, 0\right)$$이고

점 A_{n+1}은 점 R_n을 x축의 방향으로 1만큼 평행이동한 것이

므로 $A_{n+1}\left(\frac{1}{x_n}+1, 0\right)$이다.

점 A_{n+1}의 x좌표가 x_{n+1}이므로

$$x_{n+1}=\frac{1}{x_n}+1\qquad\cdots\cdots\ ㉠$$

규칙 ㈎에서 $x_1=2$이므로

㉠에 $n=1, 2, 3, 4$를 차례대로 대입하면

$$x_2=\frac{1}{x_1}+1=\frac{1}{2}+1=\frac{3}{2}$$

$$x_3=\frac{1}{x_2}+1=\frac{2}{3}+1=\frac{5}{3}$$

$$x_4=\frac{1}{x_3}+1=\frac{3}{5}+1=\frac{8}{5}$$

$$\therefore x_5=\frac{1}{x_4}+1=\frac{5}{8}+1=\frac{13}{8}$$

답 $\dfrac{13}{8}$

02 수학적 귀납법

본문 445쪽

개념 CHECK

01 ㈎ $k+1$ ㈏ $\dfrac{(k+1)(k+2)}{2}$ **02** ㄴ, ㄷ

03 ㈎ 2 ㈏ $2k$

01

(i) $n=1$일 때,

(좌변)$=1$, (우변)$=1$

따라서 $n=1$일 때 주어진 등식이 성립한다.

(ii) $n=k$일 때,

주어진 등식이 성립한다고 가정하면

$$1+2+3+\cdots+k=\frac{k(k+1)}{2}$$

이 등식의 양변에 $\boxed{k+1}$을 더하면

$$1+2+3+\cdots+k+\boxed{k+1}=\frac{k(k+1)}{2}+\boxed{k+1}$$
$$=\boxed{\frac{(k+1)(k+2)}{2}}$$

따라서 $n=k+1$일 때도 주어진 등식이 성립한다.

(i), (ii)에서 모든 자연수 n에 대하여 주어진 등식이 성립한다.

답 ㈎ $k+1$ ㈏ $\dfrac{(k+1)(k+2)}{2}$

02

ㄱ. $p(2)$가 참이면 $p(4)$도 참이다.

$p(4)$가 참이면 $p(6)$도 참이다.
$$\vdots$$
그러나 $p(5)$가 참인지는 알 수 없다. (거짓)

ㄴ. $p(1)$이 참이면 $p(3)$, $p(5)$, $p(7)$, $\cdots$이 참이므로 모든 홀수 k에 대하여 $p(k)$가 참이다.

즉, 모든 자연수 n에 대하여 $p(2n-1)$이 참이다. (참)

ㄷ. $p(1)$이 참이면 ㄴ에 의하여 모든 홀수 k에 대하여 $p(k)$가 참이다.

마찬가지로 $p(2)$가 참이면 $p(2)$, $p(4)$, $p(6)$, $\cdots$이 참이므로 모든 짝수 m에 대하여 $p(m)$이 참이다.

따라서 $p(1)$, $p(2)$가 참이면 모든 자연수 n에 대하여 $p(n)$이 참이다. (참)

따라서 옳은 것은 ㄴ, ㄷ이다.

답 ㄴ, ㄷ

03

(i) $n=3$일 때,

(좌변)$=2^3=8$, (우변)$=2\times3+1=7$

따라서 $n=3$일 때 주어진 부등식이 성립한다.

(ii) $n=k\ (k\geq3)$일 때,

주어진 부등식이 성립한다고 가정하면
$$2^k>2k+1$$
이 부등식의 양변에 $\boxed{2}$를 곱하면
$$2^k\times2>(2k+1)\times2$$이므로
$$2^{k+1}>4k+2$$
$$=2(k+1)+\boxed{2k}$$
$$>2(k+1)+1\ (\because k\geq3)$$

따라서 $n=k+1$일 때도 주어진 부등식이 성립한다.

(i), (ii)에서 $n\geq3$인 모든 자연수 n에 대하여 주어진 부등식이 성립한다.

답 ㈎ 2 ㈏ $2k$

08-1 풀이 참조

08-2 ㈎ $(k+1)\times2^{k+1}$ ㈏ k

08-3 풀이 참조 　　　**09-1** 풀이 참조

09-2 ㈎ $2k+2$ ㈏ $4k$ ㈐ 1

08-1

(i) $n=1$일 때,

(좌변)$=\dfrac{1}{1\times2}=\dfrac{1}{2}$, (우변)$=\dfrac{1}{2}$이므로 주어진 등식이 성립한다.

(ii) $n=k$일 때, 주어진 등식이 성립한다고 가정하면
$$\frac{1}{1\times2}+\frac{1}{2\times3}+\frac{1}{3\times4}+\cdots+\frac{1}{k(k+1)}=\frac{k}{k+1}$$

이 등식의 양변에 $\dfrac{1}{(k+1)(k+2)}$을 더하면
$$\frac{1}{1\times2}+\frac{1}{2\times3}+\frac{1}{3\times4}$$
$$+\cdots+\frac{1}{k(k+1)}+\frac{1}{(k+1)(k+2)}$$
$$=\frac{k}{k+1}+\frac{1}{(k+1)(k+2)}$$
$$=\frac{1}{k+1}\left(k+\frac{1}{k+2}\right)=\frac{1}{k+1}\times\frac{k^2+2k+1}{k+2}$$
$$=\frac{1}{k+1}\times\frac{(k+1)^2}{k+2}$$
$$=\frac{k+1}{k+2}=\frac{k+1}{(k+1)+1}$$

따라서 $n=k+1$일 때도 주어진 등식이 성립한다.

(i), (ii)에서 모든 자연수 n에 대하여 주어진 등식이 성립한다.

답 풀이 참조

08-2

(i) $n=1$일 때,

(좌변)$=1\times2=2$, (우변)$=(1-1)\times2^2+2=2$

이므로 주어진 등식이 성립한다.

(ii) $n=k$일 때, 주어진 등식이 성립한다고 가정하면
$$1\times2+2\times2^2+3\times2^3+\cdots+k\times2^k=(k-1)\times2^{k+1}+2$$
이 등식의 양변에 $\boxed{(k+1)\times2^{k+1}}$을 더하면
$$1\times2+2\times2^2+3\times2^3+\cdots+k\times2^k+\boxed{(k+1)\times2^{k+1}}$$
$$=(k-1)\times2^{k+1}+2+\boxed{(k+1)\times2^{k+1}}$$
$$=2k\times2^{k+1}+2$$
$$=\boxed{k}\times2^{k+2}+2$$

따라서 $n=k+1$일 때도 주어진 등식이 성립한다.

(i), (ii)에서 모든 자연수 n에 대하여 주어진 등식이 성립한다.

답 ㈎ $(k+1)\times2^{k+1}$ ㈏ k

08-3

(i) $n=2$일 때, $9-4=5$이므로 4로 나눈 나머지가 1이다.

(ii) $n=k$ $(k\geq2)$일 때,

3^k-2k를 4로 나눈 나머지가 1이라 가정하면

자연수 m에 대하여 $3^k-2k=4m+1$이다.

$n=k+1$일 때,

$$3^{k+1}-2(k+1)=3(3^k-2k)+4k-2$$
$$=3(4m+1)+4k-2$$
$$=12m+4k+1$$
$$=4(3m+k)+1$$

따라서 $n=k+1$일 때도 $3^{k+1}-2(k+1)$을 4로 나눈 나머지가 1이다.

(i), (ii)에 의하여 $n\geq2$인 모든 자연수 n에 대하여 3^n-2n을 4로 나눈 나머지가 1이다.

답 풀이 참조

09-1

(i) $n=2$일 때,

(좌변)$=(1+h)^2=1+2h+h^2$, (우변)$=1+2h$

이때 $h^2>0$이므로 $(1+h)^2>1+2h$

따라서 $n=2$일 때 주어진 부등식이 성립한다.

(ii) $n=k$일 때, 주어진 부등식이 성립한다고 가정하면

$$(1+h)^k>1+kh$$

$1+h>0$이므로 위의 부등식의 양변에 $1+h$를 곱하면

$$(1+h)^k(1+h)>(1+kh)(1+h)$$
$$=1+(k+1)h+kh^2$$
$$>1+(k+1)h\ (\because kh^2>0)$$
$$\therefore (1+h)^{k+1}>1+(k+1)h$$

따라서 $n=k+1$일 때도 주어진 부등식이 성립한다.

(i), (ii)에서 $n\geq2$인 모든 자연수 n에 대하여 주어진 부등식이 성립한다.

답 풀이 참조

09-2

(i) $n=2$일 때,

(좌변)$=\left(1-\dfrac{1}{2}\right)+\left(\dfrac{1}{3}-\dfrac{1}{4}\right)=\dfrac{1}{2}+\dfrac{1}{12}=\dfrac{7}{12}$

(우변)$=\dfrac{1}{4}\times\left(3-\dfrac{1}{2}\right)=\dfrac{1}{4}\times\dfrac{5}{2}=\dfrac{5}{8}$

에서 $\dfrac{7}{12}<\dfrac{5}{8}$이므로 주어진 부등식이 성립한다.

(ii) $n=k\,(k\geq2)$일 때, 주어진 부등식이 성립한다고 가정하면

$$\sum_{i=1}^{k}\left(\dfrac{1}{2i-1}-\dfrac{1}{2i}\right)<\dfrac{1}{4}\left(3-\dfrac{1}{k}\right)$$

이다. $n=k+1$일 때,

$$\sum_{i=1}^{k+1}\left(\dfrac{1}{2i-1}-\dfrac{1}{2i}\right)$$
$$=\sum_{i=1}^{k}\left(\dfrac{1}{2i-1}-\dfrac{1}{2i}\right)+\dfrac{1}{2k+1}-\boxed{\dfrac{1}{2k+2}}$$
$$<\dfrac{1}{4}\left(3-\dfrac{1}{k}\right)+\dfrac{1}{2k+1}-\boxed{\dfrac{1}{2k+2}}$$
$$=\dfrac{1}{4}\left(3-\dfrac{1}{k+1}\right)+\dfrac{1}{4(k+1)}-\boxed{\dfrac{1}{4k}}+\dfrac{1}{2k+1}-\boxed{\dfrac{1}{2k+2}}$$
$$=\dfrac{1}{4}\left(3-\dfrac{1}{k+1}\right)-\dfrac{\boxed{1}}{4k(k+1)(2k+1)}$$
$$<\dfrac{1}{4}\left(3-\dfrac{1}{k+1}\right)$$

이므로 $n=k+1$일 때도 주어진 부등식이 성립한다.

(i), (ii)에서 2 이상의 모든 자연수 n에 대하여 주어진 부등식이 성립한다.

답 (가) $2k+2$ (나) $4k$ (다) 1

중단원 연습문제

01 -9	**02** -11	**03** $\dfrac{1}{12}$	**04** 54
05 32	**06** 91	**07** 37	**08** 38
09 $-\dfrac{1}{9}$	**10** 8	**11** 49	**12** ④
13 61	**14** 6	**15** 56	**16** $\dfrac{8}{3}$
17 19	**18** 23	**19** 162	**20** 54

01

수열 $\{a_n\}$이 모든 자연수 n에 대하여 $a_{n+1}-a_n=a_3$을 만족시키므로 수열 $\{a_n\}$은 공차가 a_3인 등차수열이다.

따라서 $a_3=a_1+2a_3$에서 $a_3=-a_1=-3$

즉, 등차수열 $\{a_n\}$은 첫째항이 3이고 공차가 -3이므로

$$a_5=3+4\times(-3)=-9$$

답 -9

02

조건 (나)에 의하여

$$a_{n+1}{}^2+2a_{n+1}a_n+a_n{}^2=4a_{n+1}a_n+4$$
$$a_{n+1}{}^2-2a_{n+1}a_n+a_n{}^2=4$$
$$(a_{n+1}-a_n)^2=4$$

즉, $a_{n+1}-a_n=2$ 또는 $a_{n+1}-a_n=-2$에서

조건 (가)에 의하여 $a_{n+1}-a_n<0$이므로

$$a_{n+1}-a_n=-2$$

즉, 수열 $\{a_n\}$은 첫째항이 5이고 공차가 -2인 등차수열이므로 $a_9=5+8\times(-2)=-11$

답 -11

03

수열 $\{a_n\}$이 모든 자연수 n에 대하여 $a_{n+1}=\dfrac{1}{2}a_n$을 만족시키므로 수열 $\{a_n\}$은 공비가 $\dfrac{1}{2}$인 등비수열이다.

$a_1=a_3+1$에서 $a_3=a_1\times\left(\dfrac{1}{2}\right)^2=\dfrac{1}{4}a_1$이므로

$a_1=\dfrac{1}{4}a_1+1$, $\dfrac{3}{4}a_1=1$ $\quad\therefore a_1=\dfrac{4}{3}$

$\therefore a_5=\dfrac{4}{3}\times\left(\dfrac{1}{2}\right)^4=\dfrac{1}{12}$

답 $\dfrac{1}{12}$

04

$\log a_{n+2}=2\log a_{n+1}-\log a_n$에서
$2\log a_{n+1}=\log a_n+\log a_{n+2}$
$\log a_{n+1}{}^2=\log(a_n\times a_{n+2})$
즉, $a_{n+1}{}^2=a_n a_{n+2}$이므로 수열 $\{a_n\}$은 등비수열이다.
등비수열 $\{a_n\}$의 공비를 $r\ (r\neq1)$이라 하면

$\sum\limits_{k=1}^{6}a_k=28\sum\limits_{k=1}^{3}a_k$에서 $\sum\limits_{k=1}^{3}a_k=\dfrac{2(r^3-1)}{r-1}$,

$\sum\limits_{k=1}^{6}a_k=\dfrac{2(r^6-1)}{r-1}=\dfrac{2(r^3-1)(r^3+1)}{r-1}$이므로

$\dfrac{2(r^3-1)(r^3+1)}{r-1}=28\times\dfrac{2(r^3-1)}{r-1}$

$r^3+1=28$, $r^3=27$ $\quad\therefore r=3$

$\therefore a_4=2\times3^3=54$

답 54

05

$f(x)=a_1 x^2-2a_2 x+a_3$이므로 조건 ㈎에서
$f(1)=a_1-2a_2+a_3=18$ $\quad\cdots\cdots$ ㉠
조건 ㈏에서 모든 자연수 n에 대하여 함수 $y=f(x)$의 그래프가 x축과 만나는 서로 다른 점의 개수가 1이므로 x에 대한 이차방정식 $a_n x^2-2a_{n+1}x+a_{n+2}=0$의 판별식을 D라 하면

$\dfrac{D}{4}=(-a_{n+1})^2-a_n a_{n+2}=0$

즉, $a_{n+1}{}^2=a_n a_{n+2}$이므로 수열 $\{a_n\}$은 등비수열이다.
등비수열 $\{a_n\}$의 공비를 r이라 하면
$a_1=2$이므로 ㉠에 의하여
$2-4r+2r^2=18$, $r^2-2r-8=0$
$(r+2)(r-4)=0$ $\quad\therefore r=-2$ 또는 $r=4$

그런데 등비수열 $\{a_n\}$의 모든 항이 양수이므로 공비도 양수이다. $\quad\therefore r=4$

$\therefore a_3=2\times4^2=32$

답 32

06

$a_{2n+2}=a_{2n}-2$에서 수열 $\{a_{2n}\}$은 첫째항이 3이고 공차가 -2인 등차수열이고,
$a_{2n+1}=2a_{2n-1}$에서 수열 $\{a_{2n-1}\}$은 첫째항이 3이고 공비가 2인 등비수열이다.
따라서 $a_{2n}=3+(n-1)\times(-2)=-2n+5$,
$a_{2n-1}=3\times2^{n-1}$이므로
$a_{10}+a_{11}=(-2\times5+5)+(3\times2^{6-1})=-5+96=91$

답 91

07

$a_{n+1}-a_n=n+1$에서
$a_{n+1}=a_n+n+1$ $\quad\cdots\cdots$ ㉠
㉠의 n에 1, 2를 차례대로 대입하면
$a_2=a_1+2$, $a_3=a_2+3=a_1+2+3=a_1+5$
$\therefore a_3-a_1=5$
이때 $a_1+a_3=9$이므로 두 식을 연립하여 풀면
$a_1=2$, $a_3=7$
㉠의 n에 1, 2, 3, $\cdots$, 7을 차례대로 대입한 후 변끼리 더하면

$\begin{aligned}
a_2&=a_1+1+1\\
a_3&=a_2+2+1\\
a_4&=a_3+3+1\\
&\ \ \vdots\\
+\ )\ a_8&=a_7+7+1\\
\hline
a_8&=a_1+1+2+3+\cdots+7+1\times7
\end{aligned}$

$\qquad=2+\sum\limits_{k=1}^{7}k+7=2+\dfrac{7\times8}{2}+7=37$

다른 풀이

$a_{n+1}=a_n+n+1$의 n에 1, 2를 차례대로 대입하면
$a_2=a_1+2$, $a_3=a_2+3=a_1+2+3=a_1+5$
$\therefore a_3-a_1=5$
이때 $a_1+a_3=9$이므로 두 식을 연립하여 풀면
$a_1=2$, $a_3=7$
$a_4=a_3+3+1=7+4=11$
$a_5=a_4+4+1=11+5=16$
$a_6=a_5+5+1=16+6=22$
$a_7=a_6+6+1=22+7=29$
$\therefore a_8=a_7+7+1=29+8=37$

답 37

08

$a_{n+1}=a_n+2^n$의 n에 1, 2, 3, 4, 5를 차례대로 대입한 후 변끼리 더하면

$$a_2=a_1+2$$
$$a_3=a_2+2^2$$
$$a_4=a_3+2^3$$
$$a_5=a_4+2^4$$
$$+\ )\ a_6=a_5+2^5$$
$$\overline{a_6=a_1+2+2^2+2^3+2^4+2^5}$$
$$=a_1+\sum_{k=1}^{5}2^k=a_1+\frac{2(2^5-1)}{2-1}=a_1+62$$

이때

$$\sum_{k=2}^{6}a_k=a_2+a_3+a_4+a_5+a_6$$
$$=a_2+a_3+a_4+a_5+a_1+62$$
$$=\sum_{k=1}^{5}a_k+62$$

이고 이 값이 100이므로 $\sum_{k=1}^{5}a_k+62=100$에서

$$\sum_{k=1}^{5}a_k=100-62=38$$

답 38

09

$a_{n+1}=\dfrac{a_n}{1-2a_n}$의 n에 1, 2, 3, 4, 5를 차례대로 대입하면

$$a_2=\frac{a_1}{1-2a_1}=\frac{1}{1-2\times1}=-1$$
$$a_3=\frac{a_2}{1-2a_2}=\frac{-1}{1-2\times(-1)}=-\frac{1}{3}$$
$$a_4=\frac{a_3}{1-2a_3}=\frac{-\frac{1}{3}}{1-2\times\left(-\frac{1}{3}\right)}=-\frac{1}{5}$$
$$a_5=\frac{a_4}{1-2a_4}=\frac{-\frac{1}{5}}{1-2\times\left(-\frac{1}{5}\right)}=-\frac{1}{7}$$
$$\therefore a_6=\frac{a_5}{1-2a_5}=\frac{-\frac{1}{7}}{1-2\times\left(-\frac{1}{7}\right)}=-\frac{1}{9}$$

$a_{n+1}=\dfrac{a_n}{1-2a_n}$의 양변의 분모와 분자를 서로 바꾸면

$$\frac{1}{a_{n+1}}=\frac{1-2a_n}{a_n}\qquad\therefore\frac{1}{a_{n+1}}=\frac{1}{a_n}-2$$

따라서 수열 $\{a_n\}$은 조화수열이다.

답 $-\dfrac{1}{9}$

10

$a_{n+1}=\dfrac{k}{a_n+3}$의 n에 1, 2를 차례대로 대입하면

$$a_2=\frac{k}{a_1+3}=\frac{k}{1+3}=\frac{k}{4}$$
$$a_3=\frac{k}{a_2+3}=\frac{k}{\frac{k}{4}+3}=\frac{4k}{k+12}$$

이때 $a_3=\dfrac{8}{5}$이므로 $\dfrac{4k}{k+12}=\dfrac{8}{5}$, $20k=8k+96$

$$12k=96\qquad\therefore k=8$$

답 8

11

$$a_{n+1}=\begin{cases}2a_n & (a_n\text{이 홀수인 경우})\\a_n-1 & (a_n\text{이 짝수인 경우})\end{cases}$$

의 n에 1, 2, 3, $\cdots$, 7을 차례대로 대입하면
$a_1=8$은 짝수이므로 $a_2=a_1-1=8-1=7$
a_2는 홀수이므로 $a_3=2a_2=2\times7=14$
a_3은 짝수이므로 $a_4=a_3-1=14-1=13$
a_4는 홀수이므로 $a_5=2a_4=2\times13=26$
a_5는 짝수이므로 $a_6=a_5-1=26-1=25$
a_6은 홀수이므로 $a_7=2a_6=2\times25=50$
a_7은 짝수이므로 $a_8=a_7-1=50-1=49$

답 49

12

(i) $n=1$일 때, (좌변)$=a_1=3\times1+0=3$,

(우변)$=4-2\times\dfrac{1}{2}=3$이므로 ($*$)이 성립한다.

(ii) $n=m$일 때, ($*$)이 성립한다고 가정하면

$$\sum_{k=1}^{m}a_k=2^{m(m+1)}-(m+1)\times2^{-m}$$

이다. $n=m+1$일 때,

$$\sum_{k=1}^{m+1}a_k=2^{m(m+1)}-(m+1)\times2^{-m}$$
$$+(2^{2m+2}-1)\times\boxed{2^{m(m+1)}}+m\times2^{-m-1}$$
$$=2^{m(m+1)}\{1+(2^{2m+2}-1)\}$$
$$-\left\{(m+1)-\frac{m}{2}\right\}\times2^{-m}$$
$$=\boxed{2^{m(m+1)}}\times\boxed{2^{2m+2}}-\frac{m+2}{2}\times2^{-m}$$
$$=2^{m^2+3m+2}-(m+2)\times2^{-1}\times2^{-m}$$
$$=2^{(m+1)(m+2)}-(m+2)\times2^{-(m+1)}$$

이다. 따라서 $n=m+1$일 때도 ($*$)이 성립한다.

(i), (ii)에 의하여 모든 자연수 n에 대하여

$$\sum_{k=1}^{n}a_k=2^{n(n+1)}-(n+1)\times2^{-n}$$

이다.

따라서 $f(m)=2^{m(m+1)}$, $g(m)=2^{2m+2}$이므로

$$\frac{g(7)}{f(3)}=\frac{2^{16}}{2^{12}}=2^4=16$$

답 ④

13

$a_{n+1}=\dfrac{2a_n-1}{3a_n-1}$의 n에 1, 2, 3, …을 차례대로 대입하면

$$a_2=\frac{2a_1-1}{3a_1-1}=\frac{2\times0-1}{3\times0-1}=1$$

$$a_3=\frac{2a_2-1}{3a_2-1}=\frac{2\times1-1}{3\times1-1}=\frac{1}{2}$$

$$a_4=\frac{2a_3-1}{3a_3-1}=\frac{2\times\frac{1}{2}-1}{3\times\frac{1}{2}-1}=0=a_1$$

$$\vdots$$

따라서 수열 $\{a_n\}$은 0, 1, $\dfrac{1}{2}$이 이 순서대로 반복된다.

이때 자연수 p에 대하여

(i) $n=3p$이면

$$\sum_{k=1}^{n}a_k=\sum_{k=1}^{3p}a_k=p(a_1+a_2+a_3)$$
$$=p\left(0+1+\frac{1}{2}\right)=\frac{3}{2}p=15$$
$$\therefore p=10$$

즉, $n=30$이면 $\sum_{k=1}^{n}a_k=15$를 만족시킨다.

(ii) $n=3p+1$이면

$$\sum_{k=1}^{n}a_k=\sum_{k=1}^{3p+1}a_k=p(a_1+a_2+a_3)+a_1$$
$$=p\left(0+1+\frac{1}{2}\right)+0=\frac{3}{2}p=15$$
$$\therefore p=10$$

즉, $n=31$이면 $\sum_{k=1}^{n}a_k=15$를 만족시킨다.

(iii) $n=3p+2$이면

$$\sum_{k=1}^{n}a_k=\sum_{k=1}^{3p+2}a_k=p(a_1+a_2+a_3)+a_1+a_2$$
$$=p\left(0+1+\frac{1}{2}\right)+0+1=\frac{3}{2}p+1=15$$
$$\therefore \frac{3}{2}p=14$$

이를 만족시키는 자연수 p는 존재하지 않는다.

(i), (ii), (iii)에 의하여 $\sum_{k=1}^{n}a_k=15$를 만족시키는 모든 자연수

n의 값은 30, 31이므로 그 합은

$$30+31=61$$

답 61

14

$a_{n+1}=a_n+b_n$, $b_{n+1}=2\cos\dfrac{a_n}{3}\pi$의 n에 1, 2, 3, …을 차례대로 대입하면

$$a_2=1+(-1)=0,\ b_2=2\cos\frac{\pi}{3}=1$$

$$a_3=0+1=1,\ b_3=2\cos0=2$$

$$a_4=1+2=3,\ b_4=2\cos\frac{\pi}{3}=1$$

$$a_5=3+1=4,\ b_5=2\cos\pi=-2$$

$$a_6=4+(-2)=2,\ b_6=2\cos\frac{4}{3}\pi=-1$$

$$a_7=2+(-1)=1,\ b_7=2\cos\frac{2}{3}\pi=-1$$

$$a_8=1+(-1)=0,\ b_8=2\cos\frac{\pi}{3}=1$$

$$\vdots$$

따라서 두 수열 $\{a_n\}$, $\{b_n\}$은 모든 자연수 n에 대하여

$a_{n+6}=a_n$, $b_{n+6}=b_n$이 성립한다.

$77=6\times12+5$이므로

$$a_{77}-b_{77}=a_5-b_5=4-(-2)=6$$

답 6

15

$a_{n+2}={a_{n+1}}^2-{a_n}^2$의 n에 1, 2, 3, …을 차례대로 대입하면
$$a_3={a_2}^2-{a_1}^2=1^2-1^2=0$$
$$a_4={a_3}^2-{a_2}^2=0^2-1^2=-1$$
$$a_5={a_4}^2-{a_3}^2=(-1)^2-0^2=1$$
$$a_6={a_5}^2-{a_4}^2=1^2-(-1)^2=0$$
$$\vdots$$

이므로 수열 $\{a_n\}$은 $a_1=1$이고, 제2항부터 1, 0, -1이 이 순서대로 반복된다.

$b_n=a_n+n$이므로

$$b_1=a_1+1$$
$$b_2=a_2+2$$
$$b_3=a_3+3$$
$$\vdots$$
$$+\ )\quad b_{10}=a_{10}+10$$

$$\overline{\ \sum_{k=1}^{10}b_k=\sum_{k=1}^{10}a_k+\sum_{k=1}^{10}k\ }$$

$$=1+0+0+0+\frac{10\times11}{2}$$

$$=56$$

답 56

16

$a_4=6$이므로

$a_3\neq3$이면 $a_4=3a_3-3=6$에서 $a_3=3$이 되어 조건을 만족

시키지 않는다.

$a_3=3$이면 $a_4=a_3+k=6$에서 $k=3$이다.

$a_2=2$이면 $a_3=a_2+3=3$에서 $a_2=0$이 되어 조건을 만족시키지 않는다.

$a_2\neq2$이면 $a_3=3a_2-2=3$에서 $a_2=\dfrac{5}{3}$이다.

$a_1=1$이면 $a_2=a_1+3=\dfrac{5}{3}$에서 $a_1=-\dfrac{4}{3}$가 되어 조건을 만족시키지 않는다.

$a_1\neq1$이면 $a_2=3a_1-1=\dfrac{5}{3}$에서 $a_1=\dfrac{8}{9}$이다.

$\therefore k\times a_1=3\times\dfrac{8}{9}=\dfrac{8}{3}$

탭 $\dfrac{8}{3}$

17

농도가 $16\ \%$인 소금물 $200\ \text{g}$에 들어 있는 소금의 양은

$\dfrac{16}{100}\times200=32(\text{g})$

농도가 $16\ \%$인 소금물 $50\ \text{g}$에 들어 있는 소금의 양은

$\dfrac{16}{100}\times50=8(\text{g})$

농도가 $8\ \%$인 소금물 $50\ \text{g}$에 들어 있는 소금의 양은

$\dfrac{8}{100}\times50=4(\text{g})$

따라서 첫 번째 시행 후 그릇에 담긴 소금물 $200\ \text{g}$에 들어 있는 소금의 양은

$32-8+4=28(\text{g})$

$\therefore a_1=\dfrac{28}{200}\times100=14$

n번째 시행 후 농도가 $a_n\ \%$인 소금물 $200\ \text{g}$에 들어 있는 소금의 양은

$\dfrac{a_n}{100}\times200=2a_n(\text{g})$

이때 농도가 $a_n\ \%$인 소금물 $50\ \text{g}$에 들어 있는 소금의 양은

$\dfrac{a_n}{100}\times50=\dfrac{a_n}{2}(\text{g})$

농도가 $8\ \%$인 소금물 $50\ \text{g}$에 들어 있는 소금의 양은

$\dfrac{8}{100}\times50=4(\text{g})$

즉, $n+1$번째 시행 후 그릇에 담긴 소금물 $200\ \text{g}$에 들어 있는 소금의 양은

$2a_n-\dfrac{a_n}{2}+4=\dfrac{3}{2}a_n+4(\text{g})$

$\therefore a_{n+1}=\dfrac{\dfrac{3}{2}a_n+4}{200}\times100=\dfrac{3}{4}a_n+2$

따라서 $a_1=14$, $p=\dfrac{3}{4}$, $q=2$이므로

$a_1+4p+q=14+4\times\dfrac{3}{4}+2=19$

탭 19

18

(i) $n=3$일 때,

$(좌변)=1+\dfrac{1}{2}+\dfrac{1}{3}=\dfrac{11}{6}$, $(우변)=\dfrac{2\times3-1}{3}=\boxed{\dfrac{5}{3}}$

에서 $\dfrac{11}{6}>\dfrac{5}{3}$이므로 주어진 부등식이 성립한다.

(ii) $n=k\ (k\geq3)$일 때, 주어진 부등식이 성립한다고 가정하면

$1+\dfrac{1}{2}+\dfrac{1}{3}+\cdots+\dfrac{1}{k}>\dfrac{2k-1}{k}$

이 부등식의 양변에 $\dfrac{1}{k+1}$을 더하면

$1+\dfrac{1}{2}+\dfrac{1}{3}+\cdots+\dfrac{1}{k}+\dfrac{1}{k+1}$

$>\dfrac{2k-1}{k}+\dfrac{1}{k+1}$

$=\dfrac{(2k-1)(k+1)+k}{k(k+1)}$

$=\dfrac{\boxed{2k^2+2k-1}}{k(k+1)}$

이때 $\dfrac{2k^2+2k-1}{k(k+1)}$과 $\dfrac{2k+1}{k+1}$의 대소를 비교하면

k는 3 이상의 자연수이므로

$\dfrac{\boxed{2k^2+2k-1}}{k(k+1)}-\dfrac{2k+1}{k+1}=\dfrac{(2k^2+2k-1)-k(2k+1)}{k(k+1)}$

$=\dfrac{\boxed{k-1}}{k(k+1)}>0$

따라서 $\dfrac{\boxed{2k^2+2k-1}}{k(k+1)}>\dfrac{2k+1}{k+1}$에서

$1+\dfrac{1}{2}+\dfrac{1}{3}+\cdots+\dfrac{1}{k}+\dfrac{1}{k+1}>\dfrac{2k+1}{k+1}$이므로

$n=k+1$일 때도 주어진 부등식이 성립한다.

(i), (ii)에 의하여 3 이상의 모든 자연수 n에 대하여 주어진 부등식이 성립한다.

따라서 $p=\dfrac{5}{3}$, $f(k)=2k^2+2k-1$, $g(k)=k-1$이므로

$6p+\dfrac{f(4)}{g(4)}=6\times\dfrac{5}{3}+\dfrac{32+8-1}{4-1}=10+13=23$

탭 23

19

$S_{n+1}=a_{n+1}+S_n$이므로 $a_{n+1}S_n=a_nS_{n+1}$에서

$a_{n+1}S_n=a_n(a_{n+1}+S_n)$

$(S_n-a_n)a_{n+1}=a_nS_n$

$S_{n-1}a_{n+1}=a_nS_n$

$\therefore a_{n+1}=\dfrac{S_n}{S_{n-1}}\times a_n\ (n\geq2)$ ...... ㉠

이때 $a_1=S_1=2$, $a_2=4$이므로

$S_2=a_1+a_2=6$

$\bigcirc$의 n에 2, 3, 4를 차례대로 대입하면

$a_3=\dfrac{S_2}{S_1}\times a_2=\dfrac{6}{2}\times 4=12$에서

$S_3=S_2+a_3=6+12=18$

$a_4=\dfrac{S_3}{S_2}\times a_3=\dfrac{18}{6}\times 12=36$에서

$S_4=S_3+a_4=18+36=54$

$a_5=\dfrac{S_4}{S_3}\times a_4=\dfrac{54}{18}\times 36=108$에서

$S_5=S_4+a_5=54+108=162$

다른 풀이

$a_{n+1}S_n=a_nS_{n+1}\,(n\geq 2)$에서 $\dfrac{a_{n+1}}{a_n}=\dfrac{S_{n+1}}{S_n}$

한편, $\dfrac{b}{a}=\dfrac{d}{c}=k\,(a,\,b,\,c,\,d,\,k$는 상수, $ack\neq 0)$일 때

$b=ak$, $d=ck$에서 $b-d=(a-c)k$이므로

$\dfrac{b}{a}=\dfrac{d}{c}=\dfrac{b-d}{a-c}=k$ (단, $a-c\neq 0)$임을 이용하면

$\dfrac{S_{n+1}}{S_n}=\dfrac{S_{n+1}-a_{n+1}}{S_n-a_n}=\dfrac{S_n}{S_{n-1}}$

$\therefore \dfrac{a_{n+1}}{a_n}=\dfrac{S_{n+1}}{S_n}=\dfrac{S_n}{S_{n-1}}=\cdots=\dfrac{S_2}{S_1}=\dfrac{a_1+a_2}{a_1}=\dfrac{2+4}{2}=3$
$$(n\geq 2)$$

즉, $a_{n+1}=3a_n\,(n\geq 2)$이므로

$a_2=4$에서

$a_3=3\times 4=12$

$a_4=3\times 12=36$

$a_5=3\times 36=108$

$\therefore S_5=2+4+12+36+108=162$

답 162

20

$a_3+a_4=10$에서 a_3을 3으로 나누었을 때의 나머지에 따라 다음과 같이 경우를 나누어 생각할 수 있다.

(i) 자연수 k에 대하여 $a_3=3k-2$인 경우

　　$a_4=3k-1$이므로

　　$a_3+a_4=(3k-2)+(3k-1)=6k-3$

　　이때 $6k-3=10$을 만족시키는 자연수 k는 존재하지 않는다.

(ii) 자연수 k에 대하여 $a_3=3k-1$인 경우

　　$a_4=3k$이므로

　　$a_3+a_4=(3k-1)+3k=6k-1$

　　이때 $6k-1=10$을 만족시키는 자연수 k는 존재하지 않는다.

(iii) 자연수 k에 대하여 $a_3=3k$인 경우

　　$a_4=k+2$이므로

　　$a_3+a_4=3k+(k+2)=4k+2$

　　$4k+2=10$에서 $k=2$

(i), (ii), (iii)에서 $a_3=6$

a_2가 3의 배수가 아니면 $a_3=a_2+1=6$이므로 $a_2=5$이고,

a_2가 3의 배수이면 $a_3=\dfrac{1}{3}a_2+2=6$이므로 $a_2=12$이다.

$a_2=5$일 때,

a_1이 3의 배수가 아니면

$a_2=a_1+1=5$에서 $a_1=4$이고,

a_1이 3의 배수이면

$a_2=\dfrac{1}{3}a_1+2=5$에서 $a_1=9$이다.

$a_2=12$일 때,

a_1이 3의 배수가 아니면

$a_2=a_1+1=12$에서 $a_1=11$이고,

a_1이 3의 배수이면

$a_2=\dfrac{1}{3}a_1+2=12$에서 $a_1=30$이다.

따라서 $a_3+a_4=10$이 되도록 하는 모든 a_1의 값은 4, 9, 11, 30이므로 그 합은

$4+9+11+30=54$

답 54

Memo

Memo

Memo